2024年版

中国科技期刊引证报告（扩刊版）

CHINESE S&T JOURNAL CITATION REPORTS（EXPANDED EDITION）

北京万方数据股份有限公司

U0348892

科学技术文献出版社

SCIENTIFIC AND TECHNICAL DOCUMENTATION PRESS

·北京·

图书在版编目（CIP）数据

2024年版中国科技期刊引证报告：扩刊版=
CHINESE S&T JOURNAL CITATION REPORTS（EXPANDED
EDITION）/ 北京万方数据股份有限公司编著. —北京：
科学技术文献出版社，2024. 10. — ISBN 978-7-5235
-1969-1

Ⅰ. Z89: N55

中国国家版本馆CIP数据核字2024DN4188号

2024年版中国科技期刊引证报告（扩刊版）

策划编辑：张　丹　　责任编辑：李　鑫　邱晓春　责任校对：王瑞瑞　责任出版：张志平

出　版　者	科学技术文献出版社
地　　　址	北京市复兴路15号　　邮编　100038
出　版　部	（010）58882952，58882087（传真）
发　行　部	（010）58882868，58882870（传真）
邮　购　部	（010）58882873
官 方 网 址	www.stdp.com.cn
发　行　者	科学技术文献出版社发行　全国各地新华书店经销
印　刷　者	北京厚诚则铭印刷科技有限公司
版　　　次	2024 年 10 月第 1 版　2024 年 10 月第 1 次印刷
开　　　本	787×1092　1/16
字　　　数	774千
印　　　张	33.25
书　　　号	ISBN 978-7-5235-1969-1
定　　　价	180.00元

2024年版中国科技期刊引证报告（扩刊版）

2024年版中国科技期刊引证报告（扩刊版）

通信地址：北京市海淀区复兴路15号　　100038
　　　　　北京万方数据股份有限公司
网址：www.wanfangdata.com.cn
电话：010-58882754
传真：010-58882642
电子信箱：qikan@wanfangdata.com.cn

前　　言

为了更加科学地建立期刊综合评价指标体系，更加完整地统计期刊的被引用计量指标，更加高效地进行期刊文献计量和评价工作，使期刊统计分析结果具有更大的影响力，使核心期刊遴选具有更强的说服力，推进知识服务系统的发展，中国科学技术信息研究所科学计量与评价研究中心与北京万方数据股份有限公司合作，联合编制出版《中国科技期刊引证报告（扩刊版）》。

《中国科技期刊引证报告（扩刊版）》基本囊括了我国出版的学术技术类科学技术期刊和理论研究性社会科学期刊，是一种专门用于期刊引用分析研究的重要检索评价工具。从中可以清楚地了解期刊引用和被引用的情况，以及引用效率、引用网络、期刊自引等数据的统计分析。同时，还可以方便地定量评价期刊的相互影响和相互作用，正确评估某种期刊在科学交流体系中的作用和地位，确定高被引作者群等。

《中国科技期刊引证报告（扩刊版）》的出版，是我国期刊界和知识界的一件大事，是《中国科技期刊引证报告（核心版）》的扩展和补充。《中国科技期刊引证报告（扩刊版）》将全方位、完整地提供我国期刊的评估数据，为国家择优支持期刊评定，以及为国家期刊管理部门和地方的期刊管理部门提供科学管理依据，有力地填补我国关于期刊评价数据不全的空白，因此是一项非常重要的科学评价基础建设工程。

《2024年版中国科技期刊引证报告（扩刊版）》还需不断完善和充实，适时进行指标的增补和修订。衷心希望《中国科技期刊引证报告（扩刊版）》能成为广大读者检索查询的友好助手和得力工具，热忱期待《中国科技期刊引证报告（扩刊版）》能成为社会评价期刊发展状况的参考依据。

在整个编写过程中，尽管力求严格规范，细致准确，精益求精，但由于一些实际情况，例如期刊的更名合并、大学学报版本更迭、期刊引用文献著录不规范、期刊缩简写各异或期刊类目复杂等，给我们的编制工作带来很大困难，因此错误和疏漏在所难免，诚望广大读者不吝赐教。

北京万方数据股份有限公司

2024年10月

主要计量指标统计（6690种期刊）

指标	平均值	统计数字
扩展总被引频次	1701 次/刊	≥1000 次的期刊为 2929 种
扩展影响因子	1.295	≥1 的期刊共 2803 种
扩展即年指标	0.293	196 种期刊当年论文无引用
基金论文比	0.571	65 种期刊无基金论文
海外论文比	0.036	≥0.2 的期刊共 223 种（英文版 202 种）2476 种期刊无海外论文
扩展他引率	0.91	
平均作者数	3.4 人/篇	
平均引文数	23.8 条/篇	
来源文献量	226 篇	
地区分布数	20 个	
机构分布数	127 个	

目　　录

1 编制说明

  《2024年版中国科技期刊引证报告（扩刊版）》是依托中国科学技术信息研究所国家工程技术数字图书馆"知识服务"系统，在"万方数据——数字化期刊群"基础上，结合中国科技论文与引文数据库（CSTPCD），以2023年在中国正式出版的各学科6690种中英文期刊（其中，社会科学类期刊2277种，自然科学类期刊4413种；英文版期刊347种）为统计源期刊（暂不包括少数民族语种期刊和港、澳、台地区出版的期刊），对全部期刊的引文数据，严格按题名、作者、刊名、年、卷、期、页等进行分项切分后，进行规范化处理和有效链接，经统计分析、编制而成。现将编制过程中的具体处理方法做如下说明。

1.1 总体设计说明

  《中国科技期刊引证报告（扩刊版）》按年编卷出版，每版以上一年度在中国出版的中英文版期刊论文引文数据为统计依据。本报告包括：期刊被引用计量指标、来源期刊计量指标，以及期刊名称类目索引。限于篇幅暂未编排各个学科期刊扩展总被引频次和扩展影响因子的分类排序表。为了便于读者多用途、多层次地查询和评价期刊，将在中国科学技术信息研究所国家工程技术数字馆网站（http://www.istic.ac.cn）上采用多种形式的排序格式，包括全部期刊名称字顺排序、学科内期刊名称排序、全部期刊评价指标排序和来源期刊总排序等，以帮助读者综合全面地评价分析期刊，迅速有效地检索出所需要的期刊统计信息。期刊被引用计量指标和来源指标是本报告的主体部分。

  《中国科技期刊引证报告（扩刊版）》为《中国科技期刊引证报告（核心版）》提供所有来源期刊的统计基础数据，两者同属一宗，为姊妹篇，所以，两者编制体例和统计原则完全一致。《中国科技期刊引证报告（扩刊版）》包含了《中国科技期刊引证报告（核心版）》所列中国科技核心期刊的期刊来源计量指标、期刊被引计量指标，但由于引文统计样本的差异，两者对应的计量指标会有所不同。

  期刊的合并、歧化和新增是社会发展的必然趋势，在对各期刊被引用数据进行统计的过程中，尽量按编者所掌握的情况做出归并。

1.2 期刊评价指标的选择

  为了全面、准确、公正、客观地评价和利用期刊，《中国科技期刊引证报告（扩刊版）》

在与国际评价体系保持一致的基础上，结合中国期刊的实际情况，选择了18项计量指标，基本涵盖和描述了期刊的各个方面。这些指标包括：

（1）期刊引用计量指标：扩展总被引频次、扩展影响因子、扩展即年指标、扩展他引率、扩展引用刊数、扩展学科影响指标、扩展学科扩散指标、扩展被引半衰期和扩展H指数。

（2）来源期刊计量指标：来源文献量、文献选出率、平均引文数、平均作者数、地区分布数、机构分布数、海外论文比、基金论文比和引用半衰期。

其中，期刊引用计量指标主要显示该期刊被读者使用和重视的程度，以及在科学交流中的地位和作用，是评价期刊质量优劣的重要依据和客观标准。

来源期刊计量指标通过对来源文献方面的统计分析，全面描述了该期刊的学术水平、编辑状况和科学交流程度，也是评价期刊的重要依据。

由于目前国内所有数据库多数都采用镜像包库方式服务和使用，与网上点击率和全文下载量相关的社会使用期刊情况数据难以完全统计，即便列出也是以点带面，所以暂不列出相关网络使用的计量指标。

1.3　期刊的学科分类

为了更方便读者使用，《2024年版中国科技期刊引证报告（扩刊版）》在期刊分类体系上采用《2024年版中国科技期刊引证报告（核心版）》的分类体系，将6690种期刊分别归类到152个学科类别。由于很多期刊的研究内容是跨学科的，同时，新的学科不断涌现，给期刊的分类造成很大困难，有时很难准确反映期刊的学科内容。这里的分类是仅按一种分类编排的，不妥之处敬请读者批评指正，以便我们不断修正完善。

1.4　各类指标的编排

《中国科技期刊引证报告（扩刊版）》分为3部分，其中，期刊被引用计量指标和来源指标是本报告的主体部分。

（1）期刊被引指标（按类刊名字顺索引表）——一个主表，包含6690种期刊的各项引用数据。指标包括扩展总被引频次和扩展H指数等9项指标。为保证数据的公正性和客观性，期刊引文数据仅取文献类型为期刊的引文条目进行统计，剔除与刊名相同或部分相同的非期刊引文条目。不包括内部期刊发表论文的引文，更不包括在境外出版的中文期刊或非法出版的期刊发表论文的引文。

（2）期刊来源指标（按类刊名字顺索引表）——一个主表，包含6690种期刊来源文献的各项指标数据。指标包括来源文献量、文献选出率、基金论文比和引用半衰期等9项指标。为保证数据的客观性和公正性，来源期刊数据仅取期刊正式刊期中的数据，而增刊、专辑、专刊和特刊等的数据未予采用。

（3）期刊名称类目索引，包括期刊的名称、学科分类（代码）和各项被引用数据、来源文献数据所在页码等信息。

1.5 特殊情况的规范化处理

（1）目前，期刊改名的现象很多，尤其是随着大学的合并与升格，学报更名的现象更为普遍。例如，《西安财经学院学报》改为《西安财经大学学报》等。本报告所汇集的统计数据一律按新刊名计算引文数据。

（2）对于引文中采用中英文对照格式，即在一条中文引文之后又列出其英文翻译的参考文献者，一律按一条引文处理。对于一篇论文后重复引用一篇文章者，一律按一条引文处理。

（3）计算被引半衰期时，有些新加入统计源的期刊被引用数据太少无法计算，因此会出现个别无数值现象。而对于一些半衰期大于等于10年的期刊，则表示为"≥10"。

（4）在计算影响因子时，由于某些期刊或前两年数据不全，或新创办而不可能有前两年数据，所以无法计算影响因子值。

（5）由于部分期刊被引指标很低，报告出版时，未予统计归入。有需要者，请与北京万方数据股份有限公司联系。

2   使用说明

《中国科技期刊引证报告（扩刊版）》是基于论文引文统计而编制的专用于中国期刊分析与评价的科学计量工具。

作为科学计量工具，本报告可用于定量分析和科学评价期刊的学术特征和学科地位，较为客观地反映期刊发展的趋势和规律，为科研管理和决策提供依据。因此，本报告在期刊分析评价和科学计量学研究与应用等方面具有其他检索评价工具难以取代的独特功能。正确使用和充分开发本报告，可以使其成为科研工作者、期刊编辑部、图书情报人员、科研管理者和科学计量学家的得力助手和有效工具。

现将本报告的主要功能和使用方法进行如下介绍。

2.1   主要功能

《中国科技期刊引证报告（扩刊版）》应用引文分析方法及各种量化指标，可以清楚地表明：

- 在某一学科领域内，哪些期刊学术影响力最大；
- 某一种期刊被引用了多少次；
- 某一种期刊出版后多久被引用；
- 某一种期刊引用其他期刊多少次；
- 某一种期刊在学科中的学术指标所在位置。

根据使用者的工作性质，本报告可以给使用者不同的有益提示。例如：

- 科研人员：帮助您确定相关领域的核心期刊并发表您的论文，提高所发表论文的知名度，让更多的同行专家了解、引用、评价您的论文；
- 期刊编辑：帮助您与同类刊物相比较，并评估所出版期刊的地位，从而确定该刊的编辑和出版策略；
- 科研管理人员：帮助您科学地评价期刊，为您开展期刊评比和择优资助提供决策依据；
- 图书情报人员：帮助您更有效地管理馆藏期刊文献，确定核心期刊，合理运用有限的期刊订购预算；
- 科学计量学家：帮助您开展期刊评价研究和文献老化研究，以及学科的科学评估。

2.2 查阅方法

2.2.1 期刊引用数据的查阅

如果读者需要了解期刊被引用的情况，可查阅期刊被引指标按类刊名字顺索引，找到待检索的期刊，从中查阅到该期刊的各项被引用指标数据，包括扩展总被引频次、扩展影响因子、扩展即年指标、扩展他引率、扩展引用刊数、扩展学科影响指标、扩展学科扩散指标、扩展被引半衰期和扩展H指标。

如果在字顺索引中难以检索到需查阅的期刊，可通过期刊名称类目索引，确定该期刊的学科分类，然后再依上述步骤查阅。

2.2.2 来源期刊数据的查阅

如果读者需要了解来源期刊的有关指标数据，可查阅期刊来源指标按类刊名字顺索引，查阅到该期刊来源文献的多项指标数据，包括来源文献量、文献选出率、平均引文数、平均作者数、地区分布数、机构分布数、海外论文比、基金论文比和引用半衰期。

如果在字顺索引中难以检索到需查阅的期刊，可通过期刊名称类目索引，确定该期刊的学科分类，然后再依上述步骤查阅。

2.2.3 期刊在学科内学术指标位置的查阅

如果读者希望了解期刊在其学科领域中的地位，可查询期刊被引指标按类刊名字顺索引，查阅本学科期刊的扩展影响因子或扩展总被引频次值，进行分析对比，自行确定该期刊按这两项指标排序的学科位置。还可以参照本报告"主要计量指标统计"全部6690种期刊的扩展总被引频次和扩展影响因子平均值，了解与评估由于学科不同所造成的指标差异的整体情况。

2.3 评价方法

利用《中国科技期刊引证报告（扩刊版）》评价期刊有两种方式，即单一指标评价和综合指标评价，具体方法如下。

2.3.1 单一指标评价

单一指标评价主要是指按照扩展影响因子和扩展总被引频次这两个国际通行评价指标，对期刊进行评价。这时可通过对期刊的扩展影响因子和扩展总被引频次进行对比排序，确定该期刊在同类期刊中所处的位置，从而对该期刊的学术影响力和学科地位进行评价和评估。

单一指标评价也可以通过期刊来源指标按类刊名字顺索引表对期刊的编辑状况、交流范围、论文质量和老化速率等情况进行分析、比较、统计和评估。

2.3.2 综合指标评价

由于期刊评价工作是一项非常复杂的工作，涉及领域广，学科差异大，影响因素多，因此单一指标往往难以全面、准确地评价期刊的学术水平和学科地位，这时一般需要通过综合指标评价，以使期刊评价更加客观、全面和准确。

要进行期刊的综合指标评价，首先需要建立期刊综合评价指标体系，利用数学方法确定各指标的权重值，然后求出期刊的综合指标排序值，最终得到期刊综合指标的排序。

这种期刊评价方法已被广泛地推广和使用，中国科学技术信息研究所已经建立期刊综合评价指标体系，可以利用该体系的指标值，通过层次分析法和模糊隶属度转化，确定各学科指标的权重值，最终得出每一种期刊的综合指标排序值，完成对期刊的评价。

3 期刊学科分类表

A01 自然科学综合
A02 自然科学综合大学学报
A03 自然科学师范大学学报
B01 数学
B02 信息科学与系统科学
B03 力学
B04 物理学
B05 化学
B06 天文学
B07 地球科学综合
B08 大气科学
B09 地球物理学
B10 地理学
B11 地质学
B12 海洋科学、水文学
B13 生物学基础学科
B14 生态学
B15 植物学
B16 昆虫学、动物学
B17 微生物学、病毒学
B18 心理学
C01 农业综合
C02 农业大学学报
C03 农艺学
C04 园艺学
C05 土壤学
C06 植物保护学
C07 林学
C08 畜牧、兽医科学
C09 草原学
C10 水产学
D01 医学综合
D02 医药大学学报
D03 基础医学
D05 临床医学综合
D06 临床诊断学

D07 保健医学
D08 内科学综合
D09 呼吸病学、结核病学
D10 消化病学
D11 血液病学、肾脏病学
D12 内分泌病学与代谢病学、风湿病学
D13 感染性疾病学、传染病学
D14 外科学综合
D15 普通外科学、胸外科学、心血管外科学
D16 心血管病学
D17 泌尿外科学
D18 骨外科学
D19 烧伤外科学、整形外科学
D20 妇产科学
D21 儿科学
D22 眼科学
D23 耳鼻咽喉科学
D24 口腔医学
D25 皮肤病学
D26 性医学
D27 神经病学、精神病学
D28 核医学、医学影像学
D29 肿瘤学
D30 护理学
D31 预防医学与公共卫生学综合
D32 流行病学、环境医学
D33 优生学、计划生育学
D34 军事医学与特种医学
D35 卫生管理学、健康教育学
D36 药学
D37 中医学
D38 中医药大学学报
D39 中西医结合医学
D40 中药学
D41 针灸、中医骨伤
E01 工程与技术科学基础学科

E02	工程技术大学学报	H01	社会科学综合
E03	信息与系统科学相关工程与技术	H02	社会科学综合大学学报
E04	生物工程	H03	社会科学师范大学学报
E05	农业工程	J01	马克思主义
E06	生物医学工程学	J02	哲学
E07	测绘科学技术	J03	宗教学
E08	材料科学综合	K01	语言学综合
E09	金属材料	K03	外国语言学
E10	矿山工程技术	K04	中国文学
E11	冶金工程技术	K05	外国文学
E12	机械工程设计	K06	艺术学
E13	机械制造工艺与设备	K08	历史学
E14	动力工程	K10	考古学
E15	电气工程	L01	经济学综合
E16	能源科学综合	L02	经济大学学报
E17	石油天然气工程	L04	国民经济学、管理经济学、数量经济学
E18	核科学技术	L05	会计学、审计学
E19	电子技术	L06	生态农业经济学
E20	光电子学与激光技术	L08	工商业经济学
E21	通信技术	L10	财政学、金融学、保险学
E22	计算机科学技术	M01	政治学综合
E23	化学工程综合	M02	政治大学学报
E24	高聚物工程	M03	行政学
E25	精细化学工程	M04	国际政治学、外交学
E26	应用化学工程	M05	法学综合
E27	仪器仪表技术	M07	部门法学、刑事侦查学、司法鉴定学
E28	兵器科学与技术	M08	军事学
E29	纺织科学技术	N01	社会学综合
E30	食品科学技术	N02	人口学、劳动科学
E31	建筑科学与技术	N04	民族学与文化学
E32	土木工程	N05	新闻学与传播学
E33	水利工程	N06	图书馆学、文献学
E34	交通运输工程	N07	情报学
E35	公路运输	N08	档案学、博物馆学
E36	铁路运输	P01	教育学综合
E37	水路运输	P03	学前教育学、普通教育学
E38	航空、航天科学技术	P04	高等教育学
E39	环境科学技术及资源科学技术	P05	成人教育学、职业技术教育学
E40	安全科学技术	P07	体育科学
F01	管理学	Q07	统计学

4 名词解释

为方便读者查阅和使用，现将《中国科技期刊引证报告（扩刊版）》中所使用的期刊评价指标的理论意义和具体算法简要解释如下：

扩展总被引频次：指该期刊自创刊以来所登载的全部论文在统计当年被引用的总次数。这是一个非常客观实际的评价指标，可以显示该期刊被使用和受重视的程度，以及在科学交流中的地位和作用。

扩展影响因子：这是一个国际上通行的期刊评价指标，是E.加菲尔德于1972年提出的。由于它是一个相对统计量，所以可公平地评价和处理各类期刊。通常，期刊影响因子越大，它的学术影响力和作用也越大。具体算法为：

$$扩展影响因子 = \frac{该期刊前两年发表论文在统计当年被引用的总次数}{该期刊前两年发表论文总数}$$

扩展即年指标：这是一个表征期刊即时反应速率的指标，主要描述期刊当年发表的论文在当年被引用的情况。具体算法为：

$$扩展即年指标 = \frac{该期刊当年发表论文在统计当年被引用的总次数}{该期刊当年发表论文总数}$$

扩展他引率：指该期刊全部被引次数中，被其他期刊引用次数所占的比例。具体算法为：

$$扩展他引率 = \frac{被其他期刊引用的次数}{期刊被引用的总次数}$$

扩展引用刊数：引用被评价期刊的期刊数，反映被评价期刊被使用的范围。

扩展学科影响指标：指期刊所在学科内，引用该期刊的期刊数占全部期刊数量的比例。

$$扩展学科影响指标 = \frac{所在学科内引用被评价期刊的数量}{所在学科期刊数}$$

扩展学科扩散指标：指在统计源期刊范围内，引用该期刊的期刊数量与其所在学科全部期刊数量之比。

$$扩展学科扩散指标 = \frac{引用期刊数}{所在学科期刊数}$$

扩展被引半衰期：指该期刊在统计当年被引用的全部次数中，较新一半是在多长一段时间内发表的。被引半衰期是测度期刊老化速度的一种指标，通常不是针对个别文献或某一组文献，而是对某一学科或专业领域的文献的总和而言的。

扩展H指标：指该期刊在统计当年被引的论文中，至少有h篇论文的被引频次不低于h次。

来源文献量：指来源期刊在统计当年发表的全部论文数，它们是统计期刊引用数据的来源。

文献选出率：按统计源的选取原则选出的文献数与期刊的发表文献数之比。

平均引文数：指来源期刊每一篇论文平均引用的参考文献数。

平均作者数：指来源期刊每一篇论文平均拥有的作者数，是衡量该期刊科学生产能力的一个指标。

地区分布数：指来源期刊登载论文所涉及的地区数，按全国31个省（自治区、直辖市）计(不包括港澳台地区)。这是衡量期刊论文覆盖面和全国影响力大小的一个指标。

机构分布数：指来源期刊论文的作者所涉及的机构数。这是衡量期刊科学生产能力的另一个指标。

海外论文比：指来源期刊中海外作者发表论文占全部论文的比例。这是衡量期刊国际交流程度的一个指标。

基金论文比：指来源期刊中各类基金资助的论文占全部论文的比例。这是衡量期刊论文学术质量的重要指标。

引用半衰期：指该期刊引用的全部参考文献中，较新一半是在多长一段时间内发表的。通过这个指标可以反映出作者利用文献的新颖度。

5 2023年中国科技期刊被引指标

按类刊名字顺索引

学科代码	期刊名称	扩展总被引频次	扩展影响因子	扩展即年指标	扩展他引率	扩展引用刊数	扩展学科影响指标	扩展学科扩散指标	扩展被引半衰期	扩展H指标
A01	Engineering	2280	1.427	0.154	0.90	956	0.22	9.19	4.9	13
A01	Fundamental Research	262	—	0.402	0.91	151	0.10	1.45	2.7	3
A01	High Technology Letters	63	0.184	—	0.97	52	0.02	0.50	5.2	2
A01	National Science Open	49	—	0.615	0.45	22	0.05	0.21	—	2
A01	National Science Review	2876	1.845	0.629	0.91	740	0.23	7.12	4.3	12
A01	Research	552	0.772	0.097	1.00	222	0.06	2.13	4.0	3
A01	Science Bulletin	4652	1.936	0.342	0.93	1025	0.27	9.86	5.0	11
A01	安徽科技	303	0.294	0.036	0.97	220	0.14	2.12	4.7	3
A01	安徽农业科学	17289	0.932	0.185	0.94	2181	0.46	20.97	8.8	10
A01	沉积与特提斯地质	1285	3.236	0.910	0.81	235	0.11	2.26	6.5	10
A01	大众科技	1580	0.533	0.083	0.97	844	0.21	8.12	4.7	5
A01	大自然	69	0.054	0.012	1.00	53	0.03	0.51	≥10	2
A01	电大理工	158	0.500	0.085	0.89	110	0.05	1.06	4.4	3
A01	福建分析测试	349	0.638	0.092	0.96	197	0.06	1.89	6.3	4
A01	干旱区资源与环境	8276	3.490	0.817	0.95	1566	0.38	15.06	5.7	15
A01	甘肃科技	3147	0.527	0.167	0.98	1255	0.37	12.07	4.7	6
A01	甘肃科学学报	620	0.678	0.141	0.97	443	0.12	4.26	5.1	4
A01	高技术通讯	793	0.647	0.053	0.92	440	0.10	4.23	5.4	6
A01	高原科学研究	201	0.741	0.019	0.85	145	0.07	1.39	4.3	4
A01	光电技术应用	433	0.683	0.051	0.81	175	0.08	1.68	5.3	5
A01	广西科学	827	1.010	0.258	0.92	417	0.10	4.01	5.8	6
A01	广西科学院学报	391	0.782	0.385	0.97	240	0.11	2.31	6.4	5
A01	贵州科学	549	0.607	0.094	0.95	337	0.11	3.24	6.7	5
A01	国防科技	711	0.682	0.125	0.90	295	0.10	2.84	5.8	6
A01	杭州科技	77	0.223	0.057	0.99	62	0.12	0.60	5.1	3
A01	河北省科学院学报	254	0.602	0.132	0.98	220	0.05	2.12	5.1	5
A01	河南科技	2870	0.483	0.101	0.97	1154	0.37	11.10	4.4	6
A01	河南科学	1167	0.657	0.145	0.96	746	0.17	7.17	5.6	5
A01	黑龙江科学	4046	0.724	0.119	0.99	1304	0.28	12.54	3.6	8
A01	华东科技	824	0.872	0.178	0.99	400	0.24	3.85	3.8	5
A01	江苏科技信息	1928	0.585	0.143	0.95	882	0.34	8.48	4.0	6
A01	江西科学	831	0.679	0.144	0.95	530	0.18	5.10	5.3	5
A01	今日科苑	428	0.596	0.130	0.95	311	0.23	2.99	4.7	5

学科代码	期刊名称	扩展总被引频次	扩展影响因子	扩展即年指标	扩展他引率	扩展引用刊数	扩展学科影响指标	扩展学科扩散指标	扩展被引半衰期	扩展H指标
A01	科技创新发展战略研究	150	0.549	0.310	0.99	119	0.14	1.14	3.7	3
A01	科技创新与生产力	1017	0.445	0.123	0.96	577	0.23	5.55	4.0	4
A01	科技促进发展	591	0.572	0.046	0.96	416	0.14	4.00	4.6	5
A01	科技导报	4783	1.601	0.320	0.97	2094	0.53	20.13	6.1	13
A01	科技风	7493	0.537	0.238	0.97	1711	0.40	16.45	4.4	7
A01	科技通报	1637	0.669	0.093	0.97	937	0.29	9.01	6.3	6
A01	科技与创新	4941	0.672	0.169	0.98	1511	0.38	14.53	4.3	8
A01	科技与经济	599	0.712	0.318	0.98	373	0.13	3.59	5.0	5
A01	科技中国	879	0.881	0.160	1.00	472	0.34	4.54	3.5	7
A01	科技资讯	7200	0.600	0.179	0.98	1820	0.40	17.50	4.8	8
A01	科学（上海）	684	0.803	0.114	0.98	445	0.14	4.28	9.6	6
A01	科学观察	166	0.649	0.163	0.95	130	0.11	1.25	4.1	4
A01	科学通报	12033	1.795	0.691	0.96	2268	0.57	21.81	≥10	23
A01	内江科技	1400	0.338	0.083	0.94	648	0.17	6.23	4.1	4
A01	内陆地震	403	0.874	0.122	0.44	62	0.04	0.60	7.2	4
A01	内蒙古科技与经济	2258	0.312	0.062	0.96	892	0.21	8.58	4.4	5
A01	宁夏工程技术	284	0.386	0.053	0.94	203	0.06	1.95	6.6	4
A01	前沿科学	108	0.025	—	1.00	96	0.04	0.92	≥10	4
A01	前瞻科技	97	—	0.098	1.00	62	0.03	0.60	2.5	5
A01	青海科技	401	0.474	0.076	0.93	268	0.12	2.58	5.0	4
A01	山东科学	643	0.862	0.226	0.97	444	0.10	4.27	5.6	7
A01	山西交通科技	598	0.567	0.097	0.92	192	0.10	1.85	4.7	4
A01	石河子科技	478	0.648	0.357	1.00	245	0.11	2.36	3.2	5
A01	实验科学与技术	1505	1.437	0.196	0.90	477	0.20	4.59	5.4	9
A01	实验室科学	2094	0.900	0.134	0.85	554	0.20	5.33	5.0	8
A01	特种橡胶制品	511	0.398	0.085	0.89	157	0.04	1.51	≥10	4
A01	天津科技	878	0.513	0.189	0.96	532	0.25	5.12	4.3	5
A01	通讯世界	2201	0.109	0.022	0.96	587	0.23	5.64	5.9	4
A01	武夷科学	151	0.286	—	0.97	102	0.02	0.98	≥10	3
A01	西藏科技	689	—	0.120	0.95	422	0.13	4.06	5.7	4
A01	厦门科技	118	0.231	0.067	0.92	101	0.11	0.97	4.8	3
A01	新型工业化	1721	—	0.483	0.98	662	0.22	6.37	3.4	7
A01	张江科技评论	154	0.453	0.170	1.00	141	0.06	1.36	3.1	3

学科代码	期刊名称	扩展总被引频次	扩展影响因子	扩展即年指标	扩展他引率	扩展引用刊数	扩展学科影响指标	扩展学科扩散指标	扩展被引半衰期	扩展H指标
A01	智能城市	3411	0.615	0.135	0.99	732	0.24	7.04	4.3	6
A01	中国高新科技	2209	0.452	0.108	0.99	724	0.27	6.96	3.5	6
A01	中国基础科学	451	0.758	0.042	1.00	342	0.12	3.29	8.1	6
A01	中国科技论文	2381	1.061	0.513	0.93	1112	0.27	10.69	4.9	7
A01	中国科技论文在线精品论文	67	0.225	0.083	0.99	66	0.05	0.63	4.5	2
A01	中国科技人才	147	0.841	0.200	0.95	91	0.09	0.88	3.1	4
A01	中国科技史杂志	465	0.351	0.037	0.93	245	0.06	2.36	≥10	4
A01	中国科技术语	442	1.058	0.644	0.82	226	0.05	2.17	6.8	5
A01	中国科技信息	2300	0.359	0.099	1.00	1169	0.38	11.24	5.9	5
A01	中国科技纵横	959	0.097	0.014	0.86	444	0.15	4.27	5.4	3
A01	中国科学基金	1801	2.178	0.603	0.94	857	0.36	8.24	4.9	11
A01	中国科学数据（中英文网络版）	385	0.658	0.119	0.72	185	0.07	1.78	4.4	5
A01	中国科学院院刊	6305	5.935	1.768	0.97	2033	0.56	19.55	5.0	27
A01	中国特种设备安全	926	0.554	0.128	0.83	273	0.09	2.62	5.9	5
A01	中国体视学与图像分析	195	0.436	0.044	0.87	145	0.02	1.39	6.9	3
A01	中国西部	221	0.663	0.123	0.90	175	0.02	1.68	3.9	4
A01	中华医院感染学杂志	12636	2.299	0.405	0.96	1011	0.07	9.72	5.1	15
A01	中外建筑	1306	0.523	0.091	0.96	426	0.12	4.10	5.6	5
A01	自然科学史研究	526	0.329	0.049	0.93	264	0.06	2.54	≥10	5
A01	自然杂志	982	1.045	0.379	0.99	684	0.26	6.58	≥10	9
A02	Wuhan University Journal of Natural Sciences	139	0.182	0.079	0.81	90	0.03	0.59	8.6	3
A02	安徽大学学报（自然科学版）	467	0.888	0.171	0.92	340	0.11	2.24	5.3	5
A02	安徽工业大学学报（自然科学版）	378	0.908	0.230	0.93	254	0.09	1.85	5.9	5
A02	安徽理工大学学报（自然科学版）	347	0.417	0.037	0.94	240	0.50	5.22	6.4	3
A02	安康学院学报	282	0.337	0.074	0.98	213	0.09	0.82	5.1	4
A02	百色学院学报	346	0.465	0.124	0.96	223	0.06	0.85	5.3	3
A02	宝鸡文理学院学报（自然科学版）	136	0.309	0.034	0.93	116	0.05	0.76	5.6	3
A02	保山学院学报	210	0.355	0.110	0.94	170	0.04	0.65	5.2	3
A02	北部湾大学学报	136	0.323	0.089	0.96	112	0.02	0.43	4.2	3
A02	北华大学学报（自然科学版）	1007	1.094	0.273	0.96	526	0.07	3.46	4.8	7
A02	北京城市学院学报	306	0.606	0.194	1.00	221	0.02	1.45	4.1	4
A02	北京大学学报（自然科学版）	2318	1.600	0.278	0.99	1016	0.32	6.68	8.8	12
A02	北京服装学院学报（自然科学版）	326	1.051	0.051	0.95	160	0.71	3.90	4.7	4

学科代码	期刊名称	扩展总被引频次	扩展影响因子	扩展即年指标	扩展他引率	扩展引用刊数	扩展学科影响指标	扩展学科扩散指标	扩展被引半衰期	扩展H指标
A02	北京化工大学学报（自然科学版）	749	0.850	0.141	0.96	447	0.49	4.52	7.4	6
A02	北京联合大学学报	564	1.911	0.542	0.97	407	0.07	2.68	4.3	8
A02	北京信息科技大学学报（自然科学版）	312	0.387	0.122	0.98	236	0.11	1.95	5.4	4
A02	蚌埠学院学报	341	0.471	0.116	0.97	269	0.09	1.26	4.2	4
A02	滨州学院学报	188	0.305	0.037	0.92	155	0.01	0.59	6.8	4
A02	渤海大学学报（自然科学版）	219	0.584	—	0.87	156	0.04	1.03	5.3	4
A02	长安大学学报（自然科学版）	1850	2.190	0.397	0.96	497	0.65	21.61	8.0	9
A02	长春工程学院学报（自然科学版）	349	0.481	0.032	0.98	277	0.04	2.02	5.8	4
A02	长春理工大学学报（自然科学版）	605	0.534	0.148	0.88	345	0.13	2.52	6.8	4
A02	长江大学学报（自然科学版）	1301	0.994	0.122	0.98	663	0.13	4.36	7.3	6
A02	长沙理工大学学报（自然科学版）	652	2.300	0.308	0.84	283	0.10	1.86	4.6	7
A02	长治学院学报	289	0.445	0.076	0.96	207	0.04	0.79	4.1	4
A02	常州大学学报（自然科学版）	311	0.654	0.075	0.80	201	0.05	1.32	5.9	4
A02	巢湖学院学报	269	0.310	0.016	0.95	211	0.05	0.81	5.9	3
A02	成都大学学报（自然科学版）	462	1.000	0.130	0.96	335	0.08	2.20	5.9	5
A02	成都理工大学学报（自然科学版）	1785	1.730	0.394	0.97	368	0.80	14.72	≥10	10
A02	赤峰学院学报（自然科学版）	1722	0.732	0.176	0.98	881	0.18	5.80	6.7	6
A02	重庆工商大学学报（自然科学版）	590	1.321	0.233	0.97	362	0.14	2.38	4.3	7
A02	重庆交通大学学报（自然科学版）	2794	1.519	0.204	0.90	800	0.61	10.13	5.7	8
A02	重庆科技学院学报（自然科学版）	646	0.597	0.071	0.96	351	0.11	2.31	7.6	4
A02	重庆邮电大学学报（自然科学版）	907	1.588	0.318	0.91	373	0.54	6.91	4.1	9
A02	滁州学院学报	413	0.500	0.117	0.98	285	0.07	1.09	4.5	5
A02	大理大学学报	797	0.515	0.205	0.93	522	0.07	2.00	5.1	4
A02	德州学院学报	283	0.379	0.098	0.97	223	0.02	1.47	4.8	4
A02	东北大学学报（自然科学版）	2834	1.159	0.235	0.96	1019	0.49	7.44	6.8	9
A02	东华大学学报（自然科学版）	877	0.919	0.157	0.93	403	0.13	2.94	6.4	7
A02	东华理工大学学报（自然科学版）	934	1.134	0.452	0.84	272	0.04	1.79	8.4	6
A02	东南大学学报（自然科学版）	2561	1.549	0.319	0.94	860	0.50	6.28	8.1	8
A02	佛山科学技术学院学报（自然科学版）	263	0.441	0.062	1.00	221	0.04	1.45	5.5	4
A02	福建农林大学学报（自然科学版）	1481	1.406	0.225	0.96	490	0.62	14.41	7.2	7
A02	福州大学学报（自然科学版）	980	1.246	0.176	0.96	596	0.20	3.92	5.5	7
A02	复旦学报（自然科学版）	694	1.092	0.284	0.98	471	0.14	3.10	5.9	7
A02	广西大学学报（自然科学版）	1303	0.789	0.113	0.96	699	0.20	4.60	6.2	7

学科代码	期刊名称	扩展总被引频次	扩展影响因子	扩展即年指标	扩展他引率	扩展引用刊数	扩展学科影响指标	扩展学科扩散指标	扩展被引半衰期	扩展H指标
A02	广西民族大学学报（自然科学版）	255	0.204	0.018	0.94	190	0.04	1.25	≥10	4
A02	广州大学学报（自然科学版）	294	0.557	0.032	0.99	247	0.11	1.62	8.9	3
A02	贵阳学院学报（自然科学版）	277	0.453	0.143	0.99	229	0.05	1.51	4.9	4
A02	贵州大学学报（自然科学版）	723	1.023	0.255	0.91	454	0.14	2.99	5.3	6
A02	哈尔滨商业大学学报（自然科学版）	464	0.527	0.143	0.96	362	0.12	2.38	6.2	4
A02	哈尔滨师范大学自然科学学报	293	0.393	0.025	0.95	233	0.07	1.53	8.2	3
A02	海南大学学报（自然科学版）	316	0.716	0.184	0.97	243	0.07	1.60	6.1	4
A02	邯郸学院学报	188	0.333	0.169	0.86	130	0.03	0.50	6.1	3
A02	合肥工业大学学报（自然科学版）	2041	1.013	0.103	0.96	964	0.37	7.04	5.9	8
A02	合肥学院学报（综合版）	362	0.369	0.109	0.95	270	0.03	1.78	4.7	4
A02	河北北方学院学报（自然科学版）	733	0.804	0.202	0.98	444	0.05	2.92	4.4	6
A02	河北大学学报（自然科学版）	487	0.733	0.119	0.95	357	0.09	2.35	5.7	5
A02	河北工程大学学报（自然科学版）	425	0.820	0.246	0.92	285	0.27	1.99	6.8	4
A02	河海大学学报（自然科学版）	2162	2.944	0.821	0.87	640	0.81	8.77	6.5	10
A02	河南财政金融学院学报（自然科学版）	198	0.554	0.104	0.84	132	0.03	0.87	4.7	4
A02	河南大学学报（自然科学版）	556	0.899	0.208	0.89	377	0.11	2.48	5.8	5
A02	河南工程学院学报（自然科学版）	200	0.609	0.049	0.98	153	0.06	1.12	4.9	4
A02	河南工业大学学报（自然科学版）	1365	1.599	0.167	0.93	311	0.69	5.10	6.2	7
A02	河南科技大学学报（自然科学版）	737	1.141	0.456	0.85	439	0.12	2.89	5.5	6
A02	河南科技学院学报（自然科学版）	498	1.214	0.179	0.94	275	0.04	1.81	6.1	5
A02	河南理工大学学报（自然科学版）	1319	1.548	0.309	0.94	571	0.23	4.17	5.6	7
A02	菏泽学院学报	362	0.426	0.165	0.96	273	0.06	1.05	4.2	4
A02	贺州学院学报	346	0.771	0.405	0.68	184	0.05	0.70	3.7	5
A02	黑河学院学报	1063	0.297	0.142	0.98	502	0.21	2.36	4.1	4
A02	黑龙江大学自然科学学报	373	0.368	0.135	0.95	274	0.13	1.80	6.0	4
A02	黑龙江工业学院学报（综合版）	1109	0.875	0.247	0.69	506	0.17	2.38	3.6	5
A02	衡水学院学报	274	0.266	0.305	0.95	218	0.05	0.84	4.6	4
A02	湖北大学学报（自然科学版）	490	0.795	0.217	0.97	378	0.10	2.49	5.0	6
A02	湖北民族大学学报（自然科学版）	411	0.987	0.234	0.95	264	0.10	1.74	5.2	5
A02	湖北文理学院学报	415	0.516	0.127	0.98	287	0.08	1.89	4.2	5
A02	湖南城市学院学报（自然科学版）	278	0.521	0.167	0.95	222	0.17	1.55	5.0	4
A02	湖南大学学报（自然科学版）	2821	1.603	0.358	0.87	923	0.55	6.74	6.0	10
A02	湖南工程学院学报（自然科学版）	253	0.706	0.083	0.97	205	0.05	1.35	5.4	4

学科代码	期刊名称	扩展总被引频次	扩展影响因子	扩展即年指标	扩展他引率	扩展引用刊数	扩展学科影响指标	扩展学科扩散指标	扩展被引半衰期	扩展H指标
A02	湖南科技大学学报（自然科学版）	576	1.177	0.100	0.95	365	0.10	2.66	6.4	6
A02	湖南理工学院学报（自然科学版）	311	0.906	0.282	0.83	224	0.07	1.64	4.0	5
A02	湖南农业大学学报（自然科学版）	1649	1.463	0.266	0.96	515	0.68	15.15	8.5	8
A02	湖南文理学院学报（自然科学版）	391	0.732	0.269	0.81	248	0.09	2.38	5.6	5
A02	华北电力大学学报（自然科学版）	1091	2.059	1.051	0.96	399	0.63	3.30	4.7	7
A02	华北理工大学学报（自然科学版）	403	0.781	0.359	0.98	290	0.03	1.91	5.8	5
A02	华北水利水电大学学报（自然科学版）	1063	1.586	0.507	0.88	443	0.09	2.91	5.8	7
A02	华东理工大学学报（自然科学版）	791	0.886	0.425	0.89	469	0.14	3.09	6.8	5
A02	华南理工大学学报（自然科学版）	2285	1.157	0.144	0.95	985	0.47	7.19	7.0	8
A02	华侨大学学报（自然科学版）	649	0.678	0.160	0.93	437	0.10	2.88	5.9	5
A02	华中科技大学学报（自然科学版）	2876	1.502	0.312	0.92	1011	0.47	7.38	6.0	8
A02	怀化学院学报	440	0.320	0.040	0.95	317	0.07	2.09	7.0	4
A02	黄山学院学报	454	0.389	0.075	0.97	304	0.07	2.00	5.3	3
A02	惠州学院学报	327	0.430	0.066	0.95	243	0.01	1.60	5.4	4
A02	吉林大学学报（地球科学版）	4084	2.782	0.552	0.90	647	0.84	25.88	9.0	11
A02	吉林大学学报（理学版）	1013	0.885	0.233	0.89	466	0.30	3.07	4.6	7
A02	吉首大学学报（自然科学版）	272	0.296	0.078	0.93	218	0.07	1.43	6.8	4
A02	集美大学学报（自然科学版）	310	0.434	0.029	0.92	189	0.05	1.24	8.1	5
A02	济南大学学报（自然科学版）	687	1.365	0.252	0.96	455	0.11	2.99	4.4	7
A02	暨南大学学报（自然科学与医学版）	734	1.438	0.179	0.99	445	0.05	2.93	5.1	7
A02	佳木斯大学学报（自然科学版）	566	0.427	0.079	0.95	406	0.14	2.67	4.7	4
A02	嘉兴学院学报	289	0.436	0.190	0.97	219	0.03	1.44	4.4	4
A02	嘉应学院学报	279	0.280	0.061	0.94	207	0.07	1.36	7.3	3
A02	江汉大学学报（自然科学版）	333	0.549	0.262	0.98	288	0.05	1.89	6.0	4
A02	江苏大学学报（自然科学版）	1095	1.402	0.284	0.96	576	0.30	4.20	5.8	7
A02	江苏海洋大学学报（自然科学版）	206	0.556	0.077	0.97	170	0.03	1.24	5.5	4
A02	江苏科技大学学报（自然科学版）	609	0.619	0.046	0.84	344	0.13	2.51	6.6	4
A02	晋中学院学报	241	0.302	0.159	0.95	192	0.04	0.74	4.8	3
A02	井冈山大学学报（自然科学版）	516	0.870	0.102	0.75	283	0.09	1.86	5.1	5
A02	九江学院学报（自然科学版）	288	0.479	0.048	1.00	222	0.05	1.46	4.4	3
A02	昆明理工大学学报（自然科学版）	818	0.921	0.189	0.96	546	0.15	3.59	6.0	6
A02	兰州大学学报（自然科学版）	1354	1.410	0.057	0.90	615	0.17	4.05	7.9	6
A02	兰州文理学院学报（自然科学版）	439	0.571	0.099	0.97	296	0.08	2.16	4.7	5

学科代码	期刊名称	扩展总被引频次	扩展影响因子	扩展即年指标	扩展他引率	扩展引用刊数	扩展学科影响指标	扩展学科扩散指标	扩展被引半衰期	扩展H指标
A02	丽水学院学报	305	0.411	0.082	0.96	226	0.02	1.49	5.4	4
A02	辽东学院学报（自然科学版）	163	0.363	—	0.94	133	0.04	0.88	5.7	4
A02	辽宁大学学报（自然科学版）	268	0.624	0.111	0.99	233	0.09	1.53	6.7	5
A02	辽宁工程技术大学学报（自然科学版）	1328	0.873	0.139	0.96	595	0.20	3.91	≥10	6
A02	辽宁工业大学学报（自然科学版）	298	0.579	0.145	0.98	246	0.07	1.80	5.4	4
A02	辽宁师专学报（自然科学版）	212	0.438	0.119	0.99	158	0.03	1.04	4.2	3
A02	聊城大学学报（自然科学版）	282	0.459	0.297	0.88	204	0.10	1.34	5.4	4
A02	临沂大学学报	293	0.330	0.091	0.95	228	0.11	1.07	6.7	3
A02	鲁东大学学报（自然科学版）	225	0.697	0.196	0.95	184	0.07	1.21	5.2	4
A02	洛阳理工学院学报（自然科学版）	221	0.597	0.045	0.99	183	0.04	1.34	5.0	4
A02	南昌大学学报（理科版）	466	0.599	0.058	0.91	302	0.12	1.99	6.0	5
A02	南昌航空大学学报（自然科学版）	306	0.625	0.029	0.95	240	0.05	1.58	4.9	4
A02	南华大学学报（自然科学版）	300	0.427	0.075	0.92	225	0.05	1.48	6.4	3
A02	南京大学学报（自然科学版）	1038	0.870	0.114	0.97	583	0.20	3.84	7.8	7
A02	南京工程学院学报（自然科学版）	225	0.605	0.033	0.96	182	0.10	1.33	4.9	4
A02	南京工业大学学报（自然科学版）	1033	1.367	0.250	0.89	540	0.23	3.94	6.4	7
A02	南京理工大学学报（自然科学版）	1160	1.566	0.301	0.86	559	0.31	4.08	5.7	7
A02	南京林业大学学报（自然科学版）	3691	2.623	0.634	0.94	720	0.87	9.47	6.0	10
A02	南京医科大学学报（自然科学版）	2088	1.223	0.225	0.90	743	0.64	8.64	4.6	8
A02	南京邮电大学学报（自然科学版）	733	1.456	0.171	0.84	345	0.57	6.39	4.8	8
A02	南开大学学报（自然科学版）	444	0.638	0.103	0.97	318	0.12	2.09	5.4	5
A02	南通大学学报（自然科学版）	168	0.471	0.103	0.89	138	0.06	1.77	5.7	3
A02	内蒙古大学学报（自然科学版）	449	0.769	0.101	0.91	299	0.03	1.97	6.5	4
A02	内蒙古工业大学学报（自然科学版）	194	0.525	0.125	0.86	139	0.06	1.48	4.6	3
A02	内蒙古民族大学学报（自然科学版）	526	0.671	0.125	0.96	319	0.05	2.10	6.1	5
A02	内蒙古农业大学学报（自然科学版）	951	—	0.064	0.93	478	0.11	3.14	≥10	5
A02	宁夏大学学报（自然科学版）	325	0.706	0.130	0.94	262	0.09	1.72	5.6	4
A02	攀枝花学院学报	313	0.665	0.190	0.92	237	0.04	1.56	4.7	5
A02	平顶山学院学报	225	0.297	0.055	0.95	184	0.07	0.86	5.5	4
A02	莆田学院学报	271	0.438	0.130	0.75	169	0.03	1.11	5.1	4
A02	齐齐哈尔大学学报（自然科学版）	349	0.648	0.266	0.98	270	0.07	1.78	4.3	4
A02	青岛大学学报（自然科学版）	317	0.774	0.118	0.73	191	0.06	1.26	4.2	4
A02	青岛科技大学学报（自然科学版）	495	0.816	0.261	0.87	310	0.09	2.04	5.5	5

学科代码	期刊名称	扩展总被引频次	扩展影响因子	扩展即年指标	扩展他引率	扩展引用刊数	扩展学科影响指标	扩展学科扩散指标	扩展被引半衰期	扩展H指标
A02	青岛农业大学学报（自然科学版）	437	0.907	0.083	0.99	267	0.24	7.85	7.9	4
A02	青海大学学报（自然科学版）	516	0.691	0.071	0.98	342	0.06	2.25	7.2	4
A02	清华大学学报（自然科学版）	3632	2.303	0.475	0.97	1522	0.53	11.11	8.7	14
A02	三明学院学报	224	0.414	0.022	0.96	187	0.07	0.88	4.8	3
A02	三峡大学学报（自然科学版）	851	0.937	0.362	0.95	483	0.68	6.62	6.0	5
A02	山东大学学报（理学版）	689	0.628	0.099	0.87	404	0.33	2.66	5.5	5
A02	山东科技大学学报（自然科学版）	755	1.093	0.177	0.88	371	0.09	2.71	6.3	7
A02	山东理工大学学报（自然科学版）	393	0.734	0.282	0.96	307	0.07	2.24	5.2	5
A02	山东农业大学学报（自然科学版）	1514	1.053	0.074	0.99	737	0.56	21.68	6.3	7
A02	山西大同大学学报（自然科学版）	455	0.515	0.210	0.98	353	0.10	2.32	4.4	4
A02	山西大学学报（自然科学版）	587	0.436	0.310	0.95	417	0.13	2.74	5.4	5
A02	山西农业大学学报（自然科学版）	1083	1.538	0.321	0.96	405	0.47	11.91	6.5	7
A02	陕西理工大学学报（自然科学版）	321	0.566	0.203	0.99	273	0.12	1.80	5.3	4
A02	汕头大学学报（自然科学版）	125	0.524	0.143	0.94	108	0.07	0.71	6.6	3
A02	商洛学院学报	251	0.456	0.047	0.92	197	0.05	0.92	5.1	3
A02	上海大学学报（自然科学版）	572	0.764	0.153	0.96	435	0.11	2.86	6.4	5
A02	邵阳学院学报（自然科学版）	279	0.619	0.149	0.94	216	0.05	1.42	4.3	4
A02	沈阳大学学报（自然科学版）	361	0.655	0.143	0.96	304	0.13	2.00	6.1	4
A02	沈阳工程学院学报（自然科学版）	299	0.703	0.266	0.80	169	0.04	1.23	4.9	4
A02	沈阳建筑大学学报（自然科学版）	1208	0.986	0.169	0.91	502	0.48	3.51	6.6	6
A02	石河子大学学报（自然科学版）	809	0.861	0.212	0.97	468	0.05	3.08	6.9	5
A02	石家庄铁道大学学报（自然科学版）	492	0.707	0.178	0.96	274	0.56	6.37	7.4	4
A02	石家庄学院学报	405	0.570	0.185	0.98	294	0.11	1.38	4.1	4
A02	四川大学学报（自然科学版）	1032	0.940	0.217	0.90	591	0.20	3.89	5.6	7
A02	四川轻化工大学学报（自然科学版）	323	0.587	0.085	0.96	247	0.06	1.62	6.7	5
A02	苏州科技大学学报（自然科学版）	210	0.616	0.111	0.71	135	0.05	0.89	5.5	4
A02	宿州学院学报	522	0.395	0.055	0.95	378	0.08	2.49	5.3	4
A02	塔里木大学学报	380	0.866	0.208	0.89	227	0.02	1.49	6.0	4
A02	台州学院学报	207	0.367	0.072	0.95	165	0.03	1.09	5.7	3
A02	太原学院学报（自然科学版）	207	0.426	0.400	0.97	165	0.06	0.77	5.4	3
A02	泰山学院学报	291	0.390	0.102	0.84	195	0.06	1.28	5.7	3
A02	天津大学学报（自然科学与工程技术版）	1726	1.013	0.191	0.93	830	0.40	6.06	7.4	7
A02	同济大学学报（自然科学版）	4318	1.331	0.196	0.97	1157	0.58	8.45	9.6	12

学科代码	期刊名称	扩展总被引频次	扩展影响因子	扩展即年指标	扩展他引率	扩展引用刊数	扩展学科影响指标	扩展学科扩散指标	扩展被引半衰期	扩展H指标
A02	铜陵学院学报	333	0.431	0.092	0.96	254	0.12	4.88	4.0	4
A02	皖西学院学报	521	0.465	0.106	0.96	370	0.09	2.43	5.5	5
A02	潍坊学院学报	297	0.339	0.107	0.95	221	0.02	0.85	5.0	4
A02	温州大学学报（自然科学版）	83	0.246	0.074	0.98	80	0.07	0.53	≥10	2
A02	文山学院学报	269	0.270	0.038	0.93	198	0.07	0.93	6.3	3
A02	梧州学院学报	204	0.457	0.037	0.96	160	0.07	0.75	4.3	4
A02	五邑大学学报（自然科学版）	82	0.391	0.093	0.95	76	0.02	0.50	4.1	2
A02	武汉大学学报（理学版）	629	0.904	0.220	0.96	427	0.22	2.81	5.5	7
A02	西安电子科技大学学报（自然科学版）	1124	1.502	0.317	0.81	435	0.52	6.49	4.5	9
A02	西安建筑科技大学学报（自然科学版）	1366	1.167	0.122	0.92	557	0.64	3.90	6.9	7
A02	西安石油大学学报（自然科学版）	1364	1.439	0.192	0.93	352	0.73	3.87	7.5	6
A02	西安文理学院学报（自然科学版）	388	0.820	0.148	0.99	309	0.06	2.03	4.8	5
A02	西北大学学报（自然科学版）	1466	1.737	0.290	0.97	743	0.18	4.89	7.1	9
A02	西北民族大学学报（自然科学版）	307	0.888	0.111	0.98	245	0.06	1.61	5.0	4
A02	西北农林科技大学学报（自然科学版）	4325	1.776	0.640	0.98	870	0.76	25.59	9.0	10
A02	西昌学院学报（自然科学版）	386	0.683	0.071	0.98	271	0.06	2.61	5.3	4
A02	西华大学学报（自然科学版）	588	0.863	0.143	0.97	426	0.14	3.11	5.7	7
A02	西南大学学报（自然科学版）	3211	1.994	0.390	0.92	1265	0.36	8.32	5.3	10
A02	西南民族大学学报（自然科学版）	675	0.869	0.193	0.97	441	0.14	2.90	6.8	7
A02	西南石油大学学报（自然科学版）	2102	1.628	0.475	0.94	365	0.78	4.01	9.4	8
A02	厦门大学学报（自然科学版）	1059	0.814	0.125	0.98	644	0.18	4.24	8.9	6
A02	湘潭大学学报（自然科学版）	422	0.938	0.151	0.78	267	0.08	1.76	5.4	5
A02	新疆大学学报（自然科学版中英文）	392	0.723	0.054	0.84	269	0.09	1.77	5.3	4
A02	新乡学院学报	300	0.312	0.179	0.97	236	0.11	1.55	3.8	4
A02	徐州工程学院学报（自然科学版）	221	0.581	0.167	0.95	173	0.03	1.26	5.7	4
A02	许昌学院学报	432	0.382	0.088	0.94	309	0.09	1.45	5.6	4
A02	烟台大学学报（自然科学与工程版）	219	0.388	0.206	0.95	182	0.05	1.20	5.5	4
A02	延安大学学报（自然科学版）	358	0.595	0.012	0.94	254	0.11	1.67	5.9	4
A02	延边大学学报（自然科学版）	161	0.256	0.017	0.88	119	0.08	0.78	5.7	4
A02	盐城工学院学报（自然科学版）	184	0.455	0.020	0.93	155	0.04	1.02	5.4	3
A02	扬州大学学报（自然科学版）	253	0.474	0.096	0.94	207	0.10	1.36	5.0	4
A02	宜宾学院学报	332	0.329	0.130	0.98	274	0.09	1.29	5.6	3
A02	宜春学院学报	716	0.443	0.079	0.97	485	0.07	3.19	4.9	6

学科代码	期刊名称	扩展总被引频次	扩展影响因子	扩展即年指标	扩展他引率	扩展引用刊数	扩展学科影响指标	扩展学科扩散指标	扩展被引半衰期	扩展H指标
A02	云南大学学报（自然科学版）	1677	1.318	0.232	0.92	814	0.28	5.36	5.9	9
A02	云南民族大学学报（自然科学版）	461	0.628	0.450	0.97	321	0.11	2.11	4.6	6
A02	枣庄学院学报	273	0.387	0.182	0.92	217	0.08	1.02	4.3	3
A02	浙江大学学报（理学版）	820	0.935	0.165	0.98	584	0.20	3.84	6.7	7
A02	浙江海洋大学学报（自然科学版）	633	0.591	0.027	0.94	227	0.78	8.41	9.2	5
A02	浙江树人大学学报	351	1.078	0.185	0.95	240	0.08	0.92	4.3	4
A02	浙江外国语学院学报	317	0.301	0.100	0.96	200	0.10	0.94	6.4	5
A02	浙江万里学院学报	268	0.383	0.212	0.95	218	0.03	1.43	5.1	4
A02	镇江高专学报	146	0.187	0.133	0.95	109	0.01	0.72	4.7	3
A02	郑州大学学报（理学版）	514	1.371	0.364	0.84	303	0.18	1.99	4.4	6
A02	中北大学学报（自然科学版）	462	0.770	0.109	0.99	334	0.12	2.44	6.0	5
A02	中国传媒大学学报（自然科学版）	201	—	0.185	0.93	153	0.09	1.99	5.1	4
A02	中国海洋大学学报（自然科学版）	2309	0.949	0.175	0.96	726	0.85	21.35	8.4	7
A02	中国科学技术大学学报	598	0.299	0.051	1.00	450	0.16	2.96	9.6	6
A02	中国科学院大学学报	874	1.086	0.275	0.93	549	0.14	3.61	6.2	7
A02	中国人民公安大学学报（自然科学版）	387	0.797	0.179	0.93	200	0.03	1.32	6.4	4
A02	中国石油大学学报（自然科学版）	2920	1.917	0.317	0.90	531	0.82	5.84	8.9	9
A02	中南大学学报（自然科学版）	6845	1.965	0.238	0.91	1304	0.64	9.52	7.1	13
A02	中南民族大学学报（自然科学版）	562	1.048	0.302	0.86	347	0.09	2.28	4.5	5
A02	中山大学学报（自然科学版）（中英文）	1283	1.124	0.298	0.97	747	0.21	4.91	≥10	8
A03	安徽师范大学学报（自然科学版）	491	0.690	0.049	0.97	364	0.16	4.73	6.9	6
A03	安庆师范大学学报（自然科学版）	341	0.579	0.012	0.95	261	0.13	3.39	5.7	4
A03	安阳师范学院学报	375	0.363	0.085	0.97	289	0.11	3.11	4.9	4
A03	北京师范大学学报（自然科学版）	1423	1.432	0.128	0.98	707	0.30	9.18	6.7	9
A03	长江师范学院学报	409	0.779	0.698	0.88	253	0.12	2.72	4.2	5
A03	重庆师范大学学报（自然科学版）	682	0.887	0.074	0.95	476	0.23	6.18	6.4	5
A03	楚雄师范学院学报	307	0.310	0.056	0.96	238	0.13	2.56	6.3	3
A03	东北师大学报（哲学社会科学版）	2389	2.527	1.252	0.99	1217	0.32	15.81	6.1	12
A03	东北师大学报（自然科学版）	590	0.695	0.148	0.95	395	0.14	5.13	7.1	6
A03	福建师范大学学报（自然科学版）	671	1.041	0.216	0.94	433	0.23	5.62	6.0	6
A03	阜阳师范大学学报（自然科学版）	302	0.766	0.118	0.83	215	0.05	2.79	4.5	4
A03	广东技术师范大学学报	332	0.447	0.033	0.97	242	0.08	2.60	5.7	4
A03	广西师范大学学报（自然科学版）	870	1.386	0.480	0.83	468	0.26	6.08	4.3	6

学科代码	期刊名称	扩展总被引频次	扩展影响因子	扩展即年指标	扩展他引率	扩展引用刊数	扩展学科影响指标	扩展学科扩散指标	扩展被引半衰期	扩展H指标
A03	贵州师范大学学报（自然科学版）	659	0.821	0.233	0.95	455	0.16	5.91	5.9	5
A03	桂林师范高等专科学校学报	311	0.382	0.105	0.96	211	0.11	2.27	5.4	4
A03	海南师范大学学报（自然科学版）	351	0.754	0.113	0.97	268	0.18	3.48	6.2	5
A03	杭州师范大学学报（自然科学版）	453	0.574	0.125	0.96	338	0.13	4.39	5.8	4
A03	河北科技师范学院学报	281	0.663	0.064	0.94	180	0.03	1.94	7.4	4
A03	河北师范大学学报（自然科学版）	309	0.436	0.160	0.88	235	0.08	3.05	7.7	4
A03	河南师范大学学报（自然科学版）	788	1.313	0.228	0.92	518	0.13	6.73	5.0	7
A03	衡阳师范学院学报	377	0.367	0.101	0.97	284	0.15	3.05	6.3	4
A03	湖北师范大学学报（自然科学版）	297	0.748	0.271	0.97	214	0.09	2.78	4.4	4
A03	湖南第一师范学院学报	330	0.462	0.275	0.97	220	0.23	2.37	4.7	4
A03	湖南师范大学自然科学学报	920	2.342	0.833	0.95	567	0.19	7.36	3.7	9
A03	华东师范大学学报（自然科学版）	763	0.964	0.117	0.97	486	0.23	6.31	6.9	7
A03	华南师范大学学报（自然科学版）	720	1.122	0.057	0.94	517	0.18	6.71	6.0	7
A03	华中师范大学学报（自然科学版）	1473	2.086	0.398	0.98	843	0.42	10.95	4.8	11
A03	淮北师范大学学报（自然科学版）	174	0.492	0.149	0.95	137	0.08	1.78	4.8	3
A03	淮南师范学院学报	372	0.470	0.038	0.99	272	0.14	2.92	4.7	4
A03	淮阴师范学院学报（自然科学版）	214	0.656	0.067	0.95	167	0.05	2.17	3.9	5
A03	吉林师范大学学报（自然科学版）	324	0.576	0.195	0.91	254	0.18	3.30	5.8	4
A03	江苏师范大学学报（自然科学版）	276	0.717	0.167	0.91	196	0.06	2.55	5.4	4
A03	江西科技师范大学学报	347	0.507	0.109	0.95	270	0.11	1.27	4.9	4
A03	江西师范大学学报（自然科学版）	574	0.914	0.293	0.88	344	0.26	4.47	5.0	7
A03	焦作师范高等专科学校学报	108	0.261	0.040	0.97	89	0.03	0.96	4.7	3
A03	廊坊师范学院学报（自然科学版）	410	0.789	0.150	0.88	280	0.08	3.64	4.5	4
A03	辽宁师范大学学报（自然科学版）	289	0.534	0.069	0.87	219	0.12	2.84	6.4	4
A03	闽南师范大学学报（自然科学版）	213	0.450	0.016	0.94	168	0.09	2.18	5.5	3
A03	牡丹江师范学院学报（自然科学版）	319	0.759	0.200	0.62	169	0.08	2.19	5.2	4
A03	南京师大学报（社会科学版）	1918	2.740	0.742	0.99	994	0.25	12.91	6.3	13
A03	南京师大学报（自然科学版）	751	1.671	0.375	0.96	509	0.22	6.61	5.3	6
A03	南宁师范大学学报（自然科学版）	207	0.532	0.065	0.93	168	0.09	2.18	3.5	4
A03	南阳师范学院学报	403	0.777	0.195	0.88	286	0.19	3.08	6.2	5
A03	内江师范学院学报	699	0.511	0.114	0.79	398	0.18	4.28	4.9	5
A03	内蒙古师范大学学报（自然科学版）	402	0.554	0.110	0.93	295	0.14	3.83	7.4	4
A03	宁德师范学院学报（自然科学版）	221	0.469	0.123	0.98	183	0.03	2.38	5.0	3

学科代码	期刊名称	扩展总被引频次	扩展影响因子	扩展即年指标	扩展他引率	扩展引用刊数	扩展学科影响指标	扩展学科扩散指标	扩展被引半衰期	扩展H指标
A03	齐齐哈尔高等师范专科学校学报	557	0.412	0.120	0.99	277	0.11	2.98	3.9	4
A03	黔南民族师范学院学报	263	0.308	0.040	0.95	191	0.15	2.05	5.7	3
A03	青海师范大学学报（自然科学版）	206	0.370	0.051	0.98	177	0.10	2.30	8.0	4
A03	曲阜师范大学学报（自然科学版）	238	0.344	0.105	0.97	200	0.10	2.60	7.0	4
A03	人工智能科学与工程	2338	1.167	0.223	0.95	1138	0.39	14.78	5.8	9
A03	山东师范大学学报（自然科学版）	304	0.912	0.100	0.98	248	0.10	3.22	6.0	4
A03	山西师大学报（社会科学版）	724	0.860	0.459	0.99	538	0.14	6.99	9.8	6
A03	山西师范大学学报（自然科学版）	268	0.373	0.097	0.90	210	0.10	2.73	7.4	3
A03	陕西师范大学学报（自然科学版）	893	1.264	0.395	0.95	591	0.32	7.68	6.6	8
A03	商丘师范学院学报	520	0.317	0.146	0.94	375	0.16	4.03	5.3	5
A03	上海师范大学学报（自然科学版）	312	0.420	0.010	0.98	245	0.06	3.18	6.5	3
A03	沈阳师范大学学报（自然科学版）	368	0.450	0.042	0.88	256	0.08	3.32	6.2	4
A03	首都师范大学学报（自然科学版）	598	0.832	0.156	0.96	439	0.17	5.70	6.8	6
A03	四川师范大学学报（自然科学版）	463	0.500	0.120	0.90	316	0.25	4.10	6.8	5
A03	太原师范学院学报（自然科学版）	200	0.489	0.079	0.94	166	0.09	2.16	5.2	4
A03	天津师范大学学报（自然科学版）	353	0.518	0.188	0.86	228	0.10	2.96	6.4	4
A03	西北大学报（社会科学版）	2268	4.232	1.400	0.99	1147	0.36	14.90	4.7	15
A03	西北师范大学学报（自然科学版）	775	0.916	0.156	0.95	522	0.25	6.78	6.0	6
A03	西华师范大学学报（自然科学版）	480	0.789	0.407	0.85	275	0.16	3.57	6.8	4
A03	新疆师范大学学报（自然科学版）	191	—	0.130	0.92	153	0.06	1.99	8.8	3
A03	信阳师范学院学报（自然科学版）	601	0.910	0.193	0.83	378	0.12	4.91	5.2	6
A03	伊犁师范大学学报（自然科学版）	113	0.427	0.051	0.95	98	0.05	1.27	5.0	3
A03	玉林师范学院学报	257	0.194	0.059	0.99	213	0.13	2.29	7.7	3
A03	云南师范大学学报（自然科学版）	436	0.981	0.217	0.90	302	0.17	3.92	5.6	6
A03	浙江师范大学学报（自然科学版）	346	0.758	0.407	0.95	259	0.06	3.36	6.3	5
A03	周口师范学院学报	297	0.273	0.024	0.90	214	0.12	2.30	5.7	3
B01	Acta Mathematica Sinica	248	0.124	0.044	0.90	102	0.60	1.96	≥10	3
B01	Acta Mathematicae Applicatae Sinica	123	0.180	—	0.95	77	0.44	1.48	≥10	2
B01	Algebra Colloquium	77	0.029	—	0.86	34	0.25	0.65	≥10	3
B01	Analysis in Theory and Applications	19	0.061	—	0.84	14	0.12	0.27	9.5	1
B01	Applied Mathematics: A Journal of Chinese Universities, B	69	0.107	0.023	0.94	52	0.29	1.00	≥10	2
B01	Chinese Annals of Mathematics, Series B	118	0.153	—	0.90	58	0.44	1.12	≥10	3

学科代码	期刊名称	扩展总被引频次	扩展影响因子	扩展即年指标	扩展他引率	扩展引用刊数	扩展学科影响指标	扩展学科扩散指标	扩展被引半衰期	扩展H指标
B01	Chinese Quarterly Journal of Mathematics	61	0.152	0.032	0.84	42	0.23	0.81	≥10	2
B01	Communications in Mathematical Research	29	0.149	0.038	0.97	21	0.19	0.40	8.5	1
B01	Journal of Computational Mathematics	160	0.120	0.051	0.73	73	0.33	1.40	≥10	2
B01	Journal of Mathematical Study	42	—	—	0.95	33	0.17	0.63	≥10	2
B01	Journal of Partial Differential Equations	33	0.062	—	0.88	19	0.19	0.37	≥10	1
B01	Journal of the Operations Research Society of China	82	—	0.061	0.87	49	0.25	0.94	4.9	2
B01	Science China (Mathematics)	605	0.215	0.198	0.91	172	0.67	3.31	≥10	4
B01	Statistical Theory and Related Fields	13	0.080	0.077	0.62	8	0.06	0.15	3.7	1
B01	纯粹数学与应用数学	114	0.236	—	0.81	73	0.13	1.40	9.5	3
B01	大学数学	887	1.043	0.074	0.68	233	0.27	4.48	5.7	8
B01	第欧根尼	26	—	—	1.00	25	—	0.48	≥10	1
B01	概率、不确定性与定量风险	11	0.125	—	0.36	5	0.08	0.10	4.5	1
B01	高等数学研究	492	0.478	0.092	0.80	184	0.10	3.54	4.7	6
B01	高等学校计算数学学报	81	0.148	—	0.89	57	0.17	1.10	≥10	2
B01	高校应用数学学报	152	0.189	0.068	0.93	92	0.31	1.77	8.5	3
B01	计算数学	171	0.366	0.030	0.87	101	0.31	1.94	≥10	3
B01	模糊系统与数学	554	0.483	0.048	0.82	277	0.13	5.33	8.3	6
B01	数理天地（初中版）	453	—	0.226	0.66	57	0.08	1.10	2.1	3
B01	数理天地（高中版）	336	—	0.128	0.68	58	0.08	1.12	2.3	3
B01	数理统计与管理	1306	1.639	0.444	0.84	649	0.15	12.48	6.0	9
B01	数学的实践与认识	3216	0.475	0.109	0.94	1341	0.35	25.79	6.2	8
B01	数学建模及其应用	108	0.413	0.158	0.79	77	0.13	1.48	4.5	3
B01	数学教学通讯	966	0.153	0.075	0.93	123	0.13	2.37	3.9	3
B01	数学教学研究	156	0.279	0.132	0.97	66	0.12	1.27	6.0	2
B01	数学教育学报	2944	4.308	0.695	0.73	347	0.21	6.67	6.1	14
B01	数学进展	193	0.168	0.011	0.95	104	0.46	2.00	≥10	3
B01	数学年刊 A 辑	131	0.143	0.033	0.98	71	0.44	1.37	≥10	2
B01	数学通报	1693	1.508	0.167	0.93	199	0.19	3.83	5.7	10
B01	数学物理学报	403	0.416	0.051	0.83	145	0.42	2.79	5.2	4
B01	数学学报	303	0.187	0.124	0.92	125	0.52	2.40	≥10	3
B01	数学研究及应用	111	0.108	—	0.98	67	0.31	1.29	≥10	3
B01	数学杂志	135	0.171	0.022	0.90	83	0.27	1.60	≥10	3

学科代码	期刊名称	扩展总被引频次	扩展影响因子	扩展即年指标	扩展他引率	扩展引用刊数	扩展学科影响指标	扩展学科扩散指标	扩展被引半衰期	扩展H指标
B01	数学之友	435	—	0.031	0.43	60	0.10	1.15	2.6	6
B01	应用概率统计	164	0.373	0.068	0.90	112	0.23	2.15	7.5	3
B01	应用数学	238	0.395	0.009	0.82	141	0.35	2.71	5.5	3
B01	应用数学学报	332	0.268	0.046	0.94	185	0.44	3.56	9.4	4
B01	应用数学与计算数学学报	52	0.043	—	0.92	40	0.25	0.77	8.2	2
B01	运筹学学报	195	0.436	0.209	0.91	123	0.33	2.37	5.9	4
B01	运筹与管理	3343	1.375	0.242	0.88	960	0.21	18.46	4.7	10
B01	中国高等学校学术文摘·数学	120	0.198	0.065	1.00	52	0.46	1.00	7.2	3
B01	中国科学（数学）	522	0.276	0.056	0.96	310	0.60	5.96	9.5	6
B02	Journal of Systems Science and Complexity	342	0.368	0.120	0.80	170	0.57	12.14	5.9	4
B02	Journal of Systems Science and Information	53	0.270	—	0.79	31	0.21	2.21	4.4	2
B02	Journal of Systems Science and Systems Engineering	149	0.274	0.152	0.83	101	0.50	7.21	7.8	3
B02	复杂系统与复杂性科学	518	1.276	0.321	0.92	289	0.57	20.64	7.2	7
B02	控制理论与应用	2985	1.566	0.276	0.88	733	0.57	52.36	5.6	11
B02	控制与决策	5740	2.640	0.728	0.89	1094	0.86	78.14	5.1	18
B02	软件导刊	2470	0.939	0.298	0.84	868	0.29	62.00	4.2	8
B02	系统工程	1861	2.139	0.548	0.96	815	0.64	58.21	7.4	10
B02	系统工程理论与实践	6571	3.182	0.743	0.88	1515	0.86	108.21	6.3	16
B02	系统工程学报	1078	1.146	0.152	0.84	390	0.43	27.86	7.2	7
B02	系统管理学报	1674	2.325	0.673	0.91	639	0.57	45.64	5.3	9
B02	系统科学与数学	1288	1.166	0.255	0.75	510	0.86	36.43	4.4	7
B02	信息与控制	1034	2.268	0.319	0.94	488	0.36	34.86	5.0	9
B02	中国科学（信息科学）	2020	1.658	0.465	0.95	830	0.50	59.29	5.2	15
B03	Acta Mechanica Sinica (English Series)	927	1.089	0.306	0.58	233	0.94	13.71	4.6	4
B03	Acta Mechanica Solida Sinica	312	0.395	0.212	0.78	131	0.88	7.71	7.1	3
B03	Applied Mathematics and Mechanics	527	0.621	0.238	0.59	155	0.88	9.12	5.7	4
B03	Theoretical & Applied Mechanics Letters	205	0.508	0.323	0.72	90	0.71	5.29	4.7	3
B03	动力学与控制学报	524	0.915	0.421	0.53	171	0.65	10.06	5.3	5
B03	固体力学学报	621	0.694	0.167	0.89	297	0.59	17.47	9.6	5
B03	计算力学学报	1070	0.794	0.139	0.87	439	0.71	25.82	8.8	6
B03	力学季刊	670	1.153	0.174	0.77	326	0.71	19.18	6.9	5
B03	力学进展	1147	2.610	0.435	0.97	486	0.94	28.59	≥10	12

学科代码	期刊名称	扩展总被引频次	扩展影响因子	扩展即年指标	扩展他引率	扩展引用刊数	扩展学科影响指标	扩展学科扩散指标	扩展被引半衰期	扩展H指标
B03	力学学报	2527	1.489	0.233	0.82	653	1.00	38.41	5.4	9
B03	力学与实践	1625	1.156	0.388	0.78	581	0.76	34.18	6.5	9
B03	气体物理	158	0.490	0.122	0.91	73	0.18	4.29	4.9	4
B03	实验力学	987	0.815	0.091	0.84	407	0.59	23.94	7.9	7
B03	医用生物力学	1302	1.713	0.269	0.69	400	0.35	23.53	4.0	6
B03	应用力学学报	1726	0.922	0.296	0.89	634	0.82	37.29	5.2	6
B03	应用数学和力学	1082	1.240	0.160	0.66	414	0.82	24.35	6.0	6
B03	振动工程学报	1942	1.330	0.283	0.91	514	0.71	30.24	6.7	9
B04	Acta Mathematica Scientia	341	0.204	0.048	0.68	105	0.06	2.10	8.1	2
B04	Chinese Journal of Acoustics	56	0.169	—	0.79	25	0.08	0.50	7.7	2
B04	Chinese Optics Letters	1246	1.093	0.270	0.78	165	0.48	3.30	4.6	4
B04	Chinese Physics B	3606	0.439	0.106	0.57	557	0.82	11.14	5.5	5
B04	Chinese Physics C	894	0.623	0.135	0.68	75	0.28	1.50	4.5	4
B04	Chinese Physics Letters	1838	1.112	0.377	0.82	276	0.76	5.52	7.0	4
B04	Communications in Theoretical Physics	380	0.275	0.039	0.73	103	0.42	2.06	6.6	3
B04	eLight	224	—	1.192	0.82	39	0.24	0.78	2.5	1
B04	Journal of Zhejiang University Science A: Applied Physics & Engineering	801	1.056	0.407	0.84	370	0.12	7.40	7.3	6
B04	Light: Science & Applications	2381	1.591	0.373	0.80	214	0.34	4.28	4.4	6
B04	Magnetic Resonance Letters	28	0.581	0.097	0.68	9	0.04	0.18	2.8	2
B04	Science China Physics, Mechanics & Astronomy	1560	1.529	0.643	0.77	315	0.56	6.30	4.3	7
B04	Ultrafast Science	119	—	0.333	0.75	28	0.28	0.56	2.8	3
B04	波谱学杂志	308	0.906	0.175	0.73	147	0.08	2.94	5.9	4
B04	大学物理	1109	0.660	0.065	0.73	313	0.34	6.26	7.5	6
B04	低温物理学报	111	0.184	0.047	0.86	63	0.14	1.26	8.5	2
B04	低温与超导	996	0.555	0.047	0.81	341	0.22	6.82	6.5	5
B04	低温与特气	275	0.242	0.092	0.90	156	0.10	3.12	9.1	3
B04	发光学报	1195	1.357	0.305	0.67	302	0.40	6.04	4.3	7
B04	高等学校学术文摘·物理学前沿	768	1.719	0.400	0.68	148	0.44	2.96	3.9	5
B04	高压物理学报	760	0.924	0.140	0.90	274	0.18	5.48	6.1	6
B04	光电子·激光	1071	0.912	0.186	0.82	415	0.34	8.30	5.4	6
B04	光散射学报	272	0.526	0.318	0.79	146	0.10	2.92	7.7	4

学科代码	期刊名称	扩展总被引频次	扩展影响因子	扩展即年指标	扩展他引率	扩展引用刊数	扩展学科影响指标	扩展学科扩散指标	扩展被引半衰期	扩展H指标
B04	光学学报	6972	2.091	0.347	0.77	857	0.58	17.14	4.4	15
B04	光子学报	2237	1.108	0.131	0.88	514	0.48	10.28	5.1	8
B04	核聚变与等离子体物理	231	0.331	0.013	0.69	88	0.16	1.76	8.2	3
B04	红外与毫米波学报	791	0.770	0.044	0.91	312	0.30	6.24	6.5	6
B04	计算物理	573	0.926	0.088	0.58	230	0.20	4.60	6.8	4
B04	量子电子学报	441	0.733	0.021	0.81	188	0.26	3.76	5.6	6
B04	量子光学学报	121	0.511	—	0.85	57	0.18	1.14	4.6	3
B04	强激光与粒子束	1835	0.644	0.131	0.78	374	0.42	7.48	9.1	6
B04	热科学与技术	446	0.696	0.040	0.76	219	0.08	4.38	6.3	5
B04	声学技术	914	0.827	0.111	0.89	390	0.16	7.80	7.0	6
B04	声学学报	1239	0.918	0.174	0.73	279	0.18	5.58	9.2	6
B04	物理	786	0.365	0.060	0.94	404	0.66	8.08	≥10	7
B04	物理测试	455	0.757	0.053	0.68	156	0.12	3.12	7.0	4
B04	物理教师	2356	1.373	0.281	0.76	198	0.14	3.96	4.6	9
B04	物理教学探讨	576	0.357	0.068	0.90	112	0.12	2.24	5.2	5
B04	物理实验	745	0.685	0.101	0.80	210	0.22	4.20	6.0	5
B04	物理通报	1099	0.442	0.080	0.86	231	0.18	4.62	4.6	5
B04	物理学报	7299	0.846	0.200	0.84	1261	0.90	25.22	7.1	9
B04	物理学进展	156	0.714	—	0.99	112	0.26	2.24	≥10	4
B04	物理与工程	863	0.934	0.128	0.82	268	0.18	5.36	4.9	7
B04	现代应用物理	201	0.388	0.067	0.76	102	0.12	2.04	5.2	4
B04	应用光学	1324	1.040	0.116	0.84	385	0.28	7.70	5.6	8
B04	应用声学	797	0.811	0.164	0.88	357	0.22	7.14	6.1	5
B04	原子核物理评论	267	0.250	0.048	0.76	94	0.24	1.88	6.7	4
B04	原子与分子物理学报	327	0.372	0.176	0.69	136	0.24	2.72	4.5	3
B04	真空与低温	422	0.443	0.275	0.85	172	0.20	3.44	6.6	4
B04	中国科学（物理学 力学 天文学）	1194	0.754	0.313	0.91	459	0.68	9.18	6.0	7
B05	Carbon Energy	279	—	0.218	1.00	66	0.40	1.57	3.1	2
B05	Chemical Research in Chinese Universities	520	0.505	0.068	0.85	221	0.74	5.26	4.6	4
B05	Chinese Chemical Letters	6108	1.960	0.519	0.48	549	0.88	13.07	3.6	7
B05	Chinese Journal of Chemical Physics	232	0.257	0.045	0.75	123	0.38	2.93	6.8	2
B05	Chinese Journal of Chemistry	2078	1.616	0.450	0.56	250	0.81	5.95	3.6	4
B05	Chinese Journal of Polymer Science	1002	1.125	0.227	0.72	184	0.60	4.38	4.5	4

学科代码	期刊名称	扩展总被引频次	扩展影响因子	扩展即年指标	扩展他引率	扩展引用刊数	扩展学科影响指标	扩展学科扩散指标	扩展被引半衰期	扩展H指标
B05	eScience	535	—	0.448	0.89	58	0.38	1.38	2.7	1
B05	Journal of Energy Chemistry	6655	2.883	0.861	0.51	454	0.76	10.81	3.3	6
B05	Journal of Molecular Science	225	0.479	0.119	0.90	156	0.29	3.71	6.0	4
B05	Science China （Chemistry）	2243	1.734	0.385	0.72	362	0.88	8.62	4.2	6
B05	催化学报	3530	2.768	0.493	0.81	455	0.76	10.83	4.8	8
B05	大学化学	3365	1.661	0.424	0.72	517	0.36	12.31	4.0	13
B05	电化学（中英文）	445	0.824	0.109	0.91	202	0.52	4.81	5.3	5
B05	分析测试学报	3121	1.769	0.406	0.87	704	0.52	16.76	5.7	10
B05	分析化学	3063	1.366	0.238	0.93	860	0.69	20.48	8.0	9
B05	分析科学学报	1032	1.062	0.243	0.92	406	0.40	9.67	5.6	6
B05	分析试验室	2311	1.366	0.320	0.85	567	0.50	13.50	6.0	8
B05	分子催化	539	1.750	0.763	0.51	140	0.31	3.33	4.8	6
B05	高等学校化学学报	2007	0.811	0.117	0.87	627	0.90	14.93	6.1	6
B05	高分子通报	1603	1.488	0.350	0.92	541	0.50	12.88	5.6	7
B05	高分子学报	1537	1.427	0.276	0.82	374	0.64	8.90	6.1	7
B05	功能高分子学报	432	1.158	0.194	0.87	206	0.29	4.90	5.7	6
B05	光谱学与光谱分析	6801	1.477	0.204	0.94	1401	0.57	33.36	6.0	10
B05	广州化学	271	0.580	0.036	0.96	185	0.24	4.40	5.7	3
B05	合成化学	366	0.275	0.040	0.87	171	0.26	4.07	7.1	3
B05	化学分析计量	1628	1.171	0.220	0.85	473	0.31	11.26	5.0	6
B05	化学进展	2168	1.158	0.187	0.96	765	0.81	18.21	8.3	10
B05	化学试剂	1645	1.464	0.459	0.78	528	0.57	12.57	3.8	9
B05	化学通报（印刷版）	876	0.673	0.150	0.95	436	0.33	10.38	5.8	6
B05	化学学报	1935	1.492	0.230	0.82	567	0.88	13.50	7.5	6
B05	化学研究	398	0.646	0.096	0.92	247	0.29	5.88	6.2	5
B05	化学研究与应用	1811	0.858	0.125	0.75	600	0.60	14.29	5.0	7
B05	色谱	2540	2.067	0.508	0.90	525	0.45	12.50	6.3	9
B05	无机化学学报	1451	0.916	0.290	0.74	399	0.55	9.50	5.1	5
B05	物理化学学报	2486	2.842	1.016	0.86	594	0.86	14.14	4.8	8
B05	应用化学	1163	1.086	0.154	0.90	482	0.62	11.48	6.1	6
B05	影像科学与光化学	1813	2.368	0.534	0.99	441	0.26	10.50	3.5	11
B05	有机化学	1652	0.573	0.131	0.76	347	0.60	8.26	5.1	5
B05	质谱学报	932	1.448	0.212	0.88	325	0.31	7.74	6.3	8

学科代码	期刊名称	扩展总被引频次	扩展影响因子	扩展即年指标	扩展他引率	扩展引用刊数	扩展学科影响指标	扩展学科扩散指标	扩展被引半衰期	扩展H指标
B05	中国科学（化学）	1369	0.710	0.159	0.96	657	0.83	15.64	≥10	8
B05	中国无机分析化学	1617	2.758	0.750	0.58	297	0.31	7.07	3.7	10
B06	Astronomical Techniques and Instruments	243	0.511	0.149	0.58	95	0.83	15.83	5.6	3
B06	Research in Astronomy and Astrophysics	909	0.452	0.132	0.48	116	1.00	19.33	5.3	4
B06	空间科学学报	512	0.572	0.057	0.89	217	0.50	36.17	6.1	5
B06	时间频率学报	171	0.680	—	0.85	71	0.33	11.83	6.0	4
B06	天文学报	318	0.428	0.329	0.81	110	0.83	18.33	7.8	4
B06	天文学进展	129	0.315	—	0.92	74	0.83	12.33	9.5	3
B07	Acta Geochimica	319	0.272	0.042	0.92	149	0.68	5.96	8.2	3
B07	Geoscience Frontiers	1104	1.032	0.370	0.85	266	0.76	10.64	5.2	8
B07	Geospatial Information Science	169	0.649	0.146	0.88	107	0.08	4.28	4.9	3
B07	Journal of Earth Science	1084	1.343	0.188	0.77	205	0.64	8.20	5.9	5
B07	Journal of Tropical Meteorology	165	0.534	0.167	0.75	54	0.08	2.16	5.6	3
B07	Science China (Earth Sciences)	4035	1.915	0.337	0.88	508	0.88	20.32	≥10	12
B07	城市地质	525	1.294	0.284	0.77	211	0.32	8.44	4.9	5
B07	大地测量与地球动力学	2546	1.221	0.208	0.91	463	0.56	18.52	6.9	9
B07	地球化学	2247	0.948	0.172	0.97	328	0.80	13.12	≥10	13
B07	地球环境学报	593	1.193	0.174	0.95	302	0.56	12.08	6.2	6
B07	地球科学	8297	3.457	0.978	0.79	656	0.88	26.24	5.6	19
B07	地球科学进展	4455	2.079	0.460	0.97	1022	0.88	40.88	≥10	16
B07	地球科学与环境学报	1598	2.810	0.381	0.96	446	0.72	17.84	7.7	10
B07	地球学报	3563	2.053	2.473	0.88	507	0.84	20.28	9.7	16
B07	地球与环境	1819	1.988	0.477	0.96	559	0.72	22.36	8.6	8
B07	地学前缘	8409	2.982	1.000	0.95	753	0.88	30.12	9.8	22
B07	高等学校学术文摘·地球科学前沿	254	0.331	0.025	0.91	162	0.44	6.48	7.3	3
B07	国土资源导刊	516	0.901	0.192	0.90	201	0.36	8.04	≥10	4
B07	华东地质	661	1.364	0.233	0.86	191	0.48	7.64	7.9	6
B07	矿物岩石地球化学通报	2340	1.490	0.260	0.96	386	0.80	15.44	8.7	11
B07	四川地震	203	0.652	0.031	0.93	74	0.28	2.96	9.6	3
B07	中国科学（地球科学）	7429	3.041	0.543	0.94	889	0.92	35.56	≥10	22
B07	自然资源信息化	474	1.381	0.338	0.77	174	0.08	6.96	4.3	5
B08	Advances in Atmospheric Sciences	2141	1.663	0.731	0.80	257	0.94	7.79	6.9	9
B08	Advances in Climate Change Research	454	1.052	0.344	0.79	191	0.48	5.79	4.2	5

学科代码	期刊名称	扩展总被引频次	扩展影响因子	扩展即年指标	扩展他引率	扩展引用刊数	扩展学科影响指标	扩展学科扩散指标	扩展被引半衰期	扩展H指标
B08	Atmospheric and Oceanic Science Letters	398	0.714	0.103	0.92	144	0.79	4.36	6.0	5
B08	Journal of Meteorological Research (JMR)	709	0.993	0.133	0.92	159	0.82	4.82	6.4	7
B08	暴雨灾害	1596	2.033	0.292	0.85	201	0.94	6.09	6.4	10
B08	大气科学	4050	2.394	0.350	0.89	433	1.00	13.12	≥10	15
B08	大气科学学报	2058	2.802	0.883	0.83	376	1.00	11.39	6.5	12
B08	大气与环境光学学报	383	1.000	0.173	0.90	185	0.42	5.61	6.3	5
B08	干旱气象	2345	2.625	0.327	0.83	396	0.97	12.00	6.5	12
B08	高原气象	4502	3.251	0.377	0.81	451	1.00	13.67	8.9	12
B08	高原山地气象研究	826	1.374	0.054	0.75	221	0.88	6.70	7.3	6
B08	广东气象	1044	1.116	0.093	0.52	193	0.79	5.85	6.4	7
B08	海洋气象学报	582	1.520	0.283	0.71	150	0.85	4.55	5.6	7
B08	黑龙江气象	213	0.442	0.018	0.77	95	0.58	2.88	6.9	3
B08	内蒙古气象	268	0.464	0.061	0.81	121	0.36	3.67	7.6	3
B08	气候变化研究进展	2480	4.609	0.822	0.96	776	0.97	23.52	5.8	16
B08	气候与环境研究	1409	1.333	0.151	0.96	350	0.97	10.61	≥10	9
B08	气象	5791	2.654	0.408	0.85	506	1.00	15.33	9.1	15
B08	气象科技	2755	2.449	0.292	0.71	443	0.97	13.42	7.4	8
B08	气象科技进展	909	0.629	0.010	0.93	283	0.94	8.58	6.5	9
B08	气象科学	1507	0.994	0.058	0.86	308	1.00	9.33	9.0	8
B08	气象学报	4039	2.597	0.389	0.94	441	1.00	13.36	≥10	16
B08	气象研究与应用	957	1.354	0.429	0.66	253	0.82	7.67	6.4	5
B08	气象与环境科学	1465	2.038	0.488	0.73	314	0.91	9.52	6.4	9
B08	气象与环境学报	1699	1.789	0.120	0.78	381	0.97	11.55	6.8	7
B08	气象与减灾研究	370	0.812	0.256	0.79	150	0.67	4.55	7.6	4
B08	气象灾害防御	180	0.542	0.056	0.82	76	0.58	2.30	7.8	3
B08	热带气象学报	1741	1.449	0.160	0.84	266	1.00	8.06	≥10	8
B08	沙漠与绿洲气象	1545	1.757	0.297	0.75	255	0.85	7.73	5.8	8
B08	山地气象学报	890	1.442	0.262	0.67	199	0.64	6.03	4.6	6
B08	陕西气象	504	0.913	0.149	0.68	180	0.64	5.45	5.5	5
B08	应用气象学报	3159	4.398	0.871	0.79	444	1.00	13.45	9.8	13
B08	浙江气象	174	0.479	0.061	0.93	94	0.67	2.85	7.3	3
B09	Applied Geophysics	355	0.337	—	0.95	127	0.41	5.77	8.5	4
B09	Earth and Planetary Physics	396	1.330	0.730	0.76	50	0.50	2.27	4.1	6

学科代码	期刊名称	扩展总被引频次	扩展影响因子	扩展即年指标	扩展他引率	扩展引用刊数	扩展学科影响指标	扩展学科扩散指标	扩展被引半衰期	扩展H指标
B09	Earthquake Engineering and Engineering Vibration	492	0.607	0.045	0.61	127	0.32	5.77	8.5	4
B09	Earthquake Science	277	0.733	0.710	0.83	71	0.77	3.23	9.5	5
B09	Geodesy and Geodynamics	154	0.385	0.117	0.86	70	0.68	3.18	7.5	3
B09	地球物理学报	12328	2.471	0.342	0.74	780	1.00	35.45	9.4	21
B09	地球物理学进展	6041	2.384	0.641	0.79	706	0.91	32.09	7.0	14
B09	地球与行星物理论评（中英文）	169	1.136	0.500	0.88	74	0.68	3.36	3.0	4
B09	地震	955	0.484	0.052	0.92	119	0.86	5.41	≥10	7
B09	地震地磁观测与研究	830	0.430	0.028	0.78	126	0.86	5.73	7.0	5
B09	地震地质	2678	1.708	0.088	0.90	281	0.91	12.77	≥10	11
B09	地震工程学报	1844	1.040	0.212	0.89	448	0.86	20.36	7.1	8
B09	地震工程与工程振动	2386	0.997	0.088	0.89	429	0.86	19.50	≥10	9
B09	地震科学进展	214	0.861	0.185	0.57	50	0.77	2.27	3.1	5
B09	地震学报	1856	1.185	0.312	0.95	243	0.95	11.05	≥10	8
B09	地震研究	1215	1.649	0.468	0.88	222	0.91	10.09	8.4	8
B09	防灾减灾学报	310	0.811	0.109	0.88	112	0.73	5.09	7.2	4
B09	华北地震科学	364	0.309	0.065	0.87	118	0.73	5.36	9.6	4
B09	华南地震	522	0.713	0.053	0.90	173	0.73	7.86	9.8	4
B09	世界地震工程	1130	0.935	0.185	0.91	319	0.82	14.50	8.7	6
B09	灾害学	2924	2.250	0.912	0.92	867	0.77	39.41	6.5	11
B09	中国地震	1176	1.062	0.228	0.85	199	0.86	9.05	9.6	7
B10	Advances in Polar Science	61	0.210	—	0.70	26	0.05	0.68	7.8	2
B10	Chinese Geographical Science	777	0.893	0.176	0.88	324	0.58	8.53	7.2	5
B10	Journal of Geographical Sciences	1892	1.163	0.328	0.81	513	0.68	13.50	7.3	9
B10	Journal of Mountain Science	1216	0.648	0.096	0.80	397	0.63	10.45	5.9	5
B10	Sciences in Cold and Arid Regions	130	0.256	—	0.95	81	0.24	2.13	7.2	3
B10	冰川冻土	3634	1.565	0.174	0.86	673	0.71	17.71	≥10	11
B10	测绘地理信息	1527	1.487	0.289	0.83	480	0.53	12.63	4.6	8
B10	地理科学	10708	5.108	0.679	0.95	1643	0.84	43.24	6.5	26
B10	地理科学进展	9221	5.063	0.742	0.94	1518	0.84	39.95	6.9	23
B10	地理学报	18701	7.671	1.035	0.95	1942	0.89	51.11	7.4	40
B10	地理研究	12974	5.940	0.865	0.96	1759	0.82	46.29	6.7	30
B10	地理与地理信息科学	2988	3.427	0.519	0.92	982	0.76	25.84	6.6	15

学科代码	期刊名称	扩展总被引频次	扩展影响因子	扩展即年指标	扩展他引率	扩展引用刊数	扩展学科影响指标	扩展学科扩散指标	扩展被引半衰期	扩展H指标
B10	地域研究与开发	4232	3.071	0.554	0.86	1068	0.68	28.11	5.8	14
B10	干旱区地理	3679	3.011	0.885	0.89	812	0.76	21.37	5.5	12
B10	干旱区科学	590	0.649	0.167	0.89	223	0.34	5.87	6.8	5
B10	干旱区研究	3816	3.236	0.589	0.87	688	0.61	18.11	5.6	13
B10	国土与自然资源研究	936	0.903	0.371	0.98	520	0.53	13.68	5.5	6
B10	国土资源科技管理	439	0.648	0.094	0.98	305	0.37	8.03	7.1	5
B10	经济地理	17069	7.030	0.973	0.95	1812	0.84	47.68	5.8	31
B10	南方自然资源	375	0.391	0.053	1.00	210	0.18	5.53	7.0	4
B10	全球变化数据仓储（中英文）	4	—	—	1.00	1	0.03	0.03	—	1
B10	全球变化数据学报（中英文）	173	0.391	0.018	0.87	106	0.42	2.79	5.3	4
B10	热带地理	2460	2.278	0.305	0.92	868	0.68	22.84	5.9	11
B10	山地学报	2079	1.994	0.160	0.95	628	0.71	16.53	9.8	9
B10	山东国土资源	1646	1.633	0.292	0.64	298	0.29	7.84	6.2	8
B10	上海国土资源	878	1.465	0.330	0.70	341	0.29	8.97	6.8	5
B10	湿地科学	1814	2.058	0.143	0.85	463	0.58	12.18	7.2	8
B10	湿地科学与管理	687	1.389	0.148	0.78	258	0.26	6.79	5.2	6
B10	时空信息学报	983	1.084	0.200	0.90	398	0.45	10.47	5.5	6
B10	世界地理研究	2510	3.172	0.832	0.90	868	0.74	22.84	4.9	12
B10	西部资源	987	0.543	0.092	0.93	342	0.32	9.00	4.5	5
B10	云南地理环境研究	434	0.530	0.094	0.88	262	0.26	6.89	≥10	3
B10	浙江国土资源	327	0.211	0.067	1.00	192	0.21	5.05	5.0	4
B10	中国沙漠	4296	2.829	0.350	0.85	686	0.74	18.05	8.8	11
B10	资源导刊	316	0.113	0.020	1.00	196	0.18	5.16	4.9	3
B10	资源环境与工程	1200	1.107	0.240	0.85	374	0.21	9.84	6.3	7
B11	Acta Geologica Sinica (English Edition)	1533	0.943	0.252	0.86	214	0.72	3.57	7.9	6
B11	China Geology	258	0.968	0.213	0.89	96	0.37	1.60	3.9	5
B11	Deep Underground Science and Engineering	11	—	0.111	0.55	6	0.02	0.10	2.3	2
B11	Earthquake Research Advances	108	1.246	0.545	0.81	44	0.05	0.73	2.6	3
B11	Global Geology	37	0.098	0.042	0.95	25	0.12	0.42	≥10	2
B11	Journal of Palaeogeography	160	0.409	0.091	0.81	49	0.32	0.82	7.0	3
B11	Journal of Rock Mechanics and Geotechnical Engineering	1572	1.862	0.188	0.70	300	0.23	5.00	5.5	10
B11	安徽地质	469	0.521	0.062	0.89	171	0.50	2.85	8.9	5

学科代码	期刊名称	扩展总被引频次	扩展影响因子	扩展即年指标	扩展他引率	扩展引用刊数	扩展学科影响指标	扩展学科扩散指标	扩展被引半衰期	扩展H指标
B11	宝石和宝石学杂志（中英文）	368	0.403	0.105	0.67	81	0.18	1.35	9.1	3
B11	沉积学报	4468	2.686	0.633	0.91	355	0.78	5.92	≥10	12
B11	大地构造与成矿学	2787	2.323	0.430	0.95	246	0.78	4.10	9.1	14
B11	地层学杂志	1214	1.697	0.559	0.89	161	0.70	2.68	≥10	8
B11	地下水	2132	0.598	0.075	0.88	558	0.67	9.30	5.0	6
B11	地质科技通报	3745	2.632	0.490	0.83	559	0.88	9.32	6.4	11
B11	地质科学	2073	1.731	0.247	0.91	269	0.80	4.48	≥10	10
B11	地质力学学报	2058	3.696	0.469	0.78	378	0.80	6.30	5.5	13
B11	地质论评	5150	2.583	0.620	0.84	495	0.93	8.25	≥10	14
B11	地质通报	5588	1.877	0.533	0.93	508	0.95	8.47	≥10	14
B11	地质学报	10205	2.998	0.767	0.88	556	0.92	9.27	9.2	24
B11	地质学刊	741	0.991	0.056	0.86	275	0.67	4.58	8.0	6
B11	地质与勘探	3380	2.628	0.523	0.80	442	0.83	7.37	8.9	11
B11	地质与资源	982	1.263	0.174	0.85	270	0.75	4.50	6.2	7
B11	地质灾害与环境保护	835	1.314	0.108	0.84	300	0.55	5.00	7.8	6
B11	地质找矿论丛	746	0.616	0.109	0.96	180	0.73	3.00	≥10	6
B11	地质装备	238	0.641	0.033	0.83	123	0.17	2.05	5.8	4
B11	第四纪研究	3015	1.853	0.274	0.75	477	0.78	7.95	≥10	10
B11	福建地质	221	0.264	—	0.89	100	0.38	1.67	≥10	3
B11	高校地质学报	2189	1.110	0.383	0.97	363	0.87	6.05	≥10	12
B11	高原地震	187	0.430	0.045	0.87	64	0.10	1.07	7.5	3
B11	古地理学报	2491	1.846	0.573	0.92	259	0.77	4.32	8.7	12
B11	古脊椎动物学报（中英文）	668	0.528	0.158	0.79	77	0.32	1.28	≥10	4
B11	古生物学报	989	0.540	0.167	0.75	114	0.52	1.90	≥10	6
B11	贵州地质	871	0.915	0.192	0.84	202	0.55	3.37	≥10	7
B11	华北地质	910	2.488	0.238	0.89	181	0.65	3.02	8.2	7
B11	华南地质	703	1.921	0.283	0.84	161	0.58	2.68	7.2	6
B11	化工矿产地质	517	0.852	0.125	0.81	181	0.63	3.02	9.8	6
B11	吉林地质	357	0.353	0.015	0.83	133	0.47	2.22	≥10	4
B11	矿床地质	5035	2.931	0.436	0.90	243	0.77	4.05	≥10	19
B11	矿物岩石	1247	1.441	0.157	0.92	245	0.75	4.08	≥10	8
B11	山西地震	199	0.414	0.159	0.88	65	0.13	1.08	7.4	4
B11	陕西地质	232	0.610	0.059	0.94	104	0.48	1.73	≥10	3

学科代码	期刊名称	扩展总被引频次	扩展影响因子	扩展即年指标	扩展他引率	扩展引用刊数	扩展学科影响指标	扩展学科扩散指标	扩展被引半衰期	扩展H指标
B11	世界地质	884	0.804	0.135	0.91	285	0.77	4.75	9.0	6
B11	四川地质学报	1011	1.022	0.134	0.78	296	0.75	4.93	6.2	6
B11	微体古生物学报	604	0.391	—	0.78	105	0.53	1.75	≥10	4
B11	物探化探计算技术	670	0.525	0.053	0.94	240	0.48	4.00	9.3	4
B11	物探与化探	2931	1.381	0.183	0.86	513	0.73	8.55	8.2	10
B11	西北地质	1940	2.057	0.853	0.77	317	0.83	5.28	6.6	11
B11	现代地质	3041	1.810	0.440	0.92	459	0.88	7.65	9.1	12
B11	新疆地质	1132	0.706	0.120	0.91	219	0.67	3.65	≥10	6
B11	岩矿测试	2137	2.215	0.350	0.82	436	0.68	7.27	8.5	9
B11	岩石矿物学杂志	2020	1.955	0.323	0.89	260	0.75	4.33	≥10	11
B11	岩石学报	14319	3.014	1.195	0.81	381	0.87	6.35	≥10	25
B11	铀矿地质	1375	1.150	0.237	0.76	156	0.65	2.60	≥10	8
B11	云南地质	474	0.305	0.047	0.93	150	0.57	2.50	≥10	4
B11	中国地质	6515	3.967	1.188	0.87	631	0.92	10.52	8.0	19
B11	中国地质调查	817	1.738	0.179	0.90	253	0.72	4.22	5.1	10
B11	中国地质灾害与防治学报	2536	3.570	0.520	0.89	526	0.60	8.77	6.3	12
B11	中国岩溶	2025	1.675	0.269	0.71	447	0.58	7.45	7.2	10
B12	Acta Oceanologica Sinica	763	0.369	0.018	0.81	200	0.71	5.88	7.3	4
B12	China Ocean Engineering	434	0.455	0.081	0.76	156	0.44	4.59	7.7	4
B12	Journal of Ocean Engineering and Science	278	—	0.058	0.24	47	0.18	1.38	3.7	1
B12	Journal of Ocean University of China	582	0.383	0.063	0.92	240	0.65	7.06	6.5	4
B12	Journal of Oceanology and Limnology	682	0.372	0.192	0.83	199	0.65	5.85	6.3	4
B12	Marine Science Bulletin	41	0.120	—	0.95	34	0.29	1.00	≥10	2
B12	海岸工程	277	0.645	0.147	0.95	147	0.65	4.32	9.0	4
B12	海洋地质前沿	1140	1.183	0.197	0.86	313	0.68	9.21	6.6	6
B12	海洋地质与第四纪地质	1947	1.047	0.162	0.90	362	0.74	10.65	≥10	7
B12	海洋工程	1178	1.029	0.214	0.88	339	0.65	9.97	8.2	6
B12	海洋工程装备与技术	291	—	0.012	0.93	132	0.18	3.88	6.1	5
B12	海洋湖沼通报	1156	0.922	0.076	0.96	391	0.76	11.50	7.1	6
B12	海洋技术学报	744	0.556	0.125	0.93	326	0.71	9.59	8.2	5
B12	海洋经济	319	0.946	0.103	0.85	149	0.32	4.38	4.4	5
B12	海洋开发与管理	1509	0.938	0.160	0.88	505	0.74	14.85	6.5	6
B12	海洋科学	2425	0.995	0.049	0.93	630	0.79	18.53	8.8	9

学科代码	期刊名称	扩展总被引频次	扩展影响因子	扩展即年指标	扩展他引率	扩展引用刊数	扩展学科影响指标	扩展学科扩散指标	扩展被引半衰期	扩展H指标
B12	海洋科学进展	854	0.835	0.233	0.95	288	0.71	8.47	≥10	5
B12	海洋通报	1355	1.000	0.254	0.93	460	0.82	13.53	9.2	7
B12	海洋信息技术与应用	212	0.455	—	0.87	122	0.50	3.59	7.0	4
B12	海洋学报（中文版）	2604	1.037	0.100	0.92	500	0.88	14.71	9.3	9
B12	海洋学研究	501	0.628	0.023	0.97	214	0.74	6.29	≥10	5
B12	海洋与湖沼	2321	1.037	0.113	0.91	412	0.79	12.12	≥10	8
B12	海洋预报	637	0.985	0.119	0.79	195	0.62	5.74	7.8	4
B12	湖泊科学	4900	3.156	0.567	0.87	592	0.56	17.41	6.6	13
B12	极地研究	384	0.620	0.115	0.83	176	0.53	5.18	7.5	4
B12	热带海洋学报	1160	1.045	0.196	0.89	325	0.76	9.56	≥10	6
B12	生态文明研究	298	1.803	0.381	0.97	226	0.09	6.65	4.0	6
B12	水文	1783	1.809	0.302	0.93	450	0.41	13.24	8.2	7
B12	水文地质工程地质	3651	3.000	0.674	0.90	676	0.29	19.88	7.5	12
B12	亚太安全与海洋研究	437	2.614	1.675	0.91	194	0.09	5.71	3.2	9
B12	盐湖研究	549	1.029	0.309	0.89	214	0.21	6.29	8.3	7
B12	应用海洋学学报	1035	1.604	0.154	0.94	329	0.65	9.68	8.0	6
B13	Acta Biochimica et Biophysica Sinica	1279	0.985	0.144	0.90	564	0.63	13.12	5.3	6
B13	Biomedical and Environmental Sciences	769	0.716	0.071	0.95	439	0.14	10.21	6.2	6
B13	Biophysics Reports	27	—	0.036	0.89	25	0.09	0.58	5.4	2
B13	Cell Research	3801	2.358	0.413	0.98	854	0.67	19.86	7.2	16
B13	Genomics, Proteomics & Bioinformatics	704	1.241	0.281	0.82	307	0.47	7.14	5.4	9
B13	Journal of Bio-X Research	18	0.146	—	0.50	10	0.05	0.23	4.8	1
B13	Journal of Molecular Cell Biology	488	0.453	0.244	0.96	296	0.47	6.88	5.8	6
B13	Journal of Zhejiang University Science B: Biomedicine & Biotechnology	1121	1.432	0.333	0.89	596	0.40	13.86	6.5	7
B13	Quantitative Biology	62	0.055	0.053	0.85	47	0.14	1.09	8.3	2
B13	Science China (Life Sciences)	2544	2.071	0.702	0.80	840	0.70	19.53	4.7	12
B13	蛋白质与细胞	1205	2.679	0.315	0.95	525	0.67	12.21	5.1	9
B13	工业微生物	425	0.860	0.245	0.92	233	0.14	5.42	5.2	5
B13	化石	66	0.049	—	1.00	39	0.02	0.91	≥10	2
B13	基因组学与应用生物学	3068	0.581	0.116	0.99	951	0.56	22.12	5.6	9
B13	激光生物学报	446	0.685	0.203	0.96	301	0.16	7.00	6.2	5
B13	热带生物学报	612	1.105	0.329	0.94	315	0.23	7.33	6.5	6

学科代码	期刊名称	扩展总被引频次	扩展影响因子	扩展即年指标	扩展他引率	扩展引用刊数	扩展学科影响指标	扩展学科扩散指标	扩展被引半衰期	扩展H指标
B13	人类学学报	1207	1.016	0.219	0.71	164	0.12	3.81	≥10	5
B13	生理科学进展	914	1.189	0.313	0.97	485	0.30	11.28	5.9	7
B13	生理学报	969	1.204	0.444	0.95	515	0.35	11.98	5.2	8
B13	生命的化学	1486	0.939	0.105	0.96	663	0.42	15.42	4.2	7
B13	生命科学	1596	1.006	0.283	0.99	792	0.44	18.42	6.8	9
B13	生命科学研究	517	0.808	0.265	0.98	349	0.16	8.12	6.2	7
B13	生命世界	328	0.210	0.019	1.00	222	0.09	5.16	≥10	4
B13	生物安全学报（中英文）	619	1.440	0.189	0.84	208	0.09	4.84	6.0	8
B13	生物多样性	6248	2.937	0.642	0.89	765	0.40	17.79	8.0	21
B13	生物化工	738	0.614	0.089	0.99	441	0.16	10.26	4.0	5
B13	生物化学与生物物理进展	947	0.768	0.276	0.93	558	0.51	12.98	5.6	6
B13	生物技术	495	0.439	0.057	0.98	307	0.23	7.14	≥10	5
B13	生物技术进展	814	1.173	0.305	0.85	381	0.23	8.86	4.9	7
B13	生物信息学	200	0.635	0.118	0.94	161	0.09	3.74	6.2	5
B13	生物学通报	1266	0.278	0.029	0.95	551	0.40	12.81	≥10	7
B13	生物学杂志	1490	1.193	0.348	0.96	663	0.51	15.42	6.2	8
B13	生物资源	758	0.964	0.041	0.97	386	0.14	8.98	6.8	7
B13	水生生物学报	3103	1.563	0.536	0.90	437	0.37	10.16	8.5	9
B13	四川生理科学杂志	1031	—	0.135	0.99	311	0.05	7.23	3.2	4
B13	遗传	1734	1.082	0.423	0.94	664	0.56	15.44	9.0	9
B13	中国科学（生命科学）	2429	2.439	0.342	0.98	1041	0.67	24.21	5.4	15
B13	中国生物化学与分子生物学报	1135	1.076	0.251	0.95	568	0.33	13.21	4.8	8
B13	中国细胞生物学学报	1342	0.757	0.104	0.96	638	0.49	14.84	5.0	7
B13	中学生物教学	937	0.175	0.039	0.61	132	0.09	3.07	4.3	6
B13	蛛形学报	62	0.074	—	0.37	20	0.09	0.47	≥10	1
B14	Ecological Processes	118	0.421	0.032	1.00	69	0.40	6.90	4.0	2
B14	生态毒理学报	2000	1.326	0.167	0.88	573	0.70	57.30	5.8	9
B14	生态环境学报	8238	3.040	0.217	0.96	1169	0.70	116.90	7.7	16
B14	生态科学	2855	2.349	0.309	0.95	784	0.70	78.40	5.8	12
B14	生态文化	12	0.023	—	1.00	11	—	1.10	9.0	1
B14	生态学报	40635	4.800	1.086	0.89	1909	0.70	190.90	7.0	33
B14	生态学杂志	11796	3.138	0.841	0.94	1213	0.70	121.30	7.4	18
B14	水生态学杂志	1803	1.962	0.569	0.95	435	0.70	43.50	7.2	8

学科代码	期刊名称	扩展总被引频次	扩展影响因子	扩展即年指标	扩展他引率	扩展引用刊数	扩展学科影响指标	扩展学科扩散指标	扩展被引半衰期	扩展H指标
B14	应用生态学报	18067	3.585	0.668	0.94	1314	0.70	131.40	8.1	21
B14	中国微生态学杂志	3355	1.840	0.185	0.95	811	0.20	81.10	5.0	11
B15	Journal of Integrative Plant Biology	2751	2.219	0.480	0.92	448	1.00	29.87	7.5	10
B15	Journal of Plant Ecology	350	0.741	0.044	0.73	110	0.73	7.33	4.8	3
B15	Molecular Plant	4992	2.387	0.780	0.91	409	1.00	27.27	5.9	12
B15	Plant Diversity	1725	1.437	0.569	0.93	391	0.87	26.07	≥10	9
B15	Plant Phenomics	176	—	0.284	0.41	41	0.07	2.73	3.6	5
B15	广西植物	2709	1.527	0.599	0.90	544	0.80	36.27	6.3	9
B15	热带亚热带植物学报	1313	1.609	0.515	0.98	420	0.60	28.00	6.8	7
B15	西北植物学报	5362	1.873	0.317	0.89	633	0.80	42.20	9.3	11
B15	植物分类学报	939	0.803	0.175	0.82	250	0.87	16.67	≥10	5
B15	植物科学学报	1582	1.362	0.212	0.98	429	0.73	28.60	8.5	7
B15	植物生理学报	4560	1.740	0.220	0.93	576	0.60	38.40	8.3	12
B15	植物生态学报	6268	3.264	0.299	0.95	665	0.80	44.33	≥10	17
B15	植物学报	2289	1.302	0.198	0.94	543	0.87	36.20	≥10	10
B15	植物研究	1565	1.242	0.337	0.96	403	0.67	26.87	8.2	7
B15	中国野生植物资源	1949	1.651	0.188	0.94	604	0.53	40.27	5.4	10
B16	Asian Herpetological Research	81	0.333	0.036	0.68	20	0.36	1.43	5.4	3
B16	Avian Research	196	0.319	0.037	0.55	50	0.29	3.57	5.7	2
B16	Insect Science	638	0.718	0.201	0.82	142	0.36	10.14	5.6	5
B16	动物分类学报	347	0.283	—	0.95	122	0.71	8.71	≥10	5
B16	动物学研究	1015	0.844	0.400	0.85	330	1.00	23.57	≥10	6
B16	动物学杂志	1552	0.702	0.090	0.91	338	0.79	24.14	≥10	7
B16	昆虫分类学报	111	0.208	0.024	0.85	45	0.29	3.21	≥10	2
B16	昆虫学报	2439	1.090	0.290	0.86	340	0.50	24.29	9.5	9
B16	实验动物科学	552	0.608	0.038	0.90	272	0.21	19.43	7.2	5
B16	兽类学报	1376	1.697	0.182	0.76	231	0.43	16.50	9.3	7
B16	四川动物	1320	0.877	0.093	0.94	340	0.79	24.29	≥10	7
B16	野生动物学报	1304	1.097	0.310	0.84	298	0.64	21.29	5.7	6
B16	应用昆虫学报	2908	1.000	0.139	0.86	447	0.43	31.93	≥10	11
B16	中国实验动物学报	1107	1.324	0.251	0.89	441	0.29	31.50	4.9	7
B17	mLife	36	—	0.302	0.47	15	0.23	1.15	2.2	1
B17	病毒学报	1221	1.192	0.342	0.91	407	0.69	31.31	4.7	7

学科代码	期刊名称	扩展总被引频次	扩展影响因子	扩展即年指标	扩展他引率	扩展引用刊数	扩展学科影响指标	扩展学科扩散指标	扩展被引半衰期	扩展H指标
B17	国际病毒学杂志	598	1.039	0.073	0.94	220	0.62	16.92	4.4	6
B17	菌物学报	3880	2.741	0.791	0.65	492	0.46	37.85	5.4	15
B17	菌物研究	648	2.068	0.543	0.95	220	0.38	16.92	6.9	9
B17	微生物学报	2878	1.277	0.354	0.90	701	0.77	53.92	5.6	8
B17	微生物学免疫学进展	500	0.782	0.133	0.94	251	0.69	19.31	5.5	5
B17	微生物学通报	5252	1.937	0.495	0.92	1085	0.69	83.46	5.0	13
B17	微生物学杂志	1028	1.274	0.157	0.96	462	0.62	35.54	6.8	7
B17	中国病毒病杂志	983	2.060	0.286	0.97	378	0.54	29.08	4.5	14
B17	中国病毒学	727	1.088	0.146	0.87	291	0.77	22.38	4.3	6
B17	中国病原生物学杂志	2363	1.270	0.240	0.92	647	0.69	49.77	4.9	9
B17	中华实验和临床病毒学杂志	819	0.979	0.165	0.94	274	0.69	21.08	4.9	7
B18	心理发展与教育	3619	3.074	1.103	0.94	766	1.00	58.92	8.4	14
B18	心理技术与应用	726	1.139	0.246	0.91	271	1.00	20.85	6.0	7
B18	心理科学	5074	1.271	0.142	0.97	1302	1.00	100.15	≥10	15
B18	心理科学进展	9215	2.650	0.414	0.96	1878	1.00	144.46	≥10	21
B18	心理学报	6230	2.449	0.613	0.96	1506	1.00	115.85	≥10	20
B18	心理学探新	1070	—	0.014	0.97	562	1.00	43.23	≥10	9
B18	心理学通讯	66	0.341	—	0.91	52	0.46	4.00	4.1	2
B18	心理研究	825	1.114	0.365	0.96	462	1.00	35.54	8.3	8
B18	心理与行为研究	1718	1.541	0.184	0.96	655	1.00	50.38	6.7	10
B18	应用心理学	948	1.287	0.397	0.97	479	1.00	36.85	≥10	7
B18	中国临床心理学杂志	7042	2.473	0.364	0.89	1131	1.00	87.00	7.8	21
B18	中国心理卫生杂志	6927	2.802	0.589	0.96	1112	1.00	85.54	≥10	25
B18	中小学心理健康教育	940	0.202	0.102	0.64	258	0.62	19.85	4.4	4
C01	Agricultural Science & Technology	541	0.516	—	1.00	300	0.43	2.80	9.4	3
C01	Frontiers of Agricultural Science and Engineering	220	0.505	0.019	0.94	138	0.18	1.29	5.0	5
C01	Journal of Integrative Agriculture	3042	1.369	0.183	0.87	576	0.59	5.38	6.3	8
C01	安徽农学通报	5414	0.688	0.125	0.96	1147	0.79	10.72	5.7	7
C01	北方蚕业	284	0.509	0.060	0.78	99	0.17	0.93	7.0	4
C01	北方农业学报	1122	0.957	0.093	0.97	371	0.64	3.47	7.1	6
C01	茶叶通讯	929	1.634	0.368	0.81	244	0.40	2.28	4.7	7
C01	茶叶学报	549	1.566	0.183	0.91	163	0.34	1.52	7.8	6

学科代码	期刊名称	扩展总被引频次	扩展影响因子	扩展即年指标	扩展他引率	扩展引用刊数	扩展学科影响指标	扩展学科扩散指标	扩展被引半衰期	扩展H指标
C01	东北农业科学	1793	1.049	0.250	0.78	445	0.69	4.16	6.4	7
C01	福建农业科技	937	0.722	0.080	0.94	375	0.59	3.50	6.6	5
C01	福建农业学报	2048	1.156	0.062	0.97	529	0.60	4.94	6.8	7
C01	干旱地区农业研究	4403	2.260	0.335	0.94	599	0.67	5.60	7.6	9
C01	甘肃农业	974	0.489	0.274	0.97	425	0.43	3.97	4.5	5
C01	高等农业教育	1254	1.809	0.110	0.93	408	0.19	3.81	5.2	9
C01	高原农业	267	0.638	0.224	0.89	163	0.24	1.52	4.1	4
C01	古今农业	291	0.204	0.034	0.95	190	0.15	1.78	≥10	4
C01	广东农业科学	4834	1.594	0.358	0.89	897	0.77	8.38	9.9	9
C01	广西农学报	630	0.775	0.101	0.90	309	0.51	2.89	5.9	5
C01	贵州农业科学	3601	1.015	0.213	0.97	778	0.74	7.27	8.3	7
C01	寒旱农业科学	1917	—	0.249	0.76	399	0.67	3.73	6.0	6
C01	河北农业	542	0.465	0.138	0.99	193	0.42	1.80	2.9	5
C01	河北农业科学	1298	0.784	0.158	0.94	407	0.63	3.80	9.8	5
C01	河南农业	2631	0.490	0.271	0.98	744	0.71	6.95	3.7	6
C01	河南农业科学	3919	1.794	0.373	0.94	673	0.72	6.29	7.1	10
C01	核农学报	5047	1.757	0.446	0.93	770	0.76	7.20	5.5	11
C01	黑龙江农业科学	2751	0.915	0.286	0.93	645	0.71	6.03	6.4	7
C01	湖北农业科学	7185	0.919	0.110	0.98	1483	0.82	13.86	6.3	9
C01	湖南农业	275	0.143	0.032	1.00	169	0.32	1.58	4.4	3
C01	湖南农业科学	2768	0.982	0.130	0.97	669	0.71	6.25	7.3	8
C01	湖南生态科学学报	279	1.088	0.155	0.97	191	0.27	1.79	4.2	4
C01	华北农学报	3573	1.790	0.169	0.95	527	0.69	4.93	8.4	9
C01	江苏农业科学	13355	1.811	0.308	0.94	1674	0.86	15.64	5.8	13
C01	江苏农业学报	2997	2.313	0.209	0.95	640	0.74	5.98	5.8	11
C01	江西农业学报	3209	1.005	0.103	0.93	763	0.69	7.13	7.4	7
C01	辽宁农业科学	959	0.859	0.157	0.96	343	0.61	3.21	7.0	6
C01	南方农业	6502	—	0.095	0.97	969	0.81	9.06	4.0	8
C01	南方农业学报	4832	1.770	0.165	0.93	793	0.72	7.41	5.7	10
C01	宁夏农林科技	1169	0.449	0.114	0.93	444	0.53	4.15	7.4	5
C01	农产品质量与安全	988	1.665	0.595	0.91	331	0.44	3.09	4.7	7
C01	农村·农业·农民	272	0.615	0.149	0.95	173	0.26	1.62	2.8	3
C01	农村科技	446	0.371	0.100	0.93	176	0.41	1.64	7.2	4

学科代码	期刊名称	扩展总被引频次	扩展影响因子	扩展即年指标	扩展他引率	扩展引用刊数	扩展学科影响指标	扩展学科扩散指标	扩展被引半衰期	扩展H指标
C01	农村科学实验	1080	—	0.035	0.88	265	0.39	2.48	3.7	3
C01	农村实用技术	1912	0.606	0.245	0.98	487	0.55	4.55	3.6	7
C01	农电管理	271	0.179	0.082	0.96	105	0.03	0.98	3.3	3
C01	农技服务	1927	0.454	0.195	0.95	510	0.67	4.77	7.0	4
C01	农经	146	—	0.022	1.00	122	0.22	1.14	4.6	4
C01	农学学报	2303	1.238	0.277	0.97	613	0.79	5.73	6.1	10
C01	农业大数据学报	206	0.833	0.083	0.93	137	0.20	1.28	4.2	5
C01	农业科技管理	1190	1.562	0.394	0.56	287	0.40	2.68	4.6	6
C01	农业科技通讯	3754	0.560	0.193	0.91	504	0.77	4.71	5.0	6
C01	农业科技与信息	3049	0.575	0.208	0.95	656	0.60	6.13	4.5	6
C01	农业科学研究	457	0.652	0.032	0.99	265	0.43	2.48	8.0	4
C01	农业生物技术学报	1609	0.971	0.197	0.94	415	0.50	3.88	5.7	6
C01	农业与技术	5244	0.724	0.216	0.98	1145	0.84	10.70	5.0	8
C01	农业灾害研究	1788	—	0.162	0.83	460	0.53	4.30	3.4	6
C01	农业知识	311	0.189	0.115	1.00	163	0.31	1.52	4.0	3
C01	青海农技推广	168	—	—	0.96	101	0.23	0.94	4.8	3
C01	青海农林科技	460	0.575	0.061	0.95	238	0.49	2.22	6.4	4
C01	热带农业科学	2036	0.897	0.229	0.94	560	0.69	5.23	6.5	7
C01	山地农业生物学报	924	1.180	0.298	0.90	353	0.49	3.30	7.8	6
C01	山东农业科学	3873	1.650	0.246	0.95	662	0.77	6.19	6.3	9
C01	山西农业科学	3139	1.372	0.337	0.93	629	0.71	5.88	6.1	7
C01	陕西农业科学	1983	0.856	0.072	0.97	541	0.64	5.06	6.7	6
C01	上海农业科技	1334	0.521	0.133	0.92	325	0.60	3.04	5.9	5
C01	上海农业学报	1302	0.884	0.100	0.96	442	0.62	4.13	7.4	6
C01	世界农业	3122	2.793	0.618	0.95	984	0.67	9.20	5.4	12
C01	世界竹藤通讯	698	1.097	0.380	0.69	172	0.18	1.61	5.0	6
C01	四川农业科技	1183	0.584	0.140	0.88	373	0.60	3.49	4.8	5
C01	特产研究	994	1.132	0.356	0.93	421	0.37	3.93	4.8	8
C01	天津农林科技	344	0.473	0.115	0.97	198	0.39	1.85	5.3	3
C01	天津农业科学	1506	0.940	0.184	0.96	550	0.64	5.14	6.2	6
C01	西北农业学报	3773	1.577	0.338	0.96	631	0.72	5.90	8.1	9
C01	西南农业学报	5821	1.784	0.310	0.94	846	0.78	7.91	6.8	10
C01	西藏农业科技	429	0.560	0.073	0.83	168	0.35	1.57	5.6	4

学科代码	期刊名称	扩展总被引频次	扩展影响因子	扩展即年指标	扩展他引率	扩展引用刊数	扩展学科影响指标	扩展学科扩散指标	扩展被引半衰期	扩展H指标
C01	现代农村科技	2189	0.439	0.199	0.97	607	0.64	5.67	3.7	7
C01	现代农业	1145	0.639	0.222	0.99	425	0.61	3.97	5.2	5
C01	现代农业科技	10785	0.629	0.200	0.95	1330	0.82	12.43	6.2	8
C01	现代农业研究	1761	0.746	0.250	0.95	551	0.59	5.15	3.5	6
C01	乡村科技	3234	0.575	0.095	1.00	693	0.64	6.48	4.0	6
C01	乡村论丛	147	0.595	0.250	0.96	107	0.16	1.00	2.8	4
C01	新疆农业科技	359	0.397	0.135	0.94	177	0.39	1.65	6.7	4
C01	新疆农业科学	2984	1.074	0.121	0.91	551	0.68	5.15	7.1	8
C01	新农业	2929	0.554	0.206	1.00	567	0.62	5.30	3.1	6
C01	云南农业	740	0.486	0.136	0.99	268	0.49	2.50	4.3	4
C01	云南农业科技	603	0.620	0.222	0.97	231	0.53	2.16	5.3	4
C01	浙江农业科学	4472	0.926	0.299	0.91	831	0.82	7.77	5.1	8
C01	浙江农业学报	3239	1.661	0.298	0.96	786	0.74	7.35	5.7	9
C01	智慧农业（中英文）	542	2.282	0.415	0.94	232	0.25	2.17	4.1	8
C01	智慧农业导刊	1954	0.994	0.350	0.95	495	0.50	4.63	2.5	8
C01	中国农村科技	505	0.731	0.190	1.00	302	0.45	2.82	4.5	5
C01	中国农技推广	1176	0.559	0.127	0.98	293	0.69	2.74	4.7	6
C01	中国农民合作社	348	0.410	0.056	0.97	182	0.33	1.70	3.5	5
C01	中国农史	1172	0.915	0.096	0.92	492	0.30	4.60	≥10	8
C01	中国农学通报	14533	1.514	0.247	0.95	1455	0.85	13.60	9.2	13
C01	中国农业科技导报	3630	2.191	0.361	0.96	827	0.79	7.73	5.2	13
C01	中国农业科学	15372	3.011	0.347	0.95	1055	0.83	9.86	8.5	24
C01	中国农业气象	2470	1.928	0.380	0.86	526	0.68	4.92	8.0	9
C01	中国农业资源与区划	8431	3.507	1.364	0.93	1401	0.78	13.09	4.5	19
C01	中国农业综合开发	388	—	0.247	0.90	176	0.37	1.64	2.8	5
C01	中国热带农业	770	1.261	0.152	0.95	246	0.47	2.30	6.2	7
C01	中国生态农业学报（中英文）	6677	3.856	0.931	0.96	967	0.82	9.04	7.0	19
C02	Journal of Northeast Agricultural University (English Edition)	82	0.108	0.029	0.94	67	0.21	1.97	7.5	3
C02	安徽农业大学学报	1664	1.119	0.151	0.97	607	0.62	17.85	7.1	7
C02	北京林业大学学报	4168	2.241	0.256	0.94	706	0.87	9.29	7.9	11
C02	北京农学院学报	695	0.885	0.148	0.96	336	0.59	9.88	7.3	5
C02	大连海洋大学学报	1714	1.549	0.311	0.92	383	0.81	14.19	6.6	9

学科代码	期刊名称	扩展总被引频次	扩展影响因子	扩展即年指标	扩展他引率	扩展引用刊数	扩展学科影响指标	扩展学科扩散指标	扩展被引半衰期	扩展H指标
C02	东北林业大学学报	3936	1.428	0.456	0.95	751	0.86	9.88	7.8	8
C02	东北农业大学学报	2123	1.677	0.226	0.95	597	0.76	17.56	9.1	8
C02	甘肃农业大学学报	1966	1.381	0.250	0.91	540	0.74	15.88	6.4	7
C02	河北农业大学学报	1358	1.237	0.167	0.94	506	0.74	14.88	8.3	6
C02	河南农业大学学报	2014	2.140	0.627	0.91	590	0.76	17.35	5.8	8
C02	黑龙江八一农垦大学学报	766	1.000	0.111	0.87	336	0.41	9.88	5.8	5
C02	黑龙江生态工程职业学院学报	673	0.698	0.267	0.99	386	0.33	5.08	3.8	6
C02	华南农业大学学报	1900	1.902	0.573	0.97	612	0.68	18.00	6.5	10
C02	华中农业大学学报	2459	2.334	0.582	0.95	703	0.76	20.68	5.6	11
C02	吉林农业大学学报	1772	2.030	1.182	0.89	547	0.68	16.09	6.9	9
C02	吉林农业科技学院学报	751	1.228	0.246	0.79	323	0.15	9.50	3.4	6
C02	江西农业大学学报	2437	1.881	0.389	0.95	640	0.79	18.82	7.3	8
C02	南京农业大学学报	2309	1.750	0.581	0.96	579	0.76	17.03	7.3	10
C02	山东农业工程学院学报	1101	0.807	0.156	0.98	550	0.12	16.18	4.4	5
C02	上海海洋大学学报	1640	1.393	0.331	0.90	351	0.85	13.00	7.8	7
C02	沈阳农业大学学报	1553	1.355	0.145	0.98	521	0.71	15.32	≥10	7
C02	四川农业大学学报	1395	1.603	0.291	0.98	509	0.71	14.97	5.9	7
C02	天津农学院学报	468	0.821	0.070	0.90	269	0.26	7.91	5.4	4
C02	西北林学院学报	4846	2.625	0.482	0.88	796	0.87	10.47	6.5	12
C02	西南林业大学学报	2504	2.152	0.539	0.93	704	0.84	9.26	5.0	8
C02	新疆农业大学学报	623	0.654	0.106	0.95	284	0.26	8.35	9.6	4
C02	信阳农林学院学报	347	0.447	0.085	0.97	252	0.12	7.41	4.8	4
C02	延边大学农学学报	432	0.974	0.069	0.94	228	0.35	6.71	6.2	5
C02	扬州大学学报（农业与生命科学版）	999	0.971	0.167	0.95	409	0.53	12.03	5.9	7
C02	云南农业大学学报	745	1.393	0.246	0.98	480	0.12	1.84	3.6	7
C02	浙江大学学报（农业与生命科学版）	1465	1.613	0.305	0.98	539	0.76	15.85	8.3	7
C02	浙江农林大学学报	2449	1.893	0.345	0.94	631	0.84	8.30	6.8	8
C02	中国农业大学学报	5116	2.636	0.562	0.96	1141	0.85	33.56	5.4	13
C02	中南林业科技大学学报	4848	3.058	0.629	0.90	806	0.88	10.61	5.6	11
C02	仲恺农业工程学院学报	265	0.472	0.048	0.97	191	0.24	5.62	7.5	4
C03	Oil Crop Science	74	0.421	0.125	0.86	48	0.22	1.17	4.4	3
C03	Rice Science	421	0.932	0.161	0.82	153	0.44	3.73	5.7	5
C03	The Crop Journal	1087	1.475	0.323	0.85	220	0.63	5.37	4.1	8

学科代码	期刊名称	扩展总被引频次	扩展影响因子	扩展即年指标	扩展他引率	扩展引用刊数	扩展学科影响指标	扩展学科扩散指标	扩展被引半衰期	扩展H指标
C03	北方水稻	584	0.624	0.071	0.88	164	0.49	4.00	7.3	5
C03	茶叶	534	0.770	0.131	0.88	161	0.24	3.93	9.2	5
C03	大豆科技	627	1.088	0.357	0.85	166	0.39	4.05	7.2	6
C03	大豆科学	2130	1.673	0.462	0.89	380	0.71	9.27	8.4	9
C03	大麦与谷类科学	531	0.842	0.253	0.89	183	0.54	4.46	6.0	5
C03	分子植物育种	6949	1.274	0.624	0.90	688	0.90	16.78	4.4	10
C03	福建茶叶	3900	0.538	0.224	0.56	647	0.29	15.78	4.4	6
C03	福建稻麦科技	327	0.606	0.043	0.73	86	0.37	2.10	4.9	3
C03	福建热作科技	289	0.406	0.122	0.95	159	0.29	3.88	6.2	3
C03	甘蔗糖业	598	0.872	0.277	0.75	143	0.41	3.49	6.5	5
C03	耕作与栽培	956	0.673	0.093	0.94	295	0.68	7.20	6.1	6
C03	广西糖业	276	0.798	0.227	0.77	84	0.22	2.05	4.8	4
C03	花生学报	744	1.698	0.333	0.89	192	0.49	4.68	6.7	6
C03	麦类作物学报	3904	1.822	0.214	0.88	377	0.68	9.20	8.0	10
C03	棉花学报	1214	1.696	0.254	0.93	233	0.51	5.68	8.1	8
C03	农业研究与应用	515	0.698	0.033	0.96	243	0.41	5.93	7.7	4
C03	热带农业科技	344	0.857	0.148	0.94	171	0.32	4.17	8.9	4
C03	热带作物学报	4558	1.523	0.430	0.93	771	0.73	18.80	5.6	8
C03	世界热带农业信息	1366	0.856	0.650	0.99	266	0.39	6.49	2.7	7
C03	特种经济动植物	1576	0.646	0.270	0.90	417	0.49	10.17	3.3	6
C03	亚热带农业研究	488	1.132	0.200	0.93	214	0.44	5.22	7.5	5
C03	玉米科学	3465	2.098	0.312	0.91	373	0.78	9.10	8.5	10
C03	杂交水稻	1497	0.926	0.361	0.73	199	0.61	4.85	6.6	7
C03	植物遗传资源学报	3517	2.124	0.685	0.90	393	0.83	9.59	6.7	13
C03	中国稻米	2370	2.431	0.482	0.91	384	0.68	9.37	5.0	12
C03	中国麻业科学	428	1.021	0.100	0.77	147	0.34	3.59	9.1	5
C03	中国马铃薯	940	1.401	0.137	0.80	198	0.37	4.83	9.2	7
C03	中国棉花	1311	1.019	0.220	0.66	201	0.41	4.90	6.6	6
C03	中国水稻科学	2132	3.089	0.767	0.94	311	0.68	7.59	8.7	11
C03	中国糖料	896	1.938	0.383	0.78	188	0.51	4.59	6.9	7
C03	中国油料作物学报	2745	1.826	0.453	0.88	385	0.71	9.39	6.6	12
C03	中国种业	2596	0.920	0.262	0.80	382	0.88	9.32	4.6	8
C03	种业导刊	327	0.754	0.141	0.86	130	0.46	3.17	5.4	4

学科代码	期刊名称	扩展总被引频次	扩展影响因子	扩展即年指标	扩展他引率	扩展引用刊数	扩展学科影响指标	扩展学科扩散指标	扩展被引半衰期	扩展H指标
C03	种子	4460	1.668	0.165	0.89	533	0.90	13.00	6.4	10
C03	种子科技	4562	0.867	0.394	0.88	475	0.76	11.59	3.5	7
C03	作物学报	7783	2.982	0.872	0.92	534	0.90	13.02	9.6	17
C03	作物研究	1405	1.087	0.157	0.96	344	0.73	8.39	7.9	7
C03	作物杂志	3535	2.279	0.505	0.95	454	0.93	11.07	6.3	12
C04	Horticultural Plant Journal	594	2.539	0.202	0.67	116	0.35	2.70	3.7	5
C04	Horticulture Research	634	0.488	0.066	1.00	143	0.30	3.33	4.1	4
C04	Journal of Cotton Research	42	0.328	0.042	1.00	26	0.02	0.60	4.1	2
C04	北方果树	685	0.522	0.119	0.87	188	0.51	4.37	6.9	5
C04	北方园艺	9279	1.747	0.293	0.92	930	0.93	21.63	7.2	11
C04	茶叶科学	1999	2.700	0.444	0.94	370	0.40	8.60	7.6	10
C04	长江蔬菜	2357	0.483	0.160	0.86	338	0.70	7.86	6.7	6
C04	东南园艺	375	0.298	0.022	0.95	165	0.58	3.84	7.9	4
C04	广东园林	704	0.797	0.092	0.86	245	0.21	5.70	6.8	4
C04	果农之友	573	0.356	0.101	0.91	167	0.51	3.88	4.4	4
C04	果树学报	5246	2.154	0.593	0.89	472	0.79	10.98	6.8	15
C04	果树资源学报	349	0.677	0.195	0.93	137	0.44	3.19	3.4	5
C04	河北果树	461	0.385	0.115	0.97	155	0.56	3.60	7.3	4
C04	花卉	1163	0.104	0.032	0.82	234	0.30	5.44	5.0	4
C04	吉林蔬菜	353	0.033	0.017	0.93	141	0.42	3.28	7.9	3
C04	辣椒杂志	310	0.643	0.023	0.90	102	0.30	2.37	8.8	5
C04	林业与生态科学	612	1.126	0.250	0.96	283	0.47	6.58	6.7	5
C04	落叶果树	921	0.638	0.117	0.91	200	0.49	4.65	6.7	7
C04	南方园艺	629	0.844	0.207	0.79	198	0.65	4.60	5.4	4
C04	人参研究	637	0.994	0.089	0.95	268	0.23	6.23	5.8	8
C04	上海蔬菜	686	0.442	0.124	0.96	192	0.49	4.47	6.2	4
C04	食用菌	1267	0.807	0.246	0.89	253	0.47	5.88	8.4	5
C04	食用菌学报	1304	1.983	0.306	0.89	237	0.35	5.51	6.4	9
C04	蔬菜	1131	0.883	0.192	0.94	297	0.60	6.91	4.8	6
C04	西北园艺	469	0.339	0.107	0.96	181	0.56	4.21	5.8	4
C04	现代园艺	6478	—	0.223	0.90	875	0.79	20.35	4.4	6
C04	亚热带植物科学	808	0.947	0.014	0.97	303	0.47	7.05	7.9	6
C04	烟草科技	3593	1.956	0.283	0.84	420	0.33	9.77	8.0	10

学科代码	期刊名称	扩展总被引频次	扩展影响因子	扩展即年指标	扩展他引率	扩展引用刊数	扩展学科影响指标	扩展学科扩散指标	扩展被引半衰期	扩展H指标
C04	烟台果树	330	0.427	0.028	0.95	128	0.58	2.98	5.8	4
C04	园艺学报	6599	2.776	0.380	0.89	482	0.88	11.21	8.2	11
C04	园艺与种苗	1347	0.519	0.119	0.96	405	0.74	9.42	5.3	6
C04	浙江柑桔	232	0.353	—	0.93	97	0.40	2.26	8.4	4
C04	中国茶叶	1703	1.723	0.621	0.88	339	0.37	7.88	5.0	9
C04	中国瓜菜	2521	1.487	0.384	0.79	342	0.67	7.95	4.4	10
C04	中国果菜	1682	1.484	0.335	0.94	434	0.70	10.09	4.8	9
C04	中国果树	3041	1.530	0.303	0.86	497	0.72	11.56	4.0	10
C04	中国南方果树	2545	1.185	0.167	0.87	360	0.72	8.37	6.8	7
C04	中国食用菌	2421	1.357	0.268	0.91	424	0.53	9.86	5.2	9
C04	中国蔬菜	3952	1.906	0.481	0.90	463	0.70	10.77	6.0	11
C04	中国烟草科学	2561	2.511	0.145	0.90	300	0.26	6.98	8.5	10
C04	中国烟草学报	2442	2.290	0.424	0.94	389	0.33	9.05	7.3	13
C05	Pedosphere	1145	0.938	0.167	0.95	346	1.00	38.44	9.4	6
C05	Soil Ecology Letters	126	0.975	0.130	0.70	53	0.67	5.89	3.6	3
C05	土壤	4468	2.625	0.290	0.94	702	1.00	78.00	7.7	14
C05	土壤通报	5064	2.894	0.500	0.96	800	0.89	88.89	8.5	12
C05	土壤学报	7016	4.566	1.148	0.94	808	1.00	89.78	8.6	21
C05	土壤与作物	637	2.115	0.204	0.96	245	0.67	27.22	5.3	8
C05	植物营养与肥料学报	8804	3.467	0.429	0.92	614	0.89	68.22	7.8	19
C05	中国土地科学	5472	6.055	0.987	0.87	890	0.44	98.89	4.9	20
C05	中国土壤与肥料	4883	2.410	0.186	0.90	589	0.78	65.44	5.5	13
C06	广西植保	205	0.594	0.138	0.94	100	0.83	5.56	7.8	3
C06	湖北植保	498	0.597	0.160	0.83	174	0.89	9.67	4.8	4
C06	环境昆虫学报	2041	1.493	0.213	0.90	345	0.94	19.17	6.0	9
C06	农药	2586	1.347	0.227	0.87	469	0.94	26.06	6.9	8
C06	农药科学与管理	925	0.777	0.157	0.91	292	0.89	16.22	7.6	6
C06	农药学学报	1948	1.839	0.585	0.86	404	0.94	22.44	5.4	9
C06	生物灾害科学	472	0.811	0.129	0.94	228	0.83	12.67	6.4	5
C06	世界农药	749	1.204	0.185	0.85	236	0.89	13.11	4.9	8
C06	现代农药	708	1.214	0.302	0.94	261	0.94	14.50	7.0	7
C06	杂草学报	585	1.368	0.026	0.85	169	0.78	9.39	8.1	6
C06	植物保护	5169	1.728	0.303	0.91	514	0.94	28.56	6.3	16

学科代码	期刊名称	扩展总被引频次	扩展影响因子	扩展即年指标	扩展他引率	扩展引用刊数	扩展学科影响指标	扩展学科扩散指标	扩展被引半衰期	扩展H指标
C06	植物保护学报	3099	1.984	0.324	0.87	384	0.94	21.33	6.4	10
C06	植物病理学报	1689	1.391	0.283	0.93	304	0.89	16.89	8.8	7
C06	植物检疫	1064	0.890	0.172	0.89	254	0.83	14.11	9.4	7
C06	植物医学	569	0.852	0.125	0.87	207	0.78	11.50	5.8	6
C06	中国生物防治学报	2613	2.053	0.358	0.86	364	0.89	20.22	6.0	11
C06	中国植保导刊	2913	1.458	0.268	0.93	421	0.94	23.39	5.7	10
C07	Forest Ecosystems	173	0.377	0.028	0.98	94	0.29	1.24	4.9	3
C07	Journal of Bioresources and Bioproducts	107	0.726	0.059	0.88	58	0.03	0.76	4.2	2
C07	Journal of Forestry Research	1209	0.769	0.079	0.82	334	0.66	4.39	6.1	5
C07	安徽林业科技	398	0.603	0.208	0.92	169	0.50	2.22	4.9	4
C07	桉树科技	411	1.245	0.386	0.78	109	0.47	1.43	5.8	6
C07	防护林科技	1311	0.628	0.182	0.95	358	0.78	4.71	7.2	4
C07	风景园林	2962	2.445	0.344	0.91	477	0.50	6.28	4.9	13
C07	福建林业	177	0.439	0.157	0.94	100	0.34	1.32	4.4	3
C07	福建林业科技	1112	0.865	0.160	0.94	320	0.78	4.21	≥10	5
C07	甘肃林业科技	400	0.470	0.087	0.88	165	0.47	2.17	≥10	3
C07	广西林业	154	—	0.016	1.00	84	0.32	1.11	≥10	3
C07	广西林业科学	1163	1.226	0.261	0.93	284	0.68	3.74	6.4	6
C07	贵州林业科技	361	0.952	0.239	0.87	148	0.50	1.95	8.0	4
C07	河北林业科技	590	0.664	0.109	0.97	226	0.59	2.97	9.9	4
C07	河南林业科技	354	0.582	0.038	0.95	169	0.46	2.22	7.4	4
C07	湖北林业科技	757	0.831	0.202	0.93	261	0.70	3.43	6.0	5
C07	湖南林业科技	859	0.843	0.196	0.91	294	0.74	3.87	8.3	4
C07	吉林林业科技	388	0.530	0.231	0.94	167	0.58	2.20	7.6	5
C07	江苏林业科技	556	0.698	0.069	0.98	229	0.63	3.01	9.1	5
C07	经济林研究	2194	2.429	0.358	0.89	359	0.72	4.72	6.3	8
C07	辽宁林业科技	634	0.589	0.145	0.90	238	0.63	3.13	6.8	4
C07	林草资源研究	2123	1.860	0.284	0.94	481	0.86	6.33	6.1	11
C07	林产工业	2795	5.708	0.756	0.83	495	0.64	6.51	3.5	17
C07	林区教学	814	0.510	0.281	0.98	350	0.01	4.61	3.6	5
C07	林业调查规划	1362	0.895	0.124	0.94	414	0.84	5.45	6.2	6
C07	林业工程学报	2130	1.770	0.360	0.91	592	0.80	7.79	6.3	9
C07	林业机械与木工设备	753	0.708	0.072	0.90	322	0.41	4.24	5.2	5

学科代码	期刊名称	扩展总被引频次	扩展影响因子	扩展即年指标	扩展他引率	扩展引用刊数	扩展学科影响指标	扩展学科扩散指标	扩展被引半衰期	扩展H指标
C07	林业建设	412	0.670	0.111	0.97	191	0.57	2.51	5.5	5
C07	林业勘查设计	433	0.554	0.270	0.96	182	0.61	2.39	5.1	4
C07	林业科技	596	0.582	0.247	0.97	253	0.74	3.33	8.6	4
C07	林业科技情报	916	0.990	0.297	0.76	274	0.54	3.61	3.8	6
C07	林业科技通讯	1609	0.592	0.109	0.94	400	0.82	5.26	7.2	5
C07	林业科学	6337	1.686	0.253	0.95	778	0.88	10.24	≥10	13
C07	林业科学研究	3243	2.350	0.295	0.95	490	0.80	6.45	8.9	10
C07	林业与环境科学	1298	1.271	0.257	0.82	325	0.79	4.28	6.1	6
C07	陆地生态系统与保护学报	54	—	0.032	0.89	42	0.22	0.55	2.6	3
C07	绿色科技	5358	0.543	0.110	0.88	1342	0.82	17.66	4.6	6
C07	木材科学与技术	738	1.109	0.348	0.83	225	0.47	2.96	6.4	6
C07	南方林业科学	792	0.901	0.088	0.94	274	0.74	3.61	6.8	6
C07	内蒙古林业	241	0.261	0.038	1.00	127	0.32	1.67	5.7	3
C07	内蒙古林业调查设计	548	0.299	0.019	0.92	217	0.61	2.86	6.9	3
C07	内蒙古林业科技	300	0.500	0.085	0.96	160	0.55	2.11	8.7	3
C07	热带林业	393	0.659	0.088	0.94	170	0.58	2.24	5.9	4
C07	森林防火	1042	—	1.061	0.50	97	0.42	1.28	2.7	14
C07	森林工程	1284	2.366	0.578	0.91	467	0.72	6.14	4.0	8
C07	森林与环境学报	1517	2.133	0.588	0.92	355	0.75	4.67	5.8	8
C07	山东林业科技	963	0.701	0.127	0.96	373	0.76	4.91	8.5	5
C07	山西林业	319	0.522	0.125	1.00	127	0.37	1.67	4.3	3
C07	山西林业科技	416	0.732	0.191	0.93	178	0.54	2.34	5.7	4
C07	陕西林业科技	854	0.620	0.032	0.92	298	0.74	3.92	7.1	5
C07	世界林业研究	2654	1.902	0.462	0.96	677	0.86	8.91	6.3	13
C07	四川林业科技	1057	0.764	0.053	0.92	320	0.76	4.21	7.5	6
C07	温带林业研究	259	1.046	0.211	0.94	140	0.53	1.84	4.0	5
C07	西部林业科学	1935	2.217	0.257	0.93	465	0.80	6.12	5.1	9
C07	新疆林业	180	0.311	0.034	1.00	111	0.34	1.46	6.9	2
C07	浙江林业科技	1010	1.000	0.164	0.95	336	0.78	4.42	8.4	5
C07	中国城市林业	1273	1.691	0.754	0.72	309	0.51	4.07	4.3	8
C07	中国林副特产	1152	0.618	0.250	0.96	366	0.55	4.82	6.4	5
C07	中国林业经济	753	0.883	0.252	0.92	341	0.57	4.49	4.1	5
C07	中国森林病虫	978	2.208	0.368	0.91	221	0.67	2.91	8.1	9

学科代码	期刊名称	扩展总被引频次	扩展影响因子	扩展即年指标	扩展他引率	扩展引用刊数	扩展学科影响指标	扩展学科扩散指标	扩展被引半衰期	扩展H指标
C07	中国园林	8067	3.073	0.479	0.90	877	0.63	11.54	6.5	15
C07	中南林业调查规划	532	0.839	0.236	0.81	173	0.62	2.28	8.8	5
C07	竹子学报	517	0.460	0.160	0.91	157	0.45	2.07	≥10	4
C07	自然保护地	189	1.750	0.477	0.63	70	0.26	0.92	2.9	5
C08	Animal Nutrition	1121	1.826	0.235	0.87	196	0.48	2.18	4.0	6
C08	Journal of Animal Science and Biotechnology	1320	1.605	0.129	0.86	198	0.49	2.20	5.4	5
C08	北方牧业	768	0.421	0.246	0.99	173	0.74	1.92	2.9	5
C08	蚕桑茶叶通讯	327	0.556	0.209	0.96	126	0.12	1.40	6.4	3
C08	蚕桑通报	278	0.443	0.016	0.83	96	0.14	1.07	6.6	4
C08	蚕学通讯	205	0.521	0.059	0.90	91	0.17	1.01	5.1	4
C08	蚕业科学	1158	1.014	0.101	0.88	274	0.24	3.04	8.9	7
C08	草食家畜	484	0.746	0.356	0.95	159	0.58	1.77	7.0	4
C08	草学	775	0.855	0.138	0.91	251	0.44	2.79	6.8	5
C08	草原与草业	385	0.882	0.159	0.96	157	0.30	1.74	7.6	4
C08	当代畜禽养殖业	667	0.505	0.147	0.98	185	0.69	2.06	5.4	4
C08	动物医学进展	2901	1.284	0.234	0.95	607	0.81	6.74	5.7	9
C08	动物营养学报	11082	2.758	0.687	0.88	636	0.90	7.07	4.7	14
C08	福建畜牧兽医	568	0.455	0.152	0.91	145	0.68	1.61	4.2	4
C08	甘肃畜牧兽医	990	0.688	0.224	0.93	229	0.80	2.54	4.9	5
C08	广东蚕业	1931	0.748	0.340	0.78	455	0.31	5.06	3.3	6
C08	广东饲料	714	0.802	0.206	0.99	180	0.64	2.00	5.5	6
C08	广东畜牧兽医科技	396	0.836	0.153	0.98	146	0.63	1.62	4.6	4
C08	广西蚕业	311	0.743	0.306	0.75	71	0.16	0.79	6.3	4
C08	广西畜牧兽医	357	0.346	0.057	0.96	120	0.63	1.33	7.0	3
C08	贵州畜牧兽医	536	0.643	0.175	0.94	156	0.71	1.73	5.2	4
C08	国外畜牧学—猪与禽	615	0.434	0.212	0.98	153	0.64	1.70	4.9	4
C08	河南畜牧兽医	187	—	0.021	0.98	77	0.50	0.86	6.1	2
C08	黑龙江动物繁殖	311	0.621	0.244	0.87	97	0.54	1.08	5.7	4
C08	黑龙江畜牧兽医	5304	—	0.295	0.95	769	0.89	8.54	6.0	7
C08	湖南饲料	337	1.017	0.143	0.98	119	0.53	1.32	5.0	6
C08	湖南畜牧兽医	297	0.441	0.153	0.95	119	0.62	1.32	4.7	3
C08	吉林畜牧兽医	1941	0.478	0.305	0.98	218	0.80	2.42	3.2	5
C08	家畜生态学报	2156	1.321	0.186	0.96	397	0.84	4.41	6.2	7

学科代码	期刊名称	扩展总被引频次	扩展影响因子	扩展即年指标	扩展他引率	扩展引用刊数	扩展学科影响指标	扩展学科扩散指标	扩展被引半衰期	扩展H指标
C08	家禽科学	642	0.454	0.140	0.92	136	0.58	1.51	5.0	5
C08	江西农业	1018	0.090	0.040	0.97	349	0.33	3.88	5.4	3
C08	江西畜牧兽医杂志	360	0.423	0.088	0.91	127	0.67	1.41	6.4	3
C08	今日畜牧兽医	1895	0.500	0.436	0.93	230	0.80	2.56	3.4	5
C08	今日养猪业	259	0.238	0.216	0.93	73	0.50	0.81	3.8	3
C08	经济动物学报	385	0.792	0.283	0.90	149	0.49	1.66	8.3	6
C08	科技视界	5523	—	0.042	0.99	1695	0.20	18.83	5.1	7
C08	蜜蜂杂志	414	0.110	0.017	0.67	119	0.16	1.32	7.8	3
C08	青海草业	265	—	0.054	0.96	155	0.19	1.72	6.9	4
C08	青海畜牧兽医杂志	567	0.584	0.010	0.92	187	0.67	2.08	8.9	4
C08	山东畜牧兽医	1231	0.583	0.215	0.95	292	0.81	3.24	5.1	6
C08	上海畜牧兽医通讯	707	0.631	0.086	0.94	181	0.76	2.01	7.2	4
C08	兽医导刊	1584	0.167	0.079	0.99	193	0.78	2.14	4.3	4
C08	四川蚕业	191	0.353	0.049	0.82	63	0.13	0.70	5.3	4
C08	四川畜牧兽医	730	0.342	0.153	0.98	201	0.77	2.23	5.5	4
C08	饲料博览	1299	0.546	0.234	0.96	255	0.80	2.83	5.7	5
C08	饲料工业	4147	2.155	0.524	0.86	459	0.81	5.10	5.9	11
C08	饲料研究	6035	2.014	0.533	0.74	584	0.89	6.49	3.5	10
C08	现代牧业	271	0.667	0.136	0.97	163	0.52	1.81	5.9	4
C08	现代畜牧科技	2722	—	0.268	0.96	346	0.82	3.84	4.8	6
C08	现代畜牧兽医	1170	1.076	0.246	0.94	259	0.80	2.88	3.8	7
C08	新疆畜牧业	395	0.533	0.107	0.96	139	0.53	1.54	8.7	4
C08	畜牧兽医科技信息	2701	0.356	0.199	0.91	334	0.83	3.71	3.9	5
C08	畜牧兽医学报	3522	1.372	0.444	0.84	430	0.82	4.78	5.1	10
C08	畜牧兽医杂志	2638	3.158	0.229	0.40	250	0.80	2.78	3.1	17
C08	畜牧业环境	460	0.058	0.011	0.90	112	0.48	1.24	4.2	4
C08	畜牧与兽医	2816	1.224	0.207	0.97	396	0.83	4.40	6.3	8
C08	畜牧与饲料科学	1689	1.082	0.238	0.98	381	0.80	4.23	8.0	7
C08	畜禽业	1933	0.612	0.293	0.97	276	0.82	3.07	3.9	5
C08	养殖与饲料	1816	0.638	0.317	0.95	295	0.83	3.28	3.8	5
C08	养猪	1094	0.762	0.093	0.98	183	0.78	2.03	5.3	5
C08	云南畜牧兽医	299	0.407	0.204	0.95	104	0.60	1.16	5.4	3
C08	浙江畜牧兽医	355	0.346	0.124	1.00	116	0.67	1.29	5.1	4

学科代码	期刊名称	扩展总被引频次	扩展影响因子	扩展即年指标	扩展他引率	扩展引用刊数	扩展学科影响指标	扩展学科扩散指标	扩展被引半衰期	扩展H指标
C08	中国蚕业	479	1.000	0.155	0.82	112	0.17	1.24	7.5	5
C08	中国草食动物科学	1216	1.065	0.287	0.94	220	0.70	2.44	7.9	7
C08	中国动物保健	2296	0.690	0.453	0.90	252	0.73	2.80	3.1	5
C08	中国动物传染病学报	1053	1.216	0.476	0.82	213	0.69	2.37	4.6	5
C08	中国动物检疫	1905	1.164	0.320	0.83	317	0.77	3.52	4.9	8
C08	中国蜂业	575	0.230	0.066	0.78	136	0.22	1.51	7.0	3
C08	中国工作犬业	126	0.079	0.009	1.00	57	0.33	0.63	6.0	2
C08	中国家禽	3319	1.438	0.522	0.85	358	0.77	3.98	6.9	7
C08	中国奶牛	1584	0.971	0.196	0.90	242	0.72	2.69	7.5	6
C08	中国牛业科学	1071	0.893	0.183	0.84	170	0.63	1.89	6.2	5
C08	中国禽业导刊	184	—	0.199	0.95	75	0.49	0.83	7.0	3
C08	中国兽药杂志	1091	0.958	0.106	0.91	326	0.70	3.62	6.5	6
C08	中国兽医科学	1755	1.103	0.324	0.89	305	0.77	3.39	5.7	7
C08	中国兽医学报	2942	1.173	0.168	0.89	427	0.81	4.74	5.6	8
C08	中国兽医杂志	2387	0.672	0.129	0.95	438	0.79	4.87	6.5	5
C08	中国饲料	5359	1.289	0.433	0.80	564	0.88	6.27	4.0	10
C08	中国畜牧兽医	5057	1.441	0.298	0.89	567	0.88	6.30	5.8	8
C08	中国畜牧业	1846	0.568	0.273	1.00	320	0.82	3.56	2.9	6
C08	中国畜牧杂志	5900	1.837	0.582	0.89	550	0.94	6.11	4.5	11
C08	中国畜禽种业	3091	0.578	0.256	0.95	279	0.86	3.10	4.0	5
C08	中国养兔	318	0.522	0.079	0.72	76	0.49	0.84	5.5	4
C08	中国预防兽医学报	2203	1.233	0.250	0.71	251	0.76	2.79	5.7	8
C08	中国猪业	778	1.278	0.359	0.66	136	0.63	1.51	4.1	6
C08	中南农业科技	723	—	0.178	0.95	262	0.73	2.91	3.9	4
C08	中兽医学杂志	1095	0.569	0.203	0.84	160	0.74	1.78	3.7	4
C08	中兽医医药杂志	919	0.866	0.265	0.95	349	0.71	3.88	5.8	6
C08	猪业科学	1233	0.540	0.266	1.00	196	0.74	2.18	5.2	5
C09	草地学报	6150	3.173	0.705	0.76	594	0.83	99.00	4.6	13
C09	草业科学	5950	1.941	0.273	0.90	725	0.83	120.83	7.3	12
C09	草业学报	7003	3.152	0.710	0.93	648	0.83	108.00	7.3	14
C09	草原与草坪	1238	1.228	0.150	0.87	302	0.83	50.33	6.5	6
C09	中国草地学报	3177	3.048	0.357	0.84	435	0.83	72.50	5.6	10
C10	Aquaculture and Fisheries	152	0.403	0.072	0.72	65	0.63	2.41	4.3	2

学科代码	期刊名称	扩展总被引频次	扩展影响因子	扩展即年指标	扩展他引率	扩展引用刊数	扩展学科影响指标	扩展学科扩散指标	扩展被引半衰期	扩展H指标
C10	淡水渔业	1461	1.482	0.171	0.92	271	0.81	10.04	8.6	7
C10	海洋渔业	1046	1.400	0.135	0.86	168	0.78	6.22	8.1	6
C10	河北渔业	671	0.558	0.089	0.93	218	0.85	8.07	7.1	4
C10	河南水产	197	—	0.061	0.89	93	0.63	3.44	5.5	3
C10	黑龙江水产	303	0.507	0.179	0.73	122	0.63	4.52	4.9	4
C10	江西水产科技	315	0.418	0.074	0.94	138	0.78	5.11	5.5	4
C10	科学养鱼	1159	0.320	0.048	1.00	240	0.81	8.89	6.1	4
C10	南方水产科学	1303	1.629	0.288	0.89	248	0.78	9.19	6.3	7
C10	水产科技情报	625	1.078	0.082	0.93	177	0.81	6.56	8.1	5
C10	水产科学	1756	1.207	0.363	0.88	285	0.81	10.56	7.6	7
C10	水产学报	3818	1.800	0.556	0.92	383	0.85	14.19	8.3	10
C10	水产学杂志	784	0.989	0.221	0.92	212	0.81	7.85	5.7	6
C10	水产养殖	865	0.520	0.065	0.91	218	0.81	8.07	5.3	5
C10	渔业科学进展	1954	1.781	0.545	0.84	302	0.81	11.19	6.7	8
C10	渔业现代化	1088	1.500	0.278	0.82	259	0.81	9.59	7.0	7
C10	渔业研究	657	0.986	0.178	0.84	202	0.85	7.48	6.6	5
C10	中国水产	1329	1.199	0.199	0.99	312	0.81	11.56	5.7	9
C10	中国水产科学	2629	1.415	0.148	0.91	300	0.85	11.11	8.3	9
C10	中国渔业质量与标准	432	0.981	0.149	0.86	179	0.74	6.63	5.5	5
D01	Chinese Journal of Integrative Medicine	1770	1.507	0.357	0.93	498	0.45	3.77	5.8	6
D01	Chinese Medical Journal	6792	2.417	0.235	0.96	1213	0.91	9.19	4.7	13
D01	Chinese Medical Sciences Journal	221	0.607	0.079	1.00	189	0.22	1.43	5.8	3
D01	Current Medical Science	829	—	0.095	0.99	497	0.46	3.77	5.8	5
D01	Frigid Zone Medicine	10			0.50	6	0.02	0.05	3.0	1
D01	Frontiers of Medicine	1703	5.174	0.671	0.98	789	0.56	5.98	4.0	7
D01	Genes & Diseases	612	—	0.067	0.89	339	0.31	2.57	4.3	3
D01	Intelligent Medicine	19	—	0.034	0.63	13	0.01	0.10	3.2	1
D01	Journal of Integrative Medicine	1112	1.292	0.230	0.97	409	0.32	3.10	≥10	9
D01	Medical Review	1	0.018	—	1.00	1	—	0.01	—	1
D01	安徽医学	3929	1.750	0.343	0.97	698	0.75	5.29	4.6	11
D01	安徽医药	6667	2.055	0.460	0.95	923	0.79	6.99	4.5	12
D01	包头医学	550	1.291	0.188	1.00	155	0.30	1.17	3.6	5
D01	北京医学	2280	1.457	0.221	0.90	645	0.73	4.89	4.4	8

学科代码	期刊名称	扩展总被引频次	扩展影响因子	扩展即年指标	扩展他引率	扩展引用刊数	扩展学科影响指标	扩展学科扩散指标	扩展被引半衰期	扩展H指标
D01	兵团医学	307	0.455	0.037	0.97	169	0.24	1.28	4.2	4
D01	重庆医学	12970	2.473	0.391	0.99	1221	0.89	9.25	4.7	15
D01	大医生	1092	—	0.168	0.96	247	0.36	1.87	3.0	3
D01	当代医药论丛	6080	0.328	0.063	0.98	627	0.68	4.75	4.9	5
D01	东南国防医药	1174	1.417	0.105	0.96	430	0.57	3.26	4.5	7
D01	甘肃医药	1367	0.807	0.129	0.99	490	0.50	3.71	4.0	6
D01	广东医学	7051	2.211	0.305	0.99	943	0.81	7.14	5.6	14
D01	广西医学	6657	1.846	0.248	0.99	881	0.79	6.67	4.5	11
D01	广州医药	826	1.060	0.192	0.98	356	0.51	2.70	4.0	5
D01	贵州医药	14298	3.639	0.531	0.97	757	0.77	5.73	3.6	17
D01	国际医药卫生导报	4020	0.863	0.123	0.86	674	0.72	5.11	4.4	6
D01	哈尔滨医药	1423	0.992	0.205	0.99	355	0.50	2.69	3.6	6
D01	海军医学杂志	2512	1.906	0.281	0.88	497	0.66	3.77	4.0	10
D01	海南医学	11422	2.925	0.629	0.97	927	0.83	7.02	4.0	16
D01	罕见病研究	119	—	0.171	0.90	74	0.09	0.56	2.4	5
D01	罕少疾病杂志	2061	1.510	0.462	0.81	353	0.48	2.67	2.9	7
D01	航空航天医学杂志	3292	1.151	0.337	0.99	484	0.64	3.67	3.8	6
D01	河北医学	6465	2.818	0.505	0.99	697	0.75	5.28	4.4	14
D01	河北医药	10799	2.439	0.326	0.98	875	0.80	6.63	4.2	14
D01	河南医学研究	8966	1.017	0.211	0.97	819	0.81	6.20	4.2	7
D01	黑龙江医学	4737	1.440	0.381	0.98	578	0.67	4.38	3.4	7
D01	黑龙江医药	3150	1.269	0.357	0.99	536	0.55	4.06	3.8	6
D01	黑龙江医药科学	2469	1.086	0.204	0.87	456	0.52	3.45	4.0	5
D01	华西医学	2647	1.387	0.248	0.97	773	0.70	5.86	4.9	10
D01	华夏医学	978	0.800	0.038	0.98	343	0.54	2.60	4.3	4
D01	淮海医药	898	0.939	0.193	0.96	300	0.45	2.27	4.3	5
D01	基础医学与临床	2364	1.154	0.224	0.91	739	0.67	5.60	4.6	9
D01	吉林医学	6550	1.221	0.409	0.97	780	0.80	5.91	3.9	7
D01	继续医学教育	3920	1.103	0.225	0.90	605	0.64	4.58	4.2	9
D01	健康体检与管理	132	0.602	0.162	0.37	25	0.04	0.19	2.9	3
D01	江苏医药	2280	1.149	0.170	0.99	628	0.70	4.76	5.1	7
D01	江西医药	2940	0.875	0.148	0.82	584	0.62	4.42	4.2	6
D01	交通医学	664	0.625	0.042	0.99	341	0.45	2.58	4.5	4

学科代码	期刊名称	扩展总被引频次	扩展影响因子	扩展即年指标	扩展他引率	扩展引用刊数	扩展学科影响指标	扩展学科扩散指标	扩展被引半衰期	扩展H指标
D01	解放军医学杂志	2761	2.621	0.660	0.91	787	0.70	5.96	4.6	12
D01	精准医学杂志	354	0.534	0.115	0.97	218	0.38	1.65	4.3	4
D01	空军航空医学	1070	0.981	0.077	0.89	366	0.49	2.77	4.9	8
D01	联勤军事医学	1232	1.057	0.118	0.93	461	0.56	3.49	4.6	7
D01	辽宁医学杂志	770	1.010	0.202	1.00	273	0.39	2.07	3.6	4
D01	名医	2332	—	0.026	0.98	387	0.48	2.93	4.0	4
D01	内蒙古医学杂志	2231	—	0.099	1.00	468	0.57	3.55	4.3	6
D01	宁夏医学杂志	1487	0.706	0.181	0.97	523	0.55	3.96	4.4	4
D01	农垦医学	545	0.701	0.067	0.70	210	0.33	1.59	4.7	4
D01	青岛医药卫生	567	0.874	0.288	0.98	224	0.36	1.70	4.2	3
D01	青海医药杂志	739	0.553	0.067	0.97	276	0.39	2.09	4.7	5
D01	山东第一医科大学（山东省医学科学院）学报	1015	0.722	0.076	0.99	452	0.52	3.42	5.2	5
D01	山东医药	11345	1.984	0.334	0.99	1130	0.85	8.56	4.7	15
D01	山西医药杂志	12345	2.490	0.159	1.00	832	0.78	6.30	4.2	13
D01	陕西医学杂志	6342	3.136	0.755	0.88	679	0.76	5.14	4.3	15
D01	伤害医学（电子版）	234	0.862	0.122	0.78	108	0.08	0.82	5.1	4
D01	上海医学	1250	1.079	0.099	0.97	546	0.63	4.14	5.0	8
D01	上海医药	2445	0.991	0.219	0.96	669	0.64	5.07	4.5	8
D01	社区医学杂志	1313	0.630	0.194	0.97	467	0.52	3.54	4.9	4
D01	实验与检验医学	1696	0.844	0.093	0.88	473	0.60	3.58	4.7	6
D01	实用休克杂志（中英文）	169	0.367	0.057	0.97	118	0.22	0.89	4.4	4
D01	世界复合医学	2195	1.062	0.102	0.92	351	0.53	2.66	3.5	6
D01	世界睡眠医学杂志	4233	1.376	0.259	0.79	446	0.51	3.38	3.5	9
D01	首都食品与医药	4216	0.327	0.097	0.99	551	0.62	4.17	4.7	5
D01	四川医学	2450	1.199	0.121	0.99	653	0.70	4.95	5.3	8
D01	天津医药	2268	1.620	0.337	0.97	694	0.69	5.26	4.6	9
D01	微创医学	997	0.980	0.151	0.95	352	0.52	2.67	4.2	5
D01	武警医学	1720	1.069	0.172	0.92	544	0.68	4.12	4.6	7
D01	西部医学	3705	1.790	0.428	0.93	685	0.74	5.19	4.6	10
D01	西藏医药	1042	—	0.120	0.96	270	0.38	2.05	3.5	5
D01	系统医学	5013	1.094	0.090	0.95	561	0.67	4.25	3.7	7
D01	现代生物医学进展	12934	2.907	0.335	0.95	1134	0.83	8.59	4.2	17
D01	现代实用医学	2944	0.832	0.071	0.99	671	0.70	5.08	4.3	6

学科代码	期刊名称	扩展总被引频次	扩展影响因子	扩展即年指标	扩展他引率	扩展引用刊数	扩展学科影响指标	扩展学科扩散指标	扩展被引半衰期	扩展H指标
D01	现代医学	2294	1.248	0.117	0.93	552	0.64	4.18	4.7	9
D01	现代医学与健康研究（电子版）	3063	0.702	0.212	1.00	589	0.64	4.46	3.6	6
D01	协和医学杂志	1886	2.684	0.813	0.96	710	0.71	5.38	3.7	13
D01	新疆医学	1750	0.934	0.138	0.76	426	0.56	3.23	4.2	5
D01	新医学	1231	1.069	0.283	0.90	499	0.60	3.78	4.8	7
D01	叙事医学	127	0.298	0.036	0.80	56	0.06	0.42	3.5	4
D01	医师在线	187	0.064	0.033	0.98	114	0.19	0.86	3.9	3
D01	医学理论与实践	8296	0.968	0.268	0.99	944	0.80	7.15	3.9	7
D01	医学临床研究	5274	1.651	0.211	0.95	594	0.67	4.50	4.6	10
D01	医学新知	418	1.297	0.241	0.98	229	0.25	1.73	4.6	6
D01	医学信息	5423	0.926	0.183	0.97	1005	0.82	7.61	4.2	7
D01	医学研究与教育	469	1.072	0.130	0.98	263	0.31	1.99	5.2	5
D01	医学研究与战创伤救治	2492	1.680	0.116	0.87	776	0.74	5.88	5.0	10
D01	医学研究杂志	3141	1.124	0.186	0.98	825	0.76	6.25	4.9	9
D01	医药论坛杂志	2922	0.938	0.158	0.95	570	0.64	4.32	3.9	7
D01	右江医学	788	0.884	0.136	0.97	344	0.45	2.61	4.1	5
D01	云南医药	993	0.887	0.144	0.75	274	0.42	2.08	4.2	5
D01	浙江实用医学	417	0.479	0.015	0.96	246	0.36	1.86	4.8	4
D01	浙江医学	4328	1.312	0.191	0.98	778	0.78	5.89	4.5	10
D01	中国高等医学教育	5724	1.200	0.197	0.91	640	0.48	4.85	4.6	10
D01	中国基层医药	3424	1.390	0.195	0.95	565	0.69	4.28	4.5	7
D01	中国急救复苏与灾害医学杂志	3295	2.129	0.401	0.81	521	0.70	3.95	3.8	10
D01	中国临床实用医学	545	0.825	0.078	0.98	273	0.42	2.07	4.6	4
D01	中国煤炭工业医学杂志	1458	1.721	0.270	0.98	428	0.55	3.24	4.8	7
D01	中国民族民间医药	4181	0.822	0.109	0.97	730	0.55	5.53	5.9	8
D01	中国实用医药	13234	1.203	0.311	0.98	1018	0.84	7.71	4.3	8
D01	中国现代医生	7138	0.949	0.161	0.98	941	0.84	7.13	4.3	8
D01	中国现代医学杂志	6701	3.036	0.782	0.98	947	0.83	7.17	4.5	14
D01	中国现代医药杂志	1441	0.897	0.114	0.99	530	0.65	4.02	4.4	5
D01	中国乡村医药	2288	0.446	0.111	0.97	533	0.61	4.04	4.2	5
D01	中国研究型医院	620	1.614	0.261	0.96	317	0.36	2.40	3.7	7
D01	中国医学创新	8693	1.315	0.338	0.96	913	0.82	6.92	3.8	8
D01	中国医学科学院学报	1718	1.823	0.302	0.99	713	0.63	8.29	4.9	9

学科代码	期刊名称	扩展总被引频次	扩展影响因子	扩展即年指标	扩展他引率	扩展引用刊数	扩展学科影响指标	扩展学科扩散指标	扩展被引半衰期	扩展H指标
D01	中国医学前沿杂志（电子版）	3254	2.311	0.254	0.99	786	0.77	5.95	5.2	18
D01	中国医学人文	234	—	0.041	0.93	116	0.15	0.88	4.1	4
D01	中国医药导报	19574	2.706	0.409	0.96	1335	0.89	10.11	4.1	16
D01	中国医药科学	9596	1.717	0.352	0.96	1013	0.84	7.67	3.9	10
D01	中国医院建筑与装备	927	0.684	0.255	0.73	259	0.12	1.96	4.3	4
D01	中国中西医结合儿科学	1191	1.344	0.215	0.92	348	0.43	2.64	5.1	7
D01	中华医史杂志	518	0.405	0.034	0.96	203	0.14	1.54	≥10	4
D01	中华医学杂志	14718	3.084	0.492	0.95	1267	0.93	9.60	5.5	31
D01	中华重症医学电子杂志	349	0.358	—	1.00	201	0.35	1.52	5.2	6
D01	中南医学科学杂志	2142	2.654	0.321	0.98	512	0.64	3.88	3.9	10
D01	中日友好医院学报	778	1.218	0.168	0.99	373	0.47	2.83	4.3	6
D01	中外医学研究	10729	1.199	0.304	0.97	862	0.82	6.53	4.0	7
D01	中医药管理杂志	8492	0.832	0.144	0.77	796	0.65	6.03	3.8	8
D01	转化医学杂志	603	1.315	0.213	0.96	303	0.38	2.30	4.4	6
D02	安徽医科大学学报	2705	1.216	0.177	0.92	759	0.62	8.83	4.9	9
D02	安徽医专学报	1069	—	0.222	0.89	297	0.14	3.45	3.5	5
D02	包头医学院学报	1451	0.776	0.177	0.99	535	0.31	6.22	4.6	5
D02	北京大学学报（医学版）	2381	1.739	0.437	0.98	851	0.60	9.90	5.4	10
D02	蚌埠医学院学报	4317	2.096	0.288	0.93	704	0.63	8.19	4.2	11
D02	滨州医学院学报	489	0.729	0.210	0.84	276	0.16	3.21	4.7	4
D02	长治医学院学报	410	0.611	0.063	0.99	250	0.14	2.91	4.7	4
D02	成都医学院学报	2174	2.633	0.417	0.99	530	0.45	6.16	4.1	12
D02	承德医学院学报	766	0.811	0.267	0.99	379	0.17	4.41	4.9	5
D02	重庆医科大学学报	2146	1.237	0.169	0.99	699	0.63	8.13	4.8	9
D02	川北医学院学报	4540	3.296	0.669	0.99	609	0.50	7.08	3.5	14
D02	大连医科大学学报	721	0.926	0.069	0.99	394	0.23	4.58	5.3	6
D02	东南大学学报（医学版）	1462	1.716	0.265	0.99	543	0.43	6.31	4.7	8
D02	福建医科大学学报	627	1.000	0.095	1.00	354	0.26	4.12	4.8	6
D02	复旦学报（医学版）	1502	1.771	0.531	0.99	690	0.49	8.02	4.6	9
D02	赣南医学院学报	1038	0.618	0.096	0.96	500	0.24	5.81	4.9	4
D02	广东药科大学学报	1482	1.662	0.276	0.98	563	0.35	6.55	5.0	8
D02	广东医科大学学报	946	0.980	0.224	0.97	410	0.31	4.77	4.3	5
D02	广西医科大学学报	3028	1.118	0.105	0.99	745	0.63	8.66	5.2	9

学科代码	期刊名称	扩展总被引频次	扩展影响因子	扩展即年指标	扩展他引率	扩展引用刊数	扩展学科影响指标	扩展学科扩散指标	扩展被引半衰期	扩展H指标
D02	广州医科大学学报	1126	1.302	0.091	1.00	453	0.33	5.27	4.4	6
D02	贵州医科大学学报	2032	1.547	0.372	0.98	610	0.53	7.09	4.4	9
D02	哈尔滨医科大学学报	752	1.080	0.056	0.99	392	0.26	4.56	4.4	6
D02	海军军医大学学报	2196	1.199	0.248	0.96	808	0.63	9.40	5.7	9
D02	海南医学院学报	3929	1.720	0.305	0.99	720	0.59	8.37	5.5	11
D02	河北医科大学学报	3350	2.053	0.287	0.99	712	0.65	8.28	4.5	12
D02	河南大学学报（医学版）	504	1.073	0.125	0.96	302	0.14	3.51	4.4	6
D02	河南医学高等专科学校学报	650	0.764	0.184	0.98	261	0.13	3.03	3.9	5
D02	菏泽医学专科学校学报	384	0.796	0.106	0.99	200	0.12	2.33	3.9	5
D02	湖北科技学院学报（医学版）	669	0.887	0.198	0.97	302	0.24	3.51	4.3	5
D02	湖北民族大学学报（医学版）	355	1.141	0.320	0.97	193	0.07	2.24	3.4	5
D02	湖北医药学院学报	685	1.146	0.247	0.96	324	0.21	3.77	3.8	6
D02	湖南师范大学学报（医学版）	3455	2.495	0.109	0.99	550	0.42	6.40	3.8	11
D02	华北理工大学学报（医学版）	483	0.904	0.151	0.99	308	0.16	3.58	5.0	4
D02	华中科技大学学报（医学版）	1170	1.608	0.204	0.98	559	0.45	6.50	4.5	8
D02	吉林大学学报（医学版）	1936	1.562	0.192	0.98	686	0.52	7.98	4.9	9
D02	吉林医药学院学报	1071	1.070	0.347	0.99	503	0.30	3.81	4.3	8
D02	济宁医学院学报	482	0.752	0.333	0.94	302	0.14	3.51	4.8	5
D02	江苏大学学报（医学版）	723	1.503	0.576	0.88	346	0.33	4.02	4.1	6
D02	解放军医学院学报	2198	1.564	0.213	0.92	729	0.53	8.48	4.7	9
D02	锦州医科大学学报	587	0.634	0.111	0.99	317	0.21	3.69	5.0	4
D02	空军军医大学学报	706	—	0.358	0.94	326	0.16	3.79	3.3	6
D02	昆明医科大学学报	2965	1.654	0.329	0.98	751	0.65	8.73	4.3	10
D02	兰州大学学报（医学版）	827	1.264	0.263	0.80	394	0.29	4.58	3.7	6
D02	陆军军医大学学报	2941	1.228	0.188	0.98	922	0.74	10.72	5.2	9
D02	牡丹江医学院学报	1029	0.674	0.079	0.99	459	0.44	5.34	4.7	5
D02	南昌大学学报（医学版）	814	0.988	0.187	0.99	438	0.34	5.09	5.2	6
D02	南方医科大学学报	3165	1.932	0.208	0.97	999	0.81	11.62	4.9	11
D02	南通大学学报（医学版）	523	0.567	0.065	0.98	293	0.14	3.41	4.7	4
D02	内蒙古医科大学学报	1982	2.039	0.148	0.94	516	0.40	6.00	4.6	9
D02	宁夏医科大学学报	1893	1.236	0.139	0.99	594	0.47	6.91	4.9	7
D02	齐齐哈尔医学院学报	4208	—	0.217	0.99	806	0.57	9.37	4.8	7
D02	黔南民族医专学报	438	0.917	0.217	0.98	192	0.05	2.23	3.6	5

学科代码	期刊名称	扩展总被引频次	扩展影响因子	扩展即年指标	扩展他引率	扩展引用刊数	扩展学科影响指标	扩展学科扩散指标	扩展被引半衰期	扩展H指标
D02	青岛大学学报（医学版）	714	0.598	0.078	0.96	415	0.31	4.83	4.7	5
D02	山东大学学报（医学版）	1768	1.450	0.269	0.97	750	0.51	8.72	4.6	9
D02	山东医学高等专科学校学报	725	0.700	0.197	0.98	255	0.12	2.97	4.0	5
D02	山西医科大学学报	1246	0.735	0.140	0.98	577	0.49	6.71	5.4	6
D02	汕头大学医学院学报	244	0.496	0.172	0.99	176	0.14	2.05	4.6	3
D02	上海交通大学学报（医学版）	2414	1.472	0.075	0.99	849	0.73	9.87	5.1	11
D02	沈阳药科大学学报	2120	2.600	0.212	0.94	639	0.37	7.43	4.1	8
D02	沈阳医学院学报	688	0.885	0.313	0.99	347	0.29	4.03	4.2	5
D02	首都医科大学学报	1918	2.148	0.383	0.98	674	0.48	7.84	4.6	9
D02	四川大学学报（医学版）	1835	1.862	0.604	0.98	767	0.63	8.92	4.6	10
D02	天津医科大学学报	685	0.876	0.105	0.99	419	0.29	4.87	4.9	5
D02	同济大学学报（医学版）	1256	1.842	0.419	0.93	565	0.41	6.57	4.3	9
D02	皖南医学院学报	1226	1.519	0.207	0.99	410	0.26	4.77	4.3	8
D02	潍坊医学院学报	343	0.401	0.051	0.99	204	0.18	9.27	4.8	4
D02	温州医科大学学报	1041	0.956	0.203	0.97	544	0.42	6.33	4.5	6
D02	武汉大学学报（医学版）	1278	1.165	0.369	0.97	561	0.41	6.52	4.3	7
D02	西安交通大学学报（医学版）	1497	1.803	0.425	0.98	635	0.52	7.38	4.6	9
D02	西南医科大学学报	831	1.168	0.311	0.90	424	0.30	4.93	4.9	7
D02	湘南学院学报（医学版）	333	—	0.066	0.99	220	0.20	2.56	4.9	4
D02	新疆医科大学学报	2554	1.455	0.195	0.98	694	0.44	8.07	4.9	8
D02	新乡医学院学报	2817	2.574	0.573	0.98	604	0.50	7.02	4.1	13
D02	徐州医科大学学报	1234	1.492	0.207	0.98	409	0.28	4.76	4.2	8
D02	延安大学学报（医学科学版）	462	0.931	0.122	0.99	239	0.13	2.78	4.3	4
D02	延边大学医学学报	312	0.597	0.051	0.97	201	0.17	2.34	4.9	3
D02	右江民族医学院学报	852	0.963	0.124	0.88	386	0.31	4.49	4.3	5
D02	浙江大学学报（医学版）	1045	1.804	0.159	1.00	575	0.47	6.69	4.9	10
D02	郑州大学学报（医学版）	1642	1.685	0.433	0.96	653	0.57	7.59	4.4	9
D02	中国高原医学与生物学杂志	231	0.578	0.029	0.98	162	0.12	1.88	6.2	3
D02	中国药科大学学报	886	0.930	0.169	0.97	421	0.28	4.90	8.1	6
D02	中国医科大学学报	2467	1.959	0.298	1.00	726	0.66	8.44	4.6	11
D02	中南大学学报（医学版）	2371	1.754	0.205	0.98	839	0.69	9.76	5.1	12
D02	中山大学学报（医学科学版）	1193	1.463	0.394	0.97	526	0.52	6.12	5.2	7
D02	遵义医科大学学报	344	0.838	0.183	0.90	211	0.16	2.45	3.3	5

学科代码	期刊名称	扩展总被引频次	扩展影响因子	扩展即年指标	扩展他引率	扩展引用刊数	扩展学科影响指标	扩展学科扩散指标	扩展被引半衰期	扩展H指标
D03	Animal Models and Experimental Medicine	171	0.897	0.123	0.76	73	0.11	1.66	3.5	5
D03	Cellular & Molecular Immunology	563	0.442	0.007	1.00	322	0.36	7.32	6.8	6
D03	大众心理学	63	—	0.007	1.00	47	—	1.07	5.1	2
D03	分子诊断与治疗杂志	2601	1.600	0.402	0.90	552	0.48	12.55	3.3	7
D03	国际免疫学杂志	664	1.130	0.100	0.89	317	0.32	7.20	4.5	7
D03	国际遗传学杂志	213	0.483	0.014	0.96	151	0.16	3.43	4.8	3
D03	寄生虫病与感染性疾病	311	1.094	0.265	0.93	117	0.05	2.66	5.0	4
D03	寄生虫与医学昆虫学报	206	1.000	0.098	0.95	97	0.11	2.20	4.8	5
D03	解剖科学进展	802	0.649	0.050	0.83	349	0.25	7.93	4.8	6
D03	解剖学报	759	0.774	0.101	0.85	361	0.30	8.20	5.3	6
D03	解剖学研究	890	1.150	0.100	0.79	367	0.27	8.34	4.5	7
D03	解剖学杂志	1131	1.077	0.032	0.90	420	0.34	9.55	4.9	8
D03	临床心身疾病杂志	1644	1.842	0.522	0.77	346	0.14	7.86	3.6	6
D03	免疫学杂志	1381	1.588	0.280	0.89	494	0.39	11.23	4.8	8
D03	神经解剖学杂志	585	0.723	0.192	0.90	279	0.43	6.34	5.4	5
D03	生物医学工程学进展	292	0.705	0.296	0.96	184	0.05	4.18	4.8	4
D03	生物医学转化	102	0.867	0.040	1.00	88	0.02	2.00	3.2	4
D03	实验动物与比较医学	484	0.882	0.293	0.82	213	0.18	4.84	5.0	5
D03	数理医药学杂志	3062	1.130	0.231	1.00	552	0.30	12.55	3.9	7
D03	四川解剖学杂志	928	—	0.057	1.00	291	0.25	6.61	4.6	5
D03	微循环学杂志	664	1.811	0.345	0.99	310	0.23	7.05	4.4	7
D03	细胞与分子免疫学杂志	1532	1.074	0.087	0.92	575	0.59	13.07	5.8	8
D03	现代免疫学	617	1.063	0.106	0.96	323	0.30	7.34	4.9	6
D03	医学分子生物学杂志	236	0.453	0.149	0.94	157	0.16	3.57	5.2	4
D03	医院管理论坛	1462	1.039	0.155	0.92	395	0.20	8.98	4.2	6
D03	遗传学报	1150	1.089	0.171	0.93	423	0.14	9.61	9.7	6
D03	中国比较医学杂志	2149	1.587	0.263	0.91	635	0.50	14.43	4.7	9
D03	中国病理生理杂志	3256	1.817	0.274	0.87	716	0.45	16.27	4.9	9
D03	中国寄生虫学与寄生虫病杂志	1599	1.691	0.281	0.80	255	0.14	5.80	5.3	12
D03	中国健康心理学杂志	6242	3.001	0.777	0.92	1129	0.23	25.66	4.9	12
D03	中国临床解剖学杂志	1404	1.130	0.125	0.92	464	0.32	10.55	6.0	7
D03	中国免疫学杂志	5297	1.818	0.346	0.90	959	0.75	21.80	4.4	13
D03	中国血液流变学杂志	411	0.421	—	0.97	209	0.07	4.75	5.0	4

学科代码	期刊名称	扩展总被引频次	扩展影响因子	扩展即年指标	扩展他引率	扩展引用刊数	扩展学科影响指标	扩展学科扩散指标	扩展被引半衰期	扩展H指标
D03	中国医学工程	1524	0.746	0.113	1.00	479	0.20	10.89	4.3	5
D03	中国医学物理学杂志	1754	1.238	0.230	0.93	555	0.14	12.61	4.5	8
D03	中国组织化学与细胞化学杂志	586	0.929	0.040	0.95	336	0.39	7.64	5.0	6
D03	中华病理学杂志	2651	1.198	0.199	0.91	604	0.39	13.73	5.2	12
D03	中华解剖与临床杂志	799	1.098	0.143	0.88	303	0.20	6.89	4.4	6
D03	中华临床实验室管理电子杂志	186	0.585	—	1.00	131	0.09	2.98	5.0	3
D03	中华临床医师杂志（电子版）	1998	0.554	0.013	0.98	739	0.41	16.80	8.4	7
D03	中华微生物学和免疫学杂志	810	0.872	0.126	0.91	362	0.25	8.23	5.0	6
D03	中华细胞与干细胞杂志（电子版）	151	0.464	0.018	0.93	97	0.07	2.20	4.8	3
D03	中华医学遗传学杂志	1667	0.617	0.058	0.88	395	0.27	8.98	4.8	9
D05	Chronic Diseases and Translational Medicine	91	0.579	0.025	1.00	86	0.11	1.51	4.7	4
D05	Emergency and Critical Care Medicine	7	—	0.029	0.71	6	0.04	0.11	2.8	1
D05	Health Data Science	11	—	—	0.73	8	0.02	0.14	3.4	1
D05	Journal of Intensive Medicine	17	—	—	0.82	14	0.05	0.25	—	2
D05	World Journal of Emergency Medicine	357	1.024	0.162	0.89	179	0.37	3.14	3.9	6
D05	巴楚医学	243	0.551	0.098	0.96	177	0.21	3.11	3.8	3
D05	创伤与急危重病医学	948	1.785	0.221	0.99	349	0.49	6.12	3.9	7
D05	创伤与急诊电子杂志	131	0.511	0.056	0.98	98	0.14	1.72	4.7	3
D05	当代临床医刊	1564	1.115	0.118	1.00	278	0.44	4.88	3.5	6
D05	临床和实验医学杂志	8967	2.883	0.449	0.98	884	0.84	15.51	4.0	15
D05	临床急诊杂志	1906	1.849	0.470	0.92	504	0.70	8.84	4.8	10
D05	临床军医杂志	4503	2.127	0.402	0.98	713	0.77	12.51	4.3	12
D05	临床输血与检验	1290	1.359	0.311	0.91	357	0.58	6.26	4.7	8
D05	临床误诊误治	3876	2.886	0.362	0.96	626	0.68	10.98	4.1	13
D05	临床研究	4561	1.302	0.556	0.96	569	0.61	9.98	3.7	8
D05	临床医学	3907	1.607	0.362	0.90	512	0.65	8.98	3.9	6
D05	临床医学研究与实践	14323	1.723	0.613	0.96	929	0.79	16.30	3.6	10
D05	临床医药实践	1310	1.007	0.207	1.00	433	0.54	7.60	4.1	5
D05	临床与病理杂志	4684	2.572	0.414	0.99	756	0.72	13.26	3.9	13
D05	岭南急诊医学杂志	949	0.972	0.128	0.93	326	0.40	5.72	3.8	6
D05	全科医学临床与教育	1777	1.001	0.295	0.97	550	0.58	9.65	4.3	10
D05	蛇志	629	0.758	0.096	0.88	237	0.26	4.16	4.9	4
D05	实用临床医学	1457	1.138	0.134	0.99	465	0.58	8.16	4.7	6

学科代码	期刊名称	扩展总被引频次	扩展影响因子	扩展即年指标	扩展他引率	扩展引用刊数	扩展学科影响指标	扩展学科扩散指标	扩展被引半衰期	扩展H指标
D05	实用临床医药杂志	10322	2.177	0.365	0.95	854	0.89	14.98	4.8	14
D05	实用医技杂志	2462	0.908	—	1.00	526	0.60	9.23	4.4	5
D05	实用医学杂志	9697	2.811	0.427	0.92	1070	0.88	18.77	4.7	16
D05	实用医院临床杂志	5228	2.837	0.485	0.99	729	0.82	12.79	4.2	14
D05	现代临床医学	702	1.025	0.341	0.99	366	0.33	6.42	4.1	5
D05	现代医药卫生	5535	0.952	0.192	0.98	1056	0.79	18.53	4.3	8
D05	疑难病杂志	3216	2.239	0.492	0.94	626	0.70	10.98	4.4	11
D05	浙江临床医学	2413	0.685	0.092	0.84	512	0.63	8.98	4.4	6
D05	中国合理用药探索	1755	1.530	0.404	0.95	442	0.49	7.75	4.3	9
D05	中国激光医学杂志	596	1.581	0.186	0.88	235	0.32	4.12	4.9	5
D05	中国急救医学	3969	2.807	0.591	0.98	702	0.82	12.32	5.5	16
D05	中国疗养医学	2189	1.071	0.407	0.88	522	0.46	9.16	4.2	7
D05	中国临床新医学	1567	1.186	0.226	0.84	536	0.56	9.40	4.4	7
D05	中国临床研究	3774	1.830	0.275	0.95	751	0.75	13.18	4.4	9
D05	中国临床医生杂志	6715	2.859	0.766	0.96	837	0.84	14.68	4.3	17
D05	中国临床医学	1570	1.346	0.280	0.98	581	0.70	10.19	4.7	9
D05	中国美容整形外科杂志	1642	1.152	0.196	0.87	324	0.49	5.68	4.8	6
D05	中国全科医学	20078	5.346	1.553	0.97	1457	0.86	25.56	4.4	26
D05	中国实用医刊	4386	1.199	0.188	0.83	526	0.65	9.23	4.2	6
D05	中国输血杂志	3507	1.559	0.240	0.80	449	0.56	7.88	5.3	9
D05	中国疼痛医学杂志	3840	2.442	0.531	0.89	606	0.58	10.63	5.4	17
D05	中国医刊	4948	2.765	0.552	0.93	788	0.81	13.82	4.1	14
D05	中国医师进修杂志	2499	2.275	0.316	0.83	528	0.56	9.26	4.2	10
D05	中国医师杂志	4056	1.451	0.205	0.95	714	0.74	12.53	4.6	11
D05	中国医药	5956	3.273	0.728	0.94	785	0.79	13.77	3.9	16
D05	中国真菌学杂志	636	0.896	0.085	0.79	247	0.16	4.33	5.5	6
D05	中国综合临床	1034	1.445	0.151	0.99	398	0.49	6.98	4.9	8
D05	中华急诊医学杂志	4910	2.215	0.316	0.87	757	0.84	13.28	5.1	20
D05	中华全科医师杂志	4713	2.364	0.331	0.95	734	0.70	12.88	5.2	28
D05	中华全科医学	8408	2.969	0.420	0.91	929	0.84	16.30	4.4	13
D05	中华危重病急救医学	5359	2.892	0.506	0.89	763	0.84	13.39	5.0	18
D05	中华危重症医学杂志（电子版）	735	0.766	0.061	0.83	328	0.35	5.75	5.3	7
D05	中华医学美学美容杂志	1174	1.024	0.108	0.64	199	0.32	3.49	5.2	6

学科代码	期刊名称	扩展总被引频次	扩展影响因子	扩展即年指标	扩展他引率	扩展引用刊数	扩展学科影响指标	扩展学科扩散指标	扩展被引半衰期	扩展H指标
D06	国际检验医学杂志	5350	1.331	0.261	0.97	875	0.88	51.47	4.8	8
D06	检验医学	2068	1.372	0.159	0.96	566	0.71	33.29	4.7	8
D06	检验医学与临床	11992	2.218	0.439	0.98	963	0.88	56.65	4.4	15
D06	临床检验杂志	1601	1.230	0.113	0.93	550	0.71	32.35	4.8	7
D06	临床与实验病理学杂志	2468	0.916	0.154	0.86	569	0.76	33.47	4.9	6
D06	实用检验医师杂志	550	1.363	0.182	0.77	153	0.65	9.00	4.1	5
D06	现代检验医学杂志	2097	1.870	0.261	0.84	500	0.65	29.41	4.2	8
D06	现代诊断与治疗	7666	1.112	0.123	0.93	666	0.53	39.18	4.0	7
D06	循证医学	621	0.907	0.017	1.00	311	0.35	18.29	9.5	6
D06	医学检验与临床	448	0.439	0.037	0.88	171	0.41	10.06	4.1	3
D06	诊断病理学杂志	1433	0.791	0.057	0.89	396	0.59	23.29	4.8	7
D06	诊断学理论与实践	1046	1.752	0.191	0.99	491	0.76	28.88	4.4	9
D06	中国实验诊断学	4614	1.575	0.271	0.99	831	0.76	48.88	4.5	11
D06	中国循证医学杂志	4258	2.598	0.364	0.94	864	0.53	50.82	5.5	19
D06	中华检验医学杂志	2455	1.855	0.495	0.91	608	0.76	35.76	4.9	12
D06	中华实用诊断与治疗杂志	3220	2.030	0.333	0.86	691	0.71	40.65	4.4	11
D06	中华诊断学电子杂志	294	0.683	0.018	0.93	196	0.35	11.53	5.3	4
D07	保健医学研究与实践	1690	1.779	0.237	0.91	386	0.36	9.19	2.8	6
D07	大众健康	42	0.020	0.006	1.00	41	—	0.98	3.9	1
D07	反射疗法与康复医学	2043	0.656	0.055	0.94	251	0.29	5.98	3.1	6
D07	国际老年医学杂志	1259	2.232	0.515	0.89	370	0.43	8.81	3.7	8
D07	家庭医学	110	0.048	0.010	1.00	85	0.10	2.02	4.3	2
D07	家庭用药	5	—	—	1.00	4	—	0.10	≥10	1
D07	健康博览	32	0.011	—	1.00	27	—	0.64	5.8	1
D07	健康教育与健康促进	736	0.931	0.166	0.90	281	0.24	6.69	4.2	5
D07	健康世界	29	0.019	—	1.00	28	0.07	0.67	5.1	1
D07	健康向导	65	0.102	0.004	1.00	56	0.02	1.33	3.8	3
D07	健康研究	616	0.713	0.164	0.98	303	0.24	7.21	4.3	5
D07	江苏卫生保健	183	0.151	0.080	0.98	144	0.10	3.43	4.4	2
D07	老年医学研究	229	1.133	0.230	0.97	135	0.19	3.21	3.1	4
D07	老年医学与保健	2737	2.177	0.346	0.93	533	0.55	12.69	3.8	10
D07	人口与健康	361	—	0.034	1.00	238	0.17	5.67	3.7	5
D07	人人健康	1807	—	0.018	1.00	319	0.19	7.60	4.6	3

学科代码	期刊名称	扩展总被引频次	扩展影响因子	扩展即年指标	扩展他引率	扩展引用刊数	扩展学科影响指标	扩展学科扩散指标	扩展被引半衰期	扩展H指标
D07	实用老年医学	3037	1.920	0.351	0.98	605	0.50	14.40	4.2	10
D07	现代养生	829	0.883	0.187	0.98	212	0.19	5.05	2.8	3
D07	中国初级卫生保健	2433	1.413	0.207	0.85	540	0.43	12.86	4.2	7
D07	中国康复	3270	3.235	0.500	0.89	531	0.52	12.64	4.8	13
D07	中国康复理论与实践	4875	2.825	0.490	0.91	808	0.52	19.24	5.9	15
D07	中国康复医学杂志	7414	2.958	0.467	0.95	880	0.60	20.95	5.8	19
D07	中国老年保健医学	1631	1.182	0.220	0.99	506	0.57	12.05	4.2	8
D07	中国老年学杂志	22873	2.719	0.546	0.97	1497	0.64	35.64	4.5	18
D07	中国临床保健杂志	2339	2.226	0.460	0.92	547	0.50	13.02	4.5	11
D07	中国听力语言康复科学杂志	837	0.912	0.210	0.77	239	0.24	5.69	5.2	6
D07	中华保健医学杂志	2219	2.813	0.371	0.99	542	0.52	12.90	4.0	10
D07	中华老年病研究电子杂志	244	0.425	—	0.99	173	0.24	4.12	5.6	6
D07	中华老年多器官疾病杂志	1876	1.630	0.230	0.99	572	0.57	13.62	4.6	10
D07	中华老年骨科与康复电子杂志	399	1.123	0.107	0.86	196	0.29	4.67	4.8	5
D07	中华老年医学杂志	4542	2.532	0.220	0.94	782	0.60	18.62	4.8	17
D07	中华物理医学与康复杂志	5637	3.042	0.263	0.92	655	0.62	15.60	5.2	18
D07	中医健康养生	132	—	0.010	1.00	96	0.05	2.29	4.9	2
D07	祝您健康	19	0.021	—	1.00	16	—	0.38	4.8	1
D08	临床荟萃	1630	0.977	0.152	0.95	559	0.57	39.93	6.0	9
D08	临床内科杂志	2239	1.948	0.255	0.89	569	0.79	40.64	3.9	11
D08	内科	1094	0.962	0.143	1.00	385	0.29	27.50	4.7	5
D08	内科急危重症杂志	1116	1.541	0.202	0.87	376	0.57	26.86	4.7	8
D08	内科理论与实践	550	1.142	0.158	0.98	305	0.57	21.79	4.3	6
D08	糖尿病新世界	6883	1.530	0.315	0.68	425	0.14	30.36	3.6	7
D08	心电与循环	387	0.522	0.185	0.92	197	0.50	14.07	4.1	4
D08	心血管病防治知识	4462	—	0.170	0.78	359	0.50	25.64	3.3	7
D08	中国肛肠病杂志	1639	0.909	0.158	0.91	347	0.43	24.79	4.0	6
D08	中国实用内科杂志	4786	2.556	0.352	0.96	858	0.93	61.29	6.2	16
D08	中华内科杂志	6263	3.348	0.339	0.98	928	0.93	66.29	6.1	31
D08	中华胃肠内镜电子杂志	291	0.609	0.161	0.84	140	0.29	10.00	5.1	7
D08	中华炎性肠病杂志（中英文）	414	1.132	0.171	0.89	186	0.43	13.29	4.5	8
D09	国际呼吸杂志	2597	1.171	0.190	0.96	587	0.88	73.38	5.2	10
D09	结核与肺部疾病杂志	560	—	0.341	0.86	192	0.75	24.00	3.7	6

学科代码	期刊名称	扩展总被引频次	扩展影响因子	扩展即年指标	扩展他引率	扩展引用刊数	扩展学科影响指标	扩展学科扩散指标	扩展被引半衰期	扩展H指标
D09	临床肺科杂志	4514	1.707	0.358	0.97	714	0.88	89.25	4.8	10
D09	中国防痨杂志	3269	2.891	0.603	0.89	434	0.88	54.25	4.3	15
D09	中国呼吸与危重监护杂志	1504	1.458	0.044	0.92	447	0.88	55.88	4.9	11
D09	中华肺部疾病杂志（电子版）	1467	1.135	0.185	0.76	441	0.88	55.12	4.4	9
D09	中华结核和呼吸杂志	7094	3.942	0.592	0.96	802	1.00	100.25	6.2	28
D10	Hepatobiliary & Pancreatic Diseases International	567	0.659	0.101	0.98	286	0.57	13.62	6.3	6
D10	iLIVER	6	—	0.067	0.83	6	0.10	0.29	2.2	1
D10	Journal of Pancreatology	24	0.244	—	0.83	14	0.05	0.67	4.3	2
D10	Liver Research	98	0.412	0.050	0.79	63	0.38	3.00	5.3	2
D10	肝脏	1910	0.833	0.130	0.94	502	0.62	23.90	4.8	9
D10	国际消化病杂志	725	1.152	0.123	0.96	342	0.52	16.29	5.4	7
D10	临床肝胆病杂志	7310	2.070	0.410	0.93	818	0.81	38.95	4.9	26
D10	临床消化病杂志	967	1.494	0.263	0.99	372	0.62	17.71	4.7	8
D10	实用肝脏病杂志	3117	2.144	0.632	0.89	545	0.67	25.95	4.6	16
D10	食管疾病	135	0.589	0.079	0.77	70	0.14	3.33	3.5	3
D10	胃肠病学	1683	0.900	0.009	0.99	499	0.67	23.76	7.4	14
D10	胃肠病学和肝病学杂志	2118	1.010	0.188	0.98	616	0.86	29.33	5.3	8
D10	现代消化及介入诊疗	4402	1.701	0.115	0.98	585	0.76	27.86	4.9	11
D10	中国肝脏病杂志（电子版）	468	1.584	0.111	0.90	227	0.57	10.81	5.5	8
D10	中华肝脏病杂志	3588	2.407	0.283	0.91	654	0.81	31.14	5.2	20
D10	中华肝脏外科手术学电子杂志	567	0.691	0.053	0.90	225	0.48	10.71	4.8	5
D10	中华结直肠疾病电子杂志	892	1.543	0.244	0.91	299	0.43	14.24	5.0	9
D10	中华消化病与影像杂志（电子版）	529	0.849	0.097	0.96	311	0.43	14.81	5.3	7
D10	中华消化内镜杂志	2723	1.804	0.218	0.90	491	0.76	23.38	5.3	15
D10	中华消化杂志	3470	2.275	0.245	0.96	630	0.86	30.00	5.7	21
D10	中华胰腺病杂志	635	0.795	0.104	0.91	255	0.57	12.14	5.3	6
D11	Blood Science	14	0.190	—	0.93	14	0.01	0.11	3.0	1
D11	国际输血及血液学杂志	352	0.690	—	0.98	189	0.62	23.62	5.2	4
D11	临床肾脏病杂志	1463	1.455	0.199	0.96	438	0.50	54.75	4.5	9
D11	临床血液学杂志	1321	1.463	0.239	0.80	364	0.75	45.50	4.2	7
D11	血栓与止血学	5067	3.098	0.128	1.00	517	0.38	64.62	3.6	11
D11	中国实验血液学杂志	2237	1.325	0.170	0.89	547	0.75	68.38	4.6	8

学科代码	期刊名称	扩展总被引频次	扩展影响因子	扩展即年指标	扩展他引率	扩展引用刊数	扩展学科影响指标	扩展学科扩散指标	扩展被引半衰期	扩展H指标
D11	中国血液净化	2696	2.017	0.297	0.94	471	0.62	58.88	5.0	11
D11	中华肾脏病杂志	2276	2.597	0.310	0.94	542	0.62	67.75	4.8	13
D11	中华血液学杂志	2840	1.884	0.142	0.92	545	1.00	68.12	5.5	18
D12	风湿病与关节炎	2227	1.548	0.254	0.79	358	0.50	35.80	5.0	10
D12	国际内分泌代谢杂志	964	2.409	0.176	0.99	426	0.50	42.60	3.8	6
D12	实用妇科内分泌电子杂志	4694	0.584	0.059	0.87	469	0.30	46.90	4.6	5
D12	中国骨质疏松杂志	6208	2.857	0.569	0.88	712	0.90	71.20	4.9	17
D12	中国糖尿病杂志	3049	2.699	0.426	0.98	657	0.70	65.70	5.0	15
D12	中华风湿病学杂志	1620	0.804	0.058	0.97	525	0.50	52.50	8.4	10
D12	中华骨质疏松和骨矿盐疾病杂志	1565	1.840	0.060	0.97	477	0.70	47.70	5.9	12
D12	中华临床免疫和变态反应杂志	743	0.844	0.058	0.97	359	0.50	35.90	4.7	8
D12	中华内分泌代谢杂志	3576	3.506	0.373	0.97	731	1.00	73.10	4.8	20
D12	中华糖尿病杂志	5748	6.945	0.353	0.93	750	0.80	75.00	3.9	25
D13	Infectious Diseases & Immunity	1	0.014	—	1.00	1	—	0.07	—	1
D13	Infectious Diseases of Poverty	536	0.751	0.257	0.91	186	0.47	12.40	4.5	4
D13	Infectious Medicine	3	—	0.024	0.33	2	0.07	0.13	2.2	1
D13	Infectious Microbes & Diseases	25	0.161	0.038	0.24	7	0.07	0.47	4.4	1
D13	传染病信息	1292	1.675	0.582	0.92	470	0.60	31.33	4.8	11
D13	国际流行病学传染病学杂志	771	1.385	0.798	0.95	354	0.53	23.60	4.4	8
D13	微生物与感染	291	0.532	0.059	0.95	194	0.47	12.93	6.0	5
D13	新发传染病电子杂志	800	1.914	0.527	0.74	303	0.53	20.20	4.3	10
D13	中国感染控制杂志	4095	4.047	0.668	0.94	708	0.60	47.20	4.5	16
D13	中国感染与化疗杂志	2344	2.966	0.524	0.97	518	0.67	34.53	4.4	12
D13	中华传染病杂志	1756	1.794	0.253	0.95	503	0.73	33.53	4.9	13
D13	中华临床感染病杂志	1113	1.927	0.451	0.96	434	0.67	28.93	5.3	14
D13	中华实验和临床感染病杂志（电子版）	590	0.649	0.015	0.92	299	0.60	19.93	6.2	5
D14	Chinese Journal of Traumatology	411	0.842	0.229	0.97	235	0.32	7.58	5.6	5
D14	Laparoscopic, Endoscopic and Robotic Surgery	15	0.104	0.071	0.67	9	0.03	0.29	3.2	1
D14	肠外与肠内营养	1143	2.279	0.225	0.88	369	0.26	11.90	5.2	9
D14	国际麻醉学与复苏杂志	2250	1.740	0.265	0.87	497	0.52	16.03	4.3	12
D14	国际外科学杂志	3189	2.099	0.557	0.97	795	0.97	25.65	5.8	7
D14	国际移植与血液净化杂志	244	0.736	0.072	0.99	121	0.13	3.90	4.2	3
D14	河南外科学杂志	2168	1.096	0.248	0.98	370	0.32	11.94	3.8	5

学科代码	期刊名称	扩展总被引频次	扩展影响因子	扩展即年指标	扩展他引率	扩展引用刊数	扩展学科影响指标	扩展学科扩散指标	扩展被引半衰期	扩展H指标
D14	机器人外科学杂志（中英文）	252	1.176	0.393	0.87	121	0.19	3.90	3.0	4
D14	局解手术学杂志	1811	1.552	0.358	0.97	507	0.45	16.35	4.2	9
D14	临床麻醉学杂志	5367	3.316	0.547	0.91	620	0.71	20.00	4.5	18
D14	临床外科杂志	2858	1.540	0.275	0.91	563	0.87	18.16	4.4	12
D14	岭南现代临床外科	422	0.496	0.048	0.98	237	0.32	7.65	4.9	4
D14	器官移植	986	1.810	0.608	0.83	298	0.45	9.61	4.1	9
D14	实用器官移植电子杂志	567	1.046	0.167	0.66	173	0.35	5.58	4.1	6
D14	手术电子杂志	37	—	0.031	0.49	15	0.06	0.48	2.5	2
D14	外科理论与实践	747	1.214	0.084	0.97	302	0.68	9.74	4.6	6
D14	外科研究与新技术（中英文）	211	0.516	0.026	0.96	131	0.19	4.23	4.6	4
D14	浙江创伤外科	2132	0.795	0.331	0.93	408	0.35	13.16	3.7	5
D14	中国内镜杂志	2951	3.026	0.590	0.96	499	0.58	16.10	4.6	12
D14	中国实用外科杂志	6746	3.313	0.635	0.90	759	0.87	24.48	5.1	24
D14	中国体外循环杂志	533	1.193	0.141	0.80	222	0.32	7.16	4.6	7
D14	中国微创外科杂志（中英文）	3269	2.112	0.410	0.95	565	0.71	18.23	5.0	12
D14	中国现代手术学杂志	716	1.352	0.074	0.98	275	0.39	8.87	4.5	6
D14	中华肥胖与代谢病电子杂志	318	1.206	0.373	0.81	128	0.29	4.13	4.3	7
D14	中华麻醉学杂志	3133	1.555	0.074	0.94	576	0.61	18.58	4.8	13
D14	中华内分泌外科杂志	948	1.497	0.148	0.89	345	0.52	11.13	4.0	7
D14	中华器官移植杂志	666	0.522	0.246	0.85	239	0.48	7.71	5.5	5
D14	中华实验外科杂志	2684	0.713	0.131	0.77	623	0.65	20.10	4.5	7
D14	中华外科杂志	4479	2.922	0.361	0.97	753	0.90	24.29	6.1	23
D14	中华移植杂志（电子版）	345	0.343	0.224	0.91	143	0.23	4.61	5.5	6
D15	腹部外科	579	1.039	0.256	0.94	237	0.56	7.41	4.6	6
D15	腹腔镜外科杂志	2690	2.174	0.271	0.86	403	0.62	12.59	4.5	11
D15	肝癌电子杂志	238	1.255	0.163	0.90	142	0.41	4.44	3.9	6
D15	肝博士	51	0.130	0.019	1.00	43	0.03	1.34	4.8	2
D15	肝胆外科杂志	912	1.140	0.084	0.96	294	0.50	9.19	5.0	6
D15	肝胆胰外科杂志	1170	1.455	0.265	0.93	342	0.56	10.69	4.3	7
D15	加速康复外科杂志	87	0.543	0.353	0.86	52	0.16	1.62	3.5	3
D15	结直肠肛门外科	2193	3.170	0.164	0.97	406	0.50	12.69	4.3	8
D15	临床普外科电子杂志	267	0.811	0.138	0.99	118	0.34	3.69	3.1	4
D15	临床心电学杂志	397	0.468	0.103	0.87	161	0.06	5.03	6.0	4

学科代码	期刊名称	扩展总被引频次	扩展影响因子	扩展即年指标	扩展他引率	扩展引用刊数	扩展学科影响指标	扩展学科扩散指标	扩展被引半衰期	扩展H指标
D15	血管与腔内血管外科杂志	941	0.910	0.212	0.91	305	0.38	9.53	3.4	7
D15	中国普通外科杂志	2798	2.343	0.425	0.84	547	0.75	17.09	4.9	11
D15	中国普外基础与临床杂志	1865	1.110	0.266	0.88	498	0.69	15.56	4.6	7
D15	中国现代普通外科进展	2143	1.571	0.204	0.97	437	0.56	13.66	4.3	10
D15	中国胸心血管外科临床杂志	2045	1.481	0.331	0.89	522	0.53	16.31	4.4	11
D15	中国血管外科杂志（电子版）	697	0.978	0.141	0.93	287	0.34	8.97	6.6	7
D15	中华肝胆外科杂志	1940	1.694	0.236	0.83	393	0.59	12.28	4.6	11
D15	中华脑科疾病与康复杂志（电子版）	235	0.416	0.031	0.86	138	0.03	4.31	5.2	4
D15	中华普通外科学文献（电子版）	780	0.894	0.193	0.95	327	0.69	10.22	5.3	6
D15	中华普通外科杂志	2413	1.198	0.147	0.93	514	0.72	16.06	5.3	10
D15	中华普外科手术学杂志（电子版）	1015	1.135	0.077	0.68	235	0.62	7.34	4.4	6
D15	中华腔镜外科杂志（电子版）	678	0.759	0.101	0.86	215	0.59	6.72	5.9	6
D15	中华乳腺病杂志（电子版）	461	0.548	0.026	0.95	239	0.25	7.47	6.0	6
D15	中华疝和腹壁外科杂志（电子版）	1223	1.243	0.111	0.71	201	0.44	6.28	4.7	7
D15	中华胃肠外科杂志	4384	2.746	0.450	0.91	619	0.66	19.34	5.8	18
D15	中华消化外科杂志	4266	3.950	0.496	0.93	632	0.72	19.75	4.2	21
D15	中华心力衰竭和心肌病杂志（中英文）	441	0.895	0.023	0.89	213	0.12	6.66	6.2	7
D15	中华胸部外科电子杂志	193	0.479	—	0.95	120	0.25	3.75	5.6	4
D15	中华胸心血管外科杂志	1254	1.093	0.102	0.93	365	0.38	11.41	5.4	8
D15	中华血管外科杂志	336	1.000	0.109	0.95	160	0.31	5.00	4.9	4
D16	Cardiology Discovery	21	0.279	0.114	0.81	11	0.15	0.41	2.9	1
D16	Journal of Geriatric Cardiology	543	0.558	0.118	0.94	289	0.93	10.70	5.3	5
D16	South China Journal of Cardiology	10	0.068	—	0.90	9	0.07	0.33	4.0	1
D16	国际心血管病杂志	478	0.771	0.177	0.98	272	0.81	10.07	4.9	4
D16	临床心血管病杂志	2146	1.851	0.402	0.89	516	0.93	19.11	4.5	9
D16	岭南心血管病杂志	890	1.106	0.128	0.98	330	0.70	12.22	4.7	7
D16	实用心电学杂志	483	1.005	0.213	0.86	187	0.63	6.93	4.7	6
D16	实用心脑肺血管病杂志	5138	2.894	0.540	0.95	668	0.67	24.74	4.7	15
D16	心肺血管病杂志	1999	1.623	0.331	0.86	518	0.81	19.19	4.1	10
D16	心脑血管病防治	2120	1.837	0.168	0.99	535	0.70	19.81	5.1	11
D16	心血管病学进展	1451	0.945	0.139	0.98	496	0.81	18.37	4.7	7
D16	心血管康复医学杂志	1767	1.825	0.218	0.99	438	0.78	16.22	4.6	9
D16	心脏杂志	897	1.109	0.257	0.96	372	0.70	13.78	4.4	8

学科代码	期刊名称	扩展总被引频次	扩展影响因子	扩展即年指标	扩展他引率	扩展引用刊数	扩展学科影响指标	扩展学科扩散指标	扩展被引半衰期	扩展H指标
D16	中国动脉硬化杂志	2092	2.284	0.570	0.88	531	0.81	19.67	4.4	11
D16	中国分子心脏病学杂志	494	0.857	0.145	0.96	257	0.67	9.52	4.0	5
D16	中国介入心脏病学杂志	1907	2.366	0.601	0.82	459	0.93	17.00	4.2	14
D16	中国心血管病研究	1869	2.301	0.448	0.91	505	0.85	18.70	3.7	10
D16	中国心血管杂志	2599	2.523	0.336	0.95	626	0.89	23.19	5.2	11
D16	中国心脏起搏与心电生理杂志	861	0.663	0.155	0.85	275	0.85	10.19	5.7	6
D16	中国循环杂志	7031	6.208	1.435	0.95	910	1.00	33.70	4.8	28
D16	中国循证心血管医学杂志	4131	1.808	0.117	0.97	709	0.85	26.26	4.8	14
D16	中华高血压杂志	2949	1.869	0.178	0.90	615	0.81	22.78	5.3	14
D16	中华老年心脑血管病杂志	4124	2.214	0.410	0.98	656	0.85	24.30	4.4	15
D16	中华心律失常学杂志	1062	2.070	0.370	0.84	294	0.85	10.89	4.6	10
D16	中华心血管病杂志	8434	2.638	0.532	0.93	793	1.00	29.37	6.6	32
D16	中华心血管病杂志（网络版）	138	0.543	0.714	0.94	106	0.52	3.93	4.1	5
D16	中华心脏与心律电子杂志	83	—	0.143	0.93	60	0.19	2.22	7.2	3
D17	Asian Journal of Andrology	670	0.585	0.053	0.91	244	0.64	17.43	7.3	5
D17	Asian Journal of Urology	117	—	0.013	1.00	61	0.50	4.36	6.2	2
D17	UroPrecision	3	—	0.130	0.00	1	0.07	0.07	—	1
D17	国际泌尿系统杂志	1783	1.194	0.166	0.95	404	0.71	28.86	4.2	8
D17	临床泌尿外科杂志	1787	1.536	0.292	0.87	402	0.71	28.71	4.6	9
D17	泌尿外科杂志（电子版）	222	0.446	0.067	0.93	130	0.43	9.29	5.1	5
D17	肾脏病与透析肾移植杂志	1193	1.511	0.212	0.93	412	0.36	29.43	5.4	8
D17	透析与人工器官	585	1.240	0.095	0.82	123	0.21	8.79	3.5	5
D17	微创泌尿外科杂志	652	1.216	0.049	0.95	207	0.57	14.79	4.8	7
D17	现代泌尿外科杂志	1711	1.072	0.326	0.92	413	0.57	29.50	4.7	8
D17	中华泌尿外科杂志	2902	1.814	0.135	0.81	469	0.71	33.50	5.6	13
D17	中华腔镜泌尿外科杂志（电子版）	775	0.996	0.270	0.78	224	0.57	16.00	4.7	7
D17	中华肾病研究电子杂志	312	0.521	0.053	0.96	195	0.14	13.93	5.6	4
D18	Bone Research	763	2.541	0.433	0.91	303	0.50	13.77	5.0	5
D18	骨科	771	1.292	0.164	0.93	264	0.82	12.00	4.4	7
D18	骨科临床与研究杂志	405	1.071	0.382	0.98	180	0.82	8.18	4.1	5
D18	国际骨科学杂志	766	1.370	0.127	0.99	309	0.86	14.05	5.1	7
D18	脊柱外科杂志	807	1.655	0.221	0.83	250	0.68	11.36	4.7	9
D18	颈腰痛杂志	2435	1.673	0.215	0.93	403	0.59	18.32	4.4	10

学科代码	期刊名称	扩展总被引频次	扩展影响因子	扩展即年指标	扩展他引率	扩展引用刊数	扩展学科影响指标	扩展学科扩散指标	扩展被引半衰期	扩展H指标
D18	临床骨科杂志	2158	1.592	0.265	0.87	355	0.91	16.14	4.0	9
D18	生物骨科材料与临床研究	827	1.316	0.287	0.84	289	0.73	13.14	4.5	5
D18	实用骨科杂志	2037	1.438	0.223	0.88	415	0.95	18.86	4.5	9
D18	实用手外科杂志	1023	1.440	0.240	0.65	204	0.50	9.27	3.8	7
D18	中国骨与关节损伤杂志	4519	1.971	0.223	0.91	494	0.91	22.45	4.4	11
D18	中国骨与关节杂志	1484	1.353	0.201	0.96	426	0.95	19.36	4.8	7
D18	中国脊柱脊髓杂志	2482	1.645	0.150	0.93	430	0.73	19.55	6.2	11
D18	中华创伤骨科杂志	3506	2.719	0.370	0.90	448	0.91	20.36	5.1	12
D18	中华骨科杂志	4690	2.734	0.329	0.93	580	0.95	26.36	5.6	16
D18	中华骨与关节外科杂志	1943	1.680	0.384	0.94	466	0.91	21.18	5.0	13
D18	中华关节外科杂志（电子版）	1748	0.821	0.007	0.90	423	0.86	19.23	9.6	10
D18	中华肩肘外科电子杂志	348	0.760	0.016	0.83	127	0.64	5.77	5.3	5
D18	中华手外科杂志	2217	1.189	0.095	0.66	254	0.73	11.55	7.1	8
D18	中华疼痛学杂志	514	0.411	0.090	0.75	213	0.18	9.68	4.6	6
D18	中华显微外科杂志	2100	1.438	0.103	0.71	263	0.64	11.95	5.7	9
D18	足踝外科电子杂志	273	0.922	0.067	0.68	106	0.41	4.82	3.8	4
D19	Chinese Journal of Plastic and Reconstructive Surgery	24	0.140	0.050	0.88	20	0.38	1.54	3.7	2
D19	创伤外科杂志	2458	1.880	0.251	0.94	456	0.85	35.08	4.6	10
D19	中国矫形外科杂志	5595	1.587	0.213	0.73	591	0.69	45.46	5.1	10
D19	中国美容医学	4773	1.579	0.241	0.76	571	0.77	43.92	4.4	8
D19	中国烧伤创疡杂志	683	1.415	0.294	0.82	237	0.54	18.23	4.0	5
D19	中国修复重建外科杂志	3299	2.218	0.363	0.94	548	0.92	42.15	4.7	11
D19	中国医疗美容	1185	0.773	0.145	0.83	262	0.62	20.15	4.4	4
D19	中华创伤杂志	2757	2.736	0.294	0.91	510	0.85	39.23	4.7	14
D19	中华烧伤与创面修复杂志	2435	2.199	0.352	0.76	426	0.85	32.77	4.7	11
D19	中华损伤与修复杂志（电子版）	828	0.962	0.049	0.92	322	0.85	24.77	5.9	6
D19	中华整形外科杂志	1565	1.062	0.058	0.87	327	0.92	25.15	4.9	7
D19	组织工程与重建外科杂志	724	0.960	0.062	0.92	305	0.85	23.46	5.0	7
D20	Gynecology and Obstetrics Clinical Medicine	35	0.425	0.091	0.89	25	0.21	1.79	2.9	2
D20	Maternal-Fetal Medicine	21	0.198	0.021	0.90	12	0.36	0.86	2.9	2
D20	Reproductive and Developmental Medicine	22	0.059	—	1.00	19	0.29	1.36	5.6	1
D20	妇儿健康导刊	938	0.509	0.197	0.70	88	0.07	6.29	2.4	5

学科代码	期刊名称	扩展总被引频次	扩展影响因子	扩展即年指标	扩展他引率	扩展引用刊数	扩展学科影响指标	扩展学科扩散指标	扩展被引半衰期	扩展H指标
D20	国际妇产科学杂志	1472	1.595	0.238	0.98	437	0.79	31.21	4.9	9
D20	实用妇产科杂志	3479	2.269	0.298	0.99	544	0.79	38.86	4.9	12
D20	现代妇产科进展	2442	1.916	0.370	0.98	497	0.93	35.50	4.5	11
D20	中国妇产科临床杂志	2911	2.466	0.386	0.92	478	0.79	34.14	4.2	13
D20	中国实用妇科与产科杂志	6484	3.703	1.163	0.86	692	0.86	49.43	4.7	19
D20	中华产科急救电子杂志	262	0.438	0.036	0.90	140	0.50	10.00	5.8	4
D20	中华妇产科杂志	7008	3.991	0.519	0.97	691	1.00	49.36	6.6	33
D20	中华妇幼临床医学杂志（电子版）	774	0.802	0.051	0.91	311	0.64	22.21	5.7	5
D20	中华围产医学杂志	2483	1.325	0.225	0.92	460	0.93	32.86	5.6	14
D21	Pediatric Investigation	86	0.398	—	0.99	73	0.56	4.56	4.2	3
D21	World Journal of Pediatric Surgery	21	—	0.022	0.86	16	0.12	1.00	2.9	1
D21	World Journal of Pediatrics	709	0.958	0.325	0.98	349	1.00	21.81	4.9	6
D21	发育医学电子杂志	333	0.866	0.091	0.83	164	0.69	10.25	4.4	5
D21	国际儿科学杂志	1261	1.123	0.111	0.86	429	0.81	26.81	4.8	8
D21	临床儿科杂志	1918	1.099	0.211	0.97	586	0.88	36.62	6.0	9
D21	临床小儿外科杂志	1297	1.000	0.084	0.81	349	0.88	21.81	4.8	7
D21	中国当代儿科杂志	3521	2.860	0.621	0.97	678	0.88	42.38	4.7	13
D21	中国儿童保健杂志	3897	1.699	0.366	0.91	699	0.75	43.69	5.2	12
D21	中国实用儿科杂志	2879	1.580	0.284	0.96	671	0.94	41.94	5.8	14
D21	中国小儿急救医学	1572	1.233	0.105	0.89	416	0.94	26.00	4.6	8
D21	中国循证儿科杂志	1267	1.855	0.215	0.97	453	0.94	28.31	6.0	11
D21	中华儿科杂志	6656	2.081	0.434	0.96	806	1.00	50.38	7.8	31
D21	中华实用儿科临床杂志	5187	1.788	0.441	0.96	777	0.94	48.56	5.4	17
D21	中华小儿外科杂志	1794	1.018	0.112	0.86	409	0.88	25.56	5.6	9
D21	中华新生儿科杂志（中英文）	1064	1.224	0.186	0.84	301	0.88	18.81	5.1	8
D22	Eye and Vision	110	0.902	0.125	1.00	39	0.62	3.00	4.2	2
D22	国际眼科杂志	5510	2.200	0.483	0.86	654	0.92	50.31	4.7	10
D22	临床眼科杂志	865	0.822	0.176	0.96	255	0.92	19.62	5.1	6
D22	眼科	571	0.527	0.056	0.94	203	0.92	15.62	5.8	5
D22	眼科新进展	2269	1.613	0.350	0.94	462	0.92	35.54	4.8	11
D22	眼科学报	377	0.749	0.179	0.94	167	0.92	12.85	3.4	4
D22	中国斜视与小儿眼科杂志	456	0.896	0.103	0.92	145	0.92	11.15	5.6	5
D22	中华实验眼科杂志	1536	1.094	0.232	0.85	341	0.92	26.23	5.2	8

学科代码	期刊名称	扩展总被引频次	扩展影响因子	扩展即年指标	扩展他引率	扩展引用刊数	扩展学科影响指标	扩展学科扩散指标	扩展被引半衰期	扩展H指标
D22	中华眼底病杂志	1252	0.998	0.286	0.90	285	0.92	21.92	4.7	8
D22	中华眼科医学杂志（电子版）	327	0.529	0.028	0.91	140	0.92	10.77	5.1	5
D22	中华眼科杂志	3433	1.820	0.194	0.91	522	0.92	40.15	6.2	18
D22	中华眼视光学与视觉科学杂志	1289	1.219	0.137	0.84	298	0.92	22.92	5.2	7
D22	中华眼外伤职业眼病杂志	698	0.632	0.070	0.85	196	0.92	15.08	4.9	4
D23	Journal of Otology	96	0.316	0.135	0.98	55	0.60	3.67	5.5	3
D23	World Journal of Otorhinolaryngology-Head and Neck Surgery	92	0.402	—	0.98	66	0.67	4.40	4.5	3
D23	国际耳鼻咽喉头颈外科杂志	404	0.667	—	0.97	223	0.67	14.87	5.2	5
D23	国际眼科纵览	327	0.537	0.065	0.84	125	0.33	8.33	5.4	3
D23	临床耳鼻咽喉头颈外科杂志	3299	1.688	0.301	0.91	590	0.80	39.33	5.9	9
D23	山东大学耳鼻喉眼学报	1044	1.214	0.201	0.80	341	0.80	22.73	4.9	6
D23	实用防盲技术	193	0.689	0.173	0.98	99	0.20	6.60	4.1	3
D23	听力学及言语疾病杂志	1597	1.162	0.290	0.90	355	0.73	23.67	5.6	9
D23	中国耳鼻咽喉颅底外科杂志	1025	1.304	0.173	0.81	343	0.67	22.87	4.5	7
D23	中国耳鼻咽喉头颈外科	1657	1.208	0.154	0.93	428	0.80	28.53	5.1	8
D23	中国眼耳鼻喉科杂志	852	1.003	0.333	0.98	333	0.87	22.20	4.8	6
D23	中国医学文摘—耳鼻咽喉科学	1004	—	0.156	0.83	261	0.73	17.40	3.4	5
D23	中华耳鼻咽喉头颈外科杂志	3997	1.613	0.175	0.92	609	0.80	40.60	7.1	18
D23	中华耳科学杂志	2010	1.414	0.165	0.81	377	0.80	25.13	5.2	10
D23	中医眼耳鼻喉杂志	270	0.803	0.075	0.97	144	0.40	9.60	4.2	5
D24	International Journal of Oral Science	186	0.385	0.054	0.97	124	0.87	5.39	6.2	5
D24	北京口腔医学	611	0.858	0.128	0.82	208	0.91	9.04	5.2	6
D24	国际口腔医学杂志	932	1.117	0.235	0.97	322	0.91	14.00	5.3	7
D24	华西口腔医学杂志	1307	1.355	0.306	0.96	388	0.96	16.87	5.5	7
D24	口腔材料器械杂志	303	1.063	0.250	0.91	132	0.70	5.74	4.4	5
D24	口腔颌面外科杂志	433	0.785	0.066	0.93	196	0.91	8.52	5.8	4
D24	口腔颌面修复学杂志	492	1.105	0.205	0.87	179	0.91	7.78	4.5	6
D24	口腔疾病防治	891	1.081	0.341	0.93	314	0.96	13.65	4.6	6
D24	口腔生物医学	170	0.505	0.082	0.96	109	0.70	4.74	4.9	3
D24	口腔医学	1333	0.932	0.157	0.91	364	0.96	15.83	4.9	6
D24	口腔医学研究	1729	1.156	0.252	0.95	445	0.96	19.35	4.8	9
D24	临床口腔医学杂志	1893	1.884	0.369	0.84	361	0.96	15.70	4.3	10

学科代码	期刊名称	扩展总被引频次	扩展影响因子	扩展即年指标	扩展他引率	扩展引用刊数	扩展学科影响指标	扩展学科扩散指标	扩展被引半衰期	扩展H指标
D24	上海口腔医学	1161	1.295	0.074	0.94	353	0.96	15.35	5.2	8
D24	实用口腔医学杂志	1557	1.374	0.208	0.90	382	0.96	16.61	4.9	7
D24	现代口腔医学杂志	546	0.837	0.039	0.92	211	0.87	9.17	5.0	5
D24	中国口腔颌面外科杂志	759	0.841	0.120	0.93	280	0.87	12.17	5.2	7
D24	中国口腔医学继续教育杂志	69	0.254	0.054	0.72	36	0.30	1.57	3.9	2
D24	中国口腔种植学杂志	274	0.726	0.171	0.89	105	0.87	4.57	4.4	4
D24	中国实用口腔科杂志	1236	1.397	0.311	0.84	308	0.96	13.39	4.8	6
D24	中华口腔医学研究杂志（电子版）	305	0.594	0.029	0.97	170	0.91	7.39	5.3	4
D24	中华口腔医学杂志	2738	2.036	0.205	0.84	449	1.00	19.52	5.3	12
D24	中华口腔正畸学杂志	346	0.702	0.073	0.92	109	0.65	4.74	5.8	5
D24	中华老年口腔医学杂志	630	1.382	0.151	0.85	233	0.87	10.13	4.9	6
D25	International Journal of Dermatology and Venereology	175	0.134	—	0.99	119	1.00	11.90	≥10	2
D25	临床皮肤科杂志	1693	0.702	0.162	0.87	442	0.90	44.20	5.9	9
D25	皮肤病与性病	1423	0.914	0.116	0.96	404	0.90	40.40	4.6	6
D25	皮肤科学通报	420	0.526	0.042	0.95	214	0.90	21.40	5.4	5
D25	皮肤性病诊疗学杂志	557	0.758	0.107	0.96	275	0.90	27.50	4.8	6
D25	实用皮肤病学杂志	640	0.804	0.041	0.88	260	0.80	26.00	5.4	5
D25	中国艾滋病性病	3864	2.132	0.567	0.81	400	0.70	40.00	4.4	13
D25	中国麻风皮肤病杂志	1406	0.819	0.185	0.83	424	0.90	42.40	5.1	7
D25	中国皮肤性病学杂志	2713	1.383	0.359	0.91	580	1.00	58.00	5.2	11
D25	中华皮肤科杂志	3480	2.028	0.192	0.92	594	1.00	59.40	5.3	21
D26	中国男科学杂志	1178	1.901	0.239	0.91	348	1.00	116.00	4.7	9
D26	中国性科学	5815	2.096	0.378	0.94	600	1.00	200.00	4.4	13
D26	中华男科学杂志	2609	1.963	0.039	0.92	507	1.00	169.00	5.6	12
D27	Acta Epileptologica	21	0.234	0.033	0.62	11	0.08	0.28	3.3	2
D27	Chinese Neurosurgical Journal	57	0.387	0.108	1.00	41	0.30	1.02	3.8	2
D27	General Psychiatry	156	0.730	0.070	0.67	83	0.32	2.08	3.5	4
D27	Neural Regeneration Research	2612	1.010	0.340	0.85	685	0.75	17.12	4.4	10
D27	Neuroscience Bulletin	1121	1.045	0.281	0.77	427	0.78	10.68	4.7	7
D27	Translational Neurodegeneration	449	1.163	0.164	0.95	215	0.57	5.38	4.7	4
D27	阿尔茨海默病及相关病杂志	161	0.379	0.060	0.94	112	0.12	2.80	5.0	3
D27	卒中与神经疾病	1195	1.270	0.147	1.00	409	0.52	10.22	4.7	8

学科代码	期刊名称	扩展总被引频次	扩展影响因子	扩展即年指标	扩展他引率	扩展引用刊数	扩展学科影响指标	扩展学科扩散指标	扩展被引半衰期	扩展H指标
D27	癫痫与神经电生理学杂志	357	1.052	0.135	0.82	174	0.52	4.35	4.1	5
D27	癫痫杂志	258	0.665	0.079	0.88	138	0.50	3.45	3.9	5
D27	国际精神病学杂志	4554	3.186	0.237	0.93	565	0.50	14.12	4.2	12
D27	国际脑血管病杂志	998	0.915	0.119	0.78	312	0.55	7.80	4.7	5
D27	国际神经病学神经外科学杂志	879	1.108	0.093	0.93	386	0.72	9.65	5.1	7
D27	精神医学杂志	1221	1.667	0.028	0.82	381	0.32	9.52	4.9	7
D27	立体定向和功能性神经外科杂志	405	0.866	0.101	0.94	184	0.40	4.60	4.7	5
D27	临床精神医学杂志	2080	1.597	0.328	0.98	528	0.55	13.20	7.7	10
D27	临床神经病学杂志	1011	1.230	0.164	0.93	396	0.65	9.90	5.3	7
D27	临床神经外科杂志	828	1.363	0.144	0.91	290	0.45	7.25	3.9	7
D27	脑与神经疾病杂志	1150	1.108	0.254	0.99	403	0.72	10.07	4.6	7
D27	神经病学与神经康复学杂志	182	0.535	—	0.98	130	0.25	3.25	7.2	5
D27	神经疾病与精神卫生	1110	1.492	0.164	0.97	353	0.50	8.82	4.3	10
D27	神经损伤与功能重建	2021	1.869	0.286	0.94	513	0.75	12.82	4.1	10
D27	四川精神卫生	658	0.893	0.221	0.90	305	0.30	7.62	5.2	7
D27	现代电生理学杂志	214	0.833	0.175	0.95	129	0.20	3.22	3.9	4
D27	中国卒中杂志	2741	2.149	0.347	0.96	596	0.78	14.90	4.8	19
D27	中国临床神经科学	715	1.032	0.168	0.86	339	0.62	8.48	5.1	7
D27	中国临床神经外科杂志	1757	0.848	0.139	0.86	425	0.52	10.62	4.5	7
D27	中国脑血管病杂志	2569	4.222	0.425	0.97	576	0.57	14.40	4.2	13
D27	中国神经精神疾病杂志	1800	1.331	0.206	0.93	546	0.82	13.65	6.0	13
D27	中国神经免疫学和神经病学杂志	1068	1.928	0.213	0.97	404	0.80	10.10	4.4	10
D27	中国实用神经疾病杂志	3673	1.984	0.348	0.86	628	0.75	15.70	4.9	9
D27	中国现代神经疾病杂志	1596	1.371	0.556	0.92	504	0.70	12.60	5.2	12
D27	中华精神科杂志	1902	1.797	0.154	0.96	500	0.60	12.50	8.5	12
D27	中华脑血管病杂志（电子版）	255	0.564	0.036	0.91	154	0.30	3.85	4.2	4
D27	中华神经创伤外科电子杂志	443	0.718	0.043	0.89	205	0.40	5.12	5.2	6
D27	中华神经科杂志	9380	2.009	0.226	0.98	786	0.88	19.65	6.6	33
D27	中华神经外科杂志	3714	1.460	0.118	0.89	582	0.72	14.55	7.1	16
D27	中华神经医学杂志	1938	1.376	0.146	0.96	532	0.82	13.30	4.8	10
D27	中华行为医学与脑科学杂志	3433	2.195	0.233	0.91	735	0.65	18.38	6.5	13
D27	中风与神经疾病杂志	2009	1.270	0.309	0.95	527	0.72	13.18	4.5	9
D28	标记免疫分析与临床	3565	1.543	0.136	0.93	618	0.38	21.31	4.5	10

学科代码	期刊名称	扩展总被引频次	扩展影响因子	扩展即年指标	扩展他引率	扩展引用刊数	扩展学科影响指标	扩展学科扩散指标	扩展被引半衰期	扩展H指标
D28	磁共振成像	2417	1.600	0.304	0.81	485	0.79	16.72	3.7	9
D28	放射学实践	3341	2.051	0.321	0.83	522	0.90	18.00	4.6	9
D28	分子影像学杂志	1011	1.472	0.359	0.93	362	0.79	12.48	3.5	7
D28	国际放射医学核医学杂志	390	0.512	0.032	0.89	197	0.59	6.79	4.7	4
D28	国际医学放射学杂志	1078	1.498	0.455	0.91	323	0.79	11.14	4.7	7
D28	介入放射学杂志	3524	1.996	0.273	0.86	608	0.83	20.97	4.4	12
D28	临床超声医学杂志	2334	1.460	0.337	0.96	485	0.69	16.72	4.5	8
D28	临床放射学杂志	4455	1.696	0.140	0.78	554	0.97	19.10	4.6	10
D28	实用放射学杂志	4330	1.348	0.121	0.72	481	0.90	16.59	4.7	10
D28	实用医学影像杂志	1057	0.939	0.157	0.99	264	0.72	9.10	4.2	5
D28	现代医用影像学	2903	0.988	0.210	0.93	414	0.72	14.28	3.9	5
D28	医学影像学杂志	5240	1.583	0.216	0.81	595	0.93	20.52	4.5	11
D28	影视制作	262	0.365	0.290	0.92	88	0.03	3.03	3.3	3
D28	影像研究与医学应用	9068	0.958	0.227	0.87	665	0.86	22.93	4.0	7
D28	影像诊断与介入放射学	527	0.984	0.163	0.89	213	0.72	7.34	4.7	5
D28	中国 CT 和 MRI 杂志	8954	3.294	0.530	0.87	575	0.97	19.83	3.7	16
D28	中国超声医学杂志	4624	2.131	0.347	0.86	551	0.86	19.00	4.3	12
D28	中国介入影像与治疗学	1539	1.391	0.350	0.89	397	0.86	13.69	4.4	7
D28	中国临床医学影像杂志	2320	1.586	0.218	0.89	451	0.90	15.55	4.7	9
D28	中国数字医学	3120	1.658	0.257	0.90	668	0.55	23.03	4.6	8
D28	中国医学计算机成像杂志	949	1.314	0.228	0.89	296	0.90	10.21	4.8	7
D28	中国医学影像技术	4308	1.337	0.231	0.89	675	0.93	23.28	4.9	9
D28	中国医学影像学杂志	2546	2.004	0.295	0.87	507	0.97	17.48	4.2	10
D28	中华超声影像学杂志	2695	2.336	0.331	0.88	488	0.90	16.83	4.8	13
D28	中华放射学杂志	3988	2.352	0.214	0.92	608	0.93	20.97	5.0	14
D28	中华核医学与分子影像杂志	1321	1.525	0.299	0.75	323	0.83	11.14	4.6	8
D28	中华介入放射学电子杂志	398	0.713	0.040	0.93	211	0.72	7.28	5.0	5
D28	中华医学超声杂志（电子版）	1866	0.816	0.045	0.86	438	0.86	15.10	5.4	8
D29	Cancer Biology & Medicine	791	1.695	0.258	0.81	359	0.84	8.16	4.1	8
D29	Chinese Journal of Cancer Research	1062	2.504	0.196	0.90	449	0.89	10.20	5.4	12
D29	Journal of Nutritional Oncology	91	1.238	0.111	0.89	10	0.07	0.23	3.7	3
D29	Oncology and Translational Medicine	58	0.121	—	1.00	54	0.11	1.23	9.2	2
D29	Signal Transduction and Targeted Therapy	3859	2.948	0.542	0.91	847	0.86	19.25	3.5	18

学科代码	期刊名称	扩展总被引频次	扩展影响因子	扩展即年指标	扩展他引率	扩展引用刊数	扩展学科影响指标	扩展学科扩散指标	扩展被引半衰期	扩展H指标
D29	癌变·畸变·突变	380	0.540	0.161	0.96	254	0.16	5.77	5.7	4
D29	癌症	881	3.040	0.098	1.00	453	0.75	10.30	7.2	8
D29	癌症进展	5943	2.187	0.294	0.95	664	0.73	15.09	3.9	12
D29	癌症康复	5	0.015	—	1.00	5	—	0.11	4.5	1
D29	白血病·淋巴瘤	441	0.375	0.049	0.89	207	0.39	4.70	4.8	4
D29	国际肿瘤学杂志	803	0.924	0.076	0.95	359	0.55	8.16	4.8	7
D29	临床肿瘤学杂志	2047	1.577	0.251	0.98	616	0.80	14.00	5.0	13
D29	实用癌症杂志	4853	1.886	0.464	0.96	621	0.75	14.11	4.1	10
D29	实用肿瘤学杂志	677	1.350	0.169	0.92	311	0.50	7.07	4.2	7
D29	实用肿瘤杂志	1120	2.163	0.372	0.87	447	0.64	10.16	4.5	9
D29	现代泌尿生殖肿瘤杂志	391	0.833	0.068	0.92	177	0.23	4.02	4.7	5
D29	现代肿瘤医学	6705	1.451	0.424	0.94	896	0.80	20.36	4.2	12
D29	消化肿瘤杂志（电子版）	324	0.952	0.321	0.79	160	0.30	3.64	4.2	4
D29	中国癌症防治杂志	766	1.573	0.336	0.85	356	0.59	8.09	3.9	8
D29	中国癌症杂志	3237	5.108	0.537	0.99	692	0.77	15.73	4.4	18
D29	中国肺癌杂志	2294	2.506	0.419	0.98	603	0.80	13.70	5.2	14
D29	中国小儿血液与肿瘤杂志	352	0.576	0.012	0.96	192	0.30	4.36	5.1	4
D29	中国肿瘤	3147	4.659	1.140	0.89	681	0.77	15.48	4.6	18
D29	中国肿瘤临床	3096	1.678	0.377	0.99	744	0.86	16.91	5.3	15
D29	中国肿瘤生物治疗杂志	1015	0.862	0.280	0.92	431	0.61	9.80	4.8	6
D29	中国肿瘤外科杂志	839	1.481	0.239	0.97	374	0.48	8.50	4.2	7
D29	中华放射肿瘤学杂志	1715	1.132	0.087	0.94	410	0.70	9.32	5.2	9
D29	中华肿瘤防治杂志	3771	2.159	0.344	0.97	720	0.82	16.36	4.7	13
D29	中华肿瘤杂志	4286	4.134	1.452	0.99	797	0.93	18.11	4.8	23
D29	中华转移性肿瘤杂志	132	0.448	0.058	0.91	88	0.30	2.00	4.0	3
D29	中医肿瘤学杂志	622	1.765	0.129	0.93	200	0.16	4.55	3.8	7
D29	肿瘤	914	1.241	0.040	0.93	420	0.61	9.55	6.1	8
D29	肿瘤代谢与营养电子杂志	975	1.607	0.291	0.87	340	0.36	7.73	4.3	10
D29	肿瘤防治研究	1708	1.993	0.218	0.98	593	0.80	13.48	4.0	11
D29	肿瘤基础与临床	942	1.155	0.239	0.66	282	0.27	6.41	4.5	7
D29	肿瘤学杂志	1012	0.950	0.160	0.95	425	0.68	9.66	4.7	6
D29	肿瘤研究与临床	1204	0.979	0.117	0.98	411	0.59	9.34	4.6	8
D29	肿瘤药学	792	1.186	0.237	0.99	366	0.41	8.32	4.4	6

学科代码	期刊名称	扩展总被引频次	扩展影响因子	扩展即年指标	扩展他引率	扩展引用刊数	扩展学科影响指标	扩展学科扩散指标	扩展被引半衰期	扩展H指标
D29	肿瘤影像学	568	1.108	0.227	0.88	228	0.25	5.18	4.4	6
D29	肿瘤预防与治疗	1298	1.754	0.201	0.97	461	0.68	10.48	4.0	9
D29	肿瘤综合治疗电子杂志	1249	6.304	0.422	0.99	509	0.70	11.57	3.7	13
D30	Chinese Nursing　Frontiers	48	0.165	—	1.00	36	0.41	1.24	5.4	2
D30	International Journal of Nursing Sciences	224	0.606	0.077	0.94	102	0.79	3.52	4.5	5
D30	当代护士	2997	0.826	0.092	0.83	405	0.97	13.97	4.2	6
D30	国际护理学杂志	12503	2.605	0.429	0.94	561	0.97	19.34	3.8	12
D30	护理管理杂志	4463	3.880	0.906	0.86	503	0.97	17.34	4.8	14
D30	护理实践与研究	12867	2.678	0.751	0.96	685	0.97	23.62	4.3	11
D30	护理学报	7648	3.271	0.562	0.92	762	1.00	26.28	4.9	13
D30	护理学杂志	19095	4.579	0.636	0.91	998	0.97	34.41	4.8	21
D30	护理研究	21707	3.937	0.602	0.96	1101	1.00	37.97	4.9	20
D30	护理与康复	2202	1.213	0.195	0.97	427	0.97	14.72	4.5	7
D30	护士进修杂志	10972	3.328	0.519	0.94	743	0.97	25.62	4.9	20
D30	军事护理	6484	3.511	0.534	0.94	723	0.97	24.93	5.1	15
D30	临床护理杂志	1109	1.406	0.233	0.99	307	0.86	10.59	4.3	5
D30	齐鲁护理杂志	16421	3.123	0.687	0.91	650	0.93	22.41	3.6	12
D30	全科护理	9098	1.472	0.262	0.95	768	1.00	26.48	4.0	9
D30	上海护理	2547	2.522	0.325	0.95	453	0.90	15.62	4.3	10
D30	天津护理	1220	1.124	0.154	0.92	312	0.93	10.76	4.5	6
D30	现代临床护理	2437	2.515	0.216	0.94	412	0.90	14.21	4.7	11
D30	循证护理	2811	1.380	0.358	0.96	490	1.00	16.90	3.1	7
D30	医药高职教育与现代护理	526	1.011	0.260	0.98	198	0.72	6.83	3.6	4
D30	中国护理管理	10252	4.145	0.447	0.95	793	1.00	27.34	5.1	18
D30	中国临床护理	1397	1.627	0.251	0.85	313	0.97	10.79	3.9	6
D30	中国实用护理杂志	9547	3.152	0.342	0.95	677	1.00	23.34	4.9	16
D30	中华护理教育	3636	3.050	0.483	0.93	450	0.93	15.52	4.5	13
D30	中华护理杂志	17215	6.214	0.806	0.91	960	1.00	33.10	5.3	27
D30	中华急危重症护理杂志	674	1.647	0.190	0.81	172	0.90	5.93	3.5	7
D30	中华现代护理杂志	16823	3.010	0.258	0.90	774	1.00	26.69	4.6	18
D30	中西医结合护理（中英文）	3955	1.642	0.242	0.95	449	0.86	15.48	3.7	6
D31	Global Health Journal	59	0.299	0.455	0.69	39	0.08	0.81	3.3	2
D31	安徽预防医学杂志	689	1.165	0.218	0.90	265	0.73	5.52	4.2	6

学科代码	期刊名称	扩展总被引频次	扩展影响因子	扩展即年指标	扩展他引率	扩展引用刊数	扩展学科影响指标	扩展学科扩散指标	扩展被引半衰期	扩展H指标
D31	毒理学杂志	646	0.854	0.044	0.96	357	0.27	7.44	6.1	6
D31	公共卫生与预防医学	2592	2.629	0.548	0.80	603	0.88	12.56	4.0	11
D31	海峡预防医学杂志	1115	0.892	0.110	0.72	314	0.75	6.54	4.6	5
D31	华南预防医学	2504	1.862	0.164	0.87	576	0.77	12.00	3.6	9
D31	基层医学论坛	10106	1.076	0.306	0.98	796	0.81	16.58	3.9	7
D31	疾病监测与控制	649	0.846	0.079	0.98	278	0.52	5.79	4.7	4
D31	疾病预防控制通报	797	0.785	0.189	0.87	242	0.71	5.04	5.1	5
D31	江苏卫生事业管理	2242	1.154	0.236	0.90	423	0.48	8.81	3.9	7
D31	江苏预防医学	1724	1.504	0.169	0.77	395	0.77	8.23	4.1	6
D31	口岸卫生控制	280	0.442	0.129	0.86	136	0.33	2.83	4.9	4
D31	临床医学工程	4771	1.475	0.374	0.95	583	0.52	12.15	3.5	7
D31	慢性病学杂志	2400	—	0.125	0.84	497	0.69	10.35	4.0	7
D31	上海预防医学	1608	1.347	0.302	0.90	526	0.79	10.96	4.5	7
D31	实用预防医学	4681	2.278	0.447	0.86	817	0.90	17.02	4.5	10
D31	首都公共卫生	815	1.553	0.200	0.94	264	0.77	5.50	4.9	6
D31	微量元素与健康研究	1227	0.772	0.335	0.99	520	0.48	10.83	5.3	5
D31	现代疾病预防控制	1399	1.236	0.259	0.80	383	0.75	7.98	3.9	7
D31	现代预防医学	12599	2.582	0.368	0.94	1461	0.94	30.44	4.6	14
D31	应用预防医学	1031	1.419	0.207	0.94	314	0.81	6.54	4.1	7
D31	营养学报	2077	1.269	0.183	0.98	739	0.73	15.40	7.6	13
D31	预防医学	2788	1.773	0.411	0.84	604	0.79	12.58	4.5	10
D31	预防医学论坛	1319	0.978	0.299	0.92	386	0.81	8.04	4.3	6
D31	预防医学情报杂志	2253	1.623	0.418	0.91	530	0.90	11.04	4.2	7
D31	职业卫生与病伤	467	1.000	0.178	0.97	177	0.65	3.69	5.1	5
D31	职业卫生与应急救援	1020	1.262	0.220	0.88	310	0.58	6.46	4.4	6
D31	中国城乡企业卫生	2650	0.689	0.238	0.96	479	0.60	9.98	3.4	6
D31	中国地方病防治杂志	1707	0.715	0.082	0.90	476	0.67	9.92	6.3	7
D31	中国辐射卫生	1340	1.251	0.246	0.74	283	0.48	5.90	5.2	6
D31	中国公共卫生	6464	2.579	0.507	0.93	1230	0.90	25.62	5.5	15
D31	中国疾病预防控制中心周报	922	1.294	0.341	0.87	310	0.65	6.46	3.3	10
D31	中国慢性病预防与控制	3616	2.995	0.387	0.94	713	0.81	14.85	4.6	13
D31	中国民康医学	6188	—	0.236	1.00	616	0.48	12.83	3.7	7
D31	中国实用乡村医生杂志	1290	1.012	0.078	0.99	445	0.50	9.27	5.0	11

学科代码	期刊名称	扩展总被引频次	扩展影响因子	扩展即年指标	扩展他引率	扩展引用刊数	扩展学科影响指标	扩展学科扩散指标	扩展被引半衰期	扩展H指标
D31	中国食品药品监管	957	1.418	0.163	1.00	328	0.21	6.83	3.7	7
D31	中国卫生产业	6858	0.599	0.090	0.74	768	0.81	16.00	4.8	7
D31	中国卫生工程学	1319	0.819	0.199	0.98	481	0.69	10.02	3.9	5
D31	中国卫生事业管理	4092	3.691	0.608	0.89	820	0.69	17.08	4.5	12
D31	中国消毒学杂志	3204	1.993	0.304	0.84	578	0.67	12.04	4.6	9
D31	中国校医	1494	1.037	0.149	0.81	403	0.65	8.40	4.1	5
D31	中国冶金工业医学杂志	2269	0.894	0.276	0.98	343	0.33	7.15	3.2	6
D31	中国应急救援	391	0.899	0.276	0.92	199	0.21	4.15	4.3	5
D31	中国预防医学杂志	2652	2.474	0.611	0.96	704	0.85	14.67	4.6	10
D31	中华疾病控制杂志	4579	2.979	0.429	0.97	899	0.88	18.73	5.1	16
D31	中华临床营养杂志	754	1.582	0.053	0.94	302	0.27	6.29	5.7	9
D31	中华预防医学杂志	4864	2.462	0.408	0.90	903	0.94	18.81	5.3	17
D32	工业卫生与职业病	1083	1.166	0.167	0.91	304	0.43	14.48	4.8	6
D32	环境与职业医学	1934	1.209	0.432	0.89	585	0.71	27.86	5.3	8
D32	疾病监测	2811	1.787	0.505	0.91	511	0.76	24.33	4.7	11
D32	热带病与寄生虫学	483	1.363	0.253	0.88	173	0.57	8.24	3.9	6
D32	热带医学杂志	2841	1.532	0.232	0.80	632	0.71	30.10	4.3	8
D32	医学动物防制	1861	1.195	0.311	0.86	458	0.86	21.81	4.4	6
D32	职业与健康	5502	1.428	0.180	0.84	901	0.90	42.90	4.5	8
D32	中国工业医学杂志	1163	0.837	0.079	0.91	330	0.48	15.71	5.5	6
D32	中国国境卫生检疫杂志	776	1.164	0.236	0.91	279	0.76	13.29	4.3	5
D32	中国检验检测	868	0.854	0.267	0.86	311	0.29	14.81	4.6	5
D32	中国媒介生物学及控制杂志	1890	1.386	0.390	0.76	241	0.62	11.48	5.7	10
D32	中国热带医学	2168	1.471	0.391	0.91	533	0.71	25.38	4.9	8
D32	中国人兽共患病学报	1808	1.309	0.280	0.89	419	0.67	19.95	5.8	8
D32	中国血吸虫病防治杂志	1420	1.830	0.370	0.78	247	0.62	11.76	5.5	9
D32	中国职业医学	1634	1.643	0.448	0.81	392	0.43	18.67	5.3	9
D32	中华地方病学杂志	1829	1.344	0.174	0.62	383	0.71	18.24	5.5	8
D32	中华劳动卫生职业病杂志	2013	1.135	0.180	0.84	465	0.48	22.14	5.6	9
D32	中华流行病学杂志	8369	3.442	0.474	0.94	1106	0.81	52.67	5.5	23
D32	中华卫生杀虫药械	944	0.834	0.170	0.59	182	0.57	8.67	6.0	5
D33	国际生殖健康/计划生育杂志	865	1.204	0.151	0.98	352	0.92	29.33	5.3	7
D33	生殖医学杂志	2764	1.666	0.295	0.85	486	0.92	40.50	4.6	13

学科代码	期刊名称	扩展总被引频次	扩展影响因子	扩展即年指标	扩展他引率	扩展引用刊数	扩展学科影响指标	扩展学科扩散指标	扩展被引半衰期	扩展H指标
D33	中国产前诊断杂志（电子版）	230	0.477	0.148	0.95	115	0.75	9.58	5.5	4
D33	中国妇幼保健	21990	2.890	0.436	0.95	1002	0.92	83.50	4.3	16
D33	中国妇幼健康研究	3815	2.107	0.514	0.98	662	0.83	55.17	4.9	11
D33	中国妇幼卫生杂志	565	0.931	0.091	0.95	231	0.67	19.25	4.9	6
D33	中国计划生育和妇产科	2818	1.721	0.301	0.98	494	0.92	41.17	4.4	11
D33	中国计划生育学杂志	7570	3.302	0.845	0.94	594	0.83	49.50	3.6	16
D33	中国生育健康杂志	1150	1.553	0.248	0.99	397	0.83	33.08	4.6	8
D33	中国优生与遗传杂志	2750	1.061	0.195	0.96	553	0.83	46.08	4.7	8
D33	中华生殖与避孕杂志	1633	1.559	0.194	0.89	413	0.92	34.42	4.8	12
D34	Military Medical Research	512	2.224	0.209	0.95	307	0.22	34.11	3.9	5
D34	Radiation Medicine and Protection	23	0.119	0.111	0.83	15	0.22	1.67	3.9	2
D34	Rheumatology Autoimmunity	3	0.062	—	1.00	2	—	0.22	—	1
D34	法医学杂志	834	0.520	0.083	0.81	286	0.22	31.78	6.1	6
D34	军事医学	991	0.663	0.082	0.91	491	0.44	54.56	5.8	6
D34	中国法医学杂志	1032	0.747	0.118	0.63	227	0.22	25.22	6.5	6
D34	中华放射医学与防护杂志	1545	1.201	0.104	0.88	370	0.44	41.11	5.7	7
D34	中华航海医学与高气压医学杂志	1495	1.371	0.137	0.76	327	0.33	36.33	4.5	8
D34	中华航空航天医学杂志	375	0.328	0.017	0.81	82	0.33	9.11	9.5	4
D35	儿童与健康	64	0.038	0.012	1.00	40	0.02	0.80	3.2	2
D35	基础医学教育	2515	1.807	0.542	0.82	396	0.42	7.92	4.6	8
D35	青春期健康	77	0.090	0.004	0.97	69	0.10	1.38	3.8	2
D35	卫生经济研究	4591	4.598	1.213	0.92	701	0.82	14.02	3.6	15
D35	卫生软科学	1823	1.777	0.502	0.92	454	0.76	9.08	3.8	8
D35	卫生研究	2034	1.492	0.295	0.96	679	0.36	13.58	5.9	8
D35	现代医院	3748	1.700	0.516	0.82	669	0.82	13.38	3.6	9
D35	现代医院管理	1269	1.497	0.297	0.95	313	0.70	6.26	4.2	7
D35	心理与健康	41	0.026	0.002	1.00	31	0.02	0.62	3.6	2
D35	医疗卫生装备	2312	1.113	0.148	0.80	599	0.62	11.98	5.7	8
D35	医疗装备	8398	0.985	0.272	0.93	809	0.60	16.18	3.9	7
D35	医学教育管理	1209	2.097	0.336	0.91	330	0.46	6.60	3.9	8
D35	医学与哲学	4671	1.504	0.194	0.88	1023	0.86	20.46	6.0	10
D35	中国毕业后医学教育	1524	2.299	0.383	0.77	203	0.46	4.06	4.2	11
D35	中国病案	4305	1.837	0.420	0.81	536	0.72	10.72	4.3	10

学科代码	期刊名称	扩展总被引频次	扩展影响因子	扩展即年指标	扩展他引率	扩展引用刊数	扩展学科影响指标	扩展学科扩散指标	扩展被引半衰期	扩展H指标
D35	中国公共卫生管理	1841	1.562	0.250	0.83	461	0.74	9.22	4.5	7
D35	中国继续医学教育	11499	1.649	0.487	0.80	906	0.76	18.12	4.0	11
D35	中国健康教育	4323	2.684	0.181	0.94	738	0.70	14.76	5.1	13
D35	中国农村卫生	2783	0.802	0.237	0.99	423	0.64	8.46	4.2	5
D35	中国农村卫生事业管理	1547	1.855	0.405	0.76	398	0.78	7.96	4.4	7
D35	中国社会医学杂志	1861	1.798	0.315	0.94	540	0.74	10.80	4.7	11
D35	中国食品卫生杂志	2249	2.101	0.254	0.87	479	0.18	9.58	5.2	10
D35	中国卫生标准管理	6603	1.163	0.346	0.96	879	0.86	17.58	4.0	7
D35	中国卫生经济	4567	2.933	0.763	0.88	618	0.76	12.36	4.6	13
D35	中国卫生人才	515	0.616	0.166	1.00	217	0.64	4.34	3.9	5
D35	中国卫生统计	4589	2.505	0.107	0.93	1059	0.78	21.18	5.7	14
D35	中国卫生信息管理杂志	1674	2.222	0.253	0.86	411	0.80	8.22	4.3	10
D35	中国卫生政策研究	2814	3.645	0.531	0.94	617	0.74	12.34	5.0	14
D35	中国卫生质量管理	3088	2.378	0.634	0.81	497	0.78	9.94	3.9	11
D35	中国卫生资源	1690	2.082	0.321	0.94	443	0.84	8.86	4.4	9
D35	中国学校卫生	6895	2.159	0.499	0.89	982	0.64	19.64	5.1	14
D35	中国医疗管理科学	721	1.752	0.507	0.93	240	0.70	4.80	3.5	6
D35	中国医疗器械信息	6482	0.990	0.212	0.90	738	0.58	14.76	3.8	7
D35	中国医疗器械杂志	826	0.868	0.225	0.95	350	0.36	7.00	5.2	7
D35	中国医疗设备	4610	1.618	0.318	0.85	759	0.66	15.18	4.7	11
D35	中国医学装备	5592	2.192	0.476	0.88	797	0.72	15.94	4.1	12
D35	中国医院	5202	3.608	1.252	0.89	619	0.80	12.38	3.7	15
D35	中国医院管理	7188	4.535	1.151	0.91	750	0.82	15.00	4.5	18
D35	中国医院统计	839	1.568	0.156	0.88	288	0.54	5.76	4.4	6
D35	中华健康管理学杂志	1675	2.280	0.345	0.85	516	0.64	10.32	4.6	12
D35	中华医学教育探索杂志	3621	2.025	0.185	0.91	436	0.56	8.72	4.2	10
D35	中华医学教育杂志	2886	2.072	0.277	0.91	420	0.62	8.40	4.6	13
D35	中华医学科研管理杂志	648	1.088	0.110	0.84	190	0.56	3.80	5.1	5
D35	中华医院管理杂志	3266	2.549	0.207	0.86	498	0.80	9.96	5.0	11
D35	中外女性健康研究	2769	0.215	0.066	0.96	362	0.36	7.24	4.5	4
D36	Acta Pharmaceutica Sinica B	3125	3.085	0.460	0.76	695	0.82	10.53	3.7	12
D36	Acta Pharmacologica Sinica	2957	1.883	0.365	0.94	817	0.83	12.38	5.6	10
D36	Asian Journal of Pharmaceutical Sciences	240	0.905	0.167	0.88	119	0.27	1.80	3.9	4

学科代码	期刊名称	扩展总被引频次	扩展影响因子	扩展即年指标	扩展他引率	扩展引用刊数	扩展学科影响指标	扩展学科扩散指标	扩展被引半衰期	扩展H指标
D36	Journal of Chinese Pharmaceutical Sciences	406	0.640	0.096	0.90	206	0.48	3.12	6.7	4
D36	Journal of Pharmaceutical Analysis	360	0.754	0.256	0.86	208	0.35	3.15	4.2	5
D36	北方药学	4062	0.798	0.137	0.97	533	0.71	8.08	4.7	5
D36	儿科药学杂志	1771	1.351	0.176	0.92	425	0.67	6.44	4.7	9
D36	福建医药杂志	1573	0.843	0.125	0.99	486	0.41	7.36	4.1	5
D36	国外医药（抗生素分册）	372	0.821	0.292	0.90	204	0.47	3.09	4.9	4
D36	海峡药学	4451	0.723	0.113	0.98	809	0.88	12.26	5.3	8
D36	华西药学杂志	1569	1.533	0.187	0.90	495	0.76	7.50	6.0	9
D36	解放军药学学报	461	—	0.112	0.94	248	0.64	3.76	9.4	4
D36	今日药学	1347	1.066	0.278	0.91	417	0.80	6.32	5.0	9
D36	抗感染药学	1935	0.610	0.138	0.96	412	0.71	6.24	4.7	6
D36	临床合理用药	9661	1.019	0.391	0.93	906	0.91	13.73	3.8	9
D36	临床药物治疗杂志	1992	1.854	0.321	0.96	500	0.79	7.58	4.4	11
D36	神经药理学报	345	0.394	—	0.99	219	0.32	3.32	6.5	6
D36	实用药物与临床	2567	2.240	0.354	0.98	573	0.77	8.68	4.4	11
D36	世界临床药物	1508	1.075	0.060	0.99	532	0.79	8.06	4.6	10
D36	天津药学	873	1.229	0.058	0.98	362	0.74	5.48	5.6	7
D36	西北药学杂志	2623	2.410	0.492	0.85	553	0.82	8.38	4.4	11
D36	现代药物与临床	6844	2.613	0.429	0.97	741	0.88	11.23	4.4	12
D36	药品评价	1935	0.895	0.057	0.97	431	0.74	6.53	4.4	7
D36	药物不良反应杂志	1021	0.859	0.174	0.92	296	0.73	4.48	5.6	8
D36	药物分析杂志	3805	1.608	0.167	0.91	618	0.85	9.36	6.5	10
D36	药物流行病学杂志	1340	1.331	0.264	0.95	385	0.73	5.83	4.7	7
D36	药物评价研究	4189	2.308	0.346	0.95	714	0.86	10.82	4.3	14
D36	药物生物技术	959	1.158	0.128	0.87	437	0.58	6.62	5.0	7
D36	药物与人	51	—	—	1.00	46	0.03	0.70	≥10	2
D36	药学进展	671	0.860	0.202	0.97	358	0.67	5.42	5.9	6
D36	药学实践与服务	991	1.154	0.079	0.97	420	0.71	6.36	6.0	8
D36	药学学报	4729	1.826	0.348	0.89	902	0.89	13.67	5.3	12
D36	药学研究	1396	1.130	0.121	0.98	518	0.80	7.85	5.4	9
D36	药学与临床研究	901	0.972	0.294	0.98	360	0.71	5.45	5.1	6
D36	医药导报	3742	1.762	0.417	0.93	814	0.89	12.33	4.9	11
D36	中国处方药	4190	1.049	0.172	0.97	630	0.79	9.55	4.0	8

学科代码	期刊名称	扩展总被引频次	扩展影响因子	扩展即年指标	扩展他引率	扩展引用刊数	扩展学科影响指标	扩展学科扩散指标	扩展被引半衰期	扩展H指标
D36	中国海洋药物	483	0.667	0.083	0.93	223	0.23	3.38	7.4	4
D36	中国抗生素杂志	1938	1.768	0.284	0.91	571	0.79	8.65	4.9	9
D36	中国临床药理学与治疗学	2085	1.569	0.236	0.94	588	0.82	8.91	5.7	9
D36	中国临床药理学杂志	8521	2.357	0.624	0.90	962	0.91	14.58	4.2	17
D36	中国临床药学杂志	784	1.013	0.022	0.97	317	0.70	4.80	4.5	7
D36	中国现代药物应用	11576	1.275	0.384	0.97	838	0.82	12.70	4.1	8
D36	中国现代应用药学	5166	1.890	0.411	0.89	874	0.89	13.24	4.4	13
D36	中国新药与临床杂志	1789	1.826	0.449	0.98	552	0.80	8.36	4.8	9
D36	中国新药杂志	4868	1.896	0.516	0.93	951	0.91	14.41	5.4	11
D36	中国药房	10285	2.659	0.459	0.97	1177	0.94	17.83	5.6	17
D36	中国药理学通报	4931	2.383	0.344	0.82	810	0.86	12.27	5.2	12
D36	中国药理学与毒理学杂志	1707	1.238	0.064	0.98	582	0.76	8.82	5.6	9
D36	中国药品标准	554	0.763	0.144	0.90	200	0.64	3.03	5.4	5
D36	中国药师	4054	1.296	0.043	0.99	762	0.88	11.55	5.2	11
D36	中国药事	1966	1.714	0.234	0.94	503	0.79	7.62	5.2	9
D36	中国药物化学杂志	565	0.671	0.101	0.93	274	0.55	4.15	5.1	6
D36	中国药物经济学	2041	1.151	0.140	0.98	529	0.76	8.02	4.5	8
D36	中国药物警戒	2109	1.466	0.378	0.88	461	0.77	6.98	4.5	9
D36	中国药物滥用防治杂志	1315	1.232	0.346	0.81	334	0.65	5.06	2.8	6
D36	中国药物评价	649	1.107	0.112	0.96	293	0.77	4.44	4.8	6
D36	中国药物依赖性杂志	576	0.825	0.053	0.82	252	0.39	3.82	5.8	5
D36	中国药物应用与监测	885	1.529	0.168	0.88	290	0.70	4.39	4.7	7
D36	中国药学杂志	4840	1.681	0.256	0.93	907	0.92	13.74	6.8	12
D36	中国药业	6227	1.577	0.366	0.88	898	0.89	13.61	4.4	10
D36	中国医药导刊	2037	1.726	0.301	0.97	594	0.70	9.00	4.7	11
D36	中国医药工业杂志	1459	0.763	0.144	0.91	423	0.80	6.41	6.2	7
D36	中国医院药学杂志	6584	2.099	0.428	0.90	899	0.91	13.62	4.9	12
D36	中国医院用药评价与分析	3455	1.960	0.350	0.99	552	0.83	8.36	4.5	8
D36	中南药学	3555	1.282	0.176	0.90	745	0.85	11.29	4.6	10
D37	Chinese Medicine and Culture	36	0.171	0.256	0.69	20	0.15	0.29	3.0	2
D37	Chinese Medicine and Natural Products	4	—	0.080	1.00	4	—	0.06	2.0	1
D37	Digital Chinese Medicine	120	0.913	0.075	0.93	86	0.35	1.26	3.8	3
D37	Journal of Traditional Chinese Medicine	1233	1.159	0.217	0.96	412	0.91	6.06	5.7	6

学科代码	期刊名称	扩展总被引频次	扩展影响因子	扩展即年指标	扩展他引率	扩展引用刊数	扩展学科影响指标	扩展学科扩散指标	扩展被引半衰期	扩展H指标
D37	Traditional Chinese Medical Sciences	118	0.357	0.091	0.86	76	0.28	1.12	5.1	2
D37	World Journal of Traditional Chinese Medicine	140	0.808	0.021	0.91	69	0.18	1.01	3.8	2
D37	北京中医药	5163	2.051	0.256	0.91	516	0.97	7.59	5.5	12
D37	光明中医	8478	1.086	0.213	0.92	652	0.97	9.59	4.5	8
D37	广西中医药	1124	0.986	0.179	0.99	297	0.93	4.37	6.2	6
D37	国际中医中药杂志	2347	1.496	0.257	0.95	460	0.94	6.76	4.7	8
D37	国医论坛	1103	0.745	0.196	0.98	246	0.85	3.62	6.4	5
D37	河北中医	4626	1.672	0.277	0.97	496	0.97	7.29	5.1	9
D37	河北中医药学报	1297	2.253	0.312	0.98	332	0.91	4.88	4.8	8
D37	河南中医	4828	1.636	0.226	0.97	537	1.00	7.90	5.8	8
D37	湖南中医杂志	5008	1.092	0.153	0.96	609	0.94	8.96	5.4	9
D37	环球中医药	6248	2.077	0.218	0.93	577	0.97	8.49	4.8	13
D37	基层中医药	162	—	0.154	0.98	94	0.41	1.38	2.3	3
D37	吉林中医药	5645	2.005	0.315	0.96	603	0.97	8.87	5.3	13
D37	江苏中医药	4665	1.920	0.345	0.99	532	0.99	7.82	5.9	11
D37	江西中医药	2365	1.034	0.159	0.98	414	0.93	6.09	6.2	8
D37	辽宁中医杂志	11676	2.198	0.400	0.97	753	1.00	11.07	5.5	15
D37	内蒙古中医药	6181	1.034	0.153	0.97	619	0.96	9.10	4.9	7
D37	山东中医杂志	3794	1.979	0.272	0.96	488	0.94	7.18	5.6	9
D37	山西中医	1852	0.982	0.170	0.99	362	0.93	5.32	5.0	6
D37	陕西中医	9623	3.581	0.742	0.90	641	1.00	9.43	4.7	13
D37	上海中医药杂志	5265	2.191	0.437	0.96	613	0.97	9.01	6.7	16
D37	时珍国医国药	13918	1.791	0.129	0.97	1169	0.99	17.19	6.3	13
D37	实用中西医结合临床	6024	1.150	0.184	0.92	591	0.91	8.69	3.9	7
D37	实用中医内科杂志	3987	1.564	0.409	0.95	494	0.96	7.26	4.3	9
D37	实用中医药杂志	4790	0.855	0.176	0.97	498	0.94	7.32	4.2	6
D37	世界科学技术—中医药现代化	7315	2.345	0.277	0.95	968	0.97	14.24	4.6	15
D37	世界中医药	11692	3.364	0.382	0.97	883	0.99	12.99	4.6	18
D37	四川中医	9906	2.085	0.144	0.96	623	0.96	9.16	4.9	12
D37	天津中医药	3857	2.168	0.361	0.95	560	0.99	8.24	4.8	10
D37	西部中医药	5762	2.373	0.424	0.90	673	0.94	9.90	4.5	12
D37	现代中医临床	1654	2.389	0.378	0.92	302	0.91	4.44	5.4	9
D37	现代中医药	1467	1.361	0.306	0.92	345	0.93	5.07	5.4	7

学科代码	期刊名称	扩展总被引频次	扩展影响因子	扩展即年指标	扩展他引率	扩展引用刊数	扩展学科影响指标	扩展学科扩散指标	扩展被引半衰期	扩展H指标
D37	新疆中医药	1416	0.828	0.113	0.98	364	0.85	5.35	5.0	6
D37	新中医	9873	1.315	0.203	0.97	634	1.00	9.32	4.7	9
D37	亚太传统医药	5269	1.029	0.157	0.97	782	0.97	11.50	5.8	10
D37	云南中医中药杂志	2711	1.067	0.139	0.97	448	0.97	6.59	5.8	6
D37	浙江中西医结合杂志	2123	0.968	0.186	0.98	552	0.93	8.12	5.4	6
D37	浙江中医杂志	3570	0.955	0.167	0.89	464	0.97	6.82	5.5	7
D37	中国民间疗法	4548	0.904	0.105	0.93	475	0.96	6.99	4.3	7
D37	中国民族医药杂志	2112	0.641	0.069	0.79	395	0.69	5.81	6.8	5
D37	中国中医基础医学杂志	10810	2.812	0.371	0.95	746	1.00	10.97	5.9	15
D37	中国中医急症	9417	2.580	0.359	0.94	650	0.97	9.56	4.9	11
D37	中国中医眼科杂志	2002	1.743	0.489	0.69	325	0.85	4.78	4.3	8
D37	中国中医药科技	3924	1.511	0.350	0.98	547	0.94	8.04	4.3	8
D37	中国中医药现代远程教育	11241	—	0.295	0.85	920	0.94	13.53	4.4	13
D37	中国中医药信息杂志	6365	2.763	0.719	0.92	787	0.94	11.57	5.4	12
D37	中华中医药学刊	17166	3.829	0.876	0.97	1017	0.97	14.96	4.9	20
D37	中华中医药杂志	29717	2.536	0.235	0.91	1194	1.00	17.56	5.4	25
D37	中药与临床	839	1.000	0.107	0.98	332	0.71	4.88	6.1	7
D37	中医儿科杂志	1459	1.201	0.099	0.95	277	0.90	4.07	5.7	10
D37	中医康复	2600	0.896	0.221	0.97	506	0.94	7.44	4.3	8
D37	中医临床研究	10315	1.096	0.109	0.88	744	0.97	10.94	4.8	12
D37	中医外治杂志	1690	1.098	0.160	0.88	306	0.90	4.50	4.5	5
D37	中医文献杂志	775	0.522	0.006	0.96	230	0.87	3.38	8.9	5
D37	中医学报	7067	1.937	0.366	0.96	681	1.00	10.01	5.2	12
D37	中医研究	3037	1.651	0.119	0.91	423	0.96	6.22	5.5	8
D37	中医药导报	8244	2.226	0.244	0.91	828	1.00	12.18	5.2	13
D37	中医药临床杂志	4414	1.210	0.189	0.97	557	0.99	8.19	5.1	9
D37	中医药通报	1213	1.259	0.116	0.93	276	0.91	4.06	5.2	8
D37	中医药文化	394	0.446	0.031	0.93	164	0.63	2.41	7.7	4
D37	中医药信息	4022	3.499	0.691	0.99	599	0.96	8.81	4.7	19
D37	中医药学报	4859	3.997	0.846	0.98	651	0.99	9.57	3.9	17
D37	中医杂志	17597	4.326	0.618	0.95	853	1.00	12.54	6.7	32
D38	安徽中医药大学学报	2374	2.551	0.500	0.96	485	0.95	22.05	5.1	10
D38	北京中医药大学学报	5880	4.199	0.592	0.94	606	0.91	27.55	7.9	18

学科 代码	期刊名称	扩展 总 被引 频次	扩展 影响 因子	扩展 即年 指标	扩展 他引 率	扩展 引用 刊数	扩展 学科 影响 指标	扩展 学科 扩散 指标	扩展 被引 半衰 期	扩展 H 指标
D38	长春中医药大学学报	5258	2.623	0.407	0.98	659	1.00	29.95	4.7	14
D38	成都中医药大学学报	1377	2.094	0.130	0.98	366	0.86	16.64	6.6	9
D38	甘肃中医药大学学报	1146	1.064	0.113	0.98	389	0.86	17.68	5.9	6
D38	广西中医药大学学报	1210	1.255	0.215	0.98	415	0.82	18.86	5.3	6
D38	广州中医药大学学报	5825	2.657	0.539	0.98	656	1.00	29.82	4.1	12
D38	贵州中医药大学学报	469	1.331	0.182	0.98	247	0.50	11.23	3.3	5
D38	湖北中医药大学学报	2566	2.435	0.364	0.95	448	0.86	20.36	4.5	9
D38	湖南中医药大学学报	5213	2.464	0.407	0.94	692	0.95	31.45	4.9	12
D38	江西中医药大学学报	1675	1.252	0.141	0.99	469	0.86	21.32	5.8	8
D38	康复学报	1529	2.821	0.447	0.98	431	0.86	19.59	5.0	10
D38	辽宁中医药大学学报	10821	2.860	0.759	0.97	878	1.00	39.91	5.1	18
D38	南京中医药大学学报	3322	2.988	0.448	0.97	550	0.91	25.00	5.6	12
D38	山东中医药大学学报	2397	2.061	0.227	0.95	427	0.91	19.41	6.8	10
D38	山西中医药大学学报	548	1.595	0.120	0.76	205	0.55	9.32	3.4	6
D38	陕西中医药大学学报	1820	1.590	0.328	0.90	371	0.95	16.86	5.6	7
D38	上海中医药大学学报	1795	2.342	0.277	0.98	456	0.95	20.73	6.1	10
D38	天津中医药大学学报	1894	2.434	0.200	0.98	470	0.82	21.36	4.8	10
D38	云南中医药大学学报	1213	0.981	0.112	0.88	351	0.86	15.95	7.3	6
D38	浙江中医药大学学报	3552	2.095	0.210	0.91	517	0.95	23.50	5.4	10
D39	World Journal of Integrated Traditional and Western Medicine	44	—	—	0.73	33	0.13	2.20	4.5	2
D39	深圳中西医结合杂志	4925	0.687	0.131	0.99	627	0.80	41.80	4.2	5
D39	世界中西医结合杂志	6878	2.762	0.302	0.98	630	1.00	42.00	4.5	12
D39	现代中西医结合杂志	15742	3.164	0.262	0.96	871	1.00	58.07	4.8	17
D39	中国中西医结合耳鼻咽喉科杂志	1087	1.563	0.187	0.95	313	0.40	20.87	4.9	7
D39	中国中西医结合急救杂志	2351	2.294	0.280	0.89	444	0.53	29.60	4.9	10
D39	中国中西医结合皮肤性病学杂志	1960	1.524	0.161	0.96	391	0.47	26.07	5.1	11
D39	中国中西医结合肾病杂志	3960	1.678	0.108	0.89	548	0.67	36.53	5.0	10
D39	中国中西医结合外科杂志	2815	2.624	0.602	0.97	519	0.80	34.60	4.5	13
D39	中国中西医结合消化杂志	3750	2.596	0.481	0.94	493	0.73	32.87	6.1	18
D39	中国中西医结合影像学杂志	970	1.208	0.361	0.93	336	0.47	22.40	4.4	7
D39	中国中西医结合杂志	8472	3.611	0.671	0.97	799	1.00	53.27	6.6	22
D39	中西医结合肝病杂志	2093	1.635	0.274	0.92	414	0.67	27.60	3.9	9

学科代码	期刊名称	扩展总被引频次	扩展影响因子	扩展即年指标	扩展他引率	扩展引用刊数	扩展学科影响指标	扩展学科扩散指标	扩展被引半衰期	扩展H指标
D39	中西医结合心脑血管病杂志	12426	2.214	0.288	0.96	787	0.93	52.47	4.5	16
D39	中西医结合研究	910	1.776	0.442	0.98	306	0.60	20.40	3.9	7
D40	Chinese Herbal Medicines	357	0.754	0.187	0.93	160	0.69	12.31	5.3	4
D40	福建中医药	1578	1.253	0.096	0.95	385	0.92	29.62	4.9	7
D40	天然产物研究与开发	4334	2.133	0.491	0.94	846	1.00	65.08	6.3	12
D40	现代中药研究与实践	1340	1.610	0.174	0.98	459	0.92	35.31	6.0	7
D40	中草药	22093	4.336	0.770	0.88	1327	1.00	102.08	5.1	31
D40	中成药	11294	2.614	0.390	0.93	1048	1.00	80.62	4.9	18
D40	中国实验方剂学杂志	21385	4.249	1.448	0.92	1274	1.00	98.00	4.8	22
D40	中国天然药物	1457	1.457	0.121	0.94	488	0.92	37.54	6.8	9
D40	中国现代中药	4247	2.159	0.350	0.94	784	1.00	60.31	4.9	16
D40	中国中药杂志	22986	4.417	1.164	0.91	1453	1.00	111.77	5.4	28
D40	中药材	8703	1.777	0.173	0.95	979	1.00	75.31	6.5	13
D40	中药新药与临床药理	3614	2.742	0.291	0.97	608	1.00	46.77	4.7	11
D40	中药药理与临床	4987	2.574	0.769	0.96	692	1.00	53.23	5.7	12
D41	Acupuncture and Herbal Medicine	46	—	0.081	0.85	31	0.27	2.82	2.8	3
D41	Journal of Acupuncture and Tuina Science	507	1.008	0.032	0.89	197	0.55	17.91	6.2	4
D41	World Journal of Acupuncture-Moxibustion	515	1.670	0.262	0.89	167	0.73	15.18	4.9	5
D41	上海针灸杂志	5273	2.507	0.470	0.96	462	0.91	42.00	6.0	10
D41	针刺研究	5247	4.730	0.562	0.90	527	0.91	47.91	5.0	15
D41	针灸临床杂志	5374	2.876	0.305	0.96	454	0.91	41.27	5.6	12
D41	中国骨伤	3274	2.244	0.491	0.89	532	0.91	48.36	4.9	10
D41	中国针灸	11164	4.031	0.669	0.94	617	0.91	56.09	6.2	17
D41	中国中医骨伤科杂志	2959	1.730	0.277	0.90	434	0.82	39.45	5.2	8
D41	中华针灸电子杂志	324	1.000	0.163	0.97	139	0.73	12.64	5.0	5
D41	中医正骨	2387	1.697	0.304	0.89	388	0.82	35.27	4.9	11
E01	Advances in Manufacturing	77	—	0.023	0.83	50	0.05	0.53	6.1	3
E01	Bio-Design and Manufacturing	172	0.922	0.149	0.73	73	0.04	0.78	3.5	3
E01	CT 理论与应用研究	455	0.781	0.260	0.89	225	0.11	2.39	5.2	6
E01	Friction	857	1.358	0.199	0.52	135	0.09	1.44	4.4	8
E01	Frontiers of Engineering Management	158	0.585	0.130	0.63	71	0.06	0.76	4.4	4
E01	International Journal of Extreme Manufacturing	125	0.895	0.075	1.00	61	0.05	0.65	3.6	5
E01	Journal of Bionic Engineering	770	1.154	0.164	0.55	214	0.11	2.28	5.3	5

学科代码	期刊名称	扩展总被引频次	扩展影响因子	扩展即年指标	扩展他引率	扩展引用刊数	扩展学科影响指标	扩展学科扩散指标	扩展被引半衰期	扩展H指标
E01	Science China Technological Sciences	2526	1.201	0.175	0.75	772	0.29	8.21	6.0	6
E01	包装工程	12555	2.069	0.481	0.80	1482	0.33	15.77	4.6	16
E01	包装世界	242	0.039	0.006	0.98	144	0.09	1.53	6.7	2
E01	包装学报	288	0.447	0.123	0.86	154	0.11	1.64	6.2	4
E01	标准科学	1278	0.846	0.248	0.87	568	0.30	6.04	5.0	6
E01	测试技术学报	393	0.617	0.256	0.97	244	0.13	2.60	6.1	4
E01	成组技术与生产现代化	125	0.437	0.044	0.85	85	0.09	0.90	5.5	4
E01	船舶标准化工程师	236	0.406	0.160	0.94	100	0.07	1.06	4.5	3
E01	船舶标准化与质量	105	0.256	—	0.98	72	0.07	0.77	4.9	3
E01	大众标准化	3377	0.595	0.275	0.97	815	0.31	8.67	2.9	7
E01	电信工程技术与标准化	634	0.657	0.259	0.91	195	0.09	2.07	4.0	5
E01	福建市场监督管理	53	0.035	0.012	1.00	41	0.07	0.44	4.0	2
E01	复杂油气藏	376	0.606	0.060	0.89	128	0.04	1.36	5.9	4
E01	工程爆破	1157	1.579	0.174	0.81	245	0.16	2.61	5.7	8
E01	工程地球物理学报	1608	1.692	0.219	0.85	398	0.15	4.23	6.7	8
E01	工程地质学报	6119	3.341	0.743	0.71	724	0.23	7.70	6.3	18
E01	工程技术研究	7354	0.871	0.191	0.93	934	0.35	9.94	3.7	9
E01	工程建设	685	0.886	0.138	0.90	306	0.16	3.26	4.3	4
E01	工程建设与设计	6908	0.882	0.229	0.94	825	0.27	8.78	3.8	9
E01	工程科学学报	4093	2.923	0.854	0.95	1095	0.29	11.65	5.8	13
E01	工程力学	8167	2.617	0.675	0.83	923	0.34	9.82	7.5	14
E01	工程数学学报	285	0.605	0.123	0.95	193	0.06	2.05	5.8	4
E01	工程研究——跨学科视野中的工程	334	0.354	0.157	0.85	229	0.09	2.44	7.7	4
E01	工程与建设	1422	0.725	0.107	0.97	411	0.18	4.37	3.4	6
E01	工程与试验	371	0.300	0.047	0.87	209	0.14	2.22	6.5	4
E01	工程质量	923	0.596	0.164	0.94	281	0.17	2.99	4.8	4
E01	工具技术	1709	0.879	0.137	0.78	380	0.27	4.04	5.7	6
E01	工业 工程 设计	225	0.688	0.160	0.94	104	0.09	1.11	3.6	5
E01	工业工程	752	0.992	0.080	0.93	362	0.16	3.85	5.0	6
E01	工业计量	670	0.587	0.200	0.82	235	0.26	2.50	5.4	4
E01	工业设计	2450	0.803	0.363	0.66	490	0.21	5.21	4.0	6
E01	航空标准化与质量	283	0.289	0.052	0.94	162	0.19	1.72	9.5	3
E01	航天标准化	156	0.461	0.048	0.75	85	0.13	0.90	5.7	3

学科代码	期刊名称	扩展总被引频次	扩展影响因子	扩展即年指标	扩展他引率	扩展引用刊数	扩展学科影响指标	扩展学科扩散指标	扩展被引半衰期	扩展H指标
E01	河北工业科技	374	0.718	0.153	0.92	285	0.09	3.03	6.4	4
E01	湖南包装	1305	1.266	0.269	0.61	253	0.10	2.69	3.4	7
E01	计测技术	636	0.876	0.033	0.80	238	0.23	2.53	7.5	5
E01	计量科学与技术	1533	1.908	0.488	0.73	320	0.26	3.40	4.2	8
E01	计量学报	2372	1.894	0.324	0.64	594	0.30	6.32	4.3	9
E01	计量与测试技术	1614	0.503	0.115	0.84	510	0.30	5.43	5.6	5
E01	节能	1127	0.602	0.093	0.94	519	0.24	5.52	5.0	5
E01	科学技术与工程	18884	1.893	0.293	0.74	2357	0.57	25.07	4.4	15
E01	冷藏技术	188	0.489	0.052	0.77	86	0.06	0.91	5.5	4
E01	轻工标准与质量	377	0.419	0.164	0.96	227	0.21	2.41	4.2	4
E01	人类工效学	461	0.410	0.012	0.91	280	0.13	2.98	9.1	5
E01	润滑与密封	2649	0.971	0.141	0.77	529	0.24	5.63	7.8	7
E01	山东工业技术	2369	0.344	0.065	0.99	852	0.32	9.06	6.9	5
E01	设备管理与维修	2979	0.375	0.062	0.93	755	0.34	8.03	4.0	6
E01	设备监理	175	0.268	0.064	0.89	101	0.09	1.07	5.0	3
E01	设计	5206	1.307	0.385	0.62	621	0.21	6.61	4.0	10
E01	声学与电子工程	202	0.257	—	0.88	94	0.06	1.00	8.5	3
E01	实验技术与管理	9864	2.013	0.344	0.95	1406	0.27	14.96	5.4	19
E01	市场监管与质量技术研究	226	—	0.076	0.96	144	0.11	1.53	5.3	5
E01	市政技术	1519	0.660	0.159	0.96	408	0.21	4.34	4.5	5
E01	市政设施管理	17	0.016	0.011	0.94	15	0.02	0.16	5.5	1
E01	数字与缩微影像	103	0.345	0.089	0.78	60	0.04	0.64	4.5	3
E01	塑料包装	265	0.363	0.080	0.95	124	0.13	1.32	6.2	5
E01	现代工程科技	35	—	0.009	0.91	21	0.03	0.22	2.4	2
E01	鞋类工艺与设计	1211	—	0.209	0.86	235	0.13	2.50	2.5	5
E01	新技术新工艺	1075	0.649	0.062	0.78	439	0.22	4.67	7.6	4
E01	信息技术与标准化	691	0.706	0.237	0.90	390	0.20	4.15	4.3	6
E01	液晶与显示	1004	1.346	0.230	0.79	338	0.12	3.60	4.0	8
E01	液压气动与密封	1487	0.639	0.089	0.74	353	0.19	3.76	6.0	7
E01	仪器仪表标准化与计量	268	0.534	0.109	0.97	150	0.20	1.60	4.6	4
E01	印刷质量与标准化	48	0.018	—	1.00	36	0.07	0.38	≥10	2
E01	应用基础与工程科学学报	1822	2.000	0.395	0.88	718	0.21	7.64	6.1	10

学科代码	期刊名称	扩展总被引频次	扩展影响因子	扩展即年指标	扩展他引率	扩展引用刊数	扩展学科影响指标	扩展学科扩散指标	扩展被引半衰期	扩展H指标
E01	真空	488	0.466	0.097	0.77	220	0.11	2.34	7.7	4
E01	真空科学与技术学报	905	0.580	0.038	0.82	337	0.17	3.59	7.1	5
E01	质量与标准化	188	—	0.028	1.00	134	0.15	1.43	5.8	2
E01	质量与可靠性	284	0.276	—	0.90	137	0.16	1.46	7.4	4
E01	质量与认证	414	0.346	0.136	0.93	248	0.18	2.64	3.9	4
E01	中国标准化	3813	0.795	0.238	0.86	1199	0.43	12.76	3.7	8
E01	中国测试	3130	1.914	0.402	0.81	957	0.33	10.18	4.4	9
E01	中国工程科学	5304	7.846	1.117	0.97	1973	0.44	20.99	4.8	22
E01	中国惯性技术学报	1590	2.029	0.472	0.68	317	0.19	3.37	5.0	8
E01	中国科学（技术科学）	2192	1.764	0.251	0.96	899	0.36	9.56	7.0	12
E01	中国认证认可	39	0.051	—	1.00	29	0.07	0.31	4.6	2
E01	中国新技术新产品	3520	0.379	0.060	0.99	1050	0.37	11.17	5.7	5
E01	中国质量	306	—	0.034	0.95	206	0.15	2.19	6.4	3
E02	Journal of Beijing Institute of Technology	122	0.277	0.017	0.91	87	0.09	0.64	8.0	3
E02	Journal of Central South University	3009	1.441	0.303	0.78	821	0.39	5.99	5.2	10
E02	Journal of Harbin Institute of Technology	94	0.051	0.043	0.95	82	0.07	0.60	9.4	2
E02	Journal of Shanghai Jiaotong University (Science)	250	0.264	0.034	0.87	181	0.13	1.32	6.5	3
E02	Journal of Southeast University (English Edition）	261	0.384	0.104	0.90	188	0.08	1.37	7.6	4
E02	Transactions of Tianjin University	248	1.091	0.027	0.90	131	0.09	0.96	5.1	3
E02	安徽工程大学学报	269	0.377	—	0.99	237	0.04	1.73	7.1	4
E02	安徽建筑大学学报	419	0.508	0.062	0.98	313	0.35	2.19	6.2	4
E02	安徽科技学院学报	630	0.744	0.069	0.84	329	0.09	2.16	5.8	4
E02	安阳工学院学报	459	0.513	0.145	0.99	349	0.05	2.55	4.1	5
E02	北方工业大学学报	203	0.203	0.028	0.98	187	0.03	1.36	6.1	3
E02	北华航天工业学院学报	307	0.573	0.133	1.00	222	0.04	3.17	4.0	4
E02	北京电子科技学院学报	148	0.481	0.100	0.94	113	0.03	0.74	4.3	3
E02	北京工业大学学报	1890	1.724	0.195	0.96	887	0.40	6.47	6.8	10
E02	北京航空航天大学学报	3782	1.906	0.760	0.93	961	0.81	13.73	5.5	10
E02	北京建筑大学学报	391	1.045	0.228	0.87	258	0.07	1.88	4.6	5
E02	北京交通大学学报	1422	1.483	0.167	0.96	630	0.29	4.60	6.3	8
E02	北京理工大学学报	2235	1.779	0.259	0.83	776	0.43	5.66	5.9	9

学科代码	期刊名称	扩展总被引频次	扩展影响因子	扩展即年指标	扩展他引率	扩展引用刊数	扩展学科影响指标	扩展学科扩散指标	扩展被引半衰期	扩展H指标
E02	北京石油化工学院学报	228	0.663	0.062	0.95	175	0.23	1.92	6.3	4
E02	北京印刷学院学报	942	0.586	0.134	0.99	479	0.08	3.50	4.0	5
E02	北京邮电大学学报	821	1.167	0.140	0.95	401	0.54	7.43	4.9	7
E02	长春工业大学学报	323	0.466	0.061	0.81	221	0.07	1.61	6.1	3
E02	常熟理工学院学报	335	0.417	0.093	0.99	275	0.07	2.01	6.2	4
E02	常州工学院学报	296	0.617	0.130	0.98	246	0.04	1.80	4.0	4
E02	成都工业学院学报	253	0.525	0.248	0.97	201	0.03	1.66	3.9	4
E02	成都信息工程大学学报	504	0.653	0.056	0.95	256	0.06	1.87	5.8	5
E02	承德石油高等专科学校学报	224	0.280	0.053	0.91	162	0.26	1.78	5.2	3
E02	重庆大学学报	1898	1.497	0.388	0.97	932	0.47	6.80	7.2	7
E02	重庆电力高等专科学校学报	252	0.609	0.130	0.95	180	0.13	1.49	3.7	4
E02	重庆电子工程职业学院学报	338	0.467	0.345	0.86	177	0.01	1.29	3.8	4
E02	重庆理工大学学报	2768	1.272	0.212	0.85	1086	0.39	7.14	4.3	9
E02	大连工业大学学报	423	0.642	0.101	0.92	282	0.06	2.06	6.7	4
E02	大连海事大学学报	698	1.283	0.475	0.90	322	0.53	7.16	6.9	7
E02	大连交通大学学报	659	0.485	0.137	0.93	351	0.38	4.44	6.7	4
E02	大连理工大学学报	865	0.826	0.177	0.98	553	0.25	4.04	≥10	6
E02	电子科技大学学报	1318	1.329	0.284	0.97	665	0.54	9.93	5.8	10
E02	东北电力大学学报	611	1.143	0.397	0.91	297	0.43	2.45	5.2	6
E02	东北石油大学学报	1137	2.164	0.288	0.81	250	0.66	2.75	6.5	6
E02	东莞理工学院学报	318	0.498	0.107	0.94	242	0.04	1.77	4.9	4
E02	防灾科技学院学报	321	0.753	0.140	0.87	183	0.29	5.90	7.6	4
E02	纺织科学与工程学报	517	1.296	0.351	0.96	195	0.06	1.42	4.9	6
E02	福建理工大学学报	280	0.508	0.097	0.95	227	0.07	1.66	5.0	4
E02	工程科学与技术	2754	2.517	0.634	0.96	965	0.41	7.04	6.5	13
E02	广东工业大学学报	463	0.696	0.162	0.87	322	0.05	2.12	5.5	5
E02	广东海洋大学学报	1125	1.332	0.126	0.93	322	0.78	11.93	6.1	7
E02	广东石油化工学院学报	268	0.331	0.078	0.99	222	0.29	2.44	5.0	4
E02	广西科技大学学报	415	1.194	0.194	0.67	219	0.08	1.60	4.4	5
E02	广州航海学院学报	139	0.398	0.203	0.95	99	0.33	2.20	4.4	2
E02	桂林电子科技大学学报	251	0.471	0.108	0.81	157	0.30	2.34	5.6	3
E02	桂林航天工业学院学报	231	0.547	0.091	0.98	192	0.03	2.74	4.3	3
E02	桂林理工大学学报	1336	1.357	0.547	0.90	608	0.19	4.44	6.3	8

学科代码	期刊名称	扩展总被引频次	扩展影响因子	扩展即年指标	扩展他引率	扩展引用刊数	扩展学科影响指标	扩展学科扩散指标	扩展被引半衰期	扩展H指标
E02	国防科技大学学报	1256	1.023	0.197	0.94	445	0.26	3.25	7.1	6
E02	哈尔滨工程大学学报	2345	1.052	0.238	0.95	806	0.41	5.88	6.3	8
E02	哈尔滨工业大学学报	3577	1.467	0.383	0.96	1138	0.58	8.31	6.8	10
E02	哈尔滨理工大学学报	983	1.292	0.134	0.86	464	0.18	3.39	4.9	7
E02	海军工程大学学报	656	0.716	0.059	0.96	303	0.19	2.21	7.4	5
E02	海军航空大学学报	352	0.584	0.034	0.90	179	0.30	2.56	8.6	4
E02	杭州电子科技大学学报	235	—	0.067	0.93	177	0.24	2.64	6.3	3
E02	河北地质大学学报	506	0.751	0.167	0.94	325	0.43	5.42	4.7	5
E02	河北工业大学学报	478	0.400	0.075	0.98	362	0.11	2.64	8.9	5
E02	河北环境工程学院学报	194	0.735	0.209	0.86	135	0.22	1.82	3.0	4
E02	河北建筑工程学院学报	290	0.390	0.104	0.97	201	0.27	1.41	5.0	3
E02	河北科技大学学报	520	1.181	0.147	0.92	359	0.03	2.36	5.7	6
E02	河北水利电力学院学报	218	0.692	0.055	0.78	138	0.04	1.01	4.9	4
E02	河南城建学院学报	252	0.465	0.079	0.94	185	0.23	1.29	5.0	4
E02	河南工学院学报	176	0.366	0.043	0.97	148	0.05	1.22	4.7	3
E02	河南科技学院学报	502	0.628	0.341	0.89	338	0.08	1.30	4.5	5
E02	黑龙江大学工程学报	373	0.771	0.255	0.81	210	0.05	1.53	6.6	4
E02	黑龙江工程学院学报	397	0.730	0.312	0.96	287	0.08	2.09	4.7	6
E02	黑龙江科技大学学报	530	0.625	0.118	0.92	316	0.09	2.31	5.4	5
E02	湖北工程学院学报	349	0.517	0.163	0.95	270	0.02	1.97	4.4	4
E02	湖北工业大学学报	462	0.519	0.115	0.98	381	0.12	2.78	5.5	3
E02	湖北科技学院学报	706	0.805	0.228	0.92	427	0.05	2.81	4.7	5
E02	湖北理工学院学报	357	0.865	0.311	0.99	279	0.05	1.84	3.9	4
E02	湖北汽车工业学院学报	217	0.543	0.079	0.89	139	0.13	1.76	5.0	4
E02	湖南工业大学学报	445	0.783	0.154	0.95	343	0.09	2.50	5.6	6
E02	湖南科技学院学报	753	0.375	0.085	0.98	474	0.07	3.12	7.3	5
E02	华北科技学院学报	535	0.740	0.139	0.87	290	0.09	2.12	5.3	4
E02	华东交通大学学报	804	1.159	0.079	0.91	487	0.42	6.16	6.0	6
E02	淮阴工学院学报	233	0.424	0.046	0.95	193	0.04	1.41	5.0	4
E02	黄河科技学院学报	331	0.509	0.201	0.95	244	0.02	1.61	2.9	4
E02	火箭军工程大学学报	5	0.016	—	0.80	5	0.01	0.04	4.5	1
E02	吉林大学学报（工学版）	3271	1.806	0.563	0.88	969	0.55	7.07	4.9	9
E02	吉林大学学报（信息科学版）	642	1.052	0.170	0.84	356	0.27	5.31	4.4	6

学科代码	期刊名称	扩展总被引频次	扩展影响因子	扩展即年指标	扩展他引率	扩展引用刊数	扩展学科影响指标	扩展学科扩散指标	扩展被引半衰期	扩展H指标
E02	吉林工程技术师范学院学报	862	0.604	0.276	0.99	426	0.15	4.58	3.8	5
E02	吉林化工学院学报	889	0.748	0.022	0.73	415	0.26	4.19	4.5	6
E02	吉林建筑大学学报	378	0.693	0.135	0.99	273	0.34	1.91	5.5	5
E02	集美大学学报	374	0.879	0.156	0.97	259	0.20	1.22	5.3	5
E02	江汉石油职工大学学报	323	0.211	0.053	0.89	159	0.46	1.75	5.1	3
E02	江苏理工学院学报	319	0.356	0.071	0.99	264	0.04	1.93	5.8	3
E02	江西理工大学学报	564	1.022	0.242	0.80	349	0.10	2.55	4.8	5
E02	金陵科技学院学报	269	0.521	0.042	0.94	191	0.04	1.26	8.1	4
E02	空军工程大学学报	707	1.084	0.101	0.94	336	0.17	2.45	5.3	7
E02	昆明冶金高等专科学校学报	214	0.301	—	0.94	168	0.12	3.36	5.2	3
E02	兰州工业学院学报	377	0.524	0.106	0.98	297	0.09	2.86	3.9	4
E02	兰州交通大学学报	741	0.637	0.129	0.94	484	0.30	6.13	5.8	4
E02	兰州理工大学学报	973	0.810	0.110	0.94	529	0.21	3.86	6.2	5
E02	辽宁科技大学学报	246	0.319	—	0.97	191	0.04	1.39	7.0	3
E02	辽宁科技学院学报	583	0.674	0.153	0.95	348	0.07	2.29	4.0	5
E02	辽宁省交通高等专科学校学报	282	0.440	0.101	1.00	167	0.16	2.11	4.2	4
E02	辽宁石油化工大学学报	535	0.739	0.069	0.89	260	0.04	1.90	5.6	4
E02	陆军工程大学学报	464	—	0.214	0.91	277	0.10	2.02	≥10	4
E02	美食研究	503	1.737	0.250	0.75	181	0.02	1.32	4.5	5
E02	南昌大学学报（工科版）	304	0.534	0.130	0.97	231	0.06	1.69	6.7	4
E02	南昌工程学院学报	425	0.782	0.194	0.79	263	0.06	1.73	4.3	5
E02	南京航空航天大学学报	1464	1.288	0.108	0.94	578	0.76	8.26	7.5	8
E02	南京师范大学学报（工程技术版）	263	0.760	0.133	0.93	211	0.06	2.74	5.6	4
E02	南京信息工程大学学报	716	1.288	0.667	0.91	456	0.16	3.33	4.6	7
E02	南阳理工学院学报	251	0.359	0.036	0.99	216	0.04	1.58	4.9	4
E02	内蒙古科技大学学报	284	0.570	0.014	0.79	177	0.06	1.46	6.6	4
E02	宁波大学学报（理工版）	413	0.635	0.138	0.98	323	0.10	2.12	5.7	5
E02	宁波工程学院学报	278	0.574	0.154	0.97	208	0.03	1.52	4.7	4
E02	齐鲁工业大学学报	365	0.674	0.045	0.99	283	0.07	2.07	5.9	5
E02	青岛大学学报（工程技术版）	296	0.628	0.230	0.97	229	0.07	1.67	5.8	3
E02	青岛理工大学学报	681	0.904	0.192	0.90	383	0.10	2.52	5.2	6
E02	山东大学学报（工学版）	962	1.388	0.233	0.96	586	0.25	4.28	5.5	8
E02	山东电力高等专科学校学报	333	0.684	0.123	0.92	188	0.26	1.55	3.7	4

学科代码	期刊名称	扩展总被引频次	扩展影响因子	扩展即年指标	扩展他引率	扩展引用刊数	扩展学科影响指标	扩展学科扩散指标	扩展被引半衰期	扩展H指标
E02	山东建筑大学学报	685	0.946	0.137	0.78	352	0.43	2.46	6.2	6
E02	山东交通学院学报	220	0.755	0.169	0.92	158	0.05	1.15	4.8	3
E02	山东石油化工学院学报	198	0.406	—	0.98	156	0.33	1.71	5.6	3
E02	陕西科技大学学报	824	0.792	0.146	0.96	497	0.13	3.27	5.6	5
E02	上海第二工业大学学报	215	0.535	0.058	0.98	183	0.06	1.34	5.5	4
E02	上海电机学院学报	198	0.583	0.081	0.91	146	0.12	2.18	5.3	4
E02	上海电力大学学报	586	1.052	0.140	0.92	352	0.49	2.91	4.9	5
E02	上海工程技术大学学报	207	0.310	—	0.96	172	0.07	1.26	6.9	3
E02	上海海事大学学报	575	1.236	0.254	0.92	263	0.60	5.84	5.1	5
E02	上海交通大学学报	2722	1.680	0.574	0.94	988	0.47	7.21	7.5	10
E02	上海理工大学学报	588	0.994	0.147	0.95	412	0.12	2.71	6.4	5
E02	深圳大学学报（理工版）	718	0.967	0.460	0.92	460	0.21	3.36	4.8	6
E02	沈阳工业大学学报	1179	1.492	0.357	0.89	528	0.18	3.85	4.9	9
E02	沈阳航空航天大学学报	334	0.423	0.074	0.99	246	0.37	3.51	8.1	3
E02	沈阳化工大学学报	248	0.322	0.012	0.73	146	0.04	1.07	6.7	3
E02	沈阳理工大学学报	379	0.682	0.071	0.90	248	0.10	1.81	5.4	4
E02	石油化工高等学校学报	565	1.007	0.200	0.94	213	0.64	2.34	5.8	5
E02	苏州科技大学学报（工程技术版）	193	0.651	0.047	0.96	140	0.03	1.02	5.0	4
E02	太原科技大学学报	326	0.505	0.063	0.90	236	0.09	1.72	5.2	4
E02	太原理工大学学报	1112	1.193	0.418	0.91	628	0.20	4.58	5.7	7
E02	天津城建大学学报	314	0.621	0.149	0.98	242	0.31	1.69	5.4	4
E02	天津工业大学学报	478	0.797	0.082	0.91	284	0.12	2.07	6.5	4
E02	天津科技大学学报	426	0.831	0.164	0.97	294	0.06	2.15	5.8	5
E02	天津理工大学学报	440	0.940	0.060	0.70	247	0.07	1.62	5.9	5
E02	武汉大学学报（工学版）	2240	1.856	0.417	0.96	854	0.40	6.23	6.0	9
E02	武汉大学学报（信息科学版）	6163	2.757	1.128	0.89	1034	0.96	41.36	6.1	19
E02	武汉纺织大学学报	360	0.508	0.122	0.96	209	0.07	1.53	6.1	3
E02	武汉工程大学学报	723	0.941	0.136	0.84	443	0.09	3.23	6.0	5
E02	武汉科技大学学报	531	0.885	0.097	0.98	329	0.09	2.40	7.9	5
E02	武汉理工大学学报	1960	—	0.119	0.97	813	0.39	5.93	≥10	6
E02	武汉理工大学学报（交通科学与工程版）	1695	1.063	0.338	0.91	626	0.59	7.92	5.8	6
E02	武汉理工大学学报（信息与管理工程版）	750	0.904	0.222	0.82	459	0.18	6.85	5.5	6
E02	武汉轻工大学学报	489	0.706	0.140	0.95	325	0.03	2.37	5.1	5

学科 代码	期刊名称	扩展 总 被引 频次	扩展 影响 因子	扩展 即年 指标	扩展 他引 率	扩展 引用 刊数	扩展 学科 影响 指标	扩展 学科 扩散 指标	扩展 被引 半衰 期	扩展 H 指标
E02	西安工程大学学报	759	1.145	0.306	0.88	363	0.18	2.65	5.1	6
E02	西安工业大学学报	416	0.564	0.103	0.97	310	0.09	2.26	6.4	4
E02	西安航空学院学报	235	0.322	0.140	0.97	196	0.19	2.80	5.2	3
E02	西安交通大学学报	3408	1.813	0.336	0.86	949	0.58	6.93	6.0	10
E02	西安科技大学学报	1715	1.590	0.259	0.88	596	0.26	4.35	5.6	8
E02	西安理工大学学报	591	1.221	0.344	0.98	390	0.09	2.85	5.6	6
E02	西安邮电大学学报	461	0.727	0.203	0.68	219	0.28	4.06	5.1	5
E02	西北工业大学学报	1545	1.105	0.109	0.96	574	0.34	4.19	5.7	8
E02	西南交通大学学报	2829	1.811	0.544	0.94	779	0.39	5.69	6.9	11
E02	西南科技大学学报	308	0.439	0.019	0.97	250	0.08	1.82	7.0	4
E02	厦门理工学院学报	190	0.230	0.040	0.99	172	0.06	1.26	5.9	4
E02	信息工程大学学报	340	0.575	0.082	0.93	208	0.22	2.67	4.6	4
E02	燕山大学学报	571	1.076	0.310	0.84	314	0.15	2.29	5.3	6
E02	应用技术学报	274	0.670	0.108	0.96	229	0.07	1.67	5.9	4
E02	浙江大学学报（工学版）	3700	1.646	0.210	0.96	1233	0.55	9.00	6.5	12
E02	浙江工业大学学报	849	1.362	0.237	0.91	526	0.23	3.84	5.3	7
E02	浙江科技学院学报	224	0.481	0.014	0.92	176	0.06	1.28	5.5	4
E02	浙江水利水电学院学报	438	0.717	0.108	0.75	217	0.08	1.79	4.7	4
E02	郑州大学学报（工学版）	1082	1.614	0.610	0.87	570	0.25	4.16	5.5	8
E02	郑州航空工业管理学院学报	248	0.493	0.098	0.99	202	0.03	2.89	6.7	3
E02	中国计量大学学报	379	0.722	0.085	0.72	226	0.06	1.65	5.8	4
E02	中国矿业大学学报	4828	3.897	0.392	0.92	715	0.87	15.54	7.8	17
E02	中国民航大学学报	353	0.485	0.053	0.97	228	0.06	1.66	9.2	4
E02	中国民航飞行学院学报	295	0.330	0.117	0.94	181	0.26	2.59	6.1	3
E02	中原工学院学报	253	0.529	0.022	0.98	204	0.05	1.34	4.8	4
E03	Biomimetic Intelligence and Robotics	43	1.069	0.375	0.35	15	0.05	0.19	2.6	2
E03	Control Theory and Technology	126	0.351	0.163	0.77	66	0.15	0.85	6.4	3
E03	IEEE/CAA Journal of Automatica Sinica	1771	2.249	0.857	0.55	351	0.29	4.50	3.7	12
E03	Journal of Systems Engineering and Electronics	943	0.819	0.120	0.82	299	0.23	3.83	6.0	6
E03	Machine Intelligence Research	268	1.019	0.121	0.75	153	0.18	1.96	4.8	5
E03	Tsinghua Science and Technology	458	1.057	0.087	0.79	254	0.15	3.26	5.1	6
E03	电气电子教学学报	1524	1.111	0.121	0.77	291	0.21	3.73	4.6	7
E03	电信快报	353	0.774	0.202	0.90	156	0.17	2.00	3.5	5

学科代码	期刊名称	扩展总被引频次	扩展影响因子	扩展即年指标	扩展他引率	扩展引用刊数	扩展学科影响指标	扩展学科扩散指标	扩展被引半衰期	扩展H指标
E03	电子信息对抗技术	556	0.566	0.164	0.87	192	0.23	2.46	5.8	5
E03	光纤与电缆及其应用技术	225	0.305	0.082	0.88	116	0.08	1.49	6.8	3
E03	广播电视网络	504	0.487	0.249	0.92	139	0.22	1.78	2.8	4
E03	广播电视信息	796	0.642	0.393	0.97	168	0.18	2.15	3.3	5
E03	红外	381	0.548	0.051	0.86	182	0.12	2.33	6.3	4
E03	机电产品开发与创新	703	0.414	0.127	0.94	413	0.22	5.29	5.0	4
E03	机器人	2004	2.594	0.705	0.95	529	0.44	6.78	6.6	12
E03	机器人技术与应用	298	0.698	0.164	0.95	193	0.22	2.47	6.7	5
E03	集成电路应用	2739	0.547	0.203	0.92	611	0.36	7.83	2.9	6
E03	集成技术	176	0.377	0.415	0.86	140	0.12	1.79	5.9	3
E03	计算机测量与控制	3916	1.015	0.315	0.84	964	0.54	12.36	5.4	9
E03	计算技术与自动化	671	1.042	0.266	0.97	330	0.27	4.23	4.2	6
E03	舰船电子对抗	585	0.359	0.092	0.88	193	0.28	2.47	6.7	4
E03	江苏通信	277	0.450	0.131	0.96	141	0.19	1.81	3.3	4
E03	今日自动化	159	0.060	0.016	0.96	96	0.10	1.23	3.4	2
E03	决策与信息	511	0.927	0.526	0.83	342	0.06	4.38	3.4	6
E03	决策咨询	338	0.594	0.183	0.95	245	0.04	3.14	4.0	4
E03	科学与信息化	1200	—	0.058	0.96	450	0.19	5.77	3.9	3
E03	控制工程	2847	1.410	0.394	0.91	836	0.42	10.72	4.8	9
E03	雷达与对抗	245	0.441	0.082	0.96	122	0.18	1.56	7.2	3
E03	模式识别与人工智能	1131	1.303	0.162	0.93	434	0.29	5.56	5.4	10
E03	人工智能	365	1.035	0.250	0.99	286	0.35	3.67	4.3	5
E03	山西电子技术	433	0.481	0.120	0.97	242	0.26	3.10	4.1	5
E03	数字出版研究	95	—	1.095	0.87	39	0.04	0.50	—	4
E03	数字传媒研究	434	0.464	0.233	0.99	106	0.17	1.36	3.6	4
E03	数字技术与应用	3127	0.783	0.241	0.97	908	0.51	11.64	3.9	8
E03	数字通信世界	3352	0.676	0.298	0.98	789	0.50	10.12	3.9	7
E03	网络空间安全	878	—	0.419	0.67	304	0.23	3.90	4.6	6
E03	无人系统技术	422	1.600	0.138	0.76	179	0.28	2.29	4.1	7
E03	系统仿真技术	201	0.482	0.017	0.97	149	0.22	1.91	5.9	4
E03	系统仿真学报	4186	1.860	0.758	0.92	1164	0.59	14.92	6.5	11
E03	现代电视技术	747	0.476	0.180	0.93	141	0.21	1.81	3.7	5
E03	现代电影技术	459	0.721	0.500	0.68	117	0.10	1.50	3.8	5

学科代码	期刊名称	扩展总被引频次	扩展影响因子	扩展即年指标	扩展他引率	扩展引用刊数	扩展学科影响指标	扩展学科扩散指标	扩展被引半衰期	扩展H指标
E03	现代信息科技	2584	0.488	0.206	0.95	904	0.49	11.59	3.8	6
E03	信息对抗技术	23	—	0.244	0.52	11	0.03	0.14	2.0	2
E03	信息化研究	267	0.389	0.027	0.98	185	0.32	2.37	6.5	4
E03	信息技术	1916	0.957	0.128	0.85	592	0.41	7.59	4.5	6
E03	信息技术与管理应用	17	—	0.161	0.76	13	0.03	0.17	—	2
E03	信息技术与信息化	1965	0.591	0.147	0.97	758	0.45	9.72	3.9	7
E03	信息系统工程	1919	0.616	0.298	0.97	720	0.38	9.23	4.1	6
E03	信息与管理研究	77	0.484	0.029	0.91	63	0.03	0.81	4.2	3
E03	遥测遥控	361	0.524	0.128	0.73	158	0.22	2.03	6.1	4
E03	印制电路信息	473	0.370	0.087	0.59	128	0.08	1.64	7.0	4
E03	应用科技	478	0.632	0.110	0.92	331	0.22	4.24	5.4	4
E03	制导与引信	144	0.341	0.026	0.95	88	0.13	1.13	7.2	3
E03	制造业自动化	3353	1.262	0.439	0.90	887	0.40	11.37	4.5	9
E03	智能科学与技术学报	387	1.808	0.653	0.72	202	0.21	2.59	3.8	8
E03	智能系统学报	1457	1.785	0.304	0.89	612	0.49	7.85	4.8	9
E03	智能制造	481	0.891	0.140	0.96	285	0.23	3.65	3.9	7
E03	中国电视	1548	1.561	0.364	0.93	310	0.04	3.97	3.9	7
E03	中国信息安全	751	0.766	0.125	1.00	367	0.24	4.71	4.2	6
E03	中国信息化	821	0.632	0.172	1.00	458	0.32	5.87	3.5	5
E03	中国信息技术教育	1210	0.275	0.159	0.86	397	0.17	5.09	4.0	5
E03	中国信息界	313	0.699	0.171	1.00	263	0.13	3.37	4.7	4
E03	中文信息学报	1930	1.418	0.083	0.88	488	0.35	6.26	5.4	11
E03	自动化技术与应用	2314	1.031	0.344	0.94	749	0.38	9.60	3.7	7
E03	自动化学报	6314	3.640	1.104	0.91	1320	0.56	16.92	5.6	23
E03	自动化应用	1854	0.521	0.164	0.95	595	0.35	7.63	4.0	6
E03	自动化与信息工程	206	0.593	0.375	0.95	129	0.13	1.65	4.6	5
E03	自动化与仪器仪表	2785	0.888	0.173	0.87	788	0.41	10.10	4.1	7
E04	合成生物学	336	1.109	1.110	0.70	123	0.71	17.57	3.1	5
E04	化学与生物工程	1039	0.879	0.201	0.96	495	0.86	70.71	6.2	6
E04	生物工程学报	2732	1.701	0.836	0.83	853	0.86	121.86	3.8	10
E04	生物技术通报	3676	1.561	0.423	0.94	791	1.00	113.00	5.4	11
E04	生物加工过程	682	1.616	0.263	0.97	341	0.86	48.71	4.4	7
E04	中国生物工程杂志	1224	1.248	0.192	0.96	592	0.86	84.57	5.5	7

学科代码	期刊名称	扩展总被引频次	扩展影响因子	扩展即年指标	扩展他引率	扩展引用刊数	扩展学科影响指标	扩展学科扩散指标	扩展被引半衰期	扩展H指标
E05	保鲜与加工	2020	1.570	0.378	0.93	418	0.25	7.46	4.8	8
E05	当代农机	833	0.597	0.454	0.98	249	0.50	4.45	2.7	5
E05	肥料与健康	246	0.705	0.108	0.93	148	0.14	2.64	3.6	5
E05	福建农机	94	0.354	0.152	0.95	65	0.23	1.16	4.5	2
E05	灌溉排水学报	3583	1.573	0.259	0.89	640	0.62	11.43	5.3	8
E05	广西农业机械化	275	0.451	0.175	1.00	112	0.32	2.00	4.3	4
E05	河北农机	1354	—	0.145	0.90	401	0.48	7.16	3.6	4
E05	江苏农机化	237	0.604	0.205	0.95	83	0.41	1.48	3.8	4
E05	节水灌溉	2500	1.794	0.400	0.86	504	0.50	9.00	5.7	8
E05	绿洲农业科学与工程	13	0.089	—	1.00	12	0.05	0.21	6.1	1
E05	南方农机	6544	0.892	0.511	0.82	1210	0.66	21.61	3.8	8
E05	农机化研究	5093	1.120	0.549	0.77	779	0.77	13.91	6.1	8
E05	农机科技推广	558	0.536	0.077	1.00	162	0.57	2.89	4.3	5
E05	农机使用与维修	2100	0.761	0.254	0.85	382	0.62	6.82	3.6	6
E05	农业工程	1527	0.768	0.048	0.91	557	0.66	9.95	4.9	6
E05	农业工程技术	3363	0.643	0.115	0.86	563	0.73	10.05	3.6	8
E05	农业工程学报	28186	3.391	0.721	0.84	1973	0.93	35.23	6.8	22
E05	农业工程与装备	898	0.534	0.075	0.99	401	0.48	7.16	6.4	4
E05	农业环境科学学报	7763	2.461	0.474	0.93	983	0.70	17.55	7.2	15
E05	农业机械学报	15828	3.788	0.855	0.79	1475	0.88	26.34	5.6	22
E05	农业技术与装备	2057	0.584	0.169	0.96	549	0.64	9.80	3.7	6
E05	农业开发与装备	4183	0.737	0.285	0.96	655	0.73	11.70	4.0	6
E05	农业科技与装备	978	0.537	0.174	0.91	381	0.54	6.80	6.2	5
E05	农业现代化研究	3069	3.874	0.942	0.95	917	0.71	16.38	5.7	13
E05	农业装备技术	338	0.509	0.181	0.98	165	0.48	2.95	4.3	3
E05	农业装备与车辆工程	1140	0.552	0.104	0.93	467	0.39	8.34	4.4	5
E05	排灌机械工程学报	2092	1.833	0.284	0.90	536	0.52	9.57	5.3	8
E05	热带农业工程	534	0.510	0.120	0.98	292	0.39	5.21	4.1	4
E05	山东农机化	210	0.367	0.168	1.00	87	0.39	1.55	3.6	3
E05	山西水土保持科技	147	0.341	0.062	0.93	96	0.14	1.71	5.6	3
E05	生态与农村环境学报	3903	3.220	0.699	0.93	943	0.54	16.84	5.3	13
E05	数字农业与智能农机	980	0.086	0.044	0.98	378	0.41	6.75	4.6	4
E05	水土保持通报	5074	2.520	0.254	0.93	895	0.59	15.98	6.1	12

学科代码	期刊名称	扩展总被引频次	扩展影响因子	扩展即年指标	扩展他引率	扩展引用刊数	扩展学科影响指标	扩展学科扩散指标	扩展被引半衰期	扩展H指标
E05	水土保持学报	8647	3.145	0.539	0.93	867	0.64	15.48	7.0	14
E05	水土保持研究	7278	3.370	0.935	0.93	1037	0.61	18.52	5.6	14
E05	水土保持应用技术	823	1.291	0.154	0.78	197	0.36	3.52	5.2	8
E05	四川农业与农机	270	0.434	0.169	0.94	145	0.39	2.59	3.7	3
E05	拖拉机与农用运输车	296	0.318	0.137	0.75	113	0.36	2.02	6.9	3
E05	现代化农业	1283	0.580	0.387	0.97	430	0.57	7.68	4.3	5
E05	现代农机	665	0.660	0.382	0.98	254	0.54	4.54	2.9	5
E05	现代农业装备	439	0.916	0.196	0.92	210	0.45	3.75	4.6	5
E05	新疆农机化	446	0.674	0.222	0.89	167	0.50	2.98	5.8	5
E05	新疆农垦经济	470	0.632	0.273	0.94	275	0.27	4.91	5.0	5
E05	新疆农垦科技	589	0.382	0.092	0.97	260	0.32	4.64	7.1	4
E05	亚热带水土保持	296	0.694	0.364	0.95	175	0.23	3.12	6.6	3
E05	智能化农业装备学报（中英文）	40	—	0.400	0.70	20	0.12	0.36	2.9	2
E05	中国农村水利水电	5021	1.680	0.458	0.90	886	0.61	15.82	5.4	9
E05	中国农机化学报	4474	1.962	0.437	0.84	885	0.88	15.80	4.8	11
E05	中国农垦	216	0.125	0.059	0.96	130	0.23	2.32	4.0	4
E05	中国农业文摘—农业工程	638	1.168	0.669	0.99	267	0.50	4.77	3.4	6
E05	中国农业信息	917	0.828	0.293	0.97	391	0.62	6.98	8.2	7
E05	中国水土保持科学	2017	1.770	0.168	0.96	506	0.34	9.04	7.6	9
E05	中国沼气	636	1.022	0.240	0.88	258	0.36	4.61	6.7	5
E06	Biomaterials Translational	13	—	—	1.00	9	—	0.56	3.4	2
E06	Biosafety and Health	81	0.317	0.229	0.83	54	0.12	3.38	3.8	3
E06	Chinese Journal of Biomedical Engineering	12	0.150	—	1.00	12	0.06	0.75	4.0	1
E06	北京生物医学工程	661	1.061	0.126	0.92	348	0.50	21.75	4.6	5
E06	国际生物医学工程杂志	368	0.778	0.056	0.96	252	0.38	15.75	4.5	5
E06	国际生物制品学杂志	130	0.267	0.015	0.87	72	0.25	4.50	6.2	3
E06	生物医学工程学杂志	1102	1.097	0.108	0.90	551	0.56	34.44	5.6	7
E06	生物医学工程研究	331	0.693	0.068	0.96	224	0.44	14.00	5.1	4
E06	生物医学工程与临床	887	1.264	0.116	0.98	386	0.31	24.12	4.3	7
E06	中国生物医学工程学报	758	1.179	0.099	0.92	397	0.44	24.81	5.9	6
E06	中国生物制品学杂志	1354	0.800	0.180	0.86	477	0.38	29.81	5.0	7
E06	中国医药生物技术	445	0.676	0.144	0.97	308	0.31	19.25	5.4	5
E06	中国疫苗和免疫	2517	3.273	0.548	0.85	304	0.25	19.00	4.7	14

学科代码	期刊名称	扩展总被引频次	扩展影响因子	扩展即年指标	扩展他引率	扩展引用刊数	扩展学科影响指标	扩展学科扩散指标	扩展被引半衰期	扩展H指标
E06	中国组织工程研究	12025	2.071	1.056	0.93	1398	0.69	87.38	4.8	15
E06	中华生物医学工程杂志	723	1.183	0.102	0.97	325	0.25	20.31	4.4	7
E07	Geography and Sustainability	129	1.000	0.150	0.84	72	0.12	2.88	3.7	4
E07	Journal of Geodesy and Geoinformation Science	245	1.111	0.205	0.87	40	0.24	1.60	4.3	5
E07	北京测绘	1810	0.965	0.121	0.83	477	0.76	19.08	4.7	8
E07	测绘	218	0.504	0.034	0.97	119	0.60	4.76	5.7	4
E07	测绘标准化	302	0.800	0.095	0.92	137	0.64	5.48	3.9	4
E07	测绘工程	1023	1.397	0.403	0.96	413	0.92	16.52	6.9	6
E07	测绘技术装备	391	0.690	0.066	0.94	166	0.48	6.64	4.9	5
E07	测绘科学	4002	1.662	0.145	0.93	967	0.96	38.68	5.7	10
E07	测绘通报	6957	2.788	0.344	0.93	1137	0.96	45.48	5.3	13
E07	测绘学报	5809	3.137	0.338	0.89	841	0.96	33.64	6.4	21
E07	测绘与空间地理信息	4575	1.039	0.226	0.87	943	0.96	37.72	4.7	10
E07	导航定位学报	810	1.168	0.291	0.84	280	0.72	11.20	4.4	8
E07	导航定位与授时	721	1.159	0.214	0.87	263	0.56	10.52	4.4	7
E07	地矿测绘	345	1.144	0.096	0.97	167	0.48	6.68	4.7	4
E07	地理空间信息	2699	1.164	0.217	0.80	702	0.92	28.08	4.5	8
E07	地球信息科学学报	4001	2.965	0.522	0.93	1023	0.92	40.92	5.3	14
E07	海洋测绘	860	0.881	0.079	0.82	252	0.88	10.08	7.8	6
E07	全球定位系统	670	0.782	0.141	0.88	235	0.76	9.40	5.4	6
E07	现代测绘	525	0.709	0.012	0.87	203	0.72	8.12	6.3	4
E07	遥感技术与应用	2225	1.601	0.225	0.91	635	0.84	25.40	6.7	9
E07	遥感信息	1398	1.299	0.041	0.95	537	0.84	21.48	6.7	9
E07	遥感学报	4330	3.504	0.472	0.89	859	0.96	34.36	5.9	19
E07	自然资源遥感	2181	2.297	0.654	0.92	641	0.84	25.64	5.7	10
E08	ChemPhysMater	18	—	0.075	0.83	14	0.10	0.22	2.4	1
E08	China's Refractories	37	0.239	—	0.92	16	0.06	0.25	4.4	2
E08	Corrosion Communications	75	1.063	0.194	0.72	26	0.13	0.41	3.2	1
E08	Frontiers of Materials Science	481	2.120	0.227	0.96	205	0.38	3.25	4.4	3
E08	Journal of Magnesium and Alloys	2006	2.989	0.162	0.79	169	0.46	2.68	3.8	8
E08	Journal of Materials Science & Technology	7692	2.055	0.580	0.70	614	0.70	9.75	3.8	7
E08	Journal of Materiomics	387	—	0.083	0.75	124	0.33	1.97	4.0	3

学科代码	期刊名称	扩展总被引频次	扩展影响因子	扩展即年指标	扩展他引率	扩展引用刊数	扩展学科影响指标	扩展学科扩散指标	扩展被引半衰期	扩展H指标
E08	Journal of Rare Earths	1951	1.498	0.292	0.65	340	0.44	5.40	5.4	7
E08	Journal of Wuhan University of Technology (Materials Science Edition)	791	0.383	0.043	0.76	298	0.49	4.73	8.3	4
E08	Nano Materials Science	174	1.181	0.389	0.63	68	0.21	1.08	3.7	3
E08	Nano Research	6491	2.007	0.327	0.58	536	0.57	8.51	3.6	10
E08	Nano-Micro Letters	2870	4.194	0.686	0.71	357	0.44	5.67	3.4	6
E08	Nanotechnology and Precision Engineering	177	0.312	0.031	0.95	127	0.08	2.02	9.2	3
E08	Progress in Natural Science: Materials International	746	0.719	0.150	0.89	319	0.48	5.06	7.3	6
E08	Science China Materials	1940	1.379	0.273	0.69	328	0.49	5.21	3.8	7
E08	玻璃	463	0.559	0.181	0.67	163	0.19	2.59	5.0	4
E08	玻璃搪瓷与眼镜	283	0.397	0.101	0.84	134	0.24	2.13	6.3	4
E08	玻璃纤维	251	0.495	—	0.77	128	0.25	2.03	8.5	3
E08	材料保护	2657	0.945	0.127	0.89	606	0.54	9.62	5.3	7
E08	材料导报	11522	2.219	0.632	0.92	1573	0.76	24.97	5.4	14
E08	材料工程	2965	1.492	0.239	0.90	659	0.57	10.46	6.5	11
E08	材料开发与应用	690	0.505	0.067	0.90	284	0.32	4.51	9.5	5
E08	材料科学与工程学报	1549	1.108	0.136	0.87	586	0.52	9.30	6.5	7
E08	材料科学与工艺	899	1.072	0.368	0.96	355	0.41	5.63	8.5	6
E08	材料热处理学报	2714	1.071	0.165	0.84	399	0.46	6.33	7.8	6
E08	材料研究学报	1025	0.968	0.103	0.88	349	0.48	5.54	7.1	5
E08	粉末冶金材料科学与工程	625	0.549	0.121	0.91	218	0.30	3.46	9.2	5
E08	腐蚀与防护	2148	1.017	0.064	0.87	464	0.40	7.37	7.9	8
E08	腐植酸	449	0.574	0.082	0.78	147	0.05	2.33	7.3	5
E08	复合材料科学与工程	1734	1.032	0.231	0.86	461	0.32	7.32	5.7	7
E08	复合材料学报	5327	1.959	0.678	0.80	891	0.57	14.14	4.7	12
E08	高分子材料科学与工程	2626	1.045	0.136	0.88	539	0.38	8.56	6.6	7
E08	功能材料	3015	1.019	0.212	0.94	878	0.59	13.94	6.3	7
E08	合成材料老化与应用	1394	1.130	0.236	0.83	427	0.38	6.78	3.8	7
E08	化工新型材料	3965	—	0.184	0.89	882	0.54	14.00	5.0	7
E08	化学推进剂与高分子材料	589	0.613	0.129	0.92	230	0.30	3.65	8.2	5
E08	绝缘材料	2166	1.686	0.241	0.63	364	0.32	5.78	5.2	8
E08	理化检验—物理分册	1303	0.650	0.075	0.71	376	0.33	5.97	7.2	5

学科代码	期刊名称	扩展总被引频次	扩展影响因子	扩展即年指标	扩展他引率	扩展引用刊数	扩展学科影响指标	扩展学科扩散指标	扩展被引半衰期	扩展H指标
E08	耐火材料	1193	1.205	0.189	0.60	173	0.27	2.75	7.7	7
E08	耐火与石灰	210	0.356	0.041	0.85	93	0.14	1.48	5.4	4
E08	全面腐蚀控制	1428	0.545	0.114	0.89	375	0.27	5.95	4.6	6
E08	热喷涂技术	326	0.625	0.205	0.73	97	0.22	1.54	6.6	4
E08	人工晶体学报	1459	0.572	0.062	0.83	447	0.44	7.10	6.5	5
E08	润滑油	578	0.790	0.074	0.64	155	0.14	2.46	7.5	5
E08	散装水泥	1061	1.257	0.276	0.97	179	0.11	2.84	2.7	7
E08	失效分析与预防	505	0.800	0.087	0.83	224	0.22	3.56	7.0	5
E08	石材	458	0.514	0.323	0.93	160	0.10	2.54	2.5	4
E08	石油化工腐蚀与防护	633	0.768	0.136	0.92	176	0.17	2.79	7.6	4
E08	无机材料学报	1559	1.098	0.262	0.90	457	0.54	7.25	6.4	6
E08	西部皮革	2803	0.489	0.263	0.75	533	0.14	8.46	3.6	6
E08	稀土	1111	0.918	0.158	0.83	322	0.33	5.11	8.2	7
E08	纤维素科学与技术	289	0.928	0.143	0.97	154	0.13	2.44	7.3	4
E08	信息记录材料	2779	0.555	0.191	0.96	826	0.29	13.11	3.7	8
E08	中国包装	803	0.959	0.304	0.69	239	0.10	3.79	3.4	5
E08	中国材料进展	1633	1.130	0.167	0.97	590	0.57	9.37	7.0	12
E08	中国腐蚀与防护学报	1758	2.379	0.386	0.68	326	0.43	5.17	5.5	8
E08	中国稀土学报	1233	1.455	0.378	0.79	344	0.37	5.46	7.2	8
E09	Acta Metallurgica Sinica	1283	1.123	0.252	0.66	206	0.56	5.02	5.2	4
E09	Baosteel Technical Research	31	0.038	—	0.90	25	0.07	0.61	≥10	2
E09	Journal of Iron and Steel Research, International	1585	1.021	0.080	0.75	238	0.56	5.80	7.9	5
E09	Rare Metals	2529	1.711	0.185	0.59	316	0.59	7.71	3.7	6
E09	Transactions of Nonferrous Metals Society of China	5200	1.798	0.171	0.78	613	0.83	14.95	7.7	9
E09	材料研究与应用	637	—	0.236	0.68	225	0.46	5.49	4.4	7
E09	钢结构	998	0.568	0.105	0.96	303	0.12	7.39	8.3	5
E09	钢铁	5345	3.599	1.164	0.82	404	0.68	9.85	5.7	16
E09	钢铁钒钛	984	0.673	0.104	0.84	248	0.63	6.05	6.3	5
E09	钢铁研究学报	2729	2.144	0.503	0.83	346	0.71	8.44	7.2	10
E09	贵金属	637	0.992	0.049	0.70	172	0.46	4.20	7.3	4
E09	湖南有色金属	640	0.466	0.059	0.94	234	0.59	5.71	7.9	4

学科代码	期刊名称	扩展总被引频次	扩展影响因子	扩展即年指标	扩展他引率	扩展引用刊数	扩展学科影响指标	扩展学科扩散指标	扩展被引半衰期	扩展H指标
E09	黄金	1786	1.007	0.240	0.72	263	0.39	6.41	6.6	6
E09	黄金科学技术	1022	1.352	0.161	0.82	256	0.39	6.24	6.1	7
E09	金属功能材料	650	1.280	0.333	0.77	230	0.56	5.61	5.0	6
E09	金属学报	4195	2.147	0.326	0.93	514	0.73	12.54	8.2	15
E09	宽厚板	231	0.331	0.058	0.93	80	0.20	1.95	7.0	3
E09	南方金属	263	0.249	0.104	0.98	160	0.46	3.90	7.3	3
E09	上海金属	757	0.836	0.265	0.90	188	0.54	4.59	6.0	5
E09	世界有色金属	5731	—	0.076	0.70	816	0.78	19.90	4.5	7
E09	四川有色金属	295	0.603	0.070	0.82	142	0.41	3.46	5.8	5
E09	钛工业进展	639	1.265	0.292	0.82	150	0.41	3.66	9.4	6
E09	铁合金	197	0.321	0.033	0.65	72	0.27	1.76	7.7	3
E09	铜业工程	717	0.920	0.272	0.72	192	0.37	4.68	4.3	6
E09	五金科技	11	0.043	0.007	0.91	11	0.05	0.27	6.5	1
E09	稀有金属	2189	2.176	0.123	0.86	404	0.68	9.85	5.8	9
E09	稀有金属材料与工程	5511	0.963	0.138	0.77	644	0.68	15.71	7.2	8
E09	新疆钢铁	141	0.250	0.041	0.87	76	0.27	1.85	6.9	3
E09	新疆有色金属	770	0.538	0.196	0.98	296	0.32	7.22	4.5	5
E09	冶金与材料	1225	0.579	0.108	0.88	437	0.51	10.66	3.8	5
E09	硬质合金	480	0.766	0.267	0.71	123	0.34	3.00	7.8	4
E09	有色金属材料与工程	376	0.677	0.133	0.89	178	0.46	4.34	6.4	5
E09	有色金属工程	1768	1.263	0.291	0.83	466	0.63	11.37	4.4	8
E09	有色金属科学与工程	1180	1.561	0.423	0.81	336	0.68	8.20	5.9	7
E09	有色金属设计	320	—	0.144	0.99	165	0.27	4.02	3.8	4
E09	中国锰业	754	1.025	0.109	0.75	238	0.46	5.80	6.3	5
E09	中国钼业	506	0.486	0.045	0.75	130	0.39	3.17	9.5	4
E09	中国钨业	570	0.735	0.048	0.78	166	0.34	4.05	8.2	5
E09	中国有色金属学报	5585	2.167	0.425	0.86	773	0.83	18.85	6.9	14
E10	International Journal of Mining Science and Technology	1564	2.462	0.372	0.77	296	0.70	6.43	5.6	8
E10	采矿技术	1468	0.995	0.221	0.84	307	0.74	6.67	4.3	6
E10	采矿与安全工程学报	5317	3.799	0.462	0.93	367	0.78	7.98	7.1	14
E10	采矿与岩层控制工程学报	758	4.364	0.582	0.86	121	0.52	2.63	3.5	10
E10	当代矿工	27	0.016	0.007	1.00	23	0.07	0.50	5.8	2

学科代码	期刊名称	扩展总被引频次	扩展影响因子	扩展即年指标	扩展他引率	扩展引用刊数	扩展学科影响指标	扩展学科扩散指标	扩展被引半衰期	扩展H指标
E10	非金属矿	1378	1.025	0.127	0.88	373	0.54	8.11	6.3	6
E10	工矿自动化	4120	3.571	0.675	0.80	508	0.76	11.04	4.3	13
E10	化工矿物与加工	1214	1.297	0.358	0.92	374	0.80	8.13	5.6	8
E10	金属矿山	5903	2.182	0.514	0.83	713	0.96	15.50	5.9	14
E10	勘察科学技术	541	0.606	0.100	0.94	263	0.26	5.72	7.9	4
E10	矿产保护与利用	1974	2.010	0.182	0.90	426	0.63	9.26	5.1	13
E10	矿产勘查	2266	1.340	0.268	0.69	397	0.48	8.63	5.0	8
E10	矿产与地质	1562	0.745	0.065	0.76	248	0.46	5.39	8.0	6
E10	矿产综合利用	2278	1.545	0.302	0.71	372	0.61	8.09	5.0	10
E10	矿山机械	1469	0.672	0.123	0.83	380	0.74	8.26	9.3	5
E10	矿物学报	2082	1.678	0.494	0.93	345	0.50	7.50	≥10	9
E10	矿业安全与环保	2683	3.055	0.524	0.85	356	0.74	7.74	5.3	11
E10	矿业工程	481	0.528	0.048	0.95	184	0.52	4.00	7.6	4
E10	矿业工程研究	244	0.731	0.023	0.93	113	0.52	2.46	5.8	4
E10	矿业科学学报	779	2.006	0.723	0.85	253	0.63	5.50	4.0	8
E10	矿业研究与开发	3728	1.868	0.306	0.84	618	0.93	13.43	4.4	10
E10	矿业装备	1898	0.934	0.149	0.86	194	0.59	4.22	3.0	7
E10	露天采矿技术	1057	0.847	0.146	0.67	243	0.57	5.28	5.4	5
E10	煤矿安全	6707	1.888	0.236	0.85	600	0.80	13.04	5.4	11
E10	煤矿爆破	267	1.194	0.065	0.58	82	0.28	1.78	5.4	5
E10	煤矿机电	695	0.574	0.087	0.91	169	0.46	3.67	6.1	4
E10	煤矿机械	4658	0.921	0.192	0.75	598	0.67	13.00	5.5	7
E10	煤矿现代化	1008	0.808	0.140	0.93	179	0.52	3.89	4.3	5
E10	煤炭技术	6406	1.610	0.285	0.86	788	0.91	17.13	5.2	9
E10	煤炭加工与综合利用	1554	1.025	0.252	0.74	290	0.59	6.30	4.8	7
E10	煤炭科技	1050	1.314	0.214	0.76	190	0.65	4.13	4.1	6
E10	煤田地质与勘探	4312	3.363	0.926	0.84	570	0.83	12.39	5.0	15
E10	山西煤炭	443	1.124	0.038	0.89	106	0.46	2.30	4.7	5
E10	西部探矿工程	2418	0.521	0.096	0.95	566	0.65	12.30	5.8	6
E10	现代矿业	3134	0.634	0.094	0.81	514	0.87	11.17	4.9	7
E10	选煤技术	1157	1.146	0.131	0.71	157	0.54	3.41	6.5	7
E10	铀矿冶	357	0.377	0.180	0.68	107	0.30	2.33	≥10	4
E10	有色金属（矿山部分）	1043	1.288	0.260	0.84	272	0.63	5.91	5.2	7

学科代码	期刊名称	扩展总被引频次	扩展影响因子	扩展即年指标	扩展他引率	扩展引用刊数	扩展学科影响指标	扩展学科扩散指标	扩展被引半衰期	扩展H指标
E10	有色金属（选矿部分）	1525	1.540	0.268	0.69	157	0.52	3.41	5.8	7
E10	凿岩机械气动工具	120	0.323	0.020	0.90	73	0.22	1.59	7.4	2
E10	智能矿山	3	0.003	—	1.00	2	0.02	0.04	4.2	1
E10	中国非金属矿工业导刊	1029	1.083	0.259	0.66	250	0.39	5.43	7.1	8
E10	中国矿业	5203	1.941	0.458	0.91	972	0.93	21.13	5.7	12
E10	钻探工程	2521	1.884	0.389	0.59	367	0.48	7.98	6.5	8
E11	International Journal of Minerals, Metallurgy and Materials	1807	1.621	0.633	0.64	291	0.50	5.82	4.4	8
E11	鞍钢技术	427	0.406	0.047	0.89	155	0.70	3.10	8.0	5
E11	包钢科技	317	0.238	0.016	0.94	159	0.56	3.18	6.9	3
E11	宝钢技术	449	0.356	0.023	0.97	190	0.62	3.80	≥10	3
E11	材料与冶金学报	406	0.696	0.141	0.95	184	0.60	3.68	7.7	4
E11	电工钢	107	0.449	0.136	0.61	26	0.10	0.52	3.4	3
E11	粉末冶金工业	1140	1.694	0.512	0.54	230	0.48	4.60	4.6	7
E11	粉末冶金技术	669	0.933	0.188	0.74	203	0.38	4.06	6.6	6
E11	福建冶金	155	0.313	0.100	0.90	90	0.34	1.80	4.2	3
E11	甘肃冶金	506	0.292	0.051	0.93	232	0.62	4.64	7.3	4
E11	河北冶金	1338	1.252	0.237	0.68	237	0.72	4.74	4.6	7
E11	河南冶金	300	0.265	0.011	0.91	111	0.56	2.22	8.1	3
E11	江西冶金	300	0.714	0.097	0.78	121	0.60	2.42	4.7	4
E11	金属材料与冶金工程	348	0.477	0.057	0.97	170	0.66	3.40	9.1	4
E11	矿冶	910	0.912	0.071	1.00	277	0.58	5.54	7.2	5
E11	矿冶工程	2363	1.535	0.155	0.79	488	0.54	9.76	5.9	8
E11	理化检验—化学分册	2537	1.316	0.227	0.92	615	0.40	12.30	6.4	7
E11	连铸	1036	2.420	0.892	0.64	91	0.56	1.82	4.3	7
E11	炼钢	1072	1.313	0.183	0.88	142	0.64	2.84	9.2	6
E11	炼铁	705	0.743	0.047	0.59	74	0.50	1.48	7.3	5
E11	绿色矿冶	418	0.822	0.168	0.87	189	0.42	3.78	4.2	5
E11	轻金属	1209	0.724	0.160	0.81	292	0.48	5.84	8.1	6
E11	山东冶金	588	0.317	0.038	0.95	216	0.70	4.32	7.1	4
E11	山西冶金	1223	—	0.053	0.87	336	0.80	6.72	3.5	5
E11	烧结球团	1003	1.497	0.153	0.73	143	0.60	2.86	6.2	7
E11	湿法冶金	907	1.201	0.304	0.76	210	0.38	4.20	6.1	5

学科代码	期刊名称	扩展总被引频次	扩展影响因子	扩展即年指标	扩展他引率	扩展引用刊数	扩展学科影响指标	扩展学科扩散指标	扩展被引半衰期	扩展H指标
E11	四川冶金	291	0.397	0.059	0.95	150	0.62	3.00	7.4	3
E11	特钢技术	262	—	0.016	0.97	116	0.46	2.32	9.7	3
E11	特殊钢	1151	1.182	0.439	0.70	162	0.56	3.24	6.9	6
E11	稀有金属与硬质合金	643	0.646	0.146	0.89	206	0.40	4.12	8.0	4
E11	冶金标准化与质量	49	0.039	—	0.98	39	0.28	0.78	≥10	1
E11	冶金分析	1595	1.117	0.203	0.75	292	0.50	5.84	6.7	6
E11	冶金能源	541	0.958	0.193	0.87	174	0.62	3.48	6.3	5
E11	冶金设备管理与维修	37	0.056	—	0.89	26	0.12	0.52	5.2	2
E11	冶金信息导刊	50	0.034	—	1.00	36	0.28	0.72	7.3	2
E11	冶金自动化	699	1.761	0.407	0.82	220	0.62	4.40	4.5	6
E11	有色金属（冶炼部分）	1878	1.202	0.374	0.80	401	0.48	8.02	5.2	8
E11	有色矿冶	402	0.326	0.089	0.93	177	0.42	3.54	≥10	4
E11	有色设备	299	0.606	0.135	0.74	132	0.36	2.64	3.9	3
E11	有色冶金设计与研究	413	0.485	0.027	0.92	191	0.40	3.82	7.4	4
E11	云南冶金	643	0.397	0.055	0.90	230	0.64	4.60	7.9	5
E11	轧钢	1504	1.537	0.417	0.63	187	0.56	3.74	6.1	8
E11	中国金属通报	2706	0.258	0.029	1.00	638	0.84	12.76	4.0	6
E11	中国矿山工程	671	1.126	0.274	0.92	187	0.26	3.74	4.7	5
E11	中国冶金	3076	2.705	0.859	0.84	368	0.88	7.36	4.5	11
E11	中国冶金文摘	25	—	—	1.00	21	0.14	0.42	—	1
E11	中国有色冶金	1004	1.146	0.305	0.91	226	0.54	4.52	6.3	6
E12	Frontiers of Mechanical Engineering	404	1.026	0.463	0.78	156	0.39	3.55	5.4	5
E12	传动技术	96	—	0.030	0.94	63	0.25	1.43	5.5	3
E12	电子机械工程	636	0.482	0.115	0.85	232	0.48	5.27	8.9	6
E12	钢管	902	0.775	0.389	0.33	132	0.16	3.00	7.4	5
E12	工程机械	711	0.374	0.074	0.85	276	0.50	6.27	6.3	3
E12	工程设计学报	813	1.361	0.188	0.96	391	0.70	8.89	5.5	6
E12	机电工程	2168	1.883	0.338	0.92	606	0.70	13.77	4.3	9
E12	机电设备	274	0.332	0.111	0.81	160	0.27	3.64	5.5	3
E12	机电元件	283	0.357	0.031	0.86	141	0.25	3.20	7.9	3
E12	机械	656	0.453	0.074	0.92	357	0.64	8.11	8.3	4
E12	机械传动	2572	1.034	0.123	0.80	507	0.80	11.52	5.9	7
E12	机械工程材料	1792	0.816	0.093	0.94	476	0.45	10.82	7.6	6

学科代码	期刊名称	扩展总被引频次	扩展影响因子	扩展即年指标	扩展他引率	扩展引用刊数	扩展学科影响指标	扩展学科扩散指标	扩展被引半衰期	扩展H指标
E12	机械工程师	1911	0.337	0.070	0.95	672	0.70	15.27	7.2	5
E12	机械工程学报	14201	2.264	0.271	0.88	1443	0.89	32.80	6.6	20
E12	机械工程与自动化	1661	0.523	0.100	0.96	649	0.68	14.75	5.2	5
E12	机械工业标准化与质量	229	0.268	0.025	1.00	168	0.30	3.82	6.0	4
E12	机械管理开发	3774	0.656	0.106	0.81	512	0.64	11.64	3.5	6
E12	机械科学与技术	2752	1.256	0.571	0.93	768	0.82	17.45	6.2	9
E12	机械设计	3491	1.648	0.220	0.89	852	0.73	19.36	5.0	10
E12	机械设计与研究	2176	1.256	0.132	0.74	563	0.80	12.80	5.3	7
E12	机械设计与制造	5932	0.930	0.261	0.85	1122	0.84	25.50	5.8	8
E12	机械设计与制造工程	1222	0.553	0.091	0.93	553	0.66	12.57	5.6	5
E12	机械研究与应用	1165	0.501	0.083	0.96	500	0.66	11.36	5.3	5
E12	机械与电子	827	0.718	0.180	0.99	429	0.59	9.75	5.3	5
E12	机械制造与自动化	1482	0.606	0.087	0.90	585	0.68	13.30	5.5	6
E12	教育与装备研究	718	0.601	0.390	0.60	180	0.02	4.09	3.5	5
E12	精密制造与自动化	172	0.363	0.036	0.95	124	0.25	2.82	5.6	3
E12	流体测量与控制	234	0.945	0.308	0.60	99	0.23	2.25	2.7	5
E12	流体机械	2547	2.175	0.198	0.79	521	0.68	11.84	6.2	8
E12	摩擦学学报（中英文）	1893	1.619	0.351	0.75	402	0.61	9.14	7.4	8
E12	图学学报	1737	1.602	0.615	0.94	614	0.45	13.95	5.0	12
E12	现代机械	433	0.344	0.053	0.97	279	0.59	6.34	7.2	3
E12	压缩机技术	313	0.384	0.074	0.86	134	0.32	3.05	8.6	4
E12	液压与气动	2914	1.390	0.173	0.78	530	0.68	12.05	5.2	9
E12	噪声与振动控制	2313	1.117	0.132	0.88	638	0.68	14.50	6.2	7
E12	振动与冲击	12340	1.695	0.200	0.82	1266	0.77	28.77	5.9	16
E12	制造技术与机床	2156	1.016	0.274	0.88	570	0.70	12.95	5.0	7
E12	中国机械工程	6386	1.911	0.413	0.94	1137	0.84	25.84	6.6	15
E12	中国机械工程学报	1203	1.007	0.171	0.88	384	0.61	8.73	6.2	6
E12	中国设备工程	8222	0.728	0.286	0.93	1266	0.77	28.77	3.3	9
E12	组合机床与自动化加工技术	3397	1.291	0.289	0.89	711	0.68	16.16	4.6	9
E13	China Welding	216	1.524	0.269	0.91	38	0.15	0.52	4.1	5
E13	International Journal of Plant Engineering and Management	16	0.176	—	0.81	14	0.01	0.19	6.0	1
E13	大型铸锻件	304	0.310	0.132	0.81	112	0.47	1.53	7.2	4

学科代码	期刊名称	扩展总被引频次	扩展影响因子	扩展即年指标	扩展他引率	扩展引用刊数	扩展学科影响指标	扩展学科扩散指标	扩展被引半衰期	扩展H指标
E13	低温工程	501	0.613	0.137	0.90	206	0.16	2.82	8.3	4
E13	电焊机	1498	0.796	0.203	0.78	348	0.66	4.77	5.8	6
E13	电加工与模具	376	0.462	0.051	0.83	136	0.33	1.86	7.7	3
E13	锻压技术	2277	1.278	0.075	0.78	400	0.70	5.48	4.0	7
E13	锻压装备与制造技术	649	0.507	0.099	0.73	213	0.45	2.92	6.1	4
E13	锻造与冲压	182	—	0.036	1.00	78	0.32	1.07	3.6	3
E13	阀门	446	0.386	0.134	0.55	111	0.15	1.52	8.2	3
E13	分析测试技术与仪器	358	0.916	0.117	0.88	201	0.05	2.75	5.9	4
E13	风机技术	611	1.179	0.124	0.64	161	0.16	2.21	6.1	5
E13	工程机械与维修	1050	0.622	0.275	0.96	246	0.22	3.37	2.8	5
E13	管道技术与设备	635	0.636	0.042	0.85	229	0.27	3.14	7.8	4
E13	哈尔滨轴承	123	0.177	0.016	0.92	74	0.19	1.01	9.0	3
E13	焊管	845	0.660	0.090	0.80	245	0.42	3.36	6.8	6
E13	焊接	1120	1.198	0.152	0.83	277	0.56	3.79	6.6	6
E13	焊接技术	1240	0.486	0.086	0.86	379	0.60	5.19	5.6	4
E13	焊接学报	3062	1.598	0.180	0.86	451	0.66	6.18	7.1	8
E13	航天制造技术	519	0.500	0.036	0.94	242	0.56	3.32	8.7	5
E13	机床与液压	6152	1.245	0.150	0.84	982	0.79	13.45	4.8	11
E13	机电工程技术	3108	0.751	0.203	0.80	802	0.66	10.99	4.2	6
E13	机电技术	599	0.533	0.110	0.91	334	0.27	4.58	5.1	4
E13	机械强度	1937	1.047	0.153	0.83	568	0.62	7.78	6.4	7
E13	机械制造	1137	0.580	0.054	0.80	423	0.53	5.79	6.3	4
E13	机械制造文摘—焊接分册	112	0.229	0.050	0.97	61	0.22	0.84	5.9	3
E13	今日制造与升级	222	0.217	0.026	0.97	154	0.22	2.11	2.9	3
E13	金刚石与磨料磨具工程	813	1.094	0.129	0.83	196	0.33	2.68	6.3	6
E13	金属加工（冷加工）	571	0.267	0.071	0.87	210	0.51	2.88	6.4	4
E13	金属加工（热加工）	1082	0.461	0.124	0.86	321	0.70	4.40	6.3	6
E13	金属热处理	4411	0.973	0.176	0.72	495	0.70	6.78	6.0	6
E13	金属世界	475	0.531	0.189	0.73	199	0.36	2.73	6.6	4
E13	金属制品	390	0.283	0.021	0.74	132	0.33	1.81	≥10	3
E13	精密成形工程	1229	1.355	0.224	0.73	275	0.63	3.77	4.0	7
E13	铝加工	349	0.503	0.058	0.88	132	0.37	1.81	5.8	4
E13	模具工业	893	0.632	0.168	0.61	202	0.38	2.77	5.7	5

学科代码	期刊名称	扩展总被引频次	扩展影响因子	扩展即年指标	扩展他引率	扩展引用刊数	扩展学科影响指标	扩展学科扩散指标	扩展被引半衰期	扩展H指标
E13	模具技术	251	0.521	0.050	0.90	94	0.25	1.29	7.1	4
E13	模具制造	480	0.247	0.066	0.77	175	0.41	2.40	4.7	4
E13	起重运输机械	1094	0.416	0.056	0.82	328	0.40	4.49	6.4	5
E13	气象水文海洋仪器	903	1.211	0.224	0.75	196	0.03	2.68	4.6	7
E13	轻工机械	558	0.818	0.184	0.96	288	0.36	3.95	5.6	5
E13	轻合金加工技术	865	0.552	0.032	0.88	252	0.59	3.45	8.2	6
E13	燃气涡轮试验与研究	544	0.194	—	0.93	163	0.23	2.23	≥10	5
E13	热处理	380	0.416	0.111	0.96	176	0.45	2.41	9.0	4
E13	热处理技术与装备	543	0.588	0.082	0.70	168	0.42	2.30	7.8	5
E13	热加工工艺	6903	0.681	0.309	0.86	781	0.82	10.70	6.9	8
E13	世界制造技术与装备市场	141	0.205	0.077	0.99	82	0.26	1.12	4.9	2
E13	塑性工程学报	2239	1.443	0.161	0.81	347	0.70	4.75	4.4	8
E13	特种铸造及有色合金	2165	0.781	0.139	0.73	378	0.64	5.18	6.0	6
E13	无损检测	1496	0.541	0.068	0.85	491	0.53	6.73	8.0	6
E13	无损探伤	273	0.544	0.152	0.77	128	0.29	1.75	6.7	3
E13	物探装备	269	0.251	0.019	0.69	86	0.03	1.18	6.6	4
E13	现代制造工程	2261	1.390	0.262	0.93	695	0.68	9.52	5.0	9
E13	现代制造技术与装备	2192	—	0.101	0.97	748	0.62	10.25	4.3	6
E13	现代铸铁	588	—	1.297	0.52	79	0.27	1.08	4.4	7
E13	压力容器	1833	2.129	0.215	0.76	354	0.45	4.85	6.0	9
E13	一重技术	247	0.248	0.059	0.96	154	0.40	2.11	7.4	3
E13	有色金属加工	388	0.579	0.043	0.93	161	0.45	2.21	5.8	4
E13	中国表面工程	1309	1.293	0.217	0.83	299	0.51	4.10	5.9	8
E13	中国工程机械学报	881	1.214	0.137	0.92	363	0.36	4.97	5.4	6
E13	中国重型装备	185	0.401	0.125	0.89	123	0.33	1.68	5.4	4
E13	中国铸造	365	0.947	0.164	0.71	86	0.26	1.18	5.4	4
E13	中国铸造装备与技术	423	0.520	0.085	0.83	181	0.52	2.48	5.8	4
E13	重型机械	448	0.455	0.048	0.82	181	0.42	2.48	7.5	3
E13	轴承	1377	0.904	0.326	0.78	334	0.47	4.58	7.3	7
E13	铸造	1834	0.792	0.111	0.71	332	0.62	4.55	7.5	6
E13	铸造工程	171	0.431	0.112	0.74	64	0.25	0.88	3.7	4
E13	铸造技术	1584	0.582	0.171	0.90	389	0.63	5.33	7.9	4
E13	铸造设备与工艺	328	0.339	0.025	0.78	141	0.40	1.93	6.6	4

学科代码	期刊名称	扩展总被引频次	扩展影响因子	扩展即年指标	扩展他引率	扩展引用刊数	扩展学科影响指标	扩展学科扩散指标	扩展被引半衰期	扩展H指标
E13	装备环境工程	1894	0.800	0.199	0.71	500	0.41	6.85	6.5	7
E13	装备机械	201	0.371	0.038	0.88	141	0.25	1.93	6.2	4
E13	装备制造技术	2427	0.501	0.107	0.85	794	0.77	10.88	5.0	5
E14	柴油机	227	0.293	0.032	0.93	101	0.26	2.59	8.3	3
E14	柴油机设计与制造	144	0.309	0.026	0.96	78	0.26	2.00	6.7	3
E14	车用发动机	526	0.641	0.101	0.88	169	0.41	4.33	6.8	5
E14	城市燃气	346	0.604	0.052	0.87	147	0.05	3.77	4.6	4
E14	电力科技与环保	706	1.617	0.271	0.86	294	0.46	7.54	5.7	6
E14	电力学报	484	1.331	0.328	0.92	261	0.38	6.69	4.7	5
E14	电力与能源	735	0.771	0.238	0.92	305	0.41	7.82	4.7	5
E14	东方汽轮机	192	0.304	0.029	0.91	103	0.23	2.64	6.2	3
E14	动力工程学报	2129	1.868	0.234	0.83	497	0.72	12.74	6.3	9
E14	发电技术	1305	3.834	0.737	0.83	375	0.62	9.62	3.4	12
E14	工程热物理学报	3039	0.699	0.097	0.92	745	0.85	19.10	7.6	6
E14	工业锅炉	299	0.351	0.085	0.88	127	0.36	3.26	6.9	4
E14	工业加热	557	0.406	0.104	0.88	290	0.33	7.44	5.5	5
E14	工业炉	319	0.447	0.074	0.89	167	0.28	4.28	5.7	4
E14	锅炉技术	783	1.053	0.208	0.91	245	0.54	6.28	6.4	6
E14	锅炉制造	325	0.311	0.068	0.87	140	0.44	3.59	5.6	3
E14	内燃机	300	0.494	0.177	0.82	120	0.33	3.08	5.9	4
E14	内燃机工程	818	1.123	0.190	0.85	233	0.51	5.97	7.6	5
E14	内燃机学报	882	1.085	0.209	0.82	216	0.41	5.54	7.9	6
E14	内燃机与动力装置	322	0.495	0.071	0.77	126	0.36	3.23	5.4	3
E14	内燃机与配件	3964	0.453	0.109	0.92	852	0.51	21.85	4.1	6
E14	能源工程	429	0.815	0.211	0.90	265	0.46	6.79	5.3	4
E14	能源研究与管理	589	1.345	0.404	0.62	269	0.28	6.90	3.9	7
E14	能源与环境	803	0.551	0.189	0.94	444	0.41	11.38	5.0	4
E14	汽轮机技术	1012	0.842	0.130	0.86	245	0.56	6.28	6.9	6
E14	燃气轮机技术	306	0.578	0.041	0.91	125	0.44	3.21	8.9	4
E14	燃烧科学与技术	666	0.790	0.023	0.88	250	0.62	6.41	7.8	5
E14	热力透平	373	0.427	0.111	0.89	131	0.46	3.36	8.2	4
E14	热能动力工程	2017	1.017	0.148	0.90	569	0.79	14.59	4.9	8
E14	特种设备安全技术	285	0.379	0.188	0.95	137	0.10	3.51	4.1	4

学科代码	期刊名称	扩展总被引频次	扩展影响因子	扩展即年指标	扩展他引率	扩展引用刊数	扩展学科影响指标	扩展学科扩散指标	扩展被引半衰期	扩展H指标
E14	现代车用动力	138	0.346	0.057	0.91	75	0.26	1.92	6.8	3
E14	小型内燃机与车辆技术	339	0.323	0.042	0.91	135	0.31	3.46	5.6	3
E14	冶金动力	485	0.285	0.093	0.90	239	0.28	6.13	5.6	4
E14	制冷	291	0.455	0.072	0.92	147	0.15	3.77	7.1	3
E14	制冷技术	870	1.057	0.078	0.61	186	0.26	4.77	6.1	6
E14	制冷学报	1343	1.253	0.243	0.83	308	0.38	7.90	6.2	7
E14	制冷与空调	1377	0.783	0.107	0.68	325	0.28	8.33	6.1	7
E14	制冷与空调（四川）	608	0.502	0.129	0.87	262	0.23	6.72	6.0	4
E14	综合智慧能源	1554	2.561	0.672	0.80	480	0.62	12.31	3.9	10
E15	Chinese Journal of Electrical Engineering	113	0.038	0.026	0.88	56	0.17	0.46	5.0	2
E15	安全与电磁兼容	402	0.784	0.300	0.53	122	0.12	1.01	4.4	4
E15	变压器	2567	2.741	0.179	0.59	266	0.56	2.20	4.4	8
E15	磁性材料及器件	522	0.528	0.229	0.67	169	0.17	1.40	6.3	4
E15	大电机技术	732	1.153	0.566	0.83	204	0.44	1.69	5.7	5
E15	大众用电	560	—	0.070	1.00	216	0.37	1.79	3.6	5
E15	电池	830	0.919	0.263	0.83	292	0.25	2.41	4.5	6
E15	电池工业	295	0.675	0.222	0.86	160	0.15	1.32	5.2	5
E15	电瓷避雷器	2262	1.930	0.312	0.67	259	0.55	2.14	4.9	8
E15	电动工具	79	0.177	0.148	0.80	55	0.05	0.45	4.9	3
E15	电工材料	409	0.688	0.279	0.93	214	0.31	1.77	3.9	4
E15	电工电能新技术	1583	2.404	0.392	0.82	406	0.65	3.36	5.1	10
E15	电工电气	749	0.650	0.181	0.94	288	0.59	2.38	4.9	4
E15	电工技术	3612	0.590	0.125	0.89	632	0.77	5.22	3.9	7
E15	电工技术学报	16780	5.081	0.882	0.79	981	0.87	8.11	5.2	23
E15	电机技术	231	0.328	0.054	0.78	122	0.18	1.01	5.8	3
E15	电机与控制学报	2742	2.209	0.370	0.83	513	0.69	4.24	5.1	10
E15	电机与控制应用	1269	1.016	0.233	0.84	360	0.55	2.98	5.1	6
E15	电力大数据	833	1.209	0.206	0.80	254	0.48	2.10	4.4	6
E15	电力电容器与无功补偿	1909	2.824	0.320	0.88	262	0.63	2.17	3.9	10
E15	电力电子技术	1877	0.723	0.124	0.90	427	0.70	3.53	4.9	5
E15	电力工程技术	2453	3.858	0.616	0.92	380	0.73	3.14	3.6	12
E15	电力建设	3974	4.594	0.832	0.89	594	0.73	4.91	4.4	14
E15	电力勘测设计	714	0.636	0.248	0.91	344	0.38	2.84	4.5	5

学科代码	期刊名称	扩展总被引频次	扩展影响因子	扩展即年指标	扩展他引率	扩展引用刊数	扩展学科影响指标	扩展学科扩散指标	扩展被引半衰期	扩展H指标
E15	电力科学与工程	904	1.027	0.347	0.95	394	0.65	3.26	5.4	6
E15	电力科学与技术学报	2461	4.773	0.357	0.92	362	0.66	2.99	3.7	13
E15	电力设备管理	1396	—	0.054	0.93	349	0.57	2.88	3.5	6
E15	电力系统保护与控制	15134	6.601	0.900	0.86	846	0.79	6.99	4.3	23
E15	电力系统及其自动化学报	3432	2.622	0.839	0.92	523	0.74	4.32	4.6	11
E15	电力系统装备	661	0.108	0.035	0.95	202	0.31	1.67	3.9	3
E15	电力系统自动化	23514	6.775	1.344	0.87	929	0.87	7.68	5.5	31
E15	电力信息与通信技术	1810	2.328	0.535	0.85	393	0.54	3.25	3.9	9
E15	电力需求侧管理	1031	2.174	0.315	0.85	268	0.55	2.21	4.0	8
E15	电力自动化设备	9314	4.271	1.029	0.85	686	0.79	5.67	4.8	21
E15	电气传动	1443	1.055	0.170	0.85	417	0.64	3.45	4.4	7
E15	电气防爆	169	0.370	0.056	0.80	96	0.11	0.79	5.2	3
E15	电气工程学报	729	1.435	0.279	0.92	294	0.63	2.43	4.3	6
E15	电气技术	1833	1.429	0.409	0.77	401	0.76	3.31	4.8	7
E15	电气开关	599	0.717	0.227	0.95	238	0.58	1.97	4.2	5
E15	电气时代	677	—	0.189	0.98	312	0.54	2.58	3.8	4
E15	电气应用	1344	1.324	0.232	0.94	377	0.65	3.12	5.0	7
E15	电气自动化	998	0.926	0.291	0.96	359	0.64	2.97	4.3	6
E15	电器工业	394	0.633	0.250	1.00	218	0.32	1.80	3.5	4
E15	电器与能效管理技术	1736	1.534	0.196	0.67	364	0.65	3.01	5.2	7
E15	电世界	322	0.299	0.134	0.93	151	0.35	1.25	4.8	3
E15	电网技术	20875	5.584	1.380	0.87	981	0.81	8.11	5.3	27
E15	电网与清洁能源	3399	4.354	0.537	0.95	477	0.70	3.94	3.7	13
E15	电线电缆	449	0.559	0.065	0.85	162	0.29	1.34	8.5	4
E15	电源技术	2829	0.977	0.186	0.89	713	0.70	5.89	5.4	8
E15	电源学报	1009	1.058	0.801	0.85	298	0.57	2.46	4.5	6
E15	电站辅机	114	0.353	0.075	0.96	88	0.13	0.73	6.4	2
E15	电站系统工程	802	—	0.196	0.93	287	0.33	2.37	7.0	4
E15	东北电力技术	814	0.692	0.250	0.87	277	0.57	2.29	5.1	5
E15	东方电气评论	223	0.304	0.042	0.94	147	0.21	1.21	7.0	4
E15	发电设备	437	0.480	0.176	0.96	194	0.31	1.60	7.2	4
E15	防爆电机	245	0.336	0.085	0.66	106	0.20	0.88	6.0	3
E15	高电压技术	14269	4.537	0.986	0.79	912	0.81	7.54	5.2	24

学科代码	期刊名称	扩展总被引频次	扩展影响因子	扩展即年指标	扩展他引率	扩展引用刊数	扩展学科影响指标	扩展学科扩散指标	扩展被引半衰期	扩展H指标
E15	高压电器	6574	3.144	0.488	0.82	560	0.71	4.63	5.0	16
E15	供用电	1849	2.844	0.569	0.86	321	0.68	2.65	3.9	10
E15	广东电力	1894	1.509	0.402	0.83	426	0.69	3.52	5.0	9
E15	广西电力	483	0.797	0.177	0.75	165	0.40	1.36	5.5	4
E15	广西电业	157	0.124	0.029	0.99	100	0.17	0.83	4.8	2
E15	河北电力技术	561	0.919	0.290	0.81	235	0.60	1.94	4.8	6
E15	黑龙江电力	394	0.596	0.161	0.93	212	0.44	1.75	4.9	4
E15	湖北电力	1537	3.186	1.294	0.32	230	0.53	1.90	3.7	8
E15	湖南电力	678	0.890	0.163	0.86	233	0.56	1.93	5.1	4
E15	机电信息	2240	—	0.135	0.98	772	0.67	6.38	5.2	4
E15	吉林电力	318	0.598	0.132	0.98	175	0.40	1.45	5.7	4
E15	家电科技	792	1.077	0.119	0.54	190	0.06	1.57	5.0	4
E15	江西电力	301	—	0.113	0.93	163	0.36	1.35	5.3	4
E15	洁净与空调技术	351	0.383	0.062	0.88	186	0.10	1.54	6.2	4
E15	南方电网技术	2993	3.005	0.928	0.78	398	0.68	3.29	4.5	13
E15	内蒙古电力技术	944	1.682	0.402	0.90	249	0.51	2.06	4.3	7
E15	宁夏电力	292	0.534	0.215	0.93	145	0.40	1.20	5.7	3
E15	农村电工	397	0.145	0.067	1.00	144	0.33	1.19	3.7	3
E15	农村电气化	699	0.515	0.184	0.93	223	0.46	1.84	3.7	5
E15	汽车电器	714	0.361	0.083	0.78	219	0.17	1.81	4.6	4
E15	汽车与新动力	193	0.490	0.169	0.96	93	0.05	0.77	2.7	4
E15	青海电力	161	0.344	0.057	0.96	108	0.31	0.89	6.0	3
E15	热力发电	4067	2.371	0.544	0.88	676	0.64	5.59	5.1	15
E15	日用电器	360	0.239	0.038	0.79	172	0.14	1.42	5.2	3
E15	山东电力技术	1117	1.414	0.266	0.90	328	0.64	2.71	4.3	7
E15	山西电力	400	0.593	0.144	0.92	182	0.44	1.50	5.7	4
E15	上海大中型电机	125	0.342	0.033	0.90	74	0.11	0.61	5.8	2
E15	上海电气技术	209	0.599	0.082	0.85	131	0.23	1.08	4.6	4
E15	四川电力技术	445	0.749	0.163	0.94	192	0.52	1.59	5.0	4
E15	微电机	1110	0.674	0.097	0.81	330	0.40	2.73	5.5	6
E15	微特电机	780	0.604	0.093	0.87	295	0.31	2.44	6.0	4
E15	现代电力	1253	2.737	0.898	0.91	351	0.69	2.90	4.3	8
E15	现代建筑电气	440	0.523	0.118	0.96	198	0.25	1.64	4.5	4

学科代码	期刊名称	扩展总被引频次	扩展影响因子	扩展即年指标	扩展他引率	扩展引用刊数	扩展学科影响指标	扩展学科扩散指标	扩展被引半衰期	扩展H指标
E15	移动电源与车辆	106	0.311	0.086	0.78	64	0.07	0.53	6.0	3
E15	云南电力技术	551	0.719	0.223	0.95	207	0.53	1.71	5.3	4
E15	云南电业	31	0.025	0.009	0.87	27	0.07	0.22	9.2	1
E15	照明工程学报	1101	0.912	0.199	0.74	309	0.14	2.55	5.3	6
E15	浙江电力	1890	2.329	0.303	0.92	376	0.69	3.11	4.1	8
E15	智慧电力	3577	5.851	0.914	0.88	424	0.68	3.50	3.5	16
E15	智能建筑电气技术	509	0.729	0.077	0.83	184	0.17	1.52	3.7	4
E15	中国电机工程学报	33845	5.280	1.383	0.87	1416	0.88	11.70	6.0	39
E15	中国电力	5751	3.757	0.941	0.87	829	0.75	6.85	4.5	16
E15	中国核电	363	—	0.025	0.90	158	0.12	1.31	5.9	5
E16	Energy & Environmental Materials	466	1.430	0.267	0.99	114	0.12	2.19	3.0	4
E16	Energy Material Advances	100	—	0.417	0.75	30	0.12	0.58	3.2	2
E16	Frontiers in Energy	225	0.494	0.119	0.74	110	0.12	2.12	4.7	3
E16	Global Energy Interconnection	275	1.471	0.097	0.88	88	0.17	1.69	3.6	5
E16	Green Energy & Environment	816	1.929	0.515	0.68	170	0.17	3.27	3.6	4
E16	International Journal of Coal Science & Technology	469	1.139	0.101	0.68	127	0.23	2.44	4.0	5
E16	储能科学与技术	3097	2.287	0.729	0.77	660	0.54	12.69	3.4	14
E16	大氮肥	312	0.341	0.123	0.90	121	0.15	2.33	6.2	3
E16	分布式能源	453	2.192	0.317	0.88	210	0.33	4.04	3.7	8
E16	建筑科技	554	0.512	0.098	0.98	257	0.12	4.94	5.3	6
E16	江西煤炭科技	1092	1.044	0.198	0.72	135	0.27	2.60	3.4	6
E16	节能技术	782	1.029	0.219	0.85	313	0.35	6.02	5.8	6
E16	洁净煤技术	2401	2.443	0.589	0.86	477	0.67	9.17	4.2	11
E16	晋控科学技术	242	0.397	0.061	0.90	79	0.29	1.52	4.7	3
E16	可再生能源	2985	1.937	0.391	0.86	763	0.52	14.67	5.1	10
E16	煤	1299	0.782	0.195	0.89	189	0.38	3.63	3.7	6
E16	煤气与热力	1103	0.552	0.151	0.90	388	0.40	7.46	6.5	6
E16	煤炭工程	6566	2.498	0.367	0.81	672	0.50	12.92	5.2	12
E16	煤炭科学技术	12380	4.090	1.357	0.89	838	0.54	16.12	5.6	24
E16	煤炭新视界	6	0.064	0.021	0.33	3	0.02	0.06	2.0	1
E16	煤炭学报	21983	6.786	1.203	0.90	1132	0.62	21.77	6.2	35
E16	煤炭与化工	1992	0.792	0.081	0.90	492	0.44	9.46	4.5	6

学科代码	期刊名称	扩展总被引频次	扩展影响因子	扩展即年指标	扩展他引率	扩展引用刊数	扩展学科影响指标	扩展学科扩散指标	扩展被引半衰期	扩展H指标
E16	煤炭转化	822	1.353	0.412	0.82	229	0.37	4.40	7.2	6
E16	煤质技术	672	1.188	0.118	0.79	209	0.46	4.02	6.0	7
E16	南方能源建设	793	1.605	0.471	0.73	299	0.37	5.75	4.6	9
E16	能源技术与管理	1265	0.675	0.158	0.86	269	0.38	5.17	4.1	5
E16	能源科技	390	0.923	0.183	0.93	208	0.38	4.00	3.4	5
E16	能源研究与利用	270	0.667	0.197	0.97	204	0.31	3.92	5.0	5
E16	能源研究与信息	198	0.576	0.118	0.95	154	0.19	2.96	7.1	3
E16	能源与环保	3370	1.348	0.162	0.71	582	0.54	11.19	4.0	11
E16	能源与节能	3118	—	0.263	0.89	621	0.65	11.94	3.7	7
E16	区域供热	579	0.562	0.075	0.85	198	0.25	3.81	5.3	5
E16	全球能源互联网	845	3.098	0.662	0.89	253	0.29	4.87	3.9	11
E16	燃料化学学报（中英文）	1952	1.258	0.328	0.87	398	0.48	7.65	7.2	8
E16	山东煤炭科技	2714	0.723	0.117	0.80	279	0.37	5.37	3.9	6
E16	山西焦煤科技	577	0.670	0.069	0.89	155	0.35	2.98	4.6	4
E16	陕西煤炭	1341	1.113	0.225	0.77	256	0.38	4.92	3.9	5
E16	上海节能	758	0.766	0.198	0.95	415	0.38	7.98	3.8	6
E16	上海煤气	168	0.559	0.062	0.95	96	0.13	1.85	5.3	3
E16	水电能源科学	5209	1.344	0.237	0.88	936	0.29	18.00	5.3	8
E16	太阳能学报	7227	1.931	0.329	0.80	1110	0.54	21.35	4.0	14
E16	新能源进展	442	0.891	0.160	0.93	278	0.27	5.35	5.2	6
E16	新型炭材料（中英文）	849	1.624	0.177	0.83	309	0.27	5.94	5.5	6
E16	中国煤层气	307	0.445	0.063	0.83	95	0.27	1.83	8.6	3
E16	中国煤炭	2724	2.720	0.586	0.90	540	0.56	10.38	4.8	11
E16	中国煤炭地质	1987	1.208	0.217	0.87	418	0.44	8.04	6.9	7
E16	中国能源	1068	1.651	0.143	0.93	528	0.56	10.15	4.6	8
E16	中外能源	1173	0.938	0.166	0.97	487	0.44	9.37	5.6	7
E17	China Oil & Gas	6	—	0.019	1.00	6	0.01	0.07	≥10	1
E17	China Petroleum Processing and Petrochemical Technology	161	0.413	0.016	0.73	68	0.11	0.75	5.8	3
E17	Petroleum	198	0.390	0.070	0.73	91	0.32	1.00	5.9	2
E17	Petroleum Research	30	—	0.019	0.63	19	0.10	0.21	4.0	2
E17	测井技术	1468	0.926	0.159	0.82	227	0.57	2.49	9.2	7
E17	大庆石油地质与开发	2311	3.061	0.508	0.87	251	0.77	2.76	5.2	11

学科代码	期刊名称	扩展总被引频次	扩展影响因子	扩展即年指标	扩展他引率	扩展引用刊数	扩展学科影响指标	扩展学科扩散指标	扩展被引半衰期	扩展H指标
E17	当代石油石化	562	0.816	0.204	0.93	253	0.51	2.78	4.8	6
E17	断块油气田	2801	3.321	0.279	0.84	260	0.68	2.86	5.2	9
E17	非常规油气	1185	2.871	1.107	0.90	187	0.66	2.05	3.6	10
E17	国际石油经济	1291	1.542	0.520	0.90	433	0.62	4.76	4.0	10
E17	海相油气地质	913	1.738	0.159	0.94	149	0.51	1.64	7.7	8
E17	海洋石油	567	0.601	0.049	0.81	171	0.62	1.88	9.4	4
E17	合成润滑材料	215	0.458	0.062	0.89	83	0.11	0.91	7.8	3
E17	精细石油化工进展	478	0.504	0.121	0.91	200	0.49	2.20	≥10	3
E17	炼油技术与工程	1148	0.832	0.159	0.90	224	0.40	2.46	6.8	5
E17	炼油与化工	408	0.452	0.192	0.92	181	0.26	1.99	5.6	4
E17	录井工程	547	0.598	0.069	0.71	109	0.44	1.20	6.6	5
E17	内蒙古石油化工	1344	0.263	0.040	0.96	509	0.67	5.59	9.6	3
E17	能源化工	586	0.659	0.045	0.96	287	0.48	3.15	6.7	5
E17	齐鲁石油化工	265	0.396	0.029	0.94	126	0.19	1.38	7.1	3
E17	石化技术	3642	0.437	0.095	0.95	692	0.85	7.60	4.9	5
E17	石油地球物理勘探	3253	2.281	0.267	0.77	324	0.54	3.56	7.7	10
E17	石油地质与工程	1144	1.171	0.157	0.86	193	0.71	2.12	6.2	5
E17	石油工程建设	773	0.767	0.108	0.93	272	0.37	2.99	7.4	5
E17	石油工业技术监督	742	0.586	0.155	0.84	237	0.58	2.60	5.3	5
E17	石油管材与仪器	696	0.644	0.107	0.84	225	0.42	2.47	5.9	5
E17	石油化工	1809	0.878	0.153	0.87	407	0.58	4.47	8.3	5
E17	石油化工安全环保技术	383	0.435	0.052	0.95	181	0.30	1.99	6.6	4
E17	石油化工设备技术	497	0.581	0.078	0.93	191	0.34	2.10	9.6	4
E17	石油化工设计	289	0.477	0.033	0.98	138	0.24	1.52	8.1	4
E17	石油化工应用	1204	0.459	0.048	0.93	314	0.76	3.45	6.4	4
E17	石油机械	3527	1.804	0.154	0.77	425	0.67	4.67	7.0	8
E17	石油勘探与开发	9809	8.234	1.814	0.94	495	0.81	5.44	7.0	36
E17	石油科技论坛	888	2.312	0.520	0.84	297	0.76	3.26	4.3	9
E17	石油科学通报	676	2.594	0.409	0.95	186	0.62	2.04	4.4	10
E17	石油库与加油站	155	0.328	0.026	0.88	94	0.15	1.03	5.4	3
E17	石油矿场机械	1129	0.766	0.096	0.91	248	0.49	2.73	≥10	5
E17	石油沥青	559	0.787	0.106	0.88	161	0.11	1.77	8.0	5
E17	石油炼制与化工	2378	1.410	0.207	0.79	368	0.54	4.04	6.3	8

学科代码	期刊名称	扩展总被引频次	扩展影响因子	扩展即年指标	扩展他引率	扩展引用刊数	扩展学科影响指标	扩展学科扩散指标	扩展被引半衰期	扩展H指标
E17	石油商技	276	0.200	0.022	0.86	89	0.20	0.98	8.5	3
E17	石油石化节能与计量	667	0.706	0.165	0.78	205	0.58	2.25	4.5	4
E17	石油石化绿色低碳	346	0.867	0.163	0.92	173	0.36	1.90	4.1	6
E17	石油实验地质	3269	3.938	0.429	0.90	247	0.65	2.71	6.4	13
E17	石油物探	1889	2.316	0.267	0.82	228	0.53	2.51	6.5	9
E17	石油学报	8900	6.212	1.255	0.89	540	0.81	5.93	8.3	25
E17	石油学报（石油加工）	2076	2.303	0.517	0.68	371	0.59	4.08	5.1	10
E17	石油与天然气地质	5949	6.444	0.917	0.90	274	0.68	3.01	6.4	20
E17	石油与天然气化工	1620	1.561	0.231	0.79	334	0.75	3.67	6.6	8
E17	石油知识	152	0.358	0.036	1.00	118	0.37	1.30	5.1	3
E17	石油钻采工艺	2643	2.017	0.272	0.90	313	0.74	3.44	8.5	9
E17	石油钻探技术	3039	3.492	0.761	0.84	317	0.74	3.48	6.0	11
E17	世界石油工业	316	1.297	0.314	0.91	179	0.55	1.97	3.6	6
E17	特种油气藏	2773	3.007	0.287	0.95	288	0.71	3.16	5.8	9
E17	天然气地球科学	4800	2.908	0.530	0.87	301	0.68	3.31	7.3	14
E17	天然气工业	10082	6.870	0.699	0.91	755	0.87	8.30	6.4	25
E17	天然气技术与经济	779	1.748	0.558	0.71	234	0.66	2.57	4.9	7
E17	天然气勘探与开发	672	0.908	0.169	0.88	168	0.60	1.85	6.5	6
E17	天然气与石油	1141	1.345	0.220	0.89	328	0.81	3.60	5.7	7
E17	新疆石油地质	2784	3.652	0.234	0.87	245	0.66	2.69	7.3	15
E17	新疆石油天然气	603	1.591	0.420	0.79	157	0.65	1.73	4.9	5
E17	岩性油气藏	2353	3.077	0.644	0.83	246	0.68	2.70	6.3	10
E17	乙烯工业	254	0.353	—	0.82	71	0.19	0.78	9.4	3
E17	油气藏评价与开发	1291	2.927	0.443	0.94	203	0.68	2.23	3.9	11
E17	油气储运	3638	2.668	0.532	0.85	583	0.75	6.41	5.8	13
E17	油气地质与采收率	2448	2.870	0.774	0.89	284	0.77	3.12	6.1	11
E17	油气井测试	625	0.681	0.114	0.69	123	0.56	1.35	8.4	4
E17	油气田地面工程	1844	0.925	0.196	0.79	390	0.68	4.29	6.6	6
E17	油气田环境保护	560	0.776	0.268	0.92	213	0.40	2.34	6.5	5
E17	油气与新能源	901	2.641	0.647	0.93	304	0.62	3.34	3.6	9
E17	油田化学	1894	2.004	0.369	0.85	237	0.69	2.60	6.3	7
E17	中国海上油气	2796	2.276	0.570	0.89	384	0.76	4.22	6.5	13
E17	中国海洋平台	616	0.619	0.111	0.84	201	0.22	2.21	7.4	5

学科代码	期刊名称	扩展总被引频次	扩展影响因子	扩展即年指标	扩展他引率	扩展引用刊数	扩展学科影响指标	扩展学科扩散指标	扩展被引半衰期	扩展H指标
E17	中国石化	207	0.142	0.068	0.99	144	0.31	1.58	4.5	3
E17	中国石油和化工标准与质量	5011	0.531	0.116	0.90	783	0.85	8.60	4.3	6
E17	中国石油勘探	3578	6.770	0.603	0.90	284	0.74	3.12	5.0	24
E17	钻采工艺	2565	1.702	0.299	0.81	281	0.66	3.09	6.4	8
E17	钻井液与完井液	2209	1.739	0.342	0.83	199	0.59	2.19	7.1	7
E18	)Matter and Radiation at Extremes (MRE)	51	—	0.037	0.63	19	0.11	1.06	4.2	3
E18	Nuclear Science and Techniques	1446	2.241	0.728	0.46	134	0.67	7.44	3.7	6
E18	Plasma Science and Technology	905	0.508	0.095	0.68	207	0.50	11.50	6.0	4
E18	Radiation Detection Technology and Methods	140	—	0.077	0.65	31	0.39	1.72	4.3	3
E18	辐射防护	683	0.627	0.038	0.87	202	0.72	11.22	≥10	4
E18	辐射研究与辐射工艺学报	311	0.600	0.145	0.82	166	0.39	9.22	5.7	4
E18	核安全	393	0.436	0.151	0.79	136	0.72	7.56	6.7	4
E18	核标准计量与质量	81	0.207	0.023	0.96	61	0.44	3.39	6.9	2
E18	核电子学与探测技术	858	0.217	0.011	0.81	256	0.78	14.22	≥10	4
E18	核动力工程	1690	0.621	0.090	0.83	408	0.83	22.67	8.2	6
E18	核化学与放射化学	346	0.459	—	0.78	120	0.61	6.67	8.6	3
E18	核技术	1129	0.883	0.497	0.77	328	0.78	18.22	6.3	6
E18	核科学与工程	696	0.449	0.021	0.89	245	0.78	13.61	7.0	5
E18	世界核地质科学	565	1.294	0.366	0.64	130	0.44	7.22	7.8	6
E18	太阳能	902	1.155	0.423	0.90	371	0.06	20.61	4.2	7
E18	同位素	324	0.613	0.073	0.78	133	0.39	7.39	5.7	5
E18	原子能科学技术	2066	0.591	0.139	0.83	480	0.78	26.67	7.5	7
E19	CES Transactions on Electrical Machines and Systems	249	1.677	0.167	0.85	54	0.07	0.81	4.2	4
E19	Chinese Journal of Electronics	418	0.544	0.099	0.72	188	0.36	2.81	4.8	4
E19	CSEE Journal of Power and Energy Systems	1155	1.518	0.205	0.57	154	0.13	2.30	4.5	7
E19	Frontiers of Information Technology & Electronic Engineering	638	0.723	0.078	0.82	309	0.34	4.61	5.1	6
E19	High Voltage	63	—	0.008	0.98	19	0.03	0.28	2.5	3
E19	Journal of Semiconductors	758	0.795	0.411	0.69	190	0.36	2.84	4.8	3
E19	The Journal of China Universities of Posts and Telecommunications	124	0.214	0.017	0.98	97	0.15	1.45	7.5	3
E19	半导体光电	754	0.691	0.037	0.92	308	0.45	4.60	4.9	5

学科代码	期刊名称	扩展总被引频次	扩展影响因子	扩展即年指标	扩展他引率	扩展引用刊数	扩展学科影响指标	扩展学科扩散指标	扩展被引半衰期	扩展H指标
E19	半导体技术	721	0.533	0.111	0.87	263	0.49	3.93	7.0	5
E19	传感技术学报	2396	1.268	0.147	0.90	753	0.48	11.24	5.5	9
E19	传感器与微系统	4016	1.551	0.207	0.79	986	0.55	14.72	4.6	10
E19	灯与照明	210	—	0.082	0.87	104	0.10	1.55	5.5	4
E19	电声技术	671	0.393	0.045	1.00	295	0.34	4.40	4.4	5
E19	电视技术	1645	0.782	0.250	1.00	418	0.40	6.24	3.2	6
E19	电子测量技术	4988	1.778	0.183	0.84	1006	0.63	15.01	4.0	12
E19	电子测量与仪器学报	4165	2.534	0.478	0.88	842	0.55	12.57	4.3	12
E19	电子测试	2984	0.558	—	1.00	852	0.55	12.72	4.3	6
E19	电子产品可靠性与环境试验	660	0.976	0.083	0.90	292	0.34	4.36	5.0	5
E19	电子产品世界	452	0.267	0.114	0.94	255	0.36	3.81	4.4	4
E19	电子工艺技术	549	0.585	0.115	0.84	205	0.36	3.06	8.2	4
E19	电子技术应用	1780	0.849	0.160	0.93	617	0.60	9.21	5.1	7
E19	电子科技	1274	1.026	0.377	0.81	476	0.40	7.10	5.8	6
E19	电子科技学刊	49	0.175	—	0.96	46	0.01	0.69	5.7	2
E19	电子器件	1516	0.992	0.138	0.89	473	0.55	7.06	4.7	8
E19	电子设计工程	4977	1.090	0.298	0.87	1016	0.66	15.16	4.1	8
E19	电子显微学报	753	0.764	0.155	0.72	326	0.13	4.87	6.8	5
E19	电子学报	4279	1.676	0.165	0.89	895	0.67	13.36	5.7	13
E19	电子与封装	934	1.078	0.201	0.81	248	0.52	3.70	4.4	5
E19	电子与信息学报	4656	1.924	0.354	0.89	856	0.64	12.78	4.5	11
E19	电子元件与材料	1080	0.761	0.078	0.78	373	0.48	5.57	5.9	5
E19	电子元器件与信息技术	2351	0.720	0.155	0.88	598	0.42	8.93	3.4	8
E19	电子政务	5972	9.082	4.061	0.95	1287	0.10	19.21	3.9	26
E19	电子制作	1727	0.440	0.150	0.94	606	0.40	9.04	4.3	5
E19	电子质量	779	0.436	0.078	0.93	387	0.31	5.78	4.1	5
E19	固体电子学研究与进展	341	0.495	0.032	0.79	123	0.45	1.84	6.7	4
E19	光源与照明	2630	1.144	0.520	0.70	353	0.22	5.27	2.6	8
E19	广播与电视技术	1135	0.729	0.311	0.86	147	0.16	2.19	4.1	5
E19	国外电子测量技术	2362	1.671	0.339	0.85	616	0.42	9.19	3.9	10
E19	黑龙江广播电视技术	21	0.049	0.058	1.00	9	0.03	0.13	2.6	1
E19	密码学报	468	0.870	0.057	0.86	153	0.25	2.28	5.1	7
E19	太赫兹科学与电子信息学报	747	0.609	0.071	0.75	293	0.49	4.37	5.2	5

学科代码	期刊名称	扩展总被引频次	扩展影响因子	扩展即年指标	扩展他引率	扩展引用刊数	扩展学科影响指标	扩展学科扩散指标	扩展被引半衰期	扩展H指标
E19	微电子学	694	0.534	0.018	0.83	229	0.57	3.42	6.5	5
E19	微电子学与计算机	1293	0.956	0.147	0.93	489	0.52	7.30	5.5	7
E19	微纳电子技术	669	0.701	0.092	0.81	291	0.51	4.34	5.3	5
E19	微纳电子与智能制造	103	0.374	—	0.88	68	0.24	1.01	4.5	3
E19	系统工程与电子技术	4609	1.666	0.471	0.88	817	0.52	12.19	5.1	11
E19	现代电子技术	5241	1.003	0.256	0.91	1283	0.66	19.15	4.7	8
E19	真空电子技术	352	0.299	0.022	0.79	153	0.24	2.28	8.2	4
E19	中国集成电路	358	0.476	0.067	0.96	190	0.39	2.84	4.4	5
E19	中国有线电视	846	0.547	0.387	0.92	123	0.13	1.84	3.7	5
E19	中国照明电器	319	0.412	0.126	0.81	138	0.15	2.06	5.0	3
E20	Advanced Photonics	279	—	0.129	0.98	42	0.50	1.91	3.7	4
E20	Frontiers of Optoelectronics	121	0.354	—	0.86	61	0.50	2.77	4.9	3
E20	High Power Laser Science and Engineering	12	—	0.033	1.00	4	0.09	0.18	2.3	2
E20	Opto-Electronic Advances	511	3.663	0.585	0.73	82	0.73	3.73	3.3	6
E20	Opto-Electronic Science	24	—	0.192	0.96	10	0.27	0.45	2.4	3
E20	Optoelectronics Letters	261	0.448	0.024	0.80	92	0.59	4.18	4.3	5
E20	Photonics Research	1656	—	0.197	0.81	175	0.95	7.95	4.2	6
E20	光电工程	1282	1.713	0.388	0.87	407	0.82	18.50	5.5	9
E20	光电子技术	179	0.300	0.088	0.84	119	0.45	5.41	6.4	3
E20	光学技术	1001	1.062	0.104	0.93	364	0.64	16.55	6.0	8
E20	光学仪器	317	0.303	0.029	0.94	176	0.50	8.00	7.5	5
E20	光学与光电技术	496	0.749	0.147	0.75	216	0.64	9.82	5.9	4
E20	红外技术	1631	1.491	0.205	0.87	476	0.64	21.64	5.3	8
E20	红外与激光工程	4525	1.232	0.236	0.80	697	0.77	31.68	5.4	11
E20	激光技术	1223	1.429	0.375	0.82	366	0.68	16.64	5.2	7
E20	激光与光电子学进展	7504	1.747	0.416	0.86	1195	0.77	54.32	3.8	12
E20	激光与红外	2124	1.158	0.132	0.85	530	0.73	24.09	5.4	9
E20	激光杂志	2082	0.889	0.219	0.89	746	0.64	33.91	4.2	8
E20	压电与声光	868	0.590	0.035	0.79	326	0.32	14.82	6.1	4
E20	应用激光	1677	1.356	0.140	0.69	378	0.64	17.18	4.6	8
E20	中国光学（中英文）	1277	1.817	0.226	0.76	303	0.77	13.77	4.8	8
E20	中国激光	6558	2.295	0.323	0.81	778	0.82	35.36	4.6	13
E21	China Communications	1324	1.137	0.103	0.70	292	0.72	5.41	4.3	7

学科代码	期刊名称	扩展总被引频次	扩展影响因子	扩展即年指标	扩展他引率	扩展引用刊数	扩展学科影响指标	扩展学科扩散指标	扩展被引半衰期	扩展H指标
E21	Journal of Communications and Information Networks	94	—	—	0.91	54	0.26	1.00	4.2	2
E21	ZTE Communications	73	0.482	0.041	0.85	42	0.20	0.78	3.8	2
E21	长江信息通信	3014	0.653	0.190	0.92	779	0.65	14.43	4.3	7
E21	电波科学学报	1096	0.921	0.150	0.73	298	0.54	5.52	7.4	7
E21	电信科学	2105	1.898	0.471	0.90	531	0.76	9.83	4.5	11
E21	电讯技术	1572	0.930	0.300	0.78	395	0.65	7.31	4.8	7
E21	光通信技术	676	0.895	0.232	0.91	212	0.35	3.93	4.6	5
E21	光通信研究	296	0.600	0.167	0.91	156	0.31	2.89	5.0	4
E21	广东通信技术	556	0.708	0.175	0.81	199	0.37	3.69	3.8	5
E21	广西通信技术	77	0.523	0.025	0.96	43	0.22	0.80	3.8	3
E21	互联网天地	317	0.545	0.694	0.98	245	0.24	4.54	3.4	4
E21	江西通信科技	120	0.468	0.276	0.92	69	0.19	1.28	3.3	4
E21	空天预警研究学报	432	0.687	0.117	0.73	163	0.22	3.02	4.9	4
E21	雷达科学与技术	637	0.924	0.067	0.85	190	0.26	3.52	6.2	5
E21	雷达学报	1228	2.354	0.482	0.84	263	0.44	4.87	4.8	13
E21	山东通信技术	62	0.263	0.083	0.94	35	0.19	0.65	4.2	2
E21	数据采集与处理	957	1.167	0.150	0.94	469	0.44	8.69	5.6	8
E21	数据通信	218	0.698	0.338	0.91	129	0.26	2.39	3.9	4
E21	数字经济	201	0.215	0.171	0.99	173	0.13	3.20	4.0	3
E21	天地一体化信息网络	179	1.175	0.277	0.78	68	0.33	1.26	3.5	6
E21	通信电源技术	2186	0.173	0.032	0.91	498	0.35	9.22	4.8	5
E21	通信技术	1458	0.669	0.069	0.94	487	0.65	9.02	4.9	8
E21	通信世界	554	0.765	0.169	1.00	250	0.50	4.63	3.3	5
E21	通信学报	3430	2.397	0.329	0.93	726	0.81	13.44	4.7	15
E21	通信与信息技术	387	0.745	0.218	0.96	209	0.37	3.87	2.9	5
E21	微波学报	872	0.910	0.119	0.80	256	0.46	4.74	6.7	4
E21	无线电工程	1521	1.111	0.371	0.77	483	0.59	8.94	4.1	8
E21	无线电通信技术	647	0.966	0.291	0.93	259	0.59	4.80	4.2	7
E21	无线通信技术	120	0.520	0.040	0.84	82	0.19	1.52	4.6	3
E21	物联网学报	330	1.135	0.255	0.97	184	0.46	3.41	4.3	6
E21	现代雷达	1658	0.863	0.215	0.84	393	0.48	7.28	6.4	7
E21	信号处理	1582	1.152	0.272	0.87	466	0.61	8.63	4.6	7

学科代码	期刊名称	扩展总被引频次	扩展影响因子	扩展即年指标	扩展他引率	扩展引用刊数	扩展学科影响指标	扩展学科扩散指标	扩展被引半衰期	扩展H指标
E21	信息通信技术	385	1.020	0.137	0.95	217	0.46	4.02	4.7	5
E21	信息通信技术与政策	1100	1.395	0.360	0.94	532	0.56	9.85	4.0	8
E21	移动通信	1089	1.153	0.322	0.89	286	0.59	5.30	4.3	8
E21	应用科学学报	655	1.601	0.181	0.94	366	0.30	6.78	4.4	7
E21	邮电设计技术	943	0.993	0.273	0.80	263	0.56	4.87	4.0	7
E21	中国电信业	195	0.342	0.131	0.99	144	0.24	2.67	3.1	3
E21	中国电子科学研究院学报	1273	1.290	0.113	0.90	458	0.56	8.48	4.6	9
E21	中国新通信	5705	0.580	0.176	0.93	1019	0.67	18.87	3.8	7
E21	中兴通讯技术	621	1.826	0.308	0.90	231	0.61	4.28	4.2	8
E22	Big Data Mining and Analytics	129	—	0.048	0.74	54	0.25	0.79	3.9	4
E22	Blockchain: Research and Applications	34	0.545	0.050	0.59	18	0.12	0.26	3.0	1
E22	Computational Visual Media	247	2.355	0.120	0.77	101	0.29	1.49	3.1	4
E22	Frontiers of Computer Science	382	0.472	0.090	0.79	175	0.46	2.57	5.1	5
E22	Journal of Computer Science & Technology	249	0.215	0.011	0.92	136	0.40	2.00	6.6	3
E22	Photonic Sensors	158	0.657	0.125	0.90	89	0.03	1.31	5.9	3
E22	Science China Information Sciences	1973	1.047	0.193	0.72	487	0.66	7.16	4.6	8
E22	Unmanned Systems	172	—	0.370	0.55	65	0.12	0.96	4.9	2
E22	Visual Informatics	80	0.424	0.061	0.79	44	0.19	0.65	5.0	1
E22	办公自动化	1108	—	0.286	0.96	456	0.29	6.71	3.0	6
E22	保密科学技术	335	0.598	0.031	0.89	171	0.29	2.51	5.1	5
E22	大数据	809	2.232	1.203	0.91	449	0.57	6.60	3.9	10
E22	电脑编程技巧与维护	1365	0.461	0.121	0.95	473	0.40	6.96	3.8	6
E22	电脑与信息技术	497	0.707	0.222	0.96	298	0.35	4.38	3.7	6
E22	电脑知识与技术	6855	0.523	0.132	0.90	1398	0.62	20.56	4.0	8
E22	福建电脑	1043	0.412	0.166	0.94	440	0.40	6.47	4.6	5
E22	工业控制计算机	2233	0.595	0.177	0.95	808	0.53	11.88	4.3	7
E22	化学传感器	59	0.098	—	0.95	41	0.01	0.60	8.4	2
E22	集成电路与嵌入式系统	1134	0.807	0.153	0.90	365	0.44	5.37	4.5	6
E22	计算机仿真	6258	1.024	0.159	0.95	1415	0.66	20.81	4.5	10
E22	计算机辅助工程	337	0.373	0.057	0.93	220	0.12	3.24	9.6	4
E22	计算机辅助设计与图形学学报	2072	1.319	0.166	0.92	697	0.60	10.25	5.8	10
E22	计算机工程	5441	2.053	0.559	0.89	1235	0.72	18.16	4.6	14
E22	计算机工程与科学	2470	1.422	0.305	0.93	879	0.62	12.93	5.0	11

学科代码	期刊名称	扩展总被引频次	扩展影响因子	扩展即年指标	扩展他引率	扩展引用刊数	扩展学科影响指标	扩展学科扩散指标	扩展被引半衰期	扩展H指标
E22	计算机工程与设计	3998	1.329	0.225	0.94	1081	0.68	15.90	4.9	10
E22	计算机工程与应用	12052	2.703	0.782	0.93	1907	0.79	28.04	4.4	22
E22	计算机集成制造系统	6566	2.852	0.744	0.86	1157	0.62	17.01	5.3	19
E22	计算机技术与发展	2415	0.891	0.157	0.94	919	0.68	13.51	5.0	8
E22	计算机教育	4047	1.730	0.405	0.80	515	0.34	7.57	4.1	10
E22	计算机科学	7670	2.424	0.410	0.95	1591	0.81	23.40	4.8	15
E22	计算机科学与探索	2062	2.738	0.711	0.93	647	0.68	9.51	3.5	14
E22	计算机时代	1415	0.892	0.195	0.95	580	0.49	8.53	3.7	7
E22	计算机系统应用	2893	1.002	0.311	0.94	1020	0.69	15.00	4.5	10
E22	计算机学报	4776	4.292	0.472	0.96	1161	0.76	17.07	5.9	20
E22	计算机研究与发展	4286	2.554	0.523	0.94	1046	0.81	15.38	5.6	20
E22	计算机应用	6957	2.339	0.520	0.94	1443	0.72	21.22	4.8	16
E22	计算机应用研究	6813	1.582	0.379	0.92	1403	0.78	20.63	4.8	15
E22	计算机应用与软件	4407	1.073	0.182	0.92	1246	0.74	18.32	5.0	9
E22	计算机与数字工程	1957	0.650	0.026	0.95	802	0.57	11.79	4.9	7
E22	计算机与现代化	1193	0.866	0.157	0.93	572	0.56	8.41	4.8	6
E22	金融科技时代	482	0.523	0.294	0.84	241	0.22	3.54	3.2	4
E22	软件	1818	0.624	0.151	0.94	698	0.49	10.26	4.0	7
E22	软件工程	747	0.862	0.344	0.97	392	0.47	5.76	4.2	7
E22	软件学报	5771	2.990	0.657	0.86	1113	0.78	16.37	5.4	24
E22	数据与计算发展前沿	294	1.006	0.262	0.90	187	0.34	2.75	3.6	6
E22	数码设计	520	—	0.006	0.98	210	0.10	3.09	3.9	3
E22	数值计算与计算机应用	77	0.267	—	0.91	56	0.06	0.82	5.8	4
E22	网络安全和信息化	660	0.775	0.266	1.00	287	0.38	4.22	2.7	4
E22	网络安全技术与应用	3361	—	0.326	0.91	745	0.59	10.96	3.2	7
E22	网络安全与数据治理	1014	—	0.192	0.98	505	0.63	7.43	6.1	6
E22	网络新媒体技术	204	0.449	0.041	0.88	125	0.28	1.84	5.4	5
E22	网络与信息安全学报	609	1.411	0.165	0.93	258	0.65	3.79	4.3	8
E22	微处理机	336	0.669	0.132	0.94	206	0.28	3.03	4.7	4
E22	微型电脑应用	2167	0.853	0.210	0.87	617	0.46	9.07	3.7	7
E22	物联网技术	2022	1.046	0.325	0.84	658	0.50	9.68	3.6	7
E22	现代计算机	1578	0.432	0.092	0.95	660	0.62	9.71	4.4	5
E22	小型微型计算机系统	3573	1.712	0.505	0.79	801	0.71	11.78	4.3	10

学科代码	期刊名称	扩展总被引频次	扩展影响因子	扩展即年指标	扩展他引率	扩展引用刊数	扩展学科影响指标	扩展学科扩散指标	扩展被引半衰期	扩展H指标
E22	信息安全与通信保密	720	0.902	0.087	0.94	368	0.49	5.41	4.7	6
E22	信息网络安全	1259	1.633	0.246	0.95	446	0.62	6.56	4.6	9
E22	智能计算机与应用	1287	0.545	0.128	0.96	632	0.57	9.29	4.2	6
E22	智能物联技术	100	—	—	0.97	85	0.18	1.25	3.8	4
E22	中国金融电脑	251	0.247	0.081	0.94	150	0.21	2.21	3.7	2
E22	中国图象图形学报	3007	2.482	0.284	0.83	812	0.60	11.94	4.5	15
E22	中国自动识别技术	85	0.504	0.062	0.98	69	0.12	1.01	3.2	3
E23	Chinese Journal of Chemical Engineering	1683	0.621	0.121	0.81	511	0.53	5.16	5.4	5
E23	Frontiers of Chemical Science and Engineering	484	0.798	0.112	0.60	163	0.27	1.65	4.7	4
E23	Green Chemical Engineering	116	1.092	0.043	0.66	46	0.12	0.46	3.0	2
E23	Particuology	788	0.643	0.266	0.73	313	0.26	3.16	7.3	5
E23	安徽化工	987	0.643	0.090	0.96	472	0.47	4.77	4.2	5
E23	纯碱工业	132	0.216	0.044	0.80	91	0.18	0.92	5.9	2
E23	氮肥技术	133	0.148	—	0.95	67	0.23	0.68	6.7	2
E23	氮肥与合成气	316	0.406	0.131	0.64	96	0.30	0.97	3.6	3
E23	当代化工	3545	0.953	0.223	0.75	810	0.68	8.18	4.9	7
E23	当代化工研究	4340	0.697	0.141	0.95	966	0.70	9.76	3.7	7
E23	电镀与精饰	891	0.903	0.160	0.68	264	0.26	2.67	5.4	5
E23	发酵科技通讯	265	0.923	0.205	0.63	109	0.08	1.10	5.2	5
E23	佛山陶瓷	793	0.509	0.219	0.84	214	0.21	2.16	3.3	6
E23	高校化学工程学报	1054	0.739	0.078	0.88	440	0.57	4.44	7.3	4
E23	工业催化	792	0.497	0.103	0.90	229	0.38	2.31	7.1	4
E23	广东化工	9117	0.665	0.195	0.93	1801	0.84	18.19	4.5	9
E23	硅酸盐通报	7073	1.662	0.394	0.90	936	0.62	9.45	5.8	12
E23	硅酸盐学报	4192	1.481	0.251	0.90	801	0.52	8.09	7.7	12
E23	过程工程学报	1630	1.054	0.416	0.87	551	0.56	5.57	6.9	7
E23	杭州化工	111	0.361	—	0.82	60	0.15	0.61	8.4	4
E23	合成技术及应用	261	0.598	0.047	0.89	114	0.22	1.15	7.5	4
E23	河南化工	868	0.472	0.109	0.97	414	0.58	4.18	5.7	4
E23	化肥设计	409	0.667	0.134	0.98	207	0.42	2.09	5.9	4
E23	化工管理	8081	0.560	0.150	0.92	1345	0.77	13.59	4.7	7
E23	化工机械	772	0.593	0.144	0.93	328	0.39	3.31	6.7	5
E23	化工技术与开发	836	0.524	0.073	0.97	423	0.57	4.27	6.1	5

学科代码	期刊名称	扩展总被引频次	扩展影响因子	扩展即年指标	扩展他引率	扩展引用刊数	扩展学科影响指标	扩展学科扩散指标	扩展被引半衰期	扩展H指标
E23	化工进展	8041	1.979	0.427	0.90	1311	0.85	13.24	5.3	14
E23	化工科技	415	0.438	0.031	0.94	247	0.42	2.49	7.5	4
E23	化工设备与管道	572	0.597	0.057	0.91	234	0.34	2.36	8.6	4
E23	化工设计	304	0.309	0.045	0.97	158	0.38	1.60	9.4	3
E23	化工设计通讯	3262	0.617	0.124	0.96	854	0.72	8.63	4.5	6
E23	化工生产与技术	229	0.371	0.085	0.97	152	0.39	1.54	≥10	3
E23	化工时刊	901	0.718	0.111	0.95	436	0.41	4.40	5.2	6
E23	化工学报	6031	1.359	0.229	0.86	1151	0.76	11.63	6.4	10
E23	化工与医药工程	245	0.413	0.028	0.93	165	0.26	1.67	6.2	4
E23	化工装备技术	369	0.435	0.113	0.95	220	0.31	2.22	7.7	4
E23	化工自动化及仪表	762	0.677	0.140	0.95	374	0.28	3.78	7.1	4
E23	化学反应工程与工艺	355	0.364	0.030	0.92	155	0.43	1.57	≥10	4
E23	化学工程	1062	0.531	0.088	0.93	440	0.58	4.44	7.3	4
E23	化学工程师	1527	0.920	0.188	0.94	647	0.56	6.54	4.8	12
E23	化学工程与装备	3045	—	0.051	0.91	870	0.60	8.79	4.7	5
E23	化学工业与工程	534	0.993	0.200	0.89	272	0.54	2.75	6.7	6
E23	化学世界	696	0.506	0.155	0.96	382	0.47	3.86	≥10	5
E23	江苏陶瓷	548	0.214	0.098	0.86	72	0.14	0.73	7.2	3
E23	江西化工	901	0.537	0.092	0.98	472	0.44	4.77	5.2	5
E23	结构化学	500	0.903	0.153	0.76	106	0.20	1.07	2.9	4
E23	景德镇陶瓷	340	0.217	0.052	0.88	52	0.10	0.53	≥10	3
E23	聚氨酯工业	696	1.154	0.120	0.74	191	0.31	1.93	6.6	5
E23	口腔护理用品工业	176	—	0.074	0.70	80	0.10	0.81	6.8	3
E23	离子交换与吸附	281	0.481	0.043	0.91	166	0.27	1.68	≥10	4
E23	辽宁化工	1631	0.566	0.151	0.82	586	0.61	5.92	4.8	6
E23	林产化学与工业	1006	0.957	0.118	0.92	397	0.37	4.01	7.6	6
E23	硫磷设计与粉体工程	261	0.593	0.027	0.87	114	0.32	1.15	6.0	3
E23	硫酸工业	524	0.397	0.040	0.82	158	0.33	1.60	5.6	5
E23	轮胎工业（中英文）	682	0.595	0.045	0.64	103	0.11	1.04	5.5	5
E23	绿色包装	650	0.653	0.225	0.83	203	0.12	2.05	2.9	5
E23	氯碱工业	367	0.245	0.032	0.79	158	0.36	1.60	9.3	3
E23	膜科学与技术	968	0.920	0.147	0.76	286	0.41	2.89	6.4	5
E23	清洗世界	2038	0.753	0.315	0.93	505	0.38	5.10	3.0	7

学科代码	期刊名称	扩展总被引频次	扩展影响因子	扩展即年指标	扩展他引率	扩展引用刊数	扩展学科影响指标	扩展学科扩散指标	扩展被引半衰期	扩展H指标
E23	燃料与化工	492	0.457	0.073	0.85	146	0.35	1.47	7.1	4
E23	热固性树脂	661	0.897	0.125	0.88	220	0.25	2.22	5.4	5
E23	日用化学工业（中英文）	1557	1.051	0.122	0.88	443	0.38	4.47	5.5	7
E23	山东化工	5702	0.534	0.054	0.95	1481	0.80	14.96	4.5	9
E23	山东陶瓷	215	0.185	0.188	0.85	98	0.20	0.99	6.5	3
E23	山西化工	1506	—	0.137	0.94	490	0.49	4.95	3.4	6
E23	生态产业科学与磷氟工程	1022	0.579	0.128	0.81	312	0.42	3.15	6.2	8
E23	生物质化学工程	669	1.424	0.298	0.94	316	0.27	3.19	6.3	6
E23	石油化工设备	573	0.438	0.078	0.92	245	0.36	2.47	≥10	3
E23	石油化工自动化	742	0.700	0.111	0.83	255	0.29	2.58	6.3	4
E23	四川化工	384	0.448	0.157	0.97	243	0.43	2.45	6.7	4
E23	炭素	171	0.657	—	0.88	103	0.17	1.04	7.0	3
E23	炭素技术	540	0.713	0.125	0.85	229	0.29	2.31	6.9	4
E23	陶瓷	2308	1.039	0.403	0.68	344	0.29	3.47	2.9	8
E23	陶瓷科学与艺术	763	0.126	0.064	0.57	101	0.12	1.02	3.4	4
E23	陶瓷学报	915	0.950	0.181	0.83	306	0.31	3.09	5.9	6
E23	陶瓷研究	491	0.321	0.117	0.80	96	0.16	0.97	4.6	3
E23	天津化工	613	0.446	0.121	0.97	323	0.45	3.26	4.8	5
E23	涂层与防护	569	0.657	0.058	0.90	204	0.27	2.06	5.4	4
E23	无机盐工业	2455	1.461	0.408	0.82	552	0.65	5.58	5.0	10
E23	现代化工	3986	1.176	0.307	0.94	999	0.81	10.09	4.9	10
E23	盐科学与化工	698	0.521	0.119	0.83	294	0.36	2.97	5.9	5
E23	应用化工	5875	1.612	0.265	0.73	1086	0.75	10.97	4.5	10
E23	影像技术	382	0.976	0.398	0.99	156	0.02	1.58	3.9	4
E23	有机硅材料	557	0.785	0.168	0.73	155	0.29	1.57	6.6	5
E23	云南化工	1915	0.549	0.098	0.95	780	0.57	7.88	4.3	6
E23	浙江化工	505	0.483	0.130	0.96	284	0.51	2.87	6.1	4
E23	中氮肥	327	0.422	0.032	0.94	130	0.36	1.31	5.4	4
E23	中国化工装备	118	0.380	0.018	0.92	80	0.15	0.81	5.3	2
E23	中国陶瓷	1218	0.636	0.074	0.88	366	0.38	3.70	8.6	4
E23	中国陶瓷工业	369	—	0.153	0.91	159	0.21	1.61	5.7	4
E23	中国洗涤用品工业	491	0.599	0.078	0.73	172	0.29	1.74	4.8	5
E23	中外医疗	7582	—	0.154	0.94	768	0.10	7.76	4.0	7

学科代码	期刊名称	扩展总被引频次	扩展影响因子	扩展即年指标	扩展他引率	扩展引用刊数	扩展学科影响指标	扩展学科扩散指标	扩展被引半衰期	扩展H指标
E24	高科技纤维与应用	496	0.921	0.071	0.93	215	0.45	10.75	8.3	6
E24	工程塑料应用	2809	1.319	0.281	0.79	505	0.90	25.25	5.1	8
E24	合成树脂及塑料	956	1.208	0.208	0.94	236	0.80	11.80	5.6	6
E24	合成橡胶工业	631	0.717	0.056	0.84	195	0.75	9.75	7.0	4
E24	胶体与聚合物	186	0.573	0.043	0.94	113	0.50	5.65	5.4	3
E24	聚氯乙烯	350	0.253	0.018	0.69	111	0.50	5.55	6.6	3
E24	聚酯工业	334	0.433	0.053	0.89	137	0.50	6.85	6.6	3
E24	上海塑料	224	0.730	0.046	0.91	116	0.70	5.80	4.2	4
E24	塑料	1345	1.023	0.182	0.79	334	0.85	16.70	5.7	6
E24	塑料工业	2911	0.974	0.204	0.87	630	0.85	31.50	5.0	8
E24	塑料科技	2098	1.182	0.314	0.80	474	0.85	23.70	4.4	6
E24	塑料助剂	416	0.668	0.099	0.87	173	0.70	8.65	4.7	4
E24	弹性体	658	0.855	0.010	0.85	209	0.75	10.45	7.3	5
E24	现代塑料加工应用	573	0.660	0.135	0.94	180	0.70	9.00	5.9	5
E24	橡胶工业	1435	1.532	0.178	0.84	275	0.70	13.75	5.2	8
E24	橡胶科技（中英文）	571	0.604	0.110	0.87	134	0.50	6.70	5.5	4
E24	橡塑技术与装备	638	0.410	0.081	0.95	255	0.90	12.75	5.8	5
E24	橡塑资源利用	88	—	—	0.99	55	0.50	2.75	≥10	2
E24	中国塑料	2135	1.312	0.225	0.90	478	0.85	23.90	5.2	8
E25	表面技术	4956	1.679	0.292	0.83	758	0.79	39.89	4.8	11
E25	电镀与涂饰	1496	0.656	0.144	0.79	388	0.68	20.42	5.4	6
E25	化学与粘合	662	0.809	0.131	0.95	279	0.63	14.68	5.5	5
E25	精细化工	2388	1.239	0.305	0.82	595	0.89	31.32	4.8	8
E25	精细化工中间体	408	0.439	0.219	0.72	189	0.37	9.95	6.9	3
E25	精细石油化工	542	0.578	0.110	0.95	205	0.58	10.79	7.8	4
E25	精细与专用化学品	731	0.713	0.065	0.91	357	0.63	18.79	6.6	5
E25	上海涂料	397	0.365	0.080	0.93	156	0.74	8.21	≥10	4
E25	涂料工业	1451	0.953	0.232	0.86	364	0.89	19.16	6.7	6
E25	现代涂料与涂装	816	0.300	0.028	0.80	218	0.74	11.47	7.7	4
E25	香料香精化妆品	984	1.041	0.136	0.84	262	0.26	13.79	5.4	6
E25	印染助剂	898	0.611	0.142	0.89	251	0.42	13.21	6.0	5
E25	粘接	2761	1.323	0.414	0.53	545	0.58	28.68	3.6	8
E25	中国胶粘剂	1344	1.414	0.353	0.67	271	0.63	14.26	5.6	6

学科代码	期刊名称	扩展总被引频次	扩展影响因子	扩展即年指标	扩展他引率	扩展引用刊数	扩展学科影响指标	扩展学科扩散指标	扩展被引半衰期	扩展H指标
E25	中国氯碱	396	0.349	0.077	0.86	163	0.21	8.58	6.5	4
E25	中国生漆	190	0.327	0.071	0.78	78	0.16	4.11	≥10	3
E25	中国涂料	698	0.602	0.058	0.85	214	0.63	11.26	6.7	5
E26	China Detergent& Cosmetics	4	0.000	0.020	1.00	4	—	0.08	4.3	1
E26	Collagen and Leather	5	—	0.073	0.60	3	0.04	0.06	2.2	1
E26	Paper and Biomaterials	158	0.712	0.179	0.99	33	0.20	0.66	6.0	3
E26	超硬材料工程	300	0.317	0.041	0.80	105	0.08	2.10	7.9	3
E26	低碳化学与化工	1043	1.228	0.416	0.84	270	0.14	5.40	5.0	9
E26	华东纸业	267	—	0.014	0.99	161	0.28	3.22	3.5	4
E26	科技创新与应用	7894	0.681	0.201	0.98	1804	0.42	36.08	4.9	9
E26	粮油科学与工程	315	0.554	0.128	0.94	107	0.06	2.14	5.0	5
E26	煤化工	718	0.801	0.155	0.85	224	0.18	4.48	5.6	5
E26	木工机床	100	0.383	0.019	0.88	65	0.04	1.30	4.5	3
E26	皮革科学与工程	1173	1.653	0.839	0.75	224	0.24	4.48	4.0	8
E26	皮革与化工	344	1.388	0.490	0.81	111	0.14	2.22	4.3	5
E26	皮革制作与环保科技	2960	0.744	0.207	0.71	454	0.26	9.08	2.8	7
E26	日用化学品科学	903	—	0.124	0.90	256	0.14	5.12	6.0	6
E26	上海轻工业	39	0.029	0.103	1.00	31	0.04	0.62	—	2
E26	石化技术与应用	469	0.522	0.049	0.94	173	0.08	3.46	7.9	4
E26	石油和化工设备	980	0.340	0.077	0.90	336	0.12	6.72	5.1	4
E26	石油化工建设	435	0.246	0.005	0.89	213	0.08	4.26	4.0	4
E26	水泥	711	0.267	0.033	0.84	226	0.10	4.52	7.1	4
E26	水泥工程	425	0.349	0.060	0.93	213	0.12	4.26	5.6	4
E26	水泥技术	269	0.365	0.125	0.90	132	0.10	2.64	5.6	4
E26	丝网印刷	321	0.290	0.090	1.00	136	0.14	2.72	2.5	3
E26	天津造纸	92	0.462	—	0.91	53	0.20	1.06	5.4	3
E26	文体用品与科技	1881	0.228	0.222	0.66	249	0.08	4.98	3.2	5
E26	新世纪水泥导报	244	0.350	0.124	0.84	108	0.12	2.16	5.3	4
E26	蓄电池	219	0.496	0.170	0.60	75	0.06	1.50	6.3	4
E26	艺术设计研究	631	0.959	0.300	0.90	229	0.14	4.58	4.7	6
E26	印刷技术	116	0.071	—	0.99	64	0.16	1.28	8.7	2
E26	印刷与数字媒体技术研究	390	—	0.248	0.77	184	0.20	3.68	3.4	4
E26	印刷杂志	104	0.085	0.046	1.00	68	0.12	1.36	7.6	2

学科代码	期刊名称	扩展总被引频次	扩展影响因子	扩展即年指标	扩展他引率	扩展引用刊数	扩展学科影响指标	扩展学科扩散指标	扩展被引半衰期	扩展H指标
E26	造纸技术与应用	173	0.466	0.037	0.88	88	0.24	1.76	5.6	4
E26	造纸科学与技术	488	0.650	0.209	0.74	169	0.30	3.38	5.1	4
E26	造纸装备及材料	2391	0.914	0.427	0.65	477	0.36	9.54	2.7	6
E26	中国宝玉石	58	0.067	—	0.81	30	0.10	0.60	6.8	2
E26	中国皮革	2037	1.588	0.528	0.68	281	0.32	5.62	3.4	9
E26	中国人造板	357	0.540	0.144	0.73	120	0.10	2.40	5.1	4
E26	中国水泥	552	0.476	0.050	0.87	199	0.12	3.98	4.1	5
E26	中国造纸学报	585	1.522	0.380	0.89	188	0.22	3.76	5.7	6
E26	中国制笔	38	0.235	—	0.61	16	0.06	0.32	4.7	3
E26	中华纸业	688	0.409	0.142	0.82	198	0.34	3.96	5.4	5
E27	Chinese Journal of Science Instrument	1	—	—	1.00	1	—	0.05	—	1
E27	Cyborg and Bionic Systems	52	—	0.056	0.58	19	0.05	0.95	3.0	1
E27	测试科学与仪器	124	0.405	0.056	0.89	90	0.15	4.50	4.6	4
E27	电测与仪表	6935	3.465	1.046	0.91	705	0.70	35.25	4.6	13
E27	分析仪器	834	0.697	0.302	0.96	418	0.25	20.90	5.8	5
E27	工业仪表与自动化装置	813	1.025	0.213	0.94	378	0.40	18.90	4.3	5
E27	光学精密工程	4291	2.077	0.243	0.80	759	0.55	37.95	5.7	11
E27	生命科学仪器	518	1.836	0.072	0.98	261	0.25	13.05	2.9	5
E27	水泵技术	311	0.507	0.047	0.87	140	0.20	7.00	7.6	4
E27	现代科学仪器	739	0.501	0.069	0.93	372	0.35	18.60	4.5	5
E27	现代仪器与医疗	989	0.989	0.349	0.96	417	0.15	20.85	6.0	6
E27	仪表技术	426	0.507	0.172	0.95	259	0.55	12.95	5.6	4
E27	仪表技术与传感器	2342	1.272	0.163	0.89	677	0.65	33.85	5.3	7
E27	仪器仪表学报	6749	2.791	0.293	0.88	1159	0.80	57.95	5.5	18
E27	仪器仪表用户	823	0.383	0.226	0.88	331	0.40	16.55	5.0	4
E27	仪器仪表与分析监测	171	0.571	0.095	0.99	127	0.40	6.35	6.3	3
E27	中国仪器仪表	513	0.554	0.099	0.95	295	0.55	14.75	4.8	4
E27	自动化仪表	2073	1.371	0.363	0.75	635	0.60	31.75	4.7	8
E27	自动化与仪表	1295	1.034	0.231	0.97	517	0.55	25.85	4.2	6
E28	Defence Technology	1105	1.497	0.217	0.70	282	0.74	9.10	3.9	5
E28	爆破	1845	2.401	0.311	0.64	292	0.35	9.42	6.1	10
E28	爆破器材	474	0.609	0.268	0.92	143	0.42	4.61	8.1	4
E28	爆炸与冲击	2611	1.582	0.311	0.85	430	0.68	13.87	7.1	10

学科代码	期刊名称	扩展总被引频次	扩展影响因子	扩展即年指标	扩展他引率	扩展引用刊数	扩展学科影响指标	扩展学科扩散指标	扩展被引半衰期	扩展H指标
E28	兵工学报	4293	1.615	0.483	0.81	717	0.94	23.13	6.3	10
E28	兵工自动化	1251	0.685	0.153	0.83	430	0.87	13.87	5.9	5
E28	兵器材料科学与工程	1057	0.669	0.121	0.94	373	0.55	12.03	6.9	5
E28	兵器装备工程学报	3036	0.968	0.102	0.87	743	0.94	23.97	4.8	9
E28	弹道学报	581	0.899	0.241	0.88	160	0.77	5.16	8.8	4
E28	弹箭与制导学报	1298	0.693	0.038	0.92	355	0.84	11.45	9.5	5
E28	防化研究	9	—	0.038	0.44	5	0.03	0.16	2.8	1
E28	含能材料	1654	1.013	0.225	0.75	209	0.58	6.74	7.4	7
E28	航空兵器	825	1.240	0.176	0.86	277	0.74	8.94	5.1	8
E28	火工品	562	0.489	0.022	0.74	120	0.48	3.87	8.5	5
E28	火控雷达技术	359	0.530	0.050	0.85	147	0.32	4.74	7.3	3
E28	火力与指挥控制	2623	0.886	0.082	0.89	551	0.84	17.77	6.0	7
E28	火炮发射与控制学报	505	0.704	0.200	0.81	165	0.61	5.32	6.4	5
E28	火炸药学报	1264	1.145	0.146	0.73	170	0.58	5.48	8.1	6
E28	军民两用技术与产品	364	0.268	0.119	0.99	261	0.29	8.42	6.6	4
E28	空天防御	280	1.041	0.167	0.83	109	0.61	3.52	4.0	5
E28	空天技术	1611	1.464	0.060	0.97	359	0.84	11.58	5.9	7
E28	数字海洋与水下攻防	296	0.531	0.056	0.89	144	0.52	4.65	4.8	6
E28	水下无人系统学报	704	0.632	0.217	0.79	213	0.68	6.87	6.0	6
E28	探测与控制学报	778	0.857	0.092	0.84	305	0.81	9.84	5.7	6
E28	现代防御技术	902	1.128	0.351	0.90	255	0.71	8.23	6.2	6
E28	战术导弹技术	885	1.411	0.291	0.87	239	0.81	7.71	4.9	8
E28	指挥控制与仿真	988	0.800	0.257	0.92	265	0.65	8.55	6.2	6
E28	指挥信息系统与技术	751	1.267	0.176	0.91	216	0.52	6.97	4.8	6
E28	指挥与控制学报	696	1.856	0.131	0.72	165	0.52	5.32	4.9	9
E29	Journal of Donghua University (English Edition)	113	0.208	0.061	0.60	51	0.24	1.24	6.9	2
E29	产业用纺织品	640	0.620	0.146	0.82	174	0.71	4.24	7.4	4
E29	纺织报告	952	0.461	0.161	0.92	205	0.90	5.00	3.5	4
E29	纺织标准与质量	28	0.067	—	0.71	14	0.24	0.34	6.5	1
E29	纺织导报	1172	0.915	0.198	0.95	264	0.85	6.44	6.3	6
E29	纺织高校基础科学学报	361	1.085	0.253	0.78	137	0.59	3.34	4.3	5
E29	纺织工程学报	280	0.462	0.088	0.88	87	0.59	2.12	4.2	4

学科代码	期刊名称	扩展总被引频次	扩展影响因子	扩展即年指标	扩展他引率	扩展引用刊数	扩展学科影响指标	扩展学科扩散指标	扩展被引半衰期	扩展H指标
E29	纺织科技进展	722	0.574	0.135	0.93	232	0.85	5.66	5.5	5
E29	纺织器材	255	0.241	0.076	0.57	64	0.54	1.56	6.2	3
E29	纺织学报	4268	1.663	0.150	0.80	537	0.90	13.10	5.9	10
E29	服装学报	462	0.692	0.150	0.92	195	0.66	4.76	5.4	5
E29	福建轻纺	448	0.494	0.289	1.00	297	0.44	7.24	3.2	4
E29	国际纺织导报	343	0.305	0.033	0.98	127	0.80	3.10	6.2	3
E29	合成纤维	882	0.901	0.140	0.86	230	0.61	5.61	5.3	6
E29	合成纤维工业	824	0.856	0.176	0.78	197	0.68	4.80	6.9	5
E29	黑龙江纺织	134	0.462	0.113	0.99	63	0.49	1.54	4.3	3
E29	化纤与纺织技术	1343	0.560	0.129	0.74	309	0.80	7.54	3.0	5
E29	江苏丝绸	108	0.261	0.083	0.94	64	0.66	1.56	5.0	2
E29	辽宁丝绸	269	0.345	0.173	0.96	125	0.66	3.05	3.6	3
E29	毛纺科技	1539	1.157	0.157	0.79	282	0.88	6.88	4.4	7
E29	棉纺织技术	1645	1.105	0.341	0.82	299	0.93	7.29	4.7	6
E29	轻纺工业与技术	1342	0.541	0.146	0.98	394	0.80	9.61	4.0	5
E29	染料与染色	374	0.550	0.037	0.79	143	0.56	3.49	9.3	4
E29	染整技术	808	0.542	0.114	0.89	198	0.76	4.83	6.3	4
E29	山东纺织经济	439	0.557	0.194	0.97	191	0.68	4.66	4.5	4
E29	山东纺织科技	281	0.369	0.051	0.99	99	0.71	2.41	6.6	3
E29	上海纺织科技	1213	0.813	0.052	0.90	273	0.88	6.66	5.8	4
E29	丝绸	2167	1.419	0.212	0.83	385	0.88	9.39	5.3	7
E29	天津纺织科技	333	0.505	0.062	0.83	105	0.71	2.56	5.6	4
E29	现代纺织技术	783	1.257	0.417	0.86	204	0.83	4.98	3.7	5
E29	印染	1840	1.046	0.324	0.73	260	0.80	6.34	6.0	6
E29	针织工业	1198	0.778	0.112	0.79	193	0.85	4.71	5.5	6
E29	质量安全与检验检测	828	—	0.102	0.98	386	0.24	9.41	4.6	4
E29	中国棉花加工	142	0.276	0.013	0.87	56	0.27	1.37	6.7	3
E29	中国纤检	885	0.375	0.088	0.85	231	0.83	5.63	6.0	4
E30	Food Quality and Safety	56	—	—	0.95	33	0.26	0.54	4.3	2
E30	Food Science and Human Wellness	642	1.158	0.384	0.86	200	0.56	3.28	3.6	6
E30	Grain & Oil Science and Technology	104	1.050	—	0.96	36	0.33	0.59	4.5	3
E30	包装与食品机械	1056	2.294	0.131	0.76	305	0.59	5.00	4.5	7
E30	茶业通报	230	0.459	0.027	0.84	99	0.23	1.62	≥10	3

学科代码	期刊名称	扩展总被引频次	扩展影响因子	扩展即年指标	扩展他引率	扩展引用刊数	扩展学科影响指标	扩展学科扩散指标	扩展被引半衰期	扩展H指标
E30	广东茶业	216	0.537	0.032	0.90	91	0.31	1.49	5.0	4
E30	黑龙江粮食	749	0.585	0.129	0.98	302	0.38	4.95	3.0	5
E30	江苏调味副食品	262	0.872	0.225	0.97	117	0.52	1.92	6.3	4
E30	粮食储藏	698	1.265	0.070	0.89	122	0.46	2.00	7.2	6
E30	粮食加工	811	0.759	0.186	0.92	202	0.64	3.31	5.8	5
E30	粮食问题研究	171	0.573	0.329	0.92	109	0.30	1.79	3.5	3
E30	粮食与食品工业	692	0.777	0.210	0.98	237	0.67	3.89	6.1	5
E30	粮食与饲料工业	1418	1.177	0.109	0.98	335	0.67	5.49	9.5	6
E30	粮食与油脂	3097	1.328	0.279	0.95	584	0.79	9.57	4.4	7
E30	粮油仓储科技通讯	489	0.553	0.033	0.79	85	0.41	1.39	6.7	4
E30	粮油食品科技	1501	1.288	0.571	0.92	356	0.70	5.84	5.7	7
E30	酿酒	1769	0.826	0.179	0.85	211	0.61	3.46	7.6	7
E30	酿酒科技	3578	1.262	0.149	0.79	346	0.66	5.67	8.3	8
E30	农产品加工	3569	—	0.124	0.87	732	0.80	12.00	4.9	6
E30	轻工学报	755	1.705	0.341	0.90	306	0.57	5.02	4.8	6
E30	肉类研究	1776	1.466	0.292	0.90	291	0.62	4.77	5.5	8
E30	乳品与人类	68	0.574	0.296	0.82	31	0.23	0.51	3.2	3
E30	乳业科学与技术	535	1.070	0.138	0.90	140	0.54	2.30	5.7	5
E30	食品安全导刊	4416	0.562	0.167	0.98	802	0.82	13.15	3.5	7
E30	食品安全质量检测学报	11649	1.740	0.448	0.88	1133	0.84	18.57	4.2	12
E30	食品工程	531	1.185	0.312	0.98	198	0.64	3.25	5.5	5
E30	食品工业	7097	—	0.295	0.91	992	0.82	16.26	4.8	10
E30	食品工业科技	20750	2.345	0.834	0.88	1342	0.89	22.00	5.2	14
E30	食品科技	6900	1.487	0.195	0.95	829	0.85	13.59	6.0	8
E30	食品科学	25912	2.986	0.916	0.90	1368	0.87	22.43	6.1	19
E30	食品科学技术学报	1467	2.373	0.547	0.93	368	0.72	6.03	4.9	9
E30	食品研究与开发	11354	2.012	0.310	0.94	1236	0.85	20.26	5.0	12
E30	食品与发酵工业	12426	2.150	0.781	0.89	1012	0.79	16.59	4.3	13
E30	食品与发酵科技	1376	1.460	0.175	0.97	369	0.72	6.05	5.2	7
E30	食品与机械	5335	1.592	0.234	0.88	955	0.74	15.66	5.1	10
E30	食品与健康	42	—	0.009	1.00	37	0.11	0.61	3.5	1
E30	食品与生物技术学报	1953	1.428	0.165	0.92	485	0.74	7.95	6.7	8
E30	食品与药品	1021	1.157	0.159	0.98	440	0.56	7.21	5.6	9

学科代码	期刊名称	扩展总被引频次	扩展影响因子	扩展即年指标	扩展他引率	扩展引用刊数	扩展学科影响指标	扩展学科扩散指标	扩展被引半衰期	扩展H指标
E30	现代食品	4953	0.785	0.199	0.95	814	0.84	13.34	3.9	8
E30	现代食品科技	6082	1.698	0.550	0.94	855	0.82	14.02	5.5	9
E30	现代盐化工	884	0.615	0.111	0.97	456	0.36	7.48	3.7	5
E30	盐业史研究	255	0.333	0.065	0.69	80	0.03	1.31	≥10	4
E30	饮料工业	633	1.105	0.128	0.93	233	0.64	3.82	5.6	5
E30	中国茶叶加工	485	0.931	0.080	0.91	140	0.43	2.30	6.2	5
E30	中国井矿盐	278	0.463	0.076	0.86	140	0.18	2.30	7.1	4
E30	中国粮油学报	4950	1.848	0.528	0.90	610	0.79	10.00	5.7	8
E30	中国酿造	6588	2.049	0.282	0.78	679	0.74	11.13	5.1	11
E30	中国乳品工业	1399	1.284	0.238	0.91	274	0.66	4.49	6.1	6
E30	中国乳业	1046	0.832	0.218	0.87	233	0.54	3.82	4.5	5
E30	中国食品添加剂	3268	1.910	0.346	0.90	623	0.82	10.21	4.7	10
E30	中国食品学报	6553	2.094	0.290	0.94	861	0.80	14.11	5.1	12
E30	中国食物与营养	2585	1.434	0.505	0.97	822	0.77	13.48	6.2	10
E30	中国甜菜糖业	117	0.209	0.091	0.66	45	0.11	0.74	≥10	2
E30	中国调味品	5586	2.106	0.336	0.72	579	0.79	9.49	4.7	10
E30	中国油脂	4470	1.634	0.601	0.86	714	0.74	11.70	5.4	12
E30	中外葡萄与葡萄酒	1140	1.597	0.242	0.81	222	0.46	3.64	6.7	7
E31	Building Simulation	232	0.268	0.007	1.00	131	0.08	0.92	5.2	3
E31	Built Heritage	25	—	—	0.60	8	0.03	0.06	—	2
E31	China City Planning Review	68	—	—	0.35	24	0.03	0.17	5.2	2
E31	Frontiers of Architectural Research	175	0.368	0.105	0.69	81	0.19	0.57	4.7	3
E31	安徽建筑	2336	0.523	0.130	0.96	589	0.68	4.12	3.9	7
E31	安装	600	0.456	0.170	0.90	230	0.33	1.61	3.8	4
E31	北方建筑	360	0.910	0.268	0.99	162	0.29	1.13	3.2	5
E31	北京规划建设	879	0.462	0.072	0.91	332	0.44	2.32	5.3	6
E31	城市发展研究	6603	3.039	0.335	0.95	1363	0.67	9.53	5.8	17
E31	城市管理与科技	185	0.266	0.014	0.94	132	0.15	0.92	5.7	3
E31	城市规划	6662	3.563	0.420	0.94	954	0.64	6.67	7.4	19
E31	城市规划学刊	5050	4.991	0.497	0.88	728	0.57	5.09	7.0	20
E31	城市建筑	4230	0.523	0.128	0.92	780	0.83	5.45	4.4	6
E31	城市建筑空间	2075	0.683	0.108	0.96	471	0.67	3.29	3.4	6
E31	城市开发	171	0.167	0.064	0.98	129	0.17	0.90	3.5	3

学科代码	期刊名称	扩展总被引频次	扩展影响因子	扩展即年指标	扩展他引率	扩展引用刊数	扩展学科影响指标	扩展学科扩散指标	扩展被引半衰期	扩展H指标
E31	城市勘测	1618	0.964	0.164	0.85	413	0.36	2.89	5.0	8
E31	城市设计	115	0.113	0.050	0.92	62	0.20	0.43	5.7	4
E31	城乡规划	476	1.023	0.130	0.97	211	0.37	1.48	4.6	6
E31	城乡建设	633	—	0.064	1.00	354	0.47	2.48	4.5	5
E31	城镇供水	379	0.469	0.134	0.93	194	0.12	1.36	5.4	4
E31	重庆建筑	791	0.838	0.230	0.96	351	0.60	2.45	4.0	5
E31	当代建筑	469	0.585	0.107	0.92	161	0.45	1.13	3.2	5
E31	地基处理	328	1.206	0.225	0.82	154	0.27	1.08	3.5	5
E31	低温建筑技术	1412	0.436	0.060	0.93	506	0.66	3.54	6.3	5
E31	粉煤灰综合利用	724	0.676	0.077	0.95	289	0.38	2.02	5.8	6
E31	福建建材	1103	—	0.116	0.98	368	0.45	2.57	4.5	4
E31	福建建设科技	589	—	0.253	0.97	254	0.43	1.78	3.8	4
E31	给水排水	4885	2.243	0.283	0.92	823	0.57	5.76	5.7	13
E31	工程抗震与加固改造	1008	0.720	0.188	0.92	281	0.44	1.97	6.6	5
E31	工业建筑	4795	0.929	0.238	0.94	913	0.78	6.38	6.4	10
E31	供水技术	332	0.517	0.089	0.92	171	0.10	1.20	6.1	4
E31	古建园林技术	453	0.307	0.099	0.89	168	0.33	1.17	≥10	3
E31	广东建材	897	0.462	0.190	0.96	291	0.44	2.03	4.9	4
E31	广州建筑	679	1.281	0.071	0.48	147	0.33	1.03	5.8	7
E31	规划师	6178	3.004	0.658	0.84	849	0.62	5.94	5.5	14
E31	国际城市规划	3202	3.047	0.884	0.96	689	0.50	4.82	7.2	17
E31	河南建材	863	0.081	0.051	0.97	276	0.40	1.93	5.6	3
E31	华中建筑	2097	0.606	0.113	0.91	477	0.62	3.34	7.4	6
E31	混凝土	5854	1.308	0.207	0.87	650	0.56	4.55	7.2	10
E31	混凝土世界	1071	1.390	0.371	0.67	278	0.49	1.94	3.8	7
E31	混凝土与水泥制品	2659	1.456	0.331	0.81	444	0.56	3.10	5.6	9
E31	建材发展导向	1782	0.307	0.148	0.93	318	0.44	2.22	3.5	5
E31	建材技术与应用	328	0.550	0.136	0.97	190	0.29	1.33	4.8	3
E31	建材世界	574	0.515	0.177	0.93	269	0.36	1.88	5.3	5
E31	建材与装饰	6386	0.098	0.035	0.93	742	0.64	5.19	5.5	5
E31	建井技术	633	1.203	0.354	0.55	143	0.15	1.00	5.1	7
E31	建设机械技术与管理	429	0.498	0.085	0.93	195	0.22	1.36	4.9	4
E31	建设监理	665	0.458	0.154	0.94	221	0.40	1.55	3.9	4

学科代码	期刊名称	扩展总被引频次	扩展影响因子	扩展即年指标	扩展他引率	扩展引用刊数	扩展学科影响指标	扩展学科扩散指标	扩展被引半衰期	扩展H指标
E31	建设科技	2146	0.691	0.134	0.97	612	0.72	4.28	4.5	7
E31	建筑·建材·装饰	896	0.108	0.036	0.89	166	0.29	1.16	3.9	3
E31	建筑安全	885	0.654	0.220	0.94	282	0.43	1.97	4.2	5
E31	建筑材料学报	4459	2.682	0.728	0.88	598	0.53	4.18	7.0	11
E31	建筑电气	648	0.670	0.123	0.83	217	0.23	1.52	5.2	4
E31	建筑钢结构进展	838	1.175	0.230	0.87	250	0.44	1.75	4.9	6
E31	建筑工人	247	0.238	0.109	1.00	103	0.22	0.72	4.8	3
E31	建筑机械	778	0.483	0.132	0.91	275	0.31	1.92	5.0	4
E31	建筑机械化	882	0.577	0.106	0.91	248	0.36	1.73	4.8	4
E31	建筑技术	2924	1.035	0.265	0.92	519	0.69	3.63	4.9	8
E31	建筑技术开发	4231	0.653	0.211	0.97	558	0.67	3.90	3.9	7
E31	建筑技艺	789	0.505	0.036	0.93	224	0.57	1.57	4.9	5
E31	建筑节能（中英文）	1931	1.184	0.122	0.82	498	0.66	3.48	4.9	6
E31	建筑结构	8099	2.030	0.698	0.86	858	0.71	6.00	4.8	12
E31	建筑结构学报	6967	2.337	0.599	0.89	617	0.60	4.31	7.0	13
E31	建筑经济	4001	4.129	0.791	0.92	765	0.65	5.35	4.0	13
E31	建筑科学	3484	1.288	0.268	0.91	793	0.77	5.55	5.7	11
E31	建筑科学与工程学报	1366	1.843	0.414	0.95	425	0.52	2.97	5.8	9
E31	建筑设计管理	421	0.460	0.104	0.94	205	0.43	1.43	5.4	4
E31	建筑师	866	0.606	0.123	0.91	170	0.42	1.19	9.3	6
E31	建筑施工	2852	0.575	0.146	0.88	421	0.65	2.94	5.0	6
E31	建筑史学刊	74	0.347	0.119	0.84	33	0.09	0.23	3.3	2
E31	建筑学报	4855	1.672	0.180	0.94	644	0.72	4.50	8.5	14
E31	建筑遗产	306	—	0.085	0.93	114	0.33	0.80	5.7	5
E31	建筑与预算	1174	0.986	0.306	0.95	280	0.41	1.96	3.2	7
E31	建筑与装饰	1005	—	0.036	0.95	164	0.31	1.15	3.7	3
E31	江苏建材	645	0.798	0.271	1.00	242	0.39	1.69	2.7	6
E31	江苏建筑	659	0.701	0.107	0.95	260	0.46	1.82	4.5	5
E31	江西建材	4856	0.634	0.095	0.92	647	0.65	4.52	3.9	7
E31	结构工程师	1302	0.709	0.149	0.89	357	0.55	2.50	7.4	5
E31	景观设计学（中英文）	402	0.955	0.064	0.96	162	0.27	1.13	4.9	6
E31	净水技术	2324	1.527	0.280	0.82	536	0.31	3.75	4.4	8
E31	居业	2644	0.822	0.206	0.93	392	0.47	2.74	3.3	7

学科代码	期刊名称	扩展总被引频次	扩展影响因子	扩展即年指标	扩展他引率	扩展引用刊数	扩展学科影响指标	扩展学科扩散指标	扩展被引半衰期	扩展H指标
E31	绿色建造与智能建筑	416	0.371	0.094	0.95	195	0.25	1.36	4.1	4
E31	绿色建筑	531	0.533	0.304	0.96	269	0.52	1.88	4.2	5
E31	南方建筑	1592	1.915	0.321	0.93	396	0.57	2.77	5.3	8
E31	暖通空调	3269	1.654	0.259	0.81	595	0.57	4.16	6.4	9
E31	山西建筑	6083	0.517	0.153	0.91	1163	0.81	8.13	6.4	7
E31	上海城市规划	1589	1.623	0.257	0.92	410	0.46	2.87	5.6	10
E31	上海建材	120	0.341	0.158	0.97	98	0.20	0.69	6.7	3
E31	上海建设科技	455	0.345	0.132	0.95	221	0.42	1.55	5.2	4
E31	施工技术（中英文）	8063	1.606	0.308	0.85	789	0.70	5.52	5.7	10
E31	时代建筑	1196	0.759	0.034	0.85	234	0.52	1.64	7.3	8
E31	世界建筑	1029	0.792	0.111	0.94	268	0.53	1.87	6.6	7
E31	室内设计与装修	164	0.090	0.025	0.95	91	0.18	0.64	4.0	3
E31	四川建材	4039	0.746	0.295	0.92	594	0.61	4.15	3.4	7
E31	四川建筑	1691	0.586	0.152	0.96	521	0.63	3.64	4.4	5
E31	四川建筑科学研究	975	1.013	0.128	0.97	404	0.64	2.83	9.7	6
E31	特种结构	597	0.416	0.160	0.83	252	0.35	1.76	7.9	4
E31	天津建设科技	391	0.472	0.071	0.96	178	0.40	1.24	5.1	4
E31	土工基础	779	0.634	0.157	0.94	296	0.41	2.07	5.4	5
E31	土木建筑工程信息技术	1108	1.402	0.191	0.81	312	0.48	2.18	5.3	9
E31	现代城市研究	3365	1.831	0.218	0.94	911	0.62	6.37	5.9	12
E31	小城镇建设	1182	1.052	0.130	0.86	360	0.42	2.52	5.2	7
E31	新建筑	1686	1.091	0.224	0.85	308	0.57	2.15	6.9	7
E31	新型建筑材料	3554	1.188	0.302	0.87	588	0.55	4.11	5.3	8
E31	园林	1019	1.141	0.262	0.86	327	0.33	2.29	4.1	6
E31	云南建筑	27	0.014	0.003	0.78	21	0.07	0.15	5.4	1
E31	浙江建筑	407	0.481	0.183	0.95	198	0.44	1.38	6.5	3
E31	智能建筑与工程机械	239	0.167	0.008	0.98	93	0.15	0.65	3.2	3
E31	智能建筑与智慧城市	2127	0.963	0.280	0.96	573	0.54	4.01	3.3	7
E31	中国电梯	748	0.412	0.076	0.84	142	0.09	0.99	3.9	4
E31	中国粉体技术	617	0.744	0.165	0.91	334	0.12	2.34	7.8	5
E31	中国给水排水	6690	1.479	0.227	0.86	904	0.58	6.32	6.3	11
E31	中国建材科技	1033	0.667	0.189	0.98	427	0.46	2.99	4.8	5
E31	中国建设信息化	853	—	0.343	0.94	365	0.43	2.55	3.2	5

学科代码	期刊名称	扩展总被引频次	扩展影响因子	扩展即年指标	扩展他引率	扩展引用刊数	扩展学科影响指标	扩展学科扩散指标	扩展被引半衰期	扩展H指标
E31	中国建筑防水	786	0.679	0.188	0.87	220	0.41	1.54	5.7	4
E31	中国建筑金属结构	2170	1.097	0.304	0.83	287	0.48	2.01	3.0	8
E31	中国建筑装饰装修	2072	0.874	0.272	0.94	284	0.46	1.99	2.7	8
E31	中国勘察设计	697	0.652	0.219	0.95	337	0.55	2.36	4.1	6
E31	中国市政工程	781	0.604	0.163	0.98	288	0.43	2.01	6.3	5
E31	中国住宅设施	2297	0.999	0.235	0.98	345	0.52	2.41	3.3	8
E31	中州建设	33	0.039	0.014	1.00	29	0.06	0.20	7.5	1
E31	住区	333	0.475	0.026	0.93	141	0.32	0.99	5.0	4
E31	住宅科技	524	0.571	0.158	0.94	244	0.50	1.71	5.0	4
E32	Frontiers of Structural and Civil Engineering	321	0.414	0.008	0.70	138	0.44	8.62	5.3	5
E32	Underground Space	162	0.657	0.080	0.99	69	0.50	4.31	3.6	3
E32	地下空间与工程学报	6579	3.198	0.327	0.86	790	0.94	49.38	6.6	11
E32	防护工程	406	0.741	0.149	0.73	164	0.56	10.25	5.4	5
E32	工程勘察	1779	1.080	0.200	0.87	544	0.69	34.00	8.4	7
E32	广东土木与建筑	1440	0.896	0.224	0.67	299	0.50	18.69	4.2	6
E32	空间结构	368	0.531	0.064	0.89	152	0.25	9.50	9.0	5
E32	土木工程学报	7729	3.083	0.763	0.97	824	1.00	51.50	9.5	20
E32	土木工程与管理学报	1693	1.350	0.076	0.96	585	0.75	36.56	5.6	10
E32	土木与环境工程学报（中英文）	1036	1.891	0.761	0.93	405	0.81	25.31	3.7	7
E32	岩石力学与工程学报	22055	5.631	0.852	0.93	1022	0.94	63.88	≥10	28
E32	岩土工程技术	636	0.988	0.317	0.92	271	0.69	16.94	5.9	5
E32	岩土工程学报	14570	3.622	0.681	0.94	932	1.00	58.25	≥10	19
E32	岩土力学	19048	3.494	0.343	0.94	1005	0.94	62.81	9.5	17
E32	砖瓦	2163	0.751	0.384	0.93	364	0.25	22.75	3.4	7
E32	砖瓦世界	856	0.072	0.052	0.95	176	0.25	11.00	3.4	3
E33	International Journal of Sediment Research	303	0.464	0.099	0.74	131	0.36	1.79	6.6	4
E33	International Soil and Water Conservation Research	274	1.000	0.145	0.78	104	0.15	1.42	4.6	3
E33	北京水务	494	0.945	0.152	0.78	187	0.55	2.56	5.2	4
E33	长江科学院院报	4259	1.950	0.565	0.88	889	0.90	12.18	5.7	10
E33	大坝与安全	426	0.528	0.034	0.92	154	0.66	2.11	7.6	4
E33	东北水利水电	888	0.463	0.146	0.91	292	0.81	4.00	5.4	4
E33	福建水力发电	81	—	0.039	0.96	53	0.32	0.73	3.9	2

学科代码	期刊名称	扩展总被引频次	扩展影响因子	扩展即年指标	扩展他引率	扩展引用刊数	扩展学科影响指标	扩展学科扩散指标	扩展被引半衰期	扩展H指标
E33	甘肃水利水电技术	617	0.506	0.110	0.90	238	0.67	3.26	6.2	4
E33	广东水利水电	1751	1.354	0.392	0.72	338	0.84	4.63	4.4	7
E33	广西水利水电	450	0.472	0.082	0.96	183	0.59	2.51	4.7	3
E33	海河水利	815	0.880	0.124	0.88	257	0.71	3.52	4.0	5
E33	河北水利	319	0.187	0.064	1.00	162	0.59	2.22	5.0	3
E33	河南水利与南水北调	1329	0.514	0.094	0.90	326	0.81	4.47	4.4	5
E33	黑龙江水利科技	2313	0.608	0.118	0.85	422	0.84	5.78	4.2	8
E33	红水河	534	0.584	0.167	0.88	222	0.62	3.04	4.3	4
E33	湖南水利水电	542	0.491	0.097	0.93	216	0.70	2.96	4.5	4
E33	吉林水利	610	0.585	0.169	0.93	248	0.73	3.40	5.2	4
E33	江淮水利科技	280	0.398	0.053	0.95	122	0.62	1.67	5.7	4
E33	江苏水利	796	0.825	0.106	0.89	274	0.75	3.75	4.6	5
E33	江西水利科技	364	0.580	0.259	0.90	173	0.64	2.37	5.4	4
E33	南水北调与水利科技（中英文）	2404	2.395	0.430	0.84	557	0.88	7.63	6.4	9
E33	泥沙研究	1315	1.511	0.209	0.82	265	0.62	3.63	≥10	6
E33	人民黄河	5569	2.176	0.431	0.86	991	0.95	13.58	4.8	12
E33	人民长江	7015	2.002	0.480	0.88	1127	0.90	15.44	5.5	10
E33	人民珠江	1527	1.281	0.428	0.82	447	0.88	6.12	4.8	6
E33	山东水利	740	0.412	0.095	0.84	216	0.66	2.96	4.0	3
E33	山西水利科技	282	0.407	0.025	0.99	143	0.51	1.96	7.4	3
E33	陕西水利	1887	0.488	0.105	0.94	416	0.81	5.70	3.9	4
E33	水电与抽水蓄能	892	0.989	0.127	0.88	276	0.67	3.78	5.7	7
E33	水电与新能源	995	0.748	0.213	0.78	329	0.64	4.51	4.8	6
E33	水电站机电技术	1073	0.406	0.121	0.78	259	0.58	3.55	4.6	5
E33	水电站设计	399	0.420	0.163	0.97	194	0.58	2.66	7.8	4
E33	水动力学研究与进展 A 辑	882	0.559	0.037	0.92	329	0.56	4.51	≥10	5
E33	水动力学研究与进展 B 辑	944	1.104	0.236	0.70	250	0.36	3.42	6.8	6
E33	水科学进展	3871	3.894	0.573	0.90	586	0.89	8.03	8.6	16
E33	水科学与工程技术	631	0.557	0.087	0.90	260	0.68	3.56	5.6	4
E33	水科学与水工程	216	0.608	0.067	0.83	124	0.42	1.70	6.1	4
E33	水力发电	2505	1.153	0.286	0.92	638	0.90	8.74	5.9	7
E33	水力发电学报	4031	3.047	0.806	0.79	580	0.93	7.95	6.7	12
E33	水利发展研究	1385	1.189	0.429	0.89	340	0.85	4.66	4.0	8

学科代码	期刊名称	扩展总被引频次	扩展影响因子	扩展即年指标	扩展他引率	扩展引用刊数	扩展学科影响指标	扩展学科扩散指标	扩展被引半衰期	扩展H指标
E33	水利规划与设计	3325	2.000	0.739	0.88	456	0.86	6.25	4.0	9
E33	水利技术监督	3234	1.377	0.242	0.64	392	0.84	5.37	3.3	10
E33	水利建设与管理	910	0.843	0.183	0.91	238	0.79	3.26	5.0	5
E33	水利经济	607	1.340	0.211	0.86	243	0.67	3.33	5.0	5
E33	水利科技与经济	1259	0.708	0.155	0.94	386	0.81	5.29	4.8	5
E33	水利科学与寒区工程	1025	0.790	0.121	0.89	278	0.75	3.81	3.0	5
E33	水利水电工程设计	197	0.368	0.030	0.96	118	0.52	1.62	7.1	3
E33	水利水电技术（中英文）	4150	2.319	0.526	0.95	893	0.93	12.23	5.6	9
E33	水利水电科技进展	2001	2.370	0.357	0.87	475	0.88	6.51	6.5	10
E33	水利水电快报	1137	1.207	0.384	0.80	343	0.86	4.70	3.6	6
E33	水利水运工程学报	1391	1.600	0.389	0.90	424	0.78	5.81	6.8	7
E33	水利信息化	696	1.176	0.320	0.88	223	0.77	3.05	4.6	6
E33	水利学报	6922	4.208	0.667	0.91	890	0.92	12.19	9.0	18
E33	水利与建筑工程学报	1488	0.837	0.147	0.94	520	0.79	7.12	6.1	6
E33	水资源保护	3430	4.611	1.488	0.81	603	0.85	8.26	3.9	15
E33	水资源开发与管理	850	1.101	0.185	0.87	317	0.66	4.34	3.9	7
E33	水资源与水工程学报	2559	1.769	0.325	0.90	661	0.84	9.05	6.0	8
E33	四川水力发电	725	0.455	0.095	0.94	275	0.70	3.77	6.1	3
E33	四川水利	721	0.648	0.114	0.92	264	0.70	3.62	3.8	5
E33	西北水电	882	0.870	0.154	0.64	259	0.71	3.55	5.0	5
E33	小水电	320	0.433	0.173	0.90	121	0.55	1.66	4.8	3
E33	云南水力发电	1608	0.549	0.147	0.72	348	0.78	4.77	3.5	5
E33	浙江水利科技	632	0.765	0.279	0.95	229	0.71	3.14	5.4	5
E33	治淮	766	0.343	0.124	0.97	262	0.74	3.59	4.3	4
E33	中国防汛抗旱	1487	1.949	0.509	0.82	331	0.81	4.53	3.5	9
E33	中国水利	4804	1.569	0.721	0.82	757	0.90	10.37	4.5	14
E33	中国水利水电科学研究院学报（中英文）	967	1.772	0.367	0.81	323	0.79	4.42	6.0	8
E33	中国水能及电气化	521	0.611	0.218	0.95	211	0.74	2.89	4.4	5
E33	中国水土保持	2174	1.038	0.276	0.89	530	0.68	7.26	6.1	8
E34	Journal of Traffic and Transportation Engineering (English Edition)	340	1.444	0.125	0.76	138	0.27	1.75	3.9	5
E34	北方交通	1074	0.643	0.185	0.95	287	0.34	3.63	4.9	5
E34	北京汽车	160	0.284	0.127	0.94	77	0.22	0.97	5.4	3

学科代码	期刊名称	扩展总被引频次	扩展影响因子	扩展即年指标	扩展他引率	扩展引用刊数	扩展学科影响指标	扩展学科扩散指标	扩展被引半衰期	扩展H指标
E34	车辆与动力技术	192	0.540	0.045	0.93	117	0.11	1.48	6.8	3
E34	城市道桥与防洪	2270	0.454	0.085	0.91	463	0.47	5.86	5.3	6
E34	船舶物资与市场	797	0.493	0.143	0.63	218	0.14	2.76	3.7	4
E34	公路交通技术	1164	1.101	0.273	0.85	306	0.42	3.87	6.4	5
E34	公路交通科技	4797	1.957	0.185	0.88	790	0.68	10.00	6.9	10
E34	公路与汽运	1086	0.761	0.185	0.88	337	0.58	4.27	5.1	5
E34	广东公路交通	479	0.898	0.063	0.95	173	0.33	2.19	5.1	5
E34	轨道交通材料	24	—	0.180	0.62	10	0.01	0.13	—	2
E34	国防交通工程与技术	488	0.681	0.182	0.95	217	0.22	2.75	5.0	4
E34	黑龙江交通科技	3354	0.694	0.154	0.96	433	0.47	5.48	4.2	6
E34	湖南交通科技	848	0.988	0.126	0.92	240	0.35	3.04	4.9	6
E34	集装箱化	166	0.149	0.050	0.92	84	0.10	1.06	6.2	3
E34	减速顶与调速技术	24	—		1.00	23	0.04	0.29	5.3	1
E34	建筑与文化	2519	0.417	0.111	0.91	635	0.13	8.04	4.5	6
E34	交通工程	311	0.508	0.122	0.89	153	0.34	1.94	4.9	4
E34	交通节能与环保	799	0.904	0.224	0.87	341	0.48	4.32	3.8	6
E34	交通科技	948	0.635	0.153	0.89	286	0.46	3.62	6.5	4
E34	交通科技与经济	464	0.839	0.213	0.86	248	0.39	3.14	6.4	4
E34	交通科学与工程	559	1.291	0.184	0.81	216	0.43	2.73	5.5	5
E34	交通信息与安全	1211	1.762	0.255	0.89	414	0.53	5.24	5.3	8
E34	交通与运输	564	0.747	0.149	0.92	256	0.48	3.24	4.9	4
E34	交通运输工程学报	2952	3.081	0.405	0.92	681	0.72	8.62	5.4	14
E34	交通运输工程与信息学报	643	1.573	0.558	0.81	251	0.51	3.18	5.4	5
E34	交通运输系统工程与信息	3209	2.251	0.446	0.87	644	0.62	8.15	5.6	11
E34	交通运输研究	899	1.091	0.136	0.97	386	0.53	4.89	9.5	7
E34	客车技术与研究	323	0.372	0.068	0.69	130	0.20	1.65	6.5	3
E34	控制与信息技术	523	0.818	0.106	0.86	233	0.24	2.95	4.8	6
E34	内蒙古公路与运输	292	0.618	0.145	0.92	126	0.27	1.59	4.9	3
E34	汽车工程师	423	—	0.034	0.96	187	0.29	2.37	6.6	3
E34	汽车工艺师	277	0.302	0.074	0.96	134	0.18	1.70	5.0	4
E34	汽车工艺与材料	778	0.742	0.092	0.93	270	0.23	3.42	7.0	5
E34	汽车零部件	618	0.366	0.096	0.93	250	0.27	3.16	4.9	4
E34	汽车实用技术	3067	0.483	0.140	0.82	706	0.53	8.94	4.4	6

学科代码	期刊名称	扩展总被引频次	扩展影响因子	扩展即年指标	扩展他引率	扩展引用刊数	扩展学科影响指标	扩展学科扩散指标	扩展被引半衰期	扩展H指标
E34	汽车维修	108	0.242	0.036	0.91	51	0.15	0.65	5.6	3
E34	汽车维修技师	86	0.182	0.111	0.92	35	0.09	0.44	2.6	3
E34	汽车维修与保养	111	—	0.049	0.99	65	0.14	0.82	3.9	2
E34	汽车文摘	353	—	0.252	0.89	158	0.25	2.00	3.5	4
E34	汽车与驾驶维修	30	0.186	0.007	0.93	21	0.05	0.27	3.5	2
E34	汽车制造业	106	0.231	0.026	1.00	66	0.14	0.84	4.2	2
E34	人民公交	85	0.074	0.024	0.99	51	0.10	0.65	4.4	3
E34	山东交通科技	639	0.491	0.058	0.95	222	0.37	2.81	4.2	4
E34	上海公路	384	0.623	0.088	0.93	155	0.38	1.96	4.7	4
E34	上海汽车	397	0.308	0.100	0.91	167	0.29	2.11	7.1	3
E34	世界桥梁	2093	3.265	0.748	0.82	286	0.35	3.62	4.6	9
E34	铁道通信信号	1622	1.052	0.432	0.62	206	0.22	2.61	5.0	6
E34	物流技术	1824	0.750	0.193	0.92	610	0.30	7.72	5.6	5
E34	西部交通科技	1777	0.615	0.044	0.89	380	0.49	4.81	4.0	5
E34	现代城市轨道交通	1587	1.233	0.307	0.85	375	0.43	4.75	4.3	7
E34	现代交通技术	598	0.750	0.141	0.84	231	0.42	2.92	6.1	5
E34	现代交通与冶金材料	365	0.636	0.272	0.94	204	0.13	2.58	5.6	4
E34	运输经理世界	2565	—	0.073	0.74	292	0.43	3.70	3.1	6
E34	中国海事	371	0.331	0.089	0.80	131	0.11	1.66	4.1	3
E34	中国交通信息化	878	1.098	0.224	0.81	207	0.37	2.62	3.8	5
E34	中国修船	267	0.317	0.124	0.98	134	0.08	1.70	6.7	2
E34	重型汽车	174	0.324	0.045	0.97	96	0.20	1.22	4.2	3
E35	Automotive Innovation	123	0.855	—	0.76	45	0.17	1.96	3.9	2
E35	Journal of Road Engineering	47	—	0.280	0.64	14	0.17	0.61	2.6	3
E35	城市交通	1027	1.418	0.165	0.91	325	0.43	14.13	5.9	6
E35	公路	8279	1.682	0.317	0.92	890	0.65	38.70	5.0	11
E35	公路工程	2866	1.401	0.288	0.95	526	0.57	22.87	6.4	8
E35	交通世界	3634	0.993	0.088	0.82	388	0.35	16.87	3.8	5
E35	汽车安全与节能学报	680	1.275	0.217	0.89	263	0.39	11.43	5.9	9
E35	汽车工程	3271	2.037	0.224	0.90	613	0.57	26.65	5.7	12
E35	汽车工程学报	498	1.054	0.217	0.92	234	0.35	10.17	5.2	6
E35	汽车技术	1198	1.367	0.353	0.93	363	0.43	15.78	6.4	7
E35	汽车科技	290	0.298	0.034	0.95	129	0.17	5.61	6.3	3

学科代码	期刊名称	扩展总被引频次	扩展影响因子	扩展即年指标	扩展他引率	扩展引用刊数	扩展学科影响指标	扩展学科扩散指标	扩展被引半衰期	扩展H指标
E35	隧道建设（中英文）	6281	4.216	0.560	0.86	712	0.48	30.96	5.4	19
E35	隧道与地下工程灾害防治	308	1.449	0.237	0.92	155	0.30	6.74	4.2	7
E35	现代隧道技术	4725	3.442	0.592	0.92	603	0.43	26.22	5.7	11
E35	中国公路学报	8317	3.690	0.596	0.91	965	0.78	41.96	5.6	25
E35	中外公路	4442	1.439	0.268	0.82	564	0.52	24.52	5.8	8
E35	专用汽车	456	0.466	0.138	0.86	190	0.13	8.26	2.9	4
E36	Railway Engineering Science	198	1.018	0.103	0.83	94	0.33	2.19	4.8	4
E36	城市轨道交通研究	4214	1.074	0.222	0.91	739	0.88	17.19	4.9	9
E36	电力机车与城轨车辆	640	0.350	0.130	0.87	201	0.60	4.67	7.6	5
E36	电气化铁道	731	0.697	0.165	0.81	191	0.65	4.44	5.1	5
E36	都市快轨交通	1764	1.601	0.442	0.91	441	0.79	10.26	5.7	9
E36	高速铁路技术	788	0.963	0.171	0.83	225	0.65	5.23	4.8	6
E36	高速铁路新材料	69	—	0.161	0.51	31	0.12	0.72	2.4	2
E36	轨道交通装备与技术	267	0.343	0.108	0.92	133	0.56	3.09	5.0	3
E36	国外铁道机车与动车	69	0.103	0.015	1.00	46	0.33	1.07	6.1	2
E36	哈尔滨铁道科技	63	0.116	—	0.98	49	0.30	1.14	7.9	1
E36	机车车辆工艺	333	0.285	0.082	0.97	132	0.42	3.07	6.5	3
E36	机车电传动	1150	0.801	0.084	0.87	295	0.74	6.86	6.0	7
E36	路基工程	1657	0.849	0.149	0.93	419	0.49	9.74	6.3	5
E36	铁道标准设计	5109	1.850	0.655	0.82	684	0.93	15.91	5.5	10
E36	铁道车辆	895	0.482	0.056	0.86	230	0.70	5.35	8.5	4
E36	铁道工程学报	3764	1.738	0.059	0.94	601	0.86	13.98	7.1	10
E36	铁道货运	626	0.898	0.246	0.63	127	0.51	2.95	4.8	4
E36	铁道机车车辆	1163	0.553	0.075	0.89	273	0.86	6.35	7.5	5
E36	铁道机车与动车	421	0.304	0.053	0.87	153	0.58	3.56	6.4	3
E36	铁道技术标准（中英文）	46	0.293	0.120	0.76	28	0.23	0.65	2.6	2
E36	铁道技术监督	588	—	0.091	0.79	231	0.77	5.37	5.5	4
E36	铁道建筑	4475	1.356	0.259	0.88	634	0.84	14.74	6.0	9
E36	铁道建筑技术	3039	1.165	0.286	0.71	483	0.77	11.23	4.5	7
E36	铁道勘察	1024	0.954	0.245	0.90	307	0.65	7.14	5.0	6
E36	铁道科学与工程学报	4891	2.000	0.552	0.87	868	0.84	20.19	4.9	11
E36	铁道学报	5007	2.092	0.297	0.87	756	0.91	17.58	6.6	12
E36	铁道运输与经济	2355	1.722	0.370	0.76	453	0.84	10.53	4.6	9

学科代码	期刊名称	扩展总被引频次	扩展影响因子	扩展即年指标	扩展他引率	扩展引用刊数	扩展学科影响指标	扩展学科扩散指标	扩展被引半衰期	扩展H指标
E36	铁道运营技术	169	0.396	0.053	1.00	110	0.58	2.56	5.1	3
E36	铁道知识	21	0.000	—	1.00	20	0.19	0.47	≥10	1
E36	铁路采购与物流	271	0.322	0.112	0.91	143	0.40	3.33	3.8	4
E36	铁路工程技术与经济	302	0.629	0.093	0.86	123	0.51	2.86	4.9	4
E36	铁路计算机应用	1145	1.140	0.245	0.78	256	0.74	5.95	4.7	7
E36	铁路技术创新	681	0.921	0.131	0.88	192	0.74	4.47	5.1	6
E36	铁路节能环保与安全卫生	327	0.479	0.072	0.72	149	0.47	3.47	6.5	3
E36	铁路通信信号工程技术	1170	1.007	0.160	0.61	199	0.72	4.63	4.0	6
E36	智慧轨道交通	239	0.382	0.184	0.96	110	0.60	2.56	8.0	3
E36	中国铁道科学	3032	2.000	0.316	0.91	578	0.86	13.44	9.0	9
E36	中国铁路	2535	1.312	0.329	0.83	414	0.95	9.63	5.3	11
E37	Journal of Marine Science and Application	283	0.408	0.382	0.68	118	0.38	2.62	7.7	4
E37	产业创新研究	2474	0.535	0.242	0.97	813	0.24	18.07	2.9	7
E37	船舶	567	0.633	0.163	0.88	183	0.64	4.07	6.6	5
E37	船舶工程	2469	1.067	0.086	0.89	570	0.76	12.67	5.0	8
E37	船舶力学	1460	0.870	0.114	0.88	338	0.60	7.51	7.6	6
E37	船舶设计通讯	137	0.377	—	0.96	55	0.40	1.22	7.2	3
E37	船舶与海洋工程	378	0.375	0.084	0.92	130	0.51	2.89	7.3	4
E37	船舶职业教育	267	0.513	0.153	0.95	152	0.20	3.38	3.6	3
E37	船电技术	591	0.466	0.101	0.89	306	0.44	6.80	5.2	4
E37	船海工程	1167	0.595	0.110	0.93	367	0.82	8.16	7.2	5
E37	港口航道与近海工程	552	0.342	0.013	0.90	232	0.40	5.16	6.2	4
E37	港口科技	318	0.442	0.011	0.95	163	0.33	3.62	5.4	4
E37	港口装卸	267	0.245	0.067	0.88	112	0.24	2.49	5.4	3
E37	广船科技	68	0.122	0.009	0.91	41	0.27	0.91	6.5	2
E37	广东造船	270	0.286	0.062	0.95	124	0.53	2.76	4.9	3
E37	航海	157	0.298	0.019	0.97	82	0.49	1.82	4.8	3
E37	航海技术	357	0.288	0.066	0.83	109	0.67	2.42	8.0	3
E37	机电兵船档案	362	0.488	0.165	0.85	98	0.02	2.18	3.8	4
E37	舰船电子工程	1697	0.516	0.013	0.85	501	0.47	11.13	5.5	6
E37	舰船科学技术	3820	0.487	0.094	0.87	801	0.84	17.80	5.3	7
E37	江苏船舶	205	0.291	0.020	0.93	106	0.40	2.36	7.1	3
E37	桥梁建设	3616	3.731	0.622	0.83	363	0.24	8.07	5.5	13

学科代码	期刊名称	扩展总被引频次	扩展影响因子	扩展即年指标	扩展他引率	扩展引用刊数	扩展学科影响指标	扩展学科扩散指标	扩展被引半衰期	扩展H指标
E37	上海船舶运输科学研究所学报	215	0.540	0.098	0.98	145	0.51	3.22	5.4	3
E37	世界海运	335	0.494	0.127	0.89	136	0.67	3.02	5.0	3
E37	水道港口	1002	1.386	0.097	0.56	235	0.42	5.22	5.7	5
E37	水运工程	3094	0.887	0.251	0.75	542	0.62	12.04	6.2	7
E37	水运管理	281	0.289	0.052	0.96	148	0.51	3.29	4.8	3
E37	天津航海	156	0.243	0.057	0.91	83	0.44	1.84	6.1	3
E37	造船技术	443	0.526	0.091	0.88	170	0.62	3.78	6.4	4
E37	中国港湾建设	1194	0.598	0.104	0.77	303	0.49	6.73	7.2	5
E37	中国航海	882	1.343	0.247	0.88	275	0.76	6.11	6.1	6
E37	中国舰船研究	1673	1.896	0.413	0.78	416	0.58	9.24	4.8	9
E37	中国水运	1245	0.418	0.085	0.85	424	0.80	9.42	3.9	4
E37	中国造船	1290	0.923	0.028	0.89	324	0.64	7.20	7.3	7
E37	珠江水运	1706	0.483	0.138	0.89	404	0.69	8.98	3.8	5
E38	Aerospace China	47	0.164	—	0.94	33	0.17	0.47	4.9	3
E38	Chinese Journal of Aeronautics	3394	1.723	0.288	0.70	533	0.69	7.61	4.7	10
E38	Space: Science & Technology	67	—	0.064	0.99	28	0.16	0.40	3.2	3
E38	Transactions of Nanjing University of Aeronautics and Astronautics	311	0.736	0.097	0.85	174	0.31	2.49	4.4	4
E38	测控技术	1725	0.805	0.191	0.93	644	0.64	9.20	6.3	6
E38	导弹与航天运载技术（中英文）	1014	0.627	0.107	0.88	299	0.61	4.27	7.4	6
E38	导航与控制	428	0.681	0.118	0.88	199	0.29	2.84	5.3	5
E38	电光与控制	2027	1.358	0.439	0.86	497	0.44	7.10	4.6	9
E38	飞控与探测	254	0.710	0.042	0.89	105	0.27	1.50	4.3	5
E38	飞行力学	774	1.006	0.091	0.90	245	0.63	3.50	7.5	6
E38	固体火箭技术	1186	0.760	0.126	0.79	262	0.50	3.74	9.7	5
E38	国际太空	464	0.538	0.050	0.91	173	0.41	2.47	5.1	5
E38	航空材料学报	1338	1.638	0.237	0.94	369	0.40	5.27	8.2	10
E38	航空电子技术	248	0.511	0.049	0.93	128	0.29	1.83	6.8	4
E38	航空动力	294	0.502	0.070	0.97	140	0.36	2.00	4.5	5
E38	航空动力学报	3904	1.068	0.287	0.85	521	0.69	7.44	9.0	7
E38	航空发动机	1212	1.064	0.086	0.80	292	0.47	4.17	8.9	7
E38	航空工程进展	664	0.746	0.298	0.82	264	0.56	3.77	5.1	6
E38	航空计算技术	912	0.581	0.115	0.84	306	0.64	4.37	6.3	4

学科代码	期刊名称	扩展总被引频次	扩展影响因子	扩展即年指标	扩展他引率	扩展引用刊数	扩展学科影响指标	扩展学科扩散指标	扩展被引半衰期	扩展H指标
E38	航空精密制造技术	367	0.397	0.052	0.93	198	0.24	2.83	8.1	4
E38	航空科学技术	1243	1.248	0.287	0.72	342	0.63	4.89	5.0	7
E38	航空维修与工程	667	0.255	0.049	0.87	263	0.47	3.76	6.2	4
E38	航空学报	7404	2.477	0.548	0.83	897	0.87	12.81	5.2	16
E38	航空制造技术	3772	1.375	0.207	0.91	655	0.67	9.36	7.8	12
E38	航天电子对抗	542	0.851	0.041	0.92	180	0.27	2.57	5.9	6
E38	航天返回与遥感	847	1.222	0.128	0.83	251	0.41	3.59	6.0	7
E38	航天工业管理	252	0.226	0.062	1.00	137	0.24	1.96	4.3	3
E38	航天控制	533	0.745	0.183	0.78	194	0.44	2.77	6.7	5
E38	航天器工程	1155	0.974	0.068	0.87	325	0.49	4.64	7.2	7
E38	航天器环境工程	822	0.736	0.162	0.87	293	0.54	4.19	9.1	6
E38	火箭推进	735	1.092	0.154	0.78	183	0.44	2.61	6.8	5
E38	教练机	105	0.160	—	0.92	78	0.21	1.11	7.9	2
E38	空间电子技术	541	0.746	0.101	0.74	184	0.34	2.63	5.9	5
E38	空间控制技术与应用	494	1.091	0.171	0.78	174	0.37	2.49	5.4	6
E38	空间碎片研究	75	0.485	0.037	0.67	34	0.14	0.49	4.2	3
E38	空气动力学学报	1649	1.285	0.256	0.87	356	0.56	5.09	7.0	9
E38	民航学报	268	0.392	0.094	0.83	165	0.20	2.36	3.8	4
E38	民用飞机设计与研究	384	0.448	0.010	0.86	165	0.46	2.36	8.6	4
E38	气动研究与试验	44	—	0.636	0.11	2	0.03	0.03	—	4
E38	强度与环境	510	0.802	0.200	0.76	178	0.44	2.54	7.7	5
E38	上海航天（中英文）	1050	1.180	0.131	0.74	338	0.57	4.83	5.5	7
E38	深空探测学报（中英文）	573	1.128	0.042	0.80	163	0.39	2.33	5.2	8
E38	实验流体力学	895	0.931	0.145	0.90	254	0.39	3.63	9.2	6
E38	推进技术	3045	0.920	0.263	0.79	436	0.71	6.23	6.3	8
E38	卫星应用	598	0.926	0.237	0.89	264	0.26	3.77	4.4	6
E38	现代导航	284	0.390	0.049	0.88	130	0.16	1.86	5.9	4
E38	宇航材料工艺	1087	0.947	0.051	0.94	356	0.41	5.09	9.2	7
E38	宇航计测技术	447	0.452	0.093	0.91	221	0.29	3.16	7.3	4
E38	宇航学报	2870	1.774	0.365	0.76	450	0.76	6.43	7.0	10
E38	宇航总体技术	409	1.321	0.426	0.87	160	0.47	2.29	4.6	8
E38	载人航天	825	0.743	0.194	0.81	268	0.46	3.83	7.0	6
E38	振动、测试与诊断	1776	1.303	0.130	0.90	552	0.36	7.89	6.2	10

学科代码	期刊名称	扩展总被引频次	扩展影响因子	扩展即年指标	扩展他引率	扩展引用刊数	扩展学科影响指标	扩展学科扩散指标	扩展被引半衰期	扩展H指标
E38	直升机技术	283	0.308	0.038	0.88	115	0.37	1.64	≥10	4
E38	中国航天	550	0.655	0.194	0.96	247	0.46	3.53	5.3	6
E38	中国空间科学技术	739	1.240	0.326	0.83	235	0.44	3.36	5.6	7
E39	Chinese Journal of Population Resources and Environment	76	0.280	—	0.93	64	0.12	0.86	6.7	2
E39	Journal of Environmental Sciences	3797	1.056	0.653	0.90	825	0.69	11.15	6.6	8
E39	Journal of Resources and Ecology	733	1.489	0.152	0.91	333	0.28	4.50	5.0	7
E39	Waste Disposal & Sustainable Energy	38	0.224	0.025	0.84	26	0.11	0.35	4.4	2
E39	长江流域资源与环境	7521	3.958	0.541	0.95	1276	0.68	17.24	5.7	17
E39	低碳世界	4015	0.582	0.137	0.99	936	0.65	12.65	5.1	6
E39	干旱环境监测	233	0.616	0.235	0.97	148	0.27	2.00	6.9	3
E39	工业水处理	3482	1.786	0.444	0.84	658	0.57	8.89	5.2	9
E39	工业用水与废水	1015	1.267	0.284	0.70	287	0.43	3.88	5.9	5
E39	海洋环境科学	1847	1.565	0.250	0.92	498	0.62	6.73	7.8	8
E39	华北自然资源	464	0.500	0.160	0.93	199	0.14	2.69	3.2	5
E39	化工环保	1218	1.382	0.240	0.91	421	0.51	5.69	6.4	8
E39	环保科技	371	0.703	0.076	0.97	234	0.49	3.16	5.5	5
E39	环境保护	4845	2.785	0.368	0.96	1400	0.77	18.92	4.8	16
E39	环境保护科学	1160	1.183	0.585	0.95	515	0.64	6.96	5.3	6
E39	环境保护与循环经济	922	0.532	0.082	0.97	489	0.61	6.61	4.9	5
E39	环境工程	6354	1.076	0.320	0.92	1455	0.78	19.66	4.8	13
E39	环境工程技术学报	2485	2.976	1.072	0.76	714	0.70	9.65	3.5	11
E39	环境工程学报	6526	1.781	0.220	0.93	1136	0.72	15.35	7.5	11
E39	环境化学	4708	1.758	0.326	0.88	960	0.72	12.97	5.5	12
E39	环境技术	716	0.493	0.113	0.80	316	0.11	4.27	4.6	4
E39	环境监测管理与技术	1166	1.747	0.178	0.82	415	0.59	5.61	6.5	6
E39	环境监控与预警	614	1.026	0.179	0.92	251	0.53	3.39	5.3	5
E39	环境科技	817	1.158	0.329	0.81	333	0.58	4.50	6.3	6
E39	环境科学	19076	4.603	1.490	0.82	1492	0.82	20.16	5.3	21
E39	环境科学导刊	855	0.662	0.154	0.97	422	0.59	5.70	7.4	4
E39	环境科学学报	9648	2.352	0.382	0.91	1397	0.78	18.88	6.3	17
E39	环境科学研究	7367	4.029	1.004	0.86	1257	0.78	16.99	4.8	19
E39	环境科学与工程前沿	1014	—	0.242	0.66	268	0.50	3.62	4.5	5

学科代码	期刊名称	扩展总被引频次	扩展影响因子	扩展即年指标	扩展他引率	扩展引用刊数	扩展学科影响指标	扩展学科扩散指标	扩展被引半衰期	扩展H指标
E39	环境科学与管理	2734	0.865	0.206	0.96	974	0.73	13.16	6.7	7
E39	环境科学与技术	5504	1.540	0.198	0.96	1294	0.74	17.49	7.2	10
E39	环境生态学	837	1.197	0.301	0.91	423	0.59	5.72	3.4	7
E39	环境卫生工程	1012	1.207	0.097	0.85	321	0.51	4.34	5.9	7
E39	环境卫生学杂志	952	1.183	0.456	0.83	384	0.26	5.19	5.3	6
E39	环境污染与防治	3143	1.601	0.275	0.94	912	0.72	12.32	5.6	8
E39	环境影响评价	927	1.368	0.325	0.92	414	0.57	5.59	5.2	7
E39	环境与可持续发展	1433	1.203	0.134	1.00	701	0.66	9.47	5.6	9
E39	节能与环保	970	0.637	0.138	0.98	457	0.45	6.18	4.0	6
E39	今日消防	1424	0.727	0.177	0.73	206	0.05	2.78	3.4	6
E39	能源环境保护	589	0.723	0.392	0.92	306	0.47	4.14	5.8	5
E39	农业资源与环境学报	2473	3.351	1.239	0.96	688	0.58	9.30	4.6	13
E39	青海环境	148	0.366	0.047	0.97	114	0.22	1.54	7.6	3
E39	三峡生态环境监测	240	1.551	0.184	0.92	154	0.28	2.08	3.8	6
E39	上海环境科学	150	0.028	—	1.00	111	0.28	1.50	≥10	2
E39	世界环境	402	0.445	0.073	1.00	293	0.42	3.96	5.8	5
E39	水处理技术	3012	1.227	0.267	0.91	590	0.49	7.97	5.7	9
E39	四川环境	1662	1.042	0.170	0.76	539	0.64	7.28	5.3	6
E39	西部人居环境学刊	1180	1.915	0.238	0.88	378	0.23	5.11	4.8	7
E39	消防科学与技术	3245	1.116	0.194	0.83	719	0.12	9.72	5.3	7
E39	新疆环境保护	176	0.691	0.036	0.91	124	0.26	1.68	7.6	3
E39	亚热带资源与环境学报	467	1.173	0.078	0.86	273	0.24	3.69	6.5	5
E39	应用与环境生物学报	3083	1.872	0.586	0.93	689	0.54	9.31	6.3	10
E39	再生资源与循环经济	646	1.004	0.138	0.93	350	0.39	4.73	4.9	6
E39	植物资源与环境学报	1242	2.117	0.297	0.94	377	0.22	5.09	7.6	7
E39	中国个体防护装备	228	—	0.173	0.86	109	0.04	1.47	9.8	3
E39	中国环保产业	894	0.718	0.074	0.95	432	0.57	5.84	5.8	6
E39	中国环境监测	2873	2.422	0.413	0.92	674	0.64	9.11	6.8	12
E39	中国环境科学	12292	2.944	0.727	0.84	1645	0.78	22.23	5.3	20
E39	中国人口·资源与环境	14863	7.554	0.880	0.96	1953	0.69	26.39	6.6	32
E39	中国资源综合利用	2769	0.794	0.161	0.97	899	0.72	12.15	4.4	8
E39	资源节约与环保	3028	1.013	0.270	0.96	815	0.66	11.01	4.3	7
E39	资源科学	10313	5.463	0.948	0.93	1689	0.72	22.82	7.0	26

学科代码	期刊名称	扩展总被引频次	扩展影响因子	扩展即年指标	扩展他引率	扩展引用刊数	扩展学科影响指标	扩展学科扩散指标	扩展被引半衰期	扩展H指标
E39	资源信息与工程	789	0.533	0.147	0.90	328	0.19	4.43	5.0	5
E39	自然资源学报	12585	8.624	1.576	0.94	1669	0.65	22.55	5.4	31
E40	International Journal of Disaster Risk Science	120	0.216	0.014	0.60	59	0.16	1.90	5.9	4
E40	Journal of Safety Science and Resilience	31	—	0.103	0.77	23	0.06	0.74	3.1	2
E40	Security and Safety	7	—	0.069	1.00	6	—	0.19	2.5	1
E40	安全	814	0.709	0.207	0.87	382	0.39	12.32	5.0	6
E40	安全、健康和环境	757	0.718	0.172	0.85	298	0.35	9.61	5.6	5
E40	安全与环境工程	2367	2.177	0.243	0.90	885	0.55	28.55	5.0	10
E40	安全与环境学报	5524	2.022	0.656	0.85	1326	0.52	42.77	5.0	13
E40	城市与减灾	358	0.925	0.171	1.00	219	0.26	7.06	5.2	6
E40	电力安全技术	852	0.587	0.117	0.85	267	0.26	8.61	4.7	4
E40	防灾减灾工程学报	1629	1.066	0.227	0.94	519	0.32	16.74	7.3	8
E40	工业安全与环保	1931	0.902	0.275	0.94	804	0.48	25.94	5.8	6
E40	工业信息安全	102	—	0.200	0.88	71	0.06	2.29	2.4	3
E40	火灾科学	344	0.842	0.033	0.93	193	0.29	6.23	≥10	5
E40	四川劳动保障	173	0.089	0.144	1.00	110	—	3.55	2.1	3
E40	现代职业安全	449	0.312	0.129	0.91	204	0.35	6.58	3.8	4
E40	信息安全学报	466	1.472	0.148	0.97	193	0.13	6.23	4.4	9
E40	信息安全研究	1135	1.628	0.512	0.83	409	0.16	13.19	3.8	9
E40	震灾防御技术	741	0.829	0.047	0.90	220	0.32	7.10	7.0	6
E40	中国安防	352	0.382	0.051	0.97	218	0.16	7.03	4.5	3
E40	中国安全防范技术与应用	112	—	0.036	0.94	82	0.06	2.65	4.2	3
E40	中国安全科学学报	6795	2.491	0.233	0.86	1312	0.58	42.32	5.9	13
E40	中国安全生产科学技术	5351	1.795	0.342	0.89	1130	0.65	36.45	5.7	10
E40	中国减灾	375	0.380	0.072	1.00	242	0.23	7.81	4.0	5
E40	自然灾害学报	3505	2.031	0.181	0.86	832	0.42	26.84	9.7	13
F01	创新科技	751	1.722	0.581	0.95	386	0.46	6.89	3.8	8
F01	当代经济管理	3115	4.679	2.283	0.99	1117	0.64	19.95	3.9	18
F01	工程管理学报	1510	1.601	0.205	0.89	496	0.25	8.86	4.9	9
F01	工程造价管理	554	2.131	0.344	0.56	135	0.04	2.41	3.4	7
F01	工业工程与管理	1559	1.463	0.270	0.88	540	0.43	9.64	5.6	8
F01	公共管理学报	3881	6.793	2.926	0.97	1018	0.64	18.18	6.2	20
F01	公共管理与政策评论	1287	4.428	0.910	0.97	596	0.45	10.64	3.5	12

学科代码	期刊名称	扩展总被引频次	扩展影响因子	扩展即年指标	扩展他引率	扩展引用刊数	扩展学科影响指标	扩展学科扩散指标	扩展被引半衰期	扩展H指标
F01	供应链管理	346	1.041	0.232	0.88	167	0.11	2.98	3.4	4
F01	管理案例研究与评论	578	2.051	0.237	0.88	303	0.50	5.41	4.9	7
F01	管理工程师	198	0.697	0.282	0.96	154	0.05	2.75	3.6	4
F01	管理工程学报	2534	2.659	1.105	0.91	733	0.66	13.09	5.0	12
F01	管理科学	2274	3.248	0.274	0.93	667	0.61	11.91	6.8	13
F01	管理科学学报	3562	4.116	0.375	0.89	798	0.64	14.25	6.8	17
F01	管理评论	8714	3.596	0.521	0.88	1465	0.71	26.16	5.3	22
F01	管理世界	41278	24.859	3.221	0.98	2162	0.79	38.61	5.7	69
F01	管理现代化	1513	1.668	0.521	0.95	774	0.52	13.82	4.7	9
F01	管理学报	5891	4.043	0.781	0.92	1218	0.73	21.75	5.7	19
F01	管理学家	288	0.101	0.021	0.98	137	0.07	2.45	3.5	3
F01	管理学刊	1033	4.267	1.148	0.93	561	0.46	10.02	3.5	12
F01	交通建设与管理	390	0.669	0.034	0.97	157	0.02	2.80	3.4	4
F01	交通企业管理	404	0.371	0.139	1.00	232	0.09	4.14	4.4	4
F01	科技成果管理与研究	137	0.095	0.032	0.96	111	0.09	1.98	4.6	3
F01	科技管理学报	352	0.806	0.260	0.92	256	0.23	4.57	6.0	4
F01	科技管理研究	12556	1.924	0.353	0.93	2304	0.80	41.14	4.9	15
F01	科技进步与对策	10211	3.783	1.815	0.94	1712	0.75	30.57	5.1	20
F01	科学管理研究	2321	2.749	1.124	0.95	860	0.70	15.36	5.0	10
F01	科学学研究	11592	6.028	2.827	0.97	2065	0.77	36.88	6.8	27
F01	科学学与科学技术管理	5177	5.540	0.953	0.96	1193	0.77	21.30	6.6	19
F01	科研管理	9101	4.877	0.961	0.95	1439	0.77	25.70	5.0	23
F01	林草政策研究	126	1.070	0.070	0.70	57	0.04	1.02	3.1	5
F01	南开管理评论	8770	8.146	2.336	0.98	1101	0.68	19.66	6.7	29
F01	企业改革与管理	6129	0.874	0.305	0.96	678	0.27	12.11	3.6	8
F01	上海城市管理	349	0.723	0.507	0.96	247	0.04	4.41	4.6	4
F01	上海管理科学	393	0.559	0.194	0.98	290	0.30	5.18	4.9	5
F01	施工企业管理	304	0.200	0.076	1.00	181	0.16	3.23	3.3	4
F01	实验室研究与探索	9543	1.743	0.165	0.85	1567	0.18	27.98	5.5	18
F01	研究与发展管理	2674	5.023	0.735	0.96	742	0.66	13.25	5.2	14
F01	云南科技管理	219	0.483	0.079	0.95	171	0.09	3.05	4.3	4
F01	智库理论与实践	599	1.611	0.266	0.77	218	0.11	3.89	3.7	6
F01	中国管理科学	7598	4.008	1.287	0.88	1312	0.68	23.43	5.1	17

学科代码	期刊名称	扩展总被引频次	扩展影响因子	扩展即年指标	扩展他引率	扩展引用刊数	扩展学科影响指标	扩展学科扩散指标	扩展被引半衰期	扩展H指标
F01	中国环境管理	2070	3.927	0.919	0.95	851	0.46	15.20	4.1	14
F01	中国科技成果	268	0.097	0.010	0.97	219	0.05	3.91	5.0	3
F01	中国科技论坛	4890	3.240	0.617	0.95	1334	0.79	23.82	5.0	15
F01	中国软科学	10863	6.668	1.519	0.96	1829	0.75	32.66	5.8	26
F01	中国生态旅游	281	1.637	0.311	0.86	150	0.04	2.68	3.1	5
H01	Contemporary Social Sciences	4	—	—	0.75	4	0.01	0.02	—	1
H01	Regional Sustainability	50	0.656	0.086	0.84	38	0.02	0.22	3.4	3
H01	北方论丛	516	0.512	0.115	0.98	386	0.22	2.24	≥10	4
H01	北京社会科学	1766	1.993	1.044	0.93	997	0.48	5.80	4.9	10
H01	才智	3817	0.240	0.155	0.98	871	0.13	5.06	5.0	4
H01	残疾人研究	618	1.942	0.410	0.90	234	0.10	1.36	5.3	7
H01	长江论坛	171	0.454	0.048	0.98	151	0.13	0.88	4.8	3
H01	畅谈	60	0.014	0.003	0.87	36	0.02	0.21	2.9	2
H01	重庆社会科学	1805	2.153	0.723	0.98	995	0.45	5.78	5.0	12
H01	传承	397	—	0.567	0.85	193	0.10	1.12	3.2	6
H01	船山学刊	256	0.212	0.89	154	0.16	0.90	≥10	3
H01	创新	185	0.437	0.090	0.96	151	0.08	0.88	5.6	3
H01	创新创业理论研究与实践	4499	0.924	0.269	0.82	818	0.10	4.76	3.3	8
H01	大庆社会科学	316	0.353	0.128	0.97	217	0.08	1.26	3.9	4
H01	大学教育科学	2282	4.303	1.100	0.96	756	0.18	4.40	4.8	16
H01	当代韩国	99	0.348	0.061	0.81	59	0.03	0.34	7.8	2
H01	道德与文明	917	1.050	0.309	0.97	533	0.41	3.10	7.3	7
H01	德国研究	472	2.203	0.444	0.87	271	0.10	1.58	5.2	6
H01	邓小平研究	113	0.309	0.114	0.95	96	0.09	0.56	4.1	3
H01	东方论坛	330	0.532	0.210	0.97	264	0.19	1.53	7.4	4
H01	东疆学刊	201	0.387	0.111	0.95	146	0.08	0.85	7.7	3
H01	东南学术	2049	2.354	0.657	0.98	1067	0.58	6.20	5.0	13
H01	东吴学术	225	—	0.056	0.98	154	0.10	0.90	6.0	3
H01	东岳论丛	3063	2.174	0.549	0.99	1435	0.60	8.34	4.9	14
H01	福建论坛（人文社会科学版）	2571	—	0.369	0.98	1251	0.54	7.27	5.1	13
H01	甘肃社会科学	2785	2.361	0.881	0.98	1340	0.62	7.79	5.7	13
H01	高等理科教育	1114	1.736	0.611	0.81	389	0.06	2.26	4.9	8
H01	关东学刊	96	—	0.031	0.99	86	0.03	0.50	4.7	2

学科代码	期刊名称	扩展总被引频次	扩展影响因子	扩展即年指标	扩展他引率	扩展引用刊数	扩展学科影响指标	扩展学科扩散指标	扩展被引半衰期	扩展H指标
H01	观察与思考	366	0.524	0.189	0.99	305	0.20	1.77	4.1	4
H01	广东社会科学	2090	2.162	0.649	0.99	1057	0.54	6.15	5.4	13
H01	广西社会科学	3209	2.127	0.428	0.99	1466	0.62	8.52	4.9	11
H01	贵州社会科学	3409	2.504	0.329	0.98	1392	0.58	8.09	4.6	16
H01	桂海论丛	187	0.240	0.065	0.99	164	0.06	0.95	5.3	3
H01	国际公关	1152	0.184	0.062	0.96	440	0.11	2.56	4.0	4
H01	国际社会科学杂志	272	—	0.017	0.99	220	0.20	1.28	≥10	3
H01	国家现代化建设研究	123	—	0.493	0.94	101	0.09	0.59	2.3	4
H01	河北学刊	2054	1.528	0.651	0.98	1077	0.58	6.26	7.1	10
H01	河南社会科学	2238	2.012	0.484	0.98	1190	0.55	6.92	5.2	12
H01	黑河学刊	482	0.477	0.117	0.99	274	0.12	1.59	5.6	4
H01	黑龙江社会科学	508	0.326	0.171	0.99	400	0.24	2.33	7.0	5
H01	宏观质量研究	920	3.972	1.000	0.92	486	0.24	2.83	3.9	11
H01	湖北社会科学	2705	1.588	0.457	0.98	1345	0.58	7.82	5.9	10
H01	湖南社会科学	1847	2.387	0.722	0.99	1113	0.48	6.47	5.4	12
H01	湖湘论坛	905	2.424	0.866	0.99	577	0.33	3.35	4.5	10
H01	江海学刊	2687	1.611	0.318	0.99	1301	0.67	7.56	6.4	13
H01	江汉论坛	2744	1.912	0.687	0.99	1297	0.68	7.54	5.4	13
H01	江汉学术	547	1.073	0.189	0.95	409	0.18	2.38	5.5	6
H01	江淮论坛	1978	2.446	0.367	0.98	1079	0.56	6.27	4.8	13
H01	江南论坛	350	0.319	0.165	0.95	265	0.10	1.54	3.6	4
H01	江苏社会科学	3399	3.139	1.248	0.99	1442	0.67	8.38	5.8	14
H01	江西社会科学	4167	2.327	0.426	0.99	1695	0.65	9.85	6.1	14
H01	晋阳学刊	587	0.432	0.151	0.97	434	0.30	2.52	9.2	5
H01	荆楚学刊	136	0.184	0.088	1.00	124	0.04	0.72	6.4	2
H01	开发研究	676	0.935	0.172	0.96	447	0.19	2.60	6.1	6
H01	科技广场	346	0.346	0.103	0.98	283	0.05	1.65	9.7	3
H01	科技智囊	414	0.885	0.732	0.71	222	0.06	1.29	2.9	5
H01	科学·经济·社会	270	0.635	0.123	0.96	234	0.13	1.36	7.8	4
H01	科学决策	1248	2.429	0.506	0.92	597	0.22	3.47	4.0	10
H01	科学与管理	385	0.926	0.636	0.96	288	0.09	1.67	4.5	5
H01	科学与社会	700	2.202	0.405	0.99	445	0.22	2.59	5.9	9
H01	克拉玛依学刊	82	0.281	0.071	0.88	67	0.03	0.39	4.0	3

学科代码	期刊名称	扩展总被引频次	扩展影响因子	扩展即年指标	扩展他引率	扩展引用刊数	扩展学科影响指标	扩展学科扩散指标	扩展被引半衰期	扩展H指标
H01	兰州学刊	2322	2.704	0.778	0.98	1211	0.58	7.04	4.8	11
H01	理论观察	811	—	0.032	1.00	461	0.17	2.68	4.6	4
H01	理论建设	290	0.815	0.403	0.99	239	0.12	1.39	3.6	5
H01	理论界	471	0.217	0.049	0.99	384	0.17	2.23	≥10	3
H01	理论学刊	1758	2.963	0.830	0.99	996	0.48	5.79	4.9	13
H01	理论与当代	140	0.196	0.045	1.00	120	0.06	0.70	5.1	2
H01	理论与现代化	382	0.816	0.250	0.99	324	0.25	1.88	8.1	5
H01	理论月刊	3100	2.623	1.010	0.99	1403	0.62	8.16	4.9	14
H01	岭南学刊	285	0.545	0.154	0.95	228	0.14	1.33	4.5	4
H01	领导科学	2061	0.597	0.444	0.96	951	0.46	5.53	4.0	8
H01	民主与科学	200	0.217	0.018	1.00	183	0.09	1.06	6.6	4
H01	民族翻译	165	0.265	0.030	0.81	82	0.05	0.48	5.9	2
H01	南都学坛	381	0.401	0.149	0.86	267	0.13	1.55	9.8	3
H01	南海学刊	175	0.444	0.181	0.90	115	0.05	0.67	5.0	3
H01	南京社会科学	5966	4.868	1.672	0.99	1879	0.73	10.92	4.7	22
H01	南亚东南亚研究	237	0.496	0.068	0.94	131	0.05	0.76	7.4	4
H01	南洋资料译丛	61	0.255	—	1.00	37	0.03	0.22	9.2	3
H01	内蒙古社会科学	2037	2.715	0.445	0.98	1072	0.52	6.23	4.3	13
H01	宁夏社会科学	1883	2.323	0.588	0.99	1009	0.56	5.87	4.8	11
H01	品牌研究	948	0.066	0.036	0.88	332	0.05	1.93	4.0	3
H01	品牌与标准化	544	0.526	0.224	0.99	315	0.01	1.83	3.3	4
H01	齐鲁学刊	995	1.303	0.571	0.98	629	0.38	3.66	9.3	8
H01	前沿	644	0.466	0.138	0.99	494	0.21	2.87	≥10	4
H01	青海社会科学	1551	1.708	0.091	0.97	899	0.49	5.23	5.4	9
H01	青藏高原论坛	103	0.234	—	0.97	80	0.06	0.47	5.1	3
H01	求是学刊	1666	2.733	0.489	0.98	936	0.48	5.44	5.2	12
H01	求索	3304	3.723	1.559	0.98	1433	0.67	8.33	5.8	16
H01	求知	490	0.896	0.274	1.00	362	0.20	2.10	3.3	9
H01	人文杂志	2273	1.713	0.644	0.98	1122	0.61	6.52	6.4	12
H01	软科学	6514	4.424	1.734	0.96	1375	0.42	7.99	4.9	18
H01	山东社会科学	3821	1.850	0.307	0.99	1604	0.69	9.33	5.4	14
H01	山西高等学校社会科学学报	607	0.647	0.268	0.98	367	0.14	2.13	4.6	7
H01	社会发展研究	935	2.811	0.600	0.97	489	0.37	2.84	5.1	9

学科代码	期刊名称	扩展总被引频次	扩展影响因子	扩展即年指标	扩展他引率	扩展引用刊数	扩展学科影响指标	扩展学科扩散指标	扩展被引半衰期	扩展H指标
H01	社会工作与管理	513	1.355	0.164	0.89	257	0.23	1.49	5.1	7
H01	社会科学	4625	2.900	0.484	0.99	1636	0.71	9.51	6.4	18
H01	社会科学动态	420	0.445	0.139	0.99	338	0.18	1.97	3.6	4
H01	社会科学辑刊	2385	3.389	1.435	0.99	1213	0.58	7.05	4.4	15
H01	社会科学家	3563	2.066	0.514	0.98	1513	0.61	8.80	4.6	14
H01	社会科学论坛	542	0.272	0.094	0.97	423	0.24	2.46	≥10	5
H01	社会科学研究	2721	2.521	0.815	1.00	1263	0.61	7.34	6.9	13
H01	社会科学战线	5159	1.911	0.416	0.99	1833	0.74	10.66	6.1	15
H01	社会政策研究	326	2.050	0.361	0.97	239	0.23	1.39	3.9	5
H01	社科纵横	634	0.568	0.040	1.00	482	0.22	2.80	5.8	5
H01	深圳社会科学	253	0.833	0.289	0.97	217	0.16	1.26	3.5	4
H01	世界科技研究与发展	930	1.732	0.427	0.97	641	0.08	3.73	7.2	7
H01	数字人文研究	102	1.247	0.440	0.86	53	0.01	0.31	3.2	5
H01	水文化	25	—	0.064	0.84	15	0.02	0.09	—	2
H01	思想战线	2283	2.207	0.743	0.98	994	0.55	5.78	7.8	12
H01	探索与争鸣	5548	3.544	0.870	0.99	1525	0.67	8.87	4.7	20
H01	唐都学刊	207	0.128	0.091	0.95	155	0.11	0.90	≥10	3
H01	天府新论	665	0.918	0.367	0.98	493	0.33	2.87	7.1	6
H01	天津社会科学	1997	1.970	0.851	0.99	1038	0.55	6.03	7.4	14
H01	天中学刊	252	0.152	0.084	0.96	202	0.09	1.17	9.3	3
H01	未来与发展	934	0.752	0.256	0.77	500	0.15	2.91	4.7	6
H01	文史哲	1706	1.035	0.324	0.98	709	0.45	4.12	≥10	8
H01	西部学刊	1028	0.231	0.094	0.99	608	0.20	3.53	3.8	5
H01	西域研究	668	0.722	0.108	0.91	216	0.14	1.26	≥10	5
H01	西藏研究	694	0.405	0.082	0.89	248	0.10	1.44	≥10	5
H01	下一代	34	0.005	—	1.00	27	—	0.16	4.9	1
H01	现代交际	1896	0.248	0.161	1.00	688	0.14	4.00	4.9	5
H01	新疆社会科学（汉文版）	1412	3.053	1.505	0.98	804	0.42	4.67	3.7	12
H01	新疆社科论坛	239	0.426	0.023	0.99	181	0.10	1.05	4.7	3
H01	新西部	830	0.316	0.098	0.98	450	0.15	2.62	4.7	5
H01	学会	335	0.500	0.022	0.95	186	0.08	1.08	4.8	4
H01	学术交流	2359	1.771	0.302	0.98	1235	0.56	7.18	6.4	12
H01	学术界	2922	1.985	0.427	0.98	1306	0.63	7.59	5.2	16

学科代码	期刊名称	扩展总被引频次	扩展影响因子	扩展即年指标	扩展他引率	扩展引用刊数	扩展学科影响指标	扩展学科扩散指标	扩展被引半衰期	扩展H指标
H01	学术论坛	2321	3.591	0.338	0.99	1276	0.51	7.42	7.8	11
H01	学术探索	1735	1.521	0.693	0.98	1007	0.44	5.85	4.3	9
H01	学术研究	3554	1.688	0.317	0.98	1506	0.69	8.76	7.0	13
H01	学术月刊	4633	2.500	0.392	0.98	1497	0.71	8.70	6.9	17
H01	学习与实践	2877	3.336	0.687	0.98	1248	0.59	7.26	4.6	12
H01	学习与探索	3966	2.458	0.498	0.99	1533	0.66	8.91	4.8	16
H01	阴山学刊	189	0.205	0.049	0.97	160	0.06	0.93	8.9	3
H01	殷都学刊	287	0.155	0.041	0.96	183	0.09	1.06	≥10	3
H01	原生态民族文化学刊	615	1.286	0.329	0.93	327	0.16	1.90	4.8	7
H01	阅江学刊	550	1.513	0.543	0.95	408	0.26	2.37	3.1	7
H01	云南社会科学	2046	2.855	0.812	0.99	1072	0.53	6.23	4.8	12
H01	浙江社会科学	3909	2.782	0.719	0.99	1512	0.66	8.79	5.8	16
H01	浙江学刊	2382	1.910	0.675	0.99	1184	0.58	6.88	6.2	12
H01	知识产权	2771	4.608	0.681	0.93	596	0.34	3.47	6.1	13
H01	中国高校社会科学	1298	2.637	0.900	0.99	830	0.48	4.83	4.3	12
H01	中国集体经济	6166	0.666	0.486	0.96	1042	0.22	6.06	3.3	10
H01	中国监狱学刊	100	—	0.042	0.73	41	0.02	0.24	3.9	2
H01	中国人事科学	296	0.686	0.147	0.91	174	0.06	1.01	3.8	4
H01	中国社会工作	822	0.394	0.052	0.97	349	0.24	2.03	4.0	6
H01	中国社会科学	20264	14.134	2.921	0.99	2242	0.82	13.03	8.5	50
H01	中国社会科学评价	489	1.618	0.221	0.99	336	0.28	1.95	4.2	6
H01	中国医学教育技术	1898	2.350	0.634	0.94	473	0.03	2.75	4.3	10
H01	中州学刊	4593	2.679	0.906	0.98	1669	0.72	9.70	5.0	16
H01	自然辩证法通讯	1516	0.901	0.310	0.96	777	0.38	4.52	6.4	9
H02	安徽大学学报（哲学社会科学版）	1342	1.475	0.302	0.94	785	0.38	3.01	6.1	9
H02	安徽工业大学学报（社会科学版）	595	0.506	—	0.96	367	0.08	1.41	5.1	4
H02	安徽理工大学学报（社会科学版）	281	0.524	0.077	0.98	217	0.07	0.83	4.6	4
H02	安徽农业大学学报（社会科学版）	486	0.624	0.092	0.97	344	0.12	1.32	5.4	4
H02	宝鸡文理学院学报（社会科学版）	233	0.290	0.035	0.98	189	0.05	0.72	7.0	3
H02	北方民族大学学报（哲学社会科学版）	1213	1.578	0.432	0.96	613	0.33	2.35	4.8	8
H02	北华大学学报（社会科学版）	376	0.703	0.183	0.89	280	0.10	1.07	6.0	4
H02	北京大学学报（哲学社会科学版）	3782	2.131	0.698	0.99	1464	0.74	5.61	≥10	18
H02	北京工商大学学报（社会科学版）	1515	4.806	1.387	0.98	664	0.35	2.54	4.5	12

学科代码	期刊名称	扩展总被引频次	扩展影响因子	扩展即年指标	扩展他引率	扩展引用刊数	扩展学科影响指标	扩展学科扩散指标	扩展被引半衰期	扩展H指标
H02	北京工业大学学报（社会科学版）	1850	7.198	2.897	0.96	1043	0.43	4.00	3.6	16
H02	北京航空航天大学学报（社会科学版）	1311	2.319	1.370	0.98	808	0.42	3.10	3.4	10
H02	北京化工大学学报（社会科学版）	194	0.421	0.017	0.98	172	0.08	0.66	6.0	3
H02	北京交通大学学报（社会科学版）	1013	3.125	0.783	0.98	608	0.25	2.33	4.5	9
H02	北京科技大学学报（社会科学版）	774	1.672	0.989	0.83	475	0.26	1.82	4.0	8
H02	北京理工大学学报（社会科学版）	2000	3.488	0.761	0.98	1064	0.45	4.08	4.8	12
H02	北京联合大学学报（人文社会科学版）	940	3.169	0.750	0.98	616	0.23	2.36	4.3	9
H02	北京林业大学学报（社会科学版）	524	0.990	0.229	0.96	287	0.08	1.10	7.2	6
H02	北京邮电大学学报（社会科学版）	568	1.108	0.314	0.98	429	0.13	1.64	6.0	6
H02	渤海大学学报（哲学社会科学版）	411	0.422	0.036	0.98	301	0.09	1.15	5.6	5
H02	长安大学学报（社会科学版）	429	1.670	0.620	0.98	319	0.11	1.22	4.0	6
H02	长春工程学院学报（社会科学版）	442	0.756	0.113	0.98	269	0.07	1.03	3.9	6
H02	长春理工大学学报（社会科学版）	533	0.528	0.117	0.97	386	0.13	1.48	5.5	4
H02	长沙理工大学学报（社会科学版）	478	1.114	0.524	0.77	301	0.11	1.15	4.0	6
H02	常州大学学报（社会科学版）	285	0.840	0.232	0.81	205	0.11	0.79	4.3	4
H02	常州工学院学报（社会科学版）	226	0.266	0.085	1.00	172	0.05	0.66	4.9	4
H02	成都大学学报（社会科学版）	407	0.647	0.268	0.95	303	0.13	1.16	7.5	5
H02	成都理工大学学报（社会科学版）	193	0.257	0.039	0.99	164	0.07	0.63	6.4	3
H02	城市学刊	268	0.347	0.101	0.96	215	0.04	0.82	5.8	4
H02	赤峰学院学报（哲学社会科学版）	744	0.354	0.111	0.96	402	0.15	1.54	6.0	4
H02	重庆大学学报（社会科学版）	2861	4.619	2.398	0.97	1307	0.62	5.01	3.8	18
H02	重庆工商大学学报（社会科学版）	517	1.156	0.533	0.98	369	0.16	1.41	4.1	6
H02	重庆交通大学学报（社会科学版）	408	0.538	0.089	0.96	321	0.13	1.23	6.7	4
H02	重庆科技学院学报（社会科学版）	630	0.522	0.125	1.00	446	0.15	1.71	8.6	4
H02	重庆三峡学院学报	328	0.679	0.603	0.87	221	0.08	0.85	5.9	5
H02	重庆文理学院学报（社会科学版）	572	1.318	0.969	0.80	304	0.11	1.16	4.4	6
H02	重庆邮电大学学报（社会科学版）	916	1.701	0.813	0.87	531	0.27	2.03	4.1	7
H02	大连海事大学学报（社会科学版）	325	0.661	0.304	0.98	251	0.16	0.96	4.6	4
H02	大连理工大学学报（社会科学版）	1324	2.815	1.155	0.99	838	0.39	3.21	4.5	10
H02	电子科技大学学报（社会科学版）	541	1.214	0.621	0.97	388	0.12	1.49	4.8	7
H02	东北大学学报（社会科学版）	1384	2.271	0.541	0.99	885	0.37	3.39	5.2	10
H02	东北农业大学学报（社会科学版）	337	0.833	0.310	0.98	264	0.11	1.01	5.2	5
H02	东华大学学报（社会科学版）	245	0.688	0.132	0.94	162	0.06	0.62	5.0	4

学科代码	期刊名称	扩展总被引频次	扩展影响因子	扩展即年指标	扩展他引率	扩展引用刊数	扩展学科影响指标	扩展学科扩散指标	扩展被引半衰期	扩展H指标
H02	东华理工大学学报（社会科学版）	525	0.967	0.247	0.76	284	0.08	1.09	4.3	5
H02	东南大学学报（哲学社会科学版）	1762	3.378	0.353	0.99	1073	0.45	4.11	5.4	10
H02	佛山科学技术学院学报（社会科学版）	153	0.341	0.123	0.93	121	0.05	0.46	5.9	3
H02	福建江夏学院学报	151	0.381	0.108	0.97	133	0.04	0.51	4.5	3
H02	福建农林大学学报（哲学社会科学版）	444	0.860	0.110	0.98	318	0.11	1.22	5.4	5
H02	福建医科大学学报（社会科学版）	389	1.040	0.150	0.96	230	0.04	0.88	3.8	5
H02	福州大学学报（哲学社会科学版）	438	0.682	0.069	0.97	352	0.13	1.35	6.1	5
H02	复旦学报（社会科学版）	1806	1.149	0.505	0.99	998	0.48	3.82	≥10	10
H02	广播电视大学学报（哲学社会科学版）	98	0.242	—	0.98	86	0.09	0.74	7.8	2
H02	广东外语外贸大学学报	420	0.708	0.247	0.78	224	0.55	20.36	7.2	5
H02	广西大学学报（哲学社会科学版）	760	1.038	0.117	0.97	540	0.30	2.07	5.0	5
H02	广西民族大学学报（哲学社会科学版）	1841	1.451	0.198	0.96	797	0.37	3.05	8.1	9
H02	广州大学学报（社会科学版）	1061	2.105	0.845	0.98	680	0.33	2.61	4.7	10
H02	贵阳学院学报（社会科学版）	229	0.263	0.037	0.97	184	0.09	0.70	5.7	3
H02	贵州大学学报（社会科学版）	732	1.465	0.826	0.97	463	0.26	1.77	5.1	8
H02	贵州工程应用技术学院学报	249	0.283	0.031	0.91	167	0.04	0.64	5.4	3
H02	贵州民族大学学报（哲学社会科学版）	438	0.720	0.292	0.94	309	0.19	1.18	9.1	5
H02	哈尔滨工业大学学报（社会科学版）	1063	1.479	0.762	0.99	771	0.37	2.95	4.5	9
H02	哈尔滨商业大学学报（社会科学版）	768	2.855	0.389	0.99	408	0.44	7.85	4.2	8
H02	哈尔滨师范大学社会科学学报	289	0.307	0.101	0.99	232	0.11	0.89	4.5	4
H02	海南大学学报（人文社会科学版）	1196	1.797	1.323	0.97	758	0.40	2.90	3.9	8
H02	合肥工业大学学报（社会科学版）	478	0.593	0.280	0.96	344	0.17	1.32	5.3	4
H02	河北北方学院学报（社会科学版）	296	0.387	0.057	0.96	209	0.06	0.80	4.4	4
H02	河北大学学报（哲学社会科学版）	1276	1.955	0.474	0.98	855	0.39	3.28	5.9	9
H02	河北工程大学学报（社会科学版）	318	0.717	0.101	0.97	247	0.09	0.95	4.6	4
H02	河北工业大学学报（社会科学版）	131	0.500	0.045	0.98	118	0.02	0.45	4.8	3
H02	河北经贸大学学报（综合版）	197	0.763	0.161	0.94	160	0.07	0.61	4.0	5
H02	河北科技大学学报（社会科学版）	257	1.138	0.179	1.00	215	0.07	0.82	3.8	4
H02	河北农业大学学报（社会科学版）	455	1.370	0.520	0.75	263	0.18	7.74	3.4	6
H02	河池学院学报	240	0.338	0.075	0.97	181	0.12	0.85	5.3	3
H02	河海大学学报（哲学社会科学版）	1413	3.721	0.747	0.96	830	0.40	3.18	4.0	10
H02	河南财政金融学院学报（哲学社会科学版）	359	0.479	0.081	0.98	282	0.11	1.08	5.5	4
H02	河南大学学报（社会科学版）	1419	1.270	0.583	0.97	880	0.40	3.37	6.8	8

学科代码	期刊名称	扩展总被引频次	扩展影响因子	扩展即年指标	扩展他引率	扩展引用刊数	扩展学科影响指标	扩展学科扩散指标	扩展被引半衰期	扩展H指标
H02	河南工程学院学报（社会科学版）	140	0.410	0.093	0.99	115	0.02	0.44	4.5	4
H02	河南工业大学学报（社会科学版）	374	0.856	0.100	0.98	288	0.11	1.10	4.3	5
H02	河南科技大学学报（社会科学版）	275	0.328	0.312	1.00	229	0.07	0.88	6.1	3
H02	河南理工大学学报（社会科学版）	233	0.378	0.274	0.94	197	0.06	0.75	5.2	4
H02	红河学院学报	343	0.304	0.094	0.98	224	0.05	0.86	4.4	4
H02	湖北大学学报（哲学社会科学版）	1356	1.995	0.596	0.99	894	0.47	3.43	5.2	11
H02	湖北经济学院学报（人文社会科学版）	1432	0.671	0.361	0.99	671	0.18	2.57	3.9	8
H02	湖北理工学院学报（人文社会科学版）	245	0.370	0.292	0.87	180	0.05	0.69	5.6	4
H02	湖北民族大学学报（哲学社会科学版）	701	2.065	1.031	0.94	407	0.26	1.56	3.3	9
H02	湖南大学学报（社会科学版）	1488	1.922	0.537	0.98	900	0.45	3.45	4.9	10
H02	湖南工程学院学报（社会科学版）	227	0.688	0.104	0.96	169	0.03	0.65	4.0	5
H02	湖南工业大学学报（社会科学版）	294	0.590	0.140	0.87	223	0.08	0.85	4.5	4
H02	湖南科技大学学报（社会科学版）	1298	1.749	0.336	0.97	825	0.36	3.16	4.6	9
H02	湖南农业大学学报（社会科学版）	1162	3.070	1.026	0.98	664	0.31	2.54	4.6	10
H02	湖南人文科技学院学报	301	0.408	0.120	0.99	248	0.08	0.95	5.1	4
H02	华北电力大学学报（社会科学版）	383	0.565	0.121	0.99	321	0.13	1.23	5.5	5
H02	华北理工大学学报（社会科学版）	655	0.974	0.341	0.99	409	0.15	1.57	3.9	6
H02	华北水利水电大学学报（社会科学版）	463	0.665	0.330	0.94	340	0.11	1.30	5.3	4
H02	华东理工大学学报（社会科学版）	1031	1.884	0.359	0.96	591	0.31	2.26	5.8	9
H02	华南理工大学学报（社会科学版）	535	1.047	0.176	1.00	435	0.15	1.67	5.2	6
H02	华南农业大学学报（社会科学版）	2242	6.944	1.800	0.97	784	0.45	3.00	4.0	16
H02	华侨大学学报（哲学社会科学版）	698	1.473	0.392	0.94	483	0.26	1.85	4.7	7
H02	华中科技大学学报（社会科学版）	2088	3.938	0.940	0.99	1048	0.58	4.02	4.9	13
H02	华中农业大学学报（社会科学版）	3195	5.059	1.625	0.96	1056	0.51	4.05	4.8	16
H02	吉林大学社会科学学报	2268	2.335	0.589	0.99	1128	0.59	4.32	6.9	13
H02	集美大学学报（哲学社会科学版）	160	0.301	0.152	0.93	133	0.07	0.51	6.9	3
H02	济南大学学报（社会科学版）	830	1.829	0.520	0.99	603	0.26	2.31	3.9	8
H02	暨南学报（哲学社会科学版）	2056	2.415	0.521	0.98	1061	0.56	4.07	6.1	11
H02	江汉大学学报（社会科学版）	360	0.727	0.277	0.99	308	0.10	1.18	6.0	4
H02	江南大学学报（人文社会科学版）	514	1.544	0.203	0.94	356	0.16	1.36	5.0	6
H02	江南社会学院学报	110	0.167	—	0.97	90	0.04	0.34	7.8	3
H02	江苏大学学报（社会科学版）	956	3.921	1.150	0.98	658	0.30	2.52	3.7	10
H02	江苏海洋大学学报（人文社会科学版）	439	0.561	0.094	0.98	319	0.08	1.22	6.2	4

学科代码	期刊名称	扩展总被引频次	扩展影响因子	扩展即年指标	扩展他引率	扩展引用刊数	扩展学科影响指标	扩展学科扩散指标	扩展被引半衰期	扩展H指标
H02	江苏科技大学学报（社会科学版）	133	—	0.086	0.94	109	0.03	0.42	5.8	2
H02	锦州医科大学学报（社会科学版）	620	0.883	0.291	0.98	320	0.05	1.23	3.9	5
H02	井冈山大学学报（社会科学版）	352	0.460	0.087	0.96	256	0.11	0.98	7.2	6
H02	九江学院学报（社会科学版）	139	0.191	0.116	0.99	114	0.03	0.44	7.6	3
H02	昆明理工大学学报（社会科学版）	507	1.077	0.370	0.96	387	0.17	1.48	4.1	5
H02	兰州大学学报（社会科学版）	2073	4.619	0.768	0.99	1146	0.51	4.39	4.8	15
H02	兰州文理学院学报（社会科学版）	276	0.390	0.100	0.99	209	0.06	0.80	4.8	4
H02	辽东学院学报（社会科学版）	235	0.262	0.035	0.96	183	0.07	0.70	5.3	3
H02	辽宁大学学报（哲学社会科学版）	862	0.623	0.240	0.99	624	0.27	2.39	6.8	7
H02	辽宁工程技术大学学报（社会科学版）	239	—	0.217	0.90	173	0.01	1.26	5.7	3
H02	辽宁工业大学学报（社会科学版）	693	0.673	0.198	0.97	386	0.13	1.48	4.0	5
H02	聊城大学学报（社会科学版）	240	0.223	0.165	0.97	200	0.10	0.77	7.6	4
H02	鲁东大学学报（哲学社会科学版）	289	0.267	0.130	1.00	219	0.11	0.84	≥10	4
H02	洛阳理工学院学报（社会科学版）	221	0.396	0.200	0.99	183	0.06	0.70	4.5	4
H02	南昌大学学报（人文社会科学版）	1027	2.667	0.632	0.97	678	0.36	2.60	4.6	9
H02	南昌航空大学学报（社会科学版）	183	0.331	0.111	0.97	149	0.05	0.57	5.1	4
H02	南华大学学报（社会科学版）	283	0.374	0.076	0.94	230	0.09	0.88	6.4	4
H02	南京大学学报（哲学·人文科学·社会科学）	1736	2.427	0.366	0.99	989	0.57	3.79	8.8	11
H02	南京工程学院学报（社会科学版）	175	0.380	0.088	0.97	138	0.04	0.53	5.4	4
H02	南京工业大学学报（社会科学版）	1002	4.151	1.106	0.96	557	0.32	2.13	4.0	10
H02	南京航空航天大学学报（社会科学版）	229	0.487	0.214	0.97	200	0.07	0.77	5.4	3
H02	南京理工大学学报（社会科学版）	489	1.032	0.370	0.98	339	0.11	1.30	5.1	6
H02	南京林业大学学报（人文社会科学版）	308	0.590	0.157	0.91	218	0.07	0.84	5.8	4
H02	南京农业大学学报（社会科学版）	4455	8.355	2.173	0.97	1065	0.60	4.08	4.5	24
H02	南京晓庄学院学报	562	0.588	0.165	0.98	244	0.07	0.93	6.9	4
H02	南京医科大学学报（社会科学版）	992	1.853	0.387	0.95	414	0.05	1.59	4.3	8
H02	南京邮电大学学报（社会科学版）	255	0.929	0.394	0.95	200	0.08	0.77	4.0	5
H02	南京中医药大学学报（社会科学版）	506	1.041	0.262	0.98	254	0.03	0.97	5.5	6
H02	南开学报（哲学社会科学版）	1620	2.174	0.524	0.99	952	0.51	3.65	6.3	12
H02	南通大学学报（社会科学版）	1121	2.335	0.482	0.99	736	0.32	2.82	4.8	10
H02	内蒙古大学学报（哲学社会科学版）	427	0.320	0.084	0.98	300	0.16	1.15	≥10	4
H02	内蒙古民族大学学报（社会科学版）	217	0.246	0.032	0.95	170	0.07	0.65	7.9	3
H02	内蒙古农业大学学报（社会科学版）	498	—	0.195	0.97	364	0.10	1.39	4.8	5

学科代码	期刊名称	扩展总被引频次	扩展影响因子	扩展即年指标	扩展他引率	扩展引用刊数	扩展学科影响指标	扩展学科扩散指标	扩展被引半衰期	扩展H指标
H02	宁波大学学报（人文科学版）	305	0.296	0.043	0.98	250	0.15	0.96	≥10	4
H02	宁夏大学学报（人文社会科学版）	563	0.376	0.155	0.96	397	0.21	1.52	9.8	4
H02	齐齐哈尔大学学报（哲学社会科学版）	1003	0.354	0.104	1.00	595	0.25	2.28	4.7	6
H02	青岛科技大学学报（社会科学版）	189	0.371	0.047	0.98	164	0.04	0.63	5.6	4
H02	青岛农业大学学报（社会科学版）	165	0.309	0.143	0.98	132	0.04	0.51	6.4	2
H02	青海民族大学学报（社会科学版）	630	1.285	0.439	0.94	349	0.19	1.34	5.3	6
H02	清华大学学报（哲学社会科学版）	2082	2.036	0.417	0.99	1069	0.50	4.10	8.9	14
H02	三峡大学学报（人文社会科学版）	447	0.562	0.361	0.98	327	0.09	1.25	4.9	4
H02	山东大学学报（哲学社会科学版）	2671	4.886	3.458	0.99	1277	0.66	4.89	4.1	16
H02	山东科技大学学报（社会科学版）	349	0.679	0.075	0.98	289	0.14	1.11	5.4	5
H02	山东理工大学学报（社会科学版）	318	0.516	0.103	0.97	253	0.06	0.97	6.3	4
H02	山东农业大学学报（社会科学版）	354	0.586	0.172	0.98	277	0.10	1.06	5.1	4
H02	山西大同大学学报（社会科学版）	341	0.361	0.163	0.96	251	0.08	0.96	4.1	4
H02	山西大学学报（哲学社会科学版）	1232	1.885	0.619	0.99	764	0.34	2.93	5.5	9
H02	山西农业大学学报（社会科学版）	472	1.021	0.312	0.98	349	0.16	1.34	5.7	5
H02	陕西理工大学学报（社会科学版）	236	0.453	0.153	0.91	183	0.08	0.70	5.4	4
H02	汕头大学学报（人文社会科学版）	298	0.215	0.008	0.98	228	0.08	0.87	7.7	4
H02	上海财经大学学报（哲学社会科学版）	1685	5.683	1.333	0.98	756	0.43	2.90	4.3	15
H02	上海大学学报（社会科学版）	1303	3.278	0.750	0.99	748	0.34	2.87	5.6	11
H02	上海理工大学学报（社会科学版）	341	0.941	0.306	0.96	213	0.08	0.82	4.8	6
H02	韶关学院学报	650	0.488	0.109	0.85	401	0.09	1.54	5.2	4
H02	邵阳学院学报（社会科学版）	258	0.536	0.174	0.91	193	0.07	0.74	3.8	5
H02	绍兴文理学院学报	465	0.270	0.065	0.97	367	0.08	1.41	6.2	4
H02	深圳大学学报（人文社会科学版）	1997	3.801	2.161	0.98	1079	0.53	4.13	4.3	14
H02	沈阳大学学报（社会科学版）	419	0.866	0.175	0.96	288	0.10	1.10	4.3	5
H02	沈阳工程学院学报（社会科学版）	432	1.075	0.287	0.67	203	0.05	0.78	3.5	6
H02	沈阳工业大学学报（社会科学版）	295	0.776	0.333	0.77	192	0.05	0.74	4.1	4
H02	沈阳建筑大学学报（社会科学版）	477	0.916	0.221	0.77	251	0.07	0.96	4.6	5
H02	沈阳农业大学学报（社会科学版）	532	0.583	0.159	0.89	325	0.11	1.25	5.5	5
H02	石河子大学学报（哲学社会科学版）	337	0.656	0.228	0.98	272	0.13	1.04	4.6	4
H02	石家庄铁道大学学报（社会科学版）	408	1.434	0.443	0.57	183	0.05	0.70	3.8	6
H02	四川大学学报（哲学社会科学版）	1543	1.135	0.509	0.99	911	0.46	3.49	6.9	9
H02	四川轻化工大学学报（社会科学版）	454	0.829	0.222	0.99	353	0.13	1.35	5.7	7

学科代码	期刊名称	扩展总被引频次	扩展影响因子	扩展即年指标	扩展他引率	扩展引用刊数	扩展学科影响指标	扩展学科扩散指标	扩展被引半衰期	扩展H指标
H02	苏州大学学报（社会科学版）	2100	3.259	0.407	0.98	1012	0.55	3.88	5.8	14
H02	苏州科技大学学报（社会科学版）	269	0.484	0.218	0.96	204	0.05	0.78	4.8	4
H02	太原理工大学学报（社会科学版）	200	0.435	0.198	0.96	179	0.10	0.69	4.8	4
H02	太原学院学报（社会科学版）	148	0.327	0.043	0.97	125	0.04	0.48	5.4	3
H02	体育学研究	2678	7.463	2.446	0.93	431	0.16	1.65	4.1	18
H02	天津大学学报（社会科学版）	585	1.045	0.379	0.93	425	0.15	1.63	6.8	5
H02	天津职业院校联合学报	676	0.499	0.242	0.96	315	0.02	1.21	4.2	4
H02	同济大学学报（社会科学版）	1076	2.115	0.493	0.98	697	0.32	2.67	6.2	10
H02	温州大学学报（社会科学版）	223	0.383	0.094	0.98	188	0.08	0.72	7.6	3
H02	五邑大学学报（社会科学版）	147	0.349	0.155	0.84	101	0.04	0.39	4.8	3
H02	武汉大学学报（哲学社会科学版）	2828	4.387	1.535	0.99	1294	0.64	4.96	5.4	17
H02	武汉科技大学学报（社会科学版）	412	0.782	0.169	0.99	336	0.15	1.29	5.3	5
H02	武汉理工大学学报（社会科学版）	686	0.653	0.158	0.99	547	0.27	2.10	7.2	5
H02	西安建筑科技大学学报（社会科学版）	272	0.566	0.083	0.93	210	0.07	0.80	5.4	5
H02	西安交通大学学报（社会科学版）	2632	5.619	2.319	0.98	1245	0.58	4.77	4.0	18
H02	西安石油大学学报（社会科学版）	238	0.562	0.125	0.87	161	0.05	0.62	4.1	4
H02	西安文理学院学报（社会科学版）	212	0.389	0.118	0.98	173	0.05	0.66	6.3	3
H02	西北大学学报（哲学社会科学版）	1981	3.326	0.827	0.98	1103	0.54	4.23	4.9	14
H02	西北工业大学学报（社会科学版）	488	1.573	0.875	0.99	347	0.16	1.33	4.2	7
H02	西北民族大学学报（哲学社会科学版）	1342	1.988	0.730	0.98	743	0.42	2.85	4.7	9
H02	西北农林科技大学学报（社会科学版）	3221	5.671	2.101	0.98	1041	0.54	3.99	4.5	17
H02	西昌学院学报（社会科学版）	284	0.612	0.273	0.99	219	0.08	0.84	4.3	5
H02	西华大学学报（哲学社会科学版）	403	0.842	0.235	0.98	333	0.13	1.28	6.2	6
H02	西南大学学报（社会科学版）	2995	3.661	1.833	0.94	1322	0.55	5.07	4.9	14
H02	西南交通大学学报（社会科学版）	595	0.676	0.459	0.99	456	0.17	1.75	6.9	5
H02	西南科技大学学报（哲学社会科学版）	341	0.703	0.135	0.96	265	0.09	1.02	4.8	4
H02	西南民族大学学报（人文社科版）	6037	3.045	0.666	0.98	1834	0.81	7.03	5.0	17
H02	西南石油大学学报（社会科学版）	295	0.667	0.063	0.99	255	0.08	0.98	4.9	4
H02	西藏大学学报（社会科学版）	710	0.843	0.097	0.95	361	0.13	1.38	5.5	6
H02	西藏民族大学学报（哲学社会科学版）	654	—	0.135	0.91	328	0.16	1.26	5.9	5
H02	厦门大学学报（哲学社会科学版）	1892	2.317	0.739	0.99	1048	0.51	4.02	6.9	12
H02	湘南学院学报	315	0.452	0.119	0.91	239	0.07	0.92	4.5	4
H02	湘潭大学学报（哲学社会科学版）	1903	1.624	0.497	0.98	1063	0.53	4.07	5.2	10

学科代码	期刊名称	扩展总被引频次	扩展影响因子	扩展即年指标	扩展他引率	扩展引用刊数	扩展学科影响指标	扩展学科扩散指标	扩展被引半衰期	扩展H指标
H02	新疆大学学报（哲学社会科学版）	847	0.879	0.167	0.92	487	0.26	1.87	6.8	5
H02	徐州工程学院学报（社会科学版）	186	0.371	0.026	0.90	148	0.06	0.57	5.6	4
H02	烟台大学学报（哲学社会科学版）	526	0.660	0.462	0.99	394	0.26	1.51	9.2	5
H02	燕山大学学报（哲学社会科学版）	307	0.438	0.250	0.95	231	0.12	0.89	6.0	3
H02	延安大学学报（社会科学版）	397	0.478	0.211	0.96	288	0.15	1.10	5.6	4
H02	延边大学学报（社会科学版）	417	0.528	0.105	0.92	313	0.13	1.20	5.8	4
H02	盐城工学院学报（社会科学版）	193	0.327	0.109	0.98	153	0.03	0.59	3.8	4
H02	扬州大学学报（人文社会科学版）	605	1.504	0.424	0.99	447	0.21	1.71	5.4	6
H02	应用型高等教育研究	250	0.851	0.091	0.99	179	0.06	0.69	5.2	4
H02	榆林学院学报	363	0.446	0.178	0.99	278	0.05	1.07	4.3	4
H02	云南大学学报（社会科学版）	640	1.101	0.309	0.99	464	0.30	1.78	5.2	7
H02	云南民族大学学报（哲学社会科学版）	2111	3.748	1.736	0.95	959	0.46	3.67	4.3	14
H02	肇庆学院学报	277	0.448	0.182	0.97	218	0.06	0.84	4.3	4
H02	浙江大学学报（人文社会科学版）	2294	1.574	0.205	0.99	1247	0.59	4.78	9.3	12
H02	浙江海洋大学学报（人文科学版）	304	0.585	0.070	0.93	218	0.07	0.84	5.2	4
H02	郑州大学学报（哲学社会科学版）	1503	1.531	0.302	0.99	928	0.44	3.56	7.0	8
H02	郑州航空工业管理学院学报（社会科学版）	217	0.294	0.087	0.99	173	0.07	0.66	8.1	4
H02	郑州轻工业大学学报（社会科学版）	241	0.509	0.136	0.97	178	0.05	0.68	5.9	4
H02	中北大学学报（社会科学版）	399	0.519	0.340	0.94	290	0.10	1.11	4.3	5
H02	中国地质大学学报（社会科学版）	1842	3.581	1.403	0.96	930	0.43	3.56	5.8	11
H02	中国海洋大学学报（社会科学版）	821	1.019	0.312	0.96	491	0.22	1.88	6.9	6
H02	中国矿业大学学报（社会科学版）	714	2.059	0.695	0.97	530	0.25	2.03	3.9	8
H02	中国农业大学学报（社会科学版）	2208	3.815	1.221	0.96	839	0.45	3.21	6.0	15
H02	中国人民大学学报	3433	3.790	0.574	0.99	1427	0.70	5.47	7.8	17
H02	中国人民公安大学学报（社会科学版）	1662	2.360	0.512	0.94	405	0.22	1.55	6.2	11
H02	中国社会科学院大学学报	1039	1.869	0.202	1.00	728	0.43	2.79	5.9	9
H02	中国石油大学学报（社会科学版）	473	0.977	0.247	0.89	351	0.14	1.34	4.9	6
H02	中南大学学报（社会科学版）	1654	2.454	0.558	0.95	901	0.48	3.45	5.4	11
H02	中南林业科技大学学报（社会科学版）	917	2.376	0.475	0.83	456	0.15	1.75	4.3	7
H02	中南民族大学学报（人文社会科学版）	3330	2.438	1.029	0.97	1250	0.63	4.79	4.4	13
H02	中山大学学报（社会科学版）	1752	1.064	0.425	0.98	970	0.54	3.72	≥10	9
H02	中央民族大学学报（哲学社会科学版）	1891	2.471	0.673	0.98	780	0.41	2.99	6.6	11
H03	安徽师范大学学报（社会科学版）	981	1.485	0.422	0.97	661	0.30	7.11	5.7	8

学科代码	期刊名称	扩展总被引频次	扩展影响因子	扩展即年指标	扩展他引率	扩展引用刊数	扩展学科影响指标	扩展学科扩散指标	扩展被引半衰期	扩展H指标
H03	安庆师范大学学报（社会科学版）	344	0.359	0.036	0.97	261	0.18	2.81	7.2	4
H03	北京师范大学学报（社会科学版）	3308	2.395	0.696	0.99	1395	0.69	15.00	≥10	17
H03	重庆师范大学学报（社会科学版）	371	0.754	0.339	0.91	273	0.09	3.55	6.3	5
H03	福建师范大学学报（哲学社会科学版）	1823	3.809	1.283	0.99	1005	0.46	10.81	4.3	14
H03	阜阳师范大学学报（社会科学版）	277	0.327	0.038	0.97	202	0.15	2.17	6.5	3
H03	赣南师范大学学报	475	0.458	0.168	0.93	346	0.23	3.72	6.1	4
H03	广西师范大学学报（哲学社会科学版）	1235	3.440	1.410	0.99	768	0.16	9.97	4.1	10
H03	贵州师范大学学报（社会科学版）	1040	2.605	1.405	0.98	685	0.33	7.37	3.5	10
H03	贵州师范学院学报	458	0.562	0.088	0.97	334	0.10	4.34	5.5	5
H03	海南师范大学学报（社会科学版）	404	0.437	0.115	0.96	283	0.06	3.68	9.1	4
H03	杭州师范大学学报（社会科学版）	889	1.463	0.442	0.99	637	0.13	8.27	5.8	8
H03	河北科技师范学院学报（社会科学版）	144	0.321	0.013	0.96	124	0.03	0.48	5.5	3
H03	河北师范大学学报（哲学社会科学版）	559	0.507	0.110	0.99	425	0.12	5.52	≥10	4
H03	河南师范大学学报（哲学社会科学版）	1716	2.041	0.859	0.98	1027	0.47	11.04	5.4	11
H03	湖北第二师范学院学报	593	0.397	0.114	0.98	379	0.06	4.92	4.9	4
H03	湖北师范大学学报（哲学社会科学版）	593	0.686	0.316	0.97	398	0.18	4.28	4.5	6
H03	湖南师范大学社会科学学报	1733	2.295	0.480	0.99	960	0.39	10.32	5.8	11
H03	华东师范大学学报（哲学社会科学版）	1544	2.141	0.414	0.98	919	0.33	9.88	6.6	10
H03	华南师范大学学报（社会科学版）	2024	3.055	0.516	0.99	1159	0.42	12.46	5.6	15
H03	华中师范大学学报（人文社会科学版）	2965	2.453	0.667	0.99	1358	0.46	14.60	9.2	17
H03	淮北师范大学学报（哲学社会科学版）	355	0.341	0.090	0.95	273	0.08	3.55	7.2	4
H03	淮阴师范学院学报（哲学社会科学版）	175	0.179	0.050	0.98	145	0.08	1.56	≥10	3
H03	吉林师范大学学报（人文社会科学版）	376	0.535	0.242	0.97	284	0.10	3.69	6.3	5
H03	江苏师范大学学报（哲学社会科学版）	582	0.628	0.050	0.99	435	0.10	5.65	≥10	6
H03	江西师范大学学报（哲学社会科学版）	1228	2.053	0.980	0.97	736	0.17	9.56	4.6	10
H03	廊坊师范学院学报（社会科学版）	156	0.228	0.215	0.99	121	0.06	1.30	7.1	4
H03	辽宁师范大学学报（社会科学版）	552	0.558	0.115	0.97	376	0.22	4.04	6.8	5
H03	辽宁师专学报（社会科学版）	529	0.430	0.219	0.98	261	0.11	2.81	3.5	4
H03	绵阳师范学院学报	525	0.315	0.081	0.98	412	0.18	4.43	4.9	5
H03	闽南师范大学学报（哲学社会科学版）	303	0.457	0.073	0.98	233	0.12	2.51	5.5	4
H03	牡丹江师范学院学报（哲学社会科学版）	304	0.615	0.016	0.77	191	0.10	2.05	6.5	3
H03	南京师范大学文学院学报	375	0.278	0.093	0.99	258	0.19	2.77	≥10	3
H03	南宁师范大学学报（哲学社会科学版）	358	1.372	0.400	0.94	218	0.10	2.34	3.2	7

学科代码	期刊名称	扩展总被引频次	扩展影响因子	扩展即年指标	扩展他引率	扩展引用刊数	扩展学科影响指标	扩展学科扩散指标	扩展被引半衰期	扩展H指标
H03	宁德师范学院学报（哲学社会科学版）	188	0.469	0.193	0.94	141	0.06	1.52	4.1	4
H03	青海师范大学学报（社会科学版）	357	0.240	0.023	0.96	277	0.15	2.98	9.6	3
H03	山东师范大学学报（社会科学版）	945	1.238	0.173	0.99	641	0.22	8.32	7.8	9
H03	陕西师范大学学报（哲学社会科学版）	2007	4.082	0.489	0.97	1103	0.45	11.86	5.7	13
H03	上海师范大学学报（哲学社会科学版）	1483	2.132	0.946	0.99	882	0.54	9.48	6.1	11
H03	上饶师范学院学报	210	0.214	0.010	0.97	175	0.04	1.88	7.2	3
H03	沈阳师范大学学报（社会科学版）	505	0.570	0.376	1.00	375	0.15	4.03	6.5	6
H03	首都师范大学学报（社会科学版）	1513	1.447	0.311	0.98	900	0.23	11.69	7.4	9
H03	四川师范大学学报（社会科学版）	1659	2.097	0.577	0.97	930	0.26	12.08	4.8	12
H03	唐山师范学院学报	381	0.309	0.027	0.94	291	0.12	3.13	5.6	4
H03	天津师范大学学报（社会科学版）	1075	2.097	1.148	0.97	694	0.17	9.01	3.6	11
H03	天水师范学院学报	320	0.338	0.057	0.88	244	0.11	2.62	7.4	3
H03	西华师范大学学报（哲学社会科学版）	527	0.889	0.772	0.94	361	0.06	4.69	4.8	6
H03	忻州师范学院学报	241	0.247	0.099	0.94	173	0.04	2.25	5.2	3
H03	新疆师范大学学报（哲学社会科学版）	4562	11.212	14.104	0.99	1672	0.67	17.98	3.0	27
H03	信阳师范学院学报（哲学社会科学版）	512	0.665	0.358	0.88	342	0.22	3.68	4.6	5
H03	盐城师范学院学报（人文社会科学版）	276	0.486	0.200	0.89	210	0.10	2.26	5.3	3
H03	云南师范大学学报（哲学社会科学版）	1951	3.363	0.924	0.96	916	0.31	11.90	4.9	12
H03	浙江师范大学学报（社会科学版）	483	0.471	0.203	0.99	353	0.10	4.58	9.0	5
J01	高校马克思主义理论研究	218	0.739	0.100	0.99	172	0.23	13.23	3.8	5
J01	理论探讨	2458	3.278	0.969	0.99	1103	0.69	84.85	4.7	13
J01	理论与改革	2015	5.122	1.773	0.99	936	0.69	72.00	4.5	15
J01	马克思主义理论学科研究	1073	—	0.322	0.99	581	0.62	44.69	3.3	9
J01	马克思主义研究	4204	4.617	0.877	0.97	1159	0.85	89.15	4.4	20
J01	马克思主义与现实	2784	2.141	0.548	0.99	1115	0.77	85.77	6.5	16
J01	毛泽东邓小平理论研究	1343	1.269	0.151	0.98	699	0.85	53.77	6.0	10
J01	毛泽东思想研究	504	0.413	0.194	0.98	306	0.38	23.54	8.6	4
J01	毛泽东研究	264	0.886	0.371	0.91	163	0.38	12.54	3.5	5
J01	社会主义研究	2238	2.696	0.528	0.99	942	0.85	72.46	5.4	12
J02	管子学刊	309	0.512	0.216	0.98	185	0.32	9.74	≥10	3
J02	科学技术哲学研究	890	0.714	0.098	0.97	517	0.47	27.21	8.6	7
J02	科学与无神论	165	0.627	0.135	0.63	51	0.05	2.68	3.9	3
J02	孔子研究	758	0.731	0.154	0.97	393	0.58	20.68	≥10	5

学科代码	期刊名称	扩展总被引频次	扩展影响因子	扩展即年指标	扩展他引率	扩展引用刊数	扩展学科影响指标	扩展学科扩散指标	扩展被引半衰期	扩展H指标
J02	伦理学研究	956	0.833	0.136	0.97	564	0.68	29.68	6.8	7
J02	逻辑学研究	216	0.356	0.081	0.96	157	0.32	8.26	≥10	3
J02	世界哲学	849	0.572	0.034	0.97	456	0.79	24.00	≥10	6
J02	系统科学学报	1112	1.453	0.980	0.87	634	0.32	33.37	5.2	8
J02	现代哲学	752	0.738	0.138	0.97	440	0.84	23.16	6.8	7
J02	学海	2519	2.259	1.015	0.98	1068	0.42	56.21	6.1	13
J02	云梦学刊	347	0.547	0.218	0.99	265	0.21	13.95	7.7	4
J02	哲学动态	1662	0.979	0.248	0.98	765	1.00	40.26	8.0	8
J02	哲学分析	561	1.064	0.378	0.97	350	0.68	18.42	4.9	7
J02	哲学研究	4082	2.461	0.727	0.99	1140	1.00	60.00	9.7	15
J02	中国高等学校学术文摘·哲学	17	—	—	1.00	15	0.11	0.79	≥10	1
J02	中国哲学史	701	0.470	0.071	0.97	312	0.63	16.42	≥10	5
J02	周易研究	401	0.355	0.072	0.85	189	0.42	9.95	≥10	4
J02	自然辩证法研究	2724	1.112	0.247	0.94	1086	0.84	57.16	8.4	11
J03	佛学研究	116	0.219	—	0.93	74	0.60	7.40	≥10	3
J03	世界宗教文化	420	0.356	0.035	0.89	199	0.80	19.90	5.9	4
J03	世界宗教研究	672	0.303	0.032	0.89	279	0.90	27.90	≥10	4
J03	天风	71	0.010	—	0.38	16	0.30	1.60	≥10	2
J03	五台山研究	93	0.171	0.025	0.89	64	0.60	6.40	9.9	2
J03	中国穆斯林	103	0.104	0.022	0.68	46	0.30	4.60	7.4	2
J03	中国宗教	330	0.156	0.025	0.99	143	0.70	14.30	5.3	4
J03	宗教学研究	577	0.137	0.036	0.91	267	0.80	26.70	≥10	3
K01	辞书研究	551	0.454	0.097	0.79	187	0.58	3.28	≥10	5
K01	当代外语研究	1230	3.342	0.219	0.80	365	0.46	6.40	3.8	14
K01	当代修辞学	1090	1.566	0.172	0.92	326	0.63	5.72	≥10	9
K01	当代语言学	902	0.789	0.314	0.93	262	0.65	4.60	≥10	8
K01	东北亚外语研究	130	0.227	0.023	0.85	73	0.07	1.28	7.2	3
K01	方言	984	0.382	0.077	0.86	213	0.47	3.74	≥10	6
K01	古汉语研究	469	0.378	0.048	0.94	167	0.39	2.93	≥10	4
K01	国际汉学	287	0.240	0.138	0.90	166	0.21	2.91	6.3	4
K01	国际汉语教学研究	395	1.761	0.487	0.85	115	0.23	2.02	4.2	7
K01	国家通用语言文字教学与研究	408	0.139	0.056	0.92	117	0.05	2.05	2.5	3
K01	海外英语	2448	0.486	0.094	0.84	427	0.21	7.49	3.6	4

学科代码	期刊名称	扩展总被引频次	扩展影响因子	扩展即年指标	扩展他引率	扩展引用刊数	扩展学科影响指标	扩展学科扩散指标	扩展被引半衰期	扩展H指标
K01	汉语学报	463	0.963	0.111	0.92	156	0.47	2.74	8.8	6
K01	汉语学习	1191	0.677	0.076	0.93	268	0.53	4.70	≥10	6
K01	汉语言文学研究	142	0.211	0.172	0.93	89	0.09	1.56	6.0	3
K01	汉字汉语研究	142	0.127	0.020	0.99	102	0.35	1.79	8.4	3
K01	汉字文化	1442	—	0.066	0.85	487	0.53	8.54	3.6	4
K01	满语研究	174	0.217	—	0.89	79	0.16	1.39	≥10	3
K01	民族语文	725	0.387	0.029	0.74	164	0.37	2.88	≥10	4
K01	上海翻译	2158	2.561	0.684	0.91	402	0.26	7.05	6.4	11
K01	世界汉语教学	1861	2.085	0.500	0.97	387	0.63	6.79	≥10	10
K01	外语电化教学	2589	—	0.675	0.95	606	0.44	10.63	4.9	17
K01	外语与翻译	185	0.547	0.158	0.94	122	0.25	2.14	4.9	4
K01	现代语文	435	0.116	0.049	0.97	217	0.56	3.81	≥10	3
K01	英语广场	1064	0.681	0.083	0.88	226	0.14	3.96	3.3	3
K01	英语教师	1059	—	0.050	0.82	167	0.16	2.93	3.6	5
K01	英语学习	644	0.919	0.206	0.91	105	0.12	1.84	4.2	8
K01	语文建设	3178	0.964	0.233	0.96	479	0.58	8.40	4.7	11
K01	语文教学与研究	378	0.196	0.049	0.90	124	0.19	2.18	4.1	3
K01	语文教学之友	142	0.150	0.093	0.92	52	0.12	0.91	3.0	3
K01	语文世界	91	0.078	0.020	0.99	44	0.11	0.77	2.3	3
K01	语文天地	165	0.075	0.045	1.00	57	0.14	1.00	4.2	2
K01	语文研究	683	0.815	0.212	0.95	211	0.54	3.70	≥10	6
K01	语言教学与研究	2184	2.129	0.247	0.96	439	0.63	7.70	≥10	11
K01	语言科学	838	0.631	0.078	0.93	245	0.58	4.30	≥10	7
K01	语言文字应用	1461	2.196	0.288	0.95	422	0.63	7.40	9.3	10
K01	语言研究	1080	0.394	0.123	0.97	272	0.47	4.77	≥10	6
K01	语言战略研究	1000	1.983	1.173	0.95	379	0.53	6.65	4.3	10
K01	中国翻译	4202	1.890	0.357	0.94	553	0.40	9.70	≥10	16
K01	中国科技翻译	776	0.619	0.087	0.94	213	0.26	3.74	≥10	7
K01	中国文学研究	436	0.418	0.125	0.97	273	0.16	4.79	9.3	4
K01	中国语文	3091	1.112	0.149	0.95	396	0.72	6.95	≥10	13
K01	中学语文	385	0.299	0.028	0.96	107	0.14	1.88	3.5	2
K03	北京第二外国语学院学报	759	1.398	0.433	0.93	359	0.78	13.30	7.9	7
K03	基础外语教育	355	0.545	0.051	0.89	100	0.15	3.70	5.8	5

学科代码	期刊名称	扩展总被引频次	扩展影响因子	扩展即年指标	扩展他引率	扩展引用刊数	扩展学科影响指标	扩展学科扩散指标	扩展被引半衰期	扩展H指标
K03	解放军外国语学院学报	1549	1.031	0.219	0.97	481	0.89	17.81	9.8	7
K03	考试与评价	236	—	0.003	1.00	90	0.07	3.33	5.1	2
K03	日语学习与研究	321	—	0.038	0.83	119	0.52	4.41	8.6	3
K03	山东外语教学	1072	1.720	0.228	0.92	386	0.81	14.30	7.4	8
K03	天津外国语大学学报	527	0.767	0.190	0.96	235	0.81	8.70	5.6	6
K03	外国语	2017	1.761	0.466	0.94	488	0.89	18.07	9.8	11
K03	外国语文	1529	1.292	0.136	0.93	495	0.89	18.33	7.9	11
K03	外语测试与教学	172	—	0.067	0.77	70	0.52	2.59	5.5	4
K03	外语教学	2795	2.336	0.717	0.96	602	0.89	22.30	6.9	13
K03	外语教学理论与实践	1017	1.608	0.327	0.98	351	0.81	13.00	8.0	9
K03	外语教学与研究	3085	1.649	0.368	0.96	604	0.89	22.37	≥10	16
K03	外语教育研究前沿	1042	4.139	0.500	0.93	299	0.85	11.07	4.3	15
K03	外语界	3372	5.556	1.274	0.95	556	0.89	20.59	6.8	18
K03	外语学刊	1886	1.351	0.317	0.96	511	0.89	18.93	8.9	9
K03	外语研究	1805	1.459	0.360	0.97	518	0.89	19.19	9.0	10
K03	外语与外语教学	2509	1.959	0.469	0.94	556	0.89	20.59	≥10	12
K03	西安外国语大学学报	910	1.230	0.264	0.96	350	0.89	12.96	6.2	6
K03	现代外语	2295	2.066	0.986	0.94	467	0.89	17.30	7.8	16
K03	现代英语	504	0.212	0.043	0.91	150	0.07	5.56	3.3	3
K03	新东方	138	0.280	0.179	0.95	113	0.04	4.19	5.7	3
K03	中国俄语教学	193	0.407	0.075	0.74	87	0.33	3.22	7.4	3
K03	中国外语	3450	6.211	0.481	0.98	663	0.89	24.56	4.9	19
K04	曹雪芹研究	109	0.207	0.062	0.82	41	0.04	0.40	5.2	2
K04	长江学术	215	0.598	0.106	0.89	145	0.18	1.42	7.0	4
K04	大观	1065	0.551	0.158	0.98	242	0.09	2.37	3.5	3
K04	大众文艺	4120	0.304	0.101	0.97	785	0.17	7.70	5.1	5
K04	当代人	17	0.003	—	1.00	12	0.04	0.12	≥10	1
K04	当代文坛	874	0.530	0.166	0.95	352	0.26	3.45	6.7	6
K04	当代作家评论	1118	0.462	0.146	0.94	293	0.30	2.87	≥10	6
K04	都市	2	0.007	—	1.00	1	0.01	0.01	3.0	1
K04	杜甫研究学刊	259	0.477	0.083	0.76	84	0.12	0.82	≥10	3
K04	国学学刊	124	0.190	0.052	0.98	88	0.10	0.86	6.4	3
K04	海峡人文学刊	25	—	0.030	1.00	20	0.03	0.20	2.7	2

学科代码	期刊名称	扩展总被引频次	扩展影响因子	扩展即年指标	扩展他引率	扩展引用刊数	扩展学科影响指标	扩展学科扩散指标	扩展被引半衰期	扩展H指标
K04	红楼梦学刊	658	0.266	0.124	0.75	172	0.15	1.69	≥10	3
K04	红岩春秋	41	2.250	—	1.00	33	0.01	0.32	7.5	2
K04	华文文学	213	0.216	0.011	0.90	102	0.17	1.00	≥10	2
K04	黄河之声	1836	0.185	0.027	0.82	223	0.11	2.19	4.8	3
K04	家庭科技	70	0.092	0.021	1.00	62	0.01	0.61	3.9	2
K04	剧作家	89	0.095	0.017	0.93	49	0.07	0.48	4.5	2
K04	鲁迅研究月刊	789	0.265	0.029	0.88	219	0.25	2.15	≥10	4
K04	芒种	153	0.031	0.021	0.98	93	0.12	0.91	9.9	2
K04	民间文化论坛	538	—	0.035	0.86	228	0.13	2.24	8.4	5
K04	民族文学研究	716	0.612	0.204	0.84	262	0.22	2.57	≥10	5
K04	名家名作	220	—	0.013	0.97	93	0.08	0.91	3.2	2
K04	明清小说研究	418	0.315	0.015	0.91	187	0.19	1.83	≥10	3
K04	南方文坛	857	0.546	0.244	0.93	312	0.30	3.06	7.6	5
K04	南腔北调（周一刊）	28	0.067	—	0.93	25	0.04	0.25	3.8	1
K04	青海湖	13	0.010	—	1.00	7	0.02	0.07	≥10	2
K04	青年记者	4994	0.879	0.485	0.91	925	0.09	9.07	4.2	10
K04	山西青年	1921	0.258	0.107	0.95	539	0.07	5.28	3.6	4
K04	山西文学	21	0.011	—	1.00	15	0.05	0.15	≥10	2
K04	参花	750	—	0.082	0.72	182	0.09	1.78	3.2	4
K04	丝绸之路	273	0.133	0.035	0.95	170	0.10	1.67	≥10	4
K04	文学评论	3087	1.400	0.245	0.98	721	0.50	7.07	≥10	11
K04	文学遗产	1643	0.894	0.104	0.95	500	0.33	4.90	≥10	6
K04	文学与文化	116	0.148	—	0.97	94	0.11	0.92	8.0	3
K04	文艺研究	2875	1.132	0.200	0.98	774	0.43	7.59	≥10	10
K04	武汉文史资料	64	0.018	0.011	0.98	50	0.02	0.49	≥10	2
K04	戏剧文学	416	0.257	0.052	0.93	175	0.19	1.72	7.1	4
K04	小说评论	847	0.570	0.262	0.93	279	0.30	2.74	8.4	6
K04	校园心理	258	0.416	0.122	0.97	164	0.05	1.61	4.3	3
K04	新文学史料	569	0.161	0.037	0.93	195	0.24	1.91	≥10	4
K04	雪莲	12	0.000	—	1.00	11	0.01	0.11	9.5	1
K04	鸭绿江	120	—	0.012	0.99	82	0.14	0.80	8.8	2
K04	扬子江文学评论	377	0.732	0.298	0.99	155	0.25	1.52	4.4	4
K04	中国比较文学	622	0.800	0.038	0.97	295	0.25	2.89	≥10	5

学科代码	期刊名称	扩展总被引频次	扩展影响因子	扩展即年指标	扩展他引率	扩展引用刊数	扩展学科影响指标	扩展学科扩散指标	扩展被引半衰期	扩展H指标
K04	中国当代文学研究	300	0.500	0.170	0.94	122	0.23	1.20	3.5	5
K04	中国高等学校学术文摘·文学研究	6	—	—	1.00	5	—	0.05	8.0	1
K04	中国文学批评	312	0.968	0.093	0.87	180	0.22	1.76	3.9	5
K04	中国文艺评论	646	1.242	0.328	0.97	306	0.21	3.00	3.5	7
K04	中国现代文学研究丛刊	1655	0.650	0.118	0.91	417	0.36	4.09	9.0	6
K04	中国韵文学刊	174	0.137	—	0.97	120	0.12	1.18	≥10	2
K04	紫禁城	340	—		0.98	160	0.07	1.57	≥10	2
K05	当代外国文学	436	0.335	—	0.96	197	0.91	17.91	≥10	5
K05	俄罗斯文艺	212	0.286	0.074	0.88	108	0.64	9.82	≥10	3
K05	国际比较文学（中英文）	51	0.143	0.020	1.00	40	0.18	3.64	4.9	2
K05	世界华文文学论坛	99	0.267	0.015	0.82	44	0.09	4.00	7.1	2
K05	外国文学	1002	0.612	0.060	0.97	410	0.82	37.27	≥10	10
K05	外国文学动态研究	225	0.402	0.100	0.98	138	0.73	12.55	5.3	4
K05	外国文学评论	620	0.417	0.024	0.96	275	0.91	25.00	≥10	5
K05	外国文学研究	936	0.596	0.079	0.97	345	1.00	31.36	≥10	8
K05	外文研究	146	0.319	0.055	0.82	85	0.27	7.73	5.8	3
K06	包装与设计	130	0.197	0.074	0.92	71	0.10	0.58	3.1	2
K06	北方音乐	1807	—	0.074	1.00	258	0.33	2.10	6.0	3
K06	北京电影学院学报	1234	1.251	0.381	0.94	264	0.41	2.15	5.1	9
K06	北京舞蹈学院学报	1020	1.178	0.167	0.79	231	0.35	1.88	6.1	6
K06	大学书法	47	0.084	0.044	0.81	22	0.08	0.18	3.2	2
K06	当代电影	3675	1.457	0.557	0.93	481	0.46	3.91	6.3	13
K06	当代动画	210	0.707	0.341	0.88	91	0.21	0.74	3.3	5
K06	当代美术家	74	—	0.188	0.89	49	0.15	0.40	3.6	2
K06	当代戏剧	152	0.197	0.165	0.95	68	0.17	0.55	6.8	3
K06	电影评介	1393	0.367	0.057	0.86	315	0.42	2.56	5.3	5
K06	电影文学	2333	0.452	0.135	0.83	394	0.42	3.20	4.8	6
K06	电影艺术	2241	2.166	1.059	0.97	352	0.47	2.86	6.2	11
K06	雕塑	197	0.220	0.074	0.86	91	0.20	0.74	5.8	3
K06	东方艺术	184	0.181	0.076	0.98	95	0.22	0.77	≥10	4
K06	福建艺术	157	0.096	0.006	0.93	73	0.20	0.59	≥10	2
K06	歌海	217	0.248	0.030	0.84	107	0.20	0.87	5.1	3
K06	贵州大学学报（艺术版）	250	0.379	0.035	0.98	134	0.36	1.09	6.8	4

学科代码	期刊名称	扩展总被引频次	扩展影响因子	扩展即年指标	扩展他引率	扩展引用刊数	扩展学科影响指标	扩展学科扩散指标	扩展被引半衰期	扩展H指标
K06	湖北美术学院学报	124	0.154	0.066	0.95	72	0.20	0.59	8.4	2
K06	黄钟—中国·武汉音乐学院学报	610	0.370	0.081	0.96	145	0.37	1.18	≥10	4
K06	吉林艺术学院学报	222	0.408	0.027	0.95	132	0.27	1.07	4.8	4
K06	家具与室内装饰	3068	2.524	0.724	0.65	329	0.21	2.67	3.5	11
K06	交响—西安音乐学院学报	431	0.376	0.042	0.90	112	0.32	0.91	≥10	4
K06	美术大观	1266	—	0.037	0.98	385	0.46	3.13	6.5	5
K06	美术观察	1492	0.344	0.081	0.97	437	0.61	3.55	5.5	6
K06	美术界	119	0.054	—	0.97	66	0.11	0.54	9.5	2
K06	美术文献	339	0.106	0.012	0.96	132	0.22	1.07	4.2	3
K06	美术学报	273	—	0.111	0.90	133	0.33	1.08	6.4	3
K06	美术研究	972	0.814	0.362	0.81	308	0.49	2.50	6.9	6
K06	民族艺林	91	0.250	0.014	0.93	66	0.10	0.54	4.8	3
K06	民族艺术	1420	1.387	0.219	0.92	446	0.59	3.63	7.7	8
K06	民族艺术研究	1035	1.553	0.289	0.95	369	0.63	3.00	5.5	7
K06	民族音乐	254	0.190	0.047	0.88	78	0.16	0.63	5.9	3
K06	南京艺术学院学报（美术与设计版）	1468	0.640	0.081	0.96	445	0.55	3.62	7.4	8
K06	南京艺术学院学报（音乐与表演版）	538	0.422	0.066	0.86	161	0.46	1.31	8.8	4
K06	内蒙古艺术学院学报	191	0.274	0.048	0.95	122	0.33	0.99	8.2	2
K06	齐鲁艺苑	278	0.287	0.134	0.95	163	0.38	1.33	6.9	3
K06	人民音乐	1410	0.371	0.079	0.94	243	0.46	1.98	≥10	5
K06	人文天下	402	0.290	0.016	1.00	251	0.18	2.04	5.0	3
K06	色彩	468	0.198	0.102	0.72	127	0.17	1.03	3.2	3
K06	山东工艺美术学院学报	262	0.370	0.017	0.97	136	0.20	1.11	5.0	4
K06	上海戏剧	156	0.304	0.015	1.00	78	0.22	0.63	≥10	3
K06	上海艺术评论	158	—	0.086	0.98	107	0.27	0.87	4.8	3
K06	时尚设计与工程	125	0.441	0.113	0.83	62	0.07	0.50	2.9	3
K06	世界电影	348	0.689	0.200	0.98	114	0.22	0.93	≥10	5
K06	世界美术	183	0.336	—	0.90	92	0.30	0.75	≥10	3
K06	书法教育	22	—	—	1.00	16	0.07	0.13	4.3	1
K06	书法研究	78	0.135	0.023	0.87	34	0.11	0.28	7.9	2
K06	四川戏剧	1410	0.475	0.092	0.95	458	0.50	3.72	4.7	5
K06	天工	463	0.184	0.021	0.85	144	0.12	1.17	3.1	3
K06	天津音乐学院学报	226	0.309	0.020	0.96	84	0.29	0.68	≥10	3

学科代码	期刊名称	扩展总被引频次	扩展影响因子	扩展即年指标	扩展他引率	扩展引用刊数	扩展学科影响指标	扩展学科扩散指标	扩展被引半衰期	扩展H指标
K06	玩具世界	68	—	0.108	0.34	15	0.03	0.12	—	2
K06	文化艺术研究	422	1.132	0.587	0.97	231	0.39	1.88	4.0	6
K06	文艺理论研究	1223	0.726	0.074	0.97	516	0.44	4.20	9.0	8
K06	文艺理论与批评	725	0.879	0.160	0.96	351	0.31	2.85	7.4	7
K06	文艺评论	357	0.286	0.128	0.96	213	0.24	1.73	≥10	3
K06	文艺争鸣	2057	0.449	0.073	0.94	636	0.51	5.17	8.8	8
K06	舞蹈	424	0.431	0.200	0.99	91	0.22	0.74	9.5	3
K06	西北美术	166	0.186	0.027	0.97	96	0.20	0.78	7.5	3
K06	西泠艺丛	57	0.090	0.042	0.61	29	0.11	0.24	4.6	2
K06	西藏艺术研究	209	0.171	—	0.69	71	0.20	0.58	≥10	3
K06	戏剧之家	4214	0.504	0.117	0.81	528	0.45	4.29	4.1	5
K06	戏剧—中央戏剧学院学报	481	0.682	0.097	0.92	176	0.41	1.43	9.8	4
K06	戏曲艺术	312	0.199	0.051	0.93	133	0.37	1.08	≥10	3
K06	新疆艺术学院学报	125	0.301	0.045	0.98	93	0.19	0.76	5.9	2
K06	演艺科技	195	0.213	0.088	0.89	87	0.15	0.71	5.6	3
K06	艺术百家	1835	0.789	0.187	0.98	584	0.75	4.75	8.9	8
K06	艺术当代	47	—	0.012	0.98	34	0.12	0.28	5.8	2
K06	艺术工作	360	0.316	0.108	0.96	178	0.34	1.45	5.9	5
K06	艺术科技	1834	0.049	0.020	0.96	491	0.32	3.99	6.8	4
K06	艺术评鉴	2170	0.370	0.112	0.91	337	0.39	2.74	4.1	5
K06	艺术评论	1008	0.810	0.110	0.99	380	0.65	3.09	6.2	7
K06	艺术探索	386	0.455	0.074	0.97	190	0.48	1.54	9.2	4
K06	艺术研究	600	0.308	0.101	0.97	213	0.33	1.73	5.2	3
K06	音乐创作	528	0.210	0.027	0.97	114	0.33	0.93	8.0	3
K06	音乐生活	320	0.273	0.074	0.81	82	0.20	0.67	3.8	3
K06	音乐世界	11	—	0.008	1.00	8	0.04	0.07	≥10	1
K06	音乐探索	359	0.395	0.054	0.98	110	0.30	0.89	≥10	4
K06	音乐天地	150	0.208	0.031	0.97	56	0.13	0.46	5.8	2
K06	音乐文化研究	66	0.283	0.038	0.98	34	0.18	0.28	3.9	2
K06	音乐研究	1171	0.774	0.115	0.94	198	0.44	1.61	≥10	6
K06	音乐艺术	850	0.649	0.090	0.92	137	0.43	1.11	≥10	6
K06	油画	6	0.010	—	1.00	6	0.02	0.05	5.0	1
K06	乐府新声	422	0.375	0.100	0.91	93	0.28	0.76	≥10	4

学科代码	期刊名称	扩展总被引频次	扩展影响因子	扩展即年指标	扩展他引率	扩展引用刊数	扩展学科影响指标	扩展学科扩散指标	扩展被引半衰期	扩展H指标
K06	云南艺术学院学报	174	0.307	0.046	0.97	101	0.29	0.82	8.5	3
K06	中国京剧	105	—	0.057	0.91	57	0.15	0.46	4.9	2
K06	中国美术	217	0.387	0.058	0.98	113	0.26	0.92	4.4	4
K06	中国书法	592	0.140	0.027	0.83	152	0.30	1.24	7.2	3
K06	中国戏剧	677	0.204	0.074	0.95	207	0.43	1.68	≥10	5
K06	中国艺术	175	0.446	0.063	0.97	110	0.15	0.89	4.8	3
K06	中国音乐	1251	0.621	0.180	0.95	246	0.49	2.00	≥10	6
K06	中国音乐学	976	0.636	0.115	0.94	188	0.43	1.53	≥10	6
K06	中央音乐学院学报	906	0.936	0.346	0.95	150	0.39	1.22	≥10	5
K06	装饰	4091	1.388	0.105	0.96	716	0.53	5.82	6.9	12
K08	安徽史学	734	0.460	0.083	0.96	336	0.54	7.30	≥10	5
K08	北方文物	606	—	0.191	0.85	169	0.35	3.67	≥10	4
K08	当代中国史研究	756	1.849	0.200	0.89	415	0.17	9.02	6.3	8
K08	敦煌学辑刊	638	0.285	0.028	0.82	206	0.35	4.48	≥10	4
K08	敦煌研究	1679	0.626	0.095	0.90	347	0.28	7.54	≥10	7
K08	古代文明（中英文）	279	0.444	0.179	0.94	154	0.39	3.35	8.1	4
K08	广西地方志	127	0.146	0.031	0.88	67	0.09	1.46	≥10	3
K08	贵州文史丛刊	250	0.173	—	0.94	162	0.17	3.52	≥10	3
K08	郭沫若学刊	103	0.103	0.020	0.70	46	0.04	1.00	≥10	2
K08	海交史研究	198	0.301	—	0.86	101	0.13	2.20	≥10	3
K08	华侨华人历史研究	530	1.203	0.243	0.79	143	0.15	3.11	9.7	5
K08	近代史研究	1576	1.239	0.343	0.97	466	0.52	10.13	≥10	7
K08	军事历史	140	0.059	0.010	0.93	100	0.09	2.17	≥10	2
K08	历史地理研究	93	—	0.039	0.85	61	0.28	1.33	3.9	3
K08	历史研究	3283	1.942	0.211	0.97	802	0.80	17.43	≥10	11
K08	岭南文史	102	—	—	0.97	73	0.07	1.59	≥10	2
K08	南方文物	1498	0.527	0.049	0.80	368	0.46	8.00	8.6	7
K08	蒲松龄研究	115	0.086	—	0.62	42	0.02	0.91	≥10	2
K08	清史研究	865	0.818	0.221	0.87	318	0.54	6.91	≥10	6
K08	人文地理	5281	3.091	0.520	0.94	1073	0.17	23.33	8.5	15
K08	史林	1026	0.645	0.057	0.96	429	0.67	9.33	≥10	5
K08	史学集刊	845	0.831	0.212	0.97	394	0.59	8.57	≥10	6
K08	史学理论研究	864	1.037	0.250	0.90	386	0.46	8.39	9.2	7

学科代码	期刊名称	扩展总被引频次	扩展影响因子	扩展即年指标	扩展他引率	扩展引用刊数	扩展学科影响指标	扩展学科扩散指标	扩展被引半衰期	扩展H指标
K08	史学史研究	539	0.374	0.019	0.92	235	0.52	5.11	≥10	5
K08	史学月刊	1997	0.861	0.096	0.97	693	0.70	15.07	≥10	7
K08	世界历史	840	0.504	0.075	0.93	328	0.37	7.13	≥10	6
K08	文史	515	0.545	0.100	0.94	194	0.46	4.22	9.4	4
K08	文史杂志	243	0.083	0.034	0.96	170	0.26	3.70	≥10	3
K08	西部蒙古论坛	68	0.146	0.042	0.81	39	0.09	0.85	7.0	3
K08	西夏研究	144	0.145	0.063	0.77	54	0.22	1.17	8.5	3
K08	新疆地方志	91	0.287	0.023	0.88	54	0.07	1.17	7.6	2
K08	中国地方志	411	0.484	0.028	0.79	124	0.33	2.70	≥10	5
K08	中国高等学校学术文摘·历史学	20	—	—	1.00	13	0.07	0.28	≥10	1
K08	中国历史地理论丛	924	0.507	0.055	0.94	354	0.63	7.70	≥10	5
K08	中国名城	1109	1.366	0.559	0.75	348	0.07	7.57	4.5	8
K08	中国史研究	1366	0.791	0.089	0.97	408	0.70	8.87	≥10	7
K08	中国史研究动态	276	0.255	0.194	1.00	172	0.50	3.74	8.0	4
K08	中国文物科学研究	325	0.374	0.037	0.97	187	0.07	4.07	9.6	5
K08	中华文史论丛	515	—	0.083	0.96	229	0.59	4.98	≥10	4
K10	草原文物	263	0.125	0.043	0.91	88	0.71	4.19	≥10	4
K10	大众考古	167	0.128	0.023	1.00	107	0.67	5.10	7.4	2
K10	华夏考古	968	0.394	0.050	0.92	199	0.86	9.48	≥10	7
K10	江汉考古	1307	0.639	0.253	0.90	276	0.86	13.14	≥10	8
K10	考古	6356	1.442	0.309	0.95	534	0.86	25.43	≥10	11
K10	考古学报	2558	1.333	0.647	0.98	389	0.81	18.52	≥10	11
K10	考古与文物	1954	0.958	0.321	0.93	314	0.86	14.95	≥10	7
K10	民俗研究	1639	2.110	0.761	0.91	577	0.33	27.48	7.7	9
K10	农业考古	1503	0.502	0.170	0.87	574	0.67	27.33	≥10	6
K10	石窟与土遗址保护研究	19	—	0.056	0.21	4	0.05	0.19	2.4	2
K10	四川文物	975	0.806	0.103	0.90	243	0.86	11.57	≥10	6
K10	文物	7285	0.771	0.362	0.98	694	0.90	33.05	≥10	12
K10	文物保护与考古科学	1078	0.697	0.056	0.80	291	0.52	13.86	8.9	6
K10	文物春秋	419	0.264	0.056	0.94	171	0.86	8.14	≥10	4
K10	文物季刊	426	0.471	0.044	0.95	169	0.71	8.05	≥10	3
K10	文物鉴定与鉴赏	1409	0.306	0.062	0.82	430	0.71	20.48	3.8	5
K10	寻根	158	0.066	0.008	1.00	123	0.05	5.86	≥10	3

学科代码	期刊名称	扩展总被引频次	扩展影响因子	扩展即年指标	扩展他引率	扩展引用刊数	扩展学科影响指标	扩展学科扩散指标	扩展被引半衰期	扩展H指标
K10	中国边疆史地研究	951	0.980	0.122	0.90	297	0.43	14.14	≥10	7
K10	中国国家博物馆馆刊	1150	0.532	0.086	0.95	386	0.81	18.38	≥10	7
K10	中原文物	1466	0.552	0.106	0.95	321	0.81	15.29	≥10	6
L01	China & World Economy	470	1.422	0.558	0.82	242	0.27	1.48	5.5	6
L01	China Economic Transition	1	0.012	—	1.00	1	—	0.01	—	1
L01	International Journal of Novation Studies	14	—	—	1.00	13	0.01	0.08	6.5	1
L01	办公室业务	3553	0.437	0.158	0.88	542	0.14	3.30	3.8	5
L01	北方经济	509	0.498	0.084	0.91	305	0.14	1.86	3.9	4
L01	边疆经济与文化	712	0.390	0.183	0.98	393	0.16	2.40	3.9	4
L01	财经研究	6881	8.879	1.720	0.98	1047	0.60	6.38	4.9	27
L01	财政研究	3865	4.991	0.670	0.93	823	0.55	5.02	5.5	18
L01	产经评论	856	2.129	0.268	0.97	475	0.34	2.90	5.2	8
L01	产权导刊	114	—	0.094	0.92	84	0.07	0.51	3.5	2
L01	产业与科技论坛	5722	0.463	0.062	0.97	1413	0.29	8.62	3.7	6
L01	长江技术经济	445	1.163	0.109	0.95	217	0.07	1.32	3.4	4
L01	城市观察	512	1.049	0.347	0.96	335	0.20	2.04	5.3	4
L01	创造	265	0.363	0.255	1.00	210	0.08	1.28	2.6	4
L01	当代经济	1166	0.472	0.320	0.99	625	0.30	3.81	6.7	1
L01	当代经济科学	1867	5.315	1.377	0.97	711	0.52	4.34	4.8	14
L01	当代经济研究	1733	2.422	0.664	0.96	776	0.46	4.73	4.5	13
L01	当代县域经济	231	0.377	0.143	1.00	157	0.11	0.96	2.7	3
L01	发展	333	0.268	0.049	0.98	228	0.10	1.39	5.1	3
L01	发展研究	660	0.866	0.323	0.95	454	0.26	2.77	4.8	7
L01	改革	10287	15.028	2.740	0.98	1687	0.70	10.29	4.3	41
L01	改革与开放	1039	—	0.089	0.98	569	0.20	3.47	5.6	5
L01	广西经济	128	—	0.117	0.97	93	0.08	0.57	3.2	2
L01	国际经济合作	1088	3.031	1.115	0.94	512	0.38	3.12	4.7	10
L01	国际经济评论	1579	4.567	1.638	0.97	680	0.50	4.15	4.5	15
L01	海峡科技与产业	660	0.493	0.186	0.98	399	0.14	2.43	3.8	4
L01	海峡科学	837	0.522	0.074	0.91	518	0.08	3.16	4.7	5
L01	合作经济与科技	3245	0.457	0.239	0.97	1008	0.35	6.15	3.3	6
L01	河北企业	1060	0.379	0.232	0.98	409	0.21	2.49	3.7	5
L01	河北职业教育	569	0.971	0.209	0.93	270	0.05	1.65	4.0	5

学科代码	期刊名称	扩展总被引频次	扩展影响因子	扩展即年指标	扩展他引率	扩展引用刊数	扩展学科影响指标	扩展学科扩散指标	扩展被引半衰期	扩展H指标
L01	宏观经济管理	2294	3.081	0.624	0.97	1054	0.51	6.43	4.5	13
L01	宏观经济研究	3671	4.610	0.752	0.99	1143	0.59	6.97	4.6	16
L01	华东经济管理	4144	4.648	1.267	0.98	1188	0.48	7.24	4.8	17
L01	环渤海经济瞭望	1355	0.432	0.191	0.98	385	0.22	2.35	3.7	5
L01	价格月刊	1268	1.587	0.905	0.94	560	0.30	3.41	4.2	8
L01	价值工程	5585	0.245	0.105	0.97	1598	0.28	9.74	5.7	6
L01	交通与港航	223	0.430	0.044	0.90	138	0.04	0.84	4.9	4
L01	金融评论	663	3.322	0.366	0.96	331	0.35	2.02	4.4	9
L01	经济管理	7263	9.146	1.320	0.97	1221	0.63	7.45	4.9	27
L01	经济管理学刊	3	—	—	0.67	3	0.01	0.02	—	1
L01	经济界	150	0.447	0.197	0.96	125	0.14	0.76	3.7	3
L01	经济经纬	2486	4.654	0.906	0.95	810	0.46	4.94	4.9	13
L01	经济科学	2069	3.428	0.662	0.99	682	0.47	4.16	6.7	13
L01	经济理论与经济管理	2428	3.472	0.570	0.95	765	0.54	4.66	5.9	14
L01	经济论坛	794	0.662	0.171	0.97	490	0.29	2.99	5.4	5
L01	经济评论	2988	6.347	2.068	0.98	856	0.52	5.22	5.6	19
L01	经济社会史评论	109	0.370	0.028	0.83	71	0.01	0.43	5.4	3
L01	经济社会体制比较	3132	3.755	0.583	0.96	1070	0.54	6.52	6.3	16
L01	经济师	3720	0.521	0.245	0.97	987	0.29	6.02	3.5	6
L01	经济问题	4980	5.186	1.837	0.97	1350	0.60	8.23	4.3	22
L01	经济问题探索	5434	6.182	1.837	0.98	1283	0.58	7.82	4.7	22
L01	经济学（季刊）	9792	8.827	0.739	0.98	1168	0.64	7.12	6.6	27
L01	经济学报	557	2.506	1.312	0.97	319	0.30	1.95	4.3	9
L01	经济学动态	5641	5.894	1.000	0.98	1172	0.61	7.15	5.6	25
L01	经济学家	7245	8.168	1.467	0.98	1374	0.63	8.38	4.7	29
L01	经济研究	40662	15.052	3.055	0.98	1734	0.67	10.57	8.2	69
L01	经济研究参考	1758	0.915	0.268	0.98	873	0.51	5.32	7.6	8
L01	经济研究导刊	4567	0.515	0.141	0.98	1406	0.41	8.57	4.5	6
L01	经济与管理	1273	3.571	1.759	0.98	678	0.43	4.13	4.3	12
L01	经济与管理研究	3531	5.315	0.892	0.98	1056	0.59	6.44	5.1	17
L01	经济资料译丛	52	0.175	—	0.90	41	0.04	0.25	7.6	2
L01	经济纵横	4750	5.364	1.337	0.98	1337	0.65	8.15	4.4	22
L01	经纬天地	377	0.597	0.130	0.90	155	0.01	0.95	3.8	5

学科代码	期刊名称	扩展总被引频次	扩展影响因子	扩展即年指标	扩展他引率	扩展引用刊数	扩展学科影响指标	扩展学科扩散指标	扩展被引半衰期	扩展H指标
L01	经营与管理	993	0.649	0.387	0.98	520	0.25	3.17	3.6	5
L01	开放导报	626	1.599	0.358	0.94	416	0.29	2.54	4.2	7
L01	开放时代	3394	2.550	1.107	0.98	896	0.18	5.46	≥10	20
L01	科技创业月刊	1221	0.515	0.161	0.93	613	0.21	3.74	4.7	5
L01	科技和产业	1722	0.708	0.163	0.80	790	0.27	4.82	3.3	6
L01	可持续发展经济导刊	301	0.836	0.185	1.00	240	0.13	1.46	3.4	5
L01	空运商务	127	0.125	0.022	0.99	86	0.04	0.52	5.1	3
L01	劳动经济研究	627	1.817	0.111	0.97	340	0.26	2.07	5.8	7
L01	辽宁经济	376	0.246	0.075	1.00	224	0.16	1.37	5.0	4
L01	秘书	113	0.442	0.184	0.88	78	0.05	0.48	4.3	3
L01	秘书工作	192	0.133	0.032	1.00	119	0.07	0.73	4.9	4
L01	秘书之友	125	0.106	0.061	0.65	47	0.02	0.29	4.5	2
L01	南方经济	2778	5.811	1.174	0.94	818	0.49	4.99	4.1	19
L01	南开经济研究	2245	2.717	0.248	0.96	735	0.49	4.48	6.1	15
L01	农林经济管理学报	1666	4.024	1.422	0.96	679	0.32	4.14	4.2	12
L01	企业管理	856	—	0.171	0.97	460	0.26	2.80	4.7	5
L01	企业家	228	—	0.017	1.00	90	0.12	0.55	4.7	3
L01	企业科技与发展	1790	0.472	0.065	0.98	695	0.21	4.24	4.3	5
L01	清华金融评论	693	0.447	0.129	1.00	379	0.34	2.31	4.2	5
L01	区域经济评论	1500	2.639	0.593	0.97	689	0.42	4.20	4.1	12
L01	全国流通经济	4334	—	0.202	0.96	636	0.31	3.88	3.5	8
L01	全球化	456	1.568	0.329	0.91	297	0.22	1.81	3.8	7
L01	全球科技经济瞭望	609	0.737	0.142	0.89	300	0.17	1.83	5.2	4
L01	商学研究	170	—	0.104	0.92	136	0.09	0.83	4.0	4
L01	商业观察	1459	0.660	0.269	0.98	285	0.18	1.74	2.6	6
L01	商业经济	2338	0.718	0.378	0.94	764	0.31	4.66	3.5	6
L01	上海企业	188	0.251	0.178	0.99	137	0.16	0.84	3.5	3
L01	生产力研究	1305	0.470	0.135	0.98	714	0.33	4.35	6.4	5
L01	世界经济	9262	6.920	1.623	0.98	973	0.59	5.93	7.5	33
L01	世界经济文汇	993	1.580	0.526	0.96	475	0.39	2.90	8.2	10
L01	世界经济研究	2941	4.413	0.936	0.95	677	0.54	4.13	5.1	16
L01	世界经济与政治论坛	663	2.460	0.510	0.93	362	0.28	2.21	5.6	6
L01	特区经济	1093	—	0.132	0.98	599	0.31	3.65	5.5	4

学科代码	期刊名称	扩展总被引频次	扩展影响因子	扩展即年指标	扩展他引率	扩展引用刊数	扩展学科影响指标	扩展学科扩散指标	扩展被引半衰期	扩展H指标
L01	特区实践与理论	254	0.424	0.275	0.95	206	0.10	1.26	3.9	5
L01	天津经济	229	0.441	0.121	0.97	149	0.18	0.91	3.7	3
L01	外国经济与管理	3983	4.927	1.705	0.96	1005	0.52	6.13	5.4	19
L01	西部论坛	852	3.150	0.667	0.98	515	0.33	3.14	4.6	10
L01	西藏发展论坛	174	0.408	0.204	0.97	104	0.05	0.63	3.7	3
L01	现代工业经济和信息化	2942	0.701	0.213	0.98	744	0.16	4.54	3.0	8
L01	现代经济探讨	3672	5.426	1.302	0.97	1123	0.52	6.85	4.0	19
L01	现代经济信息	3868	—	0.045	0.97	899	0.27	5.48	5.9	4
L01	现代企业	1489	0.443	0.282	1.00	394	0.20	2.40	2.9	6
L01	现代日本经济	531	2.420	0.786	0.84	302	0.24	1.84	4.3	7
L01	新经济	451	0.394	0.163	0.99	292	0.23	1.78	4.1	5
L01	新型城镇化	51	—	0.136	0.94	43	0.01	0.26	—	2
L01	信息资源管理学报	1394	4.813	1.392	0.95	527	0.15	3.21	3.5	15
L01	行政事业资产与财务	3992	1.004	0.407	0.92	390	0.20	2.38	3.1	8
L01	亚太经济	1265	2.413	0.558	0.97	529	0.46	3.23	4.5	11
L01	沿海企业与科技	289	0.547	0.194	0.84	195	0.08	1.19	5.8	3
L01	冶金企业文化	52	0.089	0.008	1.00	39	0.04	0.24	4.4	2
L01	印度洋经济体研究	268	—	0.277	0.88	98	0.06	0.60	3.9	5
L01	应用经济学评论	3	—	0.069	1.00	3	—	0.02	—	1
L01	战略决策研究	148	—	0.448	0.93	80	0.05	0.49	5.1	3
L01	招标采购管理	245	0.288	0.070	1.00	136	0.11	0.83	3.7	3
L01	浙江经济	449	0.241	0.060	1.00	311	0.21	1.90	5.0	4
L01	政法学刊	392	0.941	0.259	0.98	224	0.04	1.37	4.6	4
L01	政治经济学评论	1082	3.383	1.149	0.92	529	0.34	3.23	4.1	12
L01	知识经济	1715	0.106	0.040	0.99	594	0.21	3.62	5.3	5
L01	知识就是力量	44	0.019	0.009	1.00	43	—	0.26	6.5	1
L01	中国大学生就业	872	1.604	0.527	0.90	333	0.11	2.03	3.5	8
L01	中国高等学校学术文摘·工商管理研究	31	—	—	0.97	30	0.03	0.18	6.8	2
L01	中国高等学校学术文摘·经济学	38	—	—	1.00	33	0.05	0.20	8.7	2
L01	中国工程咨询	480	0.495	0.115	0.97	303	0.12	1.85	4.1	5
L01	中国工业和信息化	446	0.864	0.258	1.00	353	0.18	2.15	3.9	6
L01	中国经济报告	357	0.419	0.069	0.98	290	0.20	1.77	5.1	6
L01	中国经济史研究	1223	0.812	0.109	0.89	435	0.22	2.65	≥10	6

学科代码	期刊名称	扩展总被引频次	扩展影响因子	扩展即年指标	扩展他引率	扩展引用刊数	扩展学科影响指标	扩展学科扩散指标	扩展被引半衰期	扩展H指标
L01	中国经济问题	1296	2.130	0.267	0.92	595	0.46	3.63	6.0	10
L01	中国科技资源导刊	388	0.980	0.286	0.89	193	0.10	1.18	4.5	4
L01	中国煤炭工业	351	0.248	0.121	0.99	133	0.09	0.81	3.5	5
L01	中国民商	555	0.094	0.020	0.97	147	0.17	0.90	3.9	3
L01	中国社会经济史研究	583	—	0.045	0.97	285	0.05	1.74	≥10	5
L01	中国市场	7022	0.622	0.326	0.96	1264	0.40	7.71	3.6	9
L01	中国统计	771	0.566	0.139	0.98	563	0.18	3.43	3.9	10
L01	中国外汇	278	—	0.046	1.00	159	0.22	0.97	3.5	3
L01	中国招标	600	0.396	0.161	0.88	224	0.14	1.37	2.8	5
L01	中小企业管理与科技	5773	0.604	0.234	0.98	1116	0.27	6.80	4.0	9
L02	财经论丛（浙江财经学院学报）	2315	3.704	0.851	0.96	716	0.74	9.81	4.4	14
L02	长春金融高等专科学校学报	149	0.359	0.352	0.87	86	0.06	1.65	3.8	3
L02	东北财经大学学报	421	1.466	0.542	0.98	313	0.15	6.02	4.9	7
L02	广东财经大学学报	1385	4.558	1.106	0.97	628	0.71	12.08	4.0	12
L02	广西财经学院学报	278	0.887	0.269	0.88	196	0.17	3.77	4.5	5
L02	贵州财经大学学报	984	3.039	1.152	0.98	514	0.54	9.88	4.2	10
L02	贵州商学院学报	104	0.678	0.050	0.99	81	0.04	1.56	4.7	4
L02	国际商务—对外经济贸易大学学报	819	2.446	0.373	0.97	402	0.52	7.73	5.1	8
L02	海关与经贸研究	192	0.654	0.073	0.81	107	0.06	2.06	4.7	4
L02	河北经贸大学学报	792	2.193	0.594	0.98	509	0.44	9.79	4.4	8
L02	河南牧业经济学院学报	178	0.400	0.125	0.85	126	0.02	2.42	4.4	3
L02	湖北经济学院学报	340	0.530	0.116	0.98	267	0.06	5.13	5.4	4
L02	湖南财政经济学院学报	332	0.959	0.114	0.96	227	0.15	4.37	4.6	5
L02	吉林工商学院学报	311	0.553	0.043	0.98	224	0.17	4.31	4.3	4
L02	江西财经大学学报	1271	2.700	0.760	0.94	698	0.40	13.42	4.8	10
L02	兰州财经大学学报	346	1.142	0.391	0.81	221	0.21	4.25	4.1	5
L02	南京财经大学学报	569	2.342	0.700	0.95	352	0.42	6.77	3.7	8
L02	南京审计大学学报	1003	2.693	0.652	0.97	412	0.58	7.92	4.6	9
L02	内蒙古财经大学学报	614	0.644	0.156	0.98	379	0.19	7.29	4.0	6
L02	山东财经大学学报	318	1.016	0.491	0.94	238	0.21	4.58	4.1	5
L02	山东工商学院学报	177	0.387	0.187	0.98	148	0.08	2.85	5.0	4
L02	山西财经大学学报	4286	4.553	2.078	0.98	1202	0.87	23.12	4.3	17
L02	山西财政税务专科学校学报	185	0.533	0.081	0.99	115	0.10	2.21	3.5	4

学科代码	期刊名称	扩展总被引频次	扩展影响因子	扩展即年指标	扩展他引率	扩展引用刊数	扩展学科影响指标	扩展学科扩散指标	扩展被引半衰期	扩展H指标
L02	上海对外经贸大学学报	538	1.932	0.562	0.99	373	0.21	7.17	4.5	8
L02	上海立信会计金融学院学报	163	0.760	0.245	0.80	100	0.10	1.92	3.8	4
L02	上海商学院学报	247	1.204	0.543	0.98	186	0.15	3.58	3.5	5
L02	首都经济贸易大学学报	832	2.402	0.651	0.98	511	0.62	9.83	4.9	9
L02	四川旅游学院学报	468	0.792	0.284	0.96	252	0.12	4.85	4.2	4
L02	天津商业大学学报	216	0.720	0.269	0.99	173	0.17	3.33	4.7	3
L02	武汉商学院学报	231	0.519	0.128	0.98	166	0.04	3.19	4.3	4
L02	西安财经大学学报	1361	3.060	1.953	0.95	714	0.35	4.35	4.3	13
L02	西部经济管理论坛（原四川经济管理学院学报）	199	0.915	0.200	0.94	153	0.13	0.93	3.7	4
L02	现代财经—天津财经大学学报	1988	5.226	2.100	0.97	687	0.69	13.21	4.0	18
L02	新疆财经大学学报	97	0.408	0.067	0.96	85	0.04	1.63	4.9	3
L02	云南财经大学学报	1343	3.096	1.247	0.98	627	0.60	12.06	4.1	11
L02	浙江工商大学学报	1118	3.224	0.294	0.97	648	0.25	12.46	4.0	12
L02	中央财经大学学报	2458	2.625	0.647	0.97	818	0.69	15.73	5.5	12
L04	财会通讯	6796	1.615	0.486	0.94	980	0.90	33.79	4.4	15
L04	财会学习	10435	1.045	0.546	0.91	567	0.45	19.55	3.5	10
L04	财会研究	715	0.813	0.368	0.98	241	0.48	8.31	4.7	5
L04	财会月刊	5585	2.579	0.815	0.91	979	0.86	33.76	3.8	17
L04	城市问题	3142	3.159	0.760	0.96	1087	0.59	37.48	6.3	12
L04	工程管理科技前沿	1105	2.275	0.292	0.95	491	0.59	16.93	5.1	8
L04	航空财会	157	0.495	0.089	0.92	72	0.31	2.48	3.2	4
L04	环境经济研究	395	2.738	0.500	0.90	253	0.31	8.72	4.1	7
L04	技术经济与管理研究	2940	2.379	0.837	0.96	1025	0.69	35.34	3.9	12
L04	技术与创新管理	576	1.177	0.404	0.74	304	0.34	10.48	4.6	5
L04	交通财会	527	0.709	0.227	0.90	166	0.28	5.72	3.6	6
L04	教育财会研究	770	2.084	0.402	0.93	183	0.21	6.31	3.7	8
L04	教育与经济	1548	4.283	0.460	0.95	590	0.34	20.34	5.3	11
L04	经济体制改革	3591	5.126	0.574	0.99	1104	0.76	38.07	4.2	18
L04	经济与管理评论	1549	4.530	1.714	0.94	692	0.79	23.86	3.9	13
L04	经济与社会发展	331	0.443	0.017	0.98	281	0.10	9.69	9.4	3
L04	企业经济	2925	2.667	0.872	0.98	1115	0.66	38.45	4.7	13
L04	商业经济研究	10190	2.166	0.560	0.78	1470	0.72	50.69	3.8	14

学科代码	期刊名称	扩展总被引频次	扩展影响因子	扩展即年指标	扩展他引率	扩展引用刊数	扩展学科影响指标	扩展学科扩散指标	扩展被引半衰期	扩展H指标
L04	商业经济与管理	1695	2.890	0.350	0.96	705	0.62	24.31	5.8	11
L04	数量经济技术经济研究	9830	13.710	4.075	0.96	1325	0.83	45.69	5.0	36
L04	西部财会	791	0.806	0.350	0.95	199	0.24	6.86	3.1	6
L04	现代商业	4890	0.585	0.210	0.97	860	0.72	29.66	3.8	7
L04	项目管理技术	1047	0.642	0.206	0.88	435	0.14	15.00	4.2	6
L04	冶金财会	308	0.628	0.184	0.66	79	0.10	2.72	3.3	4
L04	中国改革	97	0.141	0.060	0.98	93	0.07	3.21	≥10	2
L04	中国国土资源经济	1748	2.802	1.177	0.88	564	0.38	19.45	3.8	11
L04	中国证券期货	179	0.564	0.098	0.92	122	0.17	4.21	5.9	3
L04	中国资产评估	445	0.813	0.207	0.71	155	0.38	5.34	4.0	6
L05	财务与会计	3267	—	0.161	0.94	446	0.83	24.78	4.1	12
L05	当代会计	2447	0.437	0.015	0.90	282	0.67	15.67	3.8	7
L05	会计师	2269	0.538	0.061	0.94	301	0.78	16.72	3.6	7
L05	会计研究	11706	6.263	0.150	0.96	842	0.89	46.78	7.3	30
L05	会计与经济研究	864	2.976	0.654	0.94	326	0.83	18.11	4.7	10
L05	会计之友	6939	2.371	0.860	0.88	960	0.89	53.33	4.4	17
L05	商业会计	3833	1.293	0.528	0.72	545	0.83	30.28	3.6	9
L05	审计研究	4692	7.612	0.860	0.92	545	0.89	30.28	6.3	19
L05	审计与经济研究	2244	4.212	0.653	0.95	512	0.89	28.44	5.4	13
L05	现代审计与经济	140	0.446	0.129	1.00	73	0.44	4.06	3.8	3
L05	现代审计与会计	446	0.771	0.306	0.95	119	0.61	6.61	2.9	5
L05	新会计	460	0.606	0.160	0.96	163	0.72	9.06	3.8	4
L05	中国内部审计	1198	1.237	0.543	0.90	246	0.72	13.67	3.8	7
L05	中国农业会计	902	0.579	0.177	0.94	261	0.61	14.50	2.9	6
L05	中国审计	195	0.066	0.011	1.00	83	0.72	4.61	5.0	3
L05	中国乡镇企业会计	3397	0.966	0.385	0.98	352	0.61	19.56	3.5	9
L05	中国注册会计师	1597	1.173	0.297	0.96	360	0.89	20.00	4.1	9
L05	中国总会计师	2576	0.989	0.412	0.95	331	0.67	18.39	3.4	10
L06	当代农村财经	412	0.648	0.316	0.97	215	0.28	5.97	3.3	5
L06	调研世界	1396	2.339	0.970	0.98	712	0.56	19.78	4.6	10
L06	江苏农村经济	286	0.194	0.067	1.00	158	0.14	4.39	4.4	4
L06	粮食科技与经济	1377	1.023	0.250	0.81	395	0.33	10.97	4.8	5
L06	林业经济	2016	—	0.355	0.94	571	0.47	15.86	5.5	9

学科代码	期刊名称	扩展总被引频次	扩展影响因子	扩展即年指标	扩展他引率	扩展引用刊数	扩展学科影响指标	扩展学科扩散指标	扩展被引半衰期	扩展H指标
L06	林业经济问题	1161	2.420	0.225	0.82	318	0.42	8.83	5.1	9
L06	南方农村	182	0.670	0.104	0.96	126	0.17	3.50	5.6	4
L06	农场经济管理	369	0.412	0.104	0.96	215	0.19	5.97	3.5	4
L06	农村经济	4823	3.898	0.761	0.96	1138	0.75	31.61	5.2	16
L06	农村经济与科技	5585	0.496	0.128	0.94	1363	0.56	37.86	4.2	6
L06	农民科技培训	172	0.174	0.073	0.99	109	0.11	3.03	5.7	3
L06	农业发展与金融	180	0.167	0.080	0.92	123	0.14	3.42	3.1	3
L06	农业技术经济	6392	6.974	1.984	0.94	997	0.67	27.69	5.5	22
L06	农业经济	7238	2.686	0.874	0.92	1300	0.67	36.11	3.7	15
L06	农业经济问题	10052	9.897	2.572	0.93	1425	0.78	39.58	5.0	30
L06	农业经济与管理	1221	4.383	1.115	0.98	545	0.67	15.14	3.9	13
L06	农业科研经济管理	219	0.961	0.381	0.80	96	0.14	2.67	4.6	3
L06	农业展望	1156	0.879	0.122	0.91	476	0.47	13.22	4.8	6
L06	上海农村经济	237	0.363	0.198	1.00	151	0.22	4.19	3.8	4
L06	生态经济	7488	3.287	0.837	0.96	1725	0.64	47.92	4.7	16
L06	台湾农业探索	204	0.365	0.106	0.95	148	0.25	4.11	6.1	3
L06	中国粮食经济	263	—	0.061	0.99	142	0.31	3.94	4.9	3
L06	中国农村观察	3666	7.279	1.875	0.97	927	0.64	25.75	6.4	19
L06	中国农村金融	222	0.083	0.008	1.00	140	0.25	3.89	3.6	3
L06	中国农村经济	10914	15.313	2.890	0.97	1370	0.72	38.06	5.5	40
L06	中国土地	1648	1.326	0.421	0.86	431	0.47	11.97	4.2	9
L06	中国渔业经济	670	0.908	0.173	0.83	223	0.19	6.19	8.0	5
L06	资源开发与市场	3111	2.633	0.694	0.97	1128	0.53	31.33	5.9	12
L06	资源与产业	914	1.766	0.307	0.81	436	0.25	12.11	5.7	8
L08	北方经贸	1055	0.462	0.132	0.97	440	0.40	6.57	3.9	5
L08	产业经济评论	1143	4.833	2.676	0.92	613	0.46	9.15	2.8	12
L08	产业经济研究	2762	9.583	1.250	0.95	660	0.55	9.85	4.5	19
L08	对外经贸	1335	0.734	0.236	0.94	544	0.45	8.12	3.6	6
L08	对外经贸实务	935	0.700	0.190	0.90	410	0.43	6.12	4.8	6
L08	工程经济	427	—	0.043	0.98	223	0.15	3.33	4.8	4
L08	工业技术创新	365	0.480	0.069	0.97	271	0.04	4.04	5.3	4
L08	工业技术经济	3591	2.847	1.060	0.98	1036	0.60	15.46	4.6	14
L08	国际经贸探索	1925	4.315	1.179	0.94	591	0.46	8.82	4.4	14

学科代码	期刊名称	扩展总被引频次	扩展影响因子	扩展即年指标	扩展他引率	扩展引用刊数	扩展学科影响指标	扩展学科扩散指标	扩展被引半衰期	扩展H指标
L08	国际贸易	2151	3.871	0.919	0.94	681	0.54	10.16	3.8	14
L08	国际贸易问题	4510	4.751	0.840	0.95	796	0.57	11.88	6.4	19
L08	国际商务研究	581	2.654	0.667	0.95	327	0.39	4.88	3.8	8
L08	技术经济	3179	3.190	1.135	0.88	1062	0.52	15.85	4.4	13
L08	技术与市场	2626	0.560	0.128	0.98	826	0.30	12.33	4.6	5
L08	价格理论与实践	5091	2.175	0.537	0.83	1360	0.66	20.30	3.9	12
L08	江苏商论	1003	0.498	0.233	0.98	467	0.34	6.97	3.9	5
L08	科技经济市场	1480	0.440	0.078	0.98	583	0.34	8.70	4.2	6
L08	旅游导刊	271	1.618	0.393	0.96	140	0.19	2.09	4.6	5
L08	旅游科学	1683	3.850	0.778	0.94	509	0.30	7.60	8.4	12
L08	旅游论坛	677	0.755	0.370	0.93	287	0.22	4.28	7.3	7
L08	旅游学刊	9204	5.218	1.097	0.93	1221	0.45	18.22	6.8	21
L08	旅游研究	391	1.000	0.167	0.97	212	0.19	3.16	6.8	5
L08	旅游纵览	1618	—	0.111	1.00	520	0.25	7.76	4.2	4
L08	漫旅	76	—	0.010	0.64	25	0.06	0.37	2.5	2
L08	煤炭经济研究	845	0.932	0.130	0.81	336	0.24	5.01	4.7	5
L08	内蒙古煤炭经济	4074	0.542	0.069	0.81	570	0.30	8.51	3.8	6
L08	欧亚经济	206	0.800	0.513	0.86	92	0.10	1.37	4.7	4
L08	商场现代化	5200	0.834	0.277	0.94	814	0.46	12.15	3.5	8
L08	商业研究	2420	2.667	0.436	0.99	935	0.66	13.96	6.0	10
L08	上海经济	238	0.659	0.191	0.98	190	0.22	2.84	6.1	4
L08	上海经济研究	3347	5.189	0.941	0.98	1066	0.57	15.91	4.5	22
L08	时代经贸	2555	1.682	0.459	0.82	449	0.40	6.70	3.6	11
L08	市场论坛	444	0.462	0.061	0.98	271	0.24	4.04	4.7	4
L08	铁道经济研究	363	1.176	0.220	0.73	134	0.10	2.00	4.6	4
L08	物流工程与管理	2440	0.867	0.193	0.86	655	0.42	9.78	3.9	6
L08	物流科技	1974	—	0.199	0.81	574	0.37	8.57	3.5	6
L08	物流研究	147	1.436	0.357	0.72	45	0.10	0.67	2.9	5
L08	西部旅游	634	—	0.146	0.90	207	0.16	3.09	2.6	4
L08	现代商贸工业	5148	0.456	0.255	0.95	1432	0.51	21.37	3.7	7
L08	消费经济	1267	4.084	1.250	0.94	556	0.40	8.30	4.7	11
L08	冶金经济与管理	262	0.639	0.143	0.90	153	0.07	2.28	3.7	5
L08	营销科学学报	237	—	0.250	0.84	132	0.18	1.97	7.6	4

学科代码	期刊名称	扩展总被引频次	扩展影响因子	扩展即年指标	扩展他引率	扩展引用刊数	扩展学科影响指标	扩展学科扩散指标	扩展被引半衰期	扩展H指标
L08	邮政研究	110	0.347	0.107	0.67	55	0.10	0.82	3.1	2
L08	债券	376	0.473	0.265	0.62	124	0.16	1.85	3.0	4
L08	智能网联汽车	201	0.509	0.095	1.00	134	0.06	2.00	4.2	4
L08	中国储运	1517	0.521	0.182	0.88	463	0.31	6.91	2.8	5
L08	中国工业经济	25936	24.843	3.873	0.98	1583	0.64	23.63	5.8	63
L08	中国货币市场	124	—	0.116	0.92	82	0.15	1.22	2.9	2
L08	中国经贸导刊	1600	0.487	0.189	1.00	853	0.52	12.73	4.4	7
L08	中国军转民	412	0.257	0.054	0.90	254	0.07	3.79	2.9	4
L08	中国口岸科学技术	364	0.627	0.082	0.91	218	0.13	3.25	3.5	4
L08	中国流通经济	4110	6.396	1.835	0.97	1120	0.72	16.72	4.2	21
L08	中国商论	4249	0.611	0.292	0.97	885	0.54	13.21	4.3	7
L08	中国商人	99	0.082	0.047	1.00	57	0.06	0.85	2.3	2
L08	中国市场监管研究	539	0.476	0.182	0.88	276	0.22	4.12	4.1	4
L08	中国物价	598	0.398	0.149	0.95	384	0.37	5.73	3.5	5
L10	保险研究	2189	2.930	0.352	0.84	530	0.60	7.26	5.7	13
L10	北方金融	388	0.362	0.090	0.97	215	0.33	2.95	3.6	4
L10	财经界	7730	0.740	0.289	0.94	603	0.33	8.26	3.7	9
L10	财经科学	3639	4.014	0.818	0.98	965	0.82	13.22	4.8	22
L10	财经理论研究	252	0.832	0.098	0.94	188	0.23	2.58	4.8	4
L10	财经理论与实践	2130	3.111	0.750	0.95	741	0.78	10.15	4.6	12
L10	财经问题研究	3614	3.924	1.407	0.98	1098	0.78	15.04	4.9	16
L10	财经智库	234	0.815	0.436	0.96	190	0.25	2.60	4.1	5
L10	财贸经济	7673	8.268	1.023	0.98	1039	0.79	14.23	5.6	26
L10	财贸研究	2468	4.670	0.447	0.98	804	0.70	11.01	4.8	15
L10	财务研究	548	2.288	0.434	0.89	232	0.48	3.18	4.2	8
L10	财务与金融	281	0.679	0.113	0.87	136	0.16	1.86	4.5	4
L10	财讯	799	—	0.033	0.98	148	0.10	2.03	3.7	3
L10	财政科学	1145	2.045	0.583	0.89	496	0.56	6.79	3.3	8
L10	当代财经	3152	3.604	0.936	0.92	836	0.75	11.45	4.8	13
L10	当代金融研究	238	0.916	0.345	0.90	142	0.29	1.95	3.1	5
L10	地方财政研究	1252	1.860	0.228	0.93	543	0.63	7.44	4.2	9
L10	福建金融	252	—	0.151	0.95	142	0.34	1.95	3.4	4
L10	甘肃金融	357	0.449	0.377	0.65	132	0.29	1.81	3.6	4

学科代码	期刊名称	扩展总被引频次	扩展影响因子	扩展即年指标	扩展他引率	扩展引用刊数	扩展学科影响指标	扩展学科扩散指标	扩展被引半衰期	扩展H指标
L10	工信财经科技	58	—	0.118	0.93	51	0.07	0.70	2.8	3
L10	国际金融研究	3446	5.225	1.062	0.93	608	0.75	8.33	5.1	18
L10	国际商务财会	1145	—	0.330	0.85	249	0.26	3.41	2.9	7
L10	国际税收	1700	—	1.154	0.74	326	0.47	4.47	3.8	11
L10	海南金融	464	1.147	0.333	0.82	223	0.52	3.05	3.4	5
L10	河北金融	282	0.428	0.067	0.95	153	0.34	2.10	3.4	4
L10	华北金融	231	0.429	0.124	0.97	146	0.30	2.00	4.2	3
L10	吉林金融研究	193	0.203	0.065	0.91	115	0.26	1.58	3.6	3
L10	金融博览	257	0.116	0.030	1.00	182	0.30	2.49	3.7	3
L10	金融发展研究	1084	1.607	0.456	0.93	434	0.68	5.95	4.0	10
L10	金融监管研究	1057	2.090	0.278	0.90	398	0.71	5.45	5.0	11
L10	金融教育研究	287	1.532	0.523	0.79	169	0.21	2.32	3.6	5
L10	金融经济	587	0.814	0.467	0.91	279	0.41	3.82	5.0	5
L10	金融经济学研究	1720	5.508	1.881	0.97	546	0.75	7.48	4.3	17
L10	金融会计	225	0.414	0.074	0.91	106	0.38	1.45	4.1	3
L10	金融理论与实践	1769	2.491	1.157	0.96	634	0.71	8.68	4.1	13
L10	金融论坛	1617	2.876	0.247	0.98	532	0.79	7.29	4.8	16
L10	金融研究	15953	8.428	0.758	0.97	1054	0.85	14.44	7.4	43
L10	金融与经济	1410	2.606	1.096	0.89	490	0.74	6.71	3.8	11
L10	科技与金融	177	0.546	0.079	0.95	144	0.18	1.97	3.3	4
L10	绿色财会	288	0.534	0.069	0.97	145	0.15	1.99	3.7	5
L10	南方金融	1833	4.963	0.915	0.95	643	0.75	8.81	3.8	16
L10	农村财务会计	64	0.074	0.024	1.00	43	0.01	0.59	4.2	2
L10	农银学刊	151	0.314	0.125	0.98	89	0.19	1.22	3.8	3
L10	青海金融	174	0.279	0.017	0.78	97	0.26	1.33	4.4	2
L10	区域金融研究	540	1.081	0.267	0.91	247	0.49	3.38	3.6	6
L10	上海金融	1061	1.625	0.333	0.93	461	0.74	6.32	5.9	8
L10	审计与理财	643	0.588	0.188	0.98	146	0.12	2.00	3.3	5
L10	时代金融	1427	—	0.149	0.99	419	0.44	5.74	4.7	5
L10	税收经济研究	419	1.326	0.180	0.93	199	0.32	2.73	4.4	5
L10	税务研究	4908	4.132	0.801	0.79	627	0.58	8.59	4.0	17
L10	税务与经济	908	1.989	0.700	0.96	457	0.48	6.26	4.4	8
L10	投资研究	1224	2.121	0.373	0.86	434	0.68	5.95	4.5	8

学科代码	期刊名称	扩展总被引频次	扩展影响因子	扩展即年指标	扩展他引率	扩展引用刊数	扩展学科影响指标	扩展学科扩散指标	扩展被引半衰期	扩展H指标
L10	投资与创业	2163	0.553	0.255	1.00	331	0.23	4.53	2.8	6
L10	武汉金融	935	1.787	0.407	0.97	407	0.62	5.58	4.0	10
L10	西部金融	401	—	0.200	0.81	186	0.40	2.55	3.7	3
L10	西南金融	1966	5.531	2.062	0.94	744	0.70	10.19	3.4	15
L10	新疆财经	139	0.602	0.140	0.94	104	0.11	1.42	4.7	3
L10	新金融	766	1.580	0.333	0.96	352	0.63	4.82	4.1	9
L10	银行家	596	0.353	0.126	0.98	264	0.62	3.62	3.8	4
L10	浙江金融	318	0.663	0.241	0.86	186	0.53	2.55	4.7	4
L10	证券市场导报	2542	6.924	1.075	0.96	577	0.75	7.90	3.9	16
L10	中国保险	294	0.457	0.117	1.00	168	0.23	2.30	3.9	4
L10	中国金融	2613	0.593	0.162	1.00	745	0.79	10.21	4.2	8
L10	中国钱币	241	0.098	0.034	0.70	62	0.10	0.85	≥10	3
L10	中国信用卡	90	0.127	0.032	1.00	55	0.15	0.75	3.7	2
M01	CPC Central Committee Bimonthly (QIUSHI)	1	—	—	1.00	1	—	0.01	—	1
M01	北京观察	171	0.134	0.044	1.00	152	0.03	1.58	3.8	3
M01	北京青年研究	224	0.602	0.339	0.99	164	0.05	1.71	5.2	4
M01	长白学刊	1072	1.882	1.000	0.99	686	0.25	7.15	4.2	9
M01	重庆行政	253	0.332	0.143	0.98	192	0.06	2.00	3.7	3
M01	大连干部学刊	143	0.253	0.083	0.98	120	0.03	1.25	4.1	3
M01	当代贵州	382	0.042	0.015	1.00	252	0.04	2.62	4.2	3
M01	党的文献	1063	1.194	0.250	0.99	548	0.27	5.71	7.9	9
M01	党建	1327	1.168	0.257	1.00	730	0.25	7.60	5.1	10
M01	党史博采	88	0.451	—	0.98	71	0.04	0.74	9.5	2
M01	党史文苑	154	0.297	0.023	0.98	130	0.06	1.35	8.7	2
M01	党史研究与教学	576	—	0.200	0.95	257	0.18	2.68	7.9	5
M01	党政干部论坛	133	0.194	0.016	0.99	116	0.06	1.21	3.8	2
M01	党政干部学刊	287	0.455	0.165	0.92	214	0.08	2.23	4.0	3
M01	党政论坛	316	0.529	0.143	0.98	208	0.15	2.17	4.5	4
M01	党政研究	729	2.234	0.861	0.97	490	0.23	5.10	3.6	10
M01	地方治理研究	295	2.638	1.625	0.97	227	0.11	2.36	3.6	6
M01	东北亚学刊	181	—	0.250	0.93	90	0.03	0.94	4.3	3
M01	福建党史月刊	113	0.005	—	0.94	81	0.04	0.84	≥10	2
M01	甘肃理论学刊	281	0.439	0.060	1.00	246	0.08	2.56	6.7	4

学科代码	期刊名称	扩展总被引频次	扩展影响因子	扩展即年指标	扩展他引率	扩展引用刊数	扩展学科影响指标	扩展学科扩散指标	扩展被引半衰期	扩展H指标
M01	港澳研究	218	1.169	0.172	0.82	96	0.02	1.00	4.7	4
M01	广西文学	42	0.015	0.005	1.00	12	—	0.12	6.7	2
M01	国际安全研究	1084	6.507	2.500	0.93	421	0.09	4.39	4.1	11
M01	国家治理	1344	—	0.290	0.98	797	0.28	8.30	3.7	7
M01	科学社会主义	1315	2.054	0.377	0.99	686	0.38	7.15	4.7	11
M01	理论导刊	2020	1.662	0.844	0.98	988	0.36	10.29	4.3	8
M01	理论视野	1133	1.258	0.456	0.98	675	0.34	7.03	4.2	9
M01	理论探索	1753	3.274	1.022	0.99	948	0.32	9.88	4.6	11
M01	理论学习与探索	127	0.134	0.090	0.99	94	0.03	0.98	4.5	3
M01	廉政文化研究	213	0.628	0.192	0.94	140	0.14	1.46	4.0	4
M01	内蒙古统战理论研究	50	0.155	0.038	1.00	40	0.01	0.42	3.8	2
M01	前进	269	—	0.061	0.81	176	0.09	1.83	4.8	5
M01	前线	881	0.480	0.113	0.98	609	0.28	6.34	5.1	9
M01	求实	1980	6.649	1.447	0.98	907	0.32	9.45	5.7	15
M01	求是	11923	18.642	9.134	1.00	1939	0.52	20.20	3.8	49
M01	人大研究	364	0.408	0.119	0.79	172	0.08	1.79	5.3	5
M01	三晋基层治理	116	0.355	0.071	0.97	94	0.03	0.98	2.8	3
M01	山东工会论坛	322	1.135	0.279	0.77	168	0.06	1.75	4.0	4
M01	社会主义论坛	494	0.328	0.070	1.00	369	0.09	3.84	4.4	7
M01	实事求是	179	0.339	0.103	0.91	136	0.03	1.42	5.3	4
M01	思想教育研究	5898	3.682	1.033	0.98	1323	0.31	13.78	4.3	17
M01	思想政治课教学	846	0.564	0.174	0.96	329	0.04	3.43	3.9	7
M01	探求	223	0.518	0.127	0.96	186	0.07	1.94	4.9	4
M01	探索	2841	5.470	1.885	0.94	1018	0.35	10.60	4.7	16
M01	团结	108	0.168	0.027	0.99	97	—	1.01	4.7	3
M01	唯实	333	0.174	0.065	0.99	275	0.09	2.86	5.0	3
M01	新视野	1230	1.939	0.989	0.98	717	0.33	7.47	4.7	10
M01	行政管理改革	2448	5.115	0.677	0.99	1153	0.28	12.01	3.8	16
M01	行政科学论坛	269	0.341	0.050	0.94	213	0.09	2.22	4.9	4
M01	行政与法	665	0.760	0.255	0.98	461	0.14	4.80	4.8	5
M01	学习论坛	1186	2.200	0.794	0.99	727	0.28	7.57	4.4	9
M01	学习月刊	294	0.203	0.047	1.00	245	0.09	2.55	7.8	3
M01	学校党建与思想教育	9213	2.881	0.909	0.98	1384	0.28	14.42	4.1	21

学科代码	期刊名称	扩展总被引频次	扩展影响因子	扩展即年指标	扩展他引率	扩展引用刊数	扩展学科影响指标	扩展学科扩散指标	扩展被引半衰期	扩展H指标
M01	预防青少年犯罪研究	403	—	0.076	0.85	159	0.01	1.66	4.4	7
M01	政策瞭望	203	0.409	0.110	1.00	162	0.01	1.69	3.9	4
M01	政工学刊	178	0.066	0.038	1.00	114	—	1.19	4.0	4
M01	政治学研究	4132	8.036	0.885	0.97	989	0.38	10.30	5.6	23
M01	治理现代化研究	294	1.052	0.922	0.96	237	0.17	2.47	3.1	6
M01	治理研究	2185	7.148	0.958	0.99	964	0.32	10.04	4.0	15
M01	中共党史研究	1651	1.785	0.135	0.92	562	0.29	5.85	8.6	10
M01	中国党政干部论坛	1118	0.730	0.193	1.00	688	0.34	7.17	4.8	7
M01	中国机关后勤	144	—	0.023	1.00	74	0.03	0.77	3.4	3
M01	中国青年研究	4944	4.985	1.209	0.93	1235	0.26	12.86	5.1	18
M01	中国特色社会主义研究	1911	4.417	0.910	0.98	971	0.35	10.11	5.2	13
M02	安徽乡村振兴研究	232	—	0.062	0.99	194	0.08	1.75	4.6	3
M02	北京警察学院学报	486	0.692	0.310	0.97	201	0.31	1.95	4.9	5
M02	北京石油管理干部学院学报	162	0.444	0.110	0.93	90	0.01	0.81	3.9	3
M02	北京市工会干部学院学报	97	0.635	0.103	0.86	54	0.04	0.49	3.9	3
M02	北京行政学院学报	1502	2.871	1.266	0.99	800	0.46	7.21	5.0	11
M02	兵团党校学报	265	0.381	0.098	0.58	128	0.05	1.15	6.0	4
M02	长春市委党校学报	110	0.324	0.047	0.99	101	0.05	0.91	4.5	3
M02	长征学刊	122	0.365	0.134	0.93	96	0.05	0.86	3.8	4
M02	成都行政学院学报	188	0.548	0.143	0.98	156	0.10	1.41	4.0	4
M02	东北亚经济研究	243	1.093	0.235	0.87	151	0.04	1.36	3.8	4
M02	法律科学—西北政法大学学报	5645	7.492	3.787	0.98	987	0.93	9.58	6.1	24
M02	福建金融管理干部学院学报	59	0.338	0.061	1.00	52	0.01	0.47	4.6	3
M02	福建警察学院学报	180	0.352	0.101	0.96	122	0.31	1.18	6.1	3
M02	福建省社会主义学院学报	124	0.323	0.083	0.98	101	0.14	0.91	5.7	3
M02	福州党校学报	131	0.299	0.080	0.98	113	0.04	1.02	3.9	3
M02	甘肃行政学院学报	1198	2.344	0.096	0.97	560	0.32	5.05	5.8	11
M02	甘肃政法大学学报	986	1.833	0.222	0.99	476	0.81	4.62	6.2	9
M02	工会理论研究—上海工会管理干部学院学报	125	0.613	0.111	0.82	59	0.06	0.53	5.0	3
M02	公安学刊—浙江警察学院学报	498	0.832	0.423	0.84	170	0.40	1.65	4.7	5
M02	公共治理研究	373	1.054	0.274	0.98	300	0.19	2.70	4.8	5
M02	古田干部学院学报	23	0.171	0.055	0.87	19	0.04	0.17	3.0	2
M02	广东青年研究	131	0.735	0.154	0.77	81	0.04	0.73	3.6	3

学科代码	期刊名称	扩展总被引频次	扩展影响因子	扩展即年指标	扩展他引率	扩展引用刊数	扩展学科影响指标	扩展学科扩散指标	扩展被引半衰期	扩展H指标
M02	广东省社会主义学院学报	158	0.337	0.073	0.87	103	0.17	0.93	4.8	3
M02	广西警察学院学报	309	0.603	0.169	0.91	142	0.28	1.38	4.7	4
M02	广西青年干部学院学报	179	—	0.052	0.92	118	0.05	1.06	5.5	3
M02	广西社会主义学院学报	164	0.310	0.065	0.93	123	0.18	1.11	4.9	3
M02	广西政法管理干部学院学报	236	0.368	0.108	0.94	147	0.09	1.32	5.0	3
M02	广州社会主义学院学报	119	0.250	0.241	0.95	88	0.15	0.79	4.4	3
M02	广州市公安管理干部学院学报	89	0.404	0.044	0.97	60	0.04	0.54	4.5	3
M02	贵阳市委党校学报	83	0.229	—	0.96	71	0.08	0.64	4.7	2
M02	贵州警察学院学报	213	0.388	0.173	0.93	116	0.29	1.13	4.5	3
M02	贵州社会主义学院学报	63	0.305	0.036	0.83	48	0.10	0.43	3.5	2
M02	贵州省党校学报	267	0.669	0.405	0.97	218	0.14	1.96	3.8	4
M02	国家检察官学院学报	2475	7.008	1.403	0.98	527	0.87	5.12	4.7	15
M02	国家教育行政学院学报	3779	4.709	1.458	0.99	1085	0.27	9.77	4.7	18
M02	国家林业和草原局管理干部学院学报	166	0.674	0.340	0.92	115	0.04	1.04	4.5	3
M02	国家税务总局税务干部学院学报	113	0.208	0.165	0.95	77	0.06	1.48	4.3	2
M02	哈尔滨市委党校学报	87	0.220	0.113	0.95	77	0.07	0.69	5.2	2
M02	河北青年管理干部学院学报	197	0.262	0.250	0.99	165	0.06	1.49	4.4	4
M02	河北省社会主义学院学报	122	0.524	0.440	0.84	82	0.19	0.74	3.1	3
M02	河南财经政法大学学报	946	1.540	0.286	0.98	440	0.76	4.27	5.8	7
M02	河南警察学院学报	284	0.637	0.141	0.95	150	0.40	1.46	4.4	5
M02	黑龙江省政法管理干部学院学报	266	—	0.035	0.99	185	0.09	1.67	5.5	2
M02	湖北警官学院学报	540	0.978	0.242	0.76	192	0.44	1.86	5.4	5
M02	湖北省社会主义学院学报	131	0.342	0.078	0.93	92	0.20	0.83	3.8	3
M02	湖北行政学院学报	315	0.640	0.096	0.97	251	0.24	2.26	4.9	4
M02	湖南警察学院学报	211	0.485	0.045	0.94	118	0.30	1.15	4.7	4
M02	湖南省社会主义学院学报	230	0.322	0.085	0.97	165	0.26	1.49	4.5	4
M02	湖南行政学院学报	264	0.648	0.105	0.99	226	0.14	2.04	3.9	4
M02	华东政法大学学报	3215	6.521	1.313	0.98	765	0.88	7.43	5.3	18
M02	江苏警官学院学报	360	0.561	0.033	0.96	175	0.35	1.70	5.6	4
M02	江苏省社会主义学院学报	159	0.549	0.094	0.94	107	0.23	0.96	4.0	3
M02	江苏行政学院学报	1328	1.985	0.320	0.99	756	0.37	6.81	6.1	11
M02	江西警察学院学报	333	0.531	0.087	0.89	142	0.39	1.38	5.1	4
M02	理论学习—山东干部函授大学学报	271	0.198	0.052	0.98	217	0.10	1.95	7.1	3

学科代码	期刊名称	扩展总被引频次	扩展影响因子	扩展即年指标	扩展他引率	扩展引用刊数	扩展学科影响指标	扩展学科扩散指标	扩展被引半衰期	扩展H指标
M02	辽宁公安司法管理干部学院学报	120	0.259	0.133	0.87	76	0.07	0.68	4.4	2
M02	辽宁警察学院学报	382	0.579	0.129	0.89	159	0.23	1.54	4.7	4
M02	辽宁省社会主义学院学报	134	0.369	0.073	0.78	82	0.14	0.74	3.9	3
M02	辽宁行政学院学报	314	0.500	0.083	0.99	248	0.16	2.23	5.3	4
M02	闽台关系研究	223	0.654	0.237	0.84	151	0.09	1.36	6.2	4
M02	宁夏党校学报	127	0.297	0.091	0.96	110	0.09	0.99	4.0	3
M02	青年学报	262	0.710	0.431	0.98	177	0.11	1.59	3.6	4
M02	青少年研究与实践	110	0.366	0.096	0.96	91	0.03	0.82	4.5	3
M02	山东法官培训学院学报	279	0.519	0.177	0.95	167	0.48	1.62	4.9	4
M02	山东警察学院学报	490	0.526	0.057	0.96	196	0.44	1.90	6.6	6
M02	山东女子学院学报	212	0.610	0.287	0.89	129	0.04	1.16	4.2	4
M02	山东青年政治学院学报	319	0.622	0.147	0.98	234	0.06	2.11	4.8	4
M02	山东行政学院学报	293	0.654	0.191	0.97	235	0.14	2.12	4.4	4
M02	山西经济管理干部学院学报	188	0.579	0.246	0.97	134	0.03	1.21	3.8	4
M02	山西警察学院学报	345	0.868	0.385	0.92	181	0.33	1.76	3.9	4
M02	山西社会主义学院学报	85	0.368	0.025	0.99	69	0.14	0.62	4.8	3
M02	山西省政法管理干部学院学报	138	0.267	0.167	0.92	91	0.08	0.82	3.9	2
M02	陕西社会主义学院学报	73	0.240	0.133	0.97	64	0.08	0.58	5.0	3
M02	陕西行政学院学报	211	0.452	0.234	0.99	186	0.14	1.68	4.0	4
M02	上海公安学院学报	108	0.478	0.047	0.96	75	0.05	0.68	3.6	3
M02	上海市经济管理干部学院学报	75	0.321	0.093	0.99	66	0.02	0.59	4.8	3
M02	上海市社会主义学院学报	203	0.691	0.367	0.92	113	0.24	1.02	3.4	3
M02	上海行政学院学报	1308	2.694	0.404	0.98	672	0.39	6.05	5.9	10
M02	上海政法学院学报	1095	4.236	1.183	0.98	486	0.75	4.72	3.6	11
M02	胜利油田党校学报	47	—	—	0.98	42	0.02	0.38	7.2	2
M02	石油化工管理干部学院学报	102	0.262	0.031	0.93	66	0.02	0.59	3.9	2
M02	四川警察学院学报	273	0.444	0.167	0.94	138	0.37	1.34	4.8	4
M02	四川省干部函授学院学报	176	0.519	0.162	1.00	122	0.02	1.10	3.9	4
M02	四川省社会主义学院学报	89	0.406	0.071	0.99	71	0.15	0.64	4.1	3
M02	四川行政学院学报	240	0.771	0.473	0.98	206	0.13	1.86	4.5	4
M02	苏州大学学报（法学版）	681	3.515	0.826	0.98	307	0.75	2.98	3.8	9
M02	天津市工会管理干部学院学报	90	0.684	0.031	0.97	62	0.05	0.56	3.7	4
M02	天津市社会主义学院学报	58	0.265	0.062	0.95	48	0.13	0.43	4.0	2

学科代码	期刊名称	扩展总被引频次	扩展影响因子	扩展即年指标	扩展他引率	扩展引用刊数	扩展学科影响指标	扩展学科扩散指标	扩展被引半衰期	扩展H指标
M02	天津行政学院学报	767	2.216	0.404	0.98	501	0.32	4.51	5.2	8
M02	天水行政学院学报	162	0.207	0.037	1.00	140	0.07	1.26	4.7	2
M02	铁道警察学院学报	260	0.422	0.061	0.84	117	0.32	1.14	4.8	3
M02	统一战线学研究	536	1.745	0.829	0.84	220	0.33	1.98	3.5	7
M02	武汉公安干部学院学报	177	0.570	0.151	0.72	76	0.05	0.68	3.8	4
M02	武汉冶金管理干部学院学报	227	0.617	0.157	0.97	157	0.04	3.14	3.4	4
M02	西南政法大学学报	804	—	0.366	0.99	433	0.82	4.20	5.3	9
M02	延边党校学报	170	0.388	0.194	0.99	132	0.08	1.19	3.3	3
M02	云南警官学院学报	347	0.426	0.147	0.90	148	0.25	1.44	5.3	4
M02	云南社会主义学院学报	133	0.297	0.017	0.97	114	0.13	1.03	6.4	2
M02	云南行政学院学报	825	0.689	0.175	0.99	543	0.33	4.89	6.4	7
M02	中共成都市委党校学报	95	0.181	0.048	0.99	89	0.11	0.80	4.9	2
M02	中共福建省委党校（福建行政学院）学报	1070	1.290	0.266	0.98	664	0.50	5.98	5.4	8
M02	中共桂林市委党校学报	78	0.233	0.089	0.99	72	0.04	0.65	4.3	2
M02	中共杭州市委党校学报	269	0.639	0.344	0.99	215	0.14	1.94	5.0	5
M02	中共合肥市委党校学报	84	0.252	0.017	0.95	74	0.06	0.67	4.6	3
M02	中共济南市委党校学报	191	0.321	0.078	0.99	149	0.08	1.34	4.6	3
M02	中共乐山市委党校学报	146	0.307	0.074	0.99	121	0.07	1.09	4.2	3
M02	中共南昌市委党校学报	122	0.392	0.091	1.00	103	0.05	0.93	3.9	4
M02	中共南京市委党校学报	164	0.333	0.068	0.99	147	0.11	1.32	5.1	3
M02	中共南宁市委党校学报	108	0.388	0.034	1.00	94	0.04	0.85	4.2	3
M02	中共宁波市委党校学报	239	0.488	0.151	0.98	204	0.19	1.84	4.9	4
M02	中共青岛市委党校青岛行政学院学报	204	0.215	0.078	0.98	179	0.08	1.61	5.1	3
M02	中共山西省委党校学报	305	0.424	0.183	0.98	249	0.17	2.24	4.3	3
M02	中共石家庄市委党校学报	156	0.276	0.075	0.98	141	0.12	1.27	4.4	3
M02	中共太原市委党校学报	195	0.428	0.137	0.97	136	0.04	1.23	3.2	4
M02	中共天津市委党校学报	650	2.452	0.778	0.95	423	0.41	3.81	4.0	7
M02	中共乌鲁木齐市委党校学报	51	0.347	0.067	0.96	48	0.03	0.43	3.0	2
M02	中共伊犁州委党校学报	88	0.153	0.049	1.00	77	0.05	0.69	4.8	2
M02	中共云南省委党校学报	304	0.498	0.170	0.97	228	0.15	2.05	4.7	3
M02	中共郑州市委党校学报	256	0.342	0.205	0.98	196	0.12	1.77	4.3	4
M02	中共中央党校（国家行政学院）学报	1889	3.582	0.617	0.99	931	0.58	8.39	4.7	14
M02	中国井冈山干部学院学报	343	0.663	0.188	0.98	254	0.20	2.29	4.5	5

学科代码	期刊名称	扩展总被引频次	扩展影响因子	扩展即年指标	扩展他引率	扩展引用刊数	扩展学科影响指标	扩展学科扩散指标	扩展被引半衰期	扩展H指标
M02	中国劳动关系学院学报	714	1.825	0.288	0.95	416	0.14	3.75	4.9	8
M02	中国浦东干部学院学报	180	—	0.051	0.96	160	0.17	1.44	5.2	3
M02	中国青年社会科学	1600	2.589	0.714	0.97	750	0.30	6.76	5.0	11
M02	中国人民警察大学学报	1041	1.035	0.203	0.64	306	0.26	2.97	4.5	6
M02	中国刑警学院学报	513	1.129	0.319	0.85	169	0.69	10.56	4.7	5
M02	中国延安干部学院学报	312	0.369	0.053	0.98	250	0.30	2.25	5.8	4
M02	中国政法大学学报	1607	—	0.579	0.97	684	0.78	6.64	4.2	10
M02	中华女子学院学报	463	0.731	0.173	0.91	268	0.14	2.41	5.5	5
M02	中南财经政法大学学报	2165	4.245	2.125	0.97	750	0.69	14.42	5.2	14
M02	中央社会主义学院学报	738	1.125	0.313	0.95	420	0.41	3.78	5.1	7
M03	公共管理评论	631	3.658	0.600	0.97	384	0.80	76.80	4.2	10
M03	公共行政评论	2151	3.961	0.538	0.95	694	0.80	138.80	6.3	15
M03	行政论坛	2625	4.160	0.778	0.97	988	0.80	197.60	4.7	16
M03	中国行政管理	10569	4.673	0.782	0.94	1754	0.80	350.80	6.0	28
M04	Contemporary International Relations	24	0.136	—	0.83	10	0.02	0.24	4.0	1
M04	阿拉伯世界研究	288	0.879	0.204	0.81	113	0.50	2.69	6.0	4
M04	当代世界	1094	1.390	0.845	0.99	509	0.81	12.12	3.8	8
M04	当代世界社会主义问题	352	1.015	0.214	0.95	235	0.31	5.60	5.1	6
M04	当代世界与社会主义	1571	2.415	0.408	0.98	764	0.79	18.19	4.9	11
M04	当代亚太	915	3.500	0.258	0.94	270	0.74	6.43	7.4	9
M04	东北亚论坛	975	4.086	1.673	0.91	379	0.81	9.02	3.8	10
M04	东南亚研究	644	2.023	0.357	0.83	234	0.60	5.57	7.2	7
M04	东南亚纵横	390	0.380	0.509	0.83	205	0.31	4.88	9.6	4
M04	俄罗斯东欧中亚研究	482	1.639	0.776	0.85	179	0.57	4.26	4.9	5
M04	俄罗斯研究	377	1.767	0.230	0.91	188	0.55	4.48	3.5	7
M04	国际关系研究	385	—	0.767	0.96	216	0.62	5.14	4.1	5
M04	国际观察	740	2.936	0.367	0.89	317	0.74	7.55	5.8	9
M04	国际论坛	886	2.991	1.169	0.94	363	0.83	8.64	4.6	9
M04	国际问题研究	1018	4.821	1.195	0.98	368	0.86	8.76	4.0	10
M04	国际展望	839	3.091	1.462	0.97	363	0.83	8.64	4.3	9
M04	国际政治科学	735	4.760	0.464	0.94	199	0.76	4.74	5.4	10
M04	国际政治研究	710	—	0.237	0.96	292	0.79	6.95	7.6	7
M04	国外理论动态	1196	—	0.162	0.98	595	0.69	14.17	7.5	9

学科代码	期刊名称	扩展总被引频次	扩展影响因子	扩展即年指标	扩展他引率	扩展引用刊数	扩展学科影响指标	扩展学科扩散指标	扩展被引半衰期	扩展H指标
M04	和平与发展	422	2.782	0.738	0.92	166	0.79	3.95	3.4	6
M04	拉丁美洲研究	271	0.600	0.395	0.78	134	0.40	3.19	6.3	3
M04	美国研究	631	2.080	0.564	0.91	268	0.69	6.38	6.5	7
M04	南亚研究	373	1.660	0.115	0.89	145	0.52	3.45	7.2	5
M04	南亚研究季刊	248	0.881	0.125	0.90	109	0.31	2.60	6.5	4
M04	南洋问题研究	454	1.698	0.667	0.92	168	0.55	4.00	6.0	6
M04	欧洲研究	799	3.052	0.462	0.92	308	0.79	7.33	6.4	8
M04	日本侵华南京大屠杀研究	76	0.387	0.037	0.71	38	0.02	0.90	4.0	3
M04	日本问题研究	195	0.442	0.136	0.92	136	0.29	3.24	6.0	4
M04	日本学刊	616	2.258	0.429	0.82	227	0.62	5.40	5.6	7
M04	日本研究	252	—	0.179	0.96	161	0.31	3.83	≥10	4
M04	世界经济与政治	3275	4.380	0.987	0.88	645	0.83	15.36	7.2	15
M04	世界社会科学	1470	1.826	0.226	0.99	882	0.52	21.00	8.1	11
M04	世界社会主义研究	526	1.063	0.325	0.99	328	0.40	7.81	3.1	7
M04	太平洋学报	1573	2.741	0.796	0.88	558	0.86	13.29	4.9	11
M04	外国问题研究	155	0.193	0.018	0.88	105	0.24	2.50	9.9	4
M04	外交评论	1331	5.343	1.194	0.94	415	0.76	9.88	6.4	12
M04	西伯利亚研究	146	0.345	0.080	0.87	92	0.17	2.19	6.3	2
M04	西亚非洲	580	1.627	0.733	0.88	204	0.64	4.86	7.1	6
M04	现代国际关系	1427	3.393	0.418	0.97	425	0.88	10.12	4.3	11
M05	The Journal of Human Rights	10	—	—	0.10	2	0.01	0.02	5.0	1
M05	北方法学	1391	—	0.690	0.99	537	0.85	5.21	5.4	10
M05	比较法研究	5461	11.606	3.688	0.97	880	0.90	8.54	4.6	30
M05	当代法学	3517	6.605	1.740	0.97	758	0.89	7.36	5.9	17
M05	地方立法研究	542	2.343	0.896	0.94	275	0.61	2.67	4.0	7
M05	电子知识产权	1096	1.047	0.167	0.93	392	0.57	3.81	6.2	8
M05	东方法学	4551	11.391	3.720	0.94	888	0.88	8.62	3.9	28
M05	法律适用	4496	—	0.886	0.95	835	0.92	8.11	5.5	14
M05	法商研究	4593	6.444	1.143	0.98	877	0.89	8.51	6.5	20
M05	法学	7228	5.591	1.245	0.97	1053	0.90	10.22	6.7	21
M05	法学家	4452	6.647	1.269	0.97	769	0.89	7.47	6.7	21
M05	法学论坛	3425	5.697	1.706	0.99	833	0.90	8.09	5.6	18
M05	法学评论	4540	5.169	1.563	0.99	925	0.89	8.98	6.2	20

学科代码	期刊名称	扩展总被引频次	扩展影响因子	扩展即年指标	扩展他引率	扩展引用刊数	扩展学科影响指标	扩展学科扩散指标	扩展被引半衰期	扩展H指标
M05	法学研究	9334	10.034	3.986	0.98	1026	0.91	9.96	7.8	31
M05	法学杂志	3801	4.629	1.136	0.99	922	0.89	8.95	6.0	15
M05	法制博览	1984	0.185	0.043	0.67	601	0.29	5.83	4.0	4
M05	法制与社会发展	3678	8.367	2.083	0.97	791	0.87	7.68	5.5	19
M05	法治研究	1975	6.146	1.528	0.99	636	0.86	6.17	3.8	15
M05	犯罪研究	387	1.219	0.292	0.95	173	0.52	1.68	4.6	5
M05	公安研究	204	—	0.101	0.90	84	0.23	0.82	≥10	4
M05	国际法研究	519	1.835	0.694	0.92	218	0.45	2.12	4.8	6
M05	国际经济法学刊	277	1.460	0.564	0.94	160	0.28	1.55	3.8	5
M05	海峡法学	223	0.888	0.327	0.64	110	0.23	1.07	4.0	4
M05	河北法学	3108	3.257	1.130	0.91	886	0.88	8.60	5.8	12
M05	湖湘法学评论	113	—	0.229	0.98	89	0.29	0.86	3.1	5
M05	环球法律评论	3415	5.987	1.403	0.98	723	0.87	7.02	5.6	19
M05	交大法学	991	2.305	0.969	0.98	394	0.78	3.83	5.3	11
M05	科技与法律（中英文）	978	2.102	0.591	0.97	463	0.61	4.50	4.4	8
M05	南大法学	558	2.252	0.485	0.97	260	0.70	2.52	3.8	7
M05	南海法学	196	—	0.134	0.98	151	0.35	1.47	3.7	4
M05	清华法学	3657	6.486	1.154	0.99	744	0.88	7.22	6.1	21
M05	人权	504	—	0.208	0.90	242	0.51	2.35	4.2	6
M05	时代法学	450	0.820	0.097	0.98	281	0.58	2.73	6.1	5
M05	天津法学	183	0.450	0.050	0.98	145	0.30	1.41	5.9	4
M05	武大国际法评论	540	2.388	0.438	0.91	222	0.45	2.16	4.0	7
M05	西部法学评论	295	0.684	0.111	0.99	207	0.60	2.01	6.1	4
M05	现代法学	4406	5.812	2.333	0.99	872	0.89	8.47	6.2	19
M05	行政法学研究	2869	5.765	2.616	0.94	719	0.87	6.98	4.7	17
M05	医学与法学	365	0.516	0.113	0.94	187	0.13	1.82	4.7	3
M05	征信	1193	1.682	0.742	0.69	376	0.28	3.65	3.8	8
M05	政法论丛	2150	4.938	0.899	0.98	685	0.85	6.65	4.7	15
M05	政法论坛	5137	9.955	3.407	0.96	864	0.88	8.39	5.3	26
M05	政治与法律	6301	6.771	0.925	0.97	924	0.91	8.97	5.7	23
M05	中国版权	197	0.226	0.017	0.96	100	0.20	0.97	8.5	4
M05	中国法律评论	3029	6.827	2.611	0.98	732	0.87	7.11	3.8	18
M05	中国法学	11337	14.593	3.222	0.98	1188	0.91	11.53	7.2	35

学科代码	期刊名称	扩展总被引频次	扩展影响因子	扩展即年指标	扩展他引率	扩展引用刊数	扩展学科影响指标	扩展学科扩散指标	扩展被引半衰期	扩展H指标
M05	中国高等学校学术文摘·法学	10	—	—	1.00	10	0.03	0.10	6.0	1
M05	中国应用法学	1140	3.408	0.926	0.97	408	0.80	3.96	3.3	11
M05	中外法学	5905	8.533	2.429	0.98	886	0.88	8.60	5.9	26
M05	专利代理	84	0.189	0.045	0.87	51	0.04	0.50	4.7	3
M07	Forensic Sciences Research	26	0.068	0.025	0.85	18	0.25	1.12	4.4	2
M07	广东公安科技	192	0.270	0.020	0.93	97	0.31	6.06	5.3	3
M07	警察技术	342	0.429	0.193	0.84	161	0.25	10.06	5.3	3
M07	青少年犯罪问题	746	1.993	0.466	0.95	270	0.44	16.88	4.4	8
M07	人民检察	2724	1.195	0.173	0.89	447	0.62	27.94	4.6	11
M07	人民论坛	10090	2.335	0.663	0.99	2308	0.56	144.25	4.4	18
M07	森林公安	61	—	0.031	1.00	44	0.19	2.75	4.7	2
M07	刑事技术	822	0.797	0.204	0.76	194	0.38	12.12	6.3	6
M07	证据科学	620	1.265	0.294	0.77	204	0.50	12.75	7.8	6
M07	中国法治	625	0.575	0.086	0.95	298	0.44	18.62	4.4	5
M07	中国海商法研究	377	1.805	0.359	0.91	144	0.19	9.00	4.5	5
M07	中国检察官	1365	0.741	0.140	0.92	358	0.50	22.38	3.8	7
M07	中国司法鉴定	639	0.802	0.100	0.79	207	0.50	12.94	7.0	6
M07	中国刑事法杂志	3516	11.008	1.767	0.96	511	0.69	31.94	4.8	22
M08	军事文化研究	22	—	0.060	0.36	8	0.10	0.80	2.4	2
M08	军事运筹与评估	421	0.637	0.040	0.84	124	0.20	12.40	6.5	6
M08	抗日战争研究	606	0.780	0.075	0.91	178	0.20	17.80	≥10	5
M08	孙子研究	45	—	—	0.69	24	0.10	2.40	6.5	2
N01	八桂侨刊	206	0.289	0.071	0.58	72	0.03	1.22	≥10	3
N01	柴达木开发研究	60	0.143	0.015	1.00	53	—	0.90	5.9	2
N01	成才之路	1467	0.195	0.148	0.93	326	0.10	5.53	3.4	4
N01	创意设计源	217	0.599	0.071	0.87	109	0.07	1.85	3.9	4
N01	创意与设计	286	0.477	0.108	0.94	126	0.07	2.14	5.3	4
N01	当代青年研究	1360	2.455	0.794	0.92	635	0.34	10.76	5.1	9
N01	妇女研究论丛	1513	2.512	0.421	0.91	520	0.31	8.81	6.7	12
N01	决策科学	35	—	0.250	0.94	30	0.02	0.51	2.3	2
N01	科学发展	695	0.936	0.220	0.86	391	0.10	6.63	4.2	5
N01	科学教育与博物馆	262	0.749	0.206	0.89	116	0.05	1.97	3.6	4
N01	南方论刊	566	0.258	0.070	0.98	390	0.12	6.61	4.3	4

学科代码	期刊名称	扩展总被引频次	扩展影响因子	扩展即年指标	扩展他引率	扩展引用刊数	扩展学科影响指标	扩展学科扩散指标	扩展被引半衰期	扩展H指标
N01	攀登（汉文版）	135	0.191	0.019	0.99	121	0.14	2.05	7.4	3
N01	秦智	179	—	0.100	0.96	109	0.03	1.85	2.2	3
N01	青年探索	850	2.935	0.803	0.92	445	0.27	7.54	4.2	9
N01	青年研究	1374	2.621	0.356	0.95	581	0.29	9.85	8.7	9
N01	青少年学刊	206	0.697	0.260	0.97	160	0.07	2.71	4.4	4
N01	情感读本	182	0.019	0.015	0.95	78	0.03	1.32	4.4	2
N01	群文天地	122	0.009	—	1.00	95	0.05	1.61	≥10	2
N01	人民论坛·学术前沿	3953	2.491	0.850	0.99	1569	0.42	26.59	4.2	17
N01	社会	3522	3.051	0.429	0.97	920	0.31	15.59	≥10	20
N01	社会保障评论	1122	3.970	1.143	0.84	406	0.17	6.88	3.8	12
N01	社会工作	756	1.510	0.633	0.90	322	0.20	5.46	5.8	8
N01	社会学评论	985	2.321	0.457	0.96	519	0.24	8.80	4.7	10
N01	社会学研究	9060	8.607	2.000	0.97	1426	0.49	24.17	≥10	32
N01	社会主义核心价值观研究	368	1.500	0.367	0.94	254	0.14	4.31	3.7	7
N01	视听	1766	0.428	0.303	0.95	365	0.19	6.19	3.8	5
N01	台湾研究	331	0.721	0.133	0.68	72	0.05	1.22	5.5	5
N01	台湾研究集刊	302	0.487	0.167	0.80	89	0.05	1.51	7.6	4
N01	文化创新比较研究	2677	0.353	0.081	0.96	752	0.25	12.75	4.0	6
N01	文化软实力	111	0.419	0.080	0.98	99	0.07	1.68	4.1	3
N01	文化软实力研究	143	0.540	0.138	0.97	117	0.05	1.98	3.7	4
N01	文化学刊	820	—	0.058	0.98	443	0.14	7.51	4.0	4
N01	无线互联科技	3449	0.576	0.123	0.97	912	0.14	15.46	3.7	6
N01	武陵学刊	297	0.340	0.105	0.80	205	0.10	3.47	5.9	4
N01	医学与社会	4130	2.728	0.596	0.93	833	0.20	14.12	4.2	11
N01	知与行	150	0.304	0.108	0.98	128	0.14	2.17	5.2	3
N01	中国国际问题研究	30	0.169	0.025	0.73	19	0.02	0.32	4.0	2
N01	中国医学伦理学	2929	1.889	0.440	0.89	607	0.10	10.29	4.8	10
N02	劳动保护	494	0.280	0.114	0.96	253	0.05	12.05	4.2	4
N02	南方人口	691	2.147	0.297	0.98	382	0.52	18.19	6.6	7
N02	人才资源开发	1715	0.497	0.204	1.00	511	0.05	24.33	3.4	5
N02	人口学刊	2249	5.218	1.040	0.97	811	0.52	38.62	6.5	14
N02	人口研究	4140	8.321	1.577	0.97	1042	0.52	49.62	7.7	21
N02	人口与发展	2082	4.186	0.753	0.96	796	0.52	37.90	5.6	11

学科代码	期刊名称	扩展总被引频次	扩展影响因子	扩展即年指标	扩展他引率	扩展引用刊数	扩展学科影响指标	扩展学科扩散指标	扩展被引半衰期	扩展H指标
N02	人口与经济	2405	5.073	1.048	0.98	876	0.52	41.71	6.9	12
N02	人口与社会	578	1.726	0.472	0.92	346	0.43	16.48	5.5	7
N02	人类居住	75	0.268	—	1.00	51	—	2.43	5.2	3
N02	社会保障研究	1267	3.058	0.698	0.95	562	0.48	26.76	5.3	9
N02	西北人口	1322	3.161	0.895	0.97	689	0.52	32.81	6.0	9
N02	职业技术	1080	1.316	0.574	0.98	422	0.05	20.10	3.5	7
N02	中国劳动	414	1.169	0.031	0.95	254	0.33	12.10	7.8	6
N02	中国人口科学	3631	8.468	0.942	0.98	968	0.57	46.10	6.7	17
N02	中国人力资源开发	2321	2.673	0.610	0.88	731	0.48	34.81	5.8	11
N02	中国人力资源社会保障	310	0.393	0.067	1.00	225	0.19	10.71	3.8	5
N02	中国社会保障	372	0.229	0.028	0.99	215	0.24	10.24	4.9	4
N04	China Tibetology	15	0.143	—	0.67	7	0.05	0.17	9.0	1
N04	地方文化研究	129	0.194	—	0.88	99	0.14	2.36	6.2	2
N04	东南文化	2222	1.874	0.283	0.90	568	0.36	13.52	8.6	11
N04	俄罗斯学刊	219	—	0.268	0.84	103	0.10	2.45	3.7	4
N04	法国研究	155	0.435	0.269	0.92	106	0.02	2.52	9.8	4
N04	广西民族研究	1764	1.654	0.081	0.95	618	0.45	14.71	6.5	10
N04	贵州民族研究	3003	1.907	0.711	0.93	918	0.50	21.86	5.9	10
N04	黑龙江民族丛刊	944	—	0.102	0.94	437	0.38	10.40	6.4	6
N04	华夏文化	67	—	0.026	1.00	55	0.07	1.31	≥10	2
N04	科学文化评论	175	0.193	0.074	0.91	96	0.02	2.29	≥10	3
N04	老龄科学研究	742	1.777	0.338	0.91	418	0.02	9.95	4.9	8
N04	满族研究	202	0.130	0.013	0.92	106	0.19	2.52	≥10	3
N04	民族大家庭	51	0.061	0.010	1.00	48	0.10	1.14	5.1	2
N04	民族学刊	1047	2.047	0.373	0.91	464	0.31	11.05	3.4	9
N04	民族学论丛	230	0.688	0.128	0.97	134	0.17	3.19	7.3	4
N04	民族研究	2251	2.862	0.203	0.96	625	0.45	14.88	9.3	13
N04	鄱阳湖学刊	236	0.380	0.043	0.96	165	0.07	3.93	5.9	4
N04	青海民族研究	853	0.957	0.100	0.96	438	0.45	10.43	6.3	7
N04	世界民族	665	0.713	0.180	0.88	293	0.29	6.98	≥10	5
N04	文化遗产	1278	1.651	0.462	0.95	510	0.45	12.14	5.4	12
N04	文化纵横	1044	1.868	0.406	0.97	582	0.29	13.86	5.1	11
N04	西北民族研究	1414	3.932	0.581	0.95	543	0.45	12.93	5.5	11

学科代码	期刊名称	扩展总被引频次	扩展影响因子	扩展即年指标	扩展他引率	扩展引用刊数	扩展学科影响指标	扩展学科扩散指标	扩展被引半衰期	扩展H指标
N04	现代企业文化	1036	0.133	0.086	0.67	232	0.02	5.52	2.7	4
N04	艺苑	207	0.256	0.025	0.97	123	0.10	2.93	6.2	3
N04	中国民族博览	1669	0.294	0.054	0.93	475	0.31	11.31	3.8	4
N04	中国文化	436	0.315	0.083	0.95	243	0.21	5.79	≥10	5
N04	中国文化研究	552	0.761	0.065	0.99	364	0.19	8.67	≥10	5
N04	中国文化遗产	621	1.065	0.061	0.94	261	0.29	6.21	5.8	5
N04	中国藏学	1028	0.723	0.058	0.82	263	0.38	6.26	≥10	5
N04	中华文化论坛	857	0.429	0.137	0.95	488	0.29	11.62	9.3	6
N04	中原文化研究	381	0.514	0.161	0.98	257	0.21	6.12	5.4	5
N04	自然与文化遗产研究	290	0.937	0.246	0.92	159	0.19	3.79	4.2	6
N05	E 动时尚	29	0.024	—	0.90	18	0.12	0.27	—	1
N05	Shanghai Journalism Review	2780	3.762	1.340	0.95	549	0.88	8.19	5.2	13
N05	编辑学报	3007	3.256	0.897	0.79	393	0.52	5.87	5.1	12
N05	编辑学刊	703	1.059	0.520	0.95	258	0.61	3.85	4.2	6
N05	编辑之友	2708	2.678	0.892	0.93	630	0.88	9.40	4.6	13
N05	采写编	1923	0.642	0.489	0.96	244	0.57	3.64	2.8	7
N05	出版参考	673	0.445	0.117	0.94	182	0.52	2.72	4.6	5
N05	出版发行研究	2108	1.829	0.251	0.93	562	0.81	8.39	4.9	10
N05	出版广角	3684	1.554	0.383	0.94	782	0.87	11.67	4.0	11
N05	出版科学	1291	2.303	1.456	0.94	407	0.69	6.07	4.6	10
N05	出版与印刷	386	1.279	0.500	0.92	128	0.39	1.91	3.2	6
N05	传播力研究	2711	0.105	0.015	0.83	421	0.55	6.28	5.3	3
N05	传播与版权	1751	0.805	0.422	0.95	457	0.66	6.82	3.2	6
N05	传媒	3966	1.182	0.446	0.96	840	0.91	12.54	3.5	11
N05	传媒观察	1293	2.152	1.291	0.95	420	0.84	6.27	2.9	11
N05	传媒论坛	3355	0.589	0.280	0.95	521	0.76	7.78	3.8	6
N05	传媒评论	384	—	0.070	0.99	112	0.52	1.67	4.2	4
N05	当代传播	2315	2.020	1.185	0.98	695	0.87	10.37	5.6	11
N05	电视研究	1304	0.931	0.112	0.95	317	0.79	4.73	3.9	7
N05	东南传播	1224	0.486	0.107	0.95	414	0.82	6.18	4.6	6
N05	公关世界	1315	0.325	0.197	0.99	487	0.48	7.27	2.9	5
N05	国际新闻界	4760	5.024	0.626	0.96	834	0.91	12.45	6.3	21
N05	红旗文稿	2377	1.689	0.983	1.00	1088	0.52	16.24	4.3	12

学科代码	期刊名称	扩展总被引频次	扩展影响因子	扩展即年指标	扩展他引率	扩展引用刊数	扩展学科影响指标	扩展学科扩散指标	扩展被引半衰期	扩展H指标
N05	记者观察	1884	0.402	0.044	0.93	201	0.51	3.00	3.8	6
N05	记者摇篮	1920	—	0.198	0.96	127	0.46	1.90	3.5	6
N05	教育传媒研究	595	1.126	0.483	0.72	212	0.64	3.16	3.0	7
N05	今传媒	1351	0.474	0.309	0.98	387	0.73	5.78	4.3	6
N05	科技传播	3022	0.404	0.120	0.97	932	0.73	13.91	5.2	6
N05	科技与出版	3000	2.406	0.991	0.91	596	0.70	8.90	4.0	12
N05	科普研究	1022	2.549	0.423	0.90	328	0.40	4.90	4.8	10
N05	全媒体探索	311	—	0.133	0.96	87	0.49	1.30	2.4	4
N05	全球传媒学刊	669	2.405	0.592	0.97	286	0.78	4.27	4.1	10
N05	声屏世界	1110	0.278	0.054	0.96	223	0.60	3.33	3.7	4
N05	未来传播	424	1.624	0.561	0.97	224	0.63	3.34	3.0	7
N05	文化与传播	152	—	0.012	1.00	109	0.34	1.63	4.8	3
N05	西部广播电视	4830	—	0.194	0.99	373	0.63	5.57	3.6	8
N05	现代出版	1013	3.307	1.493	0.94	299	0.82	4.46	3.6	10
N05	现代传播	6820	3.172	0.545	0.97	1182	0.91	17.64	5.6	18
N05	新疆新闻出版广电	3	—	0.008	1.00	3	0.03	0.04	2.5	1
N05	新媒体研究	2651	0.614	0.119	0.96	833	0.78	12.43	5.2	5
N05	新闻爱好者	2731	1.442	0.352	0.94	734	0.90	10.96	3.9	10
N05	新闻春秋	229	0.904	0.211	0.90	127	0.57	1.90	3.4	6
N05	新闻大学	2500	3.812	1.208	0.96	593	0.87	8.85	5.2	14
N05	新闻界	3339	5.606	1.545	0.98	760	0.91	11.34	4.5	18
N05	新闻前哨	1254	0.463	0.166	0.98	257	0.72	3.84	3.0	7
N05	新闻研究导刊	6318	0.669	0.306	0.85	733	0.81	10.94	3.8	8
N05	新闻与传播评论	821	2.754	0.740	0.97	337	0.84	5.03	3.9	8
N05	新闻与传播研究	3665	5.225	0.729	0.96	750	0.87	11.19	6.3	20
N05	新闻与写作	3770	3.719	1.539	0.97	791	0.91	11.81	4.1	17
N05	新闻战线	1772	—	0.253	0.98	410	0.82	6.12	5.2	6
N05	新闻知识	601	0.404	0.060	0.97	246	0.70	3.67	6.7	4
N05	中国报业	2355	0.520	0.123	0.88	382	0.76	5.70	3.1	6
N05	中国编辑	2782	3.271	1.620	0.91	616	0.90	9.19	3.5	14
N05	中国出版	3600	1.921	0.791	0.95	852	0.88	12.72	4.2	12
N05	中国传媒科技	2441	1.399	0.478	0.84	384	0.70	5.73	3.1	9
N05	中国广播电视学刊	1860	0.937	0.309	0.97	467	0.78	6.97	3.7	7

学科代码	期刊名称	扩展总被引频次	扩展影响因子	扩展即年指标	扩展他引率	扩展引用刊数	扩展学科影响指标	扩展学科扩散指标	扩展被引半衰期	扩展H指标
N05	中国记者	859	0.371	0.148	0.98	225	0.79	3.36	4.9	6
N05	中国科技期刊研究	4082	3.177	0.822	0.77	558	0.54	8.33	5.0	12
N06	出土文献	191	0.647	0.311	0.90	72	0.09	2.25	3.8	5
N06	大学图书馆学报	2458	3.704	0.732	0.94	414	0.78	12.94	5.2	15
N06	大学图书情报学刊	923	1.300	0.642	0.96	250	0.72	7.81	4.0	7
N06	高校图书馆工作	625	0.925	0.027	0.98	201	0.72	6.28	5.0	5
N06	古籍整理研究学刊	350	0.074	0.031	0.98	208	0.34	6.50	≥10	3
N06	广东党史与文献研究	60	0.292	—	0.85	32	0.03	1.00	3.4	2
N06	国家图书馆学刊	1721	4.840	1.703	0.97	452	0.78	14.12	4.5	12
N06	河北科技图苑	428	0.852	0.167	0.95	161	0.69	5.03	4.3	5
N06	河南图书馆学刊	1637	0.755	0.147	0.90	325	0.75	10.16	3.9	5
N06	山东图书馆学刊	512	0.705	0.117	0.96	168	0.75	5.25	5.0	5
N06	数据分析与知识发现	2478	2.645	1.669	0.92	733	0.69	22.91	4.6	12
N06	数字图书馆论坛	1340	2.174	0.431	0.96	370	0.78	11.56	4.5	9
N06	四川图书馆学报	595	1.124	0.143	0.98	181	0.75	5.66	4.3	6
N06	图书馆	3309	3.271	0.730	0.95	649	0.75	20.28	4.5	13
N06	图书馆工作与研究	4179	4.168	0.782	0.90	613	0.78	19.16	4.5	14
N06	图书馆建设	2787	3.065	1.257	0.95	502	0.78	15.69	5.3	12
N06	图书馆界	488	0.794	0.170	0.97	151	0.69	4.72	4.9	5
N06	图书馆理论与实践	2227	3.050	1.144	0.97	510	0.78	15.94	5.1	11
N06	图书馆论坛	4805	4.245	2.445	0.94	847	0.84	26.47	3.9	19
N06	图书馆学刊	1689	1.282	0.191	0.94	329	0.75	10.28	5.1	7
N06	图书馆学研究	4145	3.252	0.540	0.95	712	0.81	22.25	4.9	13
N06	图书馆研究	667	1.328	0.393	0.95	201	0.72	6.28	4.5	6
N06	图书馆研究与工作	939	0.970	0.284	0.95	240	0.78	7.50	4.4	7
N06	图书馆杂志	3126	2.241	1.257	0.95	612	0.81	19.12	4.7	14
N06	文献与数据学报	147	0.826	0.184	0.96	90	0.59	2.81	3.8	5
N06	新世纪图书馆	1536	1.595	0.266	0.92	332	0.75	10.38	4.5	8
N06	中国图书馆学报	4339	10.726	3.154	0.96	726	0.81	22.69	5.6	26
N06	中国图书评论	495	0.323	0.105	0.98	343	0.28	10.72	7.6	6
N07	Journal of Data and Information Science	103	—	—	1.00	84	0.30	3.65	7.3	4
N07	晋图学刊	271	0.455	0.296	0.99	124	0.52	5.39	5.1	4
N07	竞争情报	197	0.700	0.216	0.96	111	0.52	4.83	4.7	4

学科代码	期刊名称	扩展总被引频次	扩展影响因子	扩展即年指标	扩展他引率	扩展引用刊数	扩展学科影响指标	扩展学科扩散指标	扩展被引半衰期	扩展H指标
N07	科技情报研究	236	2.169	0.645	0.95	109	0.78	4.74	3.4	6
N07	农业图书情报学报	1127	1.853	0.836	0.90	408	0.78	17.74	4.7	8
N07	情报工程	311	0.717	0.083	0.95	193	0.65	8.39	5.5	5
N07	情报科学	6101	3.607	0.799	0.92	1373	0.87	59.70	4.9	16
N07	情报理论与实践	7058	3.414	1.491	0.90	1280	0.78	55.65	4.6	16
N07	情报探索	1086	0.872	0.217	0.94	404	0.83	17.57	4.8	5
N07	情报学报	3385	3.952	0.134	0.89	723	0.83	31.43	5.4	15
N07	情报杂志	7220	3.075	0.842	0.91	1510	0.78	65.65	5.5	17
N07	情报资料工作	1889	4.197	1.014	0.98	496	0.78	21.57	5.1	11
N07	图书情报导刊	1319	0.762	0.100	0.98	689	0.70	29.96	≥10	5
N07	图书情报工作	9695	3.663	0.508	0.93	1336	0.87	58.09	5.7	16
N07	图书情报知识	2454	3.869	3.041	0.98	677	0.83	29.43	5.1	14
N07	图书与情报	2677	3.251	0.565	0.98	686	0.83	29.83	5.6	14
N07	文献	764	—	0.164	0.96	329	0.13	14.30	≥10	5
N07	现代情报	4445	3.101	0.973	0.95	1206	0.87	52.43	5.5	14
N07	医学信息学杂志	1382	1.232	0.262	0.89	446	0.52	19.39	4.4	7
N07	中国典籍与文化	407	0.241	0.039	0.98	241	0.13	10.48	≥10	4
N07	中国发明与专利	740	0.923	0.236	0.88	336	0.39	14.61	5.3	5
N07	中国中医药图书情报杂志	472	1.010	0.217	0.96	251	0.35	10.91	3.9	5
N07	自然资源情报	800	1.318	0.607	0.97	352	0.04	15.30	4.3	8
N08	北京档案	1115	1.043	0.260	0.93	265	0.76	10.60	4.4	7
N08	博物院	330	0.579	0.039	0.91	124	0.28	4.96	4.6	5
N08	档案	276	0.292	0.029	0.94	112	0.72	4.48	6.4	3
N08	档案管理	1607	1.457	0.378	0.86	307	0.68	12.28	3.9	8
N08	档案记忆	111	0.162	0.018	1.00	70	0.44	2.80	≥10	3
N08	档案学通讯	2562	4.520	0.835	0.92	294	0.72	11.76	5.7	14
N08	档案学研究	2580	3.972	0.745	0.90	318	0.72	12.72	4.8	15
N08	档案与建设	1784	—	0.469	0.85	346	0.72	13.84	4.2	8
N08	故宫博物院院刊	1313	0.684	0.118	0.91	357	0.32	14.28	≥10	6
N08	兰台内外	2375	0.645	0.304	0.75	359	0.68	14.36	3.1	6
N08	兰台世界	1952	—	0.189	0.90	592	0.80	23.68	6.6	5
N08	历史档案	556	0.348	0.039	0.93	228	0.56	9.12	≥10	4
N08	民国档案	381	0.551	0.106	0.96	179	0.32	7.16	≥10	4

学科代码	期刊名称	扩展总被引频次	扩展影响因子	扩展即年指标	扩展他引率	扩展引用刊数	扩展学科影响指标	扩展学科扩散指标	扩展被引半衰期	扩展H指标
N08	山东档案	304	0.269	0.004	0.99	116	0.68	4.64	4.5	4
N08	山西档案	1101	1.470	0.108	0.88	279	0.72	11.16	4.7	8
N08	陕西档案	282	0.377	0.152	0.98	109	0.48	4.36	3.2	4
N08	上海地方志	61	0.274	—	0.56	27	0.04	1.08	4.6	2
N08	四川档案	161	0.234	0.036	0.98	73	0.52	2.92	4.6	3
N08	未来城市设计与运营	899	—	0.183	0.99	264	0.64	10.56	3.8	5
N08	文博	823	0.401	0.074	0.96	259	0.24	10.36	≥10	5
N08	云南档案	179	—	0.035	0.98	103	0.64	4.12	7.6	3
N08	浙江档案	1426	1.487	0.295	0.94	294	0.68	11.76	4.2	9
N08	中国博物馆	1211	—	0.310	0.87	291	0.44	11.64	6.6	6
N08	自然科学博物馆研究	322	0.881	0.259	0.79	101	0.20	4.04	4.5	4
P01	阿坝师范学院学报	153	0.356	0.097	0.93	128	0.10	1.38	5.7	4
P01	安顺学院学报	343	0.508	0.141	0.91	245	0.14	1.15	4.0	3
P01	鞍山师范学院学报	338	0.362	0.038	0.88	243	0.10	2.61	5.5	3
P01	保定学院学报	257	0.435	0.103	0.95	208	0.10	0.98	4.5	4
P01	北京大学教育评论	1906	2.750	0.541	0.99	613	0.51	2.88	9.5	13
P01	比较教育研究	2833	2.144	0.373	0.95	780	0.61	3.66	6.8	11
P01	沧州师范学院学报	254	0.493	0.168	0.95	203	0.12	2.18	4.2	3
P01	昌吉学院学报	224	0.436	0.136	0.95	154	0.11	0.72	4.9	3
P01	长春大学学报	510	0.566	0.166	0.98	324	0.09	1.24	4.2	4
P01	长春师范大学学报	905	0.479	0.195	0.98	524	0.14	6.81	3.9	5
P01	长沙大学学报	554	0.768	0.191	0.92	394	0.13	1.85	5.4	5
P01	成都师范学院学报	1005	1.128	0.521	0.85	482	0.30	5.18	3.8	6
P01	池州学院学报	523	0.437	0.069	0.95	329	0.16	1.54	4.6	5
P01	重庆第二师范学院学报	358	0.465	0.143	1.00	250	0.17	2.69	4.6	5
P01	创新人才教育	193	0.385	0.155	0.98	139	0.14	0.65	4.5	4
P01	创新与创业教育	818	1.409	0.241	0.94	332	0.23	1.56	4.2	8
P01	大连大学学报	439	0.375	0.288	0.99	356	0.12	1.67	6.1	5
P01	大连民族大学学报	369	0.516	0.099	0.96	297	0.08	1.39	5.1	4
P01	大庆师范学院学报	284	0.508	0.119	0.98	240	0.12	2.58	5.9	4
P01	当代教师教育	313	0.896	0.234	0.97	199	0.28	0.93	6.3	4
P01	当代教研论丛	350	—	0.123	0.99	153	0.14	0.72	4.8	3
P01	当代教育科学	2589	2.307	0.550	0.97	787	0.64	3.69	5.9	11

学科代码	期刊名称	扩展总被引频次	扩展影响因子	扩展即年指标	扩展他引率	扩展引用刊数	扩展学科影响指标	扩展学科扩散指标	扩展被引半衰期	扩展H指标
P01	当代教育理论与实践	785	0.912	0.135	0.97	410	0.30	1.92	5.3	7
P01	当代教育论坛	1571	3.806	1.425	0.91	630	0.54	2.96	4.2	14
P01	当代教育与文化	762	0.875	0.191	0.98	414	0.41	1.94	5.8	7
P01	电化教育研究	8305	5.681	1.735	0.92	1246	0.70	5.85	5.4	26
P01	鄂州大学学报	529	0.537	0.300	0.99	320	0.14	1.50	3.5	4
P01	纺织服装教育	551	1.067	0.059	0.66	138	0.08	0.65	3.8	5
P01	福建技术师范学院学报	261	0.507	0.097	0.99	216	0.05	2.32	4.4	5
P01	福建商学院学报	162	0.333	0.039	0.94	129	0.04	2.48	4.8	3
P01	复旦教育论坛	1948	2.239	0.372	0.97	735	0.52	3.45	7.3	10
P01	甘肃教育	963	0.162	0.076	0.96	215	0.19	1.01	4.3	4
P01	工业和信息化教育	1363	1.420	0.386	0.87	385	0.18	1.81	3.7	8
P01	广西科技师范学院学报	267	0.273	0.024	0.97	193	0.08	2.08	6.4	3
P01	广西民族师范学院学报	376	0.244	0.083	0.97	266	0.18	2.86	5.9	4
P01	哈尔滨学院学报	626	0.316	0.124	1.00	382	0.15	1.79	4.0	5
P01	海南热带海洋学院学报	382	0.642	0.076	0.76	213	0.04	1.00	5.4	4
P01	韩山师范学院学报	221	0.292	0.059	0.93	171	0.06	1.84	6.9	3
P01	汉江师范学院学报	312	0.384	0.123	0.97	228	0.11	2.45	4.8	3
P01	航海教育研究	327	0.914	0.233	0.82	130	0.07	0.61	4.4	4
P01	合肥师范学院学报	420	0.387	0.019	0.99	306	0.14	3.29	5.4	4
P01	和田师范专科学校学报	203	0.281	0.009	0.99	153	0.09	1.65	6.0	3
P01	河北民族师范学院学报	182	0.365	0.190	0.95	142	0.06	1.53	5.3	3
P01	河北师范大学学报（教育科学版）	1630	2.372	0.850	0.99	674	0.56	3.16	4.9	11
P01	河西学院学报	306	0.405	0.046	0.97	250	0.09	1.17	5.1	4
P01	黑龙江教师发展学院学报	1294	0.760	0.443	0.98	433	0.27	2.03	2.8	7
P01	呼伦贝尔学院学报	326	0.480	0.117	0.93	225	0.11	1.06	3.7	4
P01	湖南师范大学教育科学学报	2038	3.943	0.720	0.98	680	0.57	3.19	5.1	12
P01	湖州师范学院学报	551	0.459	0.066	0.90	383	0.17	4.12	5.6	4
P01	华东师范大学学报（教育科学版）	4817	5.387	4.408	0.97	1145	0.69	5.38	4.7	25
P01	华文教学与研究	520	1.264	0.295	0.93	182	0.12	0.85	7.7	7
P01	华夏教师	1355	0.210	0.075	0.95	192	0.15	0.90	3.9	5
P01	黄冈师范学院学报	442	0.489	0.105	0.97	297	0.16	3.19	4.6	4
P01	集宁师范学院学报	219	0.387	0.035	0.97	164	0.05	1.76	3.8	3
P01	济宁学院学报	191	0.360	0.097	0.99	170	0.08	0.80	5.0	3

学科代码	期刊名称	扩展总被引频次	扩展影响因子	扩展即年指标	扩展他引率	扩展引用刊数	扩展学科影响指标	扩展学科扩散指标	扩展被引半衰期	扩展H指标
P01	继续教育研究	1668	1.032	0.698	0.96	647	0.40	3.04	4.0	8
P01	江苏第二师范学院学报	367	0.294	0.077	0.97	262	0.19	2.82	8.7	3
P01	焦作大学学报	289	0.558	0.146	1.00	227	0.05	1.07	4.0	4
P01	教师教育学报	986	2.463	0.847	0.92	515	0.49	2.42	3.8	9
P01	教学管理与教育研究	1481	0.418	0.167	0.85	161	0.15	0.76	2.9	5
P01	教学研究	606	1.127	0.141	0.98	342	0.26	1.61	5.8	6
P01	教学与研究	2253	2.695	0.731	0.99	1018	0.41	4.78	5.7	13
P01	教育	344	—	0.006	0.98	187	0.15	0.88	6.0	2
P01	教育测量与评价	650	1.150	0.387	0.92	280	0.31	1.31	5.3	6
P01	教育导刊	804	0.677	0.323	0.98	427	0.47	2.00	6.1	6
P01	教育发展研究	7531	3.066	0.539	0.98	1295	0.74	6.08	5.9	19
P01	教育教学论坛	16148	0.970	0.163	0.94	1659	0.65	7.79	4.6	10
P01	教育经济评论	324	—	0.341	0.93	188	0.16	0.88	4.0	4
P01	教育科学	2317	4.124	1.476	0.98	796	0.62	3.74	5.5	13
P01	教育科学论坛	1688	—	0.201	0.96	554	0.41	2.60	3.7	10
P01	教育科学探索	290	0.708	0.291	0.98	190	0.14	0.89	4.9	4
P01	教育科学研究	2904	2.186	0.638	0.98	794	0.62	3.73	5.9	14
P01	教育评论	2061	—	0.193	0.97	857	0.65	4.02	7.1	7
P01	教育生物学杂志	287	0.798	0.155	0.95	180	0.08	0.85	3.8	4
P01	教育实践与研究	566	0.182	0.054	0.97	215	0.19	1.01	4.2	4
P01	教育史研究	116	—	0.051	0.91	92	0.10	0.43	3.9	3
P01	教育探索	2017	—	0.214	0.99	787	0.59	3.69	9.2	7
P01	教育文化论坛	411	0.589	0.642	0.87	248	0.17	1.16	4.9	6
P01	教育学报	2190	2.201	0.448	0.99	674	0.59	3.16	7.2	13
P01	教育学术月刊	2606	2.412	0.778	0.96	904	0.66	4.24	4.9	11
P01	教育研究	14814	9.592	1.790	0.97	1655	0.84	7.77	6.7	32
P01	教育研究与评论	260	0.335	0.029	0.85	110	0.13	0.52	3.0	6
P01	教育研究与实验	2317	2.489	0.659	0.98	798	0.59	3.75	8.0	13
P01	教育艺术	345	0.124	0.084	1.00	128	0.12	0.60	2.9	3
P01	教育与教学研究	1224	1.616	0.577	0.79	487	0.38	2.29	4.5	8
P01	教育与考试	198	0.386	0.154	0.93	142	0.12	0.67	5.2	3
P01	金融理论探索	254	1.309	0.360	0.84	160	0.03	0.75	3.7	5
P01	金融理论与教学	378	0.618	0.145	0.96	232	0.08	1.09	3.9	4

学科代码	期刊名称	扩展总被引频次	扩展影响因子	扩展即年指标	扩展他引率	扩展引用刊数	扩展学科影响指标	扩展学科扩散指标	扩展被引半衰期	扩展H指标
P01	荆楚理工学院学报	180	0.310	0.224	0.99	158	0.07	0.74	5.2	3
P01	景德镇学院学报	330	0.404	0.051	0.97	223	0.03	0.85	4.4	3
P01	喀什大学学报	300	0.387	0.060	0.96	229	0.17	2.46	5.0	4
P01	开封大学学报	204	0.404	0.012	1.00	175	0.05	0.82	5.1	3
P01	凯里学院学报	347	0.346	0.069	0.98	264	0.11	1.24	7.1	4
P01	考试研究	134	—	0.043	0.91	88	0.08	0.41	6.6	3
P01	考试周刊	4664	0.206	0.112	0.93	516	0.32	2.42	4.2	4
P01	科教导刊	4719	0.504	0.138	0.95	1029	0.42	4.83	4.1	6
P01	科教导刊—电子版	372	0.043	0.007	0.87	203	0.10	0.95	4.2	2
P01	科教发展研究	91	—	0.917	0.81	59	0.05	0.28	2.4	4
P01	科教文汇	4440	0.594	0.045	0.98	1004	0.43	4.71	4.2	8
P01	昆明学院学报	454	0.518	0.286	0.94	288	0.09	1.35	6.0	4
P01	乐山师范学院学报	545	0.240	0.117	0.96	369	0.23	3.97	7.0	4
P01	历史教学	1160	—	0.096	0.90	325	0.18	1.53	8.0	8
P01	连云港师范高等专科学校学报	117	0.205	0.101	0.97	102	0.03	1.10	5.2	2
P01	岭南师范学院学报	286	0.556	0.042	0.95	227	0.14	2.44	5.5	5
P01	领导科学论坛	685	0.504	0.232	0.97	429	0.16	2.01	3.1	6
P01	六盘水师范学院学报	303	0.657	0.123	0.63	162	0.12	1.74	4.6	4
P01	龙岩学院学报	284	0.355	0.033	0.94	220	0.08	1.03	5.8	3
P01	陇东学院学报	364	0.345	0.121	0.99	284	0.10	1.33	4.8	4
P01	鹿城学刊	146	0.182	0.032	0.99	121	0.05	0.57	5.2	2
P01	洛阳师范学院学报	574	0.369	0.029	0.98	399	0.23	4.29	5.2	4
P01	吕梁学院学报	202	0.365	0.024	0.97	159	0.08	0.75	4.1	4
P01	美术教育研究	3280	—	0.145	0.92	537	0.25	2.52	4.2	5
P01	美育学刊	367	0.516	0.092	0.94	207	0.16	0.97	4.7	5
P01	民族教育研究	1906	2.746	0.758	0.87	618	0.49	2.90	4.4	11
P01	闽江学院学报	213	0.289	0.067	0.99	183	0.03	1.20	7.3	3
P01	牡丹江大学学报	546	0.379	0.206	0.99	347	0.15	1.63	5.0	5
P01	南北桥	260	0.023	0.020	0.98	129	0.05	0.61	3.6	2
P01	南昌师范学院学报	483	0.655	0.086	0.84	281	0.14	3.02	4.2	4
P01	内蒙古电大学刊	191	0.269	0.031	0.98	142	0.08	0.67	4.6	3
P01	内蒙古师范大学学报（教育科学版）	980	0.759	0.250	0.99	509	0.40	2.39	7.9	6
P01	宁波大学学报（教育科学版）	807	1.264	0.706	0.87	448	0.40	2.10	4.9	8

学科代码	期刊名称	扩展总被引频次	扩展影响因子	扩展即年指标	扩展他引率	扩展引用刊数	扩展学科影响指标	扩展学科扩散指标	扩展被引半衰期	扩展H指标
P01	宁夏师范学院学报	368	0.286	0.071	0.94	278	0.14	2.99	5.4	4
P01	萍乡学院学报	207	0.243	0.052	0.96	171	0.04	1.12	4.7	3
P01	普洱学院学报	616	0.640	0.118	0.98	332	0.13	1.56	3.6	5
P01	齐鲁师范学院学报	428	0.685	0.192	0.96	286	0.15	3.08	4.4	4
P01	青海教育	195	0.155	0.057	0.99	106	0.08	0.50	3.4	3
P01	清华大学教育研究	3342	3.332	1.077	0.98	945	0.63	4.44	7.2	16
P01	曲靖师范学院学报	293	0.329	0.132	0.89	206	0.11	2.22	5.9	3
P01	全球教育展望	4627	4.391	0.906	0.98	817	0.66	3.84	7.8	21
P01	泉州师范学院学报	266	0.333	0.041	0.96	206	0.08	2.22	5.9	4
P01	陕西学前师范学院学报	1014	0.920	0.191	0.81	366	0.38	3.94	4.6	6
P01	上海教育科研	2474	1.672	0.359	0.98	690	0.60	3.24	5.7	11
P01	上海教育评估研究	489	—	0.410	0.86	260	0.25	1.22	3.8	5
P01	上海课程教学研究	294	0.426	0.136	0.91	150	0.13	0.70	3.8	4
P01	少年儿童研究	278	0.696	0.205	0.91	161	0.14	0.76	3.5	4
P01	设计艺术研究	675	0.515	0.202	0.88	299	0.16	1.40	5.3	4
P01	沈阳师范大学学报（教育科学版）	360	0.477	0.046	0.98	236	0.18	1.11	5.7	4
P01	世界教育信息	713	—	0.150	0.96	405	0.37	1.90	6.3	7
P01	思想理论教育	7093	6.142	2.715	0.99	1450	0.73	6.81	4.5	26
P01	思想政治课研究	505	0.821	0.152	0.99	281	0.24	1.32	4.9	7
P01	四川民族学院学报	231	0.424	0.101	0.91	155	0.04	0.73	5.0	3
P01	四川文理学院学报	332	0.363	0.104	0.89	227	0.12	1.07	5.2	4
P01	苏州大学学报（教育科学版）	912	2.531	1.141	0.99	488	0.45	2.29	4.2	10
P01	唐山学院学报	182	0.316	0.090	0.99	164	0.07	0.77	5.5	3
P01	天津美术学院学报	142	0.154	0.053	0.97	84	0.21	0.68	6.1	2
P01	天津师范大学学报（基础教育版）	969	3.634	0.880	0.86	318	0.23	3.42	3.3	10
P01	天津市教科院学报	364	0.710	0.130	0.92	232	0.26	1.09	5.8	4
P01	天津中德应用技术大学学报	348	0.703	0.178	0.99	227	0.10	4.37	3.9	4
P01	通化师范学院学报	970	0.740	0.280	0.96	546	0.25	5.87	4.0	7
P01	铜仁学院学报	225	0.297	0.131	0.97	185	0.06	0.87	7.0	3
P01	渭南师范学院学报	373	0.327	0.049	0.94	279	0.14	3.00	6.3	4
P01	武夷学院学报	478	0.419	0.082	0.95	322	0.10	1.51	4.4	4
P01	物理教学	1179	0.817	0.176	0.88	133	0.12	0.62	4.6	6
P01	西部素质教育	3658	0.475	0.341	0.94	737	0.37	3.46	3.9	7

学科代码	期刊名称	扩展总被引频次	扩展影响因子	扩展即年指标	扩展他引率	扩展引用刊数	扩展学科影响指标	扩展学科扩散指标	扩展被引半衰期	扩展H指标
P01	西藏教育	158	0.143	0.070	0.96	95	0.09	0.45	4.4	3
P01	咸阳师范学院学报	276	0.238	0.038	0.86	199	0.11	2.14	7.6	3
P01	现代大学教育	1380	2.025	0.685	0.92	552	0.50	2.59	6.1	9
P01	现代教育技术	5458	5.150	1.558	0.95	1157	0.67	5.43	5.1	21
P01	现代教育论丛	330	0.590	0.016	0.99	229	0.28	1.08	6.8	4
P01	现代远程教育研究	3429	9.669	4.014	0.97	916	0.60	4.30	4.2	21
P01	现代远距离教育	1534	4.344	1.508	0.92	588	0.45	2.76	4.9	12
P01	现代中文学刊	372	—	0.095	0.94	159	0.06	0.75	7.7	5
P01	新文科教育研究	291	2.947	0.292	0.96	182	0.14	0.85	3.2	8
P01	新湘评论	345	—	0.089	1.00	270	0.10	1.27	3.3	3
P01	新校园	253	0.135	0.023	1.00	141	0.08	0.66	6.4	3
P01	新余学院学报	257	0.294	0.119	0.99	202	0.10	0.95	5.6	3
P01	邢台学院学报	364	0.585	0.123	0.96	248	0.14	1.16	4.1	4
P01	兴义民族师范学院学报	273	0.350	0.080	0.88	191	0.12	2.05	4.9	3
P01	学理论	1008	0.201	0.082	1.00	613	0.25	2.88	8.9	4
P01	扬州大学学报（高教研究版）	567	0.995	0.456	0.99	339	0.29	1.59	4.8	6
P01	药学教育	916	1.498	0.308	0.87	216	0.08	1.01	4.6	7
P01	伊犁师范大学学报	120	0.284	0.039	1.00	95	0.03	1.02	7.8	3
P01	语文学刊	408	0.150	0.010	0.98	232	0.14	1.09	≥10	3
P01	语文学习	514	0.199	0.032	0.96	137	0.15	0.64	6.8	6
P01	语言与教育研究	25	—	—	0.96	19	0.01	0.09	9.2	2
P01	玉溪师范学院学报	223	—	0.140	0.93	158	0.10	1.70	7.8	3
P01	豫章师范学院学报	322	0.716	0.173	0.98	181	0.08	1.95	3.0	5
P01	远程教育杂志	3603	6.183	1.161	0.96	942	0.59	4.42	6.3	21
P01	云南师范大学学报（对外汉语教学与研究版）	621	1.446	0.868	0.90	187	0.39	3.28	6.4	7
P01	运城学院学报	228	0.354	0.080	0.97	191	0.08	0.90	5.3	4
P01	在线学习	199	—	0.050	1.00	141	0.14	0.66	3.3	4
P01	昭通学院学报	151	0.207	0.010	0.99	121	0.06	0.57	5.1	3
P01	浙江医学教育	547	1.106	0.238	0.97	226	0.07	1.06	4.2	5
P01	政治思想史	125	0.303	0.039	0.94	87	0.02	0.41	6.5	3
P01	职教通讯	1246	1.135	0.341	0.96	436	0.31	2.05	4.9	6
P01	中国电化教育	10696	6.789	2.134	0.95	1390	0.81	6.53	4.8	30
P01	中国高等学校学术文摘·教育学	82	—	0.080	1.00	64	0.09	0.30	4.5	2

学科代码	期刊名称	扩展总被引频次	扩展影响因子	扩展即年指标	扩展他引率	扩展引用刊数	扩展学科影响指标	扩展学科扩散指标	扩展被引半衰期	扩展H指标
P01	中国教师	695	0.293	0.147	0.98	306	0.31	1.44	4.4	5
P01	中国教育技术装备	2195	—	0.119	0.93	613	0.30	2.88	5.0	5
P01	中国教育网络	332	0.275	0.014	0.98	194	0.11	0.91	4.8	4
P01	中国教育信息化	2049	1.717	1.120	0.98	698	0.44	3.28	4.2	11
P01	中国教育学刊	9478	1.723	0.631	0.98	1277	0.80	6.00	4.9	24
P01	中国考试	2024	2.429	1.000	0.93	511	0.46	2.40	4.5	16
P01	中国林业教育	637	0.701	0.090	0.90	213	0.12	1.00	5.7	4
P01	中国农业教育	869	1.354	0.301	0.94	317	0.18	1.49	5.1	10
P01	中国轻工教育	353	0.817	0.200	0.95	207	0.13	0.97	4.4	5
P01	中国人民大学教育学刊	505	—	0.831	0.98	328	0.31	1.54	3.6	6
P01	中国特殊教育	3612	2.586	1.038	0.76	658	0.41	3.09	6.8	10
P01	中国现代教育装备	3097	0.851	0.306	0.90	722	0.32	3.39	3.6	8
P01	中国冶金教育	724	0.806	0.198	0.87	261	0.13	1.23	3.9	5
P01	中国音乐教育	382	0.674	0.185	0.92	120	0.12	0.56	3.8	4
P01	中国远程教育	3933	6.328	4.485	0.96	914	0.60	4.29	4.7	22
P01	中医教育	1105	1.473	0.345	0.90	264	0.08	1.24	4.8	7
P01	中州大学学报	349	0.422	0.046	0.98	275	0.08	1.29	4.9	5
P01	遵义师范学院学报	897	0.752	0.145	0.76	389	0.19	4.18	4.3	5
P03	比较教育学报	1162	2.122	0.551	0.95	473	0.50	3.35	6.4	9
P03	初中生写作	4	—	—	1.00	4	0.01	0.03	—	1
P03	地理教学	1663	0.758	0.133	0.80	262	0.43	1.86	4.6	8
P03	地理教育	717	0.817	0.400	0.66	140	0.21	0.99	3.2	6
P03	福建基础教育研究	637	0.336	0.063	0.92	179	0.50	1.27	3.6	4
P03	福建中学数学	140	0.133	0.028	0.89	49	0.18	0.35	4.3	2
P03	甘肃高师学报	440	0.473	0.083	0.95	295	0.09	2.09	4.7	5
P03	高师理科学刊	732	0.520	0.082	0.94	408	0.16	2.89	4.7	5
P03	高校后勤研究	785	0.545	0.186	0.81	288	0.07	2.04	3.9	5
P03	高中数理化	322	0.109	0.019	1.00	57	0.21	0.40	3.8	3
P03	广西教育	1192	—	0.057	0.95	360	0.35	2.55	3.9	4
P03	河北理科教学研究	36	0.067	—	0.97	19	0.08	0.13	7.5	1
P03	湖北教育	142	—	0.020	1.00	93	0.18	0.66	2.8	2
P03	化学教学	2175	1.341	0.229	0.80	257	0.42	1.82	5.4	10
P03	化学教与学	781	0.587	0.058	0.73	116	0.32	0.82	4.3	4

学科代码	期刊名称	扩展总被引频次	扩展影响因子	扩展即年指标	扩展他引率	扩展引用刊数	扩展学科影响指标	扩展学科扩散指标	扩展被引半衰期	扩展H指标
P03	化学教育（中英文）	5257	2.080	0.351	0.68	619	0.43	4.39	4.4	15
P03	基础教育	784	2.179	0.013	0.97	368	0.37	2.61	5.5	8
P03	基础教育参考	433	0.242	0.292	0.95	208	0.38	1.48	5.3	4
P03	基础教育课程	1920	1.609	0.339	0.98	405	0.68	2.87	4.2	14
P03	基础教育论坛	1386	—	0.109	0.96	233	0.46	1.65	2.9	4
P03	基础教育研究	777	0.207	0.031	0.99	240	0.44	1.70	4.3	4
P03	江苏高教	4894	3.776	1.000	0.97	1115	0.30	7.91	4.7	16
P03	江苏高职教育	305	—	0.614	0.89	156	0.05	1.11	3.0	5
P03	教书育人	416	0.204	0.089	0.96	161	0.28	1.14	3.3	4
P03	教师	1895	—	0.115	0.94	405	0.44	2.87	3.2	4
P03	教师发展研究	260	1.059	0.129	0.97	161	0.16	1.14	3.9	5
P03	教师教育论坛	727	—	0.086	0.95	349	0.45	2.48	4.2	5
P03	教学与管理	3563	1.633	0.317	0.96	728	0.72	5.16	4.9	7
P03	教学月刊（小学版）	183	0.198	0.047	0.86	60	0.22	0.43	3.2	3
P03	教学月刊（中学版）	274	0.371	0.063	0.93	118	0.45	0.84	3.6	4
P03	课程·教材·教法	9997	4.953	0.828	0.96	906	0.76	6.43	6.1	28
P03	课程教学研究	295	0.217	0.047	0.98	167	0.37	1.18	4.9	4
P03	快乐阅读	94	0.099	0.037	1.00	58	0.11	0.41	3.0	2
P03	理科考试研究	352	0.350	0.084	0.88	81	0.28	0.57	3.4	3
P03	历史教学问题	540	0.457	0.038	0.96	271	0.18	1.92	7.6	4
P03	辽宁教育	627	0.253	0.143	0.86	202	0.35	1.43	3.2	3
P03	七彩语文（教师论坛）	67	0.063	0.008	1.00	43	0.13	0.30	3.2	2
P03	人民教育	4028	1.278	0.248	0.99	901	0.70	6.39	5.2	18
P03	上海中学数学	99	0.109	—	0.92	39	0.16	0.28	4.9	2
P03	生物学教学	1426	0.436	0.123	0.88	432	0.37	3.06	5.4	7
P03	师道	38	0.030	0.003	1.00	30	0.09	0.21	3.2	2
P03	实验教学与仪器	555	0.254	0.048	0.84	148	0.30	1.05	4.7	3
P03	数理化解题研究	1663	0.301	0.085	0.78	115	0.35	0.82	3.1	4
P03	数理化学习	149	0.088	0.007	0.57	39	0.16	0.28	5.4	2
P03	思想理论教育导刊	5379	3.037	0.915	0.99	1273	0.33	9.03	5.3	18
P03	四川教育	188	—	0.024	1.00	108	0.23	0.77	3.6	3
P03	外国教育研究	1926	1.716	0.229	0.97	630	0.51	4.47	9.1	9
P03	物理之友	208	—	0.032	0.85	49	0.16	0.35	4.0	3

学科代码	期刊名称	扩展总被引频次	扩展影响因子	扩展即年指标	扩展他引率	扩展引用刊数	扩展学科影响指标	扩展学科扩散指标	扩展被引半衰期	扩展H指标
P03	现代中小学教育	640	0.387	0.136	0.96	268	0.48	1.90	5.6	4
P03	小学教学	315	0.121	0.020	0.92	73	0.28	0.52	3.7	5
P03	小学教学参考	682	0.102	0.044	0.83	130	0.30	0.92	4.0	4
P03	小学教学设计	243	0.265	0.042	0.95	63	0.23	0.45	2.9	3
P03	小学教学研究	437	0.232	0.050	0.97	111	0.33	0.79	3.5	3
P03	小学科学	24	0.013	0.007	0.58	13	0.05	0.09	2.3	1
P03	小学生作文	1	0.003	—	1.00	1	—	0.01	—	1
P03	小学阅读指南	11	0.025	0.003	1.00	10	0.04	0.07	2.5	1
P03	新教师	359	0.156	0.057	0.99	119	0.27	0.84	3.2	4
P03	新课程导学	998	0.179	0.081	0.96	171	0.38	1.21	3.8	3
P03	新课程研究	1190	0.576	0.083	0.96	289	0.43	2.05	3.2	4
P03	学前教育	114	—	0.008	0.99	69	0.13	0.49	3.6	3
P03	学前教育研究	3303	3.025	0.597	0.89	536	0.30	3.80	6.2	12
P03	学语文	127	0.141	0.063	0.95	60	0.16	0.43	4.0	3
P03	学周刊	3077	0.266	0.210	0.96	337	0.42	2.39	3.2	4
P03	幼儿教育	345	0.174	0.014	0.97	132	0.18	0.94	7.9	3
P03	幼儿教育研究	79	0.106	0.087	0.96	39	0.11	0.28	4.5	3
P03	早期儿童发展	30	—	0.156	0.87	24	0.04	0.17	2.4	2
P03	中等数学	49	0.070	0.091	0.57	18	0.09	0.13	5.9	2
P03	中国数学教育	389	0.764	0.087	0.80	74	0.29	0.52	3.7	4
P03	中华家教	85	0.432	0.082	0.69	55	0.05	0.39	2.9	3
P03	中小学班主任	291	0.171	0.047	0.67	91	0.26	0.65	2.7	3
P03	中小学管理	1729	1.407	0.519	0.97	479	0.65	3.40	4.7	13
P03	中小学教师培训	842	0.674	0.330	0.95	268	0.55	1.90	5.2	6
P03	中小学教学研究	264	0.611	0.198	0.77	83	0.33	0.59	3.6	4
P03	中小学课堂教学研究	322	0.443	0.225	0.84	108	0.40	0.77	3.0	5
P03	中小学实验与装备	166	0.211	—	0.96	63	0.21	0.45	4.7	3
P03	中小学外语教学	1852	2.247	0.230	0.81	134	0.30	0.95	4.9	16
P03	中小学校长	157	0.209	0.076	0.96	100	0.22	0.71	3.3	3
P03	中小学信息技术教育	589	0.414	0.144	0.95	242	0.35	1.72	3.6	6
P03	中小学英语教学与研究	487	—	0.160	0.75	71	0.24	0.50	3.9	4
P03	中学地理教学参考	1508	0.394	0.065	0.71	214	0.33	1.52	4.1	7
P03	中学化学教学参考	1192	0.409	0.022	0.70	128	0.35	0.91	4.9	6

学科代码	期刊名称	扩展总被引频次	扩展影响因子	扩展即年指标	扩展他引率	扩展引用刊数	扩展学科影响指标	扩展学科扩散指标	扩展被引半衰期	扩展H指标
P03	中学教学参考	1072	0.191	0.040	0.95	203	0.46	1.44	4.0	3
P03	中学教研（数学）	178	0.243	0.078	0.88	47	0.21	0.33	4.3	3
P03	中学课程资源	282	0.229	0.060	0.97	82	0.23	0.58	3.1	3
P03	中学理科园地	177	0.243	0.062	0.96	49	0.18	0.35	3.1	3
P03	中学历史教学	181	—	0.026	0.91	65	0.23	0.46	4.1	2
P03	中学历史教学参考	439	—	0.039	0.67	92	0.26	0.65	4.2	3
P03	中学生物学	460	0.186	0.029	0.86	100	0.22	0.71	4.9	3
P03	中学数学	748	0.162	0.054	0.84	94	0.33	0.67	3.9	4
P03	中学数学教学	161	0.227	0.079	0.86	41	0.13	0.29	3.9	3
P03	中学数学教学参考	1151	0.358	0.039	0.80	103	0.33	0.73	4.5	7
P03	中学数学研究	223	0.138	0.024	0.77	50	0.19	0.35	3.9	3
P03	中学数学月刊	338	0.291	0.104	0.87	74	0.23	0.52	3.8	4
P03	中学数学杂志	258	0.599	0.065	0.86	61	0.19	0.43	3.8	3
P03	中学物理	1053	0.956	0.305	0.70	97	0.26	0.69	3.9	4
P03	中学物理教学参考	1026	0.251	0.024	0.80	134	0.31	0.95	4.3	5
P03	中学语文教学	1009	0.840	0.087	0.96	167	0.35	1.18	4.6	9
P03	中学政史地	10	0.012	0.005	1.00	10	0.03	0.07	3.2	1
P03	作文新天地	4	0.006	—	1.00	4	0.01	0.03	4.0	1
P04	重庆高教研究	1608	3.740	2.762	0.96	680	0.72	18.89	4.2	13
P04	大学教育	3746	0.988	0.080	0.93	794	0.61	22.06	4.2	11
P04	大学物理实验	1178	1.216	0.260	0.54	238	0.14	6.61	4.4	6
P04	高等工程教育研究	9970	6.462	2.016	0.97	1277	0.86	35.47	5.6	34
P04	高等继续教育学报	311	0.551	0.306	0.98	198	0.11	5.50	5.0	4
P04	高等建筑教育	1602	1.775	0.290	0.84	361	0.31	10.03	4.9	8
P04	高等教育研究	5370	3.197	0.238	0.96	1098	0.83	30.50	8.0	16
P04	高教发展与评估	1090	2.190	0.627	0.98	523	0.78	14.53	4.9	11
P04	高教论坛	1757	0.975	0.272	0.98	626	0.56	17.39	4.3	8
P04	高教探索	3748	3.022	0.892	0.99	1064	0.81	29.56	5.5	16
P04	高教学刊	9549	1.449	0.548	0.91	1278	0.78	35.50	3.6	12
P04	高校辅导员	421	0.812	0.172	0.99	225	0.36	6.25	4.5	6
P04	高校辅导员学刊	496	0.971	0.344	0.97	249	0.19	6.92	4.2	5
P04	高校教育管理	2552	6.664	2.056	0.99	847	0.86	23.53	4.4	18
P04	高校生物学教学研究（电子版）	434	1.117	0.203	0.72	150	0.17	4.17	4.3	5

学科代码	期刊名称	扩展总被引频次	扩展影响因子	扩展即年指标	扩展他引率	扩展引用刊数	扩展学科影响指标	扩展学科扩散指标	扩展被引半衰期	扩展H指标
P04	高校招生	14	0.010	0.006	1.00	13	0.03	0.36	9.0	1
P04	黑龙江高教研究	5658	3.141	0.838	0.97	1289	0.86	35.81	4.9	18
P04	化工高等教育	1309	1.566	0.280	0.87	286	0.31	7.94	4.5	8
P04	军事高等教育研究	635	1.208	0.107	0.95	272	0.47	7.56	5.0	8
P04	煤炭高等教育	433	0.618	0.028	0.97	228	0.42	6.33	5.8	5
P04	民族高等教育研究	323	0.851	0.157	0.76	182	0.14	5.06	4.2	4
P04	山东高等教育	319	0.633	0.054	0.98	243	0.50	6.75	5.4	5
P04	思想政治教育研究	2410	2.453	0.102	0.98	840	0.56	23.33	4.7	13
P04	现代教育管理	4924	5.409	1.645	0.95	1102	0.92	30.61	4.3	20
P04	现代教育科学	1231	1.027	0.400	0.97	564	0.69	15.67	6.1	6
P04	学位与研究生教育	3911	3.764	0.623	0.91	711	0.83	19.75	5.7	15
P04	研究生教育研究	1920	3.981	0.919	0.95	523	0.83	14.53	5.1	11
P04	医学教育研究与实践	2910	2.642	0.752	0.91	468	0.22	13.00	4.6	11
P04	中国大学教学	8715	7.282	0.792	0.98	1383	0.89	38.42	5.5	32
P04	中国地质教育	862	1.340	0.085	0.76	229	0.28	6.36	5.0	8
P04	中国高等教育	9478	2.823	0.538	0.99	1528	0.89	42.44	5.5	24
P04	中国高教研究	9091	6.713	1.335	0.97	1463	0.89	40.64	5.3	27
P04	中国高校科技	3501	—	0.357	0.95	973	0.72	27.03	4.5	11
P04	中国校外教育	765	0.231	0.172	0.99	286	0.11	7.94	6.0	3
P05	安徽电气工程职业技术学院学报	228	0.505	0.159	0.98	160	0.01	1.17	4.3	3
P05	安徽电子信息职业技术学院学报	344	0.583	0.213	0.99	214	0.04	3.19	3.7	4
P05	安徽警官职业学院学报	155	0.219	0.033	0.99	116	0.20	1.13	4.4	3
P05	安徽开放大学学报	186	0.625	0.152	0.96	148	0.19	1.28	3.8	4
P05	安徽商贸职业技术学院学报	165	0.575	0.102	0.95	118	0.02	0.45	4.0	3
P05	安徽水利水电职业技术学院学报	192	0.415	0.060	0.97	144	0.02	1.19	4.2	3
P05	安徽冶金科技职业学院学报	165	0.218	—	0.97	135	0.34	2.70	5.8	2
P05	安徽职业技术学院学报	185	0.574	0.075	0.95	136	0.16	1.17	3.8	4
P05	包头职业技术学院学报	197	0.388	0.094	0.95	140	0.13	1.21	4.2	3
P05	保险职业学院学报	139	0.311	0.039	0.94	98	0.08	1.88	4.4	3
P05	北京财贸职业学院学报	272	1.368	0.333	0.81	149	0.08	2.87	3.8	5
P05	北京工业职业技术学院学报	400	0.954	0.471	0.97	252	0.09	1.18	3.8	4
P05	北京教育学院学报	265	—	0.174	0.96	205	0.03	0.79	5.5	5
P05	北京经济管理职业学院学报	143	0.776	0.171	0.99	116	0.02	1.05	3.9	4

学科代码	期刊名称	扩展总被引频次	扩展影响因子	扩展即年指标	扩展他引率	扩展引用刊数	扩展学科影响指标	扩展学科扩散指标	扩展被引半衰期	扩展H指标
P05	北京劳动保障职业学院学报	132	0.536	0.106	0.97	115	0.05	1.04	4.5	3
P05	北京农业职业学院学报	330	0.871	0.343	0.95	213	0.15	6.26	4.0	5
P05	北京宣武红旗业余大学学报	83	0.337	0.058	0.80	53	0.00	0.20	4.4	3
P05	北京政法职业学院学报	164	0.462	0.097	0.99	121	0.20	1.17	4.1	4
P05	兵团教育学院学报	182	0.345	0.111	0.96	136	0.11	0.64	4.7	3
P05	长春教育学院学报	509	0.500	0.101	0.99	304	0.26	2.62	6.6	3
P05	长江工程职业技术学院学报	265	0.878	0.183	0.99	190	0.02	1.39	3.8	4
P05	长沙航空职业技术学院学报	155	0.409	0.101	0.97	115	0.11	1.64	4.2	3
P05	长沙民政职业技术学院学报	227	0.351	0.064	0.98	163	0.02	1.47	4.3	3
P05	常州信息职业技术学院学报	461	0.848	0.289	0.97	244	0.06	3.64	3.6	5
P05	成都航空职业技术学院学报	193	0.388	0.140	0.97	136	0.06	1.94	4.2	3
P05	成人教育	2121	2.478	0.877	0.95	628	0.78	5.41	4.2	10
P05	重庆开放大学学报	120	0.364	0.156	0.98	107	0.11	0.92	4.2	3
P05	滁州职业技术学院学报	165	0.417	0.112	0.96	126	0.12	1.09	3.7	3
P05	大连教育学院学报	206	0.342	0.086	0.96	135	0.11	0.63	4.5	3
P05	当代职业教育	758	2.263	0.885	0.92	289	0.47	2.49	3.4	8
P05	福建教育学院学报	1072	0.573	0.093	0.98	377	0.25	1.77	3.7	6
P05	阜阳职业技术学院学报	225	0.614	0.239	0.99	160	0.15	1.38	3.2	4
P05	甘肃开放大学学报	164	0.346	0.087	0.96	133	0.14	1.15	4.1	3
P05	高等职业教育探索	599	1.979	0.677	0.99	289	0.45	2.49	3.7	7
P05	工业技术与职业教育	495	0.981	0.220	0.97	288	0.34	2.48	3.2	5
P05	广东交通职业技术学院学报	314	0.603	0.138	0.91	192	0.20	2.43	4.1	4
P05	广东开放大学学报	237	0.410	0.090	0.97	174	0.32	1.50	4.7	3
P05	广东农工商职业技术学院学报	136	0.411	0.108	0.97	112	0.06	2.15	4.0	3
P05	广东轻工职业技术学院学报	225	0.788	0.226	0.98	165	0.01	1.20	3.5	5
P05	广东水利电力职业技术学院学报	193	0.526	0.224	0.99	142	0.03	1.17	3.7	3
P05	广东职业技术教育与研究	623	0.493	0.020	0.95	276	0.23	2.38	3.8	4
P05	广西教育学院学报	527	0.355	0.046	0.97	313	0.22	1.47	4.7	4
P05	广西开放大学学报	249	0.556	0.109	0.96	171	0.28	1.47	3.8	3
P05	广西职业技术学院学报	396	1.205	0.333	0.90	232	0.03	1.35	3.8	6
P05	广西职业师范学院学报	151	0.709	0.138	0.97	116	0.05	1.25	3.8	3
P05	广州城市职业学院学报	204	0.665	0.197	0.93	139	0.15	1.20	3.6	4
P05	广州开放大学学报	222	0.460	0.210	0.96	162	0.23	1.40	3.8	3

学科代码	期刊名称	扩展总被引频次	扩展影响因子	扩展即年指标	扩展他引率	扩展引用刊数	扩展学科影响指标	扩展学科扩散指标	扩展被引半衰期	扩展H指标
P05	哈尔滨职业技术学院学报	657	0.567	0.191	0.92	310	0.27	2.67	3.5	5
P05	海南开放大学学报	239	0.657	0.272	0.63	112	0.05	0.97	3.6	4
P05	邯郸职业技术学院学报	122	0.373	0.061	0.98	93	0.09	0.80	3.8	3
P05	河北大学成人教育学院学报	243	0.697	0.103	0.97	167	0.30	1.44	5.2	4
P05	河北公安警察职业学院学报	162	0.442	0.147	0.91	83	0.20	0.81	4.1	4
P05	河北开放大学学报	241	0.371	0.168	0.95	160	0.22	1.38	3.9	3
P05	河北旅游职业学院学报	215	0.453	0.160	0.97	134	0.08	2.58	4.3	4
P05	河北能源职业技术学院学报	239	0.522	0.206	1.00	174	0.14	1.50	3.8	3
P05	河北软件职业技术学院学报	199	0.752	0.130	0.99	155	0.04	1.13	3.4	4
P05	河南开放大学学报	154	0.347	0.123	0.98	125	0.16	1.08	4.4	3
P05	河南司法警官职业学院学报	160	—	0.044	0.98	110	0.19	1.07	4.8	3
P05	湖北成人教育学院学报	324	0.558	0.147	0.95	199	0.17	1.72	4.4	3
P05	湖北工业职业技术学院学报	207	0.437	0.111	0.93	155	0.08	0.73	4.0	4
P05	湖北开放大学学报	331	0.911	0.279	0.96	212	0.24	1.83	5.9	4
P05	湖北开放职业学院学报	4683	0.681	0.311	0.91	776	0.68	6.69	3.2	6
P05	湖北职业技术学院学报	220	0.635	0.081	0.92	157	0.17	1.35	4.0	3
P05	湖南工业职业技术学院学报	459	0.583	0.137	0.89	262	0.19	2.26	3.8	4
P05	湖南开放大学学报	131	0.346	0.102	0.96	110	0.14	0.95	5.4	3
P05	湖南邮电职业技术学院学报	427	0.934	0.259	0.83	198	0.19	3.67	3.4	5
P05	湖州职业技术学院学报	127	0.256	0.041	0.80	91	0.05	0.78	4.7	3
P05	淮北职业技术学院学报	346	—	0.138	0.97	225	0.14	1.94	3.9	5
P05	淮南职业技术学院学报	713	0.631	0.197	0.99	309	0.27	2.66	3.5	5
P05	黄冈职业技术学院学报	425	0.640	0.138	0.96	258	0.24	2.22	3.6	5
P05	黄河水利职业技术学院学报	277	0.689	0.247	0.97	206	0.07	4.58	3.9	4
P05	机械职业教育	593	0.708	0.271	0.97	257	0.34	2.22	4.3	5
P05	吉林广播电视大学学报	740	0.351	0.071	0.99	362	0.36	3.12	4.7	4
P05	吉林省教育学院学报	1363	0.645	0.190	0.99	527	0.32	2.47	3.9	6
P05	济南职业学院学报	436	0.590	0.052	0.99	240	0.25	2.07	3.7	4
P05	济源职业技术学院学报	147	0.396	0.136	0.93	111	0.06	0.96	5.0	3
P05	佳木斯职业学院学报	2476	0.566	0.275	0.98	713	0.30	3.35	4.4	6
P05	江苏工程职业技术学院学报	203	0.379	0.036	0.95	147	0.01	1.07	4.9	3
P05	江苏航运职业技术学院学报	193	0.405	0.052	0.99	141	0.31	3.13	4.6	3
P05	江苏建筑职业技术学院学报	242	0.458	0.196	0.96	186	0.16	1.30	4.6	3

学科代码	期刊名称	扩展总被引频次	扩展影响因子	扩展即年指标	扩展他引率	扩展引用刊数	扩展学科影响指标	扩展学科扩散指标	扩展被引半衰期	扩展H指标
P05	江苏经贸职业技术学院学报	413	0.755	0.298	0.99	252	0.08	4.85	3.2	5
P05	江西电力职业技术学院学报	1203	0.440	0.074	0.98	384	0.17	3.17	3.5	6
P05	江西开放大学学报	139	0.386	0.091	0.96	115	0.19	0.99	5.2	3
P05	教师教育研究	3196	3.502	0.748	0.96	693	0.52	5.97	6.5	12
P05	教育与职业	10691	5.377	1.693	0.96	1265	0.97	10.91	4.0	23
P05	金华职业技术学院学报	185	0.317	0.067	0.99	152	0.10	1.31	5.0	3
P05	晋城职业技术学院学报	259	0.406	0.109	0.98	162	0.15	1.40	3.8	3
P05	开放教育研究	4009	9.625	3.761	0.97	961	0.73	8.28	4.9	23
P05	开放学习研究	287	1.174	0.293	0.81	156	0.18	1.34	4.6	5
P05	开封文化艺术职业学院学报	629	0.275	0.012	1.00	306	0.07	2.49	3.6	4
P05	兰州石化职业技术大学学报	125	0.279	0.015	0.99	113	0.07	0.97	4.7	2
P05	兰州职业技术学院学报	685	0.412	0.131	0.99	376	0.28	3.24	5.8	5
P05	黎明职业大学学报	107	0.206	0.063	0.96	89	0.09	0.77	5.0	3
P05	连云港职业技术学院学报	162	0.503	0.055	0.98	119	0.09	1.03	4.0	3
P05	两岸终身教育	84	0.286	0.174	0.98	74	0.09	0.64	4.2	2
P05	辽宁高职学报	1105	0.864	0.187	0.92	369	0.43	3.18	3.8	6
P05	辽宁经济职业技术学院·辽宁经济管理干部学院学报	599	0.622	0.163	0.97	270	0.03	2.43	3.7	5
P05	辽宁开放大学学报	364	0.747	0.125	0.69	152	0.16	1.31	3.7	4
P05	辽宁农业职业技术学院学报	367	0.766	0.286	0.99	234	0.09	6.88	4.0	4
P05	柳州职业技术学院学报	257	0.406	0.133	0.98	176	0.19	1.52	3.6	3
P05	漯河职业技术学院学报	339	0.451	0.164	0.84	210	0.12	1.81	4.3	4
P05	吕梁教育学院学报	182	0.177	—	0.99	129	0.07	0.61	4.2	3
P05	闽西职业技术学院学报	186	0.371	0.121	0.94	145	0.11	1.25	4.2	4
P05	牡丹江教育学院学报	730	0.382	0.070	0.98	346	0.16	1.62	3.9	4
P05	南京开放大学学报	178	0.752	0.167	0.99	133	0.23	1.15	4.0	4
P05	南宁职业技术学院学报	390	0.735	0.389	0.83	202	0.16	1.74	3.8	4
P05	南通职业大学学报	199	0.354	0.047	0.93	157	0.15	1.35	5.4	3
P05	宁波教育学院学报	439	0.434	0.102	0.96	254	0.21	1.19	4.7	5
P05	宁波开放大学学报	169	0.307	0.052	0.98	142	0.15	1.22	4.8	3
P05	宁波职业技术学院学报	481	0.996	0.490	0.98	257	0.30	2.22	3.6	6
P05	濮阳职业技术学院学报	238	0.268	0.159	0.96	188	0.09	1.62	4.4	4
P05	青岛职业技术学院学报	238	0.509	0.051	0.99	168	0.22	1.45	4.1	4

学科代码	期刊名称	扩展总被引频次	扩展影响因子	扩展即年指标	扩展他引率	扩展引用刊数	扩展学科影响指标	扩展学科扩散指标	扩展被引半衰期	扩展H指标
P05	青年发展论坛	201	0.681	0.052	0.97	158	0.10	1.36	4.5	3
P05	清远职业技术学院学报	165	0.442	0.053	0.99	128	0.09	1.10	4.3	3
P05	三门峡职业技术学院学报	181	0.368	0.052	0.97	145	0.09	1.25	4.5	4
P05	沙洲职业工学院学报	113	0.525	0.058	0.96	90	0.18	0.78	4.0	3
P05	厦门城市职业学院学报	170	0.336	0.183	0.98	130	0.09	0.61	5.6	3
P05	山东开放大学学报	181	0.456	0.312	0.97	126	0.21	1.09	3.5	3
P05	山东商业职业技术学院学报	329	0.621	0.261	0.99	208	0.06	4.00	3.6	4
P05	山西开放大学学报	137	—	0.029	0.98	112	0.16	0.97	4.7	3
P05	山西青年职业学院学报	152	0.316	0.074	1.00	111	0.04	1.00	4.6	3
P05	山西卫生健康职业学院学报	829	0.544	0.055	1.00	186	0.05	2.16	3.3	4
P05	陕西开放大学学报	189	0.463	0.524	0.96	142	0.17	1.22	3.7	4
P05	陕西青年职业学院学报	139	0.491	0.095	1.00	109	0.03	0.98	3.5	3
P05	商丘职业技术学院学报	180	0.269	0.078	0.98	151	0.14	1.30	5.2	3
P05	深圳信息职业技术学院学报	202	0.541	0.091	0.98	139	0.20	1.20	4.3	4
P05	深圳职业技术学院学报	244	0.753	0.082	0.94	199	0.19	1.72	3.7	4
P05	石家庄铁路职业技术学院学报	220	0.473	0.068	0.98	150	0.23	3.49	4.2	3
P05	石家庄职业技术学院学报	230	0.464	0.098	0.97	160	0.15	1.38	4.2	4
P05	顺德职业技术学院学报	144	0.414	0.052	0.99	116	0.12	1.00	4.9	3
P05	司法警官职业教育研究	33	0.206	—	0.88	27	0.03	0.23	3.7	2
P05	四川职业技术学院学报	341	0.459	0.101	0.99	247	0.18	2.13	3.9	4
P05	苏州工艺美术职业技术学院学报	122	0.217	0.044	0.94	75	0.10	0.61	5.2	2
P05	苏州教育学院学报	129	0.105	0.013	0.99	107	0.06	0.50	9.8	3
P05	苏州市职业大学学报	210	0.706	0.174	0.97	156	0.16	1.34	3.8	4
P05	宿州教育学院学报	469	0.573	0.094	0.99	271	0.12	1.27	4.5	4
P05	太原城市职业技术学院学报	1694	0.550	0.151	0.99	633	0.12	12.17	3.7	5
P05	泰州职业技术学院学报	316	0.451	0.120	0.98	204	0.14	1.76	3.9	3
P05	天津电大学报	188	0.675	0.346	0.98	125	0.29	1.08	4.0	4
P05	天津商务职业学院学报	127	0.384	0.065	0.98	100	0.10	1.92	4.1	3
P05	天津职业大学学报	465	1.102	0.185	0.98	235	0.41	2.03	4.0	5
P05	天津职业技术师范大学学报	131	0.389	0.040	0.95	109	0.03	0.51	5.6	3
P05	铜陵职业技术学院学报	164	0.381	0.111	0.99	110	0.11	0.95	4.3	3
P05	潍坊工程职业学院学报	191	0.327	0.129	0.98	146	0.08	0.69	4.3	3
P05	卫生职业教育	7221	1.063	0.378	0.91	900	0.40	7.76	3.9	8

学科代码	期刊名称	扩展总被引频次	扩展影响因子	扩展即年指标	扩展他引率	扩展引用刊数	扩展学科影响指标	扩展学科扩散指标	扩展被引半衰期	扩展H指标
P05	温州职业技术学院学报	119	0.326	0.033	0.87	96	0.11	0.83	4.8	2
P05	乌鲁木齐职业大学学报	101	0.455	0.106	0.99	82	0.09	0.71	4.0	4
P05	无锡商业职业技术学院学报	315	0.702	0.196	0.99	221	0.10	4.25	3.8	4
P05	无锡职业技术学院学报	276	0.513	0.239	0.99	195	0.21	1.68	3.9	4
P05	芜湖职业技术学院学报	162	0.433	0.035	0.98	135	0.11	1.16	4.0	3
P05	武汉船舶职业技术学院学报	354	0.587	0.252	0.97	208	0.29	4.62	3.6	4
P05	武汉工程职业技术学院学报	251	0.480	0.133	0.94	190	0.01	1.39	4.4	4
P05	武汉交通职业学院学报	249	0.585	0.341	0.97	173	0.11	2.19	4.0	5
P05	武汉职业技术学院学报	364	0.774	0.037	0.98	227	0.28	1.96	3.9	4
P05	西北成人教育学院学报	357	0.723	0.352	0.84	197	0.19	1.70	3.4	4
P05	现代特殊教育	1035	—	0.108	0.81	227	0.09	1.96	5.7	4
P05	现代职业教育	6584	0.398	0.192	0.97	970	0.73	8.36	3.8	7
P05	襄阳职业技术学院学报	473	0.603	0.204	0.89	261	0.23	2.25	3.7	4
P05	新疆开放大学学报	192	0.772	0.246	0.74	111	0.20	0.96	3.7	3
P05	新疆职业大学学报	145	0.546	0.161	0.97	112	0.14	0.97	4.0	3
P05	新疆职业教育研究	171	0.745	0.042	0.99	116	0.19	1.00	4.2	3
P05	邢台职业技术学院学报	303	0.513	0.068	0.98	215	0.22	1.85	4.0	4
P05	烟台职业学院学报	112	0.339	—	0.96	88	0.04	0.76	4.0	2
P05	延安职业技术学院学报	274	0.342	0.086	0.98	188	0.09	1.62	4.5	4
P05	延边教育学院学报	575	—	0.075	0.99	260	0.16	1.22	3.6	4
P05	扬州教育学院学报	156	0.363	0.060	0.95	115	0.09	0.54	4.5	3
P05	扬州职业大学学报	125	0.397	0.062	0.98	108	0.07	0.93	4.6	4
P05	杨凌职业技术学院学报	258	0.598	0.072	0.98	184	0.03	1.21	4.0	4
P05	岳阳职业技术学院学报	284	0.513	0.076	0.96	200	0.22	1.72	4.4	4
P05	云南开放大学学报	212	0.646	0.208	0.94	152	0.22	1.31	3.8	4
P05	张家口职业技术学院学报	124	0.275	0.061	1.00	99	0.09	0.85	4.1	3
P05	漳州职业技术学院学报	186	0.635	0.090	0.88	138	0.13	1.19	4.0	4
P05	浙江纺织服装职业技术学院学报	200	0.386	0.016	0.96	109	0.01	0.80	5.8	3
P05	浙江工贸职业技术学院学报	160	0.301	0.103	0.94	125	0.06	2.40	4.7	3
P05	浙江工商职业技术学院学报	192	—	0.100	0.99	149	0.10	2.87	4.1	4
P05	浙江交通职业技术学院学报	245	0.723	0.224	0.72	139	0.15	1.76	4.2	4
P05	浙江艺术职业学院学报	144	0.125	0.033	0.99	94	0.32	0.76	9.8	3
P05	郑州铁路职业技术学院学报	271	0.525	0.210	0.97	176	0.21	4.09	3.6	5

学科代码	期刊名称	扩展总被引频次	扩展影响因子	扩展即年指标	扩展他引率	扩展引用刊数	扩展学科影响指标	扩展学科扩散指标	扩展被引半衰期	扩展H指标
P05	职教发展研究	328	1.786	1.216	0.91	127	0.30	1.09	2.8	6
P05	职教论坛	6353	4.693	0.956	0.98	928	0.94	8.00	4.7	19
P05	职业	1469	—	0.062	0.95	438	0.35	3.78	4.6	5
P05	职业技术教育	7473	3.409	0.744	0.94	1012	0.93	8.72	4.3	18
P05	职业教育	428	0.338	0.038	0.96	195	0.22	1.68	3.7	4
P05	职业教育研究	1276	1.253	0.351	0.97	474	0.58	4.09	4.4	8
P05	中国职业技术教育	11608	4.842	0.919	0.95	1147	0.97	9.89	4.3	25
P05	终身教育研究	461	1.328	0.468	0.94	204	0.44	1.76	4.3	6
P07	Journal of Sport and Health Science (JSHS)	506	1.054	0.215	0.84	227	0.71	5.04	4.7	7
P07	安徽体育科技	340	0.462	0.165	0.92	89	0.58	1.98	4.7	3
P07	北京体育大学学报	5908	4.504	0.465	0.95	788	0.93	17.51	6.6	15
P07	冰雪运动	1164	1.581	0.554	0.41	118	0.62	2.62	5.3	7
P07	成都体育学院学报	2743	3.122	0.959	0.96	468	0.93	10.40	5.5	12
P07	当代体育科技	5304	0.460	0.195	0.84	613	0.87	13.62	4.3	6
P07	福建体育科技	358	—	0.076	0.97	122	0.69	2.71	4.9	3
P07	广州体育学院学报	1977	2.398	0.373	0.98	399	0.93	8.87	5.3	9
P07	哈尔滨体育学院学报	707	1.328	0.756	0.78	193	0.87	4.29	4.5	6
P07	河北体育学院学报	410	0.975	0.440	0.85	135	0.91	3.00	4.3	5
P07	湖北体育科技	959	0.927	0.339	0.76	236	0.91	5.24	4.1	5
P07	吉林体育学院学报	491	0.699	0.183	0.97	188	0.93	4.18	6.1	4
P07	辽宁体育科技	726	1.027	0.463	0.93	209	0.82	4.64	3.9	5
P07	模型世界	344	—	0.031	0.67	96	0.04	2.13	2.5	3
P07	南京体育学院学报	1610	2.289	0.569	0.97	287	0.06	1.89	4.3	10
P07	青少年体育	1277	0.645	0.085	0.77	220	0.71	4.89	3.5	4
P07	拳击与格斗	492	0.121	0.078	0.77	87	0.31	1.93	2.8	3
P07	山东体育科技	413	0.695	0.310	0.98	146	0.91	3.24	6.7	4
P07	山东体育学院学报	1582	2.727	0.474	0.94	358	0.96	7.96	5.9	10
P07	上海体育大学学报	3419	5.357	0.974	0.95	529	0.93	11.76	4.6	18
P07	沈阳体育学院学报	2907	5.000	1.991	0.93	467	0.93	10.38	4.2	15
P07	首都体育学院学报	1991	4.346	1.264	0.96	380	0.93	8.44	5.0	13
P07	四川体育科学	696	0.665	0.245	0.90	208	0.78	4.62	4.8	4
P07	体育教学	635	0.355	0.115	0.89	130	0.73	2.89	3.7	5
P07	体育教育学刊	772	2.458	0.342	0.80	188	0.87	4.18	3.6	8

学科代码	期刊名称	扩展总被引频次	扩展影响因子	扩展即年指标	扩展他引率	扩展引用刊数	扩展学科影响指标	扩展学科扩散指标	扩展被引半衰期	扩展H指标
P07	体育科技	868	0.494	0.072	0.96	242	0.80	5.38	4.7	4
P07	体育科技文献通报	1846	0.499	0.189	0.89	399	0.91	8.87	3.8	5
P07	体育科学	6183	5.991	0.431	0.96	752	0.93	16.71	6.1	24
P07	体育科学研究	302	0.512	0.080	0.96	111	0.71	2.47	5.6	3
P07	体育科研	675	1.299	0.447	0.95	200	0.89	4.44	5.6	7
P07	体育文化导刊	6129	5.305	1.672	0.93	618	0.93	13.73	5.1	16
P07	体育学刊	4082	4.713	1.370	0.95	569	0.93	12.64	5.3	17
P07	体育研究与教育	472	0.672	0.226	0.99	204	0.91	4.53	5.9	5
P07	体育与科学	2096	2.624	0.965	0.95	418	0.93	9.29	5.9	10
P07	天津体育学院学报	2594	4.541	1.257	0.95	443	0.93	9.84	4.6	15
P07	武汉体育学院学报	4859	5.587	1.319	0.92	661	0.96	14.69	4.9	19
P07	武术研究	1079	0.372	0.244	0.84	247	0.82	5.49	4.0	4
P07	西安体育学院学报	2391	4.571	1.679	0.93	431	0.93	9.58	4.7	12
P07	运动精品	466	0.256	0.014	0.94	117	0.38	2.60	3.9	3
P07	浙江体育科学	581	0.828	0.301	0.96	215	0.91	4.78	5.0	5
P07	中国体育教练员	283	0.371	0.106	0.92	63	0.76	1.40	5.8	4
P07	中国体育科技	3054	2.339	0.581	0.93	561	0.93	12.47	5.6	12
P07	中国运动医学杂志	2116	1.772	0.347	0.96	580	0.80	12.89	6.6	9
Q07	计量经济学报	157	—	0.089	0.63	60	0.36	5.45	3.1	4
Q07	内蒙古统计	119	0.194	0.071	0.97	94	0.09	8.55	3.9	3
Q07	统计科学与实践	304	0.294	0.053	0.88	206	0.73	18.73	5.1	3
Q07	统计理论与实践	252	0.705	0.346	0.92	177	0.73	16.09	2.9	5
Q07	统计学报	403	2.965	0.698	0.98	144	0.45	13.09	3.4	9
Q07	统计研究	6244	7.303	0.937	0.96	1262	0.91	114.73	5.4	26
Q07	统计与管理	617	0.415	0.064	0.94	414	0.27	37.64	4.9	4
Q07	统计与决策	14284	3.248	1.024	0.94	2396	0.91	217.82	4.1	24
Q07	统计与信息论坛	3039	4.707	1.661	0.92	1154	0.91	104.91	4.3	18
Q07	统计与咨询	115	0.377	0.025	0.89	89	0.27	8.09	5.4	3
Q07	中国计量	1546	—	0.077	0.65	362	0.27	32.91	5.6	6

6 2023年中国科技期刊来源指标

按类刊名字顺索引

学科代码	期刊名称	来源文献量	文献选出率	平均引文数	平均作者数	地区分布数	机构分布数	海外论文比	基金论文比	引用半衰期
A01	Engineering	283	0.96	56.5	6.4	22	156	0.34	0.65	5.9
A01	Fundamental Research	121	0.99	63.9	6.1	16	81	0.32	0.86	6.6
A01	High Technology Letters	47	1.00	22.8	4.4	15	29	—	1.00	5.0
A01	National Science Open	52	0.90	84.5	6.7	14	36	0.10	0.88	5.3
A01	National Science Review	331	0.90	46.2	8.0	22	184	0.45	0.70	5.8
A01	Research	268	1.00	68.4	8.9	26	152	0.31	0.67	5.2
A01	Science Bulletin	482	0.95	36.4	7.6	26	225	0.36	0.82	4.8
A01	安徽科技	169	0.88	2.0	2.1	14	113	—	0.21	3.7
A01	安徽农业科学	1570	1.00	21.0	4.7	31	917	—	0.82	6.7
A01	沉积与特提斯地质	67	0.97	85.4	6.3	17	33	0.01	0.78	≥10
A01	大众科技	614	0.99	13.2	3.3	25	306	0.00	0.55	4.8
A01	大自然	83	0.85	—	1.8	24	62	—	0.02	—
A01	电大理工	59	0.89	13.1	1.6	16	37	—	0.71	3.4
A01	福建分析测试	76	0.90	13.4	3.1	12	50	—	0.46	7.8
A01	干旱区资源与环境	295	0.99	31.3	4.1	29	158	0.02	0.98	5.4
A01	甘肃科技	366	0.94	10.7	2.3	25	260	—	0.28	5.2
A01	甘肃科学学报	135	1.00	18.1	3.5	25	79	0.01	0.53	5.9
A01	高技术通讯	132	0.92	24.0	4.3	13	32	0.05	0.91	5.4
A01	高原科学研究	52	0.91	27.7	4.1	7	18	0.02	0.96	7.3
A01	光电技术应用	79	0.92	20.5	4.5	16	34	—	0.19	7.7
A01	广西科学	128	0.97	37.5	5.6	19	69	0.00	0.87	6.1
A01	广西科学院学报	52	0.93	33.3	5.6	6	28	—	0.96	5.9
A01	贵州科学	117	1.00	15.1	4.3	10	50	—	0.75	6.9
A01	国防科技	112	0.94	19.8	3.2	15	46	—	0.77	3.2
A01	杭州科技	53	0.50	3.1	1.8	3	28	—	0.40	3.9
A01	河北省科学院学报	68	0.91	18.9	4.1	12	41	—	0.60	5.1
A01	河南科技	760	0.84	9.9	2.7	30	437	—	0.38	5.7
A01	河南科学	228	0.95	23.6	3.9	25	138	0.00	0.75	5.4
A01	黑龙江科学	1130	1.00	8.4	2.2	30	605	0.01	0.42	4.3
A01	华东科技	376	0.71	4.0	1.8	29	310	—	0.36	2.9
A01	江苏科技信息	679	0.95	8.7	2.1	28	412	—	0.52	3.6
A01	江西科学	216	0.98	17.8	3.7	23	113	0.02	0.87	6.8
A01	今日科苑	146	0.95	17.9	2.2	17	73	0.01	0.36	3.6

学科代码	期刊名称	来源文献量	文献选出率	平均引文数	平均作者数	地区分布数	机构分布数	海外论文比	基金论文比	引用半衰期
A01	科技创新发展战略研究	42	0.89	18.2	2.7	10	27	—	0.90	3.9
A01	科技创新与生产力	495	0.98	7.7	2.4	31	354	—	0.42	4.0
A01	科技促进发展	87	0.83	25.0	2.9	14	42	0.01	0.60	4.4
A01	科技导报	312	0.86	38.0	4.4	27	200	0.02	0.63	4.9
A01	科技风	1982	0.99	7.1	2.5	31	1027	0.00	0.68	4.0
A01	科技通报	226	0.97	15.7	3.8	26	157	0.00	0.57	7.3
A01	科技与创新	1296	1.00	7.6	2.7	31	911	—	0.33	5.7
A01	科技与经济	132	0.99	13.0	2.3	22	68	—	0.89	4.6
A01	科技中国	307	0.96	—	2.0	21	111	—	0.34	—
A01	科技资讯	1445	0.98	8.7	2.0	31	1040	0.00	0.30	3.1
A01	科学（上海）	79	0.73	8.2	2.2	18	46	0.04	0.20	7.2
A01	科学观察	49	0.88	14.0	2.6	14	35	—	0.29	5.9
A01	科学通报	484	0.91	53.5	5.2	27	210	0.04	0.68	6.6
A01	内江科技	819	0.96	7.3	2.3	31	437	0.00	0.52	4.8
A01	内陆地震	49	0.94	23.3	4.6	8	12	—	0.92	≥10
A01	内蒙古科技与经济	1041	1.00	8.3	1.9	31	619	0.00	0.37	4.7
A01	宁夏工程技术	57	0.90	21.3	3.8	9	22	—	0.82	5.6
A01	前沿科学	77	0.99	11.0	2.3	12	47	0.01	—	3.8
A01	前瞻科技	51	0.98	30.1	3.4	9	32	0.02	0.55	5.8
A01	青海科技	171	0.95	14.8	4.5	16	89	0.01	0.65	6.4
A01	山东科学	93	0.99	23.7	4.7	14	56	0.00	0.71	5.3
A01	山西交通科技	207	0.98	7.0	1.3	14	92	—	0.17	5.5
A01	石河子科技	199	0.93	4.7	1.5	27	152	—	0.15	3.4
A01	实验科学与技术	168	1.00	15.2	4.1	29	100	—	0.96	4.7
A01	实验室科学	343	0.99	12.3	3.8	29	151	—	0.86	5.6
A01	特种橡胶制品	94	0.98	9.3	4.2	16	52	—	0.18	8.2
A01	天津科技	312	0.97	7.7	3.0	24	163	—	0.20	5.9
A01	通讯世界	789	1.00	6.0	1.6	31	505	—	0.05	2.9
A01	武夷科学	20	1.00	26.7	5.0	3	13	—	0.80	8.6
A01	西藏科技	167	0.93	17.2	3.3	17	70	—	0.65	5.9
A01	厦门科技	90	0.93	6.6	1.7	3	57	0.01	0.23	2.7
A01	新型工业化	120	0.88	9.2	2.6	20	84	—	0.23	2.5
A01	张江科技评论	106	0.56	—	1.5	16	78	0.03	0.08	—

学科代码	期刊名称	来源文献量	文献选出率	平均引文数	平均作者数	地区分布数	机构分布数	海外论文比	基金论文比	引用半衰期
A01	智能城市	466	1.00	7.3	2.2	29	368	0.00	0.24	4.1
A01	中国高新科技	1236	0.90	5.1	2.0	31	1042	0.00	0.11	3.7
A01	中国基础科学	47	0.85	43.1	4.0	12	38	0.00	0.87	5.0
A01	中国科技论文	191	1.00	21.6	4.5	29	107	0.01	0.94	6.1
A01	中国科技论文在线精品论文	60	1.00	18.2	3.4	15	27	—	0.40	7.2
A01	中国科技人才	65	0.92	13.3	1.8	10	43	—	0.54	2.6
A01	中国科技史杂志	54	0.89	44.1	1.7	12	34	0.04	0.52	≥10
A01	中国科技术语	45	0.94	24.2	2.3	17	38	—	0.89	8.6
A01	中国科技信息	858	0.87	0.0	2.3	30	469	0.00	0.21	—
A01	中国科技纵横	1202	0.87	6.4	1.9	31	891	0.00	0.13	3.6
A01	中国科学基金	130	0.92	31.9	4.8	15	62	0.01	0.42	3.9
A01	中国科学数据（中英文网络版）	149	0.99	20.1	6.3	25	72	0.00	0.49	7.2
A01	中国科学院院刊	177	0.76	24.9	4.9	23	92	0.02	0.69	3.9
A01	中国特种设备安全	234	0.98	9.5	3.3	29	115	—	0.29	8.1
A01	中国体视学与图像分析	45	0.74	24.2	4.4	12	30	—	0.76	5.4
A01	中国西部	73	0.89	21.4	2.1	17	49	0.01	0.71	4.9
A01	中华医院感染学杂志	784	0.97	24.2	5.1	30	492	0.00	0.80	3.5
A01	中外建筑	276	0.94	12.4	2.4	23	138	0.04	0.45	5.9
A01	自然科学史研究	41	0.89	48.2	1.6	14	28	0.05	0.54	≥10
A01	自然杂志	50	0.62	49.4	3.3	12	28	0.08	0.58	8.2
A02	Wuhan University Journal of Natural Sciences	63	0.98	22.1	3.6	17	44	0.02	0.67	6.8
A02	安徽大学学报（自然科学版）	82	1.00	23.2	3.7	22	53	0.00	0.84	6.6
A02	安徽工业大学学报（自然科学版）	61	0.90	25.9	4.0	7	19	—	0.98	4.8
A02	安徽理工大学学报（自然科学版）	82	0.89	20.3	3.9	5	13	0.01	0.95	4.4
A02	安康学院学报	136	0.94	15.6	1.4	21	83	0.01	0.69	≥10
A02	百色学院学报	105	0.95	17.9	1.6	18	54	0.01	0.73	≥10
A02	宝鸡文理学院学报（自然科学版）	58	0.92	22.5	3.5	11	14	—	0.93	7.3
A02	保山学院学报	91	0.93	17.8	1.9	17	57	0.01	0.78	9.1
A02	北部湾大学学报	79	0.92	21.3	2.4	17	51	—	0.78	9.0
A02	北华大学学报（自然科学版）	143	1.00	20.0	4.1	16	46	0.00	0.77	5.6
A02	北京城市学院学报	93	0.95	13.5	2.0	26	68	0.01	0.85	5.5
A02	北京大学学报（自然科学版）	108	0.98	37.8	4.3	14	36	0.03	0.78	8.0
A02	北京服装学院学报（自然科学版）	59	0.92	19.7	3.5	13	23	0.02	0.92	4.7

学科代码	期刊名称	来源文献量	文献选出率	平均引文数	平均作者数	地区分布数	机构分布数	海外论文比	基金论文比	引用半衰期
A02	北京化工大学学报（自然科学版）	85	0.96	23.9	4.8	17	34	0.01	0.67	6.1
A02	北京联合大学学报	83	0.94	17.7	2.6	17	30	—	0.87	4.4
A02	北京信息科技大学学报（自然科学版）	82	0.93	18.5	3.4	2	4	—	0.78	4.3
A02	蚌埠学院学报	138	0.94	14.3	2.1	16	63	—	0.84	6.6
A02	滨州学院学报	81	0.90	15.9	2.2	18	42	—	0.60	8.5
A02	渤海大学学报（自然科学版）	48	0.92	29.2	4.2	8	13	—	0.98	5.0
A02	长安大学学报（自然科学版）	78	0.92	28.4	4.9	16	34	0.00	0.90	5.7
A02	长春工程学院学报（自然科学版）	93	0.96	13.0	3.2	14	52	0.01	0.81	4.9
A02	长春理工大学学报（自然科学版）	115	1.00	17.6	3.8	8	15	0.00	0.92	6.4
A02	长江大学学报（自然科学版）	90	0.95	28.2	4.8	16	41	0.02	0.98	8.7
A02	长沙理工大学学报（自然科学版）	91	1.00	31.0	4.0	17	37	—	0.99	5.0
A02	长治学院学报	131	0.94	15.0	1.5	20	70	0.01	0.73	8.6
A02	常州大学学报（自然科学版）	67	1.00	21.9	4.6	4	9	—	0.76	5.8
A02	巢湖学院学报	123	0.93	23.5	1.9	20	49	—	0.79	8.1
A02	成都大学学报（自然科学版）	69	0.93	23.7	5.5	7	19	—	0.81	5.6
A02	成都理工大学学报（自然科学版）	71	0.99	29.7	5.8	18	40	0.00	0.62	9.2
A02	赤峰学院学报（自然科学版）	307	0.93	12.3	2.9	19	107	0.01	0.73	4.6
A02	重庆工商大学学报（自然科学版）	90	0.99	19.8	3.1	9	20	—	0.81	6.2
A02	重庆交通大学学报（自然科学版）	240	1.00	17.4	3.9	27	81	0.00	0.90	5.9
A02	重庆科技学院学报（自然科学版）	112	0.95	15.3	3.6	19	66	—	0.95	4.5
A02	重庆邮电大学学报（自然科学版）	129	0.98	23.0	3.7	19	51	0.00	0.87	4.7
A02	滁州学院学报	145	0.95	14.3	2.2	14	56	0.01	0.80	6.2
A02	大理大学学报	215	0.91	17.7	2.9	23	106	0.01	0.81	7.0
A02	德州学院学报	122	0.96	14.3	2.1	16	44	0.01	0.62	8.2
A02	东北大学学报（自然科学版）	226	1.00	19.5	3.6	17	31	0.00	0.92	6.3
A02	东华大学学报（自然科学版）	127	1.00	24.9	4.5	7	11	0.00	0.79	6.0
A02	东华理工大学学报（自然科学版）	62	0.94	31.6	5.4	10	24	—	1.00	8.7
A02	东南大学学报（自然科学版）	135	0.99	24.4	4.5	17	35	0.02	0.94	6.3
A02	佛山科学技术学院学报（自然科学版）	65	0.92	16.7	3.3	15	26	—	0.69	5.4
A02	福建农林大学学报（自然科学版）	110	0.93	32.6	5.9	18	29	0.01	0.74	7.5
A02	福州大学学报（自然科学版）	125	0.95	18.1	4.2	17	47	0.00	0.93	5.8
A02	复旦学报（自然科学版）	81	0.91	34.6	4.4	12	32	0.05	0.67	8.5
A02	广西大学学报（自然科学版）	142	0.95	21.7	4.5	20	58	0.00	0.99	5.3

学科代码	期刊名称	来源文献量	文献选出率	平均引文数	平均作者数	地区分布数	机构分布数	海外论文比	基金论文比	引用半衰期
A02	广西民族大学学报（自然科学版）	56	0.88	20.7	2.1	12	28	—	0.54	≥10
A02	广州大学学报（自然科学版）	62	0.97	32.6	3.6	5	12	—	0.82	7.7
A02	贵阳学院学报（自然科学版）	91	0.96	13.2	2.1	12	59	0.01	0.67	3.9
A02	贵州大学学报（自然科学版）	98	0.96	23.0	3.8	17	43	0.00	0.79	6.0
A02	哈尔滨商业大学学报（自然科学版）	105	0.95	18.1	3.1	16	36	—	0.74	5.7
A02	哈尔滨师范大学自然科学学报	81	0.93	15.1	2.7	13	32	—	0.69	5.0
A02	海南大学学报（自然科学版）	49	0.98	24.0	4.0	7	13	—	1.00	6.5
A02	邯郸学院学报	65	0.87	17.5	1.7	14	40	0.03	0.55	≥10
A02	合肥工业大学学报（自然科学版）	262	0.98	18.6	4.2	18	43	0.01	0.92	7.2
A02	合肥学院学报（综合版）	137	0.99	17.8	2.2	14	55	0.02	0.80	7.5
A02	河北北方学院学报（自然科学版）	173	0.93	14.6	3.2	16	92	—	0.58	4.1
A02	河北大学学报（自然科学版）	84	1.00	22.3	4.3	14	36	0.02	0.93	6.4
A02	河北工程大学学报（自然科学版）	61	0.98	17.7	4.8	17	34	0.00	0.90	6.6
A02	河海大学学报（自然科学版）	112	0.94	26.3	5.1	18	46	0.00	0.87	6.0
A02	河南财政金融学院学报（自然科学版）	67	0.93	12.3	2.3	17	40	—	0.88	6.5
A02	河南大学学报（自然科学版）	72	0.99	31.3	4.6	10	18	0.01	0.92	6.4
A02	河南工程学院学报（自然科学版）	61	1.00	14.2	2.8	12	34	—	0.90	4.9
A02	河南工业大学学报（自然科学版）	102	0.97	31.3	5.1	11	15	0.00	0.70	5.0
A02	河南科技大学学报（自然科学版）	79	0.90	23.7	4.7	14	26	0.00	0.99	5.4
A02	河南科技学院学报（自然科学版）	56	1.00	21.7	4.2	11	18	—	1.00	4.8
A02	河南理工大学学报（自然科学版）	139	1.00	22.1	4.4	18	49	0.01	0.99	6.9
A02	菏泽学院学报	158	0.96	11.0	1.9	25	96	0.01	0.68	5.7
A02	贺州学院学报	84	0.95	19.5	1.5	21	52	0.01	0.74	≥10
A02	黑河学院学报	633	0.96	10.5	1.5	30	267	0.02	0.70	7.4
A02	黑龙江大学自然科学学报	89	0.96	23.1	4.1	15	29	0.00	0.99	6.0
A02	黑龙江工业学院学报（综合版）	288	0.95	13.7	2.5	27	151	0.00	0.90	3.9
A02	衡水学院学报	141	0.92	11.3	1.6	21	80	0.05	0.52	≥10
A02	湖北大学学报（自然科学版）	120	0.98	20.7	4.3	17	40	0.01	0.70	6.5
A02	湖北民族大学学报（自然科学版）	77	0.97	17.9	3.6	14	24	—	0.96	4.0
A02	湖北文理学院学报	165	0.99	20.9	1.7	25	98	0.02	0.53	9.4
A02	湖南城市学院学报（自然科学版）	72	1.00	22.0	3.6	15	41	—	0.86	6.5
A02	湖南大学学报（自然科学版）	279	1.00	23.9	4.4	27	86	0.01	0.96	6.3
A02	湖南工程学院学报（自然科学版）	60	0.97	14.1	3.8	6	18	—	0.87	6.2

学科代码	期刊名称	来源文献量	文献选出率	平均引文数	平均作者数	地区分布数	机构分布数	海外论文比	基金论文比	引用半衰期
A02	湖南科技大学学报（自然科学版）	60	1.00	19.9	4.0	16	35	0.00	0.80	6.2
A02	湖南理工学院学报（自然科学版）	71	0.95	11.6	3.1	8	24	—	0.80	5.7
A02	湖南农业大学学报（自然科学版）	109	1.00	25.1	6.7	18	53	0.00	0.80	6.6
A02	湖南文理学院学报（自然科学版）	67	0.99	15.8	3.5	12	39	—	0.88	7.2
A02	华北电力大学学报（自然科学版）	79	0.99	24.5	4.6	9	13	0.00	0.57	5.6
A02	华北理工大学学报（自然科学版）	64	1.00	16.3	3.9	1	1	—	1.00	5.2
A02	华北水利水电大学学报（自然科学版）	75	1.00	28.5	4.7	16	34	0.00	0.89	5.9
A02	华东理工大学学报（自然科学版）	106	0.99	24.8	3.6	10	14	—	0.73	6.9
A02	华南理工大学学报（自然科学版）	180	0.99	25.1	4.2	25	50	0.01	0.97	6.0
A02	华侨大学学报（自然科学版）	94	0.96	25.0	3.6	6	11	0.01	0.94	6.2
A02	华中科技大学学报（自然科学版）	263	1.00	23.7	3.7	21	98	0.01	0.95	6.1
A02	怀化学院学报	125	0.96	19.4	1.7	22	75	—	0.80	≥10
A02	黄山学院学报	174	0.99	12.9	2.1	12	66	—	0.82	7.8
A02	惠州学院学报	121	0.97	17.7	2.2	19	55	—	0.80	8.5
A02	吉林大学学报（地球科学版）	142	0.96	43.9	5.3	24	61	0.00	0.88	≥10
A02	吉林大学学报（理学版）	189	0.97	19.1	3.2	26	83	0.02	0.99	6.1
A02	吉首大学学报（自然科学版）	77	0.97	17.5	3.5	13	28	0.01	0.82	6.4
A02	集美大学学报（自然科学版）	69	0.92	23.1	3.9	4	9	—	0.96	7.4
A02	济南大学学报（自然科学版）	103	0.99	24.6	4.8	15	43	0.03	1.00	6.2
A02	暨南大学学报（自然科学与医学版）	77	0.97	27.3	5.0	16	48	0.00	0.74	5.0
A02	佳木斯大学学报（自然科学版）	254	1.00	10.0	2.6	21	124	0.01	0.79	4.6
A02	嘉兴学院学报	121	0.91	20.2	1.7	17	52	—	0.65	≥10
A02	嘉应学院学报	115	1.00	15.4	2.2	13	45	—	0.85	≥10
A02	江汉大学学报（自然科学版）	65	0.98	24.0	4.2	5	15	—	0.72	6.0
A02	江苏大学学报（自然科学版）	102	0.99	16.1	4.1	16	35	0.04	0.89	6.1
A02	江苏海洋大学学报（自然科学版）	52	0.83	25.6	5.4	3	10	—	0.79	6.2
A02	江苏科技大学学报（自然科学版）	108	0.95	15.1	4.1	13	25	0.04	0.94	5.9
A02	晋中学院学报	126	0.95	13.4	1.6	23	70	0.01	0.63	9.2
A02	井冈山大学学报（自然科学版）	88	1.00	23.1	4.1	15	45	—	1.00	6.6
A02	九江学院学报（自然科学版）	105	0.96	11.0	2.1	16	70	—	0.84	4.0
A02	昆明理工大学学报（自然科学版）	127	0.98	26.4	4.5	23	59	0.01	0.93	5.5
A02	兰州大学学报（自然科学版）	106	0.95	30.5	4.8	15	37	0.01	0.87	7.5
A02	兰州文理学院学报（自然科学版）	141	0.98	12.4	2.3	19	74	—	0.77	4.6

学科代码	期刊名称	来源文献量	文献选出率	平均引文数	平均作者数	地区分布数	机构分布数	海外论文比	基金论文比	引用半衰期
A02	丽水学院学报	110	0.94	15.7	2.2	14	39	—	0.71	8.0
A02	辽东学院学报（自然科学版）	44	0.92	16.7	2.8	9	25	—	0.68	3.9
A02	辽宁大学学报（自然科学版）	45	0.96	29.4	4.0	9	15	—	0.73	5.4
A02	辽宁工程技术大学学报（自然科学版）	101	1.00	17.4	4.0	18	40	0.00	0.88	5.7
A02	辽宁工业大学学报（自然科学版）	76	0.99	17.4	3.3	11	23	—	0.63	5.5
A02	辽宁师专学报（自然科学版）	84	1.00	10.1	2.0	13	44	—	0.42	3.8
A02	聊城大学学报（自然科学版）	74	1.00	32.1	4.3	19	37	—	1.00	4.9
A02	临沂大学学报	121	0.94	19.3	1.4	21	70	0.01	0.66	≥10
A02	鲁东大学学报（自然科学版）	51	0.86	25.3	4.5	7	19	—	0.98	6.1
A02	洛阳理工学院学报（自然科学版）	67	0.94	11.8	3.2	15	37	—	0.69	6.0
A02	南昌大学学报（理科版）	86	1.00	23.5	4.3	11	33	0.00	0.90	7.3
A02	南昌航空大学学报（自然科学版）	68	1.00	20.3	4.1	4	11	0.02	1.00	4.7
A02	南华大学学报（自然科学版）	80	0.92	19.3	4.4	7	13	—	0.84	6.0
A02	南京大学学报（自然科学版）	105	0.99	29.5	3.9	19	53	0.02	0.90	6.2
A02	南京工程学院学报（自然科学版）	60	0.98	13.8	3.7	5	14	—	0.58	4.2
A02	南京工业大学学报（自然科学版）	80	0.99	32.5	5.2	10	25	0.03	0.74	6.7
A02	南京理工大学学报（自然科学版）	103	1.00	21.1	4.1	22	57	0.01	0.69	5.6
A02	南京林业大学学报（自然科学版）	183	0.98	34.4	5.3	23	66	0.01	0.81	8.1
A02	南京医科大学学报（自然科学版）	267	0.95	27.9	5.2	16	76	0.00	0.78	4.4
A02	南京邮电大学学报（自然科学版）	76	0.93	23.7	3.9	12	19	0.03	0.80	4.8
A02	南开大学学报（自然科学版）	97	0.97	18.7	4.2	17	51	0.00	0.70	7.6
A02	南通大学学报（自然科学版）	39	0.89	29.0	3.5	8	20	—	0.87	5.7
A02	内蒙古大学学报（自然科学版）	79	0.95	23.4	4.0	7	21	0.00	0.96	8.5
A02	内蒙古工业大学学报（自然科学版）	88	0.95	19.2	4.0	9	16	—	0.98	6.1
A02	内蒙古民族大学学报（自然科学版）	104	0.94	18.1	4.3	10	32	—	0.99	5.6
A02	内蒙古农业大学学报（自然科学版）	78	0.93	30.9	4.6	15	35	—	0.94	7.0
A02	宁夏大学学报（自然科学版）	67	0.96	18.7	3.7	14	38	0.00	0.84	8.7
A02	攀枝花学院学报	79	0.93	19.6	2.0	17	53	—	0.80	5.1
A02	平顶山学院学报	128	0.97	18.8	1.9	25	72	0.01	0.70	≥10
A02	莆田学院学报	100	0.93	19.2	2.2	11	39	0.01	0.81	6.0
A02	齐齐哈尔大学学报（自然科学版）	94	1.00	13.5	3.7	9	35	—	0.95	4.3
A02	青岛大学学报（自然科学版）	93	0.99	19.7	3.0	7	15	—	0.92	5.3
A02	青岛科技大学学报（自然科学版）	92	0.96	23.9	3.9	6	10	0.02	0.92	6.3

学科代码	期刊名称	来源文献量	文献选出率	平均引文数	平均作者数	地区分布数	机构分布数	海外论文比	基金论文比	引用半衰期
A02	青岛农业大学学报（自然科学版）	48	1.00	23.9	5.4	3	7	—	0.96	7.6
A02	青海大学学报（自然科学版）	85	0.93	19.7	4.0	5	14	—	1.00	7.4
A02	清华大学学报（自然科学版）	198	0.98	32.0	4.9	17	58	0.02	0.78	7.1
A02	三明学院学报	90	0.95	19.7	2.3	13	35	—	0.91	7.6
A02	三峡大学学报（自然科学版）	105	0.95	22.3	4.4	18	43	0.00	0.91	6.2
A02	山东大学学报（理学版）	172	1.00	19.6	2.8	27	91	0.01	0.92	9.0
A02	山东科技大学学报（自然科学版）	79	0.99	20.5	4.8	16	27	0.04	0.89	5.2
A02	山东理工大学学报（自然科学版）	78	1.00	15.8	4.2	11	24	—	0.67	5.8
A02	山东农业大学学报（自然科学版）	122	1.00	24.0	5.0	24	79	0.00	0.65	5.9
A02	山西大同大学学报（自然科学版）	143	0.93	14.3	3.1	18	65	0.01	0.76	5.8
A02	山西大学学报（自然科学版）	168	1.00	26.9	3.7	22	57	0.01	0.93	6.9
A02	山西农业大学学报（自然科学版）	79	0.87	31.2	6.0	14	27	0.00	0.84	6.4
A02	陕西理工大学学报（自然科学版）	69	0.91	21.0	3.4	11	20	—	0.81	5.8
A02	汕头大学学报（自然科学版）	28	0.78	24.1	3.2	11	17	—	0.64	6.7
A02	商洛学院学报	86	0.96	20.0	2.0	12	34	—	0.70	8.3
A02	上海大学学报（自然科学版）	85	0.91	29.9	3.8	9	28	0.01	0.86	6.4
A02	邵阳学院学报（自然科学版）	87	0.94	17.3	3.5	13	53	—	0.84	4.3
A02	沈阳大学学报（自然科学版）	70	0.99	20.9	3.6	12	26	0.01	0.87	5.6
A02	沈阳工程学院学报（自然科学版）	64	0.94	14.8	3.8	9	22	—	0.41	5.8
A02	沈阳建筑大学学报（自然科学版）	136	0.95	19.0	4.1	18	27	0.00	0.99	6.8
A02	石河子大学学报（自然科学版）	104	0.95	21.7	5.2	19	39	0.00	0.94	5.4
A02	石家庄铁道大学学报（自然科学版）	73	0.91	14.6	3.4	16	27	0.00	0.68	6.0
A02	石家庄学院学报	151	0.96	19.5	2.4	21	79	0.03	0.66	8.8
A02	四川大学学报（自然科学版）	143	0.97	26.2	4.0	15	43	0.02	0.86	6.5
A02	四川轻化工大学学报（自然科学版）	71	1.00	22.3	3.8	7	18	—	1.00	4.8
A02	苏州科技大学学报（自然科学版）	45	0.98	29.2	3.4	4	9	—	1.00	5.8
A02	宿州学院学报	200	0.95	15.4	2.4	8	67	—	0.92	5.4
A02	塔里木大学学报	53	0.91	25.8	5.2	5	9	—	0.92	5.1
A02	台州学院学报	83	0.95	16.5	2.1	14	30	0.01	0.65	≥10
A02	太原学院学报（自然科学版）	55	1.00	13.6	2.2	9	41	—	0.85	3.8
A02	泰山学院学报	128	0.95	17.9	1.6	16	76	0.02	0.52	≥10
A02	天津大学学报（自然科学与工程技术版）	139	0.94	23.7	4.6	12	20	0.01	0.97	6.8
A02	同济大学学报（自然科学版）	216	0.91	24.4	4.3	19	50	0.06	0.83	7.7

学科代码	期刊名称	来源文献量	文献选出率	平均引文数	平均作者数	地区分布数	机构分布数	海外论文比	基金论文比	引用半衰期
A02	铜陵学院学报	153	0.96	15.2	2.1	12	45	0.01	0.90	4.7
A02	皖西学院学报	161	0.94	15.3	2.4	13	63	0.01	0.91	6.8
A02	潍坊学院学报	168	0.94	10.0	1.7	22	69	—	0.53	7.9
A02	温州大学学报（自然科学版）	27	0.84	15.9	2.6	8	10	—	0.56	9.1
A02	文山学院学报	131	0.98	13.3	1.9	17	71	0.01	0.67	≥10
A02	梧州学院学报	81	0.92	17.4	1.9	18	47	—	0.96	4.9
A02	五邑大学学报（自然科学版）	43	0.98	15.4	3.5	6	10	—	0.70	6.9
A02	武汉大学学报（理学版）	88	0.94	31.3	4.3	13	34	0.00	0.91	4.8
A02	西安电子科技大学学报（自然科学版）	123	0.98	24.2	4.2	23	63	0.02	0.94	4.4
A02	西安建筑科技大学学报（自然科学版）	114	0.93	22.2	4.2	21	63	0.02	0.89	7.3
A02	西安石油大学学报（自然科学版）	104	0.99	22.8	5.3	14	58	0.02	0.72	6.9
A02	西安文理学院学报（自然科学版）	88	0.95	12.9	2.7	18	63	—	0.81	5.7
A02	西北大学学报（自然科学版）	93	0.94	37.5	4.6	12	40	0.04	0.92	7.2
A02	西北民族大学学报（自然科学版）	54	0.90	20.4	3.6	11	23	—	0.78	5.0
A02	西北农林科技大学学报（自然科学版）	189	0.93	33.5	6.2	29	83	0.00	0.87	7.6
A02	西昌学院学报（自然科学版）	84	0.94	16.8	3.3	11	50	—	0.94	4.1
A02	西华大学学报（自然科学版）	77	0.97	23.2	4.2	15	37	0.04	0.71	5.7
A02	西南大学学报（自然科学版）	231	0.99	32.3	5.0	25	88	0.01	0.97	6.6
A02	西南民族大学学报（自然科学版）	88	0.95	24.5	4.2	11	31	0.00	0.69	6.2
A02	西南石油大学学报（自然科学版）	101	1.00	31.1	4.4	12	51	0.02	0.59	8.3
A02	厦门大学学报（自然科学版）	116	0.88	41.3	4.2	17	32	0.01	0.82	9.4
A02	湘潭大学学报（自然科学版）	73	0.91	23.2	3.6	11	29	0.00	0.90	6.5
A02	新疆大学学报（自然科学版中英文）	92	1.00	28.8	3.6	8	12	0.00	0.90	6.9
A02	新乡学院学报	195	0.98	11.1	1.7	23	123	0.00	0.69	7.9
A02	徐州工程学院学报（自然科学版）	48	1.00	18.2	3.5	13	27	—	0.96	5.8
A02	许昌学院学报	170	0.96	14.9	1.9	24	76	—	0.78	≥10
A02	烟台大学学报（自然科学与工程版）	68	1.00	19.2	4.4	2	5	—	0.94	8.1
A02	延安大学学报（自然科学版）	82	0.99	20.7	4.1	3	8	—	0.93	6.8
A02	延边大学学报（自然科学版）	60	0.92	15.6	2.6	12	23	—	0.90	5.5
A02	盐城工学院学报（自然科学版）	50	0.85	12.9	3.3	8	26	—	0.76	5.1
A02	扬州大学学报（自然科学版）	73	1.00	15.3	3.8	17	35	—	1.00	3.9
A02	宜宾学院学报	154	1.00	22.3	2.2	23	86	0.01	0.64	8.7
A02	宜春学院学报	280	0.97	15.9	2.3	27	157	—	0.72	7.1

学科代码	期刊名称	来源文献量	文献选出率	平均引文数	平均作者数	地区分布数	机构分布数	海外论文比	基金论文比	引用半衰期
A02	云南大学学报（自然科学版）	142	0.93	30.6	4.6	20	55	0.01	0.89	6.7
A02	云南民族大学学报（自然科学版）	111	0.97	23.3	4.3	19	40	0.00	0.79	6.6
A02	枣庄学院学报	121	0.93	15.1	1.7	22	64	—	0.71	8.6
A02	浙江大学学报（理学版）	91	1.00	28.2	3.6	19	57	0.03	0.86	6.9
A02	浙江海洋大学学报（自然科学版）	74	1.00	29.2	5.8	6	17	—	0.99	7.7
A02	浙江树人大学学报	65	0.80	26.5	1.8	12	38	0.03	0.77	7.3
A02	浙江外国语学院学报	80	0.91	31.2	1.7	21	55	0.01	0.65	≥10
A02	浙江万里学院学报	104	0.95	14.8	1.9	16	51	0.01	0.55	6.4
A02	镇江高专学报	113	0.97	14.2	1.7	23	69	0.02	0.54	≥10
A02	郑州大学学报（理学版）	77	0.96	20.2	4.4	18	36	0.04	0.91	4.9
A02	中北大学学报（自然科学版）	92	0.94	20.8	4.0	7	14	0.01	0.67	5.5
A02	中国传媒大学学报（自然科学版）	54	0.84	27.1	3.2	9	22	—	0.67	5.7
A02	中国海洋大学学报（自然科学版）	193	0.99	32.6	4.8	11	19	0.01	0.74	≥10
A02	中国科学技术大学学报	78	0.86	44.6	4.1	4	13	0.08	0.77	8.2
A02	中国科学院大学学报	91	0.95	28.6	3.9	13	25	0.00	0.86	8.0
A02	中国人民公安大学学报（自然科学版）	56	1.00	19.9	3.2	18	22	—	0.80	5.8
A02	中国石油大学学报（自然科学版）	125	0.93	27.1	5.8	17	44	0.01	0.83	6.6
A02	中南大学学报（自然科学版）	433	0.98	29.0	5.3	25	94	0.02	0.94	6.5
A02	中南民族大学学报（自然科学版）	116	0.95	20.5	4.0	16	36	0.01	1.00	5.7
A02	中山大学学报（自然科学版）（中英文）	113	0.93	29.7	4.0	19	54	0.04	0.93	8.7
A03	安徽师范大学学报（自然科学版）	82	0.99	19.8	3.1	14	35	0.00	0.83	7.0
A03	安庆师范大学学报（自然科学版）	86	0.96	17.6	3.1	8	25	—	0.92	5.6
A03	安阳师范学院学报	176	0.95	12.4	1.6	26	124	0.01	0.72	8.4
A03	北京师范大学学报（自然科学版）	115	0.93	36.7	4.1	12	22	0.00	0.81	7.2
A03	长江师范学院学报	86	0.99	23.1	1.7	21	70	0.02	0.97	5.5
A03	重庆师范大学学报（自然科学版）	108	0.98	23.9	3.5	22	43	0.01	0.96	8.4
A03	楚雄师范学院学报	126	0.98	24.0	1.9	19	72	0.01	0.67	≥10
A03	东北师范大学报（哲学社会科学版）	115	0.97	38.3	1.7	19	51	0.01	0.91	≥10
A03	东北师大学报（自然科学版）	88	1.00	19.1	3.7	18	48	0.00	0.97	7.7
A03	福建师范大学学报（自然科学版）	97	0.99	34.6	4.5	13	32	0.00	0.95	5.6
A03	阜阳师范大学学报（自然科学版）	68	0.96	23.9	3.2	6	22	—	1.00	4.8
A03	广东技术师范大学学报	91	0.92	19.8	2.0	15	36	—	0.77	9.7
A03	广西师范大学学报（自然科学版）	123	0.99	34.2	4.7	23	54	0.00	0.97	5.0

学科代码	期刊名称	来源文献量	文献选出率	平均引文数	平均作者数	地区分布数	机构分布数	海外论文比	基金论文比	引用半衰期
A03	贵州师范大学学报（自然科学版）	90	1.00	30.1	4.0	17	42	0.00	0.84	6.7
A03	桂林师范高等专科学校学报	105	0.94	11.7	1.8	19	52	—	0.90	4.2
A03	海南师范大学学报（自然科学版）	62	1.00	22.0	4.2	18	32	—	0.94	5.8
A03	杭州师范大学学报（自然科学版）	88	0.90	25.3	4.6	9	21	0.01	0.66	8.0
A03	河北科技师范学院学报	47	0.96	20.2	6.2	4	7	—	0.94	6.2
A03	河北师范大学学报（自然科学版）	81	0.88	25.1	4.3	13	40	0.01	0.93	7.0
A03	河南师范大学学报（自然科学版）	114	0.93	26.2	4.2	22	69	0.02	0.95	6.3
A03	衡阳师范学院学报	129	0.97	18.2	1.8	21	61	—	0.78	9.1
A03	湖北师范大学学报（自然科学版）	70	0.95	12.9	3.6	13	26	0.01	0.77	5.0
A03	湖南第一师范学院学报	91	0.99	17.9	1.7	13	44	0.01	0.68	9.2
A03	湖南师范大学自然科学学报	96	0.95	31.2	4.1	19	60	0.01	0.93	5.1
A03	华东师范大学学报（自然科学版）	103	0.98	30.7	3.7	14	31	0.03	0.87	7.0
A03	华南师范大学学报（自然科学版）	86	0.97	27.8	4.2	20	48	0.03	0.94	5.9
A03	华中师范大学学报（自然科学版）	98	0.89	28.6	4.2	19	59	0.02	0.96	7.0
A03	淮北师范大学学报（自然科学版）	67	0.93	16.7	3.0	5	23	—	1.00	5.1
A03	淮南师范学院学报	156	0.95	14.4	1.7	15	73	0.01	0.74	8.5
A03	淮阴师范学院学报（自然科学版）	75	0.95	12.2	2.0	10	38	—	0.79	7.6
A03	吉林师范大学学报（自然科学版）	77	0.95	21.8	4.3	8	16	—	1.00	5.3
A03	江苏师范大学学报（自然科学版）	60	0.91	21.5	3.9	10	24	—	0.98	6.7
A03	江西科技师范大学学报	110	1.00	17.3	2.4	16	46	0.01	0.85	5.3
A03	江西师范大学学报（自然科学版）	82	0.94	25.4	4.5	15	39	0.00	0.96	6.4
A03	焦作师范高等专科学校学报	75	0.95	13.9	1.4	22	59	—	0.41	≥10
A03	廊坊师范学院学报（自然科学版）	100	0.96	11.8	3.2	15	53		0.89	4.9
A03	辽宁师范大学学报（自然科学版）	72	0.99	19.1	3.1	2	6		0.85	7.0
A03	闽南师范大学学报（自然科学版）	63	0.93	19.0	3.0	6	18	—	1.00	6.7
A03	牡丹江师范学院学报（自然科学版）	65	0.97	12.3	3.0	16	31	0.02	1.00	5.8
A03	南京师大学报（社会科学版）	89	0.98	41.1	1.1	14	49	—	0.83	≥10
A03	南京师大学报（自然科学版）	72	0.99	25.9	4.3	19	53	0.01	0.85	6.0
A03	南宁师范大学学报（自然科学版）	123	0.99	18.1	3.1	14	49	0.01	0.80	6.0
A03	南阳师范学院学报	77	1.00	15.2	2.7	13	42	—	0.92	5.8
A03	内江师范学院学报	236	0.94	21.3	2.0	28	108	0.00	0.77	9.4
A03	内蒙古师范大学学报（自然科学版）	91	0.89	21.2	3.3	17	33	0.00	0.91	7.9
A03	宁德师范学院学报（自然科学版）	73	0.94	15.1	3.3	4	31	—	0.89	5.0

学科代码	期刊名称	来源文献量	文献选出率	平均引文数	平均作者数	地区分布数	机构分布数	海外论文比	基金论文比	引用半衰期
A03	齐齐哈尔高等师范专科学校学报	266	1.00	8.6	1.5	28	169	—	0.52	5.1
A03	黔南民族师范学院学报	100	0.91	18.9	1.8	22	59	—	0.84	7.2
A03	青海师范大学学报（自然科学版）	59	1.00	16.0	2.7	16	28	—	0.69	8.5
A03	曲阜师范大学学报（自然科学版）	76	0.90	20.1	3.4	15	28	0.01	0.92	8.2
A03	人工智能科学与工程	131	1.00	20.5	3.1	22	69	0.02	0.70	7.5
A03	山东师范大学学报（自然科学版）	40	1.00	39.9	2.8	12	25	0.02	0.78	7.0
A03	山西师大学报（社会科学版）	74	0.92	29.4	1.5	17	42	0.03	0.70	≥10
A03	山西师范大学学报（自然科学版）	72	0.94	16.7	2.6	14	51	0.01	0.74	6.9
A03	陕西师范大学学报（自然科学版）	76	0.86	32.8	3.8	17	46	0.00	0.91	6.3
A03	商丘师范学院学报	253	0.95	17.3	2.1	28	147	0.02	0.72	9.6
A03	上海师范大学学报（自然科学版）	101	0.94	21.3	3.5	7	16	—	0.68	7.1
A03	沈阳师范大学学报（自然科学版）	96	0.99	20.9	4.3	7	14	0.01	0.93	5.9
A03	首都师范大学学报（自然科学版）	87	0.90	27.8	3.2	22	60	0.01	0.74	6.5
A03	四川师范大学学报（自然科学版）	100	0.89	26.3	3.2	19	40	0.00	0.93	8.6
A03	太原师范学院学报（自然科学版）	63	0.93	17.6	3.0	10	21	—	0.84	6.4
A03	天津师范大学学报（自然科学版）	69	0.97	24.7	4.7	16	23	0.00	0.94	7.5
A03	西北师大学报（社会科学版）	90	0.93	35.4	1.5	14	42	0.01	0.98	≥10
A03	西北师范大学学报（自然科学版）	109	0.94	22.2	3.2	23	71	0.00	0.87	7.7
A03	西华师范大学学报（自然科学版）	86	0.92	26.9	3.8	9	32	—	1.00	7.6
A03	新疆师范大学学报（自然科学版）	46	0.94	22.3	3.0	9	15	—	0.76	5.9
A03	信阳师范学院学报（自然科学版）	109	0.98	19.7	4.7	13	38	0.03	0.97	6.2
A03	伊犁师范大学学报（自然科学版）	39	0.78	19.1	2.8	6	14	—	0.87	≥10
A03	玉林师范学院学报	118	0.87	27.7	1.2	24	76	0.01	0.65	≥10
A03	云南师范大学学报（自然科学版）	83	0.98	18.3	4.7	15	31	0.02	0.78	5.1
A03	浙江师范大学学报（自然科学版）	59	0.95	25.5	4.5	2	2	—	0.98	7.1
A03	周口师范学院学报	167	0.99	14.9	1.8	24	96	0.01	0.66	≥10
B01	Acta Mathematica Sinica	136	0.92	26.0	2.3	25	103	0.24	0.66	≥10
B01	Acta Mathematicae Applicatae Sinica	58	0.92	27.2	2.4	17	50	0.16	0.79	≥10
B01	Algebra Colloquium	52	0.93	19.1	2.4	18	49	0.25	0.87	≥10
B01	Analysis in Theory and Applications	24	1.00	21.5	2.1	12	23	0.21	0.79	≥10
B01	Applied Mathematics: A Journal of Chinese Universities, B	44	0.94	28.1	2.6	14	41	0.46	0.64	≥10
B01	Chinese Annals of Mathematics, Series B	52	0.95	26.4	2.3	19	44	0.10	0.88	≥10

学科代码	期刊名称	来源文献量	文献选出率	平均引文数	平均作者数	地区分布数	机构分布数	海外论文比	基金论文比	引用半衰期
B01	Chinese Quarterly Journal of Mathematics	31	0.89	25.8	1.8	14	27	0.06	0.71	≥10
B01	Communications in Mathematical Research	26	1.00	31.3	2.2	10	20	0.19	0.77	≥10
B01	Journal of Computational Mathematics	59	0.97	35.2	2.8	21	54	0.24	0.95	≥10
B01	Journal of Mathematical Study	21	1.00	25.7	1.8	9	20	0.24	0.81	≥10
B01	Journal of Partial Differential Equations	26	0.90	23.3	2.2	12	24	0.27	0.62	≥10
B01	Journal of the Operations Research Society of China	49	1.00	30.1	2.7	18	43	0.18	0.82	≥10
B01	Science China (Mathematics)	125	0.92	33.4	2.4	20	83	0.31	0.76	≥10
B01	Statistical Theory and Related Fields	26	1.00	22.3	2.7	9	20	0.38	0.58	≥10
B01	纯粹数学与应用数学	44	0.92	19.8	2.4	19	34	0.04	1.00	≥10
B01	大学数学	122	0.92	9.5	2.3	25	76	—	0.95	7.8
B01	第欧根尼	17	0.81	33.2	2.1			—	0.06	≥10
B01	概率、不确定性与定量风险	24	1.00	29.2	2.5	5	20	0.54	0.54	≥10
B01	高等数学研究	206	0.99	5.2	2.3	26	137	—	0.76	9.0
B01	高等学校计算数学学报	24	0.89	22.9	2.6	14	21	0.00	0.88	≥10
B01	高校应用数学学报	44	0.92	19.9	2.8	16	37	0.00	0.95	≥10
B01	计算数学	33	0.89	29.6	2.3	17	28	0.00	0.91	≥10
B01	模糊系统与数学	104	1.00	21.6	2.6	27	80	0.01	0.86	≥10
B01	数理天地（初中版）	844	0.99	4.0	1.1	29	707	—	0.08	2.5
B01	数理天地（高中版）	858	0.99	4.0	1.1	28	676	0.00	0.14	2.8
B01	数理统计与管理	81	0.93	29.3	2.8	23	52	0.04	0.85	≥10
B01	数学的实践与认识	340	1.00	18.6	2.8	30	221	0.01	0.69	8.4
B01	数学建模及其应用	57	0.97	17.5	3.0	17	38	0.02	0.51	7.9
B01	数学教学通讯	1058	0.97	1.7	1.2	26	831	—	0.16	5.9
B01	数学教学研究	76	0.94	6.5	1.7	22	61	—	0.53	5.1
B01	数学教育学报	94	0.98	31.6	2.6	22	50	0.06	0.81	6.7
B01	数学进展	94	0.97	22.0	2.2	26	73	0.03	0.96	≥10
B01	数学年刊 A 辑	30	0.97	17.8	2.2	14	30	0.07	0.90	≥10
B01	数学通报	156	0.92	6.9	1.6	21	114	—	0.51	8.6
B01	数学物理学报	137	0.99	23.7	2.4	26	88	0.02	0.94	≥10
B01	数学学报	97	0.89	21.0	2.4	27	80	0.05	0.90	≥10
B01	数学研究及应用	65	0.92	18.0	2.3	20	46	0.15	0.83	≥10
B01	数学杂志	46	0.85	17.2	2.3	22	35	0.00	0.80	≥10

学科代码	期刊名称	来源文献量	文献选出率	平均引文数	平均作者数	地区分布数	机构分布数	海外论文比	基金论文比	引用半衰期
B01	数学之友	796	0.97	4.2	1.2	28	639	—	0.18	3.0
B01	应用概率统计	59	0.91	22.2	2.7	23	46	0.02	0.88	≥10
B01	应用数学	110	1.00	16.6	2.5	29	81	0.01	0.96	≥10
B01	应用数学学报	65	1.00	22.4	2.7	27	56	0.02	0.91	≥10
B01	应用数学与计算数学学报	67	0.99	33.7	2.8	12	52	0.52	0.85	≥10
B01	运筹学学报	43	0.96	37.7	2.5	14	35	0.00	0.88	9.4
B01	运筹与管理	413	0.97	17.1	3.0	27	187	0.02	0.94	6.0
B01	中国高等学校学术文摘·数学	31	1.00	30.5	1.9	18	26	0.00	0.32	≥10
B01	中国科学（数学）	107	0.84	34.3	2.6	20	84	0.19	0.92	≥10
B02	Journal of Systems Science and Complexity	133	1.00	34.9	3.3	26	94	0.06	0.95	9.4
B02	Journal of Systems Science and Information	42	1.00	38.6	3.1	14	27	0.07	0.69	6.8
B02	Journal of Systems Science and Systems Engineering	33	0.87	46.8	3.2	11	31	0.33	0.76	8.1
B02	复杂系统与复杂性科学	56	0.97	22.8	3.3	18	38	0.02	0.89	7.3
B02	控制理论与应用	242	0.96	29.7	3.8	25	117	0.02	0.90	6.6
B02	控制与决策	369	0.98	34.4	3.9	27	154	0.03	0.90	5.5
B02	软件导刊	473	0.97	22.8	3.4	29	214	—	0.83	4.9
B02	系统工程	84	0.91	34.6	3.1	21	65	0.00	0.88	7.0
B02	系统工程理论与实践	217	0.94	44.8	3.3	23	107	0.03	0.99	6.4
B02	系统工程学报	66	0.89	30.4	3.1	19	57	0.02	0.85	7.1
B02	系统管理学报	101	0.98	39.0	3.2	16	58	0.02	0.97	5.5
B02	系统科学与数学	200	0.98	31.1	3.1	28	115	0.01	0.93	6.9
B02	信息与控制	69	1.00	34.9	3.6	22	49	0.00	0.91	4.8
B02	中国科学（信息科学）	135	0.87	56.3	5.0	20	67	0.07	0.86	5.5
B03	Acta Mechanica Sinica (English Series)	170	0.93	43.5	4.4	21	89	0.25	0.77	7.8
B03	Acta Mechanica Solida Sinica	80	1.00	37.0	4.1	21	58	0.10	0.92	7.9
B03	Applied Mathematics and Mechanics	126	0.91	42.6	3.9	21	78	0.21	0.94	6.6
B03	Theoretical & Applied Mechanics Letters	62	1.00	33.5	3.5	12	51	0.36	0.77	7.0
B03	动力学与控制学报	133	0.96	28.0	3.5	25	72	0.01	0.92	7.4
B03	固体力学学报	57	0.86	43.2	4.5	19	40	0.00	0.91	7.7
B03	计算力学学报	136	0.98	20.5	3.9	24	75	0.01	0.93	9.2
B03	力学季刊	92	0.96	27.8	3.6	26	63	0.00	0.91	8.0
B03	力学进展	23	0.88	157.4	4.8	8	14	0.04	0.74	9.0

学科代码	期刊名称	来源文献量	文献选出率	平均引文数	平均作者数	地区分布数	机构分布数	海外论文比	基金论文比	引用半衰期
B03	力学学报	242	0.96	42.0	4.4	23	108	0.03	0.92	6.6
B03	力学与实践	174	0.90	20.4	3.6	23	111	0.01	0.55	8.6
B03	气体物理	48	0.98	31.1	4.3	12	30	0.00	0.50	≥10
B03	实验力学	77	0.99	25.0	4.6	20	52	0.00	0.84	7.9
B03	医用生物力学	181	0.96	29.5	5.0	26	105	0.03	0.86	6.9
B03	应用力学学报	159	0.99	25.7	3.9	26	86	0.03	0.79	9.4
B03	应用数学和力学	130	0.90	27.1	3.5	27	85	0.00	0.91	7.6
B03	振动工程学报	180	0.98	23.0	4.2	26	87	0.03	0.93	8.4
B04	Acta Mathematica Scientia	147	0.99	29.6	2.4	24	112	0.15	0.76	≥10
B04	Chinese Journal of Acoustics	30	0.83	25.0	4.6	12	18	0.03	0.77	≥10
B04	Chinese Optics Letters	236	1.00	34.6	6.9	19	98	0.10	0.82	6.7
B04	Chinese Physics B	1047	1.00	42.6	5.8	29	331	0.10	0.85	8.0
B04	Chinese Physics C	259	1.00	61.3	24.9	25	152	0.32	0.66	≥10
B04	Chinese Physics Letters	233	0.94	45.5	6.3	22	89	0.15	0.89	7.3
B04	Communications in Theoretical Physics	203	1.00	49.8	3.3	26	136	0.33	0.60	9.4
B04	eLight	52	1.00	40.7	4.5	11	44	0.52	0.50	5.5
B04	Journal of Zhejiang University Science A: Applied Physics & Engineering	81	0.88	50.1	5.2	15	41	0.14	0.79	6.3
B04	Light: Science & Applications	284	0.96	48.6	7.1	19	162	0.65	0.32	5.9
B04	Magnetic Resonance Letters	31	0.91	52.8	4.4	8	26	0.39	0.87	≥10
B04	Science China Physics, Mechanics & Astronomy	210	0.89	73.9	7.1	25	108	0.24	0.81	7.3
B04	Ultrafast Science	30	0.97	68.7	7.5	9	27	0.37	1.00	7.4
B04	波谱学杂志	40	1.00	33.2	4.8	15	26	0.03	0.73	6.3
B04	大学物理	155	0.99	10.4	3.4	27	91	0.01	0.70	≥10
B04	低温物理学报	43	1.00	26.9	5.1	14	26	0.02	0.72	8.8
B04	低温与超导	169	0.99	15.3	4.9	24	100	0.01	0.99	6.8
B04	低温与特气	76	0.93	9.8	4.0	15	44	—	0.13	≥10
B04	发光学报	200	0.91	47.6	5.5	26	104	0.03	0.90	5.1
B04	高等学校学术文摘·物理学前沿	115	1.00	97.8	5.9	23	74	0.17	0.87	6.2
B04	高压物理学报	100	0.98	28.2	5.0	19	51	0.00	0.84	6.8
B04	光电子·激光	161	0.93	18.8	4.4	26	83	—	0.98	4.5
B04	光散射学报	44	0.94	35.2	4.1	18	38	0.00	0.77	6.1

学科代码	期刊名称	来源文献量	文献选出率	平均引文数	平均作者数	地区分布数	机构分布数	海外论文比	基金论文比	引用半衰期
B04	光学学报	761	0.99	34.0	5.6	28	207	0.02	0.87	6.4
B04	光子学报	287	0.99	29.5	5.7	26	141	0.01	0.91	6.4
B04	核聚变与等离子体物理	76	0.97	15.1	5.9	11	23	0.00	0.54	≥10
B04	红外与毫米波学报	113	0.98	27.6	6.0	19	63	0.00	0.83	7.3
B04	计算物理	76	0.88	31.5	4.2	21	52	0.00	0.86	9.2
B04	量子电子学报	97	0.93	29.6	4.9	21	76	0.00	0.84	7.9
B04	量子光学学报	50	0.91	30.8	4.3	14	29	—	0.96	8.8
B04	强激光与粒子束	252	0.92	25.1	6.2	20	104	0.00	0.60	9.3
B04	热科学与技术	75	0.99	21.6	5.0	23	58	0.00	0.72	8.3
B04	声学技术	126	0.97	17.7	3.9	22	74	0.01	0.56	8.5
B04	声学学报	118	0.93	25.6	4.4	16	39	0.01	0.85	≥10
B04	物理	149	0.85	22.7	2.0	20	61	0.11	0.30	8.5
B04	物理测试	75	0.74	10.4	4.0	20	56	—	0.23	8.6
B04	物理教师	306	0.99	6.4	1.8	28	237	—	0.50	4.4
B04	物理教学探讨	234	0.99	5.2	2.0	27	178	—	0.48	4.9
B04	物理实验	109	0.92	16.0	4.3	22	66	—	0.71	7.3
B04	物理通报	462	1.00	5.3	2.4	30	339	—	0.49	5.1
B04	物理学报	836	0.99	42.3	5.4	29	274	0.03	0.87	7.7
B04	物理学进展	15	1.00	74.1	3.1	6	8	—	0.87	7.4
B04	物理与工程	131	0.98	12.3	3.8	24	73	0.01	0.39	7.3
B04	现代应用物理	120	0.95	20.4	5.7	17	63	0.00	0.58	≥10
B04	应用光学	172	0.97	20.6	5.1	26	91	0.01	0.65	6.9
B04	应用声学	151	0.95	18.2	4.4	25	91	0.01	0.66	9.1
B04	原子核物理评论	83	0.95	33.8	8.0	16	36	0.02	0.82	≥10
B04	原子与分子物理学报	148	0.96	25.4	4.6	27	86	0.01	0.93	9.7
B04	真空与低温	80	0.98	24.6	5.9	13	41	0.01	0.63	9.1
B04	中国科学（物理学 力学 天文学）	170	0.89	63.9	5.0	22	83	0.05	0.89	8.0
B05	Carbon Energy	124	0.95	76.0	8.9	23	94	0.22	1.00	4.4
B05	Chemical Research in Chinese Universities	143	0.92	52.6	5.7	24	84	0.08	0.89	5.5
B05	Chinese Chemical Letters	1045	0.99	53.3	7.0	30	323	0.12	0.87	4.8
B05	Chinese Journal of Chemical Physics	88	0.92	44.8	5.2	17	39	0.01	0.93	8.9
B05	Chinese Journal of Chemistry	378	0.99	67.6	6.0	25	151	0.14	0.87	5.2
B05	Chinese Journal of Polymer Science	195	0.93	53.1	6.0	20	80	0.06	0.92	6.6

学科代码	期刊名称	来源文献量	文献选出率	平均引文数	平均作者数	地区分布数	机构分布数	海外论文比	基金论文比	引用半衰期
B05	eScience	58	0.89	81.5	7.2	15	43	0.16	0.98	3.9
B05	Journal of Energy Chemistry	649	1.00	75.9	7.9	29	276	0.37	0.73	4.0
B05	Journal of Molecular Science	59	1.00	34.7	4.4	17	41	0.00	0.80	6.0
B05	Science China (Chemistry)	346	0.99	71.1	6.6	22	123	0.15	0.86	4.8
B05	催化学报	213	1.00	83.2	6.7	23	97	0.25	0.82	4.0
B05	大学化学	495	0.98	14.7	4.8	29	183	0.00	0.89	5.9
B05	电化学（中英文）	50	0.77	48.5	5.3	19	40	0.06	0.88	5.0
B05	分析测试学报	204	0.95	29.8	6.1	26	146	0.01	0.68	4.8
B05	分析化学	202	0.97	40.6	5.6	27	134	0.00	0.89	4.8
B05	分析科学学报	115	0.94	22.1	5.8	26	96	0.02	0.68	5.7
B05	分析试验室	247	1.00	23.0	5.6	28	178	0.00	0.68	5.4
B05	分子催化	59	0.89	42.9	4.3	18	41	0.00	0.85	5.6
B05	高等学校化学学报	264	0.94	52.9	5.2	28	146	0.02	0.91	5.3
B05	高分子通报	160	0.99	45.0	5.3	25	101	0.01	0.63	6.2
B05	高分子学报	154	0.97	50.4	4.7	25	75	0.03	0.81	5.9
B05	功能高分子学报	61	0.86	33.1	4.6	13	26	0.02	0.85	5.4
B05	光谱学与光谱分析	558	0.93	19.0	5.7	31	293	0.01	0.92	5.8
B05	广州化学	84	0.94	20.1	3.9	19	40	—	0.55	4.8
B05	合成化学	125	0.93	24.6	5.2	23	91	0.00	0.76	7.6
B05	化学分析计量	268	0.96	19.9	4.6	27	197	0.00	0.27	5.6
B05	化学进展	123	0.99	108.8	5.0	23	81	0.02	0.84	5.4
B05	化学试剂	244	1.00	34.7	5.0	29	172	0.00	0.68	5.0
B05	化学通报（印刷版）	193	0.95	49.2	4.5	29	142	0.00	0.76	5.5
B05	化学学报	178	0.99	63.7	4.9	24	100	0.02	0.89	5.3
B05	化学研究	73	1.00	28.4	4.7	21	49	0.00	0.70	6.4
B05	化学研究与应用	392	0.99	24.5	4.8	31	275	0.00	0.67	6.1
B05	色谱	121	0.91	37.1	6.0	23	93	0.00	0.71	4.6
B05	无机化学学报	245	0.97	36.0	5.7	30	148	0.01	0.90	5.1
B05	物理化学学报	124	0.95	71.4	6.0	22	82	0.11	0.82	4.0
B05	应用化学	155	0.79	47.3	4.9	28	104	0.01	0.85	5.3
B05	影像科学与光化学	58	0.94	21.1	4.2	18	51	0.00	0.21	3.9
B05	有机化学	401	0.98	50.2	4.4	30	199	0.00	0.71	6.1
B05	质谱学报	80	0.99	31.5	6.5	20	61	0.01	0.68	6.8

学科代码	期刊名称	来源文献量	文献选出率	平均引文数	平均作者数	地区分布数	机构分布数	海外论文比	基金论文比	引用半衰期
B05	中国科学（化学）	193	0.89	71.5	4.9	24	92	0.04	0.85	6.1
B05	中国无机分析化学	212	0.99	19.2	5.1	29	143	0.00	0.94	5.2
B06	Astronomical Techniques and Instruments	67	1.00	18.2	4.5	15	33	—	0.96	9.4
B06	Research in Astronomy and Astrophysics	281	0.96	55.7	6.6	24	117	0.32	0.62	≥10
B06	空间科学学报	105	0.90	34.6	5.1	19	47	0.02	0.83	6.9
B06	时间频率学报	35	0.90	19.6	4.5	7	10	—	0.94	9.0
B06	天文学报	69	0.92	44.8	3.9	14	28	0.03	0.91	≥10
B06	天文学进展	38	1.00	53.9	4.5	11	19	0.03	0.89	≥10
B07	Acta Geochimica	71	1.00	70.7	4.6	15	49	0.42	0.79	≥10
B07	Geoscience Frontiers	138	0.94	93.2	5.9	20	98	0.67	0.48	9.9
B07	Geospatial Information Science	48	0.89	53.0	4.2	5	26	0.50	0.69	5.9
B07	Journal of Earth Science	159	0.99	60.5	5.5	23	89	0.27	0.65	≥10
B07	Journal of Tropical Meteorology	36	1.00	50.9	5.9	11	20	—	1.00	9.2
B07	Science China (Earth Sciences）	202	1.00	78.4	6.4	23	90	0.00	0.98	9.3
B07	城市地质	67	0.86	18.7	4.0	19	46	—	0.67	6.8
B07	大地测量与地球动力学	231	0.95	13.8	4.4	28	109	0.01	0.77	8.2
B07	地球化学	64	0.97	47.2	5.9	16	33	0.02	0.86	≥10
B07	地球环境学报	68	0.89	51.4	5.4	16	39	0.03	0.88	8.3
B07	地球科学	316	0.95	70.3	6.2	27	122	0.01	0.78	≥10
B07	地球科学进展	99	0.88	73.7	5.1	22	61	0.01	0.83	8.6
B07	地球科学与环境学报	105	0.91	52.9	5.8	23	69	0.00	0.93	6.8
B07	地球学报	86	0.91	72.6	6.3	17	44	0.02	0.85	≥10
B07	地球与环境	65	0.94	52.6	6.0	18	38	0.02	0.85	8.1
B07	地学前缘	206	0.98	59.7	6.2	25	87	0.06	0.80	9.8
B07	高等学校学术文摘·地球科学前沿	81	0.99	53.2	6.0	18	50	0.22	0.80	8.7
B07	国土资源导刊	78	0.94	16.9	3.7	9	53	0.01	0.62	3.7
B07	华东地质	43	0.90	34.3	6.9	10	25	—	0.95	8.8
B07	矿物岩石地球化学通报	123	0.84	62.6	5.0	24	63	0.03	0.78	≥10
B07	四川地震	32	1.00	15.9	4.9	8	15	—	0.81	≥10
B07	中国科学（地球科学）	199	0.94	77.5	6.4	23	82	0.16	0.86	9.2
B07	自然资源信息化	68	0.97	15.1	3.7	20	49	—	0.43	3.8
B08	Advances in Atmospheric Sciences	160	0.95	59.8	6.2	17	63	0.28	0.76	8.3
B08	Advances in Climate Change Research	96	1.00	48.2	5.9	13	48	0.04	0.98	6.3

学科代码	期刊名称	来源文献量	文献选出率	平均引文数	平均作者数	地区分布数	机构分布数	海外论文比	基金论文比	引用半衰期
B08	Atmospheric and Oceanic Science Letters	68	1.00	37.4	3.8	10	27	0.07	1.00	8.0
B08	Journal of Meteorological Research (JMR)	60	1.00	54.8	5.4	12	27	0.22	0.90	9.4
B08	暴雨灾害	72	0.96	30.9	5.2	22	44	0.00	0.90	8.3
B08	大气科学	137	1.00	41.5	4.7	21	47	0.01	0.77	≥10
B08	大气科学学报	77	0.99	43.6	5.0	17	36	0.01	0.91	7.6
B08	大气与环境光学学报	52	0.88	23.8	5.7	14	33	—	0.92	7.8
B08	干旱气象	98	0.90	37.2	5.6	24	71	0.01	0.81	7.5
B08	高原气象	130	0.96	41.8	4.9	22	61	0.00	0.76	9.3
B08	高原山地气象研究	74	1.00	26.0	4.4	12	42	0.00	0.66	8.5
B08	广东气象	129	0.96	12.6	4.6	8	64	—	0.73	6.6
B08	海洋气象学报	46	1.00	29.8	4.0	9	17	—	1.00	7.8
B08	黑龙江气象	56	0.84	6.4	4.1	6	36	—	0.14	6.6
B08	内蒙古气象	49	0.86	15.7	3.2	7	27	—	0.35	8.1
B08	气候变化研究进展	64	0.81	39.3	3.9	12	42	0.03	0.72	4.9
B08	气候与环境研究	53	1.00	39.1	5.1	17	29	0.02	0.87	8.6
B08	气象	130	0.97	35.5	4.9	26	71	0.01	0.93	8.8
B08	气象科技	96	0.95	32.6	5.0	25	67	0.00	0.74	7.1
B08	气象科技进展	102	0.93	19.7	3.7	22	58	0.02	0.64	9.6
B08	气象科学	86	1.00	28.9	4.6	18	42	0.00	0.92	9.8
B08	气象学报	72	0.95	41.6	4.9	13	35	0.03	0.89	≥10
B08	气象研究与应用	84	0.97	19.6	4.3	9	45	—	0.98	6.1
B08	气象与环境科学	80	0.89	29.3	4.9	22	65	0.01	0.70	7.8
B08	气象与环境学报	92	0.99	28.8	5.6	25	66	0.00	0.79	8.0
B08	气象与减灾研究	39	0.91	17.9	3.8	11	25	—	1.00	7.4
B08	气象灾害防御	36	0.90	13.2	3.8	5	18	—	0.64	7.6
B08	热带气象学报	81	1.00	31.8	4.9	19	55	0.00	0.90	9.1
B08	沙漠与绿洲气象	137	0.94	29.1	5.1	23	90	0.00	0.74	8.3
B08	山地气象学报	107	0.96	17.0	4.7	18	68	—	0.72	5.7
B08	陕西气象	74	0.96	18.1	4.1	19	53	—	0.93	8.1
B08	应用气象学报	62	1.00	40.9	5.4	18	34	0.02	0.87	7.5
B08	浙江气象	33	0.97	11.3	4.0	1	22	—	0.39	6.8
B09	Applied Geophysics	54	0.90	28.5	5.4	12	39	—	1.00	≥10
B09	Earth and Planetary Physics	63	0.98	44.4	6.0	11	30	0.16	0.94	≥10

学科代码	期刊名称	来源文献量	文献选出率	平均引文数	平均作者数	地区分布数	机构分布数	海外论文比	基金论文比	引用半衰期
B09	Earthquake Engineering and Engineering Vibration	67	0.93	42.2	4.1	18	55	0.51	0.67	9.5
B09	Earthquake Science	31	1.00	46.3	4.6	5	11	0.03	0.90	9.8
B09	Geodesy and Geodynamics	60	0.98	37.2	4.6	12	40	0.35	0.82	9.3
B09	地球物理学报	363	0.98	62.8	5.5	28	109	0.03	0.89	≥10
B09	地球物理学进展	234	0.98	49.4	5.2	25	122	0.00	0.73	≥10
B09	地球与行星物理论评（中英文）	40	0.95	100.7	4.7	10	20	0.02	0.98	≥10
B09	地震	56	0.97	34.1	4.9	17	33	0.02	0.68	≥10
B09	地震地磁观测与研究	144	0.99	12.6	4.7	25	63	—	0.77	9.8
B09	地震地质	80	0.99	45.1	5.6	19	36	0.01	0.78	≥10
B09	地震工程学报	165	0.96	25.9	4.6	26	85	0.00	0.71	≥10
B09	地震工程与工程振动	147	1.00	26.2	4.1	24	74	0.00	0.84	9.1
B09	地震科学进展	81	0.93	13.4	3.7	22	44	—	0.58	7.3
B09	地震学报	80	0.96	39.4	4.6	21	41	0.05	0.81	≥10
B09	地震研究	62	0.97	36.6	5.5	20	28	0.02	0.87	≥10
B09	防灾减灾学报	55	0.95	12.5	4.2	16	27	—	0.71	8.5
B09	华北地震科学	62	0.94	17.0	4.9	16	32	0.00	0.81	≥10
B09	华南地震	76	0.95	16.6	4.1	23	46	0.00	0.62	9.1
B09	世界地震工程	92	0.98	24.2	4.3	26	59	0.01	0.71	8.7
B09	灾害学	137	0.99	29.0	4.4	27	103	0.00	0.85	6.1
B09	中国地震	79	1.00	32.0	4.6	23	33	0.00	0.67	≥10
B10	Advances in Polar Science	27	0.77	46.7	5.3	7	21	0.11	0.93	8.9
B10	Chinese Geographical Science	74	1.00	58.6	5.1	21	50	0.14	0.91	6.5
B10	Journal of Geographical Sciences	122	0.91	62.9	5.0	22	57	0.11	0.92	6.6
B10	Journal of Mountain Science	240	0.94	58.2	5.4	27	155	0.33	0.61	8.0
B10	Sciences in Cold and Arid Regions	31	0.79	45.1	6.6	9	17	0.06	0.97	8.1
B10	冰川冻土	159	0.94	51.6	5.6	24	79	0.04	0.83	8.4
B10	测绘地理信息	173	0.99	19.1	4.1	21	63	0.03	0.86	6.4
B10	地理科学	217	0.99	37.7	4.0	29	111	0.02	0.95	6.6
B10	地理科学进展	184	0.98	53.7	3.9	28	99	0.04	0.90	6.0
B10	地理学报	188	0.90	56.6	4.3	26	79	0.03	0.90	7.0
B10	地理研究	192	0.99	53.2	4.1	24	90	0.03	0.92	6.7
B10	地理与地理信息科学	105	0.99	37.9	3.9	21	64	0.02	0.96	5.6

学科代码	期刊名称	来源文献量	文献选出率	平均引文数	平均作者数	地区分布数	机构分布数	海外论文比	基金论文比	引用半衰期
B10	地域研究与开发	167	0.99	31.0	3.6	27	113	0.01	0.89	5.4
B10	干旱区地理	192	0.98	34.8	4.6	25	107	0.01	0.91	5.7
B10	干旱区科学	90	1.00	64.1	5.2	17	62	0.37	0.69	6.5
B10	干旱区研究	192	1.00	37.2	5.1	17	80	0.01	0.83	6.1
B10	国土与自然资源研究	124	0.96	20.2	3.4	21	54	—	0.77	6.5
B10	国土资源科技管理	64	0.89	27.5	2.8	19	40	0.00	0.75	5.0
B10	经济地理	283	0.94	36.7	3.5	27	118	0.01	0.95	4.8
B10	南方自然资源	152	0.67	—	2.0	10	82	—	0.04	—
B10	全球变化数据仓储（中英文）	120	1.00	8.5	4.6	21	51	0.01	0.86	8.4
B10	全球变化数据学报（中英文）	56	0.95	25.5	4.7	10	30	0.02	0.77	5.9
B10	热带地理	195	0.98	48.1	4.4	24	101	0.04	0.81	7.1
B10	山地学报	73	0.96	40.6	4.4	23	56	0.00	0.89	6.4
B10	山东国土资源	144	0.99	23.5	5.6	4	61	—	0.87	5.7
B10	上海国土资源	97	0.93	19.6	2.5	20	51	—	0.89	5.5
B10	湿地科学	105	0.96	36.0	5.9	24	73	0.02	0.77	7.7
B10	湿地科学与管理	115	0.97	18.2	4.7	23	85	0.00	0.46	5.6
B10	时空信息学报	80	0.99	27.1	4.1	23	55	0.01	0.70	4.7
B10	世界地理研究	176	0.97	38.2	3.5	26	97	0.02	0.90	7.8
B10	西部资源	314	0.99	8.1	2.0	23	124	—	0.14	6.9
B10	云南地理环境研究	53	0.82	29.2	2.7	19	35	—	0.89	5.7
B10	浙江国土资源	255	0.61	—	2.0	3	115	—	0.01	—
B10	中国沙漠	160	0.98	44.7	5.5	20	63	0.02	0.86	8.8
B10	资源导刊	660	0.58	0.9	1.4	23	259	—	0.01	4.6
B10	资源环境与工程	96	0.94	25.6	6.0	11	34	—	0.88	7.7
B11	Acta Geologica Sinica (English Edition)	123	0.96	78.1	6.2	21	60	0.20	0.72	≥10
B11	China Geology	57	0.85	52.3	6.9	12	29	0.19	0.60	≥10
B11	Deep Underground Science and Engineering	27	0.82	45.6	4.2	8	19	0.26	0.70	8.5
B11	Earthquake Research Advances	33	0.89	48.5	5.8	7	14	0.09	0.97	≥10
B11	Global Geology	24	0.83	35.4	4.7	7	10	0.04	0.75	≥10
B11	Journal of Palaeogeography	33	0.87	96.0	5.2	12	29	0.39	0.88	≥10
B11	Journal of Rock Mechanics and Geotechnical Engineering	229	0.99	59.2	4.6	21	140	0.55	0.55	8.5
B11	安徽地质	80	0.98	11.2	2.8	9	39	—	0.68	8.0

学科代码	期刊名称	来源文献量	文献选出率	平均引文数	平均作者数	地区分布数	机构分布数	海外论文比	基金论文比	引用半衰期
B11	宝石和宝石学杂志（中英文）	95	0.96	20.7	3.6	15	52	0.03	0.57	≥10
B11	沉积学报	138	0.97	56.2	6.3	22	61	0.02	0.78	≥10
B11	大地构造与成矿学	86	0.93	74.9	6.4	19	40	0.02	0.85	≥10
B11	地层学杂志	33	0.87	66.5	6.3	11	17	0.12	0.82	≥10
B11	地下水	638	1.00	7.7	2.1	30	370	—	0.17	6.2
B11	地质科技通报	194	0.96	40.3	5.3	26	88	0.03	0.78	8.5
B11	地质科学	85	0.99	50.9	5.6	18	48	0.01	0.82	≥10
B11	地质力学学报	64	0.94	85.0	5.8	20	41	0.00	0.86	≥10
B11	地质论评	178	0.89	80.7	5.6	25	96	0.01	0.69	≥10
B11	地质通报	169	0.93	46.1	6.3	25	78	0.01	0.80	≥10
B11	地质学报	261	0.98	99.5	6.6	27	82	0.03	0.80	≥10
B11	地质学刊	54	0.95	24.5	4.3	17	44	—	1.00	9.5
B11	地质与勘探	109	0.99	71.0	6.0	24	83	0.01	0.64	≥10
B11	地质与资源	92	0.94	28.4	5.4	20	38	0.01	0.90	9.6
B11	地质灾害与环境保护	74	0.91	16.0	3.9	19	42	0.01	0.35	7.5
B11	地质找矿论丛	64	0.98	22.4	4.7	21	38	0.00	0.50	≥10
B11	地质装备	60	0.92	10.8	3.5	17	42	0.02	0.18	9.0
B11	第四纪研究	135	0.96	67.6	5.0	25	73	0.06	0.89	≥10
B11	福建地质	42	0.89	13.7	1.1	2	14	—	0.60	≥10
B11	高校地质学报	81	1.00	46.3	5.7	20	42	0.01	0.84	≥10
B11	高原地震	44	1.00	10.5	3.9	16	26	—	0.52	8.5
B11	古地理学报	88	0.90	61.4	6.4	16	41	0.01	0.72	≥10
B11	古脊椎动物学报（中英文）	19	1.00	47.1	3.9	3	5	0.11	0.89	≥10
B11	古生物学报	35	0.78	97.3	4.3	13	20	0.11	0.91	≥10
B11	贵州地质	52	0.91	20.9	3.9	9	23	—	0.73	7.4
B11	华北地质	42	0.93	40.6	4.9	7	15	0.02	1.00	≥10
B11	华南地质	60	0.92	44.6	5.4	13	21	—	0.98	9.6
B11	化工矿产地质	56	0.93	17.6	3.0	20	32	—	0.62	9.8
B11	吉林地质	65	0.97	7.7	3.2	9	30	—	0.11	8.6
B11	矿床地质	78	0.99	95.7	6.7	19	39	0.03	0.81	≥10
B11	矿物岩石	51	0.93	22.2	6.4	16	24	0.02	0.76	6.5
B11	山西地震	44	0.92	11.0	3.7	9	15	—	0.57	≥10
B11	陕西地质	34	0.92	13.9	3.8	2	19	—	0.32	9.3

学科代码	期刊名称	来源文献量	文献选出率	平均引文数	平均作者数	地区分布数	机构分布数	海外论文比	基金论文比	引用半衰期
B11	世界地质	72	0.95	28.0	5.3	16	38	0.00	0.81	9.9
B11	四川地质学报	127	0.95	14.1	3.9	20	83	—	0.41	8.8
B11	微体古生物学报	30	0.81	75.4	5.8	14	22	0.03	0.77	≥10
B11	物探化探计算技术	94	1.00	17.8	4.5	23	69	0.00	0.44	9.8
B11	物探与化探	180	1.00	26.7	5.4	30	117	0.01	0.77	9.1
B11	西北地质	156	0.99	42.7	6.2	18	68	0.00	0.82	9.6
B11	现代地质	141	0.93	43.2	6.0	23	69	0.00	0.83	≥10
B11	新疆地质	100	0.85	21.1	5.0	9	39	0.00	0.46	≥10
B11	岩矿测试	99	0.95	45.4	5.8	23	54	0.01	0.89	6.5
B11	岩石矿物学杂志	62	0.94	73.4	5.9	20	36	0.02	0.81	≥10
B11	岩石学报	218	0.99	117.0	5.7	23	51	0.03	0.93	≥10
B11	铀矿地质	92	0.93	24.9	5.2	11	19	0.00	0.13	9.9
B11	云南地质	86	1.00	11.2	3.5	12	48	—	0.24	≥10
B11	中国地质	126	0.74	81.6	7.3	22	47	0.03	0.73	≥10
B11	中国地质调查	84	0.98	26.4	5.1	20	53	0.01	0.69	8.6
B11	中国地质灾害与防治学报	97	0.98	24.6	4.9	25	69	0.00	0.67	5.1
B11	中国岩溶	119	0.91	33.4	5.8	17	71	0.02	0.73	8.5
B12	Acta Oceanologica Sinica	170	1.00	54.1	6.3	21	90	0.15	0.76	≥10
B12	China Ocean Engineering	86	0.93	37.7	4.9	15	42	0.20	0.81	8.1
B12	Journal of Ocean Engineering and Science	52	0.87	52.5	3.5	7	37	0.62	0.52	6.1
B12	Journal of Ocean University of China	158	0.99	41.8	5.8	17	57	0.06	0.83	≥10
B12	Journal of Oceanology and Limnology	182	0.99	52.8	5.9	21	81	0.19	0.79	≥10
B12	Marine Science Bulletin	14	0.93	17.7	5.2	2	4	—	0.29	≥10
B12	海岸工程	34	0.89	21.7	3.9	7	24	—	0.79	8.7
B12	海洋地质前沿	115	0.98	36.2	5.7	14	51	0.01	0.59	≥10
B12	海洋地质与第四纪地质	109	0.95	53.2	6.1	17	47	0.02	0.78	≥10
B12	海洋工程	102	0.93	26.4	4.3	13	45	0.00	0.78	9.6
B12	海洋工程装备与技术	84	0.99	13.5	4.2	14	42	—	0.39	7.6
B12	海洋湖沼通报	145	0.96	28.6	4.9	17	63	0.01	0.72	≥10
B12	海洋技术学报	80	0.92	22.4	3.9	17	63	0.01	0.59	7.2
B12	海洋经济	68	1.00	20.6	2.9	10	26	—	0.60	7.6
B12	海洋开发与管理	188	0.99	27.1	3.7	13	79	0.02	0.85	6.5
B12	海洋科学	161	0.99	42.3	5.5	13	61	0.01	0.82	9.0

学科代码	期刊名称	来源文献量	文献选出率	平均引文数	平均作者数	地区分布数	机构分布数	海外论文比	基金论文比	引用半衰期
B12	海洋科学进展	59	0.88	38.2	5.0	9	32	0.02	0.68	≥10
B12	海洋通报	67	0.94	36.4	5.8	13	37	0.01	0.79	9.5
B12	海洋信息技术与应用	36	0.95	14.9	4.9	9	13	—	0.58	6.2
B12	海洋学报（中文版）	170	0.93	41.5	5.6	19	73	0.02	0.82	9.9
B12	海洋学研究	41	0.79	39.5	5.3	8	20	0.00	0.76	9.6
B12	海洋与湖沼	159	0.98	44.1	5.6	16	42	0.00	0.77	9.7
B12	海洋预报	67	0.93	24.6	4.7	13	42	0.00	0.87	9.4
B12	湖泊科学	186	0.96	49.0	6.1	25	95	0.01	0.89	8.5
B12	极地研究	52	0.90	46.8	4.7	15	37	0.06	0.79	8.3
B12	热带海洋学报	102	0.94	45.4	5.3	13	45	0.04	0.78	9.5
B12	生态文明研究	42	0.89	18.8	1.7	13	30	0.02	0.69	4.5
B12	水文	113	0.97	20.5	4.6	25	68	0.01	0.86	7.7
B12	水文地质工程地质	127	0.96	31.4	5.4	25	59	0.01	0.81	6.9
B12	亚太安全与海洋研究	40	0.93	63.6	1.1	12	24	—	0.95	2.7
B12	盐湖研究	53	0.91	34.1	6.1	16	23	0.02	0.83	8.8
B12	应用海洋学学报	78	0.94	39.6	5.0	12	38	0.00	0.65	≥10
B13	Acta Biochimica et Biophysica Sinica	201	1.00	53.8	7.5	27	135	0.07	0.89	6.0
B13	Biomedical and Environmental Sciences	138	0.88	30.8	8.3	25	99	0.11	0.59	6.0
B13	Biophysics Reports	28	0.93	54.5	5.6	10	24	0.14	0.96	7.3
B13	Cell Research	137	0.99	34.4	8.6	14	105	0.57	0.36	7.3
B13	Genomics, Proteomics & Bioinformatics	96	0.95	68.7	12.3	18	70	0.34	0.69	6.5
B13	Journal of Bio-X Research	10	1.00	83.8	4.0	4	10	0.60	0.10	5.0
B13	Journal of Molecular Cell Biology	78	1.00	47.9	8.8	17	64	0.38	0.64	7.2
B13	Journal of Zhejiang University Science B: Biomedicine & Biotechnology	99	0.88	54.4	7.6	21	65	0.14	0.76	5.4
B13	Quantitative Biology	38	0.97	64.9	4.5	9	33	0.42	0.76	7.0
B13	Science China (Life Sciences)	226	0.99	71.3	9.9	25	129	0.22	0.78	6.6
B13	蛋白质与细胞	92	1.00	59.5	10.7	12	61	0.30	0.64	7.3
B13	工业微生物	257	0.99	9.2	3.1	29	189	—	0.38	5.4
B13	化石	60	0.81	0.0	1.4	14	27	0.02	0.02	—
B13	基因组学与应用生物学	121	0.85	38.5	5.6	26	71	0.01	0.92	5.7
B13	激光生物学报	64	0.93	37.0	5.5	19	39	0.00	0.75	5.9
B13	热带生物学报	84	0.94	37.0	5.5	9	23	0.00	0.71	8.7

学科代码	期刊名称	来源文献量	文献选出率	平均引文数	平均作者数	地区分布数	机构分布数	海外论文比	基金论文比	引用半衰期
B13	人类学学报	72	0.96	41.5	4.3	17	37	0.10	0.75	≥10
B13	生理科学进展	81	0.85	39.7	3.7	20	55	0.00	0.84	4.7
B13	生理学报	89	0.96	60.8	5.1	24	74	0.01	0.83	6.0
B13	生命的化学	240	0.91	51.0	4.1	27	159	0.00	0.70	4.8
B13	生命科学	186	0.96	68.2	4.1	29	116	0.01	0.86	4.9
B13	生命科学研究	68	0.92	45.4	5.1	22	54	0.01	0.76	6.5
B13	生命世界	106	0.53	—	1.8	19	57	0.02	0.07	—
B13	生物安全学报（中英文）	53	0.93	34.5	5.4	17	43	0.04	0.89	7.8
B13	生物多样性	223	0.94	54.1	6.0	31	113	0.02	0.71	8.1
B13	生物化工	291	1.00	16.3	3.8	29	219	—	0.43	6.4
B13	生物化学与生物物理进展	247	0.94	66.6	5.0	27	154	0.03	0.83	6.2
B13	生物技术	122	1.00	24.8	4.4	27	104	0.00	0.48	4.1
B13	生物技术进展	118	0.96	40.6	5.0	25	76	0.01	0.68	5.6
B13	生物信息学	34	1.00	32.8	4.4	16	31	0.00	0.62	6.8
B13	生物学通报	242	0.89	6.2	2.2	28	190		0.50	6.2
B13	生物学杂志	135	1.00	29.2	5.1	28	85		0.90	6.8
B13	生物资源	68	0.92	37.9	6.1	25	57	0.00	0.71	7.5
B13	水生生物学报	211	1.00	42.1	6.7	26	63	0.00	0.83	9.1
B13	四川生理科学杂志	750	0.99	10.7	2.6	18	405	0.00	0.16	3.4
B13	遗传	96	0.86	57.4	4.9	19	62	0.01	0.74	7.0
B13	中国科学（生命科学）	143	0.89	83.1	4.9	26	91	0.01	0.76	7.0
B13	中国生物化学与分子生物学报	186	0.96	48.5	4.3	28	127	0.01	0.78	5.6
B13	中国细胞生物学学报	211	1.00	51.3	4.4	28	148	0.00	0.69	5.2
B13	中学生物教学	1031	0.97	3.9	1.8	31	671	0.00	0.40	4.7
B13	蛛形学报	24	1.00	12.3	3.0	10	13	—	0.75	≥10
B14	Ecological Processes	62	1.00	76.2	6.0	13	55	0.48	0.89	8.5
B14	生态毒理学报	222	1.00	54.1	5.8	28	140	0.01	0.82	6.3
B14	生态环境学报	221	0.95	48.4	5.7	30	153	0.01	0.88	5.4
B14	生态科学	178	1.00	36.9	4.4	28	115	0.00	0.88	8.8
B14	生态文化	110	0.55	—	1.0	22	64	0.02	—	—
B14	生态学报	861	1.00	51.0	5.6	31	278	0.01	0.85	7.0
B14	生态学杂志	346	1.00	43.6	5.8	29	166	0.01	0.82	7.8
B14	水生态学杂志	109	1.00	35.1	6.2	27	75	0.00	0.74	9.4

学科代码	期刊名称	来源文献量	文献选出率	平均引文数	平均作者数	地区分布数	机构分布数	海外论文比	基金论文比	引用半衰期
B14	应用生态学报	383	0.97	45.4	5.8	29	152	0.01	0.87	6.6
B14	中国微生态学杂志	258	0.97	26.2	4.7	28	198	0.00	0.53	4.0
B15	Journal of Integrative Plant Biology	177	0.99	71.1	9.6	20	83	0.26	0.76	8.6
B15	Journal of Plant Ecology	91	1.00	62.9	6.0	20	67	0.21	0.95	9.7
B15	Molecular Plant	178	0.98	62.3	8.1	21	114	0.54	0.53	7.2
B15	Plant Diversity	72	0.92	66.6	5.5	16	46	0.53	0.67	≥10
B15	Plant Phenomics	67	1.00	53.0	7.2	15	48	0.42	1.00	5.2
B15	广西植物	225	0.97	38.6	5.7	27	123	0.00	0.89	8.0
B15	热带亚热带植物学报	103	1.00	33.8	5.5	22	58	0.01	0.76	9.8
B15	西北植物学报	223	0.95	38.0	5.1	31	114	0.00	0.81	8.0
B15	植物分类学报	80	0.99	79.0	7.2	20	59	0.60	0.60	≥10
B15	植物科学学报	85	1.00	47.8	5.6	24	56	0.00	0.81	8.3
B15	植物生理学报	199	0.99	57.3	6.1	30	113	0.02	0.87	7.3
B15	植物生态学报	137	0.96	60.5	6.2	28	72	0.01	0.90	9.0
B15	植物学报	86	0.62	54.5	6.1	20	51	0.01	0.90	8.1
B15	植物研究	98	1.00	32.7	5.4	29	61	0.00	0.84	8.4
B15	中国野生植物资源	213	0.95	32.7	5.6	29	140	—	0.89	7.9
B16	Asian Herpetological Research	28	0.97	54.3	6.2	10	19	0.21	0.93	≥10
B16	Avian Research	81	1.00	70.5	5.6	19	62	0.44	0.96	≥10
B16	Insect Science	134	1.00	56.4	6.7	20	75	0.43	0.63	≥10
B16	动物分类学报	19	0.79	39.4	4.3	12	18	0.26	0.74	≥10
B16	动物学研究	110	0.99	59.1	8.2	21	70	0.40	0.74	7.6
B16	动物学杂志	93	0.74	33.5	6.3	27	69	0.00	0.68	≥10
B16	昆虫分类学报	41	0.91	14.0	3.4	12	22	0.02	0.68	≥10
B16	昆虫学报	162	0.99	45.8	5.9	28	75	0.03	0.87	9.6
B16	实验动物科学	105	0.89	18.2	5.6	21	73	0.00	0.40	7.0
B16	兽类学报	76	0.88	57.1	6.8	21	58	0.01	0.76	≥10
B16	四川动物	78	0.67	34.2	6.1	21	47	0.03	0.56	≥10
B16	野生动物学报	116	0.97	29.5	6.3	29	83	—	0.88	9.1
B16	应用昆虫学报	182	0.96	42.7	6.1	29	96	0.02	0.78	9.0
B16	中国实验动物学报	194	0.87	38.6	5.7	26	119	0.01	0.79	5.3
B17	mLife	43	1.00	56.7	7.7	10	32	0.26	0.93	8.0
B17	病毒学报	193	0.97	37.5	7.0	29	132	0.00	0.67	5.6

学科代码	期刊名称	来源文献量	文献选出率	平均引文数	平均作者数	地区分布数	机构分布数	海外论文比	基金论文比	引用半衰期
B17	国际病毒学杂志	110	0.91	19.8	6.4	21	70	0.00	0.42	3.6
B17	菌物学报	185	0.93	58.3	5.8	30	92	0.02	0.77	≥10
B17	菌物研究	33	0.87	53.7	5.0	13	21	0.00	0.88	≥10
B17	微生物学报	325	0.97	51.0	5.7	31	168	0.01	0.88	6.7
B17	微生物学免疫学进展	88	0.74	29.6	4.5	18	44	0.00	0.41	4.8
B17	微生物学通报	389	0.99	46.1	5.9	31	207	0.00	0.81	6.2
B17	微生物学杂志	83	0.93	43.3	5.3	25	64	0.01	0.72	6.8
B17	中国病毒病杂志	65	0.53	29.2	6.6	19	51	0.00	0.51	3.9
B17	中国病毒学	103	1.00	48.5	10.5	22	81	0.14	0.86	6.0
B17	中国病原生物学杂志	300	0.99	25.7	5.6	29	180	0.00	0.59	5.4
B17	中华实验和临床病毒学杂志	101	0.78	26.1	7.6	21	57	0.00	0.52	5.3
B18	心理发展与教育	97	1.00	56.0	4.0	23	55	0.01	0.82	≥10
B18	心理技术与应用	69	0.96	43.4	3.1	18	43	—	0.78	8.4
B18	心理科学	183	0.97	39.4	3.8	24	79	0.03	0.87	9.4
B18	心理科学进展	174	0.94	91.4	3.7	26	86	0.02	0.86	7.9
B18	心理学报	142	0.97	64.1	4.3	23	59	0.06	0.88	≥10
B18	心理学探新	74	0.99	40.1	3.5	20	54	—	0.74	9.8
B18	心理学通讯	36	0.84	33.8	3.4	14	26	—	0.64	5.7
B18	心理研究	63	0.91	46.1	3.0	24	49	0.02	0.83	≥10
B18	心理与行为研究	114	0.98	39.3	3.8	25	61	—	0.95	8.9
B18	应用心理学	58	1.00	37.5	3.5	19	37	—	0.93	7.6
B18	中国临床心理学杂志	291	0.99	33.2	4.3	28	131	0.02	0.76	8.9
B18	中国心理卫生杂志	167	0.90	33.2	6.2	26	109	0.04	0.56	7.3
B18	中小学心理健康教育	771	0.91	5.9	1.4	29	584	0.01	0.20	7.2
C01	Agricultural Science & Technology	32	0.94	20.9	6.0	9	22	—	0.94	6.8
C01	Frontiers of Agricultural Science and Engineering	54	0.96	49.3	5.9	11	35	0.30	0.74	5.7
C01	Journal of Integrative Agriculture	295	0.99	52.2	7.9	27	109	0.19	0.76	8.3
C01	安徽农学通报	1029	0.98	13.4	3.6	30	701	—	0.53	6.1
C01	北方蚕业	50	0.96	11.1	4.7	13	21	—	0.78	7.0
C01	北方农业学报	86	0.97	30.6	6.4	20	55	0.01	0.74	5.9
C01	茶叶通讯	68	0.96	27.4	5.8	15	44	—	0.96	6.1
C01	茶叶学报	60	0.92	29.6	5.3	15	41	—	0.93	6.5

学科代码	期刊名称	来源文献量	文献选出率	平均引文数	平均作者数	地区分布数	机构分布数	海外论文比	基金论文比	引用半衰期
C01	东北农业科学	172	0.99	22.7	6.3	26	81	0.01	0.84	8.8
C01	福建农业科技	138	0.91	23.4	4.3	10	68	—	0.88	6.7
C01	福建农业学报	176	0.99	29.8	6.5	27	87	0.01	0.70	7.1
C01	干旱地区农业研究	194	0.97	32.4	6.4	23	80	0.01	0.82	6.6
C01	甘肃农业	292	0.83	7.7	1.8	29	207	0.00	0.45	3.6
C01	高等农业教育	91	0.94	14.8	3.4	20	36	—	0.91	3.8
C01	高原农业	85	1.00	22.1	4.6	9	15	—	0.91	6.6
C01	古今农业	58	0.97	35.4	1.8	15	41	0.02	0.50	≥10
C01	广东农业科学	213	0.95	38.0	6.1	24	85	0.01	0.72	5.1
C01	广西农学报	109	0.88	14.8	3.8	12	64	—	0.70	4.4
C01	贵州农业科学	197	0.97	24.7	6.2	25	142	0.00	0.63	8.0
C01	寒旱农业科学	229	0.97	22.2	5.0	19	112	—	0.85	6.4
C01	河北农业	449	0.86	2.0	2.1	30	332	—	0.16	3.4
C01	河北农业科学	120	0.98	26.2	5.0	19	59	—	0.98	5.8
C01	河南农业	1045	0.92	3.2	1.7	29	580	—	0.24	3.2
C01	河南农业科学	225	0.97	34.8	6.8	27	103	0.00	0.78	5.2
C01	核农学报	271	0.94	37.3	6.4	27	111	0.00	0.77	5.1
C01	黑龙江农业科学	301	0.93	25.9	5.0	29	136	—	0.94	5.8
C01	湖北农业科学	511	0.98	23.1	4.7	30	261	0.00	0.68	6.5
C01	湖南农业	339	0.58	—	1.7	8	185	—	0.01	—
C01	湖南农业科学	239	0.95	19.0	5.7	24	154	0.00	0.92	6.2
C01	湖南生态科学学报	58	0.95	33.7	4.6	14	31	—	0.98	6.1
C01	华北农学报	160	0.95	33.1	7.1	26	77	0.01	0.79	7.1
C01	江苏农业科学	852	1.00	33.9	5.9	31	324	0.00	0.84	6.2
C01	江苏农业学报	211	1.00	41.0	6.6	28	104	0.00	0.83	6.4
C01	江西农业学报	419	1.00	26.1	5.3	29	213	0.00	0.64	6.0
C01	辽宁农业科学	127	0.95	14.4	4.0	17	56	0.00	0.66	5.4
C01	南方农业	1736	0.98	8.8	2.6	31	1234	0.00	0.25	4.5
C01	南方农业学报	369	0.98	35.9	7.0	28	138	0.00	0.95	5.9
C01	宁夏农林科技	176	0.62	15.0	4.2	16	83	—	0.66	6.6
C01	农产品质量与安全	116	0.91	19.9	5.3	18	69	0.00	0.59	4.2
C01	农村·农业·农民	388	0.72	6.0	1.6	29	226	—	0.49	2.8
C01	农村科技	120	0.95	2.5	3.7	4	66	—	0.35	5.4

学科代码	期刊名称	来源文献量	文献选出率	平均引文数	平均作者数	地区分布数	机构分布数	海外论文比	基金论文比	引用半衰期
C01	农村科学实验	1558	0.97	6.3	1.5	31	1285	—	0.08	2.8
C01	农村实用技术	673	0.97	5.5	1.6	31	495	—	0.15	3.3
C01	农电管理	451	0.79	0.7	2.1	28	261	—	—	3.9
C01	农技服务	333	0.97	9.1	3.9	21	231	—	0.46	6.9
C01	农经	459	0.90	—	1.6	29	401	0.00	0.11	—
C01	农学学报	185	0.93	32.5	5.4	29	132	0.00	0.65	7.1
C01	农业大数据学报	72	0.88	18.0	4.1	19	41	—	0.82	6.4
C01	农业科技管理	142	0.99	15.8	4.2	20	44	—	0.48	3.3
C01	农业科技通讯	817	0.99	8.8	4.9	30	534	—	0.56	6.2
C01	农业科技与信息	567	0.98	7.5	2.7	28	390	—	0.34	5.3
C01	农业科学研究	62	0.91	19.1	4.0	18	32	—	0.89	6.7
C01	农业生物技术学报	238	1.00	38.3	6.9	29	96	0.00	0.82	7.4
C01	农业与技术	957	0.98	13.7	3.7	31	527	0.00	0.68	5.5
C01	农业灾害研究	1026	0.99	9.2	2.4	31	767	—	0.18	4.7
C01	农业知识	253	0.90	—	2.6	13	165	—	0.05	—
C01	青海农技推广	74	0.69	4.2	2.0	8	45	—	0.04	4.6
C01	青海农林科技	82	0.96	21.5	3.5	14	43	—	0.79	7.3
C01	热带农业科学	258	0.98	23.4	4.6	20	130	0.00	0.61	6.3
C01	山地农业生物学报	84	0.97	32.6	5.4	10	37	0.00	0.60	7.8
C01	山东农业科学	284	0.99	31.1	6.9	29	113	0.00	0.84	7.0
C01	山西农业科学	187	0.95	32.2	6.0	22	68	0.03	0.78	6.6
C01	陕西农业科学	264	1.00	17.3	5.0	20	159	—	0.47	7.1
C01	上海农业科技	339	1.00	5.6	3.9	13	212	0.00	0.28	6.0
C01	上海农业学报	140	1.00	27.0	5.9	13	49	0.03	0.80	7.7
C01	世界农业	173	0.82	24.1	2.4	22	70	0.13	0.64	5.6
C01	世界竹藤通讯	121	0.70	17.5	4.4	18	80	—	0.84	7.8
C01	四川农业科技	401	0.96	12.6	4.8	22	208	0.00	0.58	5.9
C01	特产研究	180	0.96	29.5	5.7	26	86	0.00	0.57	6.0
C01	天津农林科技	87	0.96	7.3	2.9	18	40	—	0.32	6.3
C01	天津农业科学	179	0.92	23.9	5.0	26	102	—	0.89	6.4
C01	西北农业学报	213	0.99	31.1	6.2	24	90	0.00	0.78	8.0
C01	西南农业学报	319	1.00	33.1	6.7	30	139	0.00	0.81	6.7
C01	西藏农业科技	96	0.96	14.3	3.9	9	40	—	0.60	6.7

学科代码	期刊名称	来源文献量	文献选出率	平均引文数	平均作者数	地区分布数	机构分布数	海外论文比	基金论文比	引用半衰期
C01	现代农村科技	1016	0.99	2.8	1.9	30	614	—	0.20	5.0
C01	现代农业	126	0.95	14.2	2.7	22	73	—	0.79	3.7
C01	现代农业科技	1317	1.00	13.9	4.3	31	989	—	0.55	7.2
C01	现代农业研究	436	0.99	10.7	2.3	30	293	—	0.71	3.7
C01	乡村科技	968	0.89	9.7	1.9	31	703	—	0.27	3.3
C01	乡村论丛	100	0.94	10.7	1.8	26	81	—	0.46	4.6
C01	新疆农业科技	104	1.00	6.3	3.6	3	68	—	0.21	6.6
C01	新疆农业科学	356	1.00	27.8	6.7	17	54	0.01	0.76	8.6
C01	新农业	1318	0.97	—	1.5	28	785	—	0.04	—
C01	云南农业	330	0.62	1.1	2.7	6	257	—	0.05	5.2
C01	云南农业科技	126	0.98	5.1	4.4	8	93	—	0.29	7.3
C01	浙江农业科学	629	1.00	18.1	5.3	29	355	—	0.76	6.8
C01	浙江农业学报	288	0.96	33.1	6.1	28	135	0.00	0.80	6.8
C01	智慧农业（中英文）	53	0.95	38.5	5.7	17	33	0.06	0.81	3.6
C01	智慧农业导刊	1032	0.98	9.9	2.5	31	581	0.01	0.61	3.4
C01	中国农村科技	184	0.67	—	2.1	28	133	0.00	0.09	—
C01	中国农技推广	371	0.87	4.1	3.8	30	293	—	0.24	5.3
C01	中国农民合作社	288	0.75	—	1.7	25	204	—	0.06	—
C01	中国农史	73	0.97	80.4	1.7	21	50	—	0.81	≥10
C01	中国农学通报	819	0.94	34.2	5.9	31	402	0.00	0.71	7.4
C01	中国农业科技导报	277	0.97	33.4	6.0	29	126	0.00	0.74	6.5
C01	中国农业科学	376	0.99	42.9	7.6	29	99	0.01	0.90	7.2
C01	中国农业气象	93	0.58	37.4	5.6	23	54	0.00	0.82	5.9
C01	中国农业资源与区划	276	0.66	34.4	3.7	29	130	0.00	0.85	5.6
C01	中国农业综合开发	198	0.67	3.4	2.8	28	153	0.04	0.10	4.5
C01	中国热带农业	64	0.75	19.0	5.7	8	34	0.00	0.53	7.0
C01	中国生态农业学报（中英文）	174	0.94	47.4	6.1	26	86	0.02	0.90	6.3
C02	Journal of Northeast Agricultural University (English Edition)	34	0.89	32.0	6.3	5	5	—	0.97	8.3
C02	安徽农业大学学报	152	0.89	32.3	6.3	26	70	0.00	0.82	6.2
C02	北京林业大学学报	180	0.96	37.3	5.1	23	39	0.00	0.85	8.1
C02	北京农学院学报	81	0.93	21.0	5.5	7	12	—	0.96	5.5
C02	大连海洋大学学报	119	1.00	35.2	5.8	17	37	0.03	0.86	7.5

学科代码	期刊名称	来源文献量	文献选出率	平均引文数	平均作者数	地区分布数	机构分布数	海外论文比	基金论文比	引用半衰期
C02	东北林业大学学报	274	0.97	30.3	5.1	29	102	0.00	0.78	8.0
C02	东北农业大学学报	115	1.00	29.2	6.3	22	40	0.00	0.97	5.8
C02	甘肃农业大学学报	172	0.95	32.3	5.9	23	73	0.01	0.81	7.3
C02	河北农业大学学报	101	0.94	25.0	5.8	11	17	0.00	0.97	6.5
C02	河南农业大学学报	110	0.96	38.1	6.1	11	20	0.00	0.93	5.8
C02	黑龙江八一农垦大学学报	117	0.95	27.5	4.7	9	14	—	0.91	6.4
C02	黑龙江生态工程职业学院学报	172	0.97	15.7	2.2	27	118	—	0.68	5.4
C02	华南农业大学学报	110	0.89	36.7	6.0	19	37	0.01	0.85	6.2
C02	华中农业大学学报	181	0.97	29.9	5.5	21	56	0.01	0.88	6.1
C02	吉林农业大学学报	99	0.98	36.0	5.5	12	26	0.00	0.90	7.9
C02	吉林农业科技学院学报	171	0.97	9.6	1.9	21	97	0.04	0.99	3.3
C02	江西农业大学学报	144	0.98	34.9	6.4	24	47	0.00	0.97	6.4
C02	南京农业大学学报	129	0.96	32.0	6.4	17	25	0.03	0.92	6.8
C02	山东农业工程学院学报	275	0.97	8.6	1.9	25	117	0.01	0.72	3.4
C02	上海海洋大学学报	127	0.98	35.0	5.4	14	27	0.01	0.77	8.0
C02	沈阳农业大学学报	83	0.93	35.4	5.7	19	40	0.00	0.87	6.3
C02	四川农业大学学报	141	1.00	32.8	6.6	22	60	0.01	0.87	6.8
C02	天津农学院学报	114	0.93	21.0	4.5	2	4	—	0.94	6.4
C02	西北林学院学报	218	0.98	30.2	5.3	27	97	0.00	0.81	7.0
C02	西南林业大学学报	230	0.96	30.0	4.5	28	90	0.01	0.74	7.1
C02	新疆农业大学学报	66	1.00	34.5	5.7	2	3	—	0.98	6.1
C02	信阳农林学院学报	129	1.00	11.5	2.4	19	65	—	0.75	5.4
C02	延边大学农学学报	58	0.97	29.0	4.1	12	24	—	0.98	4.8
C02	扬州大学学报（农业与生命科学版）	108	1.00	26.0	6.6	21	42	0.00	0.92	6.7
C02	云南农业大学学报	260	0.96	27.3	4.5	26	129	0.00	0.93	5.8
C02	浙江大学学报（农业与生命科学版）	82	0.90	39.6	6.0	19	28	0.04	0.85	6.6
C02	浙江农林大学学报	148	0.99	35.5	5.8	21	46	0.00	0.83	6.7
C02	中国农业大学学报	290	0.96	38.7	5.7	28	85	0.01	0.86	6.3
C02	中南林业科技大学学报	240	1.00	34.3	5.7	27	86	0.00	0.93	6.3
C02	仲恺农业工程学院学报	42	1.00	29.3	5.3	3	7	—	0.98	6.5
C03	Oil Crop Science	32	0.97	50.2	7.2	6	19	0.28	0.91	8.5
C03	Rice Science	62	0.91	60.6	7.2	11	51	0.44	0.52	8.4
C03	The Crop Journal	192	0.97	63.5	9.7	21	74	0.23	0.77	8.5

学科代码	期刊名称	来源文献量	文献选出率	平均引文数	平均作者数	地区分布数	机构分布数	海外论文比	基金论文比	引用半衰期
C03	北方水稻	99	1.00	12.9	5.4	15	47	0.01	0.44	9.7
C03	茶叶	61	0.80	10.8	4.2	16	47	0.02	0.59	6.4
C03	大豆科技	56	0.97	18.3	5.6	16	34	—	0.95	7.2
C03	大豆科学	91	0.88	31.7	6.5	20	51	0.01	0.85	6.9
C03	大麦与谷类科学	79	0.88	16.9	6.7	16	58	—	0.78	7.0
C03	分子植物育种	1016	0.97	22.7	5.0	31	401	0.01	0.70	8.2
C03	福建茶叶	822	0.98	7.0	1.5	31	405	—	0.31	3.9
C03	福建稻麦科技	94	0.82	4.9	1.9	3	61	—	0.24	4.2
C03	福建热作科技	82	0.95	8.4	2.8	3	67	—	0.48	8.1
C03	甘蔗糖业	65	0.92	18.2	6.2	6	37	0.00	0.55	7.1
C03	耕作与栽培	279	0.99	10.8	4.8	28	206	—	0.64	7.1
C03	广西糖业	66	0.92	13.4	4.0	6	42	0.02	0.52	5.8
C03	花生学报	48	0.98	27.9	7.0	13	34	0.00	0.83	6.8
C03	麦类作物学报	178	0.82	31.5	7.2	20	70	0.00	0.78	8.3
C03	棉花学报	39	0.48	39.6	8.1	12	19	0.00	0.82	6.6
C03	农业研究与应用	91	0.97	22.0	6.0	15	58	—	0.84	6.8
C03	热带农业科技	61	0.95	17.2	5.0	8	25	—	0.72	6.8
C03	热带作物学报	272	0.99	31.0	6.5	20	97	0.00	0.80	7.8
C03	世界热带农业信息	454	0.94	1.5	1.4	28	346	—	0.02	2.8
C03	特种经济动植物	768	0.98	7.0	2.4	31	615	—	0.20	4.8
C03	亚热带农业研究	40	0.95	25.9	4.9	10	28	0.00	0.78	5.2
C03	玉米科学	141	1.00	25.2	6.6	27	73	0.01	0.79	8.2
C03	杂交水稻	188	0.94	14.2	7.1	20	113	0.00	0.70	8.0
C03	植物遗传资源学报	166	0.90	38.4	7.5	28	85	0.00	0.75	7.8
C03	中国稻米	144	0.82	26.7	6.9	22	81	0.00	0.67	6.5
C03	中国麻业科学	40	0.89	27.3	6.5	15	25	0.00	0.73	5.9
C03	中国马铃薯	73	0.85	26.6	6.0	17	51	—	0.93	7.6
C03	中国棉花	134	0.83	16.6	6.4	17	65	0.00	0.71	5.5
C03	中国水稻科学	60	1.00	43.6	8.0	14	31	0.00	0.85	8.7
C03	中国糖料	47	1.00	33.3	6.5	13	25	—	1.00	8.2
C03	中国油料作物学报	148	0.97	34.5	7.8	26	73	0.00	0.78	7.6
C03	中国种业	539	1.00	9.2	5.9	30	336	0.02	0.63	5.3
C03	种业导刊	78	0.90	8.3	3.8	14	62	—	0.49	5.9

学科代码	期刊名称	来源文献量	文献选出率	平均引文数	平均作者数	地区分布数	机构分布数	海外论文比	基金论文比	引用半衰期
C03	种子	278	0.99	24.8	5.9	30	145	0.00	0.79	6.8
C03	种子科技	1116	0.96	7.3	2.0	31	882	—	0.10	3.2
C03	作物学报	281	0.96	42.8	7.9	29	89	0.01	0.86	8.6
C03	作物研究	108	0.99	21.2	7.3	22	72	0.00	0.54	6.7
C03	作物杂志	218	0.96	32.0	6.9	28	98	0.00	0.69	8.1
C04	Horticultural Plant Journal	94	1.00	67.1	8.0	19	48	0.13	0.77	9.4
C04	Horticulture Research	305	1.00	67.4	9.6	27	130	0.33	0.72	7.6
C04	Journal of Cotton Research	24	1.00	56.5	6.8	4	18	0.58	0.71	8.5
C04	北方果树	135	0.92	6.5	3.9	18	87	—	0.52	6.5
C04	北方园艺	549	0.95	25.3	5.0	31	252	0.00	0.73	6.5
C04	茶叶科学	72	0.95	37.0	6.6	17	35	0.00	0.72	5.9
C04	长江蔬菜	595	0.97	5.9	4.7	28	393	0.00	0.47	6.5
C04	东南园艺	89	0.93	13.6	3.5	10	60	—	0.98	7.4
C04	广东园林	119	0.88	16.5	2.3	16	69	0.01	0.47	8.0
C04	果农之友	404	0.94	3.1	2.6	26	291	—	0.14	4.8
C04	果树学报	267	0.95	30.7	6.7	28	99	0.00	0.78	7.2
C04	果树资源学报	154	0.96	10.1	3.9	19	94	—	0.45	6.7
C04	河北果树	148	0.97	4.0	3.4	13	95	—	0.35	8.1
C04	花卉	810	0.79	6.0	1.4	29	563	—	0.02	3.5
C04	吉林蔬菜	804	0.97	2.5	1.7	31	639	—	0.05	3.5
C04	辣椒杂志	44	1.00	11.4	5.7	14	26	—	0.93	5.7
C04	林业与生态科学	64	0.96	29.5	5.2	11	21	0.00	0.80	7.0
C04	落叶果树	171	0.99	9.3	4.0	19	112	—	0.56	6.4
C04	南方园艺	87	1.00	14.2	5.1	15	54	—	0.70	7.3
C04	人参研究	101	1.00	19.6	5.1	12	43	0.01	0.84	6.6
C04	上海蔬菜	194	0.99	3.6	3.7	22	141	—	0.39	6.6
C04	食用菌	138	0.88	13.1	4.9	26	106	—	0.78	6.6
C04	食用菌学报	72	1.00	37.0	5.6	23	50	0.01	0.83	6.9
C04	蔬菜	224	0.81	10.5	4.8	27	146	—	0.65	6.4
C04	西北园艺	346	0.95	3.3	2.7	23	245	0.01	0.18	6.8
C04	现代园艺	1652	1.00	10.3	2.6	31	964	0.00	0.48	5.5
C04	亚热带植物科学	71	0.93	28.8	5.4	12	48	0.01	0.97	7.4
C04	烟草科技	166	0.97	23.1	8.4	23	75	0.00	0.28	7.5

学科代码	期刊名称	来源文献量	文献选出率	平均引文数	平均作者数	地区分布数	机构分布数	海外论文比	基金论文比	引用半衰期
C04	烟台果树	109	0.96	3.4	3.9	13	69	—	0.30	7.6
C04	园艺学报	263	0.97	35.6	6.8	29	108	0.00	0.86	7.9
C04	园艺与种苗	486	0.99	9.6	3.4	31	339	0.00	0.37	6.9
C04	浙江柑桔	47	1.00	7.2	4.3	4	33	—	0.55	6.8
C04	中国茶叶	140	0.89	23.4	4.8	20	97	—	0.76	5.3
C04	中国瓜菜	336	0.99	23.5	5.1	29	204	—	0.88	6.5
C04	中国果菜	188	0.96	23.9	5.2	26	120	—	0.86	5.7
C04	中国果树	325	0.54	23.1	5.9	29	160	0.00	0.74	7.0
C04	中国南方果树	256	0.95	21.1	6.2	24	128	0.00	0.65	7.1
C04	中国食用菌	123	0.86	25.1	6.2	26	82	—	0.98	6.7
C04	中国蔬菜	234	0.83	21.5	6.3	30	122	0.00	0.73	6.3
C04	中国烟草科学	83	0.86	26.8	8.3	14	43	0.00	0.14	6.4
C04	中国烟草学报	89	0.79	28.1	7.8	17	47	0.00	0.18	7.7
C05	Pedosphere	83	0.88	86.9	6.4	14	71	0.71	0.39	9.1
C05	Soil Ecology Letters	54	0.98	60.1	6.3	14	48	0.32	0.83	8.2
C05	土壤	161	0.99	39.1	6.0	29	97	0.02	0.83	7.4
C05	土壤通报	156	0.96	44.7	6.0	27	103	0.01	0.83	7.1
C05	土壤学报	155	0.99	46.8	6.1	27	67	0.03	0.95	7.6
C05	土壤与作物	49	0.98	39.6	6.9	13	26	0.00	0.92	7.4
C05	植物营养与肥料学报	203	0.94	44.7	6.9	28	79	0.01	0.84	7.2
C05	中国土地科学	151	0.96	39.9	3.6	24	75	0.01	0.93	4.0
C05	中国土壤与肥料	361	0.99	34.0	6.7	30	166	0.01	0.72	7.1
C06	广西植保	29	0.88	9.7	4.5	5	23	—	0.21	7.6
C06	湖北植保	162	0.96	7.6	4.1	20	128	—	0.17	5.3
C06	环境昆虫学报	188	0.99	42.8	5.7	29	100	0.01	0.76	9.9
C06	农药	198	0.86	20.4	5.9	28	124	0.00	0.49	6.3
C06	农药科学与管理	119	0.85	10.1	4.7	24	81	0.00	0.13	5.9
C06	农药学学报	135	0.94	41.6	6.1	25	65	0.01	0.80	5.9
C06	生物灾害科学	85	0.98	27.1	5.5	16	58	—	0.78	7.3
C06	世界农药	119	0.75	13.1	4.0	20	88	—	0.10	6.2
C06	现代农药	85	0.92	29.2	5.1	22	47	0.00	0.47	5.2
C06	杂草学报	39	0.93	29.2	6.6	16	35	0.00	0.59	7.1
C06	植物保护	284	1.00	38.9	6.4	30	112	0.01	0.84	7.5

学科代码	期刊名称	来源文献量	文献选出率	平均引文数	平均作者数	地区分布数	机构分布数	海外论文比	基金论文比	引用半衰期
C06	植物保护学报	179	0.98	38.5	5.7	27	67	0.01	0.85	8.7
C06	植物病理学报	152	0.98	25.1	6.4	28	73	0.00	0.78	9.0
C06	植物检疫	85	0.89	22.2	5.9	21	63	0.01	0.65	9.3
C06	植物医学	72	1.00	26.8	5.7	19	53	—	0.72	6.8
C06	中国生物防治学报	162	1.00	35.3	6.5	30	69	0.00	0.72	8.4
C06	中国植保导刊	261	0.92	13.9	5.9	31	194	—	0.69	7.5
C07	Forest Ecosystems	71	0.91	76.6	6.8	18	62	0.58	0.56	8.3
C07	Journal of Bioresources and Bioproducts	34	1.00	65.0	5.6	5	32	0.74	0.82	4.4
C07	Journal of Forestry Research	163	0.99	61.3	5.6	22	110	0.52	0.47	9.1
C07	安徽林业科技	96	0.89	8.6	2.8	10	73	—	0.34	6.6
C07	桉树科技	57	0.93	23.9	5.3	9	32	0.02	0.63	7.7
C07	防护林科技	137	0.99	15.9	3.8	20	99	—	0.65	8.4
C07	风景园林	169	0.81	35.3	3.1	19	72	0.08	0.63	6.6
C07	福建林业	83	0.72	5.2	1.7	4	56	—	0.23	8.5
C07	福建林业科技	100	0.95	21.1	3.4	16	70	—	0.93	8.8
C07	甘肃林业科技	69	0.96	15.2	4.6	8	38	—	0.71	≥10
C07	广西林业	183	0.73	—	1.7	3	61	—	—	—
C07	广西林业科学	119	0.94	23.6	5.5	15	51	0.00	0.78	7.3
C07	贵州林业科技	71	0.93	16.5	4.5	10	40	—	0.76	9.8
C07	河北林业科技	64	0.93	13.9	3.9	9	44	—	0.52	8.5
C07	河南林业科技	78	0.98	8.0	4.2	6	55	—	0.38	8.6
C07	湖北林业科技	104	0.95	18.8	5.2	13	79	0.01	0.55	7.0
C07	湖南林业科技	97	0.92	25.0	6.0	15	55	—	0.86	7.6
C07	吉林林业科技	65	0.97	12.9	4.9	9	35	—	0.40	8.8
C07	江苏林业科技	58	0.88	20.4	4.1	13	43	—	0.72	6.3
C07	经济林研究	120	1.00	33.1	6.4	25	69	0.00	0.88	6.5
C07	辽宁林业科技	138	0.99	12.3	2.8	14	67	—	0.43	7.9
C07	林草资源研究	116	0.99	29.1	5.1	22	63	—	0.81	6.1
C07	林产工业	180	1.00	31.9	4.3	23	57	0.00	0.86	4.2
C07	林区教学	342	0.97	8.2	1.6	29	221	—	0.69	4.2
C07	林业调查规划	150	0.94	26.3	4.8	18	35	0.01	0.87	5.0
C07	林业工程学报	233	0.97	15.7	3.9	26	124	0.00	0.38	7.6
C07	林业机械与木工设备	153	0.95	16.5	4.1	21	55	—	0.66	5.9

学科代码	期刊名称	来源文献量	文献选出率	平均引文数	平均作者数	地区分布数	机构分布数	海外论文比	基金论文比	引用半衰期
C07	林业建设	81	0.96	13.6	3.1	15	35	—	0.32	6.4
C07	林业勘查设计	122	0.90	7.2	2.5	21	80	—	0.11	6.2
C07	林业科技	85	0.93	15.9	4.0	19	58	—	0.80	9.2
C07	林业科技情报	276	1.00	10.8	1.8	27	209	—	0.30	3.8
C07	林业科技通讯	386	0.94	13.8	4.2	29	213	—	0.59	8.2
C07	林业科学	174	0.99	41.4	5.8	24	54	0.01	0.79	8.2
C07	林业科学研究	122	1.00	36.8	5.8	27	58	0.00	0.75	7.5
C07	林业与环境科学	113	0.99	25.3	5.8	13	59	—	0.83	7.2
C07	陆地生态系统与保护学报	62	1.00	41.1	5.9	11	18	—	0.95	7.5
C07	绿色科技	1214	0.98	23.7	3.2	31	758	0.00	0.42	5.4
C07	木材科学与技术	65	0.90	25.3	4.7	12	16	0.00	0.71	5.7
C07	南方林业科学	91	0.87	22.7	5.2	17	57	—	0.98	7.7
C07	内蒙古林业	186	0.82	—	2.4	4	89	0.00	0.01	—
C07	内蒙古林业调查设计	161	0.94	8.6	2.9	20	91	—	0.27	7.5
C07	内蒙古林业科技	47	0.96	25.4	5.2	5	19	—	0.83	7.3
C07	热带林业	80	0.95	17.2	4.3	12	48	—	0.57	8.0
C07	森林防火	131	1.00	21.6	3.3	21	77	—	1.00	2.4
C07	森林工程	135	0.96	26.3	4.6	20	53	0.00	0.93	6.6
C07	森林与环境学报	80	0.99	28.2	5.2	20	35	0.00	0.85	6.5
C07	山东林业科技	134	0.93	19.5	5.3	18	86	—	0.60	7.4
C07	山西林业	152	0.76	—	1.0	4	65	—	0.01	4.5
C07	山西林业科技	94	0.93	4.0	1.4	2	42	—	0.32	3.8
C07	陕西林业科技	158	0.98	14.1	3.8	22	115	—	0.45	7.5
C07	世界林业研究	225	1.00	22.0	3.3	23	96	0.01	0.91	6.0
C07	四川林业科技	132	1.00	26.6	5.4	21	77	0.01	0.70	8.7
C07	温带林业研究	71	0.96	19.3	3.7	18	50	0.01	0.56	6.8
C07	西部林业科学	136	0.94	32.8	5.5	21	66	0.00	0.80	7.8
C07	新疆林业	88	0.69	—	2.0	1	74	0.01	0.01	—
C07	浙江林业科技	116	0.94	22.6	5.1	11	70	—	0.70	7.2
C07	中国城市林业	142	0.98	28.7	3.7	19	55	0.01	0.86	5.3
C07	中国林副特产	232	0.97	8.8	2.3	23	153	—	0.22	4.8
C07	中国林业经济	139	0.97	18.8	2.5	20	43	—	0.59	4.2
C07	中国森林病虫	57	0.95	19.5	5.4	21	43	0.00	0.54	≥10

学科代码	期刊名称	来源文献量	文献选出率	平均引文数	平均作者数	地区分布数	机构分布数	海外论文比	基金论文比	引用半衰期
C07	中国园林	261	0.95	34.0	3.2	23	94	0.03	0.77	7.1
C07	中南林业调查规划	55	0.96	14.7	4.2	12	23	—	0.27	5.6
C07	竹子学报	50	0.96	22.6	4.9	12	31	0.00	0.44	8.1
C07	自然保护地	44	0.96	35.9	4.0	19	37	0.02	0.82	6.3
C08	Animal Nutrition	148	0.97	71.0	7.4	23	71	0.34	0.65	8.0
C08	Journal of Animal Science and Biotechnology	171	1.00	72.3	7.9	15	75	0.47	0.56	7.7
C08	北方牧业	960	0.90	0.5	2.2	31	666	0.00	0.13	5.2
C08	蚕桑茶叶通讯	67	0.77	11.0	3.9	15	56	—	0.55	6.4
C08	蚕桑通报	64	0.96	13.5	4.8	8	30	—	0.64	6.8
C08	蚕学通讯	68	0.83	8.0	3.5	17	43	—	1.00	8.8
C08	蚕业科学	69	0.73	27.7	6.5	17	37	0.00	0.84	8.3
C08	草食家畜	59	0.91	18.4	6.5	8	25	—	0.95	7.7
C08	草学	87	0.95	22.6	6.2	21	59	—	0.90	8.5
C08	草原与草业	44	0.65	19.2	5.0	8	26	—	0.75	7.7
C08	当代畜禽养殖业	116	0.95	14.0	5.1	18	80	—	0.51	5.8
C08	动物医学进展	312	0.97	23.5	7.0	28	121	0.00	0.74	5.1
C08	动物营养学报	737	1.00	43.4	6.6	31	143	0.01	0.82	6.0
C08	福建畜牧兽医	283	0.97	6.1	2.2	11	202	0.00	0.15	6.7
C08	甘肃畜牧兽医	201	0.97	11.0	3.5	20	133	—	0.46	5.4
C08	广东蚕业	580	0.99	7.6	1.8	30	384	—	0.31	2.4
C08	广东饲料	131	0.69	1.0	3.4	19	76	—	0.24	7.1
C08	广东畜牧兽医科技	85	1.00	27.9	6.8	9	39	—	0.74	6.3
C08	广西蚕业	49	0.79	13.0	6.4	4	16	—	0.65	8.0
C08	广西畜牧兽医	122	0.95	4.5	4.7	2	80	—	0.30	6.9
C08	贵州畜牧兽医	126	0.98	9.3	4.7	13	75	—	0.78	5.3
C08	国外畜牧学—猪与禽	160	0.97	7.0	3.2	20	87	0.02	0.13	5.4
C08	河南畜牧兽医	616	0.95	0.9	1.9	25	418	—	0.05	3.9
C08	黑龙江动物繁殖	82	0.94	19.5	4.5	21	47	—	0.72	6.8
C08	黑龙江畜牧兽医	535	0.97	28.7	6.4	31	212	—	0.95	6.1
C08	湖南饲料	56	0.88	16.7	3.6	10	37	—	0.07	6.7
C08	湖南畜牧兽医	111	0.97	10.2	4.4	10	65	—	0.41	5.7
C08	吉林畜牧兽医	996	0.99	0.8	1.8	29	603	—	0.06	3.2
C08	家畜生态学报	187	0.94	29.3	6.1	28	88	0.00	0.75	7.3

学科代码	期刊名称	来源文献量	文献选出率	平均引文数	平均作者数	地区分布数	机构分布数	海外论文比	基金论文比	引用半衰期
C08	家禽科学	235	1.00	6.4	3.5	24	167	0.00	0.24	5.3
C08	江西农业	759	0.79	4.6	1.9	30	581	—	0.07	3.4
C08	江西畜牧兽医杂志	91	0.85	11.9	5.0	15	53	—	0.42	4.9
C08	今日畜牧兽医	516	0.98	7.2	2.1	30	434	—	0.09	3.6
C08	今日养猪业	185	0.91	3.7	2.4	25	131	0.02	0.05	5.4
C08	经济动物学报	53	0.90	29.5	5.5	14	25	0.00	0.75	8.5
C08	科技视界	871	0.92	4.8	2.1	31	543	0.00	0.30	4.7
C08	蜜蜂杂志	459	0.95	3.1	1.9	27	130	—	0.09	7.7
C08	青海草业	56	0.93	14.0	3.7	5	32	—	0.36	7.9
C08	青海畜牧兽医杂志	100	0.98	16.6	4.8	7	44	—	0.56	6.8
C08	山东畜牧兽医	349	0.97	8.9	3.5	26	194	—	0.32	5.1
C08	上海畜牧兽医通讯	105	0.89	14.0	5.0	18	67	—	0.52	6.6
C08	兽医导刊	63	0.98	12.0	5.4	9	40	—	0.17	7.7
C08	四川蚕业	82	0.86	3.7	4.1	8	48	—	0.37	8.7
C08	四川畜牧兽医	321	0.96	1.9	2.9	26	214	—	0.17	6.3
C08	饲料博览	94	0.98	20.7	4.9	24	84	—	0.47	6.3
C08	饲料工业	410	1.00	35.0	5.7	30	175	0.01	0.63	5.9
C08	饲料研究	871	1.00	34.8	5.3	31	403	0.00	0.59	4.3
C08	现代牧业	44	0.92	17.9	5.2	7	19	—	0.68	5.2
C08	现代畜牧科技	544	0.92	11.4	4.2	31	359	—	0.79	5.1
C08	现代畜牧兽医	248	0.95	24.2	5.3	27	135	—	0.65	5.2
C08	新疆畜牧业	56	0.68	9.8	3.7	2	36	—	0.34	5.7
C08	畜牧兽医科技信息	937	0.99	5.1	1.9	30	720	—	0.12	3.6
C08	畜牧兽医学报	486	1.00	43.6	7.3	30	97	0.00	0.83	6.1
C08	畜牧兽医杂志	258	1.00	13.2	3.8	23	180	—	0.44	2.7
C08	畜牧业环境	1206	0.95	4.4	1.7	31	972	0.00	0.03	2.0
C08	畜牧与兽医	266	0.92	25.9	7.0	28	104	0.00	0.74	6.8
C08	畜牧与饲料科学	105	1.00	31.8	5.9	19	53	0.01	0.74	5.7
C08	畜禽业	345	0.97	7.9	2.4	28	288	—	0.27	3.6
C08	养殖与饲料	385	0.99	8.4	2.9	28	283	0.00	0.29	4.5
C08	养猪	193	0.99	8.7	2.2	26	138	—	0.16	4.5
C08	云南畜牧兽医	98	0.97	7.4	5.0	12	60	—	0.31	4.8
C08	浙江畜牧兽医	145	0.97	1.7	2.5	16	113	—	0.11	7.9

学科代码	期刊名称	来源文献量	文献选出率	平均引文数	平均作者数	地区分布数	机构分布数	海外论文比	基金论文比	引用半衰期
C08	中国蚕业	58	0.83	17.1	4.9	18	41	—	0.81	7.6
C08	中国草食动物科学	101	0.98	23.6	6.1	20	55	0.03	0.89	6.9
C08	中国动物保健	761	0.98	5.2	2.2	30	594	0.00	0.08	3.8
C08	中国动物传染病学报	189	0.98	24.6	7.7	27	91	0.01	0.71	8.0
C08	中国动物检疫	256	0.99	19.8	7.2	29	157	—	0.66	5.3
C08	中国蜂业	257	0.72	5.1	3.3	25	130	—	0.33	9.1
C08	中国工作犬业	222	0.58	—	2.6	25	119		0.14	—
C08	中国家禽	226	1.00	33.1	6.9	25	102	0.00	0.72	6.0
C08	中国奶牛	158	0.87	23.7	5.7	27	98		0.64	7.3
C08	中国牛业科学	126	0.98	17.9	6.0	25	90		0.83	5.8
C08	中国禽业导刊	171	0.90	2.5	3.1	21	123	0.01	0.27	5.4
C08	中国兽药杂志	150	0.98	22.7	6.8	22	63	0.00	0.37	6.4
C08	中国兽医科学	215	0.95	21.1	8.4	28	75	0.00	0.89	6.1
C08	中国兽医学报	369	0.98	27.7	7.3	31	90	0.00	0.86	6.6
C08	中国兽医杂志	340	0.99	21.2	6.3	30	163	—	0.75	6.8
C08	中国饲料	914	0.98	19.7	4.2	31	493		0.61	5.1
C08	中国畜牧兽医	510	1.00	37.6	7.4	30	147	0.00	0.78	5.9
C08	中国畜牧业	1194	0.82	—	2.0	31	809	—	0.04	—
C08	中国畜牧杂志	703	1.00	32.6	6.6	31	169	0.01	0.76	6.6
C08	中国畜禽种业	445	0.97	14.1	4.6	31	329	0.00	0.53	6.0
C08	中国养兔	89	0.93	9.9	4.4	17	58	0.03	0.46	4.9
C08	中国预防兽医学报	181	0.80	24.9	8.0	28	72	0.00	0.82	5.6
C08	中国猪业	156	0.89	16.4	3.5	28	131	—	0.31	4.3
C08	中南农业科技	729	0.98	18.0	4.4	31	485	0.00	0.64	6.5
C08	中兽医学杂志	384	0.98	7.1	1.6	30	343	—	0.06	2.4
C08	中兽医医药杂志	117	0.99	19.9	5.2	20	67		0.85	5.8
C08	猪业科学	394	0.84	0.0	3.5	28	229	0.02	0.42	—
C09	草地学报	421	0.99	41.3	6.4	28	104	0.00	0.77	6.4
C09	草业科学	300	0.91	38.3	5.9	30	120	0.00	0.77	7.7
C09	草业学报	221	0.97	44.7	6.2	26	82	0.00	0.85	8.1
C09	草原与草坪	120	0.98	34.5	5.7	16	44	0.00	0.72	8.4
C09	中国草地学报	171	0.96	35.9	6.2	21	62	0.01	0.81	6.5
C10	Aquaculture and Fisheries	83	0.98	56.0	5.1	7	53	0.57	0.86	≥10

学科代码	期刊名称	来源文献量	文献选出率	平均引文数	平均作者数	地区分布数	机构分布数	海外论文比	基金论文比	引用半衰期
C10	淡水渔业	76	0.96	32.5	6.6	20	38	0.00	0.67	9.4
C10	海洋渔业	74	0.97	38.4	6.1	12	25	0.00	0.72	≥10
C10	河北渔业	123	0.96	15.6	4.9	20	74	—	0.53	8.6
C10	河南水产	98	0.83	4.7	3.6	11	52	—	0.37	6.1
C10	黑龙江水产	151	0.96	8.8	2.4	22	113	—	0.21	5.6
C10	江西水产科技	95	0.93	9.3	5.3	18	59	—	0.49	7.9
C10	科学养鱼	540	0.81	—	3.9	29	353	—	0.35	—
C10	南方水产科学	104	0.99	41.9	6.6	19	36	0.01	0.80	6.7
C10	水产科技情报	61	0.56	24.9	6.0	15	36	—	0.92	9.8
C10	水产科学	124	0.98	42.6	6.5	22	56	0.00	0.90	9.8
C10	水产学报	205	1.00	48.5	6.8	22	54	0.00	0.88	8.6
C10	水产学杂志	104	0.96	37.0	6.0	21	53	—	0.95	9.3
C10	水产养殖	245	0.94	13.6	4.3	25	173	—	0.55	8.5
C10	渔业科学进展	134	0.96	39.0	6.8	19	37	0.01	0.83	9.5
C10	渔业现代化	79	0.94	35.3	5.1	14	32	0.01	0.68	6.7
C10	渔业研究	73	1.00	32.3	5.5	15	43	—	0.92	8.4
C10	中国水产	221	0.50	—	3.7	27	132	0.00	0.22	—
C10	中国水产科学	135	0.96	42.5	6.2	20	41	0.01	0.93	8.6
C10	中国渔业质量与标准	47	0.70	36.5	6.3	13	30	—	0.94	6.7
D01	Chinese Journal of Integrative Medicine	126	0.97	47.6	7.6	21	89	0.13	0.67	6.0
D01	Chinese Medical Journal	490	0.98	29.1	8.4	26	232	0.09	0.60	5.7
D01	Chinese Medical Sciences Journal	37	0.95	39.0	5.8	11	28	0.16	0.22	6.3
D01	Current Medical Science	137	1.00	39.9	7.3	19	77	0.02	0.87	6.6
D01	Frigid Zone Medicine	32	1.00	48.6	4.8	10	19	0.09	0.62	4.4
D01	Frontiers of Medicine	81	0.98	81.2	10.4	16	56	0.16	0.62	5.0
D01	Genes & Diseases	298	0.99	55.9	7.7	24	211	0.28	0.91	7.0
D01	Intelligent Medicine	29	0.94	52.0	6.5	8	25	0.31	0.86	4.1
D01	Journal of Integrative Medicine	61	1.00	64.0	6.2	11	50	0.48	0.39	6.6
D01	Medical Review	44	0.98	80.9	3.7	10	37	0.48	0.57	4.9
D01	安徽医学	345	0.95	22.0	4.3	25	211	0.00	0.38	4.1
D01	安徽医药	557	0.99	23.3	4.2	27	389	0.00	0.40	4.5
D01	包头医学	96	0.96	11.2	2.3	7	72	—	—	3.4
D01	北京医学	255	0.93	23.1	4.9	22	139	0.00	0.34	4.5

学科代码	期刊名称	来源文献量	文献选出率	平均引文数	平均作者数	地区分布数	机构分布数	海外论文比	基金论文比	引用半衰期
D01	兵团医学	162	1.00	12.1	3.2	6	61	0.01	0.17	4.8
D01	重庆医学	742	1.00	24.5	4.5	30	412	0.00	0.88	4.2
D01	大医生	1094	0.98	14.1	2.2	28	764	—	0.14	3.9
D01	当代医药论丛	1485	1.00	14.9	2.6	30	877	0.00	0.28	3.8
D01	东南国防医药	76	0.94	21.9	4.5	14	51	0.14	0.59	4.6
D01	甘肃医药	342	0.90	18.0	4.3	19	138	—	0.48	5.2
D01	广东医学	280	0.99	23.5	4.8	25	220	0.00	0.70	4.4
D01	广西医学	587	0.99	25.8	4.8	28	339	0.00	0.67	4.9
D01	广州医药	245	0.95	20.3	3.3	22	178	0.02	0.42	4.3
D01	贵州医药	1231	1.00	8.9	2.6	14	422	—	0.10	3.6
D01	国际医药卫生导报	830	0.92	24.6	4.1	26	354	0.01	0.69	3.9
D01	哈尔滨医药	322	0.98	11.7	2.2	22	213	—	0.15	4.3
D01	海军医学杂志	298	0.91	17.6	4.1	23	148	0.00	0.16	4.3
D01	海南医学	816	0.99	20.5	3.8	25	380	—	0.73	3.9
D01	罕见病研究	82	0.87	37.1	4.3	15	30	—	0.70	6.2
D01	罕少疾病杂志	559	0.96	15.3	2.8	24	325	—	0.30	3.6
D01	航空航天医学杂志	531	0.96	14.5	2.2	20	283	—	0.06	3.3
D01	河北医学	410	1.00	12.0	4.5	27	278	0.00	0.88	3.1
D01	河北医药	917	1.00	22.2	4.5	29	517	0.00	0.49	4.2
D01	河南医学研究	1157	0.98	18.6	3.5	14	268	—	0.29	3.8
D01	黑龙江医学	895	0.97	15.6	2.6	30	521	—	0.28	4.4
D01	黑龙江医药	521	0.99	11.0	2.5	23	406	—	0.31	3.2
D01	黑龙江医药科学	470	0.98	11.1	2.7	18	253	—	0.42	3.8
D01	华西医学	320	0.96	33.6	4.8	26	146	0.01	0.54	5.0
D01	华夏医学	238	0.97	18.6	3.6	12	129	0.00	0.83	3.5
D01	淮海医药	176	0.99	20.4	3.1	17	138	0.01	0.39	3.2
D01	基础医学与临床	334	0.90	17.0	4.4	28	191	0.00	0.61	4.0
D01	吉林医学	1135	0.99	15.7	2.6	30	750	—	0.23	3.7
D01	继续医学教育	546	1.00	14.1	3.5	28	257	—	0.60	2.8
D01	健康体检与管理	80	0.98	21.0	4.8	17	53	—	0.46	5.3
D01	江苏医药	311	0.99	21.1	4.2	25	208	—	0.61	5.5
D01	江西医药	432	1.00	16.2	3.4	12	216	0.02	0.47	4.7
D01	交通医学	191	0.97	14.8	4.1	8	76	—	0.50	5.3

学科代码	期刊名称	来源文献量	文献选出率	平均引文数	平均作者数	地区分布数	机构分布数	海外论文比	基金论文比	引用半衰期
D01	解放军医学杂志	196	0.95	37.5	5.6	29	137	0.01	0.66	4.9
D01	精准医学杂志	131	0.98	24.3	5.3	12	37	—	0.89	5.1
D01	空军航空医学	137	0.82	19.5	5.7	18	56	0.00	0.12	5.7
D01	联勤军事医学	220	0.98	23.6	4.7	27	126	0.01	0.40	4.5
D01	辽宁医学杂志	213	0.97	15.3	1.9	10	145	—	0.16	4.4
D01	名医	1510	0.94	10.4	1.9	29	829	—	0.10	3.1
D01	内蒙古医学杂志	414	1.00	19.5	2.9	23	177	0.01	0.35	4.3
D01	宁夏医学杂志	360	0.96	14.9	4.8	10	74	—	0.61	4.2
D01	农垦医学	120	0.95	18.0	4.2	11	29	—	0.59	4.4
D01	青岛医药卫生	118	0.94	18.1	2.9	16	87	—	0.44	3.4
D01	青海医药杂志	224	0.89	12.3	2.2	8	81	—	0.11	4.6
D01	山东第一医科大学（山东省医学科学院）学报	184	0.90	31.1	4.1	13	75	—	0.61	5.3
D01	山东医药	999	0.98	22.3	4.6	30	579	0.00	0.75	4.1
D01	山西医药杂志	459	0.81	16.1	3.2	25	361	0.02	0.22	3.8
D01	陕西医学杂志	395	1.00	22.7	4.1	27	241	0.01	0.87	3.4
D01	伤害医学（电子版）	41	0.89	25.5	4.8	10	28	—	0.59	5.5
D01	上海医学	145	0.63	23.3	4.8	17	70	0.00	0.58	5.4
D01	上海医药	448	0.91	15.0	3.3	19	255	0.01	0.40	4.5
D01	社区医学杂志	242	0.91	31.8	3.9	26	200	—	0.38	3.3
D01	实验与检验医学	214	1.00	16.9	3.5	15	147	—	0.38	4.8
D01	实用休克杂志（中英文）	87	1.00	24.7	3.9	15	44	—	0.40	4.5
D01	世界复合医学	639	0.98	16.3	2.9	26	462	—	0.21	2.8
D01	世界睡眠医学杂志	914	1.00	11.7	2.0	26	465	0.00	0.07	2.7
D01	首都食品与医药	1238	0.93	12.9	2.4	28	698	—	0.23	3.4
D01	四川医学	290	0.97	21.8	4.6	22	154	0.00	0.15	4.7
D01	天津医药	272	0.99	21.6	4.7	28	185	—	0.69	3.7
D01	微创医学	185	0.94	21.4	3.9	17	116	0.03	0.57	4.5
D01	武警医学	285	0.95	21.7	4.4	30	129	0.00	0.19	4.4
D01	西部医学	341	0.98	26.0	4.9	29	233	0.00	0.62	4.4
D01	西藏医药	434	0.99	7.7	2.5	24	269	—	0.15	3.9
D01	系统医学	1172	0.98	16.6	3.0	30	767	—	0.30	2.7
D01	现代生物医学进展	926	0.97	29.1	5.5	29	457	—	0.99	3.5
D01	现代实用医学	521	0.99	15.4	3.8	11	177	0.02	0.61	4.5

学科代码	期刊名称	来源文献量	文献选出率	平均引文数	平均作者数	地区分布数	机构分布数	海外论文比	基金论文比	引用半衰期
D01	现代医学	299	0.94	27.8	4.5	26	195	0.00	0.39	4.7
D01	现代医学与健康研究（电子版）	1086	0.96	12.3	2.4	30	745	—	0.12	4.3
D01	协和医学杂志	174	0.85	33.0	5.9	21	65	0.01	0.50	4.5
D01	新疆医学	392	0.98	17.2	3.4	16	163	—	0.59	4.5
D01	新医学	180	0.97	19.9	4.2	26	131	0.00	0.46	3.9
D01	叙事医学	140	0.96	5.2	2.2	19	84	—	0.31	4.9
D01	医师在线	302	1.00	15.9	3.1	27	234	—	0.33	4.3
D01	医学理论与实践	1683	0.99	12.5	2.8	31	1119	—	0.26	3.7
D01	医学临床研究	601	1.00	13.3	2.9	17	275	—	0.13	4.0
D01	医学新知	53	0.95	39.9	5.5	18	39	0.02	0.81	4.5
D01	医学信息	1002	0.97	22.3	3.1	31	613	—	0.42	4.4
D01	医学研究与教育	69	1.00	28.9	4.3	15	32	—	0.75	5.1
D01	医学研究与战创伤救治	249	0.95	28.3	4.4	27	151	0.01	0.57	4.1
D01	医学研究杂志	501	0.98	22.5	4.6	29	268	0.00	0.76	4.6
D01	医药论坛杂志	613	0.96	18.7	3.4	16	220	0.00	0.33	3.5
D01	右江医学	214	0.89	22.4	4.6	18	113	—	0.86	4.2
D01	云南医药	236	0.98	12.0	4.2	10	108	—	0.55	4.2
D01	浙江实用医学	135	0.98	14.9	3.2	2	78	—	0.39	4.0
D01	浙江医学	572	0.96	23.1	4.3	22	244	0.00	0.32	4.6
D01	中国高等医学教育	786	0.98	6.9	4.2	30	343	0.00	0.70	4.9
D01	中国基层医药	411	0.94	17.9	3.9	28	277	0.02	0.46	4.3
D01	中国急救复苏与灾害医学杂志	383	0.95	20.6	4.5	28	276	0.01	0.58	4.0
D01	中国临床实用医学	103	1.00	22.8	5.7	20	62	—	0.68	3.7
D01	中国煤炭工业医学杂志	141	0.97	18.1	4.6	11	76	0.00	0.95	3.9
D01	中国民族民间医药	617	0.96	21.5	4.2	31	250	—	0.69	6.7
D01	中国实用医药	1175	0.98	16.1	2.3	31	801	0.00	0.17	3.8
D01	中国现代医生	1189	0.98	20.9	3.8	30	526	0.00	0.62	4.4
D01	中国现代医学杂志	376	0.88	24.5	4.6	30	262	0.00	0.92	3.3
D01	中国现代医药杂志	290	0.85	20.7	3.7	29	212	0.00	0.41	4.7
D01	中国乡村医药	891	0.98	6.2	2.8	23	443	0.00	0.15	4.4
D01	中国研究型医院	88	0.77	23.1	4.5	14	47	—	0.48	5.2
D01	中国医学创新	1531	1.00	22.4	3.2	29	791	—	0.43	3.5
D01	中国医学科学院学报	149	0.99	31.5	5.4	26	99	0.00	0.63	5.2

学科代码	期刊名称	来源文献量	文献选出率	平均引文数	平均作者数	地区分布数	机构分布数	海外论文比	基金论文比	引用半衰期
D01	中国医学前沿杂志（电子版）	161	0.80	30.5	4.3	24	96	0.00	0.37	4.8
D01	中国医学人文	315	0.94	1.9	1.6	27	208	—	0.14	4.9
D01	中国医药导报	1565	0.97	28.2	4.5	30	724	0.00	0.84	3.5
D01	中国医药科学	1122	0.95	20.2	4.0	30	726	—	0.63	3.9
D01	中国医院建筑与装备	239	0.93	8.6	2.9	24	152	—	0.16	4.0
D01	中国中西医结合儿科学	121	0.92	24.3	3.7	23	78	0.05	0.58	5.6
D01	中华医史杂志	58	1.00	31.4	4.6	13	25	0.03	0.72	≥10
D01	中华医学杂志	543	0.68	24.9	6.0	27	246	0.00	0.54	5.0
D01	中华重症医学电子杂志	48	0.87	29.7	4.8	16	32	0.00	0.69	6.3
D01	中南医学科学杂志	246	0.99	17.1	4.2	23	185	0.00	0.59	3.9
D01	中日友好医院学报	117	0.94	15.6	4.6	10	30	0.00	0.16	5.3
D01	中外医学研究	1623	0.98	17.6	2.6	30	881	—	0.22	3.3
D01	中医药管理杂志	2204	0.91	12.0	2.6	26	520	—	0.23	3.1
D01	转化医学杂志	93	0.94	24.0	4.6	22	80	0.00	0.62	3.7
D02	安徽医科大学学报	368	0.98	16.1	5.4	25	125	0.00	0.96	4.2
D02	安徽医专学报	311	0.92	9.4	3.3	15	181	—	0.56	3.5
D02	包头医学院学报	215	0.95	19.5	4.3	20	87	—	0.70	4.8
D02	北京大学学报（医学版）	174	0.98	23.8	6.0	13	39	0.01	0.43	6.5
D02	蚌埠医学院学报	393	0.95	20.1	4.6	22	205	0.00	0.49	4.7
D02	滨州医学院学报	105	0.95	18.9	4.7	9	40	—	0.56	4.9
D02	长治医学院学报	111	0.97	20.3	3.7	13	53	—	0.45	4.3
D02	成都医学院学报	162	0.99	25.7	5.0	16	58	0.01	0.58	4.6
D02	承德医学院学报	146	0.95	16.7	3.6	14	81	—	0.54	4.1
D02	重庆医科大学学报	265	0.93	25.4	4.8	28	158	0.00	0.63	5.5
D02	川北医学院学报	402	1.00	18.7	4.0	27	276	0.00	0.61	3.6
D02	大连医科大学学报	116	0.98	25.5	4.1	17	53	—	0.28	5.5
D02	东南大学学报（医学版）	147	0.94	25.4	4.5	19	114	0.00	0.60	4.1
D02	福建医科大学学报	74	0.84	25.5	4.4	7	34	—	0.43	4.6
D02	复旦学报（医学版）	128	0.96	27.2	5.7	11	37	0.01	0.59	5.8
D02	赣南医学院学报	240	1.00	30.4	4.3	11	62	—	0.65	4.9
D02	广东药科大学学报	123	0.75	24.3	5.4	16	65	0.02	0.66	4.8
D02	广东医科大学学报	165	0.99	22.4	4.6	7	66	—	0.66	4.6
D02	广西医科大学学报	304	0.97	22.4	5.4	22	149	0.00	0.83	4.2

学科代码	期刊名称	来源文献量	文献选出率	平均引文数	平均作者数	地区分布数	机构分布数	海外论文比	基金论文比	引用半衰期
D02	广州医科大学学报	88	0.74	24.3	4.2	13	66	—	0.47	4.8
D02	贵州医科大学学报	242	0.98	24.4	5.3	18	117	0.00	0.85	4.2
D02	哈尔滨医科大学学报	140	0.90	16.9	4.2	17	69	0.00	0.50	4.4
D02	海军军医大学学报	237	0.94	27.7	5.4	21	89	0.00	0.52	5.6
D02	海南医学院学报	266	1.00	33.0	5.8	23	91	0.00	0.83	4.6
D02	河北医科大学学报	265	0.92	22.6	4.0	25	173	0.00	0.65	3.6
D02	河南大学学报（医学版）	88	1.00	22.1	3.8	15	46	—	0.72	4.8
D02	河南医学高等专科学校学报	190	0.98	16.3	2.8	10	109	—	0.29	3.7
D02	菏泽医学专科学校学报	113	0.99	11.0	2.9	9	66	—	0.26	3.5
D02	湖北科技学院学报（医学版）	126	0.92	18.0	3.8	7	34	—	0.50	4.3
D02	湖北民族大学学报（医学版）	97	0.99	19.6	4.0	18	66	—	0.53	3.9
D02	湖北医药学院学报	150	0.99	21.3	4.6	9	41	—	0.67	4.7
D02	湖南师范大学学报（医学版）	184	1.00	23.3	4.5	21	132	0.01	0.63	4.1
D02	华北理工大学学报（医学版）	86	0.91	21.5	3.8	10	38	—	0.52	4.3
D02	华中科技大学学报（医学版）	142	0.96	29.6	5.1	20	73	0.00	0.80	5.1
D02	吉林大学学报（医学版）	213	1.00	28.8	5.4	26	97	0.00	0.99	4.6
D02	吉林医药学院学报	176	0.97	12.5	3.5	19	53	0.01	0.72	4.8
D02	济宁医学院学报	99	0.93	19.0	4.0	11	34	0.02	0.74	4.6
D02	江苏大学学报（医学版）	92	0.99	29.1	5.3	15	54	0.00	0.62	4.8
D02	解放军医学院学报	236	0.97	29.1	5.9	24	68	0.00	0.55	3.8
D02	锦州医科大学学报	126	0.95	20.7	3.4	9	35	—	0.87	4.3
D02	空军军医大学学报	232	0.95	27.6	6.4	18	57	—	1.00	5.2
D02	昆明医科大学学报	346	0.98	23.7	5.8	17	120	0.00	0.60	4.5
D02	兰州大学学报（医学版）	169	0.93	31.1	5.1	18	60	0.02	0.73	4.2
D02	陆军军医大学学报	318	0.98	26.8	6.4	26	94	0.00	0.69	5.0
D02	牡丹江医学院学报	242	0.98	19.8	4.6	17	104	—	0.81	4.2
D02	南昌大学学报（医学版）	123	0.95	23.7	4.5	18	72	0.01	0.66	4.4
D02	南方医科大学学报	273	1.00	31.7	6.3	27	127	0.00	0.79	4.6
D02	南通大学学报（医学版）	155	0.96	18.8	4.3	7	75	0.04	0.72	5.8
D02	内蒙古医科大学学报	155	0.97	20.5	4.5	14	58	0.00	0.57	4.2
D02	宁夏医科大学学报	223	0.88	22.4	5.1	16	57	0.00	0.62	4.9
D02	齐齐哈尔医学院学报	503	0.99	23.8	3.9	26	290	—	0.59	4.4
D02	黔南民族医专学报	120	0.99	10.0	2.4	11	72	—	0.20	4.1

学科代码	期刊名称	来源文献量	文献选出率	平均引文数	平均作者数	地区分布数	机构分布数	海外论文比	基金论文比	引用半衰期
D02	青岛大学学报（医学版）	204	1.00	26.4	4.5	13	55	0.00	0.78	5.6
D02	山东大学学报（医学版）	218	0.89	28.9	5.5	19	98	0.00	0.64	5.0
D02	山东医学高等专科学校学报	228	1.00	6.0	2.4	2	87	—	0.07	4.0
D02	山西医科大学学报	242	0.96	23.1	5.0	26	130	0.00	0.72	4.5
D02	汕头大学医学院学报	58	0.87	18.2	4.2	3	13	—	0.50	5.2
D02	上海交通大学学报（医学版）	196	0.90	33.9	4.8	19	74	0.01	0.74	5.1
D02	沈阳药科大学学报	202	0.97	29.3	5.1	27	106	0.01	0.53	6.0
D02	沈阳医学院学报	147	0.98	22.0	4.4	14	58	—	0.74	4.8
D02	首都医科大学学报	155	0.96	26.0	5.5	11	46	0.01	0.56	5.4
D02	四川大学学报（医学版）	212	0.97	31.5	5.4	22	96	0.02	0.68	4.9
D02	天津医科大学学报	133	0.92	23.4	3.8	7	39	—	0.70	4.9
D02	同济大学学报（医学版）	134	0.97	29.9	4.6	10	55	0.01	0.61	5.5
D02	皖南医学院学报	164	0.96	14.8	4.9	7	58	0.00	0.59	4.5
D02	潍坊医学院学报	138	0.99	15.6	3.7	6	47	—	0.47	5.5
D02	温州医科大学学报	177	0.95	21.7	4.8	13	61	0.01	0.38	5.0
D02	武汉大学学报（医学版）	268	1.00	24.8	4.8	20	89	0.01	0.52	5.3
D02	西安交通大学学报（医学版）	146	0.99	23.4	6.9	22	55	0.01	0.79	5.1
D02	西南医科大学学报	106	0.96	39.8	4.8	16	41	—	1.00	4.2
D02	湘南学院学报（医学版）	76	0.99	17.5	4.8	12	51	—	0.86	4.3
D02	新疆医科大学学报	291	0.99	20.3	4.4	19	140	0.00	0.81	3.3
D02	新乡医学院学报	219	0.96	27.5	4.3	23	129	0.00	0.51	4.3
D02	徐州医科大学学报	164	0.99	21.1	4.8	15	69	0.00	0.45	4.6
D02	延安大学学报（医学科学版）	90	0.99	19.5	4.2	10	45	—	0.48	4.0
D02	延边大学医学学报	98	1.00	17.3	3.9	6	13	—	0.50	5.4
D02	右江民族医学院学报	177	0.97	22.0	5.3	17	54	—	0.85	3.9
D02	浙江大学学报（医学版）	88	0.64	41.5	4.9	17	61	0.01	0.76	5.3
D02	郑州大学学报（医学版）	186	0.98	17.7	6.3	12	56	0.01	0.77	4.7
D02	中国高原医学与生物学杂志	35	0.90	18.4	6.0	2	4	—	0.94	6.1
D02	中国药科大学学报	82	0.88	40.2	4.9	14	33	0.01	0.61	4.3
D02	中国医科大学学报	208	1.00	19.8	4.1	23	73	0.01	0.76	5.0
D02	中南大学学报（医学版）	215	0.92	36.7	5.3	21	62	0.01	0.85	4.9
D02	中山大学学报（医学科学版）	140	0.97	28.5	5.2	19	68	0.01	0.71	4.7
D02	遵义医科大学学报	175	0.99	26.6	5.0	20	80	0.01	0.72	4.5

学科代码	期刊名称	来源文献量	文献选出率	平均引文数	平均作者数	地区分布数	机构分布数	海外论文比	基金论文比	引用半衰期
D03	Animal Models and Experimental Medicine	65	0.93	55.5	6.5	12	52	0.28	0.92	6.2
D03	Cellular & Molecular Immunology	145	1.00	66.9	8.5	13	124	0.66	0.39	7.2
D03	大众心理学	291	0.90	—	1.4	22	144	—	0.01	—
D03	分子诊断与治疗杂志	523	0.98	16.4	4.1	28	388	0.00	0.65	3.3
D03	国际免疫学杂志	120	1.00	27.5	3.8	24	88	0.00	0.56	4.8
D03	国际遗传学杂志	72	1.00	25.5	4.8	16	38	—	0.68	6.1
D03	寄生虫病与感染性疾病	49	0.89	15.9	5.9	13	40	—	0.41	5.0
D03	寄生虫与医学昆虫学报	41	0.98	22.3	5.6	17	33	0.00	0.61	8.1
D03	解剖科学进展	180	0.97	15.3	4.3	23	104	0.00	0.65	4.4
D03	解剖学报	104	0.85	23.5	5.8	26	74	0.00	0.79	6.3
D03	解剖学研究	127	0.95	17.6	4.6	26	105	0.00	0.46	4.2
D03	解剖学杂志	138	0.84	16.6	5.0	28	91	0.00	0.53	5.2
D03	临床心身疾病杂志	184	0.83	20.2	4.2	14	96	—	0.59	4.1
D03	免疫学杂志	132	0.85	24.4	5.2	27	106	0.00	0.61	4.0
D03	神经解剖学杂志	120	0.98	27.6	5.8	24	52	0.00	0.93	4.4
D03	生物医学工程学进展	54	0.93	27.1	3.9	10	22	0.02	0.54	6.1
D03	生物医学转化	49	0.86	54.2	4.1	17	37	0.00	0.73	5.8
D03	实验动物与比较医学	73	0.65	33.6	5.9	16	46	0.07	0.63	6.3
D03	数理医药学杂志	134	0.97	21.1	4.5	22	78	0.01	0.70	4.3
D03	四川解剖学杂志	247	0.96	8.1	3.1	7	142	0.01	0.09	3.5
D03	微循环学杂志	83	0.91	25.7	3.6	19	60	0.00	0.40	4.5
D03	细胞与分子免疫学杂志	173	0.91	31.5	5.7	28	117	0.00	0.80	3.3
D03	现代免疫学	85	0.94	31.3	4.0	25	65	0.00	0.66	5.8
D03	医学分子生物学杂志	87	0.98	24.2	4.3	20	78	0.00	0.45	4.2
D03	医院管理论坛	283	0.96	11.5	4.1	20	121	—	0.46	3.8
D03	遗传学报	117	1.00	54.9	9.6	20	83	0.17	0.81	6.5
D03	中国比较医学杂志	228	0.93	36.4	5.8	26	150	0.00	0.69	5.0
D03	中国病理生理杂志	277	0.99	34.4	5.7	30	180	0.00	0.87	4.8
D03	中国寄生虫学与寄生虫病杂志	129	0.90	27.1	6.5	28	91	0.00	0.64	6.2
D03	中国健康心理学杂志	346	1.00	35.2	3.8	28	234	0.00	0.89	6.2
D03	中国临床解剖学杂志	136	0.92	19.3	6.0	26	96	0.00	0.68	6.1
D03	中国免疫学杂志	477	0.99	29.3	4.8	30	326	0.00	0.65	5.4
D03	中国血液流变学杂志	144	0.95	17.8	3.6	11	91	—	0.29	4.0

学科代码	期刊名称	来源文献量	文献选出率	平均引文数	平均作者数	地区分布数	机构分布数	海外论文比	基金论文比	引用半衰期
D03	中国医学工程	326	0.96	17.8	3.5	23	207	—	0.25	3.9
D03	中国医学物理学杂志	243	1.00	27.6	4.7	23	142	0.01	0.86	4.8
D03	中国组织化学与细胞化学杂志	99	0.94	24.3	4.6	23	75	0.00	0.53	5.0
D03	中华病理学杂志	281	0.89	17.0	5.4	24	166	0.02	0.25	5.7
D03	中华解剖与临床杂志	145	0.99	22.1	5.9	22	93	0.01	0.43	5.1
D03	中华临床实验室管理电子杂志	45	0.94	25.6	4.6	11	36	0.02	0.73	5.0
D03	中华临床医师杂志（电子版）	227	0.99	26.4	5.4	29	154	0.00	0.41	5.6
D03	中华微生物学和免疫学杂志	133	0.88	34.8	6.0	25	96	0.01	0.73	4.9
D03	中华细胞与干细胞杂志（电子版）	50	0.89	44.5	4.6	21	49	0.00	0.54	4.0
D03	中华医学遗传学杂志	309	0.90	18.7	6.2	28	176	0.00	0.58	7.8
D05	Chronic Diseases and Translational Medicine	40	1.00	47.6	5.4	6	34	0.55	0.18	6.9
D05	Emergency and Critical Care Medicine	35	1.00	32.1	5.8	8	28	0.54	0.37	6.6
D05	Health Data Science	67	1.00	16.0	5.8	10	34	0.12	0.46	4.6
D05	Journal of Intensive Medicine	48	1.00	69.4	6.0	12	46	0.52	0.54	7.2
D05	World Journal of Emergency Medicine	105	1.00	20.6	6.4	18	77	0.31	0.55	6.7
D05	巴楚医学	102	0.96	25.3	4.2	18	39	—	0.93	4.1
D05	创伤与急危重病医学	111	0.95	18.8	4.1	16	51	0.00	0.44	4.6
D05	创伤与急诊电子杂志	36	0.82	25.0	3.5	4	19	—	0.36	5.7
D05	当代临床医刊	408	0.99	6.2	2.0	23	315	—	0.13	3.0
D05	临床和实验医学杂志	715	0.97	17.7	4.2	27	410	0.00	0.86	3.2
D05	临床急诊杂志	116	0.95	26.9	4.5	19	104	0.00	0.30	3.2
D05	临床军医杂志	348	0.96	21.2	5.8	26	213		0.75	3.5
D05	临床输血与检验	141	0.92	24.2	5.6	25	106	0.01	0.35	4.8
D05	临床误诊误治	343	0.86	22.9	4.2	28	246	0.00	0.56	3.5
D05	临床研究	702	0.99	16.1	2.1	13	306	—	0.05	3.4
D05	临床医学	481	0.96	13.2	2.4	14	240	—	0.10	3.3
D05	临床医学研究与实践	1869	0.98	17.5	3.0	27	577	—	0.25	4.4
D05	临床医药实践	251	0.93	15.1	3.4	26	180		0.46	3.7
D05	临床与病理杂志	295	0.99	24.9	3.5	27	217	0.01	0.30	4.0
D05	岭南急诊医学杂志	250	1.00	8.8	3.8	14	148	0.00	0.37	3.7
D05	全科医学临床与教育	339	0.96	11.4	3.7	17	184	—	0.59	3.9
D05	蛇志	135	0.92	17.8	3.9	12	84	—	0.45	4.4
D05	实用临床医学	209	0.97	19.0	3.7	14	103	0.00	0.53	4.6

学科代码	期刊名称	来源文献量	文献选出率	平均引文数	平均作者数	地区分布数	机构分布数	海外论文比	基金论文比	引用半衰期
D05	实用临床医药杂志	664	1.00	23.5	4.7	30	437	0.00	0.75	3.7
D05	实用医技杂志	224	0.77	14.6	2.7	23	194	—	0.21	3.3
D05	实用医学杂志	568	0.99	26.3	5.2	30	373	0.00	0.79	3.4
D05	实用医院临床杂志	290	0.98	24.4	4.2	23	173	0.00	0.65	4.1
D05	现代临床医学	135	0.95	23.7	4.2	21	96	—	0.48	4.8
D05	现代医药卫生	946	1.00	22.7	3.9	30	530	—	0.66	4.6
D05	疑难病杂志	259	0.93	25.5	4.3	26	205	0.00	0.81	3.4
D05	浙江临床医学	663	0.98	15.7	4.2	16	247	—	0.61	5.1
D05	中国合理用药探索	255	0.84	18.1	3.6	21	135	0.00	0.43	4.2
D05	中国激光医学杂志	59	0.81	25.0	4.7	16	54	0.00	0.36	5.0
D05	中国急救医学	167	0.94	25.1	5.5	28	119	0.01	0.53	4.4
D05	中国疗养医学	312	0.96	23.7	4.0	28	171	—	0.51	3.5
D05	中国临床新医学	264	0.96	25.6	4.6	31	192	0.00	0.62	4.4
D05	中国临床研究	394	0.93	24.8	4.8	29	259	0.00	0.60	3.9
D05	中国临床医生杂志	434	0.97	18.9	4.2	26	293	0.00	0.50	4.1
D05	中国临床医学	161	0.92	27.2	5.2	13	67	0.01	0.66	6.0
D05	中国美容整形外科杂志	223	0.97	23.0	4.6	24	153	0.00	0.13	3.9
D05	中国全科医学	633	0.93	32.3	5.8	29	331	0.04	0.77	5.2
D05	中国实用医刊	766	1.00	14.6	4.0	10	233	—	0.09	3.2
D05	中国输血杂志	275	0.98	20.6	6.1	28	172	0.00	0.31	5.4
D05	中国疼痛医学杂志	142	0.69	29.6	5.5	26	103	0.01	0.67	5.4
D05	中国医刊	365	0.97	23.1	4.3	28	208	0.00	0.48	4.4
D05	中国医师进修杂志	233	0.97	17.6	4.0	25	187	0.00	0.24	4.1
D05	中国医师杂志	437	0.95	24.8	4.4	28	296	0.00	0.53	3.5
D05	中国医药	416	1.00	24.4	4.7	30	217	0.00	0.80	4.2
D05	中国真菌学杂志	117	0.98	28.7	4.8	26	94	0.01	0.45	6.0
D05	中国综合临床	83	0.92	26.0	4.4	18	64	0.00	0.41	4.7
D05	中华急诊医学杂志	320	0.90	23.6	5.7	26	184	0.00	0.43	5.2
D05	中华全科医师杂志	250	0.78	19.2	4.8	21	158	0.02	0.30	4.9
D05	中华全科医学	518	0.97	21.8	5.0	27	303	0.00	0.87	3.5
D05	中华危重病急救医学	221	0.82	27.0	5.9	27	160	0.00	0.84	5.3
D05	中华危重症医学杂志（电子版）	99	0.98	28.5	4.9	18	72	0.00	0.54	5.3
D05	中华医学美学美容杂志	150	0.96	15.4	4.6	26	110	0.00	0.21	5.8

学科代码	期刊名称	来源文献量	文献选出率	平均引文数	平均作者数	地区分布数	机构分布数	海外论文比	基金论文比	引用半衰期
D06	国际检验医学杂志	616	0.99	22.2	4.4	30	456	0.00	0.63	3.8
D06	检验医学	230	0.94	19.4	5.0	25	183	0.00	0.48	5.0
D06	检验医学与临床	937	0.98	18.2	3.6	30	629	0.00	0.38	3.8
D06	临床检验杂志	209	0.91	18.1	5.3	28	158	0.00	0.42	4.5
D06	临床与实验病理学杂志	389	0.92	18.0	4.9	29	251	0.00	0.32	4.9
D06	实用检验医师杂志	110	1.00	16.8	3.2	18	87	—	0.29	3.6
D06	现代检验医学杂志	221	0.95	21.2	4.7	26	189	0.00	0.45	3.5
D06	现代诊断与治疗	1403	0.98	13.6	2.3	24	778	—	0.22	3.2
D06	循证医学	58	0.89	24.7	4.8	16	35	0.00	0.33	3.8
D06	医学检验与临床	217	1.00	15.1	3.0	18	179	0.00	0.16	4.6
D06	诊断病理学杂志	378	0.96	12.2	4.7	29	258	0.00	0.19	5.8
D06	诊断学理论与实践	83	0.78	30.7	4.2	11	43	0.00	0.42	5.1
D06	中国实验诊断学	387	1.00	19.5	4.4	22	182	0.01	0.39	5.0
D06	中国循证医学杂志	212	0.97	35.6	6.5	21	102	0.03	0.63	5.5
D06	中华检验医学杂志	181	0.90	27.7	6.1	23	116	0.02	0.44	4.7
D06	中华实用诊断与治疗杂志	271	0.98	18.2	5.7	25	122	0.00	0.79	3.6
D06	中华诊断学电子杂志	55	0.95	27.2	5.1	14	33	0.02	0.71	5.1
D07	保健医学研究与实践	408	0.98	20.7	3.5	26	274	0.00	0.56	3.7
D07	大众健康	524	0.79	—	1.4	24	266	0.00	0.92	—
D07	反射疗法与康复医学	1242	1.00	11.3	2.2	31	740	—	0.10	2.7
D07	国际老年医学杂志	171	0.98	21.1	4.3	28	112	0.01	0.70	4.2
D07	家庭医学	825	0.66	—	1.3	26	365	—	0.01	—
D07	家庭用药	620	0.90	—	1.4	15	142	—	0.00	
D07	健康博览	388	0.87	0.0	1.3	14	172	—	—	≥10
D07	健康教育与健康促进	175	0.97	13.8	3.6	23	128	0.01	0.55	4.2
D07	健康世界	301	0.80	0.1	1.7	26	200		0.12	5.8
D07	健康向导	227	0.83	1.6	1.3	15	124	—	—	3.6
D07	健康研究	152	0.99	17.3	3.6	19	101	0.03	0.61	4.7
D07	江苏卫生保健	174	0.97	8.9	3.0	10	128	—	0.15	3.6
D07	老年医学研究	87	0.95	27.1	4.3	21	57	—	0.44	4.4
D07	老年医学与保健	292	0.98	23.9	4.0	22	149	0.00	0.40	3.8
D07	人口与健康	551	0.89	0.2	1.4	28	363	—	0.04	3.2
D07	人人健康	2596	0.86	0.8	1.4	31	1400	0.00	0.04	3.2

学科代码	期刊名称	来源文献量	文献选出率	平均引文数	平均作者数	地区分布数	机构分布数	海外论文比	基金论文比	引用半衰期
D07	实用老年医学	308	0.92	21.1	4.3	29	191	0.00	0.40	4.8
D07	现代养生	603	0.96	13.1	2.4	30	367	—	0.23	3.6
D07	中国初级卫生保健	348	0.97	16.7	4.4	26	244	—	0.52	3.9
D07	中国康复	159	0.79	29.9	5.2	24	115	0.00	0.58	4.9
D07	中国康复理论与实践	196	0.98	35.8	5.4	22	111	0.02	0.53	4.8
D07	中国康复医学杂志	312	0.98	32.7	5.4	27	173	0.01	0.61	6.1
D07	中国老年保健医学	245	1.00	24.5	3.9	27	137	—	0.56	4.9
D07	中国老年学杂志	1546	0.98	22.4	4.5	30	748	0.00	0.72	4.8
D07	中国临床保健杂志	186	0.92	22.5	5.0	23	122	0.00	0.51	4.3
D07	中国听力语言康复科学杂志	165	0.95	19.4	4.0	25	102	0.05	0.30	7.1
D07	中华保健医学杂志	203	0.98	17.2	4.3	22	137	0.00	0.51	3.6
D07	中华老年病研究电子杂志	36	1.00	26.7	4.0	11	21	—	0.39	5.5
D07	中华老年多器官疾病杂志	201	0.97	21.3	4.6	27	118	0.00	0.54	4.3
D07	中华老年骨科与康复电子杂志	55	0.98	32.9	5.5	15	40	0.02	0.75	5.6
D07	中华老年医学杂志	260	0.93	21.4	5.6	27	157	0.00	0.59	5.2
D07	中华物理医学与康复杂志	240	0.97	28.7	5.3	25	164	0.01	0.49	5.8
D07	中医健康养生	293	0.72	—	1.3	25	103	—	0.01	—
D07	祝您健康	193	0.54	—	1.2	17	105	0.00	—	—
D08	临床荟萃	204	0.99	30.6	4.1	28	135	0.00	0.49	4.7
D08	临床内科杂志	243	0.85	23.5	3.9	25	176	0.00	0.48	4.7
D08	内科	140	0.96	22.2	3.8	15	90	0.02	0.51	4.8
D08	内科急危重症杂志	129	0.93	23.2	3.9	22	89	0.00	0.46	4.9
D08	内科理论与实践	92	0.80	25.3	4.2	13	35	0.00	0.42	4.8
D08	糖尿病新世界	1199	0.98	15.6	2.7	29	777	—	0.08	2.7
D08	心电与循环	135	0.99	18.1	3.7	10	84	—	0.36	4.8
D08	心血管病防治知识	1041	0.97	12.7	2.0	24	410	—	0.06	2.8
D08	中国肛肠病杂志	360	0.98	8.3	2.7	25	240	—	0.18	3.8
D08	中国实用内科杂志	208	0.89	27.6	4.2	28	126	0.00	0.60	5.3
D08	中华内科杂志	210	0.65	25.1	5.8	22	98	0.00	0.49	5.6
D08	中华胃肠内镜电子杂志	50	0.81	26.9	5.5	14	27	0.00	0.42	5.1
D08	中华炎性肠病杂志（中英文）	73	0.77	29.2	4.8	17	39	0.01	0.38	5.7
D09	国际呼吸杂志	220	0.97	32.6	4.3	28	155	0.00	0.73	3.9
D09	结核与肺部疾病杂志	88	0.94	29.0	4.4	23	69	0.02	0.66	4.7

学科代码	期刊名称	来源文献量	文献选出率	平均引文数	平均作者数	地区分布数	机构分布数	海外论文比	基金论文比	引用半衰期
D09	临床肺科杂志	411	0.98	24.6	4.1	30	298	0.00	0.34	4.4
D09	中国防痨杂志	171	0.88	25.0	5.7	27	81	0.01	0.53	4.9
D09	中国呼吸与危重监护杂志	159	0.70	28.9	5.0	27	110	0.01	0.43	4.8
D09	中华肺部疾病杂志（电子版）	252	0.99	28.4	4.3	24	185	0.00	0.42	3.8
D09	中华结核和呼吸杂志	184	0.76	30.9	5.3	24	103	0.00	0.42	4.8
D10	Hepatobiliary & Pancreatic Diseases International	109	0.93	36.9	5.9	20	93	0.31	0.66	7.0
D10	iLIVER	30	1.00	48.3	5.5	10	30	0.43	0.50	6.5
D10	Journal of Pancreatology	32	1.00	62.3	8.6	7	19	0.22	0.44	6.8
D10	Liver Research	40	0.93	89.0	5.1	6	29	0.57	0.78	6.7
D10	肝脏	390	0.99	21.2	4.0	29	254	0.00	0.40	4.6
D10	国际消化病杂志	81	0.91	25.0	4.1	22	71	0.00	0.37	3.9
D10	临床肝胆病杂志	405	0.86	33.1	4.9	30	217	0.00	0.69	4.8
D10	临床消化病杂志	118	0.89	19.7	4.3	24	94	0.00	0.34	5.8
D10	实用肝脏病杂志	237	0.98	21.7	4.0	28	198	0.00	0.68	4.0
D10	食管疾病	63	0.95	28.0	4.8	7	38	0.02	0.30	4.6
D10	胃肠病学	96	0.84	36.9	4.1	20	64	0.00	0.36	6.0
D10	胃肠病学和肝病学杂志	291	0.99	27.6	4.8	27	163	0.00	0.39	5.0
D10	现代消化及介入诊疗	348	0.97	30.3	4.7	28	246	0.00	0.70	3.9
D10	中国肝脏病杂志（电子版）	44	0.86	37.0	4.5	17	32	0.00	0.70	4.6
D10	中华肝脏病杂志	213	0.70	24.9	5.2	27	127	0.00	0.58	4.9
D10	中华肝脏外科手术学电子杂志	135	0.89	26.4	5.2	21	81	0.00	0.66	5.0
D10	中华结直肠疾病电子杂志	78	0.95	30.9	5.6	20	53	0.00	0.64	5.7
D10	中华消化病与影像杂志（电子版）	113	0.97	23.1	4.4	18	90	0.00	0.34	3.8
D10	中华消化内镜杂志	194	0.85	25.7	6.1	25	110	0.01	0.45	6.5
D10	中华消化杂志	131	0.62	25.5	5.0	24	86	0.01	0.37	5.6
D10	中华胰腺病杂志	105	0.87	26.7	4.9	18	68	0.00	0.43	6.0
D11	Blood Science	14	1.00	38.6	4.0	5	10	0.29	0.43	4.3
D11	国际输血及血液学杂志	76	0.97	33.0	4.0	22	59	0.00	0.51	5.4
D11	临床肾脏病杂志	181	0.99	26.4	4.3	26	131	0.01	0.45	4.7
D11	临床血液学杂志	182	0.91	22.1	5.1	26	128	0.00	0.34	4.0
D11	血栓与止血学	47	0.85	28.4	4.7	18	40	0.02	0.53	5.2
D11	中国实验血液学杂志	300	0.96	22.9	6.1	28	205	0.00	0.56	4.9

学科代码	期刊名称	来源文献量	文献选出率	平均引文数	平均作者数	地区分布数	机构分布数	海外论文比	基金论文比	引用半衰期
D11	中国血液净化	197	0.91	21.6	4.7	26	147	0.00	0.30	5.2
D11	中华肾脏病杂志	135	0.78	25.8	5.9	22	87	0.01	0.54	6.0
D11	中华血液学杂志	170	0.68	21.6	9.1	19	67	0.01	0.51	5.6
D12	风湿病与关节炎	209	0.94	25.8	5.0	25	95	—	0.75	5.2
D12	国际内分泌代谢杂志	100	0.89	23.2	3.4	24	62	0.01	0.59	5.1
D12	实用妇科内分泌电子杂志	1704	0.98	11.2	1.9	31	987	0.00	0.11	2.8
D12	中国骨质疏松杂志	332	0.96	35.6	5.9	30	191	0.02	0.71	4.2
D12	中国糖尿病杂志	188	0.95	22.8	5.0	31	151	0.02	0.59	4.6
D12	中华风湿病学杂志	165	0.81	29.2	4.9	25	102	0.00	0.52	6.0
D12	中华骨质疏松和骨矿盐疾病杂志	82	0.99	31.4	5.5	22	62	0.00	0.59	5.9
D12	中华临床免疫和变态反应杂志	121	0.88	23.4	3.3	19	59	0.00	0.21	5.6
D12	中华内分泌代谢杂志	147	0.84	29.0	5.8	23	97	0.01	0.58	5.7
D12	中华糖尿病杂志	193	0.79	29.1	5.4	26	133	0.02	0.52	4.8
D13	Infectious Diseases & Immunity	31	1.00	30.3	9.3	8	22	0.16	0.65	3.0
D13	Infectious Diseases of Poverty	46	0.59	57.8	8.8	9	37	0.48	0.35	5.9
D13	Infectious Medicine	42	1.00	49.0	6.8	9	39	0.69	0.45	5.8
D13	Infectious Microbes & Diseases	26	1.00	46.3	6.7	7	20	0.31	0.54	4.6
D13	传染病信息	104	0.92	26.7	5.2	24	80	0.02	0.42	4.0
D13	国际流行病学传染病学杂志	80	0.91	23.6	5.3	23	59	0.00	0.39	4.1
D13	微生物与感染	50	0.76	34.7	4.4	18	41	0.00	0.50	4.4
D13	新发传染病电子杂志	103	0.86	25.7	5.7	22	73	0.01	0.52	4.6
D13	中国感染控制杂志	217	0.95	24.5	5.8	29	166	0.00	0.52	4.6
D13	中国感染与化疗杂志	127	0.67	24.5	6.7	23	93	0.00	0.43	5.5
D13	中华传染病杂志	137	0.72	25.4	6.1	22	98	0.02	0.39	4.1
D13	中华临床感染病杂志	54	0.72	31.6	6.4	15	43	0.00	0.37	3.3
D13	中华实验和临床感染病杂志（电子版）	58	0.85	30.1	4.7	16	41	0.00	0.60	4.3
D14	Chinese Journal of Traumatology	47	0.90	29.5	5.6	9	39	0.60	0.21	8.6
D14	Laparoscopic, Endoscopic and Robotic Surgery	28	0.88	28.4	5.1	3	18	0.46	0.36	8.2
D14	肠外与肠内营养	67	0.87	25.6	5.7	21	56	0.00	0.45	4.4
D14	国际麻醉学与复苏杂志	243	0.90	25.6	4.7	28	147	0.00	0.39	4.9
D14	国际外科学杂志	158	1.00	29.5	4.8	24	88	0.01	0.35	4.6
D14	国际移植与血液净化杂志	69	0.82	15.2	3.3	7	46	0.07	0.12	3.2
D14	河南外科学杂志	431	1.00	13.2	2.4	15	245	0.00	0.17	3.8

学科代码	期刊名称	来源文献量	文献选出率	平均引文数	平均作者数	地区分布数	机构分布数	海外论文比	基金论文比	引用半衰期
D14	机器人外科学杂志（中英文）	83	0.95	23.5	5.5	21	55	0.02	0.51	6.1
D14	局解手术学杂志	245	0.98	21.3	4.7	27	174	0.00	0.60	4.1
D14	临床麻醉学杂志	278	0.89	21.2	4.8	28	176	0.00	0.37	4.6
D14	临床外科杂志	331	0.88	17.4	4.2	30	243	0.00	0.23	4.4
D14	岭南现代临床外科	84	1.00	26.6	4.7	15	45	—	0.70	5.6
D14	器官移植	113	0.93	40.2	5.2	24	74	0.00	0.92	2.9
D14	实用器官移植电子杂志	116	0.87	29.1	5.4	24	64	0.00	0.49	6.5
D14	手术电子杂志	96	0.94	25.4	5.1	18	49	—	0.61	4.8
D14	外科理论与实践	94	0.75	30.5	4.0	17	49	0.01	0.30	5.1
D14	外科研究与新技术（中英文）	77	0.79	14.7	2.7	14	66		0.31	3.9
D14	浙江创伤外科	740	0.99	12.5	3.0	5	247	0.02	0.13	2.8
D14	中国内镜杂志	156	0.87	27.5	5.1	23	147	0.00	0.22	7.4
D14	中国实用外科杂志	255	0.80	28.0	4.3	25	123	0.00	0.84	4.8
D14	中国体外循环杂志	84	0.89	20.8	5.3	19	52		0.46	4.3
D14	中国微创外科杂志（中英文）	180	0.97	22.3	4.8	27	116	0.00	0.39	4.8
D14	中国现代手术学杂志	93	0.89	18.6	4.7	20	75		0.31	4.2
D14	中华肥胖与代谢病电子杂志	51	1.00	33.5	5.0	16	32	—	0.39	4.9
D14	中华麻醉学杂志	319	0.92	20.1	6.2	24	172	0.00	0.48	4.9
D14	中华内分泌外科杂志	162	0.92	11.6	4.6	23	110	0.01	0.56	3.8
D14	中华器官移植杂志	106	0.82	30.2	6.2	20	62	0.01	0.61	4.7
D14	中华实验外科杂志	655	0.76	17.0	5.3	30	286	0.00	0.59	4.5
D14	中华外科杂志	185	0.92	23.6	6.2	28	110	0.01	0.57	5.4
D14	中华移植杂志（电子版）	53	0.87	31.1	5.4	12	31	0.00	0.45	4.3
D15	腹部外科	90	0.99	29.1	5.6	19	62	0.00	0.57	4.8
D15	腹腔镜外科杂志	206	0.91	22.6	5.0	25	160	0.00	0.29	4.7
D15	肝癌电子杂志	42	0.75	31.0	4.1	13	30		0.29	4.6
D15	肝博士	106	0.66	—	1.5	21	64	—	—	—
D15	肝胆外科杂志	117	0.91	22.1	4.1	21	84	0.00	0.33	4.7
D15	肝胆胰外科杂志	161	0.84	21.3	4.8	26	130	0.00	0.33	4.5
D15	加速康复外科杂志	34	0.92	27.7	3.6	7	20	—	0.41	4.0
D15	结直肠肛门外科	125	0.95	23.8	4.8	22	81	0.01	0.27	6.3
D15	临床普外科电子杂志	65	0.80	15.3	3.4	11	51	—	0.25	4.0
D15	临床心电学杂志	116	0.72	10.2	2.7	24	84	—	0.16	4.5

学科代码	期刊名称	来源文献量	文献选出率	平均引文数	平均作者数	地区分布数	机构分布数	海外论文比	基金论文比	引用半衰期
D15	血管与腔内血管外科杂志	317	0.96	22.8	4.6	27	199	0.00	0.35	4.9
D15	中国普通外科杂志	218	0.84	38.2	5.7	29	147	0.00	0.63	4.7
D15	中国普外基础与临床杂志	262	0.93	31.7	4.3	26	129	0.00	0.37	4.5
D15	中国现代普通外科进展	259	0.87	17.7	4.1	26	189	0.00	0.25	5.1
D15	中国胸心血管外科临床杂志	259	0.85	29.3	6.5	24	126	0.01	0.53	5.4
D15	中国血管外科杂志（电子版）	83	0.86	28.4	4.9	20	55	0.00	0.36	5.4
D15	中华肝胆外科杂志	202	0.82	23.5	5.7	28	144	0.00	0.50	5.2
D15	中华脑科疾病与康复杂志（电子版）	60	0.94	25.7	4.0	18	55	0.00	0.30	4.2
D15	中华普通外科学文献（电子版）	96	0.84	20.3	5.2	23	70	0.00	0.49	4.6
D15	中华普通外科杂志	224	0.80	14.6	5.9	26	143	0.00	0.26	5.2
D15	中华普外科手术学杂志（电子版）	170	0.92	20.0	4.5	26	127	0.00	0.56	3.7
D15	中华腔镜外科杂志（电子版）	77	0.97	23.2	5.1	18	48	0.00	0.35	4.7
D15	中华乳腺病杂志（电子版）	70	0.91	31.3	4.8	22	52	0.00	0.23	5.2
D15	中华疝和腹壁外科杂志（电子版）	170	0.99	22.3	3.9	24	121	0.00	0.25	3.9
D15	中华胃肠外科杂志	175	0.71	29.5	6.0	22	104	0.02	0.56	5.9
D15	中华消化外科杂志	180	0.73	38.1	6.8	31	108	0.04	0.81	4.7
D15	中华心力衰竭和心肌病杂志（中英文）	42	0.78	42.7	4.7	15	34	0.00	0.26	5.0
D15	中华胸部外科电子杂志	39	1.00	25.3	4.4	16	33	—	0.23	5.6
D15	中华胸心血管外科杂志	159	0.95	20.4	5.7	23	103	0.00	0.35	6.5
D15	中华血管外科杂志	64	1.00	30.8	6.0	17	51	—	0.53	6.2
D16	Cardiology Discovery	35	1.00	52.1	6.6	13	22	0.06	0.80	6.9
D16	Journal of Geriatric Cardiology	102	1.00	31.8	7.8	16	67	0.34	0.53	6.1
D16	South China Journal of Cardiology	31	1.00	21.0	4.9	8	20	—	0.65	5.8
D16	国际心血管病杂志	96	0.99	26.6	3.9	26	79	0.00	0.47	4.5
D16	临床心血管病杂志	179	0.95	26.4	5.0	29	122	0.01	0.49	4.3
D16	岭南心血管病杂志	117	0.95	20.2	4.8	20	95	0.00	0.38	5.1
D16	实用心电学杂志	89	0.85	19.9	3.8	23	65	—	0.69	4.0
D16	实用心脑肺血管病杂志	326	0.94	30.4	4.9	28	214	0.00	0.73	4.2
D16	心肺血管病杂志	243	0.92	22.0	5.0	24	109	0.00	0.35	5.1
D16	心脑血管病防治	181	0.93	21.5	3.9	24	159	0.00	0.38	4.7
D16	心血管病学进展	243	0.96	35.4	3.8	26	125	0.00	0.55	4.8
D16	心血管康复医学杂志	170	0.95	28.6	3.0	21	61	0.00	0.17	5.2
D16	心脏杂志	151	0.95	22.8	5.4	25	85	0.00	0.46	5.0

学科代码	期刊名称	来源文献量	文献选出率	平均引文数	平均作者数	地区分布数	机构分布数	海外论文比	基金论文比	引用半衰期
D16	中国动脉硬化杂志	149	0.93	37.7	4.7	25	114	0.01	0.86	4.5
D16	中国分子心脏病学杂志	110	1.00	26.6	4.8	20	78	0.00	0.50	4.7
D16	中国介入心脏病学杂志	145	0.94	27.8	5.6	24	84	0.01	0.40	4.5
D16	中国心血管病研究	194	0.98	30.0	4.4	28	137	0.00	0.55	4.5
D16	中国心血管杂志	114	0.82	24.8	4.9	29	93	0.01	0.37	4.4
D16	中国心脏起搏与心电生理杂志	158	0.93	10.9	4.4	26	119	0.00	0.21	6.5
D16	中国循环杂志	181	0.88	26.0	6.3	24	73	0.00	0.47	5.3
D16	中国循证心血管医学杂志	342	0.95	21.4	4.8	25	1	0.00	0.48	5.1
D16	中华高血压杂志	198	0.69	31.2	4.9	29	134	0.01	0.45	5.5
D16	中华老年心脑血管病杂志	337	0.94	15.8	4.8	28	219	0.00	0.62	2.9
D16	中华心律失常学杂志	88	0.88	21.2	6.6	16	44	0.00	0.45	5.4
D16	中华心血管病杂志	175	0.73	31.1	6.1	25	98	0.01	0.51	6.0
D16	中华心血管病杂志（网络版）	15	0.71	53.3	4.1	7	12	0.07	0.40	4.7
D16	中华心脏与心律电子杂志	42	1.00	22.3	5.2	9	23	—	0.57	5.4
D17	Asian Journal of Andrology	124	0.91	39.2	7.5	19	92	0.30	0.49	7.4
D17	Asian Journal of Urology	79	1.00	33.3	7.3	8	71	0.78	0.16	7.8
D17	UroPrecision	23	0.74	31.7	9.5	6	14	0.35	0.26	6.5
D17	国际泌尿系统杂志	296	0.98	21.5	4.2	29	237	0.00	0.30	5.4
D17	临床泌尿外科杂志	199	0.94	22.8	5.9	25	131	0.01	0.35	4.7
D17	泌尿外科杂志（电子版）	75	0.93	24.4	4.9	19	50	—	0.29	5.0
D17	肾脏病与透析肾移植杂志	98	0.80	25.1	4.4	19	48	0.00	0.60	4.9
D17	透析与人工器官	116	0.97	14.6	1.9	5	82	—	0.03	3.2
D17	微创泌尿外科杂志	76	0.90	20.6	5.8	21	63	0.00	0.28	4.2
D17	现代泌尿外科杂志	237	0.94	20.2	5.7	25	152	0.00	0.43	5.6
D17	中华泌尿外科杂志	219	0.87	18.4	6.4	27	132	0.00	0.24	4.9
D17	中华腔镜泌尿外科杂志（电子版）	131	0.86	21.8	5.8	24	99	0.00	0.44	4.5
D17	中华肾病研究电子杂志	70	0.91	28.0	4.8	17	49	0.00	0.54	4.9
D18	Bone Research	60	0.98	121.6	11.4	14	50	0.43	0.95	7.2
D18	骨科	110	1.00	24.4	5.5	20	82	0.00	0.40	5.9
D18	骨科临床与研究杂志	76	0.96	27.2	4.7	22	52	—	0.47	6.4
D18	国际骨科学杂志	79	0.94	35.3	3.9	16	45	0.00	0.48	4.1
D18	脊柱外科杂志	77	0.95	31.4	5.1	23	65	0.00	0.42	5.8
D18	颈腰痛杂志	326	1.00	13.8	4.4	29	267	0.00	0.25	5.1

学科代码	期刊名称	来源文献量	文献选出率	平均引文数	平均作者数	地区分布数	机构分布数	海外论文比	基金论文比	引用半衰期
D18	临床骨科杂志	195	0.67	11.7	4.6	27	172	0.00	0.38	4.4
D18	生物骨科材料与临床研究	115	0.91	24.9	5.4	23	96	0.00	0.34	5.4
D18	实用骨科杂志	263	0.95	21.8	5.3	27	208	0.00	0.29	5.5
D18	实用手外科杂志	183	1.00	16.2	4.5	26	143	—	0.20	6.2
D18	中国骨与关节损伤杂志	381	0.98	18.8	5.2	28	298	0.00	0.28	5.9
D18	中国骨与关节杂志	157	0.79	31.5	5.2	26	125	0.00	0.31	6.4
D18	中国脊柱脊髓杂志	159	0.94	31.3	6.1	25	107	0.00	0.42	5.9
D18	中华创伤骨科杂志	171	0.78	25.4	6.1	24	116	0.00	0.49	5.9
D18	中华骨科杂志	214	0.95	33.4	6.5	25	122	0.01	0.50	6.2
D18	中华骨与关节外科杂志	164	0.95	29.3	6.2	24	116	0.01	0.48	5.2
D18	中华关节外科杂志（电子版）	132	0.97	33.7	5.3	22	115	0.00	0.39	5.7
D18	中华肩肘外科电子杂志	60	0.71	31.0	5.1	20	48	0.00	0.43	6.8
D18	中华手外科杂志	160	0.91	15.4	5.8	22	98	0.00	0.21	7.7
D18	中华疼痛学杂志	167	0.74	26.1	5.3	25	115	0.03	0.38	5.0
D18	中华显微外科杂志	146	0.94	18.8	6.1	27	102	—	0.51	7.2
D18	足踝外科电子杂志	75	0.91	26.9	5.5	19	60	—	0.55	5.3
D19	Chinese Journal of Plastic and Reconstructive Surgery	40	0.91	30.0	5.3	4	23	0.28	0.55	6.4
D19	创伤外科杂志	176	0.88	23.5	4.8	27	127	0.00	0.39	4.6
D19	中国矫形外科杂志	484	0.86	23.3	5.4	31	308	0.00	0.38	5.3
D19	中国美容医学	625	0.99	19.2	3.8	29	456	0.00	0.16	4.4
D19	中国烧伤创疡杂志	119	0.95	16.1	3.1	19	91	—	0.18	4.3
D19	中国修复重建外科杂志	245	0.94	31.7	6.3	27	147	0.00	0.46	4.9
D19	中国医疗美容	241	0.93	20.0	3.7	24	188	—	0.21	4.3
D19	中华创伤杂志	134	0.59	38.8	6.5	21	96	0.00	0.47	3.8
D19	中华烧伤与创面修复杂志	177	0.68	31.0	5.9	26	95	0.01	0.65	4.3
D19	中华损伤与修复杂志（电子版）	92	0.86	29.3	5.4	25	72	0.00	0.40	5.4
D19	中华整形外科杂志	213	0.84	28.8	5.0	26	124	0.00	0.30	6.1
D19	组织工程与重建外科杂志	113	0.93	26.3	4.5	20	62	0.00	0.29	5.8
D20	Gynecology and Obstetrics Clinical Medicine	44	1.00	34.0	4.5	5	31	0.52	0.52	6.2
D20	Maternal-Fetal Medicine	47	1.00	34.3	6.3	9	39	0.40	0.34	6.1
D20	Reproductive and Developmental Medicine	35	1.00	49.6	8.7	5	23	0.26	0.71	7.3
D20	妇儿健康导刊	1495	0.97	16.4	2.0	31	943	0.00	0.13	3.0

学科代码	期刊名称	来源文献量	文献选出率	平均引文数	平均作者数	地区分布数	机构分布数	海外论文比	基金论文比	引用半衰期
D20	国际妇产科学杂志	147	0.92	28.0	3.6	24	91	0.00	0.45	3.4
D20	实用妇产科杂志	222	0.89	18.6	3.8	24	125	0.00	0.38	5.2
D20	现代妇产科进展	211	0.95	21.9	4.7	28	143	0.00	0.45	4.0
D20	中国妇产科临床杂志	215	0.94	13.5	4.3	28	161	0.00	0.46	3.6
D20	中国实用妇科与产科杂志	217	0.80	28.7	3.5	23	109	0.00	0.79	4.7
D20	中华产科急救电子杂志	56	1.00	22.8	3.2	12	32	—	0.50	5.7
D20	中华妇产科杂志	138	0.67	26.3	5.3	19	68	0.01	0.49	5.5
D20	中华妇幼临床医学杂志（电子版）	98	0.89	29.0	4.5	22	59	0.00	0.81	3.9
D20	中华围产医学杂志	179	0.80	26.3	5.0	25	100	0.00	0.43	6.0
D21	Pediatric Investigation	45	1.00	33.0	6.1	3	28	0.42	0.33	5.7
D21	World Journal of Pediatric Surgery	45	1.00	25.3	6.9	5	34	0.64	0.27	6.3
D21	World Journal of Pediatrics	119	0.90	45.4	8.6	10	88	0.52	0.28	6.3
D21	发育医学电子杂志	77	0.96	36.5	4.6	20	63	0.00	0.60	5.5
D21	国际儿科学杂志	185	0.81	31.1	2.4	23	93	0.00	0.46	4.9
D21	临床儿科杂志	161	0.84	27.3	4.4	22	74	0.00	0.36	4.8
D21	临床小儿外科杂志	222	0.83	23.5	5.5	27	98	0.01	0.55	6.5
D21	中国当代儿科杂志	195	0.91	26.8	5.2	26	115	0.01	0.42	4.3
D21	中国儿童保健杂志	268	0.95	27.6	4.6	26	170	0.00	0.51	4.8
D21	中国实用儿科杂志	165	0.79	29.0	3.9	25	93	0.00	0.39	5.5
D21	中国小儿急救医学	197	0.88	28.3	4.8	24	96	0.01	0.34	5.8
D21	中国循证儿科杂志	89	0.93	23.2	6.8	17	43	0.02	0.38	6.2
D21	中华儿科杂志	204	0.68	19.9	6.3	23	77	0.02	0.50	5.4
D21	中华实用儿科临床杂志	156	0.82	31.0	5.7	21	80	0.00	0.44	4.8
D21	中华小儿外科杂志	199	0.93	27.5	5.8	26	87	0.00	0.33	7.3
D21	中华新生儿科杂志（中英文）	171	0.84	20.9	5.2	28	113	0.00	0.32	5.1
D22	Eye and Vision	24	0.83	49.7	6.2	4	20	0.67	0.50	8.8
D22	国际眼科杂志	398	0.93	32.4	4.5	29	263	0.01	0.42	4.7
D22	临床眼科杂志	130	0.66	20.5	4.1	24	104	0.00	0.27	6.4
D22	眼科	113	0.72	18.0	4.5	18	58	0.01	0.29	7.3
D22	眼科新进展	194	0.95	29.9	5.0	27	124	0.01	0.72	5.2
D22	眼科学报	117	0.97	32.4	4.2	25	71	0.02	0.68	5.9
D22	中国斜视与小儿眼科杂志	68	0.83	12.9	4.4	20	52	0.00	0.28	6.9
D22	中华实验眼科杂志	175	0.68	31.7	4.5	22	109	0.01	0.71	6.6

学科代码	期刊名称	来源文献量	文献选出率	平均引文数	平均作者数	地区分布数	机构分布数	海外论文比	基金论文比	引用半衰期
D22	中华眼底病杂志	181	0.76	27.2	4.5	27	97	0.00	0.50	6.3
D22	中华眼科医学杂志（电子版）	71	0.99	44.4	4.1	17	38	0.00	0.99	5.7
D22	中华眼科杂志	152	0.61	30.2	4.4	20	60	0.01	0.43	6.3
D22	中华眼视光学与视觉科学杂志	167	0.84	21.1	4.8	26	115	0.00	0.38	6.0
D22	中华眼外伤职业眼病杂志	158	0.75	22.1	4.0	24	115	0.01	0.44	5.3
D23	Journal of Otology	37	0.92	31.2	4.8	3	34	0.89	0.32	≥10
D23	World Journal of Otorhinolaryngology-Head and Neck Surgery	45	0.94	31.7	5.4	2	40	0.89	0.11	9.6
D23	国际耳鼻咽喉头颈外科杂志	85	0.94	28.8	4.1	24	61	—	0.55	5.6
D23	国际眼科纵览	107	0.89	39.7	2.9	19	57	—	0.65	6.0
D23	临床耳鼻咽喉头颈外科杂志	189	0.93	24.3	5.7	26	119	0.02	0.42	5.3
D23	山东大学耳鼻喉眼学报	154	0.97	37.1	4.4	23	100	0.00	0.40	5.5
D23	实用防盲技术	52	0.90	13.3	2.5	8	39	0.02	0.15	5.7
D23	听力学及言语疾病杂志	121	0.88	18.9	5.1	24	81	0.02	0.52	6.5
D23	中国耳鼻咽喉颅底外科杂志	138	0.95	26.0	5.0	22	96	0.01	0.43	6.0
D23	中国耳鼻咽喉头颈外科	206	0.86	17.3	5.0	26	146	0.00	0.38	5.6
D23	中国眼耳鼻喉科杂志	110	0.85	22.1	5.0	18	65	0.00	0.34	6.8
D23	中国医学文摘—耳鼻咽喉科学	418	1.00	9.8	2.0	23	235	—	0.06	3.6
D23	中华耳鼻咽喉头颈外科杂志	211	0.74	29.2	5.8	26	110	0.00	0.51	6.5
D23	中华耳科学杂志	170	1.00	27.3	5.0	28	112	0.01	0.46	6.7
D23	中医眼耳鼻喉杂志	67	0.96	18.7	3.8	11	22	—	0.61	5.0
D24	International Journal of Oral Science	56	0.98	95.8	8.9	11	39	0.36	0.61	7.2
D24	北京口腔医学	109	0.84	22.1	4.3	20	59	0.00	0.37	7.1
D24	国际口腔医学杂志	102	0.94	43.5	3.5	25	48	0.00	0.54	5.7
D24	华西口腔医学杂志	97	0.88	27.5	4.6	22	53	0.00	0.52	6.6
D24	口腔材料器械杂志	55	0.86	16.4	3.9	15	43	0.00	0.58	4.8
D24	口腔颌面外科杂志	76	0.79	19.9	3.6	20	52	0.00	0.54	5.8
D24	口腔颌面修复学杂志	77	0.79	30.4	3.9	18	60	0.00	0.53	5.6
D24	口腔疾病防治	138	0.97	30.4	4.4	23	72	0.01	0.95	4.0
D24	口腔生物医学	49	0.88	31.2	4.0	16	30	0.00	0.80	4.7
D24	口腔医学	204	0.94	33.7	4.3	20	95	0.00	0.68	5.2
D24	口腔医学研究	214	0.84	23.3	4.2	28	111	0.00	0.54	4.6
D24	临床口腔医学杂志	187	0.93	22.8	3.6	23	129	0.00	0.42	4.5

学科代码	期刊名称	来源文献量	文献选出率	平均引文数	平均作者数	地区分布数	机构分布数	海外论文比	基金论文比	引用半衰期
D24	上海口腔医学	122	0.76	21.0	4.7	22	81	0.00	0.52	5.7
D24	实用口腔医学杂志	147	0.88	22.7	5.1	27	97	0.00	0.52	5.9
D24	现代口腔医学杂志	77	0.97	31.6	4.5	21	46	0.00	0.60	5.1
D24	中国口腔颌面外科杂志	107	0.78	24.8	4.9	19	59	0.00	0.42	5.7
D24	中国口腔医学继续教育杂志	74	0.92	27.6	4.1	16	39	—	0.57	4.9
D24	中国口腔种植学杂志	82	0.76	28.8	4.4	19	51	—	0.46	5.9
D24	中国实用口腔科杂志	133	0.92	28.7	4.1	24	66	0.00	0.52	5.3
D24	中华口腔医学研究杂志（电子版）	68	0.99	34.1	4.2	14	40	0.00	0.59	5.1
D24	中华口腔医学杂志	195	0.89	35.8	4.3	22	77	0.01	0.64	5.9
D24	中华口腔正畸学杂志	40	0.58	17.5	4.3	14	25	0.00	0.45	5.9
D24	中华老年口腔医学杂志	73	0.83	24.8	4.1	20	57	0.00	0.41	4.7
D25	International Journal of Dermatology and Venereology	47	0.94	22.8	5.1	11	38	0.38	0.36	6.2
D25	临床皮肤科杂志	196	0.81	17.4	4.3	29	149	0.00	0.18	6.9
D25	皮肤病与性病	112	1.00	21.1	3.9	19	80	—	0.44	4.8
D25	皮肤科学通报	138	0.96	31.3	3.7	26	100	0.02	0.28	4.9
D25	皮肤性病诊疗学杂志	103	0.99	29.1	5.0	21	66	—	0.67	4.6
D25	实用皮肤病学杂志	94	0.80	22.4	4.4	23	73	0.00	0.38	4.9
D25	中国艾滋病性病	309	0.85	21.2	6.3	30	158	0.00	0.49	4.5
D25	中国麻风皮肤病杂志	242	0.93	18.8	4.9	28	139	0.00	0.30	5.8
D25	中国皮肤性病学杂志	271	0.94	20.3	4.9	29	173	0.00	0.54	4.9
D25	中华皮肤科杂志	229	0.80	20.5	5.2	28	122	0.00	0.49	5.5
D26	中国男科学杂志	128	0.96	26.0	5.4	22	97	0.00	0.46	5.7
D26	中国性科学	462	0.96	21.4	4.7	29	330	0.00	0.48	4.4
D26	中华男科学杂志	177	0.76	24.6	5.3	24	119	0.00	0.40	4.8
D27	Acta Epileptologica	30	0.86	38.6	6.2	12	26	0.23	0.60	7.6
D27	Chinese Neurosurgical Journal	37	1.00	30.2	7.0	12	32	0.35	0.38	8.1
D27	General Psychiatry	70	0.97	35.5	7.8	10	56	0.50	0.50	5.4
D27	Neural Regeneration Research	509	0.99	55.4	5.4	25	385	0.62	0.37	6.4
D27	Neuroscience Bulletin	169	0.98	66.1	6.3	18	103	0.14	0.73	7.7
D27	Translational Neurodegeneration	55	1.00	126.2	8.5	10	51	0.60	0.95	7.0
D27	阿尔茨海默病及相关病杂志	50	0.66	31.6	5.4	19	41	—	0.68	5.5
D27	卒中与神经疾病	113	0.82	26.5	4.8	23	80	0.00	0.54	4.5

学科代码	期刊名称	来源文献量	文献选出率	平均引文数	平均作者数	地区分布数	机构分布数	海外论文比	基金论文比	引用半衰期
D27	癫痫与神经电生理学杂志	74	0.94	23.7	4.7	17	54	—	0.77	5.4
D27	癫痫杂志	101	0.99	27.6	4.3	24	59	0.01	0.61	5.8
D27	国际精神病学杂志	435	1.00	13.5	4.0	28	270	0.00	0.44	3.9
D27	国际脑血管病杂志	166	0.69	38.6	4.6	26	113	0.01	0.38	4.9
D27	国际神经病学神经外科学杂志	106	0.99	29.7	4.6	23	90	0.00	0.54	4.8
D27	精神医学杂志	141	0.86	28.4	4.6	25	85	0.01	0.55	4.6
D27	立体定向和功能性神经外科杂志	69	0.96	23.2	4.8	20	58	0.00	0.30	4.9
D27	临床精神医学杂志	123	0.91	21.9	5.5	23	85	0.01	0.46	6.6
D27	临床神经病学杂志	110	0.83	25.7	4.3	24	86	0.00	0.38	5.6
D27	临床神经外科杂志	145	0.97	24.7	5.9	26	111	0.00	0.63	5.0
D27	脑与神经疾病杂志	169	0.92	24.0	4.3	23	105	0.00	0.70	4.1
D27	神经病学与神经康复学杂志	20	1.00	28.0	3.6	7	11	—	0.30	4.8
D27	神经疾病与精神卫生	152	0.88	38.5	4.4	22	87	0.01	0.49	5.4
D27	神经损伤与功能重建	192	0.92	29.5	4.6	28	120	0.01	0.47	5.7
D27	四川精神卫生	94	0.99	31.8	5.4	20	72	0.02	0.38	5.0
D27	现代电生理学杂志	63	0.91	14.6	2.9	19	51	—	0.25	5.3
D27	中国卒中杂志	181	0.89	28.1	4.8	23	75	0.01	0.48	5.6
D27	中国临床神经科学	106	0.90	30.5	5.5	21	69	0.00	0.32	5.5
D27	中国临床神经外科杂志	211	0.78	15.3	4.9	30	155	0.00	0.27	4.9
D27	中国脑血管病杂志	108	0.89	35.8	5.3	24	72	0.00	0.46	5.3
D27	中国神经精神疾病杂志	136	0.96	31.0	5.5	26	99	0.01	0.65	4.7
D27	中国神经免疫学和神经病学杂志	91	0.91	25.0	4.5	21	78	0.00	0.51	5.1
D27	中国实用神经疾病杂志	293	0.99	34.4	4.6	25	208	0.00	0.56	3.2
D27	中国现代神经疾病杂志	177	0.63	35.1	4.3	23	98	0.01	0.69	4.1
D27	中华精神科杂志	71	0.70	35.3	5.6	17	50	0.01	0.46	5.7
D27	中华脑血管病杂志（电子版）	109	0.95	24.5	5.0	22	70	0.00	0.46	5.7
D27	中华神经创伤外科电子杂志	68	0.96	24.9	4.8	20	57	0.00	0.41	5.1
D27	中华神经科杂志	198	0.70	32.5	5.4	28	101	0.00	0.48	6.3
D27	中华神经外科杂志	256	0.82	25.0	5.7	27	145	0.00	0.45	6.1
D27	中华神经医学杂志	199	0.97	30.5	5.8	31	163	0.00	0.54	4.8
D27	中华行为医学与脑科学杂志	179	0.89	32.1	5.5	29	123	0.02	0.74	4.9
D27	中风与神经疾病杂志	245	0.96	29.7	4.3	28	164	0.00	0.49	5.5
D28	标记免疫分析与临床	400	0.99	19.4	4.7	27	258	0.00	0.40	4.1

学科代码	期刊名称	来源文献量	文献选出率	平均引文数	平均作者数	地区分布数	机构分布数	海外论文比	基金论文比	引用半衰期
D28	磁共振成像	424	0.98	40.9	5.2	30	234	0.00	0.73	3.5
D28	放射学实践	286	0.80	23.8	5.1	29	204	0.00	0.42	4.7
D28	分子影像学杂志	206	1.00	27.1	4.8	25	152	0.00	0.58	3.9
D28	国际放射医学核医学杂志	122	0.70	26.6	4.3	26	93	0.02	0.42	5.0
D28	国际医学放射学杂志	121	0.88	29.1	3.7	23	91	0.02	0.50	3.8
D28	介入放射学杂志	266	0.71	20.4	5.6	28	200	0.00	0.36	5.2
D28	临床超声医学杂志	238	0.87	14.7	4.7	27	174	0.00	0.38	4.1
D28	临床放射学杂志	387	0.98	23.5	5.5	28	229	0.00	0.43	4.4
D28	实用放射学杂志	568	0.98	14.6	5.0	31	345	0.00	0.26	4.3
D28	实用医学影像杂志	127	0.86	14.7	2.8	24	117	—	0.10	3.4
D28	现代医用影像学	643	0.98	11.8	2.5	27	471	—	0.13	3.7
D28	医学影像学杂志	692	0.97	12.9	4.3	29	480	0.00	0.42	4.8
D28	影视制作	176	0.64	3.5	1.6	25	89	0.01	0.07	5.2
D28	影像研究与医学应用	1517	1.00	13.6	2.5	31	987	—	0.16	2.9
D28	影像诊断与介入放射学	87	0.91	25.1	4.5	18	70	0.02	0.37	4.5
D28	中国 CT 和 MRI 杂志	738	0.97	19.7	4.5	30	519	0.00	0.41	4.4
D28	中国超声医学杂志	353	0.72	10.6	5.3	30	234	0.00	0.33	3.9
D28	中国介入影像与治疗学	165	0.77	16.7	5.5	27	117	0.00	0.27	4.3
D28	中国临床医学影像杂志	257	0.94	15.2	4.6	29	164	0.00	0.40	5.0
D28	中国数字医学	255	0.98	15.1	4.3	28	185	0.00	0.32	3.3
D28	中国医学计算机成像杂志	127	0.88	15.2	5.4	22	98	0.00	0.46	4.8
D28	中国医学影像技术	381	0.72	16.7	5.6	28	244	0.01	0.40	3.9
D28	中国医学影像学杂志	269	0.97	20.8	5.2	29	180	0.00	0.35	3.4
D28	中华超声影像学杂志	152	0.90	21.0	6.7	23	99	0.01	0.59	4.1
D28	中华放射学杂志	233	0.85	22.7	6.0	25	150	0.02	0.52	4.9
D28	中华核医学与分子影像杂志	154	0.72	17.8	5.9	23	93	0.00	0.40	4.8
D28	中华介入放射学电子杂志	72	0.96	20.6	5.1	16	54	0.00	0.35	5.1
D28	中华医学超声杂志（电子版）	241	0.99	20.9	5.1	28	143	0.00	0.32	5.9
D29	Cancer Biology & Medicine	89	1.00	62.0	6.7	18	64	0.15	0.75	5.0
D29	Chinese Journal of Cancer Research	55	0.98	58.0	8.0	11	34	0.16	0.45	4.6
D29	Journal of Nutritional Oncology	27	0.96	56.9	7.1	16	22	—	0.81	5.7
D29	Oncology and Translational Medicine	35	0.97	46.2	4.3	12	28	0.14	0.43	5.4
D29	Signal Transduction and Targeted Therapy	458	0.98	129.4	10.0	23	250	0.37	0.66	6.2

学科代码	期刊名称	来源文献量	文献选出率	平均引文数	平均作者数	地区分布数	机构分布数	海外论文比	基金论文比	引用半衰期
D29	癌变·畸变·突变	87	0.96	27.0	5.1	19	67	0.00	0.62	4.8
D29	癌症	48	0.89	53.4	7.3	10	35	0.08	0.46	5.4
D29	癌症进展	697	0.98	23.8	3.9	28	321	0.00	0.44	4.1
D29	癌症康复	94	0.65	—	1.4	9	37	—	—	—
D29	白血病·淋巴瘤	185	0.94	20.9	5.0	25	132	0.00	0.41	5.3
D29	国际肿瘤学杂志	140	0.97	28.5	4.0	28	105	0.00	0.34	3.5
D29	临床肿瘤学杂志	178	0.95	23.9	4.4	27	149	0.00	0.27	3.6
D29	实用癌症杂志	532	1.00	15.7	3.5	16	176	—	0.14	3.9
D29	实用肿瘤学杂志	89	0.74	29.3	4.0	23	63	0.00	0.42	3.9
D29	实用肿瘤杂志	91	0.81	28.2	5.0	23	63	0.00	0.54	3.9
D29	现代泌尿生殖肿瘤杂志	87	0.93	19.8	4.8	20	68	0.00	0.10	4.8
D29	现代肿瘤医学	882	0.98	28.1	4.9	30	499	—	0.76	4.5
D29	消化肿瘤杂志（电子版）	50	0.79	27.8	4.3	15	38	0.02	0.48	4.2
D29	中国癌症防治杂志	105	0.94	36.0	4.9	24	70	0.01	0.70	4.3
D29	中国癌症杂志	116	0.85	35.4	5.4	18	56	0.00	0.42	3.6
D29	中国肺癌杂志	97	0.80	39.6	5.5	23	75	0.03	0.47	4.5
D29	中国小儿血液与肿瘤杂志	86	0.97	22.7	5.6	19	52	0.00	0.27	6.1
D29	中国肿瘤	127	0.78	31.2	6.6	19	79	0.01	0.44	3.9
D29	中国肿瘤临床	221	0.77	23.1	4.8	27	130	0.00	0.51	3.8
D29	中国肿瘤生物治疗杂志	156	0.93	37.5	4.1	30	113	0.00	0.77	3.5
D29	中国肿瘤外科杂志	106	0.94	29.3	4.4	24	88	0.00	0.53	4.4
D29	中华放射肿瘤学杂志	164	0.75	28.0	6.2	28	112	0.01	0.54	5.4
D29	中华肿瘤防治杂志	199	0.83	35.2	5.5	27	141	0.00	0.66	3.8
D29	中华肿瘤杂志	104	0.80	24.8	7.5	17	58	0.00	0.49	5.6
D29	中华转移性肿瘤杂志	69	1.00	19.7	6.1	16	57	—	0.48	5.0
D29	中医肿瘤学杂志	90	0.92	26.3	5.0	17	53	0.00	0.58	4.8
D29	肿瘤	99	0.99	39.2	5.8	20	63	0.03	0.63	4.5
D29	肿瘤代谢与营养电子杂志	114	0.77	43.7	3.8	21	86	0.00	0.53	4.5
D29	肿瘤防治研究	200	0.95	32.1	4.5	26	143	0.00	0.59	4.1
D29	肿瘤基础与临床	138	0.97	18.3	3.8	9	65	—	0.36	4.4
D29	肿瘤学杂志	161	0.81	30.1	4.0	26	95	0.00	0.46	3.6
D29	肿瘤研究与临床	205	0.94	21.4	4.5	26	124	0.00	0.36	4.0
D29	肿瘤药学	111	0.91	28.9	4.7	22	89	0.00	0.48	5.2

学科代码	期刊名称	来源文献量	文献选出率	平均引文数	平均作者数	地区分布数	机构分布数	海外论文比	基金论文比	引用半衰期
D29	肿瘤影像学	93	0.86	24.6	4.8	22	66	0.00	0.35	4.4
D29	肿瘤预防与治疗	148	0.90	31.9	4.9	25	98	0.01	0.55	4.2
D29	肿瘤综合治疗电子杂志	55	0.76	32.4	4.1	17	39	0.00	0.27	3.8
D30	Chinese Nursing Frontiers	49	0.94	34.4	3.5	11	44	0.59	0.37	6.7
D30	International Journal of Nursing Sciences	74	0.89	44.6	5.1	13	62	0.61	0.23	5.5
D30	当代护士	1586	1.00	19.5	3.1	28	814	0.02	0.24	4.5
D30	国际护理学杂志	1119	1.00	17.3	4.0	29	496	—	0.17	4.4
D30	护理管理杂志	192	0.90	29.5	5.4	31	151	0.00	0.40	4.1
D30	护理实践与研究	683	0.94	24.6	4.2	28	398	—	0.72	3.7
D30	护理学报	363	0.99	26.1	5.2	27	209	0.01	0.56	4.0
D30	护理学杂志	710	0.98	25.4	5.5	29	294	0.01	0.41	4.5
D30	护理研究	848	0.98	30.3	4.6	31	370	0.00	0.41	5.0
D30	护理与康复	292	0.95	16.8	4.4	18	111	—	0.66	4.1
D30	护士进修杂志	469	1.00	25.4	4.9	28	262	0.01	0.42	4.9
D30	军事护理	325	0.92	22.3	5.2	27	184	0.00	0.50	4.1
D30	临床护理杂志	146	1.00	15.7	3.4	17	111	0.07	0.59	3.4
D30	齐鲁护理杂志	1325	1.00	13.3	3.7	21	449	—	0.28	3.6
D30	全科护理	1318	0.96	27.3	4.0	29	570	0.00	0.50	4.4
D30	上海护理	197	0.77	25.3	4.2	23	129	—	0.65	5.1
D30	天津护理	188	0.99	21.9	3.8	22	94	—	0.47	5.0
D30	现代临床护理	150	0.85	28.0	5.0	20	101	0.00	0.44	4.4
D30	循证护理	901	0.98	27.1	4.1	30	457	—	0.48	4.9
D30	医药高职教育与现代护理	123	0.94	16.8	4.2	19	91	—	0.59	4.0
D30	中国护理管理	363	0.97	28.2	5.3	26	191	0.01	0.37	4.4
D30	中国临床护理	199	0.95	20.6	3.7	23	144	0.02	0.44	4.3
D30	中国实用护理杂志	446	0.98	25.9	5.0	27	248		0.36	4.5
D30	中华护理教育	265	0.93	20.2	5.2	28	153	0.02	0.68	4.5
D30	中华护理杂志	437	0.88	26.9	5.8	29	212	0.01	0.48	4.3
D30	中华急危重症护理杂志	222	0.92	18.6	4.8	23	80	0.00	0.44	4.2
D30	中华现代护理杂志	844	0.90	30.3	4.9	29	369	0.00	0.32	4.4
D30	中西医结合护理（中英文）	689	1.00	11.7	3.4	22	352	—	0.11	3.1
D31	Global Health Journal	33	0.94	43.6	4.9	4	28	0.82	0.36	5.6
D31	安徽预防医学杂志	119	0.94	18.5	4.5	17	88	—	0.40	4.2

学科代码	期刊名称	来源文献量	文献选出率	平均引文数	平均作者数	地区分布数	机构分布数	海外论文比	基金论文比	引用半衰期
D31	毒理学杂志	91	0.97	25.0	6.2	24	65	0.00	0.65	5.5
D31	公共卫生与预防医学	219	1.00	21.8	4.5	26	155	0.00	0.34	3.3
D31	海峡预防医学杂志	219	0.98	13.1	4.2	22	134	—	0.36	3.5
D31	华南预防医学	379	0.99	21.1	4.8	26	264	0.00	0.33	3.3
D31	基层医学论坛	1737	1.00	11.8	2.2	30	1040	—	0.18	4.1
D31	疾病监测与控制	139	0.96	17.2	2.7	9	82	0.01	0.18	3.6
D31	疾病预防控制通报	148	0.85	13.8	3.9	18	86	—	0.35	3.9
D31	江苏卫生事业管理	433	0.99	8.7	3.7	24	243	—	0.62	3.4
D31	江苏预防医学	242	0.95	15.2	4.6	22	128	—	0.48	3.9
D31	口岸卫生控制	85	0.96	14.0	4.3	20	66	0.01	0.35	3.7
D31	临床医学工程	886	1.00	7.8	2.9	14	439	—	0.34	3.8
D31	慢性病学杂志	514	0.95	16.4	2.7	27	389	0.00	1.00	4.0
D31	上海预防医学	213	0.85	25.1	5.6	21	108	0.00	0.54	4.7
D31	实用预防医学	378	0.99	20.4	4.9	29	258	0.01	0.39	3.9
D31	首都公共卫生	89	0.92	16.7	5.5	14	47	0.00	0.24	3.9
D31	微量元素与健康研究	236	1.00	7.3	3.1	21	130	—	0.30	4.9
D31	现代疾病预防控制	224	0.99	16.8	4.8	16	106	—	0.41	4.6
D31	现代预防医学	763	0.97	23.3	5.9	31	293	0.01	0.68	3.6
D31	应用预防医学	116	0.91	15.7	4.5	15	77	—	0.53	4.5
D31	营养学报	91	0.86	28.7	5.0	21	54	0.02	0.60	6.6
D31	预防医学	247	0.99	18.8	5.1	27	143	0.00	0.39	3.8
D31	预防医学论坛	204	0.98	20.9	4.6	27	137	—	0.60	4.5
D31	预防医学情报杂志	239	0.92	20.5	5.5	24	119	0.00	0.37	4.1
D31	职业卫生与病伤	73	0.88	17.6	4.2	11	52	—	0.37	3.9
D31	职业卫生与应急救援	162	0.91	20.8	5.0	23	117	0.00	0.45	5.2
D31	中国城乡企业卫生	1003	1.00	10.5	1.6	19	381	—	0.03	2.7
D31	中国地方病防治杂志	207	0.97	10.3	4.0	26	132	—	0.28	4.3
D31	中国辐射卫生	131	0.96	19.9	5.2	23	90	0.00	0.29	5.3
D31	中国公共卫生	292	1.00	28.4	6.3	28	139	0.02	0.64	4.3
D31	中国疾病预防控制中心周报	206	0.93	14.0	8.1	20	78	0.14	0.51	3.5
D31	中国慢性病预防与控制	198	0.89	26.6	6.5	30	114	0.02	0.58	4.8
D31	中国民康医学	1379	0.98	13.6	1.7	27	660	—	0.04	3.5
D31	中国实用乡村医生杂志	230	0.83	13.0	2.0	22	172	0.01	0.13	3.6

学科代码	期刊名称	来源文献量	文献选出率	平均引文数	平均作者数	地区分布数	机构分布数	海外论文比	基金论文比	引用半衰期
D31	中国食品药品监管	203	0.93	0.1	3.9	23	118	0.01	0.34	—
D31	中国卫生产业	1561	0.98	15.1	2.8	31	940	0.00	0.17	2.7
D31	中国卫生工程学	277	0.98	13.0	3.0	23	150	—	0.30	4.2
D31	中国卫生事业管理	212	0.99	19.6	4.1	26	116	0.00	0.91	3.4
D31	中国消毒学杂志	297	0.93	15.6	4.8	28	226	0.00	0.31	4.8
D31	中国校医	269	0.99	17.4	3.6	28	197	0.00	0.36	4.1
D31	中国冶金工业医学杂志	689	0.99	2.3	1.5	25	286	—	0.03	4.0
D31	中国应急救援	98	0.95	7.7	2.3	21	69	—	0.19	4.6
D31	中国预防医学杂志	234	0.87	25.2	5.9	31	140	0.01	0.54	4.6
D31	中华疾病控制杂志	244	0.95	19.1	6.6	29	115	0.01	0.76	4.8
D31	中华临床营养杂志	52	0.88	30.6	5.2	15	34	0.00	0.25	5.0
D31	中华预防医学杂志	317	0.90	35.9	6.7	26	177	0.00	0.53	4.9
D32	工业卫生与职业病	149	0.93	16.1	5.0	25	99	0.00	0.33	5.3
D32	环境与职业医学	218	0.86	32.0	6.1	28	103	0.00	0.58	4.8
D32	疾病监测	271	0.80	19.1	6.6	29	138	0.00	0.46	4.8
D32	热带病与寄生虫学	73	0.95	21.7	5.4	18	48	0.00	0.47	3.7
D32	热带医学杂志	375	1.00	20.2	5.0	27	290	0.01	0.73	4.0
D32	医学动物防制	280	0.98	21.9	6.5	27	174	0.00	0.71	3.7
D32	职业与健康	688	0.98	30.2	4.4	31	369	0.00	0.40	4.9
D32	中国工业医学杂志	175	0.86	13.7	5.1	28	114	0.00	0.37	5.7
D32	中国国境卫生检疫杂志	136	0.92	14.0	5.5	28	104	0.00	0.51	4.3
D32	中国检验检测	161	0.97	13.6	3.2	25	116	—	0.23	8.4
D32	中国媒介生物学及控制杂志	141	0.94	22.7	6.7	26	93	0.00	0.62	6.0
D32	中国热带医学	248	0.94	24.7	5.8	27	161	0.01	0.58	4.2
D32	中国人兽共患病学报	177	0.92	32.1	6.3	30	112	0.01	0.72	6.0
D32	中国血吸虫病防治杂志	99	0.91	34.1	6.3	23	57	0.00	0.78	5.2
D32	中国职业医学	125	0.89	30.7	6.7	20	53	0.00	0.70	2.7
D32	中华地方病学杂志	197	0.82	19.8	6.1	29	103	0.01	0.52	5.9
D32	中华劳动卫生职业病杂志	192	0.86	23.1	4.8	24	121	0.00	0.51	5.8
D32	中华流行病学杂志	299	0.90	30.2	7.6	29	106	0.02	0.71	4.9
D32	中华卫生杀虫药械	141	0.92	15.8	5.2	23	102	0.01	0.23	6.5
D33	国际生殖健康/计划生育杂志	106	0.96	27.5	4.3	23	70	0.01	0.46	3.8
D33	生殖医学杂志	306	0.96	25.1	4.9	29	205	0.00	0.50	5.2

学科代码	期刊名称	来源文献量	文献选出率	平均引文数	平均作者数	地区分布数	机构分布数	海外论文比	基金论文比	引用半衰期
D33	中国产前诊断杂志（电子版）	54	0.92	24.2	4.3	16	44	0.04	0.50	5.8
D33	中国妇幼保健	1272	0.99	21.3	3.4	30	538	—	0.37	4.5
D33	中国妇幼健康研究	206	0.93	20.1	4.8	25	150	0.00	0.48	4.0
D33	中国妇幼卫生杂志	88	0.77	23.5	4.2	25	74	—	0.49	4.9
D33	中国计划生育和妇产科	311	1.00	26.9	3.8	28	222	0.00	0.35	5.1
D33	中国计划生育学杂志	612	0.99	18.5	3.7	26	451	0.00	0.18	3.5
D33	中国生育健康杂志	117	0.97	23.8	5.1	23	70	0.01	0.44	6.3
D33	中国优生与遗传杂志	479	0.97	21.5	4.3	30	332	0.00	0.33	4.2
D33	中华生殖与避孕杂志	194	0.92	33.7	5.5	25	109	0.01	0.71	5.7
D34	Military Medical Research	67	0.97	79.5	8.8	14	54	0.54	0.52	5.4
D34	Radiation Medicine and Protection	36	0.90	41.4	7.5	11	32	0.14	0.81	6.2
D34	Rheumatology Autoimmunity	38	0.93	29.6	5.1	9	32	0.45	0.50	6.5
D34	法医学杂志	118	0.93	21.6	5.3	22	62	0.00	0.54	6.7
D34	军事医学	170	0.85	27.1	5.4	20	60	0.00	0.46	5.6
D34	中国法医学杂志	170	0.90	14.2	5.6	25	92	0.00	0.32	6.2
D34	中华放射医学与防护杂志	157	0.76	24.8	6.2	22	108	0.01	0.53	5.4
D34	中华航海医学与高气压医学杂志	195	0.90	18.1	5.0	23	115	0.23	5.0
D34	中华航空航天医学杂志	59	0.78	19.8	5.9	13	32	0.00	0.03	6.5
D35	儿童与健康	502	0.96	—	1.1	23	363	—	—	—
D35	基础医学教育	253	0.98	10.7	4.8	29	94		0.91	3.8
D35	青春期健康	975	0.72	0.4	1.3	30	645	—	0.05	2.7
D35	卫生经济研究	267	0.95	13.1	3.6	27	166		0.83	3.7
D35	卫生软科学	229	0.99	19.8	4.0	27	127	0.00	0.50	3.4
D35	卫生研究	169	0.89	24.5	6.2	24	68	0.00	0.53	5.5
D35	现代医院	533	0.99	19.8	4.2	24	323	—	0.60	3.1
D35	现代医院管理	212	0.97	13.2	3.6	26	163	0.01	0.49	3.9
D35	心理与健康	406	0.82	0.0	1.2	28	210	0.00	0.03	—
D35	医疗卫生装备	259	0.94	22.0	5.1	29	181	0.00	0.42	4.5
D35	医疗装备	1232	1.00	13.7	2.7	29	626	—	0.21	3.8
D35	医学教育管理	140	0.97	16.2	4.7	22	62	—	0.76	3.8
D35	医学与哲学	400	0.90	23.6	2.8	28	241	0.03	0.59	6.7
D35	中国毕业后医学教育	206	0.94	17.0	4.9	25	127	—	0.68	4.4
D35	中国病案	445	0.98	11.6	3.9	31	262	0.00	0.17	4.3

学科代码	期刊名称	来源文献量	文献选出率	平均引文数	平均作者数	地区分布数	机构分布数	海外论文比	基金论文比	引用半衰期
D35	中国公共卫生管理	240	0.98	13.6	4.4	25	173	0.00	0.55	3.8
D35	中国继续医学教育	1047	1.00	19.2	4.3	30	425	—	0.81	3.1
D35	中国健康教育	204	0.96	22.4	5.8	28	130	0.00	0.51	4.6
D35	中国农村卫生	236	0.77	5.3	2.9	27	204	—	0.36	3.8
D35	中国农村卫生事业管理	153	0.91	22.8	4.2	26	95		0.91	3.7
D35	中国社会医学杂志	169	0.91	18.8	4.9	24	117	0.02	0.65	4.7
D35	中国食品卫生杂志	278	0.92	24.3	6.1	26	154	0.01	0.46	5.6
D35	中国卫生标准管理	1037	1.00	16.4	3.3	29	587	—	0.36	2.6
D35	中国卫生经济	265	0.95	12.0	4.3	24	145	0.02	0.50	3.6
D35	中国卫生人才	181	0.79	—	2.0	20	98		0.20	—
D35	中国卫生统计	234	1.00	18.1	5.2	27	133	0.01	0.63	6.0
D35	中国卫生信息管理杂志	162	0.92	16.4	3.7	27	129	0.00	0.40	3.2
D35	中国卫生政策研究	128	0.91	23.4	3.9	13	36	0.01	0.70	3.8
D35	中国卫生质量管理	263	0.92	15.2	5.4	27	169	0.00	0.35	3.3
D35	中国卫生资源	139	0.93	17.7	5.5	15	53	0.00	0.54	3.4
D35	中国学校卫生	421	0.82	26.7	5.7	31	248	0.01	0.62	4.8
D35	中国医疗管理科学	134	0.96	16.7	3.8	26	110	0.02	0.55	3.5
D35	中国医疗器械信息	1334	1.00	11.4	2.0	31	719	—	0.08	3.5
D35	中国医疗器械杂志	137	0.96	18.5	4.2	18	91	0.00	0.29	4.7
D35	中国医疗设备	371	0.97	26.3	4.7	27	258	0.01	0.63	4.2
D35	中国医学装备	481	0.97	18.0	5.0	28	341	0.00	0.53	4.1
D35	中国医院	330	0.99	12.8	4.6	25	197	0.00	0.63	3.2
D35	中国医院管理	282	0.92	12.0	5.0	24	157	0.01	0.48	3.7
D35	中国医院统计	90	0.93	15.4	4.3	19	70	—	0.66	3.9
D35	中华健康管理学杂志	162	0.78	22.0	5.6	26	105	0.01	0.53	4.6
D35	中华医学教育探索杂志	418	0.97	12.1	5.2	29	230	0.00	0.42	5.0
D35	中华医学教育杂志	211	0.88	14.4	5.6	26	128	0.00	0.36	3.9
D35	中华医学科研管理杂志	85	0.83	18.0	4.7	16	58	0.00	0.29	3.1
D35	中华医院管理杂志	174	0.85	23.5	5.4	16	105	0.01	0.49	3.0
D35	中外女性健康研究	2025	0.98	11.5	1.4	29	1104	—	0.03	3.5
D36	Acta Pharmaceutica Sinica B	309	0.96	89.7	9.9	20	164	0.30	0.72	6.0
D36	Acta Pharmacologica Sinica	200	1.00	62.6	10.7	18	111	0.18	0.84	6.5
D36	Asian Journal of Pharmaceutical Sciences	60	0.98	85.3	8.6	17	46	0.20	0.87	4.5

学科代码	期刊名称	来源文献量	文献选出率	平均引文数	平均作者数	地区分布数	机构分布数	海外论文比	基金论文比	引用半衰期
D36	Journal of Chinese Pharmaceutical Sciences	83	0.69	32.4	5.2	25	64	0.05	0.51	6.1
D36	Journal of Pharmaceutical Analysis	121	1.00	76.9	8.1	21	87	0.22	0.89	5.4
D36	北方药学	783	1.00	11.5	1.9	19	504	—	0.05	3.0
D36	儿科药学杂志	205	0.92	24.0	4.0	26	126	0.00	0.18	6.7
D36	福建医药杂志	401	0.97	12.1	3.5	5	149	0.00	0.28	4.9
D36	国外医药（抗生素分册）	72	1.00	35.4	4.5	21	57	—	0.54	5.1
D36	海峡药学	381	1.00	15.5	3.9	28	256		0.49	5.1
D36	华西药学杂志	150	0.96	12.6	5.4	28	72	0.00	0.59	5.5
D36	解放军药学学报	125	0.91	20.5	4.6	24	77		0.46	5.1
D36	今日药学	176	0.94	20.1	4.7	19	107	0.01	0.70	4.6
D36	抗感染药学	320	0.98	17.4	2.9	23	234		0.25	4.0
D36	临床合理用药	1859	0.97	14.6	2.6	31	1160	0.02	0.18	3.9
D36	临床药物治疗杂志	204	0.94	21.3	4.6	24	128	0.00	0.26	4.0
D36	神经药理学报	57	0.97	28.8	4.1	15	30		0.49	4.5
D36	实用药物与临床	222	0.94	28.2	4.2	29	161	0.00	0.30	4.4
D36	世界临床药物	218	0.90	27.1	4.2	23	153	0.01	0.33	4.8
D36	天津药学	103	0.99	18.3	2.8	9	63	—	0.17	4.0
D36	西北药学杂志	244	0.93	22.8	4.3	24	194	0.00	0.72	4.3
D36	现代药物与临床	527	1.00	24.0	4.3	30	373	0.00	0.55	5.1
D36	药品评价	402	0.97	15.8	3.3	21	223	—	0.42	3.6
D36	药物不良反应杂志	149	0.96	19.0	4.9	24	113	0.01	0.30	4.9
D36	药物分析杂志	251	0.99	22.5	5.9	29	153	0.01	0.47	5.8
D36	药物流行病学杂志	181	0.98	24.5	4.8	25	146	0.00	0.42	5.1
D36	药物评价研究	335	0.96	29.6	5.6	27	166	0.00	0.55	4.7
D36	药物生物技术	117	0.98	26.9	4.1	21	81	0.00	0.35	4.5
D36	药物与人	370	0.96	0.0	1.4	23	140	—	0.03	—
D36	药学进展	99	0.89	52.4	3.4	14	60	0.01	0.49	4.7
D36	药学实践与服务	140	0.99	27.3	4.7	17	62	0.00	0.44	5.9
D36	药学学报	381	0.95	46.3	6.2	28	142	0.01	0.81	5.4
D36	药学研究	198	0.96	28.8	4.9	25	99	0.00	0.60	5.5
D36	药学与临床研究	119	0.99	18.4	4.7	13	80	0.00	0.26	5.2
D36	医药导报	320	0.90	23.5	5.4	28	195	0.02	0.49	4.7
D36	中国处方药	653	0.98	17.3	3.2	30	498	0.01	0.28	4.3

学科代码	期刊名称	来源文献量	文献选出率	平均引文数	平均作者数	地区分布数	机构分布数	海外论文比	基金论文比	引用半衰期
D36	中国海洋药物	72	0.97	26.5	5.6	10	26	0.01	0.85	7.3
D36	中国抗生素杂志	175	0.95	31.5	5.7	29	132	0.01	0.57	6.1
D36	中国临床药理学与治疗学	178	0.83	35.8	5.2	23	130	0.00	0.75	4.2
D36	中国临床药理学杂志	756	0.93	15.8	5.0	30	466	0.00	0.47	4.0
D36	中国临床药学杂志	181	0.98	22.1	5.0	25	152	0.00	0.28	4.6
D36	中国现代药物应用	1199	0.99	15.1	1.9	28	732	—	0.12	3.7
D36	中国现代应用药学	464	0.95	28.8	5.5	30	280	0.00	0.57	5.1
D36	中国新药与临床杂志	155	0.93	26.6	4.8	28	126	0.00	0.41	4.7
D36	中国新药杂志	358	0.97	28.4	4.9	28	179	0.01	0.38	4.6
D36	中国药房	544	0.99	22.6	5.4	30	321	0.01	0.76	4.0
D36	中国药理学通报	366	0.99	22.9	6.3	30	192	0.00	0.95	5.6
D36	中国药理学与毒理学杂志	102	0.32	39.6	5.6	24	69	0.02	0.73	5.3
D36	中国药品标准	104	0.99	15.9	4.4	20	56	—	0.54	6.2
D36	中国药师	70	1.00	20.3	4.5	19	62	—	0.66	4.0
D36	中国药事	174	0.97	24.0	5.1	22	88	0.00	0.32	4.2
D36	中国药物化学杂志	116	0.74	25.2	5.0	26	76	0.00	0.46	5.5
D36	中国药物经济学	335	0.97	17.5	3.3	28	241	—	0.31	4.2
D36	中国药物警戒	268	0.94	25.6	5.5	25	135	0.00	0.80	5.0
D36	中国药物滥用防治杂志	555	0.99	10.8	3.1	26	369	0.00	0.42	4.2
D36	中国药物评价	98	0.87	21.7	4.6	20	67	—	0.55	4.4
D36	中国药物依赖性杂志	113	0.93	21.3	4.8	27	92	0.00	0.65	6.8
D36	中国药物应用与监测	107	0.80	19.9	4.0	23	96	0.00	0.32	3.0
D36	中国药学杂志	293	0.90	29.8	6.0	29	166	0.00	0.59	5.4
D36	中国药业	745	1.00	20.2	4.8	30	516	0.01	0.63	4.4
D36	中国医药导刊	229	0.86	26.4	3.8	25	173	—	0.40	4.0
D36	中国医药工业杂志	236	0.79	24.1	4.3	25	116	0.00	0.31	5.0
D36	中国医院药学杂志	485	0.99	22.9	5.5	30	304	0.00	0.45	4.7
D36	中国医院用药评价与分析	321	0.99	25.0	5.2	27	218	0.00	0.75	4.7
D36	中南药学	574	0.99	26.3	5.4	30	294	0.00	0.61	5.2
D37	Chinese Medicine and Culture	39	0.89	36.8	1.8	10	29	0.33	0.67	≥10
D37	Chinese Medicine and Natural Products	25	0.83	32.9	5.1	7	16	0.16	0.80	5.8
D37	Digital Chinese Medicine	40	0.93	42.4	6.0	10	26	0.18	0.85	4.8
D37	Journal of Traditional Chinese Medicine	152	0.98	38.5	7.4	22	97	0.05	0.88	6.6

学科代码	期刊名称	来源文献量	文献选出率	平均引文数	平均作者数	地区分布数	机构分布数	海外论文比	基金论文比	引用半衰期
D37	Traditional Chinese Medical Sciences	55	0.93	44.3	7.3	4	15	0.14	0.89	5.9
D37	World Journal of Traditional Chinese Medicine	48	0.94	46.4	7.5	13	35	0.48	0.50	6.2
D37	北京中医药	331	0.83	16.5	4.8	17	87	0.00	0.58	4.8
D37	光明中医	1463	0.98	17.1	2.9	30	756	—	0.50	5.1
D37	广西中医药	134	0.91	16.5	3.8	20	75	0.01	0.55	4.8
D37	国际中医中药杂志	284	0.99	23.8	5.3	26	124	0.01	0.70	5.1
D37	国医论坛	163	0.93	13.6	3.5	25	93	—	0.79	6.2
D37	河北中医	473	1.00	24.1	4.3	28	292	0.00	0.62	4.6
D37	河北中医药学报	93	0.99	21.3	5.0	10	44	0.00	0.66	4.7
D37	河南中医	371	0.97	33.9	3.4	29	221	—	0.84	4.2
D37	湖南中医杂志	549	0.98	19.0	4.0	25	188	—	0.71	5.0
D37	环球中医药	487	0.96	25.2	5.0	29	179	0.01	0.64	5.7
D37	基层中医药	285	0.88	20.0	3.5	31	184	—	0.53	4.9
D37	吉林中医药	343	0.99	21.2	4.9	26	127	0.00	0.79	5.0
D37	江苏中医药	257	0.91	17.8	3.8	19	112	0.00	0.53	6.5
D37	江西中医药	296	0.98	16.4	3.8	20	117	—	0.60	6.4
D37	辽宁中医杂志	755	1.00	24.0	4.3	30	365	0.00	0.66	5.2
D37	内蒙古中医药	974	0.99	12.1	2.4	29	604	0.00	0.26	3.9
D37	山东中医杂志	253	0.99	23.0	4.4	24	103	0.00	0.79	6.0
D37	山西中医	306	0.94	8.4	3.4	26	135	0.01	0.63	5.6
D37	陕西中医	427	1.00	25.3	4.8	27	177	0.01	0.92	3.8
D37	上海中医药杂志	212	0.95	33.7	5.1	20	61	0.00	0.92	5.6
D37	时珍国医国药	862	0.99	22.1	5.7	31	198	—	0.98	5.5
D37	实用中西医结合临床	848	1.00	16.8	2.1	21	578	0.01	0.14	3.2
D37	实用中医内科杂志	550	0.99	27.1	3.8	29	171	—	0.99	4.6
D37	实用中医药杂志	1179	0.99	12.2	2.6	28	728		0.36	4.1
D37	世界科学技术—中医药现代化	445	0.94	37.5	5.8	31	149	0.01	0.79	5.4
D37	世界中医药	606	0.83	33.2	5.9	29	174	0.00	0.88	5.5
D37	四川中医	738	0.99	19.0	4.1	28	397	—	0.61	4.7
D37	天津中医药	251	0.89	26.1	5.2	20	95	0.00	0.69	4.8
D37	西部中医药	438	0.99	24.7	4.5	27	204	0.01	0.76	6.2
D37	现代中医临床	142	0.97	24.3	4.8	14	40	0.01	0.75	6.2
D37	现代中医药	134	0.98	29.8	5.3	19	74	—	0.93	5.2

学科代码	期刊名称	来源文献量	文献选出率	平均引文数	平均作者数	地区分布数	机构分布数	海外论文比	基金论文比	引用半衰期
D37	新疆中医药	274	1.00	18.8	3.0	23	96	—	0.39	5.2
D37	新中医	1058	0.98	16.0	3.5	24	475	—	0.45	4.9
D37	亚太传统医药	645	0.98	23.9	4.2	31	219	0.00	0.81	6.1
D37	云南中医中药杂志	296	1.00	21.4	4.2	27	113	0.00	0.90	5.5
D37	浙江中西医结合杂志	312	0.96	16.8	3.9	10	143	0.01	0.53	4.6
D37	浙江中医杂志	448	0.94	6.5	3.5	16	174	—	0.56	5.5
D37	中国民间疗法	878	0.96	18.5	3.3	31	383	0.00	0.52	5.8
D37	中国民族医药杂志	360	0.97	15.4	3.2	20	158	0.00	0.45	5.5
D37	中国中医基础医学杂志	482	0.98	28.3	5.0	29	121	0.00	0.67	7.2
D37	中国中医急症	578	0.99	21.6	4.7	29	274	0.00	0.62	4.5
D37	中国中医眼科杂志	260	0.98	26.1	4.4	27	90	0.00	0.60	5.6
D37	中国中医药科技	500	0.99	17.4	3.1	20	237	—	0.39	5.4
D37	中国中医药现代远程教育	1689	0.98	12.2	3.4	30	621	0.00	0.64	5.1
D37	中国中医药信息杂志	375	0.99	25.8	6.1	26	93	0.00	0.87	4.7
D37	中华中医药学刊	638	0.99	38.3	5.4	30	270	0.01	0.95	4.9
D37	中华中医药杂志	1300	0.99	22.7	5.5	30	241	0.01	0.74	6.4
D37	中药与临床	121	0.99	24.0	5.0	8	24	—	0.89	6.2
D37	中医儿科杂志	151	0.96	13.2	3.3	22	87	—	0.54	5.7
D37	中医康复	299	0.99	22.9	3.8	27	148	—	0.60	5.3
D37	中医临床研究	1134	1.00	20.8	3.6	30	375	—	0.57	5.4
D37	中医外治杂志	294	0.94	17.5	3.9	24	185	—	0.60	5.2
D37	中医文献杂志	176	0.97	15.8	3.0	21	67	—	0.68	≥10
D37	中医学报	426	0.97	30.3	4.7	27	127	0.00	0.76	4.9
D37	中医研究	278	0.96	25.4	3.8	24	131	0.00	0.87	4.8
D37	中医药导报	576	1.00	29.1	4.8	29	207	0.00	0.60	5.2
D37	中医药临床杂志	507	1.00	25.5	3.9	27	165	—	0.83	4.6
D37	中医药通报	224	0.99	18.1	3.7	25	106	—	0.75	5.4
D37	中医药文化	64	0.88	33.4	1.8	20	41	0.02	0.84	≥10
D37	中医药信息	175	0.97	29.8	4.7	25	75	—	0.93	5.0
D37	中医药学报	266	1.00	34.5	5.0	25	85	0.00	0.86	5.2
D37	中医杂志	433	0.92	23.8	5.9	26	105	0.01	0.72	5.6
D38	安徽中医药大学学报	126	1.00	20.4	5.4	14	33	0.00	0.72	4.9
D38	北京中医药大学学报	247	0.96	31.0	5.5	24	65	0.01	0.95	5.9

学科代码	期刊名称	来源文献量	文献选出率	平均引文数	平均作者数	地区分布数	机构分布数	海外论文比	基金论文比	引用半衰期
D38	长春中医药大学学报	300	0.98	22.6	4.5	26	168	0.00	0.80	4.6
D38	成都中医药大学学报	69	0.97	25.7	5.1	9	16	—	1.00	6.0
D38	甘肃中医药大学学报	141	0.95	20.1	4.8	15	60	—	0.76	6.2
D38	广西中医药大学学报	144	0.92	18.0	4.2	17	53	—	0.78	5.1
D38	广州中医药大学学报	490	0.97	22.0	4.6	29	156	0.00	0.67	5.6
D38	贵州中医药大学学报	121	0.97	20.7	5.0	14	31	—	0.86	4.8
D38	湖北中医药大学学报	209	1.00	18.8	4.0	20	138	0.00	0.83	4.2
D38	湖南中医药大学学报	357	0.99	28.0	5.4	22	82	0.01	0.89	3.7
D38	江西中医药大学学报	185	1.00	18.1	4.4	17	69	0.01	0.72	6.5
D38	康复学报	74	0.96	31.3	5.8	13	47	0.03	0.86	5.0
D38	辽宁中医药大学学报	528	0.99	40.7	5.0	27	138	0.01	0.81	5.4
D38	南京中医药大学学报	151	0.98	32.3	6.2	13	46	0.01	0.83	5.1
D38	山东中医药大学学报	140	0.97	26.2	4.3	18	42	0.00	0.87	6.8
D38	山西中医药大学学报	274	0.95	22.9	4.2	24	94	—	0.99	5.1
D38	陕西中医药大学学报	137	0.98	32.7	5.9	22	62	—	0.99	5.6
D38	上海中医药大学学报	82	0.96	32.1	5.5	14	32	0.00	0.88	5.7
D38	天津中医药大学学报	130	0.88	26.1	5.0	17	49	0.01	0.75	5.7
D38	云南中医药大学学报	116	1.00	24.7	5.2	19	67	—	0.97	5.9
D38	浙江中医药大学学报	252	0.94	22.2	4.1	23	94	0.01	0.59	6.5
D39	World Journal of Integrated Traditional and Western Medicine	25	0.86	35.6	4.6	10	20	—	0.72	6.8
D39	深圳中西医结合杂志	996	0.98	13.7	3.0	28	594	—	0.23	3.2
D39	世界中西医结合杂志	456	0.95	26.9	4.7	27	221	0.00	0.72	5.3
D39	现代中西医结合杂志	695	0.97	24.3	4.9	28	323	0.00	0.62	5.2
D39	中国中西医结合耳鼻咽喉科杂志	107	0.96	19.7	4.4	20	89	0.00	0.26	6.5
D39	中国中西医结合急救杂志	159	0.83	26.2	5.2	27	130	0.00	0.72	4.5
D39	中国中西医结合皮肤性病学杂志	153	0.96	16.0	4.3	22	94	0.00	0.39	6.2
D39	中国中西医结合肾病杂志	336	0.83	18.9	4.5	28	196	0.00	0.50	5.2
D39	中国中西医结合外科杂志	170	0.93	23.3	4.7	21	108	0.00	0.55	4.4
D39	中国中西医结合消化杂志	176	0.92	30.3	4.6	25	112	0.01	0.51	3.9
D39	中国中西医结合影像学杂志	154	0.96	22.0	5.3	25	109	0.01	0.44	4.7
D39	中国中西医结合杂志	213	0.83	32.3	5.9	25	102	0.02	0.75	5.8
D39	中西医结合肝病杂志	289	0.99	21.2	4.8	26	164	0.00	0.62	5.1

学科代码	期刊名称	来源文献量	文献选出率	平均引文数	平均作者数	地区分布数	机构分布数	海外论文比	基金论文比	引用半衰期
D39	中西医结合心脑血管病杂志	916	1.00	25.2	4.4	30	434	0.00	0.69	5.0
D39	中西医结合研究	95	0.92	23.6	3.4	18	60	—	0.57	5.2
D40	Chinese Herbal Medicines	73	0.89	45.3	6.7	22	49	0.12	0.68	6.4
D40	福建中医药	219	1.00	17.3	4.8	8	58	—	0.82	5.4
D40	天然产物研究与开发	216	0.98	30.7	5.9	30	124	0.00	0.83	5.4
D40	现代中药研究与实践	109	0.95	22.1	5.3	24	65	0.00	0.77	4.9
D40	中草药	835	0.99	41.6	6.7	31	248	0.01	0.83	5.3
D40	中成药	752	0.99	25.5	5.6	31	358	0.01	0.76	5.5
D40	中国实验方剂学杂志	759	0.90	48.4	6.7	30	165	0.00	0.83	5.0
D40	中国天然药物	91	0.99	47.7	7.7	23	61	0.07	0.80	5.7
D40	中国现代中药	317	0.95	32.3	6.9	31	129	0.01	0.66	6.6
D40	中国中药杂志	685	0.98	43.9	7.0	30	166	0.01	0.81	5.3
D40	中药材	531	0.99	17.4	5.4	31	282	0.00	0.71	5.8
D40	中药新药与临床药理	220	0.95	30.2	6.3	26	100	0.00	0.80	4.7
D40	中药药理与临床	260	1.00	37.1	6.0	27	93	—	0.98	5.4
D41	Acupuncture and Herbal Medicine	37	0.97	64.4	6.8	12	19	0.03	0.92	5.2
D41	Journal of Acupuncture and Tuina Science	63	0.90	30.0	7.2	16	41	0.03	0.67	6.3
D41	World Journal of Acupuncture-Moxibustion	54	0.86	37.4	5.8	21	33	0.02	0.65	5.6
D41	上海针灸杂志	231	0.93	26.7	5.0	25	153	0.00	0.61	5.0
D41	针刺研究	176	0.94	33.6	6.5	23	69	0.02	0.86	5.7
D41	针灸临床杂志	246	0.95	28.5	5.3	26	92	0.00	0.82	5.4
D41	中国骨伤	222	0.97	21.7	5.3	27	172	0.00	0.36	6.2
D41	中国针灸	288	0.90	24.2	5.6	26	118	0.02	0.70	5.9
D41	中国中医骨伤科杂志	212	0.99	21.6	5.6	25	141	0.00	0.43	4.6
D41	中华针灸电子杂志	43	0.91	17.8	3.6	12	21	—	0.56	6.0
D41	中医正骨	189	0.96	29.6	5.1	25	114	0.00	0.44	4.4
E01	Advances in Manufacturing	44	1.00	39.4	4.9	12	29	0.14	0.93	6.4
E01	Bio-Design and Manufacturing	47	1.00	68.5	7.3	15	41	0.38	0.91	5.4
E01	CT 理论与应用研究	99	0.93	21.8	5.7	19	64	0.00	0.35	4.3
E01	Friction	146	1.00	58.2	5.7	23	94	0.42	0.68	7.9
E01	Frontiers of Engineering Management	54	0.98	63.5	4.0	15	45	0.15	0.83	6.0
E01	International Journal of Extreme Manufacturing	80	1.00	130.3	7.3	15	49	0.48	0.68	5.5
E01	Journal of Bionic Engineering	177	1.00	56.8	5.1	22	109	0.40	0.62	5.4

学科代码	期刊名称	来源文献量	文献选出率	平均引文数	平均作者数	地区分布数	机构分布数	海外论文比	基金论文比	引用半衰期
E01	Science China Technological Sciences	289	0.99	51.7	5.8	24	124	0.15	0.88	5.3
E01	包装工程	1104	0.96	25.2	3.7	29	409	0.00	0.82	4.8
E01	包装世界	686	0.99	6.4	1.4	29	289	0.00	0.33	3.4
E01	包装学报	65	0.88	30.9	4.7	11	12	—	0.85	4.9
E01	标准科学	230	1.00	12.7	3.4	22	111	—	0.67	5.8
E01	测试技术学报	82	0.93	15.5	3.9	16	38	0.00	0.50	5.4
E01	成组技术与生产现代化	45	0.90	12.3	3.7	14	25	—	0.31	4.9
E01	船舶标准化工程师	94	0.59	6.1	2.7	13	52	—	0.13	7.6
E01	船舶标准化与质量	71	0.84	3.9	2.8	13	39	—	0.04	8.3
E01	大众标准化	1588	0.93	5.5	1.4	31	1056	—	0.06	3.2
E01	电信工程技术与标准化	185	0.93	3.9	3.4	25	52	—	0.02	3.9
E01	福建市场监督管理	332	0.69	—	1.4	2	147	—	0.00	—
E01	复杂油气藏	83	0.95	14.8	4.4	14	47	—	0.57	9.9
E01	工程爆破	115	0.95	18.3	4.6	21	72	0.01	0.64	6.7
E01	工程地球物理学报	96	0.97	23.1	4.5	26	78	0.00	0.57	8.2
E01	工程地质学报	190	0.99	56.8	4.9	27	83	0.01	0.82	≥10
E01	工程技术研究	1752	0.99	6.1	1.6	29	1112	0.00	0.06	2.6
E01	工程建设	159	0.90	11.4	2.4	26	121	—	0.25	6.7
E01	工程建设与设计	1909	0.98	4.3	1.8	31	1111	0.00	0.04	3.6
E01	工程科学学报	205	0.98	41.0	5.3	25	85	0.01	0.89	5.2
E01	工程力学	271	0.94	31.3	4.2	25	107	0.03	0.92	7.7
E01	工程数学学报	73	0.94	19.8	2.6	22	61	0.01	0.93	≥10
E01	工程研究——跨学科视野中的工程	51	0.91	31.4	2.4	16	34	0.02	0.73	7.5
E01	工程与建设	531	0.97	8.9	1.9	29	375	0.00	0.16	4.6
E01	工程与试验	129	0.98	7.9	3.6	19	54	—	0.23	9.2
E01	工程质量	274	0.99	6.7	2.9	22	207	—	0.12	7.2
E01	工具技术	354	0.97	14.3	4.4	26	173	0.00	0.61	6.6
E01	工业 工程 设计	81	0.93	16.4	2.3	15	46	—	0.74	6.1
E01	工业工程	112	0.95	17.5	3.0	23	62	0.00	0.95	5.6
E01	工业计量	170	0.97	10.4	3.5	24	124	—	0.22	9.6
E01	工业设计	471	0.69	12.7	2.2	27	198	0.03	0.34	4.2
E01	航空标准化与质量	77	0.81	4.9	3.0	10	38	—	0.04	9.4
E01	航天标准化	63	0.94	4.6	4.0	6	38	—	0.02	6.3

学科代码	期刊名称	来源文献量	文献选出率	平均引文数	平均作者数	地区分布数	机构分布数	海外论文比	基金论文比	引用半衰期
E01	河北工业科技	58	0.89	21.4	4.1	14	40	0.00	0.71	5.5
E01	湖南包装	334	0.94	11.9	2.1	27	151	0.01	0.71	4.8
E01	计测技术	91	0.96	33.0	4.5	16	43	—	0.86	7.9
E01	计量科学与技术	127	1.00	33.1	4.5	19	52	—	0.84	5.1
E01	计量学报	275	0.99	22.4	5.0	24	113	0.01	0.66	7.0
E01	计量与测试技术	427	0.97	7.6	3.1	26	206	0.00	0.33	8.5
E01	节能	323	0.98	11.6	3.4	30	227		0.29	6.2
E01	科学技术与工程	1804	0.98	25.3	4.6	30	677	0.00	0.80	4.7
E01	冷藏技术	58	0.81	15.6	3.6	12	24		0.19	6.2
E01	轻工标准与质量	189	0.70	6.6	3.0	25	101		0.22	8.3
E01	人类工效学	81	0.98	25.6	4.1	16	42	0.00	0.53	8.7
E01	润滑与密封	327	0.98	22.2	4.7	27	174	0.00	0.80	7.4
E01	山东工业技术	124	0.93	11.1	3.0	21	98	—	0.31	6.0
E01	上海计量测试	97	0.84	7.7	3.0	11	41		0.12	7.1
E01	设备管理与维修	1704	0.98	4.7	2.4	29	1005	0.00	0.05	5.7
E01	设备监理	109	0.98	5.2	2.3	24	98	0.04	0.05	6.4
E01	设计	849	0.79	10.3	2.1	28	246	0.02	0.41	4.7
E01	声学与电子工程	48	0.96	9.6	3.0	9	21	—	0.06	7.2
E01	实验技术与管理	457	1.00	18.3	4.5	27	177	0.00	0.69	4.1
E01	市场监管与质量技术研究	92	0.97	6.4	1.5	9	42	—	0.22	8.6
E01	市政技术	440	0.99	15.3	3.3	28	300	—	0.36	5.7
E01	市政设施管理	94	0.95	2.6	1.5	16	60	—	—	5.9
E01	数字与缩微影像	56	0.78	6.4	1.7	19	39		0.20	3.9
E01	塑料包装	87	0.93	6.5	2.3	10	29		0.13	7.2
E01	现代工程科技	814	0.97	6.5	1.4	28	656	0.00	0.03	3.1
E01	鞋类工艺与设计	1567	0.98	3.9	1.5	31	598	0.01	0.24	3.3
E01	新技术新工艺	176	0.86	12.7	4.2	23	127	—	0.32	7.8
E01	信息技术与标准化	215	0.72	5.7	2.8	18	117		0.22	2.7
E01	液晶与显示	163	0.97	33.4	5.0	22	79	0.02	0.85	5.5
E01	液压气动与密封	334	0.83	10.6	3.6	26	174	0.00	0.39	7.3
E01	仪器仪表标准化与计量	92	0.97	5.8	2.8	20	65	—	0.17	8.2
E01	印刷质量与标准化	29	0.76	—	1.6	15	23		0.03	—
E01	应用基础与工程科学学报	114	0.95	29.7	4.9	24	71	0.01	0.89	7.1

学科代码	期刊名称	来源文献量	文献选出率	平均引文数	平均作者数	地区分布数	机构分布数	海外论文比	基金论文比	引用半衰期
E01	真空	87	0.79	25.8	5.2	16	61	0.02	0.44	8.6
E01	真空科学与技术学报	132	0.97	24.5	5.4	27	86	0.00	0.63	8.5
E01	质量与标准化	141	0.56	0.4	1.7	11	59	0.01	0.06	4.4
E01	质量与可靠性	67	0.92	7.6	4.0	12	42	—	0.01	7.0
E01	质量与认证	272	0.85	2.7	2.2	20	154	0.01	0.05	4.8
E01	中国标准化	1373	0.90	6.4	2.8	30	773	0.00	0.27	3.7
E01	中国测试	305	0.99	17.1	4.7	27	186	0.00	0.64	5.2
E01	中国工程科学	137	0.96	36.4	6.1	20	105	0.00	0.94	3.3
E01	中国惯性技术学报	163	0.94	16.5	4.6	20	82	0.00	0.77	3.6
E01	中国科学（技术科学）	166	0.90	40.1	4.7	22	78	0.05	0.74	6.6
E01	中国认证认可	208	0.78	—	2.0	21	115	0.01	0.05	—
E01	中国新技术新产品	1099	0.98	5.8	2.0	31	825	0.00	0.10	3.1
E01	中国质量	203	0.57	4.5	2.3	24	131	0.02	0.07	5.5
E02	Journal of Beijing Institute of Technology	59	0.95	33.5	4.9	15	39	—	0.88	5.8
E02	Journal of Central South University	289	1.00	43.3	5.3	21	112	0.21	0.76	5.4
E02	Journal of Harbin Institute of Technology	46	0.96	34.3	3.6	13	40	0.28	0.59	8.8
E02	Journal of Shanghai Jiaotong University (Science)	87	1.00	27.8	4.2	17	49	0.03	0.89	7.0
E02	Journal of Southeast University (English Edition)	48	0.92	25.3	4.0	11	20	0.02	0.90	6.2
E02	Transactions of Tianjin University	37	1.00	63.5	6.5	13	24	0.16	0.97	4.1
E02	安徽工程大学学报	73	0.99	19.9	4.0	2	10	—	0.99	5.6
E02	安徽建筑大学学报	81	0.99	17.5	3.2	9	23	—	1.00	5.9
E02	安徽科技学院学报	101	1.00	21.4	5.0	2	18	—	1.00	5.1
E02	安阳工学院学报	159	1.00	12.2	2.1	20	105	0.02	0.66	5.7
E02	北方工业大学学报	106	0.94	20.4	1.2	21	65	0.02	0.99	≥10
E02	北华航天工业学院学报	120	0.95	4.9	2.6	7	16	—	0.92	4.9
E02	北京电子科技学院学报	60	0.94	20.5	2.6	4	8	0.02	0.77	6.3
E02	北京工业大学学报	118	0.90	34.9	4.4	14	31	0.01	0.96	6.5
E02	北京航空航天大学学报	366	0.96	23.8	4.4	24	117	0.00	0.72	7.2
E02	北京建筑大学学报	79	0.93	17.7	3.2	9	16	—	0.97	6.4
E02	北京交通大学学报	108	0.95	22.4	3.9	19	42	0.02	0.88	5.3
E02	北京理工大学学报	143	0.92	22.3	4.8	16	44	0.01	0.79	6.0

学科代码	期刊名称	来源文献量	文献选出率	平均引文数	平均作者数	地区分布数	机构分布数	海外论文比	基金论文比	引用半衰期
E02	北京石油化工学院学报	48	0.92	16.7	3.3	12	20	—	0.54	6.8
E02	北京印刷学院学报	164	0.99	12.5	2.3	14	38	0.03	0.61	5.7
E02	北京邮电大学学报	121	0.98	13.8	4.0	23	54	0.02	0.73	4.5
E02	长春工业大学学报	82	0.92	15.9	3.0	7	16	—	1.00	5.1
E02	常熟理工学院学报	107	1.00	19.0	2.5	16	54	0.03	0.69	≥10
E02	常州工学院学报	100	0.94	15.2	2.7	14	61	—	0.78	4.0
E02	成都工业学院学报	129	0.91	12.7	2.5	15	62	—	0.74	3.9
E02	成都信息工程大学学报	108	1.00	22.2	4.0	13	35	—	0.87	7.7
E02	承德石油高等专科学校学报	113	0.88	9.2	2.7	15	59	—	0.55	7.8
E02	重庆大学学报	147	0.92	23.2	4.5	25	68	0.00	0.87	6.7
E02	重庆电力高等专科学校学报	100	0.93	10.0	2.3	21	67	—	0.57	4.6
E02	重庆电子工程职业学院学报	113	0.95	13.3	1.6	23	77	—	0.81	3.5
E02	重庆理工大学学报	636	0.98	23.3	3.8	30	216	—	0.94	4.6
E02	大连工业大学学报	79	0.87	18.7	4.3	6	12	—	0.99	6.0
E02	大连海事大学学报	61	0.97	24.1	4.4	7	15	0.07	0.87	4.1
E02	大连交通大学学报	117	0.98	14.4	3.9	20	41	0.00	0.64	6.5
E02	大连理工大学学报	79	0.99	21.6	4.1	13	23	0.00	0.95	7.3
E02	电子科技大学学报	116	0.94	28.1	4.6	25	65	0.02	0.73	5.8
E02	东北电力大学学报	73	0.92	24.9	3.5	9	21	—	1.00	5.9
E02	东北石油大学学报	59	0.83	35.1	6.1	16	39	0.00	0.61	6.6
E02	东莞理工学院学报	112	0.99	17.6	2.0	15	60	—	0.60	7.4
E02	防灾科技学院学报	43	0.98	32.6	3.7	14	21	—	1.00	≥10
E02	纺织科学与工程学报	77	1.00	28.1	3.9	13	20	0.00	0.39	4.1
E02	福建理工大学学报	93	0.99	13.3	3.1	7	28	—	0.76	4.7
E02	工程科学与技术	162	0.97	30.6	5.1	24	83	0.01	0.87	6.3
E02	广东工业大学学报	105	0.99	26.7	3.8	5	11	—	0.97	5.3
E02	广东海洋大学学报	103	0.94	35.4	6.1	14	36	0.00	0.82	7.3
E02	广东石油化工学院学报	115	0.95	13.5	2.9	19	62	0.01	0.73	7.1
E02	广西科技大学学报	72	0.97	19.3	4.2	7	10	—	1.00	4.9
E02	广州航海学院学报	59	0.94	13.4	2.9	11	35	—	0.81	4.5
E02	桂林电子科技大学学报	74	0.92	22.7	3.7	3	3	—	0.99	5.9
E02	桂林航天工业学院学报	88	0.96	19.5	2.4	16	44	—	0.81	4.5
E02	桂林理工大学学报	86	0.99	30.9	5.2	19	41	0.00	0.92	8.5

学科代码	期刊名称	来源文献量	文献选出率	平均引文数	平均作者数	地区分布数	机构分布数	海外论文比	基金论文比	引用半衰期
E02	国防科技大学学报	147	1.00	29.5	4.4	18	40	0.00	0.87	6.0
E02	哈尔滨工程大学学报	273	0.99	23.8	4.5	26	92	0.01	0.84	7.1
E02	哈尔滨工业大学学报	196	0.95	25.0	4.4	23	78	0.01	0.84	7.6
E02	哈尔滨理工大学学报	112	0.95	23.7	4.3	24	49	0.00	0.93	5.5
E02	海军工程大学学报	101	0.94	13.8	4.0	10	25	0.00	0.53	5.5
E02	海军航空大学学报	59	0.91	20.8	3.7	13	33	0.00	0.44	6.3
E02	杭州电子科技大学学报	149	0.99	19.7	2.8	13	24	—	0.87	8.0
E02	河北地质大学学报	114	0.98	21.5	3.9	16	44	—	0.77	8.5
E02	河北工业大学学报	67	1.00	26.3	4.3	6	9	0.00	0.85	6.9
E02	河北环境工程学院学报	86	0.92	21.0	2.9	20	58	—	0.74	4.5
E02	河北建筑工程学院学报	163	0.97	10.3	3.6	6	32	—	0.61	6.1
E02	河北科技大学学报	68	0.91	27.1	4.6	13	24	0.04	0.94	5.2
E02	河北水利电力学院学报	55	0.86	13.9	3.0	15	45	0.02	0.95	6.3
E02	河南城建学院学报	114	0.95	15.8	4.0	17	51	0.01	0.84	4.9
E02	河南工学院学报	92	0.96	13.4	2.3	8	24	0.02	0.82	5.3
E02	河南科技学院学报	123	0.97	26.3	1.7	23	70	—	1.00	6.7
E02	黑龙江大学工程学报	55	0.87	21.7	4.2	6	12	—	1.00	4.8
E02	黑龙江工程学院学报	80	0.99	16.6	2.7	17	38	—	0.92	4.2
E02	黑龙江科技大学学报	144	0.97	14.8	3.4	13	30	0.01	0.58	4.6
E02	湖北工程学院学报	129	0.93	14.7	2.3	24	78	—	0.75	6.0
E02	湖北工业大学学报	131	1.00	15.3	3.2	3	8	—	0.55	5.6
E02	湖北科技学院学报	145	0.95	15.8	1.8	19	86	0.01	0.68	6.9
E02	湖北理工学院学报	90	1.00	10.7	3.6	14	43	—	0.86	4.0
E02	湖北汽车工业学院学报	63	0.93	14.0	3.4	5	8	—	0.86	5.2
E02	湖南工业大学学报	78	0.92	18.6	3.7	11	21	—	0.83	5.8
E02	湖南科技学院学报	188	0.97	9.8	1.9	11	72	—	0.77	7.1
E02	华北科技学院学报	101	0.95	15.2	3.5	9	33	—	0.64	6.4
E02	华东交通大学学报	89	0.93	23.1	4.2	16	30	0.00	0.88	5.1
E02	淮阴工学院学报	87	0.96	17.3	2.7	13	43	0.03	0.94	6.0
E02	黄河科技学院学报	204	0.94	12.5	2.1	23	95	—	0.73	6.0
E02	火箭军工程大学学报	64	0.91	20.7	3.8	6	8	—	0.38	5.9
E02	吉林大学学报（工学版）	372	0.97	23.6	4.4	28	143	0.01	0.95	6.3
E02	吉林大学学报（信息科学版）	147	0.99	17.7	3.4	22	71	0.01	0.74	4.0

学科代码	期刊名称	来源文献量	文献选出率	平均引文数	平均作者数	地区分布数	机构分布数	海外论文比	基金论文比	引用半衰期
E02	吉林工程技术师范学院学报	272	0.96	6.6	1.7	25	135	0.00	0.81	3.6
E02	吉林化工学院学报	229	1.00	11.9	2.7	12	46	—	0.60	3.7
E02	吉林建筑大学学报	89	1.00	11.3	3.2	3	7	—	0.56	6.7
E02	集美大学学报	64	0.79	24.7	1.9	16	29	—	0.98	8.1
E02	江汉石油职工大学学报	227	0.97	4.5	1.5	18	89	—	0.16	5.0
E02	江苏理工学院学报	99	0.96	18.5	2.4	13	40	0.01	0.87	6.4
E02	江西理工大学学报	91	0.99	24.4	2.1	19	50	—	0.86	6.4
E02	金陵科技学院学报	48	0.94	18.6	3.0	5	11	—	0.96	4.4
E02	空军工程大学学报	87	0.94	23.5	4.2	16	34	0.00	0.75	5.6
E02	昆明冶金高等专科学校学报	107	0.99	11.1	2.8	14	35	—	0.62	5.2
E02	兰州工业学院学报	189	0.98	9.8	2.5	20	88	—	0.66	5.5
E02	兰州交通大学学报	139	0.96	19.1	3.2	11	28	—	0.73	5.9
E02	兰州理工大学学报	146	0.95	18.3	3.6	20	79	0.01	0.87	6.9
E02	辽宁科技大学学报	66	1.00	16.2	4.5	3	8	—	0.98	7.0
E02	辽宁科技学院学报	177	0.97	8.5	2.7	14	62	—	0.86	4.2
E02	辽宁省交通高等专科学校学报	129	0.96	7.0	1.3	20	79	—	0.58	3.5
E02	辽宁石油化工大学学报	87	1.00	26.3	4.8	14	23	—	1.00	6.2
E02	陆军工程大学学报	70	0.92	22.0	4.4	6	11	—	0.90	5.8
E02	美食研究	52	0.98	28.5	3.8	17	32	—	1.00	6.4
E02	南昌大学学报（工科版）	54	0.98	23.8	4.4	8	20	—	0.80	5.6
E02	南昌工程学院学报	103	0.93	22.6	3.8	8	20	0.01	0.93	5.8
E02	南京航空航天大学学报	120	0.94	27.6	4.3	17	45	0.00	0.59	7.7
E02	南京师范大学学报（工程技术版）	45	0.98	25.5	3.8	12	27	—	0.84	5.4
E02	南京信息工程大学学报	81	0.95	25.8	4.4	21	44	0.00	0.84	5.1
E02	南阳理工学院学报	139	0.97	13.5	2.3	18	64	0.01	0.67	6.4
E02	内蒙古科技大学学报	74	0.92	14.0	3.8	4	5	—	0.85	5.9
E02	宁波大学学报（理工版）	94	0.93	24.2	4.4	4	16	0.02	0.73	6.5
E02	宁波工程学院学报	78	0.93	15.1	2.4	18	45	—	0.76	4.4
E02	齐鲁工业大学学报	66	0.94	23.6	4.7	6	15	—	0.91	6.6
E02	青岛大学学报（工程技术版）	61	0.98	21.6	4.1	6	12	—	0.80	4.9
E02	青岛理工大学学报	120	0.99	17.9	4.5	10	19	—	1.00	6.3
E02	山东大学学报（工学版）	103	0.99	25.8	4.9	22	52	0.00	0.80	6.0
E02	山东电力高等专科学校学报	114	1.00	8.7	3.1	20	76	—	0.26	4.3

学科代码	期刊名称	来源文献量	文献选出率	平均引文数	平均作者数	地区分布数	机构分布数	海外论文比	基金论文比	引用半衰期
E02	山东建筑大学学报	102	0.94	22.4	4.1	7	13	0.01	0.77	6.0
E02	山东交通学院学报	77	0.95	22.8	3.6	13	32	—	0.84	5.2
E02	山东石油化工学院学报	71	0.90	11.7	2.8	14	38	—	0.37	8.9
E02	陕西科技大学学报	164	0.96	26.1	5.1	23	49	—	0.99	5.3
E02	上海第二工业大学学报	52	0.88	22.1	3.3	4	7	—	0.65	5.0
E02	上海电机学院学报	62	0.94	16.6	2.9	9	16	—	0.53	3.8
E02	上海电力大学学报	93	0.93	17.2	3.6	7	20	—	0.41	4.8
E02	上海工程技术大学学报	61	0.94	18.5	3.8	3	6	—	0.70	6.4
E02	上海海事大学学报	67	0.97	19.0	3.3	13	19	0.00	0.76	5.0
E02	上海交通大学学报	162	0.99	24.0	4.6	21	65	0.04	0.81	5.8
E02	上海理工大学学报	75	0.91	29.0	4.1	10	16	—	0.96	5.9
E02	深圳大学学报（理工版）	86	0.97	22.6	4.4	16	45	0.02	0.93	5.0
E02	沈阳工业大学学报	115	1.00	15.5	4.0	25	65	0.02	0.94	4.4
E02	沈阳航空航天大学学报	68	1.00	18.4	4.2	5	7	—	1.00	5.6
E02	沈阳化工大学学报	81	0.98	18.0	3.8	2	2	—	0.81	7.7
E02	沈阳理工大学学报	84	1.00	17.5	3.7	5	7	—	1.00	4.5
E02	石油化工高等学校学报	60	1.00	33.7	5.0	16	28	0.00	0.90	5.7
E02	苏州科技大学学报（工程技术版）	43	0.98	18.5	3.0	3	5	—	0.79	7.4
E02	太原科技大学学报	95	0.98	16.3	3.5	12	19	—	0.95	7.4
E02	太原理工大学学报	134	0.96	24.7	4.7	12	28	0.01	0.85	6.0
E02	天津城建大学学报	74	0.96	19.3	3.0	6	9	—	0.66	6.5
E02	天津工业大学学报	73	0.99	24.7	4.1	6	9	0.00	0.95	5.7
E02	天津科技大学学报	67	0.99	24.6	4.2	2	3	—	0.78	5.7
E02	天津理工大学学报	67	0.92	18.3	3.7	7	11	—	0.97	5.5
E02	武汉大学学报（工学版）	175	0.99	23.3	4.6	23	89	0.00	0.70	6.9
E02	武汉大学学报（信息科学版）	210	0.86	34.1	4.9	19	76	0.02	0.92	7.2
E02	武汉纺织大学学报	90	0.93	16.1	3.1	12	28	—	0.60	5.6
E02	武汉工程大学学报	110	0.97	24.4	4.6	5	16	—	0.95	5.8
E02	武汉科技大学学报	62	0.98	18.5	4.6	4	6	0.02	0.95	6.5
E02	武汉理工大学学报	244	0.93	17.4	4.2	19	63	—	0.78	6.0
E02	武汉理工大学学报（交通科学与工程版）	210	0.97	12.8	3.8	21	84	0.00	0.69	6.2
E02	武汉理工大学学报（信息与管理工程版）	153	0.95	16.7	3.8	19	65	0.02	0.72	4.5
E02	武汉轻工大学学报	100	0.94	21.9	4.2	5	17	—	0.71	4.9

学科代码	期刊名称	来源文献量	文献选出率	平均引文数	平均作者数	地区分布数	机构分布数	海外论文比	基金论文比	引用半衰期
E02	西安工程大学学报	98	0.94	26.7	4.2	15	32	0.02	0.92	4.5
E02	西安工业大学学报	68	0.79	26.1	3.8	5	15	0.00	0.85	4.7
E02	西安航空学院学报	86	0.91	17.5	2.0	15	46	—	0.51	6.8
E02	西安交通大学学报	240	0.97	29.9	5.0	20	57	0.03	0.90	5.8
E02	西安科技大学学报	133	0.94	27.1	4.5	18	46	0.00	0.96	4.9
E02	西安理工大学学报	61	0.98	26.6	4.1	15	33	0.00	0.93	5.1
E02	西安邮电大学学报	74	0.87	22.2	3.6	9	13	0.01	0.78	4.1
E02	西北工业大学学报	137	0.98	19.2	4.6	20	56	0.01	0.71	6.9
E02	西南交通大学学报	158	0.99	23.2	4.7	21	52	0.02	0.94	6.9
E02	西南科技大学学报	54	0.93	21.9	4.5	1	3	—	0.93	7.2
E02	厦门理工学院学报	75	0.73	18.9	2.9	7	20	—	0.75	4.2
E02	信息工程大学学报	110	0.95	18.1	3.7	12	26	—	0.67	5.7
E02	燕山大学学报	58	0.94	30.8	4.4	13	24	0.02	0.93	5.5
E02	应用技术学报	65	0.94	28.7	3.6	7	25	—	0.71	6.4
E02	浙江大学学报（工学版）	257	0.98	27.7	4.5	27	118	0.01	0.85	5.4
E02	浙江工业大学学报	93	0.94	21.5	4.4	11	31	0.00	0.58	7.3
E02	浙江科技学院学报	69	0.88	20.1	2.9	1	3	—	0.93	4.7
E02	浙江水利水电学院学报	93	0.82	13.8	2.2	18	61	—	0.41	6.1
E02	郑州大学学报（工学版）	100	0.95	21.1	4.5	19	39	0.01	0.95	5.4
E02	郑州航空工业管理学院学报	82	0.99	23.3	3.1	17	29	—	0.82	6.8
E02	中国计量大学学报	82	0.95	23.3	4.1	6	9	—	0.94	5.5
E02	中国矿业大学学报	101	0.93	38.9	5.9	19	35	0.03	0.92	6.3
E02	中国民航大学学报	57	0.95	20.8	3.2	8	16	—	0.79	7.9
E02	中国民航飞行学院学报	103	0.94	8.0	2.7	14	32	—	0.52	6.9
E02	中原工学院学报	92	0.93	15.4	3.5	10	24	—	0.83	5.2
E03	Biomimetic Intelligence and Robotics	32	1.00	39.1	5.3	9	27	0.41	0.84	5.3
E03	Control Theory and Technology	49	0.98	29.7	3.4	12	39	0.26	0.80	6.3
E03	IEEE/CAA Journal of Automatica Sinica	231	0.96	44.1	4.2	25	125	0.39	0.65	4.7
E03	Journal of Systems Engineering and Electronics	132	0.94	37.1	4.2	17	53	0.03	0.71	6.6
E03	Machine Intelligence Research	57	0.98	83.5	5.2	11	39	0.35	0.63	4.9
E03	Tsinghua Science and Technology	91	0.96	37.6	4.9	21	56	0.25	0.77	6.3
E03	电气电子教学学报	315	0.98	8.6	3.4	27	155	—	0.99	4.8
E03	电信快报	124	0.85	5.3	2.5	14	50	—	0.18	3.2

学科代码	期刊名称	来源文献量	文献选出率	平均引文数	平均作者数	地区分布数	机构分布数	海外论文比	基金论文比	引用半衰期
E03	电子信息对抗技术	73	0.99	13.2	3.5	15	31	—	0.19	7.2
E03	光纤与电缆及其应用技术	73	0.99	4.8	4.4	11	38	—	0.04	8.8
E03	广播电视网络	321	0.90	2.5	2.0	24	182	—	0.04	3.7
E03	广播电视信息	298	0.66	2.7	1.5	30	177	—	0.05	3.5
E03	红外	79	0.86	14.4	4.7	15	29	—	0.30	6.5
E03	机电产品开发与创新	316	0.97	8.2	2.8	30	206	—	0.27	5.7
E03	机器人	61	1.00	46.7	4.5	15	43	0.02	0.82	6.7
E03	机器人技术与应用	55	0.72	11.1	3.5	18	47	—	0.36	5.1
E03	集成电路应用	2176	0.99	5.2	1.9	31	1360	—	0.16	3.8
E03	集成技术	53	0.90	31.7	4.9	14	28	—	0.87	5.4
E03	计算机测量与控制	550	1.00	22.9	3.6	29	315	0.01	0.43	4.4
E03	计算技术与自动化	124	1.00	15.8	3.4	28	107	0.01	0.35	3.8
E03	舰船电子对抗	142	1.00	9.4	3.1	19	60	—	0.07	8.1
E03	江苏通信	160	0.94	4.3	2.7	9	66	—	0.05	3.7
E03	今日自动化	698	0.99	4.5	1.9	31	591	0.00	0.04	3.2
E03	决策与信息	114	0.94	21.4	1.7	22	69	0.01	0.71	6.5
E03	决策咨询	115	0.95	11.1	2.2	20	83	—	0.54	4.3
E03	科学与信息化	1521	0.98	5.3	1.6	29	1210	0.00	0.07	3.6
E03	控制工程	286	0.99	21.7	3.8	24	144	0.04	0.79	6.0
E03	雷达与对抗	61	0.98	6.0	2.8	10	20	—	0.08	≥10
E03	模式识别与人工智能	80	0.87	47.0	4.4	24	53	0.04	0.81	3.7
E03	人工智能	68	0.99	29.4	3.2	15	56	0.03	0.34	3.6
E03	山西电子技术	217	1.00	4.3	2.4	19	86	—	0.37	3.9
E03	数字出版研究	63	0.84	15.5	1.8	13	41	—	0.41	1.8
E03	数字传媒研究	219	0.90	1.9	1.2	16	54	—	0.01	4.4
E03	数字技术与应用	885	0.99	6.3	2.1	31	701	0.00	0.28	3.7
E03	数字通信世界	752	1.00	5.6	1.8	31	598	—	0.12	3.2
E03	网络空间安全	136	1.00	11.1	1.7	23	85	—	0.25	3.5
E03	无人系统技术	65	0.92	29.1	4.0	13	42	—	0.72	5.0
E03	系统仿真技术	59	0.95	14.1	3.7	19	46	0.02	0.22	5.1
E03	系统仿真学报	223	0.98	24.8	4.0	25	134	0.00	0.73	4.8
E03	现代电视技术	355	0.69	1.0	1.5	27	70	—	0.02	3.9
E03	现代电影技术	116	0.91	12.4	1.9	16	53	0.02	0.18	3.5

学科 代码	期刊名称	来源 文献 量	文献 选出 率	平均 引文 数	平均 作者 数	地区 分布 数	机构 分布 数	海外 论文 比	基金 论文 比	引用 半衰 期
E03	现代信息科技	1074	0.98	10.4	2.7	30	686	—	0.51	4.2
E03	信息对抗技术	45	0.88	43.8	3.9	9	16	—	0.80	4.9
E03	信息化研究	73	0.88	13.2	3.1	14	35	0.01	0.27	4.2
E03	信息技术	391	0.94	13.7	2.9	28	256	0.00	0.28	4.3
E03	信息技术与管理应用	87	0.93	32.3	2.3	17	49	—	0.77	4.9
E03	信息技术与信息化	614	0.93	12.8	2.7	31	315	—	0.33	4.8
E03	信息系统工程	580	0.94	6.1	1.8	31	423	—	0.23	3.2
E03	信息与管理研究	35	0.90	33.0	2.5	10	17	—	0.77	6.0
E03	遥测遥控	94	0.95	18.7	4.5	18	46	0.00	0.35	6.3
E03	印制电路信息	161	0.72	3.6	3.1	13	80	—	0.06	7.4
E03	应用科技	127	0.96	18.1	3.9	15	61	0.01	0.54	4.8
E03	制导与引信	38	0.97	12.0	4.3	8	16	—	0.50	7.8
E03	制造业自动化	522	0.99	15.9	3.7	30	308	0.00	0.45	5.6
E03	智能科学与技术学报	49	0.98	43.0	4.0	12	31	0.22	0.76	4.4
E03	智能系统学报	131	0.85	32.0	3.6	25	75	0.00	0.92	4.8
E03	智能制造	150	0.90	7.0	3.2	23	113	—	0.20	5.4
E03	中国电视	209	0.84	10.1	1.7	22	88	0.01	0.65	6.8
E03	中国信息安全	273	0.67	—	1.8	19	171	0.00	0.10	—
E03	中国信息化	367	0.72	—	2.2	31	302	0.02	0.17	—
E03	中国信息技术教育	778	0.95	3.2	1.5	30	545	0.00	0.26	3.8
E03	中国信息界	129	0.51	—	1.4	27	99	0.01	0.05	—
E03	中文信息学报	203	0.89	31.6	4.1	28	96	0.02	0.75	6.0
E03	自动化技术与应用	547	0.98	10.2	2.9	31	370	—	0.30	4.2
E03	自动化学报	192	0.99	47.2	4.2	23	101	0.05	0.88	5.7
E03	自动化应用	1801	0.99	6.5	2.2	31	1366	0.00	0.11	3.6
E03	自动化与信息工程	56	0.92	17.2	3.5	12	35	—	0.75	3.5
E03	自动化与仪器仪表	786	0.99	15.8	2.8	30	378	0.00	0.33	2.8
E04	合成生物学	68	0.88	120.3	4.3	15	40	0.00	0.97	6.2
E04	化学与生物工程	144	0.96	22.8	5.0	26	88	0.00	0.66	6.3
E04	生物工程学报	324	0.92	53.3	5.9	30	157	0.01	0.86	6.0
E04	生物技术通报	362	1.00	48.9	5.7	31	173	0.01	0.78	6.9
E04	生物加工过程	75	0.99	49.6	5.3	14	38	0.01	0.84	7.0
E04	中国生物工程杂志	149	0.90	50.0	5.2	25	101	0.00	0.75	5.4

学科代码	期刊名称	来源文献量	文献选出率	平均引文数	平均作者数	地区分布数	机构分布数	海外论文比	基金论文比	引用半衰期
E05	保鲜与加工	134	0.78	31.0	4.5	28	96	0.00	0.46	5.1
E05	当代农机	498	0.74	2.9	1.5	30	395	0.00	0.08	3.2
E05	肥料与健康	93	0.92	16.7	4.4	22	62	—	0.35	7.3
E05	福建农机	46	0.87	5.9	2.0	5	26	—	0.48	3.9
E05	灌溉排水学报	221	0.67	30.2	5.6	24	102	0.00	0.80	6.3
E05	广西农业机械化	126	0.98	—	1.4	13	91	—	0.48	—
E05	河北农机	1308	0.95	5.6	1.5	30	977	0.00	0.09	2.7
E05	江苏农机化	83	0.74	2.4	2.8	7	56	—	0.14	5.0
E05	节水灌溉	195	0.98	29.3	4.8	27	115	0.01	0.77	6.4
E05	绿洲农业科学与工程	20	1.00	21.3	5.2	1	10	—	0.95	7.3
E05	南方农机	1340	0.98	11.8	2.5	29	762	—	0.55	3.4
E05	农机化研究	556	0.99	18.3	4.0	28	227	—	1.00	6.1
E05	农机科技推广	194	0.50	—	2.3	26	116	—	0.02	—
E05	农机使用与维修	527	0.97	7.9	2.0	25	235	0.00	0.43	2.8
E05	农业工程	331	0.86	18.0	4.6	27	167	0.01	0.40	4.9
E05	农业工程技术	1916	0.93	3.9	2.1	31	1459	0.00	0.08	2.9
E05	农业工程学报	713	0.99	38.7	5.8	30	189	0.01	0.90	4.4
E05	农业工程与装备	159	0.99	5.9	2.1	22	93	—	0.41	4.0
E05	农业环境科学学报	287	0.99	40.7	6.2	29	141	0.01	0.83	6.0
E05	农业机械学报	532	1.00	32.5	5.3	28	129	0.01	0.92	4.7
E05	农业技术与装备	822	0.99	7.3	2.4	31	683	0.00	0.30	4.0
E05	农业开发与装备	1077	1.00	4.7	2.0	31	812	0.00	0.14	3.2
E05	农业科技与装备	230	0.94	6.0	2.1	18	108	0.00	0.30	4.8
E05	农业现代化研究	103	0.99	35.0	3.7	26	63	0.01	0.92	4.1
E05	农业装备技术	116	0.89	6.5	2.8	17	73	—	0.18	5.2
E05	农业装备与车辆工程	432	0.99	12.7	3.4	27	111	—	0.35	6.1
E05	排灌机械工程学报	176	0.96	18.3	5.2	23	75	0.01	0.91	5.7
E05	热带农业工程	225	1.00	9.2	2.6	28	109	—	0.44	4.8
E05	山东农机化	119	0.73	0.6	2.0	11	73	—	0.02	2.9
E05	山西水土保持科技	65	0.93	5.4	1.7	10	49	—	0.18	4.6
E05	生态与农村环境学报	175	0.94	37.8	5.2	29	111	0.01	0.84	5.7
E05	数字农业与智能农机	482	0.98	6.9	1.7	28	396	0.00	0.18	2.9
E05	水土保持通报	286	0.98	32.1	4.9	31	145	0.01	0.85	5.2

学科代码	期刊名称	来源文献量	文献选出率	平均引文数	平均作者数	地区分布数	机构分布数	海外论文比	基金论文比	引用半衰期
E05	水土保持学报	271	0.99	31.8	5.7	27	96	0.00	0.93	6.5
E05	水土保持研究	324	0.99	31.5	5.1	30	148	0.01	0.86	6.4
E05	水土保持应用技术	130	0.94	4.7	2.0	19	83	—	0.17	5.5
E05	四川农业与农机	160	0.82	4.3	3.6	11	111	—	0.29	5.5
E05	拖拉机与农用运输车	117	0.85	8.1	4.4	14	44	—	0.22	7.4
E05	现代化农业	344	0.95	9.4	2.6	30	220	0.00	0.32	5.1
E05	现代农机	272	0.99	6.4	2.2	29	196	—	0.42	3.4
E05	现代农业装备	92	0.94	18.0	4.1	22	57	—	0.71	5.1
E05	新疆农机化	81	0.92	11.9	3.6	11	46	—	0.59	4.8
E05	新疆农垦经济	110	0.94	31.0	2.4	21	60	—	0.94	4.9
E05	新疆农垦科技	142	0.81	7.0	4.1	8	84	—	0.46	7.2
E05	亚热带水土保持	44	0.92	12.5	3.0	10	33	—	0.30	8.2
E05	智能化农业装备学报（中英文）	30	0.97	35.4	5.0	10	21	0.03	1.00	5.2
E05	中国农村水利水电	466	0.99	21.5	4.5	30	206	0.00	0.74	6.5
E05	中国农机化学报	428	0.96	23.7	4.6	30	194	0.00	0.81	5.3
E05	中国农垦	339	0.71	0.5	1.4	24	218	—	0.01	9.9
E05	中国农业文摘—农业工程	118	0.90	10.8	2.5	22	105	—	0.21	4.9
E05	中国农业信息	41	0.79	30.0	5.0	13	26	0.07	0.93	4.3
E05	中国水土保持科学	101	0.94	24.8	5.4	21	60	0.01	0.74	7.8
E05	中国沼气	75	1.00	25.5	5.6	23	54	0.00	0.57	6.0
E06	Biomaterials Translational	30	1.00	65.0	4.7	9	20	0.30	0.70	5.8
E06	Biosafety and Health	48	0.98	46.7	9.3	13	47	0.19	0.54	4.2
E06	Chinese Journal of Biomedical Engineering	24	0.92	12.8	3.2	3	8	—	0.08	2.5
E06	北京生物医学工程	100	0.82	21.5	4.9	19	58	0.01	0.52	5.7
E06	国际生物医学工程杂志	90	1.00	30.8	4.3	17	51	—	0.70	4.6
E06	国际生物制品学杂志	67	0.92	25.4	5.7	12	32	0.03	0.46	4.9
E06	生物医学工程学杂志	158	0.97	33.0	5.3	25	89	0.04	0.87	4.4
E06	生物医学工程研究	59	0.97	27.5	4.7	15	32	0.00	0.63	4.1
E06	生物医学工程与临床	138	0.78	21.5	4.2	24	116	0.00	0.31	4.0
E06	中国生物医学工程学报	76	0.92	42.8	4.6	18	47	0.04	0.89	5.6
E06	中国生物制品学杂志	256	0.98	29.8	5.6	29	125	0.00	0.92	4.8
E06	中国医药生物技术	85	0.83	29.9	5.1	19	59	0.00	0.47	5.8
E06	中国疫苗和免疫	124	0.98	25.9	7.0	29	69	0.01	0.33	5.2

学科代码	期刊名称	来源文献量	文献选出率	平均引文数	平均作者数	地区分布数	机构分布数	海外论文比	基金论文比	引用半衰期
E06	中国组织工程研究	871	0.93	44.8	5.7	30	427	0.00	0.68	5.3
E06	中华生物医学工程杂志	118	0.93	29.9	4.7	18	85	0.01	0.51	4.4
E07	Geography and Sustainability	40	0.95	71.8	4.4	8	33	0.50	0.75	5.9
E07	Journal of Geodesy and Geoinformation Science	39	1.00	36.6	5.5	13	25	0.03	0.82	4.5
E07	北京测绘	305	0.95	16.4	3.0	27	172	—	0.65	4.5
E07	测绘	59	1.00	12.2	3.7	15	37	—	0.42	6.6
E07	测绘标准化	116	0.94	10.0	2.8	25	71	—	0.21	5.5
E07	测绘工程	67	1.00	19.3	4.0	18	41	0.00	0.78	5.4
E07	测绘技术装备	122	0.97	11.3	3.0	24	73	—	0.20	5.6
E07	测绘科学	311	1.00	25.3	4.3	28	135	0.00	0.74	5.3
E07	测绘通报	381	0.99	18.7	4.4	29	207	0.00	0.70	5.0
E07	测绘学报	185	0.63	37.1	5.0	20	71	0.02	0.88	6.2
E07	测绘与空间地理信息	735	0.98	11.1	2.7	30	389	—	0.29	5.3
E07	导航定位学报	134	0.98	20.7	4.1	20	72	0.00	0.53	5.8
E07	导航定位与授时	84	0.94	25.3	4.7	13	51	0.00	0.69	5.4
E07	地矿测绘	52	0.88	11.1	2.7	15	47	—	0.25	4.9
E07	地理空间信息	427	0.99	13.4	3.5	30	256	0.00	0.61	5.3
E07	地球信息科学学报	177	0.95	40.0	4.8	21	71	0.03	0.88	5.8
E07	海洋测绘	100	0.88	15.4	4.0	19	60	0.00	0.64	6.8
E07	全球定位系统	99	0.98	20.9	4.0	21	54	—	0.68	6.2
E07	现代测绘	85	0.93	9.6	2.8	10	60	—	0.54	6.0
E07	遥感技术与应用	138	0.94	34.4	5.0	24	83	0.02	0.88	6.4
E07	遥感信息	121	0.93	23.4	4.1	26	85	0.00	0.72	5.6
E07	遥感学报	217	0.93	41.6	6.0	23	96	0.02	0.91	7.7
E07	自然资源遥感	133	0.98	30.4	4.7	28	91	0.01	0.83	5.9
E08	ChemPhysMater	40	0.95	58.8	5.9	9	27	0.28	0.90	6.1
E08	China's Refractories	35	0.90	16.9	6.0	6	14	0.06	0.43	8.3
E08	Corrosion Communications	31	0.89	50.4	5.5	13	24	0.13	0.87	8.5
E08	Frontiers of Materials Science	44	0.98	72.8	6.4	17	37	0.16	0.80	4.8
E08	Journal of Magnesium and Alloys	302	1.00	79.1	6.3	22	161	0.40	0.90	6.8
E08	Journal of Materials Science & Technology	809	0.96	68.3	7.7	29	278	0.30	0.78	5.4
E08	Journal of Materiomics	120	1.00	66.2	7.2	19	79	0.14	0.98	5.2

学科代码	期刊名称	来源文献量	文献选出率	平均引文数	平均作者数	地区分布数	机构分布数	海外论文比	基金论文比	引用半衰期
E08	Journal of Rare Earths	236	1.00	48.8	6.7	28	160	0.31	0.69	6.4
E08	Journal of Wuhan University of Technology (Materials Science Edition)	185	0.97	30.5	5.4	23	104	0.09	0.77	8.2
E08	Nano Materials Science	36	0.90	86.7	7.2	13	29	0.11	0.92	5.0
E08	Nano Research	1315	1.00	65.3	8.1	28	373	0.23	0.84	4.6
E08	Nano-Micro Letters	239	1.00	98.1	8.5	23	128	0.46	0.74	3.8
E08	Nanotechnology and Precision Engineering	32	0.94	46.1	5.3	11	22	0.22	0.59	6.4
E08	Progress in Natural Science: Materials International	100	0.97	61.5	7.1	22	69	0.01	0.98	4.9
E08	Science China Materials	516	0.98	53.9	7.7	27	190	0.19	0.85	4.5
E08	玻璃	144	0.94	7.7	3.0	21	79	—	0.24	8.1
E08	玻璃搪瓷与眼镜	109	0.94	8.0	3.1	19	75	0.02	0.28	5.7
E08	玻璃纤维	50	0.86	11.7	4.8	9	20	—	0.26	9.5
E08	材料保护	307	0.95	28.5	5.2	26	221	0.00	0.50	7.1
E08	材料导报	800	1.00	51.1	5.1	30	295	0.02	0.85	6.8
E08	材料工程	237	0.96	39.7	5.3	27	125	0.00	0.76	5.9
E08	材料开发与应用	90	0.94	18.0	4.2	15	51	0.00	0.16	8.6
E08	材料科学与工程学报	147	0.96	27.8	4.9	28	106	0.00	0.78	6.3
E08	材料科学与工艺	67	0.97	25.8	4.8	23	50	0.01	0.81	4.9
E08	材料热处理学报	267	0.97	32.0	5.6	26	119	0.01	0.79	6.5
E08	材料研究学报	107	0.99	30.9	5.5	22	62	0.00	0.76	6.7
E08	粉末冶金材料科学与工程	58	1.00	28.6	4.7	11	17	0.02	0.84	6.4
E08	腐蚀与防护	233	0.95	20.6	4.8	28	172	0.01	0.30	8.0
E08	腐植酸	122	0.64	11.0	2.8	17	46	0.05	0.20	7.9
E08	复合材料科学与工程	212	1.00	21.9	4.4	26	132	0.09	0.74	7.8
E08	复合材料学报	578	0.98	40.6	5.2	30	226	0.01	0.83	5.2
E08	高分子材料科学与工程	272	1.00	21.4	5.8	28	125	0.01	0.74	5.5
E08	功能材料	373	0.97	34.5	5.0	28	173	0.01	0.94	5.5
E08	合成材料老化与应用	256	0.89	14.5	3.2	24	177	0.00	0.14	5.2
E08	化工新型材料	656	1.00	28.3	4.8	31	272	0.00	0.89	5.5
E08	化学推进剂与高分子材料	70	0.86	23.7	4.8	15	33	—	0.14	7.9
E08	绝缘材料	203	0.99	24.8	5.9	29	137	0.00	0.44	6.4
E08	理化检验—物理分册	228	0.96	7.9	4.0	25	172	—	0.19	7.7

学科代码	期刊名称	来源文献量	文献选出率	平均引文数	平均作者数	地区分布数	机构分布数	海外论文比	基金论文比	引用半衰期
E08	耐火材料	111	0.96	18.8	6.0	12	37	—	0.75	7.3
E08	耐火与石灰	98	0.99	6.0	3.4	16	52	0.01	0.10	7.6
E08	全面腐蚀控制	360	0.95	7.2	2.9	27	236	—	0.05	6.3
E08	热喷涂技术	44	0.92	25.0	5.5	14	30	—	0.45	6.9
E08	人工晶体学报	246	0.90	32.8	6.1	30	159	0.00	0.73	7.3
E08	润滑油	68	0.91	16.1	4.6	15	37	—	0.24	9.5
E08	散装水泥	388	0.97	5.5	1.2	27	271	—	0.04	3.0
E08	失效分析与预防	69	1.00	17.0	4.2	18	47	0.01	0.57	6.6
E08	石材	573	0.99	5.4	1.4	29	391	0.00	0.06	3.2
E08	石油化工腐蚀与防护	81	0.92	7.7	3.2	17	57	—	0.36	7.5
E08	无机材料学报	168	0.98	44.1	6.1	25	85	0.02	0.94	5.4
E08	西部皮革	1103	0.88	7.1	1.7	31	447	0.01	0.33	4.1
E08	稀土	101	0.95	34.6	5.5	24	63	0.00	0.83	7.6
E08	纤维素科学与技术	42	0.91	23.2	4.1	14	26	—	0.74	6.9
E08	信息记录材料	931	1.00	8.1	1.9	31	628	0.00	0.19	3.1
E08	中国包装	336	0.90	6.0	1.9	26	143	0.01	0.30	4.6
E08	中国材料进展	113	0.97	52.8	5.0	25	85	0.03	0.82	6.0
E08	中国腐蚀与防护学报	165	0.96	34.7	5.4	24	100	0.00	0.72	7.1
E08	中国稀土学报	111	0.97	45.4	5.3	25	63	0.00	0.89	6.7
E09	Acta Metallurgica Sinica	157	0.96	50.9	7.0	20	68	0.17	0.83	6.7
E09	Baosteel Technical Research	24	0.86	13.7	3.1	3	7	—	—	9.6
E09	Journal of Iron and Steel Research, International	220	0.97	40.0	6.1	23	63	0.08	0.84	7.6
E09	Rare Metals	394	1.00	52.0	6.9	29	177	0.26	0.84	5.5
E09	Transactions of Nonferrous Metals Society of China	293	1.00	41.1	6.1	26	97	0.15	0.85	6.6
E09	材料研究与应用	127	0.96	39.8	4.9	20	75	—	0.70	5.8
E09	钢结构	86	0.99	14.5	3.3	18	42	—	0.40	8.6
E09	钢铁	217	0.95	32.9	5.1	18	47	0.00	0.88	5.6
E09	钢铁钒钛	171	0.86	18.4	5.0	19	80	0.00	0.56	7.1
E09	钢铁研究学报	156	0.86	38.1	5.0	19	60	0.01	0.76	7.0
E09	贵金属	60	0.87	22.9	5.8	15	46	0.00	0.68	8.5
E09	湖南有色金属	152	1.00	7.3	3.0	20	95	0.01	0.16	7.5

学科代码	期刊名称	来源文献量	文献选出率	平均引文数	平均作者数	地区分布数	机构分布数	海外论文比	基金论文比	引用半衰期
E09	黄金	242	1.00	15.9	4.0	26	152	0.01	0.59	7.9
E09	黄金科学技术	92	0.73	53.5	4.7	18	46	0.01	0.76	≥10
E09	金属功能材料	93	0.61	26.8	4.1	23	64	0.01	0.48	6.1
E09	金属学报	141	0.97	48.3	5.5	20	59	0.04	0.89	7.4
E09	宽厚板	69	0.95	6.3	4.3	16	37	—	0.09	≥10
E09	南方金属	96	0.99	6.5	2.8	12	33	—	0.23	9.4
E09	上海金属	83	0.99	22.7	4.6	17	40	0.00	0.42	9.0
E09	世界有色金属	1818	1.00	6.4	1.9	31	814	0.00	0.06	3.9
E09	四川有色金属	71	0.95	7.5	2.9	17	56	—	0.14	7.5
E09	钛工业进展	48	0.69	18.6	5.8	12	33	0.02	0.38	7.6
E09	铁合金	61	0.92	7.6	3.3	19	49	0.02	0.25	8.8
E09	铜业工程	151	1.00	24.5	4.4	27	91	0.01	0.71	5.3
E09	五金科技	146	0.83	1.2	1.2	10	31	—	0.01	7.2
E09	稀有金属	162	0.93	41.1	5.4	25	104	0.02	0.93	5.7
E09	稀有金属材料与工程	509	1.00	34.5	5.8	28	182	0.02	0.85	7.1
E09	新疆钢铁	73	0.99	3.7	2.0	18	56	—	0.03	4.4
E09	新疆有色金属	281	0.98	3.8	1.8	24	190	—	0.07	5.0
E09	冶金与材料	766	0.98	5.7	1.8	30	485	0.00	0.05	3.9
E09	硬质合金	60	0.87	22.5	4.4	16	32	0.00	0.35	7.7
E09	有色金属材料与工程	60	0.65	28.7	4.3	10	24	—	0.95	5.8
E09	有色金属工程	225	0.81	20.6	5.0	30	115	0.00	0.79	5.5
E09	有色金属科学与工程	104	1.00	31.3	5.1	20	40	0.01	0.81	5.9
E09	有色金属设计	125	0.95	6.1	2.1	22	87	—	0.08	4.3
E09	中国锰业	101	0.93	14.2	4.2	17	70	0.00	0.36	5.7
E09	中国钼业	67	0.64	18.7	4.5	11	45	0.00	0.39	8.7
E09	中国钨业	63	0.84	24.5	4.6	11	45	0.00	0.41	7.4
E09	中国有色金属学报	320	0.99	41.0	5.8	25	101	0.03	0.88	6.5
E10	International Journal of Mining Science and Technology	113	1.00	44.9	6.0	19	54	0.25	0.78	7.0
E10	采矿技术	281	1.00	12.0	3.5	28	197	0.00	0.27	5.0
E10	采矿与安全工程学报	131	0.94	26.0	5.4	15	28	0.01	0.94	6.3
E10	采矿与岩层控制工程学报	55	0.90	26.4	5.1	15	34	0.02	0.71	5.3
E10	当代矿工	302	0.74	0.0	1.3	23	197	—	—	—

学科代码	期刊名称	来源文献量	文献选出率	平均引文数	平均作者数	地区分布数	机构分布数	海外论文比	基金论文比	引用半衰期
E10	非金属矿	150	0.99	15.7	5.5	23	82	0.01	0.64	4.9
E10	工矿自动化	240	0.99	26.2	4.2	21	100	0.00	0.83	3.9
E10	化工矿物与加工	134	0.95	31.3	4.9	22	47	—	0.85	6.0
E10	金属矿山	456	1.00	24.2	4.9	28	212	0.02	0.82	5.4
E10	勘察科学技术	80	0.88	11.1	3.6	21	68	—	0.24	7.8
E10	矿产保护与利用	132	0.99	35.7	5.4	23	51	0.01	0.73	5.9
E10	矿产勘查	250	0.91	28.1	5.0	25	132	0.00	0.64	8.0
E10	矿产与地质	155	0.92	21.8	4.7	25	111	0.01	0.57	9.8
E10	矿产综合利用	192	0.97	19.4	4.6	27	109	0.01	0.54	6.4
E10	矿山机械	178	0.88	9.8	3.0	25	101	0.00	0.26	5.1
E10	矿物学报	85	1.00	39.8	5.8	20	39	0.00	0.86	≥10
E10	矿业安全与环保	145	0.98	22.2	3.8	21	85	0.00	0.70	4.9
E10	矿业工程	104	0.99	4.9	2.6	22	66	—	0.07	7.6
E10	矿业工程研究	44	1.00	15.9	4.3	8	13	—	0.82	5.8
E10	矿业科学学报	83	0.93	29.7	4.7	15	30	0.01	0.78	6.5
E10	矿业研究与开发	396	0.99	19.7	4.4	28	183	0.00	0.74	4.8
E10	矿业装备	870	1.00	4.7	1.1	21	467	—	0.00	3.3
E10	露天采矿技术	199	0.97	10.5	2.8	15	82	—	0.18	5.3
E10	煤矿安全	424	0.97	19.7	4.0	25	182	0.00	0.59	5.4
E10	煤矿爆破	31	0.97	13.0	3.5	14	26	—	0.23	6.2
E10	煤矿机电	103	0.94	10.0	2.1	16	50	—	0.39	4.1
E10	煤矿机械	739	0.99	7.3	2.4	25	232	0.00	0.24	4.8
E10	煤矿现代化	129	0.98	8.7	2.1	14	105	—	0.07	4.9
E10	煤炭技术	720	0.99	11.9	3.7	25	336	0.00	0.61	5.1
E10	煤炭加工与综合利用	270	0.97	11.8	2.7	23	186	—	0.11	5.9
E10	煤炭科技	206	0.97	15.1	2.6	21	161	—	0.44	5.1
E10	煤田地质与勘探	242	0.96	37.4	5.9	24	94	0.01	0.80	6.4
E10	山西煤炭	80	0.94	12.9	2.4	14	66	—	0.21	4.3
E10	西部探矿工程	676	0.99	6.4	1.9	30	344	—	0.09	6.0
E10	现代矿业	788	1.00	9.9	3.3	30	467	0.00	0.19	6.1
E10	选煤技术	99	0.99	19.5	3.3	17	71	—	0.26	6.0
E10	铀矿冶	61	0.92	16.6	4.9	12	23	0.00	0.13	8.0
E10	有色金属（矿山部分）	131	0.99	16.4	4.3	22	73	0.01	0.69	5.6

学科代码	期刊名称	来源文献量	文献选出率	平均引文数	平均作者数	地区分布数	机构分布数	海外论文比	基金论文比	引用半衰期
E10	有色金属（选矿部分）	141	0.99	19.0	4.3	22	68	0.02	0.57	6.4
E10	凿岩机械气动工具	50	1.00	5.2	2.2	11	28	—	0.14	6.1
E10	智能矿山	136	0.73	—	3.7	16	75	—	0.05	—
E10	中国非金属矿工业导刊	112	0.94	16.8	3.4	25	64	0.00	0.14	6.6
E10	中国矿业	298	0.95	20.6	4.2	30	197	0.01	0.45	5.3
E10	钻探工程	126	0.98	21.5	4.9	24	73	—	0.68	6.6
E11	International Journal of Minerals, Metallurgy and Materials	218	1.00	55.8	6.4	23	100	0.24	0.81	4.9
E11	鞍钢技术	106	0.96	10.3	4.7	13	45	—	0.12	9.2
E11	包钢科技	125	0.92	6.2	4.2	4	35	—	0.04	≥10
E11	宝钢技术	86	0.72	6.4	2.6	8	30	—	0.03	7.7
E11	材料与冶金学报	85	0.92	20.5	4.8	12	22	—	1.00	8.3
E11	电工钢	66	0.85	8.9	4.1	12	31	—	0.11	8.6
E11	粉末冶金工业	124	0.78	26.1	4.5	24	88	0.01	0.65	5.5
E11	粉末冶金技术	80	0.99	25.3	5.1	19	61	0.01	0.55	7.3
E11	福建冶金	110	1.00	8.3	1.7	9	47	—	0.09	8.2
E11	甘肃冶金	214	0.99	4.9	3.0	15	71	—	0.11	8.6
E11	河北冶金	190	0.97	14.8	4.0	16	83	—	0.22	6.6
E11	河南冶金	88	0.94	6.2	3.4	10	36	—	0.05	8.1
E11	江西冶金	72	0.91	25.8	4.2	18	29	—	0.61	6.9
E11	金属材料与冶金工程	70	0.95	8.5	3.8	15	46	—	0.09	8.1
E11	矿冶	116	0.99	17.6	4.6	21	65	0.03	0.59	6.6
E11	矿冶工程	226	1.00	13.6	4.8	27	135	0.00	0.71	5.2
E11	理化检验—化学分册	260	0.94	19.3	4.8	29	218	0.00	0.35	6.1
E11	连铸	83	0.88	29.9	4.9	18	50	—	0.57	5.2
E11	炼钢	71	0.91	22.3	4.8	15	34	—	0.56	7.9
E11	炼铁	85	0.91	8.0	4.2	20	51	0.01	0.08	7.5
E11	绿色矿冶	95	0.94	12.4	3.3	22	54	0.01	0.21	5.9
E11	轻金属	150	0.96	10.5	3.7	20	74	—	0.35	7.3
E11	山东冶金	184	0.90	4.2	3.3	13	83	0.00	0.03	7.9
E11	山西冶金	1186	1.00	5.1	1.9	30	645	0.00	0.05	5.5
E11	烧结球团	98	0.94	18.2	5.1	19	55	—	0.83	5.9
E11	湿法冶金	102	0.93	22.8	5.1	26	58	0.01	0.65	5.7

学科代码	期刊名称	来源文献量	文献选出率	平均引文数	平均作者数	地区分布数	机构分布数	海外论文比	基金论文比	引用半衰期
E11	四川冶金	85	0.75	10.0	3.6	19	47	—	0.20	7.9
E11	特钢技术	64	0.80	6.5	2.9	11	34	—	0.03	≥10
E11	特殊钢	123	0.96	17.2	4.8	19	72	—	0.27	7.4
E11	稀有金属与硬质合金	96	0.91	21.0	5.1	22	58	—	0.77	7.1
E11	冶金标准化与质量	101	0.94	4.4	2.9	18	60	—	0.03	9.6
E11	冶金分析	158	0.81	17.4	4.5	27	116	0.01	0.41	6.9
E11	冶金能源	83	1.00	10.8	4.2	18	60	0.00	0.37	7.2
E11	冶金设备管理与维修	136	0.97	2.2	3.1	18	77	—	0.01	≥10
E11	冶金信息导刊	96	0.97	5.0	2.3	16	64	0.05	0.02	9.1
E11	冶金自动化	81	0.76	23.9	4.2	16	35	—	0.77	5.1
E11	有色金属（冶炼部分）	233	0.97	23.3	5.2	27	113	0.00	0.83	6.3
E11	有色矿冶	101	0.99	5.7	2.5	13	42	0.02	0.06	8.6
E11	有色设备	96	0.97	13.1	3.7	16	48	0.04	0.35	6.6
E11	有色冶金设计与研究	74	0.99	7.8	2.4	14	34	0.01	0.32	6.9
E11	云南冶金	199	0.96	11.8	3.9	17	92	—	0.23	9.6
E11	轧钢	137	0.85	15.8	4.1	18	69	0.01	0.31	6.6
E11	中国金属通报	1965	1.00	—	1.5	31	966	0.00	0.01	—
E11	中国矿山工程	84	0.99	12.2	3.2	22	50	0.01	0.23	5.1
E11	中国冶金	199	0.85	31.2	5.1	18	78	0.01	0.70	5.9
E11	中国冶金文摘	72	0.92	2.1	3.8	19	48	—	—	≥10
E11	中国有色冶金	128	0.88	20.7	4.5	24	87	—	0.55	7.2
E12	Frontiers of Mechanical Engineering	54	1.00	70.5	6.0	14	30	0.06	0.98	5.4
E12	传动技术	33	0.89	8.8	3.2	5	15	—	0.24	7.4
E12	电子机械工程	78	0.99	12.9	3.8	13	36	—	0.26	7.6
E12	钢管	108	0.83	14.3	3.7	17	60	—	0.09	8.3
E12	工程机械	352	0.97	8.3	3.2	29	223	—	0.21	7.6
E12	工程设计学报	85	0.91	22.3	4.9	22	55	0.01	0.95	5.9
E12	机电工程	240	1.00	21.1	4.1	28	153	0.00	0.89	4.6
E12	机电设备	117	0.91	7.8	3.4	17	74	0.01	0.07	7.1
E12	机电元件	97	0.99	4.2	3.1	17	44	—	0.01	≥10
E12	机械	136	0.96	14.9	3.9	23	80	—	0.61	6.7
E12	机械传动	284	1.00	19.0	4.2	27	164	0.00	0.69	6.5
E12	机械工程材料	205	0.95	24.1	4.8	28	139	0.00	0.68	7.0

学科代码	期刊名称	来源文献量	文献选出率	平均引文数	平均作者数	地区分布数	机构分布数	海外论文比	基金论文比	引用半衰期
E12	机械工程师	554	1.00	9.0	3.5	28	383	0.00	0.33	7.7
E12	机械工程学报	731	0.96	38.7	5.0	26	177	0.03	0.92	6.4
E12	机械工程与自动化	508	0.99	6.2	3.0	27	318	—	0.37	6.0
E12	机械工业标准化与质量	160	0.80	—	2.2	27	126	—	0.04	—
E12	机械管理开发	1458	1.00	5.3	1.3	28	769	0.00	0.06	4.2
E12	机械科学与技术	274	0.95	20.4	4.0	28	123	0.00	0.79	6.1
E12	机械设计	281	0.85	16.0	4.1	26	183	0.01	0.66	6.2
E12	机械设计与研究	265	0.93	17.2	3.8	28	174	0.02	0.62	5.3
E12	机械设计与制造	746	1.00	12.8	3.3	27	326	0.00	0.77	7.1
E12	机械设计与制造工程	317	1.00	11.3	3.4	30	196	0.00	0.36	4.9
E12	机械研究与应用	290	0.94	9.0	3.2	25	216	—	0.26	7.0
E12	机械与电子	178	0.95	14.0	3.5	25	124	0.00	0.35	3.5
E12	机械制造与自动化	344	1.00	10.8	3.5	25	152	0.00	0.35	6.2
E12	教育与装备研究	218	1.00	8.7	2.1	27	179	—	0.57	3.5
E12	精密制造与自动化	55	0.93	7.8	2.2	14	34	—	0.05	5.3
E12	流体测量与控制	130	0.98	6.8	1.8	25	96	—	0.24	4.0
E12	流体机械	176	0.99	18.5	4.8	23	109	0.01	0.81	5.9
E12	摩擦学学报（中英文）	133	0.94	35.6	5.6	22	75	0.00	0.88	7.0
E12	图学学报	130	0.98	29.4	3.9	26	87	0.03	0.78	4.0
E12	现代机械	132	0.96	8.7	3.3	20	86	—	0.36	7.5
E12	压缩机技术	81	0.93	8.4	3.7	22	56		0.28	8.5
E12	液压与气动	271	1.00	18.5	4.5	28	153	0.00	0.65	5.6
E12	噪声与振动控制	272	0.97	15.7	4.1	27	173	0.00	0.69	6.5
E12	振动与冲击	912	0.97	23.3	4.4	29	267	0.00	0.84	7.0
E12	制造技术与机床	316	0.98	15.5	4.2	28	181	0.00	0.60	5.2
E12	中国机械工程	327	0.98	22.5	4.7	26	144	0.01	0.86	6.1
E12	中国机械工程学报	152	0.97	40.2	5.2	21	77	0.13	0.90	6.3
E12	中国设备工程	2558	0.96	5.5	2.0	31	1798	0.00	0.08	3.9
E12	组合机床与自动化加工技术	502	1.00	15.6	3.8	29	184	0.00	0.80	5.0
E13	China Welding	26	0.96	29.1	5.7	12	18	0.04	0.81	7.3
E13	International Journal of Plant Engineering and Management	19	0.90	12.0	2.1	8	14	0.05	0.16	9.6
E13	大型铸锻件	76	0.92	12.6	4.4	14	44	—	0.20	9.1

学科代码	期刊名称	来源文献量	文献选出率	平均引文数	平均作者数	地区分布数	机构分布数	海外论文比	基金论文比	引用半衰期
E13	低温工程	73	0.99	13.4	5.1	18	47	0.00	0.70	7.3
E13	电焊机	210	0.98	21.1	5.1	24	135	0.01	0.47	5.9
E13	电加工与模具	59	0.82	18.6	4.6	13	33	0.03	0.58	5.4
E13	锻压技术	412	0.89	16.5	4.7	28	230	0.01	0.69	5.8
E13	锻压装备与制造技术	191	0.78	6.0	3.3	23	96	—	0.18	7.8
E13	锻造与冲压	308	0.81	—	3.1	22	142	0.00	0.02	—
E13	阀门	164	0.85	11.7	4.2	20	98	—	0.12	≥10
E13	分析测试技术与仪器	60	0.95	23.0	4.2	19	44	—	0.62	6.0
E13	风机技术	89	0.99	18.2	4.5	21	55	—	0.79	7.1
E13	工程机械与维修	545	0.98	6.2	1.3	28	268	—	0.02	3.2
E13	管道技术与设备	71	1.00	12.9	4.3	19	55	—	0.27	7.0
E13	哈尔滨轴承	63	0.97	4.1	2.6	9	23	—	0.11	≥10
E13	焊管	134	0.99	15.8	4.7	21	76	0.01	0.57	6.9
E13	焊接	112	0.97	19.9	4.6	24	86	0.01	0.46	6.2
E13	焊接技术	348	0.94	10.4	3.5	27	226	0.00	0.14	5.2
E13	焊接学报	206	0.94	20.1	5.2	27	116	0.00	0.79	5.7
E13	航天制造技术	83	0.99	12.1	5.4	18	58	—	0.46	6.2
E13	机床与液压	836	0.99	16.0	4.1	29	353	0.00	0.70	5.6
E13	机电工程技术	785	1.00	17.1	3.9	29	447	0.00	0.57	5.2
E13	机电技术	191	0.97	8.1	2.0	19	107	—	0.45	4.5
E13	机械强度	202	0.99	18.8	4.1	26	118	0.00	0.76	6.9
E13	机械制造	258	0.91	11.9	3.2	25	169	—	0.34	6.3
E13	机械制造文摘—焊接分册	40	0.93	22.1	4.6	18	30		0.55	4.8
E13	今日制造与升级	604	0.82	4.9	2.3	30	484		0.08	4.6
E13	金刚石与磨料磨具工程	92	0.97	23.8	5.0	18	65	0.02	0.68	6.9
E13	金属加工（冷加工）	255	0.88	4.7	2.8	25	194	—	0.03	8.5
E13	金属加工（热加工）	306	0.97	9.8	4.1	25	217	—	0.23	7.7
E13	金属热处理	586	0.88	17.4	5.1	29	295	0.00	0.51	7.1
E13	金属世界	106	0.99	10.3	2.8	19	58	—	0.13	8.0
E13	金属制品	95	0.90	7.8	3.2	16	55	—	0.04	9.8
E13	精密成形工程	298	0.99	30.0	5.2	27	178	0.04	0.72	5.0
E13	铝加工	86	0.56	9.0	3.5	17	43	—	0.22	≥10
E13	模具工业	191	0.70	8.2	3.1	24	131	—	0.29	6.7

学科代码	期刊名称	来源文献量	文献选出率	平均引文数	平均作者数	地区分布数	机构分布数	海外论文比	基金论文比	引用半衰期
E13	模具技术	59	0.98	12.4	3.3	14	37	0.00	0.37	6.4
E13	模具制造	974	0.99	4.6	1.9	29	656	0.00	0.14	3.6
E13	起重运输机械	305	0.65	8.1	3.0	24	140	0.00	0.22	7.0
E13	气象水文海洋仪器	152	0.99	11.5	3.8	27	110	0.01	0.73	6.6
E13	轻工机械	87	0.98	16.2	4.0	9	22	0.00	0.59	6.0
E13	轻合金加工技术	124	0.66	11.8	4.2	25	74	—	0.40	8.2
E13	燃气涡轮试验与研究	55	0.90	14.4	4.5	9	16	—	0.36	≥10
E13	热处理	81	0.90	13.0	3.7	15	52	—	0.27	7.6
E13	热处理技术与装备	98	0.94	9.9	3.9	20	72	—	0.14	8.1
E13	热加工工艺	823	1.00	15.3	4.5	29	393	0.00	0.64	7.9
E13	世界制造技术与装备市场	78	0.59	1.9	2.3	13	45	0.04	—	8.7
E13	塑性工程学报	316	0.97	22.1	5.1	25	144	0.01	0.84	6.7
E13	特种铸造及有色合金	324	0.77	20.8	5.3	28	175	0.01	0.63	7.2
E13	无损检测	180	0.84	11.8	4.8	27	132	0.00	0.39	6.4
E13	无损探伤	66	0.96	9.3	3.5	20	53	—	0.24	7.5
E13	物探装备	106	0.94	3.8	4.3	13	26	—	0.04	6.2
E13	现代制造工程	256	0.95	17.8	4.2	28	148	0.00	0.75	4.9
E13	现代制造技术与装备	803	0.97	7.5	2.5	29	609	0.00	0.23	4.6
E13	现代铸铁	91	0.83	5.8	3.2	18	57	—	0.03	4.0
E13	压力容器	130	0.93	18.1	4.6	22	81	0.02	0.42	6.4
E13	一重技术	118	0.95	6.0	2.2	13	37	—	0.08	8.9
E13	有色金属加工	92	0.95	11.6	3.6	17	45	—	0.24	7.6
E13	中国表面工程	119	0.96	37.9	5.3	27	93	0.01	0.77	6.1
E13	中国工程机械学报	117	1.00	12.4	3.8	24	87	0.01	0.76	5.1
E13	中国重型装备	56	0.92	11.2	3.8	15	31	—	0.18	7.6
E13	中国铸造	61	1.00	34.4	5.9	16	41	0.07	0.70	8.7
E13	中国铸造装备与技术	130	0.88	8.0	4.2	19	69	—	0.15	7.8
E13	重型机械	105	1.00	17.7	4.5	19	52	—	0.52	6.6
E13	轴承	192	0.96	17.5	4.1	27	119	0.01	0.54	7.1
E13	铸造	242	0.61	15.5	4.9	28	157	0.00	0.34	7.8
E13	铸造工程	98	0.54	6.2	3.7	25	76	—	0.12	9.4
E13	铸造技术	146	0.90	35.5	5.5	26	85	—	0.91	6.7
E13	铸造设备与工艺	119	0.84	6.3	3.5	24	63	—	0.20	9.5

学科代码	期刊名称	来源文献量	文献选出率	平均引文数	平均作者数	地区分布数	机构分布数	海外论文比	基金论文比	引用半衰期
E13	装备环境工程	236	0.98	29.0	5.2	22	130	0.00	0.28	8.6
E13	装备机械	79	0.93	10.2	2.8	20	58	—	0.32	5.3
E13	装备制造技术	881	0.99	7.2	2.9	30	518	0.00	0.48	4.8
E14	柴油机	63	0.97	10.8	4.2	11	34	0.02	0.63	7.1
E14	柴油机设计与制造	38	0.86	7.0	3.5	10	18	—	0.03	6.6
E14	车用发动机	79	0.99	17.0	5.0	20	58	0.00	0.52	7.5
E14	城市燃气	115	0.82	7.5	2.7	17	84	0.02	0.01	5.9
E14	电力科技与环保	70	0.89	29.8	4.9	20	44	—	1.00	5.2
E14	电力学报	58	0.97	19.7	4.2	21	39	—	0.52	5.5
E14	电力与能源	143	0.99	9.0	3.7	17	72	—	0.11	5.4
E14	东方汽轮机	70	0.99	6.0	4.2	9	18	—	0.06	≥10
E14	动力工程学报	208	0.95	19.5	4.8	20	62	0.00	0.69	5.6
E14	发电技术	96	0.97	32.0	5.1	18	65	0.01	0.75	4.2
E14	工程热物理学报	433	1.00	21.0	4.7	26	113	0.03	0.88	8.5
E14	工业锅炉	71	0.90	8.9	3.1	18	55	—	0.20	7.8
E14	工业加热	202	0.97	13.6	3.2	26	156	—	0.31	4.4
E14	工业炉	94	0.85	8.0	3.0	21	60	0.00	0.15	6.5
E14	锅炉技术	77	0.97	13.8	4.4	18	56	—	0.42	7.0
E14	锅炉制造	146	0.95	2.8	2.5	23	47	—	0.02	8.7
E14	内燃机	62	0.93	11.0	4.2	18	38	—	0.35	7.0
E14	内燃机工程	79	0.98	21.2	5.2	18	36	0.01	0.80	6.3
E14	内燃机学报	67	0.99	21.5	4.9	17	30	0.03	0.85	7.1
E14	内燃机与动力装置	99	0.98	14.2	4.4	14	46	—	0.61	6.0
E14	内燃机与配件	955	0.99	7.3	2.8	30	496	0.00	0.28	5.9
E14	能源工程	90	0.99	16.1	4.2	15	55	—	0.40	5.7
E14	能源研究与管理	104	0.96	23.4	4.2	16	63	0.02	0.68	4.6
E14	能源与环境	233	0.99	10.9	2.6	24	175	—	0.24	5.8
E14	汽轮机技术	121	0.98	10.1	4.3	21	67	0.00	0.22	8.5
E14	燃气轮机技术	49	0.92	11.6	3.4	14	37	—	0.24	8.4
E14	燃烧科学与技术	86	0.98	21.8	4.9	18	44	0.03	0.93	8.9
E14	热力透平	63	0.93	8.8	3.3	12	34	0.02	0.11	≥10
E14	热能动力工程	262	0.85	19.0	3.6	26	118	0.00	0.58	6.9
E14	特种设备安全技术	149	1.00	5.0	2.7	19	67	—	0.15	8.7

学科代码	期刊名称	来源文献量	文献选出率	平均引文数	平均作者数	地区分布数	机构分布数	海外论文比	基金论文比	引用半衰期
E14	现代车用动力	53	0.95	5.8	4.1	11	28	—	0.21	7.8
E14	小型内燃机与车辆技术	118	0.95	8.3	4.2	18	52	0.00	0.14	7.0
E14	冶金动力	183	0.99	4.0	2.7	22	102	0.00	—	8.2
E14	制冷	83	0.99	10.4	3.0	13	57	0.04	0.18	7.0
E14	制冷技术	77	0.81	25.9	4.2	16	40	—	0.55	7.5
E14	制冷学报	115	0.99	26.6	5.2	20	53	0.06	0.75	6.6
E14	制冷与空调	215	1.00	14.3	3.8	19	121	0.00	0.20	6.8
E14	制冷与空调（四川）	132	1.00	15.4	3.6	18	73	0.01	0.39	5.9
E14	综合智慧能源	128	0.93	27.7	4.7	23	86	0.01	0.91	3.8
E15	Chinese Journal of Electrical Engineering	39	0.95	43.6	4.1	12	28	0.31	0.64	6.1
E15	安全与电磁兼容	90	0.81	13.9	4.0	19	65	0.01	0.51	6.2
E15	变压器	173	0.84	16.0	4.5	26	121	—	0.23	3.8
E15	磁性材料及器件	109	0.94	20.3	5.2	21	52	—	0.54	8.7
E15	大电机技术	82	0.99	20.3	4.6	22	67	0.00	0.44	7.0
E15	大众用电	399	0.74	—	2.2	25	203	—	—	—
E15	电池	149	0.71	13.6	3.5	29	114	0.00	0.55	4.6
E15	电池工业	54	0.90	19.6	4.0	16	50	—	0.33	6.1
E15	电瓷避雷器	170	0.98	30.2	5.4	28	108	0.01	0.71	5.9
E15	电动工具	61	0.81	6.2	2.5	20	48	—	0.13	4.3
E15	电工材料	140	0.98	9.9	3.3	23	89	—	0.16	6.3
E15	电工电能新技术	120	0.99	24.3	5.4	26	70	0.00	0.48	5.7
E15	电工电气	177	0.92	12.5	3.6	25	135	—	0.33	5.7
E15	电工技术	1503	1.00	9.1	3.3	31	830	0.00	0.17	5.0
E15	电工技术学报	543	0.95	29.1	4.6	25	111	0.01	0.80	4.9
E15	电机技术	93	0.98	5.3	2.6	20	58	—	0.02	7.6
E15	电机与控制学报	208	1.00	22.0	4.4	23	78	0.01	0.88	5.8
E15	电机与控制应用	150	0.98	17.8	4.1	23	81	0.00	0.55	4.6
E15	电力大数据	126	0.95	29.7	4.9	19	78	—	0.16	2.5
E15	电力电容器与无功补偿	103	0.94	26.6	4.5	24	81	—	0.62	5.4
E15	电力电子技术	420	1.00	5.8	3.7	28	211	0.00	0.55	6.6
E15	电力工程技术	168	0.93	28.1	4.9	23	72	0.01	0.82	3.6
E15	电力建设	179	0.98	30.8	5.4	25	89	0.01	0.79	3.3
E15	电力勘测设计	206	0.94	7.3	3.2	24	85	—	0.07	6.7

学科代码	期刊名称	来源文献量	文献选出率	平均引文数	平均作者数	地区分布数	机构分布数	海外论文比	基金论文比	引用半衰期
E15	电力科学与工程	101	1.00	19.9	3.6	16	28	—	0.80	3.6
E15	电力科学与技术学报	168	0.97	21.8	4.9	25	93	0.00	0.60	3.6
E15	电力设备管理	2381	0.98	3.7	2.1	31	1496	0.00	0.03	3.4
E15	电力系统保护与控制	422	1.00	28.2	5.0	28	147	0.00	0.97	3.6
E15	电力系统及其自动化学报	218	0.98	20.8	4.6	28	117	0.00	0.50	4.5
E15	电力系统装备	743	0.99	4.4	2.4	31	576	0.00	0.06	3.9
E15	电力系统自动化	468	0.99	32.1	5.1	23	97	0.03	0.74	3.9
E15	电力信息与通信技术	144	0.96	24.1	5.1	22	81	0.00	0.17	4.2
E15	电力需求侧管理	107	0.95	15.6	5.1	22	71	0.00	0.32	3.6
E15	电力自动化设备	347	0.99	23.2	5.2	28	104	0.02	0.69	3.9
E15	电气传动	157	0.98	16.5	4.3	27	104	0.00	0.39	4.6
E15	电气防爆	71	0.95	6.8	2.5	18	40	—	0.11	5.8
E15	电气工程学报	136	0.97	27.6	4.5	21	87	0.00	0.63	5.5
E15	电气技术	164	1.00	15.7	3.5	28	113	—	0.32	4.3
E15	电气开关	172	0.97	9.1	2.8	25	112	—	0.09	5.1
E15	电气时代	259	0.65	4.3	2.7	28	211	—	0.12	3.5
E15	电气应用	190	1.00	13.1	3.6	26	145	—	0.34	5.7
E15	电气自动化	206	1.00	8.6	4.0	26	116	0.00	0.35	4.5
E15	电器工业	208	0.85	5.7	2.3	27	157	—	0.06	4.2
E15	电器与能效管理技术	148	0.99	15.6	3.8	21	94	0.01	0.53	4.7
E15	电世界	112	0.90	2.1	2.2	24	75	—	0.01	7.8
E15	电网技术	522	0.99	29.6	5.2	28	110	0.01	0.64	4.3
E15	电网与清洁能源	214	1.00	25.6	5.2	29	124	0.00	0.50	3.3
E15	电线电缆	77	0.87	12.7	3.9	13	56	—	0.22	6.1
E15	电源技术	340	0.95	14.8	3.8	28	208	0.00	0.44	5.5
E15	电源学报	146	0.95	18.4	4.0	28	108	—	0.76	6.1
E15	电站辅机	40	0.93	5.0	2.3	14	27	0.02	0.05	6.1
E15	电站系统工程	163	1.00	8.5	3.5	23	103	0.01	0.13	7.1
E15	东北电力技术	156	0.93	13.0	3.4	20	102	—	0.18	5.4
E15	东方电气评论	71	0.87	7.4	4.3	6	26	—	0.10	7.7
E15	发电设备	74	1.00	12.0	4.0	24	65	—	0.22	7.6
E15	防爆电机	129	0.99	5.3	1.9	17	55	—	0.05	9.4
E15	高电压技术	505	0.99	33.7	5.2	29	130	0.01	0.72	4.8

学科代码	期刊名称	来源文献量	文献选出率	平均引文数	平均作者数	地区分布数	机构分布数	海外论文比	基金论文比	引用半衰期
E15	高压电器	343	0.98	27.8	5.6	30	179	0.00	0.32	5.2
E15	供用电	149	0.92	27.5	5.3	22	102	0.01	0.35	3.5
E15	广东电力	179	0.97	25.6	5.1	25	107	0.00	0.36	3.8
E15	广西电力	79	0.93	16.1	3.5	13	44	—	0.37	4.7
E15	广西电业	172	0.80	2.2	2.6	8	69	—	0.06	3.3
E15	河北电力技术	100	0.93	14.3	4.3	15	46	—	0.51	4.3
E15	黑龙江电力	112	0.99	10.6	3.4	23	77	—	0.30	5.7
E15	湖北电力	119	0.95	31.4	4.7	15	54	—	0.75	4.2
E15	湖南电力	129	1.00	21.6	4.7	23	75	—	0.74	5.1
E15	机电信息	549	1.00	5.8	2.6	29	402	0.00	0.18	5.9
E15	吉林电力	76	0.86	9.4	3.6	8	29	0.01	0.17	6.1
E15	家电科技	126	0.85	11.5	4.3	10	66	—	0.21	6.0
E15	江西电力	133	0.94	8.2	2.6	19	94	—	0.29	5.0
E15	洁净与空调技术	96	0.96	7.6	3.0	20	70	—	0.15	9.2
E15	南方电网技术	192	0.95	30.1	5.6	26	88	0.01	0.63	4.5
E15	内蒙古电力技术	92	0.96	23.6	4.5	16	53	—	0.73	3.3
E15	宁夏电力	65	0.79	14.2	4.0	13	35	—	0.38	6.5
E15	农村电工	594	0.83	—	1.9	30	370	—	—	—
E15	农村电气化	304	0.85	6.0	3.3	27	216	—	0.08	4.8
E15	汽车电器	375	0.97	5.1	3.5	25	145	0.00	0.08	5.6
E15	汽车与新动力	118	1.00	5.5	2.2	22	90	—	0.16	3.6
E15	青海电力	53	0.87	8.4	4.2	18	31	—	0.04	5.4
E15	热力发电	254	0.98	27.7	5.7	27	120	0.01	0.57	5.2
E15	日用电器	317	0.75	5.5	3.2	18	96	—	0.07	9.8
E15	山东电力技术	139	1.00	20.7	4.4	18	64	—	0.86	5.0
E15	山西电力	97	0.95	9.0	2.8	17	61	—	0.29	5.9
E15	上海大中型电机	60	0.95	2.8	2.8	12	22	—	0.07	8.1
E15	上海电气技术	85	0.92	9.1	2.5	14	46	—	0.06	6.5
E15	四川电力技术	92	0.95	17.6	4.9	18	49	—	0.48	5.1
E15	微电机	175	1.00	12.2	3.8	26	113	0.00	0.29	6.5
E15	微特电机	150	0.94	12.9	3.4	23	89	0.00	0.29	6.3
E15	现代电力	118	0.99	21.6	4.9	22	60	0.00	0.41	4.7
E15	现代建筑电气	144	0.85	6.4	1.8	21	94	—	0.08	6.3

学科代码	期刊名称	来源文献量	文献选出率	平均引文数	平均作者数	地区分布数	机构分布数	海外论文比	基金论文比	引用半衰期
E15	移动电源与车辆	58	0.92	5.7	3.8	14	37	—	0.12	6.7
E15	云南电力技术	121	0.99	12.6	3.6	11	52	—	0.02	5.9
E15	云南电业	113	0.88	9.1	3.5	13	48	—	0.04	3.8
E15	照明工程学报	161	0.79	17.3	3.6	19	108	0.01	0.39	7.7
E15	浙江电力	173	0.99	22.7	5.3	15	81	0.00	0.12	4.6
E15	智慧电力	186	0.94	26.2	5.1	27	104	0.01	0.99	2.7
E15	智能建筑电气技术	156	0.93	6.2	1.9	20	96	—	0.01	5.7
E15	中国电机工程学报	833	0.99	32.3	5.2	27	146	0.03	0.75	5.4
E15	中国电力	281	0.98	27.1	5.3	29	139	0.02	0.49	3.6
E15	中国核电	157	0.99	5.7	3.1	15	53	—	0.06	9.1
E16	Energy & Environmental Materials	240	1.00	73.7	8.1	26	144	0.20	0.99	4.8
E16	Energy Material Advances	36	0.86	70.8	6.1	13	26	0.11	1.00	4.7
E16	Frontiers in Energy	58	0.97	67.9	4.9	16	42	0.29	0.60	5.3
E16	Global Energy Interconnection	60	0.88	33.7	4.9	19	43	0.23	0.52	4.1
E16	Green Energy & Environment	134	0.96	77.4	6.6	24	84	0.26	0.84	5.1
E16	International Journal of Coal Science & Technology	89	0.93	52.9	5.3	16	57	0.38	0.65	6.4
E16	储能科学与技术	346	0.85	36.9	5.5	29	199	0.02	0.63	3.8
E16	大氮肥	114	0.85	3.4	2.1	21	50	—	0.03	9.4
E16	分布式能源	60	0.98	25.2	4.1	19	41	0.00	0.52	3.0
E16	建筑科技	205	0.95	4.7	1.6	17	138	—	0.09	4.7
E16	江西煤炭科技	308	0.99	6.0	1.2	12	216	—	0.01	3.8
E16	节能技术	96	0.97	17.8	4.8	24	67	0.00	0.34	5.4
E16	洁净煤技术	207	1.00	43.5	5.6	25	106	0.01	0.84	6.1
E16	晋控科学技术	82	0.84	6.1	1.4	10	61	—	0.06	4.7
E16	可再生能源	225	0.97	16.9	5.1	29	149	0.01	0.70	5.1
E16	煤	354	0.99	8.6	1.6	19	250	—	0.25	4.0
E16	煤气与热力	212	0.95	10.5	3.7	22	91	—	0.21	6.8
E16	煤炭工程	391	1.00	20.5	3.9	23	200	0.00	0.46	5.3
E16	煤炭科学技术	370	0.99	32.9	5.5	22	107	0.01	0.91	6.0
E16	煤炭新视界	142	0.99	6.0	1.7	21	119	—	—	2.3
E16	煤炭学报	364	0.96	40.8	6.1	24	94	0.01	0.91	5.8
E16	煤炭与化工	458	1.00	10.6	2.3	24	289	—	0.18	5.5

学科代码	期刊名称	来源文献量	文献选出率	平均引文数	平均作者数	地区分布数	机构分布数	海外论文比	基金论文比	引用半衰期
E16	煤炭转化	67	0.93	31.8	5.7	17	43	0.00	0.84	6.2
E16	煤质技术	76	1.00	23.4	3.8	14	35	—	0.87	6.9
E16	南方能源建设	119	0.98	23.0	4.0	18	62	0.02	0.89	4.3
E16	能源技术与管理	379	1.00	5.6	2.0	23	272	—	0.13	5.1
E16	能源科技	131	0.98	7.8	2.6	19	94	0.01	0.21	5.5
E16	能源研究与利用	66	0.96	14.6	3.6	12	45	0.02	0.45	4.4
E16	能源研究与信息	34	0.61	17.4	4.1	9	13	—	0.32	6.6
E16	能源与环保	599	1.00	17.5	3.2	30	352	0.00	0.63	4.2
E16	能源与节能	765	0.99	8.8	1.8	29	502	—	0.11	3.4
E16	区域供热	134	1.00	8.6	3.6	18	86	—	0.16	5.6
E16	全球能源互联网	64	0.93	33.0	5.4	16	42	0.02	0.30	3.6
E16	燃料化学学报（中英文）	176	0.94	45.1	5.9	24	72	0.01	0.87	6.2
E16	山东煤炭科技	761	0.98	6.2	1.5	22	525	—	0.04	4.1
E16	山西焦煤科技	159	0.93	7.4	1.9	16	119	—	0.11	4.6
E16	陕西煤炭	271	0.99	13.9	2.7	17	162	—	0.17	5.4
E16	上海节能	262	0.68	10.9	2.3	22	163	—	0.30	5.3
E16	上海煤气	64	0.91	2.3	1.8	12	35	—	—	6.1
E16	水电能源科学	621	1.00	8.5	4.3	29	263	0.00	0.70	6.1
E16	太阳能学报	822	0.96	20.4	4.7	30	276	0.01	0.79	5.8
E16	新能源进展	75	1.00	29.5	5.0	15	44	0.03	0.73	5.8
E16	新型炭材料（中英文）	78	0.92	67.4	6.5	19	52	0.09	0.83	4.7
E16	中国煤层气	63	0.98	9.5	3.5	10	41	—	0.22	7.1
E16	中国煤炭	186	0.99	16.0	3.8	21	120	0.01	0.26	4.3
E16	中国煤炭地质	157	0.98	21.6	4.1	23	94	0.00	0.46	7.1
E16	中国能源	99	0.80	15.5	2.8	14	60	0.01	0.17	2.8
E16	中外能源	181	0.68	15.2	3.0	22	135	—	0.25	6.4
E17	China Oil & Gas	54	0.75	5.9	2.4	6	24	—	0.06	2.3
E17	China Petroleum Processing and Petrochemical Technology	63	1.00	33.1	5.7	19	40	0.02	0.87	6.7
E17	Petroleum	57	1.00	47.5	4.8	9	38	0.49	0.60	9.4
E17	Petroleum Research	52	0.93	48.4	4.2	5	44	0.85	0.48	8.3
E17	测井技术	107	0.94	20.5	5.4	17	48	0.01	0.36	7.4
E17	大庆石油地质与开发	122	0.98	24.3	5.4	20	67	0.01	0.66	5.7

学科代码	期刊名称	来源文献量	文献选出率	平均引文数	平均作者数	地区分布数	机构分布数	海外论文比	基金论文比	引用半衰期
E17	当代石油石化	147	0.98	7.4	1.9	14	55	0.01	0.05	4.0
E17	断块油气田	136	0.96	25.4	5.8	17	77	0.01	0.57	5.5
E17	非常规油气	103	0.90	20.6	5.1	17	55	—	0.96	7.1
E17	国际石油经济	156	0.82	12.0	3.0	13	60	0.04	0.03	2.8
E17	海相油气地质	44	0.92	27.7	6.5	14	26	0.00	0.36	8.8
E17	海洋石油	81	0.93	13.4	3.8	11	25	—	0.21	8.3
E17	合成润滑材料	48	0.83	8.9	3.3	14	22	0.02	0.02	8.9
E17	精细石油化工进展	66	0.85	19.2	3.7	16	45	—	0.30	6.6
E17	炼油技术与工程	176	0.88	7.4	2.9	22	77	—	0.35	7.5
E17	炼油与化工	99	1.00	13.8	2.8	18	70	0.01	0.12	6.6
E17	录井工程	87	0.96	13.6	4.8	16	48	0.01	0.41	8.0
E17	内蒙古石油化工	329	0.96	9.3	2.8	23	215	—	0.26	7.5
E17	能源化工	88	0.62	17.3	3.7	25	66	0.00	0.20	6.2
E17	齐鲁石油化工	69	0.57	5.8	2.3	11	39	—	0.01	8.3
E17	石化技术	1163	1.00	4.8	2.2	29	603	—	0.04	5.6
E17	石油地球物理勘探	150	0.91	29.0	4.9	22	62	0.01	0.60	8.7
E17	石油地质与工程	134	0.96	17.1	3.9	19	84	—	0.42	6.2
E17	石油工程建设	102	0.95	12.1	4.1	18	61	—	0.19	6.5
E17	石油工业技术监督	174	0.96	13.6	3.9	22	108	—	0.23	6.8
E17	石油管材与仪器	112	0.88	16.0	5.4	18	55	—	0.50	6.1
E17	石油化工	242	0.95	30.4	4.3	19	86	0.00	0.28	6.8
E17	石油化工安全环保技术	97	0.92	4.3	2.6	21	69	—	0.06	7.8
E17	石油化工设备技术	71	0.84	9.0	2.4	19	51	0.00	0.18	9.6
E17	石油化工设计	60	0.92	6.2	1.7	12	14	—	0.08	8.6
E17	石油化工应用	314	0.95	11.4	4.4	20	143	—	0.28	7.3
E17	石油机械	240	0.95	20.2	5.3	22	102	0.01	0.63	5.6
E17	石油勘探与开发	118	0.92	34.9	7.7	14	50	0.08	0.54	5.7
E17	石油科技论坛	75	0.90	16.0	4.1	13	48	—	0.93	2.8
E17	石油科学通报	64	0.94	44.7	5.7	9	19	0.03	0.66	6.5
E17	石油库与加油站	76	0.78	4.0	1.7	25	54	—	—	5.7
E17	石油矿场机械	73	0.90	16.4	5.3	13	50	0.01	0.97	8.3
E17	石油沥青	66	0.67	15.1	3.9	15	45	0.02	0.30	8.1
E17	石油炼制与化工	242	0.70	19.4	4.3	26	102	0.01	0.26	7.1

学科代码	期刊名称	来源文献量	文献选出率	平均引文数	平均作者数	地区分布数	机构分布数	海外论文比	基金论文比	引用半衰期
E17	石油商技	89	0.94	5.9	1.9	16	43	—	0.01	6.9
E17	石油石化节能与计量	200	0.93	11.0	2.5	15	89	—	0.02	4.3
E17	石油石化绿色低碳	86	0.90	10.2	2.2	18	57	—	0.07	6.4
E17	石油实验地质	119	0.92	35.2	6.3	14	65	0.02	0.57	6.4
E17	石油物探	104	0.97	27.9	4.6	16	59	0.01	0.63	7.4
E17	石油学报	160	0.91	46.7	7.3	18	64	0.02	0.58	6.6
E17	石油学报（石油加工）	144	0.95	32.9	5.3	20	63	0.00	0.71	6.5
E17	石油与天然气地质	120	0.91	48.2	7.2	14	44	0.01	0.65	6.1
E17	石油与天然气化工	130	0.96	21.2	5.1	22	82	—	0.68	6.2
E17	石油知识	111	0.73	1.8	2.5	16	56	0.01	0.02	7.9
E17	石油钻采工艺	103	1.00	21.5	5.2	18	61	0.01	0.41	5.2
E17	石油钻探技术	116	0.93	29.1	4.5	17	56	0.02	0.50	4.5
E17	世界石油工业	70	0.86	18.7	3.7	15	45	0.01	0.54	4.8
E17	特种油气藏	134	0.95	22.8	5.7	23	68	0.01	0.66	5.5
E17	天然气地球科学	168	0.92	41.4	6.9	21	56	0.00	0.58	7.9
E17	天然气工业	193	0.84	35.1	7.0	19	79	0.02	0.55	5.6
E17	天然气技术与经济	77	0.94	17.0	5.0	10	39	—	0.65	4.2
E17	天然气勘探与开发	65	0.82	24.3	5.7	14	36	—	0.54	7.4
E17	天然气与石油	127	0.89	24.0	5.2	18	83	0.02	0.32	6.0
E17	新疆石油地质	94	0.92	28.0	5.4	15	52	0.01	0.56	6.0
E17	新疆石油天然气	50	0.96	29.2	5.2	11	24	—	0.92	5.3
E17	岩性油气藏	90	1.00	33.0	6.8	14	38	0.04	0.51	7.8
E17	乙烯工业	57	0.77	3.7	3.4	12	17	—	0.04	≥10
E17	油气藏评价与开发	94	0.90	28.0	5.2	17	55	0.04	0.52	5.8
E17	油气储运	156	0.96	32.5	5.1	24	85	0.02	0.51	5.2
E17	油气地质与采收率	106	0.95	35.4	5.5	13	52	0.03	0.51	6.4
E17	油气井测试	79	0.93	17.1	4.2	17	56	—	0.57	7.1
E17	油气田地面工程	199	0.89	12.7	3.4	20	104	—	0.14	5.9
E17	油气田环境保护	71	0.90	15.7	4.8	16	48	—	0.34	5.7
E17	油气与新能源	85	0.90	27.4	4.8	14	47	0.01	0.61	3.4
E17	油田化学	111	0.99	27.2	5.3	17	63	0.01	0.50	6.2
E17	中国海上油气	135	0.98	24.8	5.3	11	35	0.00	0.29	6.8
E17	中国海洋平台	99	1.00	14.7	4.8	13	48	0.00	0.57	7.2

学科代码	期刊名称	来源文献量	文献选出率	平均引文数	平均作者数	地区分布数	机构分布数	海外论文比	基金论文比	引用半衰期
E17	中国石化	280	0.61	—	1.4	22	161	0.00	0.00	—
E17	中国石油和化工标准与质量	1591	0.99	4.9	2.2	31	806	—	0.05	4.6
E17	中国石油勘探	78	0.90	29.6	6.9	15	47	0.00	0.35	4.9
E17	钻采工艺	177	0.94	15.3	5.6	20	117	—	0.86	5.9
E17	钻井液与完井液	111	1.00	18.8	5.5	19	65	0.00	0.33	6.8
E18	Matter and Radiation at Extremes (MRE)	54	1.00	47.4	7.3	12	37	0.39	0.93	8.8
E18	Nuclear Science and Techniques	202	0.99	44.9	7.9	20	78	0.20	0.61	7.5
E18	Plasma Science and Technology	201	0.95	37.7	7.4	23	102	0.11	0.93	9.1
E18	Radiation Detection Technology and Methods	65	0.94	25.6	10.0	8	24	0.15	0.75	8.8
E18	辐射防护	78	0.75	21.0	5.5	20	43	0.03	0.21	≥10
E18	辐射研究与辐射工艺学报	69	0.96	27.0	6.1	16	50	0.00	0.61	6.4
E18	核安全	86	0.90	12.0	3.8	21	52	—	0.20	8.6
E18	核标准计量与质量	44	0.83	3.7	3.8	9	22	—	—	6.8
E18	核电子学与探测技术	190	1.00	10.9	5.1	21	92	0.02	0.51	8.3
E18	核动力工程	222	0.99	14.2	5.5	20	68	0.00	0.46	9.5
E18	核化学与放射化学	60	0.87	36.9	5.9	16	33	0.00	0.45	≥10
E18	核技术	190	0.97	31.0	5.8	19	78	0.02	0.73	7.8
E18	核科学与工程	194	0.97	12.3	4.8	19	57	0.01	0.30	≥10
E18	世界核地质科学	81	0.98	23.5	5.1	15	25	0.01	0.28	8.9
E18	太阳能	142	0.98	11.2	3.8	27	115	0.01	0.35	5.5
E18	同位素	80	0.96	24.9	6.1	17	46	0.00	0.25	8.9
E18	原子能科学技术	258	0.95	23.8	6.0	23	78	0.00	0.57	9.4
E19	CES Transactions on Electrical Machines and Systems	47	0.92	23.9	4.0	10	26	0.17	0.74	6.0
E19	Chinese Journal of Electronics	121	1.00	32.9	4.4	24	79	0.11	0.86	6.1
E19	CSEE Journal of Power and Energy Systems	210	0.98	38.5	5.2	23	90	0.40	0.66	6.0
E19	Frontiers of Information Technology & Electronic Engineering	127	0.89	42.3	5.1	21	76	0.13	0.77	5.1
E19	High Voltage	121	1.00	38.3	6.1	21	54	0.06	0.96	6.2
E19	Journal of Semiconductors	151	0.96	47.9	6.1	19	76	0.27	0.67	5.1
E19	The Journal of China Universities of Posts and Telecommunications	58	0.91	26.2	4.1	19	34	—	0.83	5.9
E19	半导体光电	161	1.00	17.2	4.4	23	92	0.00	0.53	6.2

学科代码	期刊名称	来源文献量	文献选出率	平均引文数	平均作者数	地区分布数	机构分布数	海外论文比	基金论文比	引用半衰期
E19	半导体技术	151	0.97	20.9	4.5	22	77	0.00	0.44	5.7
E19	传感技术学报	272	1.00	19.3	3.9	28	161	0.01	0.84	4.9
E19	传感器与微系统	489	1.00	15.5	4.2	28	218	0.01	0.74	5.7
E19	灯与照明	73	0.75	6.5	1.9	22	54	0.01	0.21	3.9
E19	电声技术	467	0.97	6.5	1.9	30	286	—	0.05	3.9
E19	电视技术	720	0.98	6.4	1.6	31	403	0.00	0.08	2.7
E19	电子测量技术	634	1.00	20.6	3.8	29	219	0.00	0.68	4.2
E19	电子测量与仪器学报	318	0.98	24.2	4.2	25	128	0.00	0.84	4.2
E19	电子测试	125	0.95	11.5	3.6	25	102	—	1.00	4.1
E19	电子产品可靠性与环境试验	133	0.67	10.4	3.8	18	47	—	0.13	8.4
E19	电子产品世界	271	0.95	6.0	2.4	25	165	0.06	0.26	4.5
E19	电子工艺技术	96	0.98	6.2	4.0	18	55	0.09	0.28	8.3
E19	电子技术应用	312	0.99	15.5	3.9	30	172	0.00	0.32	5.6
E19	电子科技	154	0.97	21.7	3.3	18	47	—	1.00	5.3
E19	电子科技学刊	29	1.00	32.7	4.9	7	14	0.21	0.76	7.8
E19	电子器件	268	0.97	16.2	3.8	27	172	0.01	0.57	5.2
E19	电子设计工程	956	1.00	16.9	3.5	31	514	0.00	0.29	3.5
E19	电子显微学报	84	0.82	37.2	5.2	18	49	0.02	0.80	9.5
E19	电子学报	357	1.00	29.5	4.3	28	165	0.03	0.87	5.3
E19	电子与封装	174	0.95	16.2	4.4	19	84	—	0.29	6.2
E19	电子与信息学报	486	1.00	25.1	4.5	26	149	0.02	0.84	4.7
E19	电子元件与材料	206	1.00	25.3	4.1	28	102	0.00	0.81	5.3
E19	电子元器件与信息技术	727	1.00	7.3	2.2	31	617	—	0.17	3.3
E19	电子政务	132	0.81	33.9	2.0	18	81	—	0.86	3.5
E19	电子制作	711	0.99	7.3	3.2	30	402	—	0.46	4.8
E19	电子质量	293	0.71	8.7	3.0	24	117	—	0.25	6.0
E19	固体电子学研究与进展	87	0.88	15.8	4.8	17	45	0.00	0.39	6.6
E19	光源与照明	971	0.99	6.3	1.6	31	691	—	0.06	2.1
E19	广播与电视技术	296	0.95	3.6	1.9	31	151	—	0.09	4.8
E19	国外电子测量技术	304	0.98	21.4	4.0	26	114	0.00	0.67	3.5
E19	黑龙江广播电视技术	104	0.96	5.6	1.3	18	49	—	—	4.2
E19	密码学报	86	0.95	33.0	3.8	18	48	0.02	0.92	7.1
E19	太赫兹科学与电子信息学报	194	0.92	21.4	4.4	25	125	0.00	0.54	6.6

学科代码	期刊名称	来源文献量	文献选出率	平均引文数	平均作者数	地区分布数	机构分布数	海外论文比	基金论文比	引用半衰期
E19	微电子学	168	1.00	15.8	5.1	17	60	0.00	0.78	7.0
E19	微电子学与计算机	184	0.94	21.1	4.2	28	101	0.00	0.65	5.7
E19	微纳电子技术	238	1.00	28.5	4.9	27	101	0.00	0.78	5.6
E19	微纳电子与智能制造	38	0.84	27.2	4.3	11	23	—	0.61	4.4
E19	系统工程与电子技术	450	1.00	31.0	4.2	20	110	0.00	0.66	5.5
E19	现代电子技术	781	1.00	16.2	3.5	31	368	0.00	0.48	4.1
E19	真空电子技术	93	0.96	15.6	4.6	14	39	—	0.40	9.9
E19	中国集成电路	163	0.88	7.0	2.8	19	83	0.01	0.19	7.5
E19	中国有线电视	279	0.72	6.0	1.6	27	173	—	0.11	3.1
E19	中国照明电器	111	0.73	10.2	2.9	16	77	—	0.27	5.9
E20	Advanced Photonics	70	1.00	56.7	6.6	8	44	0.43	0.74	5.5
E20	Frontiers of Optoelectronics	48	1.00	53.9	7.5	14	33	0.29	0.77	5.5
E20	High Power Laser Science and Engineering	90	1.00	47.5	9.9	12	51	0.38	0.89	7.9
E20	Opto-Electronic Advances	65	0.98	47.0	6.5	15	51	0.29	0.80	5.4
E20	Opto-Electronic Science	26	1.00	74.2	8.0	10	24	0.27	0.96	5.3
E20	Optoelectronics Letters	127	0.91	21.1	4.4	24	71	0.12	0.89	4.7
E20	Photonics Research	238	1.00	49.8	7.5	21	130	0.24	0.97	5.8
E20	光电工程	100	0.95	49.5	5.6	20	65	0.03	0.87	5.7
E20	光电子技术	55	0.92	19.5	5.3	12	29	0.04	0.62	5.7
E20	光学技术	115	1.00	21.3	4.3	24	70	0.01	0.68	6.4
E20	光学仪器	69	0.93	22.5	4.0	10	14	—	0.86	6.6
E20	光学与光电技术	109	0.99	18.2	4.0	18	52	0.00	0.32	7.5
E20	红外技术	171	0.96	22.2	5.3	28	112	0.00	0.52	6.5
E20	红外与激光工程	397	0.98	27.2	6.0	26	157	0.01	0.75	6.4
E20	激光技术	128	0.96	24.8	5.1	25	75	0.01	0.66	6.4
E20	激光与光电子学进展	990	0.99	32.2	4.7	28	311	0.01	0.77	6.0
E20	激光与红外	272	0.99	17.5	4.6	26	148	0.00	0.46	6.3
E20	激光杂志	521	1.00	19.1	3.2	31	253	0.00	0.88	3.6
E20	压电与声光	172	0.97	13.0	4.9	24	91	0.00	0.54	5.6
E20	应用激光	236	0.98	19.3	4.7	26	181	0.00	0.63	4.9
E20	中国光学（中英文）	137	0.96	31.1	5.1	25	80	0.02	0.91	5.3
E20	中国激光	561	0.94	38.0	5.8	27	211	0.02	0.85	6.2
E21	China Communications	254	0.95	36.3	4.7	23	112	0.17	0.73	5.1

学科代码	期刊名称	来源文献量	文献选出率	平均引文数	平均作者数	地区分布数	机构分布数	海外论文比	基金论文比	引用半衰期
E21	Journal of Communications and Information Networks	35	1.00	29.5	4.7	12	29	0.26	0.86	4.8
E21	ZTE Communications	49	0.94	27.5	4.1	11	32	0.02	0.51	3.8
E21	长江信息通信	894	1.00	8.4	2.2	31	549	—	0.23	3.6
E21	电波科学学报	128	0.94	25.8	4.7	21	65	0.01	0.70	7.8
E21	电信科学	189	1.00	23.2	4.1	23	109	0.02	0.52	3.8
E21	电讯技术	278	0.95	16.7	3.6	22	112	0.00	0.48	5.3
E21	光通信技术	99	0.95	16.7	4.3	22	57	—	0.63	5.9
E21	光通信研究	66	1.00	24.2	4.6	17	49	0.02	0.67	6.0
E21	广东通信技术	200	0.91	8.1	2.6	19	84	—	0.06	3.8
E21	广西通信技术	40	0.95	5.2	2.8	1	13		0.25	2.9
E21	互联网天地	98	0.56	8.4	1.7	16	45		0.08	1.9
E21	江西通信科技	58	0.94	4.3	2.2	5	35	0.05	0.14	5.6
E21	空天预警研究学报	94	0.88	15.6	3.6	15	34	—	0.30	4.8
E21	雷达科学与技术	90	1.00	17.4	3.9	16	43	0.00	0.58	4.7
E21	雷达学报	83	0.95	48.4	5.0	14	33	0.00	0.88	5.7
E21	山东通信技术	48	0.92	3.5	3.8	4	16		—	3.8
E21	数据采集与处理	120	0.95	32.0	3.9	23	59	0.01	0.80	5.3
E21	数据通信	65	0.92	9.4	2.7	10	27	—	0.28	4.1
E21	数字经济	181	0.82	—	1.6	18	133	0.02	—	—
E21	天地一体化信息网络	46	0.98	24.9	4.9	13	31	0.00	0.54	4.0
E21	通信电源技术	1948	1.00	6.8	1.8	31	1187	0.00	0.02	2.9
E21	通信技术	204	0.91	15.3	3.5	23	91	—	0.41	5.3
E21	通信世界	308	0.57	—	2.0	19	88	—	—	—
E21	通信学报	240	1.00	28.8	4.4	25	107	0.07	0.94	4.3
E21	通信与信息技术	179	1.00	7.8	2.5	24	94		0.18	3.6
E21	微波学报	117	0.96	18.0	3.9	23	69	0.01	0.57	6.2
E21	无线电工程	364	0.98	22.5	4.0	28	195		0.92	4.5
E21	无线电通信技术	148	0.98	20.5	3.7	19	68	—	0.74	4.1
E21	无线通信技术	50	0.98	11.4	2.2	9	15	—	0.68	5.4
E21	物联网学报	55	1.00	36.4	4.5	17	35	—	0.96	4.3
E21	现代雷达	183	0.94	17.6	3.7	26	89	0.00	0.36	7.4
E21	信号处理	195	0.99	31.2	4.2	24	74	0.02	0.91	5.0

学科代码	期刊名称	来源文献量	文献选出率	平均引文数	平均作者数	地区分布数	机构分布数	海外论文比	基金论文比	引用半衰期
E21	信息通信技术	73	0.91	11.3	3.5	14	39	—	0.22	2.5
E21	信息通信技术与政策	172	1.00	12.6	3.3	15	72	—	0.17	2.7
E21	移动通信	199	0.94	22.1	3.8	19	101	0.00	0.70	3.4
E21	应用科学学报	83	0.98	22.9	4.1	22	63	0.00	0.84	4.9
E21	邮电设计技术	205	0.95	11.1	3.7	17	68	—	0.06	3.0
E21	中国电信业	183	0.68	—	1.9	22	80	0.00	0.03	—
E21	中国电子科学研究院学报	159	0.96	18.3	3.6	23	93	0.00	0.52	3.9
E21	中国新通信	1947	0.99	5.9	1.5	31	1394	0.00	0.21	3.0
E21	中兴通讯技术	74	0.89	16.8	3.0	10	44	0.04	0.47	2.1
E22	Big Data Mining and Analytics	42	0.93	45.2	4.7	8	34	0.64	0.38	5.6
E22	Blockchain: Research and Applications	40	1.00	60.9	3.2	4	37	0.82	0.42	4.1
E22	Computational Visual Media	50	1.00	63.6	4.6	11	33	0.22	0.82	6.2
E22	Frontiers of Computer Science	132	0.99	35.6	4.7	22	77	0.22	0.83	6.6
E22	Journal of Computer Science & Technology	86	0.92	46.8	4.8	14	50	0.30	0.84	6.3
E22	Photonic Sensors	32	1.00	41.0	6.1	13	26	0.19	0.78	7.0
E22	Science China Information Sciences	347	0.97	36.4	5.5	22	119	0.20	0.92	5.7
E22	Unmanned Systems	27	0.96	46.3	3.8	5	16	0.44	1.00	6.9
E22	Visual Informatics	33	1.00	48.8	4.3	8	26	0.46	0.79	7.1
E22	办公自动化	461	0.94	7.8	1.7	28	328	0.01	0.42	3.2
E22	保密科学技术	128	0.78	6.5	2.3	14	81	—	0.07	3.8
E22	大数据	75	0.93	30.0	3.7	17	51	0.01	0.59	3.9
E22	电脑编程技巧与维护	627	0.99	5.9	2.4	31	376	0.00	0.33	4.3
E22	电脑与信息技术	189	0.97	9.0	2.6	26	133	0.01	0.62	4.5
E22	电脑知识与技术	1941	1.00	8.3	2.5	31	1006	0.00	0.65	3.8
E22	福建电脑	320	0.96	9.7	2.6	25	197	0.01	0.64	4.3
E22	工业控制计算机	761	0.99	8.2	3.1	29	394	0.00	0.32	5.2
E22	化学传感器	31	0.82	28.0	4.3	7	10	—	0.74	4.2
E22	集成电路与嵌入式系统	261	0.63	10.4	3.2	30	162	0.00	0.28	3.9
E22	计算机仿真	1188	1.00	15.4	3.0	31	473	0.00	0.62	4.4
E22	计算机辅助工程	53	0.91	12.3	3.9	14	30	—	0.40	7.1
E22	计算机辅助设计与图形学学报	191	0.98	32.4	4.3	26	108	0.01	0.92	6.2
E22	计算机工程	435	0.97	29.5	3.9	29	191	0.00	0.91	4.0
E22	计算机工程与科学	246	0.95	28.7	3.9	27	115	0.01	0.78	6.8

学科代码	期刊名称	来源文献量	文献选出率	平均引文数	平均作者数	地区分布数	机构分布数	海外论文比	基金论文比	引用半衰期
E22	计算机工程与设计	497	0.99	18.4	3.5	31	204	0.00	0.86	4.3
E22	计算机工程与应用	830	0.98	34.1	3.8	29	275	0.00	0.86	4.8
E22	计算机集成制造系统	352	1.00	27.3	4.2	26	137	0.02	0.91	5.6
E22	计算机技术与发展	381	0.98	22.6	3.5	29	182	0.01	0.87	5.0
E22	计算机教育	521	0.97	8.6	3.4	28	248	—	0.86	3.4
E22	计算机科学	513	0.97	35.8	3.8	29	155	0.02	0.85	5.7
E22	计算机科学与探索	228	0.93	43.6	3.9	27	119	0.01	0.89	5.0
E22	计算机时代	425	0.97	10.8	2.9	31	213	0.00	0.65	4.6
E22	计算机系统应用	443	0.97	25.4	3.5	28	169	0.01	0.68	4.9
E22	计算机学报	144	1.00	69.0	4.9	22	82	0.05	0.86	5.3
E22	计算机研究与发展	199	0.92	45.9	4.8	24	98	0.03	0.93	5.1
E22	计算机应用	513	1.00	29.5	3.8	29	227	0.01	0.84	4.7
E22	计算机应用研究	607	0.99	28.7	3.6	29	230	0.00	0.86	4.6
E22	计算机应用与软件	628	0.98	19.1	3.2	30	316	0.00	0.73	6.7
E22	计算机与数字工程	536	0.99	18.1	3.2	28	151	0.00	0.47	6.4
E22	计算机与现代化	236	0.95	29.3	3.5	28	134	0.00	0.80	4.7
E22	金融科技时代	218	0.85	6.3	1.9	29	172	0.00	0.13	3.1
E22	软件	576	0.96	7.2	2.4	31	411	0.00	0.33	3.6
E22	软件工程	154	0.96	14.2	2.9	24	77	—	0.53	4.3
E22	软件学报	308	0.95	58.4	4.9	24	119	0.05	0.91	6.3
E22	数据与计算发展前沿	84	0.94	31.9	4.0	14	47	—	0.86	4.9
E22	数码设计	1109	0.92	5.7	1.6	31	816	0.01	0.10	3.2
E22	数值计算与计算机应用	32	0.86	26.2	2.7	16	26	—	0.78	≥10
E22	网络安全和信息化	492	0.72	—	1.6	31	389	0.00	0.07	—
E22	网络安全技术与应用	949	0.99	8.4	2.0	30	629	0.00	0.26	4.3
E22	网络安全与数据治理	167	0.97	18.6	2.8	27	104	—	0.39	3.8
E22	网络新媒体技术	48	0.81	21.4	3.2	10	18	0.00	0.44	5.0
E22	网络与信息安全学报	91	1.00	31.1	4.3	20	51	0.04	0.91	5.7
E22	微处理机	91	0.99	9.3	3.1	13	31	—	0.33	5.8
E22	微型电脑应用	671	0.98	10.6	3.1	30	432	0.00	0.15	4.0
E22	物联网技术	545	0.96	11.5	3.3	29	356	—	0.55	4.0
E22	现代计算机	532	1.00	10.8	2.9	30	292	0.00	0.52	4.4
E22	小型微型计算机系统	388	0.95	31.6	3.7	28	127	0.00	0.93	6.3

学科代码	期刊名称	来源文献量	文献选出率	平均引文数	平均作者数	地区分布数	机构分布数	海外论文比	基金论文比	引用半衰期
E22	信息安全与通信保密	138	0.84	12.8	3.1	17	74	0.02	0.25	2.4
E22	信息网络安全	126	0.61	28.2	3.5	18	57	0.01	0.94	4.3
E22	智能计算机与应用	444	0.98	14.6	3.2	29	152	—	0.60	5.4
E22	智能物联技术	59	0.89	14.9	2.7	15	37	—	0.37	4.5
E22	中国金融电脑	247	0.79	0.3	1.7	24	111	0.00	0.00	3.3
E22	中国图象图形学报	244	0.97	51.8	4.5	24	114	0.03	0.89	4.5
E22	中国自动识别技术	65	0.83	0.5	2.0	18	32	0.02	0.05	2.8
E23	Chinese Journal of Chemical Engineering	372	0.97	49.1	6.1	27	129	0.13	0.82	6.5
E23	Frontiers of Chemical Science and Engineering	167	0.98	57.4	6.5	26	99	0.20	0.78	4.9
E23	Green Chemical Engineering	47	1.00	63.9	6.4	14	31	0.06	0.96	5.6
E23	Particuology	184	1.00	51.4	5.5	24	125	0.34	0.68	7.3
E23	安徽化工	288	0.98	14.1	3.8	26	166	—	0.59	6.4
E23	纯碱工业	90	0.89	2.6	2.6	15	35	—	0.16	≥10
E23	氮肥技术	94	0.91	1.3	2.2	17	50	—	—	7.7
E23	氮肥与合成气	199	0.93	4.3	2.1	22	74	—	—	7.0
E23	当代化工	601	0.98	20.6	4.5	30	318	0.00	0.65	5.4
E23	当代化工研究	1505	0.99	9.4	2.9	31	1126	0.00	0.29	4.9
E23	电镀与精饰	185	0.98	24.2	4.6	29	146	0.00	0.50	6.2
E23	发酵科技通讯	39	0.91	22.2	4.9	13	20	—	0.87	5.1
E23	佛山陶瓷	704	0.91	5.3	1.7	29	447	0.01	0.14	4.0
E23	高校化学工程学报	115	0.94	31.4	5.4	23	60	0.01	0.77	6.5
E23	工业催化	144	0.91	26.1	4.8	24	99	0.00	0.41	7.0
E23	广东化工	1746	0.99	15.2	3.6	31	1024	—	0.51	6.3
E23	硅酸盐通报	482	0.99	28.4	5.3	30	215	0.00	0.77	5.8
E23	硅酸盐学报	315	0.98	45.7	5.3	28	147	0.03	0.87	5.7
E23	过程工程学报	166	0.93	37.5	5.5	26	78	0.01	0.83	6.2
E23	杭州化工	47	0.54	10.3	3.7	17	36	—	0.32	5.0
E23	合成技术及应用	43	0.73	14.9	4.1	7	11	—	0.26	6.1
E23	河南化工	266	0.99	5.5	3.3	27	145	—	0.44	5.8
E23	化肥设计	97	0.95	7.0	2.3	22	58	—	0.05	8.1
E23	化工管理	1650	0.98	7.2	2.5	31	1086	0.00	0.22	4.2
E23	化工机械	138	0.94	14.7	4.3	23	70	0.01	0.31	7.2
E23	化工技术与开发	218	0.99	19.6	4.0	27	118	—	0.46	6.2

学科代码	期刊名称	来源文献量	文献选出率	平均引文数	平均作者数	地区分布数	机构分布数	海外论文比	基金论文比	引用半衰期
E23	化工进展	620	0.99	50.2	5.4	29	236	0.01	0.81	5.4
E23	化工科技	96	0.98	24.2	5.1	11	25	0.00	0.73	5.6
E23	化工设备与管道	87	0.74	12.7	3.5	21	72	0.00	0.31	6.8
E23	化工设计	66	0.78	6.2	2.0	15	29	—	0.02	≥10
E23	化工设计通讯	830	0.99	5.9	2.2	31	641	0.00	0.23	4.4
E23	化工生产与技术	71	0.59	12.2	2.9	11	47	—	0.13	9.2
E23	化工时刊	180	0.77	10.7	4.3	27	113		0.76	4.9
E23	化工学报	433	0.99	46.4	5.3	27	135	0.01	0.88	5.9
E23	化工与医药工程	71	0.77	13.5	2.6	16	52	0.01	0.08	6.3
E23	化工装备技术	106	0.67	5.3	2.9	21	67	—	0.13	6.3
E23	化工自动化及仪表	135	0.91	15.1	3.6	23	72	0.00	0.28	6.8
E23	化学反应工程与工艺	66	0.84	24.1	4.6	18	41	0.00	0.58	7.2
E23	化学工程	201	0.55	16.3	4.6	26	104	0.00	0.65	6.4
E23	化学工程师	304	1.00	14.2	3.2	30	198	0.00	0.46	4.8
E23	化学工程与装备	1264	1.00	5.6	2.1	30	706	0.00	0.12	5.3
E23	化学工业与工程	93	0.97	36.4	5.2	20	41	0.01	0.70	6.5
E23	化学世界	71	0.91	25.9	4.4	25	66	—	0.68	8.9
E23	江苏陶瓷	265	0.95	3.3	1.3	17	94		0.14	5.9
E23	江西化工	174	0.97	15.5	3.8	25	118	—	0.67	5.5
E23	结构化学	118	1.00	46.4	5.6	23	72	0.01	0.92	4.4
E23	景德镇陶瓷	213	0.73	6.6	1.4	12	69	0.01	0.11	≥10
E23	聚氨酯工业	74	0.76	10.3	4.3	16	57	0.00	0.28	6.9
E23	口腔护理用品工业	68	0.64	8.1	3.1	15	35	—	0.04	≥10
E23	离子交换与吸附	46	0.94	32.9	4.5	20	37	0.00	0.89	5.2
E23	辽宁化工	482	0.97	18.5	3.4	29	249	—	0.37	5.1
E23	林产化学与工业	110	0.85	28.4	5.2	21	44	0.01	0.79	6.2
E23	硫磷设计与粉体工程	75	0.84	6.2	1.7	17	42	—	0.05	7.2
E23	硫酸工业	100	0.88	3.7	2.4	21	66	0.01	—	7.5
E23	轮胎工业（中英文）	176	0.88	9.2	4.4	15	57	0.01	0.04	4.9
E23	绿色包装	502	0.93	5.9	1.8	29	260	0.01	0.48	4.2
E23	氯碱工业	154	0.68	2.7	2.5	23	78	—	0.02	9.9
E23	膜科学与技术	138	0.83	33.8	5.3	24	80	0.00	0.78	5.8
E23	清洗世界	780	1.00	5.1	2.0	29	583	0.01	0.05	3.6

学科代码	期刊名称	来源文献量	文献选出率	平均引文数	平均作者数	地区分布数	机构分布数	海外论文比	基金论文比	引用半衰期
E23	燃料与化工	109	0.91	4.3	2.9	20	74	0.01	0.03	7.5
E23	热固性树脂	68	0.41	23.3	4.4	21	53	0.00	0.54	5.1
E23	日用化学工业（中英文）	196	0.72	25.2	4.4	27	133	0.02	0.49	6.5
E23	山东化工	1730	1.00	14.9	3.8	31	949	—	0.38	6.6
E23	山东陶瓷	64	0.80	14.1	2.2	14	36	0.03	0.53	≥10
E23	山西化工	1200	1.00	6.0	1.8	29	749	—	0.09	4.8
E23	生态产业科学与磷氟工程	187	0.91	9.0	3.5	21	87		0.30	6.3
E23	生物质化学工程	57	0.86	40.6	4.7	18	29	0.00	0.63	5.9
E23	石油化工设备	90	0.94	17.9	3.5	18	70		0.24	9.4
E23	石油化工自动化	135	0.89	11.1	2.5	22	101		0.16	6.9
E23	四川化工	89	0.97	7.7	2.7	22	66		0.20	6.5
E23	炭素	36	0.95	17.0	4.2	13	25	0.03	0.22	8.1
E23	炭素技术	78	0.94	23.3	5.0	22	65	0.00	0.49	5.6
E23	陶瓷	757	1.00	6.3	1.6	27	397	0.01	0.10	3.6
E23	陶瓷科学与艺术	1530	0.96	2.2	1.1	28	351	0.00	0.07	6.6
E23	陶瓷学报	138	0.90	32.9	5.3	21	61	0.02	0.85	6.2
E23	陶瓷研究	291	0.93	7.2	1.5	21	120	0.01	0.30	≥10
E23	天津化工	272	0.97	6.1	2.5	27	179	—	0.16	5.2
E23	涂层与防护	137	0.87	10.7	4.0	18	86	—	0.07	7.9
E23	无机盐工业	240	0.95	29.2	5.2	28	146	0.00	0.64	4.8
E23	现代化工	541	0.93	23.4	4.6	28	274	0.00	0.60	5.0
E23	盐科学与化工	156	0.90	11.1	3.8	23	95	0.00	0.16	6.9
E23	应用化工	668	0.81	28.0	5.0	30	222	0.00	0.94	5.7
E23	影像技术	88	0.96	19.0	2.8	17	80	—	0.22	3.5
E23	有机硅材料	87	0.73	25.8	5.1	17	60	0.00	0.24	4.1
E23	云南化工	692	1.00	11.1	3.6	31	437	—	0.52	5.7
E23	浙江化工	115	0.74	17.1	3.9	21	73	—	0.17	6.8
E23	中氮肥	125	0.97	2.3	1.9	23	68		0.01	7.0
E23	中国化工装备	56	0.98	6.6	2.7	13	40	—	—	≥10
E23	中国陶瓷	189	0.94	22.1	3.8	26	110	0.01	0.69	8.4
E23	中国陶瓷工业	131	0.86	10.4	2.0	15	58	0.02	0.39	9.8
E23	中国洗涤用品工业	116	0.82	11.9	3.5	16	78	0.01	0.09	7.3
E23	中外医疗	1647	0.98	17.3	2.8	28	878	—	0.18	3.0

学科代码	期刊名称	来源文献量	文献选出率	平均引文数	平均作者数	地区分布数	机构分布数	海外论文比	基金论文比	引用半衰期
E24	高科技纤维与应用	70	0.63	14.0	4.5	15	50	0.00	0.16	6.9
E24	工程塑料应用	327	0.98	24.0	5.1	28	218	0.00	0.47	4.7
E24	合成树脂及塑料	106	0.93	17.3	3.7	25	86	0.01	0.28	6.8
E24	合成橡胶工业	96	0.69	17.8	4.7	19	54	0.02	0.28	8.6
E24	胶体与聚合物	47	0.96	13.0	4.1	12	20	—	0.57	4.6
E24	聚氯乙烯	163	0.65	2.9	3.3	19	71	—	0.09	9.0
E24	聚酯工业	114	0.91	6.3	2.7	17	73	—	0.05	8.4
E24	上海塑料	65	0.79	18.5	4.1	18	36	—	0.20	5.6
E24	塑料	209	0.99	24.5	4.6	27	135	0.00	0.48	5.9
E24	塑料工业	324	0.65	21.7	5.2	29	194	0.00	0.50	5.3
E24	塑料科技	302	0.95	26.6	4.3	30	217	0.00	0.35	4.5
E24	塑料助剂	158	0.98	11.6	1.9	22	101	0.00	0.16	3.2
E24	弹性体	96	0.96	19.7	4.9	22	49	0.00	0.55	6.3
E24	现代塑料加工应用	96	0.88	13.8	3.9	21	66	0.00	0.24	6.1
E24	橡胶工业	144	0.87	19.7	4.6	21	80	0.01	0.55	6.5
E24	橡胶科技（中英文）	118	0.58	9.1	3.7	22	76	—	0.09	5.2
E24	橡塑技术与装备	186	0.61	5.9	3.2	26	116	0.00	0.12	8.4
E24	橡塑资源利用	35	1.00	5.9	2.1	4	13	—	0.26	≥10
E24	中国塑料	222	0.85	27.4	5.0	27	131	0.01	0.45	5.0
E25	表面技术	495	1.00	41.1	5.8	29	235	0.02	0.76	6.4
E25	电镀与涂饰	285	1.00	15.5	5.2	28	204	0.00	0.35	6.9
E25	化学与粘合	130	1.00	16.5	4.0	23	79	0.00	0.25	5.6
E25	精细化工	311	1.00	40.4	5.2	28	161	0.00	0.81	5.0
E25	精细化工中间体	105	0.98	17.6	5.1	18	68	0.00	0.30	6.0
E25	精细石油化工	109	1.00	17.8	4.6	26	87	0.00	0.24	7.4
E25	精细与专用化学品	169	0.95	14.1	3.5	22	72	—	0.27	5.4
E25	上海涂料	88	0.85	9.3	3.2	18	61	—	0.11	8.2
E25	涂料工业	152	0.94	20.4	5.0	25	121	0.00	0.28	6.0
E25	现代涂料与涂装	249	0.95	4.7	3.7	20	126	—	0.05	7.9
E25	香料香精化妆品	160	0.92	21.2	4.8	24	101	0.01	0.23	6.0
E25	印染助剂	133	0.86	14.0	4.2	20	88	0.00	0.23	7.8
E25	粘接	568	0.98	17.1	2.8	31	409	0.00	0.31	2.7
E25	中国胶粘剂	119	0.91	23.5	4.6	20	95	0.01	0.28	5.6

学科代码	期刊名称	来源文献量	文献选出率	平均引文数	平均作者数	地区分布数	机构分布数	海外论文比	基金论文比	引用半衰期
E25	中国氯碱	155	0.69	4.2	2.7	25	76	—	0.05	8.7
E25	中国生漆	56	0.81	11.4	2.5	17	37	—	0.66	≥10
E25	中国涂料	155	0.90	8.1	3.5	20	93	—	0.10	7.0
E26	China Detergent& Cosmetics	50	0.60	12.1	3.6	8	45	0.22	0.02	7.0
E26	Collagen and Leather	41	1.00	66.1	6.2	7	18	0.17	0.90	5.5
E26	Paper and Biomaterials	28	1.00	38.0	4.8	12	18	—	0.64	6.6
E26	超硬材料工程	73	0.70	12.9	3.8	14	42	—	0.40	7.9
E26	低碳化学与化工	137	0.99	35.3	5.1	24	83	0.01	0.66	5.4
E26	华东纸业	141	0.92	5.1	1.3	25	124	—	0.08	2.8
E26	科技创新与应用	1670	0.99	8.8	2.8	31	1170	0.01	0.32	5.4
E26	粮油科学与工程	86	0.95	7.5	2.9	17	48	—	0.36	5.1
E26	煤化工	193	0.84	9.4	3.0	27	146	0.01	0.19	4.5
E26	木工机床	53	0.95	6.9	2.0	6	26	—	0.58	3.5
E26	皮革科学与工程	109	0.75	24.2	3.9	14	48	0.00	0.61	5.3
E26	皮革与化工	47	0.89	16.7	3.4	13	35	0.00	0.32	2.8
E26	皮革制作与环保科技	1592	0.95	6.2	1.6	30	1171	0.00	0.02	3.0
E26	日用化学品科学	170	0.94	16.4	3.5	21	127	—	0.15	6.3
E26	上海轻工业	301	0.86	5.8	1.6	29	250	0.01	0.16	4.1
E26	石化技术与应用	102	0.85	13.8	4.5	23	72	0.01	0.16	6.9
E26	石油和化工设备	518	0.96	5.5	3.3	25	199	0.00	0.06	7.7
E26	石油化工建设	614	0.91	4.0	1.9	29	301	—	0.01	5.8
E26	水泥	307	0.97	3.6	3.2	25	184	0.01	0.12	7.4
E26	水泥工程	182	0.90	4.4	3.1	26	100	—	0.04	8.0
E26	水泥技术	80	0.98	4.6	3.0	20	45	—	0.06	4.3
E26	丝网印刷	833	0.89	3.0	1.7	29	438	0.01	0.43	4.5
E26	天津造纸	27	0.93	34.8	4.5	8	11	—	0.37	5.1
E26	文体用品与科技	1573	0.99	8.4	1.6	31	792	0.01	0.29	3.7
E26	新世纪水泥导报	89	0.91	4.2	3.1	22	55	—	0.12	8.1
E26	蓄电池	53	0.98	10.8	4.7	14	33	—	0.19	5.7
E26	艺术设计研究	110	0.92	27.3	1.6	19	64	0.01	0.73	≥10
E26	印刷技术	76	0.59	—	1.7	17	63	—	0.01	—
E26	印刷与数字媒体技术研究	109	0.94	20.7	4.2	22	60	0.01	0.69	4.4
E26	印刷杂志	109	0.66	—	1.3	12	45	—	0.06	—

学科 代码	期刊名称	来源 文献 量	文献 选出 率	平均 引文 数	平均 作者 数	地区 分布 数	机构 分布 数	海外 论文 比	基金 论文 比	引用 半衰 期
E26	造纸技术与应用	81	0.91	8.0	3.1	22	60	—	0.42	6.8
E26	造纸科学与技术	139	1.00	14.1	2.2	20	70	0.01	0.22	2.8
E26	造纸装备及材料	1012	1.00	8.4	1.6	29	671	—	0.26	2.0
E26	中国宝玉石	64	0.66	12.4	2.3	11	25	—	0.22	5.6
E26	中国皮革	404	0.96	14.2	2.0	21	150	0.00	0.52	3.5
E26	中国人造板	104	0.68	5.9	3.2	13	44	0.01	0.15	5.9
E26	中国水泥	318	0.85	2.6	2.6	25	160	—	0.04	7.0
E26	中国造纸学报	71	0.99	33.8	5.5	17	31	0.00	0.65	5.2
E26	中国制笔	27	0.52	4.1	1.5	11	21	—	—	7.1
E26	中华纸业	359	0.51	4.6	2.1	30	216	0.04	0.14	4.8
E27	Chinese Journal of Science Instrument	25	1.00	24.6	3.9	14	16	—	0.28	6.3
E27	Cyborg and Bionic Systems	36	1.00	51.2	5.7	9	28	0.19	0.94	7.3
E27	测试科学与仪器	54	0.98	21.3	4.0	9	11	—	0.91	6.2
E27	电测与仪表	346	0.99	21.0	4.4	30	159	0.00	0.51	5.4
E27	分析仪器	126	1.00	14.0	4.6	24	94	0.01	0.25	6.6
E27	工业仪表与自动化装置	141	0.95	13.0	3.3	25	111	—	0.21	3.5
E27	光学精密工程	313	1.00	26.4	4.6	28	152	0.02	0.92	5.1
E27	生命科学仪器	221	1.00	18.0	3.8	19	126	—	0.53	3.2
E27	水泵技术	64	0.82	9.1	3.7	17	48	0.02	0.20	8.5
E27	现代科学仪器	246	0.95	16.9	3.4	24	199	—	0.39	3.6
E27	现代仪器与医疗	106	0.91	19.9	3.8	23	75	0.02	0.58	3.8
E27	仪表技术	116	0.95	7.3	3.5	21	65	—	0.36	5.9
E27	仪表技术与传感器	264	0.99	15.0	4.3	26	134	0.00	0.65	5.0
E27	仪器仪表学报	371	0.99	28.3	4.3	26	127	0.01	0.85	4.6
E27	仪器仪表用户	297	0.95	7.3	2.9	27	172	—	0.08	7.1
E27	仪器仪表与分析监测	42	0.91	7.8	3.2	12	33	—	0.14	6.7
E27	中国仪器仪表	171	0.94	5.8	2.6	25	105	—	0.19	5.7
E27	自动化仪表	256	0.98	12.8	3.7	30	193	0.00	0.18	4.4
E27	自动化与仪表	307	0.99	10.4	3.0	28	230	0.00	0.27	3.7
E28	Defence Technology	230	0.99	45.8	5.0	19	109	0.28	0.57	7.4
E28	爆破	122	0.94	30.4	4.7	22	81	0.00	0.61	≥10
E28	爆破器材	56	0.97	17.4	4.9	16	25	0.02	0.32	8.1
E28	爆炸与冲击	163	0.99	28.8	5.4	21	63	0.01	0.82	8.4

学科代码	期刊名称	来源文献量	文献选出率	平均引文数	平均作者数	地区分布数	机构分布数	海外论文比	基金论文比	引用半衰期
E28	兵工学报	350	1.00	27.8	4.9	25	109	0.00	0.65	5.7
E28	兵工自动化	229	0.98	13.2	3.9	25	117	0.00	0.08	6.8
E28	兵器材料科学与工程	140	0.95	22.6	4.8	26	101	0.00	0.56	5.2
E28	兵器装备工程学报	492	1.00	20.2	4.3	27	184	0.00	0.40	6.4
E28	弹道学报	54	0.93	18.1	4.1	11	25	0.00	0.37	7.9
E28	弹箭与制导学报	104	0.95	16.8	4.3	17	50	0.00	0.25	6.6
E28	防化研究	53	0.90	38.5	5.3	11	23	—	0.45	5.7
E28	含能材料	125	0.80	35.2	5.4	14	33	0.00	0.61	7.5
E28	航空兵器	102	1.00	31.7	3.7	18	47	0.00	0.40	4.9
E28	火工品	93	0.97	13.2	5.3	13	37	—	0.53	8.3
E28	火控雷达技术	101	0.98	10.0	3.4	13	24		0.12	8.9
E28	火力与指挥控制	329	0.96	15.7	3.9	24	156	0.00	0.38	5.8
E28	火炮发射与控制学报	95	0.99	15.9	4.2	16	32	—	0.38	6.9
E28	火炸药学报	122	0.87	37.9	6.1	10	32	0.02	0.73	7.7
E28	军民两用技术与产品	143	0.68	4.0	3.3	22	84	—	0.09	4.6
E28	空天防御	60	0.95	22.7	4.4	10	27		0.72	6.6
E28	空天技术	66	0.90	25.3	4.4	12	36	0.00	0.50	9.1
E28	数字海洋与水下攻防	90	0.98	25.6	4.0	18	53	—	0.63	6.8
E28	水下无人系统学报	113	0.92	27.6	4.4	18	59	0.01	0.45	7.5
E28	探测与控制学报	119	0.97	16.7	4.0	18	43	0.00	0.28	6.9
E28	现代防御技术	97	0.96	17.8	4.1	17	51	0.00	0.16	5.2
E28	战术导弹技术	116	0.94	24.4	4.1	20	68	0.00	0.32	4.8
E28	指挥控制与仿真	140	0.97	15.0	3.5	17	73	0.00	0.09	6.1
E28	指挥信息系统与技术	91	0.90	23.5	3.9	12	38	0.01	0.54	5.4
E28	指挥与控制学报	80	0.89	30.1	4.3	15	46	0.00	0.59	5.1
E29	Journal of Donghua University (English Edition)	82	1.00	26.6	4.3	12	20	0.01	0.80	5.9
E29	产业用纺织品	82	0.76	23.0	4.4	17	43	—	0.49	5.0
E29	纺织报告	491	0.99	5.8	1.8	29	307	0.02	0.40	3.5
E29	纺织标准与质量	64	0.76	6.0	2.5	14	40	—	0.09	8.4
E29	纺织导报	86	0.61	11.2	3.3	14	53	—	0.29	5.4
E29	纺织高校基础科学学报	82	0.86	27.3	3.5	15	26	0.01	0.96	7.0
E29	纺织工程学报	68	0.91	26.0	3.7	12	19	0.02	0.90	5.2

学科代码	期刊名称	来源文献量	文献选出率	平均引文数	平均作者数	地区分布数	机构分布数	海外论文比	基金论文比	引用半衰期
E29	纺织科技进展	171	0.86	12.7	3.1	24	82	0.01	0.61	5.5
E29	纺织器材	105	0.95	5.4	2.4	19	72	—	0.07	8.6
E29	纺织学报	360	0.88	22.8	4.8	19	61	0.01	0.79	5.6
E29	服装学报	80	0.99	20.9	2.7	15	26	0.01	0.81	7.4
E29	福建轻纺	218	0.80	9.2	2.1	24	128	0.01	0.62	4.7
E29	国际纺织导报	60	0.70	6.7	2.9	15	42	0.12	0.17	6.7
E29	合成纤维	224	0.88	13.7	3.5	25	143	0.00	0.18	6.8
E29	合成纤维工业	108	0.66	16.1	4.0	19	60	0.00	0.28	6.3
E29	黑龙江纺织	62	0.91	5.3	1.8	19	35	—	0.26	4.0
E29	化纤与纺织技术	963	1.00	5.6	1.6	30	507	0.00	0.29	2.5
E29	江苏丝绸	60	0.83	10.2	2.4	6	32	—	0.37	8.1
E29	辽宁丝绸	231	1.00	2.0	1.9	20	58	0.01	0.37	5.4
E29	毛纺科技	312	0.88	15.0	3.4	26	158	—	0.69	5.1
E29	棉纺织技术	179	0.76	17.5	4.0	20	69	0.01	0.61	4.9
E29	轻纺工业与技术	274	0.96	7.1	2.6	27	125	—	0.57	5.0
E29	染料与染色	81	0.96	10.2	4.1	11	37	0.01	0.10	9.9
E29	染整技术	245	0.96	7.9	2.6	27	159	0.01	0.32	6.2
E29	山东纺织经济	144	0.96	7.6	1.8	22	88	0.01	0.47	3.2
E29	山东纺织科技	99	0.94	9.3	3.2	18	57	—	0.45	6.2
E29	上海纺织科技	202	0.34	15.2	3.9	25	82	0.00	0.53	5.8
E29	丝绸	240	0.98	25.5	3.6	23	71	0.01	0.69	6.5
E29	天津纺织科技	97	0.92	8.0	2.6	17	61	—	0.33	5.5
E29	现代纺织技术	180	0.99	27.7	4.5	18	41	0.01	0.64	5.1
E29	印染	278	0.93	14.4	4.0	24	132	0.00	0.77	4.7
E29	针织工业	240	0.88	12.5	3.2	21	108	—	0.67	6.0
E29	质量安全与检验检测	108	0.93	18.4	5.4	20	64		0.71	5.0
E29	中国棉花加工	75	0.87	1.7	1.9	6	29	—	0.08	7.2
E29	中国纤检	351	0.89	4.7	3.0	24	133		0.16	≥10
E30	Food Quality and Safety	56	1.00	50.2	6.4	16	34	0.11	0.95	6.1
E30	Food Science and Human Wellness	236	0.96	58.0	6.9	26	118	0.23	0.75	7.5
E30	Grain & Oil Science and Technology	20	1.00	78.6	5.8	8	15	0.35	0.70	7.6
E30	包装与食品机械	107	1.00	18.6	4.3	24	69	0.00	0.77	4.4
E30	茶业通报	37	0.88	13.6	3.2	12	31	—	0.35	6.7

学科代码	期刊名称	来源文献量	文献选出率	平均引文数	平均作者数	地区分布数	机构分布数	海外论文比	基金论文比	引用半衰期
E30	广东茶业	62	0.89	11.1	3.6	11	37	—	0.52	4.6
E30	黑龙江粮食	550	0.95	5.8	2.0	31	387	0.00	0.29	3.5
E30	江苏调味副食品	40	0.91	16.4	2.8	17	35	—	0.55	5.6
E30	粮食储藏	71	0.83	9.1	5.1	20	53	—	0.18	7.2
E30	粮食加工	194	0.84	10.9	3.6	26	106	0.00	0.45	6.8
E30	粮食问题研究	70	1.00	10.3	2.6	18	47	—	0.43	4.2
E30	粮食与食品工业	105	0.99	12.1	4.4	20	56	—	0.39	6.4
E30	粮食与饲料工业	92	0.84	17.1	4.4	21	73	0.00	0.30	5.5
E30	粮食与油脂	419	1.00	17.6	4.2	30	250	0.00	0.86	4.9
E30	粮油仓储科技通讯	120	0.98	7.8	4.7	25	88	—	0.04	6.7
E30	粮油食品科技	151	0.87	24.5	4.9	23	73	0.00	0.49	5.6
E30	酿酒	224	0.94	12.5	4.2	26	99	—	0.21	7.2
E30	酿酒科技	262	0.83	20.4	5.9	28	141	—	0.45	6.5
E30	农产品加工	717	0.98	17.7	4.7	30	383	0.00	0.81	5.7
E30	轻工学报	91	0.96	32.2	6.3	18	39	—	1.00	4.7
E30	肉类研究	120	0.90	47.0	6.0	26	75	0.00	0.73	4.9
E30	乳品与人类	54	0.89	21.1	3.1	12	18	—	0.61	5.8
E30	乳业科学与技术	58	0.95	40.3	5.4	14	27	0.00	0.48	4.8
E30	食品安全导刊	1982	0.89	9.5	2.6	31	1283	0.00	0.21	3.9
E30	食品安全质量检测学报	879	0.74	43.8	6.0	31	344	0.00	0.76	3.9
E30	食品工程	93	0.96	13.1	3.4	20	71	—	0.58	5.8
E30	食品工业	960	0.96	18.9	4.4	31	540	0.00	0.66	5.4
E30	食品工业科技	1347	0.98	41.6	6.1	30	453	0.00	0.68	4.9
E30	食品科技	520	0.98	25.8	5.6	30	310	0.00	0.66	5.0
E30	食品科学	1079	1.00	48.4	6.3	31	270	0.01	0.83	5.4
E30	食品科学技术学报	95	0.93	39.5	5.6	22	51	0.01	0.84	5.3
E30	食品研究与开发	746	0.72	31.6	5.9	31	267	0.00	0.69	5.1
E30	食品与发酵工业	1154	1.00	31.1	6.1	31	322	0.01	0.74	5.4
E30	食品与发酵科技	160	0.98	21.6	5.8	27	104	0.01	0.59	5.5
E30	食品与机械	429	0.78	27.7	4.5	30	266	0.00	0.76	4.7
E30	食品与健康	344	0.83	0.0	1.2	25	246	—	0.07	—
E30	食品与生物技术学报	150	0.92	32.7	5.4	24	71	0.00	0.87	6.6
E30	食品与药品	132	0.96	21.4	4.9	25	87	0.00	0.45	5.6

学科代码	期刊名称	来源文献量	文献选出率	平均引文数	平均作者数	地区分布数	机构分布数	海外论文比	基金论文比	引用半衰期
E30	现代食品	1494	0.99	9.2	3.0	31	1006	—	0.29	4.6
E30	现代食品科技	504	1.00	36.6	6.3	29	202	0.01	0.80	5.6
E30	现代盐化工	297	0.99	6.1	2.1	30	241	—	0.25	3.8
E30	盐业史研究	31	0.86	46.2	1.4	15	26	0.03	0.42	≥10
E30	饮料工业	78	0.67	23.9	4.5	23	47	—	0.36	6.1
E30	中国茶叶加工	50	0.75	22.8	5.6	11	37		0.82	3.9
E30	中国井矿盐	92	0.93	4.4	2.8	15	55	—	0.15	8.6
E30	中国粮油学报	362	0.95	33.3	6.0	30	159	0.01	0.70	6.0
E30	中国酿造	507	0.99	34.1	5.9	31	255	0.00	0.65	4.7
E30	中国乳品工业	126	0.91	32.7	6.0	26	77	0.00	0.62	6.0
E30	中国乳业	239	0.95	15.9	3.8	27	154	—	0.41	5.8
E30	中国食品添加剂	474	0.99	29.8	4.7	30	294	0.01	0.56	5.2
E30	中国食品学报	516	0.93	38.3	5.6	28	161	0.01	0.86	6.2
E30	中国食物与营养	184	0.98	24.8	5.0	27	122	0.01	0.44	5.9
E30	中国甜菜糖业	33	0.94	18.8	3.5	5	12	—	0.73	8.9
E30	中国调味品	449	1.00	25.7	4.9	30	202	0.00	0.73	5.0
E30	中国油脂	318	0.84	23.7	5.6	28	150	0.01	0.64	6.3
E30	中外葡萄与葡萄酒	91	0.95	29.7	5.9	20	55	—	1.00	7.0
E31	Building Simulation	143	1.00	52.4	4.6	18	88	0.34	0.88	5.6
E31	Built Heritage	28	0.80	47.3	2.1	5	26	0.79	0.46	9.5
E31	China City Planning Review	51	0.76	26.3	2.7	14	34	0.02	0.37	8.9
E31	Frontiers of Architectural Research	76	0.93	61.6	2.8	10	62	0.71	0.28	9.7
E31	安徽建筑	880	0.97	7.8	2.1	30	467	0.00	0.27	6.8
E31	安装	312	0.85	3.6	3.2	20	111	0.01	0.02	4.5
E31	北方建筑	112	0.70	7.4	1.9	23	74	—	0.24	3.0
E31	北京规划建设	237	0.90	13.3	2.6	17	83	0.02	0.30	7.1
E31	城市发展研究	272	0.84	26.7	3.1	21	122	0.04	0.67	6.7
E31	城市管理与科技	138	0.85	2.0	2.2	16	85	—	0.09	4.8
E31	城市规划	134	0.60	32.9	2.9	16	65	0.04	0.69	8.3
E31	城市规划学刊	85	0.53	34.0	3.0	13	39	0.05	0.58	6.0
E31	城市建筑	1254	0.99	9.5	2.3	30	456	0.01	0.31	5.5
E31	城市建筑空间	434	0.98	5.1	2.1	23	198	0.02	0.17	4.8
E31	城市开发	299	0.50	0.5	1.3	27	233	0.01	0.06	3.8

学科代码	期刊名称	来源文献量	文献选出率	平均引文数	平均作者数	地区分布数	机构分布数	海外论文比	基金论文比	引用半衰期
E31	城市勘测	281	0.97	11.6	2.9	25	149	—	0.33	5.6
E31	城市设计	60	0.92	12.1	2.9	11	29	0.05	0.40	5.8
E31	城乡规划	75	0.89	23.7	2.8	15	50	0.08	0.27	6.4
E31	城乡建设	312	0.50	0.1	1.8	29	248	0.01	0.02	—
E31	城镇供水	127	0.82	6.5	2.6	18	95	—	0.06	8.3
E31	重庆建筑	226	0.86	9.8	2.9	24	140	0.00	0.42	6.0
E31	当代建筑	272	0.77	5.9	2.0	18	87	0.01	0.24	6.9
E31	地基处理	71	0.91	16.5	3.7	15	53	—	0.48	8.0
E31	低温建筑技术	417	0.96	13.0	3.1	26	195	0.00	0.38	6.9
E31	粉煤灰综合利用	130	0.95	15.9	2.8	22	107	0.00	0.32	4.5
E31	福建建材	388	0.98	6.9	1.5	22	232	—	0.15	5.0
E31	福建建设科技	221	1.00	6.9	1.5	5	110	—	0.14	6.5
E31	给水排水	290	0.98	13.6	4.4	25	187	0.01	0.32	7.0
E31	工程抗震与加固改造	128	0.55	16.5	3.9	22	92	0.01	0.59	9.6
E31	工业建筑	340	0.62	21.5	4.2	29	225	0.02	0.74	7.6
E31	供水技术	90	0.90	7.4	2.3	16	75	—	0.09	6.3
E31	古建园林技术	151	0.96	17.6	2.4	24	63	—	0.68	≥10
E31	广东建材	431	0.97	7.8	2.0	28	304	—	0.10	5.5
E31	广州建筑	182	1.00	15.5	3.6	7	80	0.00	0.58	5.9
E31	规划师	256	0.95	21.8	3.5	21	125	0.01	0.73	4.5
E31	国际城市规划	98	0.70	41.8	2.6	15	53	0.20	0.67	8.7
E31	河南建材	707	1.00	6.7	1.4	30	287	—	0.09	3.8
E31	华中建筑	416	1.00	14.9	2.9	27	123	0.00	0.61	8.5
E31	混凝土	493	0.95	18.5	4.6	28	254	0.00	0.88	7.2
E31	混凝土世界	197	0.82	10.3	3.7	25	132	—	0.25	5.4
E31	混凝土与水泥制品	251	0.97	18.5	4.3	28	179	—	0.61	6.0
E31	建材发展导向	1444	1.00	6.5	1.1	28	676	0.00	0.02	2.9
E31	建材技术与应用	103	0.87	10.4	2.4	19	66	—	0.38	5.7
E31	建材世界	209	0.98	7.4	2.8	29	164	—	0.12	5.5
E31	建材与装饰	1943	1.00	6.0	1.2	30	933	—	0.02	3.1
E31	建井技术	96	0.98	15.5	3.1	17	59	—	0.50	6.1
E31	建设机械技术与管理	199	0.77	4.6	2.6	20	111	—	0.09	7.1
E31	建设监理	356	0.96	2.0	1.6	26	218	—	0.03	4.4

学科代码	期刊名称	来源文献量	文献选出率	平均引文数	平均作者数	地区分布数	机构分布数	海外论文比	基金论文比	引用半衰期
E31	建设科技	651	0.93	5.1	3.1	28	415	0.01	0.15	4.3
E31	建筑·建材·装饰	1584	1.00	6.1	1.1	28	555	—	0.01	3.3
E31	建筑安全	282	0.93	7.1	2.4	28	214	0.00	0.09	5.4
E31	建筑材料学报	168	0.97	21.4	4.3	27	84	0.02	0.90	6.2
E31	建筑电气	154	0.84	9.9	2.3	21	89	—	0.16	6.4
E31	建筑钢结构进展	122	0.98	22.1	4.7	25	65	0.03	0.73	8.1
E31	建筑工人	183	0.53	—	2.0	23	111		0.02	—
E31	建筑机械	387	0.89	7.9	2.3	23	186		0.06	4.7
E31	建筑机械化	329	0.89	5.0	2.6	23	161		0.11	5.3
E31	建筑技术	748	0.99	8.2	3.1	28	351	0.00	0.17	6.2
E31	建筑技术开发	677	1.00	5.5	2.6	28	411	0.01	0.07	4.9
E31	建筑技艺	220	0.93	5.8	2.7	21	101	0.05	0.20	7.8
E31	建筑节能（中英文）	269	0.86	18.8	3.8	26	163	0.00	0.49	5.7
E31	建筑结构	561	0.95	14.1	4.4	29	257	0.02	0.41	8.2
E31	建筑结构学报	307	0.96	25.8	4.6	25	88	0.01	0.90	8.4
E31	建筑经济	172	0.92	9.5	3.0	27	143	—	0.55	4.0
E31	建筑科学	325	0.78	21.8	4.5	27	147	0.02	0.66	7.1
E31	建筑科学与工程学报	115	0.93	25.1	4.5	24	68	0.01	0.90	7.5
E31	建筑设计管理	154	0.78	5.9	1.8	24	106	0.01	0.13	4.0
E31	建筑师	106	0.95	29.8	2.1	16	48	0.10	0.42	≥10
E31	建筑施工	698	0.98	6.7	2.5	22	255	—	0.15	5.3
E31	建筑史学刊	59	0.82	42.7	1.9	10	29	0.07	0.46	≥10
E31	建筑学报	158	0.57	22.1	2.4	15	70	0.11	0.44	≥10
E31	建筑遗产	59	0.86	33.4	2.4	12	31	0.03	0.66	≥10
E31	建筑与预算	324	0.93	6.4	1.4	27	244	—	0.05	3.0
E31	建筑与装饰	1564	0.98	4.8	1.2	30	1102	0.00	0.01	3.4
E31	江苏建材	391	0.96	1.6	1.5	28	305	—	0.10	4.0
E31	江苏建筑	197	0.99	7.9	2.7	15	135		0.19	6.7
E31	江西建材	1791	0.92	7.3	1.5	29	1151	0.00	0.07	3.7
E31	结构工程师	148	0.96	16.5	3.5	23	91	0.01	0.45	8.2
E31	景观设计学（中英文）	47	0.87	30.7	3.2	7	34	0.49	0.19	7.8
E31	净水技术	287	0.95	26.7	4.4	27	183	0.00	0.49	5.4
E31	居业	844	0.98	4.9	1.3	29	619	0.00	0.04	3.2

学科代码	期刊名称	来源文献量	文献选出率	平均引文数	平均作者数	地区分布数	机构分布数	海外论文比	基金论文比	引用半衰期
E31	绿色建造与智能建筑	329	0.93	5.3	2.1	26	229	0.01	0.11	4.3
E31	绿色建筑	168	0.97	7.6	2.4	21	107	—	0.27	4.4
E31	南方建筑	134	0.96	30.3	3.1	21	66	0.03	0.87	6.9
E31	暖通空调	315	0.95	16.6	4.4	22	137	0.01	0.36	6.8
E31	山西建筑	1225	1.00	9.5	2.5	30	792	0.00	0.34	6.4
E31	上海城市规划	125	0.71	27.8	2.9	15	71	0.10	0.54	6.4
E31	上海建材	76	0.76	10.2	1.8	12	45	—	0.25	5.6
E31	上海建设科技	167	0.99	5.6	1.5	10	99	—	0.14	5.9
E31	施工技术（中英文）	600	0.99	13.0	4.1	25	360	0.01	0.82	5.2
E31	时代建筑	146	0.76	21.7	2.0	10	58	0.07	0.37	≥10
E31	世界建筑	234	0.69	16.5	2.2	15	72	0.13	0.43	≥10
E31	室内设计与装修	399	0.89	2.1	1.2	15	38	0.01	0.11	7.5
E31	四川建材	1143	0.99	6.6	1.9	29	587	—	0.10	4.3
E31	四川建筑	578	0.94	8.1	2.5	28	321	0.00	0.18	7.5
E31	四川建筑科学研究	78	0.98	17.0	3.8	21	43	—	0.71	7.6
E31	特种结构	125	0.95	11.3	3.1	19	73	0.02	0.14	8.8
E31	天津建设科技	127	0.95	7.0	2.2	21	67	—	0.09	7.2
E31	土工基础	223	1.00	11.3	2.8	26	172	—	0.34	9.7
E31	土木建筑工程信息技术	131	0.98	13.7	4.0	19	93	0.02	0.76	4.0
E31	现代城市研究	223	0.83	28.5	3.1	22	112	0.05	0.75	7.5
E31	小城镇建设	177	0.88	20.1	2.8	24	88	—	0.56	5.8
E31	新建筑	165	0.96	24.2	2.5	14	54	0.02	0.61	9.7
E31	新型建筑材料	393	0.99	14.0	4.7	28	253	0.01	0.47	6.0
E31	园林	195	0.87	29.7	3.2	22	86	0.05	0.74	6.2
E31	云南建筑	296	0.92	4.7	2.1	10	84	0.00	0.02	8.3
E31	浙江建筑	120	0.97	5.9	2.7	8	67	—	0.14	6.9
E31	智能建筑与工程机械	503	1.00	5.0	1.5	29	411	0.00	0.03	3.1
E31	智能建筑与智慧城市	667	0.95	5.8	2.0	30	458	0.00	0.13	3.7
E31	中国电梯	290	0.92	2.5	2.2	27	147	—	0.10	4.8
E31	中国粉体技术	91	1.00	28.4	5.1	26	56	0.01	0.91	5.3
E31	中国给水排水	532	0.95	12.9	5.1	27	285	0.01	0.50	6.1
E31	中国建材科技	180	1.00	11.1	4.2	25	107	—	0.57	6.7
E31	中国建设信息化	303	0.50	4.3	2.3	24	224	0.01	0.10	3.0

学科代码	期刊名称	来源文献量	文献选出率	平均引文数	平均作者数	地区分布数	机构分布数	海外论文比	基金论文比	引用半衰期
E31	中国建筑防水	170	0.92	2.8	2.9	19	105	—	0.06	5.7
E31	中国建筑金属结构	763	1.00	6.5	1.6	29	612	0.00	0.05	2.4
E31	中国建筑装饰装修	967	0.83	6.6	2.0	30	638	0.01	0.08	2.9
E31	中国勘察设计	224	0.62	1.8	1.7	23	152	—	0.00	4.1
E31	中国市政工程	141	0.96	6.2	1.8	14	68	—	0.09	6.7
E31	中国住宅设施	786	1.00	6.2	1.4	30	612	0.01	0.04	3.0
E31	中州建设	217	0.96	4.4	1.3	23	156	0.00	0.06	2.9
E31	住区	115	0.97	18.7	2.9	19	45	0.04	0.54	7.2
E31	住宅科技	133	0.95	13.4	2.3	16	49	0.02	0.56	6.1
E32	Frontiers of Structural and Civil Engineering	120	0.99	48.2	4.4	18	77	0.39	0.61	6.8
E32	Underground Space	100	1.00	49.9	5.2	16	49	0.13	0.97	7.2
E32	地下空间与工程学报	214	1.00	24.6	4.1	26	137	0.00	0.74	7.5
E32	防护工程	67	0.87	21.7	4.4	11	22	—	0.24	8.4
E32	工程勘察	160	0.90	14.0	3.5	25	126	0.00	0.48	6.3
E32	广东土木与建筑	362	0.97	12.1	2.5	14	206	—	0.15	5.7
E32	空间结构	47	0.92	14.2	4.4	14	33	—	0.70	9.7
E32	土木工程学报	169	0.97	31.4	4.6	24	75	0.02	0.85	8.3
E32	土木工程与管理学报	118	0.94	22.3	3.9	22	84	0.02	0.71	6.3
E32	土木与环境工程学报（中英文）	134	0.99	28.8	4.8	25	78	0.03	0.93	7.7
E32	岩石力学与工程学报	235	0.93	35.3	5.3	25	89	0.02	0.91	7.7
E32	岩土工程技术	120	0.94	15.5	3.8	22	95	0.00	0.34	8.5
E32	岩土工程学报	283	0.87	24.7	4.7	25	110	0.05	0.92	8.9
E32	岩土力学	324	0.96	30.4	4.9	27	131	0.05	0.90	8.0
E32	砖瓦	588	0.94	6.8	1.8	30	414	—	0.13	2.8
E32	砖瓦世界	1916	0.99	5.6	1.2	31	1300	0.00	0.00	3.2
E33	International Journal of Sediment Research	71	0.92	61.8	4.5	9	60	0.62	0.79	≥10
E33	International Soil and Water Conservation Research	62	0.94	64.7	5.8	9	51	0.48	0.90	9.8
E33	北京水务	92	0.70	13.6	3.9	7	40	—	0.15	4.8
E33	长江科学院院报	333	0.90	23.8	4.4	29	163	0.00	0.77	7.1
E33	大坝与安全	88	0.82	6.6	3.0	21	57	0.01	0.15	8.0
E33	东北水利水电	280	0.96	6.2	1.9	20	123	—	0.05	5.2
E33	福建水力发电	51	1.00	3.3	1.3	1	37	—	—	6.7

学科代码	期刊名称	来源文献量	文献选出率	平均引文数	平均作者数	地区分布数	机构分布数	海外论文比	基金论文比	引用半衰期
E33	甘肃水利水电技术	163	0.91	8.8	2.5	19	91	—	0.27	6.0
E33	广东水利水电	250	0.95	15.6	2.8	20	91	—	0.36	5.3
E33	广西水利水电	207	0.90	2.2	1.9	11	70	—	0.15	4.9
E33	海河水利	387	0.97	7.5	2.1	27	216	—	0.07	4.5
E33	河北水利	312	0.90	0.1	1.2	9	104	—	0.03	—
E33	河南水利与南水北调	747	0.90	2.4	1.4	24	447	0.00	0.04	2.9
E33	黑龙江水利科技	617	0.99	7.6	1.3	25	344	0.00	0.03	5.1
E33	红水河	174	0.94	8.6	2.4	21	72	—	0.17	5.4
E33	湖南水利水电	217	0.91	4.4	1.9	17	117	—	0.18	5.2
E33	吉林水利	189	0.87	10.3	2.0	27	121	—	0.26	5.5
E33	江淮水利科技	57	0.88	13.4	2.2	8	39	—	0.35	6.4
E33	江苏水利	198	0.89	7.7	4.3	4	108	—	0.43	4.9
E33	江西水利科技	81	0.90	12.5	3.1	15	49	—	0.41	5.5
E33	南水北调与水利科技（中英文）	121	0.99	34.0	5.1	18	67	0.01	0.90	4.8
E33	泥沙研究	67	0.93	19.9	3.7	20	41	0.00	0.79	≥10
E33	人民黄河	350	0.75	18.9	4.1	27	153	0.00	0.87	6.1
E33	人民长江	418	0.81	25.0	4.1	29	253	0.00	0.75	6.4
E33	人民珠江	187	0.91	22.9	4.1	26	116	—	0.72	6.2
E33	山东水利	378	0.98	1.8	2.3	9	184	—	0.02	4.4
E33	山西水利科技	80	0.99	3.6	1.3	10	43	—	0.09	4.9
E33	陕西水利	802	0.99	4.1	1.8	29	500	—	0.06	4.9
E33	水电与抽水蓄能	126	0.97	11.7	4.4	21	75	—	0.56	6.9
E33	水电与新能源	230	0.95	7.6	3.0	25	129	—	0.10	6.7
E33	水电站机电技术	506	0.97	5.2	2.5	27	240	0.00	0.11	6.7
E33	水电站设计	98	0.94	7.1	2.6	11	23	—	0.02	8.1
E33	水动力学研究与进展 A 辑	109	0.98	23.2	4.2	18	50	0.01	0.72	8.3
E33	水动力学研究与进展 B 辑	89	0.97	36.1	4.7	15	48	0.16	0.90	6.3
E33	水科学进展	86	0.93	29.7	5.1	15	36	0.00	1.00	4.6
E33	水科学与工程技术	173	0.99	6.7	2.0	22	106	—	0.18	7.1
E33	水科学与水工程	45	0.94	40.7	4.6	11	31	0.47	0.51	7.7
E33	水力发电	241	0.98	15.5	4.2	28	121	0.00	0.53	5.7
E33	水力发电学报	155	0.96	36.2	5.0	19	59	0.01	0.84	5.3
E33	水利发展研究	184	0.96	8.3	2.9	26	101	—	0.42	3.4

学科代码	期刊名称	来源文献量	文献选出率	平均引文数	平均作者数	地区分布数	机构分布数	海外论文比	基金论文比	引用半衰期
E33	水利规划与设计	333	1.00	15.0	3.4	29	163	0.01	0.64	5.6
E33	水利技术监督	871	1.00	10.3	2.0	28	512	0.00	0.12	3.4
E33	水利建设与管理	164	0.88	11.4	2.2	26	130	—	0.19	6.4
E33	水利经济	86	0.80	27.0	3.3	11	27	0.01	0.76	4.8
E33	水利科技与经济	388	0.95	8.6	1.6	26	275	—	0.09	3.3
E33	水利科学与寒区工程	473	0.96	7.5	1.6	30	332	—	0.10	3.7
E33	水利水电工程设计	66	0.80	4.4	2.6	8	9	—	0.02	8.6
E33	水利水电技术（中英文）	215	0.97	32.9	4.8	29	129	0.00	0.87	5.3
E33	水利水电科技进展	98	0.93	25.7	4.7	20	47	0.01	0.92	6.3
E33	水利水电快报	255	0.71	14.2	3.5	24	144	—	0.38	5.8
E33	水利水运工程学报	113	0.97	21.0	4.7	21	65	0.00	0.84	7.3
E33	水利信息化	103	0.96	11.9	3.8	22	77	—	0.36	3.4
E33	水利学报	135	0.95	30.6	4.8	17	44	0.02	0.83	6.0
E33	水利与建筑工程学报	197	0.98	20.6	4.2	25	124	—	0.92	6.5
E33	水资源保护	160	0.98	32.8	5.2	17	59	0.00	0.92	4.9
E33	水资源开发与管理	178	0.92	10.8	2.0	25	140	—	0.22	4.9
E33	水资源与水工程学报	157	0.99	31.3	4.9	24	87	0.00	0.85	4.6
E33	四川水力发电	189	0.87	5.7	2.7	8	41	—	0.07	8.5
E33	四川水利	289	0.99	6.6	2.5	19	122	—	0.15	6.3
E33	西北水电	117	0.98	16.2	3.6	20	54	0.01	0.59	6.3
E33	小水电	110	0.92	5.0	2.1	20	93	—	0.07	4.8
E33	云南水力发电	894	0.98	8.1	2.3	29	320	—	0.06	6.4
E33	浙江水利科技	122	0.98	9.1	3.5	10	80	—	0.34	6.8
E33	治淮	426	0.91	1.3	1.9	12	204	—	0.03	4.8
E33	中国防汛抗旱	222	0.79	9.6	3.6	27	136	0.01	0.45	4.8
E33	中国水利	438	0.81	9.1	3.1	30	204	0.01	0.39	3.0
E33	中国水利水电科学研究院学报（中英文）	60	0.97	26.1	4.6	14	26	0.00	0.85	7.7
E33	中国水能及电气化	156	0.92	6.3	1.9	26	108	—	0.06	5.0
E33	中国水土保持	257	0.92	7.4	3.5	27	186	—	0.33	5.9
E34	Journal of Traffic and Transportation Engineering (English Edition)	64	0.91	90.4	4.5	12	40	0.50	0.61	7.2
E34	北方交通	275	0.99	6.2	1.9	30	151	0.01	0.11	6.8
E34	北京汽车	63	0.90	7.0	3.0	17	36	—	0.11	6.1

学科代码	期刊名称	来源文献量	文献选出率	平均引文数	平均作者数	地区分布数	机构分布数	海外论文比	基金论文比	引用半衰期
E34	车辆与动力技术	44	1.00	9.8	4.0	17	29	—	0.14	5.7
E34	城市道桥与防洪	831	0.96	7.0	2.1	27	377	—	0.11	7.6
E34	船舶物资与市场	421	1.00	6.1	1.8	20	208	—	0.05	4.1
E34	公路交通技术	150	0.95	16.6	3.8	23	96	—	0.59	6.0
E34	公路交通科技	363	0.97	22.4	3.9	29	220	0.01	0.71	6.8
E34	公路与汽运	184	0.97	12.9	3.2	25	138	0.00	0.46	6.3
E34	广东公路交通	79	0.99	10.6	2.5	3	37	—	0.19	6.5
E34	轨道交通材料	89	0.88	13.2	4.2	16	36	—	0.22	7.0
E34	国防交通工程与技术	110	0.94	8.7	2.0	19	61	—	0.27	5.0
E34	黑龙江交通科技	667	0.99	6.9	1.7	28	439	0.00	0.09	5.0
E34	湖南交通科技	143	1.00	14.1	2.9	20	96	—	0.38	6.2
E34	集装箱化	120	0.65	1.5	1.5	12	43	—	0.09	3.7
E34	减速顶与调速技术	33	1.00	0.6	1.6	6	14	—	—	8.8
E34	建筑与文化	1043	0.99	11.0	2.4	28	290	0.01	0.40	7.1
E34	交通工程	115	0.95	14.3	3.5	21	87	—	0.52	6.3
E34	交通节能与环保	237	0.98	12.1	3.4	28	167	0.00	0.29	5.1
E34	交通科技	176	0.97	8.9	3.0	25	106	—	0.30	5.0
E34	交通科技与经济	61	0.97	27.1	3.5	19	39	—	1.00	4.7
E34	交通科学与工程	87	0.95	20.5	3.8	13	31	—	0.71	5.4
E34	交通信息与安全	108	0.87	25.6	4.2	22	51	0.01	0.97	4.3
E34	交通与运输	114	0.95	11.1	2.9	12	60	0.08	0.33	4.9
E34	交通运输工程学报	121	0.95	46.5	5.0	21	41	0.05	0.98	5.9
E34	交通运输工程与信息学报	52	0.96	34.6	4.0	19	38	0.00	0.90	5.8
E34	交通运输系统工程与信息	192	0.96	15.7	4.0	21	64	0.03	0.96	4.5
E34	交通运输研究	82	0.87	23.2	4.3	15	43	0.02	0.49	4.4
E34	客车技术与研究	88	0.95	11.3	3.7	16	36	—	0.05	6.0
E34	控制与信息技术	104	0.99	15.7	4.0	14	36	—	0.59	5.5
E34	内蒙古公路与运输	76	0.89	13.7	2.8	25	65	—	0.25	6.4
E34	汽车工程师	88	0.76	13.1	4.0	19	50	—	0.16	5.0
E34	汽车工艺师	149	0.79	3.2	2.8	21	89	0.01	0.01	5.9
E34	汽车工艺与材料	142	0.98	7.3	4.2	18	73	0.01	0.10	6.9
E34	汽车零部件	228	0.97	8.1	3.6	25	120	—	0.25	6.1
E34	汽车实用技术	942	0.98	8.7	3.0	30	412	—	0.30	4.6

学科代码	期刊名称	来源文献量	文献选出率	平均引文数	平均作者数	地区分布数	机构分布数	海外论文比	基金论文比	引用半衰期
E34	汽车维修	55	0.86	2.9	1.8	18	40	—	0.20	5.0
E34	汽车维修技师	271	0.41	1.8	1.7	24	166	0.00	0.24	2.4
E34	汽车维修与保养	184	0.66	0.0	1.3	19	71	0.01	0.09	—
E34	汽车文摘	103	0.90	24.9	3.7	19	43	—	0.13	4.0
E34	汽车与驾驶维修	137	0.71	5.1	2.4	19	62	—	0.08	4.7
E34	汽车制造业	76	0.78	—	2.5	16	39	—	—	—
E34	人民公交	412	0.84	0.4	1.2	25	224	—	0.00	3.7
E34	山东交通科技	276	0.95	7.2	2.7	20	150	—	0.17	5.6
E34	上海公路	136	0.93	9.0	2.2	15	81	—	0.22	7.1
E34	上海汽车	130	0.96	6.1	2.2	9	39	—	0.03	5.6
E34	世界桥梁	102	0.69	17.1	3.5	21	75	0.00	0.53	4.2
E34	铁道通信信号	199	0.93	11.6	2.6	23	85	—	0.63	4.6
E34	物流技术	362	1.00	13.4	2.6	29	208	—	0.65	4.5
E34	西部交通科技	772	0.96	7.2	2.1	24	215	—	0.16	5.1
E34	现代城市轨道交通	241	0.99	13.1	2.4	23	143	0.01	0.36	4.7
E34	现代交通技术	99	0.99	12.5	2.6	19	66	—	0.28	6.2
E34	现代交通与冶金材料	81	0.91	21.7	4.0	11	55	0.01	0.74	6.6
E34	运输经理世界	1982	0.98	6.0	1.3	31	1115	0.00	0.02	3.3
E34	中国海事	292	0.75	3.8	2.0	15	159	0.00	0.02	4.0
E34	中国交通信息化	255	0.97	4.7	2.6	28	173	0.00	0.06	3.7
E34	中国修船	105	0.91	3.9	2.7	16	63	—	0.16	8.3
E34	重型汽车	133	0.99	2.4	3.6	11	37	—	—	7.7
E35	Automotive Innovation	48	1.00	43.4	5.1	11	30	0.19	0.85	5.3
E35	Journal of Road Engineering	25	0.86	122.6	6.5	8	14	0.32	0.92	5.7
E35	城市交通	80	0.71	14.6	3.2	12	46	0.03	0.33	5.3
E35	公路	778	0.97	14.1	3.9	30	401	0.00	0.50	6.8
E35	公路工程	153	1.00	17.2	3.9	24	108	0.00	0.95	6.2
E35	交通世界	2357	1.00	6.5	1.3	28	842	—	0.02	3.7
E35	汽车安全与节能学报	82	0.91	23.5	4.9	19	51	0.02	0.74	4.6
E35	汽车工程	232	0.95	25.6	5.0	21	75	0.03	0.78	5.2
E35	汽车工程学报	92	0.97	24.8	4.8	18	52	0.01	0.77	6.1
E35	汽车技术	102	0.87	17.1	4.2	21	65	0.00	0.59	4.7
E35	汽车科技	89	0.99	7.7	4.0	17	49	—	0.12	8.2

学科代码	期刊名称	来源文献量	文献选出率	平均引文数	平均作者数	地区分布数	机构分布数	海外论文比	基金论文比	引用半衰期
E35	隧道建设（中英文）	207	0.80	22.7	4.7	23	119	0.00	0.54	5.7
E35	隧道与地下工程灾害防治	38	0.86	26.8	4.2	15	34	—	0.89	7.0
E35	现代隧道技术	179	0.94	21.4	4.8	22	102	0.01	0.67	5.5
E35	中国公路学报	279	0.94	39.6	5.1	24	83	0.07	0.94	5.5
E35	中外公路	284	1.00	18.7	3.5	29	197	0.00	0.69	7.2
E35	专用汽车	421	1.00	6.1	2.1	29	276	0.00	0.24	4.4
E36	Railway Engineering Science	29	1.00	33.8	4.8	6	14	0.34	0.76	7.1
E36	城市轨道交通研究	559	0.78	7.1	3.2	26	261	0.00	0.30	5.9
E36	电力机车与城轨车辆	161	0.95	7.5	3.5	17	58	—	0.19	7.5
E36	电气化铁道	121	0.95	8.6	2.5	20	64	—	0.19	6.7
E36	都市快轨交通	145	0.85	13.3	3.6	18	72	0.00	0.52	5.0
E36	高速铁路技术	123	0.95	10.4	2.6	18	51	—	0.26	7.2
E36	高速铁路新材料	93	0.90	11.5	4.6	16	35	—	0.55	7.1
E36	轨道交通装备与技术	93	0.94	7.5	3.2	21	63	—	0.11	6.2
E36	国外铁道机车与动车	67	0.89	2.1	2.0	1	1	—	—	7.1
E36	哈尔滨铁道科技	33	0.89	1.7	1.7	7	14	—	—	8.2
E36	机车车辆工艺	97	0.91	6.4	3.4	16	53	—	0.14	7.7
E36	机车电传动	118	0.98	22.1	4.3	20	68	0.00	0.57	5.6
E36	路基工程	228	0.95	13.2	3.0	25	147	—	0.41	7.5
E36	铁道标准设计	354	0.98	22.1	3.7	22	89	—	0.99	5.1
E36	铁道车辆	177	0.96	10.8	4.0	19	65	—	0.26	8.3
E36	铁道工程学报	222	0.98	8.2	3.4	19	70	0.00	0.42	5.8
E36	铁道货运	114	0.99	10.1	2.5	22	51	—	0.91	3.8
E36	铁道机车车辆	160	0.99	9.0	3.7	17	59	—	0.49	8.9
E36	铁道机车与动车	150	0.93	4.6	3.3	21	56	—	0.09	7.4
E36	铁道技术标准（中英文）	75	0.63	11.7	3.3	13	29	—	0.61	6.5
E36	铁道技术监督	154	0.51	7.7	3.0	21	76	—	0.21	≥10
E36	铁道建筑	343	1.00	13.3	4.0	25	122	—	0.81	6.6
E36	铁道建筑技术	584	1.00	12.9	1.5	27	196	—	0.96	4.7
E36	铁道勘察	151	0.96	19.2	2.6	21	64	—	0.74	4.9
E36	铁道科学与工程学报	442	0.98	22.1	4.6	25	110	0.01	0.85	5.5
E36	铁道学报	236	1.00	23.1	4.3	22	57	0.01	0.85	6.8
E36	铁道运输与经济	265	0.99	14.3	3.3	23	94	—	0.95	4.3

学科代码	期刊名称	来源文献量	文献选出率	平均引文数	平均作者数	地区分布数	机构分布数	海外论文比	基金论文比	引用半衰期
E36	铁道运营技术	57	1.00	3.4	1.7	18	30	—	0.26	6.5
E36	铁道知识	48	0.53	—	1.8	12	28	—	—	—
E36	铁路采购与物流	197	0.92	3.0	1.6	26	106	—	0.12	4.7
E36	铁路工程技术与经济	75	0.90	8.2	1.9	16	40	0.01	0.28	5.3
E36	铁路计算机应用	188	0.99	10.2	3.4	19	66	0.01	0.82	4.0
E36	铁路技术创新	130	0.96	11.1	3.4	19	54	—	0.53	4.5
E36	铁路节能环保与安全卫生	69	0.87	10.5	3.6	21	32	—	0.35	5.1
E36	铁路通信信号工程技术	262	0.99	8.0	2.0	21	96	0.00	0.47	5.2
E36	智慧轨道交通	98	0.97	11.6	3.0	19	52	—	0.13	6.2
E36	中国铁道科学	136	0.99	23.4	4.9	18	38	0.01	0.76	6.7
E36	中国铁路	234	0.93	12.8	3.1	20	98	—	0.65	5.2
E37	Journal of Marine Science and Application	68	1.00	47.9	3.8	11	44	0.60	0.32	6.3
E37	产业创新研究	1534	0.97	6.8	1.5	31	990	0.01	0.34	3.2
E37	船舶	92	0.92	19.0	3.6	11	53	0.02	0.37	6.1
E37	船舶工程	332	0.89	19.3	4.1	20	122	0.01	0.40	6.6
E37	船舶力学	167	0.98	20.1	4.4	19	58	0.01	0.82	9.8
E37	船舶设计通讯	46	0.70	3.0	3.7	6	12	—	0.57	5.0
E37	船舶与海洋工程	83	0.95	9.2	3.4	13	48	—	0.28	7.3
E37	船舶职业教育	144	0.95	5.7	1.5	16	56	—	0.71	3.6
E37	船电技术	238	1.00	8.2	3.1	17	130	0.03	0.09	7.0
E37	船海工程	163	1.00	7.2	3.9	15	62	0.00	0.44	6.7
E37	港口航道与近海工程	155	1.00	9.2	2.6	14	80	0.01	0.19	7.5
E37	港口科技	95	0.69	3.2	2.7	14	69	—	0.03	6.1
E37	港口装卸	134	0.99	3.2	2.8	12	77	—	0.07	5.9
E37	广船科技	106	0.99	1.7	2.6	2	16	—	—	≥10
E37	广东造船	161	0.74	3.3	3.0	11	66	0.01	0.16	8.0
E37	航海	105	0.69	4.2	2.2	9	48	—	0.05	6.6
E37	航海技术	121	0.95	4.7	2.2	13	74	0.01	0.07	5.3
E37	机电兵船档案	206	0.92	4.8	1.4	25	126	—	0.10	4.2
E37	舰船电子工程	542	0.97	15.2	3.1	26	163	0.00	0.18	6.9
E37	舰船科学技术	925	0.99	10.8	3.1	27	324	0.01	0.38	6.4
E37	江苏船舶	98	0.94	5.8	2.8	11	59	—	0.28	7.2
E37	桥梁建设	119	1.00	16.9	3.7	22	75	0.02	0.76	3.6

学科代码	期刊名称	来源文献量	文献选出率	平均引文数	平均作者数	地区分布数	机构分布数	海外论文比	基金论文比	引用半衰期
E37	上海船舶运输科学研究所学报	51	1.00	7.9	2.6	8	12	—	0.16	5.8
E37	世界海运	110	0.96	7.7	2.1	11	65	—	0.11	9.0
E37	水道港口	134	0.90	18.3	4.4	18	67	0.01	0.86	7.1
E37	水运工程	418	1.00	9.8	3.5	21	148	0.01	0.29	7.1
E37	水运管理	153	0.87	1.3	2.0	16	69	0.01	0.17	5.4
E37	天津航海	88	0.95	3.6	1.8	11	51	—	0.23	6.2
E37	造船技术	99	1.00	9.3	4.1	13	51	—	0.47	5.8
E37	中国港湾建设	221	0.97	10.6	3.4	17	93	0.00	0.25	8.2
E37	中国航海	85	0.98	18.5	4.0	11	28	0.02	0.73	5.7
E37	中国舰船研究	179	0.99	23.6	4.4	18	51	0.01	0.67	6.9
E37	中国水运	1377	0.98	6.3	2.3	30	710	—	0.15	6.2
E37	中国造船	144	1.00	18.7	4.3	15	39	0.01	0.58	7.3
E37	珠江水运	777	0.90	5.0	1.8	26	402	—	0.11	4.4
E38	Aerospace China	30	0.83	8.5	4.3	3	18	0.13	0.23	9.8
E38	Chinese Journal of Aeronautics	400	0.96	46.2	5.2	20	113	0.13	0.75	7.3
E38	Space: Science & Technology	47	0.89	46.6	5.1	8	30	0.23	1.00	8.9
E38	Transactions of Nanjing University of Aeronautics and Astronautics	61	0.91	28.2	4.7	11	32	0.03	0.64	6.4
E38	测控技术	194	0.92	20.2	4.2	25	125	0.00	0.61	6.5
E38	导弹与航天运载技术（中英文）	168	0.99	10.5	4.2	13	43	0.00	0.06	9.3
E38	导航与控制	85	0.90	15.9	4.5	12	43	—	0.53	7.0
E38	电光与控制	237	0.98	17.6	3.8	27	113	0.00	0.56	5.3
E38	飞控与探测	71	0.92	19.6	4.5	16	41	—	0.68	6.6
E38	飞行力学	77	0.93	17.3	3.9	14	37	0.00	0.49	7.3
E38	固体火箭技术	111	0.94	27.0	5.7	15	54	0.00	0.32	8.1
E38	国际太空	120	0.72	8.4	2.7	12	47	0.01	0.03	1.7
E38	航空材料学报	76	0.94	31.5	5.6	17	44	0.00	0.43	6.8
E38	航空电子技术	41	0.91	8.4	3.4	5	16	—	0.02	6.6
E38	航空动力	114	0.93	1.6	3.1	9	25	—	0.08	7.4
E38	航空动力学报	300	0.96	24.3	4.6	25	97	0.00	0.63	9.7
E38	航空发动机	139	0.95	24.7	4.2	15	43	0.01	0.30	≥10
E38	航空工程进展	121	0.94	26.3	3.9	15	63	0.00	0.48	7.4
E38	航空计算技术	174	0.97	10.5	3.5	12	42	0.00	0.51	5.1

学科代码	期刊名称	来源文献量	文献选出率	平均引文数	平均作者数	地区分布数	机构分布数	海外论文比	基金论文比	引用半衰期
E38	航空精密制造技术	114	0.91	8.3	3.6	16	62	0.00	0.11	9.2
E38	航空科学技术	157	0.92	20.5	3.9	18	60	—	0.51	6.9
E38	航空维修与工程	368	0.83	2.9	2.5	24	117	—	0.04	8.6
E38	航空学报	504	0.94	39.8	4.7	23	131	0.00	0.74	7.5
E38	航空制造技术	259	0.92	31.2	5.1	25	116	0.01	0.64	6.8
E38	航天电子对抗	73	0.96	10.9	4.1	15	34		0.10	6.1
E38	航天返回与遥感	86	0.95	24.0	5.0	20	42	0.00	0.56	7.1
E38	航天工业管理	240	0.99	—	3.7	12	77		—	—
E38	航天控制	71	0.95	16.9	3.8	18	41	0.00	0.34	6.4
E38	航天器工程	117	0.90	13.5	5.6	10	38		0.16	6.7
E38	航天器环境工程	99	0.96	18.1	5.5	16	60	0.01	0.41	8.4
E38	火箭推进	78	0.96	24.8	4.7	8	22	0.00	0.64	9.3
E38	教练机	58	0.89	4.3	3.8	6	12	—	—	9.0
E38	空间电子技术	109	0.95	20.1	4.5	16	39	—	0.73	6.1
E38	空间控制技术与应用	76	0.93	23.3	4.3	19	38	0.00	0.87	5.9
E38	空间碎片研究	27	0.90	21.8	4.3	9	23	—	0.41	4.8
E38	空气动力学学报	123	0.91	35.4	4.5	17	52	0.02	0.48	≥10
E38	民航学报	180	1.00	9.3	2.6	20	84	0.01	0.32	6.0
E38	民用飞机设计与研究	99	0.97	12.1	2.8	10	30	—	0.05	9.5
E38	气动研究与试验	66	0.90	30.9	4.0	11	27		0.09	≥10
E38	强度与环境	59	0.97	19.3	5.0	9	24	0.00	0.56	8.3
E38	上海航天（中英文）	120	0.96	25.2	5.8	13	54	0.00	0.44	7.4
E38	深空探测学报（中英文）	71	0.89	28.2	5.3	17	40	0.01	0.72	6.8
E38	实验流体力学	74	0.94	32.4	4.5	17	39	0.01	0.59	9.9
E38	推进技术	304	1.00	30.3	4.9	21	75	0.00	0.64	9.9
E38	卫星应用	114	0.61	6.6	3.7	21	72	—	0.13	2.9
E38	现代导航	82	0.92	11.6	2.6	10	20	—	0.11	9.6
E38	宇航材料工艺	99	0.92	19.9	4.9	15	59	0.00	0.37	8.4
E38	宇航计测技术	97	0.92	15.2	4.8	15	54	0.00	0.22	7.7
E38	宇航学报	187	0.94	28.8	4.5	14	53	0.01	0.63	5.6
E38	宇航总体技术	54	0.84	19.6	4.4	10	25	0.00	0.46	6.8
E38	载人航天	108	1.00	23.1	5.2	14	58	0.00	0.19	7.7
E38	振动、测试与诊断	162	0.94	18.0	4.6	25	96	0.01	0.86	7.2

学科代码	期刊名称	来源文献量	文献选出率	平均引文数	平均作者数	地区分布数	机构分布数	海外论文比	基金论文比	引用半衰期
E38	直升机技术	53	0.93	9.9	3.0	4	10	—	0.04	≥10
E38	中国航天	124	0.63	3.1	3.4	11	60	0.01	0.05	3.3
E38	中国空间科学技术	94	0.93	25.6	5.3	15	46	0.00	0.71	6.6
E39	Chinese Journal of Population Resources and Environment	29	0.97	51.0	4.1	9	22	0.17	0.69	5.4
E39	Journal of Environmental Sciences	376	0.99	61.9	7.0	23	183	0.22	0.79	6.9
E39	Journal of Resources and Ecology	124	0.95	37.5	4.1	21	76	0.14	0.72	7.7
E39	Waste Disposal & Sustainable Energy	40	1.00	68.6	5.1	6	31	0.65	0.65	6.0
E39	长江流域资源与环境	220	0.97	37.7	4.6	21	126	0.01	0.90	5.5
E39	低碳世界	789	1.00	5.6	1.6	29	562	0.00	0.07	2.9
E39	干旱环境监测	34	0.92	10.2	3.8	10	22	—	0.38	6.4
E39	工业水处理	311	0.93	30.7	5.0	28	232	0.01	0.56	5.7
E39	工业用水与废水	109	0.96	17.8	4.2	24	78	0.00	0.39	4.9
E39	海洋环境科学	116	0.98	28.7	5.5	11	50	0.00	0.78	7.7
E39	华北自然资源	257	0.87	5.4	1.4	20	113	—	0.04	5.2
E39	化工环保	121	0.92	27.1	4.6	25	79	0.01	0.54	5.5
E39	环保科技	66	1.00	16.9	3.7	19	58	—	0.33	6.4
E39	环境保护	353	0.77	9.3	2.5	30	195	—	0.51	3.4
E39	环境保护科学	123	1.00	29.2	4.6	25	89	0.00	0.63	5.6
E39	环境保护与循环经济	294	0.96	12.0	3.0	29	224	—	0.29	5.1
E39	环境工程	378	0.39	35.3	5.4	26	220	0.01	0.75	5.4
E39	环境工程技术学报	251	0.98	40.1	5.6	27	128	0.01	0.76	5.7
E39	环境工程学报	417	0.96	34.2	5.8	27	216	0.01	0.75	5.7
E39	环境化学	408	0.97	48.4	5.7	30	222	0.01	0.81	6.2
E39	环境技术	355	0.81	9.9	3.6	26	188	0.00	0.20	6.7
E39	环境监测管理与技术	90	0.93	21.0	4.8	25	80	0.00	0.88	5.0
E39	环境监控与预警	106	0.95	24.5	5.0	20	80	0.00	0.76	6.4
E39	环境科技	82	0.94	21.3	4.4	19	64	0.01	0.60	5.0
E39	环境科学	665	0.95	52.0	6.2	31	268	0.01	0.83	5.0
E39	环境科学导刊	104	0.92	16.2	3.8	25	85	—	0.42	6.2
E39	环境科学学报	510	0.99	42.9	6.1	28	210	0.02	0.91	5.6
E39	环境科学研究	231	0.99	46.5	6.2	28	115	0.01	0.82	4.7
E39	环境科学与工程前沿	153	0.99	59.2	6.5	23	93	0.13	0.91	5.5

学科代码	期刊名称	来源文献量	文献选出率	平均引文数	平均作者数	地区分布数	机构分布数	海外论文比	基金论文比	引用半衰期
E39	环境科学与管理	418	0.85	8.4	2.9	30	325	0.00	0.32	2.6
E39	环境科学与技术	318	1.00	37.7	5.5	31	213	0.02	0.79	6.2
E39	环境生态学	229	0.92	27.7	4.5	29	159	0.01	0.54	5.8
E39	环境卫生工程	101	0.67	22.4	4.2	19	73	0.01	0.52	5.0
E39	环境卫生学杂志	133	0.84	29.3	5.6	27	82	0.02	0.54	4.4
E39	环境污染与防治	284	1.00	29.8	5.2	30	207	0.01	0.76	5.9
E39	环境影响评价	126	0.86	16.9	4.1	26	91	0.02	0.51	5.2
E39	环境与可持续发展	119	0.92	0.8	1.1	23	69	0.02	0.03	2.4
E39	节能与环保	282	0.79	4.2	1.7	28	215	—	0.09	3.9
E39	今日消防	560	0.98	5.7	1.3	31	372	—	0.06	3.2
E39	能源环境保护	120	0.95	52.3	5.2	20	63	—	0.98	5.1
E39	农业资源与环境学报	141	0.99	40.2	5.5	28	82	0.01	0.74	5.7
E39	青海环境	43	0.90	9.0	2.3	12	35	—	0.14	5.8
E39	三峡生态环境监测	49	0.96	26.4	4.3	17	39	—	0.69	4.8
E39	上海环境科学	68	0.91	4.9	1.3	13	40	—	0.07	5.1
E39	世界环境	137	0.56	—	1.8	19	81	0.07	0.07	—
E39	水处理技术	352	0.93	17.3	4.6	29	234	0.00	0.73	5.5
E39	四川环境	288	0.99	20.0	3.8	25	197	0.01	0.31	5.9
E39	西部人居环境学刊	130	1.00	37.4	3.2	24	62	0.04	0.84	6.8
E39	消防科学与技术	341	0.99	15.4	3.3	27	191	0.00	0.50	6.0
E39	新疆环境保护	28	0.74	17.1	4.1	6	17	—	0.57	5.8
E39	亚热带资源与环境学报	64	0.90	24.6	4.4	10	28	0.02	0.72	6.7
E39	应用与环境生物学报	185	0.99	45.7	6.3	26	89	0.02	0.82	7.3
E39	再生资源与循环经济	130	0.71	12.7	3.6	27	97	—	0.50	4.6
E39	植物资源与环境学报	74	0.91	32.9	6.0	20	44	0.01	0.86	7.5
E39	中国个体防护装备	52	0.83	8.1	3.1	16	41	—	0.04	5.4
E39	中国环保产业	229	0.59	4.9	2.9	20	144	0.01	0.19	6.0
E39	中国环境监测	150	0.93	31.0	5.7	26	104	0.03	0.61	6.4
E39	中国环境科学	674	1.00	44.8	5.7	29	271	0.01	0.88	5.8
E39	中国人口·资源与环境	220	0.98	42.8	2.7	27	114	0.03	0.89	4.8
E39	中国资源综合利用	670	0.99	9.5	2.8	31	531	0.00	0.24	4.6
E39	资源节约与环保	418	0.99	9.2	2.0	28	367	—	0.15	3.7
E39	资源科学	173	0.96	46.5	3.5	29	98	0.01	0.92	3.3

学科代码	期刊名称	来源文献量	文献选出率	平均引文数	平均作者数	地区分布数	机构分布数	海外论文比	基金论文比	引用半衰期
E39	资源信息与工程	177	0.97	7.8	2.3	22	104	—	0.23	5.0
E39	自然资源学报	194	0.98	43.7	3.8	22	108	0.01	0.90	4.9
E40	International Journal of Disaster Risk Science	73	0.92	57.3	4.7	11	57	0.38	0.89	6.7
E40	Journal of Safety Science and Resilience	39	1.00	52.4	4.2	6	27	0.33	0.82	6.5
E40	Security and Safety	29	0.88	39.4	3.9	8	22	0.03	0.76	4.9
E40	安全	150	0.86	16.1	3.4	25	90	—	0.61	5.3
E40	安全、健康和环境	134	1.00	17.4	2.6	18	60		0.51	6.5
E40	安全与环境工程	180	0.96	25.9	4.9	25	106	0.00	0.87	6.5
E40	安全与环境学报	533	0.93	22.9	4.3	30	206	0.01	0.73	6.1
E40	城市与减灾	70	0.90	—	2.8	16	50		0.47	—
E40	电力安全技术	248	0.88	5.2	3.0	28	192	—	0.04	5.6
E40	防灾减灾工程学报	155	0.85	24.9	4.5	25	95	0.01	0.88	8.3
E40	工业安全与环保	276	1.00	11.7	3.7	28	163	—	0.54	5.9
E40	工业信息安全	65	0.83	10.6	2.2	14	45		0.06	3.2
E40	火灾科学	30	1.00	21.5	4.6	12	18		0.87	6.4
E40	四川劳动保障	576	0.81	—	1.3	31	406		0.25	—
E40	现代职业安全	334	0.72	4.5	2.1	27	240	0.01	0.08	4.5
E40	信息安全学报	61	0.91	41.2	4.8	18	38	0.03	0.87	6.5
E40	信息安全研究	155	0.96	19.8	3.5	23	113	0.01	0.47	3.8
E40	震灾防御技术	86	0.91	26.3	4.9	22	52	0.00	0.70	≥10
E40	中国安防	196	0.70	1.2	1.8	21	125	—	0.04	4.8
E40	中国安全防范技术与应用	56	0.72	3.4	2.2	11	37		—	5.8
E40	中国安全科学学报	354	0.85	20.1	4.2	25	121	0.01	0.83	5.3
E40	中国安全生产科学技术	354	0.80	19.4	4.4	26	129	0.00	0.79	5.3
E40	中国减灾	279	0.52	—	1.7	22	130	—	0.10	—
E40	自然灾害学报	144	1.00	29.8	4.3	26	104	0.01	0.88	7.6
F01	创新科技	86	0.82	37.5	2.5	21	60	—	0.86	5.2
F01	当代经济管理	127	0.91	32.4	1.8	23	75	0.02	0.91	4.5
F01	工程管理学报	161	0.99	17.6	3.2	25	91	0.01	0.62	4.6
F01	工程造价管理	96	0.90	9.9	2.0	18	74		0.06	3.8
F01	工业工程与管理	122	1.00	26.9	3.2	20	59	0.01	0.99	6.9
F01	公共管理学报	54	0.87	46.5	2.3	17	38	—	0.96	8.0
F01	公共管理与政策评论	67	0.97	51.8	1.9	15	38	—	0.82	8.5

学科代码	期刊名称	来源文献量	文献选出率	平均引文数	平均作者数	地区分布数	机构分布数	海外论文比	基金论文比	引用半衰期
F01	供应链管理	95	0.93	23.3	2.9	20	64	—	0.69	4.0
F01	管理案例研究与评论	59	0.89	41.5	3.0	21	44	0.02	0.80	8.0
F01	管理工程师	71	0.99	15.7	2.0	14	36	—	0.77	5.0
F01	管理工程学报	124	1.00	43.1	3.2	21	66	0.00	0.99	8.1
F01	管理科学	62	0.86	58.9	3.2	21	42	0.00	0.95	5.7
F01	管理科学学报	103	0.88	54.2	3.3	17	51	0.02	0.95	8.7
F01	管理评论	328	0.99	48.9	3.2	28	147	0.02	0.95	7.5
F01	管理世界	145	0.90	71.4	3.3	18	65	0.02	0.86	8.1
F01	管理现代化	121	1.00	35.9	2.6	28	99	0.00	0.95	5.1
F01	管理学报	187	0.99	31.5	3.2	25	90	0.00	0.98	6.5
F01	管理学家	759	0.99	5.5	1.2	31	718	0.00	0.03	2.9
F01	管理学刊	61	0.92	41.7	2.4	17	47	—	0.98	4.4
F01	交通建设与管理	206	0.65	5.0	1.7	28	147	—	0.03	3.9
F01	交通企业管理	202	0.88	—	1.9	25	135	—	0.20	—
F01	科技成果管理与研究	250	0.66	3.2	3.8	29	179	—	0.30	4.1
F01	科技管理学报	50	0.88	34.5	2.5	16	31	—	0.98	4.6
F01	科技管理研究	653	0.59	32.1	2.9	29	330	0.02	0.81	4.6
F01	科技进步与对策	370	0.72	33.2	2.7	29	164	0.02	0.92	6.1
F01	科学管理研究	121	0.98	26.5	2.7	25	93	0.01	0.92	3.0
F01	科学学研究	219	1.00	29.3	2.6	22	106	0.01	0.87	6.8
F01	科学学与科学技术管理	127	0.99	51.5	2.9	25	87	0.02	0.94	7.0
F01	科研管理	230	0.95	33.8	2.8	28	126	0.01	0.92	7.7
F01	林草政策研究	57	0.92	18.8	3.5	15	23	—	0.68	4.6
F01	南开管理评论	134	0.94	49.0	3.2	23	68	0.06	0.98	≥10
F01	企业改革与管理	1379	0.98	5.2	1.3	31	1191	0.02	0.05	2.9
F01	上海城市管理	71	0.91	14.8	2.0	14	54	—	0.59	4.9
F01	上海管理科学	124	0.95	15.0	2.1	11	30	—	0.46	8.4
F01	施工企业管理	434	0.80	—	1.1	25	285	0.01	—	—
F01	实验室研究与探索	735	0.99	16.7	4.1	29	252	0.01	0.67	4.7
F01	研究与发展管理	79	0.91	47.2	2.9	19	49	0.00	0.94	6.3
F01	云南科技管理	89	0.65	8.1	2.7	18	63	—	0.45	3.9
F01	智库理论与实践	108	0.92	24.6	2.0	21	78	0.01	0.49	3.0
F01	中国管理科学	335	0.97	29.9	3.2	26	157	0.02	0.96	7.2

学科代码	期刊名称	来源文献量	文献选出率	平均引文数	平均作者数	地区分布数	机构分布数	海外论文比	基金论文比	引用半衰期
F01	中国环境管理	99	0.99	31.4	3.4	21	68	0.01	0.79	4.3
F01	中国科技成果	497	0.58	4.0	5.0	31	351	—	0.34	5.0
F01	中国科技论坛	215	0.86	30.9	2.6	26	132	0.00	0.82	5.0
F01	中国软科学	231	1.00	35.3	2.8	24	123	0.03	0.86	5.0
F01	中国生态旅游	74	0.92	43.3	3.5	17	51	0.01	0.95	6.1
H01	Contemporary Social Sciences	56	0.93	27.7	1.9	15	40	0.02	0.54	9.8
H01	Regional Sustainability	35	1.00	63.3	3.8	5	33	0.80	0.54	5.6
H01	北方论丛	87	1.00	25.9	1.2	21	50	—	0.77	≥10
H01	北京社会科学	136	0.92	35.6	1.4	19	77	0.01	0.72	≥10
H01	才智	1778	1.00	7.3	1.7	31	960	0.00	0.87	3.0
H01	残疾人研究	39	0.89	23.9	2.3	15	29	—	0.67	7.1
H01	长江论坛	63	0.86	22.7	1.6	17	43	0.02	0.70	7.8
H01	畅谈	1943	0.98	5.6	1.4	28	1264	—	0.35	2.9
H01	重庆社会科学	119	0.81	33.8	2.0	19	76	—	0.77	5.0
H01	传承	67	0.92	15.6	1.7	17	44	—	0.82	2.8
H01	船山学刊	66	0.90	24.0	1.1	15	43	0.08	0.52	≥10
H01	创新	67	0.97	24.6	1.7	24	60	—	0.79	4.3
H01	创新创业理论研究与实践	1303	1.00	14.5	3.0	30	674		0.99	2.8
H01	大庆社会科学	188	0.96	5.7	1.5	24	111	—	0.62	5.9
H01	大学教育科学	90	0.96	27.5	1.8	19	47		0.87	6.8
H01	当代韩国	33	0.87	62.0	1.5	13	26	0.06	0.48	≥10
H01	道德与文明	97	0.97	17.8	1.2	22	63	0.01	0.87	≥10
H01	德国研究	36	0.78	85.8	1.4	9	22	0.03	0.83	6.9
H01	邓小平研究	70	0.93	41.5	1.4	22	53	—	0.73	≥10
H01	东方论坛	81	0.90	40.8	1.4	20	54	—	0.90	≥10
H01	东疆学刊	72	0.91	21.1	1.7	14	34		0.71	≥10
H01	东南学术	140	0.95	32.9	1.6	18	68	0.02	0.63	≥10
H01	东吴学术	107	0.94	22.7	1.8	18	57	0.02	0.30	≥10
H01	东岳论丛	253	0.95	38.2	1.5	26	117	0.00	0.76	≥10
H01	福建论坛（人文社会科学版）	168	0.99	46.6	1.7	21	92	0.01	0.82	≥10
H01	甘肃社会科学	143	0.99	31.0	1.3	22	83	—	0.82	≥10
H01	高等理科教育	90	0.94	23.6	2.3	22	54	—	0.77	5.6
H01	关东学刊	98	0.85	30.2	1.4	23	70	0.02	0.56	≥10

学科代码	期刊名称	来源文献量	文献选出率	平均引文数	平均作者数	地区分布数	机构分布数	海外论文比	基金论文比	引用半衰期
H01	观察与思考	127	0.84	26.3	1.4	20	71	—	0.59	7.0
H01	广东社会科学	148	0.92	54.4	1.3	21	70	0.01	0.74	≥10
H01	广西社会科学	187	0.95	21.5	1.5	28	133	0.00	0.98	5.4
H01	贵州社会科学	240	1.00	29.7	1.5	28	126	0.00	0.82	≥10
H01	桂海论丛	108	0.96	12.9	1.4	20	74	—	0.59	3.2
H01	国际公关	1450	0.89	5.6	1.5	31	779	0.02	0.32	3.6
H01	国际社会科学杂志	60	0.87	38.3	2.0	9	43	0.53	0.22	≥10
H01	国家现代化建设研究	71	0.85	42.3	1.4	13	38	0.01	0.56	≥10
H01	河北学刊	149	0.95	43.5	1.4	22	76	0.01	0.74	≥10
H01	河南社会科学	159	0.99	27.8	1.6	23	96	0.01	0.83	6.8
H01	黑河学刊	120	1.00	8.1	1.4	26	101	—	0.56	3.2
H01	黑龙江社会科学	140	0.88	17.0	1.5	24	78	0.01	0.77	≥10
H01	宏观质量研究	55	0.89	45.1	2.5	16	40	—	0.91	6.3
H01	湖北社会科学	221	1.00	27.3	1.5	25	139	0.00	0.80	≥10
H01	湖南社会科学	125	0.94	23.1	1.4	22	86	0.00	0.69	6.9
H01	湖湘论坛	67	0.91	23.3	1.3	19	54	—	0.90	6.9
H01	江海学刊	162	0.78	40.0	1.4	20	83	0.03	0.59	≥10
H01	江汉论坛	230	0.95	26.3	1.5	26	109	—	0.67	≥10
H01	江汉学术	74	1.00	32.6	1.4	17	46	0.03	0.74	9.6
H01	江淮论坛	139	0.95	27.9	1.4	21	90	0.02	0.85	≥10
H01	江南论坛	212	0.95	5.1	1.5	17	137	—	0.53	3.1
H01	江苏社会科学	153	0.92	37.1	1.5	14	69	0.00	0.73	≥10
H01	江西社会科学	235	0.87	28.4	1.5	25	114	0.02	0.65	≥10
H01	晋阳学刊	106	0.97	27.0	1.5	20	67	0.01	0.61	≥10
H01	荆楚学刊	91	0.94	21.5	1.4	23	68	0.02	0.52	≥10
H01	开发研究	93	0.90	31.4	2.2	23	65	0.02	0.87	6.6
H01	科技广场	58	0.91	14.0	2.4	12	36	—	0.71	3.8
H01	科技智囊	112	0.92	18.5	2.2	20	77	—	0.54	2.8
H01	科学·经济·社会	65	0.80	25.3	1.4	18	36	0.11	0.48	≥10
H01	科学决策	158	1.00	35.8	2.4	27	99	0.01	0.77	6.4
H01	科学与管理	66	0.89	35.2	2.5	20	45	0.02	0.89	5.1
H01	科学与社会	42	0.98	23.6	1.9	12	31	—	0.48	7.5
H01	克拉玛依学刊	85	0.83	24.1	1.5	18	56	0.01	0.64	8.3

学科代码	期刊名称	来源文献量	文献选出率	平均引文数	平均作者数	地区分布数	机构分布数	海外论文比	基金论文比	引用半衰期
H01	兰州学刊	144	0.97	39.4	1.7	22	90	—	0.87	8.5
H01	理论观察	377	1.00	14.1	1.5	30	224	0.00	0.54	8.8
H01	理论建设	72	0.94	19.9	1.2	16	44	—	0.78	7.4
H01	理论界	185	0.97	12.8	1.3	24	97	—	0.48	≥10
H01	理论学刊	106	0.95	28.9	1.4	16	68	—	0.95	≥10
H01	理论与当代	88	0.93	—	1.4	17	60	—	0.31	—
H01	理论与现代化	52	0.98	19.9	1.8	12	33	0.02	0.85	6.3
H01	理论月刊	194	0.95	30.8	1.5	28	114	—	0.84	8.5
H01	岭南学刊	91	0.94	23.2	1.8	16	64	—	0.85	7.0
H01	领导科学	250	1.00	5.3	1.4	29	183	—	0.55	6.0
H01	民主与科学	110	0.83	4.2	1.2	18	61	0.01	0.07	≥10
H01	民族翻译	66	0.82	19.5	1.3	21	42	—	0.71	≥10
H01	南都学坛	94	0.99	26.6	1.5	21	61	—	0.82	≥10
H01	南海学刊	83	0.89	26.4	1.6	15	52	0.01	0.71	≥10
H01	南京社会科学	192	0.92	29.8	1.5	18	89	0.02	0.73	6.9
H01	南亚东南亚研究	59	0.84	56.0	1.4	16	40	0.02	0.61	≥10
H01	南洋资料译丛	36	0.90	18.3	2.1	7	24	0.44	0.14	≥10
H01	内蒙古社会科学	155	0.95	28.5	1.4	28	94	—	0.89	8.3
H01	宁夏社会科学	153	1.00	26.6	1.5	26	95	—	0.79	8.0
H01	品牌研究	2993	0.97	5.8	1.1	31	2604	0.00	0.04	2.5
H01	品牌与标准化	362	0.96	6.0	2.2	28	226	—	0.11	4.9
H01	齐鲁学刊	84	0.92	47.0	1.4	21	51	—	0.80	≥10
H01	前沿	80	0.95	23.8	1.5	22	56	0.02	0.80	7.5
H01	青海社会科学	132	0.96	35.3	1.6	28	91	—	0.82	9.5
H01	青藏高原论坛	68	1.00	26.1	1.6	13	34	—	0.63	≥10
H01	求是学刊	94	0.92	49.0	1.6	22	61	0.02	0.77	≥10
H01	求索	127	0.95	31.7	1.1	21	62	0.00	0.94	≥10
H01	求知	175	0.69	0.0	1.4	21	104	—	0.31	—
H01	人文杂志	163	0.99	47.5	1.4	22	91	0.01	0.70	≥10
H01	软科学	222	0.95	31.2	2.7	25	113	0.01	0.91	5.8
H01	山东社会科学	283	1.00	38.5	1.4	24	129	0.01	0.76	≥10
H01	山西高等学校社会科学学报	168	0.90	15.3	1.6	26	104	—	0.71	8.1
H01	社会发展研究	50	0.86	44.8	1.7	13	41	—	0.74	8.8

学科代码	期刊名称	来源文献量	文献选出率	平均引文数	平均作者数	地区分布数	机构分布数	海外论文比	基金论文比	引用半衰期
H01	社会工作与管理	55	0.89	39.1	2.2	19	41	0.02	0.84	5.9
H01	社会科学	188	0.90	65.5	1.4	18	56	0.01	0.66	≥10
H01	社会科学动态	231	0.99	27.1	1.5	25	129	0.00	0.51	9.8
H01	社会科学辑刊	154	0.91	29.0	1.3	20	75	—	0.86	7.8
H01	社会科学家	283	0.95	19.2	1.6	28	170	0.04	0.84	7.7
H01	社会科学论坛	127	0.91	26.7	1.2	22	84	0.02	0.55	≥10
H01	社会科学研究	129	0.98	55.1	1.5	18	70	0.01	0.70	≥10
H01	社会科学战线	344	0.87	45.0	1.5	28	126	0.01	0.68	≥10
H01	社会政策研究	36	0.86	40.7	2.0	12	27	—	0.89	7.1
H01	社科纵横	126	0.98	20.4	1.5	27	85	—	0.69	8.7
H01	深圳社会科学	83	0.93	34.3	1.7	15	58	—	0.77	7.8
H01	世界科技研究与发展	66	0.72	34.3	3.7	15	43	0.00	0.71	3.9
H01	数字人文研究	25	0.89	69.2	3.1	6	20	0.60	0.20	≥10
H01	水文化	203	0.91	5.1	1.7	29	157	—	0.29	5.6
H01	思想战线	104	0.95	45.4	1.4	19	51	0.00	0.65	≥10
H01	探索与争鸣	270	0.87	19.5	1.2	21	91	0.02	0.46	≥10
H01	唐都学刊	88	0.90	23.4	1.3	23	59	—	0.73	≥10
H01	天府新论	98	0.95	36.6	1.2	23	61	0.01	0.49	≥10
H01	天津社会科学	114	0.98	41.3	1.3	18	63	0.02	0.84	≥10
H01	天中学刊	131	1.00	18.4	1.4	23	91	0.01	0.63	≥10
H01	未来与发展	203	1.00	19.0	1.9	30	133	0.00	0.86	5.6
H01	文史哲	74	0.90	92.4	1.0	15	34	0.01	0.59	≥10
H01	西部学刊	951	0.96	10.9	1.3	31	488	0.02	0.38	≥10
H01	西域研究	65	0.88	62.3	1.4	18	35	0.03	0.62	≥10
H01	西藏研究	97	0.88	40.6	1.4	15	49	—	0.75	≥10
H01	下一代	485	0.95	4.0	1.1	27	410	—	0.07	2.9
H01	现代交际	174	0.86	11.8	1.7	26	109	0.01	0.62	6.4
H01	新疆社会科学（汉文版）	95	0.90	35.6	1.6	20	68	—	0.94	6.8
H01	新疆社科论坛	86	0.91	18.9	1.8	19	53	—	0.74	6.6
H01	新西部	560	0.77	5.3	1.5	30	318	—	0.42	4.1
H01	学会	137	0.70	1.7	2.1	18	102	—	0.17	4.5
H01	学术交流	169	0.98	24.3	1.6	24	107	0.02	0.76	6.0
H01	学术界	225	1.00	36.4	1.2	24	109	—	0.72	≥10

学科代码	期刊名称	来源文献量	文献选出率	平均引文数	平均作者数	地区分布数	机构分布数	海外论文比	基金论文比	引用半衰期
H01	学术论坛	68	0.89	50.9	1.3	16	47	0.03	0.72	9.3
H01	学术探索	231	1.00	26.4	1.7	27	111	0.01	0.74	8.4
H01	学术研究	262	0.85	38.8	1.6	25	91	0.02	0.65	≥10
H01	学术月刊	209	0.90	66.3	1.5	20	71	0.03	0.53	≥10
H01	学习与实践	166	0.89	22.2	1.8	23	94	0.01	0.84	7.1
H01	学习与探索	253	0.88	22.0	1.7	27	120	0.02	0.73	≥10
H01	阴山学刊	102	0.91	14.4	1.4	20	46	—	0.75	≥10
H01	殷都学刊	73	0.95	38.5	1.2	18	40	0.03	0.55	≥10
H01	原生态民族文化学刊	82	0.87	38.5	1.6	20	51	0.01	0.77	≥10
H01	阅江学刊	94	0.94	31.2	1.5	21	61	0.01	0.69	9.1
H01	云南社会科学	117	0.96	39.0	1.5	21	72	—	0.79	≥10
H01	浙江社会科学	203	0.93	34.1	1.7	20	83	0.00	0.67	≥10
H01	浙江学刊	151	0.93	37.5	1.4	20	81	0.01	0.66	≥10
H01	知识产权	72	0.51	73.5	1.3	11	38	0.01	0.60	—
H01	中国高校社会科学	100	0.91	34.2	1.4	21	60	—	0.57	≥10
H01	中国集体经济	1538	0.94	8.5	1.4	31	1171	0.01	0.19	3.5
H01	中国监狱学刊	119	0.80	16.3	1.5	22	81	—	0.27	≥10
H01	中国人事科学	109	0.83	18.9	1.9	24	80	0.01	0.40	7.6
H01	中国社会工作	561	0.52	0.4	1.4	29	329	0.00	0.07	6.7
H01	中国社会科学	123	0.88	63.7	1.3	19	50	0.03	0.00	≥10
H01	中国社会科学评价	68	0.92	33.3	1.1	16	43	—	0.50	≥10
H01	中国医学教育技术	142	0.95	16.6	4.2	24	88	0.01	0.92	3.5
H01	中州学刊	266	0.93	26.3	1.4	26	150	0.00	0.70	≥10
H01	自然辩证法通讯	168	0.94	27.9	1.4	24	98	0.05	0.60	≥10
H02	安徽大学学报（哲学社会科学版）	96	1.00	52.6	1.4	17	48	—	0.76	≥10
H02	安徽工业大学学报（社会科学版）	187	1.00	12.4	2.5	13	44		0.87	6.5
H02	安徽理工大学学报（社会科学版）	91	0.96	20.5	1.8	14	53		0.90	7.7
H02	安徽农业大学学报（社会科学版）	109	0.95	24.3	1.9	21	58		0.91	6.9
H02	宝鸡文理学院学报（社会科学版）	113	0.97	22.7	1.4	22	64	0.02	0.71	≥10
H02	北方民族大学学报（哲学社会科学版）	125	0.99	24.7	1.6	24	59	—	0.99	9.1
H02	北华大学学报（社会科学版）	104	0.90	26.4	1.6	23	67	0.01	0.79	≥10
H02	北京大学学报（哲学社会科学版）	96	0.86	55.2	1.1	14	41	0.07	0.42	≥10
H02	北京工商大学学报（社会科学版）	62	0.90	30.0	2.1	20	39	—	0.94	5.7

学科代码	期刊名称	来源文献量	文献选出率	平均引文数	平均作者数	地区分布数	机构分布数	海外论文比	基金论文比	引用半衰期
H02	北京工业大学学报（社会科学版）	68	0.97	40.4	1.6	12	31	0.00	0.78	6.6
H02	北京航空航天大学学报（社会科学版）	146	0.91	29.2	1.7	21	70	0.01	0.83	7.0
H02	北京化工大学学报（社会科学版）	59	0.98	28.3	1.7	19	35	—	0.64	9.3
H02	北京交通大学学报（社会科学版）	60	0.90	32.2	2.4	13	31	—	0.78	6.2
H02	北京科技大学学报（社会科学版）	91	0.99	31.0	1.8	15	57	—	0.85	7.9
H02	北京理工大学学报（社会科学版）	109	0.94	45.6	2.1	15	49	—	0.92	8.0
H02	北京联合大学学报（人文社会科学版）	76	0.97	31.9	1.9	13	42	—	0.87	9.1
H02	北京林业大学学报（社会科学版）	48	0.98	34.2	3.0	8	13	—	0.88	6.7
H02	北京邮电大学学报（社会科学版）	70	0.92	30.1	2.2	16	38	0.01	0.67	5.5
H02	渤海大学学报（哲学社会科学版）	138	0.95	14.6	1.7	16	55	0.01	0.67	9.8
H02	长安大学学报（社会科学版）	50	1.00	30.8	1.9	13	29	—	0.88	3.7
H02	长春工程学院学报（社会科学版）	133	0.99	9.2	2.3	20	72	—	0.92	3.7
H02	长春理工大学学报（社会科学版）	171	1.00	14.2	2.0	22	88	—	0.71	7.6
H02	长沙理工大学学报（社会科学版）	84	1.00	26.3	2.0	16	50	—	0.93	6.8
H02	常州大学学报（社会科学版）	69	1.00	26.4	1.6	15	45	—	0.93	8.3
H02	常州工学院学报（社会科学版）	153	0.99	15.8	1.4	22	78	—	0.55	≥10
H02	成都大学学报（社会科学版）	56	0.92	45.0	1.6	16	39	—	0.71	≥10
H02	成都理工大学学报（社会科学版）	76	0.94	23.9	1.9	18	56	—	0.87	7.2
H02	城市学刊	89	1.00	20.8	2.1	19	52	—	0.84	7.3
H02	赤峰学院学报（哲学社会科学版）	314	0.94	10.4	1.5	27	133	—	0.67	8.6
H02	重庆大学学报（社会科学版）	128	0.97	42.4	1.8	24	67	0.00	0.81	8.6
H02	重庆工商大学学报（社会科学版）	90	0.96	30.3	2.1	19	56	—	0.87	8.0
H02	重庆交通大学学报（社会科学版）	79	0.92	29.1	1.8	20	57	0.01	0.85	8.9
H02	重庆科技学院学报（社会科学版）	80	0.93	19.9	1.5	18	66	—	0.86	6.3
H02	重庆三峡学院学报	68	0.99	24.7	1.8	17	40	—	0.85	7.5
H02	重庆文理学院学报（社会科学版）	65	1.00	36.5	1.8	15	38	—	0.88	4.9
H02	重庆邮电大学学报（社会科学版）	107	0.96	27.4	1.7	20	70	0.01	0.97	6.4
H02	大连海事大学学报（社会科学版）	79	0.91	34.2	1.8	19	46	—	0.80	5.8
H02	大连理工大学学报（社会科学版）	84	0.93	25.4	1.7	16	50	0.01	0.99	6.0
H02	电子科技大学学报（社会科学版）	66	0.99	37.3	2.6	16	44	—	0.95	5.3
H02	东北大学学报（社会科学版）	98	0.97	27.8	1.7	17	43	0.00	0.81	8.1
H02	东北农业大学学报（社会科学版）	58	0.91	27.5	1.8	22	44	—	0.84	5.0
H02	东华大学学报（社会科学版）	53	0.95	19.6	1.9	12	34	—	0.77	9.9

学科代码	期刊名称	来源文献量	文献选出率	平均引文数	平均作者数	地区分布数	机构分布数	海外论文比	基金论文比	引用半衰期
H02	东华理工大学学报（社会科学版）	85	1.00	23.7	2.3	17	36	—	0.95	9.5
H02	东南大学学报（哲学社会科学版）	85	0.85	44.0	1.7	14	51	0.01	0.81	≥10
H02	佛山科学技术学院学报（社会科学版）	81	0.92	20.2	1.7	14	51	—	0.73	9.2
H02	福建江夏学院学报	74	0.95	25.2	1.5	15	44	—	0.77	8.4
H02	福建农林大学学报（哲学社会科学版）	73	1.00	26.0	2.3	17	36	—	0.90	4.2
H02	福建医科大学学报（社会科学版）	80	0.69	16.2	3.1	6	17	—	0.76	4.0
H02	福州大学学报（哲学社会科学版）	101	0.94	39.3	1.8	10	26	0.01	0.70	≥10
H02	复旦学报（社会科学版）	101	0.89	56.2	1.4	11	36	0.05	0.52	≥10
H02	广播电视大学学报（哲学社会科学版）	52	0.93	17.2	1.3	18	33	—	0.35	≥10
H02	广东外语外贸大学学报	81	0.95	21.1	1.5	21	62	0.06	0.64	≥10
H02	广西大学学报（哲学社会科学版）	128	0.96	39.1	1.5	21	67	0.01	0.79	≥10
H02	广西民族大学学报（哲学社会科学版）	116	0.91	39.1	1.4	19	60	0.05	0.60	≥10
H02	广州大学学报（社会科学版）	116	0.99	28.0	1.5	13	66	0.06	0.61	≥10
H02	贵阳学院学报（社会科学版）	107	0.94	15.4	1.4	20	68	0.01	0.64	≥10
H02	贵州大学学报（社会科学版）	69	0.93	32.6	1.6	17	46	0.03	0.93	7.8
H02	贵州工程应用技术学院学报	129	0.95	15.0	1.9	15	56	0.01	0.67	≥10
H02	贵州民族大学学报（哲学社会科学版）	89	0.94	30.1	1.6	18	46	0.03	0.79	9.6
H02	哈尔滨工业大学学报（社会科学版）	126	1.00	22.4	1.5	23	72	0.01	0.80	≥10
H02	哈尔滨商业大学学报（社会科学版）	54	0.92	33.0	2.3	21	37	0.02	0.85	4.5
H02	哈尔滨师范大学社会科学学报	178	1.00	13.5	1.6	26	118	—	0.65	≥10
H02	海南大学学报（人文社会科学版）	130	0.91	28.7	2.0	23	73	—	0.87	8.3
H02	合肥工业大学学报（社会科学版）	93	1.00	29.2	2.6	15	40	—	0.95	5.6
H02	河北北方学院学报（社会科学版）	175	0.97	9.2	1.9	24	95	0.01	0.69	7.1
H02	河北大学学报（哲学社会科学版）	97	1.00	26.8	1.4	15	47	—	0.90	≥10
H02	河北工程大学学报（社会科学版）	69	0.97	20.5	2.1	16	41	—	1.00	5.0
H02	河北工业大学学报（社会科学版）	44	1.00	32.6	2.2	12	25	—	0.75	≥10
H02	河北经贸大学学报（综合版）	56	0.98	16.0	1.9	11	20	0.02	0.68	5.4
H02	河北科技大学学报（社会科学版）	56	0.92	24.6	2.1	18	32	—	0.91	6.0
H02	河北农业大学学报（社会科学版）	75	0.89	27.6	2.4	21	48	—	0.91	4.4
H02	河池学院学报	93	0.91	19.7	1.6	19	57	0.01	0.74	≥10
H02	河海大学学报（哲学社会科学版）	78	0.85	34.8	1.9	16	47	0.01	0.91	5.5
H02	河南财政金融学院学报（哲学社会科学版）	111	0.99	9.7	1.4	20	72	—	0.56	6.7
H02	河南大学学报（社会科学版）	139	0.93	30.7	1.4	22	68	0.01	0.73	≥10

学科代码	期刊名称	来源文献量	文献选出率	平均引文数	平均作者数	地区分布数	机构分布数	海外论文比	基金论文比	引用半衰期
H02	河南工程学院学报（社会科学版）	54	0.98	21.7	1.6	11	27	—	0.61	7.9
H02	河南工业大学学报（社会科学版）	90	0.99	22.1	2.0	13	32	0.01	0.87	4.4
H02	河南科技大学学报（社会科学版）	96	0.92	20.2	1.8	24	62	—	0.81	9.7
H02	河南理工大学学报（社会科学版）	95	1.00	20.5	1.6	17	45	—	0.66	≥10
H02	红河学院学报	180	0.97	15.1	1.7	24	105	0.01	0.58	≥10
H02	湖北大学学报（哲学社会科学版）	114	0.89	47.6	1.4	17	58	0.03	0.85	≥10
H02	湖北经济学院学报（人文社会科学版）	418	0.96	12.6	1.7	30	191	0.00	0.62	5.0
H02	湖北理工学院学报（人文社会科学版）	72	0.96	19.6	1.7	17	37	—	0.78	≥10
H02	湖北民族大学学报（哲学社会科学版）	96	0.99	42.5	1.5	21	60	0.01	0.95	≥10
H02	湖南大学学报（社会科学版）	122	0.95	26.1	2.0	18	48	0.00	0.83	9.5
H02	湖南工程学院学报（社会科学版）	67	0.99	21.5	2.1	20	35	—	0.79	6.3
H02	湖南工业大学学报（社会科学版）	93	0.93	20.7	1.7	15	38	—	0.84	9.1
H02	湖南科技大学学报（社会科学版）	137	0.94	35.4	1.6	20	73	0.00	0.81	≥10
H02	湖南农业大学学报（社会科学版）	76	0.99	30.9	2.1	19	48	—	0.92	5.0
H02	湖南人文科技学院学报	117	0.92	14.8	1.8	18	65	0.01	0.72	9.0
H02	华北电力大学学报（社会科学版）	91	0.97	24.4	1.4	22	60	—	0.67	≥10
H02	华北理工大学学报（社会科学版）	123	0.98	12.5	2.4	22	46	—	1.00	4.6
H02	华北水利水电大学学报（社会科学版）	94	1.00	16.4	1.8	15	39	0.01	0.97	4.3
H02	华东理工大学学报（社会科学版）	64	0.85	44.3	1.8	17	42	0.03	0.80	9.2
H02	华南理工大学学报（社会科学版）	85	0.94	35.7	1.8	17	44	—	0.92	7.5
H02	华南农业大学学报（社会科学版）	70	0.99	35.9	1.7	22	54	0.01	0.99	5.0
H02	华侨大学学报（哲学社会科学版）	79	1.00	45.8	1.9	19	41	0.02	0.90	≥10
H02	华中科技大学学报（社会科学版）	83	0.90	40.0	1.6	16	46	—	0.93	6.6
H02	华中农业大学学报（社会科学版）	112	0.97	34.7	2.2	17	51	—	0.95	6.4
H02	吉林大学社会科学学报	106	0.89	42.8	1.7	20	45	0.02	0.82	≥10
H02	集美大学学报（哲学社会科学版）	66	0.96	22.3	1.6	12	27	—	0.76	≥10
H02	济南大学学报（社会科学版）	102	0.89	37.2	1.6	19	56	0.02	0.77	≥10
H02	暨南学报（哲学社会科学版）	121	1.00	52.5	1.4	19	63	0.01	0.85	≥10
H02	江汉大学学报（社会科学版）	65	0.93	31.4	1.8	19	47	0.02	0.88	6.7
H02	江南大学学报（人文社会科学版）	59	0.98	30.3	1.7	17	43	—	0.88	9.6
H02	江南社会学院学报	46	0.85	21.8	1.4	17	40	—	0.54	5.6
H02	江苏大学学报（社会科学版）	60	1.00	32.8	2.0	16	45	—	1.00	6.3
H02	江苏海洋大学学报（人文社会科学版）	85	0.98	23.7	1.8	17	47	—	0.85	8.2

学科代码	期刊名称	来源文献量	文献选出率	平均引文数	平均作者数	地区分布数	机构分布数	海外论文比	基金论文比	引用半衰期
H02	江苏科技大学学报（社会科学版）	58	0.97	22.8	1.9	16	35	—	0.90	≥10
H02	锦州医科大学学报（社会科学版）	148	0.99	11.4	1.9	24	68	—	0.74	5.1
H02	井冈山大学学报（社会科学版）	92	1.00	20.0	1.7	22	62	0.01	0.97	9.0
H02	九江学院学报（社会科学版）	86	0.93	12.6	1.4	22	61	—	0.53	≥10
H02	昆明理工大学学报（社会科学版）	108	0.98	31.4	1.9	25	66	—	0.96	3.7
H02	兰州大学学报（社会科学版）	82	0.99	35.2	1.7	21	44	0.01	0.78	9.2
H02	兰州文理学院学报（社会科学版）	130	0.96	15.5	1.6	18	47	—	0.63	≥10
H02	辽东学院学报（社会科学版）	113	0.90	22.3	1.5	23	66	0.02	0.88	9.4
H02	辽宁大学学报（哲学社会科学版）	100	0.88	30.0	1.6	20	46	0.01	0.65	≥10
H02	辽宁工程技术大学学报（社会科学版）	69	1.00	15.0	2.0	7	20	—	0.86	5.4
H02	辽宁工业大学学报（社会科学版）	217	1.00	9.2	2.1	23	62	—	0.76	5.0
H02	聊城大学学报（社会科学版）	115	1.00	29.5	1.5	20	65	0.02	0.81	≥10
H02	鲁东大学学报（哲学社会科学版）	77	0.93	24.6	1.4	19	55	0.01	0.84	≥10
H02	洛阳理工学院学报（社会科学版）	115	0.97	11.9	1.6	24	68	0.03	0.63	≥10
H02	南昌大学学报（人文社会科学版）	76	0.93	27.9	1.7	18	47	—	0.97	7.0
H02	南昌航空大学学报（社会科学版）	63	1.00	19.6	1.7	13	36	0.03	0.87	6.9
H02	南华大学学报（社会科学版）	92	0.95	22.1	2.0	19	55	—	0.89	7.5
H02	南京大学学报（哲学·人文科学·社会科学）	82	0.81	44.5	1.2	15	41	0.00	0.70	≥10
H02	南京工程学院学报（社会科学版）	57	0.98	19.4	2.0	9	28	0.04	0.70	6.8
H02	南京工业大学学报（社会科学版）	47	0.77	45.6	1.9	12	33	0.02	0.98	7.6
H02	南京航空航天大学学报（社会科学版）	70	0.99	23.2	1.7	19	42	—	0.80	7.2
H02	南京理工大学学报（社会科学版）	81	0.98	16.7	1.8	11	32	0.01	0.89	5.7
H02	南京林业大学学报（人文社会科学版）	70	0.93	40.2	1.5	20	48	0.06	0.69	≥10
H02	南京农业大学学报（社会科学版）	98	0.99	33.9	2.0	21	57	—	0.92	6.2
H02	南京晓庄学院学报	121	0.95	24.2	1.9	16	56	0.01	0.64	≥10
H02	南京医科大学学报（社会科学版）	93	0.92	22.0	3.2	14	37	—	0.91	4.5
H02	南京邮电大学学报（社会科学版）	66	0.93	21.7	1.8	16	36	—	0.91	6.7
H02	南京中医药大学学报（社会科学版）	61	0.88	23.9	2.5	18	31	—	0.82	9.4
H02	南开学报（哲学社会科学版）	103	0.97	57.2	1.5	19	42	0.00	0.77	≥10
H02	南通大学学报（社会科学版）	83	0.91	34.2	1.6	18	53	0.01	0.89	8.8
H02	内蒙古大学学报（哲学社会科学版）	95	0.97	21.7	1.4	19	40	—	0.59	≥10
H02	内蒙古民族大学学报（社会科学版）	93	0.96	22.1	1.6	15	47	0.01	0.74	≥10
H02	内蒙古农业大学学报（社会科学版）	87	0.94	18.9	2.0	17	51	—	0.89	4.9

学科代码	期刊名称	来源文献量	文献选出率	平均引文数	平均作者数	地区分布数	机构分布数	海外论文比	基金论文比	引用半衰期
H02	宁波大学学报（人文科学版）	93	0.91	26.5	1.4	17	49	0.01	0.73	≥10
H02	宁夏大学学报（人文社会科学版）	161	0.98	33.7	1.4	19	79	—	0.74	≥10
H02	齐齐哈尔大学学报（哲学社会科学版）	463	0.97	12.6	1.6	31	281	0.00	0.78	7.6
H02	青岛科技大学学报（社会科学版）	64	0.82	25.8	1.9	12	25	—	0.70	6.7
H02	青岛农业大学学报（社会科学版）	77	1.00	19.9	2.1	13	35	0.01	0.78	5.3
H02	青海民族大学学报（社会科学版）	82	0.98	30.3	1.7	24	45	—	0.74	≥10
H02	清华大学学报（哲学社会科学版）	96	0.94	80.5	1.2	18	55	0.02	0.56	≥10
H02	三峡大学学报（人文社会科学版）	108	0.89	24.0	2.0	16	54	0.01	0.83	9.4
H02	山东大学学报（哲学社会科学版）	96	0.93	45.4	1.9	17	48	0.02	0.73	8.3
H02	山东科技大学学报（社会科学版）	67	0.99	32.2	1.8	17	38	0.02	0.72	7.9
H02	山东理工大学学报（社会科学版）	78	0.91	17.4	2.0	5	21	—	0.77	8.1
H02	山东农业大学学报（社会科学版）	93	0.90	22.2	2.1	22	59	—	0.78	6.7
H02	山西大同大学学报（社会科学版）	190	0.99	14.7	1.7	25	99	0.01	0.64	≥10
H02	山西大学学报（哲学社会科学版）	105	0.94	33.9	1.4	19	57	0.01	0.84	≥10
H02	山西农业大学学报（社会科学版）	77	0.95	25.2	2.1	23	55	—	0.87	5.4
H02	陕西理工大学学报（社会科学版）	72	0.96	23.8	1.7	16	34	—	0.67	≥10
H02	汕头大学学报（人文社会科学版）	124	0.84	26.2	1.5	20	82	0.02	0.64	≥10
H02	上海财经大学学报（哲学社会科学版）	60	1.00	52.9	2.1	16	41	0.00	0.93	5.6
H02	上海大学学报（社会科学版）	64	0.93	34.0	1.6	13	45	0.03	0.69	≥10
H02	上海理工大学学报（社会科学版）	72	0.94	17.5	2.0	14	33	—	0.75	9.5
H02	韶关学院学报	230	0.94	14.6	2.3	21	103	0.01	0.80	5.7
H02	邵阳学院学报（社会科学版）	109	0.95	16.0	1.6	20	66	0.01	0.85	9.2
H02	绍兴文理学院学报	200	0.93	19.3	2.0	23	95	0.01	0.72	≥10
H02	深圳大学学报（人文社会科学版）	93	0.94	28.5	1.4	21	67	0.01	0.90	7.5
H02	沈阳大学学报（社会科学版）	80	0.99	17.8	1.6	22	47	—	0.64	6.0
H02	沈阳工程学院学报（社会科学版）	101	0.96	11.2	1.8	18	54	—	0.69	4.7
H02	沈阳工业大学学报（社会科学版）	72	1.00	27.7	2.0	15	33	—	1.00	6.0
H02	沈阳建筑大学学报（社会科学版）	95	0.90	13.7	2.6	14	31	—	1.00	4.8
H02	沈阳农业大学学报（社会科学版）	126	0.95	16.2	2.6	17	58	—	0.92	3.8
H02	石河子大学学报（哲学社会科学版）	92	0.87	26.5	1.6	19	60	—	0.87	≥10
H02	石家庄铁道大学学报（社会科学版）	61	0.94	19.9	2.0	15	36	—	0.89	3.6
H02	四川大学学报（哲学社会科学版）	109	0.89	51.7	1.2	17	57	0.06	0.60	≥10
H02	四川轻化工大学学报（社会科学版）	45	0.98	33.1	1.9	12	36	—	1.00	5.7

学科代码	期刊名称	来源文献量	文献选出率	平均引文数	平均作者数	地区分布数	机构分布数	海外论文比	基金论文比	引用半衰期
H02	苏州大学学报（社会科学版）	108	0.99	42.6	1.6	17	56	0.01	0.81	≥10
H02	苏州科技大学学报（社会科学版）	87	0.93	23.9	1.4	17	45	—	0.76	≥10
H02	太原理工大学学报（社会科学版）	81	0.92	31.3	1.6	18	56	—	0.81	9.7
H02	太原学院学报（社会科学版）	70	0.89	23.9	1.3	20	54	0.07	0.47	≥10
H02	体育学研究	74	0.92	33.0	3.0	17	46	—	0.88	4.6
H02	天津大学学报（社会科学版）	66	0.90	30.9	2.1	11	27	—	0.86	9.3
H02	天津职业院校联合学报	194	0.98	4.1	1.4	1	52	—	0.52	2.7
H02	同济大学学报（社会科学版）	69	0.96	45.6	1.3	13	35	0.03	0.71	≥10
H02	温州大学学报（社会科学版）	64	0.90	30.0	1.5	16	38	—	0.78	≥10
H02	五邑大学学报（社会科学版）	71	0.88	17.7	1.4	16	39	0.01	0.68	≥10
H02	武汉大学学报（哲学社会科学版）	99	0.99	29.4	1.5	15	41	0.02	0.90	9.8
H02	武汉科技大学学报（社会科学版）	83	0.86	26.9	1.4	21	61	—	0.93	≥10
H02	武汉理工大学学报（社会科学版）	114	0.99	21.8	1.9	15	44	0.01	0.64	7.0
H02	西安建筑科技大学学报（社会科学版）	72	0.97	24.4	2.1	16	42	—	0.88	6.6
H02	西安交通大学学报（社会科学版）	89	0.93	33.8	2.3	17	45	0.00	0.90	5.9
H02	西安石油大学学报（社会科学版）	96	0.93	18.6	1.8	14	38	—	0.62	7.1
H02	西安文理学院学报（社会科学版）	76	0.94	14.9	1.6	18	42	0.01	0.61	≥10
H02	西北大学学报（哲学社会科学版）	98	0.94	36.1	1.7	15	38	0.01	0.83	≥10
H02	西北工业大学学报（社会科学版）	56	0.90	29.8	1.9	13	31	—	0.82	5.7
H02	西北民族大学学报（哲学社会科学版）	115	0.93	27.9	1.7	24	75	0.01	0.79	9.1
H02	西北农林科技大学学报（社会科学版）	99	0.94	30.3	2.3	19	49	0.01	0.91	5.0
H02	西昌学院学报（社会科学版）	77	0.94	20.2	1.6	18	52	0.01	0.79	5.8
H02	西华大学学报（哲学社会科学版）	68	1.00	28.7	1.9	20	44	—	0.87	6.4
H02	西南大学学报（社会科学版）	137	0.99	44.2	1.8	20	65	0.00	0.81	6.7
H02	西南交通大学学报（社会科学版）	74	0.96	31.6	2.9	18	43	—	0.85	≥10
H02	西南科技大学学报（哲学社会科学版）	89	0.92	20.4	1.9	19	49	0.03	0.87	8.0
H02	西南民族大学学报（人文社科版）	326	1.00	33.4	1.6	29	160	0.01	0.81	7.6
H02	西南石油大学学报（社会科学版）	79	0.98	26.3	1.9	20	51	—	0.65	6.5
H02	西藏大学学报（社会科学版）	113	0.97	29.2	1.7	16	40	—	0.84	≥10
H02	西藏民族大学学报（哲学社会科学版）	133	0.88	22.8	1.7	16	40	—	0.95	≥10
H02	厦门大学学报（哲学社会科学版）	88	0.97	56.4	1.6	17	38	0.00	0.84	≥10
H02	湘南学院学报	135	0.94	16.4	2.3	17	74	0.01	0.75	8.3
H02	湘潭大学学报（哲学社会科学版）	163	1.00	25.3	1.8	16	63	0.01	0.80	≥10

学科代码	期刊名称	来源文献量	文献选出率	平均引文数	平均作者数	地区分布数	机构分布数	海外论文比	基金论文比	引用半衰期
H02	新疆大学学报（哲学社会科学版）	114	0.99	34.7	1.6	23	77	0.01	0.89	≥10
H02	徐州工程学院学报（社会科学版）	77	0.97	20.4	1.7	21	57	—	0.81	≥10
H02	烟台大学学报（哲学社会科学版）	65	1.00	40.4	1.7	18	41	—	0.82	≥10
H02	燕山大学学报（哲学社会科学版）	72	0.87	28.4	1.8	17	45	0.03	0.68	≥10
H02	延安大学学报（社会科学版）	109	0.93	21.3	1.5	13	49	—	0.69	≥10
H02	延边大学学报（社会科学版）	95	0.90	31.8	1.7	25	58	0.02	0.68	≥10
H02	盐城工学院学报（社会科学版）	138	0.93	10.7	1.5	19	82	—	0.63	7.6
H02	扬州大学学报（人文社会科学版）	59	1.00	29.2	1.5	14	33	—	1.00	6.9
H02	应用型高等教育研究	55	1.00	19.5	2.1	17	44	0.20	0.64	5.0
H02	榆林学院学报	152	1.00	11.7	2.2	19	65	0.01	0.83	6.8
H02	云南大学学报（社会科学版）	81	0.99	45.3	1.4	15	39	—	0.65	≥10
H02	云南民族大学学报（哲学社会科学版）	105	0.93	37.5	1.6	23	69	0.00	0.87	6.0
H02	肇庆学院学报	121	0.91	17.3	2.0	14	58	—	0.69	7.9
H02	浙江大学学报（人文社会科学版）	133	0.80	50.3	1.7	17	57	0.02	0.77	≥10
H02	浙江海洋大学学报（人文科学版）	86	1.00	23.2	1.7	16	56	0.01	0.74	≥10
H02	郑州大学学报（哲学社会科学版）	116	0.90	23.2	1.8	22	66	0.02	0.85	≥10
H02	郑州航空工业管理学院学报（社会科学版）	92	0.97	25.0	1.8	15	40	0.01	0.77	≥10
H02	郑州轻工业大学学报（社会科学版）	81	0.94	19.2	1.8	17	53	0.01	0.91	5.2
H02	中北大学学报（社会科学版）	106	0.97	18.7	1.7	20	55	—	0.67	≥10
H02	中国地质大学学报（社会科学版）	72	0.91	35.6	2.0	19	54	0.03	0.82	6.3
H02	中国海洋大学学报（社会科学版）	77	0.97	38.2	1.6	17	35	—	0.78	7.6
H02	中国矿业大学学报（社会科学版）	82	1.00	39.4	1.5	17	48	0.01	0.93	≥10
H02	中国农业大学学报（社会科学版）	77	1.00	40.1	2.0	16	38	0.01	0.84	8.2
H02	中国人民大学学报	103	0.92	44.1	1.5	12	36	0.01	0.54	≥10
H02	中国人民公安大学学报（社会科学版）	86	1.00	41.1	1.5	21	43	—	0.79	8.5
H02	中国社会科学院大学学报	99	0.68	54.6	1.2	22	47	0.01	0.64	≥10
H02	中国石油大学学报（社会科学版）	81	0.93	30.5	2.1	17	43	—	0.89	5.8
H02	中南大学学报（社会科学版）	113	0.95	37.1	1.9	23	63	—	0.95	9.4
H02	中南林业科技大学学报（社会科学版）	59	1.00	36.2	2.1	16	31	—	0.98	3.9
H02	中南民族大学学报（人文社会科学版）	258	0.86	23.1	1.6	28	100	0.00	0.78	9.2
H02	中山大学学报（社会科学版）	109	0.91	53.6	1.3	17	43	0.05	0.61	≥10
H02	中央民族大学学报（哲学社会科学版）	101	0.94	41.4	1.4	23	49	—	0.91	≥10
H03	安徽师范大学学报（社会科学版）	90	0.97	49.0	1.5	20	54	—	0.81	≥10

学科代码	期刊名称	来源文献量	文献选出率	平均引文数	平均作者数	地区分布数	机构分布数	海外论文比	基金论文比	引用半衰期
H03	安庆师范大学学报（社会科学版）	112	0.90	24.2	1.6	15	41	—	0.76	≥10
H03	北京师范大学学报（社会科学版）	92	0.97	40.0	1.5	15	33	0.00	0.76	≥10
H03	重庆师范大学学报（社会科学版）	62	0.93	27.1	1.9	13	21	—	0.94	8.3
H03	福建师范大学学报（哲学社会科学版）	92	0.94	41.8	1.6	16	39	0.00	0.86	7.7
H03	阜阳师范大学学报（社会科学版）	133	0.99	20.1	1.4	20	64	0.02	0.89	≥10
H03	赣南师范大学学报	131	0.94	23.1	2.5	14	43	0.01	0.91	≥10
H03	广西师范大学学报（哲学社会科学版）	83	0.92	28.0	1.7	20	53	—	0.71	8.2
H03	贵州师范大学学报（社会科学版）	84	0.99	32.7	1.5	21	56	—	0.98	7.6
H03	贵州师范学院学报	137	1.00	17.9	2.0	21	69	—	0.77	7.9
H03	海南师范大学学报（社会科学版）	104	0.93	34.8	1.4	21	56	0.02	0.75	≥10
H03	杭州师范大学学报（社会科学版）	77	0.90	32.9	1.6	16	46	0.05	0.69	≥10
H03	河北科技师范学院学报（社会科学版）	76	0.92	19.5	1.6	21	54	0.01	0.66	7.6
H03	河北师范大学学报（哲学社会科学版）	109	0.99	46.0	1.3	19	63	0.03	0.56	≥10
H03	河南师范大学学报（哲学社会科学版）	135	0.94	32.5	1.7	25	79	—	0.86	≥10
H03	湖北第二师范学院学报	237	0.95	11.9	1.7	26	136	0.00	0.62	6.5
H03	湖北师范大学学报（哲学社会科学版）	133	1.00	20.7	1.7	23	80	0.02	0.68	≥10
H03	湖南师范大学社会科学学报	102	0.99	31.1	1.5	17	58	0.00	0.85	≥10
H03	华东师范大学学报（哲学社会科学版）	87	0.93	42.7	1.5	14	41	0.01	0.77	≥10
H03	华南师范大学学报（社会科学版）	91	0.85	44.8	1.9	17	52	0.02	0.73	≥10
H03	华中师范大学学报（人文社会科学版）	125	0.91	42.5	1.2	20	51	0.01	0.72	≥10
H03	淮北师范大学学报（哲学社会科学版）	111	0.96	24.4	1.5	22	63	0.01	0.89	≥10
H03	淮阴师范学院学报（哲学社会科学版）	100	0.87	17.9	1.4	16	48	—	0.64	≥10
H03	吉林师范大学学报（人文社会科学版）	91	0.94	24.1	1.5	19	58	0.02	0.88	≥10
H03	江苏师范大学学报（哲学社会科学版）	60	0.91	38.3	1.5	8	31	0.03	0.82	≥10
H03	江西师范大学学报（哲学社会科学版）	101	0.98	29.1	1.7	20	55	0.01	0.83	≥10
H03	廊坊师范学院学报（社会科学版）	65	0.94	29.9	1.4	19	49	—	0.85	≥10
H03	辽宁师范大学学报（社会科学版）	130	0.98	20.0	1.8	21	51	0.01	0.89	≥10
H03	辽宁师专学报（社会科学版）	256	1.00	4.9	1.2	10	31	—	0.44	4.0
H03	绵阳师范学院学报	221	0.96	17.3	2.1	27	110	—	0.72	≥10
H03	闽南师范大学学报（哲学社会科学版）	96	0.99	18.4	1.5	15	39	—	0.78	≥10
H03	牡丹江师范学院学报（哲学社会科学版）	63	0.97	23.3	2.4	19	35	—	0.97	6.7
H03	南京师范大学文学院学报	75	0.95	36.3	1.2	19	56	—	0.64	≥10
H03	南宁师范大学学报（哲学社会科学版）	90	0.92	26.0	1.6	22	69	0.02	0.80	7.1

学科 代码	期刊名称	来源 文献 量	文献 选出 率	平均 引文 数	平均 作者 数	地区 分布 数	机构 分布 数	海外 论文 比	基金 论文 比	引用 半衰 期
H03	宁德师范学院学报（哲学社会科学版）	83	0.98	14.7	1.6	4	35	0.01	0.75	6.9
H03	青海师范大学学报（社会科学版）	131	0.98	25.4	1.5	21	87	0.01	0.82	≥10
H03	山东师范大学学报（社会科学版）	98	0.94	32.5	1.3	14	54	—	0.71	≥10
H03	陕西师范大学学报（哲学社会科学版）	90	0.93	32.8	1.7	14	46	0.02	0.76	8.0
H03	上海师范大学学报（哲学社会科学版）	91	0.99	47.2	1.2	15	52	0.03	0.60	≥10
H03	上饶师范学院学报	99	0.95	21.7	2.2	17	51	0.02	0.78	≥10
H03	沈阳师范大学学报（社会科学版）	93	0.94	16.2	1.8	17	39	—	0.99	7.0
H03	首都师范大学学报（社会科学版）	119	0.88	47.8	1.4	20	61	—	0.81	≥10
H03	四川师范大学学报（社会科学版）	142	0.97	47.5	1.5	25	69	0.01	0.75	≥10
H03	唐山师范学院学报	184	0.95	13.5	2.2	24	116	—	0.70	≥10
H03	天津师范大学学报（社会科学版）	108	0.98	18.3	2.1	17	57	0.02	0.81	7.6
H03	天水师范学院学报	105	0.87	21.1	1.4	15	37	0.01	0.64	≥10
H03	西华师范大学学报（哲学社会科学版）	92	0.93	29.2	1.4	22	58	—	0.84	8.7
H03	忻州师范学院学报	141	0.94	15.2	1.7	22	80	0.01	0.62	≥10
H03	新疆师范大学学报（哲学社会科学版）	77	0.95	37.9	2.0	17	47	0.00	0.78	6.2
H03	信阳师范学院学报（哲学社会科学版）	137	0.90	20.5	1.8	20	61	0.01	0.97	8.0
H03	盐城师范学院学报（人文社会科学版）	90	0.89	18.6	1.4	17	52	0.02	0.78	8.0
H03	云南师范大学学报（哲学社会科学版）	92	0.90	44.6	1.6	16	48	—	0.89	8.7
H03	浙江师范大学学报（社会科学版）	69	0.92	30.1	1.8	11	25	—	0.94	≥10
J01	高校马克思主义理论研究	80	0.92	19.0	1.3	20	49	—	0.56	6.7
J01	理论探讨	129	0.95	20.8	1.7	23	79	0.00	0.94	6.6
J01	理论与改革	75	0.85	31.5	1.4	18	46	0.00	0.83	6.2
J01	马克思主义理论学科研究	152	0.97	14.8	1.3	22	65	—	0.72	≥10
J01	马克思主义研究	180	0.85	39.9	1.0	28	94	0.00	0.57	7.4
J01	马克思主义与现实	144	0.88	35.6	1.4	17	58	0.03	0.58	≥10
J01	毛泽东邓小平理论研究	126	0.89	24.7	1.3	16	70	—	0.54	≥10
J01	毛泽东思想研究	98	0.98	33.5	1.5	17	66	—	0.55	≥10
J01	毛泽东研究	70	0.82	42.5	1.4	13	44	—	0.81	≥10
J01	社会主义研究	125	0.95	35.8	1.5	22	81	0.00	0.80	9.6
J02	管子学刊	37	0.88	67.6	1.1	12	30	0.08	0.54	—
J02	科学技术哲学研究	112	0.99	20.9	1.4	23	64	—	0.81	≥10
J02	科学与无神论	74	0.87	27.8	1.3	18	52	—	0.43	≥10
J02	孔子研究	91	0.89	36.7	1.1	21	55	—	0.70	≥10

学科代码	期刊名称	来源文献量	文献选出率	平均引文数	平均作者数	地区分布数	机构分布数	海外论文比	基金论文比	引用半衰期
J02	伦理学研究	110	0.97	17.1	1.2	23	70	0.00	0.75	≥10
J02	逻辑学研究	37	0.95	34.2	1.5	16	29	0.08	0.59	≥10
J02	世界哲学	89	0.91	33.1	1.4	20	58	0.11	0.70	≥10
J02	系统科学学报	98	0.99	16.1	2.0	24	74	0.02	0.77	7.9
J02	现代哲学	109	1.00	44.5	1.2	18	55	0.05	0.80	—
J02	学海	132	0.94	36.8	1.3	20	69	0.00	0.69	≥10
J02	云梦学刊	87	0.99	20.3	1.4	21	57	0.02	0.67	≥10
J02	哲学动态	148	0.89	23.0	1.1	22	68	0.02	0.64	≥10
J02	哲学分析	90	0.87	32.6	1.3	16	42	0.06	0.59	≥10
J02	哲学研究	143	0.88	23.8	1.0	19	59	0.03	0.62	≥10
J02	中国高等学校学术文摘·哲学	26	0.70	21.2	1.3	8	16	—	0.50	≥10
J02	中国哲学史	98	0.97	26.5	1.0	19	54	0.01	0.51	≥10
J02	周易研究	69	0.74	27.8	1.3	16	33	—	0.49	≥10
J02	自然辩证法研究	247	0.90	22.9	1.5	27	126	0.01	0.71	≥10
J03	佛学研究	53	0.95	44.7	1.2	15	36	0.08	0.40	—
J03	世界宗教文化	144	0.89	36.1	1.2	20	65	0.02	0.51	≥10
J03	世界宗教研究	155	0.91	53.4	1.3	22	64	0.05	0.52	≥10
J03	天风	326	0.74	2.7	1.0	24	106	0.02	0.00	—
J03	五台山研究	40	0.85	17.6	1.2	17	29	0.02	0.82	≥10
J03	中国穆斯林	93	0.65	12.4	1.1	14	45	0.02	0.20	≥10
J03	中国宗教	426	0.73	0.0	1.2	29	221	0.00	0.11	0.0
J03	宗教学研究	134	0.92	37.8	1.1	24	92	0.02	0.61	≥10
K01	辞书研究	72	0.87	27.3	1.3	20	45	0.06	0.68	≥10
K01	当代外语研究	114	0.92	19.5	1.5	24	73	0.01	0.64	≥10
K01	当代修辞学	64	0.84	23.3	1.6	12	48	0.05	0.48	≥10
K01	当代语言学	51	0.89	50.8	1.5	17	37	0.04	0.65	≥10
K01	东北亚外语研究	43	0.96	24.4	1.6	13	28	0.02	0.84	≥10
K01	方言	52	0.87	28.5	1.2	17	39	0.04	0.65	≥10
K01	古汉语研究	42	0.88	38.5	1.3	16	33	0.00	0.81	≥10
K01	国际汉学	109	0.82	41.1	1.2	20	68	0.05	0.54	≥10
K01	国际汉语教学研究	39	0.85	21.1	2.2	11	22	0.08	0.79	8.8
K01	国家通用语言文字教学与研究	788	1.00	3.8	1.2	30	607	—	0.37	2.6
K01	海外英语	1824	0.99	8.2	1.4	31	823	0.00	0.52	7.1

学科代码	期刊名称	来源文献量	文献选出率	平均引文数	平均作者数	地区分布数	机构分布数	海外论文比	基金论文比	引用半衰期
K01	汉语学报	45	0.94	30.8	1.4	13	30	0.04	0.84	≥10
K01	汉语学习	66	1.00	29.5	1.6	18	48	0.03	0.73	≥10
K01	汉语言文学研究	64	0.97	41.8	1.2	18	43	0.06	0.33	≥10
K01	汉字汉语研究	50	0.83	28.8	1.2	18	36	0.02	0.70	≥10
K01	汉字文化	1439	0.98	9.8	1.3	30	215	0.00	0.27	≥10
K01	满语研究	35	0.90	19.1	1.1	11	19	—	0.77	≥10
K01	民族语文	69	0.95	31.0	1.4	13	21	—	0.83	≥10
K01	上海翻译	98	0.88	25.9	1.5	23	77	0.01	0.82	≥10
K01	世界汉语教学	54	0.87	29.4	1.7	10	39	0.22	0.50	≥10
K01	外语电化教学	114	0.92	19.4	1.8	23	77	—	0.59	7.7
K01	外语与翻译	57	0.83	24.5	1.8	16	45	0.04	0.79	≥10
K01	现代语文	164	0.86	18.2	1.2	24	102	0.02	0.59	≥10
K01	英语广场	1164	0.97	8.3	1.4	31	502	0.00	0.42	8.1
K01	英语教师	1093	0.98	6.1	1.2	30	870	—	0.31	4.1
K01	英语学习	165	0.84	7.0	1.6	24	116	0.02	0.31	5.8
K01	语文建设	602	0.92	3.3	1.3	29	461	0.00	0.31	6.5
K01	语文教学与研究	406	0.98	5.5	1.1	24	335	—	0.28	6.1
K01	语文教学之友	226	0.92	2.0	1.1	26	192	—	0.27	3.8
K01	语文世界	1512	0.89	—	1.0	30	1167	—	0.07	—
K01	语文天地	311	0.97	—	1.1	27	249	—	0.12	—
K01	语文研究	33	1.00	25.6	1.6	12	24	0.03	0.79	≥10
K01	语言教学与研究	78	0.85	28.4	1.5	15	41	0.10	0.53	≥10
K01	语言科学	64	0.91	28.3	1.6	16	46	0.06	0.73	≥10
K01	语言文字应用	62	0.78	27.1	1.9	14	33	0.02	0.71	≥10
K01	语言研究	65	0.97	30.0	1.4	18	45	0.00	0.91	≥10
K01	语言战略研究	81	0.85	16.4	1.7	19	56	0.07	0.41	≥10
K01	中国翻译	146	0.90	18.9	1.5	20	76	0.04	0.38	≥10
K01	中国科技翻译	69	0.95	9.3	1.8	21	55	0.00	0.45	≥10
K01	中国文学研究	104	0.96	27.6	1.2	23	70	0.02	0.81	≥10
K01	中国语文	66	0.72	45.0	1.3	18	42	0.08	0.70	≥10
K01	中学语文	1476	0.95	0.8	1.1	27	465	—	0.16	4.7
K03	北京第二外国语学院学报	67	0.96	32.6	1.9	18	47	—	0.97	≥10
K03	基础外语教育	79	0.90	15.4	1.8	19	62	—	0.53	7.6

学科代码	期刊名称	来源文献量	文献选出率	平均引文数	平均作者数	地区分布数	机构分布数	海外论文比	基金论文比	引用半衰期
K03	解放军外国语学院学报	114	0.90	28.1	1.8	23	76	0.01	0.64	≥10
K03	考试与评价	312	0.96	—	1.0	25	283	—	0.11	—
K03	日语学习与研究	80	0.82	33.0	1.6	17	54	0.11	0.44	≥10
K03	山东外语教学	79	0.93	23.7	1.6	24	64	—	0.97	9.4
K03	天津外国语大学学报	63	0.89	25.8	1.6	17	34	0.02	0.63	≥10
K03	外国语	72	0.91	40.1	1.6	18	49	0.03	0.63	≥10
K03	外国语文	110	0.93	28.4	1.6	16	69	0.03	0.74	≥10
K03	外语测试与教学	30	0.94	26.7	2.1	13	26	—	0.80	7.2
K03	外语教学	99	0.94	31.8	1.8	18	63	0.00	0.83	≥10
K03	外语教学理论与实践	55	0.98	33.7	1.8	16	40	—	0.82	≥10
K03	外语教学与研究	86	0.90	27.6	1.7	18	49	0.03	0.70	≥10
K03	外语教育研究前沿	50	0.86	25.9	1.7	14	36	—	0.72	8.3
K03	外语界	73	0.96	27.8	1.9	18	47	0.04	0.67	6.8
K03	外语学刊	101	0.99	27.5	1.7	20	67	—	0.82	≥10
K03	外语研究	100	0.91	32.1	1.6	20	68	—	0.84	≥10
K03	外语与外语教学	81	0.92	35.3	1.8	17	47	0.07	0.80	≥10
K03	西安外国语大学学报	91	0.94	26.9	1.7	17	61	0.01	0.67	≥10
K03	现代外语	73	0.91	29.8	2.0	16	44	0.03	0.82	9.1
K03	现代英语	775	1.00	7.7	1.3	31	327	0.02	0.45	8.2
K03	新东方	84	0.93	17.2	1.6	22	62	—	0.63	6.8
K03	中国俄语教学	40	0.95	23.1	1.4	15	28	—	0.82	≥10
K03	中国外语	81	0.90	31.5	2.0	19	53	0.02	0.69	8.7
K04	曹雪芹研究	65	0.76	25.6	1.1	18	47	0.02	0.20	≥10
K04	长江学术	47	0.90	40.9	1.4	10	24	0.13	0.53	≥10
K04	大观	487	0.84	4.3	1.1	30	251	0.01	0.12	4.4
K04	大众文艺	1879	0.92	6.6	1.4	31	895	0.03	0.41	6.1
K04	当代人	225	0.67	—	1.0	23	73	—	0.00	—
K04	当代文坛	205	0.82	15.0	1.2	26	119	0.01	0.44	≥10
K04	当代作家评论	175	0.91	15.1	1.2	24	90	0.02	0.37	≥10
K04	都市	157	0.51	—	1.0	17	48	—	—	≥10
K04	杜甫研究学刊	36	0.84	63.4	1.1	11	25	0.06	0.36	≥10
K04	国学学刊	58	0.94	46.7	1.2	16	37	0.07	0.31	≥10
K04	海峡人文学刊	67	0.86	38.2	1.2	14	38	0.04	0.49	≥10

学科代码	期刊名称	来源文献量	文献选出率	平均引文数	平均作者数	地区分布数	机构分布数	海外论文比	基金论文比	引用半衰期
K04	红楼梦学刊	127	0.87	17.7	1.2	25	74	0.02	0.20	≥10
K04	红岩春秋	111	0.51	—	1.2	15	74	—	0.05	—
K04	华文文学	90	0.80	19.6	1.3	18	59	0.09	0.39	≥10
K04	黄河之声	1183	0.96	6.3	1.2	31	465	0.02	0.17	9.5
K04	家庭科技	95	0.54	—	1.4	21	68	—	0.07	—
K04	剧作家	180	0.94	3.5	1.2	18	98	—	0.13	9.6
K04	鲁迅研究月刊	137	0.83	24.9	1.2	13	40	0.07	0.42	≥10
K04	芒种	234	0.71	3.6	1.2	29	111	0.00	0.08	≥10
K04	民间文化论坛	113	0.93	33.7	1.3	19	60	0.09	0.50	≥10
K04	民族文学研究	98	1.00	55.3	1.2	27	63	0.01	0.66	≥10
K04	名家名作	1351	0.95	6.7	1.1	31	667	0.02	0.17	≥10
K04	明清小说研究	65	0.97	24.3	1.2	19	44	0.02	0.68	≥10
K04	南方文坛	169	0.88	13.3	1.2	20	87	0.03	0.25	≥10
K04	南腔北调（周一刊）	124	0.91	8.6	1.1	21	53	—	0.14	≥10
K04	青海湖	406	0.54	0.1	1.0	24	135	—	0.00	≥10
K04	青年记者	907	0.86	9.7	1.5	28	290	0.01	0.41	5.3
K04	山西青年	1549	0.98	5.8	1.7	31	830	0.01	0.62	3.5
K04	山西文学	222	0.65	0.1	1.1	20	71	—	—	—
K04	参花	1407	0.90	4.3	1.1	31	736	0.00	0.10	3.7
K04	丝绸之路	85	0.92	26.8	1.6	16	51	—	0.59	≥10
K04	文学评论	147	0.93	37.2	1.0	22	77	0.02	0.51	≥10
K04	文学遗产	111	0.86	48.3	1.0	18	54	0.03	0.56	≥10
K04	文学与文化	60	0.75	34.6	1.2	14	32	0.07	0.43	≥10
K04	文艺研究	139	0.69	46.6	1.0	19	61	0.00	0.58	≥10
K04	武汉文史资料	92	0.59	1.4	1.2	4	64	—	—	≥10
K04	戏剧文学	194	0.64	4.2	1.1	21	102	0.01	0.34	≥10
K04	小说评论	160	0.90	14.8	1.2	23	81	0.09	0.21	≥10
K04	校园心理	82	0.84	21.7	2.9	23	68	0.01	0.73	8.3
K04	新文学史料	93	0.79	15.8	1.2	24	53	0.01	0.27	≥10
K04	雪莲	161	0.74	—	1.0	13	40	—	—	—
K04	鸭绿江	173	0.75	0.4	1.0	17	68	0.01	0.02	≥10
K04	扬子江文学评论	84	0.82	16.7	1.1	17	51	0.01	0.40	≥10
K04	中国比较文学	81	0.98	34.9	1.0	16	45	0.04	0.49	≥10

学科代码	期刊名称	来源文献量	文献选出率	平均引文数	平均作者数	地区分布数	机构分布数	海外论文比	基金论文比	引用半衰期
K04	中国当代文学研究	171	0.94	14.8	1.1	27	93	—	0.40	≥10
K04	中国高等学校学术文摘·文学研究	40	0.75	6.5	1.2	11	22	0.02	0.22	≥10
K04	中国文学批评	86	0.88	29.8	1.0	23	61	0.02	0.55	≥10
K04	中国文艺评论	122	0.77	26.5	1.0	22	66	0.01	0.52	≥10
K04	中国现代文学研究丛刊	186	0.94	43.6	1.1	23	98	0.05	0.34	≥10
K04	中国韵文学刊	72	0.90	26.3	1.2	20	61	0.03	0.46	≥10
K04	紫禁城	111	0.61	0.1	1.1	8	36	0.03	0.12	≥10
K05	当代外国文学	91	0.87	17.5	1.4	21	64	0.02	0.54	≥10
K05	俄罗斯文艺	54	0.92	23.2	1.3	15	37	0.13	0.63	≥10
K05	国际比较文学（中英文）	51	0.81	69.5	1.2	15	44	0.16	0.47	≥10
K05	世界华文文学论坛	67	0.89	21.5	1.2	16	54	0.12	0.52	≥10
K05	外国文学	99	0.99	25.1	1.0	19	56	0.00	0.67	≥10
K05	外国文学动态研究	70	0.92	38.6	1.0	16	40	0.01	0.46	≥10
K05	外国文学评论	41	0.87	81.3	1.0	11	26	0.10	0.51	≥10
K05	外国文学研究	88	0.90	25.4	1.1	19	54	0.05	0.70	≥10
K05	外文研究	55	0.87	26.2	1.5	15	38	0.02	0.65	≥10
K06	包装与设计	258	0.85	7.0	2.0	17	53	0.01	0.29	5.1
K06	北方音乐	68	0.78	29.5	1.4	13	26	0.06	0.47	≥10
K06	北京电影学院学报	150	0.83	42.7	1.5	17	71	0.11	0.38	≥10
K06	北京舞蹈学院学报	126	0.89	25.0	1.4	20	60	0.02	0.57	≥10
K06	大学书法	137	0.80	15.4	1.1	18	81	0.02	0.12	≥10
K06	当代电影	281	0.79	22.1	1.2	18	89	0.03	0.33	≥10
K06	当代动画	82	0.92	12.5	1.4	17	40	0.05	0.35	≥10
K06	当代美术家	80	0.89	19.7	1.5	17	52	0.02	0.65	≥10
K06	当代戏剧	79	0.63	4.8	1.2	18	48	0.01	0.23	≥10
K06	电影评介	529	0.96	11.3	1.4	29	241	0.04	0.51	7.5
K06	电影文学	912	0.96	8.9	1.4	30	345	0.06	0.44	6.8
K06	电影艺术	128	0.90	25.4	1.3	17	63	0.05	0.36	≥10
K06	雕塑	149	0.82	4.0	1.3	17	56	0.05	0.34	9.8
K06	东方艺术	119	0.82	5.8	1.1	20	71	0.01	0.17	≥10
K06	福建艺术	160	0.83	3.1	1.2	10	72	0.01	0.09	≥10
K06	歌海	101	0.58	13.6	1.3	17	55	0.01	0.52	≥10
K06	贵州大学学报（艺术版）	86	0.92	19.5	1.4	20	62	0.07	0.58	≥10

学科代码	期刊名称	来源文献量	文献选出率	平均引文数	平均作者数	地区分布数	机构分布数	海外论文比	基金论文比	引用半衰期
K06	湖北美术学院学报	61	0.91	35.7	1.4	10	38	0.07	0.31	≥10
K06	黄钟—中国·武汉音乐学院学报	62	0.85	36.0	1.3	19	33	0.18	0.35	≥10
K06	吉林艺术学院学报	112	0.82	10.4	1.7	21	60	0.02	0.52	8.3
K06	家具与室内装饰	323	0.90	16.5	2.5	25	137	0.02	0.94	3.7
K06	交响—西安音乐学院学报	95	0.96	17.6	1.2	18	43	0.01	0.31	≥10
K06	美术大观	270	0.95	43.8	1.3	19	112	0.11	0.29	≥10
K06	美术观察	664	0.89	4.8	1.1	29	257	0.02	0.24	≥10
K06	美术界	165	0.60	3.1	1.1	20	87	0.01	0.16	≥10
K06	美术文献	577	0.93	6.7	1.3	29	291	0.04	0.31	8.0
K06	美术学报	126	0.95	34.0	1.3	14	53	0.03	0.40	≥10
K06	美术研究	116	0.78	26.7	1.2	15	48	0.02	0.26	≥10
K06	民族艺林	73	0.88	14.0	1.5	24	56	—	0.59	≥10
K06	民族艺术	82	0.65	42.9	1.6	15	46	0.02	0.56	≥10
K06	民族艺术研究	97	0.94	29.9	1.5	19	61	—	0.78	≥10
K06	民族音乐	192	0.50	5.6	1.2	22	117	0.01	0.25	≥10
K06	南京艺术学院学报（美术与设计版）	198	0.88	28.2	1.3	16	84	0.04	0.64	≥10
K06	南京艺术学院学报（音乐与表演版）	212	0.92	24.0	1.2	23	95	0.02	0.58	≥10
K06	内蒙古艺术学院学报	84	0.92	15.7	1.7	17	46	0.10	0.96	≥10
K06	齐鲁艺苑	112	0.89	16.2	1.3	20	64	0.02	0.65	≥10
K06	人民音乐	216	0.80	8.9	1.2	26	86	0.02	0.31	≥10
K06	人文天下	193	0.87	5.6	1.3	20	105	0.02	0.26	≥10
K06	色彩	640	0.99	5.7	1.3	29	376	0.03	0.16	4.6
K06	山东工艺美术学院学报	119	0.79	14.7	1.5	24	73	0.04	0.71	≥10
K06	上海戏剧	67	0.67	1.2	1.0	6	17	0.02	0.13	≥10
K06	上海艺术评论	162	0.75	2.2	1.1	10	85	0.01	0.10	≥10
K06	时尚设计与工程	141	0.93	6.6	1.8	25	82	0.02	0.32	6.0
K06	世界电影	45	0.70	27.1	2.1	8	16	0.07	0.16	≥10
K06	世界美术	68	0.85	30.3	1.3	13	35	0.12	0.22	≥10
K06	书法教育	122	0.56	—	1.1	20	86	—	0.03	—
K06	书法研究	43	0.88	55.8	1.1	15	38	0.05	0.37	≥10
K06	四川戏剧	402	0.94	8.7	1.3	26	201	0.01	0.52	≥10
K06	天工	974	0.98	5.5	1.4	30	548	0.01	0.35	5.0
K06	天津音乐学院学报	51	0.80	19.3	1.2	14	26	0.04	0.29	≥10

学科代码	期刊名称	来源文献量	文献选出率	平均引文数	平均作者数	地区分布数	机构分布数	海外论文比	基金论文比	引用半衰期
K06	玩具世界	380	0.94	5.9	1.6	26	282	0.00	0.24	2.8
K06	文化艺术研究	63	0.73	26.4	1.2	9	38	0.06	0.33	≥10
K06	文艺理论研究	136	0.93	34.3	1.2	24	80	0.07	0.54	≥10
K06	文艺理论与批评	93	0.86	40.5	1.1	16	45	0.05	0.29	≥10
K06	文艺评论	86	0.93	20.1	1.2	21	57	0.01	0.50	≥10
K06	文艺争鸣	365	0.92	21.6	1.3	24	122	0.02	0.33	≥10
K06	舞蹈	80	0.82	—	1.0	12	31	0.01	—	—
K06	西北美术	73	0.72	16.1	1.3	17	34	0.03	0.34	≥10
K06	西泠艺丛	95	0.65	22.2	1.1	18	47	0.03	0.16	≥10
K06	西藏艺术研究	67	0.92	20.2	1.4	7	25	0.02	0.34	≥10
K06	戏剧之家	2299	0.98	6.0	1.2	31	791	0.01	0.23	6.1
K06	戏剧—中央戏剧学院学报	72	0.77	32.2	1.2	16	43	0.08	0.49	≥10
K06	戏曲艺术	78	0.91	27.4	1.2	16	51	0.03	0.74	≥10
K06	新疆艺术学院学报	66	0.94	12.8	1.2	16	45	0.02	0.50	≥10
K06	演艺科技	80	0.58	4.0	1.6	13	49	—	0.10	≥10
K06	艺术百家	123	0.91	23.1	1.4	19	74	0.02	0.65	≥10
K06	艺术当代	86	0.61	5.7	1.0	13	46	0.08	0.10	≥10
K06	艺术工作	120	0.90	17.0	1.5	14	58	0.03	0.30	≥10
K06	艺术科技	1912	0.98	6.4	1.6	30	225	0.01	0.24	5.1
K06	艺术评鉴	894	0.96	7.5	1.1	31	441	0.02	0.26	5.6
K06	艺术评论	172	0.85	14.7	1.1	23	99	0.01	0.41	≥10
K06	艺术探索	94	0.91	27.8	1.2	20	60	0.01	0.63	≥10
K06	艺术研究	306	0.96	8.3	1.3	28	158	0.01	0.42	9.4
K06	音乐创作	110	0.71	5.0	1.3	25	60	0.02	0.24	≥10
K06	音乐生活	258	0.92	7.9	1.3	28	118	0.07	0.33	≥10
K06	音乐世界	119	0.88	4.1	1.1	23	71	0.02	0.18	7.5
K06	音乐探索	56	0.82	27.8	1.2	17	28	—	0.46	≥10
K06	音乐天地	127	0.61	4.7	1.2	19	52	0.01	0.31	≥10
K06	音乐文化研究	52	0.74	31.5	1.2	15	31	0.08	0.50	≥10
K06	音乐研究	78	0.90	37.9	1.3	22	52	0.01	0.54	≥10
K06	音乐艺术	67	0.79	31.1	1.2	13	31	0.03	0.61	≥10
K06	油画	44	0.66	1.7	1.2	12	25	—	0.05	≥10
K06	乐府新声	90	0.94	13.4	1.1	13	31	0.01	0.23	≥10

学科代码	期刊名称	来源文献量	文献选出率	平均引文数	平均作者数	地区分布数	机构分布数	海外论文比	基金论文比	引用半衰期
K06	云南艺术学院学报	65	0.92	17.3	1.2	20	34	0.02	0.57	≥10
K06	中国京剧	193	0.55	3.7	1.1	16	82	0.02	0.08	≥10
K06	中国美术	120	0.90	14.9	1.2	21	66	0.04	0.29	≥10
K06	中国书法	300	0.56	9.4	1.1	22	140	0.01	0.20	≥10
K06	中国戏剧	392	0.88	2.3	1.1	25	211	0.00	0.24	≥10
K06	中国艺术	79	0.85	7.5	1.5	9	41	0.01	0.34	≥10
K06	中国音乐	132	0.90	28.8	1.2	20	64	0.01	0.43	≥10
K06	中国音乐学	61	0.78	35.7	1.2	17	43	0.03	0.48	≥10
K06	中央音乐学院学报	53	0.87	39.8	1.1	15	24	0.00	0.58	≥10
K06	装饰	297	0.73	17.3	2.0	22	105	0.06	0.50	≥10
K08	安徽史学	109	0.92	65.2	1.3	20	66	0.01	0.69	≥10
K08	北方文物	68	0.91	25.4	1.8	16	28	—	0.62	≥10
K08	当代中国史研究	70	0.74	59.7	1.2	15	36	—	0.44	≥10
K08	敦煌学辑刊	72	0.92	55.4	1.4	12	35	0.00	0.71	≥10
K08	敦煌研究	104	0.85	36.5	1.7	14	44	0.07	0.62	≥10
K08	古代文明（中英文）	56	0.89	81.6	1.2	15	31	0.02	0.64	≥10
K08	广西地方志	65	0.88	18.5	1.2	10	46	—	0.34	≥10
K08	贵州文史丛刊	43	0.91	55.4	1.2	20	33	—	0.35	≥10
K08	郭沫若学刊	50	0.86	26.1	1.1	16	34	—	0.52	≥10
K08	海交史研究	47	0.89	52.8	1.2	16	38	0.04	0.38	≥10
K08	华侨华人历史研究	37	0.86	55.6	1.5	13	26	0.03	0.68	≥10
K08	近代史研究	68	0.88	99.8	1.0	16	39	0.04	0.46	≥10
K08	军事历史	99	0.95	39.0	1.7	19	39	—	0.42	—
K08	历史地理研究	51	0.80	76.4	1.3	15	31	0.02	0.59	≥10
K08	历史研究	70	0.85	112.7	1.2	16	37	0.00	0.46	≥10
K08	岭南文史	63	0.85	11.0	1.1	7	43	0.02	0.16	≥10
K08	南方文物	204	0.98	48.0	1.8	25	89	0.03	0.46	≥10
K08	蒲松龄研究	61	0.90	12.1	1.2	15	42	0.02	0.44	≥10
K08	清史研究	77	0.91	86.7	1.2	17	35	0.08	0.68	—
K08	人文地理	123	0.92	46.8	3.3	20	61	0.02	0.97	7.4
K08	史林	122	0.90	84.6	1.2	18	53	0.03	0.60	≥10
K08	史学集刊	80	0.99	78.8	1.3	20	42	0.01	0.70	≥10
K08	史学理论研究	92	0.88	58.4	1.1	20	44	0.02	0.52	≥10

学科代码	期刊名称	来源文献量	文献选出率	平均引文数	平均作者数	地区分布数	机构分布数	海外论文比	基金论文比	引用半衰期
K08	史学史研究	52	0.68	68.4	1.2	15	31	—	0.58	—
K08	史学月刊	155	0.92	71.3	1.2	22	64	0.02	0.45	≥10
K08	世界历史	67	0.91	106.0	1.2	15	35	0.03	0.58	≥10
K08	文史	60	0.98	113.8	1.0	14	42	0.05	0.68	—
K08	文史杂志	174	0.71	6.9	1.2	23	86	—	0.16	≥10
K08	西部蒙古论坛	48	0.75	44.8	1.2	11	21	—	0.42	≥10
K08	西夏研究	63	0.93	35.3	1.4	13	35	0.03	0.81	≥10
K08	新疆地方志	43	0.80	19.9	1.3	16	34	—	0.28	≥10
K08	中国地方志	67	0.81	66.8	1.2	20	50	0.00	0.43	≥10
K08	中国高等学校学术文摘·历史学	23	0.77	100.4	1.1	12	18	—	0.39	—
K08	中国历史地理论丛	62	0.84	79.0	1.2	18	41	0.03	0.66	≥10
K08	中国名城	145	0.98	23.5	2.7	21	90	—	0.86	5.4
K08	中国史研究	56	0.95	88.9	1.1	16	33	—	0.64	—
K08	中国史研究动态	103	0.90	—	1.2	22	56	0.01	0.33	—
K08	中国文物科学研究	54	0.92	11.7	1.8	16	28	—	0.33	≥10
K08	中华文史论丛	48	0.74	127.3	1.1	11	30	0.06	0.50	—
K10	草原文物	23	0.88	18.8	1.9	6	9	—	0.61	≥10
K10	大众考古	132	0.57	0.0	1.5	25	97	0.02	0.17	≥10
K10	华夏考古	101	0.90	38.0	1.9	21	57	0.01	0.50	≥10
K10	江汉考古	99	0.93	34.9	2.0	19	52	0.01	0.60	≥10
K10	考古	97	0.87	35.6	2.1	16	27	0.00	0.51	≥10
K10	考古学报	17	0.85	61.2	2.0	8	9	0.00	0.41	≥10
K10	考古与文物	78	0.91	36.2	1.8	12	26	0.00	0.45	≥10
K10	民俗研究	88	0.84	56.8	1.4	20	47	0.01	0.62	≥10
K10	农业考古	159	0.95	31.9	1.6	29	114	—	0.69	≥10
K10	石窟与土遗址保护研究	36	0.78	25.8	5.1	10	25		0.89	8.8
K10	四川文物	58	0.81	39.6	2.1	11	31	—	0.29	≥10
K10	文物	79	0.77	28.1	1.9	13	28	0.00	0.32	≥10
K10	文物保护与考古科学	108	0.97	28.9	4.0	16	60	0.03	0.61	≥10
K10	文物春秋	54	0.83	20.8	1.7	16	39	—	0.26	≥10
K10	文物季刊	45	0.98	33.2	2.3	8	21	—	0.44	≥10
K10	文物鉴定与鉴赏	1008	0.98	8.7	1.3	31	629	0.00	0.18	≥10
K10	寻根	127	0.78	—	1.2	24	98	0.02	0.17	—

学科代码	期刊名称	来源文献量	文献选出率	平均引文数	平均作者数	地区分布数	机构分布数	海外论文比	基金论文比	引用半衰期
K10	中国边疆史地研究	89	0.92	62.6	1.2	23	49	0.00	0.60	≥10
K10	中国国家博物馆馆刊	139	0.79	48.5	1.5	25	78	0.02	0.47	≥10
K10	中原文物	94	0.90	29.5	2.0	19	52	—	0.51	≥10
L01	China & World Economy	52	0.91	45.0	2.9	13	35	0.17	0.71	≥10
L01	China Economic Transition	21	0.68	27.9	2.2	9	16	—	0.76	6.1
L01	International Journal of Novation Studies	23	1.00	87.7	3.0	1	23	0.96	0.39	7.8
L01	办公室业务	1549	0.98	5.9	1.5	31	1190	0.00	0.32	3.2
L01	北方经济	239	0.95	6.0	1.6	22	139	0.01	0.33	2.8
L01	边疆经济与文化	322	1.00	11.5	1.8	28	182	0.01	0.77	5.7
L01	财经研究	132	0.99	44.7	2.7	22	62	0.01	0.93	8.1
L01	财政研究	109	0.98	34.1	2.4	17	40	0.02	0.71	7.1
L01	产经评论	56	0.89	38.8	2.5	17	39	—	0.98	7.4
L01	产权导刊	139	0.58	2.4	1.5	17	72	—	0.06	3.8
L01	产业与科技论坛	2898	1.00	5.9	1.9	31	1212	0.00	0.63	4.0
L01	长江技术经济	119	0.97	12.2	3.1	17	66	—	0.59	5.1
L01	城市观察	75	0.85	26.6	2.4	14	57	0.01	0.69	6.2
L01	创造	212	0.80	—	1.3	14	133	—	0.20	—
L01	当代经济	153	0.97	21.8	2.0	28	117	0.02	0.75	4.6
L01	当代经济科学	60	0.92	34.3	2.7	14	36	0.02	0.88	8.4
L01	当代经济研究	143	0.84	25.6	1.7	24	83	0.01	0.73	8.9
L01	当代县域经济	259	0.54	0.0	1.3	26	162	—	0.16	1.6
L01	发展	247	0.84	2.2	1.6	4	131	—	0.17	3.6
L01	发展研究	133	0.81	6.4	1.6	12	70	—	0.35	2.6
L01	改革	131	0.79	29.3	2.2	16	67	0.01	0.79	4.5
L01	改革与开放	237	0.76	9.8	1.7	27	157	—	0.70	2.9
L01	广西经济	137	0.95	14.2	1.7	10	48	—	0.52	4.5
L01	国际经济合作	49	0.70	36.0	2.0	9	31	0.02	0.45	1.9
L01	国际经济评论	69	0.96	36.8	1.8	8	38	0.09	0.68	4.4
L01	海峡科技与产业	295	0.96	8.2	1.9	28	188	0.01	0.50	2.8
L01	海峡科学	367	0.99	9.5	2.6	22	237	0.00	0.45	4.5
L01	合作经济与科技	1692	0.98	8.3	1.8	31	635	0.00	0.37	4.3
L01	河北企业	544	0.99	8.7	1.6	30	289	0.01	0.30	4.2
L01	河北职业教育	86	0.96	9.3	1.5	22	75	0.01	0.79	3.2

学科代码	期刊名称	来源文献量	文献选出率	平均引文数	平均作者数	地区分布数	机构分布数	海外论文比	基金论文比	引用半衰期
L01	宏观经济管理	133	0.74	20.5	1.9	22	64	0.02	0.36	3.4
L01	宏观经济研究	105	0.85	34.3	2.3	20	64	—	0.62	6.7
L01	华东经济管理	146	0.94	38.2	2.5	27	98	0.01	0.97	4.9
L01	环渤海经济瞭望	635	0.98	5.6	1.2	31	542	0.01	0.10	2.5
L01	价格月刊	137	0.99	18.2	2.0	24	83	0.05	0.99	3.7
L01	价值工程	1859	1.00	7.2	2.2	31	1207	0.03	0.22	5.1
L01	交通与港航	90	0.94	8.9	2.6	14	56	—	0.11	4.1
L01	金融评论	41	0.73	44.2	2.2	7	23	—	0.59	7.5
L01	经济管理	125	0.98	58.0	2.6	20	67	0.02	0.93	7.1
L01	经济管理学刊	39	0.98	60.3	3.2	10	21	0.05	0.85	≥10
L01	经济界	71	0.88	15.2	2.1	23	65	0.01	0.62	5.1
L01	经济经纬	85	0.96	36.1	2.2	20	58	0.00	0.91	5.2
L01	经济科学	74	0.86	48.2	2.8	13	40	0.03	0.85	≥10
L01	经济理论与经济管理	93	0.85	37.7	2.6	16	42	0.03	0.76	8.7
L01	经济论坛	158	0.87	28.3	2.1	28	105	—	0.73	6.4
L01	经济评论	59	0.91	39.4	2.6	16	36	0.00	0.93	8.4
L01	经济社会史评论	36	0.88	79.0	1.3	14	29	0.06	0.72	≥10
L01	经济社会体制比较	108	0.94	36.5	1.9	19	61	0.01	0.70	8.9
L01	经济师	1676	0.99	6.2	1.5	31	962	0.00	0.35	3.7
L01	经济问题	184	0.99	27.7	2.2	27	109	0.03	0.76	5.0
L01	经济问题探索	141	1.00	37.7	2.4	18	74	0.01	0.84	5.2
L01	经济学（季刊）	138	0.95	45.5	2.7	18	55	0.06	0.90	≥10
L01	经济学报	48	0.94	51.2	2.4	14	36	0.04	0.71	≥10
L01	经济学动态	115	0.93	62.9	2.3	18	61	0.00	0.74	7.4
L01	经济学家	150	0.90	27.3	2.0	23	88	0.01	0.77	5.3
L01	经济研究	146	0.92	50.3	2.6	17	48	0.01	0.78	9.9
L01	经济研究参考	149	0.93	17.5	1.7	18	70	—	0.45	5.2
L01	经济研究导刊	1145	0.99	7.7	1.6	29	428	0.01	0.35	4.5
L01	经济与管理	58	0.98	25.2	2.4	20	44	—	0.83	5.7
L01	经济与管理研究	93	0.99	52.9	2.7	18	55	0.00	0.90	5.4
L01	经济资料译丛	38	0.97	21.0	2.3	10	23	0.05	0.47	5.0
L01	经济纵横	158	0.87	24.8	2.0	21	77	0.01	0.61	5.5
L01	经纬天地	146	0.97	6.0	1.6	24	109	—	0.05	4.4

学科代码	期刊名称	来源文献量	文献选出率	平均引文数	平均作者数	地区分布数	机构分布数	海外论文比	基金论文比	引用半衰期
L01	经营与管理	292	0.87	22.7	2.1	28	112	0.00	0.59	6.7
L01	开放导报	81	0.89	12.0	1.7	11	41	—	0.52	3.8
L01	开放时代	84	0.81	58.7	1.3	18	43	0.04	0.45	≥10
L01	科技创业月刊	460	0.97	17.1	2.2	30	248	0.01	0.77	4.3
L01	科技和产业	945	0.96	18.8	2.6	31	523	0.01	0.61	4.4
L01	可持续发展经济导刊	146	0.57	2.2	1.7	13	77	0.01	0.10	2.6
L01	空运商务	135	0.70	—	1.4	23	76	—	0.01	—
L01	劳动经济研究	36	0.95	45.1	2.5	16	31	—	0.92	8.4
L01	辽宁经济	200	0.92	—	1.8	23	98		0.54	—
L01	秘书	49	0.91	25.3	2.0	15	29	0.02	0.59	6.6
L01	秘书工作	247	0.59	—	1.2	30	179		0.00	—
L01	秘书之友	197	0.90	3.1	1.2	24	155		0.16	5.2
L01	南方经济	115	0.97	45.3	2.3	18	70	0.01	0.82	8.0
L01	南开经济研究	129	0.98	50.8	2.5	19	52	0.00	0.86	8.4
L01	农林经济管理学报	83	0.99	30.7	2.6	22	53	—	1.00	4.6
L01	企业管理	369	0.93	0.9	1.7	29	255	0.01	0.08	3.2
L01	企业家	177	0.51	—	1.1	18	137	0.06	0.01	—
L01	企业科技与发展	383	0.96	8.5	2.1	29	272	0.00	0.43	3.7
L01	清华金融评论	319	0.87	—	1.7	21	164	0.06	0.04	—
L01	区域经济评论	113	0.89	18.9	1.9	21	70	0.02	0.67	3.9
L01	全国流通经济	1121	1.00	9.4	1.4	31	815	0.01	0.21	3.2
L01	全球化	76	0.84	22.5	1.8	7	28	—	0.32	3.7
L01	全球科技经济瞭望	106	0.99	21.5	2.7	13	41	0.00	0.40	1.8
L01	商学研究	67	1.00	29.4	2.4	19	42	—	0.85	5.2
L01	商业观察	906	0.86	7.1	1.2	31	742	0.01	0.13	3.0
L01	商业经济	707	1.00	9.5	2.0	30	351	0.00	0.66	3.7
L01	上海企业	258	0.69	1.4	1.2	26	202	—	0.04	2.8
L01	生产力研究	327	0.94	19.0	2.1	26	115	0.00	0.64	5.5
L01	世界经济	106	0.90	61.7	2.8	16	50	0.03	0.91	≥10
L01	世界经济文汇	38	0.93	47.9	2.9	11	32	—	0.95	9.8
L01	世界经济研究	109	0.82	47.7	2.3	22	64	0.02	0.84	6.6
L01	世界经济与政治论坛	46	0.85	67.9	1.7	12	36	0.02	0.76	4.9
L01	特区经济	410	0.89	12.7	1.8	28	208	0.02	0.56	5.5

学科代码	期刊名称	来源文献量	文献选出率	平均引文数	平均作者数	地区分布数	机构分布数	海外论文比	基金论文比	引用半衰期
L01	特区实践与理论	109	0.92	14.0	1.6	17	68	0.02	0.60	5.1
L01	天津经济	231	0.99	5.2	1.4	26	169	—	0.13	2.6
L01	外国经济与管理	110	0.97	42.1	2.7	21	68	0.03	0.89	6.2
L01	西部论坛	48	0.81	42.2	2.4	17	36	0.02	0.85	4.4
L01	西藏发展论坛	93	0.98	15.7	1.4	20	64	—	0.56	6.4
L01	现代工业经济和信息化	1357	1.00	5.6	1.7	31	901	—	0.16	3.6
L01	现代经济探讨	139	0.93	28.8	1.7	21	75	0.01	0.88	5.2
L01	现代经济信息	1694	0.63	5.5	1.1	31	1523	—	0.02	2.5
L01	现代企业	802	0.96	—	1.3	31	645	0.00	0.09	—
L01	现代日本经济	42	0.86	30.4	1.6	14	30	0.02	0.90	2.1
L01	新经济	178	0.93	21.8	1.7	18	84	0.01	0.48	6.1
L01	新型城镇化	330	0.72	1.6	1.3	26	230	0.00	0.05	4.5
L01	信息资源管理学报	74	0.95	47.1	2.8	17	40	—	0.78	4.7
L01	行政事业资产与财务	1005	0.98	5.6	1.3	31	903	—	0.13	2.8
L01	亚太经济	86	0.93	25.9	2.4	21	57	0.02	0.73	4.4
L01	沿海企业与科技	98	0.92	19.6	1.7	17	69	0.01	0.67	4.4
L01	冶金企业文化	125	0.65	0.2	1.4	21	81	—	—	3.2
L01	印度洋经济体研究	47	0.76	72.6	1.5	16	34	—	0.74	2.9
L01	应用经济学评论	29	0.94	52.7	2.6	10	18	—	0.55	≥10
L01	战略决策研究	29	0.64	72.5	1.4	7	21	0.03	0.45	5.6
L01	招标采购管理	214	0.57	—	1.8	25	162	0.01	0.01	—
L01	浙江经济	315	0.67	0.1	1.6	7	127	—	0.08	—
L01	政法学刊	81	0.91	32.3	1.5	19	50	0.02	0.67	9.0
L01	政治经济学评论	67	1.00	54.3	2.1	17	33	—	0.58	4.9
L01	知识经济	1405	0.82	6.3	1.4	31	1000	0.00	0.34	3.2
L01	知识就是力量	333	0.74	—	1.3	26	179	0.00	—	—
L01	中国大学生就业	165	0.88	10.9	1.9	23	122	—	0.56	3.4
L01	中国高等学校学术文摘·工商管理研究	24	0.71	35.1	2.1	6	13	—	0.75	9.4
L01	中国高等学校学术文摘·经济学	24	0.71	26.0	1.9	8	20	—	0.67	6.7
L01	中国工程咨询	208	0.63	2.3	2.3	21	108	—	0.02	3.2
L01	中国工业和信息化	97	0.53	—	1.6	8	48	0.01	—	—
L01	中国经济报告	101	0.94	6.5	1.6	17	56	0.01	0.13	8.3
L01	中国经济史研究	92	0.92	85.2	1.4	20	47	0.01	0.64	—

学科 代码	期刊名称	来源 文献 量	文献 选出 率	平均 引文 数	平均 作者 数	地区 分布 数	机构 分布 数	海外 论文 比	基金 论文 比	引用 半衰 期
L01	中国经济问题	86	0.91	34.2	2.2	21	61	—	0.84	9.8
L01	中国科技资源导刊	70	0.95	23.1	3.2	16	48	0.00	0.49	4.2
L01	中国煤炭工业	322	0.80	—	1.3	20	228	—	—	—
L01	中国民商	905	1.00	5.4	1.1	31	869	—	0.01	2.8
L01	中国社会经济史研究	44	1.00	67.7	1.3	18	34	0.02	0.64	≥10
L01	中国市场	1866	0.98	7.4	1.6	31	1366	0.02	0.20	3.7
L01	中国统计	294	0.89	0.5	1.3	29	105	0.00	0.07	—
L01	中国外汇	517	0.86	0.3	1.4	26	201	0.06	0.04	9.9
L01	中国招标	566	0.74	1.5	1.5	28	353	—	0.04	2.6
L01	中小企业管理与科技	1287	0.83	6.3	1.4	31	920	0.01	0.21	3.0
L02	财经论丛（浙江财经学院学报）	120	0.99	34.7	2.5	23	84	0.00	0.89	7.0
L02	长春金融高等专科学校学报	71	1.00	10.5	1.7	16	35		0.69	3.5
L02	东北财经大学学报	48	0.98	27.9	1.9	12	26	0.02	0.77	7.4
L02	广东财经大学学报	47	0.65	40.3	2.3	13	25	0.00	0.85	6.3
L02	广西财经学院学报	52	1.00	33.5	2.2	14	34	0.02	0.96	6.5
L02	贵州财经大学学报	66	1.00	31.4	2.3	21	47	0.00	0.81	5.4
L02	贵州商学院学报	20	0.87	35.5	2.6	10	16	—	0.70	6.3
L02	国际商务—对外经济贸易大学学报	51	0.96	45.2	2.3	18	42	0.00	0.88	7.6
L02	海关与经贸研究	55	0.96	34.1	2.0	12	40	0.04	0.51	≥10
L02	河北经贸大学学报	64	0.91	30.8	2.0	17	41	—	0.75	8.3
L02	河南牧业经济学院学报	96	0.94	16.4	1.7	23	58	0.01	0.72	5.6
L02	湖北经济学院学报	69	0.90	31.9	2.0	19	41	—	0.88	6.4
L02	湖南财政经济学院学报	70	0.97	25.1	2.5	20	41	—	1.00	5.5
L02	吉林工商学院学报	116	0.91	16.8	1.7	20	57	—	0.69	5.4
L02	江西财经大学学报	70	0.91	30.7	2.0	19	46	0.01	0.89	5.8
L02	兰州财经大学学报	64	0.98	30.5	2.1	20	42	—	0.73	5.6
L02	南京财经大学学报	60	1.00	35.4	2.4	21	44	—	1.00	5.3
L02	南京审计大学学报	66	0.94	32.8	2.4	22	49	—	1.00	6.0
L02	内蒙古财经大学学报	173	0.99	13.4	1.8	24	76	0.02	0.66	5.6
L02	山东财经大学学报	57	0.93	34.8	2.3	13	30	—	0.98	5.7
L02	山东工商学院学报	75	0.90	21.6	2.6	13	33	—	0.76	6.7
L02	山西财经大学学报	106	0.91	41.2	2.3	20	50	0.01	0.86	4.8
L02	山西财政税务专科学校学报	86	0.92	9.9	1.5	21	36	—	0.42	3.7

学科代码	期刊名称	来源文献量	文献选出率	平均引文数	平均作者数	地区分布数	机构分布数	海外论文比	基金论文比	引用半衰期
L02	上海对外经贸大学学报	48	1.00	37.1	1.7	12	39	—	0.81	6.3
L02	上海立信会计金融学院学报	49	0.94	32.9	1.6	15	31	—	0.67	6.2
L02	上海商学院学报	46	1.00	30.8	2.2	16	42	0.02	0.72	6.4
L02	首都经济贸易大学学报	43	0.98	52.9	2.4	17	32	—	0.93	5.7
L02	四川旅游学院学报	109	0.95	12.3	2.3	23	76	0.01	0.88	6.2
L02	天津商业大学学报	52	0.90	28.5	2.2	17	31	—	0.85	5.3
L02	武汉商学院学报	86	0.91	20.9	2.1	23	55	0.01	0.83	4.7
L02	西安财经大学学报	64	0.98	35.0	1.8	15	35	—	0.95	4.7
L02	西部经济管理论坛（原四川经济管理学院学报）	50	0.94	30.6	2.5	20	37	—	0.96	4.0
L02	现代财经—天津财经大学学报	80	0.99	44.4	2.5	22	49	0.05	0.93	4.8
L02	新疆财经大学学报	30	0.86	30.7	2.0	13	19	—	0.83	6.8
L02	云南财经大学学报	81	1.00	38.9	2.3	21	64	0.02	0.83	6.6
L02	浙江工商大学学报	85	0.93	35.4	1.5	16	43	—	0.92	8.5
L02	中央财经大学学报	118	0.89	46.4	2.6	22	65	0.03	0.89	8.0
L04	财会通讯	743	1.00	12.6	1.8	30	381	0.01	0.71	5.5
L04	财会学习	2060	0.96	5.4	1.1	31	1836	0.00	0.04	2.1
L04	财会研究	125	0.88	16.9	1.8	22	84	0.01	0.42	4.8
L04	财会月刊	497	1.00	25.4	2.4	29	227	0.00	0.84	5.2
L04	城市问题	121	0.91	38.2	2.4	23	70	0.02	0.85	5.3
L04	工程管理科技前沿	72	1.00	27.6	3.0	18	52	0.00	0.93	5.9
L04	航空财会	101	0.89	6.3	1.8	19	70	—	0.19	4.0
L04	环境经济研究	32	0.86	53.5	2.7	12	27	—	0.97	4.6
L04	技术经济与管理研究	264	1.00	20.2	1.8	30	180	0.04	0.79	3.2
L04	技术与创新管理	89	0.97	27.3	2.4	17	42	—	0.76	4.5
L04	交通财会	207	0.66	4.3	1.4	24	166	—	0.05	4.1
L04	教育财会研究	82	0.98	8.8	2.3	22	72	0.00	0.18	4.0
L04	教育与经济	63	0.94	31.4	2.1	21	49	0.00	0.71	8.0
L04	经济体制改革	129	0.95	20.9	2.1	22	89	0.00	0.84	3.9
L04	经济与管理评论	70	1.00	27.8	2.4	16	42	0.04	0.84	5.8
L04	经济与社会发展	60	0.91	26.3	1.8	16	45	—	0.73	3.7
L04	企业经济	179	0.90	29.8	2.0	24	121	0.02	0.92	4.6
L04	商业经济研究	1092	0.98	10.5	1.5	31	582	0.04	0.80	2.6

学科代码	期刊名称	来源文献量	文献选出率	平均引文数	平均作者数	地区分布数	机构分布数	海外论文比	基金论文比	引用半衰期
L04	商业经济与管理	80	0.86	50.7	2.3	22	53	0.01	0.94	7.6
L04	数量经济技术经济研究	120	0.93	61.1	2.8	18	52	0.03	0.93	7.8
L04	西部财会	314	0.94	4.3	1.3	28	231	0.00	0.10	2.9
L04	现代商业	1103	0.98	10.7	1.7	31	732	0.02	0.27	4.2
L04	项目管理技术	335	0.99	13.0	2.9	28	194	—	0.47	5.1
L04	冶金财会	152	0.77	3.3	1.4	19	92	—	0.02	3.0
L04	中国改革	98	0.93	0.6	1.2	7	53	0.04	0.01	≥10
L04	中国国土资源经济	130	0.90	23.9	3.2	24	76	—	0.99	3.9
L04	中国证券期货	61	0.94	19.8	2.0	17	38	0.03	0.44	8.2
L04	中国资产评估	111	0.90	12.7	2.7	21	65	0.00	0.29	5.6
L05	财务与会计	620	0.82	1.6	1.9	29	438	0.01	0.19	3.1
L05	当代会计	1531	0.98	6.4	1.1	30	1322	—	0.04	2.5
L05	会计师	1113	0.99	4.8	1.3	30	863	—	0.20	2.7
L05	会计研究	147	0.99	34.8	2.8	19	78	—	0.88	9.7
L05	会计与经济研究	52	0.98	51.1	2.6	16	38	—	0.92	8.6
L05	会计之友	521	0.98	18.2	2.3	28	272	0.01	0.74	5.3
L05	商业会计	667	0.94	10.0	1.9	30	431	0.01	0.55	4.3
L05	审计研究	86	0.91	19.8	2.5	21	56	0.01	0.80	5.2
L05	审计与经济研究	72	0.96	45.1	2.6	20	42	—	0.97	6.9
L05	现代审计与经济	85	0.62	—	1.3	11	65	0.01	0.04	—
L05	现代审计与会计	193	0.80	4.3	1.4	24	151	—	0.25	3.0
L05	新会计	187	0.89	5.4	1.4	22	151	—	0.20	4.3
L05	中国内部审计	188	0.84	3.7	2.0	24	167	0.00	0.09	3.7
L05	中国农业会计	941	0.96	6.3	1.4	31	698	0.00	0.18	2.9
L05	中国审计	557	0.75	—	1.5	30	327	0.00	0.01	—
L05	中国乡镇企业会计	772	0.99	5.0	1.2	31	600	0.00	0.16	3.3
L05	中国注册会计师	266	0.60	4.5	1.9	23	177	0.01	0.33	5.5
L05	中国总会计师	633	0.70	4.8	1.6	30	457	0.00	0.15	3.1
L06	当代农村财经	177	0.89	6.1	1.9	27	109	—	0.49	3.3
L06	调研世界	99	0.97	26.0	2.3	22	68	—	0.82	5.5
L06	江苏农村经济	285	0.73	—	1.8	6	192	—	0.01	—
L06	粮食科技与经济	160	0.95	16.1	3.5	26	90	0.01	0.68	4.3
L06	林业经济	169	0.93	20.0	1.9	29	103	—	0.32	4.9

学科代码	期刊名称	来源文献量	文献选出率	平均引文数	平均作者数	地区分布数	机构分布数	海外论文比	基金论文比	引用半衰期
L06	林业经济问题	71	1.00	36.4	3.5	14	26	0.01	0.89	3.9
L06	南方农村	48	0.80	15.9	2.3	9	26	0.02	0.69	4.9
L06	农场经济管理	241	0.80	3.6	1.6	24	127	—	0.32	3.4
L06	农村经济	176	0.94	23.4	2.2	24	95	0.01	0.85	5.0
L06	农村经济与科技	1849	1.00	8.9	1.9	31	883	0.00	0.47	3.5
L06	农民科技培训	179	0.72	—	1.8	22	125	—	0.02	—
L06	农业发展与金融	275	0.63	1.4	1.5	31	104	—	0.01	5.7
L06	农业技术经济	103	0.84	43.7	2.7	21	58	0.00	0.84	7.7
L06	农业经济	602	1.00	6.1	1.8	31	350	0.00	0.74	3.0
L06	农业经济问题	131	0.86	42.2	2.5	21	59	0.01	0.83	6.0
L06	农业经济与管理	61	0.94	23.4	2.6	20	41	—	0.95	5.3
L06	农业科研经济管理	42	0.93	9.8	2.9	12	18	—	0.38	3.3
L06	农业展望	196	0.96	19.0	3.5	27	93	—	0.78	4.1
L06	上海农村经济	162	0.74	—	1.8	10	99	—	0.01	—
L06	生态经济	363	0.94	27.1	2.9	31	215	0.03	0.75	5.7
L06	台湾农业探索	66	0.92	25.0	2.6	12	23	—	0.85	4.5
L06	中国粮食经济	213	0.58	0.2	1.5	28	92	0.00	0.03	2.2
L06	中国农村观察	56	0.90	54.3	2.4	15	31	0.00	0.82	9.5
L06	中国农村金融	790	0.70	—	1.2	30	426	0.00	0.00	—
L06	中国农村经济	109	0.92	52.0	2.6	16	48	0.01	0.81	≥10
L06	中国土地	216	0.89	4.1	2.5	23	116	—	0.11	2.5
L06	中国渔业经济	81	0.98	25.2	3.1	13	32	—	0.75	5.7
L06	资源开发与市场	196	0.99	36.8	3.6	27	123	0.02	0.93	5.5
L06	资源与产业	75	0.86	34.4	2.8	19	39	0.00	0.72	4.8
L08	北方经贸	447	0.98	10.2	1.8	30	250	0.01	0.54	4.0
L08	产业经济评论	68	0.93	46.9	2.3	16	46	—	0.78	6.7
L08	产业经济研究	59	0.89	50.1	2.5	19	43	0.02	0.93	5.0
L08	对外经贸	467	0.97	6.7	1.8	30	249	—	0.75	3.3
L08	对外经贸实务	163	0.93	18.6	1.9	24	97	0.04	0.55	3.4
L08	工程经济	93	0.89	16.8	2.5	21	53	0.01	0.46	5.3
L08	工业技术创新	72	1.00	17.7	4.0	19	58	—	0.31	5.0
L08	工业技术经济	200	0.93	28.0	2.5	27	94	0.01	0.81	4.2
L08	国际经贸探索	84	0.99	40.5	2.2	20	50	0.01	0.82	6.6

学科代码	期刊名称	来源文献量	文献选出率	平均引文数	平均作者数	地区分布数	机构分布数	海外论文比	基金论文比	引用半衰期
L08	国际贸易	124	0.99	19.7	2.3	23	74	0.01	0.69	3.0
L08	国际贸易问题	119	0.92	45.0	2.5	20	58	0.00	0.88	7.8
L08	国际商务研究	48	1.00	33.3	1.9	17	38	0.00	0.73	6.4
L08	技术经济	179	0.92	44.3	2.8	25	115	0.06	0.79	4.3
L08	技术与市场	545	0.98	7.3	2.3	30	336	0.00	0.26	4.6
L08	价格理论与实践	484	0.88	20.2	2.4	30	275	0.01	0.54	4.0
L08	江苏商论	416	0.98	10.6	1.6	30	204	0.02	0.47	5.5
L08	科技经济市场	625	0.98	7.2	1.6	31	457	0.02	0.31	3.0
L08	旅游导刊	56	0.90	24.9	2.5	15	39	0.04	0.71	7.4
L08	旅游科学	54	0.98	59.8	3.1	20	40	0.06	0.91	7.0
L08	旅游论坛	73	0.92	38.0	2.8	19	46	—	0.85	6.4
L08	旅游学刊	206	0.93	41.9	2.7	25	99	0.06	0.64	8.7
L08	旅游研究	42	0.89	33.6	2.4	19	36	—	0.71	7.3
L08	旅游纵览	1426	0.97	7.6	1.9	31	761	0.01	0.54	3.4
L08	漫旅	1226	0.98	6.0	1.5	31	612	0.01	0.34	2.9
L08	煤炭经济研究	173	0.91	19.0	2.4	20	90	0.00	0.42	3.4
L08	内蒙古煤炭经济	1519	0.98	5.1	1.7	30	859	—	0.06	3.0
L08	欧亚经济	39	0.72	41.7	1.4	8	16		0.74	—
L08	商场现代化	1467	0.99	6.7	1.3	31	1027	0.02	0.15	2.8
L08	商业研究	94	0.97	27.0	2.2	22	65	0.00	0.83	5.5
L08	上海经济	47	0.85	20.6	1.8	7	26	0.02	0.43	6.2
L08	上海经济研究	113	0.90	47.0	2.0	15	47	0.01	0.67	8.8
L08	时代经贸	440	0.97	12.5	1.9	31	319	0.02	0.53	4.4
L08	市场论坛	165	0.95	14.1	1.8	18	102	—	0.37	3.6
L08	铁道经济研究	59	0.98	10.1	2.5	10	23	—	0.56	4.9
L08	物流工程与管理	617	1.00	9.9	2.1	28	301	0.01	0.52	3.7
L08	物流科技	1124	0.98	9.0	1.9	31	437	0.00	0.60	3.7
L08	物流研究	70	0.92	17.5	2.5	22	53	—	0.74	4.5
L08	西部旅游	830	0.97	7.0	1.6	31	540	—	0.56	3.5
L08	现代商贸工业	2198	1.00	6.5	1.8	31	1067	0.01	0.57	3.9
L08	消费经济	47	0.89	41.8	2.3	16	37	0.02	0.83	6.2
L08	冶金经济与管理	98	0.97	6.3	2.0	15	43	—	0.12	3.8
L08	营销科学学报	32	0.97	47.3	3.0	11	20	—	0.91	8.8

学科代码	期刊名称	来源文献量	文献选出率	平均引文数	平均作者数	地区分布数	机构分布数	海外论文比	基金论文比	引用半衰期
L08	邮政研究	84	0.89	5.9	2.4	18	43	0.01	0.20	3.8
L08	债券	204	0.85	5.3	2.0	17	123	0.01	0.03	7.3
L08	智能网联汽车	126	0.79	—	1.3	8	53	0.02	—	—
L08	中国储运	1363	0.84	4.7	1.6	31	684	0.00	0.22	3.6
L08	中国工业经济	124	0.91	46.0	2.8	17	49	0.00	0.92	9.5
L08	中国货币市场	190	0.69	1.7	1.7	17	103	0.04	0.01	—
L08	中国经贸导刊	317	0.83	0.1	1.6	19	69		0.07	—
L08	中国军转民	1051	0.84	4.2	1.6	31	504	0.00	0.28	4.2
L08	中国口岸科学技术	171	0.94	16.3	5.9	26	113	0.02	0.71	5.7
L08	中国流通经济	126	0.91	39.2	1.9	27	96	0.01	0.86	3.8
L08	中国商论	989	1.00	10.4	1.8	31	509	0.01	0.48	3.6
L08	中国商人	786	0.68	0.0	1.2	31	683	0.01	0.00	4.5
L08	中国市场监管研究	192	0.92	11.0	1.8	21	121	—	0.22	8.6
L08	中国物价	390	1.00	6.3	1.7	26	126	0.00	0.35	4.7
L10	保险研究	105	0.99	43.8	2.3	16	53		0.76	9.3
L10	北方金融	268	0.82	8.3	1.7	29	146	0.01	0.14	4.0
L10	财经界	1940	0.90	5.3	1.1	30	1728	0.00	0.04	2.5
L10	财经科学	128	0.88	38.0	2.4	21	68	0.02	0.73	6.5
L10	财经理论研究	51	1.00	33.7	2.6	16	28	—	0.75	5.4
L10	财经理论与实践	120	1.00	30.8	2.4	22	67	0.01	0.97	6.2
L10	财经问题研究	117	0.92	35.3	2.2	15	58	0.01	0.79	6.2
L10	财经智库	39	0.66	28.0	1.8	4	15	—	0.41	7.6
L10	财贸经济	127	0.94	39.9	2.5	18	51	0.02	0.80	9.3
L10	财贸研究	103	0.93	42.2	2.3	24	62	—	0.97	7.7
L10	财务研究	53	0.98	35.0	2.4	13	38	—	0.74	6.5
L10	财务与金融	62	0.98	20.1	2.0	19	47	—	0.55	4.6
L10	财讯	1585	1.00	5.0	1.0	31	1497	—	0.02	2.4
L10	财政科学	163	0.95	28.9	1.8	27	90	0.01	0.45	8.1
L10	当代财经	144	0.92	29.3	2.3	23	80	0.02	0.97	5.6
L10	当代金融研究	84	0.88	25.1	2.1	19	49	0.01	0.60	4.5
L10	地方财政研究	123	0.85	26.2	2.1	21	85	0.02	0.69	6.2
L10	福建金融	139	0.85	9.6	1.6	19	87	—	0.16	4.8
L10	甘肃金融	151	0.85	15.4	1.8	27	98	—	0.30	4.3

学科代码	期刊名称	来源文献量	文献选出率	平均引文数	平均作者数	地区分布数	机构分布数	海外论文比	基金论文比	引用半衰期
L10	工信财经科技	76	0.95	16.1	1.8	21	49	0.01	0.34	4.0
L10	国际金融研究	96	0.91	33.0	2.7	16	46	0.03	0.85	6.8
L10	国际商务财会	466	0.99	8.8	1.6	30	302	0.00	0.21	3.7
L10	国际税收	123	1.00	32.2	1.9	18	66	0.04	0.35	3.0
L10	海南金融	90	0.86	22.7	1.9	20	67	—	0.28	4.4
L10	河北金融	164	0.85	8.3	1.8	22	106	—	0.13	4.1
L10	华北金融	97	0.95	24.2	1.8	20	66	—	0.40	6.9
L10	吉林金融研究	215	0.96	7.5	2.1	22	84	—	0.07	5.0
L10	金融博览	534	0.61	—	1.2	28	245	0.03	0.02	—
L10	金融发展研究	136	0.99	22.2	2.3	26	97	0.07	0.59	5.2
L10	金融监管研究	72	0.89	42.5	1.9	20	53	—	0.57	7.4
L10	金融教育研究	44	0.96	30.0	2.1	15	34	—	0.98	4.7
L10	金融经济	105	0.91	28.4	2.1	23	78	—	0.53	4.8
L10	金融经济学研究	59	0.97	38.2	2.6	16	46	0.03	0.97	6.6
L10	金融会计	122	0.66	7.8	1.4	23	83	0.01	0.02	7.8
L10	金融理论与实践	121	0.89	37.3	2.5	26	96	0.02	0.75	4.7
L10	金融论坛	85	0.87	37.2	2.6	18	60	0.01	0.78	6.5
L10	金融研究	132	1.00	43.5	3.0	15	56	—	0.95	9.6
L10	金融与经济	94	1.00	28.8	2.1	25	83	—	0.80	4.5
L10	科技与金融	126	0.59	8.7	1.6	20	78	—	0.30	3.3
L10	绿色财会	130	0.98	8.7	1.7	25	94	0.01	0.35	4.6
L10	南方金融	82	0.86	27.6	2.1	23	70	0.01	0.66	5.3
L10	农村财务会计	166	0.64	—	1.6	22	137	—	—	—
L10	农银学刊	104	0.90	1.8	1.5	22	45	—	0.04	2.8
L10	青海金融	117	0.86	11.7	1.7	25	74	—	0.31	4.2
L10	区域金融研究	120	0.91	20.2	2.2	22	81	—	0.60	4.2
L10	上海金融	71	0.76	39.4	2.1	18	52	0.01	0.62	7.7
L10	审计与理财	298	0.85	2.8	1.3	23	202	0.00	0.13	2.9
L10	时代金融	289	0.83	7.9	1.4	29	245	0.02	0.18	3.7
L10	税收经济研究	61	0.98	22.9	2.0	19	42	—	0.77	6.2
L10	税务研究	266	0.98	18.4	1.9	29	105	—	0.52	3.4
L10	税务与经济	80	0.99	19.6	2.0	20	50	0.04	0.79	5.9
L10	投资研究	102	0.88	41.9	2.4	23	78	0.02	0.75	6.4

学科代码	期刊名称	来源文献量	文献选出率	平均引文数	平均作者数	地区分布数	机构分布数	海外论文比	基金论文比	引用半衰期
L10	投资与创业	1415	1.00	5.8	1.2	30	1214	0.00	0.10	2.5
L10	武汉金融	113	1.00	34.8	2.4	26	79	—	0.76	5.1
L10	西部金融	135	0.94	13.9	2.0	25	76	—	0.30	4.3
L10	西南金融	96	0.99	25.0	2.1	18	70	0.01	0.57	3.8
L10	新疆财经	43	0.86	30.3	2.1	14	28	—	0.98	5.9
L10	新金融	120	0.92	8.6	2.1	12	72	0.08	0.33	4.4
L10	银行家	430	0.90	1.1	1.6	26	212	0.02	0.05	4.8
L10	浙江金融	83	0.86	22.4	2.0	21	65	—	0.37	5.1
L10	证券市场导报	80	0.82	47.0	2.5	18	50	0.00	0.68	7.7
L10	中国保险	154	0.76	—	1.5	18	89	—	0.13	—
L10	中国金融	915	0.83	—	1.5	30	472	0.03	0.05	—
L10	中国钱币	59	0.78	22.8	1.3	20	37	—	0.20	≥10
L10	中国信用卡	189	0.63	—	1.6	23	106	0.02	—	—
M01	CPC Central Committee Bimonthly (QIUSHI)	35	0.51	—	1.1	2	20	—	—	—
M01	北京观察	297	0.60	—	1.1	1	116	0.00	0.00	—
M01	北京青年研究	56	0.92	19.2	1.5	14	39	0.02	0.55	7.6
M01	长白学刊	97	0.93	25.6	1.7	24	78	0.01	0.92	5.9
M01	重庆行政	182	0.93	5.4	1.4	18	132	0.00	0.40	3.4
M01	大连干部学刊	109	0.89	13.5	1.5	25	72	—	0.72	6.6
M01	当代贵州	1852	0.87	—	1.3	15	259	0.00	0.03	—
M01	党的文献	112	0.88	36.5	1.3	18	60	0.00	0.24	≥10
M01	党建	226	0.63	—	1.2	31	177	—	0.06	—
M01	党史博采	263	0.53	11.9	1.2	25	186	—	0.20	≥10
M01	党史文苑	173	0.71	2.1	1.5	18	108	—	0.07	≥10
M01	党史研究与教学	55	0.75	74.4	1.3	15	37	—	0.69	≥10
M01	党政干部论坛	183	0.84	1.3	1.3	19	115	—	0.21	5.7
M01	党政干部学刊	127	0.91	14.1	1.8	23	81	—	0.83	5.7
M01	党政论坛	105	0.91	5.6	1.5	11	65	0.01	0.41	4.8
M01	党政研究	72	0.86	26.8	1.7	20	51	0.00	0.90	6.4
M01	地方治理研究	24	0.75	34.0	1.4	12	22	—	0.33	4.8
M01	东北亚学刊	64	0.79	29.9	1.5	9	28	0.08	0.47	1.2
M01	福建党史月刊	131	0.73	4.4	1.2	11	81	—	0.08	≥10
M01	甘肃理论学刊	83	0.91	23.4	1.6	21	65	—	0.78	6.8

学科代码	期刊名称	来源文献量	文献选出率	平均引文数	平均作者数	地区分布数	机构分布数	海外论文比	基金论文比	引用半衰期
M01	港澳研究	29	0.81	45.1	1.5	8	21	0.14	0.72	≥10
M01	广西文学	216	0.67	0.1	1.0	16	71	0.01	—	5.5
M01	国际安全研究	36	0.69	94.4	1.6	11	24	—	0.75	7.1
M01	国家治理	345	0.85	4.1	1.2	22	126	0.00	0.38	3.5
M01	科学社会主义	114	0.94	21.5	1.4	22	74	0.01	0.73	8.8
M01	理论导刊	225	1.00	18.9	1.5	28	141	—	0.92	7.2
M01	理论视野	171	0.93	14.8	1.4	22	99	—	0.71	5.7
M01	理论探索	91	1.00	22.2	1.6	26	67	—	0.82	6.9
M01	理论学习与探索	166	0.94	1.6	1.2	21	53	—	0.05	9.2
M01	廉政文化研究	73	0.90	21.2	1.7	20	50	—	0.73	7.6
M01	内蒙古统战理论研究	105	0.81	—	1.2	14	80	0.01	0.13	—
M01	前进	165	0.65	—	1.1	5	85	—	0.05	—
M01	前线	283	0.68	5.5	1.3	15	124	—	0.27	2.8
M01	求实	47	0.76	30.9	1.7	17	32	0.00	0.38	6.3
M01	求是	298	0.63	0.0	1.2	25	85	0.00	0.00	0.0
M01	人大研究	135	0.92	7.4	1.3	20	96	0.01	0.24	4.8
M01	三晋基层治理	126	0.97	8.2	1.6	27	97	0.02	0.64	3.6
M01	山东工会论坛	61	0.98	25.1	1.6	20	50	—	0.98	6.5
M01	社会主义论坛	285	0.88	0.4	1.3	13	113	—	0.25	3.5
M01	实事求是	78	0.88	17.7	1.5	18	51	—	0.73	4.2
M01	思想教育研究	265	0.94	15.7	1.6	27	116	0.00	0.78	6.7
M01	思想政治课教学	333	0.96	1.6	1.3	28	288	—	0.47	4.9
M01	探求	79	0.95	18.3	1.5	8	45	0.01	0.75	7.5
M01	探索	87	0.92	32.1	1.4	18	64	0.00	0.89	3.7
M01	团结	113	0.88	0.0	1.2	22	79	—	0.10	—
M01	唯实	323	0.94	1.0	1.2	8	188	—	0.14	5.8
M01	新视野	92	0.99	23.4	1.7	20	51	0.01	0.70	9.1
M01	行政管理改革	99	0.97	20.1	1.6	15	54	—	0.67	4.5
M01	行政科学论坛	160	0.63	8.5	1.7	22	120	0.01	0.51	5.6
M01	行政与法	141	0.99	23.2	1.4	26	98	—	0.70	6.7
M01	学习论坛	97	0.99	21.1	1.7	21	64	0.00	0.76	5.6
M01	学习月刊	212	0.82	—	1.4	20	136	—	0.18	—
M01	学校党建与思想教育	598	0.94	6.3	1.8	29	276	0.00	0.70	5.2

学科代码	期刊名称	来源文献量	文献选出率	平均引文数	平均作者数	地区分布数	机构分布数	海外论文比	基金论文比	引用半衰期
M01	预防青少年犯罪研究	66	0.90	26.8	1.6	19	51	0.02	0.53	7.7
M01	政策瞭望	127	0.62	—	1.2	2	99	—	—	—
M01	政工学刊	480	0.84	0.0	1.4	29	278	—	0.01	—
M01	政治学研究	83	0.84	47.4	1.5	17	45	0.00	0.64	≥10
M01	治理现代化研究	64	0.90	20.6	1.8	18	43	—	0.97	4.3
M01	治理研究	71	0.82	37.7	1.6	13	37	0.01	0.70	6.3
M01	中共党史研究	88	0.92	65.8	1.1	13	37	0.00	0.38	≥10
M01	中国党政干部论坛	232	0.94	0.0	1.0	22	113	0.00	0.00	1.5
M01	中国机关后勤	266	0.61	—	1.4	29	191	—	—	—
M01	中国青年研究	158	0.95	30.9	1.6	19	81	0.03	0.56	6.9
M01	中国特色社会主义研究	67	0.84	30.7	1.7	14	41	—	0.76	5.8
M02	安徽乡村振兴研究	64	1.00	20.6	1.7	20	59	0.02	0.61	4.2
M02	北京警察学院学报	100	0.93	20.4	1.5	21	45	0.01	0.70	6.9
M02	北京石油管理干部学院学报	82	0.62	4.3	1.9	13	52	0.01	0.05	2.0
M02	北京市工会干部学院学报	29	0.88	13.0	1.6	12	23	—	0.55	3.7
M02	北京行政学院学报	79	0.99	32.3	1.9	21	41	0.00	0.71	6.8
M02	兵团党校学报	123	0.97	19.8	1.6	24	79	—	0.54	7.2
M02	长春市委党校学报	64	0.90	8.0	1.5	18	45	—	0.53	3.0
M02	长征学刊	67	0.84	17.7	1.5	23	58	—	0.60	≥10
M02	成都行政学院学报	63	0.84	19.0	1.8	15	53	—	0.63	4.4
M02	东北亚经济研究	51	0.85	18.2	1.9	12	33	—	0.57	3.7
M02	法律科学—西北政法大学学报	94	0.97	71.5	1.0	18	42	0.00	0.71	9.3
M02	福建金融管理干部学院学报	33	0.97	15.0	1.8	11	22	—	0.67	5.2
M02	福建警察学院学报	69	0.91	21.7	1.4	16	30	0.01	0.57	6.9
M02	福建省社会主义学院学报	48	1.00	19.3	1.6	18	38	—	0.77	6.5
M02	福州党校学报	87	0.88	9.8	1.3	17	59	—	0.53	5.6
M02	甘肃行政学院学报	52	0.90	47.2	2.1	19	39	—	0.90	6.3
M02	甘肃政法大学学报	63	0.97	77.6	1.1	16	31	0.00	0.56	≥10
M02	工会理论研究—上海工会管理干部学院学报	36	0.80	47.5	1.5	8	20	—	0.53	≥10
M02	公安学刊—浙江警察学院学报	71	0.90	28.0	1.9	15	38	—	0.77	4.7
M02	公共治理研究	62	0.91	27.1	1.8	15	45	0.02	0.79	5.9
M02	古田干部学院学报	55	0.89	17.4	1.5	14	41	—	0.58	≥10
M02	广东青年研究	52	0.90	21.5	1.6	11	36	0.02	0.58	9.0

学科代码	期刊名称	来源文献量	文献选出率	平均引文数	平均作者数	地区分布数	机构分布数	海外论文比	基金论文比	引用半衰期
M02	广东省社会主义学院学报	82	0.96	11.3	1.3	17	55	—	0.50	6.0
M02	广西警察学院学报	83	0.94	23.8	1.5	24	50	—	0.55	6.6
M02	广西青年干部学院学报	77	0.89	14.6	1.7	23	67	—	0.55	6.0
M02	广西社会主义学院学报	92	0.88	18.0	1.5	24	72	0.01	0.66	6.7
M02	广西政法管理干部学院学报	83	0.92	28.3	1.6	26	67	—	0.40	8.2
M02	广州社会主义学院学报	58	0.78	19.1	1.6	16	47	—	0.91	7.1
M02	广州市公安管理干部学院学报	45	1.00	7.9	1.9	11	18	—	0.51	6.2
M02	贵阳市委党校学报	59	0.91	14.8	1.6	15	48	—	0.64	4.9
M02	贵州警察学院学报	98	1.00	20.5	1.5	22	54	—	0.69	7.6
M02	贵州社会主义学院学报	55	0.98	14.0	1.7	15	43	—	0.47	4.6
M02	贵州省党校学报	79	0.91	23.9	1.6	17	48	—	0.85	6.3
M02	国家检察官学院学报	62	1.00	58.4	1.3	13	34	0.00	0.52	≥10
M02	国家教育行政学院学报	131	0.95	20.4	1.8	19	78	0.00	0.60	4.2
M02	国家林业和草原局管理干部学院学报	47	0.77	12.4	1.9	17	36	—	0.55	4.7
M02	国家税务总局税务干部学院学报	79	0.99	11.7	1.3	21	39	—	0.19	8.5
M02	哈尔滨市委党校学报	62	0.94	9.8	1.5	17	47	0.02	0.77	5.6
M02	河北青年管理干部学院学报	104	0.99	12.2	1.5	24	82	—	0.78	6.1
M02	河北省社会主义学院学报	50	0.86	17.5	1.4	20	44	—	0.52	4.2
M02	河南财经政法大学学报	91	0.91	45.9	1.3	20	44	—	0.76	≥10
M02	河南警察学院学报	78	0.96	28.7	1.6	20	50	0.09	0.49	8.6
M02	黑龙江省政法管理干部学院学报	173	0.97	15.4	1.3	24	101	0.02	0.49	9.4
M02	湖北警官学院学报	91	0.94	24.6	1.5	19	44	—	0.75	5.3
M02	湖北省社会主义学院学报	64	0.88	11.8	1.6	14	41	—	0.61	5.6
M02	湖北行政学院学报	83	0.97	20.4	1.6	19	49	—	0.65	6.9
M02	湖南警察学院学报	88	1.00	21.4	1.5	19	46	—	0.47	8.2
M02	湖南省社会主义学院学报	117	0.95	10.8	1.6	17	71	—	0.65	5.6
M02	湖南行政学院学报	86	0.95	14.2	1.5	14	50	—	0.70	6.8
M02	华东政法大学学报	83	0.97	72.8	1.1	13	41	0.00	0.59	≥10
M02	江苏警官学院学报	92	1.00	25.2	1.6	21	53	—	0.58	7.2
M02	江苏省社会主义学院学报	64	0.96	11.4	1.6	11	47	—	0.59	6.3
M02	江苏行政学院学报	97	0.88	21.4	1.7	18	53	0.00	0.75	9.5
M02	江西警察学院学报	104	0.93	21.0	1.5	23	55	—	0.51	7.2
M02	理论学习—山东干部函授大学学报	153	0.68	3.9	1.6	17	78	—	0.50	4.4

学科代码	期刊名称	来源文献量	文献选出率	平均引文数	平均作者数	地区分布数	机构分布数	海外论文比	基金论文比	引用半衰期
M02	辽宁公安司法管理干部学院学报	75	0.97	24.6	1.7	21	56	—	0.33	4.8
M02	辽宁警察学院学报	124	0.95	11.7	1.6	20	34	—	0.76	4.1
M02	辽宁省社会主义学院学报	82	0.89	10.9	1.8	20	56	—	1.00	4.2
M02	辽宁行政学院学报	84	0.97	18.0	1.7	22	58	—	0.88	4.2
M02	闽台关系研究	38	0.84	36.7	1.3	7	23	—	0.71	6.0
M02	宁夏党校学报	88	0.92	18.0	1.4	23	61	—	0.78	6.6
M02	青年学报	102	0.95	12.3	1.6	18	57	—	0.77	5.4
M02	青少年研究与实践	52	0.90	19.0	1.7	14	41	—	0.67	7.6
M02	山东法官培训学院学报	79	0.99	33.8	1.6	19	55	—	0.30	8.6
M02	山东警察学院学报	105	0.99	26.9	1.7	21	57	—	0.60	9.0
M02	山东女子学院学报	87	0.90	27.2	1.6	14	55	0.02	0.52	≥10
M02	山东青年政治学院学报	95	0.94	23.6	1.5	19	55	0.01	0.59	8.5
M02	山东行政学院学报	89	0.93	28.9	1.6	21	68	—	0.92	5.9
M02	山西经济管理干部学院学报	69	0.87	12.0	1.8	22	59	0.01	0.84	4.5
M02	山西警察学院学报	104	0.94	20.9	1.4	22	48	—	0.67	6.5
M02	山西社会主义学院学报	40	0.82	9.3	1.2	15	30	—	0.50	6.1
M02	山西省政法管理干部学院学报	84	0.94	10.6	1.6	21	64	—	0.44	6.7
M02	陕西社会主义学院学报	45	0.94	9.4	1.5	12	33	—	0.42	5.7
M02	陕西行政学院学报	94	1.00	14.2	1.6	23	73	—	0.65	5.2
M02	上海公安学院学报	64	1.00	14.0	1.8	8	26	—	0.22	5.9
M02	上海市经济管理干部学院学报	43	0.83	19.4	1.7	17	35	—	0.70	6.6
M02	上海市社会主义学院学报	90	0.92	20.3	1.4	19	51	0.01	0.36	≥10
M02	上海行政学院学报	52	0.90	35.9	1.8	14	34	0.00	0.81	7.7
M02	上海政法学院学报	60	0.98	69.1	1.2	16	37	0.05	0.70	9.7
M02	胜利油田党校学报	89	0.95	5.8	1.4	16	54	—	0.30	3.3
M02	石油化工管理干部学院学报	97	0.86	1.4	1.3	16	58	0.02	0.03	4.0
M02	四川警察学院学报	84	0.93	23.7	1.7	18	49	—	0.57	6.0
M02	四川省干部函授学院学报	80	0.92	13.6	1.6	14	44	—	0.56	≥10
M02	四川省社会主义学院学报	28	1.00	20.9	1.5	7	21	—	0.39	7.2
M02	四川行政学院学报	55	0.80	21.7	1.4	15	43	—	0.62	5.6
M02	苏州大学学报（法学版）	46	0.98	63.4	1.3	12	30	0.15	0.63	≥10
M02	天津市工会管理干部学院学报	32	0.78	10.7	1.5	13	26	—	0.47	6.0
M02	天津市社会主义学院学报	48	0.92	11.9	1.5	16	40	—	0.60	3.8

学科代码	期刊名称	来源文献量	文献选出率	平均引文数	平均作者数	地区分布数	机构分布数	海外论文比	基金论文比	引用半衰期
M02	天津行政学院学报	57	1.00	29.2	1.6	18	45	—	0.89	6.3
M02	天水行政学院学报	134	0.94	11.8	1.4	24	98	—	0.57	5.9
M02	铁道警察学院学报	114	0.94	16.0	1.5	23	64	—	0.54	6.7
M02	统一战线学研究	82	0.90	34.7	1.6	19	54	—	0.77	2.7
M02	武汉公安干部学院学报	73	0.97	8.5	1.8	15	39	—	0.56	4.2
M02	武汉冶金管理干部学院学报	83	0.95	8.0	1.6	15	51	—	0.53	4.9
M02	西南政法大学学报	82	0.93	44.2	1.3	16	34	0.01	0.72	6.4
M02	延边党校学报	108	0.95	6.7	1.3	24	66	—	0.45	4.1
M02	云南警官学院学报	116	1.00	17.4	1.7	19	43	0.01	0.66	6.2
M02	云南社会主义学院学报	58	0.91	23.3	1.4	18	46	—	0.62	6.0
M02	云南行政学院学报	80	0.88	38.7	1.6	17	62	0.01	0.82	5.8
M02	中共成都市委党校学报	62	0.84	19.1	1.3	20	54	—	0.71	6.8
M02	中共福建省委党校（福建行政学院）学报	109	0.95	26.3	1.7	23	78	0.01	0.72	6.4
M02	中共桂林市委党校学报	56	0.85	10.4	1.8	19	45	—	0.93	4.8
M02	中共杭州市委党校学报	61	0.79	32.9	1.7	13	47	—	0.95	7.5
M02	中共合肥市委党校学报	59	0.66	11.1	1.4	18	47	—	0.61	5.9
M02	中共济南市委党校学报	115	0.97	9.7	1.4	19	80	0.02	0.58	5.1
M02	中共乐山市委党校学报	81	0.91	18.0	1.4	19	55	—	0.37	3.7
M02	中共南昌市委党校学报	66	0.99	10.8	1.6	18	53	—	0.55	5.1
M02	中共南京市委党校学报	74	0.88	19.7	1.5	20	57	—	0.69	8.4
M02	中共南宁市委党校学报	59	0.95	13.9	1.4	17	43	—	0.47	4.3
M02	中共宁波市委党校学报	73	0.99	27.1	1.4	19	55	0.01	0.82	≥10
M02	中共青岛市委党校青岛行政学院学报	116	0.95	17.0	1.7	21	74	—	0.59	5.3
M02	中共山西省委党校学报	131	0.96	14.0	1.6	24	95	—	0.72	3.9
M02	中共石家庄市委党校学报	107	0.82	10.8	1.6	25	79	—	0.64	5.1
M02	中共太原市委党校学报	153	0.96	4.8	1.5	18	77	—	0.40	4.7
M02	中共天津市委党校学报	54	1.00	29.4	1.8	19	44	—	0.98	4.9
M02	中共乌鲁木齐市委党校学报	45	0.94	8.1	1.3	11	31	—	0.47	5.3
M02	中共伊犁州委党校学报	82	0.85	13.5	1.2	21	51	—	0.40	6.0
M02	中共云南省委党校学报	106	0.89	30.9	1.7	23	73	—	0.82	6.7
M02	中共郑州市委党校学报	122	0.98	9.7	1.3	19	73	0.01	0.63	3.9
M02	中共中央党校（国家行政学院）学报	81	0.93	27.7	1.6	14	39	0.00	0.54	5.9
M02	中国井冈山干部学院学报	96	0.91	21.6	1.5	19	43	—	0.77	5.4

学科代码	期刊名称	来源文献量	文献选出率	平均引文数	平均作者数	地区分布数	机构分布数	海外论文比	基金论文比	引用半衰期
M02	中国劳动关系学院学报	66	0.90	31.7	1.6	17	54	0.02	0.76	7.0
M02	中国浦东干部学院学报	78	0.86	26.8	1.3	16	48	—	0.49	≥10
M02	中国青年社会科学	82	0.90	28.9	1.9	14	50	0.01	0.59	9.7
M02	中国人民警察大学学报	177	0.94	15.3	1.8	26	70	—	0.63	5.0
M02	中国刑警学院学报	72	1.00	34.0	1.7	15	29	0.01	0.81	8.4
M02	中国延安干部学院学报	76	0.92	29.8	1.3	19	51	—	0.67	≥10
M02	中国政法大学学报	126	1.00	61.2	1.2	23	67	0.03	0.61	≥10
M02	中华女子学院学报	98	0.96	24.7	1.6	21	56	0.01	0.53	≥10
M02	中南财经政法大学学报	72	0.99	37.9	2.3	19	45	0.00	0.86	5.5
M02	中央社会主义学院学报	99	0.98	33.4	1.3	17	52	—	0.59	≥10
M03	公共管理评论	35	0.83	54.0	2.3	12	21		0.89	7.5
M03	公共行政评论	65	0.83	44.3	2.2	20	46	0.05	0.83	9.0
M03	行政论坛	108	0.91	33.9	1.7	22	69	0.00	0.93	6.7
M03	中国行政管理	238	0.87	29.8	1.9	27	116	0.02	0.72	6.7
M04	Contemporary International Relations	40	1.00	27.9	1.6	4	21	0.05	0.08	6.5
M04	阿拉伯世界研究	49	0.78	74.0	1.4	11	25	—	0.69	7.8
M04	当代世界	161	0.79	6.6	1.0	15	76	0.08	0.28	1.8
M04	当代世界社会主义问题	56	0.90	46.9	1.4	12	31	—	0.68	≥10
M04	当代世界与社会主义	120	0.94	41.8	1.5	16	58	0.03	0.72	≥10
M04	当代亚太	31	0.70	109.6	1.5	8	20	0.00	0.71	≥10
M04	东北亚论坛	52	0.80	45.4	1.6	12	30	0.00	0.73	2.8
M04	东南亚研究	42	0.88	105.4	1.5	14	30	0.02	0.83	6.1
M04	东南亚纵横	57	0.89	42.3	1.8	18	40	0.04	0.60	1.5
M04	俄罗斯东欧中亚研究	49	0.75	60.1	1.5	11	29	0.02	0.69	3.2
M04	俄罗斯研究	61	0.91	41.1	1.5	6	31	0.16	0.51	5.9
M04	国际关系研究	43	0.78	60.2	1.4	9	26		0.79	—
M04	国际观察	49	0.89	59.6	1.3	12	28	—	0.47	≥10
M04	国际论坛	59	0.89	51.3	1.2	10	35		0.86	4.2
M04	国际问题研究	41	0.87	50.5	1.2	8	21		0.37	2.8
M04	国际展望	52	0.80	54.7	1.4	10	23	0.02	0.67	4.2
M04	国际政治科学	28	0.82	106.6	1.6	6	14	—	0.71	≥10
M04	国际政治研究	38	0.81	101.4	1.2	9	20	0.05	0.50	≥10
M04	国外理论动态	117	0.97	29.8	1.8	16	75	0.28	0.49	≥10

学科 代码	期刊名称	来源 文献 量	文献 选出 率	平均 引文 数	平均 作者 数	地区 分布 数	机构 分布 数	海外 论文 比	基金 论文 比	引用 半衰 期
M04	和平与发展	42	0.78	58.0	1.6	10	30	—	0.79	2.9
M04	拉丁美洲研究	43	0.72	60.7	1.6	7	19	0.02	0.58	7.1
M04	美国研究	39	0.78	101.7	1.4	7	18	—	0.44	9.6
M04	南亚研究	26	0.70	85.7	1.5	11	19	—	0.65	≥10
M04	南亚研究季刊	32	0.80	52.6	1.3	12	24	—	0.62	4.4
M04	南洋问题研究	33	0.87	67.0	1.9	12	23	0.03	1.00	6.6
M04	欧洲研究	39	0.80	93.5	1.5	8	23	0.05	0.62	9.5
M04	日本侵华南京大屠杀研究	54	0.90	72.0	1.2	17	37	0.09	0.48	≥10
M04	日本问题研究	44	1.00	37.5	1.4	10	25	0.04	0.73	≥10
M04	日本学刊	35	0.56	93.1	1.4	9	20	0.03	0.54	5.9
M04	日本研究	39	0.91	27.9	1.4	11	27	0.18	0.49	2.1
M04	世界经济与政治	72	0.80	115.6	1.5	11	27	0.01	0.54	≥10
M04	世界社会科学	84	0.79	50.5	1.5	14	49	0.05	0.62	8.9
M04	世界社会主义研究	126	0.88	35.4	1.3	22	58	0.02	0.71	≥10
M04	太平洋学报	93	0.87	56.9	1.5	17	53	—	0.94	5.0
M04	外国问题研究	55	0.81	66.5	1.2	16	33	—	0.69	≥10
M04	外交评论	36	0.82	104.3	1.4	8	21	0.00	0.56	≥10
M04	西伯利亚研究	50	0.89	43.2	1.7	16	30	0.14	0.62	≥10
M04	西亚非洲	45	0.79	68.8	1.6	13	25	—	0.80	≥10
M04	现代国际关系	98	0.80	36.6	1.6	16	47	—	0.45	7.9
M05	The Journal of Human Rights	76	0.85	46.6	2.0	16	44	0.04	0.49	≥10
M05	北方法学	71	0.91	70.2	1.2	21	49	—	0.87	≥10
M05	比较法研究	77	0.92	83.6	1.0	13	33	0.01	0.73	7.2
M05	当代法学	77	0.97	62.9	1.0	15	44	—	0.83	≥10
M05	地方立法研究	48	0.87	51.1	1.1	15	33	—	0.62	≥10
M05	电子知识产权	96	0.89	47.5	1.4	17	59	0.03	0.52	≥10
M05	东方法学	93	0.91	67.9	1.0	15	38	—	0.68	6.4
M05	法律适用	202	0.97	38.3	1.3	18	101	0.00	0.31	≥10
M05	法商研究	84	0.92	55.3	1.0	17	47	0.00	0.79	8.4
M05	法学	146	0.90	72.8	1.0	19	67	0.01	0.64	≥10
M05	法学家	78	0.88	84.8	1.0	16	40	0.03	0.59	≥10
M05	法学论坛	85	0.99	55.3	1.2	17	44	0.00	0.60	7.7
M05	法学评论	103	0.94	61.7	1.1	16	48	0.02	0.64	≥10

学科代码	期刊名称	来源文献量	文献选出率	平均引文数	平均作者数	地区分布数	机构分布数	海外论文比	基金论文比	引用半衰期
M05	法学研究	73	0.97	102.4	1.0	14	32	0.00	0.56	≥10
M05	法学杂志	64	0.85	55.8	1.2	13	36	0.02	0.63	9.7
M05	法制博览	1958	0.98	5.9	1.3	31	1191	0.01	0.14	4.2
M05	法制与社会发展	72	0.85	82.3	1.0	14	29	0.00	0.71	8.1
M05	法治研究	72	0.92	59.6	1.2	19	43	—	0.69	≥10
M05	犯罪研究	65	0.98	35.8	1.7	18	47	0.03	0.51	7.4
M05	公安研究	148	0.81	5.2	1.4	28	90	0.01	0.18	5.3
M05	国际法研究	49	0.88	114.4	1.3	12	32	0.08	0.63	≥10
M05	国际经济法学刊	39	0.89	75.6	1.5	12	30	0.03	0.64	≥10
M05	海峡法学	49	0.96	44.8	1.5	14	37	0.02	0.86	≥10
M05	河北法学	123	0.98	63.3	1.5	21	67	0.02	0.86	≥10
M05	湖湘法学评论	48	0.96	62.5	1.5	12	38	0.12	0.71	≥10
M05	环球法律评论	77	0.83	71.1	1.0	15	46	0.01	0.71	≥10
M05	交大法学	65	0.96	80.8	1.2	12	33	0.05	0.54	≥10
M05	科技与法律（中英文）	88	0.98	37.9	1.6	17	50	0.00	0.66	7.2
M05	南大法学	66	0.90	99.2	1.3	14	37	0.09	0.59	—
M05	南海法学	67	0.87	35.8	1.6	20	54	—	0.67	5.4
M05	清华法学	78	0.98	78.7	1.1	9	31	0.01	0.62	≥10
M05	人权	77	0.85	49.1	1.2	15	43	0.06	0.48	≥10
M05	时代法学	62	0.90	54.6	1.3	17	39	0.02	0.71	9.2
M05	天津法学	40	0.85	31.2	1.7	12	33	—	0.60	7.7
M05	武大国际法评论	48	0.87	70.5	1.4	13	37	0.02	0.65	≥10
M05	西部法学评论	54	0.98	68.3	1.1	9	29	0.02	0.43	9.8
M05	现代法学	78	0.93	59.3	1.0	16	38	0.00	0.64	8.2
M05	行政法学研究	86	0.93	44.6	1.1	14	49	—	0.72	9.0
M05	医学与法学	97	0.92	26.5	2.0	21	73	0.01	0.54	8.5
M05	征信	155	0.93	17.5	1.9	29	119	—	0.65	4.6
M05	政法论丛	79	0.93	53.2	1.0	19	47	—	1.00	8.6
M05	政法论坛	91	0.91	52.3	1.0	15	42	0.00	0.74	≥10
M05	政治与法律	134	0.91	71.3	1.0	17	60	0.01	0.61	8.9
M05	中国版权	59	0.83	19.3	1.4	9	37	—	0.22	≥10
M05	中国法律评论	95	0.86	62.0	1.1	12	40	—	0.49	≥10
M05	中国法学	90	1.00	78.8	1.0	14	42	0.00	0.57	≥10

学科代码	期刊名称	来源文献量	文献选出率	平均引文数	平均作者数	地区分布数	机构分布数	海外论文比	基金论文比	引用半衰期
M05	中国高等学校学术文摘·法学	26	0.68	62.9	1.2	7	12	—	0.31	≥10
M05	中国应用法学	108	0.96	38.2	1.2	15	46	0.01	0.32	≥10
M05	中外法学	84	0.93	85.3	1.0	12	39	0.04	0.55	≥10
M05	专利代理	66	0.89	6.2	1.7	13	31	0.02	0.02	≥10
M07	Forensic Sciences Research	40	0.98	48.2	5.9	7	36	0.75	0.50	8.6
M07	广东公安科技	99	0.96	4.8	2.9	16	52	—	0.24	8.2
M07	警察技术	114	0.83	8.2	3.2	18	43	—	0.32	4.6
M07	青少年犯罪问题	73	0.87	45.6	1.6	14	45	0.01	0.30	7.1
M07	人民检察	435	0.65	7.6	1.9	27	202	0.00	0.05	4.1
M07	人民论坛	602	0.96	4.2	1.1	27	169	0.01	0.53	3.5
M07	森林公安	65	0.96	—	1.8	17	33		0.58	—
M07	刑事技术	98	0.96	19.6	5.1	21	54	0.00	0.49	7.1
M07	证据科学	51	0.94	71.7	1.6	12	27	0.04	0.37	≥10
M07	中国法治	232	0.87	6.3	1.4	28	144		0.12	4.0
M07	中国海商法研究	38	0.83	66.0	1.3	12	23	0.00	0.82	≥10
M07	中国检察官	473	0.97	6.0	1.9	27	291		0.17	5.1
M07	中国司法鉴定	90	0.94	26.5	3.7	21	54	0.00	0.44	8.2
M07	中国刑事法杂志	60	0.91	52.3	1.0	18	36		0.73	8.5
M08	军事文化研究	67	0.80	25.5	1.4	15	31	—	0.46	≥10
M08	军事运筹与评估	75	0.90	12.6	3.1	13	33		0.20	6.3
M08	抗日战争研究	50	0.81	76.6	1.1	16	26	0.00	0.30	≥10
M08	孙子研究	76	0.82	28.3	1.4	19	48	0.03	0.25	≥10
N01	八桂侨刊	42	0.82	41.0	1.4	9	19	0.02	0.55	≥10
N01	柴达木开发研究	67	0.64	3.5	1.2	6	37	—	0.18	2.8
N01	成才之路	1306	0.97	7.2	1.3	30	887	0.00	0.43	2.9
N01	创意设计源	85	0.89	14.0	1.8	20	67	0.02	0.65	7.8
N01	创意与设计	83	0.86	12.1	1.8	13	44	0.04	0.59	9.3
N01	当代青年研究	61	0.90	36.0	1.5	17	46	0.03	0.52	7.6
N01	妇女研究论丛	56	0.85	50.0	1.7	10	32	0.09	0.36	≥10
N01	决策科学	36	1.00	21.9	1.7	14	30	—	0.83	4.9
N01	科学发展	159	0.97	10.6	2.7	11	79	—	0.19	3.4
N01	科学教育与博物馆	97	0.93	15.1	1.6	20	66	0.01	0.30	6.8
N01	南方论刊	446	0.90	9.8	1.5	30	263	—	0.60	5.7

学科代码	期刊名称	来源文献量	文献选出率	平均引文数	平均作者数	地区分布数	机构分布数	海外论文比	基金论文比	引用半衰期
N01	攀登（汉文版）	104	0.93	16.8	1.5	25	84	—	0.66	6.9
N01	秦智	662	1.00	6.1	1.4	31	381	0.02	0.52	4.1
N01	青年探索	61	0.84	26.5	1.8	15	44	0.02	0.54	7.3
N01	青年研究	45	0.82	46.5	2.1	16	36	0.04	0.60	9.1
N01	青少年学刊	50	0.89	21.6	1.8	20	45	—	0.72	5.5
N01	情感读本	1381	0.74	5.0	1.3	31	1028	0.00	0.27	3.5
N01	群文天地	87	0.78	2.7	1.1	16	61	0.01	0.10	4.5
N01	人民论坛·学术前沿	266	0.88	21.2	1.1	20	101	0.01	0.58	5.6
N01	社会	49	0.89	77.1	1.3	11	27	0.10	0.41	≥10
N01	社会保障评论	70	0.97	38.8	1.1	15	41	0.03	0.64	5.3
N01	社会工作	49	0.83	42.9	1.8	17	34	0.04	0.73	8.5
N01	社会学评论	70	1.00	62.4	1.6	15	38	0.06	0.66	≥10
N01	社会学研究	60	0.86	61.5	1.8	13	34	0.07	0.62	≥10
N01	社会主义核心价值观研究	60	0.85	16.2	1.7	17	41	—	0.78	6.5
N01	视听	512	1.00	7.0	1.3	29	222	0.00	0.24	4.8
N01	台湾研究	60	0.91	33.3	1.8	14	38	0.03	0.60	7.2
N01	台湾研究集刊	54	0.96	49.3	1.6	10	27	0.06	0.65	≥10
N01	文化创新比较研究	1415	0.98	11.4	1.7	31	810	0.02	0.60	6.0
N01	文化软实力	50	0.85	26.9	1.4	15	33	—	0.64	7.0
N01	文化软实力研究	80	0.87	20.0	1.6	18	58	0.09	0.42	≥10
N01	文化学刊	711	0.98	7.8	1.3	31	423	0.02	0.38	8.8
N01	无线互联科技	1107	0.98	6.4	2.1	31	687	0.00	0.37	3.7
N01	武陵学刊	105	0.98	21.7	1.3	21	67	—	0.84	≥10
N01	医学与社会	291	1.00	24.7	4.5	26	124	0.03	0.82	4.6
N01	知与行	65	0.97	14.6	1.6	19	52	—	0.51	5.2
N01	中国国际问题研究	40	0.73	43.2	1.2	4	21		0.32	2.9
N01	中国医学伦理学	233	0.98	18.7	3.5	27	135	0.00	0.42	4.2
N02	劳动保护	369	0.68	1.4	2.1	27	271	0.00	0.05	4.2
N02	南方人口	37	0.84	29.3	2.0	11	27	—	0.76	8.6
N02	人才资源开发	742	0.82	—	1.3	30	581	0.00	0.27	—
N02	人口学刊	50	0.96	33.8	2.2	9	18	—	0.80	7.9
N02	人口研究	52	0.91	25.0	2.5	9	22	0.02	0.77	≥10
N02	人口与发展	85	0.96	39.0	2.4	20	60	—	0.86	8.2

学科代码	期刊名称	来源文献量	文献选出率	平均引文数	平均作者数	地区分布数	机构分布数	海外论文比	基金论文比	引用半衰期
N02	人口与经济	62	0.98	32.7	2.0	20	45	0.03	0.79	9.1
N02	人口与社会	53	0.88	28.6	2.2	15	35	—	0.87	8.1
N02	人类居住	50	0.60	2.1	2.0	12	32	—	0.26	6.8
N02	社会保障研究	53	0.90	41.3	2.3	15	33	0.04	0.85	6.0
N02	西北人口	57	0.92	40.4	2.6	20	46	—	0.96	6.3
N02	职业技术	190	0.94	11.2	2.1	25	145	0.00	0.94	3.7
N02	中国劳动	32	0.94	27.6	1.9	7	15	0.00	0.34	5.8
N02	中国人口科学	52	0.87	35.0	2.3	12	35	0.02	0.67	7.2
N02	中国人力资源开发	97	0.84	58.3	3.0	20	67	0.07	0.86	7.7
N02	中国人力资源社会保障	195	0.50	—	1.2	26	121	—	0.06	—
N02	中国社会保障	254	0.50	—	1.4	30	158	—	0.04	—
N04	China Tibetology	14	0.88	31.0	1.3	4	8	—	0.21	≥10
N04	地方文化研究	75	0.88	47.7	1.5	20	54	0.05	0.68	≥10
N04	东南文化	116	0.85	34.0	1.5	17	56	0.01	0.33	≥10
N04	俄罗斯学刊	41	0.95	49.6	1.4	11	25	0.05	0.63	≥10
N04	法国研究	26	1.00	57.5	1.5	9	19	0.04	0.58	≥10
N04	广西民族研究	135	0.99	29.0	1.7	25	66	—	0.83	9.1
N04	贵州民族研究	194	0.94	16.8	1.8	27	99	0.01	0.92	8.1
N04	黑龙江民族丛刊	147	0.95	19.9	1.5	22	79	0.02	0.78	≥10
N04	华夏文化	77	0.86	—	1.1	20	53	0.03	0.22	—
N04	科学文化评论	54	0.86	29.5	1.3	8	31	0.13	0.20	≥10
N04	老龄科学研究	71	0.85	28.1	1.9	16	52	0.01	0.62	6.7
N04	满族研究	75	0.86	25.5	1.6	14	41	0.01	0.59	≥10
N04	民族大家庭	99	0.66	—	1.6	2	59	—	—	—
N04	民族学刊	185	0.91	28.9	2.0	22	78	0.00	0.85	9.1
N04	民族学论丛	47	0.98	27.0	1.5	20	38	0.02	0.85	≥10
N04	民族研究	68	0.91	62.8	1.5	19	42	0.01	0.65	≥10
N04	鄱阳湖学刊	70	0.80	41.3	1.8	19	58	0.20	0.50	≥10
N04	青海民族研究	110	1.00	37.4	1.5	26	69	0.01	0.73	≥10
N04	世界民族	58	0.94	71.7	1.4	18	31	0.02	0.76	≥10
N04	文化遗产	117	0.91	37.1	1.3	23	78	0.03	0.73	≥10
N04	文化纵横	96	0.86	11.0	1.2	16	54	0.09	0.32	9.2
N04	西北民族研究	74	0.88	34.6	1.5	18	36	0.03	0.69	≥10

学科代码	期刊名称	来源文献量	文献选出率	平均引文数	平均作者数	地区分布数	机构分布数	海外论文比	基金论文比	引用半衰期
N04	现代企业文化	1540	0.99	5.6	1.3	31	1260	0.00	0.03	2.6
N04	艺苑	118	0.86	10.7	1.5	16	69	0.02	0.60	≥10
N04	中国民族博览	1999	0.98	5.7	1.3	31	1102	0.01	0.27	4.5
N04	中国文化	60	0.94	49.0	1.1	13	35	0.15	0.15	≥10
N04	中国文化研究	62	0.94	51.8	1.3	16	48	0.05	0.53	≥10
N04	中国文化遗产	115	0.99	16.4	2.0	19	66	0.03	0.30	≥10
N04	中国藏学	121	0.89	43.8	1.3	14	41	0.02	0.56	≥10
N04	中华文化论坛	95	0.87	56.7	1.4	21	61	0.01	0.47	≥10
N04	中原文化研究	87	0.89	34.8	1.2	25	61	—	0.67	≥10
N04	自然与文化遗产研究	61	0.87	21.3	2.2	12	38	0.02	0.43	≥10
N05	E 动时尚	660	0.98	5.9	1.3	31	423	0.00	0.21	2.7
N05	Shanghai Journalism Review	106	0.91	41.5	1.7	16	50	0.02	0.57	7.6
N05	编辑学报	140	0.73	17.5	3.3	21	113	0.00	0.27	3.0
N05	编辑学刊	127	0.94	6.5	1.2	23	99	—	0.20	4.2
N05	编辑之友	176	0.61	25.6	1.5	22	102	—	0.69	7.4
N05	采写编	783	0.95	5.5	1.2	30	523	0.00	0.11	3.3
N05	出版参考	273	0.93	6.9	1.3	23	163	0.03	0.09	3.8
N05	出版发行研究	191	0.91	24.7	1.6	20	97	—	0.61	5.9
N05	出版广角	339	0.96	8.7	1.7	27	230	0.00	0.32	2.3
N05	出版科学	90	0.98	21.4	1.7	16	55	—	0.70	5.4
N05	出版与印刷	86	0.75	15.3	1.6	16	61	—	0.38	3.0
N05	传播力研究	1943	0.98	6.0	1.1	31	1037	—	0.02	2.7
N05	传播与版权	839	0.97	8.1	1.5	31	534	0.00	0.47	3.0
N05	传媒	966	0.93	2.3	1.5	30	548	0.02	0.30	3.3
N05	传媒观察	179	0.92	23.3	1.8	22	71	0.02	0.59	7.9
N05	传媒论坛	839	0.97	8.5	1.5	30	520	0.01	0.43	5.1
N05	传媒评论	400	0.91	0.4	1.4	12	177	—	0.02	2.6
N05	当代传播	119	0.91	26.2	2.0	19	50	—	0.84	7.5
N05	电视研究	321	0.96	3.9	1.6	26	108	—	0.30	4.5
N05	东南传播	466	0.93	15.6	1.4	26	235	0.02	0.30	7.3
N05	公关世界	903	0.76	4.7	1.5	30	596	0.01	0.46	3.5
N05	国际新闻界	99	0.99	59.3	1.7	18	53	0.03	0.80	≥10
N05	红旗文稿	233	0.71	—	1.0	24	152	—	—	—

学科代码	期刊名称	来源文献量	文献选出率	平均引文数	平均作者数	地区分布数	机构分布数	海外论文比	基金论文比	引用半衰期
N05	记者观察	1104	0.65	1.9	1.1	30	701	0.00	0.05	3.0
N05	记者摇篮	611	1.00	4.6	1.1	31	281	0.00	0.08	3.4
N05	教育传媒研究	145	0.95	14.8	1.8	22	91	0.01	0.55	3.6
N05	今传媒	489	0.96	7.0	1.4	31	308	0.00	0.42	4.6
N05	科技传播	791	0.94	11.2	1.8	30	437	0.01	0.38	4.9
N05	科技与出版	211	0.91	17.4	1.8	23	129	0.01	0.51	3.0
N05	科普研究	78	0.88	21.5	3.0	11	40	0.00	0.36	4.4
N05	全媒体探索	607	0.84	2.3	1.5	30	365	0.00	0.12	3.3
N05	全球传媒学刊	71	0.99	43.0	2.2	10	36	0.11	0.52	6.9
N05	声屏世界	881	0.87	6.6	1.3	29	366	0.01	0.20	4.6
N05	未来传播	82	0.85	29.0	1.9	15	46	0.01	0.65	9.3
N05	文化与传播	82	0.91	15.3	1.7	19	46	—	0.63	≥10
N05	西部广播电视	1723	1.00	6.3	1.2	31	698	0.00	0.15	3.3
N05	现代出版	73	0.96	26.2	1.7	12	37	—	0.52	5.6
N05	现代传播	231	0.94	27.8	1.6	23	104	0.02	0.59	≥10
N05	新疆新闻出版广电	129	0.81	—	1.0	5	59	—	0.01	—
N05	新媒体研究	529	0.96	13.6	1.7	28	254	0.01	0.44	4.4
N05	新闻爱好者	457	0.96	8.1	1.6	27	260	0.01	0.52	6.7
N05	新闻春秋	57	0.93	40.2	1.9	19	33	—	0.70	≥10
N05	新闻大学	101	0.77	43.7	2.0	19	51	0.03	0.59	≥10
N05	新闻界	101	0.96	43.3	1.9	14	45	—	0.76	7.4
N05	新闻前哨	793	0.95	3.7	1.5	29	333	0.00	0.14	4.7
N05	新闻研究导刊	1872	1.00	14.2	1.3	31	1001	0.00	0.43	2.7
N05	新闻与传播评论	73	0.99	35.2	1.8	13	41	—	0.78	8.2
N05	新闻与传播研究	85	0.77	67.8	2.0	15	51	0.02	0.78	≥10
N05	新闻与写作	167	0.93	24.9	1.8	16	49	0.01	0.52	6.6
N05	新闻战线	656	0.92	0.6	1.5	29	379	0.00	0.07	3.3
N05	新闻知识	151	0.86	22.9	1.6	26	88	0.02	0.60	7.2
N05	中国报业	2593	0.96	3.8	1.1	31	1289	0.00	0.07	2.9
N05	中国编辑	192	0.99	9.6	1.6	24	101	—	0.58	3.3
N05	中国出版	340	0.92	13.0	1.6	26	176	0.01	0.52	4.2
N05	中国传媒科技	416	0.97	12.1	1.7	30	295	0.01	0.27	2.7
N05	中国广播电视学刊	391	0.92	5.9	1.5	29	212	—	0.32	6.5

学科代码	期刊名称	来源文献量	文献选出率	平均引文数	平均作者数	地区分布数	机构分布数	海外论文比	基金论文比	引用半衰期
N05	中国记者	419	0.92	1.1	1.4	31	244	0.01	0.04	4.5
N05	中国科技期刊研究	199	0.89	24.3	3.3	24	142	0.01	0.39	3.1
N06	出土文献	61	0.85	50.1	1.4	14	36	0.08	0.67	≥10
N06	大学图书馆学报	95	0.92	27.0	2.6	17	41	0.02	0.26	5.8
N06	大学图书情报学刊	134	0.99	20.7	1.9	21	99	0.01	0.66	3.5
N06	高校图书馆工作	73	0.86	26.1	2.0	16	48	—	0.60	3.3
N06	古籍整理研究学刊	95	0.88	46.6	1.2	25	71	0.00	0.53	≥10
N06	广东党史与文献研究	57	0.81	74.0	1.2	18	41	—	0.47	≥10
N06	国家图书馆学刊	59	0.76	38.7	2.0	18	44	0.00	0.53	3.5
N06	河北科技图苑	102	0.94	18.4	1.6	23	75	—	0.36	3.0
N06	河南图书馆学刊	509	1.00	8.6	1.3	29	315	—	0.28	3.0
N06	山东图书馆学刊	120	0.88	19.7	1.5	24	82	—	0.42	4.9
N06	数据分析与知识发现	156	0.81	38.5	3.5	24	79	0.01	0.88	5.8
N06	数字图书馆论坛	108	0.90	30.5	2.7	22	69	0.02	0.56	3.1
N06	四川图书馆学报	91	0.89	21.7	1.3	21	65	0.01	0.44	7.5
N06	图书馆	185	0.94	30.1	2.0	28	134	0.00	0.70	3.7
N06	图书馆工作与研究	174	0.96	25.5	1.7	24	144	—	0.63	3.2
N06	图书馆建设	109	0.87	31.3	2.3	19	56	0.01	0.63	3.9
N06	图书馆界	106	0.88	14.1	1.4	21	84	—	0.42	4.2
N06	图书馆理论与实践	104	0.87	24.6	2.1	22	78	0.01	0.73	3.0
N06	图书馆论坛	214	0.95	31.9	2.3	23	90	0.02	0.55	4.4
N06	图书馆学刊	251	0.95	17.1	1.7	27	159	—	0.55	3.9
N06	图书馆学研究	125	0.99	32.2	2.4	23	75	0.01	0.78	3.1
N06	图书馆研究	89	0.95	23.8	1.7	21	57	—	0.52	3.8
N06	图书馆研究与工作	183	0.95	18.0	1.6	27	125	—	0.49	4.7
N06	图书馆杂志	214	0.93	27.1	2.1	24	90	0.03	0.46	5.3
N06	文献与数据学报	38	0.84	31.4	2.6	16	27	—	0.66	4.2
N06	新世纪图书馆	169	0.90	17.9	1.8	25	101	0.02	0.52	3.9
N06	中国图书馆学报	51	0.94	41.0	2.7	11	27	0.00	0.73	5.0
N06	中国图书评论	152	0.66	12.5	1.2	22	83	0.04	0.38	≥10
N07	Journal of Data and Information Science	25	0.93	41.2	3.0	7	22	0.56	0.60	7.6
N07	晋图学刊	54	0.90	28.1	2.0	20	48	—	0.54	5.0
N07	竞争情报	46	0.74	17.3	2.1	12	31	0.02	0.26	4.7

学科代码	期刊名称	来源文献量	文献选出率	平均引文数	平均作者数	地区分布数	机构分布数	海外论文比	基金论文比	引用半衰期
N07	科技情报研究	31	0.97	44.5	2.7	11	21	—	0.94	5.6
N07	农业图书情报学报	115	0.93	28.7	2.7	20	66	0.01	0.64	3.6
N07	情报工程	60	0.97	27.5	2.7	19	51	0.02	0.63	5.5
N07	情报科学	264	0.96	34.8	2.8	21	105	0.02	0.73	4.8
N07	情报理论与实践	292	0.88	33.2	3.1	24	109	0.02	0.79	4.4
N07	情报探索	212	1.00	25.4	2.4	25	123	—	0.68	5.0
N07	情报学报	119	0.91	49.6	3.5	19	49	0.03	0.96	5.9
N07	情报杂志	335	0.99	28.5	2.4	26	140	0.01	0.65	4.2
N07	情报资料工作	67	0.89	38.6	2.7	19	34	0.00	0.73	4.4
N07	图书情报导刊	130	0.98	18.8	1.9	22	101	—	0.63	3.8
N07	图书情报工作	322	0.88	44.0	3.1	25	95	0.00	0.71	4.2
N07	图书情报知识	95	0.92	38.4	2.8	14	42	0.04	0.56	4.5
N07	图书与情报	91	0.93	33.9	2.4	18	48	0.02	0.79	2.9
N07	文献	73	0.88	60.4	1.1	14	38	0.06	0.42	—
N07	现代情报	185	0.98	40.3	3.0	22	70	0.01	0.81	4.8
N07	医学信息学杂志	209	0.96	18.5	4.2	25	131	0.00	0.62	3.6
N07	中国典籍与文化	76	0.93	45.6	1.0	20	52	0.04	0.45	—
N07	中国发明与专利	110	0.93	18.8	2.9	20	88	0.01	0.49	5.1
N07	中国中医药图书情报杂志	198	0.99	22.3	4.4	25	66	0.00	0.83	5.2
N07	自然资源情报	112	0.88	17.9	3.6	26	68	0.01	0.71	4.7
N08	北京档案	192	0.83	11.7	1.6	18	103	—	0.34	6.8
N08	博物院	102	0.84	20.0	1.5	18	69	0.05	0.19	≥10
N08	档案	171	0.80	16.9	1.5	27	103	—	0.44	≥10
N08	档案管理	201	0.94	17.5	1.9	24	114	0.00	0.67	3.7
N08	档案记忆	225	0.80	—	1.3	22	138	—	0.01	—
N08	档案学通讯	75	0.93	30.9	2.3	17	38	0.00	0.56	5.5
N08	档案学研究	110	0.92	28.8	2.2	23	50	0.01	0.73	4.2
N08	档案与建设	324	0.90	11.5	1.9	22	172	0.01	0.45	5.0
N08	故宫博物院院刊	119	0.89	52.5	1.5	18	51	0.04	0.62	≥10
N08	兰台内外	1030	0.98	7.0	1.2	31	795	—	0.15	3.0
N08	兰台世界	482	0.94	10.5	1.5	26	256	—	0.39	7.5
N08	历史档案	51	0.68	61.5	1.1	19	42	—	0.59	—
N08	民国档案	47	0.87	57.7	1.4	14	32	0.02	0.51	≥10

学科代码	期刊名称	来源文献量	文献选出率	平均引文数	平均作者数	地区分布数	机构分布数	海外论文比	基金论文比	引用半衰期
N08	山东档案	245	0.78	1.0	1.3	11	180	—	0.06	4.9
N08	山西档案	148	0.98	17.9	2.0	21	66	—	0.54	3.0
N08	陕西档案	211	0.73	2.3	1.1	6	110	—	0.05	3.5
N08	上海地方志	44	0.85	42.2	1.1	16	35	—	0.23	≥10
N08	四川档案	137	0.63	1.7	1.3	14	96	—	0.12	4.6
N08	未来城市设计与运营	279	0.81	7.2	1.6	30	204	0.01	0.16	4.0
N08	文博	81	0.91	33.6	2.0	18	41	0.01	0.36	≥10
N08	云南档案	173	0.82	1.8	1.2	17	88	—	0.08	6.6
N08	浙江档案	149	0.56	9.6	1.7	22	105	—	0.34	3.4
N08	中国博物馆	113	0.86	17.8	1.7	23	80	0.02	0.30	8.8
N08	自然科学博物馆研究	58	0.98	18.4	1.9	16	40	0.02	0.26	6.5
P01	阿坝师范学院学报	72	0.92	23.9	1.6	22	49	0.01	0.69	≥10
P01	安顺学院学报	135	0.96	16.0	2.1	21	62	0.02	0.76	6.8
P01	鞍山师范学院学报	131	0.96	10.7	2.0	15	53	—	0.65	7.6
P01	保定学院学报	117	0.94	19.3	1.6	19	66	0.01	0.64	≥10
P01	北京大学教育评论	37	0.77	50.4	1.8	8	21	0.08	0.51	≥10
P01	比较教育研究	142	0.99	29.6	1.8	20	63	0.04	0.59	4.6
P01	沧州师范学院学报	95	0.94	12.7	2.0	20	52	—	0.75	6.6
P01	昌吉学院学报	81	0.94	11.3	1.7	17	40	—	0.83	7.7
P01	长春大学学报	229	0.95	11.0	1.5	28	137	—	0.99	5.1
P01	长春师范大学学报	473	1.00	11.6	2.1	28	191	0.00	0.71	7.4
P01	长沙大学学报	110	1.00	13.9	2.1	14	57	—	0.78	4.8
P01	成都师范学院学报	167	0.96	17.4	2.3	28	107	—	0.91	5.4
P01	池州学院学报	231	0.97	12.6	2.1	17	102	0.00	0.87	6.0
P01	重庆第二师范学院学报	119	0.94	21.0	1.6	23	75	—	0.77	≥10
P01	创新人才教育	97	0.91	4.7	1.5	17	68	0.01	0.45	4.2
P01	创新与创业教育	133	0.95	19.0	2.1	23	94	—	0.83	5.5
P01	大连大学学报	118	0.93	21.4	1.8	22	75	0.01	0.71	9.8
P01	大连民族大学学报	101	0.93	16.0	2.8	19	40	—	0.82	4.9
P01	大庆师范学院学报	84	1.00	29.4	2.0	21	63	0.01	0.87	≥10
P01	当代教师教育	64	0.96	20.4	1.8	26	35	—	0.77	6.0
P01	当代教研论丛	350	1.00	7.2	1.6	30	247	0.00	0.51	3.5
P01	当代教育科学	109	0.98	24.1	1.6	26	58	0.01	0.81	6.9

学科代码	期刊名称	来源文献量	文献选出率	平均引文数	平均作者数	地区分布数	机构分布数	海外论文比	基金论文比	引用半衰期
P01	当代教育理论与实践	148	1.00	12.5	2.4	22	69	0.01	0.84	5.2
P01	当代教育论坛	80	0.94	25.8	1.8	20	59	0.01	0.90	4.5
P01	当代教育与文化	89	0.89	22.0	1.8	22	42	0.02	0.81	7.7
P01	电化教育研究	204	0.93	27.0	2.9	24	66	—	0.86	4.1
P01	鄂州大学学报	230	0.96	5.4	1.3	28	147		0.52	3.7
P01	纺织服装教育	118	1.00	11.1	3.5	21	49		0.95	2.6
P01	福建技术师范学院学报	113	0.97	16.7	2.2	11	51	0.01	0.74	5.8
P01	福建商学院学报	76	0.95	18.6	1.9	11	42		0.68	4.6
P01	复旦教育论坛	86	0.87	34.9	2.0	19	57	0.04	0.88	9.4
P01	甘肃教育	740	0.84	4.8	1.2	22	551		0.27	3.2
P01	工业和信息化教育	233	0.97	9.7	3.3	27	130		0.80	4.2
P01	广西科技师范学院学报	83	0.93	17.6	1.7	20	57		0.73	7.7
P01	广西民族师范学院学报	109	0.97	13.4	1.6	14	41		0.72	9.4
P01	哈尔滨学院学报	388	1.00	9.3	1.5	29	219	0.01	0.58	8.1
P01	海南热带海洋学院学报	92	0.89	25.8	2.7	18	42	—	0.76	9.9
P01	韩山师范学院学报	85	0.90	21.4	1.8	10	34	0.04	0.66	≥10
P01	汉江师范学院学报	154	0.97	11.1	1.7	24	84	0.01	0.73	7.7
P01	航海教育研究	73	0.89	11.8	2.9	13	27	—	0.81	3.6
P01	合肥师范学院学报	154	0.96	14.4	2.1	18	65	—	0.84	8.4
P01	和田师范专科学校学报	106	0.95	13.3	1.8	24	75	0.01	0.78	8.6
P01	河北民族师范学院学报	79	0.94	13.2	1.8	16	43	0.01	0.58	≥10
P01	河北师范大学学报（教育科学版）	107	0.90	25.2	1.7	21	69	0.01	0.71	7.9
P01	河西学院学报	108	0.87	19.9	2.5	21	52	0.01	0.57	≥10
P01	黑龙江教师发展学院学报	524	1.00	8.2	1.6	30	331	0.00	0.82	4.3
P01	呼伦贝尔学院学报	163	0.96	11.8	1.8	19	82	—	0.75	4.5
P01	湖南师范大学教育科学学报	93	0.93	30.8	1.8	17	47	0.00	0.73	7.8
P01	湖州师范学院学报	183	0.98	19.3	2.3	21	84	0.00	0.83	8.7
P01	华东师范大学学报（教育科学版）	129	0.98	42.6	2.4	17	48	0.06	0.67	7.8
P01	华文教学与研究	44	0.96	30.4	1.8	12	26	0.02	0.64	≥10
P01	华夏教师	1147	0.99	3.9	1.1	30	973	—	0.20	2.6
P01	黄冈师范学院学报	143	1.00	15.3	2.1	14	66	—	0.72	7.1
P01	集宁师范学院学报	144	0.95	10.5	1.7	23	96	0.01	0.67	6.9
P01	济宁学院学报	93	0.98	16.3	1.5	19	48	0.01	0.74	9.7

学科代码	期刊名称	来源文献量	文献选出率	平均引文数	平均作者数	地区分布数	机构分布数	海外论文比	基金论文比	引用半衰期
P01	继续教育研究	262	1.00	11.4	1.6	27	192	0.01	0.70	4.0
P01	江苏第二师范学院学报	104	0.85	18.7	1.6	18	64	0.01	0.63	≥10
P01	焦作大学学报	82	0.98	9.0	1.6	20	45	0.02	0.48	4.8
P01	教师教育学报	85	0.97	25.4	2.0	18	47	0.01	0.69	6.0
P01	教学管理与教育研究	1024	0.98	3.7	1.1	28	895	—	0.17	2.6
P01	教学研究	78	0.87	21.2	2.1	25	61	0.01	0.81	7.1
P01	教学与研究	133	0.90	33.0	1.5	21	61	0.01	0.66	8.8
P01	教育	1485	0.78	—	1.1	30	1066	—	0.12	—
P01	教育测量与评价	62	0.90	19.0	2.6	17	47	0.18	0.71	8.2
P01	教育导刊	124	0.89	20.3	1.8	25	72	0.01	0.75	6.2
P01	教育发展研究	222	0.69	29.4	2.0	21	86	0.03	0.73	7.1
P01	教育教学论坛	2372	1.00	7.2	2.5	31	850	0.00	0.92	3.7
P01	教育经济评论	41	0.85	36.6	2.4	8	21	0.02	0.66	≥10
P01	教育科学	81	0.98	24.0	1.9	23	42	0.01	0.88	7.5
P01	教育科学论坛	676	0.95	5.8	1.7	28	465	0.01	0.40	4.1
P01	教育科学探索	86	0.92	20.3	1.9	23	61	0.02	0.63	5.1
P01	教育科学研究	160	0.91	19.0	1.9	21	74	—	0.81	7.4
P01	教育评论	295	0.94	14.3	1.7	27	180	0.01	0.72	5.6
P01	教育生物学杂志	77	0.82	34.7	3.9	17	51	0.01	0.62	7.6
P01	教育实践与研究	649	0.90	2.5	1.5	27	506	—	0.28	3.6
P01	教育史研究	78	0.95	37.2	1.4	18	42	—	0.53	≥10
P01	教育探索	215	0.95	13.1	1.9	29	147	0.01	0.83	5.3
P01	教育文化论坛	67	0.91	24.8	1.9	16	35	—	0.79	7.6
P01	教育学报	95	0.98	30.5	1.8	21	49	0.04	0.61	≥10
P01	教育学术月刊	171	0.92	24.0	2.1	21	99	0.01	0.85	6.9
P01	教育研究	166	0.93	36.8	1.7	21	60	0.01	0.52	≥10
P01	教育研究与评论	848	0.97	2.4	1.2	22	553	0.00	0.33	4.7
P01	教育研究与实验	85	0.94	26.2	1.9	19	41	0.01	0.59	≥10
P01	教育艺术	666	0.98	0.9	1.1	27	554	—	0.13	3.0
P01	教育与教学研究	130	0.90	27.0	2.0	26	81	—	0.82	6.5
P01	教育与考试	78	0.92	19.2	1.7	21	60	0.01	0.60	9.2
P01	金融理论探索	50	0.89	24.4	2.0	13	41	—	0.56	4.5
P01	金融理论与教学	117	0.94	13.8	2.1	24	64	—	0.84	5.6

学科代码	期刊名称	来源文献量	文献选出率	平均引文数	平均作者数	地区分布数	机构分布数	海外论文比	基金论文比	引用半衰期
P01	荆楚理工学院学报	76	0.95	18.2	2.1	19	50	—	0.79	5.3
P01	景德镇学院学报	158	0.96	10.5	2.0	21	87	0.01	0.78	5.8
P01	喀什大学学报	117	0.94	14.7	2.1	17	56	—	0.86	5.8
P01	开封大学学报	86	0.96	7.9	1.4	4	18	0.01	0.40	4.7
P01	凯里学院学报	102	0.92	15.0	2.0	12	55	0.01	0.72	7.6
P01	考试研究	70	0.92	15.6	2.2	19	54	—	0.63	7.9
P01	考试周刊	1919	0.97	5.9	1.0	30	1600	—	0.14	2.4
P01	科教导刊	1751	0.98	6.9	2.2	31	879	0.00	0.77	3.5
P01	科教导刊—电子版	3503	1.00	7.0	2.3	31	1435	0.00	0.66	3.3
P01	科教发展研究	24	0.80	23.5	2.6	8	16	0.04	0.38	7.6
P01	科教文汇	1113	0.88	7.7	2.3	29	661	—	0.79	3.8
P01	昆明学院学报	91	0.88	34.5	3.3	15	52	0.01	0.74	8.5
P01	乐山师范学院学报	239	0.95	22.5	1.7	27	136	0.01	0.60	≥10
P01	历史教学	219	0.98	41.1	1.3	23	123	0.00	0.43	≥10
P01	连云港师范高等专科学校学报	79	0.99	13.6	1.6	19	57	0.02	0.80	7.4
P01	岭南师范学院学报	95	0.99	16.5	1.6	17	53	0.01	0.60	≥10
P01	领导科学论坛	410	0.97	7.7	1.7	29	273	—	0.64	4.7
P01	六盘水师范学院学报	73	0.94	26.1	2.7	15	39	—	0.96	7.7
P01	龙岩学院学报	121	0.95	16.0	2.1	15	51	—	0.65	9.0
P01	陇东学院学报	165	0.96	16.3	2.0	23	87	—	0.73	8.7
P01	鹿城学刊	95	0.96	8.1	1.6	21	63	0.03	0.48	6.7
P01	洛阳师范学院学报	242	0.98	11.8	1.7	26	144	0.02	0.67	9.2
P01	吕梁学院学报	126	0.96	10.3	1.7	16	56	0.01	0.66	9.8
P01	美术教育研究	1416	0.85	5.6	1.4	30	640	0.01	0.36	5.9
P01	美育学刊	130	0.90	15.5	1.3	22	59	0.02	0.36	≥10
P01	民族教育研究	130	0.94	25.0	2.2	21	57	0.02	0.78	4.4
P01	闽江学院学报	89	0.99	18.4	2.3	9	32	—	0.70	7.2
P01	牡丹江大学学报	180	1.00	13.4	1.6	26	122	—	0.68	7.9
P01	南北桥	1584	0.99	5.5	1.2	31	1365	0.00	0.16	2.7
P01	南昌师范学院学报	163	0.95	11.6	1.5	22	95	0.01	0.67	8.6
P01	内蒙古电大学刊	129	1.00	11.3	1.5	27	81	0.02	0.64	6.4
P01	内蒙古师范大学学报（教育科学版）	124	0.97	18.8	1.9	25	82	—	0.77	7.2
P01	宁波大学学报（教育科学版）	102	0.94	22.6	1.8	26	70	0.02	0.91	7.0

学科代码	期刊名称	来源文献量	文献选出率	平均引文数	平均作者数	地区分布数	机构分布数	海外论文比	基金论文比	引用半衰期
P01	宁夏师范学院学报	197	0.92	19.8	1.8	23	92	—	0.66	≥10
P01	萍乡学院学报	134	0.94	14.9	2.1	17	79	0.02	0.77	6.5
P01	普洱学院学报	255	0.97	7.5	1.5	21	141	0.00	0.66	4.5
P01	齐鲁师范学院学报	125	0.95	17.6	1.6	21	74	0.01	0.67	7.9
P01	青海教育	300	0.76	0.9	1.1	6	179	—	0.22	2.8
P01	清华大学教育研究	91	1.00	38.5	2.1	20	52	0.05	0.65	≥10
P01	曲靖师范学院学报	106	0.97	21.9	2.0	17	35	—	0.85	8.2
P01	全球教育展望	117	0.93	27.1	2.0	18	57	0.06	0.66	8.7
P01	泉州师范学院学报	97	1.00	19.6	2.2	8	33	0.01	0.70	7.6
P01	陕西学前师范学院学报	183	0.96	24.4	2.3	26	114	—	0.79	8.2
P01	上海教育科研	184	0.97	13.8	1.6	20	114	0.00	0.47	6.8
P01	上海教育评估研究	83	0.99	7.8	1.8	19	55	—	0.49	4.4
P01	上海课程教学研究	162	0.96	4.5	1.2	8	116	—	0.14	4.0
P01	少年儿童研究	83	0.92	25.7	1.7	23	54	—	0.58	≥10
P01	设计艺术研究	193	0.97	10.7	2.0	25	93	0.01	0.56	7.2
P01	沈阳师范大学学报（教育科学版）	87	0.94	24.1	2.0	20	50	0.01	0.92	6.3
P01	世界教育信息	120	0.96	19.6	2.1	16	61	0.06	0.65	2.5
P01	思想理论教育	193	0.96	12.2	1.5	20	82	—	0.74	6.2
P01	思想政治课研究	92	0.92	26.3	1.6	18	59	—	0.82	9.8
P01	四川民族学院学报	89	0.87	26.2	1.7	22	53	0.01	0.80	≥10
P01	四川文理学院学报	144	0.95	11.8	1.8	15	59	0.01	0.61	8.5
P01	苏州大学学报（教育科学版）	64	0.98	20.3	1.7	18	41	—	0.75	6.1
P01	唐山学院学报	89	0.96	19.5	1.8	23	58	0.02	0.58	8.0
P01	天津美术学院学报	132	0.92	13.9	1.2	21	67	0.03	0.34	≥10
P01	天津师范大学学报（基础教育版）	83	1.00	12.7	2.1	18	51	—	0.99	4.2
P01	天津市教科院学报	54	0.89	32.1	2.0	20	42	—	0.91	7.5
P01	天津中德应用技术大学学报	90	0.91	10.9	1.6	18	68	—	0.76	4.1
P01	通化师范学院学报	268	0.95	13.2	2.4	24	149	0.00	0.81	6.2
P01	铜仁学院学报	84	0.99	22.9	1.7	21	55	—	0.62	≥10
P01	渭南师范学院学报	144	0.92	20.8	1.6	25	77	0.02	0.76	≥10
P01	武夷学院学报	220	0.95	14.2	2.2	19	85	0.01	0.83	6.6
P01	物理教学	238	1.00	4.7	1.9	28	193	0.01	0.45	4.9
P01	西部素质教育	1146	0.99	12.2	2.5	31	660	0.00	0.77	3.4

学科代码	期刊名称	来源文献量	文献选出率	平均引文数	平均作者数	地区分布数	机构分布数	海外论文比	基金论文比	引用半衰期
P01	西藏教育	186	0.72	2.9	1.5	21	117	—	0.29	3.5
P01	咸阳师范学院学报	130	0.92	17.3	2.0	21	73	0.01	0.75	≥10
P01	现代大学教育	73	0.86	35.4	1.9	19	49	—	0.86	7.9
P01	现代教育技术	156	0.92	23.5	3.2	23	73	0.01	0.92	5.6
P01	现代教育论丛	62	0.78	28.1	1.7	12	28	0.02	0.55	≥10
P01	现代远程教育研究	72	0.96	35.3	3.1	14	29	—	1.00	4.4
P01	现代远距离教育	59	0.98	42.2	3.0	18	34	—	1.00	3.8
P01	现代中文学刊	95	0.86	35.3	1.2	14	53	0.14	0.39	≥10
P01	新文科教育研究	48	0.83	26.6	1.6	13	33	0.02	0.50	7.1
P01	新湘评论	517	0.53	—	1.1	10	244		—	—
P01	新校园	352	0.95	0.0	1.2	25	289	—	0.16	2.5
P01	新余学院学报	101	0.94	17.4	2.3	22	75		0.71	6.6
P01	邢台学院学报	114	0.97	14.6	1.9	25	76		0.74	7.1
P01	兴义民族师范学院学报	125	0.92	12.4	2.0	15	58		0.80	7.6
P01	学理论	147	0.96	10.3	1.3	27	111		0.65	8.1
P01	扬州大学学报（高教研究版）	79	1.00	19.3	1.7	21	55		0.99	7.5
P01	药学教育	117	0.97	11.5	4.4	25	73		0.85	4.1
P01	伊犁师范大学学报	51	0.94	18.1	1.6	14	26		0.92	6.6
P01	语文学刊	102	0.99	18.0	1.5	25	78	0.03	0.77	≥10
P01	语文学习	310	0.84	2.4	1.1	21	198		0.05	≥10
P01	语言与教育研究	40	0.89	19.5	1.8	8	11		0.75	9.8
P01	玉溪师范学院学报	107	0.97	19.9	2.0	12	42		0.58	≥10
P01	豫章师范学院学报	150	0.93	10.6	1.6	22	88		0.67	5.1
P01	远程教育杂志	62	0.93	46.1	3.3	17	40	0.03	0.98	4.8
P01	云南师范大学学报（对外汉语教学与研究版）	68	0.83	25.8	1.9	10	33	0.02	0.84	6.1
P01	运城学院学报	100	0.90	17.5	1.8	23	49	0.01	0.66	7.5
P01	在线学习	259	0.77	0.0	1.1	17	74	0.00	0.02	—
P01	昭通学院学报	104	0.87	18.4	2.2	23	57	—	0.68	8.9
P01	浙江医学教育	84	0.92	9.7	3.7	14	55		0.48	4.1
P01	政治思想史	51	0.86	51.0	1.2	17	37		0.39	—
P01	职教通讯	173	0.91	13.4	1.6	22	120	0.01	0.75	3.8
P01	中国电化教育	269	0.98	20.9	2.2	26	121	0.00	0.66	4.5
P01	中国高等学校学术文摘·教育学	25	0.74	27.5	3.4	8	15	—	0.20	5.6

学科代码	期刊名称	来源文献量	文献选出率	平均引文数	平均作者数	地区分布数	机构分布数	海外论文比	基金论文比	引用半衰期
P01	中国教师	382	0.99	3.5	1.4	26	287	0.00	0.23	4.8
P01	中国教育技术装备	1034	0.96	7.2	2.8	30	586	0.00	0.78	3.9
P01	中国教育网络	217	0.52	0.4	1.9	21	94	0.00	0.16	5.5
P01	中国教育信息化	167	0.97	16.8	2.6	26	121	0.02	0.60	3.5
P01	中国教育学刊	926	0.98	3.5	1.3	30	507	0.00	0.19	6.1
P01	中国考试	139	0.97	20.4	2.0	20	72	0.01	0.64	5.8
P01	中国林业教育	89	0.87	10.7	2.9	19	26	—	0.87	5.8
P01	中国农业教育	73	0.92	16.3	2.3	18	28	—	0.84	4.7
P01	中国轻工教育	60	0.92	12.8	1.9	13	32	—	0.90	3.9
P01	中国人民大学教育学刊	77	0.88	23.6	2.1	18	43	—	0.75	7.5
P01	中国特殊教育	131	0.96	44.9	3.0	22	52	0.04	0.56	6.7
P01	中国现代教育装备	936	1.00	6.1	2.9	31	533	—	0.75	4.3
P01	中国冶金教育	202	0.97	9.4	3.1	23	70	0.00	0.71	3.9
P01	中国音乐教育	119	0.88	10.3	1.4	23	83	—	0.35	≥10
P01	中国远程教育	103	0.92	35.1	2.5	19	49	—	0.84	5.0
P01	中医教育	139	0.93	13.1	4.4	20	37	—	0.94	4.1
P01	中州大学学报	130	0.96	14.7	1.8	20	74	0.02	0.76	≥10
P01	遵义师范学院学报	248	0.95	12.5	2.0	24	110	0.00	0.70	9.0
P03	比较教育学报	78	0.93	42.3	2.1	14	37	0.03	0.74	5.2
P03	初中生写作	316	1.00	—	1.0	25	287	—	0.06	—
P03	地理教学	384	0.98	6.5	2.2	26	238	0.00	0.43	4.4
P03	地理教育	215	0.93	6.1	2.4	28	154	—	0.52	3.9
P03	福建基础教育研究	474	0.94	5.6	1.4	18	329	—	0.62	3.9
P03	福建中学数学	211	0.95	2.9	1.4	21	170	—	0.41	4.5
P03	甘肃高师学报	157	0.96	12.7	1.9	14	37	—	0.80	7.6
P03	高师理科学刊	257	0.96	14.4	3.7	27	118	—	0.86	6.1
P03	高校后勤研究	301	0.97	6.1	2.0	26	148	0.00	0.39	3.8
P03	高中数理化	667	0.96	0.0	1.3	29	465	—	0.11	≥10
P03	广西教育	1310	0.94	4.8	1.5	19	493	—	0.63	3.7
P03	河北理科教学研究	82	0.94	1.5	1.3	21	65	—	0.27	5.2
P03	湖北教育	1416	0.95	0.4	1.3	25	983	—	0.10	4.7
P03	化学教学	227	0.99	9.4	2.2	24	162	0.00	0.54	4.9
P03	化学教与学	484	1.00	6.1	1.9	29	375	—	0.44	4.7

学科代码	期刊名称	来源文献量	文献选出率	平均引文数	平均作者数	地区分布数	机构分布数	海外论文比	基金论文比	引用半衰期
P03	化学教育（中英文）	484	0.98	16.3	3.3	29	270	0.01	0.76	5.9
P03	基础教育	76	0.86	24.4	1.8	20	40	0.03	0.95	8.5
P03	基础教育参考	89	0.94	24.3	2.2	13	27	0.04	0.80	2.7
P03	基础教育课程	254	0.91	3.8	1.8	19	191	—	0.49	4.4
P03	基础教育论坛	1147	0.96	3.0	1.1	29	798	—	0.13	2.7
P03	基础教育研究	640	1.00	5.7	1.7	31	377	0.03	0.49	6.1
P03	江苏高教	220	0.97	19.2	1.7	22	107	0.01	0.60	5.9
P03	江苏高职教育	83	0.82	16.4	1.7	20	57	—	0.75	3.9
P03	教书育人	919	0.96	6.0	1.3	30	737	0.00	0.39	4.1
P03	教师	1570	0.99	5.2	1.4	30	1254	—	0.44	2.6
P03	教师发展研究	62	0.93	24.1	1.7	21	36	0.02	0.61	9.3
P03	教师教育论坛	255	0.92	9.5	1.6	29	191	0.02	0.50	5.0
P03	教学与管理	698	0.99	10.6	1.7	30	384	0.00	0.59	4.9
P03	教学月刊（小学版）	575	0.94	2.9	1.3	16	441	0.00	0.14	3.9
P03	教学月刊（中学版）	510	0.89	3.7	1.4	29	426	—	0.32	4.1
P03	课程·教材·教法	261	0.90	16.5	1.7	26	98	0.01	0.61	6.7
P03	课程教学研究	193	0.96	9.5	1.6	23	146	0.00	0.42	5.8
P03	快乐阅读	351	0.65	0.2	1.2	30	279	0.01	0.40	≥10
P03	理科考试研究	440	0.99	3.8	1.7	28	350	—	0.43	3.8
P03	历史教学问题	158	0.95	48.8	1.2	24	98	0.01	0.39	≥10
P03	辽宁教育	616	0.97	2.5	1.3	21	419	—	0.29	2.7
P03	七彩语文（教师论坛）	368	0.89	0.1	1.1	17	317	—	0.14	5.5
P03	人民教育	512	0.84	2.4	1.3	27	317	0.00	0.22	4.4
P03	上海中学数学	148	0.91	4.3	1.3	14	126	—	0.19	5.5
P03	生物学教学	457	0.97	4.1	1.7	29	353	0.01	0.51	4.8
P03	师道	1868	0.94	0.2	1.1	23	1277	0.00	0.16	5.7
P03	实验教学与仪器	500	0.94	3.5	1.7	29	444	—	0.38	4.7
P03	数理化解题研究	1617	0.99	3.1	1.1	29	1165	—	0.21	3.0
P03	数理化学习	669	0.91	3.1	1.3	30	458	—	0.18	3.2
P03	思想理论教育导刊	230	0.90	14.6	1.4	25	108	0.00	0.65	6.7
P03	四川教育	777	0.86	—	1.4	18	618	—	0.10	—
P03	外国教育研究	96	0.88	37.9	1.9	20	50	0.03	0.73	6.5
P03	物理之友	248	1.00	3.7	1.7	26	199	—	0.53	4.3

学科代码	期刊名称	来源文献量	文献选出率	平均引文数	平均作者数	地区分布数	机构分布数	海外论文比	基金论文比	引用半衰期
P03	现代中小学教育	184	0.99	8.7	1.7	25	150	—	0.64	6.3
P03	小学教学	638	0.86	0.4	1.4	28	448	—	0.17	4.7
P03	小学教学参考	1108	0.99	2.9	1.1	26	914	—	0.14	3.0
P03	小学教学设计	865	0.98	0.7	1.2	25	633	—	0.20	3.2
P03	小学教学研究	1300	0.94	1.1	1.1	16	726	—	0.14	4.0
P03	小学科学	1162	0.97	3.8	1.1	28	1006	—	0.09	2.7
P03	小学生作文	404	0.67	—	1.2	26	322	0.01	—	—
P03	小学阅读指南	715	0.57	—	1.0	28	566	—	0.04	—
P03	新教师	474	0.94	1.0	1.1	21	381	—	0.25	2.7
P03	新课程导学	859	0.92	4.6	1.2	28	656	—	0.21	2.7
P03	新课程研究	1557	0.97	4.4	1.2	30	1196	0.00	0.21	2.8
P03	学前教育	372	0.77	0.3	1.5	18	223	0.00	0.15	6.8
P03	学前教育研究	122	0.81	33.7	2.0	23	88	0.04	0.85	8.7
P03	学语文	159	0.96	4.9	1.2	24	135	—	0.25	7.6
P03	学周刊	1979	1.00	4.8	1.1	30	1018	0.00	0.18	3.1
P03	幼儿教育	418	0.65	4.0	1.6	26	281	0.01	0.19	8.0
P03	幼儿教育研究	103	1.00	2.6	1.1	14	92	—	0.35	7.7
P03	早期儿童发展	32	0.70	26.1	2.6	13	29	0.03	0.50	8.0
P03	中等数学	66	0.88	2.6	1.1	19	39	—	0.24	5.8
P03	中国数学教育	253	0.98	3.9	1.6	27	199	—	0.39	3.9
P03	中华家教	61	0.82	20.2	2.2	19	42	—	0.59	6.5
P03	中小学班主任	804	0.98	2.6	1.2	27	626	—	0.20	3.9
P03	中小学管理	212	0.85	3.4	1.5	23	151	0.01	0.48	5.5
P03	中小学教师培训	188	0.94	10.5	1.6	22	131	—	0.64	5.3
P03	中小学教学研究	96	0.97	5.5	1.5	18	87	—	0.68	3.2
P03	中小学课堂教学研究	218	0.94	7.5	1.7	24	161	—	0.66	4.1
P03	中小学实验与装备	132	0.90	3.2	2.0	19	110	—	0.27	4.1
P03	中小学外语教学	256	0.99	9.8	1.4	20	228	—	0.33	4.8
P03	中小学校长	211	0.94	3.2	1.4	27	188	0.00	0.24	3.8
P03	中小学信息技术教育	397	0.88	2.5	1.5	29	308	—	0.28	2.8
P03	中小学英语教学与研究	200	0.94	9.0	1.4	19	175	—	0.55	4.6
P03	中学地理教学参考	1295	0.93	2.8	1.8	30	774	0.01	0.45	4.6
P03	中学化学教学参考	859	0.92	3.3	1.8	30	656	—	0.34	4.8

学科代码	期刊名称	来源文献量	文献选出率	平均引文数	平均作者数	地区分布数	机构分布数	海外论文比	基金论文比	引用半衰期
P03	中学教学参考	1059	0.99	4.1	1.4	30	779	—	0.36	3.6
P03	中学教研（数学）	141	0.99	3.0	1.5	19	125	—	0.41	4.3
P03	中学课程资源	285	0.97	4.6	1.5	27	207	—	0.35	4.0
P03	中学理科园地	210	1.00	3.6	1.7	17	126	—	0.46	4.4
P03	中学历史教学	310	1.00	4.6	1.3	25	258	—	0.33	6.4
P03	中学历史教学参考	752	0.74	3.7	1.2	26	226	—	0.28	6.6
P03	中学生物学	373	0.96	3.4	1.7	27	309	0.00	0.39	4.2
P03	中学数学	1014	0.98	1.5	1.2	29	745	—	0.16	4.3
P03	中学数学教学	140	0.95	3.0	1.6	22	124	—	0.36	3.4
P03	中学数学教学参考	1000	0.97	1.5	1.3	28	797	0.00	0.23	4.5
P03	中学数学研究	368	1.00	1.1	1.4	24	260	—	0.23	4.1
P03	中学数学月刊	268	0.95	4.2	1.5	22	197	—	0.49	5.1
P03	中学数学杂志	184	0.93	5.5	1.7	22	141	—	0.43	5.0
P03	中学物理	406	0.99	6.2	1.9	30	313	—	0.51	4.2
P03	中学物理教学参考	806	0.96	3.3	1.5	30	650	—	0.29	4.5
P03	中学语文教学	253	0.87	3.3	1.2	26	196	—	0.19	8.9
P03	中学政史地	859	0.92	0.0	1.1	27	632	—	0.07	3.4
P03	作文新天地	656	0.82	—	1.1	19	417	—	0.03	—
P04	重庆高教研究	80	0.98	27.0	1.7	17	44	—	0.74	5.7
P04	大学教育	947	1.00	8.6	2.9	29	453	0.00	0.90	4.0
P04	大学物理实验	177	1.00	12.0	4.2	23	105	0.01	0.90	5.2
P04	高等工程教育研究	183	0.98	18.3	2.7	22	95	0.01	0.69	5.2
P04	高等继续教育学报	72	0.92	14.8	2.2	19	54	—	0.68	5.0
P04	高等建筑教育	138	1.00	14.5	3.2	26	82	0.01	0.93	5.2
P04	高等教育研究	141	0.93	31.6	1.7	19	49	0.01	0.60	≥10
P04	高教发展与评估	83	0.92	17.5	1.8	20	58	0.04	0.67	7.3
P04	高教论坛	312	0.97	12.2	1.9	27	187	0.01	0.87	5.0
P04	高教探索	102	0.91	20.9	2.1	20	73	—	0.85	7.4
P04	高教学刊	1668	0.99	10.1	3.5	31	614	0.00	0.99	4.4
P04	高校辅导员	87	0.93	9.4	1.6	20	58	—	0.74	4.9
P04	高校辅导员学刊	90	0.86	12.6	1.7	18	59	—	0.80	6.3
P04	高校教育管理	71	0.93	22.5	1.8	17	45	—	0.89	4.8
P04	高校生物学教学研究（电子版）	79	0.99	10.8	4.3	24	53	—	0.95	4.6

学科代码	期刊名称	来源文献量	文献选出率	平均引文数	平均作者数	地区分布数	机构分布数	海外论文比	基金论文比	引用半衰期
P04	高校招生	175	0.61	—	1.1	21	106	0.01	—	—
P04	黑龙江高教研究	290	1.00	23.8	1.9	28	181	0.01	0.85	6.0
P04	化工高等教育	143	0.93	12.8	3.9	23	69	—	0.76	4.5
P04	军事高等教育研究	84	0.99	10.5	2.6	11	29	—	0.46	5.5
P04	煤炭高等教育	107	0.96	18.4	2.0	23	61	—	0.76	6.9
P04	民族高等教育研究	83	0.92	18.3	2.0	19	45	0.01	0.93	5.0
P04	山东高等教育	74	0.86	19.1	2.1	18	54	—	0.80	9.2
P04	思想政治教育研究	166	0.97	14.6	1.6	25	114	—	0.93	6.4
P04	现代教育管理	155	1.00	26.8	2.0	25	82	—	0.95	4.5
P04	现代教育科学	140	0.95	16.9	1.8	27	98	—	0.91	5.7
P04	学位与研究生教育	154	0.92	20.0	2.2	21	88	0.01	0.49	6.4
P04	研究生教育研究	74	0.85	25.5	2.6	20	47	—	0.86	7.2
P04	医学教育研究与实践	145	0.99	16.8	4.8	23	87	0.01	0.80	3.6
P04	中国大学教学	158	0.89	11.1	1.9	23	99	0.01	0.54	4.8
P04	中国地质教育	117	0.97	12.5	4.0	19	41	—	0.82	4.8
P04	中国高等教育	379	0.94	2.6	1.6	26	212	0.00	0.41	2.8
P04	中国高教研究	199	0.84	19.7	1.8	18	87	0.04	0.52	5.0
P04	中国高校科技	375	0.99	9.5	1.8	28	296	0.00	0.66	4.6
P04	中国校外教育	64	0.90	23.8	2.6	17	47	—	0.48	6.6
P05	安徽电气工程职业技术学院学报	82	1.00	8.2	2.9	11	48	—	0.18	5.1
P05	安徽电子信息职业技术学院学报	94	0.98	7.0	1.9	17	65	0.01	0.87	3.5
P05	安徽警官职业学院学报	151	0.94	10.1	1.6	22	86	—	0.54	4.5
P05	安徽开放大学学报	66	1.00	13.7	1.9	11	37	—	0.85	4.4
P05	安徽商贸职业技术学院学报	59	0.98	12.7	1.8	10	30	0.02	0.90	4.1
P05	安徽水利水电职业技术学院学报	84	0.97	6.8	1.9	7	35	—	0.67	4.6
P05	安徽冶金科技职业学院学报	131	0.95	5.9	1.9	20	72	0.01	0.39	4.4
P05	安徽职业技术学院学报	80	0.99	9.7	1.6	7	40	—	0.76	3.5
P05	包头职业技术学院学报	96	0.95	7.3	2.1	18	52	—	0.59	4.6
P05	保险职业学院学报	77	0.93	17.9	2.1	23	57	—	0.57	4.9
P05	北京财贸职业学院学报	51	0.91	11.3	1.7	10	26	—	0.65	3.3
P05	北京工业职业技术学院学报	104	0.99	7.3	2.1	17	56	—	0.68	3.4
P05	北京教育学院学报	69	0.91	22.8	2.0	15	30	—	0.71	9.0
P05	北京经济管理职业学院学报	41	0.89	15.4	1.5	18	31	—	0.54	3.3

学科代码	期刊名称	来源文献量	文献选出率	平均引文数	平均作者数	地区分布数	机构分布数	海外论文比	基金论文比	引用半衰期
P05	北京劳动保障职业学院学报	47	0.90	13.4	1.8	7	20	—	0.66	6.2
P05	北京农业职业学院学报	70	0.88	14.3	2.4	19	46	—	0.69	3.0
P05	北京宣武红旗业余大学学报	52	1.00	8.1	1.5	6	25	—	0.25	3.3
P05	北京政法职业学院学报	72	0.97	21.1	1.3	16	49	—	0.33	8.9
P05	兵团教育学院学报	72	0.90	19.4	2.2	16	35	0.01	0.79	6.1
P05	长春教育学院学报	119	0.99	7.7	1.6	20	81	—	0.53	4.8
P05	长江工程职业技术学院学报	71	0.90	7.3	1.9	13	32	—	0.54	3.8
P05	长沙航空职业技术学院学报	79	0.96	7.6	2.4	18	53	—	0.66	4.9
P05	长沙民政职业技术学院学报	109	0.99	11.3	1.8	21	53	0.01	0.81	4.5
P05	常州信息职业技术学院学报	128	1.00	6.8	1.6	13	48	—	0.86	3.3
P05	成都航空职业技术学院学报	93	0.96	9.5	2.5	16	44	—	0.53	5.5
P05	成人教育	155	0.93	23.7	2.1	22	105	0.01	0.88	4.7
P05	重庆开放大学学报	64	0.90	13.0	1.4	17	40	—	0.67	4.4
P05	滁州职业技术学院学报	89	0.93	8.7	1.8	11	45	0.01	0.80	4.5
P05	大连教育学院学报	105	0.95	3.7	1.4	14	57	—	0.45	3.3
P05	当代职业教育	78	0.91	24.2	1.8	21	61	—	0.90	2.7
P05	福建教育学院学报	432	0.92	6.7	1.3	17	313	0.00	0.55	4.6
P05	阜阳职业技术学院学报	92	1.00	11.2	1.6	18	60	0.01	0.78	5.8
P05	甘肃开放大学学报	92	0.89	15.9	1.5	22	58	0.01	0.68	7.6
P05	高等职业教育探索	65	0.92	15.7	1.8	20	50	—	0.88	4.1
P05	工业技术与职业教育	168	0.96	9.1	2.1	19	91	—	0.80	3.7
P05	广东交通职业技术学院学报	116	0.97	8.7	1.8	19	59	—	0.51	4.0
P05	广东开放大学学报	100	0.93	18.7	1.7	18	59	0.02	0.73	7.2
P05	广东农工商职业技术学院学报	65	0.90	13.9	2.1	12	39	0.02	0.86	4.2
P05	广东轻工职业技术学院学报	84	0.88	13.0	2.0	11	32	—	0.79	3.2
P05	广东水利电力职业技术学院学报	85	0.89	6.8	1.6	18	54	—	0.42	5.1
P05	广东职业技术教育与研究	499	0.92	7.5	1.9	29	230	—	0.76	3.6
P05	广西教育学院学报	259	0.98	11.2	1.6	26	152	0.00	0.69	5.7
P05	广西开放大学学报	110	0.93	7.8	1.6	22	78	0.01	0.67	3.4
P05	广西职业技术学院学报	69	0.93	21.9	2.1	15	37	—	1.00	3.0
P05	广西职业师范学院学报	58	0.94	20.6	2.2	15	42	—	0.81	4.5
P05	广州城市职业学院学报	76	0.97	9.1	1.9	12	45	—	0.89	4.1
P05	广州开放大学学报	100	0.89	16.2	1.7	22	68	0.01	0.66	4.5

学科代码	期刊名称	来源文献量	文献选出率	平均引文数	平均作者数	地区分布数	机构分布数	海外论文比	基金论文比	引用半衰期
P05	哈尔滨职业技术学院学报	303	0.98	6.2	1.5	29	180	0.00	0.69	3.3
P05	海南开放大学学报	81	0.96	15.5	1.7	23	57	—	0.64	5.7
P05	邯郸职业技术学院学报	99	0.95	6.2	2.2	9	33	—	0.61	4.9
P05	河北大学成人教育学院学报	68	0.96	12.9	1.7	20	41	—	0.78	6.0
P05	河北公安警察职业学院学报	75	0.96	10.4	1.7	16	34	—	0.56	4.5
P05	河北开放大学学报	149	0.99	9.2	1.5	28	92	—	0.66	7.6
P05	河北旅游职业学院学报	81	0.92	11.4	2.1	23	54	—	0.85	5.1
P05	河北能源职业技术学院学报	102	0.95	6.2	1.8	13	54	—	0.66	3.6
P05	河北软件职业技术学院学报	69	0.90	7.8	1.9	16	49	0.01	0.75	4.3
P05	河南开放大学学报	81	1.00	8.7	1.4	17	50	0.01	0.67	4.2
P05	河南司法警官职业学院学报	91	0.96	12.4	1.5	21	59	—	0.43	7.2
P05	湖北成人教育学院学报	116	0.99	9.8	1.6	26	92	0.03	0.73	3.3
P05	湖北工业职业技术学院学报	99	0.95	10.2	1.6	22	49	0.01	0.54	5.5
P05	湖北开放大学学报	61	0.78	11.8	1.7	17	31	—	0.74	4.2
P05	湖北开放职业学院学报	1744	0.98	5.8	1.4	31	809	—	1.00	3.3
P05	湖北职业技术学院学报	86	0.95	12.0	1.4	20	52	—	0.57	6.0
P05	湖南工业职业技术学院学报	146	0.94	10.0	1.8	18	84	—	0.90	4.1
P05	湖南开放大学学报	49	1.00	19.7	1.8	16	32	0.02	0.78	6.5
P05	湖南邮电职业技术学院学报	112	0.97	8.1	1.7	15	60	—	0.84	2.7
P05	湖州职业技术学院学报	74	0.89	13.1	1.4	16	49	—	0.59	5.2
P05	淮北职业技术学院学报	159	0.94	10.2	1.5	23	109	—	0.68	5.7
P05	淮南职业技术学院学报	300	1.00	5.4	1.4	27	209	0.01	0.67	2.7
P05	黄冈职业技术学院学报	189	0.97	8.6	1.6	20	75	—	0.61	3.9
P05	黄河水利职业技术学院学报	81	0.91	11.0	2.3	13	41	0.01	0.69	4.0
P05	机械职业教育	144	0.98	10.9	1.9	26	100	—	0.78	3.7
P05	吉林广播电视大学学报	310	0.97	6.5	1.5	27	176	0.01	0.64	3.6
P05	吉林省教育学院学报	369	0.99	8.8	1.5	27	226	0.00	0.56	4.8
P05	济南职业学院学报	154	1.00	8.7	1.6	25	108	0.01	0.79	2.9
P05	济源职业技术学院学报	66	0.90	13.1	1.9	19	40	—	0.61	4.6
P05	佳木斯职业学院学报	752	1.00	6.3	1.3	31	453	0.00	0.74	2.9
P05	江苏工程职业技术学院学报	84	0.99	13.2	1.8	19	51	—	0.61	6.3
P05	江苏航运职业技术学院学报	77	0.95	9.7	2.0	13	39	—	0.87	4.2
P05	江苏建筑职业技术学院学报	92	0.98	8.3	2.0	14	41	0.01	0.71	3.7

学科代码	期刊名称	来源文献量	文献选出率	平均引文数	平均作者数	地区分布数	机构分布数	海外论文比	基金论文比	引用半衰期
P05	江苏经贸职业技术学院学报	141	1.00	6.8	1.4	15	78	0.01	0.80	3.0
P05	江西电力职业技术学院学报	665	0.98	7.5	1.2	29	332	—	0.43	3.2
P05	江西开放大学学报	55	1.00	16.0	1.6	15	37	—	0.64	4.9
P05	教师教育研究	103	1.00	24.6	2.3	22	45	0.03	0.73	7.4
P05	教育与职业	378	0.97	12.2	1.9	27	209	—	0.90	3.0
P05	金华职业技术学院学报	89	0.83	11.9	1.4	21	62	0.01	0.53	5.5
P05	晋城职业技术学院学报	138	0.95	8.4	1.4	21	91	—	0.57	5.4
P05	开放教育研究	71	0.85	35.5	3.0	17	34	0.03	0.75	3.8
P05	开放学习研究	41	0.91	33.0	3.0	14	25	0.05	0.63	5.1
P05	开封文化艺术职业学院学报	160	0.96	8.6	1.3	28	96	0.01	0.51	≥10
P05	兰州石化职业技术大学学报	67	0.83	8.7	2.1	15	29	—	0.67	5.3
P05	兰州职业技术学院学报	153	0.95	8.8	1.7	23	79	0.01	0.83	5.1
P05	黎明职业大学学报	63	0.88	14.2	1.6	5	12	—	0.70	3.9
P05	连云港职业技术学院学报	73	0.94	11.6	1.6	16	56	0.01	0.75	4.0
P05	两岸终身教育	46	0.92	16.6	1.4	17	41	—	0.91	4.7
P05	辽宁高职学报	315	0.96	10.3	1.4	7	47	—	0.67	3.2
P05	辽宁经济职业技术学院·辽宁经济管理干部学院学报	251	0.96	6.8	1.4	26	155	0.00	0.73	3.1
P05	辽宁开放大学学报	120	0.98	7.3	1.3	10	46	—	0.67	2.9
P05	辽宁农业职业技术学院学报	84	0.95	8.6	1.9	23	54	0.01	0.79	3.2
P05	柳州职业技术学院学报	135	0.95	8.9	1.5	23	74	0.01	0.77	4.6
P05	漯河职业技术学院学报	122	0.95	17.1	1.8	25	86	—	0.98	6.1
P05	吕梁教育学院学报	147	0.97	8.0	1.3	25	122	0.01	0.45	5.6
P05	闽西职业技术学院学报	99	0.96	11.9	1.3	21	60	—	0.42	7.9
P05	牡丹江教育学院学报	416	0.98	9.0	1.7	29	253	0.01	0.73	6.3
P05	南京开放大学学报	48	0.92	12.7	1.6	8	29	—	0.85	4.3
P05	南宁职业技术学院学报	108	0.93	15.0	1.5	22	71	—	0.80	4.4
P05	南通职业大学学报	86	0.93	9.0	1.9	10	42	—	0.67	3.9
P05	宁波教育学院学报	166	0.94	9.0	1.8	25	96	—	0.70	5.6
P05	宁波开放大学学报	96	0.91	14.2	1.4	21	70	—	0.55	≥10
P05	宁波职业技术学院学报	104	0.94	13.3	1.8	23	85	—	0.89	3.8
P05	濮阳职业技术学院学报	151	0.96	11.2	1.4	26	98	0.01	0.46	≥10
P05	青岛职业技术学院学报	99	0.99	10.7	1.7	20	76	0.01	0.68	4.6

学科代码	期刊名称	来源文献量	文献选出率	平均引文数	平均作者数	地区分布数	机构分布数	海外论文比	基金论文比	引用半衰期
P05	青年发展论坛	58	0.85	23.8	1.6	16	41	—	0.66	6.7
P05	清远职业技术学院学报	76	0.90	9.7	1.7	18	56	—	0.66	5.9
P05	三门峡职业技术学院学报	97	0.98	13.5	1.4	22	64	—	0.63	7.8
P05	沙洲职业工学院学报	52	1.00	6.1	1.8	2	9	—	0.67	2.6
P05	厦门城市职业学院学报	60	0.92	13.8	1.4	16	34	—	0.65	4.5
P05	山东开放大学学报	80	0.95	8.5	1.5	11	46	—	0.72	4.4
P05	山东商业职业技术学院学报	138	0.90	10.7	1.6	27	98	—	0.68	4.1
P05	山西开放大学学报	102	1.00	8.1	1.8	10	37	—	0.50	4.5
P05	山西青年职业学院学报	81	0.99	13.7	1.3	20	60	—	0.48	7.3
P05	山西卫生健康职业学院学报	670	1.00	4.5	1.9	17	312	—	0.17	3.5
P05	陕西开放大学学报	63	0.94	10.9	2.1	8	27	—	0.81	4.3
P05	陕西青年职业学院学报	74	0.95	4.8	1.8	20	54	—	0.92	2.2
P05	商丘职业技术学院学报	103	0.92	10.9	1.7	23	63	0.01	0.87	6.4
P05	深圳信息职业技术学院学报	77	0.88	12.0	2.0	14	29	0.01	0.81	3.7
P05	深圳职业技术学院学报	73	0.86	14.1	1.5	15	32	—	0.78	5.8
P05	石家庄铁路职业技术学院学报	103	0.96	6.8	2.0	16	50	—	0.39	5.2
P05	石家庄职业技术学院学报	102	0.96	9.4	1.9	14	39	—	0.54	4.5
P05	顺德职业技术学院学报	58	0.92	14.5	2.0	15	40	0.02	0.66	3.4
P05	司法警官职业教育研究	47	0.92	15.2	1.6	16	29	—	0.38	5.5
P05	四川职业技术学院学报	178	0.96	12.7	1.6	27	113	—	0.47	8.0
P05	苏州工艺美术职业技术学院学报	90	0.87	8.5	1.2	17	50	0.02	0.48	≥10
P05	苏州教育学院学报	79	0.83	25.4	1.2	21	57	0.01	0.52	≥10
P05	苏州市职业大学学报	69	0.96	10.7	1.7	18	54	—	0.77	3.3
P05	宿州教育学院学报	138	1.00	10.8	1.6	25	105	0.01	0.75	5.6
P05	太原城市职业技术学院学报	741	0.98	8.5	1.6	30	485	0.00	0.96	3.9
P05	泰州职业技术学院学报	158	1.00	6.7	2.3	11	49	0.01	0.54	4.3
P05	天津电大学报	52	0.95	12.0	2.0	14	32	—	0.79	4.3
P05	天津商务职业学院学报	62	0.91	16.0	1.5	14	41	—	0.73	3.9
P05	天津职业大学学报	92	1.00	11.5	1.7	22	63	0.01	0.83	4.0
P05	天津职业技术师范大学学报	50	0.88	19.9	3.4	2	2	—	0.94	5.3
P05	铜陵职业技术学院学报	72	0.95	13.3	1.8	17	54	—	0.71	6.0
P05	潍坊工程职业学院学报	101	0.90	13.7	1.8	24	86	—	0.74	5.5
P05	卫生职业教育	1144	0.98	13.0	3.9	30	486	0.00	0.79	4.1

学科代码	期刊名称	来源文献量	文献选出率	平均引文数	平均作者数	地区分布数	机构分布数	海外论文比	基金论文比	引用半衰期
P05	温州职业技术学院学报	61	0.87	18.0	1.6	11	33	—	0.77	≥10
P05	乌鲁木齐职业大学学报	47	0.87	9.9	1.6	11	28	—	0.64	6.3
P05	无锡商业职业技术学院学报	97	0.99	14.9	1.8	19	60	0.01	0.78	3.8
P05	无锡职业技术学院学报	109	1.00	9.9	1.7	15	63	—	0.82	3.9
P05	芜湖职业技术学院学报	86	0.96	10.6	1.9	6	36	—	0.83	3.8
P05	武汉船舶职业技术学院学报	119	0.98	7.4	1.7	19	53	—	0.64	3.1
P05	武汉工程职业技术学院学报	90	0.99	9.2	2.0	14	52	—	0.57	4.3
P05	武汉交通职业学院学报	85	0.98	19.6	1.6	17	47	—	0.56	5.5
P05	武汉职业技术学院学报	109	0.90	12.0	1.7	22	73	—	0.82	4.2
P05	西北成人教育学院学报	105	0.96	12.9	1.7	19	74	0.01	0.70	5.5
P05	现代特殊教育	436	0.93	9.8	1.9	28	226	0.01	0.38	7.2
P05	现代职业教育	1616	1.00	7.9	1.9	31	894	0.00	0.71	3.2
P05	襄阳职业技术学院学报	181	0.98	7.8	1.9	21	87	—	0.66	4.1
P05	新疆开放大学学报	57	0.92	10.9	1.8	15	35	0.02	0.70	3.3
P05	新疆职业大学学报	56	0.95	11.8	1.7	15	33	—	0.84	3.9
P05	新疆职业教育研究	48	0.91	10.3	1.7	17	36	—	0.81	3.4
P05	邢台职业技术学院学报	132	0.94	9.3	2.3	22	81	—	0.74	4.2
P05	烟台职业学院学报	71	0.88	7.3	1.7	10	31	—	0.77	4.2
P05	延安职业技术学院学报	140	0.96	9.8	1.8	20	98	0.01	0.68	6.2
P05	延边教育学院学报	214	1.00	6.1	1.4	26	152	—	0.47	4.1
P05	扬州教育学院学报	84	0.99	12.7	1.3	20	43	—	0.46	≥10
P05	扬州职业大学学报	48	0.96	15.4	1.5	16	31	—	0.50	≥10
P05	杨凌职业技术学院学报	97	0.92	6.5	1.9	15	44	—	0.74	4.4
P05	岳阳职业技术学院学报	119	0.91	7.7	1.9	19	66	—	0.83	3.6
P05	云南开放大学学报	72	0.94	11.9	2.1	12	33	—	0.81	5.4
P05	张家口职业技术学院学报	98	0.96	6.7	2.0	18	59	—	0.66	5.6
P05	漳州职业技术学院学报	67	0.91	11.0	1.4	2	14	—	0.54	3.9
P05	浙江纺织服装职业技术学院学报	63	1.00	15.5	2.4	15	32	—	0.63	7.5
P05	浙江工贸职业技术学院学报	78	0.92	10.9	2.1	7	27	0.01	0.88	4.4
P05	浙江工商职业技术学院学报	80	1.00	10.2	1.7	15	43	0.01	0.72	4.5
P05	浙江交通职业技术学院学报	67	0.94	8.7	2.1	14	45	—	0.64	3.1
P05	浙江艺术职业学院学报	90	0.94	13.6	1.2	20	60	0.01	0.43	≥10
P05	郑州铁路职业技术学院学报	119	0.98	4.1	2.0	18	51	—	0.59	3.6

学科代码	期刊名称	来源文献量	文献选出率	平均引文数	平均作者数	地区分布数	机构分布数	海外论文比	基金论文比	引用半衰期
P05	职教发展研究	51	0.98	17.2	1.8	14	34	0.02	0.75	3.9
P05	职教论坛	178	0.93	20.4	2.0	24	108	0.02	0.77	3.8
P05	职业	624	0.84	2.6	1.4	30	363	0.00	0.31	3.8
P05	职业技术教育	425	0.84	15.4	2.0	28	239	0.01	0.88	3.5
P05	职业教育	633	0.94	9.3	1.9	31	389	—	0.76	3.8
P05	职业教育研究	202	0.93	9.8	2.0	24	135	—	0.76	4.1
P05	中国职业技术教育	470	0.99	14.5	2.0	26	254	0.01	0.61	3.5
P05	终身教育研究	62	0.94	22.6	1.8	15	35	—	0.76	6.1
P07	Journal of Sport and Health Science (JSHS)	79	0.87	62.4	6.4	6	72	0.85	0.65	7.4
P07	安徽体育科技	109	0.96	12.9	2.5	24	73	0.01	0.56	5.5
P07	北京体育大学学报	166	0.97	35.9	2.4	25	71	0.03	0.87	5.8
P07	冰雪运动	112	0.94	18.0	2.8	18	57	—	0.79	3.6
P07	成都体育学院学报	120	0.99	23.9	2.7	20	68	0.03	0.75	8.1
P07	当代体育科技	1644	0.98	11.3	2.1	31	725	0.01	0.61	3.4
P07	福建体育科技	132	1.00	23.6	2.7	25	84	0.02	0.64	7.9
P07	广州体育学院学报	83	0.87	35.6	2.9	20	60	0.02	0.86	5.0
P07	哈尔滨体育学院学报	78	0.96	24.4	2.6	19	44	—	0.76	4.3
P07	河北体育学院学报	75	0.90	23.0	2.3	19	55	—	0.69	4.8
P07	湖北体育科技	180	1.00	28.4	2.6	25	97	0.02	0.58	5.0
P07	吉林体育学院学报	82	1.00	22.3	2.7	20	56	—	0.88	4.6
P07	辽宁体育科技	147	0.98	14.5	2.4	24	80	0.01	0.70	4.5
P07	模型世界	2135	0.98	5.8	1.5	31	1489	0.00	0.06	2.9
P07	南京体育学院学报	137	1.00	24.1	2.2	20	85	0.02	0.75	5.9
P07	青少年体育	473	0.99	7.7	1.9	29	305	0.00	0.48	3.7
P07	拳击与格斗	1008	0.97	3.5	1.3	31	702	0.00	0.16	2.9
P07	山东体育科技	71	0.92	21.9	2.5	20	54	0.03	0.70	5.6
P07	山东体育学院学报	76	0.99	33.7	3.1	21	56	—	1.00	4.8
P07	上海体育大学学报	107	0.92	48.7	3.0	16	55	0.02	0.82	8.3
P07	沈阳体育学院学报	116	1.00	25.2	2.8	19	60	0.03	0.94	3.5
P07	首都体育学院学报	72	0.99	39.2	3.7	17	37	—	0.85	5.9
P07	四川体育科学	163	0.96	21.5	2.8	25	121	0.02	0.69	7.6
P07	体育教学	401	0.93	1.5	1.9	21	286	—	0.19	3.3
P07	体育教育学刊	76	0.99	26.0	2.7	19	49	0.01	0.80	4.2

学科代码	期刊名称	来源文献量	文献选出率	平均引文数	平均作者数	地区分布数	机构分布数	海外论文比	基金论文比	引用半衰期
P07	体育科技	318	1.00	12.5	2.4	29	216	0.00	0.96	6.0
P07	体育科技文献通报	838	1.00	15.5	2.3	29	333	0.01	0.46	5.4
P07	体育科学	116	0.99	39.9	3.6	21	61	—	0.91	5.6
P07	体育科学研究	75	0.97	21.7	2.2	22	33	0.01	0.67	6.9
P07	体育科研	76	0.97	33.9	3.1	15	44	0.03	0.75	7.3
P07	体育文化导刊	180	0.94	19.3	2.8	24	96	0.01	0.91	2.6
P07	体育学刊	119	1.00	24.2	2.7	24	72	0.02	0.80	5.6
P07	体育研究与教育	84	1.00	25.0	2.6	22	60	—	0.74	6.9
P07	体育与科学	85	0.99	30.5	2.4	17	54	0.01	0.67	7.4
P07	天津体育学院学报	109	1.00	26.2	3.0	21	67	0.03	0.93	4.9
P07	武汉体育学院学报	144	0.97	30.0	3.0	23	79	0.01	0.90	5.8
P07	武术研究	508	0.98	11.5	2.1	30	236	0.01	0.59	7.1
P07	西安体育学院学报	78	1.00	40.3	3.0	16	47	0.04	0.97	4.3
P07	运动精品	354	1.00	10.7	2.1	28	183	—	0.55	4.7
P07	浙江体育科学	103	0.98	23.2	2.7	17	61	—	0.67	7.5
P07	中国体育教练员	94	0.93	11.1	2.2	18	58	—	0.23	6.6
P07	中国体育科技	148	0.97	47.6	3.8	22	71	0.03	0.74	7.5
P07	中国运动医学杂志	117	0.75	49.8	5.1	17	60	0.03	0.74	6.9
Q07	计量经济学报	55	0.98	46.4	3.0	16	38	0.09	0.91	7.6
Q07	内蒙古统计	127	0.84	4.9	1.6	19	68	0.01	0.24	4.8
Q07	统计科学与实践	171	0.88	3.4	1.5	9	72	—	0.14	6.6
Q07	统计理论与实践	127	0.93	14.4	2.1	21	66	—	0.63	4.7
Q07	统计学报	43	0.96	37.1	2.5	18	31	—	0.91	4.7
Q07	统计研究	143	0.96	36.6	2.7	19	71	0.01	0.87	≥10
Q07	统计与管理	157	0.89	19.5	2.2	24	105	—	0.67	5.3
Q07	统计与决策	806	0.97	15.5	2.5	30	331	0.01	0.82	4.6
Q07	统计与信息论坛	112	0.99	30.7	2.6	26	74	0.04	0.94	5.3
Q07	统计与咨询	79	0.93	7.7	2.1	24	47	0.01	0.46	3.4
Q07	中国计量	388	0.74	9.9	2.6	27	212	—	0.14	5.9

7 中国期刊名称类目索引

期刊名称	学科代码	被引指标页码	来源指标页码
Acta Biochimica et Biophysica Sinica	B13	36	242
Acta Epileptologica	D27	72	278
Acta Geochimica	B07	30	236
Acta Geologica Sinica (English Edition)	B11	33	239
Acta Mathematica Scientia	B04	27	233
Acta Mathematica Sinica	B01	24	230
Acta Mathematicae Applicatae Sinica	B01	24	230
Acta Mechanica Sinica (English Series)	B03	26	232
Acta Mechanica Solida Sinica	B03	26	232
Acta Metallurgica Sinica	E09	101	307
Acta Oceanologica Sinica	B12	35	241
Acta Pharmaceutica Sinica B	D36	80	286
Acta Pharmacologica Sinica	D36	80	286
Acupuncture and Herbal Medicine	D41	86	292
Advanced Photonics	E20	119	325
Advances in Atmospheric Sciences	B08	30	236
Advances in Climate Change Research	B08	30	236
Advances in Manufacturing	E01	86	292
Advances in Polar Science	B10	32	238
Aerospace China	E38	143	349
Agricultural Science & Technology	C01	39	245
Algebra Colloquium	B01	24	230
Analysis in Theory and Applications	B01	24	230
Animal Models and Experimental Medicine	D03	59	265
Animal Nutrition	C08	49	255
Applied Geophysics	B09	31	237
Applied Mathematics: A Journal of Chinese Universities, B	B01	24	230
Applied Mathematics and Mechanics	B03	26	232
Aquaculture and Fisheries	C10	51	257
Asian Herpetological Research	B16	38	244
Asian Journal of Andrology	D17	68	274
Asian Journal of Pharmaceutical Sciences	D36	80	286
Asian Journal of Urology	D17	68	274
Astronomical Techniques and Instruments	B06	30	236
Atmospheric and Oceanic Science Letters	B08	31	237
Automotive Innovation	E35	140	346
Avian Research	B16	38	244
Baosteel Technical Research	E09	101	307
Big Data Mining and Analytics	E22	121	327
Bio-Design and Manufacturing	E01	86	292
Biomaterials Translational	E06	98	304
Biomedical and Environmental Sciences	B13	36	242
Biomimetic Intelligence and Robotics	E03	94	300
Biophysics Reports	B13	36	242
Biosafety and Health	E06	98	304
Blockchain: Research and Applications	E22	121	327
Blood Science	D11	64	270
Bone Research	D18	68	274
Building Simulation	E31	132	338
Built Heritage	E31	132	338
Cancer Biology & Medicine	D29	74	280
Carbon Energy	B05	28	234
Cardiology Discovery	D16	67	273
Cell Research	B13	36	242
Cellular & Molecular Immunology	D03	59	265
CES Transactions on Electrical Machines and Systems	E19	117	323
Chemical Research in Chinese Universities	B05	28	234
ChemPhysMater	E08	99	305
China & World Economy	L01	172	378
China City Planning Review	E31	132	338
China Communications	E21	119	325
China Detergent & Cosmetics	E26	127	333
China Economic Transition	L01	172	378
China Geology	B11	33	239
China Ocean Engineering	B12	35	241
China Oil & Gas	E17	114	320

期刊名称	学科代码	被引指标页码	来源指标页码	期刊名称	学科代码	被引指标页码	来源指标页码
China Petroleum Processing and Petrochemical Technology	E17	114	320	Chinese Physics C	B04	27	233
China Tibetology	N04	194	400	Chinese Physics Letters	B04	27	233
China Welding	E13	106	312	Chinese Quarterly Journal of Mathematics	B01	25	231
China's Refractories	E08	99	305	Chronic Diseases and Translational Medicine	D05	60	266
Chinese Annals of Mathematics, Series B	B01	24	230	Collagen and Leather	E26	127	333
Chinese Chemical Letters	B05	28	234	Communications in Mathematical Research	B01	25	231
Chinese Geographical Science	B10	32	238	Communications in Theoretical Physics	B04	27	233
Chinese Herbal Medicines	D40	86	292	Computational Visual Media	E22	121	327
Chinese Journal of Acoustics	B04	27	233	Contemporary Social Sciences	H01	149	355
Chinese Journal of Aeronautics	E38	143	349	Contemporary International Relations	M04	189	395
Chinese Journal of Biomedical Engineering	E06	98	304	Control Theory and Technology	E03	94	300
Chinese Journal of Cancer Research	D29	74	280	Corrosion Communications	E08	99	305
Chinese Journal of Chemical Engineering	E23	123	329	CPC Central Committee Bimonthly (QIUSHI)	M01	183	389
Chinese Journal of Chemical Physics	B05	28	234	CSEE Journal of Power and Energy Systems	E19	117	323
Chinese Journal of Chemistry	B05	28	234	CT 理论与应用研究	E01	86	292
Chinese Journal of Electrical Engineering	E15	110	316	Current Medical Science	D01	52	258
Chinese Journal of Electronics	E19	117	323	Cyborg and Bionic Systems	E27	128	334
Chinese Journal of Integrative Medicine	D01	52	258	Deep Underground Science and Engineering	B11	33	239
Chinese Journal of Plastic and Reconstructive Surgery	D19	69	275	Defence Technology	E28	128	334
Chinese Journal of Polymer Science	B05	28	234	Digital Chinese Medicine	D37	82	288
Chinese Journal of Population Resources and Environment	E39	145	351	Earth and Planetary Physics	B09	31	237
Chinese Journal of Science Instrument	E27	128	334	Earthquake Engineering and Engineering Vibration	B09	32	238
Chinese Journal of Traumatology	D14	65	271	Earthquake Research Advances	B11	33	239
Chinese Medical Journal	D01	52	258	Earthquake Science	B09	32	238
Chinese Medical Sciences Journal	D01	52	258	Ecological Processes	B14	37	243
Chinese Medicine and Culture	D37	82	288	eLight	B04	27	233
Chinese Medicine and Natural Products	D37	82	288	Emergency and Critical Care Medicine	D05	60	266
Chinese Neurosurgical Journal	D27	72	278	Energy & Environmental Materials	E16	113	319
Chinese Nursing Frontiers	D30	76	282	Energy Material Advances	E16	113	319
Chinese Optics Letters	B04	27	233	Engineering	A01	13	219
Chinese Physics B	B04	27	233	eScience	B05	29	235
				Eye and Vision	D22	70	276
				E 动时尚	N05	195	401

期刊名称	学科代码	被引指标页码	来源指标页码	期刊名称	学科代码	被引指标页码	来源指标页码
Food Quality and Safety	E30	130	336	Health Data Science	D05	60	266
Food Science and Human Wellness	E30	130	336	Hepatobiliary & Pancreatic Diseases International	D10	64	270
Forensic Sciences Research	M07	192	398	High Power Laser Science and Engineering	E20	119	325
Forest Ecosystems	C07	47	253	High Technology Letters	A01	13	219
Friction	E01	86	292	High Voltage	E19	117	323
Frigid Zone Medicine	D01	52	258	Horticultural Plant Journal	C04	45	251
Frontiers in Energy	E16	113	319	Horticulture Research	C04	45	251
Frontiers of Agricultural Science and Engineering	C01	39	245	IEEE/CAA Journal of Automatica Sinica	E03	94	300
Frontiers of Architectural Research	E31	132	338	iLIVER	D10	64	270
Frontiers of Chemical Science and Engineering	E23	123	329	International Journal of Dermatology and Venereology	D25	72	278
Frontiers of Computer Science	E22	121	327	Infectious Diseases & Immunity	D13	65	271
Frontiers of Engineering Management	E01	86	292	Infectious Diseases of Poverty	D13	65	271
Frontiers of Information Technology & Electronic Engineering	E19	117	323	Infectious Medicine	D13	65	271
Frontiers of Materials Science	E08	99	305	Infectious Microbes & Diseases	D13	65	271
Frontiers of Mechanical Engineering	E12	105	311	Insect Science	B16	38	244
Frontiers of Medicine	D01	52	258	Intelligent Medicine	D01	52	258
Frontiers of Optoelectronics	E20	119	325	International Journal of Coal Science & Technology	E16	113	319
Frontiers of Structural and Civil Engineering	E32	136	342	International Journal of Disaster Risk Science	E40	147	353
Fundamental Research	A01	13	219	International Journal of Extreme Manufacturing	E01	86	292
General Psychiatry	D27	72	278	International Journal of Minerals, Metallurgy and Materials	E11	104	310
Genes & Diseases	D01	52	258	International Journal of Mining Science and Technology	E10	102	308
Genomics, Proteomics & Bioinformatics	B13	36	242	International Journal of Novation Studies	L01	172	378
Geodesy and Geodynamics	B09	32	238	International Journal of Nursing Sciences	D30	76	282
Geography and Sustainability	E07	99	305	International Journal of Oral Science	D24	71	277
Geoscience Frontiers	B07	30	236	International Journal of Plant Engineering and Management	E13	106	312
Geospatial Information Science	B07	30	236	International Journal of Sediment Research	E33	136	342
Global Energy Interconnection	E16	113	319	International Soil and Water Conservation Research	E33	136	342
Global Geology	B11	33	239				
Global Health Journal	D31	76	282	Journal of Acupuncture and Tuina Science	D41	86	292
Grain & Oil Science and Technology	E30	130	336	Journal of Animal Science and Biotechnology	C08	49	255
Green Chemical Engineering	E23	123	329				
Green Energy & Environment	E16	113	319				
Gynecology and Obstetrics Clinical Medicine	D20	69	275				

期刊名称	学科代码	被引指标页码	来源指标页码	期刊名称	学科代码	被引指标页码	来源指标页码
Journal of Beijing Institute of Technology	E02	89	295	Journal of Meteorological Research (JMR)	B08	31	237
Journal of Bionic Engineering	E01	86	292	Journal of Molecular Cell Biology	B13	36	242
Journal of Bioresources and Bioproducts	C07	47	253	Journal of Molecular Science	B05	29	235
Journal of Bio-X Research	B13	36	242	Journal of Mountain Science	B10	32	238
Journal of Central South University	E02	89	295	Journal of Northeast Agricultural University (English Edition)	C02	42	248
Journal of Chinese Pharmaceutical Sciences	D36	81	287	Journal of Nutritional Oncology	D29	74	280
Journal of Communications and Information Networks	E21	120	326	Journal of Ocean Engineering and Science	B12	35	241
Journal of Computational Mathematics	B01	25	231	Journal of Ocean University of China	B12	35	241
Journal of Computer Science & Technology	E22	121	327	Journal of Oceanology and Limnology	B12	35	241
Journal of Cotton Research	C04	45	251	Journal of Otology	D23	71	277
Journal of Data and Information Science	N07	197	403	Journal of Palaeogeography	B11	33	239
Journal of Donghua University (English Edition)	E29	129	335	Journal of Pancreatology	D10	64	270
Journal of Earth Science	B07	30	236	Journal of Partial Differential Equations	B01	25	231
Journal of Energy Chemistry	B05	29	235	Journal of Pharmaceutical Analysis	D36	81	287
Journal of Environmental Sciences	E39	145	351	Journal of Plant Ecology	B15	38	244
Journal of Forestry Research	C07	47	253	Journal of Rare Earths	E08	100	306
Journal of Geodesy and Geoinformation Science	E07	99	305	Journal of Resources and Ecology	E39	145	351
Journal of Geographical Sciences	B10	32	238	Journal of Road Engineering	E35	140	346
Journal of Geriatric Cardiology	D16	67	273	Journal of Rock Mechanics and Geotechnical Engineering	B11	33	239
Journal of Harbin Institute of Technology	E02	89	295	Journal of Safety Science and Resilience	E40	147	353
Journal of Integrative Agriculture	C01	39	245	Journal of Semiconductors	E19	117	323
Journal of Integrative Medicine	D01	52	258	Journal of Shanghai Jiaotong University (Science)	E02	89	295
Journal of Integrative Plant Biology	B15	38	244	Journal of Southeast University (English Edition)	E02	89	295
Journal of Intensive Medicine	D05	60	266	Journal of Sport and Health Science (JSHS)	P07	215	421
Journal of Iron and Steel Research, International	E09	101	307	Journal of Systems Engineering and Electronics	E03	94	300
Journal of Magnesium and Alloys	E08	99	305	Journal of Systems Science and Complexity	B02	26	232
Journal of Marine Science and Application	E37	142	348	Journal of Systems Science and Information	B02	26	232
Journal of Materials Science & Technology	E08	99	305	Journal of Systems Science and Systems Engineering	B02	26	232
Journal of Materiomics	E08	99	305				
Journal of Mathematical Study	B01	25	231				

期刊名称	学科代码	被引指标页码	来源指标页码
Journal of the Operations Research Society of China	B01	25	231
Journal of Traditional Chinese Medicine	D37	82	288
Journal of Traffic and Transportation Engineering (English Edition)	E34	138	344
Journal of Tropical Meteorology	B07	30	236
Journal of Wuhan University of Technology (Materials Science Edition)	E08	100	306
Journal of Zhejiang University Science A: Applied Physics & Engineering	B04	27	233
Journal of Zhejiang University Science B: Biomedicine & Biotechnology	B13	36	242
Laparoscopic, Endoscopic and Robotic Surgery	D14	65	271
Light: Science & Applications	B04	27	233
Liver Research	D10	64	270
Machine Intelligence Research	E03	94	300
Magnetic Resonance Letters	B04	27	233
Marine Science Bulletin	B12	35	241
Maternal-Fetal Medicine	D20	69	275
Matter and Radiation at Extremes (MRE)	E18	117	323
Medical Review	D01	52	258
Military Medical Research	D34	79	285
mLife	B17	38	244
Molecular Plant	B15	38	244
Nano Materials Science	E08	100	306
Nano Research	E08	100	306
Nano-Micro Letters	E08	100	306
Nanotechnology and Precision Engineering	E08	100	306
National Science Open	A01	13	219
National Science Review	A01	13	219
Neural Regeneration Research	D27	72	278
Neuroscience Bulletin	D27	72	278
Nuclear Science and Techniques	E18	117	323
Oil Crop Science	C03	43	249
Oncology and Translational Medicine	D29	74	280
Opto-Electronic Advances	E20	119	325
Opto-Electronic Science	E20	119	325
Optoelectronics Letters	E20	119	325
Paper and Biomaterials	E26	127	333
Particuology	E23	123	329
Pediatric Investigation	D21	70	276
Pedosphere	C05	46	252
Petroleum	E17	114	320
Petroleum Research	E17	114	320
Photonic Sensors	E22	121	327
Photonics Research	E20	119	325
Plant Diversity	B15	38	244
Plant Phenomics	B15	38	244
Plasma Science and Technology	E18	117	323
Progress in Natural Science: Materials International	E08	100	306
Quantitative Biology	B13	36	242
Radiation Detection Technology and Methods	E18	117	323
Radiation Medicine and Protection	D34	79	285
Railway Engineering Science	E36	141	347
Rare Metals	E09	101	307
Regional Sustainability	H01	149	355
Reproductive and Developmental Medicine	D20	69	275
Research	A01	13	219
Research in Astronomy and Astrophysics	B06	30	236
Rheumatology Autoimmunity	D34	79	285
Rice Science	C03	43	249
Science Bulletin	A01	13	219
Science China Information Sciences	E22	121	327
Science China Materials	E08	100	306
Science China Physics,Mechanics & Astronomy	B04	27	233
Science China Technological Sciences	E01	87	293
Science China (Chemistry)	B05	29	235
Science China (Earth Sciences)	B07	30	236

期刊名称	学科代码	被引指标页码	来源指标页码
Science China (Life Sciences)	B13	36	242
Science China (Mathematics)	B01	25	231
Sciences in Cold and Arid Regions	B10	32	238
Security and Safety	E40	147	353
Shanghai Journalism Review	N05	195	401
Signal Transduction and Targeted Therapy	D29	74	280
Soil Ecology Letters	C05	46	252
South China Journal of Cardiology	D16	67	273
Space: Science & Technology	E38	143	349
Statistical Theory and Related Fields	B01	25	231
The Crop Journal	C03	43	249
The Journal of China Universities of Posts and Telecommunications	E19	117	323
The Journal of Human Rights	M05	190	396
Theoretical & Applied Mechanics Letters	B03	26	232
Traditional Chinese Medical Sciences	D37	83	289
Transactions of Nanjing University of Aeronautics and Astronautics	E38	143	349
Transactions of Nonferrous Metals Society of China	E09	101	307
Transactions of Tianjin University	E02	89	295
Translational Neurodegeneration	D27	72	278
Tsinghua Science and Technology	E03	94	300
Ultrafast Science	B04	27	233
Underground Space	E32	136	342
Unmanned Systems	E22	121	327
UroPrecision	D17	68	274
Visual Informatics	E22	121	327
Waste Disposal & Sustainable Energy	E39	145	351
World Journal of Acupuncture-Moxibustion	D41	86	292
World Journal of Emergency Medicine	D05	60	266
World Journal of Integrated Traditional and Western Medicine	D39	85	291
World Journal of Otorhinolaryngology-Head and Neck Surgery	D23	71	277

期刊名称	学科代码	被引指标页码	来源指标页码
World Journal of Pediatric Surgery	D21	70	276
World Journal of Pediatrics	D21	70	276
World Journal of Traditional Chinese Medicine	D37	83	289
Wuhan University Journal of Natural Sciences	A02	15	221
ZTE Communications	E21	120	326
阿坝师范学院学报	P01	199	405
阿尔茨海默病及相关病杂志	D27	72	278
阿拉伯世界研究	M04	189	395
癌变·畸变·突变	D29	75	281
癌症	D29	75	281
癌症进展	D29	75	281
癌症康复	D29	75	281
安徽大学学报（哲学社会科学版）	H02	153	359
安徽大学学报（自然科学版）	A02	15	221
安徽地质	B11	33	239
安徽电气工程职业技术学院学报	P05	209	415
安徽电子信息职业技术学院学报	P05	209	415
安徽工程大学学报	E02	89	295
安徽工业大学学报（社会科学版）	H02	153	359
安徽工业大学学报（自然科学版）	A02	15	221
安徽化工	E23	123	329
安徽建筑	E31	132	338
安徽建筑大学学报	E02	89	295
安徽警官职业学院学报	P05	209	415
安徽开放大学学报	P05	209	415
安徽科技	A01	13	219
安徽科技学院学报	E02	89	295
安徽理工大学学报（社会科学版）	H02	153	359
安徽理工大学学报（自然科学版）	A02	15	221
安徽林业科技	C07	47	253
安徽农学通报	C01	39	245
安徽农业大学学报	C02	42	248
安徽农业大学学报（社会科学版）	H02	153	359
安徽农业科学	A01	13	219

中国期刊名称类目索引(续)

期刊名称	学科代码	被引指标页码	来源指标页码	期刊名称	学科代码	被引指标页码	来源指标页码
安徽商贸职业技术学院学报	P05	209	415	办公室业务	L01	172	378
安徽师范大学学报（社会科学版）	H03	160	366	办公自动化	E22	121	327
安徽师范大学学报（自然科学版）	A03	22	228	半导体光电	E19	117	323
安徽史学	K08	170	376	半导体技术	E19	118	324
安徽水利水电职业技术学院学报	P05	209	415	包钢科技	E11	104	310
安徽体育科技	P07	215	421	包头医学	D01	52	258
安徽乡村振兴研究	M02	185	391	包头医学院学报	D02	56	262
安徽冶金科技职业学院学报	P05	209	415	包头职业技术学院学报	P05	209	415
安徽医科大学学报	D02	56	262	包装工程	E01	87	293
安徽医学	D01	52	258	包装世界	E01	87	293
安徽医药	D01	52	258	包装学报	E01	87	293
安徽医专学报	D02	56	262	包装与设计	K06	167	373
安徽预防医学杂志	D31	76	282	包装与食品机械	E30	130	336
安徽职业技术学院学报	P05	209	415	宝钢技术	E11	104	310
安徽中医药大学学报	D38	84	290	宝鸡文理学院学报（社会科学版）	H02	153	359
安康学院学报	A02	15	221	宝鸡文理学院学报（自然科学版）	A02	15	221
安庆师范大学学报（社会科学版）	H03	161	367	宝石和宝石学杂志（中英文）	B11	34	240
安庆师范大学学报（自然科学版）	A03	22	228	保定学院学报	P01	199	405
安全	E40	147	353	保健医学研究与实践	D07	62	268
安全、健康和环境	E40	147	353	保密科学技术	E22	121	327
安全与电磁兼容	E15	110	316	保山学院学报	A02	15	221
安全与环境工程	E40	147	353	保鲜与加工	E05	97	303
安全与环境学报	E40	147	353	保险研究	L10	181	387
安顺学院学报	P01	199	405	保险职业学院学报	P05	209	415
安阳工学院学报	E02	89	295	暴雨灾害	B08	31	237
安阳师范学院学报	A03	22	228	爆破	E28	128	334
安装	E31	132	338	爆破器材	E28	128	334
桉树科技	C07	47	253	爆炸与冲击	E28	128	334
鞍钢技术	E11	104	310	北部湾大学学报	A02	15	221
鞍山师范学院学报	P01	199	405	北方蚕业	C01	39	245
八桂侨刊	N01	192	398	北方法学	M05	190	396
巴楚医学	D05	60	266	北方工业大学学报	E02	89	295
白血病·淋巴瘤	D29	75	281	北方果树	C04	45	251
百色学院学报	A02	15	221	北方建筑	E31	132	338

期刊名称	学科代码	被引指标页码	来源指标页码	期刊名称	学科代码	被引指标页码	来源指标页码
北方交通	E34	138	344	北京航空航天大学学报	E02	89	295
北方金融	L10	181	387	北京航空航天大学学报（社会科学版）	H02	154	360
北方经济	L01	172	378	北京化工大学学报（社会科学版）	H02	154	360
北方经贸	L08	179	385	北京化工大学学报（自然科学版）	A02	16	222
北方论丛	H01	149	355	北京建筑大学学报	E02	89	295
北方民族大学学报（哲学社会科学版）	H02	153	359	北京交通大学学报	E02	89	295
北方牧业	C08	49	255	北京交通大学学报（社会科学版）	H02	154	360
北方农业学报	C01	39	245	北京教育学院学报	P05	209	415
北方水稻	C03	44	250	北京经济管理职业学院学报	P05	209	415
北方文物	K08	170	376	北京警察学院学报	M02	185	391
北方药学	D36	81	287	北京科技大学学报（社会科学版）	H02	154	360
北方音乐	K06	167	373	北京口腔医学	D24	71	277
北方园艺	C04	45	251	北京劳动保障职业学院学报	P05	210	416
北华大学学报（社会科学版）	H02	153	359	北京理工大学学报	E02	89	295
北华大学学报（自然科学版）	A02	15	221	北京理工大学学报（社会科学版）	H02	154	360
北华航天工业学院学报	E02	89	295	北京联合大学学报	A02	16	222
北京财贸职业学院学报	P05	209	415	北京联合大学学报（人文社会科学版）	H02	154	360
北京测绘	E07	99	305	北京林业大学学报	C02	42	248
北京城市学院学报	A02	15	221	北京林业大学学报（社会科学版）	H02	154	360
北京大学教育评论	P01	199	405	北京农学院学报	C02	42	248
北京大学学报（医学版）	D02	56	262	北京农业职业学院学报	P05	210	416
北京大学学报（哲学社会科学版）	H02	153	359	北京汽车	E34	138	344
北京大学学报（自然科学版）	A02	15	221	北京青年研究	M01	183	389
北京档案	N08	198	404	北京社会科学	H01	149	355
北京第二外国语学院学报	K03	164	370	北京生物医学工程	E06	98	304
北京电影学院学报	K06	167	373	北京师范大学学报（社会科学版）	H03	161	367
北京电子科技学院学报	E02	89	295	北京师范大学学报（自然科学版）	A03	22	228
北京服装学院学报（自然科学版）	A02	15	221	北京石油管理干部学院学报	M02	185	391
北京工商大学学报（社会科学版）	H02	153	359	北京石油化工学院学报	E02	90	296
北京工业大学学报	E02	89	295	北京市工会干部学院学报	M02	185	391
北京工业大学学报（社会科学版）	H02	154	360	北京水务	E33	136	342
北京工业职业技术学院学报	P05	209	415	北京体育大学学报	P07	215	421
北京观察	M01	183	389	北京舞蹈学院学报	K06	167	373
北京规划建设	E31	132	338	北京信息科技大学学报（自然科学版）	A02	16	222

期刊名称	学科代码	被引指标页码	来源指标页码
北京行政学院学报	M02	185	391
北京宣武红旗业余大学学报	P05	210	416
北京医学	D01	52	258
北京印刷学院学报	E02	90	296
北京邮电大学学报	E02	90	296
北京邮电大学学报（社会科学版）	H02	154	360
北京政法职业学院学报	P05	210	416
北京中医药	D37	83	289
北京中医药大学学报	D38	84	290
蚌埠学院学报	A02	16	222
蚌埠医学院学报	D02	56	262
比较法研究	M05	190	396
比较教育学报	P03	205	411
比较教育研究	P01	199	405
边疆经济与文化	L01	172	378
编辑学报	N05	195	401
编辑学刊	N05	195	401
编辑之友	N05	195	401
变压器	E15	110	316
标记免疫分析与临床	D28	73	279
标准科学	E01	87	293
表面技术	E25	126	332
滨州学院学报	A02	16	222
滨州医学院学报	D02	56	262
冰川冻土	B10	32	238
冰雪运动	P07	215	421
兵工学报	E28	129	335
兵工自动化	E28	129	335
兵器材料科学与工程	E28	129	335
兵器装备工程学报	E28	129	335
兵团党校学报	M02	185	391
兵团教育学院学报	P05	210	416
兵团医学	D01	53	259
病毒学报	B17	38	244

期刊名称	学科代码	被引指标页码	来源指标页码
波谱学杂志	B04	27	233
玻璃	E08	100	306
玻璃搪瓷与眼镜	E08	100	306
玻璃纤维	E08	100	306
博物院	N08	198	404
渤海大学学报（哲学社会科学版）	H02	154	360
渤海大学学报（自然科学版）	A02	16	222
才智	H01	149	355
材料保护	E08	100	306
材料导报	E08	100	306
材料工程	E08	100	306
材料开发与应用	E08	100	306
材料科学与工程学报	E08	100	306
材料科学与工艺	E08	100	306
材料热处理学报	E08	100	306
材料研究学报	E08	100	306
材料研究与应用	E09	101	307
材料与冶金学报	E11	104	310
财经界	L10	181	387
财经科学	L10	181	387
财经理论研究	L10	181	387
财经理论与实践	L10	181	387
财经论丛（浙江财经学院学报）	L02	176	382
财经问题研究	L10	181	387
财经研究	L01	172	378
财经智库	L10	181	387
财会通讯	L04	177	383
财会学习	L04	177	383
财会研究	L04	177	383
财会月刊	L04	177	383
财贸经济	L10	181	387
财贸研究	L10	181	387
财务研究	L10	181	387
财务与金融	L10	181	387

期刊名称	学科代码	被引指标页码	来源指标页码	期刊名称	学科代码	被引指标页码	来源指标页码
财务与会计	L05	178	384	测试技术学报	E01	87	293
财讯	L10	181	387	测试科学与仪器	E27	128	334
财政科学	L10	181	387	茶业通报	E30	130	336
财政研究	L01	172	378	茶叶	C03	44	250
采矿技术	E10	102	308	茶叶科学	C04	45	251
采矿与安全工程学报	E10	102	308	茶叶通讯	C01	39	245
采矿与岩层控制工程学报	E10	102	308	茶叶学报	C01	39	245
采写编	N05	195	401	柴达木开发研究	N01	192	398
残疾人研究	H01	149	355	柴油机	E14	109	315
蚕桑茶叶通讯	C08	49	255	柴油机设计与制造	E14	109	315
蚕桑通报	C08	49	255	产经评论	L01	172	378
蚕学通讯	C08	49	255	产权导刊	L01	172	378
蚕业科学	C08	49	255	产业创新研究	E37	142	348
沧州师范学院学报	P01	199	405	产业经济评论	L08	179	385
曹雪芹研究	K04	165	371	产业经济研究	L08	179	385
草地学报	C09	51	257	产业用纺织品	E29	129	335
草食家畜	C08	49	255	产业与科技论坛	L01	172	378
草学	C08	49	255	昌吉学院学报	P01	199	405
草业科学	C09	51	257	长安大学学报（社会科学版）	H02	154	360
草业学报	C09	51	257	长安大学学报（自然科学版）	A02	16	222
草原文物	K10	171	377	长白学刊	M01	183	389
草原与草坪	C09	51	257	长春大学学报	P01	199	405
草原与草业	C08	49	255	长春工程学院学报（社会科学版）	H02	154	360
测绘	E07	99	305	长春工程学院学报（自然科学版）	A02	16	222
测绘标准化	E07	99	305	长春工业大学学报	E02	90	296
测绘地理信息	B10	32	238	长春教育学院学报	P05	210	416
测绘工程	E07	99	305	长春金融高等专科学校学报	L02	176	382
测绘技术装备	E07	99	305	长春理工大学学报（社会科学版）	H02	154	360
测绘科学	E07	99	305	长春理工大学学报（自然科学版）	A02	16	222
测绘通报	E07	99	305	长春师范大学学报	P01	199	405
测绘学报	E07	99	305	长春市委党校学报	M02	185	391
测绘与空间地理信息	E07	99	305	长春中医药大学学报	D38	85	291
测井技术	E17	114	320	长江大学学报（自然科学版）	A02	16	222
测控技术	E38	143	349	长江工程职业技术学院学报	P05	210	416

中国期刊名称类目索引（续）

期刊名称	学科代码	被引指标页码	来源指标页码	期刊名称	学科代码	被引指标页码	来源指标页码
长江技术经济	L01	172	378	成都航空职业技术学院学报	P05	210	416
长江科学院院报	E33	136	342	成都理工大学学报（社会科学版）	H02	154	360
长江流域资源与环境	E39	145	351	成都理工大学学报（自然科学版）	A02	16	222
长江论坛	H01	149	355	成都师范学院学报	P01	199	405
长江师范学院学报	A03	22	228	成都体育学院学报	P07	215	421
长江蔬菜	C04	45	251	成都信息工程大学学报	E02	90	296
长江信息通信	E21	120	326	成都行政学院学报	M02	185	391
长江学术	K04	165	371	成都医学院学报	D02	56	262
长沙大学学报	P01	199	405	成都中医药大学学报	D38	85	291
长沙航空职业技术学院学报	P05	210	416	成人教育	P05	210	416
长沙理工大学学报（社会科学版）	H02	154	360	成组技术与生产现代化	E01	87	293
长沙理工大学学报（自然科学版）	A02	16	222	承德石油高等专科学校学报	E02	90	296
长沙民政职业技术学院学报	P05	210	416	承德医学院学报	D02	56	262
长征学刊	M02	185	391	城市道桥与防洪	E34	139	345
长治学院学报	A02	16	222	城市地质	B07	30	236
长治医学院学报	D02	56	262	城市发展研究	E31	132	338
肠外与肠内营养	D14	65	271	城市观察	L01	172	378
常熟理工学院学报	E02	90	296	城市管理与科技	E31	132	338
常州大学学报（社会科学版）	H02	154	360	城市规划	E31	132	338
常州大学学报（自然科学版）	A02	16	222	城市规划学刊	E31	132	338
常州工学院学报	E02	90	296	城市轨道交通研究	E36	141	347
常州工学院学报（社会科学版）	H02	154	360	城市建筑	E31	132	338
常州信息职业技术学院学报	P05	210	416	城市建筑空间	E31	132	338
畅谈	H01	149	355	城市交通	E35	140	346
超硬材料工程	E26	127	333	城市开发	E31	132	338
巢湖学院学报	A02	16	222	城市勘测	E31	133	339
车辆与动力技术	E34	139	345	城市燃气	E14	109	315
车用发动机	E14	109	315	城市设计	E31	133	339
沉积学报	B11	34	240	城市问题	L04	177	383
沉积与特提斯地质	A01	13	219	城市学刊	H02	154	360
成才之路	N01	192	398	城市与减灾	E40	147	353
成都大学学报（社会科学版）	H02	154	360	城乡规划	E31	133	339
成都大学学报（自然科学版）	A02	16	222	城乡建设	E31	133	339
成都工业学院学报	E02	90	296	城镇供水	E31	133	339

期刊名称	学科代码	被引指标页码	来源指标页码
池州学院学报	P01	199	405
赤峰学院学报（哲学社会科学版）	H02	154	360
赤峰学院学报（自然科学版）	A02	16	222
重庆大学学报	E02	90	296
重庆大学学报（社会科学版）	H02	154	360
重庆第二师范学院学报	P01	199	405
重庆电力高等专科学校学报	E02	90	296
重庆电子工程职业学院学报	E02	90	296
重庆高教研究	P04	208	414
重庆工商大学学报（社会科学版）	H02	154	360
重庆工商大学学报（自然科学版）	A02	16	222
重庆建筑	E31	133	339
重庆交通大学学报（社会科学版）	H02	154	360
重庆交通大学学报（自然科学版）	A02	16	222
重庆开放大学学报	P05	210	416
重庆科技学院学报（社会科学版）	H02	154	360
重庆科技学院学报（自然科学版）	A02	16	222
重庆理工大学学报	E02	90	296
重庆三峡学院学报	H02	154	360
重庆社会科学	H01	149	355
重庆师范大学学报（社会科学版）	H03	161	367
重庆师范大学学报（自然科学版）	A03	22	228
重庆文理学院学报（社会科学版）	H02	154	360
重庆行政	M01	183	389
重庆医科大学学报	D02	56	262
重庆医学	D01	53	259
重庆邮电大学学报（社会科学版）	H02	154	360
重庆邮电大学学报（自然科学版）	A02	16	222
出版参考	N05	195	401
出版发行研究	N05	195	401
出版广角	N05	195	401
出版科学	N05	195	401
出版与印刷	N05	195	401
出土文献	N06	197	403

期刊名称	学科代码	被引指标页码	来源指标页码
初中生写作	P03	205	411
滁州学院学报	A02	16	222
滁州职业技术学院学报	P05	210	416
储能科学与技术	E16	113	319
楚雄师范学院学报	A03	22	228
川北医学院学报	D02	56	262
传播力研究	N05	195	401
传播与版权	N05	195	401
传承	H01	149	355
传动技术	E12	105	311
传感技术学报	E19	118	324
传感器与微系统	E19	118	324
传媒	N05	195	401
传媒观察	N05	195	401
传媒论坛	N05	195	401
传媒评论	N05	195	401
传染病信息	D13	65	271
船舶	E37	142	348
船舶标准化工程师	E01	87	293
船舶标准化与质量	E01	87	293
船舶工程	E37	142	348
船舶力学	E37	142	348
船舶设计通讯	E37	142	348
船舶物资与市场	E34	139	345
船舶与海洋工程	E37	142	348
船舶职业教育	E37	142	348
船电技术	E37	142	348
船海工程	E37	142	348
船山学刊	H01	149	355
创伤外科杂志	D19	69	275
创伤与急危重病医学	D05	60	266
创伤与急诊电子杂志	D05	60	266
创新	H01	149	355
创新创业理论研究与实践	H01	149	355

中国期刊名称类目索引（续）

期刊名称	学科代码	被引指标页码	来源指标页码	期刊名称	学科代码	被引指标页码	来源指标页码
创新科技	F01	147	353	大麦与谷类科学	C03	44	250
创新人才教育	P01	199	405	大气科学	B08	31	237
创新与创业教育	P01	199	405	大气科学学报	B08	31	237
创意设计源	N01	192	398	大气与环境光学学报	B08	31	237
创意与设计	N01	192	398	大庆社会科学	H01	149	355
创造	L01	172	378	大庆师范学院学报	P01	199	405
纯粹数学与应用数学	B01	25	231	大庆石油地质与开发	E17	114	320
纯碱工业	E23	123	329	大数据	E22	121	327
辞书研究	K01	163	369	大型铸锻件	E13	106	312
磁共振成像	D28	74	280	大学化学	B05	29	235
磁性材料及器件	E15	110	316	大学教育	P04	208	414
卒中与神经疾病	D27	72	278	大学教育科学	H01	149	355
催化学报	B05	29	235	大学书法	K06	167	373
大坝与安全	E33	136	342	大学数学	B01	25	231
大氮肥	E16	113	319	大学图书馆学报	N06	197	403
大地测量与地球动力学	B07	30	236	大学图书情报学刊	N06	197	403
大地构造与成矿学	B11	34	240	大学物理	B04	27	233
大电机技术	E15	110	316	大学物理实验	P04	208	414
大豆科技	C03	44	250	大医生	D01	53	259
大豆科学	C03	44	250	大众标准化	E01	87	293
大观	K04	165	371	大众健康	D07	62	268
大理大学学报	A02	16	222	大众考古	K10	171	377
大连大学学报	P01	199	405	大众科技	A01	13	219
大连干部学刊	M01	183	389	大众文艺	K04	165	371
大连工业大学学报	E02	90	296	大众心理学	D03	59	265
大连海事大学学报	E02	90	296	大众用电	E15	110	316
大连海事大学学报（社会科学版）	H02	154	360	大自然	A01	13	219
大连海洋大学学报	C02	42	248	淡水渔业	C10	52	258
大连交通大学学报	E02	90	296	弹道学报	E28	129	335
大连教育学院学报	P05	210	416	弹箭与制导学报	E28	129	335
大连理工大学学报	E02	90	296	蛋白质与细胞	B13	36	242
大连理工大学学报（社会科学版）	H02	154	360	氮肥技术	E23	123	329
大连民族大学学报	P01	199	405	氮肥与合成气	E23	123	329
大连医科大学学报	D02	56	262	当代财经	L10	181	387

期刊名称	学科代码	被引指标页码	来源指标页码	期刊名称	学科代码	被引指标页码	来源指标页码
当代畜禽养殖业	C08	49	255	当代体育科技	P07	215	421
当代传播	N05	195	401	当代外国文学	K05	167	373
当代电影	K06	167	373	当代外语研究	K01	163	369
当代动画	K06	167	373	当代文坛	K04	165	371
当代法学	M05	190	396	当代戏剧	K06	167	373
当代贵州	M01	183	389	当代县域经济	L01	172	378
当代韩国	H01	149	355	当代修辞学	K01	163	369
当代护士	D30	76	282	当代亚太	M04	189	395
当代化工	E23	123	329	当代医药论丛	D01	53	259
当代化工研究	E23	123	329	当代语言学	K01	163	369
当代建筑	E31	133	339	当代职业教育	P05	210	416
当代教师教育	P01	199	405	当代中国史研究	K08	170	376
当代教研论丛	P01	199	405	当代作家评论	K04	165	371
当代教育科学	P01	199	405	党的文献	M01	183	389
当代教育理论与实践	P01	200	406	党建	M01	183	389
当代教育论坛	P01	200	406	党史博采	M01	183	389
当代教育与文化	P01	200	406	党史文苑	M01	183	389
当代金融研究	L10	181	387	党史研究与教学	M01	183	389
当代经济	L01	172	378	党政干部论坛	M01	183	389
当代经济管理	F01	147	353	党政干部学刊	M01	183	389
当代经济科学	L01	172	378	党政论坛	M01	183	389
当代经济研究	L01	172	378	党政研究	M01	183	389
当代会计	L05	178	384	档案	N08	198	404
当代矿工	E10	102	308	档案管理	N08	198	404
当代临床医刊	D05	60	266	档案记忆	N08	198	404
当代美术家	K06	167	373	档案学通讯	N08	198	404
当代农村财经	L06	178	384	档案学研究	N08	198	404
当代农机	E05	97	303	档案与建设	N08	198	404
当代青年研究	N01	192	398	导弹与航天运载技术（中英文）	E38	143	349
当代人	K04	165	371	导航定位学报	E07	99	305
当代石油石化	E17	115	321	导航定位与授时	E07	99	305
当代世界	M04	189	395	导航与控制	E38	143	349
当代世界社会主义问题	M04	189	395	道德与文明	H01	149	355
当代世界与社会主义	M04	189	395	德国研究	H01	149	355

期刊名称	学科代码	被引指标页码	来源指标页码	期刊名称	学科代码	被引指标页码	来源指标页码
德州学院学报	A02	16	222	地震工程学报	B09	32	238
地层学杂志	B11	34	240	地震工程与工程振动	B09	32	238
地方财政研究	L10	181	387	地震科学进展	B09	32	238
地方立法研究	M05	190	396	地震学报	B09	32	238
地方文化研究	N04	194	400	地震研究	B09	32	238
地方治理研究	M01	183	389	地质科技通报	B11	34	240
地基处理	E31	133	339	地质科学	B11	34	240
地矿测绘	E07	99	305	地质力学学报	B11	34	240
地理教学	P03	205	411	地质论评	B11	34	240
地理教育	P03	205	411	地质通报	B11	34	240
地理科学	B10	32	238	地质学报	B11	34	240
地理科学进展	B10	32	238	地质学刊	B11	34	240
地理空间信息	E07	99	305	地质与勘探	B11	34	240
地理学报	B10	32	238	地质与资源	B11	34	240
地理研究	B10	32	238	地质灾害与环境保护	B11	34	240
地理与地理信息科学	B10	32	238	地质找矿论丛	B11	34	240
地球化学	B07	30	236	地质装备	B11	34	240
地球环境学报	B07	30	236	灯与照明	E19	118	324
地球科学	B07	30	236	邓小平研究	H01	149	355
地球科学进展	B07	30	236	低碳化学与化工	E26	127	333
地球科学与环境学报	B07	30	236	低碳世界	E39	145	351
地球物理学报	B09	32	238	低温工程	E13	107	313
地球物理学进展	B09	32	238	低温建筑技术	E31	133	339
地球信息科学学报	E07	99	305	低温物理学报	B04	27	233
地球学报	B07	30	236	低温与超导	B04	27	233
地球与环境	B07	30	236	低温与特气	B04	27	233
地球与行星物理论评（中英文）	B09	32	238	第欧根尼	B01	25	231
地下空间与工程学报	E32	136	342	第四纪研究	B11	34	240
地下水	B11	34	240	癫痫与神经电生理学杂志	D27	73	279
地学前缘	B07	30	236	癫痫杂志	D27	73	279
地域研究与开发	B10	33	239	电波科学学报	E21	120	326
地震	B09	32	238	电测与仪表	E27	128	334
地震地磁观测与研究	B09	32	238	电池	E15	110	316
地震地质	B09	32	238	电池工业	E15	110	316

期刊名称	学科代码	被引指标页码	来源指标页码	期刊名称	学科代码	被引指标页码	来源指标页码
电瓷避雷器	E15	110	316	电力系统自动化	E15	111	317
电大理工	A01	13	219	电力信息与通信技术	E15	111	317
电动工具	E15	110	316	电力需求侧管理	E15	111	317
电镀与精饰	E23	123	329	电力学报	E14	109	315
电镀与涂饰	E25	126	332	电力与能源	E14	109	315
电工材料	E15	110	316	电力自动化设备	E15	111	317
电工电能新技术	E15	110	316	电脑编程技巧与维护	E22	121	327
电工电气	E15	110	316	电脑与信息技术	E22	121	327
电工钢	E11	104	310	电脑知识与技术	E22	121	327
电工技术	E15	110	316	电气传动	E15	111	317
电工技术学报	E15	110	316	电气电子教学学报	E03	94	300
电光与控制	E38	143	349	电气防爆	E15	111	317
电焊机	E13	107	313	电气工程学报	E15	111	317
电化教育研究	P01	200	406	电气化铁道	E36	141	347
电化学（中英文）	B05	29	235	电气技术	E15	111	317
电机技术	E15	110	316	电气开关	E15	111	317
电机与控制学报	E15	110	316	电气时代	E15	111	317
电机与控制应用	E15	110	316	电气应用	E15	111	317
电加工与模具	E13	107	313	电气自动化	E15	111	317
电力安全技术	E40	147	353	电器工业	E15	111	317
电力大数据	E15	110	316	电器与能效管理技术	E15	111	317
电力电容器与无功补偿	E15	110	316	电声技术	E19	118	324
电力电子技术	E15	110	316	电世界	E15	111	317
电力工程技术	E15	110	316	电视技术	E19	118	324
电力机车与城轨车辆	E36	141	347	电视研究	N05	195	401
电力建设	E15	110	316	电网技术	E15	111	317
电力勘测设计	E15	110	316	电网与清洁能源	E15	111	317
电力科技与环保	E14	109	315	电线电缆	E15	111	317
电力科学与工程	E15	111	317	电信工程技术与标准化	E01	87	293
电力科学与技术学报	E15	111	317	电信科学	E21	120	326
电力设备管理	E15	111	317	电信快报	E03	94	300
电力系统保护与控制	E15	111	317	电讯技术	E21	120	326
电力系统及其自动化学报	E15	111	317	电影评介	K06	167	373
电力系统装备	E15	111	317	电影文学	K06	167	373

中国期刊名称类目索引(续)

期刊名称	学科代码	被引指标页码	来源指标页码	期刊名称	学科代码	被引指标页码	来源指标页码
电影艺术	K06	167	373	东北大学学报（自然科学版）	A02	16	222
电源技术	E15	111	317	东北电力大学学报	E02	90	296
电源学报	E15	111	317	东北电力技术	E15	111	317
电站辅机	E15	111	317	东北林业大学学报	C02	43	249
电站系统工程	E15	111	317	东北农业大学学报	C02	43	249
电子测量技术	E19	118	324	东北农业大学学报（社会科学版）	H02	154	360
电子测量与仪器学报	E19	118	324	东北农业科学	C01	40	246
电子测试	E19	118	324	东北师大学报（哲学社会科学版）	A03	22	228
电子产品可靠性与环境试验	E19	118	324	东北师大学报（自然科学版）	A03	22	228
电子产品世界	E19	118	324	东北石油大学学报	E02	90	296
电子工艺技术	E19	118	324	东北水利水电	E33	136	342
电子机械工程	E12	105	311	东北亚经济研究	M02	185	391
电子技术应用	E19	118	324	东北亚论坛	M04	189	395
电子科技	E19	118	324	东北亚外语研究	K01	163	369
电子科技大学学报	E02	90	296	东北亚学刊	M01	183	389
电子科技大学学报（社会科学版）	H02	154	360	东方电气评论	E15	111	317
电子科技学刊	E19	118	324	东方法学	M05	190	396
电子器件	E19	118	324	东方论坛	H01	149	355
电子设计工程	E19	118	324	东方汽轮机	E14	109	315
电子显微学报	E19	118	324	东方艺术	K06	167	373
电子信息对抗技术	E03	95	301	东莞理工学院学报	E02	90	296
电子学报	E19	118	324	东华大学学报（社会科学版）	H02	154	360
电子与封装	E19	118	324	东华大学学报（自然科学版）	A02	16	222
电子与信息学报	E19	118	324	东华理工大学学报（社会科学版）	H02	155	361
电子元件与材料	E19	118	324	东华理工大学学报（自然科学版）	A02	16	222
电子元器件与信息技术	E19	118	324	东疆学刊	H01	149	355
电子政务	E19	118	324	东南传播	N05	195	401
电子知识产权	M05	190	396	东南大学学报（医学版）	D02	56	262
电子制作	E19	118	324	东南大学学报（哲学社会科学版）	H02	155	361
电子质量	E19	118	324	东南大学学报（自然科学版）	A02	16	222
雕塑	K06	167	373	东南国防医药	D01	53	259
调研世界	L06	178	384	东南文化	N04	194	400
东北财经大学学报	L02	176	382	东南学术	H01	149	355
东北大学学报（社会科学版）	H02	154	360	东南亚研究	M04	189	395

期刊名称	学科代码	被引指标页码	来源指标页码	期刊名称	学科代码	被引指标页码	来源指标页码
东南亚纵横	M04	189	395	发育医学电子杂志	D21	70	276
东南园艺	C04	45	251	发展	L01	172	378
东吴学术	H01	149	355	发展研究	L01	172	378
东岳论丛	H01	149	355	阀门	E13	107	313
动力工程学报	E14	109	315	法国研究	N04	194	400
动力学与控制学报	B03	26	232	法律科学—西北政法大学学报	M02	185	391
动物分类学报	B16	38	244	法律适用	M05	190	396
动物学研究	B16	38	244	法商研究	M05	190	396
动物学杂志	B16	38	244	法学	M05	190	396
动物医学进展	C08	49	255	法学家	M05	190	396
动物营养学报	C08	49	255	法学论坛	M05	190	396
都市	K04	165	371	法学评论	M05	190	396
都市快轨交通	E36	141	347	法学研究	M05	191	397
毒理学杂志	D31	77	283	法学杂志	M05	191	397
杜甫研究学刊	K04	165	371	法医学杂志	D34	79	285
断块油气田	E17	115	321	法制博览	M05	191	397
锻压技术	E13	107	313	法制与社会发展	M05	191	397
锻压装备与制造技术	E13	107	313	法治研究	M05	191	397
锻造与冲压	E13	107	313	反射疗法与康复医学	D07	62	268
对外经贸	L08	179	385	犯罪研究	M05	191	397
对外经贸实务	L08	179	385	方言	K01	163	369
敦煌学辑刊	K08	170	376	防爆电机	E15	111	317
敦煌研究	K08	170	376	防护工程	E32	136	342
俄罗斯东欧中亚研究	M04	189	395	防护林科技	C07	47	253
俄罗斯文艺	K05	167	373	防化研究	E28	129	335
俄罗斯学刊	N04	194	400	防灾减灾工程学报	E40	147	353
俄罗斯研究	M04	189	395	防灾减灾学报	B09	32	238
鄂州大学学报	P01	200	406	防灾科技学院学报	E02	90	296
儿科药学杂志	D36	81	287	纺织报告	E29	129	335
儿童与健康	D35	79	285	纺织标准与质量	E29	129	335
发电技术	E14	109	315	纺织导报	E29	129	335
发电设备	E15	111	317	纺织服装教育	P01	200	406
发光学报	B04	27	233	纺织高校基础科学学报	E29	129	335
发酵科技通讯	E23	123	329	纺织工程学报	E29	129	335

期刊名称	学科代码	被引指标页码	来源指标页码
纺织科技进展	E29	130	336
纺织科学与工程学报	E02	90	296
纺织器材	E29	130	336
纺织学报	E29	130	336
放射学实践	D28	74	280
飞控与探测	E38	143	349
飞行力学	E38	143	349
非常规油气	E17	115	321
非金属矿	E10	103	309
肥料与健康	E05	97	303
分布式能源	E16	113	319
分析测试技术与仪器	E13	107	313
分析测试学报	B05	29	235
分析化学	B05	29	235
分析科学学报	B05	29	235
分析试验室	B05	29	235
分析仪器	E27	128	334
分子催化	B05	29	235
分子影像学杂志	D28	74	280
分子诊断与治疗杂志	D03	59	265
分子植物育种	C03	44	250
粉煤灰综合利用	E31	133	339
粉末冶金材料科学与工程	E08	100	306
粉末冶金工业	E11	104	310
粉末冶金技术	E11	104	310
风机技术	E13	107	313
风景园林	C07	47	253
风湿病与关节炎	D12	65	271
佛山科学技术学院学报（社会科学版）	H02	155	361
佛山科学技术学院学报（自然科学版）	A02	16	222
佛山陶瓷	E23	123	329
佛学研究	J03	163	369
服装学报	E29	130	336
辐射防护	E18	117	323
辐射研究与辐射工艺学报	E18	117	323
福建茶叶	C03	44	250
福建党史月刊	M01	183	389
福建稻麦科技	C03	44	250
福建地质	B11	34	240
福建电脑	E22	121	327
福建分析测试	A01	13	219
福建基础教育研究	P03	205	411
福建技术师范学院学报	P01	200	406
福建建材	E31	133	339
福建建设科技	E31	133	339
福建江夏学院学报	H02	155	361
福建教育学院学报	P05	210	416
福建金融	L10	181	387
福建金融管理干部学院学报	M02	185	391
福建警察学院学报	M02	185	391
福建理工大学学报	E02	90	296
福建林业	C07	47	253
福建林业科技	C07	47	253
福建论坛（人文社会科学版）	H01	149	355
福建农机	E05	97	303
福建农林大学学报（哲学社会科学版）	H02	155	361
福建农林大学学报（自然科学版）	A02	16	222
福建农业科技	C01	40	246
福建农业学报	C01	40	246
福建轻纺	E29	130	336
福建热作科技	C03	44	250
福建商学院学报	P01	200	406
福建省社会主义学院学报	M02	185	391
福建师范大学学报（哲学社会科学版）	H03	161	367
福建师范大学学报（自然科学版）	A03	22	228
福建市场监督管理	E01	87	293
福建水力发电	E33	136	342
福建体育科技	P07	215	421

期刊名称	学科代码	被引指标页码	来源指标页码	期刊名称	学科代码	被引指标页码	来源指标页码
福建畜牧兽医	C08	49	255	干旱区地理	B10	33	239
福建冶金	E11	104	310	干旱区科学	B10	33	239
福建医科大学学报	D02	56	262	干旱区研究	B10	33	239
福建医科大学学报(社会科学版)	H02	155	361	干旱区资源与环境	A01	13	219
福建医药杂志	D36	81	287	甘肃高师学报	P03	205	411
福建艺术	K06	167	373	甘肃教育	P01	200	406
福建中学数学	P03	205	411	甘肃金融	L10	181	387
福建中医药	D40	86	292	甘肃开放大学学报	P05	210	416
福州大学学报(哲学社会科学版)	H02	155	361	甘肃科技	A01	13	219
福州大学学报(自然科学版)	A02	16	222	甘肃科学学报	A01	13	219
福州党校学报	M02	185	391	甘肃理论学刊	M01	183	389
腐蚀与防护	E08	100	306	甘肃林业科技	C07	47	253
腐植酸	E08	100	306	甘肃农业	C01	40	246
妇儿健康导刊	D20	69	275	甘肃农业大学学报	C02	43	249
妇女研究论丛	N01	192	398	甘肃社会科学	H01	149	355
阜阳师范大学学报(社会科学版)	H03	161	367	甘肃水利水电技术	E33	137	343
阜阳师范大学学报(自然科学版)	A03	22	228	甘肃行政学院学报	M02	185	391
阜阳职业技术学院学报	P05	210	416	甘肃畜牧兽医	C08	49	255
复旦教育论坛	P01	200	406	甘肃冶金	E11	104	310
复旦学报(社会科学版)	H02	155	361	甘肃医药	D01	53	259
复旦学报(医学版)	D02	56	262	甘肃政法大学学报	M02	185	391
复旦学报(自然科学版)	A02	16	222	甘肃中医药大学学报	D38	85	291
复合材料科学与工程	E08	100	306	甘蔗糖业	C03	44	250
复合材料学报	E08	100	306	肝癌电子杂志	D15	66	272
复杂系统与复杂性科学	B02	26	232	肝博士	D15	66	272
复杂油气藏	E01	87	293	肝胆外科杂志	D15	66	272
腹部外科	D15	66	272	肝胆胰外科杂志	D15	66	272
腹腔镜外科杂志	D15	66	272	肝脏	D10	64	270
改革	L01	172	378	赣南师范大学学报	H03	161	367
改革与开放	L01	172	378	赣南医学院学报	D02	56	262
概率、不确定性与定量风险	B01	25	231	钢管	E12	105	311
干旱地区农业研究	C01	40	246	钢结构	E09	101	307
干旱环境监测	E39	145	351	钢铁	E09	101	307
干旱气象	B08	31	237	钢铁钒钛	E09	101	307

期刊名称	学科代码	被引指标页码	来源指标页码	期刊名称	学科代码	被引指标页码	来源指标页码
钢铁研究学报	E09	101	307	高校化学工程学报	E23	123	329
港澳研究	M01	184	390	高校教育管理	P04	208	414
港口航道与近海工程	E37	142	348	高校马克思主义理论研究	J01	162	368
港口科技	E37	142	348	高校生物学教学研究（电子版）	P04	208	414
港口装卸	E37	142	348	高校图书馆工作	N06	197	403
高等工程教育研究	P04	208	414	高校应用数学学报	B01	25	231
高等继续教育学报	P04	208	414	高校招生	P04	209	415
高等建筑教育	P04	208	414	高压电器	E15	112	318
高等教育研究	P04	208	414	高压物理学报	B04	27	233
高等理科教育	H01	149	355	高原地震	B11	34	240
高等农业教育	C01	40	246	高原科学研究	A01	13	219
高等数学研究	B01	25	231	高原农业	C01	40	246
高等学校化学学报	B05	29	235	高原气象	B08	31	237
高等学校计算数学学报	B01	25	231	高原山地气象研究	B08	31	237
高等学校学术文摘·地球科学前沿	B07	30	236	高中数理化	P03	205	411
高等学校学术文摘·物理学前沿	B04	27	233	歌海	K06	167	373
高等职业教育探索	P05	210	416	给水排水	E31	133	339
高电压技术	E15	111	317	耕作与栽培	C03	44	250
高分子材料科学与工程	E08	100	306	工程爆破	E01	87	293
高分子通报	B05	29	235	工程地球物理学报	E01	87	293
高分子学报	B05	29	235	工程地质学报	E01	87	293
高技术通讯	A01	13	219	工程管理科技前沿	L04	177	383
高教发展与评估	P04	208	414	工程管理学报	F01	147	353
高教论坛	P04	208	414	工程机械	E12	105	311
高教探索	P04	208	414	工程机械与维修	E13	107	313
高教学刊	P04	208	414	工程技术研究	E01	87	293
高科技纤维与应用	E24	126	332	工程建设	E01	87	293
高师理科学刊	P03	205	411	工程建设与设计	E01	87	293
高速铁路技术	E36	141	347	工程经济	L08	179	385
高速铁路新材料	E36	141	347	工程勘察	E32	136	342
高校地质学报	B11	34	240	工程抗震与加固改造	E31	133	339
高校辅导员	P04	208	414	工程科学学报	E01	87	293
高校辅导员学刊	P04	208	414	工程科学与技术	E02	90	296
高校后勤研究	P03	205	411	工程力学	E01	87	293

期刊名称	学科代码	被引指标页码	来源指标页码
工程热物理学报	E14	109	315
工程设计学报	E12	105	311
工程数学学报	E01	87	293
工程塑料应用	E24	126	332
工程研究跨学科视野中的工程	E01	87	293
工程与建设	E01	87	293
工程与试验	E01	87	293
工程造价管理	F01	147	353
工程质量	E01	87	293
工会理论研究上海工会管理干部学院学报	M02	185	391
工具技术	E01	87	293
工矿自动化	E10	103	309
工信财经科技	L10	182	388
工业 工程 设计	E01	87	293
工业安全与环保	E40	147	353
工业催化	E23	123	329
工业工程	E01	87	293
工业工程与管理	F01	147	353
工业锅炉	E14	109	315
工业和信息化教育	P01	200	406
工业计量	E01	87	293
工业技术创新	L08	179	385
工业技术经济	L08	179	385
工业技术与职业教育	P05	210	416
工业加热	E14	109	315
工业建筑	E31	133	339
工业控制计算机	E22	121	327
工业炉	E14	109	315
工业设计	E01	87	293
工业水处理	E39	145	351
工业微生物	B13	36	242
工业卫生与职业病	D32	78	284
工业信息安全	E40	147	353
工业仪表与自动化装置	E27	128	334

期刊名称	学科代码	被引指标页码	来源指标页码
工业用水与废水	E39	145	351
公安学刊浙江警察学院学报	M02	185	391
公安研究	M05	191	397
公共管理评论	M03	189	395
公共管理学报	F01	147	353
公共管理与政策评论	F01	147	353
公共卫生与预防医学	D31	77	283
公共行政评论	M03	189	395
公共治理研究	M02	185	391
公关世界	N05	195	401
公路	E35	140	346
公路工程	E35	140	346
公路交通技术	E34	139	345
公路交通科技	E34	139	345
公路与汽运	E34	139	345
功能材料	E08	100	306
功能高分子学报	B05	29	235
供水技术	E31	133	339
供应链管理	F01	148	354
供用电	E15	112	318
古代文明（中英文）	K08	170	376
古地理学报	B11	34	240
古汉语研究	K01	163	369
古籍整理研究学刊	N06	197	403
古脊椎动物学报（中英文）	B11	34	240
古建园林技术	E31	133	339
古今农业	C01	40	246
古生物学报	B11	34	240
古田干部学院学报	M02	185	391
骨科	D18	68	274
骨科临床与研究杂志	D18	68	274
固体电子学研究与进展	E19	118	324
固体火箭技术	E38	143	349
固体力学学报	B03	26	232

期刊名称	学科代码	被引指标页码	来源指标页码	期刊名称	学科代码	被引指标页码	来源指标页码
故宫博物院院刊	N08	198	404	广播电视大学学报（哲学社会科学版）	H02	155	361
关东学刊	H01	149	355	广播电视网络	E03	95	301
观察与思考	H01	150	356	广播电视信息	E03	95	301
管道技术与设备	E13	107	313	广播与电视技术	E19	118	324
管理案例研究与评论	F01	148	354	广船科技	E37	142	348
管理工程师	F01	148	354	广东财经大学学报	L02	176	382
管理工程学报	F01	148	354	广东蚕业	C08	49	255
管理科学	F01	148	354	广东茶业	E30	131	337
管理科学学报	F01	148	354	广东党史与文献研究	N06	197	403
管理评论	F01	148	354	广东电力	E15	112	318
管理世界	F01	148	354	广东工业大学学报	E02	90	296
管理现代化	F01	148	354	广东公安科技	M07	192	398
管理学报	F01	148	354	广东公路交通	E34	139	345
管理学家	F01	148	354	广东海洋大学学报	E02	90	296
管理学刊	F01	148	354	广东化工	E23	123	329
管子学刊	J02	162	368	广东技术师范大学学报	A03	22	228
灌溉排水学报	E05	97	303	广东建材	E31	133	339
光电工程	E20	119	325	广东交通职业技术学院学报	P05	210	416
光电技术应用	A01	13	219	广东开放大学学报	P05	210	416
光电子·激光	B04	27	233	广东农工商职业技术学院学报	P05	210	416
光电子技术	E20	119	325	广东农业科学	C01	40	246
光明中医	D37	83	289	广东气象	B08	31	237
光谱学与光谱分析	B05	29	235	广东青年研究	M02	185	391
光散射学报	B04	27	233	广东轻工职业技术学院学报	P05	210	416
光通信技术	E21	120	326	广东社会科学	H01	150	356
光通信研究	E21	120	326	广东省社会主义学院学报	M02	186	392
光纤与电缆及其应用技术	E03	95	301	广东石油化工学院学报	E02	90	296
光学技术	E20	119	325	广东水利电力职业技术学院学报	P05	210	416
光学精密工程	E27	128	334	广东水利水电	E33	137	343
光学学报	B04	28	234	广东饲料	C08	49	255
光学仪器	E20	119	325	广东通信技术	E21	120	326
光学与光电技术	E20	119	325	广东土木与建筑	E32	136	342
光源与照明	E19	118	324	广东外语外贸大学学报	H02	155	361
光子学报	B04	28	234	广东畜牧兽医科技	C08	49	255

期刊名称	学科代码	被引指标页码	来源指标页码	期刊名称	学科代码	被引指标页码	来源指标页码
广东药科大学学报	D02	56	262	广西师范大学学报（自然科学版）	A03	22	228
广东医科大学学报	D02	56	262	广西水利水电	E33	137	343
广东医学	D01	53	259	广西糖业	C03	44	250
广东园林	C04	45	251	广西通信技术	E21	120	326
广东造船	E37	142	348	广西文学	M01	184	390
广东职业技术教育与研究	P05	210	416	广西畜牧兽医	C08	49	255
广西财经学院学报	L02	176	382	广西医科大学学报	D02	56	262
广西蚕业	C08	49	255	广西医学	D01	53	259
广西大学学报（哲学社会科学版）	H02	155	361	广西政法管理干部学院学报	M02	186	392
广西大学学报（自然科学版）	A02	16	222	广西职业技术学院学报	P05	210	416
广西地方志	K08	170	376	广西职业师范学院学报	P05	210	416
广西电力	E15	112	318	广西植保	C06	46	252
广西电业	E15	112	318	广西植物	B15	38	244
广西教育	P03	205	411	广西中医药	D37	83	289
广西教育学院学报	P05	210	416	广西中医药大学学报	D38	85	291
广西经济	L01	172	378	广州城市职业学院学报	P05	210	416
广西警察学院学报	M02	186	392	广州大学学报（社会科学版）	H02	155	361
广西开放大学学报	P05	210	416	广州大学学报（自然科学版）	A02	17	223
广西科技大学学报	E02	90	296	广州航海学院学报	E02	90	296
广西科技师范学院学报	P01	200	406	广州化学	B05	29	235
广西科学	A01	13	219	广州建筑	E31	133	339
广西科学院学报	A01	13	219	广州开放大学学报	P05	210	416
广西林业	C07	47	253	广州社会主义学院学报	M02	186	392
广西林业科学	C07	47	253	广州市公安管理干部学院学报	M02	186	392
广西民族大学学报（哲学社会科学版）	H02	155	361	广州体育学院学报	P07	215	421
广西民族大学学报（自然科学版）	A02	17	223	广州医科大学学报	D02	57	263
广西民族师范学院学报	P01	200	406	广州医药	D01	53	259
广西民族研究	N04	194	400	广州中医药大学学报	D38	85	291
广西农学报	C01	40	246	规划师	E31	133	339
广西农业机械化	E05	97	303	硅酸盐通报	E23	123	329
广西青年干部学院学报	M02	186	392	硅酸盐学报	E23	123	329
广西社会科学	H01	150	356	轨道交通材料	E34	139	345
广西社会主义学院学报	M02	186	392	轨道交通装备与技术	E36	141	347
广西师范大学学报（哲学社会科学版）	H03	161	367	贵金属	E09	101	307

期刊名称	学科代码	被引指标页码	来源指标页码	期刊名称	学科代码	被引指标页码	来源指标页码
贵阳市委党校学报	M02	186	392	锅炉制造	E14	109	315
贵阳学院学报(社会科学版)	H02	155	361	国防交通工程与技术	E34	139	345
贵阳学院学报(自然科学版)	A02	17	223	国防科技	A01	13	219
贵州财经大学学报	L02	176	382	国防科技大学学报	E02	91	297
贵州大学学报(社会科学版)	H02	155	361	国际安全研究	M01	184	390
贵州大学学报(艺术版)	K06	167	373	国际比较文学(中英文)	K05	167	373
贵州大学学报(自然科学版)	A02	17	223	国际病毒学杂志	B17	39	245
贵州地质	B11	34	240	国际城市规划	E31	133	339
贵州工程应用技术学院学报	H02	155	361	国际儿科学杂志	D21	70	276
贵州警察学院学报	M02	186	392	国际耳鼻咽喉头颈外科杂志	D23	71	277
贵州科学	A01	13	219	国际法研究	M05	191	397
贵州林业科技	C07	47	253	国际纺织导报	E29	130	336
贵州民族大学学报(哲学社会科学版)	H02	155	361	国际放射医学核医学杂志	D28	74	280
贵州民族研究	N04	194	400	国际妇产科学杂志	D20	70	276
贵州农业科学	C01	40	246	国际公关	H01	150	356
贵州商学院学报	L02	176	382	国际骨科学杂志	D18	68	274
贵州社会科学	H01	150	356	国际关系研究	M04	189	395
贵州社会主义学院学报	M02	186	392	国际观察	M04	189	395
贵州省党校学报	M02	186	392	国际汉学	K01	163	369
贵州师范大学学报(社会科学版)	H03	161	367	国际汉语教学研究	K01	163	369
贵州师范大学学报(自然科学版)	A03	23	229	国际呼吸杂志	D09	63	269
贵州师范学院学报	H03	161	367	国际护理学杂志	D30	76	282
贵州文史丛刊	K08	170	376	国际检验医学杂志	D06	62	268
贵州畜牧兽医	C08	49	255	国际金融研究	L10	182	388
贵州医科大学学报	D02	57	263	国际经济法学刊	M05	191	397
贵州医药	D01	53	259	国际经济合作	L01	172	378
贵州中医药大学学报	D38	85	291	国际经济评论	L01	172	378
桂海论丛	H01	150	356	国际经贸探索	L08	179	385
桂林电子科技大学学报	E02	90	296	国际精神病学杂志	D27	73	279
桂林航天工业学院学报	E02	90	296	国际口腔医学杂志	D24	71	277
桂林理工大学学报	E02	90	296	国际老年医学杂志	D07	62	268
桂林师范高等专科学校学报	A03	23	229	国际流行病学传染病学杂志	D13	65	271
郭沫若学刊	K08	170	376	国际论坛	M04	189	395
锅炉技术	E14	109	315	国际麻醉学与复苏杂志	D14	65	271

期刊名称	学科代码	被引指标页码	来源指标页码	期刊名称	学科代码	被引指标页码	来源指标页码
国际贸易	L08	180	386	国家检察官学院学报	M02	186	392
国际贸易问题	L08	180	386	国家教育行政学院学报	M02	186	392
国际泌尿系统杂志	D17	68	274	国家林业和草原局管理干部学院学报	M02	186	392
国际免疫学杂志	D03	59	265	国家税务总局税务干部学院学报	M02	186	392
国际脑血管病杂志	D27	73	279	国家通用语言文字教学与研究	K01	163	369
国际内分泌代谢杂志	D12	65	271	国家图书馆学刊	N06	197	403
国际商务—对外经济贸易大学学报	L02	176	382	国家现代化建设研究	H01	150	356
国际商务财会	L10	182	388	国家治理	M01	184	390
国际商务研究	L08	180	386	国土与自然资源研究	B10	33	239
国际社会科学杂志	H01	150	356	国土资源导刊	B07	30	236
国际神经病学神经外科学杂志	D27	73	279	国土资源科技管理	B10	33	239
国际生物医学工程杂志	E06	98	304	国外电子测量技术	E19	118	324
国际生物制品学杂志	E06	98	304	国外理论动态	M04	189	395
国际生殖健康/计划生育杂志	D33	78	284	国外铁道机车与动车	E36	141	347
国际石油经济	E17	115	321	国外畜牧学—猪与禽	C08	49	255
国际输血及血液学杂志	D11	64	270	国外医药（抗生素分册）	D36	81	287
国际税收	L10	182	388	国学学刊	K04	165	371
国际太空	E38	143	349	国医论坛	D37	83	289
国际外科学杂志	D14	65	271	果农之友	C04	45	251
国际问题研究	M04	189	395	果树学报	C04	45	251
国际消化病杂志	D10	64	270	果树资源学报	C04	45	251
国际心血管病杂志	D16	67	273	过程工程学报	E23	123	329
国际新闻界	N05	195	401	哈尔滨工程大学学报	E02	91	297
国际眼科杂志	D22	70	276	哈尔滨工业大学学报	E02	91	297
国际眼科纵览	D23	71	277	哈尔滨工业大学学报（社会科学版）	H02	155	361
国际医学放射学杂志	D28	74	280	哈尔滨理工大学学报	E02	91	297
国际医药卫生导报	D01	53	259	哈尔滨商业大学学报（社会科学版）	H02	155	361
国际移植与血液净化杂志	D14	65	271	哈尔滨商业大学学报（自然科学版）	A02	17	223
国际遗传学杂志	D03	59	265	哈尔滨师范大学社会科学学报	H02	155	361
国际展望	M04	189	395	哈尔滨师范大学自然科学学报	A02	17	223
国际政治科学	M04	189	395	哈尔滨市委党校学报	M02	186	392
国际政治研究	M04	189	395	哈尔滨体育学院学报	P07	215	421
国际中医中药杂志	D37	83	289	哈尔滨铁道科技	E36	141	347
国际肿瘤学杂志	D29	75	281	哈尔滨学院学报	P01	200	406

期刊名称	学科代码	被引指标页码	来源指标页码	期刊名称	学科代码	被引指标页码	来源指标页码
哈尔滨医科大学学报	D02	57	263	海洋湖沼通报	B12	35	241
哈尔滨医药	D01	53	259	海洋环境科学	E39	145	351
哈尔滨职业技术学院学报	P05	211	417	海洋技术学报	B12	35	241
哈尔滨轴承	E13	107	313	海洋经济	B12	35	241
海岸工程	B12	35	241	海洋开发与管理	B12	35	241
海关与经贸研究	L02	176	382	海洋科学	B12	35	241
海河水利	E33	137	343	海洋科学进展	B12	36	242
海交史研究	K08	170	376	海洋气象学报	B08	31	237
海军工程大学学报	E02	91	297	海洋石油	E17	115	321
海军航空大学学报	E02	91	297	海洋通报	B12	36	242
海军军医大学学报	D02	57	263	海洋信息技术与应用	B12	36	242
海军医学杂志	D01	53	259	海洋学报（中文版）	B12	36	242
海南大学学报（人文社会科学版）	H02	155	361	海洋学研究	B12	36	242
海南大学学报（自然科学版）	A02	17	223	海洋渔业	C10	52	258
海南金融	L10	182	388	海洋与湖沼	B12	36	242
海南开放大学学报	P05	211	417	海洋预报	B12	36	242
海南热带海洋学院学报	P01	200	406	邯郸学院学报	A02	17	223
海南师范大学学报（社会科学版）	H03	161	367	邯郸职业技术学院学报	P05	211	417
海南师范大学学报（自然科学版）	A03	23	229	含能材料	E28	129	335
海南医学	D01	53	259	韩山师范学院学报	P01	200	406
海南医学院学报	D02	57	263	寒旱农业科学	C01	40	246
海外英语	K01	163	369	罕见病研究	D01	53	259
海峡法学	M05	191	397	罕少疾病杂志	D01	53	259
海峡科技与产业	L01	172	378	汉江师范学院学报	P01	200	406
海峡科学	L01	172	378	汉语学报	K01	164	370
海峡人文学刊	K04	165	371	汉语学习	K01	164	370
海峡药学	D36	81	287	汉语言文学研究	K01	164	370
海峡预防医学杂志	D31	77	283	汉字汉语研究	K01	164	370
海相油气地质	E17	115	321	汉字文化	K01	164	370
海洋测绘	E07	99	305	焊管	E13	107	313
海洋地质前沿	B12	35	241	焊接	E13	107	313
海洋地质与第四纪地质	B12	35	241	焊接技术	E13	107	313
海洋工程	B12	35	241	焊接学报	E13	107	313
海洋工程装备与技术	B12	35	241	杭州电子科技大学学报	E02	91	297

期刊名称	学科代码	被引指标页码	来源指标页码
杭州化工	E23	123	329
杭州科技	A01	13	219
杭州师范大学学报（社会科学版）	H03	161	367
杭州师范大学学报（自然科学版）	A03	23	229
航海	E37	142	348
航海技术	E37	142	348
航海教育研究	P01	200	406
航空标准化与质量	E01	87	293
航空兵器	E28	129	335
航空材料学报	E38	143	349
航空财会	L04	177	383
航空电子技术	E38	143	349
航空动力	E38	143	349
航空动力学报	E38	143	349
航空发动机	E38	143	349
航空工程进展	E38	143	349
航空航天医学杂志	D01	53	259
航空计算技术	E38	143	349
航空精密制造技术	E38	144	350
航空科学技术	E38	144	350
航空维修与工程	E38	144	350
航空学报	E38	144	350
航空制造技术	E38	144	350
航天标准化	E01	87	293
航天电子对抗	E38	144	350
航天返回与遥感	E38	144	350
航天工业管理	E38	144	350
航天控制	E38	144	350
航天器工程	E38	144	350
航天器环境工程	E38	144	350
航天制造技术	E13	107	313
合成材料老化与应用	E08	100	306
合成化学	B05	29	235
合成技术及应用	E23	123	329

期刊名称	学科代码	被引指标页码	来源指标页码
合成润滑材料	E17	115	321
合成生物学	E04	96	302
合成树脂及塑料	E24	126	332
合成纤维	E29	130	336
合成纤维工业	E29	130	336
合成橡胶工业	E24	126	332
合肥工业大学学报（社会科学版）	H02	155	361
合肥工业大学学报（自然科学版）	A02	17	223
合肥师范学院学报	P01	200	406
合肥学院学报（综合版）	A02	17	223
合作经济与科技	L01	172	378
和平与发展	M04	190	396
和田师范专科学校学报	P01	200	406
河北北方学院学报（社会科学版）	H02	155	361
河北北方学院学报（自然科学版）	A02	17	223
河北大学成人教育学院学报	P05	211	417
河北大学学报（哲学社会科学版）	H02	155	361
河北大学学报（自然科学版）	A02	17	223
河北地质大学学报	E02	91	297
河北电力技术	E15	112	318
河北法学	M05	191	397
河北工程大学学报（社会科学版）	H02	155	361
河北工程大学学报（自然科学版）	A02	17	223
河北工业大学学报	E02	91	297
河北工业大学学报（社会科学版）	H02	155	361
河北工业科技	E01	88	294
河北公安警察职业学院学报	P05	211	417
河北果树	C04	45	251
河北环境工程学院学报	E02	91	297
河北建筑工程学院学报	E02	91	297
河北金融	L10	182	388
河北经贸大学学报	L02	176	382
河北经贸大学学报（综合版）	H02	155	361
河北开放大学学报	P05	211	417

中国期刊名称类目索引(续)

期刊名称	学科代码	被引指标页码	来源指标页码	期刊名称	学科代码	被引指标页码	来源指标页码
河北科技大学学报	E02	91	297	河北中医药学报	D37	83	289
河北科技大学学报（社会科学版）	H02	155	361	河池学院学报	H02	155	361
河北科技师范学院学报	A03	23	229	河海大学学报（哲学社会科学版）	H02	155	361
河北科技师范学院学报（社会科学版）	H03	161	367	河海大学学报（自然科学版）	A02	17	223
河北科技图苑	N06	197	403	河南财经政法大学学报	M02	186	392
河北理科教学研究	P03	205	411	河南财政金融学院学报（哲学社会科学版）	H02	155	361
河北林业科技	C07	47	253	河南财政金融学院学报（自然科学版）	A02	17	223
河北旅游职业学院学报	P05	211	417	河南城建学院学报	E02	91	297
河北民族师范学院学报	P01	200	406	河南大学学报（社会科学版）	H02	155	361
河北能源职业技术学院学报	P05	211	417	河南大学学报（医学版）	D02	57	263
河北农机	E05	97	303	河南大学学报（自然科学版）	A02	17	223
河北农业	C01	40	246	河南工程学院学报（社会科学版）	H02	156	362
河北农业大学学报	C02	43	249	河南工程学院学报（自然科学版）	A02	17	223
河北农业大学学报（社会科学版）	H02	155	361	河南工学院学报	E02	91	297
河北农业科学	C01	40	246	河南工业大学学报（社会科学版）	H02	156	362
河北企业	L01	172	378	河南工业大学学报（自然科学版）	A02	17	223
河北青年管理干部学院学报	M02	186	392	河南化工	E23	123	329
河北软件职业技术学院学报	P05	211	417	河南建材	E31	133	339
河北省科学院学报	A01	13	219	河南警察学院学报	M02	186	392
河北省社会主义学院学报	M02	186	392	河南开放大学学报	P05	211	417
河北师范大学学报（教育科学版）	P01	200	406	河南科技	A01	13	219
河北师范大学学报（哲学社会科学版）	H03	161	367	河南科技大学学报（社会科学版）	H02	156	362
河北师范大学学报（自然科学版）	A03	23	229	河南科技大学学报（自然科学版）	A02	17	223
河北水利	E33	137	343	河南科技学院学报	E02	91	297
河北水利电力学院学报	E02	91	297	河南科技学院学报（自然科学版）	A02	17	223
河北体育学院学报	P07	215	421	河南科学	A01	13	219
河北学刊	H01	150	356	河南理工大学学报（社会科学版）	H02	156	362
河北冶金	E11	104	310	河南理工大学学报（自然科学版）	A02	17	223
河北医科大学学报	D02	57	263	河南林业科技	C07	47	253
河北医学	D01	53	259	河南牧业经济学院学报	L02	176	382
河北医药	D01	53	259	河南农业	C01	40	246
河北渔业	C10	52	258	河南农业大学学报	C02	43	249
河北职业教育	L01	172	378	河南农业科学	C01	40	246
河北中医	D37	83	289	河南社会科学	H01	150	356

期刊名称	学科代码	被引指标页码	来源指标页码	期刊名称	学科代码	被引指标页码	来源指标页码
河南师范大学学报(哲学社会科学版)	H03	161	367	黑龙江工程学院学报	E02	91	297
河南师范大学学报(自然科学版)	A03	23	229	黑龙江工业学院学报(综合版)	A02	17	223
河南水产	C10	52	258	黑龙江广播电视技术	E19	118	324
河南水利与南水北调	E33	137	343	黑龙江交通科技	E34	139	345
河南司法警官职业学院学报	P05	211	417	黑龙江教师发展学院学报	P01	200	406
河南图书馆学刊	N06	197	403	黑龙江科技大学学报	E02	91	297
河南外科学杂志	D14	65	271	黑龙江科学	A01	13	219
河南畜牧兽医	C08	49	255	黑龙江粮食	E30	131	337
河南冶金	E11	104	310	黑龙江民族丛刊	N04	194	400
河南医学高等专科学校学报	D02	57	263	黑龙江农业科学	C01	40	246
河南医学研究	D01	53	259	黑龙江气象	B08	31	237
河南中医	D37	83	289	黑龙江社会科学	H01	150	356
河西学院学报	P01	200	406	黑龙江生态工程职业学院学报	C02	43	249
核安全	E18	117	323	黑龙江省政法管理干部学院学报	M02	186	392
核标准计量与质量	E18	117	323	黑龙江水产	C10	52	258
核电子学与探测技术	E18	117	323	黑龙江水利科技	E33	137	343
核动力工程	E18	117	323	黑龙江畜牧兽医	C08	49	255
核化学与放射化学	E18	117	323	黑龙江医学	D01	53	259
核技术	E18	117	323	黑龙江医药	D01	53	259
核聚变与等离子体物理	B04	28	234	黑龙江医药科学	D01	53	259
核科学与工程	E18	117	323	衡水学院学报	A02	17	223
核农学报	C01	40	246	衡阳师范学院学报	A03	23	229
菏泽学院学报	A02	17	223	红河学院学报	H02	156	362
菏泽医学专科学校学报	D02	57	263	红楼梦学刊	K04	166	372
贺州学院学报	A02	17	223	红旗文稿	N05	195	401
黑河学刊	H01	150	356	红水河	E33	137	343
黑河学院学报	A02	17	223	红外	E03	95	301
黑龙江八一农垦大学学报	C02	43	249	红外技术	E20	119	325
黑龙江大学工程学报	E02	91	297	红外与毫米波学报	B04	28	234
黑龙江大学自然科学学报	A02	17	223	红外与激光工程	E20	119	325
黑龙江电力	E15	112	318	红岩春秋	K04	166	372
黑龙江动物繁殖	C08	49	255	宏观经济管理	L01	173	379
黑龙江纺织	E29	130	336	宏观经济研究	L01	173	379
黑龙江高教研究	P04	209	415	宏观质量研究	H01	150	356

中国期刊名称类目索引(续)

期刊名称	学科代码	被引指标页码	来源指标页码
呼伦贝尔学院学报	P01	200	406
湖北成人教育学院学报	P05	211	417
湖北大学学报(哲学社会科学版)	H02	156	362
湖北大学学报(自然科学版)	A02	17	223
湖北第二师范学院学报	H03	161	367
湖北电力	E15	112	318
湖北工程学院学报	E02	91	297
湖北工业大学学报	E02	91	297
湖北工业职业技术学院学报	P05	211	417
湖北教育	P03	205	411
湖北经济学院学报	L02	176	382
湖北经济学院学报(人文社会科学版)	H02	156	362
湖北警官学院学报	M02	186	392
湖北开放大学学报	P05	211	417
湖北开放职业学院学报	P05	211	417
湖北科技学院学报	E02	91	297
湖北科技学院学报(医学版)	D02	57	263
湖北理工学院学报	E02	91	297
湖北理工学院学报(人文社会科学版)	H02	156	362
湖北林业科技	C07	47	253
湖北美术学院学报	K06	168	374
湖北民族大学学报(医学版)	D02	57	263
湖北民族大学学报(哲学社会科学版)	H02	156	362
湖北民族大学学报(自然科学版)	A02	17	223
湖北农业科学	C01	40	246
湖北汽车工业学院学报	E02	91	297
湖北社会科学	H01	150	356
湖北省社会主义学院学报	M02	186	392
湖北师范大学学报(哲学社会科学版)	H03	161	367
湖北师范大学学报(自然科学版)	A03	23	229
湖北体育科技	P07	215	421
湖北文理学院学报	A02	17	223
湖北行政学院学报	M02	186	392
湖北医药学院学报	D02	57	263
湖北职业技术学院学报	P05	211	417
湖北植保	C06	46	252
湖北中医药大学学报	D38	85	291
湖南包装	E01	88	294
湖南财政经济学院学报	L02	176	382
湖南城市学院学报(自然科学版)	A02	17	223
湖南大学学报(社会科学版)	H02	156	362
湖南大学学报(自然科学版)	A02	17	223
湖南第一师范学院学报	A03	23	229
湖南电力	E15	112	318
湖南工程学院学报(社会科学版)	H02	156	362
湖南工程学院学报(自然科学版)	A02	17	223
湖南工业大学学报	E02	91	297
湖南工业大学学报(社会科学版)	H02	156	362
湖南工业职业技术学院学报	P05	211	417
湖南交通科技	E34	139	345
湖南警察学院学报	M02	186	392
湖南开放大学学报	P05	211	417
湖南科技大学学报(社会科学版)	H02	156	362
湖南科技大学学报(自然科学版)	A02	18	224
湖南科技学院学报	E02	91	297
湖南理工学院学报(自然科学版)	A02	18	224
湖南林业科技	C07	47	253
湖南农业	C01	40	246
湖南农业大学学报(社会科学版)	H02	156	362
湖南农业大学学报(自然科学版)	A02	18	224
湖南农业科学	C01	40	246
湖南人文科技学院学报	H02	156	362
湖南社会科学	H01	150	356
湖南生态科学学报	C01	40	246
湖南省社会主义学院学报	M02	186	392
湖南师范大学教育科学学报	P01	200	406
湖南师范大学社会科学学报	H03	161	367
湖南师范大学学报(医学版)	D02	57	263

期刊名称	学科代码	被引指标页码	来源指标页码
湖南师范大学自然科学学报	A03	23	229
湖南水利水电	E33	137	343
湖南饲料	C08	49	255
湖南文理学院学报（自然科学版）	A02	18	224
湖南畜牧兽医	C08	49	255
湖南行政学院学报	M02	186	392
湖南邮电职业技术学院学报	P05	211	417
湖南有色金属	E09	101	307
湖南中医药大学学报	D38	85	291
湖南中医杂志	D37	83	289
湖泊科学	B12	36	242
湖湘法学评论	M05	191	397
湖湘论坛	H01	150	356
湖州师范学院学报	P01	200	406
湖州职业技术学院学报	P05	211	417
互联网天地	E21	120	326
护理管理杂志	D30	76	282
护理实践与研究	D30	76	282
护理学报	D30	76	282
护理学杂志	D30	76	282
护理研究	D30	76	282
护理与康复	D30	76	282
护士进修杂志	D30	76	282
花卉	C04	45	251
花生学报	C03	44	250
华北地震科学	B09	32	238
华北地质	B11	34	240
华北电力大学学报（社会科学版）	H02	156	362
华北电力大学学报（自然科学版）	A02	18	224
华北金融	L10	182	388
华北科技学院学报	E02	91	297
华北理工大学学报（社会科学版）	H02	156	362
华北理工大学学报（医学版）	D02	57	263
华北理工大学学报（自然科学版）	A02	18	224

期刊名称	学科代码	被引指标页码	来源指标页码
华北农学报	C01	40	246
华北水利水电大学学报（社会科学版）	H02	156	362
华北水利水电大学学报（自然科学版）	A02	18	224
华北自然资源	E39	145	351
华东地质	B07	30	236
华东交通大学学报	E02	91	297
华东经济管理	L01	173	379
华东科技	A01	13	219
华东理工大学学报（社会科学版）	H02	156	362
华东理工大学学报（自然科学版）	A02	18	224
华东师范大学学报（教育科学版）	P01	200	406
华东师范大学学报（哲学社会科学版）	H03	161	367
华东师范大学学报（自然科学版）	A03	23	229
华东政法大学学报	M02	186	392
华东纸业	E26	127	333
华南地震	B09	32	238
华南地质	B11	34	240
华南理工大学学报（社会科学版）	H02	156	362
华南理工大学学报（自然科学版）	A02	18	224
华南农业大学学报	C02	43	249
华南农业大学学报（社会科学版）	H02	156	362
华南师范大学学报（社会科学版）	H03	161	367
华南师范大学学报（自然科学版）	A03	23	229
华南预防医学	D31	77	283
华侨大学学报（哲学社会科学版）	H02	156	362
华侨大学学报（自然科学版）	A02	18	224
华侨华人历史研究	K08	170	376
华文教学与研究	P01	200	406
华文文学	K04	166	372
华西口腔医学杂志	D24	71	277
华西药学杂志	D36	81	287
华西医学	D01	53	259
华夏教师	P01	200	406
华夏考古	K10	171	377

期刊名称	学科代码	被引指标页码	来源指标页码	期刊名称	学科代码	被引指标页码	来源指标页码
华夏文化	N04	194	400	化学分析计量	B05	29	235
华夏医学	D01	53	259	化学工程	E23	124	330
华中建筑	E31	133	339	化学工程师	E23	124	330
华中科技大学学报（社会科学版）	H02	156	362	化学工程与装备	E23	124	330
华中科技大学学报（医学版）	D02	57	263	化学工业与工程	E23	124	330
华中科技大学学报（自然科学版）	A02	18	224	化学教学	P03	205	411
华中农业大学学报	C02	43	249	化学教与学	P03	205	411
华中农业大学学报（社会科学版）	H02	156	362	化学教育（中英文）	P03	206	412
华中师范大学学报（人文社会科学版）	H03	161	367	化学进展	B05	29	235
华中师范大学学报（自然科学版）	A03	23	229	化学世界	E23	124	330
化肥设计	E23	123	329	化学试剂	B05	29	235
化工高等教育	P04	209	415	化学通报（印刷版）	B05	29	235
化工管理	E23	123	329	化学推进剂与高分子材料	E08	100	306
化工环保	E39	145	351	化学学报	B05	29	235
化工机械	E23	123	329	化学研究	B05	29	235
化工技术与开发	E23	123	329	化学研究与应用	B05	29	235
化工进展	E23	124	330	化学与粘合	E25	126	332
化工科技	E23	124	330	化学与生物工程	E04	96	302
化工矿产地质	B11	34	240	怀化学院学报	A02	18	224
化工矿物与加工	E10	103	309	淮北师范大学学报（哲学社会科学版）	H03	161	367
化工设备与管道	E23	124	330	淮北师范大学学报（自然科学版）	A03	23	229
化工设计	E23	124	330	淮北职业技术学院学报	P05	211	417
化工设计通讯	E23	124	330	淮海医药	D01	53	259
化工生产与技术	E23	124	330	淮南师范学院学报	A03	23	229
化工时刊	E23	124	330	淮南职业技术学院学报	P05	211	417
化工新型材料	E08	100	306	淮阴工学院学报	E02	91	297
化工学报	E23	124	330	淮阴师范学院学报（哲学社会科学版）	H03	161	367
化工与医药工程	E23	124	330	淮阴师范学院学报（自然科学版）	A03	23	229
化工装备技术	E23	124	330	环保科技	E39	145	351
化工自动化及仪表	E23	124	330	环渤海经济瞭望	L01	173	379
化石	B13	36	242	环境保护	E39	145	351
化纤与纺织技术	E29	130	336	环境保护科学	E39	145	351
化学传感器	E22	121	327	环境保护与循环经济	E39	145	351
化学反应工程与工艺	E23	124	330	环境工程	E39	145	351

中国期刊名称类目索引(续)

期刊名称	学科代码	被引指标页码	来源指标页码
环境工程技术学报	E39	145	351
环境工程学报	E39	145	351
环境化学	E39	145	351
环境技术	E39	145	351
环境监测管理与技术	E39	145	351
环境监控与预警	E39	145	351
环境经济研究	L04	177	383
环境科技	E39	145	351
环境科学	E39	145	351
环境科学导刊	E39	145	351
环境科学学报	E39	145	351
环境科学研究	E39	145	351
环境科学与工程前沿	E39	145	351
环境科学与管理	E39	146	352
环境科学与技术	E39	146	352
环境昆虫学报	C06	46	252
环境生态学	E39	146	352
环境卫生工程	E39	146	352
环境卫生学杂志	E39	146	352
环境污染与防治	E39	146	352
环境影响评价	E39	146	352
环境与可持续发展	E39	146	352
环境与职业医学	D32	78	284
环球法律评论	M05	191	397
环球中医药	D37	83	289
黄冈师范学院学报	P01	200	406
黄冈职业技术学院学报	P05	211	417
黄河科技学院学报	E02	91	297
黄河水利职业技术学院学报	P05	211	417
黄河之声	K04	166	372
黄金	E09	102	308
黄金科学技术	E09	102	308
黄山学院学报	A02	18	224
黄钟—中国·武汉音乐学院学报	K06	168	374

期刊名称	学科代码	被引指标页码	来源指标页码
惠州学院学报	A02	18	224
混凝土	E31	133	339
混凝土世界	E31	133	339
混凝土与水泥制品	E31	133	339
火工品	E28	129	335
火箭军工程大学学报	E02	91	297
火箭推进	E38	144	350
火控雷达技术	E28	129	335
火力与指挥控制	E28	129	335
火炮发射与控制学报	E28	129	335
火灾科学	E40	147	353
火炸药学报	E28	129	335
机车车辆工艺	E36	141	347
机车电传动	E36	141	347
机床与液压	E13	107	313
机电兵船档案	E37	142	348
机电产品开发与创新	E03	95	301
机电工程	E12	105	311
机电工程技术	E13	107	313
机电技术	E13	107	313
机电设备	E12	105	311
机电信息	E15	112	318
机电元件	E12	105	311
机器人	E03	95	301
机器人技术与应用	E03	95	301
机器人外科学杂志（中英文）	D14	66	272
机械	E12	105	311
机械传动	E12	105	311
机械工程材料	E12	105	311
机械工程师	E12	106	312
机械工程学报	E12	106	312
机械工程与自动化	E12	106	312
机械工业标准化与质量	E12	106	312
机械管理开发	E12	106	312

期刊名称	学科代码	被引指标页码	来源指标页码	期刊名称	学科代码	被引指标页码	来源指标页码
机械科学与技术	E12	106	312	吉林地质	B11	34	240
机械强度	E13	107	313	吉林电力	E15	112	318
机械设计	E12	106	312	吉林工程技术师范学院学报	E02	92	298
机械设计与研究	E12	106	312	吉林工商学院学报	L02	176	382
机械设计与制造	E12	106	312	吉林广播电视大学学报	P05	211	417
机械设计与制造工程	E12	106	312	吉林化工学院学报	E02	92	298
机械研究与应用	E12	106	312	吉林建筑大学学报	E02	92	298
机械与电子	E12	106	312	吉林金融研究	L10	182	388
机械职业教育	P05	211	417	吉林林业科技	C07	47	253
机械制造	E13	107	313	吉林农业大学学报	C02	43	249
机械制造文摘—焊接分册	E13	107	313	吉林农业科技学院学报	C02	43	249
机械制造与自动化	E12	106	312	吉林省教育学院学报	P05	211	417
基层医学论坛	D31	77	283	吉林师范大学学报（人文社会科学版）	H03	161	367
基层中医药	D37	83	289	吉林师范大学学报（自然科学版）	A03	23	229
基础教育	P03	206	412	吉林蔬菜	C04	45	251
基础教育参考	P03	206	412	吉林水利	E33	137	343
基础教育课程	P03	206	412	吉林体育学院学报	P07	215	421
基础教育论坛	P03	206	412	吉林畜牧兽医	C08	49	255
基础教育研究	P03	206	412	吉林医学	D01	53	259
基础外语教育	K03	164	370	吉林医药学院学报	D02	57	263
基础医学教育	D35	79	285	吉林艺术学院学报	K06	168	374
基础医学与临床	D01	53	259	吉林中医药	D37	83	289
基因组学与应用生物学	B13	36	242	吉首大学学报（自然科学版）	A02	18	224
激光技术	E20	119	325	极地研究	B12	36	242
激光生物学报	B13	36	242	疾病监测	D32	78	284
激光与光电子学进展	E20	119	325	疾病监测与控制	D31	77	283
激光与红外	E20	119	325	疾病预防控制通报	D31	77	283
激光杂志	E20	119	325	集成电路应用	E03	95	301
吉林大学社会科学学报	H02	156	362	集成电路与嵌入式系统	E22	121	327
吉林大学学报（地球科学版）	A02	18	224	集成技术	E03	95	301
吉林大学学报（工学版）	E02	91	297	集美大学学报	E02	92	298
吉林大学学报（理学版）	A02	18	224	集美大学学报（哲学社会科学版）	H02	156	362
吉林大学学报（信息科学版）	E02	91	297	集美大学学报（自然科学版）	A02	18	224
吉林大学学报（医学版）	D02	57	263	集宁师范学院学报	P01	200	406

期刊名称	学科代码	被引指标页码	来源指标页码	期刊名称	学科代码	被引指标页码	来源指标页码
集装箱化	E34	139	345	计算机与现代化	E22	122	328
济南大学学报(社会科学版)	H02	156	362	计算技术与自动化	E03	95	301
济南大学学报(自然科学版)	A02	18	224	计算力学学报	B03	26	232
济南职业学院学报	P05	211	417	计算数学	B01	25	231
济宁学院学报	P01	200	406	计算物理	B04	28	234
济宁医学院学报	D02	57	263	记者观察	N05	196	402
济源职业技术学院学报	P05	211	417	记者摇篮	N05	196	402
脊柱外科杂志	D18	68	274	技术经济	L08	180	386
计测技术	E01	88	294	技术经济与管理研究	L04	177	383
计量经济学报	Q07	216	422	技术与创新管理	L04	177	383
计量科学与技术	E01	88	294	技术与市场	L08	180	386
计量学报	E01	88	294	继续教育研究	P01	201	407
计量与测试技术	E01	88	294	继续医学教育	D01	53	259
计算机测量与控制	E03	95	301	寄生虫病与感染性疾病	D03	59	265
计算机仿真	E22	121	327	寄生虫与医学昆虫学报	D03	59	265
计算机辅助工程	E22	121	327	暨南大学学报(自然科学与医学版)	A02	18	224
计算机辅助设计与图形学学报	E22	121	327	暨南学报(哲学社会科学版)	H02	156	362
计算机工程	E22	121	327	加速康复外科杂志	D15	66	272
计算机工程与科学	E22	121	327	佳木斯大学学报(自然科学版)	A02	18	224
计算机工程与设计	E22	122	328	佳木斯职业学院学报	P05	211	417
计算机工程与应用	E22	122	328	家畜生态学报	C08	49	255
计算机集成制造系统	E22	122	328	家电科技	E15	112	318
计算机技术与发展	E22	122	328	家具与室内装饰	K06	168	374
计算机教育	E22	122	328	家禽科学	C08	50	256
计算机科学	E22	122	328	家庭科技	K04	166	372
计算机科学与探索	E22	122	328	家庭医学	D07	62	268
计算机时代	E22	122	328	家庭用药	D07	62	268
计算机系统应用	E22	122	328	嘉兴学院学报	A02	18	224
计算机学报	E22	122	328	嘉应学院学报	A02	18	224
计算机研究与发展	E22	122	328	价格理论与实践	L08	180	386
计算机应用	E22	122	328	价格月刊	L01	173	379
计算机应用研究	E22	122	328	价值工程	L01	173	379
计算机应用与软件	E22	122	328	检验医学	D06	62	268
计算机与数字工程	E22	122	328	检验医学与临床	D06	62	268

期刊名称	学科代码	被引指标页码	来源指标页码	期刊名称	学科代码	被引指标页码	来源指标页码
减速顶与调速技术	E34	139	345	建筑与预算	E31	134	340
建材发展导向	E31	133	339	建筑与装饰	E31	134	340
建材技术与应用	E31	133	339	健康博览	D07	62	268
建材世界	E31	133	339	健康教育与健康促进	D07	62	268
建材与装饰	E31	133	339	健康世界	D07	62	268
建井技术	E31	133	339	健康体检与管理	D01	53	259
建设机械技术与管理	E31	133	339	健康向导	D07	62	268
建设监理	E31	133	339	健康研究	D07	62	268
建设科技	E31	134	340	舰船电子对抗	E03	95	301
建筑·建材·装饰	E31	134	340	舰船电子工程	E37	142	348
建筑安全	E31	134	340	舰船科学技术	E37	142	348
建筑材料学报	E31	134	340	江海学刊	H01	150	356
建筑电气	E31	134	340	江汉大学学报（社会科学版）	H02	156	362
建筑钢结构进展	E31	134	340	江汉大学学报（自然科学版）	A02	18	224
建筑工人	E31	134	340	江汉考古	K10	171	377
建筑机械	E31	134	340	江汉论坛	H01	150	356
建筑机械化	E31	134	340	江汉石油职工大学学报	E02	92	298
建筑技术	E31	134	340	江汉学术	H01	150	356
建筑技术开发	E31	134	340	江淮论坛	H01	150	356
建筑技艺	E31	134	340	江淮水利科技	E33	137	343
建筑节能（中英文）	E31	134	340	江南大学学报（人文社会科学版）	H02	156	362
建筑结构	E31	134	340	江南论坛	H01	150	356
建筑结构学报	E31	134	340	江南社会学院学报	H02	156	362
建筑经济	E31	134	340	江苏船舶	E37	142	348
建筑科技	E16	113	319	江苏大学学报（社会科学版）	H02	156	362
建筑科学	E31	134	340	江苏大学学报（医学版）	D02	57	263
建筑科学与工程学报	E31	134	340	江苏大学学报（自然科学版）	A02	18	224
建筑设计管理	E31	134	340	江苏第二师范学院学报	P01	201	407
建筑师	E31	134	340	江苏高教	P03	206	412
建筑施工	E31	134	340	江苏高职教育	P03	206	412
建筑史学刊	E31	134	340	江苏工程职业技术学院学报	P05	211	417
建筑学报	E31	134	340	江苏海洋大学学报（人文社会科学版）	H02	156	362
建筑遗产	E31	134	340	江苏海洋大学学报（自然科学版）	A02	18	224
建筑与文化	E34	139	345	江苏航运职业技术学院学报	P05	211	417

期刊名称	学科代码	被引指标页码	来源指标页码
江苏建材	E31	134	340
江苏建筑	E31	134	340
江苏建筑职业技术学院学报	P05	211	417
江苏经贸职业技术学院学报	P05	212	418
江苏警官学院学报	M02	186	392
江苏科技大学学报（社会科学版）	H02	157	363
江苏科技大学学报（自然科学版）	A02	18	224
江苏科技信息	A01	13	219
江苏理工学院学报	E02	92	298
江苏林业科技	C07	47	253
江苏农村经济	L06	178	384
江苏农机化	E05	97	303
江苏农业科学	C01	40	246
江苏农业学报	C01	40	246
江苏商论	L08	180	386
江苏社会科学	H01	150	356
江苏省社会主义学院学报	M02	186	392
江苏师范大学学报（哲学社会科学版）	H03	161	367
江苏师范大学学报（自然科学版）	A03	23	229
江苏水利	E33	137	343
江苏丝绸	E29	130	336
江苏陶瓷	E23	124	330
江苏调味副食品	E30	131	337
江苏通信	E03	95	301
江苏卫生保健	D07	62	268
江苏卫生事业管理	D31	77	283
江苏行政学院学报	M02	186	392
江苏医药	D01	53	259
江苏预防医学	D31	77	283
江苏中医药	D37	83	289
江西财经大学学报	L02	176	382
江西电力	E15	112	318
江西电力职业技术学院学报	P05	212	418
江西化工	E23	124	330
江西建材	E31	134	340
江西警察学院学报	M02	186	392
江西开放大学学报	P05	212	418
江西科技师范大学学报	A03	23	229
江西科学	A01	13	219
江西理工大学学报	E02	92	298
江西煤炭科技	E16	113	319
江西农业	C08	50	256
江西农业大学学报	C02	43	249
江西农业学报	C01	40	246
江西社会科学	H01	150	356
江西师范大学学报（哲学社会科学版）	H03	161	367
江西师范大学学报（自然科学版）	A03	23	229
江西水产科技	C10	52	258
江西水利科技	E33	137	343
江西通信科技	E21	120	326
江西畜牧兽医杂志	C08	50	256
江西冶金	E11	104	310
江西医药	D01	53	259
江西中医药	D37	83	289
江西中医药大学学报	D38	85	291
交大法学	M05	191	397
交通财会	L04	177	383
交通工程	E34	139	345
交通建设与管理	F01	148	354
交通节能与环保	E34	139	345
交通科技	E34	139	345
交通科技与经济	E34	139	345
交通科学与工程	E34	139	345
交通企业管理	F01	148	354
交通世界	E35	140	346
交通信息与安全	E34	139	345
交通医学	D01	53	259
交通与港航	L01	173	379

期刊名称	学科代码	被引指标页码	来源指标页码	期刊名称	学科代码	被引指标页码	来源指标页码
交通与运输	E34	139	345	教育评论	P01	201	407
交通运输工程学报	E34	139	345	教育生物学杂志	P01	201	407
交通运输工程与信息学报	E34	139	345	教育实践与研究	P01	201	407
交通运输系统工程与信息	E34	139	345	教育史研究	P01	201	407
交通运输研究	E34	139	345	教育探索	P01	201	407
交响—西安音乐学院学报	K06	168	374	教育文化论坛	P01	201	407
胶体与聚合物	E24	126	332	教育学报	P01	201	407
教书育人	P03	206	412	教育学术月刊	P01	201	407
焦作大学学报	P01	201	407	教育研究	P01	201	407
焦作师范高等专科学校学报	A03	23	229	教育研究与评论	P01	201	407
教练机	E38	144	350	教育研究与实验	P01	201	407
教师	P03	206	412	教育艺术	P01	201	407
教师发展研究	P03	206	412	教育与教学研究	P01	201	407
教师教育论坛	P03	206	412	教育与经济	L04	177	383
教师教育学报	P01	201	407	教育与考试	P01	201	407
教师教育研究	P05	212	418	教育与职业	P05	212	418
教学管理与教育研究	P01	201	407	教育与装备研究	E12	106	312
教学研究	P01	201	407	节能	E01	88	294
教学与管理	P03	206	412	节能技术	E16	113	319
教学与研究	P01	201	407	节能与环保	E39	146	352
教学月刊（小学版）	P03	206	412	节水灌溉	E05	97	303
教学月刊（中学版）	P03	206	412	洁净煤技术	E16	113	319
教育	P01	201	407	洁净与空调技术	E15	112	318
教育财会研究	L04	177	383	结构工程师	E31	134	340
教育测量与评价	P01	201	407	结构化学	E23	124	330
教育传媒研究	N05	196	402	结核与肺部疾病杂志	D09	63	269
教育导刊	P01	201	407	结直肠肛门外科	D15	66	272
教育发展研究	P01	201	407	解放军外国语学院学报	K03	165	371
教育教学论坛	P01	201	407	解放军药学学报	D36	81	287
教育经济评论	P01	201	407	解放军医学院学报	D02	57	263
教育科学	P01	201	407	解放军医学杂志	D01	54	260
教育科学论坛	P01	201	407	解剖科学进展	D03	59	265
教育科学探索	P01	201	407	解剖学报	D03	59	265
教育科学研究	P01	201	407	解剖学研究	D03	59	265

期刊名称	学科代码	被引指标页码	来源指标页码	期刊名称	学科代码	被引指标页码	来源指标页码
解剖学杂志	D03	59	265	金属世界	E13	107	313
介入放射学杂志	D28	74	280	金属学报	E09	102	308
今传媒	N05	196	402	金属制品	E13	107	313
今日科苑	A01	13	219	锦州医科大学学报	D02	57	263
今日消防	E39	146	352	锦州医科大学学报（社会科学版）	H02	157	363
今日畜牧兽医	C08	50	256	近代史研究	K08	170	376
今日养猪业	C08	50	256	晋城职业技术学院学报	P05	212	418
今日药学	D36	81	287	晋控科学技术	E16	113	319
今日制造与升级	E13	107	313	晋图学刊	N07	197	403
今日自动化	E03	95	301	晋阳学刊	H01	150	356
金刚石与磨料磨具工程	E13	107	313	晋中学院学报	A02	18	224
金华职业技术学院学报	P05	212	418	经济地理	B10	33	239
金陵科技学院学报	E02	92	298	经济动物学报	C08	50	256
金融博览	L10	182	388	经济管理	L01	173	379
金融发展研究	L10	182	388	经济管理学刊	L01	173	379
金融监管研究	L10	182	388	经济界	L01	173	379
金融教育研究	L10	182	388	经济经纬	L01	173	379
金融经济	L10	182	388	经济科学	L01	173	379
金融经济学研究	L10	182	388	经济理论与经济管理	L01	173	379
金融会计	L10	182	388	经济林研究	C07	47	253
金融科技时代	E22	122	328	经济论坛	L01	173	379
金融理论探索	P01	201	407	经济评论	L01	173	379
金融理论与教学	P01	201	407	经济社会史评论	L01	173	379
金融理论与实践	L10	182	388	经济社会体制比较	L01	173	379
金融论坛	L10	182	388	经济师	L01	173	379
金融评论	L01	173	379	经济体制改革	L04	177	383
金融研究	L10	182	388	经济问题	L01	173	379
金融与经济	L10	182	388	经济问题探索	L01	173	379
金属材料与冶金工程	E11	104	310	经济学（季刊）	L01	173	379
金属功能材料	E09	102	308	经济学报	L01	173	379
金属加工（冷加工）	E13	107	313	经济学动态	L01	173	379
金属加工（热加工）	E13	107	313	经济学家	L01	173	379
金属矿山	E10	103	309	经济研究	L01	173	379
金属热处理	E13	107	313	经济研究参考	L01	173	379

期刊名称	学科代码	被引指标页码	来源指标页码	期刊名称	学科代码	被引指标页码	来源指标页码
经济研究导刊	L01	173	379	聚氨酯工业	E23	124	330
经济与管理	L01	173	379	聚氯乙烯	E24	126	332
经济与管理评论	L04	177	383	聚酯工业	E24	126	332
经济与管理研究	L01	173	379	决策科学	N01	192	398
经济与社会发展	L04	177	383	决策与信息	E03	95	301
经济资料译丛	L01	173	379	决策咨询	E03	95	301
经济纵横	L01	173	379	绝缘材料	E08	100	306
经纬天地	L01	173	379	军民两用技术与产品	E28	129	335
经营与管理	L01	174	380	军事高等教育研究	P04	209	415
荆楚理工学院学报	P01	202	408	军事护理	D30	76	282
荆楚学刊	H01	150	356	军事历史	K08	170	376
精密成形工程	E13	107	313	军事文化研究	M08	192	398
精密制造与自动化	E12	106	312	军事医学	D34	79	285
精神医学杂志	D27	73	279	军事运筹与评估	M08	192	398
精细化工	E25	126	332	菌物学报	B17	39	245
精细化工中间体	E25	126	332	菌物研究	B17	39	245
精细石油化工	E25	126	332	喀什大学学报	P01	202	408
精细石油化工进展	E17	115	321	开发研究	H01	150	356
精细与专用化学品	E25	126	332	开放导报	L01	174	380
精准医学杂志	D01	54	260	开放教育研究	P05	212	418
井冈山大学学报（社会科学版）	H02	157	363	开放时代	L01	174	380
井冈山大学学报（自然科学版）	A02	18	224	开放学习研究	P05	212	418
颈腰痛杂志	D18	68	274	开封大学学报	P01	202	408
景德镇陶瓷	E23	124	330	开封文化艺术职业学院学报	P05	212	418
景德镇学院学报	P01	202	408	凯里学院学报	P01	202	408
景观设计学（中英文）	E31	134	340	勘察科学技术	E10	103	309
警察技术	M07	192	398	康复学报	D38	85	291
净水技术	E31	134	340	抗感染药学	D36	81	287
竞争情报	N07	197	403	抗日战争研究	M08	192	398
九江学院学报（社会科学版）	H02	157	363	考古	K10	171	377
九江学院学报（自然科学版）	A02	18	224	考古学报	K10	171	377
居业	E31	134	340	考古与文物	K10	171	377
局解手术学杂志	D14	66	272	考试研究	P01	202	408
剧作家	K04	166	372	考试与评价	K03	165	371

期刊名称	学科代码	被引指标页码	来源指标页码	期刊名称	学科代码	被引指标页码	来源指标页码
考试周刊	P01	202	408	科学发展	N01	192	398
科技成果管理与研究	F01	148	354	科学观察	A01	14	220
科技传播	N05	196	402	科学管理研究	F01	148	354
科技创新发展战略研究	A01	14	220	科学技术与工程	E01	88	294
科技创新与生产力	A01	14	220	科学技术哲学研究	J02	162	368
科技创新与应用	E26	127	333	科学教育与博物馆	N01	192	398
科技创业月刊	L01	174	380	科学决策	H01	150	356
科技促进发展	A01	14	220	科学社会主义	M01	184	390
科技导报	A01	14	220	科学通报	A01	14	220
科技风	A01	14	220	科学文化评论	N04	194	400
科技管理学报	F01	148	354	科学学研究	F01	148	354
科技管理研究	F01	148	354	科学学与科学技术管理	F01	148	354
科技广场	H01	150	356	科学养鱼	C10	52	258
科技和产业	L01	174	380	科学与管理	H01	150	356
科技进步与对策	F01	148	354	科学与社会	H01	150	356
科技经济市场	L08	180	386	科学与无神论	J02	162	368
科技情报研究	N07	198	404	科学与信息化	E03	95	301
科技视界	C08	50	256	科研管理	F01	148	354
科技通报	A01	14	220	可持续发展经济导刊	L01	174	380
科技与出版	N05	196	402	可再生能源	E16	113	319
科技与创新	A01	14	220	克拉玛依学刊	H01	150	356
科技与法律（中英文）	M05	191	397	客车技术与研究	E34	139	345
科技与金融	L10	182	388	课程·教材·教法	P03	206	412
科技与经济	A01	14	220	课程教学研究	P03	206	412
科技智囊	H01	150	356	空间电子技术	E38	144	350
科技中国	A01	14	220	空间结构	E32	136	342
科技资讯	A01	14	220	空间科学学报	B06	30	236
科教导刊	P01	202	408	空间控制技术与应用	E38	144	350
科教导刊—电子版	P01	202	408	空间碎片研究	E38	144	350
科教发展研究	P01	202	408	空军工程大学学报	E02	92	298
科教文汇	P01	202	408	空军航空医学	D01	54	260
科普研究	N05	196	402	空军军医大学学报	D02	57	263
科学（上海）	A01	14	220	空气动力学学报	E38	144	350
科学·经济·社会	H01	150	356	空天防御	E28	129	335

中国期刊名称类目索引(续)

期刊名称	学科代码	被引指标页码	来源指标页码
空天技术	E28	129	335
空天预警研究学报	E21	120	326
空运商务	L01	174	380
孔子研究	J02	162	368
控制工程	E03	95	301
控制理论与应用	B02	26	232
控制与决策	B02	26	232
控制与信息技术	E34	139	345
口岸卫生控制	D31	77	283
口腔材料器械杂志	D24	71	277
口腔颌面外科杂志	D24	71	277
口腔颌面修复学杂志	D24	71	277
口腔护理用品工业	E23	124	330
口腔疾病防治	D24	71	277
口腔生物医学	D24	71	277
口腔医学	D24	71	277
口腔医学研究	D24	71	277
快乐阅读	P03	206	412
会计师	L05	178	384
会计研究	L05	178	384
会计与经济研究	L05	178	384
会计之友	L05	178	384
宽厚板	E09	102	308
矿产保护与利用	E10	103	309
矿产勘查	E10	103	309
矿产与地质	E10	103	309
矿产综合利用	E10	103	309
矿床地质	B11	34	240
矿山机械	E10	103	309
矿物学报	E10	103	309
矿物岩石	B11	34	240
矿物岩石地球化学通报	B07	30	236
矿冶	E11	104	310
矿冶工程	E11	104	310
矿业安全与环保	E10	103	309
矿业工程	E10	103	309
矿业工程研究	E10	103	309
矿业科学学报	E10	103	309
矿业研究与开发	E10	103	309
矿业装备	E10	103	309
昆虫分类学报	B16	38	244
昆虫学报	B16	38	244
昆明理工大学学报（社会科学版）	H02	157	363
昆明理工大学学报（自然科学版）	A02	18	224
昆明学院学报	P01	202	408
昆明冶金高等专科学校学报	E02	92	298
昆明医科大学学报	D02	57	263
拉丁美洲研究	M04	190	396
辣椒杂志	C04	45	251
兰台内外	N08	198	404
兰台世界	N08	198	404
兰州财经大学学报	L02	176	382
兰州大学学报（社会科学版）	H02	157	363
兰州大学学报（医学版）	D02	57	263
兰州大学学报（自然科学版）	A02	18	224
兰州工业学院学报	E02	92	298
兰州交通大学学报	E02	92	298
兰州理工大学学报	E02	92	298
兰州石化职业技术大学学报	P05	212	418
兰州文理学院学报（社会科学版）	H02	157	363
兰州文理学院学报（自然科学版）	A02	18	224
兰州学刊	H01	151	357
兰州职业技术学院学报	P05	212	418
廊坊师范学院学报（社会科学版）	H03	161	367
廊坊师范学院学报（自然科学版）	A03	23	229
劳动保护	N02	193	399
劳动经济研究	L01	174	380
老龄科学研究	N04	194	400

467

期刊名称	学科代码	被引指标页码	来源指标页码
老年医学研究	D07	62	268
老年医学与保健	D07	62	268
乐山师范学院学报	P01	202	408
雷达科学与技术	E21	120	326
雷达学报	E21	120	326
雷达与对抗	E03	95	301
冷藏技术	E01	88	294
丽水学院学报	A02	19	225
离子交换与吸附	E23	124	330
黎明职业大学学报	P05	212	418
理化检验—化学分册	E11	104	310
理化检验—物理分册	E08	100	306
理科考试研究	P03	206	412
理论导刊	M01	184	390
理论观察	H01	151	357
理论建设	H01	151	357
理论界	H01	151	357
理论视野	M01	184	390
理论探索	M01	184	390
理论探讨	J01	162	368
理论学刊	H01	151	357
理论学习—山东干部函授大学学报	M02	186	392
理论学习与探索	M01	184	390
理论与当代	H01	151	357
理论与改革	J01	162	368
理论与现代化	H01	151	357
理论月刊	H01	151	357
力学季刊	B03	26	232
力学进展	B03	26	232
力学学报	B03	27	233
力学与实践	B03	27	233
历史档案	N08	198	404
历史地理研究	K08	170	376
历史教学	P01	202	408

期刊名称	学科代码	被引指标页码	来源指标页码
历史教学问题	P03	206	412
历史研究	K08	170	376
立体定向和功能性神经外科杂志	D27	73	279
连云港师范高等专科学校学报	P01	202	408
连云港职业技术学院学报	P05	212	418
连铸	E11	104	310
联勤军事医学	D01	54	260
廉政文化研究	M01	184	390
炼钢	E11	104	310
炼铁	E11	104	310
炼油技术与工程	E17	115	321
炼油与化工	E17	115	321
粮食储藏	E30	131	337
粮食加工	E30	131	337
粮食科技与经济	L06	178	384
粮食问题研究	E30	131	337
粮食与食品工业	E30	131	337
粮食与饲料工业	E30	131	337
粮食与油脂	E30	131	337
粮油仓储科技通讯	E30	131	337
粮油科学与工程	E26	127	333
粮油食品科技	E30	131	337
两岸终身教育	P05	212	418
量子电子学报	B04	28	234
量子光学学报	B04	28	234
辽东学院学报（社会科学版）	H02	157	363
辽东学院学报（自然科学版）	A02	19	225
辽宁大学学报（哲学社会科学版）	H02	157	363
辽宁大学学报（自然科学版）	A02	19	225
辽宁高职学报	P05	212	418
辽宁工程技术大学学报（社会科学版）	H02	157	363
辽宁工程技术大学学报（自然科学版）	A02	19	225
辽宁工业大学学报（社会科学版）	H02	157	363
辽宁工业大学学报（自然科学版）	A02	19	225

期刊名称	学科代码	被引指标页码	来源指标页码	期刊名称	学科代码	被引指标页码	来源指标页码
辽宁公安司法管理干部学院学报	M02	187	393	林业工程学报	C07	47	253
辽宁化工	E23	124	330	林业机械与木工设备	C07	47	253
辽宁教育	P03	206	412	林业建设	C07	48	254
辽宁经济	L01	174	380	林业经济	L06	178	384
辽宁经济职业技术学院·辽宁经济管理干部学院学报	P05	212	418	林业经济问题	L06	179	385
辽宁警察学院学报	M02	187	393	林业勘查设计	C07	48	254
辽宁开放大学学报	P05	212	418	林业科技	C07	48	254
辽宁科技大学学报	E02	92	298	林业科技情报	C07	48	254
辽宁科技学院学报	E02	92	298	林业科技通讯	C07	48	254
辽宁林业科技	C07	47	253	林业科学	C07	48	254
辽宁农业科学	C01	40	246	林业科学研究	C07	48	254
辽宁农业职业技术学院学报	P05	212	418	林业与环境科学	C07	48	254
辽宁省交通高等专科学校学报	E02	92	298	林业与生态科学	C04	45	251
辽宁省社会主义学院学报	M02	187	393	临床超声医学杂志	D28	74	280
辽宁师范大学学报(社会科学版)	H03	161	367	临床儿科杂志	D21	70	276
辽宁师范大学学报(自然科学版)	A03	23	229	临床耳鼻咽喉头颈外科杂志	D23	71	277
辽宁师专学报(社会科学版)	H03	161	367	临床放射学杂志	D28	74	280
辽宁师专学报(自然科学版)	A02	19	225	临床肺科杂志	D09	64	270
辽宁石油化工大学学报	E02	92	298	临床肝胆病杂志	D10	64	270
辽宁丝绸	E29	130	336	临床骨科杂志	D18	69	275
辽宁体育科技	P07	215	421	临床合理用药	D36	81	287
辽宁行政学院学报	M02	187	393	临床和实验医学杂志	D05	60	266
辽宁医学杂志	D01	54	260	临床护理杂志	D30	76	282
辽宁中医药大学学报	D38	85	291	临床荟萃	D08	63	269
辽宁中医杂志	D37	83	289	临床急诊杂志	D05	60	266
聊城大学学报(社会科学版)	H02	157	363	临床检验杂志	D06	62	268
聊城大学学报(自然科学版)	A02	19	225	临床精神医学杂志	D27	73	279
林草政策研究	F01	148	354	临床军医杂志	D05	60	266
林草资源研究	C07	47	253	临床口腔医学杂志	D24	71	277
林产工业	C07	47	253	临床麻醉学杂志	D14	66	272
林产化学与工业	E23	124	330	临床泌尿外科杂志	D17	68	274
林区教学	C07	47	253	临床内科杂志	D08	63	269
林业调查规划	C07	47	253	临床皮肤科杂志	D25	72	278
				临床普外科电子杂志	D15	66	272

期刊名称	学科代码	被引指标页码	来源指标页码	期刊名称	学科代码	被引指标页码	来源指标页码
临床神经病学杂志	D27	73	279	硫酸工业	E23	124	330
临床神经外科杂志	D27	73	279	柳州职业技术学院学报	P05	212	418
临床肾脏病杂志	D11	64	270	六盘水师范学院学报	P01	202	408
临床输血与检验	D05	60	266	龙岩学院学报	P01	202	408
临床外科杂志	D14	66	272	陇东学院学报	P01	202	408
临床误诊误治	D05	60	266	鲁东大学学报（哲学社会科学版）	H02	157	363
临床消化病杂志	D10	64	270	鲁东大学学报（自然科学版）	A02	19	225
临床小儿外科杂志	D21	70	276	鲁迅研究月刊	K04	166	372
临床心电学杂志	D15	66	272	陆地生态系统与保护学报	C07	48	254
临床心身疾病杂志	D03	59	265	陆军工程大学学报	E02	92	298
临床心血管病杂志	D16	67	273	陆军军医大学学报	D02	57	263
临床血液学杂志	D11	64	270	录井工程	E17	115	321
临床研究	D05	60	266	鹿城学刊	P01	202	408
临床眼科杂志	D22	70	276	路基工程	E36	141	347
临床药物治疗杂志	D36	81	287	露天采矿技术	E10	103	309
临床医学	D05	60	266	吕梁教育学院学报	P05	212	418
临床医学工程	D31	77	283	吕梁学院学报	P01	202	408
临床医学研究与实践	D05	60	266	旅游导刊	L08	180	386
临床医药实践	D05	60	266	旅游科学	L08	180	386
临床与病理杂志	D05	60	266	旅游论坛	L08	180	386
临床与实验病理学杂志	D06	62	268	旅游学刊	L08	180	386
临床肿瘤学杂志	D29	75	281	旅游研究	L08	180	386
临沂大学学报	A02	19	225	旅游纵览	L08	180	386
岭南急诊医学杂志	D05	60	266	铝加工	E13	107	313
岭南师范学院学报	P01	202	408	绿色包装	E23	124	330
岭南文史	K08	170	376	绿色财会	L10	182	388
岭南现代临床外科	D14	66	272	绿色建造与智能建筑	E31	135	341
岭南心血管病杂志	D16	67	273	绿色建筑	E31	135	341
岭南学刊	H01	151	357	绿色科技	C07	48	254
领导科学	H01	151	357	绿色矿冶	E11	104	310
领导科学论坛	P01	202	408	绿洲农业科学与工程	E05	97	303
流体测量与控制	E12	106	312	氯碱工业	E23	124	330
流体机械	E12	106	312	伦理学研究	J02	163	369
硫磷设计与粉体工程	E23	124	330	轮胎工业（中英文）	E23	124	330

期刊名称	学科代码	被引指标页码	来源指标页码	期刊名称	学科代码	被引指标页码	来源指标页码
逻辑学研究	J02	163	369	煤炭新视界	E16	113	319
洛阳理工学院学报（社会科学版）	H02	157	363	煤炭学报	E16	113	319
洛阳理工学院学报（自然科学版）	A02	19	225	煤炭与化工	E16	113	319
洛阳师范学院学报	P01	202	408	煤炭转化	E16	114	320
落叶果树	C04	45	251	煤田地质与勘探	E10	103	309
漯河职业技术学院学报	P05	212	418	煤质技术	E16	114	320
马克思主义理论学科研究	J01	162	368	美国研究	M04	190	396
马克思主义研究	J01	162	368	美食研究	E02	92	298
马克思主义与现实	J01	162	368	美术大观	K06	168	374
麦类作物学报	C03	44	250	美术观察	K06	168	374
满语研究	K01	164	370	美术教育研究	P01	202	408
满族研究	N04	194	400	美术界	K06	168	374
漫旅	L08	180	386	美术文献	K06	168	374
慢性病学杂志	D31	77	283	美术学报	K06	168	374
芒种	K04	166	372	美术研究	K06	168	374
毛纺科技	E29	130	336	美育学刊	P01	202	408
毛泽东邓小平理论研究	J01	162	368	泌尿外科杂志（电子版）	D17	68	274
毛泽东思想研究	J01	162	368	秘书	L01	174	380
毛泽东研究	J01	162	368	秘书工作	L01	174	380
煤	E16	113	319	秘书之友	L01	174	380
煤化工	E26	127	333	密码学报	E19	118	324
煤矿安全	E10	103	309	蜜蜂杂志	C08	50	256
煤矿爆破	E10	103	309	绵阳师范学院学报	H03	161	367
煤矿机电	E10	103	309	棉纺织技术	E29	130	336
煤矿机械	E10	103	309	棉花学报	C03	44	250
煤矿现代化	E10	103	309	免疫学杂志	D03	59	265
煤气与热力	E16	113	319	民国档案	N08	198	404
煤炭高等教育	P04	209	415	民航学报	E38	144	350
煤炭工程	E16	113	319	民间文化论坛	K04	166	372
煤炭技术	E10	103	309	民俗研究	K10	171	377
煤炭加工与综合利用	E10	103	309	民用飞机设计与研究	E38	144	350
煤炭经济研究	L08	180	386	民主与科学	H01	151	357
煤炭科技	E10	103	309	民族大家庭	N04	194	400
煤炭科学技术	E16	113	319	民族翻译	H01	151	357

期刊名称	学科代码	被引指标页码	来源指标页码	期刊名称	学科代码	被引指标页码	来源指标页码
民族高等教育研究	P04	209	415	耐火材料	E08	101	307
民族教育研究	P01	202	408	耐火与石灰	E08	101	307
民族文学研究	K04	166	372	南北桥	P01	202	408
民族学刊	N04	194	400	南昌大学学报（工科版）	E02	92	298
民族学论丛	N04	194	400	南昌大学学报（理科版）	A02	19	225
民族研究	N04	194	400	南昌大学学报（人文社会科学版）	H02	157	363
民族艺林	K06	168	374	南昌大学学报（医学版）	D02	57	263
民族艺术	K06	168	374	南昌工程学院学报	E02	92	298
民族艺术研究	K06	168	374	南昌航空大学学报（社会科学版）	H02	157	363
民族音乐	K06	168	374	南昌航空大学学报（自然科学版）	A02	19	225
民族语文	K01	164	370	南昌师范学院学报	P01	202	408
闽江学院学报	P01	202	408	南大法学	M05	191	397
闽南师范大学学报（哲学社会科学版）	H03	161	367	南都学坛	H01	151	357
闽南师范大学学报（自然科学版）	A03	23	229	南方电网技术	E15	112	318
闽台关系研究	M02	187	393	南方建筑	E31	135	341
闽西职业技术学院学报	P05	212	418	南方金融	L10	182	388
名家名作	K04	166	372	南方金属	E09	102	308
名医	D01	54	260	南方经济	L01	174	380
明清小说研究	K04	166	372	南方林业科学	C07	48	254
模糊系统与数学	B01	25	231	南方论刊	N01	192	398
模式识别与人工智能	E03	95	301	南方能源建设	E16	114	320
模型世界	P07	215	421	南方农村	L06	179	385
膜科学与技术	E23	124	330	南方农机	E05	97	303
摩擦学学报（中英文）	E12	106	312	南方农业	C01	40	246
模具工业	E13	107	313	南方农业学报	C01	40	246
模具技术	E13	108	314	南方人口	N02	193	399
模具制造	E13	108	314	南方水产科学	C10	52	258
牡丹江大学学报	P01	202	408	南方文坛	K04	166	372
牡丹江教育学院学报	P05	212	418	南方文物	K08	170	376
牡丹江师范学院学报（哲学社会科学版）	H03	161	367	南方医科大学学报	D02	57	263
牡丹江师范学院学报（自然科学版）	A03	23	229	南方园艺	C04	45	251
牡丹江医学院学报	D02	57	263	南方自然资源	B10	33	239
木材科学与技术	C07	48	254	南海法学	M05	191	397
木工机床	E26	127	333	南海学刊	H01	151	357

期刊名称	学科代码	被引指标页码	来源指标页码
南华大学学报（社会科学版）	H02	157	363
南华大学学报（自然科学版）	A02	19	225
南京财经大学学报	L02	176	382
南京大学学报（哲学·人文科学·社会科学）	H02	157	363
南京大学学报（自然科学版）	A02	19	225
南京工程学院学报（社会科学版）	H02	157	363
南京工程学院学报（自然科学版）	A02	19	225
南京工业大学学报（社会科学版）	H02	157	363
南京工业大学学报（自然科学版）	A02	19	225
南京航空航天大学学报	E02	92	298
南京航空航天大学学报（社会科学版）	H02	157	363
南京开放大学学报	P05	212	418
南京理工大学学报（社会科学版）	H02	157	363
南京理工大学学报（自然科学版）	A02	19	225
南京林业大学学报（人文社会科学版）	H02	157	363
南京林业大学学报（自然科学版）	A02	19	225
南京农业大学学报	C02	43	249
南京农业大学学报（社会科学版）	H02	157	363
南京社会科学	H01	151	357
南京审计大学学报	L02	176	382
南京师大学报（社会科学版）	A03	23	229
南京师大学报（自然科学版）	A03	23	229
南京师范大学文学院学报	H03	161	367
南京师范大学学报（工程技术版）	E02	92	298
南京体育学院学报	P07	215	421
南京晓庄学院学报	H02	157	363
南京信息工程大学学报	E02	92	298
南京医科大学学报（社会科学版）	H02	157	363
南京医科大学学报（自然科学版）	A02	19	225
南京艺术学院学报（美术与设计版）	K06	168	374
南京艺术学院学报（音乐与表演版）	K06	168	374
南京邮电大学学报（社会科学版）	H02	157	363
南京邮电大学学报（自然科学版）	A02	19	225
南京中医药大学学报	D38	85	291

期刊名称	学科代码	被引指标页码	来源指标页码
南京中医药大学学报（社会科学版）	H02	157	363
南开大学学报（自然科学版）	A02	19	225
南开管理评论	F01	148	354
南开经济研究	L01	174	380
南开学报（哲学社会科学版）	H02	157	363
南宁师范大学学报（哲学社会科学版）	H03	161	367
南宁师范大学学报（自然科学版）	A03	23	229
南宁职业技术学院学报	P05	212	418
南腔北调（周一刊）	K04	166	372
南水北调与水利科技（中英文）	E33	137	343
南通大学学报（社会科学版）	H02	157	363
南通大学学报（医学版）	D02	57	263
南通大学学报（自然科学版）	A02	19	225
南通职业大学学报	P05	212	418
南亚东南亚研究	H01	151	357
南亚研究	M04	190	396
南亚研究季刊	M04	190	396
南阳理工学院学报	E02	92	298
南阳师范学院学报	A03	23	229
南洋问题研究	M04	190	396
南洋资料译丛	H01	151	357
脑与神经疾病杂志	D27	73	279
内江科技	A01	14	220
内江师范学院学报	A03	23	229
内科	D08	63	269
内科急危重症杂志	D08	63	269
内科理论与实践	D08	63	269
内陆地震	A01	14	220
内蒙古财经大学学报	L02	176	382
内蒙古大学学报（哲学社会科学版）	H02	157	363
内蒙古大学学报（自然科学版）	A02	19	225
内蒙古电大学刊	P01	202	408
内蒙古电力技术	E15	112	318
内蒙古工业大学学报（自然科学版）	A02	19	225

期刊名称	学科代码	被引指标页码	来源指标页码	期刊名称	学科代码	被引指标页码	来源指标页码
内蒙古公路与运输	E34	139	345	能源研究与信息	E16	114	320
内蒙古科技大学学报	E02	92	298	能源与环保	E16	114	320
内蒙古科技与经济	A01	14	220	能源与环境	E14	109	315
内蒙古林业	C07	48	254	能源与节能	E16	114	320
内蒙古林业调查设计	C07	48	254	泥沙研究	E33	137	343
内蒙古林业科技	C07	48	254	酿酒	E30	131	337
内蒙古煤炭经济	L08	180	386	酿酒科技	E30	131	337
内蒙古民族大学学报（社会科学版）	H02	157	363	宁波大学学报（教育科学版）	P01	202	408
内蒙古民族大学学报（自然科学版）	A02	19	225	宁波大学学报（理工版）	E02	92	298
内蒙古农业大学学报（社会科学版）	H02	157	363	宁波大学学报（人文科学版）	H02	158	364
内蒙古农业大学学报（自然科学版）	A02	19	225	宁波工程学院学报	E02	92	298
内蒙古气象	B08	31	237	宁波教育学院学报	P05	212	418
内蒙古社会科学	H01	151	357	宁波开放大学学报	P05	212	418
内蒙古师范大学学报（教育科学版）	P01	202	408	宁波职业技术学院学报	P05	212	418
内蒙古师范大学学报（自然科学版）	A03	23	229	宁德师范学院学报（哲学社会科学版）	H03	162	368
内蒙古石油化工	E17	115	321	宁德师范学院学报（自然科学版）	A03	23	229
内蒙古统计	Q07	216	422	宁夏大学学报（人文社会科学版）	H02	158	364
内蒙古统战理论研究	M01	184	390	宁夏大学学报（自然科学版）	A02	19	225
内蒙古医科大学学报	D02	57	263	宁夏党校学报	M02	187	393
内蒙古医学杂志	D01	54	260	宁夏电力	E15	112	318
内蒙古艺术学院学报	K06	168	374	宁夏工程技术	A01	14	220
内蒙古中医药	D37	83	289	宁夏农林科技	C01	40	246
内燃机	E14	109	315	宁夏社会科学	H01	151	357
内燃机工程	E14	109	315	宁夏师范学院学报	P01	203	409
内燃机学报	E14	109	315	宁夏医科大学学报	D02	57	263
内燃机与动力装置	E14	109	315	宁夏医学杂志	D01	54	260
内燃机与配件	E14	109	315	农产品加工	E30	131	337
能源工程	E14	109	315	农产品质量与安全	C01	40	246
能源化工	E17	115	321	农场经济管理	L06	179	385
能源环境保护	E39	146	352	农村·农业·农民	C01	40	246
能源技术与管理	E16	114	320	农村财务会计	L10	182	388
能源科技	E16	114	320	农村电工	E15	112	318
能源研究与管理	E14	109	315	农村电气化	E15	112	318
能源研究与利用	E16	114	320	农村经济	L06	179	385

期刊名称	学科代码	被引指标页码	来源指标页码	期刊名称	学科代码	被引指标页码	来源指标页码
农村经济与科技	L06	179	385	农业科技与信息	C01	41	247
农村科技	C01	40	246	农业科技与装备	E05	97	303
农村科学实验	C01	41	247	农业科学研究	C01	41	247
农村实用技术	C01	41	247	农业科研经济管理	L06	179	385
农电管理	C01	41	247	农业生物技术学报	C01	41	247
农机化研究	E05	97	303	农业图书情报学报	N07	198	404
农机科技推广	E05	97	303	农业现代化研究	E05	97	303
农机使用与维修	E05	97	303	农业研究与应用	C03	44	250
农技服务	C01	41	247	农业与技术	C01	41	247
农经	C01	41	247	农业灾害研究	C01	41	247
农垦医学	D01	54	260	农业展望	L06	179	385
农林经济管理学报	L01	174	380	农业知识	C01	41	247
农民科技培训	L06	179	385	农业装备技术	E05	97	303
农学学报	C01	41	247	农业装备与车辆工程	E05	97	303
农药	C06	46	252	农业资源与环境学报	E39	146	352
农药科学与管理	C06	46	252	农银学刊	L10	182	388
农药学学报	C06	46	252	暖通空调	E31	135	341
农业大数据学报	C01	41	247	欧亚经济	L08	180	386
农业发展与金融	L06	179	385	欧洲研究	M04	190	396
农业工程	E05	97	303	排灌机械工程学报	E05	97	303
农业工程技术	E05	97	303	攀登(汉文版)	N01	193	399
农业工程学报	E05	97	303	攀枝花学院学报	A02	19	225
农业工程与装备	E05	97	303	皮肤病与性病	D25	72	278
农业环境科学学报	E05	97	303	皮肤科学通报	D25	72	278
农业机械学报	E05	97	303	皮肤性病诊疗学杂志	D25	72	278
农业技术经济	L06	179	385	皮革科学与工程	E26	127	333
农业技术与装备	E05	97	303	皮革与化工	E26	127	333
农业经济	L06	179	385	皮革制作与环保科技	E26	127	333
农业经济问题	L06	179	385	品牌研究	H01	151	357
农业经济与管理	L06	179	385	品牌与标准化	H01	151	357
农业开发与装备	E05	97	303	平顶山学院学报	A02	19	225
农业考古	K10	171	377	萍乡学院学报	P01	203	409
农业科技管理	C01	41	247	鄱阳湖学刊	N04	194	400
农业科技通讯	C01	41	247	莆田学院学报	A02	19	225

期刊名称	学科代码	被引指标页码	来源指标页码	期刊名称	学科代码	被引指标页码	来源指标页码
蒲松龄研究	K08	170	376	气象灾害防御	B08	31	237
濮阳职业技术学院学报	P05	212	418	汽车安全与节能学报	E35	140	346
普洱学院学报	P01	203	409	汽车电器	E15	112	318
七彩语文（教师论坛）	P03	206	412	汽车工程	E35	140	346
齐鲁工业大学学报	E02	92	298	汽车工程师	E34	139	345
齐鲁护理杂志	D30	76	282	汽车工程学报	E35	140	346
齐鲁师范学院学报	P01	203	409	汽车工艺师	E34	139	345
齐鲁石油化工	E17	115	321	汽车工艺与材料	E34	139	345
齐鲁学刊	H01	151	357	汽车技术	E35	140	346
齐鲁艺苑	K06	168	374	汽车科技	E35	140	346
齐齐哈尔大学学报（哲学社会科学版）	H02	158	364	汽车零部件	E34	139	345
齐齐哈尔大学学报（自然科学版）	A02	19	225	汽车实用技术	E34	139	345
齐齐哈尔高等师范专科学校学报	A03	24	230	汽车维修	E34	140	346
齐齐哈尔医学院学报	D02	57	263	汽车维修技师	E34	140	346
企业改革与管理	F01	148	354	汽车维修与保养	E34	140	346
企业管理	L01	174	380	汽车文摘	E34	140	346
企业家	L01	174	380	汽车与驾驶维修	E34	140	346
企业经济	L04	177	383	汽车与新动力	E15	112	318
企业科技与发展	L01	174	380	汽车制造业	E34	140	346
起重运输机械	E13	108	314	汽轮机技术	E14	109	315
气动研究与试验	E38	144	350	器官移植	D14	66	272
气候变化研究进展	B08	31	237	前进	M01	184	390
气候与环境研究	B08	31	237	前线	M01	184	390
气体物理	B03	27	233	前沿	H01	151	357
气象	B08	31	237	前沿科学	A01	14	220
气象科技	B08	31	237	前瞻科技	A01	14	220
气象科技进展	B08	31	237	黔南民族师范学院学报	A03	24	230
气象科学	B08	31	237	黔南民族医专学报	D02	57	263
气象水文海洋仪器	E13	108	314	强度与环境	E38	144	350
气象学报	B08	31	237	强激光与粒子束	B04	28	234
气象研究与应用	B08	31	237	桥梁建设	E37	142	348
气象与环境科学	B08	31	237	秦智	N01	193	399
气象与环境学报	B08	31	237	青藏高原论坛	H01	151	357
气象与减灾研究	B08	31	237	青春期健康	D35	79	285

期刊名称	学科代码	被引指标页码	来源指标页码	期刊名称	学科代码	被引指标页码	来源指标页码
青岛大学学报（工程技术版）	E02	92	298	青少年学刊	N01	193	399
青岛大学学报（医学版）	D02	58	264	青少年研究与实践	M02	187	393
青岛大学学报（自然科学版）	A02	19	225	轻纺工业与技术	E29	130	336
青岛科技大学学报（社会科学版）	H02	158	364	轻工标准与质量	E01	88	294
青岛科技大学学报（自然科学版）	A02	19	225	轻工机械	E13	108	314
青岛理工大学学报	E02	92	298	轻工学报	E30	131	337
青岛农业大学学报（社会科学版）	H02	158	364	轻合金加工技术	E13	108	314
青岛农业大学学报（自然科学版）	A02	20	226	轻金属	E11	104	310
青岛医药卫生	D01	54	260	清华大学教育研究	P01	203	409
青岛职业技术学院学报	P05	212	418	清华大学学报（哲学社会科学版）	H02	158	364
青海草业	C08	50	256	清华大学学报（自然科学版）	A02	20	226
青海大学学报（自然科学版）	A02	20	226	清华法学	M05	191	397
青海电力	E15	112	318	清华金融评论	L01	174	380
青海湖	K04	166	372	清史研究	K08	170	376
青海环境	E39	146	352	清洗世界	E23	124	330
青海教育	P01	203	409	清远职业技术学院学报	P05	213	419
青海金融	L10	182	388	情报工程	N07	198	404
青海科技	A01	14	220	情报科学	N07	198	404
青海民族大学学报（社会科学版）	H02	158	364	情报理论与实践	N07	198	404
青海民族研究	N04	194	400	情报探索	N07	198	404
青海农技推广	C01	41	247	情报学报	N07	198	404
青海农林科技	C01	41	247	情报杂志	N07	198	404
青海社会科学	H01	151	357	情报资料工作	N07	198	404
青海师范大学学报（社会科学版）	H03	162	368	情感读本	N01	193	399
青海师范大学学报（自然科学版）	A03	24	230	求实	M01	184	390
青海畜牧兽医杂志	C08	50	256	求是	M01	184	390
青海医药杂志	D01	54	260	求是学刊	H01	151	357
青年发展论坛	P05	213	419	求索	H01	151	357
青年记者	K04	166	372	求知	H01	151	357
青年探索	N01	193	399	区域供热	E16	114	320
青年学报	M02	187	393	区域金融研究	L10	182	388
青年研究	N01	193	399	区域经济评论	L01	174	380
青少年犯罪问题	M07	192	398	曲阜师范大学学报（自然科学版）	A03	24	230
青少年体育	P07	215	421	曲靖师范学院学报	P01	203	409

期刊名称	学科代码	被引指标页码	来源指标页码	期刊名称	学科代码	被引指标页码	来源指标页码
全国流通经济	L01	174	380	热带亚热带植物学报	B15	38	244
全科护理	D30	76	282	热带医学杂志	D32	78	284
全科医学临床与教育	D05	60	266	热带作物学报	C03	44	250
全媒体探索	N05	196	402	热固性树脂	E23	125	331
全面腐蚀控制	E08	101	307	热加工工艺	E13	108	314
全球变化数据仓储（中英文）	B10	33	239	热科学与技术	B04	28	234
全球变化数据学报（中英文）	B10	33	239	热力发电	E15	112	318
全球传媒学刊	N05	196	402	热力透平	E14	109	315
全球定位系统	E07	99	305	热能动力工程	E14	109	315
全球化	L01	174	380	热喷涂技术	E08	101	307
全球教育展望	P01	203	409	人才资源开发	N02	193	399
全球科技经济瞭望	L01	174	380	人大研究	M01	184	390
全球能源互联网	E16	114	320	人工晶体学报	E08	101	307
泉州师范学院学报	P01	203	409	人工智能	E03	95	301
拳击与格斗	P07	215	421	人工智能科学与工程	A03	24	230
群文天地	N01	193	399	人口学刊	N02	193	399
燃料化学学报（中英文）	E16	114	320	人口研究	N02	193	399
燃料与化工	E23	125	331	人口与发展	N02	193	399
燃气轮机技术	E14	109	315	人口与健康	D07	62	268
燃气涡轮试验与研究	E13	108	314	人口与经济	N02	194	400
燃烧科学与技术	E14	109	315	人口与社会	N02	194	400
染料与染色	E29	130	336	人类工效学	E01	88	294
染整技术	E29	130	336	人类居住	N02	194	400
热处理	E13	108	314	人类学学报	B13	37	243
热处理技术与装备	E13	108	314	人民公交	E34	140	346
热带病与寄生虫学	D32	78	284	人民黄河	E33	137	343
热带地理	B10	33	239	人民检察	M07	192	398
热带海洋学报	B12	36	242	人民教育	P03	206	412
热带林业	C07	48	254	人民论坛	M07	192	398
热带农业工程	E05	97	303	人民论坛·学术前沿	N01	193	399
热带农业科技	C03	44	250	人民音乐	K06	168	374
热带农业科学	C01	41	247	人民长江	E33	137	343
热带气象学报	B08	31	237	人民珠江	E33	137	343
热带生物学报	B13	36	242	人权	M05	191	397

中国期刊名称类目索引（续）

期刊名称	学科代码	被引指标页码	来源指标页码	期刊名称	学科代码	被引指标页码	来源指标页码
人人健康	D07	62	268	森林公安	M07	192	398
人参研究	C04	45	251	森林与环境学报	C07	48	254
人文地理	K08	170	376	沙漠与绿洲气象	B08	31	237
人文天下	K06	168	374	沙洲职业工学院学报	P05	213	419
人文杂志	H01	151	357	山地农业生物学报	C01	41	247
日本侵华南京大屠杀研究	M04	190	396	山地气象学报	B08	31	237
日本问题研究	M04	190	396	山地学报	B10	33	239
日本学刊	M04	190	396	山东财经大学学报	L02	176	382
日本研究	M04	190	396	山东大学耳鼻喉眼学报	D23	71	277
日用电器	E15	112	318	山东大学学报（工学版）	E02	92	298
日用化学工业（中英文）	E23	125	331	山东大学学报（理学版）	A02	20	226
日用化学品科学	E26	127	333	山东大学学报（医学版）	D02	58	264
日语学习与研究	K03	165	371	山东大学学报（哲学社会科学版）	H02	158	364
肉类研究	E30	131	337	山东档案	N08	199	405
乳品与人类	E30	131	337	山东第一医科大学（山东省医学科学院）学报	D01	54	260
乳业科学与技术	E30	131	337	山东电力高等专科学校学报	E02	92	298
软件	E22	122	328	山东电力技术	E15	112	318
软件导刊	B02	26	232	山东法官培训学院学报	M02	187	393
软件工程	E22	122	328	山东纺织经济	E29	130	336
软件学报	E22	122	328	山东纺织科技	E29	130	336
软科学	H01	151	357	山东高等教育	P04	209	415
润滑油	E08	101	307	山东工会论坛	M01	184	390
润滑与密封	E01	88	294	山东工商学院学报	L02	176	382
三晋基层治理	M01	184	390	山东工业技术	E01	88	294
三门峡职业技术学院学报	P05	213	419	山东工艺美术学院学报	K06	168	374
三明学院学报	A02	20	226	山东国土资源	B10	33	239
三峡大学学报（人文社会科学版）	H02	158	364	山东化工	E23	125	331
三峡大学学报（自然科学版）	A02	20	226	山东建筑大学学报	E02	93	299
三峡生态环境监测	E39	146	352	山东交通科技	E34	140	346
散装水泥	E08	101	307	山东交通学院学报	E02	93	299
色彩	K06	168	374	山东警察学院学报	M02	187	393
色谱	B05	29	235	山东开放大学学报	P05	213	419
森林防火	C07	48	254	山东科技大学学报（社会科学版）	H02	158	364
森林工程	C07	48	254	山东科技大学学报（自然科学版）	A02	20	226

479

期刊名称	学科代码	被引指标页码	来源指标页码	期刊名称	学科代码	被引指标页码	来源指标页码
山东科学	A01	14	220	山西大同大学学报（自然科学版）	A02	20	226
山东理工大学学报（社会科学版）	H02	158	364	山西大学学报（哲学社会科学版）	H02	158	364
山东理工大学学报（自然科学版）	A02	20	226	山西大学学报（自然科学版）	A02	20	226
山东林业科技	C07	48	254	山西档案	N08	199	405
山东煤炭科技	E16	114	320	山西地震	B11	34	240
山东农机化	E05	97	303	山西电力	E15	112	318
山东农业大学学报（社会科学版）	H02	158	364	山西电子技术	E03	95	301
山东农业大学学报（自然科学版）	A02	20	226	山西高等学校社会科学学报	H01	151	357
山东农业工程学院学报	C02	43	249	山西化工	E23	125	331
山东农业科学	C01	41	247	山西建筑	E31	135	341
山东女子学院学报	M02	187	393	山西交通科技	A01	14	220
山东青年政治学院学报	M02	187	393	山西焦煤科技	E16	114	320
山东商业职业技术学院学报	P05	213	419	山西经济管理干部学院学报	M02	187	393
山东社会科学	H01	151	357	山西警察学院学报	M02	187	393
山东师范大学学报（社会科学版）	H03	162	368	山西开放大学学报	P05	213	419
山东师范大学学报（自然科学版）	A03	24	230	山西林业	C07	48	254
山东石油化工学院学报	E02	93	299	山西林业科技	C07	48	254
山东水利	E33	137	343	山西煤炭	E10	103	309
山东陶瓷	E23	125	331	山西农业大学学报（社会科学版）	H02	158	364
山东体育科技	P07	215	421	山西农业大学学报（自然科学版）	A02	20	226
山东体育学院学报	P07	215	421	山西农业科学	C01	41	247
山东通信技术	E21	120	326	山西青年	K04	166	372
山东图书馆学刊	N06	197	403	山西青年职业学院学报	P05	213	419
山东外语教学	K03	165	371	山西社会主义学院学报	M02	187	393
山东行政学院学报	M02	187	393	山西省政法管理干部学院学报	M02	187	393
山东畜牧兽医	C08	50	256	山西师大学报（社会科学版）	A03	24	230
山东冶金	E11	104	310	山西师范大学学报（自然科学版）	A03	24	230
山东医学高等专科学校学报	D02	58	264	山西水利科技	E33	137	343
山东医药	D01	54	260	山西水土保持科技	E05	97	303
山东中医药大学学报	D38	85	291	山西卫生健康职业学院学报	P05	213	419
山东中医杂志	D37	83	289	山西文学	K04	166	372
山西财经大学学报	L02	176	382	山西冶金	E11	104	310
山西财政税务专科学校学报	L02	176	382	山西医科大学学报	D02	58	264
山西大同大学学报（社会科学版）	H02	158	364	山西医药杂志	D01	54	260

期刊名称	学科代码	被引指标页码	来源指标页码
山西中医	D37	83	289
山西中医药大学学报	D38	85	291
陕西档案	N08	199	405
陕西地质	B11	34	240
陕西开放大学学报	P05	213	419
陕西科技大学学报	E02	93	299
陕西理工大学学报(社会科学版)	H02	158	364
陕西理工大学学报(自然科学版)	A02	20	226
陕西林业科技	C07	48	254
陕西煤炭	E16	114	320
陕西农业科学	C01	41	247
陕西气象	B08	31	237
陕西青年职业学院学报	P05	213	419
陕西社会主义学院学报	M02	187	393
陕西师范大学学报(哲学社会科学版)	H03	162	368
陕西师范大学学报(自然科学版)	A03	24	230
陕西水利	E33	137	343
陕西行政学院学报	M02	187	393
陕西学前师范学院学报	P01	203	409
陕西医学杂志	D01	54	260
陕西中医	D37	83	289
陕西中医药大学学报	D38	85	291
汕头大学学报(人文社会科学版)	H02	158	364
汕头大学学报(自然科学版)	A02	20	226
汕头大学医学院学报	D02	58	264
伤害医学(电子版)	D01	54	260
商场现代化	L08	180	386
商洛学院学报	A02	20	226
商丘师范学院学报	A03	24	230
商丘职业技术学院学报	P05	213	419
商学研究	L01	174	380
商业观察	L01	174	380
商业经济	L01	174	380
商业经济研究	L04	177	383

期刊名称	学科代码	被引指标页码	来源指标页码
商业经济与管理	L04	178	384
商业会计	L05	178	384
商业研究	L08	180	386
上海财经大学学报(哲学社会科学版)	H02	158	364
上海城市管理	F01	148	354
上海城市规划	E31	135	341
上海船舶运输科学研究所学报	E37	143	349
上海大学学报(社会科学版)	H02	158	364
上海大学学报(自然科学版)	A02	20	226
上海大中型电机	E15	112	318
上海地方志	N08	199	405
上海第二工业大学学报	E02	93	299
上海电机学院学报	E02	93	299
上海电力大学学报	E02	93	299
上海电气技术	E15	112	318
上海对外经贸大学学报	L02	177	383
上海翻译	K01	164	370
上海纺织科技	E29	130	336
上海工程技术大学学报	E02	93	299
上海公安学院学报	M02	187	393
上海公路	E34	140	346
上海管理科学	F01	148	354
上海国土资源	B10	33	239
上海海事大学学报	E02	93	299
上海海洋大学学报	C02	43	249
上海航天(中英文)	E38	144	350
上海护理	D30	76	282
上海环境科学	E39	146	352
上海计量测试	E01	88	294
上海建材	E31	135	341
上海建设科技	E31	135	341
上海交通大学学报	E02	93	299
上海交通大学学报(医学版)	D02	58	264
上海教育科研	P01	203	409

期刊名称	学科代码	被引指标页码	来源指标页码	期刊名称	学科代码	被引指标页码	来源指标页码
上海教育评估研究	P01	203	409	上海针灸杂志	D41	86	292
上海节能	E16	114	320	上海政法学院学报	M02	187	393
上海金融	L10	182	388	上海中学数学	P03	206	412
上海金属	E09	102	308	上海中医药大学学报	D38	85	291
上海经济	L08	180	386	上海中医药杂志	D37	83	289
上海经济研究	L08	180	386	上饶师范学院学报	H03	162	368
上海课程教学研究	P01	203	409	烧结球团	E11	104	310
上海口腔医学	D24	72	278	韶关学院学报	H02	158	364
上海理工大学学报	E02	93	299	少年儿童研究	P01	203	409
上海理工大学学报（社会科学版）	H02	158	364	邵阳学院学报（社会科学版）	H02	158	364
上海立信会计金融学院学报	L02	177	383	邵阳学院学报（自然科学版）	A02	20	226
上海煤气	E16	114	320	绍兴文理学院学报	H02	158	364
上海农村经济	L06	179	385	蛇志	D05	60	266
上海农业科技	C01	41	247	设备管理与维修	E01	88	294
上海农业学报	C01	41	247	设备监理	E01	88	294
上海企业	L01	174	380	设计	E01	88	294
上海汽车	E34	140	346	设计艺术研究	P01	203	409
上海轻工业	E26	127	333	社会	N01	193	399
上海商学院学报	L02	177	383	社会保障评论	N01	193	399
上海师范大学学报（哲学社会科学版）	H03	162	368	社会保障研究	N02	194	400
上海师范大学学报（自然科学版）	A03	24	230	社会发展研究	H01	151	357
上海市经济管理干部学院学报	M02	187	393	社会工作	N01	193	399
上海市社会主义学院学报	M02	187	393	社会工作与管理	H01	152	358
上海蔬菜	C04	45	251	社会科学	H01	152	358
上海塑料	E24	126	332	社会科学动态	H01	152	358
上海体育大学学报	P07	215	421	社会科学辑刊	H01	152	358
上海涂料	E25	126	332	社会科学家	H01	152	358
上海戏剧	K06	168	374	社会科学论坛	H01	152	358
上海行政学院学报	M02	187	393	社会科学研究	H01	152	358
上海畜牧兽医通讯	C08	50	256	社会科学战线	H01	152	358
上海医学	D01	54	260	社会学评论	N01	193	399
上海医药	D01	54	260	社会学研究	N01	193	399
上海艺术评论	K06	168	374	社会政策研究	H01	152	358
上海预防医学	D31	77	283	社会主义核心价值观研究	N01	193	399

期刊名称	学科代码	被引指标页码	来源指标页码	期刊名称	学科代码	被引指标页码	来源指标页码
社会主义论坛	M01	184	390	沈阳药科大学学报	D02	58	264
社会主义研究	J01	162	368	沈阳医学院学报	D02	58	264
社科纵横	H01	152	358	审计研究	L05	178	384
社区医学杂志	D01	54	260	审计与经济研究	L05	178	384
参花	K04	166	372	审计与理财	L10	182	388
深空探测学报（中英文）	E38	144	350	肾脏病与透析肾移植杂志	D17	68	274
深圳大学学报（理工版）	E02	93	299	生产力研究	L01	174	380
深圳大学学报（人文社会科学版）	H02	158	364	生理科学进展	B13	37	243
深圳社会科学	H01	152	358	生理学报	B13	37	243
深圳信息职业技术学院学报	P05	213	419	生命的化学	B13	37	243
深圳职业技术学院学报	P05	213	419	生命科学	B13	37	243
深圳中西医结合杂志	D39	85	291	生命科学研究	B13	37	243
神经病学与神经康复学杂志	D27	73	279	生命科学仪器	E27	128	334
神经疾病与精神卫生	D27	73	279	生命世界	B13	37	243
神经解剖学杂志	D03	59	265	生态产业科学与磷氟工程	E23	125	331
神经损伤与功能重建	D27	73	279	生态毒理学报	B14	37	243
神经药理学报	D36	81	287	生态环境学报	B14	37	243
沈阳大学学报（社会科学版）	H02	158	364	生态经济	L06	179	385
沈阳大学学报（自然科学版）	A02	20	226	生态科学	B14	37	243
沈阳工程学院学报（社会科学版）	H02	158	364	生态文化	B14	37	243
沈阳工程学院学报（自然科学版）	A02	20	226	生态文明研究	B12	36	242
沈阳工业大学学报	E02	93	299	生态学报	B14	37	243
沈阳工业大学学报（社会科学版）	H02	158	364	生态学杂志	B14	37	243
沈阳航空航天大学学报	E02	93	299	生态与农村环境学报	E05	97	303
沈阳化工大学学报	E02	93	299	生物安全学报（中英文）	B13	37	243
沈阳建筑大学学报（社会科学版）	H02	158	364	生物多样性	B13	37	243
沈阳建筑大学学报（自然科学版）	A02	20	226	生物工程学报	E04	96	302
沈阳理工大学学报	E02	93	299	生物骨科材料与临床研究	D18	69	275
沈阳农业大学学报	C02	43	249	生物化工	B13	37	243
沈阳农业大学学报（社会科学版）	H02	158	364	生物化学与生物物理进展	B13	37	243
沈阳师范大学学报（教育科学版）	P01	203	409	生物技术	B13	37	243
沈阳师范大学学报（社会科学版）	H03	162	368	生物技术进展	B13	37	243
沈阳师范大学学报（自然科学版）	A03	24	230	生物技术通报	E04	96	302
沈阳体育学院学报	P07	215	421	生物加工过程	E04	96	302

期刊名称	学科代码	被引指标页码	来源指标页码	期刊名称	学科代码	被引指标页码	来源指标页码
生物信息学	B13	37	243	石家庄学院学报	A02	20	226
生物学教学	P03	206	412	石家庄职业技术学院学报	P05	213	419
生物学通报	B13	37	243	石窟与土遗址保护研究	K10	171	377
生物学杂志	B13	37	243	石油地球物理勘探	E17	115	321
生物医学工程学进展	D03	59	265	石油地质与工程	E17	115	321
生物医学工程学杂志	E06	98	304	石油工程建设	E17	115	321
生物医学工程研究	E06	98	304	石油工业技术监督	E17	115	321
生物医学工程与临床	E06	98	304	石油管材与仪器	E17	115	321
生物医学转化	D03	59	265	石油和化工设备	E26	127	333
生物灾害科学	C06	46	252	石油化工	E17	115	321
生物质化学工程	E23	125	331	石油化工安全环保技术	E17	115	321
生物资源	B13	37	243	石油化工腐蚀与防护	E08	101	307
生殖医学杂志	D33	78	284	石油化工高等学校学报	E02	93	299
声屏世界	N05	196	402	石油化工管理干部学院学报	M02	187	393
声学技术	B04	28	234	石油化工建设	E26	127	333
声学学报	B04	28	234	石油化工设备	E23	125	331
声学与电子工程	E01	88	294	石油化工设备技术	E17	115	321
胜利油田党校学报	M02	187	393	石油化工设计	E17	115	321
失效分析与预防	E08	101	307	石油化工应用	E17	115	321
师道	P03	206	412	石油化工自动化	E23	125	331
施工技术（中英文）	E31	135	341	石油机械	E17	115	321
施工企业管理	F01	148	354	石油勘探与开发	E17	115	321
湿地科学	B10	33	239	石油科技论坛	E17	115	321
湿地科学与管理	B10	33	239	石油科学通报	E17	115	321
湿法冶金	E11	104	310	石油库与加油站	E17	115	321
石材	E08	101	307	石油矿场机械	E17	115	321
石河子大学学报（哲学社会科学版）	H02	158	364	石油沥青	E17	115	321
石河子大学学报（自然科学版）	A02	20	226	石油炼制与化工	E17	115	321
石河子科技	A01	14	220	石油商技	E17	116	322
石化技术	E17	115	321	石油石化节能与计量	E17	116	322
石化技术与应用	E26	127	333	石油石化绿色低碳	E17	116	322
石家庄铁道大学学报（社会科学版）	H02	158	364	石油实验地质	E17	116	322
石家庄铁道大学学报（自然科学版）	A02	20	226	石油物探	E17	116	322
石家庄铁路职业技术学院学报	P05	213	419	石油学报	E17	116	322

期刊名称	学科代码	被引指标页码	来源指标页码	期刊名称	学科代码	被引指标页码	来源指标页码
石油学报(石油加工)	E17	116	322	实用老年医学	D07	63	269
石油与天然气地质	E17	116	322	实用临床医学	D05	60	266
石油与天然气化工	E17	116	322	实用临床医药杂志	D05	61	267
石油知识	E17	116	322	实用皮肤病学杂志	D25	72	278
石油钻采工艺	E17	116	322	实用器官移植电子杂志	D14	66	272
石油钻探技术	E17	116	322	实用手外科杂志	D18	69	275
时代法学	M05	191	397	实用心电学杂志	D16	67	273
时代建筑	E31	135	341	实用心脑肺血管病杂志	D16	67	273
时代金融	L10	182	388	实用休克杂志(中英文)	D01	54	260
时代经贸	L08	180	386	实用药物与临床	D36	81	287
时间频率学报	B06	30	236	实用医技杂志	D05	61	267
时空信息学报	B10	33	239	实用医学影像杂志	D28	74	280
时尚设计与工程	K06	168	374	实用医学杂志	D05	61	267
时珍国医国药	D37	83	289	实用医院临床杂志	D05	61	267
实事求是	M01	184	390	实用预防医学	D31	77	283
实验动物科学	B16	38	244	实用中西医结合临床	D37	83	289
实验动物与比较医学	D03	59	265	实用中医内科杂志	D37	83	289
实验技术与管理	E01	88	294	实用中医药杂志	D37	83	289
实验教学与仪器	P03	206	412	实用肿瘤学杂志	D29	75	281
实验科学与技术	A01	14	220	实用肿瘤杂志	D29	75	281
实验力学	B03	27	233	食管疾病	D10	64	270
实验流体力学	E38	144	350	食品安全导刊	E30	131	337
实验室科学	A01	14	220	食品安全质量检测学报	E30	131	337
实验室研究与探索	F01	148	354	食品工程	E30	131	337
实验与检验医学	D01	54	260	食品工业	E30	131	337
实用癌症杂志	D29	75	281	食品工业科技	E30	131	337
实用防盲技术	D23	71	277	食品科技	E30	131	337
实用放射学杂志	D28	74	280	食品科学	E30	131	337
实用妇产科杂志	D20	70	276	食品科学技术学报	E30	131	337
实用妇科内分泌电子杂志	D12	65	271	食品研究与开发	E30	131	337
实用肝脏病杂志	D10	64	270	食品与发酵工业	E30	131	337
实用骨科杂志	D18	69	275	食品与发酵科技	E30	131	337
实用检验医师杂志	D06	62	268	食品与机械	E30	131	337
实用口腔医学杂志	D24	72	278	食品与健康	E30	131	337

中国期刊名称类目索引（续）

期刊名称	学科代码	被引指标页码	来源指标页码	期刊名称	学科代码	被引指标页码	来源指标页码
食品与生物技术学报	E30	131	337	世界农业	C01	41	247
食品与药品	E30	131	337	世界桥梁	E34	140	346
食用菌	C04	45	251	世界热带农业信息	C03	44	250
食用菌学报	C04	45	251	世界社会科学	M04	190	396
史林	K08	170	376	世界社会主义研究	M04	190	396
史学集刊	K08	170	376	世界石油工业	E17	116	322
史学理论研究	K08	170	376	世界睡眠医学杂志	D01	54	260
史学史研究	K08	171	377	世界有色金属	E09	102	308
史学月刊	K08	171	377	世界哲学	J02	163	369
世界地理研究	B10	33	239	世界制造技术与装备市场	E13	108	314
世界地震工程	B09	32	238	世界中西医结合杂志	D39	85	291
世界地质	B11	35	241	世界中医药	D37	83	289
世界电影	K06	168	374	世界竹藤通讯	C01	41	247
世界复合医学	D01	54	260	世界宗教文化	J03	163	369
世界海运	E37	143	349	世界宗教研究	J03	163	369
世界汉语教学	K01	164	370	市场监管与质量技术研究	E01	88	294
世界核地质科学	E18	117	323	市场论坛	L08	180	386
世界华文文学论坛	K05	167	373	市政技术	E01	88	294
世界环境	E39	146	352	市政设施管理	E01	88	294
世界建筑	E31	135	341	视听	N01	193	399
世界教育信息	P01	203	409	室内设计与装修	E31	135	341
世界经济	L01	174	380	手术电子杂志	D14	66	272
世界经济文汇	L01	174	380	首都公共卫生	D31	77	283
世界经济研究	L01	174	380	首都经济贸易大学学报	L02	177	383
世界经济与政治	M04	190	396	首都师范大学学报（社会科学版）	H03	162	368
世界经济与政治论坛	L01	174	380	首都师范大学学报（自然科学版）	A03	24	230
世界科技研究与发展	H01	152	358	首都食品与医药	D01	54	260
世界科学技术—中医药现代化	D37	83	289	首都体育学院学报	P07	215	421
世界历史	K08	171	377	首都医科大学学报	D02	58	264
世界林业研究	C07	48	254	兽类学报	B16	38	244
世界临床药物	D36	81	287	兽医导刊	C08	50	256
世界美术	K06	168	374	书法教育	K06	168	374
世界民族	N04	194	400	书法研究	K06	168	374
世界农药	C06	46	252	蔬菜	C04	45	251

期刊名称	学科代码	被引指标页码	来源指标页码	期刊名称	学科代码	被引指标页码	来源指标页码
数据采集与处理	E21	120	326	数字图书馆论坛	N06	197	403
数据分析与知识发现	N06	197	403	数字与缩微影像	E01	88	294
数据通信	E21	120	326	水泵技术	E27	128	334
数据与计算发展前沿	E22	122	328	水产科技情报	C10	52	258
数理化解题研究	P03	206	412	水产科学	C10	52	258
数理化学习	P03	206	412	水产学报	C10	52	258
数理天地（初中版）	B01	25	231	水产学杂志	C10	52	258
数理天地（高中版）	B01	25	231	水产养殖	C10	52	258
数理统计与管理	B01	25	231	水处理技术	E39	146	352
数理医药学杂志	D03	59	265	水道港口	E37	143	349
数量经济技术经济研究	L04	178	384	水电能源科学	E16	114	320
数码设计	E22	122	328	水电与抽水蓄能	E33	137	343
数学的实践与认识	B01	25	231	水电与新能源	E33	137	343
数学建模及其应用	B01	25	231	水电站机电技术	E33	137	343
数学教学通讯	B01	25	231	水电站设计	E33	137	343
数学教学研究	B01	25	231	水动力学研究与进展 A 辑	E33	137	343
数学教育学报	B01	25	231	水动力学研究与进展 B 辑	E33	137	343
数学进展	B01	25	231	水科学进展	E33	137	343
数学年刊 A 辑	B01	25	231	水科学与工程技术	E33	137	343
数学通报	B01	25	231	水科学与水工程	E33	137	343
数学物理学报	B01	25	231	水力发电	E33	137	343
数学学报	B01	25	231	水力发电学报	E33	137	343
数学研究及应用	B01	25	231	水利发展研究	E33	137	343
数学杂志	B01	25	231	水利规划与设计	E33	138	344
数学之友	B01	26	232	水利技术监督	E33	138	344
数值计算与计算机应用	E22	122	328	水利建设与管理	E33	138	344
数字出版研究	E03	95	301	水利经济	E33	138	344
数字传媒研究	E03	95	301	水利科技与经济	E33	138	344
数字海洋与水下攻防	E28	129	335	水利科学与寒区工程	E33	138	344
数字技术与应用	E03	95	301	水利水电工程设计	E33	138	344
数字经济	E21	120	326	水利水电技术（中英文）	E33	138	344
数字农业与智能农机	E05	97	303	水利水电科技进展	E33	138	344
数字人文研究	H01	152	358	水利水电快报	E33	138	344
数字通信世界	E03	95	301	水利水运工程学报	E33	138	344

期刊名称	学科代码	被引指标页码	来源指标页码	期刊名称	学科代码	被引指标页码	来源指标页码
水利信息化	E33	138	344	思想政治课教学	M01	184	390
水利学报	E33	138	344	思想政治课研究	P01	203	409
水利与建筑工程学报	E33	138	344	四川蚕业	C08	50	256
水泥	E26	127	333	四川大学学报（医学版）	D02	58	264
水泥工程	E26	127	333	四川大学学报（哲学社会科学版）	H02	158	364
水泥技术	E26	127	333	四川大学学报（自然科学版）	A02	20	226
水生生物学报	B13	37	243	四川档案	N08	199	405
水生态学杂志	B14	37	243	四川地震	B07	30	236
水土保持通报	E05	97	303	四川地质学报	B11	35	241
水土保持学报	E05	98	304	四川电力技术	E15	112	318
水土保持研究	E05	98	304	四川动物	B16	38	244
水土保持应用技术	E05	98	304	四川化工	E23	125	331
水文	B12	36	242	四川环境	E39	146	352
水文地质工程地质	B12	36	242	四川建材	E31	135	341
水文化	H01	152	358	四川建筑	E31	135	341
水下无人系统学报	E28	129	335	四川建筑科学研究	E31	135	341
水运工程	E37	143	349	四川教育	P03	206	412
水运管理	E37	143	349	四川解剖学杂志	D03	59	265
水资源保护	E33	138	344	四川精神卫生	D27	73	279
水资源开发与管理	E33	138	344	四川警察学院学报	M02	187	393
水资源与水工程学报	E33	138	344	四川劳动保障	E40	147	353
税收经济研究	L10	182	388	四川林业科技	C07	48	254
税务研究	L10	182	388	四川旅游学院学报	L02	177	383
税务与经济	L10	182	388	四川民族学院学报	P01	203	409
顺德职业技术学院学报	P05	213	419	四川农业大学学报	C02	43	249
司法警官职业教育研究	P05	213	419	四川农业科技	C01	41	247
丝绸	E29	130	336	四川农业与农机	E05	98	304
丝绸之路	K04	166	372	四川轻化工大学学报（社会科学版）	H02	158	364
丝网印刷	E26	127	333	四川轻化工大学学报（自然科学版）	A02	20	226
思想教育研究	M01	184	390	四川生理科学杂志	B13	37	243
思想理论教育	P01	203	409	四川省干部函授学院学报	M02	187	393
思想理论教育导刊	P03	206	412	四川省社会主义学院学报	M02	187	393
思想战线	H01	152	358	四川师范大学学报（社会科学版）	H03	162	368
思想政治教育研究	P04	209	415	四川师范大学学报（自然科学版）	A03	24	230

期刊名称	学科代码	被引指标页码	来源指标页码	期刊名称	学科代码	被引指标页码	来源指标页码
四川水力发电	E33	138	344	隧道建设（中英文）	E35	141	347
四川水利	E33	138	344	隧道与地下工程灾害防治	E35	141	347
四川体育科学	P07	215	421	孙子研究	M08	192	398
四川图书馆学报	N06	197	403	塔里木大学学报	A02	20	226
四川文理学院学报	P01	203	409	台湾农业探索	L06	179	385
四川文物	K10	171	377	台湾研究	N01	193	399
四川戏剧	K06	168	374	台湾研究集刊	N01	193	399
四川行政学院学报	M02	187	393	台州学院学报	A02	20	226
四川畜牧兽医	C08	50	256	太赫兹科学与电子信息学报	E19	118	324
四川冶金	E11	105	311	太平洋学报	M04	190	396
四川医学	D01	54	260	太阳能	E18	117	323
四川有色金属	E09	102	308	太阳能学报	E16	114	320
四川职业技术学院学报	P05	213	419	太原城市职业技术学院学报	P05	213	419
四川中医	D37	83	289	太原科技大学学报	E02	93	299
饲料博览	C08	50	256	太原理工大学学报	E02	93	299
饲料工业	C08	50	256	太原理工大学学报（社会科学版）	H02	159	365
饲料研究	C08	50	256	太原师范学院学报（自然科学版）	A03	24	230
苏州大学学报（法学版）	M02	187	393	太原学院学报（社会科学版）	H02	159	365
苏州大学学报（教育科学版）	P01	203	409	太原学院学报（自然科学版）	A02	20	226
苏州大学学报（社会科学版）	H02	159	365	钛工业进展	E09	102	308
苏州工艺美术职业技术学院学报	P05	213	419	泰山学院学报	A02	20	226
苏州教育学院学报	P05	213	419	泰州职业技术学院学报	P05	213	419
苏州科技大学学报（工程技术版）	E02	93	299	弹性体	E24	126	332
苏州科技大学学报（社会科学版）	H02	159	365	炭素	E23	125	331
苏州科技大学学报（自然科学版）	A02	20	226	炭素技术	E23	125	331
苏州市职业大学学报	P05	213	419	探测与控制学报	E28	129	335
宿州教育学院学报	P05	213	419	探求	M01	184	390
宿州学院学报	A02	20	226	探索	M01	184	390
塑料	E24	126	332	探索与争鸣	H01	152	358
塑料包装	E01	88	294	唐都学刊	H01	152	358
塑料工业	E24	126	332	唐山师范学院学报	H03	162	368
塑料科技	E24	126	332	唐山学院学报	P01	203	409
塑料助剂	E24	126	332	糖尿病新世界	D08	63	269
塑性工程学报	E13	108	314	陶瓷	E23	125	331

期刊名称	学科代码	被引指标页码	来源指标页码	期刊名称	学科代码	被引指标页码	来源指标页码
陶瓷科学与艺术	E23	125	331	天津法学	M05	191	397
陶瓷学报	E23	125	331	天津纺织科技	E29	130	336
陶瓷研究	E23	125	331	天津工业大学学报	E02	93	299
特产研究	C01	41	247	天津航海	E37	143	349
特钢技术	E11	105	311	天津护理	D30	76	282
特区经济	L01	174	380	天津化工	E23	125	331
特区实践与理论	L01	175	381	天津建设科技	E31	135	341
特殊钢	E11	105	311	天津经济	L01	175	381
特种结构	E31	135	341	天津科技	A01	14	220
特种经济动植物	C03	44	250	天津科技大学学报	E02	93	299
特种设备安全技术	E14	109	315	天津理工大学学报	E02	93	299
特种橡胶制品	A01	14	220	天津美术学院学报	P01	203	409
特种油气藏	E17	116	322	天津农林科技	C01	41	247
特种铸造及有色合金	E13	108	314	天津农学院学报	C02	43	249
体育教学	P07	215	421	天津农业科学	C01	41	247
体育教育学刊	P07	215	421	天津商务职业学院学报	P05	213	419
体育科技	P07	216	422	天津商业大学学报	L02	177	383
体育科技文献通报	P07	216	422	天津社会科学	H01	152	358
体育科学	P07	216	422	天津师范大学学报（基础教育版）	P01	203	409
体育科学研究	P07	216	422	天津师范大学学报（社会科学版）	H03	162	368
体育科研	P07	216	422	天津师范大学学报（自然科学版）	A03	24	230
体育文化导刊	P07	216	422	天津市工会管理干部学院学报	M02	187	393
体育学刊	P07	216	422	天津市教科院学报	P01	203	409
体育学研究	H02	159	365	天津市社会主义学院学报	M02	187	393
体育研究与教育	P07	216	422	天津体育学院学报	P07	216	422
体育与科学	P07	216	422	天津外国语大学学报	K03	165	371
天地一体化信息网络	E21	120	326	天津行政学院学报	M02	188	394
天风	J03	163	369	天津药学	D36	81	287
天府新论	H01	152	358	天津医科大学学报	D02	58	264
天工	K06	168	374	天津医药	D01	54	260
天津城建大学学报	E02	93	299	天津音乐学院学报	K06	168	374
天津大学学报（社会科学版）	H02	159	365	天津造纸	E26	127	333
天津大学学报（自然科学与工程技术版）	A02	20	226	天津职业大学学报	P05	213	419
天津电大学报	P05	213	419	天津职业技术师范大学学报	P05	213	419

中国期刊名称类目索引(续)

期刊名称	学科代码	被引指标页码	来源指标页码
天津职业院校联合学报	H02	159	365
天津中德应用技术大学学报	P01	203	409
天津中医药	D37	83	289
天津中医药大学学报	D38	85	291
天然产物研究与开发	D40	86	292
天然气地球科学	E17	116	322
天然气工业	E17	116	322
天然气技术与经济	E17	116	322
天然气勘探与开发	E17	116	322
天然气与石油	E17	116	322
天水师范学院学报	H03	162	368
天水行政学院学报	M02	188	394
天文学报	B06	30	236
天文学进展	B06	30	236
天中学刊	H01	152	358
铁道标准设计	E36	141	347
铁道车辆	E36	141	347
铁道工程学报	E36	141	347
铁道货运	E36	141	347
铁道机车车辆	E36	141	347
铁道机车与动车	E36	141	347
铁道技术标准(中英文)	E36	141	347
铁道技术监督	E36	141	347
铁道建筑	E36	141	347
铁道建筑技术	E36	141	347
铁道经济研究	L08	180	386
铁道警察学院学报	M02	188	394
铁道勘察	E36	141	347
铁道科学与工程学报	E36	141	347
铁道通信信号	E34	140	346
铁道学报	E36	141	347
铁道运输与经济	E36	141	347
铁道运营技术	E36	142	348
铁道知识	E36	142	348
铁合金	E09	102	308
铁路采购与物流	E36	142	348
铁路工程技术与经济	E36	142	348
铁路计算机应用	E36	142	348
铁路技术创新	E36	142	348
铁路节能环保与安全卫生	E36	142	348
铁路通信信号工程技术	E36	142	348
听力学及言语疾病杂志	D23	71	277
通化师范学院学报	P01	203	409
通信电源技术	E21	120	326
通信技术	E21	120	326
通信世界	E21	120	326
通信学报	E21	120	326
通信与信息技术	E21	120	326
通讯世界	A01	14	220
同济大学学报(社会科学版)	H02	159	365
同济大学学报(医学版)	D02	58	264
同济大学学报(自然科学版)	A02	20	226
同位素	E18	117	323
铜陵学院学报	A02	21	227
铜陵职业技术学院学报	P05	213	419
铜仁学院学报	P01	203	409
铜业工程	E09	102	308
统计科学与实践	Q07	216	422
统计理论与实践	Q07	216	422
统计学报	Q07	216	422
统计研究	Q07	216	422
统计与管理	Q07	216	422
统计与决策	Q07	216	422
统计与信息论坛	Q07	216	422
统计与咨询	Q07	216	422
统一战线学研究	M02	188	394
投资研究	L10	182	388
投资与创业	L10	183	389

491

期刊名称	学科代码	被引指标页码	来源指标页码	期刊名称	学科代码	被引指标页码	来源指标页码
透析与人工器官	D17	68	274	外国文学动态研究	K05	167	373
图书馆	N06	197	403	外国文学评论	K05	167	373
图书馆工作与研究	N06	197	403	外国文学研究	K05	167	373
图书馆建设	N06	197	403	外国问题研究	M04	190	396
图书馆界	N06	197	403	外国语	K03	165	371
图书馆理论与实践	N06	197	403	外国语文	K03	165	371
图书馆论坛	N06	197	403	外交评论	M04	190	396
图书馆学刊	N06	197	403	外科理论与实践	D14	66	272
图书馆学研究	N06	197	403	外科研究与新技术（中英文）	D14	66	272
图书馆研究	N06	197	403	外文研究	K05	167	373
图书馆研究与工作	N06	197	403	外语测试与教学	K03	165	371
图书馆杂志	N06	197	403	外语电化教学	K01	164	370
图书情报导刊	N07	198	404	外语教学	K03	165	371
图书情报工作	N07	198	404	外语教学理论与实践	K03	165	371
图书情报知识	N07	198	404	外语教学与研究	K03	165	371
图书与情报	N07	198	404	外语教育研究前沿	K03	165	371
图学学报	E12	106	312	外语界	K03	165	371
涂层与防护	E23	125	331	外语学刊	K03	165	371
涂料工业	E25	126	332	外语研究	K03	165	371
土工基础	E31	135	341	外语与翻译	K01	164	370
土木工程学报	E32	136	342	外语与外语教学	K03	165	371
土木工程与管理学报	E32	136	342	玩具世界	K06	169	375
土木建筑工程信息技术	E31	135	341	皖南医学院学报	D02	58	264
土木与环境工程学报（中英文）	E32	136	342	皖西学院学报	A02	21	227
土壤	C05	46	252	网络安全和信息化	E22	122	328
土壤通报	C05	46	252	网络安全技术与应用	E22	122	328
土壤学报	C05	46	252	网络安全与数据治理	E22	122	328
土壤与作物	C05	46	252	网络空间安全	E03	95	301
团结	M01	184	390	网络新媒体技术	E22	122	328
推进技术	E38	144	350	网络与信息安全学报	E22	122	328
拖拉机与农用运输车	E05	98	304	微波学报	E21	120	326
外国教育研究	P03	206	412	微处理机	E22	122	328
外国经济与管理	L01	175	381	微创泌尿外科杂志	D17	68	274
外国文学	K05	167	373	微创医学	D01	54	260

中国期刊名称类目索引(续)

期刊名称	学科代码	被引指标页码	来源指标页码	期刊名称	学科代码	被引指标页码	来源指标页码
微电机	E15	112	318	温州职业技术学院学报	P05	214	420
微电子学	E19	119	325	文博	N08	199	405
微电子学与计算机	E19	119	325	文化创新比较研究	N01	193	399
微量元素与健康研究	D31	77	283	文化软实力	N01	193	399
微纳电子技术	E19	119	325	文化软实力研究	N01	193	399
微纳电子与智能制造	E19	119	325	文化学刊	N01	193	399
微生物学报	B17	39	245	文化遗产	N04	194	400
微生物学免疫学进展	B17	39	245	文化艺术研究	K06	169	375
微生物学通报	B17	39	245	文化与传播	N05	196	402
微生物学杂志	B17	39	245	文化纵横	N04	194	400
微生物与感染	D13	65	271	文山学院学报	A02	21	227
微特电机	E15	112	318	文史	K08	171	377
微体古生物学报	B11	35	241	文史杂志	K08	171	377
微型电脑应用	E22	122	328	文史哲	H01	152	358
微循环学杂志	D03	59	265	文体用品与科技	E26	127	333
唯实	M01	184	390	文物	K10	171	377
潍坊工程职业学院学报	P05	213	419	文物保护与考古科学	K10	171	377
潍坊学院学报	A02	21	227	文物春秋	K10	171	377
潍坊医学院学报	D02	58	264	文物季刊	K10	171	377
卫生经济研究	D35	79	285	文物鉴定与鉴赏	K10	171	377
卫生软科学	D35	79	285	文献	N07	198	404
卫生研究	D35	79	285	文献与数据学报	N06	197	403
卫生职业教育	P05	213	419	文学评论	K04	166	372
卫星应用	E38	144	350	文学遗产	K04	166	372
未来城市设计与运营	N08	199	405	文学与文化	K04	166	372
未来传播	N05	196	402	文艺理论研究	K06	169	375
未来与发展	H01	152	358	文艺理论与批评	K06	169	375
胃肠病学	D10	64	270	文艺评论	K06	169	375
胃肠病学和肝病学杂志	D10	64	270	文艺研究	K04	166	372
渭南师范学院学报	P01	203	409	文艺争鸣	K06	169	375
温带林业研究	C07	48	254	乌鲁木齐职业大学学报	P05	214	420
温州大学学报(社会科学版)	H02	159	365	无机材料学报	E08	101	307
温州大学学报(自然科学版)	A02	21	227	无机化学学报	B05	29	235
温州医科大学学报	D02	58	264	无机盐工业	E23	125	331

期刊名称	学科代码	被引指标页码	来源指标页码	期刊名称	学科代码	被引指标页码	来源指标页码
无人系统技术	E03	95	301	武汉轻工大学学报	E02	93	299
无损检测	E13	108	314	武汉商学院学报	L02	177	383
无损探伤	E13	108	314	武汉体育学院学报	P07	216	422
无锡商业职业技术学院学报	P05	214	420	武汉文史资料	K04	166	372
无锡职业技术学院学报	P05	214	420	武汉冶金管理干部学院学报	M02	188	394
无线电工程	E21	120	326	武汉职业技术学院学报	P05	214	420
无线电通信技术	E21	120	326	武警医学	D01	54	260
无线互联科技	N01	193	399	武陵学刊	N01	193	399
无线通信技术	E21	120	326	武术研究	P07	216	422
芜湖职业技术学院学报	P05	214	420	武夷科学	A01	14	220
梧州学院学报	A02	21	227	武夷学院学报	P01	203	409
五金科技	E09	102	308	舞蹈	K06	169	375
五台山研究	J03	163	369	物理	B04	28	234
五邑大学学报（社会科学版）	H02	159	365	物理测试	B04	28	234
五邑大学学报（自然科学版）	A02	21	227	物理化学学报	B05	29	235
武大国际法评论	M05	191	397	物理教师	B04	28	234
武汉船舶职业技术学院学报	P05	214	420	物理教学	P01	203	409
武汉大学学报（工学版）	E02	93	299	物理教学探讨	B04	28	234
武汉大学学报（理学版）	A02	21	227	物理实验	B04	28	234
武汉大学学报（信息科学版）	E02	93	299	物理通报	B04	28	234
武汉大学学报（医学版）	D02	58	264	物理学报	B04	28	234
武汉大学学报（哲学社会科学版）	H02	159	365	物理学进展	B04	28	234
武汉纺织大学学报	E02	93	299	物理与工程	B04	28	234
武汉工程大学学报	E02	93	299	物理之友	P03	206	412
武汉工程职业技术学院学报	P05	214	420	物联网技术	E22	122	328
武汉公安干部学院学报	M02	188	394	物联网学报	E21	120	326
武汉交通职业学院学报	P05	214	420	物流工程与管理	L08	180	386
武汉金融	L10	183	389	物流技术	E34	140	346
武汉科技大学学报	E02	93	299	物流科技	L08	180	386
武汉科技大学学报（社会科学版）	H02	159	365	物流研究	L08	180	386
武汉理工大学学报	E02	93	299	物探化探计算技术	B11	35	241
武汉理工大学学报（交通科学与工程版）	E02	93	299	物探与化探	B11	35	241
武汉理工大学学报（社会科学版）	H02	159	365	物探装备	E13	108	314
武汉理工大学学报（信息与管理工程版）	E02	93	299	西安财经大学学报	L02	177	383

期刊名称	学科代码	被引指标页码	来源指标页码	期刊名称	学科代码	被引指标页码	来源指标页码
西安电子科技大学学报（自然科学版）	A02	21	227	西北师范大学学报（自然科学版）	A03	24	230
西安工程大学学报	E02	94	300	西北水电	E33	138	344
西安工业大学学报	E02	94	300	西北药学杂志	D36	81	287
西安航空学院学报	E02	94	300	西北园艺	C04	45	251
西安建筑科技大学学报（社会科学版）	H02	159	365	西北植物学报	B15	38	244
西安建筑科技大学学报（自然科学版）	A02	21	227	西伯利亚研究	M04	190	396
西安交通大学学报	E02	94	300	西部财会	L04	178	384
西安交通大学学报（社会科学版）	H02	159	365	西部法学评论	M05	191	397
西安交通大学学报（医学版）	D02	58	264	西部广播电视	N05	196	402
西安科技大学学报	E02	94	300	西部交通科技	E34	140	346
西安理工大学学报	E02	94	300	西部金融	L10	183	389
西安石油大学学报（社会科学版）	H02	159	365	西部经济管理论坛（原四川经济管理学院学报）	L02	177	383
西安石油大学学报（自然科学版）	A02	21	227				
西安体育学院学报	P07	216	422	西部林业科学	C07	48	254
西安外国语大学学报	K03	165	371	西部论坛	L01	175	381
西安文理学院学报（社会科学版）	H02	159	365	西部旅游	L08	180	386
西安文理学院学报（自然科学版）	A02	21	227	西部蒙古论坛	K08	171	377
西安邮电大学学报	E02	94	300	西部皮革	E08	101	307
西北成人教育学院学报	P05	214	420	西部人居环境学刊	E39	146	352
西北大学学报（哲学社会科学版）	H02	159	365	西部素质教育	P01	203	409
西北大学学报（自然科学版）	A02	21	227	西部探矿工程	E10	103	309
西北地质	B11	35	241	西部学刊	H01	152	358
西北工业大学学报	E02	94	300	西部医学	D01	54	260
西北工业大学学报（社会科学版）	H02	159	365	西部中医药	D37	83	289
西北林学院学报	C02	43	249	西部资源	B10	33	239
西北美术	K06	169	375	西昌学院学报（社会科学版）	H02	159	365
西北民族大学学报（哲学社会科学版）	H02	159	365	西昌学院学报（自然科学版）	A02	21	227
西北民族大学学报（自然科学版）	A02	21	227	西华大学学报（哲学社会科学版）	H02	159	365
西北民族研究	N04	194	400	西华大学学报（自然科学版）	A02	21	227
西北农林科技大学学报（社会科学版）	H02	159	365	西华师范大学学报（哲学社会科学版）	H03	162	368
西北农林科技大学学报（自然科学版）	A02	21	227	西华师范大学学报（自然科学版）	A03	24	230
西北农业学报	C01	41	247	西泠艺丛	K06	169	375
西北人口	N02	194	400	西南大学学报（社会科学版）	H02	159	365
西北师大学报（社会科学版）	A03	24	230	西南大学学报（自然科学版）	A02	21	227

期刊名称	学科代码	被引指标页码	来源指标页码
西南交通大学学报	E02	94	300
西南交通大学学报(社会科学版)	H02	159	365
西南金融	L10	183	389
西南科技大学学报	E02	94	300
西南科技大学学报(哲学社会科学版)	H02	159	365
西南林业大学学报	C02	43	249
西南民族大学学报(人文社科版)	H02	159	365
西南民族大学学报(自然科学版)	A02	21	227
西南农业学报	C01	41	247
西南石油大学学报(社会科学版)	H02	159	365
西南石油大学学报(自然科学版)	A02	21	227
西南医科大学学报	D02	58	264
西南政法大学学报	M02	188	394
西夏研究	K08	171	377
西亚非洲	M04	190	396
西域研究	H01	152	358
西藏大学学报(社会科学版)	H02	159	365
西藏发展论坛	L01	175	381
西藏教育	P01	204	410
西藏科技	A01	14	220
西藏民族大学学报(哲学社会科学版)	H02	159	365
西藏农业科技	C01	41	247
西藏研究	H01	152	358
西藏医药	D01	54	260
西藏艺术研究	K06	169	375
稀土	E08	101	307
稀有金属	E09	102	308
稀有金属材料与工程	E09	102	308
稀有金属与硬质合金	E11	105	311
戏剧文学	K04	166	372
戏剧之家	K06	169	375
戏剧—中央戏剧学院学报	K06	169	375
戏曲艺术	K06	169	375
系统仿真技术	E03	95	301

期刊名称	学科代码	被引指标页码	来源指标页码
系统仿真学报	E03	95	301
系统工程	B02	26	232
系统工程理论与实践	B02	26	232
系统工程学报	B02	26	232
系统工程与电子技术	E19	119	325
系统管理学报	B02	26	232
系统科学学报	J02	163	369
系统科学与数学	B02	26	232
系统医学	D01	54	260
细胞与分子免疫学杂志	D03	59	265
下一代	H01	152	358
厦门城市职业学院学报	P05	213	419
厦门大学学报(哲学社会科学版)	H02	159	365
厦门大学学报(自然科学版)	A02	21	227
厦门科技	A01	14	220
厦门理工学院学报	E02	94	300
纤维素科学与技术	E08	101	307
咸阳师范学院学报	P01	204	410
现代财经—天津财经大学学报	L02	177	383
现代测绘	E07	99	305
现代车用动力	E14	110	316
现代城市轨道交通	E34	140	346
现代城市研究	E31	135	341
现代出版	N05	196	402
现代传播	N05	196	402
现代大学教育	P01	204	410
现代导航	E38	144	350
现代地质	B11	35	241
现代电力	E15	112	318
现代电生理学杂志	D27	73	279
现代电视技术	E03	95	301
现代电影技术	E03	95	301
现代电子技术	E19	119	325
现代法学	M05	191	397

期刊名称	学科代码	被引指标页码	来源指标页码	期刊名称	学科代码	被引指标页码	来源指标页码
现代防御技术	E28	129	335	现代农药	C06	46	252
现代纺织技术	E29	130	336	现代农业	C01	42	248
现代妇产科进展	D20	70	276	现代农业科技	C01	42	248
现代工程科技	E01	88	294	现代农业研究	C01	42	248
现代工业经济和信息化	L01	175	381	现代农业装备	E05	98	304
现代国际关系	M04	190	396	现代企业	L01	175	381
现代化工	E23	125	331	现代企业文化	N04	195	401
现代化农业	E05	98	304	现代情报	N07	198	404
现代机械	E12	106	312	现代日本经济	L01	175	381
现代疾病预防控制	D31	77	283	现代商贸工业	L08	180	386
现代计算机	E22	122	328	现代商业	L04	178	384
现代检验医学杂志	D06	62	268	现代审计与经济	L05	178	384
现代建筑电气	E15	112	318	现代审计与会计	L05	178	384
现代交际	H01	152	358	现代生物医学进展	D01	54	260
现代交通技术	E34	140	346	现代实用医学	D01	54	260
现代交通与冶金材料	E34	140	346	现代食品	E30	132	338
现代教育管理	P04	209	415	现代食品科技	E30	132	338
现代教育技术	P01	204	410	现代塑料加工应用	E24	126	332
现代教育科学	P04	209	415	现代隧道技术	E35	141	347
现代教育论丛	P01	204	410	现代特殊教育	P05	214	420
现代经济探讨	L01	175	381	现代涂料与涂装	E25	126	332
现代经济信息	L01	175	381	现代外语	K03	165	371
现代科学仪器	E27	128	334	现代消化及介入诊疗	D10	64	270
现代口腔医学杂志	D24	72	278	现代信息科技	E03	96	302
现代矿业	E10	103	309	现代畜牧科技	C08	50	256
现代雷达	E21	120	326	现代畜牧兽医	C08	50	256
现代临床护理	D30	76	282	现代盐化工	E30	132	338
现代临床医学	D05	61	267	现代养生	D07	63	269
现代泌尿生殖肿瘤杂志	D29	75	281	现代药物与临床	D36	81	287
现代泌尿外科杂志	D17	68	274	现代医学	D01	55	261
现代免疫学	D03	59	265	现代医学与健康研究（电子版）	D01	55	261
现代牧业	C08	50	256	现代医药卫生	D05	61	267
现代农村科技	C01	42	248	现代医用影像学	D28	74	280
现代农机	E05	98	304	现代医院	D35	79	285

中国期刊名称类目索引（续）

期刊名称	学科代码	被引指标页码	来源指标页码	期刊名称	学科代码	被引指标页码	来源指标页码
现代医院管理	D35	79	285	橡塑技术与装备	E24	126	332
现代仪器与医疗	E27	128	334	橡塑资源利用	E24	126	332
现代应用物理	B04	28	234	消防科学与技术	E39	146	352
现代英语	K03	165	371	消费经济	L08	180	386
现代语文	K01	164	370	消化肿瘤杂志（电子版）	D29	75	281
现代预防医学	D31	77	283	小城镇建设	E31	135	341
现代园艺	C04	45	251	小水电	E33	138	344
现代远程教育研究	P01	204	410	小说评论	K04	166	372
现代远距离教育	P01	204	410	小型内燃机与车辆技术	E14	110	316
现代哲学	J02	163	369	小型微型计算机系统	E22	122	328
现代诊断与治疗	D06	62	268	小学教学	P03	207	413
现代职业安全	E40	147	353	小学教学参考	P03	207	413
现代职业教育	P05	214	420	小学教学设计	P03	207	413
现代制造工程	E13	108	314	小学教学研究	P03	207	413
现代制造技术与装备	E13	108	314	小学科学	P03	207	413
现代中文学刊	P01	204	410	小学生作文	P03	207	413
现代中西医结合杂志	D39	85	291	小学阅读指南	P03	207	413
现代中小学教育	P03	207	413	校园心理	K04	166	372
现代中药研究与实践	D40	86	292	协和医学杂志	D01	55	261
现代中医临床	D37	83	289	鞋类工艺与设计	E01	88	294
现代中医药	D37	83	289	心电与循环	D08	63	269
现代肿瘤医学	D29	75	281	心肺血管病杂志	D16	67	273
现代铸铁	E13	108	314	心理发展与教育	B18	39	245
乡村科技	C01	42	248	心理技术与应用	B18	39	245
乡村论丛	C01	42	248	心理科学	B18	39	245
香料香精化妆品	E25	126	332	心理科学进展	B18	39	245
湘南学院学报	H02	159	365	心理学报	B18	39	245
湘南学院学报（医学版）	D02	58	264	心理学探新	B18	39	245
湘潭大学学报（哲学社会科学版）	H02	159	365	心理学通讯	B18	39	245
湘潭大学学报（自然科学版）	A02	21	227	心理研究	B18	39	245
襄阳职业技术学院学报	P05	214	420	心理与健康	D35	79	285
项目管理技术	L04	178	384	心理与行为研究	B18	39	245
橡胶工业	E24	126	332	心脑血管病防治	D16	67	273
橡胶科技（中英文）	E24	126	332	心血管病防治知识	D08	63	269

期刊名称	学科代码	被引指标页码	来源指标页码
心血管病学进展	D16	67	273
心血管康复医学杂志	D16	67	273
心脏杂志	D16	67	273
忻州师范学院学报	H03	162	368
新东方	K03	165	371
新发传染病电子杂志	D13	65	271
新技术新工艺	E01	88	294
新建筑	E31	135	341
新疆财经	L10	183	389
新疆财经大学学报	L02	177	383
新疆大学学报（哲学社会科学版）	H02	160	366
新疆大学学报（自然科学版中英文）	A02	21	227
新疆地方志	K08	171	377
新疆地质	B11	35	241
新疆钢铁	E09	102	308
新疆环境保护	E39	146	352
新疆开放大学学报	P05	214	420
新疆林业	C07	48	254
新疆农机化	E05	98	304
新疆农垦经济	E05	98	304
新疆农垦科技	E05	98	304
新疆农业大学学报	C02	43	249
新疆农业科技	C01	42	248
新疆农业科学	C01	42	248
新疆社会科学（汉文版）	H01	152	358
新疆社科论坛	H01	152	358
新疆师范大学学报（哲学社会科学版）	H03	162	368
新疆师范大学学报（自然科学版）	A03	24	230
新疆石油地质	E17	116	322
新疆石油天然气	E17	116	322
新疆新闻出版广电	N05	196	402
新疆畜牧业	C08	50	256
新疆医科大学学报	D02	58	264
新疆医学	D01	55	261

期刊名称	学科代码	被引指标页码	来源指标页码
新疆艺术学院学报	K06	169	375
新疆有色金属	E09	102	308
新疆职业大学学报	P05	214	420
新疆职业教育研究	P05	214	420
新疆中医药	D37	84	290
新教师	P03	207	413
新金融	L10	183	389
新经济	L01	175	381
新课程导学	P03	207	413
新课程研究	P03	207	413
新会计	L05	178	384
新媒体研究	N05	196	402
新能源进展	E16	114	320
新农业	C01	42	248
新世纪水泥导报	E26	127	333
新世纪图书馆	N06	197	403
新视野	M01	184	390
新文科教育研究	P01	204	410
新文学史料	K04	166	372
新闻爱好者	N05	196	402
新闻春秋	N05	196	402
新闻大学	N05	196	402
新闻界	N05	196	402
新闻前哨	N05	196	402
新闻研究导刊	N05	196	402
新闻与传播评论	N05	196	402
新闻与传播研究	N05	196	402
新闻与写作	N05	196	402
新闻战线	N05	196	402
新闻知识	N05	196	402
新西部	H01	152	358
新乡学院学报	A02	21	227
新乡医学院学报	D02	58	264
新湘评论	P01	204	410

期刊名称	学科代码	被引指标页码	来源指标页码	期刊名称	学科代码	被引指标页码	来源指标页码
新校园	P01	204	410	行政管理改革	M01	184	390
新型城镇化	L01	175	381	行政科学论坛	M01	184	390
新型工业化	A01	14	220	行政论坛	M03	189	395
新型建筑材料	E31	135	341	行政事业资产与财务	L01	175	381
新型炭材料（中英文）	E16	114	320	行政与法	M01	184	390
新医学	D01	55	261	兴义民族师范学院学报	P01	204	410
新余学院学报	P01	204	410	徐州工程学院学报（社会科学版）	H02	160	366
新中医	D37	84	290	徐州工程学院学报（自然科学版）	A02	21	227
信号处理	E21	120	326	徐州医科大学学报	D02	58	264
信息安全学报	E40	147	353	许昌学院学报	A02	21	227
信息安全研究	E40	147	353	叙事医学	D01	55	261
信息安全与通信保密	E22	123	329	畜牧兽医科技信息	C08	50	256
信息对抗技术	E03	96	302	畜牧兽医学报	C08	50	256
信息工程大学学报	E02	94	300	畜牧兽医杂志	C08	50	256
信息化研究	E03	96	302	畜牧业环境	C08	50	256
信息记录材料	E08	101	307	畜牧与兽医	C08	50	256
信息技术	E03	96	302	畜牧与饲料科学	C08	50	256
信息技术与标准化	E01	88	294	畜禽业	C08	50	256
信息技术与管理应用	E03	96	302	蓄电池	E26	127	333
信息技术与信息化	E03	96	302	选煤技术	E10	103	309
信息通信技术	E21	121	327	学海	J02	163	369
信息通信技术与政策	E21	121	327	学会	H01	152	358
信息网络安全	E22	123	329	学理论	P01	204	410
信息系统工程	E03	96	302	学前教育	P03	207	413
信息与管理研究	E03	96	302	学前教育研究	P03	207	413
信息与控制	B02	26	232	学术交流	H01	152	358
信息资源管理学报	L01	175	381	学术界	H01	152	358
信阳农林学院学报	C02	43	249	学术论坛	H01	153	359
信阳师范学院学报（哲学社会科学版）	H03	162	368	学术探索	H01	153	359
信阳师范学院学报（自然科学版）	A03	24	230	学术研究	H01	153	359
刑事技术	M07	192	398	学术月刊	H01	153	359
邢台学院学报	P01	204	410	学位与研究生教育	P04	209	415
邢台职业技术学院学报	P05	214	420	学习论坛	M01	184	390
行政法学研究	M05	191	397	学习与实践	H01	153	359

期刊名称	学科代码	被引指标页码	来源指标页码
学习与探索	H01	153	359
学习月刊	M01	184	390
学校党建与思想教育	M01	184	390
学语文	P03	207	413
学周刊	P03	207	413
雪莲	K04	166	372
血管与腔内血管外科杂志	D15	67	273
血栓与止血学	D11	64	270
寻根	K10	171	377
循证护理	D30	76	282
循证医学	D06	62	268
压电与声光	E20	119	325
压力容器	E13	108	314
压缩机技术	E12	106	312
鸭绿江	K04	166	372
亚热带农业研究	C03	44	250
亚热带水土保持	E05	98	304
亚热带植物科学	C04	45	251
亚热带资源与环境学报	E39	146	352
亚太安全与海洋研究	B12	36	242
亚太传统医药	D37	84	290
亚太经济	L01	175	381
烟草科技	C04	45	251
烟台大学学报（哲学社会科学版）	H02	160	366
烟台大学学报（自然科学与工程版）	A02	21	227
烟台果树	C04	46	252
烟台职业学院学报	P05	214	420
燕山大学学报	E02	94	300
燕山大学学报（哲学社会科学版）	H02	160	366
延安大学学报（社会科学版）	H02	160	366
延安大学学报（医学科学版）	D02	58	264
延安大学学报（自然科学版）	A02	21	227
延安职业技术学院学报	P05	214	420
延边大学农学学报	C02	43	249
延边大学学报（社会科学版）	H02	160	366
延边大学学报（自然科学版）	A02	21	227
延边大学医学学报	D02	58	264
延边党校学报	M02	188	394
延边教育学院学报	P05	214	420
岩矿测试	B11	35	241
岩石矿物学杂志	B11	35	241
岩石力学与工程学报	E32	136	342
岩石学报	B11	35	241
岩土工程技术	E32	136	342
岩土工程学报	E32	136	342
岩土力学	E32	136	342
岩性油气藏	E17	116	322
沿海企业与科技	L01	175	381
研究生教育研究	P04	209	415
研究与发展管理	F01	148	354
盐城工学院学报（社会科学版）	H02	160	366
盐城工学院学报（自然科学版）	A02	21	227
盐城师范学院学报（人文社会科学版）	H03	162	368
盐湖研究	B12	36	242
盐科学与化工	E23	125	331
盐业史研究	E30	132	338
眼科	D22	70	276
眼科新进展	D22	70	276
眼科学报	D22	70	276
演艺科技	K06	169	375
扬州大学学报（高教研究版）	P01	204	410
扬州大学学报（农业与生命科学版）	C02	43	249
扬州大学学报（人文社会科学版）	H02	160	366
扬州大学学报（自然科学版）	A02	21	227
扬州教育学院学报	P05	214	420
扬州职业大学学报	P05	214	420
扬子江文学评论	K04	166	372
杨凌职业技术学院学报	P05	214	420

期刊名称	学科代码	被引指标页码	来源指标页码
养殖与饲料	C08	50	256
养猪	C08	50	256
遥测遥控	E03	96	302
遥感技术与应用	E07	99	305
遥感信息	E07	99	305
遥感学报	E07	99	305
药品评价	D36	81	287
药物不良反应杂志	D36	81	287
药物分析杂志	D36	81	287
药物流行病学杂志	D36	81	287
药物评价研究	D36	81	287
药物生物技术	D36	81	287
药物与人	D36	81	287
药学教育	P01	204	410
药学进展	D36	81	287
药学实践与服务	D36	81	287
药学学报	D36	81	287
药学研究	D36	81	287
药学与临床研究	D36	81	287
冶金标准化与质量	E11	105	311
冶金财会	L04	178	384
冶金动力	E14	110	316
冶金分析	E11	105	311
冶金经济与管理	L08	180	386
冶金能源	E11	105	311
冶金企业文化	L01	175	381
冶金设备管理与维修	E11	105	311
冶金信息导刊	E11	105	311
冶金与材料	E09	102	308
冶金自动化	E11	105	311
野生动物学报	B16	38	244
液晶与显示	E01	88	294
液压气动与密封	E01	88	294
液压与气动	E12	106	312

期刊名称	学科代码	被引指标页码	来源指标页码
一重技术	E13	108	314
伊犁师范大学学报	P01	204	410
伊犁师范大学学报（自然科学版）	A03	24	230
医疗卫生装备	D35	79	285
医疗装备	D35	79	285
医师在线	D01	55	261
医学动物防制	D32	78	284
医学分子生物学杂志	D03	59	265
医学检验与临床	D06	62	268
医学教育管理	D35	79	285
医学教育研究与实践	P04	209	415
医学理论与实践	D01	55	261
医学临床研究	D01	55	261
医学新知	D01	55	261
医学信息	D01	55	261
医学信息学杂志	N07	198	404
医学研究与教育	D01	55	261
医学研究与战创伤救治	D01	55	261
医学研究杂志	D01	55	261
医学影像学杂志	D28	74	280
医学与法学	M05	191	397
医学与社会	N01	193	399
医学与哲学	D35	79	285
医药导报	D36	81	287
医药高职教育与现代护理	D30	76	282
医药论坛杂志	D01	55	261
医用生物力学	B03	27	233
医院管理论坛	D03	59	265
仪表技术	E27	128	334
仪表技术与传感器	E27	128	334
仪器仪表标准化与计量	E01	88	294
仪器仪表学报	E27	128	334
仪器仪表用户	E27	128	334
仪器仪表与分析监测	E27	128	334

期刊名称	学科代码	被引指标页码	来源指标页码	期刊名称	学科代码	被引指标页码	来源指标页码
宜宾学院学报	A02	21	227	印刷与数字媒体技术研究	E26	127	333
宜春学院学报	A02	21	227	印刷杂志	E26	127	333
移动电源与车辆	E15	113	319	印刷质量与标准化	E01	88	294
移动通信	E21	121	327	印制电路信息	E03	96	302
遗传	B13	37	243	应用概率统计	B01	26	232
遗传学报	D03	59	265	应用光学	B04	28	234
疑难病杂志	D05	61	267	应用海洋学学报	B12	36	242
乙烯工业	E17	116	322	应用化工	E23	125	331
艺术百家	K06	169	375	应用化学	B05	29	235
艺术当代	K06	169	375	应用基础与工程科学学报	E01	88	294
艺术工作	K06	169	375	应用激光	E20	119	325
艺术科技	K06	169	375	应用技术学报	E02	94	300
艺术评鉴	K06	169	375	应用经济学评论	L01	175	381
艺术评论	K06	169	375	应用科技	E03	96	302
艺术设计研究	E26	127	333	应用科学学报	E21	121	327
艺术探索	K06	169	375	应用昆虫学报	B16	38	244
艺术研究	K06	169	375	应用力学学报	B03	27	233
艺苑	N04	195	401	应用气象学报	B08	31	237
阴山学刊	H01	153	359	应用生态学报	B14	38	244
音乐创作	K06	169	375	应用声学	B04	28	234
音乐生活	K06	169	375	应用数学	B01	26	232
音乐世界	K06	169	375	应用数学和力学	B03	27	233
音乐探索	K06	169	375	应用数学学报	B01	26	232
音乐天地	K06	169	375	应用数学与计算数学学报	B01	26	232
音乐文化研究	K06	169	375	应用心理学	B18	39	245
音乐研究	K06	169	375	应用型高等教育研究	H02	160	366
音乐艺术	K06	169	375	应用与环境生物学报	E39	146	352
殷都学刊	H01	153	359	应用预防医学	D31	77	283
银行家	L10	183	389	英语广场	K01	164	370
饮料工业	E30	132	338	英语教师	K01	164	370
印度洋经济体研究	L01	175	381	英语学习	K01	164	370
印染	E29	130	336	营销科学学报	L08	180	386
印染助剂	E25	126	332	营养学报	D31	77	283
印刷技术	E26	127	333	影视制作	D28	74	280

期刊名称	学科代码	被引指标页码	来源指标页码
影像技术	E23	125	331
影像科学与光化学	B05	29	235
影像研究与医学应用	D28	74	280
影像诊断与介入放射学	D28	74	280
硬质合金	E09	102	308
邮电设计技术	E21	121	327
邮政研究	L08	181	387
油画	K06	169	375
油气藏评价与开发	E17	116	322
油气储运	E17	116	322
油气地质与采收率	E17	116	322
油气井测试	E17	116	322
油气田地面工程	E17	116	322
油气田环境保护	E17	116	322
油气与新能源	E17	116	322
油田化学	E17	116	322
铀矿地质	B11	35	241
铀矿冶	E10	103	309
有机硅材料	E23	125	331
有机化学	B05	29	235
有色金属（矿山部分）	E10	103	309
有色金属（选矿部分）	E10	104	310
有色金属（冶炼部分）	E11	105	311
有色金属材料与工程	E09	102	308
有色金属工程	E09	102	308
有色金属加工	E13	108	314
有色金属科学与工程	E09	102	308
有色金属设计	E09	102	308
有色矿冶	E11	105	311
有色设备	E11	105	311
有色冶金设计与研究	E11	105	311
右江民族医学院学报	D02	58	264
右江医学	D01	55	261
幼儿教育	P03	207	413

期刊名称	学科代码	被引指标页码	来源指标页码
幼儿教育研究	P03	207	413
渔业科学进展	C10	52	258
渔业现代化	C10	52	258
渔业研究	C10	52	258
榆林学院学报	H02	160	366
宇航材料工艺	E38	144	350
宇航计测技术	E38	144	350
宇航学报	E38	144	350
宇航总体技术	E38	144	350
语文建设	K01	164	370
语文教学与研究	K01	164	370
语文教学之友	K01	164	370
语文世界	K01	164	370
语文天地	K01	164	370
语文学刊	P01	204	410
语文学习	P01	204	410
语文研究	K01	164	370
语言教学与研究	K01	164	370
语言科学	K01	164	370
语言文字应用	K01	164	370
语言研究	K01	164	370
语言与教育研究	P01	204	410
语言战略研究	K01	164	370
玉林师范学院学报	A03	24	230
玉米科学	C03	44	250
玉溪师范学院学报	P01	204	410
预防青少年犯罪研究	M01	185	391
预防医学	D31	77	283
预防医学论坛	D31	77	283
预防医学情报杂志	D31	77	283
豫章师范学院学报	P01	204	410
园林	E31	135	341
园艺学报	C04	46	252
园艺与种苗	C04	46	252

中国期刊名称类目索引(续)

期刊名称	学科代码	被引指标页码	来源指标页码	期刊名称	学科代码	被引指标页码	来源指标页码
原生态民族文化学刊	H01	153	359	云南畜牧兽医	C08	50	256
原子核物理评论	B04	28	234	云南冶金	E11	105	311
原子能科学技术	E18	117	323	云南医药	D01	55	261
原子与分子物理学报	B04	28	234	云南艺术学院学报	K06	170	376
远程教育杂志	P01	204	410	云南中医药大学学报	D38	85	291
乐府新声	K06	169	375	云南中医中药杂志	D37	84	290
岳阳职业技术学院学报	P05	214	420	运城学院学报	P01	204	410
阅江学刊	H01	153	359	运筹学学报	B01	26	232
云梦学刊	J02	163	369	运筹与管理	B01	26	232
云南财经大学学报	L02	177	383	运动精品	P07	216	422
云南大学学报（社会科学版）	H02	160	366	运输经理世界	E34	140	346
云南大学学报（自然科学版）	A02	22	228	杂草学报	C06	46	252
云南档案	N08	199	405	杂交水稻	C03	44	250
云南地理环境研究	B10	33	239	灾害学	B09	32	238
云南地质	B11	35	241	再生资源与循环经济	E39	146	352
云南电力技术	E15	113	319	在线学习	P01	204	410
云南电业	E15	113	319	载人航天	E38	144	350
云南化工	E23	125	331	凿岩机械气动工具	E10	104	310
云南建筑	E31	135	341	早期儿童发展	P03	207	413
云南警官学院学报	M02	188	394	枣庄学院学报	A02	22	228
云南开放大学学报	P05	214	420	造船技术	E37	143	349
云南科技管理	F01	148	354	造纸技术与应用	E26	128	334
云南民族大学学报（哲学社会科学版）	H02	160	366	造纸科学与技术	E26	128	334
云南民族大学学报（自然科学版）	A02	22	228	造纸装备及材料	E26	128	334
云南农业	C01	42	248	噪声与振动控制	E12	106	312
云南农业大学学报	C02	43	249	轧钢	E11	105	311
云南农业科技	C01	42	248	债券	L08	181	387
云南社会科学	H01	153	359	粘接	E25	126	332
云南社会主义学院学报	M02	188	394	战略决策研究	L01	175	381
云南师范大学学报（对外汉语教学与研究版）	P01	204	410	战术导弹技术	E28	129	335
云南师范大学学报（哲学社会科学版）	H03	162	368	张家口职业技术学院学报	P05	214	420
云南师范大学学报（自然科学版）	A03	24	230	张江科技评论	A01	14	220
云南水力发电	E33	138	344	漳州职业技术学院学报	P05	214	420
云南行政学院学报	M02	188	394	招标采购管理	L01	175	381

中国期刊名称类目索引（续）

期刊名称	学科代码	被引指标页码	来源指标页码
昭通学院学报	P01	204	410
照明工程学报	E15	113	319
肇庆学院学报	H02	160	366
哲学动态	J02	163	369
哲学分析	J02	163	369
哲学研究	J02	163	369
浙江创伤外科	D14	66	272
浙江大学学报（工学版）	E02	94	300
浙江大学学报（理学版）	A02	22	228
浙江大学学报（农业与生命科学版）	C02	43	249
浙江大学学报（人文社会科学版）	H02	160	366
浙江大学学报（医学版）	D02	58	264
浙江档案	N08	199	405
浙江电力	E15	113	319
浙江纺织服装职业技术学院学报	P05	214	420
浙江柑桔	C04	46	252
浙江工贸职业技术学院学报	P05	214	420
浙江工商大学学报	L02	177	383
浙江工商职业技术学院学报	P05	214	420
浙江工业大学学报	E02	94	300
浙江国土资源	B10	33	239
浙江海洋大学学报（人文科学版）	H02	160	366
浙江海洋大学学报（自然科学版）	A02	22	228
浙江化工	E23	125	331
浙江建筑	E31	135	341
浙江交通职业技术学院学报	P05	214	420
浙江金融	L10	183	389
浙江经济	L01	175	381
浙江科技学院学报	E02	94	300
浙江林业科技	C07	48	254
浙江临床医学	D05	61	267
浙江农林大学学报	C02	43	249
浙江农业科学	C01	42	248
浙江农业学报	C01	42	248

期刊名称	学科代码	被引指标页码	来源指标页码
浙江气象	B08	31	237
浙江社会科学	H01	153	359
浙江师范大学学报（社会科学版）	H03	162	368
浙江师范大学学报（自然科学版）	A03	24	230
浙江实用医学	D01	55	261
浙江树人大学学报	A02	22	228
浙江水利科技	E33	138	344
浙江水利水电学院学报	E02	94	300
浙江体育科学	P07	216	422
浙江外国语学院学报	A02	22	228
浙江万里学院学报	A02	22	228
浙江畜牧兽医	C08	50	256
浙江学刊	H01	153	359
浙江医学	D01	55	261
浙江医学教育	P01	204	410
浙江艺术职业学院学报	P05	214	420
浙江中西医结合杂志	D37	84	290
浙江中医药大学学报	D38	85	291
浙江中医杂志	D37	84	290
针刺研究	D41	86	292
针灸临床杂志	D41	86	292
针织工业	E29	130	336
真空	E01	89	295
真空电子技术	E19	119	325
真空科学与技术学报	E01	89	295
真空与低温	B04	28	234
诊断病理学杂志	D06	62	268
诊断学理论与实践	D06	62	268
振动、测试与诊断	E38	144	350
振动工程学报	B03	27	233
振动与冲击	E12	106	312
震灾防御技术	E40	147	353
镇江高专学报	A02	22	228
征信	M05	191	397

期刊名称	学科代码	被引指标页码	来源指标页码	期刊名称	学科代码	被引指标页码	来源指标页码
证据科学	M07	192	398	职业与健康	D32	78	284
证券市场导报	L10	183	389	植物保护	C06	46	252
郑州大学学报（工学版）	E02	94	300	植物保护学报	C06	47	253
郑州大学学报（理学版）	A02	22	228	植物病理学报	C06	47	253
郑州大学学报（医学版）	D02	58	264	植物分类学报	B15	38	244
郑州大学学报（哲学社会科学版）	H02	160	366	植物检疫	C06	47	253
郑州航空工业管理学院学报	E02	94	300	植物科学学报	B15	38	244
郑州航空工业管理学院学报（社会科学版）	H02	160	366	植物生理学报	B15	38	244
郑州轻工业大学学报（社会科学版）	H02	160	366	植物生态学报	B15	38	244
郑州铁路职业技术学院学报	P05	214	420	植物学报	B15	38	244
政策瞭望	M01	185	391	植物研究	B15	38	244
政法论丛	M05	191	397	植物医学	C06	47	253
政法论坛	M05	191	397	植物遗传资源学报	C03	44	250
政法学刊	L01	175	381	植物营养与肥料学报	C05	46	252
政工学刊	M01	185	391	植物资源与环境学报	E39	146	352
政治经济学评论	L01	175	381	指挥控制与仿真	E28	129	335
政治思想史	P01	204	410	指挥信息系统与技术	E28	129	335
政治学研究	M01	185	391	指挥与控制学报	E28	129	335
政治与法律	M05	191	397	制导与引信	E03	96	302
知识产权	H01	153	359	制冷	E14	110	316
知识经济	L01	175	381	制冷技术	E14	110	316
知识就是力量	L01	175	381	制冷学报	E14	110	316
知与行	N01	193	399	制冷与空调	E14	110	316
直升机技术	E38	145	351	制冷与空调（四川）	E14	110	316
职教发展研究	P05	215	421	制造技术与机床	E12	106	312
职教论坛	P05	215	421	制造业自动化	E03	96	302
职教通讯	P01	204	410	质量安全与检验检测	E29	130	336
职业	P05	215	421	质量与标准化	E01	89	295
职业技术	N02	194	400	质量与可靠性	E01	89	295
职业技术教育	P05	215	421	质量与认证	E01	89	295
职业教育	P05	215	421	质谱学报	B05	29	235
职业教育研究	P05	215	421	治淮	E33	138	344
职业卫生与病伤	D31	77	283	治理现代化研究	M01	185	391
职业卫生与应急救援	D31	77	283	治理研究	M01	185	391

期刊名称	学科代码	被引指标页码	来源指标页码
智慧电力	E15	113	319
智慧轨道交通	E36	142	348
智慧农业（中英文）	C01	42	248
智慧农业导刊	C01	42	248
智库理论与实践	F01	148	354
智能城市	A01	15	221
智能化农业装备学报（中英文）	E05	98	304
智能计算机与应用	E22	123	329
智能建筑电气技术	E15	113	319
智能建筑与工程机械	E31	135	341
智能建筑与智慧城市	E31	135	341
智能科学与技术学报	E03	96	302
智能矿山	E10	104	310
智能网联汽车	L08	181	387
智能物联技术	E22	123	329
智能系统学报	E03	96	302
智能制造	E03	96	302
中北大学学报（社会科学版）	H02	160	366
中北大学学报（自然科学版）	A02	22	228
中草药	D40	86	292
中成药	D40	86	292
中氮肥	E23	125	331
中等数学	P03	207	413
中共成都市委党校学报	M02	188	394
中共党史研究	M01	185	391
中共福建省委党校（福建行政学院）学报	M02	188	394
中共桂林市委党校学报	M02	188	394
中共杭州市委党校学报	M02	188	394
中共合肥市委党校学报	M02	188	394
中共济南市委党校学报	M02	188	394
中共乐山市委党校学报	M02	188	394
中共南昌市委党校学报	M02	188	394
中共南京市委党校学报	M02	188	394
中共南宁市委党校学报	M02	188	394

期刊名称	学科代码	被引指标页码	来源指标页码
中共宁波市委党校学报	M02	188	394
中共青岛市委党校青岛行政学院学报	M02	188	394
中共山西省委党校学报	M02	188	394
中共石家庄市委党校学报	M02	188	394
中共太原市委党校学报	M02	188	394
中共天津市委党校学报	M02	188	394
中共乌鲁木齐市委党校学报	M02	188	394
中共伊犁州委党校学报	M02	188	394
中共云南省委党校学报	M02	188	394
中共郑州市委党校学报	M02	188	394
中共中央党校（国家行政学院）学报	M02	188	394
中国 CT 和 MRI 杂志	D28	74	280
中国癌症防治杂志	D29	75	281
中国癌症杂志	D29	75	281
中国艾滋病性病	D25	72	278
中国安防	E40	147	353
中国安全防范技术与应用	E40	147	353
中国安全科学学报	E40	147	353
中国安全生产科学技术	E40	147	353
中国版权	M05	191	397
中国包装	E08	101	307
中国宝玉石	E26	128	334
中国保险	L10	183	389
中国报业	N05	196	402
中国比较文学	K04	166	372
中国比较医学杂志	D03	59	265
中国毕业后医学教育	D35	79	285
中国边疆史地研究	K10	172	378
中国编辑	N05	196	402
中国标准化	E01	89	295
中国表面工程	E13	108	314
中国病案	D35	79	285
中国病毒病杂志	B17	39	245
中国病毒学	B17	39	245

期刊名称	学科代码	被引指标页码	来源指标页码	期刊名称	学科代码	被引指标页码	来源指标页码
中国病理生理杂志	D03	59	265	中国地质教育	P04	209	415
中国病原生物学杂志	B17	39	245	中国地质灾害与防治学报	B11	35	241
中国博物馆	N08	199	405	中国典籍与文化	N07	198	404
中国材料进展	E08	101	307	中国电化教育	P01	204	410
中国蚕业	C08	51	257	中国电机工程学报	E15	113	319
中国草地学报	C09	51	257	中国电力	E15	113	319
中国草食动物科学	C08	51	257	中国电视	E03	96	302
中国测试	E01	89	295	中国电梯	E31	135	341
中国茶叶	C04	46	252	中国电信业	E21	121	327
中国茶叶加工	E30	132	338	中国电子科学研究院学报	E21	121	327
中国产前诊断杂志（电子版）	D33	79	285	中国动脉硬化杂志	D16	68	274
中国超声医学杂志	D28	74	280	中国动物保健	C08	51	257
中国城市林业	C07	48	254	中国动物传染病学报	C08	51	257
中国城乡企业卫生	D31	77	283	中国动物检疫	C08	51	257
中国出版	N05	196	402	中国俄语教学	K03	165	371
中国初级卫生保健	D07	63	269	中国儿童保健杂志	D21	70	276
中国储运	L08	181	387	中国耳鼻咽喉颅底外科杂志	D23	71	277
中国处方药	D36	81	287	中国耳鼻咽喉头颈外科	D23	71	277
中国畜禽种业	C08	51	257	中国发明与专利	N07	198	404
中国传媒大学学报（自然科学版）	A02	22	228	中国法律评论	M05	191	397
中国传媒科技	N05	196	402	中国法学	M05	191	397
中国卒中杂志	D27	73	279	中国法医学杂志	D34	79	285
中国大学教学	P04	209	415	中国法治	M07	192	398
中国大学生就业	L01	175	381	中国翻译	K01	164	370
中国当代儿科杂志	D21	70	276	中国防痨杂志	D09	64	270
中国当代文学研究	K04	167	373	中国防汛抗旱	E33	138	344
中国党政干部论坛	M01	185	391	中国非金属矿工业导刊	E10	104	310
中国稻米	C03	44	250	中国肺癌杂志	D29	75	281
中国地方病防治杂志	D31	77	283	中国分子心脏病学杂志	D16	68	274
中国地方志	K08	171	377	中国粉体技术	E31	135	341
中国地震	B09	32	238	中国蜂业	C08	51	257
中国地质	B11	35	241	中国辐射卫生	D31	77	283
中国地质大学学报（社会科学版）	H02	160	366	中国腐蚀与防护学报	E08	101	307
中国地质调查	B11	35	241	中国妇产科临床杂志	D20	70	276

期刊名称	学科代码	被引指标页码	来源指标页码	期刊名称	学科代码	被引指标页码	来源指标页码
中国妇幼保健	D33	79	285	中国公共卫生管理	D35	80	286
中国妇幼健康研究	D33	79	285	中国公路学报	E35	141	347
中国妇幼卫生杂志	D33	79	285	中国骨伤	D41	86	292
中国改革	L04	178	384	中国骨与关节损伤杂志	D18	69	275
中国肝脏病杂志（电子版）	D10	64	270	中国骨与关节杂志	D18	69	275
中国感染控制杂志	D13	65	271	中国骨质疏松杂志	D12	65	271
中国感染与化疗杂志	D13	65	271	中国瓜菜	C04	46	252
中国肛肠病杂志	D08	63	269	中国管理科学	F01	148	354
中国港湾建设	E37	143	349	中国惯性技术学报	E01	89	295
中国高等教育	P04	209	415	中国光学（中英文）	E20	119	325
中国高等学校学术文摘·法学	M05	192	398	中国广播电视学刊	N05	196	402
中国高等学校学术文摘·工商管理研究	L01	175	381	中国国际问题研究	N01	193	399
中国高等学校学术文摘·教育学	P01	204	410	中国国家博物馆馆刊	K10	172	378
中国高等学校学术文摘·经济学	L01	175	381	中国国境卫生检疫杂志	D32	78	284
中国高等学校学术文摘·历史学	K08	171	377	中国国土资源经济	L04	178	384
中国高等学校学术文摘·数学	B01	26	232	中国果菜	C04	46	252
中国高等学校学术文摘·文学研究	K04	167	373	中国果树	C04	46	252
中国高等学校学术文摘·哲学	J02	163	369	中国海商法研究	M07	192	398
中国高等医学教育	D01	55	261	中国海上油气	E17	116	322
中国高教研究	P04	209	415	中国海事	E34	140	346
中国高校科技	P04	209	415	中国海洋大学学报（社会科学版）	H02	160	366
中国高校社会科学	H01	153	359	中国海洋大学学报（自然科学版）	A02	22	228
中国高新科技	A01	15	221	中国海洋平台	E17	116	322
中国高原医学与生物学杂志	D02	58	264	中国海洋药物	D36	82	288
中国个体防护装备	E39	146	352	中国航海	E37	143	349
中国给水排水	E31	135	341	中国航天	E38	145	351
中国工程机械学报	E13	108	314	中国合理用药探索	D05	61	267
中国工程科学	E01	89	295	中国核电	E15	113	319
中国工程咨询	L01	175	381	中国呼吸与危重监护杂志	D09	64	270
中国工业和信息化	L01	175	381	中国护理管理	D30	76	282
中国工业经济	L08	181	387	中国化工装备	E23	125	331
中国工业医学杂志	D32	78	284	中国环保产业	E39	146	352
中国工作犬业	C08	51	257	中国环境管理	F01	149	355
中国公共卫生	D31	77	283	中国环境监测	E39	146	352

中国期刊名称类目索引(续)

期刊名称	学科代码	被引指标页码	来源指标页码	期刊名称	学科代码	被引指标页码	来源指标页码
中国环境科学	E39	146	352	中国舰船研究	E37	143	349
中国货币市场	L08	181	387	中国交通信息化	E34	140	346
中国机关后勤	M01	185	391	中国胶粘剂	E25	126	332
中国机械工程	E12	106	312	中国矫形外科杂志	D19	69	275
中国机械工程学报	E12	106	312	中国教师	P01	205	411
中国基层医药	D01	55	261	中国教育技术装备	P01	205	411
中国基础科学	A01	15	221	中国教育网络	P01	205	411
中国激光	E20	119	325	中国教育信息化	P01	205	411
中国激光医学杂志	D05	61	267	中国教育学刊	P01	205	411
中国急救复苏与灾害医学杂志	D01	55	261	中国介入心脏病学杂志	D16	68	274
中国急救医学	D05	61	267	中国介入影像与治疗学	D28	74	280
中国疾病预防控制中心周报	D31	77	283	中国金融	L10	183	389
中国集成电路	E19	119	325	中国金融电脑	E22	123	329
中国集体经济	H01	153	359	中国金属通报	E11	105	311
中国脊柱脊髓杂志	D18	69	275	中国京剧	K06	170	376
中国计划生育和妇产科	D33	79	285	中国经济报告	L01	175	381
中国计划生育学杂志	D33	79	285	中国经济史研究	L01	175	381
中国计量	Q07	216	422	中国经济问题	L01	176	382
中国计量大学学报	E02	94	300	中国经贸导刊	L08	181	387
中国记者	N05	197	403	中国井冈山干部学院学报	M02	188	394
中国继续医学教育	D35	80	286	中国井矿盐	E30	132	338
中国寄生虫学与寄生虫病杂志	D03	59	265	中国军转民	L08	181	387
中国家禽	C08	51	257	中国勘察设计	E31	136	342
中国监狱学刊	H01	153	359	中国康复	D07	63	269
中国检察官	M07	192	398	中国康复理论与实践	D07	63	269
中国检验检测	D32	78	284	中国康复医学杂志	D07	63	269
中国减灾	E40	147	353	中国抗生素杂志	D36	82	288
中国建材科技	E31	135	341	中国考试	P01	205	411
中国建设信息化	E31	135	341	中国科技成果	F01	149	355
中国建筑防水	E31	136	342	中国科技翻译	K01	164	370
中国建筑金属结构	E31	136	342	中国科技论坛	F01	149	355
中国建筑装饰装修	E31	136	342	中国科技论文	A01	15	221
中国健康教育	D35	80	286	中国科技论文在线精品论文	A01	15	221
中国健康心理学杂志	D03	59	265	中国科技期刊研究	N05	197	403

期刊名称	学科代码	被引指标页码	来源指标页码	期刊名称	学科代码	被引指标页码	来源指标页码
中国科技人才	A01	15	221	中国疗养医学	D05	61	267
中国科技史杂志	A01	15	221	中国林副特产	C07	48	254
中国科技术语	A01	15	221	中国林业教育	P01	205	411
中国科技信息	A01	15	221	中国林业经济	C07	48	254
中国科技资源导刊	L01	176	382	中国临床保健杂志	D07	63	269
中国科技纵横	A01	15	221	中国临床护理	D30	76	282
中国科学（地球科学）	B07	30	236	中国临床解剖学杂志	D03	59	265
中国科学（化学）	B05	30	236	中国临床神经科学	D27	73	279
中国科学（技术科学）	E01	89	295	中国临床神经外科杂志	D27	73	279
中国科学（生命科学）	B13	37	243	中国临床实用医学	D01	55	261
中国科学（数学）	B01	26	232	中国临床心理学杂志	B18	39	245
中国科学（物理学 力学 天文学）	B04	28	234	中国临床新医学	D05	61	267
中国科学（信息科学）	B02	26	232	中国临床研究	D05	61	267
中国科学基金	A01	15	221	中国临床药理学与治疗学	D36	82	288
中国科学技术大学学报	A02	22	228	中国临床药理学杂志	D36	82	288
中国科学数据（中英文网络版）	A01	15	221	中国临床药学杂志	D36	82	288
中国科学院大学学报	A02	22	228	中国临床医生杂志	D05	61	267
中国科学院院刊	A01	15	221	中国临床医学	D05	61	267
中国空间科学技术	E38	145	351	中国临床医学影像杂志	D28	74	280
中国口岸科学技术	L08	181	387	中国流通经济	L08	181	387
中国口腔颌面外科杂志	D24	72	278	中国氯碱	E25	127	333
中国口腔医学继续教育杂志	D24	72	278	中国麻风皮肤病杂志	D25	72	278
中国口腔种植学杂志	D24	72	278	中国麻业科学	C03	44	250
中国矿山工程	E11	105	311	中国马铃薯	C03	44	250
中国矿业	E10	104	310	中国慢性病预防与控制	D31	77	283
中国矿业大学学报	E02	94	300	中国媒介生物学及控制杂志	D32	78	284
中国矿业大学学报（社会科学版）	H02	160	366	中国煤层气	E16	114	320
中国劳动	N02	194	400	中国煤炭	E16	114	320
中国劳动关系学院学报	M02	189	395	中国煤炭地质	E16	114	320
中国老年保健医学	D07	63	269	中国煤炭工业	L01	176	382
中国老年学杂志	D07	63	269	中国煤炭工业医学杂志	D01	55	261
中国历史地理论丛	K08	171	377	中国美容医学	D19	69	275
中国粮食经济	L06	179	385	中国美容整形外科杂志	D05	61	267
中国粮油学报	E30	132	338	中国美术	K06	170	376

期刊名称	学科代码	被引指标页码	来源指标页码	期刊名称	学科代码	被引指标页码	来源指标页码
中国锰业	E09	102	308	中国农民合作社	C01	42	248
中国棉花	C03	44	250	中国农史	C01	42	248
中国棉花加工	E29	130	336	中国农学通报	C01	42	248
中国免疫学杂志	D03	59	265	中国农业大学学报	C02	43	249
中国民航大学学报	E02	94	300	中国农业大学学报（社会科学版）	H02	160	366
中国民航飞行学院学报	E02	94	300	中国农业教育	P01	205	411
中国民间疗法	D37	84	290	中国农业科技导报	C01	42	248
中国民康医学	D31	77	283	中国农业科学	C01	42	248
中国民商	L01	176	382	中国农业会计	L05	178	384
中国民族博览	N04	195	401	中国农业气象	C01	42	248
中国民族民间医药	D01	55	261	中国农业文摘—农业工程	E05	98	304
中国民族医药杂志	D37	84	290	中国农业信息	E05	98	304
中国名城	K08	171	377	中国农业资源与区划	C01	42	248
中国钼业	E09	102	308	中国农业综合开发	C01	42	248
中国穆斯林	J03	163	369	中国皮肤性病学杂志	D25	72	278
中国奶牛	C08	51	257	中国皮革	E26	128	334
中国男科学杂志	D26	72	278	中国浦东干部学院学报	M02	189	395
中国南方果树	C04	46	252	中国普通外科杂志	D15	67	273
中国脑血管病杂志	D27	73	279	中国普外基础与临床杂志	D15	67	273
中国内部审计	L05	178	384	中国钱币	L10	183	389
中国内镜杂志	D14	66	272	中国禽业导刊	C08	51	257
中国能源	E16	114	320	中国青年社会科学	M02	189	395
中国酿造	E30	132	338	中国青年研究	M01	185	391
中国牛业科学	C08	51	257	中国轻工教育	P01	205	411
中国农村观察	L06	179	385	中国全科医学	D05	61	267
中国农村金融	L06	179	385	中国热带农业	C01	42	248
中国农村经济	L06	179	385	中国热带医学	D32	78	284
中国农村科技	C01	42	248	中国人口·资源与环境	E39	146	352
中国农村水利水电	E05	98	304	中国人口科学	N02	194	400
中国农村卫生	D35	80	286	中国人力资源开发	N02	194	400
中国农村卫生事业管理	D35	80	286	中国人力资源社会保障	N02	194	400
中国农机化学报	E05	98	304	中国人民大学教育学刊	P01	205	411
中国农技推广	C01	42	248	中国人民大学学报	H02	160	366
中国农垦	E05	98	304	中国人民公安大学学报（社会科学版）	H02	160	366

期刊名称	学科代码	被引指标页码	来源指标页码	期刊名称	学科代码	被引指标页码	来源指标页码
中国人民公安大学学报（自然科学版）	A02	22	228	中国石化	E17	117	323
中国人民警察大学学报	M02	189	395	中国石油大学学报（社会科学版）	H02	160	366
中国人事科学	H01	153	359	中国石油大学学报（自然科学版）	A02	22	228
中国人兽共患病学报	D32	78	284	中国石油和化工标准与质量	E17	117	323
中国人造板	E26	128	334	中国石油勘探	E17	117	323
中国认证认可	E01	89	295	中国实验动物学报	B16	38	244
中国乳品工业	E30	132	338	中国实验方剂学杂志	D40	86	292
中国乳业	E30	132	338	中国实验血液学杂志	D11	64	270
中国软科学	F01	149	355	中国实验诊断学	D06	62	268
中国森林病虫	C07	48	254	中国实用儿科杂志	D21	70	276
中国沙漠	B10	33	239	中国实用妇科与产科杂志	D20	70	276
中国商论	L08	181	387	中国实用护理杂志	D30	76	282
中国商人	L08	181	387	中国实用口腔科杂志	D24	72	278
中国烧伤创疡杂志	D19	69	275	中国实用内科杂志	D08	63	269
中国设备工程	E12	106	312	中国实用神经疾病杂志	D27	73	279
中国社会保障	N02	194	400	中国实用外科杂志	D14	66	272
中国社会工作	H01	153	359	中国实用乡村医生杂志	D31	77	283
中国社会经济史研究	L01	176	382	中国实用医刊	D05	61	267
中国社会科学	H01	153	359	中国实用医药	D01	55	261
中国社会科学评价	H01	153	359	中国食品添加剂	E30	132	338
中国社会科学院大学学报	H02	160	366	中国食品卫生杂志	D35	80	286
中国社会医学杂志	D35	80	286	中国食品学报	E30	132	338
中国神经精神疾病杂志	D27	73	279	中国食品药品监管	D31	78	284
中国神经免疫学和神经病学杂志	D27	73	279	中国食物与营养	E30	132	338
中国审计	L05	178	384	中国食用菌	C04	46	252
中国生漆	E25	127	333	中国史研究	K08	171	377
中国生态旅游	F01	149	355	中国史研究动态	K08	171	377
中国生态农业学报（中英文）	C01	42	248	中国市场	L01	176	382
中国生物防治学报	C06	47	253	中国市场监管研究	L08	181	387
中国生物工程杂志	E04	96	302	中国市政工程	E31	136	342
中国生物化学与分子生物学报	B13	37	243	中国兽药杂志	C08	51	257
中国生物医学工程学报	E06	98	304	中国兽医科学	C08	51	257
中国生物制品学杂志	E06	98	304	中国兽医学报	C08	51	257
中国生育健康杂志	D33	79	285	中国兽医杂志	C08	51	257

期刊名称	学科代码	被引指标页码	来源指标页码	期刊名称	学科代码	被引指标页码	来源指标页码
中国书法	K06	170	376	中国铁路	E36	142	348
中国输血杂志	D05	61	267	中国听力语言康复科学杂志	D07	63	269
中国蔬菜	C04	46	252	中国统计	L01	176	382
中国数学教育	P03	207	413	中国图书馆学报	N06	197	403
中国数字医学	D28	74	280	中国图书评论	N06	197	403
中国水产	C10	52	258	中国图象图形学报	E22	123	329
中国水产科学	C10	52	258	中国涂料	E25	127	333
中国水稻科学	C03	44	250	中国土地	L06	179	385
中国水利	E33	138	344	中国土地科学	C05	46	252
中国水利水电科学研究院学报（中英文）	E33	138	344	中国土壤与肥料	C05	46	252
中国水能及电气化	E33	138	344	中国外汇	L01	176	382
中国水泥	E26	128	334	中国外语	K03	165	371
中国水土保持	E33	138	344	中国微创外科杂志（中英文）	D14	66	272
中国水土保持科学	E05	98	304	中国微生态学杂志	B14	38	244
中国水运	E37	143	349	中国卫生标准管理	D35	80	286
中国司法鉴定	M07	192	398	中国卫生产业	D31	78	284
中国饲料	C08	51	257	中国卫生工程学	D31	78	284
中国塑料	E24	126	332	中国卫生经济	D35	80	286
中国糖料	C03	44	250	中国卫生人才	D35	80	286
中国糖尿病杂志	D12	65	271	中国卫生事业管理	D31	78	284
中国陶瓷	E23	125	331	中国卫生统计	D35	80	286
中国陶瓷工业	E23	125	331	中国卫生信息管理杂志	D35	80	286
中国特色社会主义研究	M01	185	391	中国卫生政策研究	D35	80	286
中国特殊教育	P01	205	411	中国卫生质量管理	D35	80	286
中国特种设备安全	A01	15	221	中国卫生资源	D35	80	286
中国疼痛医学杂志	D05	61	267	中国文化	N04	195	401
中国体视学与图像分析	A01	15	221	中国文化研究	N04	195	401
中国体外循环杂志	D14	66	272	中国文化遗产	N04	195	401
中国体育教练员	P07	216	422	中国文物科学研究	K08	171	377
中国体育科技	P07	216	422	中国文学批评	K04	167	373
中国天然药物	D40	86	292	中国文学研究	K01	164	370
中国甜菜糖业	E30	132	338	中国文艺评论	K04	167	373
中国调味品	E30	132	338	中国钨业	E09	102	308
中国铁道科学	E36	142	348	中国无机分析化学	B05	30	236

期刊名称	学科代码	被引指标页码	来源指标页码	期刊名称	学科代码	被引指标页码	来源指标页码
中国物价	L08	181	387	中国信息安全	E03	96	302
中国西部	A01	15	221	中国信息化	E03	96	302
中国稀土学报	E08	101	307	中国信息技术教育	E03	96	302
中国洗涤用品工业	E23	125	331	中国信息界	E03	96	302
中国戏剧	K06	170	376	中国信用卡	L10	183	389
中国细胞生物学学报	B13	37	243	中国刑警学院学报	M02	189	395
中国纤检	E29	130	336	中国刑事法杂志	M07	192	398
中国现代教育装备	P01	205	411	中国行政管理	M03	189	395
中国现代普通外科进展	D15	67	273	中国性科学	D26	72	278
中国现代神经疾病杂志	D27	73	279	中国胸心血管外科临床杂志	D15	67	273
中国现代手术学杂志	D14	66	272	中国修船	E34	140	346
中国现代文学研究丛刊	K04	167	373	中国修复重建外科杂志	D19	69	275
中国现代药物应用	D36	82	288	中国畜牧兽医	C08	51	257
中国现代医生	D01	55	261	中国畜牧业	C08	51	257
中国现代医学杂志	D01	55	261	中国畜牧杂志	C08	51	257
中国现代医药杂志	D01	55	261	中国学校卫生	D35	80	286
中国现代应用药学	D36	82	288	中国血管外科杂志（电子版）	D15	67	273
中国现代中药	D40	86	292	中国血吸虫病防治杂志	D32	78	284
中国乡村医药	D01	55	261	中国血液净化	D11	65	271
中国乡镇企业会计	L05	178	384	中国血液流变学杂志	D03	59	265
中国消毒学杂志	D31	78	284	中国循环杂志	D16	68	274
中国小儿急救医学	D21	70	276	中国循证儿科杂志	D21	70	276
中国小儿血液与肿瘤杂志	D29	75	281	中国循证心血管医学杂志	D16	68	274
中国校外教育	P04	209	415	中国循证医学杂志	D06	62	268
中国校医	D31	78	284	中国烟草科学	C04	46	252
中国斜视与小儿眼科杂志	D22	70	276	中国烟草学报	C04	46	252
中国心理卫生杂志	B18	39	245	中国延安干部学院学报	M02	189	395
中国心血管病研究	D16	68	274	中国岩溶	B11	35	241
中国心血管杂志	D16	68	274	中国研究型医院	D01	55	261
中国心脏起搏与心电生理杂志	D16	68	274	中国眼耳鼻喉科杂志	D23	71	277
中国新技术新产品	E01	89	295	中国养兔	C08	51	257
中国新通信	E21	121	327	中国药房	D36	82	288
中国新药与临床杂志	D36	82	288	中国药科大学学报	D02	58	264
中国新药杂志	D36	82	288	中国药理学通报	D36	82	288

期刊名称	学科代码	被引指标页码	来源指标页码	期刊名称	学科代码	被引指标页码	来源指标页码
中国药理学与毒理学杂志	D36	82	288	中国医学人文	D01	56	262
中国药品标准	D36	82	288	中国医学文摘—耳鼻咽喉科学	D23	71	277
中国药师	D36	82	288	中国医学物理学杂志	D03	60	266
中国药事	D36	82	288	中国医学影像技术	D28	74	280
中国药物化学杂志	D36	82	288	中国医学影像学杂志	D28	74	280
中国药物经济学	D36	82	288	中国医学装备	D35	80	286
中国药物警戒	D36	82	288	中国医药	D05	61	267
中国药物滥用防治杂志	D36	82	288	中国医药导报	D01	56	262
中国药物评价	D36	82	288	中国医药导刊	D36	82	288
中国药物依赖性杂志	D36	82	288	中国医药工业杂志	D36	82	288
中国药物应用与监测	D36	82	288	中国医药科学	D01	56	262
中国药学杂志	D36	82	288	中国医药生物技术	E06	98	304
中国药业	D36	82	288	中国医院	D35	80	286
中国冶金	E11	105	311	中国医院管理	D35	80	286
中国冶金工业医学杂志	D31	78	284	中国医院建筑与装备	D01	56	262
中国冶金教育	P01	205	411	中国医院统计	D35	80	286
中国冶金文摘	E11	105	311	中国医院药学杂志	D36	82	288
中国野生植物资源	B15	38	244	中国医院用药评价与分析	D36	82	288
中国医刊	D05	61	267	中国仪器仪表	E27	128	334
中国医科大学学报	D02	58	264	中国艺术	K06	170	376
中国医疗管理科学	D35	80	286	中国疫苗和免疫	E06	98	304
中国医疗美容	D19	69	275	中国音乐	K06	170	376
中国医疗器械信息	D35	80	286	中国音乐教育	P01	205	411
中国医疗器械杂志	D35	80	286	中国音乐学	K06	170	376
中国医疗设备	D35	80	286	中国应急救援	D31	78	284
中国医师进修杂志	D05	61	267	中国应用法学	M05	192	398
中国医师杂志	D05	61	267	中国优生与遗传杂志	D33	79	285
中国医学创新	D01	55	261	中国油料作物学报	C03	44	250
中国医学工程	D03	60	266	中国油脂	E30	132	338
中国医学计算机成像杂志	D28	74	280	中国有色金属学报	E09	102	308
中国医学教育技术	H01	153	359	中国有色冶金	E11	105	311
中国医学科学院学报	D01	55	261	中国有线电视	E19	119	325
中国医学伦理学	N01	193	399	中国渔业经济	L06	179	385
中国医学前沿杂志（电子版）	D01	56	262	中国渔业质量与标准	C10	52	258

期刊名称	学科代码	被引指标页码	来源指标页码	期刊名称	学科代码	被引指标页码	来源指标页码
中国语文	K01	164	370	中国中医基础医学杂志	D37	84	290
中国预防兽医学报	C08	51	257	中国中医急症	D37	84	290
中国预防医学杂志	D31	78	284	中国中医眼科杂志	D37	84	290
中国园林	C07	49	255	中国中医药科技	D37	84	290
中国远程教育	P01	205	411	中国中医药图书情报杂志	N07	198	404
中国运动医学杂志	P07	216	422	中国中医药现代远程教育	D37	84	290
中国韵文学刊	K04	167	373	中国中医药信息杂志	D37	84	290
中国藏学	N04	195	401	中国肿瘤	D29	75	281
中国造船	E37	143	349	中国肿瘤临床	D29	75	281
中国造纸学报	E26	128	334	中国肿瘤生物治疗杂志	D29	75	281
中国招标	L01	176	382	中国肿瘤外科杂志	D29	75	281
中国沼气	E05	98	304	中国种业	C03	44	250
中国照明电器	E19	119	325	中国重型装备	E13	108	314
中国哲学史	J02	163	369	中国猪业	C08	51	257
中国针灸	D41	86	292	中国住宅设施	E31	136	342
中国真菌学杂志	D05	61	267	中国注册会计师	L05	178	384
中国证券期货	L04	178	384	中国铸造	E13	108	314
中国政法大学学报	M02	189	395	中国铸造装备与技术	E13	108	314
中国职业技术教育	P05	215	421	中国资产评估	L04	178	384
中国职业医学	D32	78	284	中国资源综合利用	E39	146	352
中国植保导刊	C06	47	253	中国自动识别技术	E22	123	329
中国制笔	E26	128	334	中国宗教	J03	163	369
中国质量	E01	89	295	中国综合临床	D05	61	267
中国中西医结合儿科学	D01	56	262	中国总会计师	L05	178	384
中国中西医结合耳鼻咽喉科杂志	D39	85	291	中国组织工程研究	E06	99	305
中国中西医结合急救杂志	D39	85	291	中国组织化学与细胞化学杂志	D03	60	266
中国中西医结合皮肤性病学杂志	D39	85	291	中华保健医学杂志	D07	63	269
中国中西医结合肾病杂志	D39	85	291	中华病理学杂志	D03	60	266
中国中西医结合外科杂志	D39	85	291	中华产科急救电子杂志	D20	70	276
中国中西医结合消化杂志	D39	85	291	中华超声影像学杂志	D28	74	280
中国中西医结合影像学杂志	D39	85	291	中华传染病杂志	D13	65	271
中国中西医结合杂志	D39	85	291	中华创伤骨科杂志	D18	69	275
中国中药杂志	D40	86	292	中华创伤杂志	D19	69	275
中国中医骨伤科杂志	D41	86	292	中华地方病学杂志	D32	78	284

期刊名称	学科代码	被引指标页码	来源指标页码	期刊名称	学科代码	被引指标页码	来源指标页码
中华儿科杂志	D21	70	276	中华介入放射学电子杂志	D28	74	280
中华耳鼻咽喉头颈外科杂志	D23	71	277	中华精神科杂志	D27	73	279
中华耳科学杂志	D23	71	277	中华口腔医学研究杂志（电子版）	D24	72	278
中华放射学杂志	D28	74	280	中华口腔医学杂志	D24	72	278
中华放射医学与防护杂志	D34	79	285	中华口腔正畸学杂志	D24	72	278
中华放射肿瘤学杂志	D29	75	281	中华劳动卫生职业病杂志	D32	78	284
中华肥胖与代谢病电子杂志	D14	66	272	中华老年病研究电子杂志	D07	63	269
中华肺部疾病杂志（电子版）	D09	64	270	中华老年多器官疾病杂志	D07	63	269
中华风湿病学杂志	D12	65	271	中华老年骨科与康复电子杂志	D07	63	269
中华妇产科杂志	D20	70	276	中华老年口腔医学杂志	D24	72	278
中华妇幼临床医学杂志（电子版）	D20	70	276	中华老年心脑血管病杂志	D16	68	274
中华肝胆外科杂志	D15	67	273	中华老年医学杂志	D07	63	269
中华肝脏病杂志	D10	64	270	中华临床感染病杂志	D13	65	271
中华肝脏外科手术学电子杂志	D10	64	270	中华临床免疫和变态反应杂志	D12	65	271
中华高血压杂志	D16	68	274	中华临床实验室管理电子杂志	D03	60	266
中华骨科杂志	D18	69	275	中华临床医师杂志（电子版）	D03	60	266
中华骨与关节外科杂志	D18	69	275	中华临床营养杂志	D31	78	284
中华骨质疏松和骨矿盐疾病杂志	D12	65	271	中华流行病学杂志	D32	78	284
中华关节外科杂志（电子版）	D18	69	275	中华麻醉学杂志	D14	66	272
中华航海医学与高气压医学杂志	D34	79	285	中华泌尿外科杂志	D17	68	274
中华航空航天医学杂志	D34	79	285	中华男科学杂志	D26	72	278
中华核医学与分子影像杂志	D28	74	280	中华脑科疾病与康复杂志（电子版）	D15	67	273
中华护理教育	D30	76	282	中华脑血管病杂志（电子版）	D27	73	279
中华护理杂志	D30	76	282	中华内分泌代谢杂志	D12	65	271
中华急危重症护理杂志	D30	76	282	中华内分泌外科杂志	D14	66	272
中华急诊医学杂志	D05	61	267	中华内科杂志	D08	63	269
中华疾病控制杂志	D31	78	284	中华女子学院学报	M02	189	395
中华家教	P03	207	413	中华皮肤科杂志	D25	72	278
中华肩肘外科电子杂志	D18	69	275	中华普通外科学文献（电子版）	D15	67	273
中华检验医学杂志	D06	62	268	中华普通外科杂志	D15	67	273
中华健康管理学杂志	D35	80	286	中华普外科手术学杂志（电子版）	D15	67	273
中华结核和呼吸杂志	D09	64	270	中华器官移植杂志	D14	66	272
中华结直肠疾病电子杂志	D10	64	270	中华腔镜泌尿外科杂志（电子版）	D17	68	274
中华解剖与临床杂志	D03	60	266	中华腔镜外科杂志（电子版）	D15	67	273

中国期刊名称类目索引（续）

期刊名称	学科代码	被引指标页码	来源指标页码	期刊名称	学科代码	被引指标页码	来源指标页码
中华全科医师杂志	D05	61	267	中华细胞与干细胞杂志（电子版）	D03	60	266
中华全科医学	D05	61	267	中华显微外科杂志	D18	69	275
中华乳腺病杂志（电子版）	D15	67	273	中华现代护理杂志	D30	76	282
中华疝和腹壁外科杂志（电子版）	D15	67	273	中华消化病与影像杂志（电子版）	D10	64	270
中华烧伤与创面修复杂志	D19	69	275	中华消化内镜杂志	D10	64	270
中华神经创伤外科电子杂志	D27	73	279	中华消化外科杂志	D15	67	273
中华神经科杂志	D27	73	279	中华消化杂志	D10	64	270
中华神经外科杂志	D27	73	279	中华小儿外科杂志	D21	70	276
中华神经医学杂志	D27	73	279	中华心力衰竭和心肌病杂志（中英文）	D15	67	273
中华肾病研究电子杂志	D17	68	274	中华心律失常学杂志	D16	68	274
中华肾脏病杂志	D11	65	271	中华心血管病杂志	D16	68	274
中华生物医学工程杂志	E06	99	305	中华心血管病杂志（网络版）	D16	68	274
中华生殖与避孕杂志	D33	79	285	中华心脏与心律电子杂志	D16	68	274
中华实验和临床病毒学杂志	B17	39	245	中华新生儿科杂志（中英文）	D21	70	276
中华实验和临床感染病杂志（电子版）	D13	65	271	中华行为医学与脑科学杂志	D27	73	279
中华实验外科杂志	D14	66	272	中华胸部外科电子杂志	D15	67	273
中华实验眼科杂志	D22	70	276	中华胸心血管外科杂志	D15	67	273
中华实用儿科临床杂志	D21	70	276	中华血管外科杂志	D15	67	273
中华实用诊断与治疗杂志	D06	62	268	中华血液学杂志	D11	65	271
中华手外科杂志	D18	69	275	中华炎性肠病杂志（中英文）	D08	63	269
中华损伤与修复杂志（电子版）	D19	69	275	中华眼底病杂志	D22	71	277
中华糖尿病杂志	D12	65	271	中华眼科医学杂志（电子版）	D22	71	277
中华疼痛学杂志	D18	69	275	中华眼科杂志	D22	71	277
中华外科杂志	D14	66	272	中华眼视光学与视觉科学杂志	D22	71	277
中华危重病急救医学	D05	61	267	中华眼外伤职业眼病杂志	D22	71	277
中华危重症医学杂志（电子版）	D05	61	267	中华医史杂志	D01	56	262
中华微生物学和免疫学杂志	D03	60	266	中华医学超声杂志（电子版）	D28	74	280
中华围产医学杂志	D20	70	276	中华医学教育探索杂志	D35	80	286
中华卫生杀虫药械	D32	78	284	中华医学教育杂志	D35	80	286
中华胃肠内镜电子杂志	D08	63	269	中华医学科研管理杂志	D35	80	286
中华胃肠外科杂志	D15	67	273	中华医学美学美容杂志	D05	61	267
中华文化论坛	N04	195	401	中华医学遗传学杂志	D03	60	266
中华文史论丛	K08	171	377	中华医学杂志	D01	56	262
中华物理医学与康复杂志	D07	63	269	中华医院感染学杂志	A01	15	221

期刊名称	学科代码	被引指标页码	来源指标页码	期刊名称	学科代码	被引指标页码	来源指标页码
中华医院管理杂志	D35	80	286	中外建筑	A01	15	221
中华胰腺病杂志	D10	64	270	中外能源	E16	114	320
中华移植杂志（电子版）	D14	66	272	中外女性健康研究	D35	80	286
中华预防医学杂志	D31	78	284	中外葡萄与葡萄酒	E30	132	338
中华针灸电子杂志	D41	86	292	中外医疗	E23	125	331
中华诊断学电子杂志	D06	62	268	中外医学研究	D01	56	262
中华整形外科杂志	D19	69	275	中文信息学报	E03	96	302
中华纸业	E26	128	334	中西医结合肝病杂志	D39	85	291
中华中医药学刊	D37	84	290	中西医结合护理（中英文）	D30	76	282
中华中医药杂志	D37	84	290	中西医结合心脑血管病杂志	D39	86	292
中华肿瘤防治杂志	D29	75	281	中西医结合研究	D39	86	292
中华肿瘤杂志	D29	75	281	中小企业管理与科技	L01	176	382
中华重症医学电子杂志	D01	56	262	中小学班主任	P03	207	413
中华转移性肿瘤杂志	D29	75	281	中小学管理	P03	207	413
中南财经政法大学学报	M02	189	395	中小学教师培训	P03	207	413
中南大学学报（社会科学版）	H02	160	366	中小学教学研究	P03	207	413
中南大学学报（医学版）	D02	58	264	中小学课堂教学研究	P03	207	413
中南大学学报（自然科学版）	A02	22	228	中小学实验与装备	P03	207	413
中南林业调查规划	C07	49	255	中小学外语教学	P03	207	413
中南林业科技大学学报	C02	43	249	中小学校长	P03	207	413
中南林业科技大学学报（社会科学版）	H02	160	366	中小学心理健康教育	B18	39	245
中南民族大学学报（人文社会科学版）	H02	160	366	中小学信息技术教育	P03	207	413
中南民族大学学报（自然科学版）	A02	22	228	中小学英语教学与研究	P03	207	413
中南农业科技	C08	51	257	中兴通讯技术	E21	121	327
中南药学	D36	82	288	中学地理教学参考	P03	207	413
中南医学科学杂志	D01	56	262	中学化学教学参考	P03	207	413
中日友好医院学报	D01	56	262	中学教学参考	P03	208	414
中山大学学报（社会科学版）	H02	160	366	中学教研（数学）	P03	208	414
中山大学学报（医学科学版）	D02	58	264	中学课程资源	P03	208	414
中山大学学报（自然科学版）（中英文）	A02	22	228	中学理科园地	P03	208	414
中兽医学杂志	C08	51	257	中学历史教学	P03	208	414
中兽医医药杂志	C08	51	257	中学历史教学参考	P03	208	414
中外法学	M05	192	398	中学生物教学	B13	37	243
中外公路	E35	141	347	中学生物学	P03	208	414

期刊名称	学科代码	被引指标页码	来源指标页码	期刊名称	学科代码	被引指标页码	来源指标页码
中学数学	P03	208	414	中医药信息	D37	84	290
中学数学教学	P03	208	414	中医药学报	D37	84	290
中学数学教学参考	P03	208	414	中医杂志	D37	84	290
中学数学研究	P03	208	414	中医正骨	D41	86	292
中学数学月刊	P03	208	414	中医肿瘤学杂志	D29	75	281
中学数学杂志	P03	208	414	中原工学院学报	E02	94	300
中学物理	P03	208	414	中原文化研究	N04	195	401
中学物理教学参考	P03	208	414	中原文物	K10	172	378
中学语文	K01	164	370	中州大学学报	P01	205	411
中学语文教学	P03	208	414	中州建设	E31	136	342
中学政史地	P03	208	414	中州学刊	H01	153	359
中央财经大学学报	L02	177	383	终身教育研究	P05	215	421
中央民族大学学报（哲学社会科学版）	H02	160	366	肿瘤	D29	75	281
中央社会主义学院学报	M02	189	395	肿瘤代谢与营养电子杂志	D29	75	281
中央音乐学院学报	K06	170	376	肿瘤防治研究	D29	75	281
中药材	D40	86	292	肿瘤基础与临床	D29	75	281
中药新药与临床药理	D40	86	292	肿瘤学杂志	D29	75	281
中药药理与临床	D40	86	292	肿瘤研究与临床	D29	75	281
中药与临床	D37	84	290	肿瘤药学	D29	75	281
中医儿科杂志	D37	84	290	肿瘤影像学	D29	76	282
中医健康养生	D07	63	269	肿瘤预防与治疗	D29	76	282
中医教育	P01	205	411	肿瘤综合治疗电子杂志	D29	76	282
中医康复	D37	84	290	种业导刊	C03	44	250
中医临床研究	D37	84	290	种子	C03	45	251
中医外治杂志	D37	84	290	种子科技	C03	45	251
中医文献杂志	D37	84	290	中风与神经疾病杂志	D27	73	279
中医学报	D37	84	290	仲恺农业工程学院学报	C02	43	249
中医研究	D37	84	290	重型机械	E13	108	314
中医眼耳鼻喉杂志	D23	71	277	重型汽车	E34	140	346
中医药导报	D37	84	290	周口师范学院学报	A03	24	230
中医药管理杂志	D01	56	262	周易研究	J02	163	369
中医药临床杂志	D37	84	290	轴承	E13	108	314
中医药通报	D37	84	290	珠江水运	E37	143	349
中医药文化	D37	84	290	猪业科学	C08	51	257

期刊名称	学科代码	被引指标页码	来源指标页码
蛛形学报	B13	37	243
竹子学报	C07	49	255
住区	E31	136	342
住宅科技	E31	136	342
祝您健康	D07	63	269
铸造	E13	108	314
铸造工程	E13	108	314
铸造技术	E13	108	314
铸造设备与工艺	E13	108	314
专利代理	M05	192	398
专用汽车	E35	141	347
砖瓦	E32	136	342
砖瓦世界	E32	136	342
转化医学杂志	D01	56	262
装备环境工程	E13	109	315
装备机械	E13	109	315
装备制造技术	E13	109	315
装饰	K06	170	376
资源导刊	B10	33	239
资源环境与工程	B10	33	239
资源节约与环保	E39	146	352
资源开发与市场	L06	179	385
资源科学	E39	146	352
资源信息与工程	E39	147	353
资源与产业	L06	179	385
紫禁城	K04	167	373
自动化技术与应用	E03	96	302
自动化学报	E03	96	302
自动化仪表	E27	128	334
自动化应用	E03	96	302

期刊名称	学科代码	被引指标页码	来源指标页码
自动化与信息工程	E03	96	302
自动化与仪表	E27	128	334
自动化与仪器仪表	E03	96	302
自然保护地	C07	49	255
自然辩证法通讯	H01	153	359
自然辩证法研究	J02	163	369
自然科学博物馆研究	N08	199	405
自然科学史研究	A01	15	221
自然与文化遗产研究	N04	195	401
自然杂志	A01	15	221
自然灾害学报	E40	147	353
自然资源情报	N07	198	404
自然资源信息化	B07	30	236
自然资源学报	E39	147	353
自然资源遥感	E07	99	305
宗教学研究	J03	163	369
综合智慧能源	E14	110	316
足踝外科电子杂志	D18	69	275
组合机床与自动化加工技术	E12	106	312
组织工程与重建外科杂志	D19	69	275
钻采工艺	E17	117	323
钻井液与完井液	E17	117	323
钻探工程	E10	104	310
遵义师范学院学报	P01	205	411
遵义医科大学学报	D02	58	264
作文新天地	P03	208	414
作物学报	C03	45	251
作物研究	C03	45	251
作物杂志	C03	45	251